제2판

도시개발법

이론 및 실무

법학박사
행 정 사 김 동 근
변 호 사 윤 승 현
공저

진 원 사

제2판 머리말

2017. 7. 22. 초판이 출간된 후 그 동안 도시개발법은 2차례의 개정이 있었고, 주요골자는 도시개발에 대한 민간의 참여를 확대하고 민간의 자본과 전문성을 활용하여 보다 창의적이고 효율적인 도시개발이 이루어질 수 있도록 공공시행자가 시행하는 도시개발사업의 일부를 주택건설사업자 등으로 하여금 대행케 한 점 및 「민법」이 개정됨에 따라 금치산자 및 한정치산자가 피성년후견인 및 피한정후견인으로 변경됨에 따라 금치산 및 한정치산자를 개정된 제도에 맞추어 조합원의 결격사유 중 금치산자 및 한정치산자를 피성년후견인, 피한정후견인으로 각각 개정한 점 그리고 그 외 여러 규정들이 종전 규정에 비해 상당한 변화를 가져왔다.

이에 따라 금번 개정판은 개정된 법령부분을 모두 반영하여 그에 따라 해당 부분의 내용을 수정하였고 또한 그에 따른 실무서식도 모두 교체함은 물론 대법원 및 하급심 판결례, 유권해석 등도 대폭 보강하거나 추가하였다. 그 결과 전편에 비하여 보다 상세하고 풍부한 내용으로 이 한권의 책에 도시개발에 필요에 지식을 모두 담으려고 하였다는데 그 특징이 있다.

본서는 어떠한 상황에서도 최선성이 유지되도록 하여 도시개발실무를 담당하는 실무자 및 법조인들에게 최적의 길라잡이 역할을 하는 실무지침서가 되었으면 하는 바람이다.

끝으로 여러 어려운 여건 속에서도 본서의 출판을 위하여 불철주야 노력하신 법률출판사 양진수 사장님을 비롯하여 편집자 및 여러 임직원들에게도 깊은 감사를 드리는 바이다.

2018. 4.

저자 김 동 근 씀

머 리 말

도시개발은 도시계획의 목적과 이념을 토지라는 공간상에 실현하기 위한 도구이다. 일반적으로 도시개발사업이라 함은 아직 도시적 형태와 기능을 지니지 않은 토지에 도시적 기능을 부여하거나 또는 기존의 용지에 대해 도시기능 제고를 목적으로 토지의 형상이나 이용에 변화를 일으키는 개발행위라 할 수 있다.

그러나 종래 도시개발은 주택단지개발, 산업단지개발과 같은 일정용도의 개발만을 목적으로 진행되어 왔으므로 신도시와 같은 복합적 기능을 가진 도시 전체를 종합적 · 체계적으로 개발하는데 한계가 있었다. 이러한 한계를 극복하기 위하여 종전의 도시계획법의 도시계획사업에 관한 부분과 토지구획정리사업법을 통합 · 보완하여 도시개발에 관한 기본법으로서 도시개발법을 제정하여 종합적 · 체계적인 도시개발을 지향하는 도시개발을 위한 기반을 마련하는 한편, 도시개발에 대한 민간부분의 참여를 활성화함으로써 다양한 형태의 도시개발이 가능하도록 하였다.

도시개발법은 이처럼 주택 · 산업단지의 개발 등에 관한 중추적인 법률이다. 이러한 중요성 때문에 도시개발법은 제정이래 지금까지 수차례에 걸친 개정작업이 이루어졌고, 그 만큼 더 복잡하게 세분화되어 그 내용을 이해하기도 쉽지 아니할 정도이다. 하지만 문제는 위와 같이 복잡하게 세분화되어 이해하기조차 어려운 도시개발법을 쉽게 풀이하고 그와 관련된 분쟁들의 사례를 유형화한 후 해법을 제시하는 실무서는 그리 많지 않다는 것이다. 이에 필자는 도시개발법과 관련하여 실제 도시개발의 현장에서, 개발 실무에서 직접 실무를 담당하는 실무가 및 법률가뿐만이 아니라 도시개발에 관심이 있는 일반인들도 늘 곁에 두고 쉽게 참고할 수 있는 실무서가 필요하다는 생각에 이 책을 집필하게 되었다.

따라서 이 책은 이러한 취지에서 부동산학도 · 부동산 개발 전문가 · 법조인 · 일반 행정기관 · 감정평가사들은 물론 부동산 투자를 하는 일반 국민들에게 직 · 간접적으로 관련 있는 도시개발법을 체계적으로 이해시키기 위하여 법령 · 조례 · 각종지침 · 대법원 및 하급심 판례 · 유권해설 등을 체계적으로 수록하는 한편 각종 서식 및 사업단계별 내용 및 절차까지 자세히 소개하는 등 부동산관련 업무를 수행하는데 조금이나마 도움이 되도록 정리를 하여 대학교재

뿐만 아니라 일반 실무서로서도 활용될 수 있도록 하였다는 그 특징이 있다.

이처럼 이 책은 실무자적 입장에서 서술한 책이기에 도시개발 관련업무 수행자, 일반 토지소유자, 건설업계 종사자, 부동산업에 종사하는 사람들에게 좋은 지침서가 될 것으로 기대한다.

졸서이나마 준비하는 과정에서 많은 자료와 협조를 아낌없이 해주신 법원 및 여러 법무법인(LAW FIRM) 관계자 여러분께 이면을 빌어 고마움을 표시하며, 끝으로 어려운 가운데에서도 본서의 출판을 위하여 불철주야 노력하신 진원사 양진수 사장님을 비롯하여 편집자 및 여러 임직원들에게도 깊은 감사를 드리는 바이다.

2015. 4.

저자 김 동 근 씀

목 차

제 1 편 도시개발사업의 이행 _ 1

제 2 편 도시개발구역지정과 사업시행의 개시단계 _ 23

제3편 사업시행자와 시실계획단계 _ 117

제5편 보칙 및 벌칙_ 497

별 첨_ 585

제1편

도시개발사업의 이행

제 1 장 도시개발사업

제1절 총 론

1. 도시개발사업의 개념

도시개발은 도시계획의 목적과 이념을 토지라는 공간상에 실현하기 위한 도구이다. 일반적으로 도시개발사업이라 함은 아직 도시적 형태와 기능을 지니지 않은 토지에 도시적 기능을 부여하거나 또는 기존의 용지에 대해 도시기능 제고를 목적으로 토지의 형상이나 이용에 변화를 일으키는 개발행위라 할 수 있다.[1] 즉, 아직 도시적 형태와 기능을 지니지 않은 미개발지에 도시 기능을 부여하기 위해 도시의 형태를 바꾸고 새로운 용도를 부여하는 것으로서 신시가지 조성이나 단지개발 및 신도시 개발 등을 의미한다.

그런데 종래 도시개발은 주택단지개발, 산업단지개발과 같은 일정용도의 개발만을 목적으로 진행되어 왔으므로 신도시와 같은 복합적 기능을 가진 도시 전체를 종합적 · 체계적으로 개발하는데 한계가 있었다.[2] 이러한 한계를 극복하기 위하여 종전의 도시계획법의 도시계획사업에 관한 부분과 토지구획정리사업법을 통합 · 보완하여 도시개발에 관한 기본법으로서 도시개발법을 제정하여 종합적 · 체계적인 도시개발을 지향하는 도시개발을 위한 기반을 마련하는 한편, 도시개발에 대한 민간부분의 참여를 활성화함으로써, 즉 민간인도 시행주체가 될 수 있도록 규정함으로써 다양한 형태의 도시개발이 가능하도록 하였다. 이에 따라 오늘날 도시개발사업은 도시개발법으로 비롯하여 택지촉진법, 기업도시개발특별법, 지역균형개발 및 지역중소기업 육성에 관한 법률, 지역특화발전특구에 대한 규제특례법, 도시 및 주거환경 정비법 등 많은 법률에 근거하여 시행되고 있다.

현재 도시개발법(이하 '도시개발법 또는 법'이라 한다)에서는 도시개발사업을 도시개발구역에서

1) 박재길, 손기찬 "도시개발법제 정비방안 연구", 국토연구원, 1997.12. 12면.

2) 민태욱, "부동산공법" 부연사, 2007, 353면.

주거, 상업, 산업, 유통, 정보통신, 생태, 문화, 보건 및 복지 등의 기능이 있는 단지 또는 시가지를 조성하기 위해서 시행하는 사업을 말한다고 규정하고 있다. 다시 말해, 오늘날 도시개발사업은 주거, 상업, 산업, 유통, 정보통신, 생태, 문화, 보건 및 복지 등을 포괄하는 종합적이고 체계적인 도시개발을 목적으로 영위되는 사업이라고 정의할 수 있다. 이러한 도시개발구역의 지정과 사업의 방법 및 범위 등은 지역 주민의 가치관과 생활수준의 변화에 크게 영향을 주고 지역경제사정과 사회 환경을 반영하는 것이므로 도시개발의 대상구역이 이질적인 존재가 아닌, 주변지역과 동화될 수 있도록 지역계획 및 도시계획과의 연계성 등을 고려하고 객관성이 확보되어야 하며, 쾌적성 · 안정성 · 편리성이 있는 개발방향이 제시되어야 한다.[3)]

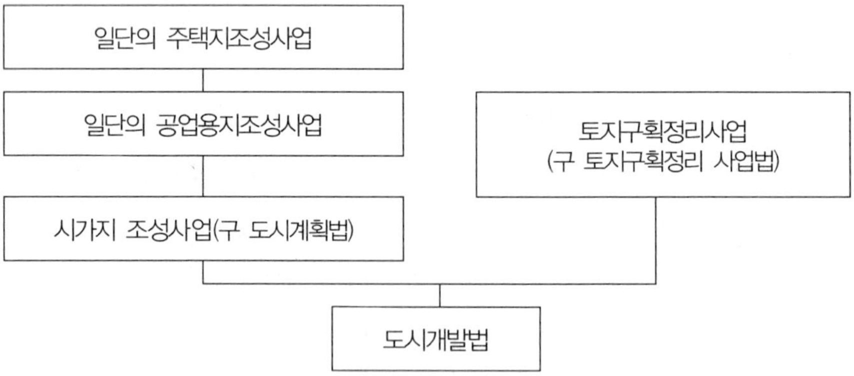

[도시개발사업과 주택재개발의 비교]

구 분	도시개발법	주택재개발
법 령	도시개발법	도시 및 주거환경 정비법
목 적	계획적이고 체계적인 도시개발 및 쾌적한 도시환경조성	기반사설이 열악하고 노후 · 불량건축물이 밀집한 지역의 주거환경 개선
구 역	도시개발구역	정비구역
지정권자	• 원칙 : 시 · 도지사 · 대도시시장 (100㎡ 이상 : 국토교통부장관승인) • 예외 : 국토교통부장관 ▸ 국가가 도시개발사업 실시 ▸ 관계중앙행정장관의 요청 ▸ 2 이상의 시 · 도 협의 불성립	시 · 도지사
지정요건	• 신규개발지 나지 비율 50% 이상 지역을 지정대상으로	• 기존주거지(호수밀도, 노후건축물 비율 등 구역지정 기준을 조례로 정함)

3) 전영배, 도시개발사업에서 입체환지방식적용의 저해요인에 관한 연구, 서울시립대, 2017. 6., 4면

	하되, 시 · 도지사가 국토교통부장관과 협의한 지역에서 공공기관이 시행하는 사업은 나지비율과 관계없이 구역지정 가능	* 서울시 조례 호수밀도 80/ha, 불량주택 2/3 이상 지역 등
시 행 자	• 국가 · 지자체 • 정부투자기관 • 토지소유자 또는 조합(2/3 이상의 토지소유) • 수도권 이전 법인 • 건설산업기본법상 토목공사업 등 면허자 • 1호~7호의 자가 공동출자한 법인	• 조합(토지소유자 3/4 이상 동의로 구성) • 조합+지방자치단체 또는 주택공사등과 공동시행(조합원 1/2 이상 동의)
사업방식	수용, 환지, 혼용방식 중 선택 * 수용은 공공시행자의 경우 요건이 없고, 민간시행자의 경우 전체토지의 2/3 이상 매입 및 토지소유자 총수의 2/3 이상 동의 필요	관리처분(관리처분계획에 따라 조합원에게 분양) 및 수용방식 * 분양신청을 않거나 분양신청서에 제외된 자의 토지 등은 토지수용법에 의거 수용

2. 도시개발법의 목적

도시개발법은 도시개발에 관하여 필요한 사항을 규정하여 계획적이고 체계적인 도시개발을 도모하고 쾌적한 도시환경의 조성과 공공복리[4]의 증진에 이바지함을 목적으로 한다(법 제1조). 이처럼 도시개발법의 제정목적은 쾌적한 도시환경의 조성과 공공복리의 증진 등에 있지만, 기존의 법률과 비교하여 가장 큰 차이점은 민간참여의 확대이다. 종전에는 민간이 공익사업을 시행한다고 하더라도 국가주도의 계획에 민간이 참여하는 방식이었다면, 도시개발법은 민간에게 도시개발사업의 개발계획 및 실시계획에 대한 수립권을 부여함으로 인하여 민간이 공익사업을 주도하고 국가 등은 인가 등 감독권을 행사하는 형태로 바뀌었다. 종래 공적주체의 고유영역이었던 공익사업에 대하여 창의적 · 효율적 사업을 위해 민간참여를 확대하기 위해서이다.[5] 이는 결국 도시개발에 민간참여는 그 자체로 쾌적한 도시환경의 조성과 공공복리 증진에 기초가 되기 때문이다.

---

4) 여기에서 '공공복리'란 도로나 학교의 건설 등 사회기반시설의 설치와 운영, 교육사업, 문화적 인프라의 구축과 물가, 환율, 성장, 고용, 양극화 해소 등 경제문화 해결, 사회복지와 정의의 실현, 환경의 보호와 개선, 국민건강의 보호와 증진 등 개인의 차원을 넘어서서 국가 전체 또는 국민전체의 민복을 실현하고 증진시키기 위한 목적이라고 정의할 수 있다(김성수, "사회기반시설의 공공성에 관한 법리분석", 공법연구 제37집 제2호, 한국공법학회, 2008, 270면).

5) 김상태, "도시개발사업에 있어서 기반시설의 비용부담에 관한 연구", 동아법학 53호, 동아대학교 법학연구소, 2011, 114면.

3. 도시개발법의 제정취지[6)]

60년대부터 시작된 경제개발 5개년계획으로 인하여 고도의 경제성장이 지속되면서 인구 및 산업이 도시에 집중됨에 따라 도시화가 급격히 이루어지면서 주택지 및 공장용지의 수요가 급증하였다. 그러나 기존의 도시계획법에 의한 각종 조성사업과 토지구획정리사업으로 신속하게 대지를 공급하는 데에는 한계가 있었다. 이에 따라 주택지 및 공장용지의 원활한 공급을 위하여 택지개발촉진법 · 주택건설촉진법 및 산업입지 및 개발에 관한 법률 등이 제정되고 이들 법률에 의해 주택지 및 산업단지 등이 조성 · 공급되어 왔다.

택지개발촉진법과 같은 개별법은 하나의 목적을 달성하기 위한 사업법으로서 복합적인 기능을 갖는 신도시를 종합적이고 체계적으로 개발하는 데는 한계가 있으며 도시계획법에 의한 일단의 주택지 · 공업용지조성사업, 시가지조성사업과 토지구획정리사업법에 의한 토지구획정리사업간에도 조성목적이 중복되고 시행절차의 미비 등으로 원활한 사업시행에 어려움이 제기되었다. 이러한 문제점을 해소하기 위하여 도시개발법의 제정 필요성은 80년대 후반부터 대두되었으나 여러 가지 사정으로 미루어 오다가 지난 2000. 7월 도시계획법의 전면 개정과 함께 도시계획법상 각종 조성사업과 토지구획정리사업을 통합 · 보완한 도시개발법이 제정되었으며 법률제정의 기본방향은 다음과 같다.

① 주택 · 산업단지 뿐만 아니라 유통 · 관광휴양 · 역사 · 문화 등 여러 분야의 합 또는 단일 기능의 단지나 도시조성을 위하여 도시계획법 및 토지구획정리사업법을 통합.

② 매년 40~50만호에 달하는 주택공급에 필요한 택지의 신속한 공급의 필요성 등을 감안하여 택지개발촉진법 등은 당분간 존치하되 장기적으로는 도시개발법에 통합

③ 도시개발에 관한 기본 절차와 방법 규정

④ 민간의 도시개발 참여 확대

---

6) 한국토지주택공사, “도시개발사업업무편람”, 2009, 2~3면.

제2절 도시개발법의 개정 연혁 등

1. 개정연혁

도시개발사업에 대한 최초의 제도적 근거는 1962년 제정된 도시계획법상 토지구획정리사업 관련 규정이다. 이중 1966년 토지구획정리사업의 활성화를 목적으로 도시계획법의 관련규정만 따라 분리하여 토지구획정리사업법이 제정되었다.[7] 그럼에도 불구하고 위의 규정만으로는 도심에 모여드는 인구 및 택지 등을 신속하게 공급하는데 한계에 봉착하여 주택지 등의 원활한 공급을 위하여 택지개발촉진법, 주택건설촉진법 및 산업입지 및 개발에 관한 법률 등과 같은 특별법이 제정되기에 이르렀고, 결국 2008. 1.28. 도시개발법은 종전의 도시계획법상 도시계획사업에 관한 부분과 토지정리사업법을 통합 · 보완하여 종합적 · 체계적인 도시개발을 위한 법적 기반을 마련하기 위해 도시개발에 관한 기본법으로써 제정되었다.

그 후 도시개발법은 "쾌적한 도시환경의 조성과 공공복리의 증진"이라는 입법목적(법 제1조)는 줄곧 유지한 채 도시개발사업의 효율적 추진 및 민간개발사업의 활성화를 강화하는 방향, 그리고 세입자 보호 또는 원주민의 재정착률 제고하는 방향으로 12차례 개정이 되었다.

연혁	개정 이유 및 내용
제1차 개정 2002.12.30. (일부개정) 법률 제6853호	현행 도시개발구역의 지정절차 및 이행에 많은 시간이 소요되는 등 문제점이 있어 이를 보완하여 도시개발사업을 효율적으로 추진하기 위하여 도시개발구역의 지정순서, 의견청취방식의 다양화, 개발사업의 비용부담, 도시관리계획상 용도지역결정의 의제 등에 관한 사항을 보완 · 개선하였다
제2차 개정 2007. 4.11. (일부개정) 법률 제8376호	민간 도시개발사업의 활성화와 토지의 원활한 공급을 유도하기 위하여 개발계획의 수립 · 변경시에 토지소유자의 동의절차를 간소화하고, 민간 시행자가 도시개발사업에 필요한 토지 등을 수용 또는 사용하고자 하는 경우 토지소유자의 동의요건을 완화하되 토지소유자 동의요건 산정기준일을 도시개발구역지정 고시일로 법률에 명확히 규정하는 등 도시개발사업 관련 규제를 개선하는 한편, 민간의 도시개발사업에 관한 공사를 감리하도록 하는 법적 근거를 마련하는 등 현행 제도의 운영상 나타난 일부 미비점을 개선 · 보완하였다.
제3차 개정 2008. 3.21.	도시개발사업의 시행자에게도 개발계획의 변경을 요청할 수 있도록 하고, 도시개발구역지정에 관한 주민 의견청취를 위한 공고가 있는 지역에 대하여도 건축

7) 이는 1960년 경 시작된 경제개발 5개년 계획으로 인하여 급격한 경제성장이 이루어지고 농촌 인구 및 각종 산업체가 도심으로 집제하게 되자, 주택지, 상업지 및 공장용지 등에 수요가 급가하였기 때문에 이를 특별히 규제하기 위하여 따라 분리하여 규정하게 된 것이다.

(전부개정) 법률 제8970호	물의 건축 등이 행위를 제한하는 등 현행 제도의 운영과정에서 나타난 일부 미비점을 개선 · 보완하였다.
제4차 개정 2008. 3.28. (일부개정) 법률 제9044호	자치구 아닌 구가 설치된 인구 50만 이상의 대도시 시장에게도 도시개발구역을 지정할 수 있도록 하는 등 지정권자로서의 권한을 부여함으로써 해당 대도시 실정에 맞는 도시개발사업의 시행을 통하여 도시개발사업의 활성화 하도록 하고, 도시개발사업구역에 설치하는 기반시설 중 전기시설의 설치기준과 설치비용부담기준에 관한 규정을 보완하여 비용부담의 형평성을 도모하고 지자체 · 사업시행자 · 전기공급자간의 갈등을 해소함으로서 쾌적한 도시환경조성과 효율적인 도시개발사업 수행을 도모하였다.
제5차 개정 2009.12.29. (일부개벌) 법률 제9862호	현행법에 따르면 시 · 도지사 도는 대도시 시장은 도시개발구역을 지정할 수 있으나, 도시개발구역의 면적이 대통령령으로 정하는 규모 이상(100㎡)인 때에는 국토교통부장관(현, 국토교통부장관)의 승인을 받록 하거나, 인구 50만 이상이더라도 자치구가 아닌 구를 설치하지 아니한 시의 시장에 대하여는 도시개발구역이 지정권한을 부여하지 않는 등 지방자치단체가 자율적으로 도시개발사업을 추진하는데 어려움이 있으므로 도시개발사업 추진절차를 간소화하고, 지방자치단체의 자율성을 강화하여 사업 추진의 효율성을 제고하는 한편, 도시개발사업 시행 과정에서 지방자치단체의 자율성을 강화하여 사업 추진의 효율성을 제고하는 한편, 도시개발사업시행 과정에서 지방자치단체 장이 건축물 이전 또는 제거에 관한 허가를 하는 경우 개별 사업현장의 실정에 따라 동절기 등에 집행하지 못하도록 시기를 제한하거나 세입자의 임시거주시설 마련 등의 조치를 할 것을 조건으로 붙일 수 있도록 함으로써 개발사업과정에서 세입자 보호조치가 충분히 이루어 질 수 있도록 하였다.
제6차 개정 2011. 9.30. (일부개정) 법률 제11068호	서로 떨어진 둘 이상의 구역을 하나로 묶어 하나의 도시개발구역으로 지정할 수 있는 결합개발제도를 도입하고, 세입자 등에게 임대주택을 공급하여 세입자 등을 보호하며, 순환개발방식을 도입하여 원주민의 재정착률을 높일 수 있도록 하고, 저렴한 토지공급을 통한 도시개발사업 활성화를 위하여 원형지 개발방식을 도입하며, 토지소유자뿐만 아니라 건축물 소유자도 입체환지 신청을 할 수 있도록 허용하여 입체환지의 활성화를 도모하는 한편, 구 밖에 현행 제도의 운영상 나타난 일부 미비점을 개선 · 보완하였다.
제7차 개정 2012. 1.17. (일부개정) 법률 제11186호	부동산개발업자도 도시개발사업을 시행할 수 있도록 허용하고 부동사투자회사가 일정 요건을 충족하는 경우 단독으로 도시개발사업을 시행할 수 있도록 하며, 공동출자법인에 참여할 수 있는 자를 확대하는 등 민간의 도시개발 진입규제를 완화함으로써 이들의 다양한 개발역량과 창의적인 아이디어를 활용하여 경쟁력 있는 도시공간을 조성할 수 있도록 하고, 공공부문과 민간부문 간에 상호협력적인 도시개발 체계를 구축하여 도시개발사업을 활성화하며, 실시계획 승인시 인 · 허가 등의 의제와 관련하여 관계기관이 협의기간 내에 의견을 제출하지 아니하면 협의된 것으로 간주하고, 관련 협의회를 구성 · 운영할 수 있도록 하는 등 인 · 허가 제도를 선진화하는 한편, 공동구의 설치 방법 · 기준 및 절차와 비용의 부담 등에 관한 사항은 국토의 계획 및 이용에 관한 법률 제44조를 준용하

	도록 하여 비용부담 절차를 구체화하는 등 현해 제도의 운영상 나타난 일부 미비점을 개선 · 보완하였다.
제8차 개정 2013. 3.22. (일부개정) 법률 제11650호	도시개발특별회계의 용도를 현재 도시 · 군계획시설의 설치뿐만 아니라 정비 및 개량까지 확대함으로써 재원의 효율적 활용을 통해 해당 지방자치단체가 도시 · 군계획시설을 안정적으로 관리할 수 있도록 하였다.
제9차 개정 2013. 7.16. (일부개정) 법률 제11923호	현행법은 도시개발사업의 공사에 대한 감리업무 중 공사의 품질 확보 및 향상을 위한 업무 일부를 대통령령으로 위임하고 있는데, 감리업무 소홀에 따른 이해관계자의 다툼이 빈번하고 감리업무 관련 규정은 위법한 감리업무에 따른 형사처벌과도 결부되는 중요사항이므로 법률에 직접 규정하려는 것이다.
제10차 개정 2014. 5. 21. (일부개정) 법률 제12641호	현행법상 행정청인 시행자는 도시개발사업의 시행으로 이익을 받는 공공시설 관리자에게 사업비용의 일부를 부담시킬 수 있으나 이익의 계량화가 불가능하고 부과 · 징수 실적이 없어 실효성이 없는 규정이며, 도시개발구역 밖 기반시설의 설치비용을 시행자 등에게 부담시킬 경우 가산금 및 징수 규정이 미비되어 납부기간 내에 부담금을 납부한 자와 이를 기피하는 자의 형평성이 문제되고, 과오납한 금액에 대한 추징 또는 환급 규정도 없어 납부자에 대한 권익 구제에 소홀한 실정이며, 행정청인 시행자가 사업비용의 일부를 공공시설 관리자에게 전가하는 비용부담 조항을 현실에 맞게 폐지하고, 도시개발구역 밖 기반시설의 설치비용부담에 관한 부담금, 징수 및 과오납한 금액의 추징 · 환급 규정을 마련하였다.
제11차 개정 2015. 8. 11. (일부개정) 법률 제13479호	현행법은 종합적 · 체계적인 도시개발을 위한 법적 기반을 마련하는 한편, 도시개발사업에 대한 민간의 참여를 활성화하여 다양한 형태의 도시개발을 가능하게 할 목적으로 제정되었으나, 민간의 참여를 확대하는 데에 한계가 있다는 지적이 제기되고 있다. 이에 공공시행자가 시행하는 도시개발사업의 일부를 주택건설사업자 등으로 하여금 대행할 수 있도록 하는 등 도시개발사업에 대한 민간의 참여를 확대하고 민간의 자본과 전문성을 활용하여 보다 창의적이고 효율적인 도시개발이 이루어질 수 있도록 하려는 것이다.
제12차 개정 2017. 7. 26. (일부개정) 법률 제15600호	「민법」 개정 전에는 행위무능력자로서 금치산자 및 한정치산자가 있었으나, 「민법」이 개정됨에 따라 금치산자 및 한정치산자가 피성년후견인 및 피한정후견인으로 변경되었다. 따라서 금치산 및 한정치산자를 개정된 제도에 따라 조합원의 결격사유 중 금치산자 및 한정치산자를 피성년후견인, 피한정후견인으로 각각 개정하려는 것이다.

2. 도시개발사업의 변천

가. 토지구획정리사업의 도입

우리나라의 도시개발사업은 일체의 침략과 그 시점을 같이한다고 할 수 있는데, 도시개발과 관련된 근대적 도시개발은 1934년에 제정된 "조선시가지계획령"에서 출발하고 있다.[8] 조선시가지계획령은 지역 및 지구의 지정과 건축규제, 토지이용계획 및 가로망계획이 주축을 이루고 있다.[9] 이러한 조선시가지계획령에 따라 1934년 나진의 토지구획정리사업을 필두로 1937년 서울의 영등포와 돈암지역, 그리고 부산, 평양 등 주요도시에서 이 사업이 시행됨으로서, 토지구획에 따른 도시개발이 우리나라에 성행하기 시작했다.[10] 일제로부터 해방된 뒤 얼마 동안은 정치 · 경제 · 사회 전반에 걸쳐 혼돈의 시기였으며, 도시개발사업도 거의 정체상태에 있었다. 토지구획정리사업도 예외가 아니어서 일제 강점기에 진행 중에 있었던 것조차 한국전행이 끝나기까지 방치상태에 놓여 있었다. 전쟁이 끝나고 파괴된 시가지의 복구가 시급하게 되자, 전쟁복구사업의 일환으로 토지구획정리사업이 도입됨으로서 우리나라의 도시개발사업이 다시금 활발하게 시행되기 시작하였다.[11] 결국 1930년부터 1950년대까지는 토지구획정리사업이 도입됨으로써 우리나라의 도시개발사업이 태동하기 시작하였다고 할 수 있다.

1950년 한국전쟁 이후 도시의 폐허에 대한 재건과 복구사업이 어느 정도 이루어지고 1960년 이후 급격한 도시인구의 증가로 인하여 다시금 도시개발에 대한 필요성이 인식되었다. 이에 따라 1962년 도시계획법이 제정되고 때를 같이하여 건축법도 제정되었으나, 토지구역정리사업의 경우 도시계획법상의 관련 규정과 농지개량에 관한 법령의 규정을 준용하도록 되어 있었다. 이로 말미암아 두 법이 혼용됨으로써 혼란이 나타났으며, 이와 같은 문제를 제거하고 토지구획정리사업을 보다 활성화시킬 필요성이 대두되었다. 이러한 배경하에 토지구획정리사업은 1966년 도시계획법에서 분리하여 토지구획정사업법을 제정함으로써 독자적인 법체계를 갖추게 되었다. 그 결실로 토지구획정리사업은 1960년대부터 1970년대에 걸쳐 도시개발을 주도할 수 있게 되었다.[12]

---

8) 류해웅, "택지개발제도의 변천과 도시개발법제의 영향에 관한 고찰", 토지연구 제11권 제2호, 한국토지공사, 2000, 48면.
9) 이규환, "조선시가지계획령과 서울의 도시개발사업", 국가정책연구 제16권 제2호, 중앙대학교 국가정책연구소, 2002, 193면.
10) 이동찬, "도시개발과 도시개발법제에 관한 연구", 토지공법연구 제10권, 한국토지공법학회, 2000, 72면.
11) 류해웅, 앞의 논문, 9면.
12) 홍성진, "도시개발법상 도시개발사업의 입법 개선에 관한 연구" 단국대학교 대학원 박사학위논문, 2013.

나. 공영개발의 도입

1980년대 초까지의 도시개발은 토지구획정리사업에 의한 택지개발이 그 전형을 이루고 있었다. 그러나 이 사업방법은 필지의 형상을 정형화하고, 도로나 상·하수도 등 최소한의 기반시설을 마련하는 데 그 초점이 맞추어져 있었기 때문에 대규모 개발이나 자족적인 신도시개발에는 적합하지 않았다. 또한 당시 이 사업은 민간부문 또는 토지소유자에게 지나치게 개발이익을 허용하고, 불공평한 개발이익의 배분으로 부동산투기를 조장할 것으로 평가되고 있다. 1970년대 후반 부동산투기가 사회·경제적인 문제로 대두되자 이를 해결하기 위해 1978년 소위 "8.8 조치"라는 투기억제대책을 발표하였다. 이 조치는 토지구획정리사업의 한계성을 고려하고, 국민의 주거환경 개선욕구와 급증하는 산업시설용지의 수요에 대처하는 방안도 아울러 제시한 바 있다.

그 결실로 1973. 3. 토지의 원활한 수급조절과 안정적인 공급을 도모하기 위해 정부투자기관으로 한국토지개발공사를 발족하게 되었고, 이를 통해 공공부문의 개발을 극대화하는 방안을 모색하게 되었다. 이에 따라 택지개발에서 공공부문의 역할을 강조하는 공영개발에 의한 도시개발제도가 논의되었으며, 이를 도입하기 위해 1980년 택지개발촉진법이 특별법으로 제정되었다. 이 법이 제정됨으로써 1983년 "4.26." 조치를 통하여 서울 등 6개 도시에서 토지구획정리사업에 의한 신규개발사업을 금지하였고, 그 밖의 도시에서 토지구획정리사업에 의한 대규모개발사업을 억제하게 되었다.[13] 공영개발이 도입되자 그 동안 토지개발에 있어 핵심적인 위치를 점하고 있던 토지구획정리사업은 급속히 퇴조한 반면, 공영개발사업이 토지개발의 주류를 이루게 되었다. 이러한 공영개발은 사업시행자를 공적주체로 한정하였기 때문에 종래 토지구획정리사업과는 달리 개발이익을 공공부문에서 흡수하고, 조성된 용지를 조성원가 수준인 저렴한 가격으로 공급하여 토지공급의 확대 및 공공편익시설의 완비한 계획적인 신시가지를 조성함으로써 체계적인 도시개발에 이바지하였다.

그러나 공영개발은 토지공급의 중앙집권적 특성을 지나치게 강조하여 재정이 부족한 지방정부의 토지개발 참여를 곤란하게 하였고, 민간의 토지개발 참여를 억제하는 문제를 지니고 있었다. 이에 따라 토지개발에 민간이 보다 적극적으로 참여할 수 있어야 한다는 주장이 제기되어 왔다. 그 뒤 공영개발은 1999. 1.25. 택지개발촉진법의 전면 개정을 통해 민관합동개발방식을 복합적으로 수용하였다. 이 개정은 택지개발에 민간자본, 경영·마케팅, 기술 등을 활용

8, 7면.

13) 홍성진, 앞의 논문, 8면.

하고 개발주체의 다양화로 경쟁체제를 도입하기 위하여 지방공사의 참여와 민관공동개발 및 민간의 대행개발을 도입하였다. 이는 그 동안 공영개발이 지니고 있는 문제점을 보완하고, 민간의 활력을 개발사업에 투입하기 위해서였다. 이에 따라 공영개발은 공공이 주도하는 체제에서 민간도 함께 참여할 수 있는 방식으로 전환되었다.14)

다. 혼합방식사업의 도입

공영개발사업은 막대한 자본의 필요로 재정자립도가 낮은 지방자치단체는 공영개발사업을 시행하기가 어렵고, 투자자본금의 회수 또한 신속하지 못하였다. 또한 토지보상이 공시지가로 이루어지는 현실을 감안하여 볼 때, 토지소유자들의 집단민원의 발생하곤 하였고, 1990년 들어서 국가 및 국민이 관심이 경제개발에서 인간이 삶의 질로 변화하는 시대적 요청은 이러한 공영개발사업의 변화를 맞게 하였다. 이에 따라 도시개발사업주체를 공적주체만으로 한정할 것이 아니라, 민간도 참여해야 한다는 주장이 제기되었고, 그 뒤 공영개발사업의 문제점 등이 현실화되자 1999년 1월 25일 택지개발촉진법을 개정하여 민관합동개발방식을 복합적으로 수용하게 되어 공공개발은 공공이 주도하는 체제에서 민간도 함께 참여할 수 있는 방식으로 전환하게 되었다.15)

그럼에도 지방자치시대 및 민간화 추세에 의한 도시계획 권한을 지방자치단체에 이관하고 도시계획과 개발사업에 민간의 참여를 확대해야 한다는 사회적 분위기, 지속가능한 개발을 지향하는 환경친화적 도시계획 등에 대한 시대적 요청은 계속되었다.16) 하지만 종래의 도시개발은 주택단지개발, 산업단지개발 등과 같은 단일목적의 개발방식으로 추진되어 신도시 개발 등 복합적 기능을 갖는 도시를 종합적 · 체계적으로 개발하는 데는 한계가 있었다.

이에 따라 2000. 1.28. 종합적 · 체계적인 도시개발을 위한 법적 기반을 마련하는 한편, 도시개발에 대한 민간부문의 참여를 활성화함으로써 다양한 형태의 도시개발이 가능하도록 하기 위하여 도시개발법을 제정17)하였다.

---

14) 홍성진, 앞의 논문, 8면.

15) 홍성진, 앞의 논문, 9면.

16) 황보상원 · 이명근, "도시개발과 도시개발법제의 정비방안 연구", 지역연구 제10호, 신흥대학 지역사회연구소, 2006, 136면.

17) 이 법은 도시계획법 상 도시계획사업에 관한 부문과 토지구획정리사업법을 통합 · 보완하여 제정함으로써, 도시개발제도를 단순화 · 체계화하였다. 이 법의 제정과 때를 같이 하여 도시계획법의 전면개정을 통해 다원화되어 있던 개발사업이 모두 폐지되고, 도시개발법에 의한 도시개발사업으로 일원화되었다.

제 3 절 도시개발법 구성체계 등

1. 구성체계

아래 도시개발법의 구성체계도에서 보는 바와 같이, 도시개발법은 총칙(제1장), 도시개발구역의 지정 등(제2장), 도시개발사업의 시행(제3장), 비용부담 등(제4장) 등 6장 제85개 조문, 부칙 등으로 구성되어 있다.

[도시개발법의 구성체계]

총 칙

도시개발구역의 지침

- 도시개발구역의 지정 등
- 개발계획의 수립 및 변경
- 개발계획의 내용
- 기초조사 등
- 주민 등의 의견청취
- 도시계획위원회의 심의
- 도시개발구역지정의 고시, 행위제한 등
- 도시개발구역지정의 해제

도시개발사업의 시행

혼용방식에 의한 사업시행

시행자 및 실시계획

- 시행자 등
- 도시개발사업시행의 위탁 등
- 조합설립의 인가
- 조합원 등
- 조합의 법인격 등
- 조합원의 경비부담 등
- 실시계획의 작성 및 인가 등
- 실시계획의 고시
- 관련 인·허가 등의 의제
- 도시개발사업의 시행방식

수용 또는 사용방식에 의한 사업시행

- 토지 등의 수용 또는 사용
- 토지상환채권의 발생
- 이주대책 등
- 선수금
- 조성토지 등의 공급계획
- 학교용지 등의 공급가격

환지방식에 의한 사업시행

- 환지계획의 작성
- 환지계획의 인가 등
- 동의 등에 의한 환지의 제외
- 토지면적을 고려한 환지
- 입체환지
- 공공시설의 용지 등에 관한 조치
- 체비지 등
- 환지예정지의 지정
- 환지예정지의 지정의 효과
- 사용·수익의 정지
- 장애물 등의 이전 및 제거
- 토지의 관리 등
- 환지처분

준공검사

- 준공검사
- 공사완료의 공고
- 공사완료에 따른 인·허가 등의 의제
- 조성토지 등의 준공 전 사용

- 청산금
- 환지처분의 효과
- 등기
- 체비지의 처분 등
- 감가보상금
- 청산금의 징수 · 교부 등
- 청산금의 소멸시효
- 임대료 등의 증감청구
- 권리의 포기 등

비용부담

- 비용부담의 원칙
- 도시개발구역의 시설 설치 등
- 지방자치단체의 비용부담
- 공공시설관리자의 비용부담
- 도시개발구역 밖의 도시기반시설의 설치비용
- 보조 또는 융자
- 도시개발특별회계의 설치 등
- 특별회계의 운용
- 도시개발채권의 발행
- 도시개발채권의 매입

보 칙

- 타인토지의 출입
- 손실보상
- 공공시설의 귀속 등
- 국 · 공유지의 처분제한 등
- 국 · 공유지의 임대
- 수익금 등의 사용제한 등
- 조세 및 부담금 등의 감면 등
- 관계서류의 열람 및 보관 등
- 관리의무의 승계
- 보고 및 검사 등
- 법률 등의 위반자에 대한 행정처분
- 청문
- 행정심판
- 도시개발구역 밖의 시설에 대한 준용
- 위임 등

2. 도시개발관련 법률 등

가. 도시개발관련 법률

1) 도시개발법령

도시개발관련 법령으로는 ⅰ) 도시개발법, ⅱ) 대통령령인 도시개발법 시행령, ⅲ) 국토교통부령인 도시개발법 시행령, ⅳ) 국토교통부지침은 도시개발업무지침 등이 있다.

2) 기타 시 · 도 도시개발조례

도시개발관련 기타 시 · 도 조례로는 ⅰ) 도시개발조례, ⅱ) 도시개발조례 시행규칙, ⅲ)

도시개발사업비 특별회계설치조례, ⅳ) 도시개발 체비지관리조례, ⅴ) 도시개발 체비지관리조례 시행규칙, ⅵ) 토지구획정리사업 체비지 등 매각규칙, ⅶ) 토지구획정리지구 공공용지부담규칙, ⅷ) 토지구획정리지구 환지 및 토지가격 규칙, ⅸ) 토지구획정리사업 청산금 사무처리규칙, ⅹ) 토지구획정리사업 토지평가협의회 조례 등이 있다.

나. 도시개발법과 관련법의 관계

1) 도시기본계획과 도시개발

도시기본계획과 도시개발과의 관계는 도시개발법상 도시개발계획의 내용은 광역도시계획 및 도시기본계획의 내용에 부합되어야 한다고 규정하고 있어 광역도시계획 및 도시기본계획의 하위계획임을 밝히고 있다.

2) 도시관리계획과 도시개발

가) 도시관리계획은 특별시 · 광역시 · 시 또는 군(이하 "시 · 군"이라 한다)의 개발 · 정비 및 보전을 위하여 수립하는 토지이용 · 교통 · 환경 · 안전 · 산업 · 정보통신 · 보건 · 후생 · 안보 · 문화 등에 관한 다음 계획을 말한다.

(1) 용도지역 · 용도지구의 지정 · 변경에 관한 계획
(2) 개발제한구역 · 시가화조정구역 또는 수산자원보호구역의 지정 · 변경에 관한 계획
(3) 기반시설의 설치 · 정비 또는 개량에 관한 계획
(4) 도시개발사업 또는 정비사업에 관한 계획
(5) 지구단위계획구역의 지정 또는 변경에 관한 계획과 지구단위계획

나) 도시관리계획은 용도지역 · 용도지구 · 용도구역에 관한 계획, 기반시설에 관한 계획, 도시개발사업 또는 정비사업에 관한 계획, 지구단위계획 등을 일관된 체계로 종합화하여 단계적으로 집행할 수 있도록 물적으로 표현하는 계획이다.

3) 지구단위계획과 도시개발

지구단위계획과 도시개발과의 관계는 매우 밀접한 관계로 도시개발구역이 지정 · 고시된 경우 지구단위계획구역 결정고시가 있는 것으로 보며, 실시 계획 수립시 지구단위계획을 포함하여야 하고, 실시계획의 작성 · 고시가 있을 때에는 지구단위계획의 결정 고시가 있는 것으로 본다.

3. 주요내용 및 시행체계

가. 주요내용

도시개발법은 도시개발구역의 지정(시 · 도지사, 국토교통부장관), 개발사업의 시행자(민간도 조합, 순수민간법인, 민관합동법인 등의 형태로 사업시행자 가능), 도시개발사업의 민간제안(대상지역의 4/5 동의 요함), 사업시행자, 민간사업시행자의 토지수용권 부여(사업대상 토지면적의 3분의 2 이상을 매입하고, 토지소유자 총수의 3분의 2이상의 동의를 받은 경우에 한함), 도시개발사업의 촉진, 토지상환채권 발행, 도시개발특별회계 설치 등에 관한 주용 내용을 담고 있고, 도시개발사업의 시행체계는 구역지정단계, 실시계획단계, 사업시행단계로 구분된다.

나. 주요골자

구 분	주요골자	관련 조문
도시개발 구역지정	도시개발구역은 원칙적으로 시 · 도지사(대도시 시장)가 직권으로 지정하거나 시장 · 군수 · 구청장의 요청을 받아 지정하도록 하되 국가가 도시개발법을 시행하는 경우에는 국토교통부장관이 도시개발구역을 지정하도록 하였다.	법 제3조
도시개발사업의 시행자	도시개발사업에 민간의 자본. 기술을 활용하기 위하여 민간도 조합, 순수민간법인 또는 민관합동법인 등의 형태로 도시개발법의 시행자가 될 수 있도록 하였다.	법 제11조
도시개발 사업의 민간제안	다양한 도시개발수요에 부응하기 위하여 개발대상 토지면적의 2분의2 이상에 해당하는 토지의 소유자의 동의를 받으면 민간법인도 도시개발구역의 지정을 제안할 수 있도록 하였다.	법 제11조 제5, 6항
사업시행 방식	도시개발사업의 성격에 따라 사업의 시행방식을 수용 또는 사용에 의한 방식, 환지방식 또는 양자 혼용방식으로 자유롭게 선택할 수 있도록 하여 도시개발사업을 탄력적으로 시행할 수 있도록 하였다.	법 제21조
민간사업 시행자의 토지수용권 부여	도시개발사업이 원활하게 진행되도록 민간사업시행자에게 토지수용권을 부여하되 사업대상 토지면적의 3분의 2 이상을 매입하고 토지소유자 총수의 1분의 2이상의 동의를 받은 경우에 한하여 수용권을 갖게 함으로써 수용권의 행사로 인한 토지소유자의 재산권을 침해할 소지를 최소화하도록 하였다.	법 제22조 제1항
도시개발 사업의 촉진	도시개발구역으로 지정되면 국토의 계획 및 이용에 관한 법률에 의한 도시지역으로 변경되고 도시개발사업의 실시계획인가 고시가 되면 농지법에 의한 농지전용협의가 의제처리되어 민간법인이 농지소유를 가능하게 하였다.	법 제19조
	도시개발구역을 지정한 후 토지를 수용 또는 사용하는 때까지 장기간의	법 제5조

	소요되는 경우에는 개발에 대한 기대이익이 지가에 반영되어 토지소유자는 아무런 노력없이 개발이익을 갖게 되는 문제점이 있으므로 도시개발구역 지정시간을 토지수용법상의 사업인정 시점으로 보아 토지의 수용 또는 사용의 시기를 앞당김으로써 개발구역의 지정으로 인한 기대이익이 지가에 반영되기 전의 가격으로 토지를 매수할 수 있도록 하였다.	제1항 법 제21조 제3항
	실시계획인가를 받으면 도시관리계획의 결정이 있는 것으로 보며 농지전용허가 등 30개 법률에 의한 인·허가를 받은 것으로 의제되어 기간단축의 효과를 도모하였다.	법 제19조
토지상환 채권발행	도시개발사업의 시행자는 토지소유자가 원하는 경우 토지의 매수대금의 일부를 사업시행으로 조성된 토지로 토지소유자에게 지급하는 토지상환채권을 발행할 수 있도록 하였다.	법 제23조
도시개발 특별회계 설치	지방자치단체에 도시개발채권의 발행으로 조성된 자금과 개발부담금 등을 재원으로 하는 도시개발특별회계를 설치하여 도시개발사업을 지원할 수 있도록 하고 도시개발사업의 시행자는 지방자치단체가 발행하는 도시개발채권을 의무적으로 매입하도록 하였다.	법 제60조 ~ 법 제61조
지구단위 계획의 수립	도시개발구역이 지정되면 당해 구역은 국토의 계획 및 이용에 관한 법률상의 지구단위계획구역으로 지정된 것으로 보아 준공 후에는 국토의 계획 및 이용에 관한 법률에 의한 관리가 되도록 명문화하였다. 도시개발시설계획에는 반드시 지구단위계획을 포함하도록 하여 토지이용, 건축물의 용도 등에 대한 세부적인 계획을 수립하도록 의무화하였다	법 제19조 및 법 제17조

다. 시행체계도

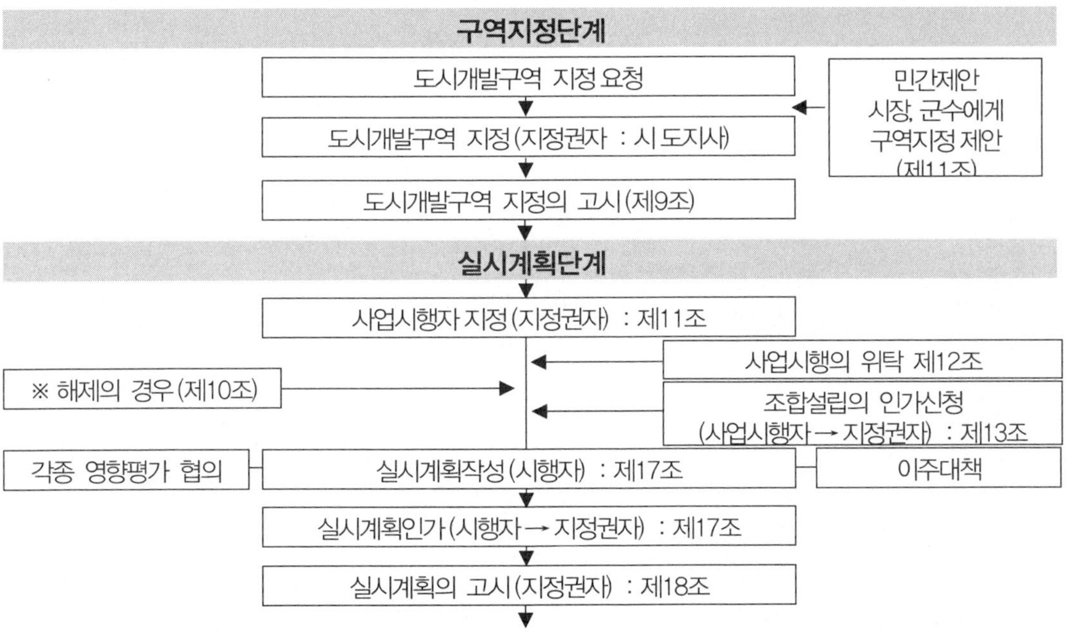

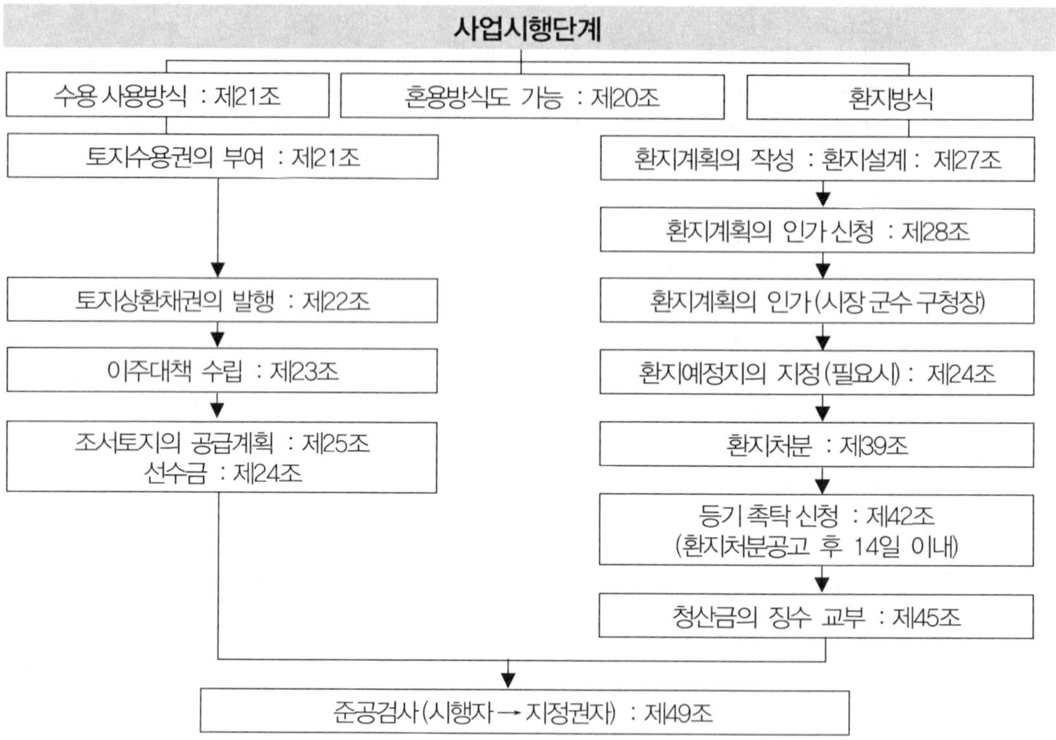
사업시행단계
수용 사용방식 : 제21조
혼용방식도 가능 : 제20조
환지방식
토지수용권의 부여 : 제21조
토지상환채권의 발행 : 제22조
이주대책 수립 : 제23조
조서토지의 공급계획 : 제25조
선수금 : 제24조
환지계획의 작성 : 환지설계 : 제27조
환지계획의 인가 신청 : 제28조
환지계획의 인가(시장 군수 구청장)
환지예정지의 지정(필요시) : 제24조
환지처분 : 제39조
등기 촉탁 신청 : 제42조
(환지처분공고 후 14일 이내)
청산금의 징수 교부 : 제45조
준공검사(시행자 → 지정권자) : 제49조

제2장 용어의 정의

제1절 도시개발구역

"도시개발구역"은 계획적인 도시개발이 필요하다고 인정되는 때에 지정할 수 있는데, 여기서 도시개발구역이란 도시개발사업을 시행하기 위하여 지정 · 고시된 구역을 말한다. 이러한 도시개발구역은 특별시장 · 광역시장 · 도지사 · 특별자치도지사 · 자치구가 아닌 구가 설치된 시의 시장(대도시 시장)이 지정하며 도시개발구역의 면적이 1,000,000㎡ 이상일 경우 국토교통부장관의 승인을 받아야 한다. 다만, 국가가 도시개발사업을 시행할 필요가 있는 경우에는 국토교통부장관이 직접 지정 할 수도 있다.

위 절차에 의하여 도시개발구역이 지정 · 고시된 경우 해당 도시개발구역은 『국토의 계획 및 이용에 관한 법률』에 따른 도시지역과 지구단위계획구역으로 결정되어 고시된 것으로 본다(예외 : 제2종지구단위계획구역 및 취락지구로 지정된 지역인 경우).

또한, 도시개발구역의 지정과 동시에 개발계획이 수립되지만 자연녹지지역, 생산녹지지역 등 대통령령으로 정하는 지역[18]에 도시개발구역을 지정할 때에는 도시개발구역을 지정한 후에 개발계획을 수립할 수 있다.

---

18) 도시개발법 시행령 제6조(개발계획의 단계적 수립) ① 법 제4조제1항 단서에서 "대통령령으로 정하는 지역"이란 다음 각 호의 어느 하나에 해당하는 지역을 말한다.

1. 자연녹지지역
2. 제2조제1항제1호라목에 해당하는 생산녹지지역
3. 도시지역 외의 지역
4. 제2조제3항제3호에 해당하는 지역
5. 해당 도시개발구역에 포함되는 주거지역 · 상업지역 · 공업지역의 면적의 합계가 전체 도시개발구역 지정 면적의 100분의 30 이하인 지역

제 2 절 도시개발사업

계획적인 도시개발이 필요한 지역에 도시개발구역을 지정할 수 있다. 이러한 도시개발구역 내에서 주거 · 상업 · 산업 · 유통 · 정보통신 · 생태 · 문화 · 보건 및 복지 등의 기능이 있는 새로운 단지 또는 신시가지를 조성하기 위해 시행하는 사업을 도시개발사업이라 한다.

국토의 계획 및 이용에 관한 법률에 의하면 도시개발사업은 도시계획시설사업, 정비사업과 함께 도시계획 사업의 하나라고 정의하고 있다. 도시개발사업은 도시개발법에 근거를 두고 시행된다. 사업주체는 도시개발사업 조합이다.

제 3 절 국토계획법상의 용어준용

국토의 계획 및 이용에 관한 법률(이하 '국토계획법'이라 한다)에서 사용하는 용어는 이 법으로 특별히 정하는 경우 외에는 이 법에서 이를 적용한다.

[국토계획법상 용어]

국토계획법에서 사용하는 용어의 뜻은 다음과 같다(국토계획법 제2조).

제1호 "광역도시계획"이란 제10조에 따라 지정된 광역계획권의 장기발전방향을 제시하는 계획을 말한다.

제2호 "도시 · 군계획"이란 특별시 · 광역시 · 특별자치시 · 특별자치도 · 시 또는 군(광역시의 관할 구역에 있는 군은 제외한다. 이하 같다)의 관할 구역에 대하여 수립하는 공간구조와 발전방향에 대한 계획으로서 도시 · 군기본계획과 도시 · 군관리계획으로 구분한다.

제3호 "도시 · 군기본계획"이란 특별시 · 광역시 · 특별자치시 · 특별자치도 · 시 또는 군의 관할 구역에 대하여 기본적인 공간구조와 장기발전방향을 제시하는 종합계획으로서 도시 · 군관리계획 수립의 지침이 되는 계획을 말한다.

제4호 "도시 · 군관리계획"이란 특별시 · 광역시 · 특별자치시 · 특별자치도 · 시 또는 군의 개발 · 정비 및 보전을 위하여 수립하는 토지 이용, 교통, 환경, 경관, 안전, 산업, 정보통신, 보건, 복지, 안보, 문화 등에 관한 다음 각 목의 계획을 말한다.

가. 용도지역 · 용도지구의 지정 또는 변경에 관한 계획

나. 개발제한구역, 도시자연공원구역, 시가화조정구역(市街化調整區域), 수산자원보호구역의 지정 또는 변경에 관한 계획
다. 기반시설의 설치 · 정비 또는 개량에 관한 계획
라. 도시개발사업이나 정비사업에 관한 계획
마. 지구단위계획구역의 지정 또는 변경에 관한 계획과 지구단위계획

제5호 "지구단위계획"이란 도시 · 군계획 수립 대상지역의 일부에 대하여 토지 이용을 합리화하고 그 기능을 증진시키며 미관을 개선하고 양호한 환경을 확보하며, 그 지역을 체계적 · 계획적으로 관리하기 위하여 수립하는 도시 · 군관리계획을 말한다.

제6호 "기반시설"이란 다음 각 목의 시설로서 대통령령으로 정하는 시설을 말한다.
가. 도로 · 철도 · 항만 · 공항 · 주차장 등 교통시설
나. 광장 · 공원 · 녹지 등 공간시설
다. 유통업무설비, 수도 · 전기 · 가스공급설비, 방송 · 통신시설, 공동구 등 유통 · 공급시설
라. 학교 · 운동장 · 공공청사 · 문화시설 및 공공필요성이 인정되는 체육시설 등 공공 · 문화체육시설
마. 하천 · 유수지(遊水池) · 방화설비 등 방재시설
바. 화장시설 · 공동묘지 · 봉안시설 등 보건위생시설
사. 하수도 · 폐기물처리시설 등 환경기초시설

제7호 "도시 · 군계획시설"이란 기반시설 중 도시 · 군관리계획으로 결정된 시설을 말한다.

제8호 "광역시설"이란 기반시설 중 광역적인 정비체계가 필요한 다음 각 목의 시설로서 대통령령으로 정하는 시설을 말한다.
가. 둘 이상의 특별시 · 광역시 · 특별자치시 · 특별자치도 · 시 또는 군의 관할 구역에 걸쳐 있는 시설
나. 둘 이상의 특별시 · 광역시 · 특별자치시 · 특별자치도 · 시 또는 군이 공동으로 이용하는 시설

제9호 "공동구"란 전기 · 가스 · 수도 등의 공급설비, 통신시설, 하수도시설 등 지하매설물을 공동 수용함으로써 미관의 개선, 도로구조의 보전 및 교통의 원활한 소통을 위하여 지하에 설치하는 시설물을 말한다.

제10호 "도시 · 군계획시설사업"이란 도시 · 군계획시설을 설치 · 정비 또는 개량하는 사업을 말한다.

제11호 "도시 · 군계획사업"이란 도시 · 군관리계획을 시행하기 위한 다음 각 목의 사업을 말한다.
가. 도시 · 군계획시설사업
나. 「도시개발법」에 따른 도시개발사업
다. 「도시 및 주거환경정비법」에 따른 정비사업

제12호 "도시 · 군계획사업시행자"란 이 법 또는 다른 법률에 따라 도시 · 군계획사업을 하는 자를 말한다.

제13호 "공공시설"이란 도로 · 공원 · 철도 · 수도, 그 밖에 대통령령으로 정하는 공공용 시설을 말한다.

제14호 "국가계획"이란 중앙행정기관이 법률에 따라 수립하거나 국가의 정책적인 목적을 이루기 위하여 수립하는 계획 중 제19조 제1항 제1호부터 제9호까지에 규정된 사항이나 도시 · 군관리계획으로 결정하여야 할 사항이 포함된 계획을 말한다.

제15호 "용도지역"이란 토지의 이용 및 건축물의 용도, 건폐율(「건축법」 제55조의 건폐율을 말한다. 이하 같다), 용적률(「건축법」 제56조의 용적률을 말한다. 이하 같다), 높이 등을 제한함으로써 토지를 경제적 · 효율적으로 이용하고 공공복리의 증진을 도모하기 위하여 서로 중복되지 아니하게 도시 · 군관리계획으로 결정하는 지역을 말한다.

제16호 "용도지구"란 토지의 이용 및 건축물의 용도 · 건폐율 · 용적률 · 높이 등에 대한 용도지역의 제한을 강화하거나 완화하여 적용함으로써 용도지역의 기능을 증진시키고 미관 · 경관 · 안전 등을 도모하기 위하여 도시 · 군관리계획으로 결정하는 지역을 말한다.

제17호 "용도구역"이란 토지의 이용 및 건축물의 용도 · 건폐율 · 용적률 · 높이 등에 대한 용도지역 및 용도지구의 제한을 강화하거나 완화하여 따로 정함으로써 시가지의 무질서한 확산방지, 계획적이고 단계적인 토지이용의 도모, 토지이용의 종합적 조정 · 관리 등을 위하여 도시 · 군관리계획으로 결정하는 지역을 말한다.

제18호 "개발밀도관리구역"이란 개발로 인하여 기반시설이 부족할 것으로 예상되나 기반시설을 설치하기 곤란한 지역을 대상으로 건폐율이나 용적률을 강화하여 적용하기 위하여 제66조에 따라 지정하는 구역을 말한다.

제19호 "기반시설부담구역"이란 개발밀도관리구역 외의 지역으로서 개발로 인하여 도로, 공원, 녹지 등 대통령령으로 정하는 기반시설의 설치가 필요한 지역을 대상으로 기반시설을 설치하거나 그에 필요한 용지를 확보하게 하기 위하여 제67조에 따라 지정 · 고시하는 구역을 말한다.

제20호 "기반시설설치비용"이란 단독주택 및 숙박시설 등 대통령령으로 정하는 시설의 신 · 증축 행위로 인하여 유발되는 기반시설을 설치하거나 그에 필요한 용지를 확보하기 위하여 제69조에 따라 부과 · 징수하는 금액을 말한다.

제 2 편

도시개발구역지정과 사업시행의 개시단계

제1장 도시개발구역의 지정 등

제2장 개발계획의 수립 및 변경

제1장 도시개발구역의 지정 등

제1절 도시개발구역의 지정권자

1. 원칙적 지정권자

도시개발사업을 시행하기 위해서는 우선 도시개발구역으로 지정되어야 한다. 도시개발구역은 도시개발사업을 시행하기 위하여 도시개발법에 따라 지정된 지역으로서, 시 · 도지사 또는 지방자치법 제175조에 따른 서울시와 광역시를 제외한 인구 50만 이상의 대도시 시장은 계획적인 도시개발이 필요하다고 인정되는 때에 도시개발구역을 지정할 수 있다(법 제3조 제1항).

구 국토이용관리법상 국토이용계획이 일단 확정된 후에 어떤 사정의 변동이 있는 경우, 지역주민 등에게 그 계획변경신청권이 인정되는지 여부(대법원 2003. 9.26. 선고 2003두5075 판결)

국민의 적극적 신청행위에 대하여 행정청이 그 신청에 따른 행위를 하지 않겠다고 거부한 행위가 항고소송의 대상이 되는 행정처분에 해당하는 것이라고 하려면, 그 신청한 행위가 공권력의 행사 또는 이에 준하는 행정작용이어야 하고, 그 거부행위가 신청인의 법률관계에 어떤 변동을 일으키는 것이어야 하며, 그 국민에게 그 행위발동을 요구할 법규상 또는 조리상의 신청권이 있어야만 한다(대법원 1998. 7.10. 선고 96누14036 판결 등 참조).

그런데 국토이용관리법상 주민이 국토이용계획의 변경에 대하여 신청을 할 수 있다는 규정이 없을 뿐만 아니라, 국토건설종합계획의 효율적인 추진과 국토이용질서를 확립하기 위한 국토이용계획은 장기성, 종합성이 요구되는 행정계획이어서 그 계획이 일단 확정된 후에 어떤 사정의 변동이 있다고 하여 지역주민이나 일반 이해관계인에게 일일이 그 계획의 변경을 신청할 권리를 인정하여 줄 수 없고(대법원 1995. 4.28. 선고 95누627 판결 참조), 원심이 확정한 사실관계를 기록에 비추어 보면, 이 사건에서 원고의 국토이용계획변경신청과 관련하여 피고 시장 등이 보여 준 일련의 행위가 위 계획변경승인에 대한 공적 견해를 표명한 것이라고 볼 수 없으며, 그럼에도 불구하고 원고가 위 변경승인을 받을 것으로 신뢰하였다면 원고에게 귀책사유가 있으므로 신뢰보호의 원칙은 적용되지 않는다고 할 것이니, 원고에게 신뢰보호원칙에 기한 조리상 국토이용계획변경신청권을 인정할 수도 없다.

구 국토이용관리법상의 국토이용계획변경신청에 대한 거부행위가 항고소송의 대상이 되는 행정처분에 해당하기 위한 요건(대법원 2003. 9.23. 선고 2001두10936 판결)

구 국토이용관리법(2002. 2. 4. 법률 제6655호 국토의계획및이용에관한법률 부칙 제2조로 폐지)상 주민이 국토이용계획의 변경에 대하여 신청을 할 수 있다는 규정이 없을 뿐만 아니라, 국토건설종합계획의 효율적인 추진과 국토이용질서를 확립하기 위한 국토이용계획은 장기성, 종합성이 요구되는 행정계획이어서 원칙적으로는 그 계획이 일단 확정된 후에 어떤 사정의 변동이 있다고 하여 그러한 사유만으로는 지역주민이나 일반 이해관계인에게 일일이 그 계획의 변경을 신청할 권리를 인정하여 줄 수는 없을 것이지만, 장래 일정한 기간 내에 관계 법령이 규정하는 시설 등을 갖추어 일정한 행정처분을 구하는 신청을 할 수 있는 법률상 지위에 있는 자의 국토이용계획변경신청을 거부하는 것이 실질적으로 당해 행정처분 자체를 거부하는 결과가 되는 경우에는 예외적으로 그 신청인에게 국토이용계획변경을 신청할 권리가 인정된다고 봄이 상당하므로, 이러한 신청에 대한 거부행위는 항고소송의 대상이 되는 행정처분에 해당한다.

구 행정규제및민원사무기본법 제2조 제3호, 제9조 제3항 및 같은법시행령 제2조 제3호 (바)목의 규정에 의하여 민원인에게 민원에서 요구하는 행정기관의 행위에 대한 실체적 신청권이 인정되는지 여부(대법원 1999. 8.24. 선고 97누7004 판결)

구 행정규제및민원사무기본법 제2조 제3호와 제9조 제3항 및 같은법시행령 제2조 제3호 (바)목의 규정은, 행정기관에 대하여 특정한·행위를 요구하는 행위도 민원사항의 하나로 규정하면서 그에 관한 신청이 있을 경우 행정기관은 그 접수를 보류 또는 거부하거나 혹은 접수된 서류를 부당하게 되돌려 보낼 수 없도록 규정하고 있으나, 위 법이 민원사무의 처리에 관한 기본적인 사항을 정하는 것을 그 입법목적으로 하여 주로 절차적인 사항을 정하고 있는 점에 비추어 볼 때, 위 각 규정에서 위와 같이 민원사항의 신청에 대한 행정기관의 절차적인 접수의무를 규정하고 있다고 하더라도 그로써 바로 민원인에게 그 민원에서 요구하는 행정기관의 행위에 대한 실체적인 신청권까지 인정되는 것이라고 볼 수는 없다.

2. 예외적 지정권자

가. 시 · 도지사 또는 대도시 시장의 지정 – 협의

도시개발사업이 필요하다고 인정되는 지역이 둘 이상의 특별시 · 광역시 · 도 · 특별자치도(이하 "시 · 도"라 한다) 또는 「지방자치법」 제175조에 따른 서울특별시와 광역시를 제외한 인구 50만 이상의 대도시(이하 이 조 및 제8조에서 "대도시"라 한다)의 행정구역에 걸치는 경우에는 관계 시 · 도지사 또는 대도시 시장이 협의하여 도시개발구역을 지정할 자를 정한다(법 제3조 제2항).

한편, 대도시 시장의 경우는 도시개발법에 의한 도시개발구역의 지정권자인 동시에 국토의 계획 및 이용에 관한 법률에 의한 도시관리계획(지구단위계획) 결정권자로서의 지위에 있다. 따라서 대도시 관할 행정구역에서 도지사가 직접 도시개발사업을 시행하는 경우라도 도시개발법에서 도지사에게 대도시 행정구역에서의 도시개발구역 지정권자로서 별도 규정을 하고 있는 않는 이상 도시개발법상 지정권자인 대도시 시장에게 도시개발구역 지정 및 실시계획인가에 대한 권한이 있다.[19)]

질의사항

환지방식의 도시개발사업지구 내에 2개시(수원시, 화성시)의 행정구역이 편입되어 있을 경우, 화성시의 동의를 받아서 수원시장이 지정권자 및 사업시행자가 될 수 있는지?

회신내용

도시개발법 제3조 제1항 본문에 따라 특별시장·광역시장·도시자·특별자치도지사, 지방자치법 제3조 제3항에 따라 자치구가 아닌 구가 설치된 시의 시장은 도시개발사업구역을 지정할 수 있으며, 동조 제2항에서는 도시개발사업이 필요하다고 인정되는 지역이역이 둘 이상의 특별시·광역시·특별자치도 또는 지방자치법 제3조 제3항에 따라 자치구가 아닌 구(이하 '대도시 시장'이라 한다)가가 설치된 시의 행정구역에 걸치는 경우에는 관계 시·도지사 또는 대도시 시장이 협의하여 도시개발구역을 지정할 자를 정할 수 있다고 규정되어 있어, 수원시장은 대도시 시장이나 화성시장은 대도시 시장이 아닌 경우, 수원시장과 경기도지사가 협의하여 도시개발구역 지정권자를 결정할 수 있을 것임, 아울러 환지방식의 도시개발사업 시행자와 관련하여, 동법 제제11조 제2항에 의거 토지소유자, 조합 또는 지방자치단체, 한국토지주택공사, 지방공사 등(지방자치단체 등)이 도시개발사업 시행자가 될 수 있음, 따라서 지방자치단체의 장도 도시개발사업 시행자가 될 수 있으나, 지방자치단체장의 경우 지방자치법 등에서 정하고 있는 사무범위에 적합하게 처리해야 할 것임.

[국토부 도시재생과 2009.12.22]

나. 국토교통부장관 지정

국토교통부장관은 다음 각 호의 어느 하나에 해당하면 제1항과 제2항에도 불구하고 도시개발구역을 지정할 수 있다.

제1호 국가가 도시개발사업을 실시할 필요가 있는 경우

19) 국토부 도시재생과-241, 2013. 5. 3.

제2호 관계 중앙행정기관의 장이 요청하는 경우

제3호 제11조 제1항 제2호에 따른 공공기관의 장 또는 같은 항 제3호에 따른 정부출연기관의 장[20]이 30㎡ 이상으로 국가계획과 밀접한 관련이 있는 도시개발구역의 지정을 제안하는 경우(영 제3조 제1항)

제4호 제2항에 따른 협의가 성립되지 아니하는 경우

제5호 천재지변, 그 밖의 사유로 인하여 도시개발사업이 긴급히 필요한 경우(영 제4조 제2항)

제 2 절 도시개발구역의 지정신청 등

1. 도시개발구역의 지정신청

가. 시장 · 군수 또는 구청장의 구역지정 요청

시장(대도시 시장을 제외한다) · 군수 또는 구청장(자치구의 구청장을 말한다.)은 시 · 도지사에게 도시개발구역의 지정을 요청할 수 있다(법 제3조 제4항). 이에 따라 도시개발구역을 지정하거나 그 지정을 요청하는 경우 도시개발구역의 지정대상 지역 및 규모, 요청 절차, 제출 서류 등에 필요한 사항은 대통령령으로 정한다(같은 조 제5항).

---

20) 법 시행령 제18조(시행자) ① 법 제11조제1항제2호에서 "대통령령으로 정하는 공공기관"이란 다음 각 호의 공공기관을 말한다.

1. 「한국토지주택공사법」에 따른 한국토지주택공사(이하 "한국토지주택공사"라 한다)
2. 삭제
3. 「한국수자원공사법」에 따른 한국수자원공사
4. 「한국농어촌공사 및 농지관리기금법」에 따른 한국농어촌공사
5. 「한국관광공사법」에 따른 한국관광공사
6. 「한국철도공사법」에 따른 한국철도공사
7. 「공공기관 지방이전에 따른 혁신도시 건설 및 지원에 관한 특별법」 제43조제3항에 따른 매입공공기관(같은 법 제2조제6호에 따른 종전부동산 및 그 주변을 개발하는 경우로 한정한다)

② 법 제11조제1항제3호에서 "대통령령으로 정하는 정부출연기관"이란 다음 각 호의 기관을 말한다.

1. 「한국철도시설공단법」에 따른 한국철도시설공단(「역세권의 개발 및 이용에 관한 법률」 제2조제2호에 따른 역세권개발사업을 시행하는 경우에만 해당한다)
2. 「제주특별자치도 설치 및 국제자유도시 조성을 위한 특별법」에 따른 제주국제자유도시개발센터(제주특별자치도에서 개발사업을 하는 경우에만 해당한다)

[서울시 도시개발구역의 지정신청 절차]

법 제3조 제4항의 규정에 의하여 서울특별시 자치구청장(이하 "구청장"이라 한다)이 서울특별시장(이하 "시장"이라 한다)에게 도시개발구역의 지정을 요청함에 있어 도시개발구역으로 지정하고자 하는 구역이 2개 이상의 자치구에 걸쳐있는 경우에는 도시개발구역의 지정을 요청하는 구청장을 제외한 나머지 구청장의 동의서를 첨부하여 요청하여야 한다(서울시 도시개발조례 제2조). 또한, 구청장은 법 제11조 제5항의 규정에 의하여 제안된 도시개발구역의 지정을 수용하기로 하고 그 사실을 제안자에게 통보하는 때에는 통보일부터 6월 이내에 시장에게 도시개발구역의 지정을 요청하여야 한다. 다만 부득이한 사유로 인하여 기한 내에 지정요청을 하지 못하는 경우에는 3월의 범위 내에서 그 기간을 연장할 수 있다(서울시 도시개발조례 제4조).
다만, 도시개발법 제3조 제4항에 의하여 서울특별시장에게 도시개발구역의 지정을 요청하고자 하는 구청장은 다음 각호의 1에 해당하는 지역에 대하여 지정을 요청하여서는 아니된다(서울시 도시개발조례 규칙 제2조).

제1호 국토의계획및이용에관한법률 제18조에 의한 서울특별시도시기본계획에 보전용지로 계획된 지역
제2호 도시및주거환경정비법 제3조의 규정에 의한 서울특별시도시 · 주거환경정비기본계획에 정비구역지정이 예정된 지역

나. 도시개발구역의 지정요청 절차

1) 시 · 군 · 구 도시계획위원회의 자문

시장[「지방자치법」 제175조에 따른 서울특별시와 광역시를 제외한 인구 50만 이상의 대도시의 시장(이하 "대도시 시장"이라 한다)은 제외한다] · 군수 또는 구청장(자치구의 구청장을 말한다. 이하 같다)이 특별시장 · 광역시장 · 도지사에게 도시개발구역의 지정을 요청하려면 시 · 군 · 구도시계획위원회에 자문을 한 후 국토교통부령으로 정하는 서류를 특별시장 · 광역시장 · 도지사에게 제출하여야 한다.

다만, 지구단위계획구역에서 이미 결정된 지구단위계획에 따라 도시개발사업을 시행하기 위하여 도시개발구역의 지정을 요청하는 경우에는 시 · 군 · 구도시계획위원회에 자문을 하지 아니할 수 있다(영 제5조).

2) 주민의견청취

대도시 시장이 아닌 시장 · 군수 또는 구청장이 도시개발구역의 지정을 요청하려고 하는 경우에는 공람이나 공청회를 통하여 주민이나 관계 전문가 등으로부터 의견을 들어야 하며,

공람이나 공청회에서 제시된 의견이 타당하다고 인정되면 이를 반영하여야 한다(법 제7조 1항).

3) 구역지정요청시 제출서류

시장{「지방자치법」 제175조에 따른 서울특별시와 광역시를 제외한 인구 50만 이상의 대도시의 시장(이하 "대도시 시장"이라 한다)은 제외한다} · 군수 또는 구청장(자치구의 구청장을 말한다. 이하 같다)은 「도시개발법」 제3조제4항에 따라 도시개발구역의 지정을 요청할 때에는 별지 제3호서식의 도시개발구역 지정요청서에 다음 각 호의 서류 및 도면을 첨부하여 특별시장 · 광역시장 · 도지사 · 특별자치도지사(이하 "시 · 도지사"라 한다)에게 제출하여야 한다. 이 경우 시 · 도지사는 「전자정부법」 제36조제1항에 따른 행정정보의 공동이용을 통하여 지적도 및 임야도를 확인하여야 한다(규칙 제5조).

제1호 별지 제2호서식의 도시개발구역 조사서

제2호 법 제4조 제4항에 따른 토지면적 및 토지소유자의 동의에 관한 서류(환지방식이 적용되는 지역만 해당한다)

제3호 법 제5조 제1항에 따른 개발계획의 내용에 관한 서류. 다만, 법 제4조 제1항 단서에 따라 도시개발구역을 지정한 후에 개발계획을 수립하는 경우에는 영 제9조 제1항 각 호의 사항을 적은 서류 및 환경성검토서(녹지지역 안 또는 도시지역 외의 지역에 도시개발구역을 지정하는 경우만 해당하고, 「환경정책기본법」에 따라 사전환경성검토를 실시한 경우에는 사전환경성검토서를 말한다)

제4호 법 제6조에 따른 기초조사 등에 관한 서류

제5호 법 제7조 제1항에 따른 주민 및 관계전문가 등의 의견청취 결과 및 이에 대한 검토의견서

제6호 법 제11조 제6항에 따른 토지면적 및 토지소유자의 동의에 관한 서류

제7호 축척 2만 5천분의 1 또는 5만분의 1의 위치도

제8호 도시개발구역의 경계를 표시한 축척 1천분의 1부터 5천분의 1까지의 지형도와 경계설정의 이유를 적은 서류

제9호 「국토의 계획 및 이용에 관한 법률」 제113조 제2항에 따른 시 · 군 · 구도시계획위원회의 자문 결과 및 이에 대한 검토의견서(영 제5조 단서에 따라 시 · 군 · 구도시계획위원회의 자문을 거치지 아니한 경우는 제외한다)

제10호 법 제9조 제2항에 따른 도시 · 군관리계획의 결정에 필요한 도서

제11호 편입 농지 및 임야 현황에 관한 조사자료

[도시개발구역 지정요청서]

■ 도시개발법 시행규칙 [별지 제3호 서식] 〈개정 2017. 12. 29.〉

도시개발구역 지정 요청서

※ 색상이 어두운 란은 요청자가 작성하지 않습니다. (앞 쪽)

접수번호	접수일자	처리기간 90일

시 행 자	성명(법인의 명칭 및 대표자 성명)	생년월일(법인등록번호)
	주소	전화번호

구 역 명			
지정목적			
위 치			
면 적	㎡		
시행기간			
시행방식			
수용계획	계획인구	세대수	
	주요유치업종	공장수	

「도시개발법」 제3조제4항에 따라 위와 같이 도시개발구역지정을 요청합니다.

년 월 일

요청인 (서명 또는 인)

특별시장 · 광역시장 · 도지사 · 특별자치도지사 귀하

요청인 제출서류	1. 「도시개발법 시행규칙」 별지 제2호서식의 도시개발구역조사서 2. 「도시개발법」 제4조제4항에 따른 토지면적 및 토지소유자의 동의에 관한 서류(환지방식이 적용되는 지역에만 해당합니다) 3. 「도시개발법」 제5조제1항에 따른 개발계획의 내용에 관한 서류. 다만, 「도시개발법」 제4조제1항 단서에 따라 도시개발구역을 지정한 후에 개발계획을 수립하는 경우에는 「도시개발법 시행령」제9조제1항 각 호의 사항을 기재한 서류 및 환경성검토서(녹지지역 안 또는 도시지역 외의 지역에 도시개발구역을 지정하는 경우만 해당하고, 「환경영향평가법」에 따라 전략환경영향평가를 실시하는 경우에는 전략환경영향평가서를 말합니다) 4. 「도시개발법」 제6조에 따른 기초조사 등에 관한 서류 5. 「도시개발법」 제7조제1항에 따른 주민 및 관계전문가 등의 의견청취결과 및 이에 대한 검토의견서 6. 「도시개발법」 제11조제6항에 따른 토지면적 및 토지소유자의 동의에 관한 서류 7. 축척 2만 5천분의 1 또는 5만분의 1의 위치도 (뒤 쪽으로 계속됩니다)	수수료 없음

210㎜×297㎜[백상지(80g/㎡) 또는 중질지(80g/㎡)]

(뒤 쪽)

요청인 제출서류	8. 도시개발구역의 경계를 표시한 축척 1천분의 1 내지 5천분의 1의 지형도와 경계설정의 이유를 적은 서류 9. 「국토의 계획 및 이용에 관한 법률」 제113조제2항에 따른 시 · 군 · 구도시계획위원회의 자문결과 및 이에 대한 검토의견서(「도시개발법 시행령」 제5조 단서에 따라 시 · 군 · 구도시계획위원회의 자문을 거치지 아니한 경우는 제외합니다) 10. 「도시개발법」 제9조제2항에 따른 도시 · 군관리계획의 결정에 필요한 도서 11. 편입농지 및 임야 현황에 관한 조사자료
담당 공무원 확인사항	지적도 및 임야도

처리절차

이 요청서는 다음과 같이 처리됩니다.

요 청 인	처 리 기 관(담당부서)
시장 · 군수 · 구청장	특별시 · 광역시 · 도 · 특별자치도 (도시개발사업업무 담당부서)
요청서 작성 →	접 수
	↓ 검 토
	↓ 관계행정기관협의
	↓ 도시계획위원회심의
	↓ 국토교통부장관 협의 (도시개발구역 면적이 100만㎡ 이상인 경우 또는 개발계획이 국가계획을 포함하거나 국가계획과 관련된 경우)
통 지 ←	↓ 결 재
	↓ 구역지정 · 고시 대장정리

[별지 제2호 서식]

도시개발구역 조사서

1. 구역명	
2. 위치 및 면적	

3. 인구 및 주택 현황

인 구	천명	가 구	천호	부족 주택수	천호	부족률	%

4. 공장현황

공장용지수요		부족공장용지		부 족 률	%

5. 토지이용현황(㎡)

도시지역	합계	주거지역	상업지역	공업지역	자연녹지지역	생산녹지지역	기타
합계							
전							
답							
대							
임야							
기타							

도시지역 밖	합계	계획관리지역	생산·보전 관리지역	농림지역	자연환경보전지역
합계					
전					
답					
대					
임야					
기타					

6. 공법상 제한 현황

제한내용	위 치	면적(㎡)
군사시설 보호		
고도 제한		
농업진흥지역		
문화재 보호		
기타		

7. 농경지 현황(㎡)

구분	계			농업진흥지역						농업진흥지역 밖		
				농업진흥구역			농업보호구역					
계	계	전	답	계	전	답	계	전	답	계	전	답
도시지역												
도시지역 밖												

8. 지구 내 지장물 현황

지장물 내용	존치 대상	철거 대상	비고

9. 인근 주요 지장물 현황

지장물 내용	구역경계와의 거리	이 용 계 획

10. 공시지가 고시일자		11. 기준지가 (㎡당)	최저: 천원 최고: 천원

12. 추정사업비(천원)	계	용지비	공사비	기타

13. 간선시설	구분	기존		신설	
		수량	금액(천원)	수량	금액(천원)

14. 종합의견

15. 조사자	소속		직위(직급)		성명	㊞
16. 확인자	소속		직위(지급)		성명	㊞

210mm×297mm(보존용지(2종) 70g/㎡)

다. 지정 요청의 효력 – 재량행위

시 · 도지사 등 지정권자는 계획적인 도시개발이 필요하다고 인정되는 때에는 도시개발구역을 지정할 수 있고, 토지소유자 등의 개발구역지정제안은 지정권자가 도시개발구역을 지정하는 데 반드시 필요한 절차가 아니라 단순히 지정권자의 권한 행사를 촉구하는 것에 불과하다고 할 것이다.

따라서 도시개발구역지정을 제안한 제안자가 적법한 제안권자가 아니라거나 개발구역지정제안에 필요한 대상구역의 토지면적의 3분의 2 이상에 해당하는 토지소유자의 동의를 얻지 못하였다고 하더라도, 그와 같은 사유로 인하여 그 제안에 기초하여 이루어진 도시개발구역지정처분이 위법하다고 할 수 없다.[21]

2. 도시개발구역의 지정제안

가. 구역지정의 제안

1) 지정의 제안

공공기관의 장 또는 정부출연기관의 장은 개발구역의 면적이 30만㎡ 이상으로 국가계획과 밀접한 관련이 있는 도시개발구역의 지정을 제안하는 경우, 국토교통부장관에게 직접 도시개발구역의 지정을 제한할 수 있다(법 제3조 제3항 제3호).

2) 중복제한

동일한 지역에 대하여 중복 제안이 있는 경우 그 처리방법 등에 관하여 도시개발법에는 아무런 규정을 두고 있지 아니하다. 이에 따라 주민의 제안에 기한 도시관리계획의 입안 절차가 진행 중에 있는 경우 그 절차의 중단여부, 중복제안이 있는 경우 새로운 제안에 대한 반려 또는 도시관리계획의 입안에의 반영 여부도 도시관리계획의 입안권의 범위에 포함되는 것으로 해석되므로, 이 경우 지정권자가 제안 내용의 타당성 등을 종합적으로 검토하여 결정할 사항이다.[22]

3) 지정의 반려

도시개발구역 지정의 제안을 받은 국토교통부장관, 시장 · 군수 또는 구청장은 다음의 어느

21) 대법원 2012. 9. 27. 선고 2010두16219 판결.
22) 도시재생과-1527, 2012. 8. 24.

하나에 해당하는 경우 제안을 반려할 수 있다. 이 경우 정상적인 사업 추진여부를 고려하여 최대한으로 종전의 토지소유자들이 부당하게 소외되지 않는 결정이 되도록 충분히 검토하여야 한다(도시개발업무지침 1-2-7).

(가) 제안일 이전 3년간 동의자중 5명 이상 공유토지 증가가 전체토지의 5퍼센트 이상인 경우

(나) 제안일 이전 3년간 동의자중 5명 이상 분할토지 증가가 전체토지의 5퍼센트 이상인 경우

(다) (가) 및 (나)에 불구하고 제안일 이전 급격하게 공유 및 분할된 토지 등이 포함된 경우

(라) 제안일 이전 3년간 동의자중 토지의 공유 및 분할이 전체토지의 20퍼센트 이상 증가한 경우

(마) (가)부터 (라)까지는 토지는 필지수와 사유지를 기준으로 한다.

나. 구역지정 제안권자(법 제11조 제5항, 영 제23조 제1항, 제4항, 제5항)

국가, 지방자치단체, 도시개발조합 등을 제외한 사업시행자가 될 수 있는 아래의 자는 특별자치도지사 · 시장 · 군수 또는 구청장에게 도시개발구역의 지정을 제안할 수 있다.

1) 공공기관, 정부출연기관, 지방공사 등에 해당하는 자

2) 도시개발구역의 토지소유자(수용 또는 사용의 방식으로 제안하는 경우에는 도시개발구역의 국공유지를 제외한 토지면적의 3분의 2 이상을 사용할 수 있는 대통령령으로 정하는 권원을 가지고 2분의 1 이상을 소유한 자를 말한다)

3) 가) 「수도권정비계획법」에 따른 과밀억제권역에서 수도권 외의 지역으로 이전하는 법인 중 과밀억제권역의 사업 기간 등 대통령령으로 정하는 요건에 해당하는 법인, 「주택법」 제4조에 따라 등록한 자 중 도시개발사업을 시행할 능력이 있다고 인정되는 자로서 대통령령으로 정하는 요건에 해당하는 자(「주택법」 제2조제12호에 따른 주택단지와 그에 수반되는 기반시설을 조성하는 경우에만 해당한다)

나) 「건설산업기본법」에 따른 토목공사업 또는 토목건축공사업의 면허를 받는 등 개발계획에 맞게 도시개발사업을 시행할 능력이 있다고 인정되는 자로서 대통령령으로 정하는 요건에 해당하는 자,

다) 「부동산개발업의 관리 및 육성에 관한 법률」 제4조 제1항에 따라 등록한 부동산개발업자로서 대통령령으로 정하는 요건에 해당하는 자,

라) 「부동산투자회사법」에 따라 설립된 자기관리부동산투자회사 또는 위탁관리부동산투자회사로서 대통령령으로 정하는 요건에 해당하는 자,

마) 제1호부터 제9호까지, 제9호의2 및 제10호에 해당하는 자(제6호에 따른 조합은 제외한다)가 도시개발사업을 시행할 목적으로 출자에 참여하여 설립한 법인으로서 대통령령으로 정하는 요건에 해당하는 자는 대통령령으로 정하는 바에 따라 특별자치도지사·시장·군수 또는 구청장에게 도시개발구역의 지정을 제안할 수 있다. 다만, 제3조 제3항에 해당하는 자는 국토교통부장관에게 직접 제안할 수 있다(법 제11조 제5항).

다. 제안절차

1) 제안서류의 제출

도시개발구역의 지정을 제안하려는 자는 국토교통부령으로 정하는 도시개발구역지정제안서를 국토교통부장관, 특별자치도지사, 시장·군수 또는 구청장에게 제출하여야 한다(영 제23조 제1항). 또한, 도시개발구역의 지정을 제안하려는 지역이 둘 이상의 시·군 또는 구의 행정구역에 걸쳐 있는 경우에는 그 지역에 포함된 면적이 가장 큰 행정구역의 시장·군수 또는 구청장에게 위의 서류를 제출하여야 한다(영 제23조 제2항).

2) 지정제안의 동의 및 동의자 수 산정방법

가) 환지방식

토지 소유자 또는 도시개발사업의 시행자자[23]가 도시개발구역의 지정을 제안하려는 경우에는 대상 구역 토지면적의 3분의 2 이상에 해당하는 토지 소유자(지상권자를 포함한다)의 동의를 받아야 한다(법 제11조 제6항). 이에 반하여 공공기관, 정부출연기관, 지방공사 등은 공익사업을 수행하는 자들로서 토지소유자의 동의 없이 특별자치도지사·시장·군수 또는 구청장에게 도시개발구역의 지정을 제안할 수 있다는 점에 차이가 있다(같은 조 5, 6항).

나) 수용방식

도시개발구역의 토지 소유자가 수용 또는 사용의 방식으로 제안하는 경우 도시개발구역의 국공유지를 제외한 토지면적의 3분의 2 이상을 사용할 수 있는 권원 즉, 토지사용승낙서 및

23) 제1항제7호부터 제11호까지(제1항제1호부터 제4호까지의 규정에 해당하는 자가 50%를 초과하여 출자한 경우는 제외한다).

토지매매계약서 등을 가지면 족하다. 이때 토지사용승낙은 단순한 토지사용 승낙을 의미하는 것은 아니고 매매계약까지 체결되어 있을 것을 요한다.

다) 동의자 수 산정방법 - 환지방식 구역지정 제안 등

(1) 동의자수 산정방법

법 제11조제2항제3호 및 같은 조 제6항에 따른 동의자 수의 산정 방법은 다음 각 호와 같다(영 제25조 제1항).

제1호 토지 소유권 또는 지상권을 공유하는 경우: 다른 공유자의 동의를 받은 대표 공유자 또는 대표 지상권자 1명만을 해당 토지 소유자 또는 지상권자로 볼 것. 다만, 「집합건물의 소유 및 관리에 관한 법률」 제2조제2호에 따른 구분소유자는 각각을 토지 소유자 1명으로 본다.

제2호 제11조제2항에 따른 공람ㆍ공고일 후에 「집합건물의 소유 및 관리에 관한 법률」 제2조제1호에 따른 구분소유권을 분할하게 되어 토지 소유자의 수가 증가하게 된 경우: 공람ㆍ공고일 전의 토지 소유자의 수를 기준으로 산정하고, 증가된 토지 소유자의 수는 토지 소유자 총수에 추가 산입하지 말 것

제3호 법 제11조제5항 따라 도시개발구역의 지정이 제안되기 전에 동의를 철회한 사람이 있는 경우: 그 사람은 동의자 수에서 제외할 것

제4호 법 제11조제5항에 따라 도시개발구역의 지정이 제안된 후부터 법 제3조에 따라 도시개발구역이 지정되기 전까지 토지 소유자가 변경된 경우: 기존 토지 소유자의 동의서를 기준으로 할 것

(2) 동의철회 방법

토지 소유자가 동의하거나 동의를 철회할 경우에는 국토교통부령으로 정하는 동의서 또는 동의철회서를 제출하여야 하며, 토지 또는 지상권을 공동으로 소유하는 토지 또는 지상권의 대표 소유자는 대표자지정 동의서와 대표 소유자 및 공유자의 신분을 증명할 수 있는 서류를 각각 첨부하여 함께 제출하여야 한다(영 제25조 제2항).

[동의철회서]

■ 도시개발법 시행규칙 [별지 제6호 서식] 〈개정 2017. 12. 29.〉

동의철회서

※ 색상이 어두운 란은 동의 철회자가 작성하지 않습니다.

접수번호		접수 일자
동의자	성명(법인의 명칭 및 대표자 성명)	생년월일(법인등록번호)
	주소	전화번호
동의의 철회내용	*(동의 철회자 자필로 기재)*	

본인은 위 동의의 철회내용에 기재한 것과 같이 이전에 동의하였던 것을 철회합니다.

년 월 일

동의 철회자 (서명 또는 인)

시행자 또는 시행예정자	성명(법인의 명칭 및 대표자 성명)	
	생년월일 (법인등록번호)	
	주소	
	전화번호	

귀하

동의 철회자 소유 토지 현황				
번호	지번	지목	면적(㎡)	비고
1				
2				
3				

첨부서류: 신분을 증명하는 문서사본 1부.

유의사항

1. 귀하(란) 앞에는 동의철회자가 철회하려는 동의서를 제출한 상대방을 적어야 합니다.
2. 소유 토지 작성란이 부족한 경우에는 별지에 적고 간인(間印)을 하여야 합니다.

210㎜×297㎜[백상지(80g/㎡) 또는 중질지(80g/㎡)]

[대표자 지정 동의서]

■ 도시개발법 시행규칙 [별지 제7호서식] 〈개정 2017. 12. 29.〉

대표자 지정 동의서

<table>
<tr><td colspan="7">여러 명이 공유한 토지 현황</td></tr>
<tr><td>토지위치
(지번)</td><td colspan="6"></td></tr>
<tr><td rowspan="5">지목</td><td rowspan="5"></td><td rowspan="5">면적</td><td>구분</td><td>성명</td><td>지분</td><td>면적(㎡)</td></tr>
<tr><td>1</td><td></td><td></td><td></td></tr>
<tr><td>2</td><td></td><td></td><td></td></tr>
<tr><td>3</td><td></td><td></td><td></td></tr>
<tr><td>4</td><td></td><td></td><td></td></tr>
</table>

본인은 위 토지의 공유자로서 「도시개발법 시행령」 제6조제6항 및 제25조제2항에 따라 아래의 자를 대표 소유자로 지정하고, 대표 소유자가 ○○ 도시개발사업과 관련한 토지 소유자로서 환지방식 개발계획, 시행자 지정, 구역지정 제안, 조합 설립 인가 및 토지 사용 · 수용 등에 대한 동의권(조합원의 의결권을 포함합니다)을 행사하는 것에 대하여 동의합니다.

년 월 일

대표 소유자(선임 수락자)	성명: (서명 또는 인) 생년월일: 전화번호:
위임자(동의자)	성명: (서명 또는 인) 생년월일: 전화번호:
위임자(동의자)	성명: (서명 또는 인) 생년월일: 전화번호:
위임자(동의자)	성명: (서명 또는 인) 생년월일: 전화번호:

첨부서류: 대표 소유자 및 위임자의 신분을 증명하는 문서사본 각 1부.

유의사항
소유 토지 작성란이 부족한 경우에는 별지에 적고 간인(間印)을 하여야 합니다.

210㎜×297㎜[백상지(80g/㎡) 또는 중질지(80g/㎡)]

(3) 동의철회의 시기

도시개발구역의 지정이 제안되기 전에 동의를 철회한 사람이 있는 경우 그 사람은 동의자 수에서 제외한다. 따라서 동의철회는 구역의 지정이 제안되기 전에 하여야 한다.

라. 지정기준

1) 도시관리계획의 변경 선행 또는 병행추진

영 제2조에서 규정하고 있는 지역외의 지역이나 보전용지가 개발구역에 불가피하게 포함되는 경우에는 도시관리계획의 변경을 선행하거나 병행하여 추진하여야 한다(같은 지침 1-2-3).

2) 다른 법률에 따라 개발행위 제한 지역 제외

다른 법률에 따라 건축물의 건축 등 개발행위가 제한되는 지역은 개발구역에서 제외하는 것을 원칙으로 한다. 다만, 개발구역에 불가피하게 포함되는 경우에는 가급적 당초의 행위제한 목적이 달성될 수 있는 지역지구 등으로 계획하여야 한다(1-2-4).

3) 계획적인 도시개발이 필요한 지역 면적상 특례

「국토의 계획 및 이용에 관한 법률」에 따라 제1종 지구단위계획구역 또는 제2종 지구단위계획구역으로 지정된 지역으로서 지정권자가 기반시설의 설치 또는 대지의 교환 등 계획적인 도시개발이 필요하다고 인정하는 지역인 경우에는 영 제2조 제1항의 규정에서 정하는 면적 이하라도 도시개발구역으로 지정할 수 있다. 이 경우 「국토의 계획 및 이용에 관한 법률」 제36조의 규정에 따른 용도지역간의 변경은 할 수 없다. 다만, 지구단위계획구역의 일부가 도시개발구역에 포함되는 경우에는 그러하지 아니하다(같은 지침 1-2-5).

4) 나., 다.의 적용 제외

법 제3조 및 영 제2조 제3항의 규정에 따라 국토교통부장관이 국가균형발전을 위하여 관계 중앙행정기관의 장과 협의하여 개발구역으로 지정하고자 하는 지역에 대하여는 1-2-3.와 1-2-4.의 규정을 적용하지 아니한다(같은 지침 1-2-6).

5) 토지소유 적정성 여부 검토

1-2-7에 따른 공유 및 분할된 토지에 대하여는 '부동산실권자명의 등기에 관한 법률'에 따라

토지소유 적정성 여부를 면밀히 검토하여야 한다(같은 지침 1-2-8).

마. 비용부담 – 전부 또는 일부

특별자치도지사 · 시장 · 군수 또는 구청장은 제안자와 협의하여 도시개발구역의 지정을 위하여 필요한 비용의 전부 또는 일부를 제안자에게 부담시킬 수 있다.

바. 수용여부의 통보 및 통보기한 등

도시개발구역지정의 제안을 받은 국토교통부장관 · 특별자치도지사 · 시장 · 군수 또는 구청장은 제안 내용의 수용 여부를 1개월 이내에 제안자에게 통보하여야 한다. 다만, 관계 기관과의 협의가 지연되는 등 불가피한 사유가 있는 경우에는 1개월 이내의 범위에서 통보기간을 연장할 수 있다.

제3절 도시개발구역의 지정대상 및 규모

1. 도시개발구역 지정규모

「도시개발법」 제3조에 따라 도시개발구역으로 지정할 수 있는 대상 지역 및 규모는 다음과 같다(법 시행령 제2조 제1항).

[구역의 규모]

도시지역		비도시지역
• 주거지역 및 상업지역 • 공업지역 • 자연녹지지역 • 생산녹지지역	1만m^2 이상 3만m^2 이상 1만m^2 이상 1만m^2 이상	30만m^2 이상 (특별한 요건을 갖춘 경우 20만m^2 이상)
• 생산녹지지역은 도시개발구역 지정면적의 100분의 30 이하인 경우 구역지정 가능		
• 도시지역과 비도시지역에 걸치는 경우 전체면적이 30만m^2 이상인 경우 구역지정 가능		

가. 도시지역

1) 주거지역 및 상업지역 : 1만 제곱미터 이상
2) 공업지역 : 3만 제곱미터 이상
3) 자연녹지지역 : 1만 제곱미터 이상
4) 생산녹지지역(생산녹지지역이 도시개발구역 지정면적의 100분의 30 이하인 경우만 해당된다) : 1만 제곱미터 이상

[국토계획법 상 개발행위허가 규모]

국토계획법 제55조 (개발행위허가의 규모)

① 법 제58조 제1항 제1호 본문에서 "대통령령으로 정하는 개발행위의 규모"란 다음 각호에 해당하는 토지의 형질변경면적을 말한다. 다만, 관리지역 및 농림지역에 대하여는 제2호 및 제3호의 규정에 의한 면적의 범위 안에서 당해 특별시·광역시·특별자치시·특별자치도·시 또는 군의 도시·군계획조례로 따로 정할 수 있다.

제1호 도시지역

가. 주거지역·상업지역·자연녹지지역·생산녹지지역 : 1만 제곱미터 미만

나. 공업지역 : 3만 제곱미터 미만

다. 보전녹지지역 : 5천 제곱미터 미만

제2호 관리지역 : 3만 제곱미터 미만

제3호 농림지역 : 3만 제곱미터 미만

제4호 자연환경보전지역 : 5천 제곱미터 미만

나. 도시지역 외의 지역

도시지역 외의 지역 : 30만 제곱미터 이상. 다만, 「건축법 시행령」 별표 1 제2호의 공동주택 중 아파트 또는 연립주택의 건설계획이 포함되는 경우로서 다음 요건을 모두 갖춘 경우에는 20만 제곱미터 이상으로 한다.

[별표 1]

용도별 건축물의 종류(제3조의4 관련)

1. 단독주택[단독주택의 형태를 갖춘 가정어린이집·공동생활가정·지역아동센터 및 노인복지시

설(노인복지주택은 제외한다)을 포함한다]

가. 단독주택

나. 다중주택 : 다음의 요건을 모두 갖춘 주택을 말한다.

1) 학생 또는 직장인 등 여러 사람이 장기간 거주할 수 있는 구조로 되어 있는 것

2) 독립된 주거의 형태를 갖추지 아니한 것(각 실별로 욕실은 설치할 수 있으나, 취사시설은 설치하지 아니한 것을 말한다. 이하 같다)

3) 연면적이 330제곱미터 이하이고 층수가 3층 이하인 것

다. 다가구주택 : 다음의 요건을 모두 갖춘 주택으로서 공동주택에 해당하지 아니하는 것을 말한다.

1) 주택으로 쓰는 층수(지하층은 제외한다)가 3개 층 이하일 것. 다만, 1층의 바닥면적 2분의 1 이상을 필로티 구조로 하여 주차장으로 사용하고 나머지 부분을 주택 외의 용도로 쓰는 경우에는 해당 층을 주택의 층수에서 제외한다.

2) 1개 동의 주택으로 쓰는 바닥면적(지하주차장 면적은 제외한다)의 합계가 660제곱미터 이하일 것

3) 19세대 이하가 거주할 수 있을 것

라. 공관(公館)

2. 공동주택[공동주택의 형태를 갖춘 가정어린이집 · 공동생활가정 · 지역아동센터 · 노인복지시설(노인복지주택은 제외한다) 및 「주택법 시행령」 제3조 제1항에 따른 원룸형 주택을 포함한다]. 다만, 가목이나 나목에서 층수를 산정할 때 1층 전부를 필로티 구조로 하여 주차장으로 사용하는 경우에는 필로티 부분을 층수에서 제외하고, 다목에서 층수를 산정할 때 1층의 바닥면적 2분의 1 이상을 필로티 구조로 하여 주차장으로 사용하고 나머지 부분을 주택 외의 용도로 쓰는 경우에는 해당 층을 주택의 층수에서 제외하며, 가목부터 라목까지의 규정에서 층수를 산정할 때 지하층을 주택의 층수에서 제외한다.

가. 아파트 : 주택으로 쓰는 층수가 5개 층 이상인 주택

나. 연립주택 : 주택으로 쓰는 1개 동의 바닥면적(지하주차장 면적은 제외한다) 합계가 660제곱미터를 초과하고, 층수가 4개 층 이하인 주택

다. 다세대주택 : 주택으로 쓰는 1개 동의 바닥면적 합계가 660제곱미터 이하이고, 층수가 4개 층 이하인 주택(2개 이상의 동을 지하주차장으로 연결하는 경우에는 각각의 동으로 보며, 지하주차장 면적은 바닥면적에서 제외한다)

라. 기숙사 : 학교 또는 공장 등의 학생 또는 종업원 등을 위하여 쓰는 것으로서 공동취사 등을 할 수 있는 구조를 갖추되, 독립된 주거의 형태를 갖추지 아니한 것(「교육기본법」 제27조 제2항에 따른 학생복지주택을 포함한다)

3. 제1종 근린생활시설

가. 슈퍼마켓과 일용품(식품 · 잡화 · 의류 · 완구 · 서적 · 건축자재 · 의약품 · 의료기기 등) 등의

소매점으로서 같은 건축물(하나의 대지에 두 동 이상의 건축물이 있는 경우에는 이를 같은 건축물로 본다. 이하 같다)에 해당 용도로 쓰는 바닥면적의 합계가 1천 제곱미터 미만인 것
나. 휴게음식점 또는 제과점으로서 같은 건축물에 해당 용도로 쓰는 바닥면적의 합계가 300제곱미터 미만인 것
다. 이용원, 미용원, 목욕장 및 세탁소(공장이 부설된 것과 「대기환경보전법」, 「수질 및 수생태계 보전에 관한 법률」 또는 「소음 · 진동관리법」에 따른 배출시설의 설치허가 또는 신고의 대상이 되는 것은 제외한다)
라. 의원 · 치과의원 · 한의원 · 침술원 · 접골원(接骨院), 조산원 및 안마원
마. 탁구장 및 체육도장으로서 같은 건축물에 해당 용도로 쓰는 바닥면적의 합계가 500제곱미터 미만인 것
바. 지역자치센터, 파출소, 지구대, 소방서, 우체국, 방송국, 보건소, 공공도서관, 지역건강보험조합, 그 밖에 이와 비슷한 것으로서 같은 건축물에 해당 용도로 쓰는 바닥면적의 합계가 1천 제곱미터 미만인 것
사. 마을회관, 마을공동작업소, 마을공동구판장, 그 밖에 이와 비슷한 것
아. 변전소, 양수장, 정수장, 대피소, 공중화장실, 그 밖에 이와 비슷한 것
자. 지역아동센터(단독주택과 공동주택에 해당하지 아니한 것을 말한다)
차. 「도시가스사업법」 제2조 제5호에 따른 가스배관시설

4. 제2종 근린생활시설
가. 일반음식점, 기원
나. 휴게음식점 또는 제과점으로서 제1종 근린생활시설에 해당하지 아니하는 것
다. 서점으로서 제1종 근린생활시설에 해당하지 아니하는 것
라. 테니스장, 체력단련장, 에어로빅장, 볼링장, 당구장, 실내낚시터, 골프연습장, 물놀이형 시설(「관광진흥법」 제33조에 따른 안전성검사의 대상이 되는 물놀이형 시설을 말한다. 이하 같다), 그 밖에 이와 비슷한 것으로서 같은 건축물에 해당 용도로 쓰이는 바닥면적의 합계가 500제곱미터 미만인 것
마. 공연장(극장, 영화관, 연예장, 음악당, 서커스장, 「영화 및 비디오물의 진흥에 관한 법률」 제2조 제16호가목에 따른 비디오물감상실, 같은 호 나목에 따른 비디오물소극장, 그 밖에 이와 비슷한 것을 말한다. 이하 같다) 또는 종교집회장[교회, 성당, 사찰, 기도원, 수도원, 수녀원, 제실(際室), 사당, 그 밖에 이와 비슷한 것을 말한다. 이하 같다]으로서 같은 건축물에 해당 용도로 쓰는 바닥면적의 합계가 300제곱미터 미만인 것
바. 금융업소, 사무소, 부동산중개사무소, 결혼상담소 등 소개업소, 출판사, 그 밖에 이와 비슷한 것으로서 같은 건축물에 해당 용도로 쓰는 바닥면적의 합계가 500제곱미터 미만인 것
사. 제조업소, 수리점, 세탁소, 그 밖에 이와 비슷한 것으로서 같은 건축물에 해당 용도로 쓰는 바닥면적의 합계가 500제곱미터 미만이고, 다음의 요건 중 어느 하나에 해당되는 시설

1) 「대기환경보전법」, 「수질 및 수생태계 보전에 관한 법률」 또는 「소음 · 진동관리법」에 따른 배출시설의 설치허가 또는 신고의 대상이 아닌 것
2) 「대기환경보전법」, 「수질 및 수생태계 보전에 관한 법률」 또는 「소음 · 진동관리법」에 따른 설치허가 또는 신고 대상 시설이나 귀금속 · 장신구 및 관련 제품 제조시설로서 발생되는 폐수를 전량 위탁처리하는 것

아. 「게임산업진흥에 관한 법률」 제2조 제6호의 2 가목에 따른 청소년게임제공업의 시설 및 같은 조 제8호에 따른 복합유통게임제공업의 시설(청소년 이용 불가 게임물을 제공하는 경우는 제외한다)로서 같은 건축물에 그 용도로 쓰는 바닥면적의 합계가 500제곱미터 미만인 것과 같은 조 제7호에 따른 인터넷컴퓨터게임시설제공업의 시설로서 같은 건축물에 그 용도로 쓰는 바닥면적의 합계가 300제곱미터 미만인 것

자. 사진관, 표구점, 학원(같은 건축물에 해당 용도로 쓰는 바닥면적의 합계가 500제곱미터 미만인 것만 해당되며, 자동차학원 및 무도학원을 제외한다), 직업훈련소(같은 건축물에 해당 용도로 쓰는 바닥면적의 합계가 500제곱미터 미만인 것을 말하되, 운전 · 정비 관련 직업훈련소는 제외한다), 장의사, 동물병원, 독서실, 총포판매사, 그 밖에 이와 비슷한 것

차. 단란주점으로서 같은 건축물에 해당 용도로 쓰는 바닥면적의 합계가 150제곱미터 미만인 것

카. 의약품 판매소, 의료기기 판매소 및 자동차영업소로서 같은 건축물에 해당 용도로 쓰는 바닥면적의 합계가 1천 제곱미터 미만인 것

타. 안마시술소 및 노래연습장

파. 고시원(「다중이용업소의 안전관리에 관한 특별법」에 따른 다중이용업 중 고시원업의 시설로서 독립된 주거의 형태를 갖추지 아니한 것을 말한다. 이하 같다)으로서 같은 건축물에 해당 용도로 쓰는 바닥면적의 합계가 500제곱미터 미만인 것

5. 문화 및 집회시설

가. 공연장으로서 제2종 근린생활시설에 해당하지 아니하는 것

나. 집회장[예식장, 공회당, 회의장, 마권(馬券) 장외 발매소, 마권 전화투표소, 그 밖에 이와 비슷한 것을 말한다]으로서 제2종 근린생활시설에 해당하지 아니하는 것

다. 관람장(경마장, 경륜장, 경정장, 자동차 경기장, 그 밖에 이와 비슷한 것과 체육관 및 운동장으로서 관람석의 바닥면적의 합계가 1천 제곱미터 이상인 것을 말한다)

라. 전시장(박물관, 미술관, 과학관, 문화관, 체험관, 기념관, 산업전시장, 박람회장, 그 밖에 이와 비슷한 것을 말한다)

마. 동 · 식물원(동물원, 식물원, 수족관, 그 밖에 이와 비슷한 것을 말한다)

6. 종교시설

가. 종교집회장으로서 제2종 근린생활시설에 해당하지 아니하는 것

나. 종교집회장(제2종 근린생활시설에 해당하지 아니하는 것을 말한다)에 설치하는 봉안당(奉安堂)

7. 판매시설
 가. 도매시장(「농수산물유통 및 가격안정에 관한 법률」에 따른 농수산물도매시장, 농수산물공판장, 그 밖에 이와 비슷한 것을 말하며, 그 안에 있는 근린생활시설을 포함한다)
 나. 소매시장(「유통산업발전법」 제2조 제3호에 따른 대규모 점포, 그 밖에 이와 비슷한 것을 말하며, 그 안에 있는 근린생활시설을 포함한다)
 다. 상점(그 안에 있는 근린생활시설을 포함한다)으로서 다음의 요건 중 어느 하나에 해당하는 것
  1) 제3호 가목에 해당하는 용도(서점은 제외한다)로서 제1종 근린생활시설에 해당하지 아니하는 것
  2) 「게임산업진흥에 관한 법률」 제2조 제6호의2가목에 따른 청소년게임제공업의 시설, 같은 호 나목에 따른 일반게임제공업의 시설, 같은 조 제7호에 따른 인터넷컴퓨터게임시설제공업의 시설 및 같은 조 제8호에 따른 복합유통게임제공업의 시설로서 제2종 근린생활시설에 해당하지 아니하는 것

8. 운수시설
 가. 여객자동차터미널
 나. 철도시설
 다. 공항시설
 라. 항만시설
 마. 삭제 〈2009.7.16.〉

9. 의료시설
 가. 병원(종합병원, 병원, 치과병원, 한방병원, 정신병원 및 요양병원을 말한다)
 나. 격리병원(전염병원, 마약진료소, 그 밖에 이와 비슷한 것을 말한다)

10. 교육연구시설(제2종 근린생활시설에 해당하는 것은 제외한다)
 가. 학교(유치원, 초등학교, 중학교, 고등학교, 전문대학, 대학, 대학교, 그 밖에 이에 준하는 각종 학교를 말한다)
 나. 교육원(연수원, 그 밖에 이와 비슷한 것을 포함한다)
 다. 직업훈련소(운전 및 정비 관련 직업훈련소는 제외한다)
 라. 학원(자동차학원 및 무도학원은 제외한다)
 마. 연구소(연구소에 준하는 시험소와 계측계량소를 포함한다)
 바. 도서관

11. 노유자시설
 가. 아동 관련 시설(어린이집, 아동복지시설, 그 밖에 이와 비슷한 것으로서 단독주택, 공동주택 및 제1종 근린생활시설에 해당하지 아니하는 것을 말한다)

나. 노인복지시설(단독주택과 공동주택에 해당하지 아니하는 것을 말한다)
다. 그 밖에 다른 용도로 분류되지 아니한 사회복지시설 및 근로복지시설

12. 수련시설
가. 생활권 수련시설(「청소년활동진흥법」에 따른 청소년수련관, 청소년문화의집, 청소년특화시설, 그 밖에 이와 비슷한 것을 말한다)
나. 자연권 수련시설(「청소년활동진흥법」에 따른 청소년수련원, 청소년야영장, 그 밖에 이와 비슷한 것을 말한다)
다. 「청소년활동진흥법」에 따른 유스호스텔

13. 운동시설
가. 탁구장, 체육도장, 테니스장, 체력단련장, 에어로빅장, 볼링장, 당구장, 실내낚시터, 골프연습장, 물놀이형 시설, 그 밖에 이와 비슷한 것으로서 제1종 근린생활시설 및 제2종 근린생활시설에 해당하지 아니하는 것
나. 체육관으로서 관람석이 없거나 관람석의 바닥면적이 1천 제곱미터 미만인 것
다. 운동장(육상장, 구기장, 볼링장, 수영장, 스케이트장, 롤러스케이트장, 승마장, 사격장, 궁도장, 골프장 등과 이에 딸린 건축물을 말한다)으로서 관람석이 없거나 관람석의 바닥면적이 1천 제곱미터 미만인 것

14. 업무시설
가. 공공업무시설 : 국가 또는 지방자치단체의 청사와 외국공관의 건축물로서 제1종 근린생활시설에 해당하지 아니하는 것
나. 일반업무시설 : 금융업소, 사무소, 신문사, 오피스텔(업무를 주로 하며, 분양하거나 임대하는 구획 중 일부의 구획에서 숙식을 할 수 있도록 한 건축물로서 국토교통부장관이 고시하는 기준에 적합한 것을 말한다), 그 밖에 이와 비슷한 것으로서 제2종 근린생활시설에 해당하지 아니하는 것

15. 숙박시설
가. 일반숙박시설(호텔, 여관 및 여인숙)
나. 관광숙박시설(관광호텔, 수상관광호텔, 한국전통호텔, 가족호텔 및 휴양 콘도미니엄)
다. 고시원(제2종 근린생활시설에 해당하지 아니하는 것을 말한다)
라. 그 밖에 가목부터 다목까지의 시설과 비슷한 것

16. 위락시설
가. 단란주점으로서 제2종 근린생활시설에 해당하지 아니하는 것
나. 유흥주점이나 그 밖에 이와 비슷한 것
다. 「관광진흥법」에 따른 유원시설업의 시설, 그 밖에 이와 비슷한 시설(제2종 근린생활시설과 운동시설에 해당하는 것은 제외한다)

라. 삭제 〈2010.2.18〉
마. 무도장, 무도학원
바. 카지노영업소

17. 공 장
물품의 제조 · 가공[염색 · 도장(塗裝) · 표백 · 재봉 · 건조 · 인쇄 등을 포함한다] 또는 수리에 계속적으로 이용되는 건축물로서 제1종 근린생활시설, 제2종 근린생활시설, 위험물저장 및 처리시설, 자동차 관련 시설, 분뇨 및 쓰레기처리시설 등으로 따로 분류되지 아니한 것

18. 창고시설(위험물 저장 및 처리 시설 또는 그 부속용도에 해당하는 것은 제외한다)
가. 창고(물품저장시설로서 「물류정책기본법」에 따른 일반창고와 냉장 및 냉동 창고를 포함한다)
나. 하역장
다. 「물류시설의 개발 및 운영에 관한 법률」에 따른 물류터미널
라. 집배송 시설

19. 위험물 저장 및 처리 시설
「위험물안전관리법」, 「석유 및 석유대체연료 사업법」, 「도시가스사업법」, 「고압가스 안전관리법」, 「액화석유가스의 안전관리 및 사업법」, 「총포 · 도검 · 화약류 등 단속법」, 「유해화학물질 관리법」 등에 따라 설치 또는 영업의 허가를 받아야 하는 건축물로서 다음 각 목의 어느 하나에 해당하는 것. 다만, 자가난방, 자가발전, 그 밖에 이와 비슷한 목적으로 쓰는 저장시설은 제외한다.
가. 주유소(기계식 세차설비를 포함한다) 및 석유 판매소
나. 액화석유가스 충전소 · 판매소 · 저장소(기계식 세차설비를 포함한다)
다. 위험물 제조소 · 저장소 · 취급소
라. 액화가스 취급소 · 판매소
마. 유독물 보관 · 저장 · 판매시설
바. 고압가스 충전소 · 판매소 · 저장소
사. 도료류 판매소
아. 도시가스 제조시설
자. 화약류 저장소
차. 그 밖에 가목부터 자목까지의 시설과 비슷한 것

20. 자동차 관련 시설(건설기계 관련 시설을 포함한다)
가. 주차장
나. 세차장
다. 폐차장
라. 검사장

마. 매매장
바. 정비공장
사. 운전학원 및 정비학원(운전 및 정비 관련 직업훈련시설을 포함한다)
아. 「여객자동차 운수사업법」, 「화물자동차 운수사업법」 및 「건설기계관리법」에 따른 차고 및 주기장(駐機場)

21. 동물 및 식물 관련 시설
가. 축사(양잠 · 양봉 · 양어시설 및 부화장 등을 포함한다)
나. 가축시설[가축용 운동시설, 인공수정센터, 관리사(管理舍), 가축용 창고, 가축시장, 동물검역소, 실험동물 사육시설, 그 밖에 이와 비슷한 것을 말한다]
다. 도축장
라. 도계장
마. 작물 재배사
바. 종묘배양시설
사. 화초 및 분재 등의 온실
아. 식물과 관련된 마목부터 사목까지의 시설과 비슷한 것(동 · 식물원은 제외한다)

22. 분뇨 및 쓰레기 처리시설
가. 분뇨처리시설
나. 고물상
다. 폐기물처리시설 및 폐기물감량화시설

23. 교정 및 군사 시설(제1종 근린생활시설에 해당하는 것은 제외한다)
가. 교정시설(보호감호소, 구치소 및 교도소를 말한다)
나. 보호관찰소, 갱생보호소, 그 밖에 범죄자의 갱생 · 보육 · 교육 · 보건 등의 용도로 쓰는 시설
다. 소년원 및 소년분류심사원
라. 국방 · 군사시설

24. 방송통신시설(제1종 근린생활시설에 해당하는 것은 제외한다)
가. 방송국(방송프로그램 제작시설 및 송신 · 수신 · 중계시설을 포함한다)
나. 전신전화국
다. 촬영소
라. 통신용 시설
마. 그 밖에 가목부터 라목까지의 시설과 비슷한 것

25. 발전시설
발전소(집단에너지 공급시설을 포함한다)로 사용되는 건축물로서 제1종 근린생활시설에 해당하

지 아니하는 것

26. 묘지 관련 시설
    가. 화장시설
    나. 봉안당(종교시설에 해당하는 것은 제외한다)
    다. 묘지와 자연장지에 부수되는 건축물

27. 관광 휴게시설
    가. 야외음악당
    나. 야외극장
    다. 어린이회관
    라. 관망탑
    마. 휴게소
    바. 공원·유원지 또는 관광지에 부수되는 시설

28. 장례식장[의료시설의 부수시설(「의료법」 제36조 제1호에 따른 의료기관의 종류에 따른 시설을 말한다)에 해당하는 것은 제외한다]

1) 도시개발구역에 초등학교용지를 확보(도시개발구역 내 또는 도시개발구역으로부터 통학이 가능한 거리에 학생을 수용할 수 있는 초등학교가 있는 경우를 포함한다)하여 관할 교육청과 협의한 경우
2) 도시개발구역에서 「도로법」 제12조 부터 제15조까지의 규정에 해당하는 도로 또는 국토교통부령으로 정하는 도로와 연결되거나 4차로 이상의 도로를 설치하는 경우

2. 자연녹지지역, 생산녹지지역, 도시지역 외의 지역

가. 지정원칙

자연녹지지역, 생산녹지지역 및 도시지역 외의 지역에 도시개발구역을 지정하는 경우에는 광역도시계획 또는 도시기본계획에 의하여 개발이 가능한 지역에서만 국토교통부장관이 정하는 기준에 따라 지정하여야 한다. 다만, 광역도시계획 및 도시기본계획이 수립되지 아니한 지역인 경우에는 자연녹지지역 및 계획관리지역에서만 도시개발구역을 지정할 수 있다(영 제2조 제2항).

한편, ⅰ) 자연녹지지역, ⅱ) 생산녹지지역(생산녹지지역이 도시개발구역 지정면적의 100분의 30

이하인 경우에 한한다), iii) 도시지역외의 지역, iv) 국토교통부장관이 국가균형발전을 위하여 관계 중앙행정기관의 장과 협의하여 도시개발구역으로 지정하고자 하는 지역(「국토의 계획 및 이용에 관한 법률」 제6조 제4호의 규정에 따른 자연환경보전지역을 제외한다), v) 해당 도시개발구역에 포함되는 주거지역·상업지역·공업지역의 면적의 합계가 전체 도시개발구역 지정 면적의 100분의 30 이하인 지역 등에서는 도시개발구역 지정 후 개발계획을 수립할 수 있다(도시개발업무지침 2-1-7).

나. 예외 규정 - 국토교통부장관이 관계 중앙행정기관의 장과의 협의하여 지정

다음의 어느 하나에 해당하는 지역으로서 도시개발구역을 지정하는 자가 계획적인 도시개발이 필요하다고 인정하는 지역에 대하여는 위 가.항의 규정에 따른 제한을 적용하지 아니한다(영 제2조 제3항).

1) 「국토의 계획 및 이용에 관한 법률」 제37조 제1항에 따른 취락지구 또는 개발진흥지구로 지정된 지역
2) 「국토의 계획 및 이용에 관한 법률」 제51조에 따른 지구단위계획구역으로 지정된 지역
3) 국토교통부장관이 국가균형발전을 위하여 관계 중앙행정기관의 장과 협의하여 도시개발구역으로 지정하려는 지역(「국토의 계획 및 이용에 관한 법률」 제6조 제4호에 따른 자연환경보전지역은 제외한다)

3. 둘이상의 용도지역에 걸치는 경우

가. 개발구역 지정

도시개발구역으로 지정하려는 지역이 둘 이상의 용도지역에 걸치는 경우에는 국토교통부령으로 정하는 기준에 따라 도시개발구역을 지정하여야 한다(영 제2조 제4항).

나. 개발구역 지정기준

영 제2조 제4항 및 시행규칙 제3조 별표 1 제1호가목의 규정에 따라 개발구역으로 지정하고자 하는 지역이 2 이상의 용도지역에 걸치는 경우에는 다음의 산식에 따른 면적(A)이 1만 제곱미터 이상인 경우에 한하여 개발구역을 지정하여야 한다. 다만, 생산녹지지역이 포함된 경우에

는 생산녹지지역이 전체 면적의 30퍼센트 이내이여야 한다(도시개발업무지침 1-5-1).

A = 주거지역의 면적 + 상업지역의 면적 + 공업지역의 면적의 3분의 1
+ 자연녹지지역의 면적 + 생산녹지지역의 면적

[별표 1]

도시개발구역의 지정기준(제3조 관련)

1. 도시개발구역으로 지정하려는 지역이 둘 이상의 용도지역에 걸치는 경우에는 다음 각 목의 구분에 따라 도시개발구역으로 지정하여야 한다.

가. 도시지역 안에서 둘 이상의 용도지역에 걸치는 경우에는 다음의 계산식에 따른 면적(A)이 1만 제곱미터 이상일 것. 다만, 생산녹지지역이 포함된 경우에는 생산녹지지역이 전체 면적의 30퍼센트 이내여야 한다.

A = 주거지역 및 상업지역의 면적 + 공업지역의 면적의 3분의 1
+ 자연녹지지역의 면적 + 생산녹지지역의 면적

나. 도시지역 밖에서 둘 이상의 용도지역에 걸치는 경우에는 총면적이 30만 제곱미터 이상일 것. 다만 영 제2조 제1항 제2호 단서에 따른 요건을 모두 갖춘 경우에는 20만 제곱미터 이상이어야 한다.

다. 도시지역 안과 도시지역 밖에 걸치는 경우에는 다음의 어느 하나에 해당할 것

(1) 총면적이 30만 제곱미터 이상인 경우일 것

(2) 도시지역안의 면적(가목의 계산식에 따른 면적을 말한다)이 1만 제곱미터 이상이고 도시지역 밖의 면적이 5천 제곱미터 이하로서 도시지역 밖의 면적을 공공시설용지로 사용하기 위하여 개발하는 경우일 것

(3) 영 제2조 제1항 제2호 단서에 따른 요건을 모두 갖춘 경우에는 20만 제곱미터 이상인 경우일 것

4. 연접개발

동일한 목적으로 여러 차례에 걸쳐 부분적으로 개발하거나 이미 개발한 지역과 붙어 있는 지역을 개발하는 경우에 국토교통부령으로 정하는 기준에 따라 도시개발구역을 지정하여야 한다(같은 조 제5항, 규칙 제3조 및 별표 1).

가. 개발 중인 구역과 새로 개발하려는 구역의 면적을 합한 면적이 영 제2조에서 정하는 면적 이상일 것

나. 개발 중인 구역과 새로 개발하려는 구역의 시행자가 같은 자일 것

[별표 1]

도시개발구역의 지정기준(제3조 관련)

1. 도시개발구역으로 지정하려는 지역이 둘 이상의 용도지역에 걸치는 경우에는 다음 각 목의 구분에 따라 도시개발구역으로 지정하여야 한다.

가. 도시지역 안에서 둘 이상의 용도지역에 걸치는 경우에는 다음의 계산식에 따른 면적(A)이 1만 제곱미터 이상일 것. 다만, 생산녹지지역이 포함된 경우에는 생산녹지지역이 전체 면적의 30퍼센트 이내여야 한다.

A＝주거지역 및 상업지역의 면적＋공업지역의 면적의 3분의 1＋자연녹지지역의 면적＋생산녹지지역의 면적

나. 도시지역 밖에서 둘 이상의 용도지역에 걸치는 경우에는 총면적이 30만 제곱미터 이상일 것. 다만 영 제2조 제1항 제2호 단서에 따른 요건을 모두 갖춘 경우에는 20만 제곱미터 이상이어야 한다.

다. 도시지역 안과 도시지역 밖에 걸치는 경우에는 다음의 어느 하나에 해당할 것

(1) 총면적이 30만 제곱미터 이상인 경우일 것

(2) 도시지역안의 면적(가목의 계산식에 따른 면적을 말한다)이 1만 제곱미터 이상이고 도시지역 밖의 면적이 5천 제곱미터 이하로서 도시지역 밖의 면적을 공공시설용지로 사용하기 위하여 개발하는 경우일 것

(3) 영 제2조 제1항 제2호 단서에 따른 요건을 모두 갖춘 경우에는 20만 제곱미터 이상인 경우일 것

2. 동일한 목적으로 여러 차례에 걸쳐 부분적으로 개발하거나 연접하여 개발하는 경우로서 다음 각 목의 요건을 모두 갖춘 경우에는 개발 중인 구역과 새로 개발하려는 구역을 하나의 도시개발구역으로 지정하여야 한다.

가. 개발 중인 구역과 새로 개발하려는 구역의 면적을 합한 면적이 영 제2조에서 정하는 면적 이상일 것

나. 개발 중인 구역과 새로 개발하려는 구역의 시행자가 같은 자일 것

제 4 절 도시개발구역의 분할 및 결합

1. 개발구역의 분할 및 결합

도시개발구역을 지정하는 자는 도시개발사업의 효율적인 추진과 도시의 경관 보호 등을 위하여 필요하다고 인정하는 경우에는 도시개발구역을 둘 이상의 사업시행지구로 분할하거나 서로 떨어진 둘 이상의 지역을 결합하여 하나의 도시개발구역으로 지정할 수 있으며(법 제3조의2 제1항), 이에 따라 도시개발구역을 분할 또는 결합하여 지정하는 요건과 절차 등에 필요한 사항은 대통령령으로 정한다(같은 조 제2항).

2. 분할 등의 절차

가. 개발구역분할의 전제

도시개발구역을 둘 이상의 사업시행지구로 분할할 수 있는 경우는 지정권자가 도시개발사업의 효율적인 추진을 위하여 필요하다고 인정하는 경우로서 분할 후 각 사업시행지구의 면적이 각각 1만 제곱미터 이상인 경우로 한다(영 제5조의2 제1항).

나. 개발구역결합의 요건

서로 떨어진(동일 또는 연접한 특별시 · 광역시 · 도 · 특별자치도로 한정한다) 둘 이상의 지역을 결합하여 하나의 도시개발구역으로 지정(이하 "결합개발"이라 한다)할 수 있는 경우는 면적이 1만 제곱미터 이상인 다음 각 호의 어느 하나에 해당하는 지역이 도시개발구역에 하나 이상 포함된 경우로 한다(같은 조 제2항). 다만, 제6호의 지역은 1만 제곱미터 미만인 경우도 포함한다.

제1호 도시경관, 문화재, 군사시설 및 항공시설 등을 관리하거나 보호하기 위하여 「국토의 계획 및 이용에 관한 법률」, 「문화재보호법」, 「군사기지 및 군사시설 보호법」 및 「공항시설법」 등 관계 법령에 따라 토지이용이 제한되는 지역

제2호 「국토의 계획 및 이용에 관한 법률 시행령」 제55조제1항 각 호에서 정한 용도구역별 개발행위허가의 규모 이상의 기반시설, 공장, 공공청사 및 관사, 군사시설 등이 철거

되거나 이전되는 지역(해당 시설물의 주변지역을 포함한다)

제3호 다음 각 목의 어느 하나에 해당하는 지역 · 지구(도시개발사업으로 재해예방시설 또는 주민안전시설 등을 설치하여 재해 등을 장기적으로 예방하거나 복구할 수 있는 경우로 한정한다)

가. 「국토의 계획 및 이용에 관한 법률」 제37조제1항제4호에 따른 방화지구 또는 같은 항 제5호에 따른 방재지구

나. 「자연재해대책법」 제12조에 따라 지정된 자연재해위험개선지구

다. 「재난 및 안전관리 기본법」 제60조에 따라 선포된 특별재난지역

제4호 법 제21조의2에 따라 순환개발방식으로 도시개발사업을 시행하는 지역

제5호 「국토의 계획 및 이용에 관한 법률」 제2조제10호에 따른 도시계획시설사업의 시행이 필요한 지역(결합개발이 필요한 지역으로서 사업비가 「국가재정법 시행령」 제13조제1항에 따른 총사업비 이상인 경우로 한정한다)

제6호 「개발제한구역의 지정 및 관리에 관한 특별조치법」 제4조의2에 따른 정비사업 구역에 포함된 같은 법 시행령 제2조의6제1항제2호의 지역

제7호 그 밖에 지정권자가 도시개발사업의 효율적인 시행을 위하여 결합개발이 필요하다고 인정한 지역

다. 토지소유자 등의 동의

도시개발구역지정을 제안하는 자가 결합개발 방식을 적용하려는 경우에는 도시개발구역에 포함될 서로 떨어진 지역별로 토지소유자(지상권자를 포함한다)의 동의를 받아야 하며(같은 조 제3항), 시행자가 토지를 수용하거나 사용하여 서로 떨어진 지역에 대하여 결합개발 방식으로 도시개발사업을 시행하려는 경우에는 수용 또는 사용 대상인 지역 각각에 대하여 토지소유자의 동의를 받아야 한다(같은 조 제4항).

라. 우선개발

시행자가 결합개발 방식을 적용하여 도시개발사업을 시행하는 경우에는 법 시행령 제5조의2 제2항 각 호에 해당하는 지역을 우선적으로 개발하여야 한다.[24] 다만, 도시개발사업의 특성

---

24) 법 시행령 제5조의2
② 법 제3조의2제1항에 따라 서로 떨어진(동일 또는 연접한 특별시 · 광역시 · 도 · 특별자치도로 한정한다)

상 필요한 경우에는 지정권자가 다르게 정할 수 있다(같은 조 제5항). 이 경우 지정권자는 필요하다고 인정하는 경우에는 제2항 각 호에 해당하는 지역에 대하여 제2조 제2항에 따른 제한[25]을 적용하지 아니할 수 있다(같은 조 제6항).

둘 이상의 지역을 결합하여 하나의 도시개발구역으로 지정(이하 "결합개발"이라 한다)할 수 있는 경우는 면적이 1만 제곱미터 이상인 다음 각 호의 어느 하나에 해당하는 지역이 도시개발구역에 하나 이상 포함된 경우로 한다.

1. 도시경관, 문화재, 군사시설 및 항공시설 등을 관리하거나 보호하기 위하여「국토의 계획 및 이용에 관한 법률」,「문화재보호법」,「군사기지 및 군사시설 보호법」및「항공법」등 관계 법령에 따라 토지이용이 제한되는 지역
2. 「국토의 계획 및 이용에 관한 법률 시행령」제55조 제1항 각 호에서 정한 용도구역별 개발행위허가의 규모 이상의 기반시설, 공장, 공공청사 및 관사, 군사시설 등이 철거되거나 이전되는 지역(해당 시설물의 주변지역을 포함한다)
3. 다음 각 목의 어느 하나에 해당하는 지역·지구(도시개발사업으로 재해예방시설 또는 주민안전시설 등을 설치하여 재해 등을 장기적으로 예방하거나 복구할 수 있는 경우로 한정한다)
   가. 「국토의 계획 및 이용에 관한 법률」제37조 제1항 제4호에 따른 방화지구 또는 같은 항 제5호에 따른 방재지구
   나. 「자연재해대책법」제12조에 따라 지정된 자연재해위험개선지구
   다. 「재난 및 안전관리 기본법」제60조에 따라 선포된 특별재난지역
4. 법 제21조의2에 따라 순환개발방식으로 도시개발사업을 시행하는 지역
5. 「국토의 계획 및 이용에 관한 법률」제2조 제10호에 따른 도시계획시설사업의 시행이 필요한 지역(결합개발이 필요한 지역으로서 사업비가「국가재정법 시행령」제13조 제1항에 따른 총사업비 이상인 경우로 한정한다)
6. 그 밖에 지정권자가 도시개발사업의 효율적인 시행을 위하여 결합개발이 필요하다고 인정한 지역

25) 법 시행령 제2조
② 자연녹지지역, 생산녹지지역 및 도시지역 외의 지역에 도시개발구역을 지정하는 경우에는 광역도시계획 또는 도시·군기본계획에 의하여 개발이 가능한 지역에서만 국토교통부장관이 정하는 기준에 따라 지정하여야 한다. 다만, 광역도시계획 및 도시·군기본계획이 수립되지 아니한 지역인 경우에는 자연녹지지역 및 계획관리지역에서만 도시개발구역을 지정할 수 있다.

[도시개발구역 지정절차]

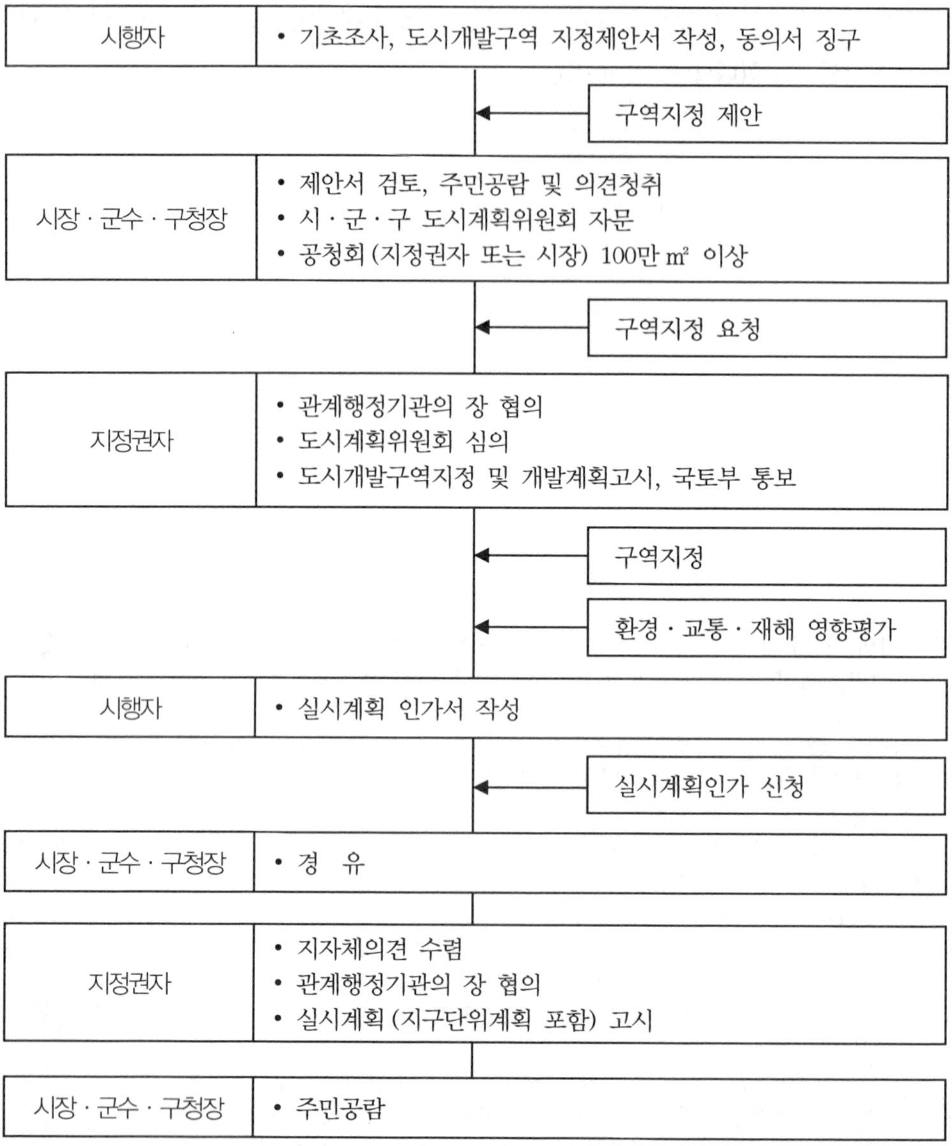
시행자
• 기초조사, 도시개발구역 지정제안서 작성, 동의서 징구
구역지정 제안
시장 · 군수 · 구청장
• 제안서 검토, 주민공람 및 의견청취
• 시 · 군 · 구 도시계획위원회 자문
• 공청회 (지정권자 또는 시장) 100만 ㎡ 이상
구역지정 요청
지정권자
• 관계행정기관의 장 협의
• 도시계획위원회 심의
• 도시개발구역지정 및 개발계획고시, 국토부 통보
구역지정
환경 · 교통 · 재해 영향평가
시행자
• 실시계획 인가서 작성
실시계획인가 신청
시장 · 군수 · 구청장
• 경 유
지정권자
• 지자체의견 수렴
• 관계행정기관의 장 협의
• 실시계획 (지구단위계획 포함) 고시
시장 · 군수 · 구청장
• 주민공람

제 5 절 도시개발구역지정 등에 관한 주요 질의 · 회신 사례[26)]

사례 1 : 시가화예정용지에 대한 구역지정요건

질의사항

시가화예정지 단계별 공급 물량을 확보하고 있는 지역이 도시기본계획에 따라 판단한 개발가능지 분석도에 개발억제지역을 일부 포함하고 있는 경우, 도시개발구역 지정이 가능한지

회신내용

○ 「도시개발법」 제3조에 따라 시 · 도지사 등(이하 '지정권자')은 계획적인 도시개발이 필요하다고 인정되는 경우 도시개발구역을 지정할 수 있습니다.

- 구역 지정시 지정권자는 같은 법 시행령 제2조 상의 법적 요건을 충족하여야 하며, 도시 이외의 지역에서 도시개발구역을 지정하는 경우에는 광역도시계획 또는 도시기본계획에 의하여 개발이 가능한 지역에서만 국토교통부장관이 정하는 기준에 따라 구역지정이 가능합니다.
- 이때 '광역도시계획 또는 도시기본계획에 의하여 개발이 가능한 지역'이란 일반적으로 시가화예정용지 등을 의미하는 것으로 볼 수 있으나, 현행 도시기본계획수립 기준상 시가화예정용지는 토지수요량에 따라 목표연도 및 단계별 총량과 주용도로 계획하고, 그 위치는 표시하지 않는 점을 고려할 때, 개발이 가능한 지역인지의 여부는 해당 광역도시계획 또는 도시기본계획에 근거하여 지정권자가 최종적으로 결정할 사항입니다.
- 따라서 개발하고자 하는 해당 지역이 도시기본계획 수립 당시의 개발가능지 분석도상에 개발억제지로 분류되었다 하더라도 도시기본계획 수립권자인 지자체장이 해당 지역의 정형성, 일체적 · 체계적 개발의 필요성 등을 종합적으로 고려하여 시가화예정용지의 단계별 총량 범위 내에서 해당 지역을 개발 가능 지역으로 볼 것인지의 여부를 재조정하는 것은 지정권자의 계획재량에 따라 가능할 것으로 판단됩니다.

(도시재생과-546, 2011. 4.19)

사례 2 : 구역지정을 위한 도시관리계획 변경기준 등

질의사항

가. 현재 도시개발을 제안한 지역 전체가 도시관리계획상 생산녹지지역일 경우, 「도시개발업무지침」 1-2-3에 따라 도시개발구역지정 및 도시관리계획결정(변경)을 동시에 추진함이 가능

---

26) 국토교통부, 도시개발법령 개정에 따른 주요 질의 · 회신 사례집(2012년)에서 원용한 것입니다. 이하 같습니다.

한지

나. 도시개발업무지침 1-2-3에 근거하여 용도지역을 비슷한 밀도인 자연녹지지역으로 도시관리계획(변경)을 병행하여 추진할 수 있는지? 또는 상업지역으로 도시관리계획 결정(변경)을 병행하여 추진할 수 있는지 여부

다. 도시개발구역의 지정과 도시관리계획의 변경(생산녹지지역→자연녹지지역) 처분을 병행하였을 경우, 도시개발법 제10조에 따라 구역지정이 해제되어 구역지정 전의 용도지역으로 환원된다면, 그 용도지역이 생산녹지지역지역인지, 자연녹지지역인지 여부

회신내용

가. 도시개발구역의 지정은 기본적으로 「국토의 계획 및 이용에 관한 법률」(이하 '국계법')에 의한 도시기본계획 및 이에 따른 도시관리계획에 부합하여야 합니다. 또한, 구역으로 지정하려는 지역은 「도시개발법 시행령」 제2조 각 항의 규정에 적합하여야 합니다.

- 「도시개발업무지침」 '1-2-3'에서 도시관리계획의 변경을 선행하거나 병행할 수 있도록 한 이유는 사업추진이 불가피하거나 시급한 경우 위 구역지정 기본원칙에 어긋나지 않도록 국계법에 따라 적법하게 도시관리계획변경을 위한 행정절차를 선행(또는 병행)한 후 도시개발사업 추진을 허용하는 것으로서 행정효율성을 제고하기 위한 것이 그 목적입니다.
- 여기서 '병행'할 수 있다함은 구역지정을 한 때에 도시관리계획이 결정(변경)된 것으로 간주(의제)된다는 의미가 아니라, 구역지정과 도시관리계획 결정권자가 동일기관인 경우가 대부분인 점을 감안하여 각각의 처분을 동시에 할 수 있다는 의미입니다.
- 따라서, 도시개발법 제2조 제1항 제1호라목에서 생산녹지지역이 도시개발구역에 포함되는 경우 전체 지정면적의 100분의 30 이하인 경우만 가능하도록 하고 있으므로, 불가피하게 생산녹지지역을 전체구역으로 지정하고자 할 경우에는 국계법에 따라 도시관리계획변경이 결정되어야 하고, 이때에 사업을 신속하게 추진하기 위하여 도시개발구역지정과 동시에 도시관리계획 변경 처분을 병행할 수 있는 것입니다.
- 다만, 이에 대한 최종적인 판단은 도시개발구역의 지정 및 도시관리계획 변경 결정권자의 계획재량에 속하므로 귀 도에서 구역지정 요청자(도시관리계획변경 입안자)의 의견, 관련법령 및 도시기본계획 등을 종합적으로 검토하여 처리하여야 할 사안입니다.

나. 도시개발구역의 지정과 도시관리계획의 변경은 각각 독립적인 행정처분이므로, 비록 이들 처분을 병행할 수 있다고 하더라도 용도지역의 사전변경 또는 병행절차는 국계법 관련기준 및 도시기본계획 등에 적합한 용도지역으로 변경되어야 합니다.

다. 구역지정과 도시관리계획변경은 별도의 독립적인 행정처분으로서 이를 병행할 수 있도록 한 것은 구역의 신속한 지정 등 행정효율성을 제고시키기 위한 목적에 있으므로 비록 이들 처분을 병행하였다고 하더라도 도시관리계획변경은 구역지정 전에 결정된 것으로 보아야 합니다.

- 따라서, 도시개발법 제10조 제3항에 따라 구역지정이 해제될 때에는 도시개발법 제9조 제2항 및 제18조 제2항에 따라 지구단위계획구역 및 도시관리계획으로 결정 고시된 것으로 보아 용도지역으로 변경된 사항에 대하여 구역지정 전의 용도지역 또는 지구단위계획

으로 각각 환원되는 것이므로 구역지정과 도시관리계획변경을 병행하여 용도지역을 변경한 경우에는 이에 해당되지 않아 자연녹지지역으로 환원되어야 합니다.
(도시재생과-1245, 2010.4.16.)

사례 3 : 구역지정요건(시가화예정용지)

질의사항

○ 도시관리계획상 계획관리지역과 보전관리지역 및 농림지역인 도시지역 외 지역(이하 '질의대상지역')이 도시기본계획에서 시가화예정용지로 지정되었을 경우, 이를 「도시개발법 시행령」(이하 '영') 제2조 제2항의 "광역도시계획 또는 도시기본계획에 의하여 개발이 가능한 용도로 지정된 지역"으로 보아, 「도시개발업무지침」(이하 '지침) 1-2-3에 따른 도시관리계획의 변경절차(보전관리 · 농림지역 ⇒ 계획관리지역) 없이 도시개발구역지정이 가능한지

○ 시가화예정용지로 지정된 보전관리지역 등을 도시관리계획 상 주거지역으로 입안하여 도시관리계획 변경결정 절차가 진행 중인 경우, 이를 지침 1-2-3에 따른 변경절차로 보아 도시관리계획 변경결정과 동시에 도시개발구역을 지정하는 것이 가능한지

회신내용

○ 도시개발구역의 지정은 기본적으로 「국토의 계획 및 이용에 관한 법률」(이하 '국계법')에 의한 도시기본계획 및 도시관리계획에 부합하여야 하고, 동시에 영 제2조에서 정한 요건을 충족하여야 합니다.
  - 이 경우 도시지역 외의 지역은 광역도시계획 또는 도시기본계획에 의하여 개발이 가능한 용도로 지정된 지역에서만 국토교통부 장관이 정하는 기준에 따라 도시개발구역으로 지정하도록 하고 있는바(영 제2조 제2항),
  - 여기서, "개발이 가능한 용도로 지정된 지역"이라 함은 광역도시계획에 있어서는 도시화예정용지 등을, 도시기본계획에 있어서는 시가화예정용지 등을 말하여, "국토교통부장관이 정하는 기준"이라 함은 지침 제1편 제2장 및 제3장 등에서 정한 기준을 말합니다.

○ 한편, 지침 1-2-3에서는 "영 제2조에서 규정하고 있는 지역 외의 지역이나 보전용지가 개발구역에 불가피하게 포함되는 경우에는 도시관리계획의 변경을 선행하거나 병행하여 추진하여야 한다"고 규정하고 있으나,
  - 동 규정은 도시개발구역 지정 대상이 아닌 보전용지 등을 도시계획상 불가피하게 개발구역에 포함하여 개발할 필요성이 있는 경우 도시개발구역 지정 요건에 부합되도록 사전에 도시관리계획을 변경하거나,
  - 동 규정은 도시개발구역 지정 대상이 아닌 보전용지 등을 도시계획상 불가피하게 개발구역에 포함하여 개발할 필요성이 있는 경우 도시개발구역 지정 요건에 부합되도록 사전에 도시관리계획을 변경하거나,
  - 구역 지정권자와 도시관리계획 결정권자가 동일기관인 경우가 대부분인 점을 감안하여

구역 지정과 도시관리계획의 변경에 관한 각각의 처분을 동시에 병행할 수 있도록 하여 신속한 사업추진과 행정의 효율성을 제고하기 위한 취지로 둔 규정으로서,

– 시가화예정용지로 지정된 질의대상지역은 '영 제2조에서 규정하고 있는 지역 외의 지역'으로 볼 수 없고, '보전용지*'에도 해당되지 아니하므로 지침 1-2-3의 적용대상으로 볼 수 없습니다.

* 「도시기본계획수립지침」(2009.8.24, 국토교통부 훈령 제409호로 개정된 것, 이하 '기본지침') 5-4-3-(4)-②에서 농림지역 · 보전관리지역 및 계획관리지역 등 중 시가화예정용지를 제외한 지역을 '보전용지'로 정하고 있음

– 또한, 기본지침 5-4-3-(3)-④에서 시가화예정용지는 "목표연도 및 단계별 총량과 주용도로 계획하고, 그 위치는 표시하지 않는다"고 규정하고 있으나, 질의대상지역은 종전 「도시기본계획수립지침」(2008.7.1, 국토교통부 도시정책과-1880호로 개정된 것) 부칙 제3호에 따라 이미 시가화예정용지로 지정(2008.8.8.)되었고,

– 기본지침 부칙 제4호에서는 "종전의 지침에 의하여 수립된 도시기본계획에서 시가화예정용지의 위치가 표시된 지역을 우선하여 개발할 수 있다"고 규정하고 있습니다.

○ (결론) 따라서, 질의대상지역은 위의 내용을 종합해 볼 때, 지침 1-2-3에 관계없이 영 제2조 제2항에 따라 도시개발구역으로 지정이 가능합니다.

– 다만, 국계법에 따라 시가화예정용지로 지정되었다하여 이 지역이 당연히 도시개발구역으로 지정될 수 있는 것은 아니며, 지정권자가 지침 1-2-4 및 1-3-1-1의 취지, 도시계획과의 조화, 주변지역의 토지이용상항 및 개발의 타당성 등을 종합적으로 고려하여 구역 지정 여부 및 세부 범위 · 경계 등을 결정하여야 하며,

– 이와 더불어, 도시의 무질서한 개발을 방지하고 토지의 계획적 이용 · 개발이 될 수 있도록 적정하게 개발계획(용도지역 결정 계획 등)을 수립하여야 합니다.

(도시재생과-1746, 2010.6.25.)

사례 4 : 제안자가 구역지정 제안을 철회한 경우 후속절차는

질의사항

○ 도시개발법 제11조 제5항에 따라 도시개발구역 지정 제안서를 받아 구역지정을 위해 주민 공람 · 공고 절차 등을 이행한 이후, 제안자의 제안 철회 요청이 있는 경우,

가. 제안자의 제안 철회와 관계없이 「도시개발법」 제4조 및 제7조에 따른 개발계획수립과 주민 등의 의견 청취 절차가 유효한지 여부

나. 유효할 경우, 제안자의 제안 철회에도 불구하고 지정권자가 「도시개발법」 제3조에 의거 도시개발구역 지정하는 것이 가능한지 여부

회신내용

○ 「도시개발법」 제11조 제5항 및 제6항에 따른 구역지정 제안의 취지는 비행정청(공공기관,

정부출연기관, 토지소유자 등) 주도의 도시개발사업을 장려하기 위한 것으로 이는 택지 개발사업 및 도시정비사업과 비교되는 도시개발사업의 특징적 사항입니다.

- 이와 관련하여, 지정권자는 도시개발구역 지정제안이 도시개발법령 및 광역도시 계획·도시기본계획에 부합하고 이를 통해 체계적인 도시개발과 쾌적한 도시환경 조성으로 공공복리 증진에 기여할 수 있다고 판단될 경우, 이를 수용하여 개발계획을 수립하고 도시개발구역을 지정할 수 있습니다.

○ 결국 도시개발사업에서 구역지정에 대한 제안제도는 일종의 도시개발사업에 대한 비행정청의 창의적인 아이디어를 토대로 개발계획을 수립하기 위한 절차로 볼 수 있으며, 제안 자체가 도시개발사업 시행의 결정적인 근거가 되는 것은 아닙니다.

- 또한, 지정권자는 도시개발구역 지정제안이 없었다고 하더라도, 「도시개발법」 제3조에 의거 계획적인 도시개발이 필요하다고 인정되는 경우 계획재량에 따라 구역을 지정할 수 있습니다.

○ (결론) 따라서, 당해 구역의 도시개발사업 제안자가 동 제안을 철회하였다고 하더라도 이미 진행된 개발계획수립과 주민 등의 의견청취 절차가 무효가 되는 것은 아니며 지정권자는 그 동안 진행된 절차에 따라 도시개발구역을 지정할 수 있습니다.

(도시재생과-1786, 2010.7.5)

사례 5 : 구역지정이 판결로 취소된 경우 재지정 절차 등

질의사항

○ 개발이 가능하지 않은 지역이 도시개발구역에 포함됨을 이유로 도시개발구역지정(개발계획수립) 및 수용재결이 법원판결로 취소된 경우, 원소유자에게 토지를 환원하지 않은 상태에서 해당지역(개발이 가능하지 않은 토지 제외)을 도시개발구역으로 새로이 지정할 수 있는지 여부

회신내용

○ 행정처분에 위법이 있어 행정처분을 취소하는 판결이 확정된 경우 행정청이 그 확정판결에 적시된 위법사유를 보완하여 행하는 행정처분은 확정판결에 의하여 취소된 종전의 처분과는 별개의 처분으로서 확정판결의 기판력에 저촉된다고 볼 수 없습니다(대법원 1997. 2.11. 선고 96누13057 판결 참고).

- 따라서 해당 지역의 체계적인 도시개발 및 쾌적한 도시환경조성 등 공공복리증진을 위하여 도시개발사업이 필요한 경우, 지정권자는 확정판결에 적시된 위법사유를 시정·보완하는 등 「도시개발법」 제3조 및 같은 법 시행령 제2조 등에 따라 적법한 절차를 거쳐 도시개발구역을 새로이 지정할 수 있습니다.
- 즉, 취소판결의 형성력 및 소급효에 의해서 토지소유권은 수용재결 전 소유자에게 당연히 환원되므로, 환원절차를 거치지 않더라도 해당 지역(개발이 가능하지 않은 지역 제외)을 다시 도시개발구역으로 지정하는 것은 가능하나 이 경우 토지소유자 동의, 주민공람 등

모든 행정절차는 다시 거쳐야 합니다.
- 다만, 수용재결이 취소된 토지소유자의 동의권 행사를 위해서는 '도시개발업무지침'(국토교통부 훈령 제2009-349호) 1-6-1에 의거 반드시 「부동산등기법」에 따라 등기부에 등재되어야 하므로 사업시행을 위한 동의절차 이행은 소유권이전 등기 등 형식적인 환원절차를 거친 이후에 가능할 것으로 판단됩니다.

(도시재생과-2376, 2010.11. 8)

사례 6 : 개발계획변경 여부

질의사항

○ 건축물의 허용 용도를 개발계획에서 정했을 경우 이를 변경하려면 개발계획과 실시계획 중 어느 계획을 변경하여야 하는지

회신내용

○ 지정권자가 수립하는 도시개발계획에는 「도시개발법」 제5조, 같은 법 시행령 제8조 및 「도시개발업무지침」에서 정한 내용이 반드시 포함되어야 하며, 그 밖에 위 법령에서 정하지 아니한 사항에 대해서도 필요하면 개발계획에 포함할 수 있습니다. 따라서 개발계획에서 건축물의 용도 등을 정하였다면 이를 변경하는 경우에도 개발계획변경(실시계획 변경 병행) 절차를 이행하여야 할 것으로 보이나, 이에 대한 구체적인 사항은 개발계획의 수립권자인 지정권자에게 문의하시기 바랍니다.

(도시재생과-924, 2011. 7.4)

사례 7 : 도로신설에 대한 개발계획의 경미한 변경여부

질의사항

○ 너비 12m 미만 도로의 신설이 「도시개발법」 시행령 제7조 제4호에 따른 경미한 변경에 해당하는지

회신내용

○ 「도시개발법」 시행령 제7조 제4호에서 규정하고 있는 너비 12m 미만 도로의 "변경"을 광의로 해석할 경우 도로의 신설을 포함하는 것으로 볼 수 있으나, 이를 경미한 변경으로 인정할 것인지에 대한 사항은 신설 도로의 연장 및 면적, 해당 도로 신설로 인해 수반되는 토지이용계획 변경 등을 종합적으로 고려하여 지정권자가 판단할 내용임을 알려드립니다.

(도시재생과-1058, 2011.8.1)

사례 8 : 종중 토지의 동의

질의사항

○ 종중 토지의 동의

회신내용

○ 도시개발사업시 필요한 동의서 징구시 동의대상자는 '도시개발업무지침' 1-6-1에 따라, 「부동산 등기법」에 따라 등기부에 등재된 토지소유자이며, 등기부상 개인이 아닌 단체(종친회) 소유로 되어 있는 토지의 경우에는 민법 등에 따라 재산권을 행사할 수 있는 방법으로 날인하고 인감증명을 첨부하여 동의서를 제출하는 것은 가능할 것으로 보입니다.

(도시재생과-1290, 2011.9.15)

사례 9 : 제안내용 변경시 동의서 등의 효력은

질의사항

○ 도시개발 구역지정 및 개발계획수립의 동시 제안 후 행정청의 개발계획보완 요구에 대하여 제안자가 구역 지정 후 개발계획수립을 요청하는 내용으로 다시 제안서를 제출한 경우 제안서 제출시점과 동의서 추가 징구여부

회신내용

○ 동 건은 '09.12.16 구역지정 및 개발계획수립 제안서를 제출한 이후, 개발계획 보완 요구에 따라 '10.3.11 구역지정에 대해서만 다시 제안서를 제출한 사안이나, 당초 제안한 구역 등의 변경이 없고 제안서가 제출된 이후 행정청의 반려 처분이나 제안자의 철회 요청 없이 조치계획에 근거한 서류 보완차원에서 절차가 이루어진 점을 고려할 때, 당해 도시개발사업의 제안시점은 최초로 제안서를 제출한 '09.12.16로 판단하는 것이 타당함

○ 또한 당초 제안서에 첨부된 '구역지정 및 개발계획 동의서'는 구역지정과 개발계획에 대한 동의를 모두 포함하고 있으므로, 구역지정에 대한 동의가 이루어진 것으로 보아 별도의 동의서 징구는 불필요한 것으로 판단됨(다만, 계획수립시 별도 동의서 제출 필요).

(도시재생과-1298, 2010. 4.22)

사례 10 : 공유자 대표자 지정 동의 철회시 대표자의 동의 효력

질의사항

○ 공유 토지소유자가 동의하여 지정한 대표자가 개발계획 수립 또는 변경(안)에 동의한 이후, 일부 공유 토지소유자가 대표자 지정을 철회한 경우 대표자가 이미 제출한 동의서를 유효한

것으로 볼 수 있는지

회신내용

○ 토지소유권을 여러 명이 공유하는 경우에는 「도시개발법 시행령」 제6조 제2항 제2호에 따라 다른 공유자의 동의를 받은 대표 공유자 1인이 개발계획(안)에 대한 동의권(동의철회 포함)을 행사할 수 있으며,

– 대표자가 개발계획(안)에 동의한 이후 대표자 지정이 철회된 경우 새로이 대표자를 지정하여 기존 동의를 철회하지 않는 경우에는 기존 대표자가 행한 동의의 효력은 유효한 것으로 보입니다.

(도시재생과-179, 2012. 2. 6)

사례 11 : 동의서1장에 수개의 동의를 한 경우 효력은

질의사항

○ 도시개발구역지정을 제안할 때에 동의서 1장에 여러 내용의 동의사항(구역지정제안, 개발계획수립, 시행자지정, 조합설립인가, 환지계획인가)이 포함된 경우 구역지정 이후에 조합설립인가에 대한 동의서의 효력을 인정할 수 있는지? (동의서 징구시 조합정관에 대한 사항 첨부함)

회신내용

○ 「도시개발법」에서는 민간의 구역지정제안, 환지방식의 개발계획수립, 토지소유자 또는 조합 이외 공공의 환지방식 시행자지정, 조합설립인가 등을 위해 법적요건에 따라 토지소유자의 동의를 받도록 규정하고 있습니다.

– 이때에 동의서의 양식은 같은 법 시행규칙 별지 제5호 서식을 따르며 실무적으로 구역지정과 개발계획수립 등이 동시에 진행될 수 있는 사업단계에 있어서는 1장의 동의서에 각각의 내용을 명시하여 일괄적으로 동의를 받는 것은 가능한 것으로 판단됩니다.

– 다만, 동의의 대상이 아니거나(위 질의의 경우 환지계획인가는 동의의 대상이 아님) 개발계획 또는 환지계획이 수립되지 않아 동의할 항목에 대한 구체적인 내용 확인이 어려운 상황에서 개발계획 등에 동의한 경우, 이에 대한 동의들은 향후 그 효력에 대한 시비가 발생할 수 있어 1장의 동의서에 여러 가지 내용을 포함할 경우에는 동의서 징구시점에서 동의가 가능한 것인지에 대한 검토가 선행되어야 합니다.

– 질의와 같이 1장의 동의서에 동의대상이 아니거나 현 시점에서 동의할 수 없는 사항(개발계획이 수립되지 않음)이 포함된 동의서에 토지소유자가 선별적으로 항목을 선택하여 동의한 경우, 해당 동의서의 효력을 판단하는 문제는 단순히 1장의 동의서에 다수 항목이 포함되는 것이 타당한지에 대한 법령해석에 국한되는 문제가 아니므로 이에 대한 구체적인 사항은 동의서 징구 당시 토지소유자의 의사표지 등 사실관계 확인을 거쳐 조합설립인

가권자 등 지정권자가 결정할 사항으로 판단됩니다.

(도시재생과-8, 2011. 1. 4)

사례 12 : 동의서 관련

질의사항

가. 조합설립인가 신청에 대한 동의서에 인감증명서가 첨부되어야 하는지

나. 대의원회 의결로 정관을 변경하는 것이 가능한지

회신내용

가. 현행 도시개발법 시행령 제31조 및 제6조에 따라 동의서에는 신분을 증명하는 문서사본을 첨부하여야 하나, 동 규정 개정 이전('12.4.1)에는 동의서에 인감증명서를 첨부하도록 정하고 있었음을 알려드립니다.

나. 개발법 시행령 제36조 제3항에 따라 정관의 변경은 대의원회에서 대행할 수 없음을 알려드립니다.

(도시재생과-836, 2012. 5.17)

사례 13 : 공유토지 등 토지소유자의 동의자격 등

질의사항

가. 시행자지정에 대한 동의서 징구시 대표공유자를 지정하지 않고 공유토지소유자들이 개별적으로 동의서를 제출한 경우 해당 공유토지를 동의면적으로 산정할 수 있는지

나. 상속미등기 토지의 상속예정자가 동의서를 제출할 수 있는지

회신내용

가. 「도시개발법 시행령」 제25조 제1항 제1호에 따라 토지소유권을 공유하는 경우 대표 공유자가 토지소유자로서 동의권을 행사할 수 있습니다.

- 다만, 공유토지의 경우 대표자를 지정하도록 규정한 동 조항의 취지는 지분쪼개기 등 투기방지 및 의사결정구조 왜곡 등의 문제를 방지하고 토지 공유자간 분산된 의견을 수렴할 수 있는 창구를 마련하여 토지공유자들이 합치된 의사를 효율적으로 제시할 수 있도록 하기 위한 것으로,
- 공유자들이 불가피한 사유로 대표자를 지정하지 못하고 개별적으로 동의한 결과 공유토지 소유자 전체가 동의하여 이를 동의면적(동의자수는 1인으로 산정됨)으로 산정하는 것은 대표자를 선정하여 동의권을 행사하도록 한 취지와 그 결과에 배치된다고 볼 수 없으나, 동의면적의 산정 및 그 효력에 대한 사항은 동 사업의 지정권자가 최종적으로 결정할

사안임을 알려드립니다.

나. 도시개발업무지침 1-6-1에 따라 개발구역 안의 토지면적에 대한 동의면적을 산정함에 있어 동의대상자는 「부동산등기법」에 따라 등기부에 등재된 토지소유자 및 지상권자이므로 상속토지의 경우 동의권 행사를 위해 등기절차의 이행이 필요할 것으로 보입니다.

(도시재생과-783, 2011. 6.10.)

사례 14 : 동의서 징구시기

질의사항

○ 「택지개발촉진법」에 따라 지정된 택지개발예정지구를 해제하기 이전에 「도시개발법」 제11조 제5항 및 제6항에 따른 도시개발구역 지정 제안을 위해 동의서를 징구한 경우, 해당 동의서는 효력이 있는 것인지

회신내용

○ 도시개발법령에서는 동의서 징구의 시작시점을 특정하여 규정하고 있지 않으며 동의서의 효력은 동의내용, 동의대상, 동의권자, 동의면적 및 동의자 수 산정 등 동의에 대한 실질적인 내용을 근거로 지정권자가 판단할 사항임을 알려드립니다.

(도시재생과-790, 2011. 6.13)

사례 15 : 동의자 산정 및 동의요건

질의사항

가. 여러 필지의 토지를 소유한 토지소유자가 일부 토지에 대해서만 동의서를 제출한 경우 동의면적 산정방법은

나. 「도시개발법 시행령」 제25조에 따른 동의자 수 산정시 신탁토지의 경우 동의대상자는 누구인지

다. 제안서 접수 이후 제출된 동의서의 효력을 인정할 수 있는지

라. 토지매매계약을 통하여 잔금을 지급하였으나 등기부 상 명의이전을 하지 않은 경우 해당 토지의 동의대상자는 누구인지

회신내용

가. 「도시개발법」 제4조 제3항 및 「도시개발업무지침」 1-6-1에서는 동의대상자를 「부동산등기법」에 따라 등기부에 등재된 "토지소유자"로 명시하고 있으나, 1인의 토지소유자가 소유한 토지를 필지로 구분하여 동의면적을 산하도록 정하고 있지 않습니다.

나. 법제처 해석례(안건번호 09-0329, 회신일자 2009.11. 9)에 따라 해당 신탁회사는 「도시개발

법」 제11조 제1항 제5호에 따른 토지소유자에 해당하지 않음을 알려드립니다.

다. 도시개발법령에서는 제안서 접수 이후 제출된 동의서의 효력에 대하여 별도의 규정을 두고 있지 않으나, 「도시개발법 시행령」 제6조 제4항 제4호에서 제안 전에 동의서가 철회된 경우 이를 동의자 수에서 제외하도록 정하고 있는 점을 고려할 때 도시개발법령에 따른 동의요건은 제안 전에 충족하여야 할 것으로 보입니다.

라. 「도시개발업무지침」 1-6-1에 따라 동의대상자는 「부동산등기법」에 따라 등기부에 등재된 토지소유자입니다.

(도시재생과-1527, 2012. 8.24)

사례 16 : 공유토지 관련

질의사항

가. 일부 공유토지공유자의 소재가 불분명한 경우 대표자 지정 방법은

나. 도시개발사업 시 「토지수용법」이 적용되는 것인지

회신내용

가. 「도시개발법 시행령」 제6조 제4항 제2호에 따라 토지소유권을 여러 명이 공유하는 경우 다른 공유자의 동의를 받은 대표자 1인이 해당 토지의 소유자로서 동의권을 행사할 수 있으며, 도시개발법령에서는 공유자의 소재 불분명 등을 이유로 대표자 지정에 대한 예외 규정을 두고 있지 않습니다.

나. 「도시개발법」 제22조 제2항, 제24조, 제38조 제5항, 제65조 제5항 등 도시개발법령에서 「토지수용법」을 따르도록 하거나 준용하도록 정한 경우에 이 법이 적용됨을 알려드립니다.

(도시재생과-1528, 2012. 8.24)

사례 17 : 동의서 첨부서류

질의사항

○ 대표자지정 동의서에 "신분을 증명하는 문서사본"이 아닌 "인감증명서"를 첨부하는 것이 가능한지

회신내용

○ 도시개발법 시행령 제6조 제6항에서는 대표자 지정 동의서에 "인감증명서"가 아닌 "신분을 증명하는 문서사본"을 첨부하도록 정하고 있으며, 위 조항은 부칙(대통령령 제23685호) 제3조

에 따라 '12.4.1 이후 받는 동의서부터 적용됨을 알려드립니다.

(도시재생과-1376, 2012. 7.31.)

사례 18 : 동의서 및 환지계획기준 변경 등

질의사항

가. 도시개발구역 지정 제안에 대한 동의서를 받던 중 도시개발법 시행령 및 시행규칙이 개정('12.4.1)되어 동의서 양식이 변경되었는데, 이 경우 이전에 받은 동의서를 새로운 양식에 따라 다시 받아야 하는지

나. 도시개발법 시행령 제6조 제6항에서 정하고 있는 "신분을 증명하는 문서 사본"이란 무엇을 의미하는 것인지

다. 도시개발법 시행규칙〈국토교통부령 제453호, 2012. 3.30〉 개정 규정에 따라 환지계획을 최초로 작성하고자 하는 경우, 정관을 변경하고 환지계획을 수립하여야 하는지

라. 도시개발법 시행규칙〈국토교통부령 제428호, 2011.12.30〉 제27조 제2항에 따른 절충식 환지설계를 계속 사용할 수 있는지

마. 도시개발법 시행규칙 제27조 제5항 제2호에서 정하고 있는 "시행자가 소유자는 토지"란 무엇을 의미하는지

회신내용

가. 도시개발법 시행령〈대통령령 제23685호, 2012. 3.26〉 부칙 제3조(동의서 첨부서류에 관한 적용례)에 따라 제6조 제6항 및 제25조 제2항의 개정규정은 2012년 4월 1일 이후 받는 개별 동의서부터 적용되므로, 법령 개정 이전에 받은 동의서는 유효하며 새로운 양식에 따라 다시 받지 않아도 됩니다.

나. 위 조항에서 정하고 있는 "신분을 증명하는 문서 사본"이란 주민등록증, 운전면허증, 여권 등을 의미합니다.

다. 도시개발법 시행규칙〈국토교통부령 제453호, 2012. 3.30〉 제26조, 제27조 등 환지계획에 대한 개정 규정은 이 규칙 시행 이후 최초로 환지계획을 수립하는 경우부터 적용됩니다.

- 도시개발법 시행령 제29조 제1항 제17호에 따라 정관에는 환지계획 등에 대한 사항이 포함되어야 하므로 정관으로 환지계획에 대한 사항을 시행규칙 개정 이전에 정하였으나 시행규칙 개정 이후에 최초로 환지계획을 작성하게 되어 정관에서 환지계획에 대해 정한 사항과 개정 시행규칙에서 정한 사항 간에 상충이 발생하는 경우에는 정관을 변경한 이후 개정 시행규칙에 따라 환지계획을 작성하여야 할 것으로 보이며, 이에 대한 구체적인 사항은 해당 사업의 환지계획인가권자에게 문의하시기 바랍니다.

라. 도시개발법 시행규칙〈국토교통부령 제453호, 2012. 3.30〉 개정 전에 구 법에 따라 절충식으로 환지 설계가 된 경우는 구법을 적용하여 사업을 시행할 수 있습니다.

마. "시행자가 소유자는 토지"란 시행자가 유상으로 매입한 국공유지 등을 의미합니다.
(도시재생과-909, 2012. 5.22.)

사례 19 : 구역지정 취소 및 제안자의 변경 등에 관한 사항

질의사항

가. 「도시개발법」(이하 "법") 제9조에 따른 도시개발구역지정 및 개발계획수립 고시이후에, 같은 법 제11조 제6항에 따른 제안요건이 충족되지 못했음을 이유로 구역지정 및 개발계획수립을 취소할 수 있는지

나. 구역 지정 및 개발계획수립 고시 이후 당초 제안자로부터 토지권원 등을 양도받은 자가 제안자 명의변경을 요청하는 경우 지정권자는 이를 수용하여야 하는지

회신내용

가. 도시개발사업은 「국토의 계획 및 이용에 관한 법률」 제2조의 도시계획사업으로서, 도시개발구역 지정 및 개발계획수립은 법 제3조에 따라 시·도지사 등(이하 "지정권자)이 해당 지역의 계획적이고 체계적인 도시개발 추진과 주민의 공공복리 증진 등을 위해 필요한 경우에 도시계획과 도시정책상의 전문적·기술적 판단 등에 기초하여 이루어지는 공익사업에 해당합니다.

- 이러한 취지에서 도시개발법 제4조는 지정권자가 개발계획을 직접 수립하도록 하고 있습니다. 다시 말해, 제안자 등 사업시행예정자의 신청을 지정권자가 승인 또는 인·허가 등으로 처리하여 개발계획이 수립되는 것은 아니며 또한 도시개발사업의 구역지정 및 개발계획수립을 위해 민간의 제안이 반드시 전제되어야 하는 것도 아닙니다.
- 특히, 법 제11조 제5항에 따른 도시개발구역 지정 제안제도는 민간의 자본과 기술 및 창의적인 아이디어 등을 활용하여 효과적으로 도시개발사업을 시행하기 위해 도입된 제도로서, 지정권자는 민간이 제안한 개발계획을 그대로 승인하지 않고 제안된 내용을 토대로 주민의견수렴 및 도시계획위원회심의 등을 걸쳐 최종적으로 개발계획을 수립하도록 하고 있습니다(법 제5조, 제7조 및 제8조 등).
- 따라서, 귀 도 질의사항은 구역지정 및 개발계획수립이 민간제안을 토대로 이루어진 것이기는 하나 위에서 설명한 구역지정 및 개발계획의 성격 등에 비추어 볼 때 지정권자가 도시계획상 필요에 따라 이미 결정한 도시개발구역 지정 및 개발 계획수립에 대하여 민간의 제안요건에 하자가 있다는 이유만으로 반드시 그 처분을 취소하여야 하는 것은 아니며, 이는 처분취소 및 그로 인하여 달성하려고 하는 공익상의 목적 등을 비교·형량하여 결정하여야 할 사항으로 판단됩니다.

나. 법 제11조 제1항에 따르면 지정권자는 각 호의 요건을 충족하는 자 중에서 도시개발 사업시행자를 지정하여야 한다고 정하고 있고, 같은 법 시행령 제19조 제1항에서는 사업시행자로 지정받고자 하는 자는 사업시행자 지정신청서를 시장·군수 또는 구청장을 거쳐 지정권자

에게 제출하도록 하고 있습니다. 이때에 지정권자는 같은 법 시행규칙 제14조 제4항에 따라 도시개발구역의 지정을 제안한 자를 우선하여 시행자로 지정할 수 있습니다(임의규정).

– 시행자 지정에 관한 위 법 조항과 질의1의 답변내용 등을 종합적으로 고려할 때, 구역지정 제안과 시행자 지정은 도시개발사업시 단계적으로 이루어지는 독립한 행정행위로서 별개의 법률효과를 발생하는 것으로 판단되므로, 지정권자는 구역지정 제안자를 우선하여 사업 시행자로 지정할 수는 있으나 제안자를 반드시 시행자로 지정하여야 하는 것은 아닙니다.

– 따라서, 이미 구역이 지정되고 개발계획이 수립·고시된 이상 제안자의 명의를 변경하는 것은 행정상 그 실익이 없으며, 만일 시행자가 지정되지 않은 상황에서 당초 제안자가 법 제11조 제1항에 따른 시행자요건을 충족하지 못하거나 하자가 있다면 시행자요건을 충족한 자의 시행자 지정신청을 받아 해당자를 시행자로 지정할 수 있으며, 이미 시행자가 지정된 경우로서 시행자자격에 하자가 있거나 권리관계(토지소유현황)에 변동이 발생하였다면 시행자 변경절차를 이행하여 적법한 자를 시행자로 변경 지정할 수 있습니다.

※ 참고로, 개발계획에 포함되어야 하는 사항 중 법 제5조 제1항 제4호의 "도시개발사업의 시행자에 관한 사항"이란, 위 시행자 지정 절차에 따라 지정될 시행자의 자격 요건이나 시행예정자 또는 구역지정 및 개발계획수립 고시와 동시에 시행자를 지정한 경우 그 시행자 등에 관한 사항을 의미하는 것으로 개발계획에 포함되었다는 것만으로 시행자가 지정되는 것이 아님을 알려 드립니다.

(도시재생과-2675, 2010.12.29)

사례 20 : 주민의견청취 및 의회의견 청취 여부

질의사항

가. 도시개발구역의 면적 또는 구역계 변경 없이 토지이용계획과 교통처리계획 등 개발계획이 변경되는 경우 「도시개발법」 제7조 및 같은 법 시행령 제11조, 제12조에 따른 '주민 등의 의견청취' 대상에 해당하는지 여부

나. 「도시개발법」 제7조에 따른 '주민 등의 의견청취'에 지방의회의 의견청취가 포함되는지

회신내용

가. 도시개발구역을 지정하거나 지정을 요청하는 경우에는 「도시개발법」 제7조에 따라 공람이나 공청회를 통하여 주민 또는 관계전문가 등으로부터 의견을 들어야 하나, 구역지정고시 이후 구역면적 및 구역계 변경 없이 토지이용계획 등 개발계획의 세부내용만 변경되는 경우의 '주민 등의 의견청취'여부에 대해서는 별도로 규정하고 있지 않습니다. 따라서 위 질의의 경우 반드시 주민 등의 의견청취절차를 다시 거쳐야 하는 것은 아니며 이에 대해서는 해당 시장·군수 등이 그 필요성 여부 등을 판단하여 결정할 사안입니다.

나. 같은 법 제7조에서 도시개발구역을 지정하고자 하는 경우 등에 공람이나 공청회를 통하여 의견을 들어야 하는 '주민이나 관계 전문가 등'이라 함은 해당 사업과 직접적인 이해관계에

있는 주민, 이해당사자, 도시 계획 및 개발 관련 전문가 등을 의미하는 것으로 지방의회가 의견청취의 대상에 반드시 포함되어야 하는 것은 아니며 이에 대해서는 해당 시장 · 군수 등이 그 필요성 여부 등을 판단하여 결정할 사안입니다.

(도시재생과-192, 2011. 2.11.)

사례 21 : 도시개발구역의 해제

질의사항

○ 환지계획 공람 이후 도시개발구역 해제가 가능한지

회신내용

○ 「도시개발법」 제10조에서는 제1항 및 제2항 각 호에 해당하는 경우 법령의 규정에 따라 도시개발구역 지정이 해제되도록 규정하고 있으나, 그 밖에 환지계획 공람 이후 도시개발구역 해제에 대한 별도의 규정은 두고 있지 않습니다.

– 따라서 환지계획 공람 이후 도시개발구역 지정을 해제할 것인지에 대한 사항은 해당 사업의 지정권자가 사업 추진 현황 및 여건 등 제반 상황을 종합적으로 고려하여 결정할 사항임을 알려드립니다.

(도시재생과-616, 2012. 4.13)

사례 22 : 구역해제

질의사항

○ 정상적인 사업의 추진이 어려운 경우, 지정권자의 판단에 따라 도시개발구역을 해제하는 것이 가능한지

회신내용

○ 「도시개발법」 제10조에서는 법적 기한 내 지정권자가 개발계획을 수립하지 않거나 시행자가 실시계획인가신청을 하지 않은 경우에 한정하여 법에 따라 구역지정이 해제되도록 정하고 있으나,

– 시행자를 지정할 수 없는 등 정상적인 사업 추진이 불가능한 경우에는 지정권자의 판단에 따라 구역을 해제하는 것은 가능합니다. 아울러, 이 경우 관련 절차는 도시개발법령에서 별도로 정하고 있지 않으므로 이에 대한 사항은 사업방식(환지, 사용 · 수용, 혼용) 및 사업여건 등을 종합적으로 고려하여 지정권자가 필요한 절차를 이행하면 될 것으로 보입니다.

(도시재생과-1104, 2012. 6.22)

사례 23 : 사업시행자의 변경시 기존 동의서 효력

질의사항

○ 도시개발법 제11조 제6항에 따라 도시개발구역 지정 제안시 제출된 동의서는 시행예정자에 관한 내용이 당초 제안자(A+B)로 되어 있는데, 시행예정자 변경(A+C)을 위해 구역지정 제안시 제출된 동의서를 변경 시행예정자에 관한 내용을 포함하여 다시 제출하여야 하는지

회신내용

○ 도시개발구역 지정 제안시 제출되는 동의서는 제안자가 제출하는 서류이고, 현재 시행자 선정단계에서 제안자와 다른 자가 시행예정자로 제출되었다 하더라도 동의서를 다시 받아 제출할 필요는 없을 것으로 판단됩니다.

(도시재생과-2141, 2012. 12. 4.)

사례 24 : 각각의 사업추진 주체에 제출한 동의서

질의사항

○ 토지소유자가 도시개발사업 구역 및 개발계획 수립과 관련하여 각각 다른 사업추진 주체에게 모두 동의서를 제출하였을 경우 동의서의 유효성

회신내용

○ 기존의 동의서에 대한 동의철회서를 제출하지 않은 상태에서 새로운 동의서를 제출하였을 경우 새로운 동의서가 무효화되는 것은 아니며, 두 개의 동의서가 시행규칙 제7조에 따른 서식과 증빙서류 등을 갖추어 제출되었을 경우에는 두 동의서가 모두 유효한 것으로 볼 수 있을 것이나, 구체적인 동의서의 유효성 인정 여부에 대해서는 지정권자가 동의서 제출 경위, 구체적인 동의내용 등을 종합적으로 고려하여 판단할 사항입니다.

(도시재생과-1950, 2012. 11. 2.)

사례 25 : 반려된 구역지정 제안의 기존 동의서 효력

질의사항

○ 도시개발구역 지정 제안을 추진함에 있어 구역지정 제안이 반려된 경우 동의서의 효력

회신내용

○ 도시개발구역지정 제안이 반려된 경우 해당 제안이 없었던 것으로 간주되므로 기존 도의서

에 대한 효력 인정이 사실상 곤란한바, 새로운 구역지정 제안을 위해서는 해당 도시개발사업의 개발계획 등에 따라 토지소유자의 동의를 다시 받아야 한다.

(도시재생과-2943. 2014. 10. 21.)

사례 26 : 토지분할시 기존 동의서의 효력

질의사항

○ 도시개발구역(개발계획수립 포함) 지정 전에 공유 지분율에 따라 토지가 분할될 경우, 새로운 동의서의 작성 없이 당초 토지소유자의 동의서로 도시개발구역 지정 및 개발계획의 수립 가능성

회신내용

○ 도시개발법 시행령 제6조 제4항 제5호에 도시개발구역의 지정이 제안된 후부터 개발계획 수립되기 전까지의 사이에 토지소유자가 변경된 경우는 기존 토지소유자의 동의서를 기준으로 개발계획의 수립이 가능하다.

(도시재생과-1078. 2013. 8. 20.)

사례 27 : 대표자 미지정시 동의면적 산정

질의사항

○ 대표자 지정을 하지 않은 공유 토지의 경우 공유지분별로 동의면적을 산정할 수 있는지

회신내용

○ 공유 토지의 경우 도시개발법 시행령 제6조 제2항 제2호 등에 따라 대표 공유자가 토지소유자로서 동의권을 행사할 수 있으며, 대표 고유자가 동의를 한 경우에 해당 공유토지가 동의면적으로 산정됨을 알려 드립니다.

(도시재생과-1078. 2013. 8. 20..)

사례 29 : 철회하지 않고 새로운 동의서의 효력

질의사항

○ 토지소유자가 도시개발사업 동의서를 해준 후 동의 철회 없이 새로운 동의서를 해준 경우 새로운 동의서의 유효성

회신내용

○ 도시개발법 시행령 제6조 제4항 제4호에 따라 토지소유자는 지정 제안 전에 제안 동의서를 철회할 수 있으며, 철회 절차 없는 새로운 동의서의 유효성 여부에 대해서는 지정권자가 종합적으로 판단해야 할 것으로 보입니다.

(도시재생과-1613, 2012. 9. 7.)

사례 30 : 다수필지 소유자의 일부필지 동의서 효력

질의사항

○ 여러 필지의 토지를 소유한 토지소유자가 일부 토지에 대해서만 동의서를 제출한 경우 동의면적 산정방법

회신내용

○ 도시개발법 제4조 제3항 및 도시개발업무지침 1-6-1.에서는 동의대상자를 부동산등기법에 따라 등기부에 등재된 토지소유자로 명시하고 있으나, 1인의 토지소유자가 소유한 토지를 필지로 구분하여 동의면적을 산정하도록 정하고 있지 않습니다.

(도시재생과-1527, 2012. 8. 24.)

제2장 도시개발계획의 수립 및 변경

제1절 도시개발계획의 수립 등

1. 도시개발계획의 개념 등

가. 도시개발계획의 개념

도시개발구역지정은 단지 대상지역의 면적만을 특정할 뿐 개발사업의 구체적인 내용까지는 정하지 아니하므로 별도로 세부계획을 정하여야 하는데, 그 세부내용을 정하는 계획을 개발계획이라 한다. 이 때문에 개발구역이 지정되면 반드시 개발계획의 수립이 동시에 이루어져야 하는데, 양자가 모두 수립되면 도시계획사업을 시행하기 위한 도시관리계획으로서 효력이 발생한다.

나. 법적성질

도시개발구역의 지정 및 그 지정을 위한 개발계획의 수립은 그 구역에 거주하는 주민이 가지는 권리 내지 법률상 이익을 개별적이고 구체적으로 규제하는 효과를 가져오게 하는 행정청의 처분으로서의 성격을 갖는다. 따라서 개발계획의 수립도 항고소송의 대상이 되는 행정처분에 해당한다고 보아야 한다.

고시된 도시계획결정이 행정소송이 대상이 되는가(대법원 1982. 3. 9. 선고 80누105 판결)

도시계획법 제12조 소정의 고시된 도시계획결정은 특정 개인의 권리 내지 법률상의 이익을 개별적이고 구체적으로 규제하는 효과를 가져오게 하는 행정청의 처분이라 할 것이고, 이는 행정소송의 대상이 된다.

도시재개발구역의 지정 및 변경 또는 도시재개발사업계획의 결정 및 변경 등 행위의 성질(대법원 1985. 7.23. 선고 83누727 판결)

도시재개발법에 의한 도시재개발구역의 지정 및 변경 또는 도시재개발사업계획의 결정 및 변경은 관계행정청이 법령의 범위 내에서 도시의 건전한 발전과 공공복리의 증진을 위한 도시정책상의 전문적, 기술적 판단을 기초로 하여 그 재량에 의하여 이루어지는 것이라고 할 것이므로 그 재량권의 일탈 또는 남용이 없는 한 그 처분을 위법하다고 할 수는 없다.

다. 항고소송의 상대방

항고소송을 제기할 때 그 상대방은 개발계획을 수립 · 고시한 행정청이며, 사업시행자를 상대로 행정소송을 제기하여야 하는 것은 아니다.

2. 개발계획의 수립

가. 개 설

개발계획의 수립은 도시개개발구역 지정 전에 수립하는 것이 원칙이지만, 예외적인 경우에는 구역지정 후 수립도 가능하며, 이때 개발계획은 상위 계획에 부합하여 수립되어야 한다. 개발계획의 수립은 지정권자가 직접 또는 시행자 요청으로 가능하다.

나. 광역도시계획 또는 도시기본계획과의 부합

「국토의 계획 및 이용에 관한 법률」에 따른 광역도시계획이나 도시기본계획이 수립되어 있는 지역에 대하여 개발계획을 수립하려면 개발계획의 내용이 상위계획인 광역도시계획이나 도시기본계획에 들어맞도록 하여야 한다(법 제5조 제2항). 따라서 도시개발구역 또한 상위계획인 광역도시계획 또는 도시기본계획상 개발이 가능한 지역에만 지정해야 한다.

다. 도시개발구역 지정 전 수립

지정권자는 도시개발구역을 지정하려면 해당 도시개발구역에 대한 도시개발사업의 계획(이하 "개발계획"이라 한다)을 수립하여야 한다(법 제4조 제1항).

[개발구역의 명칭 - 도시개발업무지침]

2-1-1. 개발구역의 명칭은 해당 개발구역이 위치한 시군구 단위이하의 행정구역명을 중심으로 하여 시행자 및 해당 개발구역의 특성 등을 고려하여 다른 개발구역과 구별이 될 수 있도록 정하여야 한다.
2-1-2. 법 제11조 제1항 제5호부터 제10호까지의 규정에 해당하는 시행자는 2-1-1.의 계규정에 불구하고 특별한 사유가 있는 경우에는 행정구역명을 사용하지 아니할 수 있다.
2-1-3. 개발구역의 위치는 구역을 대표할 수 있는 소재지를 기재하되 시도, 시군구, 읍면동, 리 및 대표번지를 기재한다.
2-1-4. 개발구역의 면적은 제곱미터로 표시하여야 한다.
2-1-5. 개발구역 지정의 필요성, 개발사업의 특성 및 효과 등 개발구역으로 지정해야 하는 당위성을 함축적으로 기술하여야 한다.
2-1-6. 개발계획의 명칭은 해당 개발구역의 명칭을 사용하여야 한다. 다만, 중복 또는 혼동방지 등 특별한 사유가 있는 경우에는 예외로 하되 그 사유를 명기하여야 한다.

구 도시개발법 제3조에 따라 도시개발구역을 지정하는 자가 개발계획의 주요 부분을 실질적으로 변경하는 내용으로 새로운 개발계획을 수립하여 고시한 경우, 당초 개발계획은 효력을 상실하는지 여부(대법원 2012. 9.27. 선고 2010두16219 판결)

구 도시개발법(2009.12.29. 법률 제9862호로 개정되기 전의 것. 이하 '법'이라고 한다) 제4조 제1항, 제2항 및 제3항은 제3조에 따라 도시개발구역을 지정하는 자(이하 '지정권자'라고 한다)는 도시개발구역을 지정하려면 해당 도시개발구역에 대한 개발계획을 수립하여야 하며, 직접 또는 도시개발사업의 시행자 등의 요청을 받아 개발계획을 변경할 수 있다고 정하고, 나아가 환지방식의 도시개발사업에 대한 개발계획을 수립하려면 환지방식이 적용되는 지역의 토지면적의 3분의 2 이상에 해당하는 토지소유자와 그 지역의 토지소유자 총수의 2분의 1 이상의 동의를 받아야 하고, 환지방식으로 시행하기 위하여 개발계획을 변경하려는 경우에도 같으나, 다만 대통령령으로 정하는 경미한 사항의 변경은 그러하지 아니하다고 정하고 있다. 그리고 법 제5조 제1항은 개발계획에 포함될 사항에 관하여 구체적으로 정하고, 법 제8조 제1항은 지정권자가 도시개발구역을 지정하려면 관계 행정기관의 장과 협의한 후 중앙도시계획위원회 또는 시·도 도시계획위원회 등의 심의를 거쳐야 하고, 변경하는 경우에도 같으나, 다만 대통령령으로 정하는 경미한 사항을 변경하는 경우에는 그러하지 아니하다고 정하고 있다. 또한 법 제9조 제1항은 지정권자는 도시개발구역을 지정한 경우에는 대통령령으로 정하는 바에 따라 이를 관보나 공보에 고시 등을 하여야 하고, 변경하는 경우에도 같다고 정한다.

이러한 관련 법 규정의 내용, 형식 및 취지 등에 비추어 볼 때, 당초 개발계획의 경미한 사항을 변경하는 경우와는 달리 지정권자가 개발계획의 주요 부분을 실질적으로 변경하는 내용으로 새로운 개발계획을 수립하여 고시한 경우에는 당초 개발계획은 달리 특별한 사정이 없는 한 그 효력을 상실한다고 할 것이다.

라. 도시개발구역 지정 후 수립

개발계획을 공모하거나 다음의 지역에서 도시개발구역을 지정하는 경우에는 도시개발구역 지정 후 개발계획을 수립할 수 있다(법 제4조 제1항 단서, 영 제6조 제1항, 도시개발업무지침 2-1-7). 이에 따라 지정권자가 직접 개발계획을 수립하고자 할 때는 법 제7조에 의한 주민의견청취는 요하지 아니한다. 이는 법 제7조에 의한 주민 의견청취는 지정권자가 도시개발구역을 지정하거나 하거나, 시장 · 군수 · 구청장이 도시개발구역 지정을 요청하려고 하는 경우를 대상으로 하기 때문이다.

1) 자연녹지지역
2) 생산녹지지역(생산녹지지역이 도시개발구역 지정면적의 100분의 30 이하인 경우에 한한다)
3) 도시지역 외의 지역
4) 국토교통부장관이 국가균형발전을 위하여 관계 중앙행정기관의 장과 협의하여 도시개발구역으로 지정하고자 하는 지역(「국토의 계획 및 이용에 관한 법률」 제6조 제4호의 규정에 따른 자연환경보전지역을 제외한다)
5) 해당 도시개발구역에 포함되는 주거지역 · 상업지역 · 공업지역의 면적의 합계가 전체 도시개발구역 지정면적의 100분의 30 이하인 지역

마. 개발계획 공모제도

1) 공모권자 및 우선 시행자 지정 등

지정권자는 창의적인 도시개발과 민간투자 유치 등을 통한 효율적인 도시개발사업을 추진하기 위하여 필요한 경우에는 구역지정 후 개발사업계획안을 공모하여 선정된 안을 개발계획에 반영할 수 있다. 이 경우 선정된 개발계획안의 응모자가 자격 요건을 갖춘 자인 경우에는 해당 응모자를 우선하여 시행자로 지정할 수 있다(법 제4조 제2항).

2) 공모절차

지정권자는 도시개발구역을 지정한 후에 개발계획안을 공모하는 경우에는 다음 각 호의 사항을 전국 또는 해당 지역을 주된 보급지역으로 하는 일간신문 및 관보 또는 공보에 1회 이상 공고하여야 한다(영 제6조 제2항).

제1호 도시개발사업의 개요

제2호 공모참가자격 및 일정

제3호 개발계획안의 평가·심사 계획

제4호 도시개발사업 시행자 지정 절차

제5호 개발계획안 작성지침

제6호 그 밖에 제1호부터 제5호까지에서 규정한 사항 외에 개발계획안의 공모에 필요한 사항

3) 응모기간

위 2)항과 같은 공고 후, 응모기간은 90일 이상으로 하여야 한다.

4) 개발계획안 심사

지정권자는 응모자가 둘 이상인 경우에는 분야별 전문가로 구성된 공모심의위원회를 구성하여 제안된 개발계획안을 심사할 수 있다. 이 경우 공모심사위원회의 구성 및 운영 등에 필요한 사항은 지정권자가 정한다(영 제6조 제3항).

3. 개발계획의 변경

가. 변경권자

지정권자는 직접 또는 관계 중앙행정기관의 장 또는 시장(대도시 시장을 제외한다)·군수·구청장 또는 도시개발사업의 시행자의 요청을 받아 개발계획을 변경할 수 있다(법 제4조 제3항).

나. 주요부분의 실질적 변경시 효력

당초 개발계획의 경미한 사항을 변경하는 경우와 달리 개발계획의 주요 부분을 실질적으로 변경하는 내용으로 새로운 개발계획을 수립하고 고시한 경우에는, 당초 개발계획은 달리 특별한 사정이 없는 그 효력을 상실한다.[27]

---

27) 대법원 2012. 3. 22. 선고 2011두6400 전원합의체 판결.

4. 환지방식의 개발계획수립

가. 토지소유자 등의 동의율

지정권자는 환지(換地)방식의 도시개발사업에 대한 개발계획을 수립하려면 환지방식이 적용되는 지역의 토지면적의 3분의 2 이상에 해당하는 토지소유자와 그 지역의 토지소유자 총수의 2분의 1 이상의 동의를 받아야 한다. 환지방식으로 시행하기 위하여 개발계획을 변경(대통령령으로 정하는 경미한 사항의 변경은 제외한다)하려는 경우에도 또한 같다(법 제4조 제4항).

나. 경미한 사항의 변경

법 제4조 제4항 후단에서 “대통령령으로 정하는 경미한 사항의 변경”이란 다음 각 호의 어느 하나에 해당하지 아니하는 경우를 말하며(영 제7조 제1항), 이에도 불구하고 「환경영향평가법」에 따른 환경영향평가에 대한 협의 결과, 「도시교통정비 촉진법」에 따른 교통영향분석 · 개선대책 검토 결과 또는 「자연재해대책법」에 따른 사전재해영향성검토 협의 결과를 반영하는 개발계획의 변경 중 그 변경으로 사업비가 종전 총사업비보다 100분의 10 미만으로 증가하는 경우에는 경미한 사항의 변경으로 본다(같은 조 제2항).

제1호 환지방식을 적용하는 지역의 면적 변경이 다음 각 목의 어느 하나에 해당하는 경우
- 가. 편입되는 토지의 면적이 종전(법 제4조 제4항에 따라 토지소유자의 동의를 받아 개발계획을 수립 또는 변경한 때를 말한다. 이하 이 조에서 같다) 환지방식이 적용되는 면적의 100분의 5 이상인 경우(경미한 사항이 여러 차례 변경된 경우에는 누적하여 산정한다. 이하 이 조에서 같다)
- 나. 제외되는 토지의 면적이 종전 환지방식이 적용되는 면적의 100분의 10 이상인 경우
- 다. 편입 또는 제외되는 면적이 각각 3만 제곱미터 이상인 경우
- 라. 토지의 편입이나 제외로 인하여 환지방식이 적용되는 면적이 종전보다 100분의 10 이상 증감하는 경우

제2호 너비가 12미터 이상인 도로를 신설 또는 폐지하는 경우

제3호 사업시행지구를 분할하거나 분할된 사업시행지구를 통합하는 경우

제4호 도로를 제외한 기반시설(「국토의 계획 및 이용에 관한 법률 시행령」 제2조 제1항 각 호의 기반시

설을 말한다)의 면적이 종전보다 100분의 10(공원 또는 녹지의 경우에는 100분의 5) 이상으로 증감하거나 신설되는 기반시설의 총면적이 종전 기반시설 면적의 100분의 5 이상인 경우

제5호 수용예정인구가 종전보다 100분의 10 이상 증감하는 경우(변경 이후 수용예정인구가 3천명 미만인 경우는 제외한다)

제6호 기반시설을 제외한 도시개발구역의 용적률이 종전보다 100분의 5 이상 증가하는 경우

제7호 법 제5조 제1항 제7호에 따른 토지이용계획(종전 개발계획에서 분류한 최하위 토지용도를 말하며, 기반시설은 제외한다)의 변경으로서 다음 각 목의 어느 하나에 해당하는 경우. 다만, 용도별 변경 면적이 1천 제곱미터 이상인 경우로 한정한다.

가. 용도별 면적이 종전보다 100분의 10 이상 증감하는 경우

나. 신설되는 용도의 토지 총면적이 종전 도시개발구역 면적(기반시설 면적은 제외한다)의 100분의 5 이상인 경우

제8호 법 제5조 제1항 제13호에 따른 기반시설의 설치에 필요한 비용이 종전보다 100분의 5 이상 증가하는 경우

제9호 법 제21조 제2항에 따라 사업시행방식을 변경하는 경우

제10호 용도지역 · 용도지구 · 용도구역에 대한 도시 · 군관리계획이 변경(제1호부터 제4호까지 및 제7호의 규정에 해당하는 경우는 제외한다)되는 경우

제11호 그 밖에 지정권자가 토지소유자의 권익보호 등을 위하여 중대하다고 인정하여 조건을 붙여 도시개발구역을 지정하거나 시 · 도 조례로 정한 경우

다. 토지소유자 등의 동의 배제 및 동의간주

1) 동의배제 사유

지정권자는 도시개발사업을 환지방식으로 시행하려고 개발계획을 수립하거나 변경할 때에 도시개발사업의 시행자가 국가나 지방자치단체(제11조 제1항 제1호)에 해당하는 자이면 토지소유자의 동의를 받을 필요가 없다(법 제4조 제5항).

2) 동의간주 – 조합인 경우 특례

지정권자가 도시개발사업의 전부를 환지방식으로 시행하려고 개발계획을 수립하거나 변경

할 때에 도시개발사업의 시행자가 제11조 제1항 제6호의 조합{도시개발구역의 토지소유자(「공유수면 관리 및 매립에 관한 법률」 제28조에 따라 면허를 받은 자를 해당 공유수면을 소유한 자로 보고 그 공유수면을 토지로 본다)가 도시개발을 위하여 설립한 조합}에 해당하는 경우로서 조합이 성립된 후 총회에서 도시개발구역의 토지면적의 3분의 2 이상에 해당하는 조합원과 그 지역의 조합원 총수의 2분의 1 이상의 찬성으로 수립 또는 변경을 의결한 개발계획을 지정권자에게 제출한 경우에는 토지소유자의 동의를 받은 것으로 본다(같은 조 제6항).

이는 환지방식의 도시개발사업의 경우에는 개발계획수립 시와 조합설립인가시 2차례의 동의를 받아야 하는 것을 조합설립 후에 조합총회에서 개발계획에 대해 수립 내지 변경을 의결할 할 경우 동의를 의제하여 별도의 동의를 받지 않아도 되게 한 것이다.

라. 동의자수의 산정방법

도시개발구역의 토지면적 산정을 위한 동의자수(토지면적의 3분의 이상에 해당하는 토지소유와 그 지역의 토지 소유자 총수 2분의 1 이상의 동의) 산정방법은 아래와 같다(법 제4조 제7항, 영 제6조 제4항).

가) 도시개발구역의 토지면적을 산정하는 경우 : 국공유지를 포함하여 산정할 것

나) 토지소유권을 여러 명이 공유하는 경우 : 다른 공유자의 동의를 받은 대표 공유자 1명만을 해당 토지소유자로 볼 것. 다만, 「집합건물의 소유 및 관리에 관한 법률」 제2조 제2호에 따른 구분소유자는 각각을 토지소유자 1명으로 본다.

다) 제11조 제2항에 따른 공람 · 공고일 후에 「집합건물의 소유 및 관리에 관한 법률」 제2조 제1호에 따른 구분소유권을 분할하게 되어 토지소유자의 수가 증가하게 된 경우 : 공람 · 공고일 전의 토지소유자의 수를 기준으로 산정하고, 증가된 토지소유자의 수는 토지소유자 총수에 추가 산입하지 말 것

라) 법 제11조 제5항에 따라 도시개발구역의 지정이 제안되기 전에 또는 법 제4조 제2항에 따라 도시개발구역에 대한 도시개발사업의 계획(이하 "개발계획"이라 한다)의 변경을 요청받기 전에 동의를 철회하는 사람이 있는 경우 : 그 사람은 동의자 수에서 제외할 것

마) 법 제11조 제5항에 따라 도시개발구역의 지정이 제안된 후부터 법 제4조에 따라 개발계획이 수립되기 전까지의 사이에 토지소유자가 변경된 경우 또는 법 제4조 제2항에 따라 개발계획의 변경을 요청받은 후부터 개발계획이 변경되기 전까지의 사이에 토지소유자가 변경된 경우 : 기존 토지소유자의 동의서를 기준으로 할 것

[도시개발업무지침 - 동의자수 산정방법]

1-6-1. 개발구역 안의 토지면적에 대한 동의면적을 산정함에 있어서 동의대상자는 「부동산등기법」에 따라 등기부에 등재된 토지소유자 및 지상권자로 한다.
1-6-2. 도시개발구역 안의 토지면적을 산정함에 있어서는 국공유지를 포함하여 산정한다.
1-6-3. 토지소유자에 대한 동의는 국공유지를 제외한 전체 사유토지면적 및 토지소유자에 대하여 동의요건 이상으로 동의를 받은 후 그 토지면적 및 토지소유자의 수가 법적 동의요건에 미달되는 경우에는 국공유지 관리청의 동의를 받아야 한다.
1-6-4. 지상권이 설정된 토지에 대한 동의면적을 산정함에 있어 개발구역 안의 토지에 관하여 소유권 또는 지상권을 가진 자의 동의는 각각 해당 지상권이 설정된 토지면적의 2분의 1에 해당하는 토지에 대한 동의로 산정한다.
1-6-5. 도시개발구역지정제안서 또는 조합설립인가신청서가 시군 또는 구에 접수되기 전에 토지소유자 등이 동의를 철회한 경우에는 이를 동의면적 및 동의자의 수에서 제외하여야 한다. 이 경우 규칙 제7조의 규정에 따른 내용증명우편(행정청이 시행자인 경우에는 행정청에 직접 제출할 수 있다. 이 경우 행정청은 제출된 동의철회서를 문서접수대장에 등재하여야 한다)이 시군 또는 구에 접수한 날 전일까지 배달된 경우에만 철회한 것으로 본다.
1-6-6. 면적의 산정에 있어서 개발구역의 경계에 걸쳐 있는 토지는 개발구역 안의 토지만을 동의면적으로 계산하여야 한다.
1-6-7. 토지 등의 사용 또는 수용을 위한 토지소유자 동의요건 산정기준일은 도시개발구역지정 고시일을 기준으로 한다.

마. 국공유지 관리청의 동의

국공유지를 제외한 전체 사유 토지면적 및 토지소유자에 대하여 법 제4조 제4항에 따른 동의 요건 이상[28]으로 동의를 받은 후에 그 토지면적 및 토지소유자의 수가 법적 동의 요건에 미달하게 된 경우에는 국공유지 관리청의 동의를 받아야 한다(영 제6조 제5항).

바. 동의서 등의 제출

토지소유자가 동의를 하는 경우에는 국토교통부령으로 정하는 아래의 동의서를 제출하여야 한다.

---

28) 법 제4조
④ 지정권자는 환지(換地) 방식의 도시개발사업에 대한 개발계획을 수립하려면 환지방식이 적용되는 지역의 토지면적의 3분의 2 이상에 해당하는 토지소유자와 그 지역의 토지소유자 총수의 2분의 1 이상의 동의를 받아야 한다. 환지방식으로 시행하기 위하여 개발계획을 변경(대통령령으로 정하는 경미한 사항의 변경은 제외한다)하려는 경우에도 또한 같다.

■ 도시개발법 시행규칙 [별지 제5호 서식] 〈개정 2017. 12. 29.〉

환지방식 도시개발계획에 대한 동의서

※ 색상이 어두운 란은 동의자가 작성하지 않습니다.

접수번호	접수 일자

동의자	성명(법인의 명칭 및 대표자 성명)	생년월일(법인등록번호)
	주소	전화번호

동의내용	구역명	
	구역면적	(㎡)
	사업방식	
	시행자에 관한 사항	

본인은 「도시개발법」 제4조제4항 및 「도시개발법 시행령」 제6조제6항에 따라 환지방식의 도시개발계획에 대하여 시행자 등에게 설명을 듣고 위 내용(개발계획 수립 과정에서 관계 기관 협의 및 도시계획위원회의 심의결과 등에 따라 개발계획이 변경되는 경우를 포함합니다)에 동의합니다.

년 월 일

동의자 (서명 또는 인)

국토교통부장관, 특별시장 · 광역시장 · 도지사 · 특별자치도지사 · 시장 귀하

동의자 소유 토지 현황				
번호	지번	지목	면적(㎡)	비고
1				
2				
3				
4				

첨부서류: 신분을 증명하는 문서사본 1부.

유의사항

1. 시행자는 「도시개발법」 제11조제1항의 시행자 중 해당하는 시행자를 적고 시행자가 지정된 경우에는 이름과 법인번호를 적어야 합니다.
2. 소유 토지 작성란이 부족한 경우에는 별지에 적고 간인(間印)을 하여야 합니다.

210mm×297mm[백상지(80g/㎡) 또는 중질지(80g/㎡)]

또한, 그 동의를 철회하는 경우에도 동의철회서를 제출하여야 한다. 이때 공유토지의 대표 소유자는 대표자지정 동의서와 대표 소유자 및 공유자의 신분을 증명할 수 있는 서류를 각각 첨부하여 함께 제출하여야 한다(영 제6조 제6항).

■ 도시개발법 시행규칙 [별지 제6호 서식] 〈개정 2017. 12. 29.〉

동의철회서

※ 색상이 어두운 란은 동의 철회자가 작성하지 않습니다.

접수번호		접수 일자
동의자	성명(법인의 명칭 및 대표자 성명)	생년월일(법인등록번호)
	주소	전화번호
동의의 철회내용	*(동의 철회자 자필로 기재)*	

본인은 위 동의의 철회내용에 기재한 것과 같이 이전에 동의하였던 것을 철회합니다.

년 월 일

동의 철회자 (서명 또는 인)

시행자 또는 시행예정자	성명(법인의 명칭 및 대표자 성명)	
	생년월일(법인등록번호)	
	주소	
	전화번호	

귀하

동의 철회자 소유 토지 현황				
번호	지번	지목	면적(㎡)	비고
1				
2				
3				

첨부서류: 신분을 증명하는 문서사본 1부.

유의사항
1. 귀하(란) 앞에는 동의철회자가 철회하려는 동의서를 제출한 상대방을 적어야 합니다.
2. 소유 토지 작성란이 부족한 경우에는 별지에 적고 간인(間印)을 하여야 합니다.

210㎜×297㎜[백상지(80g/㎡) 또는 중질지(80g/㎡)]

제 2 절 개발계획의 내용 등

1. 개발계획의 내용

가. 도시개발구역의 지정시 포함내용

도시개발구역의 지정시 개발계획에는 다음 각 호의 사항이 포함되어야 한다. 다만, 제13호부터 제16호까지의 규정에 해당하는 사항은 도시개발구역을 지정한 후에 개발계획에 포함시킬 수 있다(법 제5조 제1항).

제1호 도시개발구역의 명칭 · 위치 및 면적

제2호 도시개발구역의 지정 목적과 도시개발사업의 시행기간

제3호 제3조의2에 따라 도시개발구역을 둘 이상의 사업시행지구로 분할하거나 서로 떨어진 둘 이상의 지역을 하나의 구역으로 결합하여 도시개발사업을 시행하는 경우에는 그 분할이나 결합에 관한 사항

제4호 도시개발사업의 시행자에 관한 사항

제5호 도시개발사업의 시행방식

제6호 인구수용계획

제7호 토지이용계획

제7의2호 제25조의2에 따라 원형지로 공급될 대상 토지 및 개발 방향

제8호 교통처리계획

제9호 환경보전계획

제10호 보건의료시설 및 복지시설의 설치계획

제11호 도로, 상하수도 등 주요 기반시설의 설치계획

제12호 재원조달계획

제13호 도시개발구역 밖의 지역에 기반시설을 설치하여야 하는 경우에는 그 시설의 설치에 필요한 비용의 부담 계획

제14호 수용(收用) 또는 사용의 대상이 되는 토지 · 건축물 또는 토지에 정착한 물건과 이에 관한 소유권 외의 권리, 광업권, 어업권, 물의 사용에 관한 권리(이하 "토지 등"이라 한다)가 있는 경우에는 그 세부목록

제15호 임대주택건설계획 등 세입자 등의 주거 및 생활 안정 대책

제16호 제21조의2에 따른 순환개발 등 단계적 사업추진이 필요한 경우 사업추진계획 등에 관한 사항

제17호 그 밖에 대통령령으로 정하는 사항[29)]

개발계획의 표준내용(도시개발업무지침 [별표1] 2-2-2. 관련)

사업의 개 요	사업의 명칭 · 목적 · 범위	명칭, 목적, 위치, 면적, 사업기간, 사업의 주요내용
	사업추진방식	시행자, 사업시행방식, 사업추진 절차
	계획수립 방법	계획의 주요내용, 계획수립 방법
기 본 구 상	기초현황 분석	- 주변지역 여건 - 대상지역 현황 - 관련계획 및 법률 검토
	목표 및 전략의 설정	목표, 전략
	주요지표의 설정	- 사회 및 경제지표 - 시설지표 - 환경지표
	공간구성의 기본골격	- 대안설정 - 평가 - 공간구성의 기본골격

29) 도시개발법 시행령 제8조 (개발계획에 포함될 사항)
① 법 제5조 제1항 제17호에서 "대통령령으로 정하는 사항"이란 다음 각 호와 같다.
1. 학교시설계획
2. 문화재 보호계획
3. 초고속 정보통신망계획
4. 공동구 등 지하매설물계획
5. 존치하는 기존 건축물 및 공작물 등에 관한 계획
6. 산업의 유치업종 및 배치계획
7. 도시개발구역 밖의 지역에서 도시개발구역의 이용에 제공되는 「국토의 계획 및 이용에 관한 법률」 제2조 제6호에 따른 기반시설의 설치가 필요한 경우 도시개발구역 밖의 기반시설계획에 관한 사항
8. 집단에너지 공급계획
9. 전시장 · 공연장 등의 문화시설계획
10. 어린이집계획
11. 저탄소 녹색도시 조성을 위한 계획
12. 용적률 및 수용인구 등에 관한 개발밀도계획
13. 「국토의 계획 및 이용에 관한 법률」에 따른 도시 · 군관리계획(이하 "도시 · 군관리계획"이라 한다)의 수립 또는 변경에 관한 사항
14. 그 밖에 국토교통부령으로 정하는 사항

부문별 계획	인구수용계획	- 인구규모 및 구조전망 - 생활권 설정과 인구배분 - 밀도계획 - 주택배분계획
	토지이용계획	- 용지분류 - 용도별 면적산정 - 용도별 입지배분 - 가구 및 획지분할 - 유치업종 및 배치계획(산업단지 개발의 경우)
	교통처리계획	- 교통수요예측 - 가로망계획 - 주차장계획 - 특수가로계획 - 환승시설계획 - 교통안전시설계획
	환경보전계획	- 중점보전대상의 설정 및 보전계획 - 공원·녹지체계 구성계획 - 경관계획
	도시기반시설 계획	- 교통시설 - 도시공간시설 - 유통·공급시설(초고속 통신망, 공동구 포함) - 공공의 문화시설(교육시설 포함) - 보건, 위생시설 - 구역외 도시기반시설 설치계획
	문화재계획	- 문화재 조사 - 종합학술조사 - 문화재 보호계획
	도시·군관리계획 변경	- 도시·군롼리계획의 변경·결정
	토지수용·사용 및 환지계획	- 토지 세목별 현황 - 지장물 현황 - 토지취득방법 - 수용·사용 및 환지계획(방식) - 존치 건축물 및 공작물 처리시설
	재원조달 및 사업시행계획	- 재원조달계획 - 단계별 사업시행계획 - 구역외 도시기반시설 설치비용부담계획 - 사업의 운영방안
타당성 검토	사업 타당성 검토	- 사업타당성 검토 - 사업의 효과

나. 구역지정 후 개발계획수립 시 포함될 사항

1) 구역지정 후 개발계획수립 시 포함될 사항

도시개발구역을 지정한 후에 개발계획을 수립하는 경우에는 도시개발구역을 지정할 때에 지정 목적, 시행 방식 및 인구수용계획 등에 관한 계획을 수립하여야 한다(법 제5조 제3항).

2) 세부적 사항

도시개발구역의 지정시 포함될 세부적인 사항은 다음 각호와 같다(영 제9조).

제1호 도시개발구역의 명칭 · 위치 및 면적
제2호 도시개발구역의 지정 목적
제3호 도시개발사업의 시행 방식
제4호 시행자에 관한 사항
제5호 개략적인 인구수용계획
제6호 개략적인 토지이용계획

2. 복합기능을 갖는 도시규모

면적이 330만 제곱미터 이상인 도시개발구역에 관한 개발계획을 수립할 때에는 해당 구역에서 주거, 생산, 교육, 유통, 위락 등의 기능이 서로 조화를 이루도록 노력하여야 한다(법 제5조 제4항, 영 제9조 제3항).

3. 개발계획의 구성

가. 개발계획의 구성

개발계획은 개발계획서, 관련도면 및 부속서류 등으로 구성되며(도시개발업무지침 2-2-1), 개발계획서는 법 제5조 제1항, 영 제8조, 시행규칙 제9조 및 이 지침 별표 1 [도시개발의 표준내용], 별표 1의2 [녹색도시개발 계획수립 및 평가기준]에서 정하는 내용이 포함되어야 한다. 다만, 규정된 내용에 대하여 해당사항이 없을 경우에는 해당 없다는 내용을 표기하고 그 구체적인 사유를 명기하여야 하며, 법령에 규정되지 아니한 내용에 대하여도 개발계획서에 수록하는 것이 타당하다고 판단되는 사항은 포함시킬 수 있다(같은 지침 2-2-2).

나. 개발계획서 작성방법

개발계획서를 작성할 때에 별표 1의2에 관한 내용은 별표 1의 각 항목에 포함하되, 해당 항목이 없으면 이를 새로이 추가하여 작성하여야 한다. 이 경우 별표 1의 내용에 포함하기 곤란하거나 녹색도시를 효율적으로 조성하기 위하여 필요한 경우에는 이를 따로 작성하여 개발계획서에 포함할 수 있으며 이때, 별표 1의 내용에 그 주요 사항을 정리 · 수록하여야 한다(같은 지침 2-2-3).

다. 관련도면의 첨부

개발계획의 관련도면에는 다음 도면을 첨부하여야 한다(같은 지침 2-2-4). 이때, 관련도면 및 부속서류에는 개발계획서 및 조서 또는 도면에 수록되지 아니한 관련도면과 전산프로그램이나 설문분석자료 등 개발계획의 내용에 대한 근거나 이를 설명하는 부속서류와 평가서가 포함되어야 한다(2-2-4).

1) 개발계획평면도(축척 1/5,000 이상의 지형도)
2) 산업시설의 유치업종별 배치계획도(축척 1/5,000 이상의 도면)
3) 공동주택지 블록별 계획도(축척 1/5,000 이상의 도면)
4) 도시관리계획결정(변경)도(축척 1/5,000 이상의 지형도)
5) 혼용방식에 따라 사업을 시행하는 경우 사업시행방식별 구역계 표시도면(축척 1/5,000 이상의 지형도)

[개발계획의 수립절차]

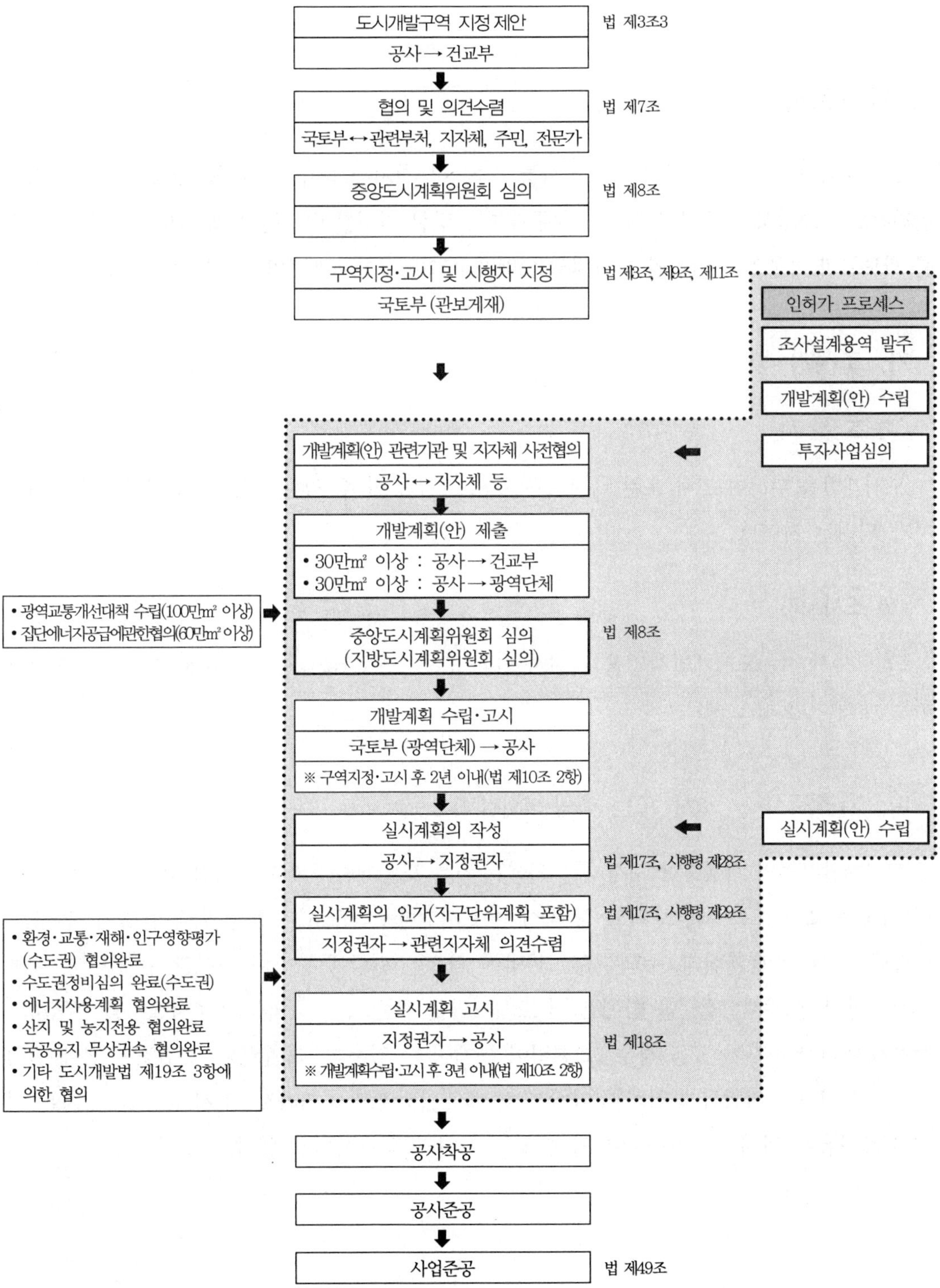
도시개발구역 지정 제안
공사 → 건교부
법 제3조3
협의 및 의견수렴
국토부 ↔ 관련부처, 지자체, 주민, 전문가
법 제7조
중앙도시계획위원회 심의
법 제8조
구역지정·고시 및 시행자 지정
국토부 (관보게재)
법 제3조, 제9조, 제11조
인허가 프로세스
조사설계용역 발주
개발계획(안) 수립
투자사업심의
개발계획(안) 관련기관 및 지자체 사전협의
공사 ↔ 지자체 등
개발계획(안) 제출
• 30만㎡ 이상 : 공사 → 건교부
• 30만㎡ 이상 : 공사 → 광역단체
• 광역교통개선대책 수립(100만㎡ 이상)
• 집단에너지공급에관한협의(60만㎡ 이상)
중앙도시계획위원회 심의
(지방도시계획위원회 심의)
법 제8조
개발계획 수립·고시
국토부 (광역단체) → 공사
※ 구역지정·고시 후 2년 이내(법 제10조 2항)
실시계획의 작성
공사 → 지정권자
법 제17조, 시행령 제28조
실시계획(안) 수립
실시계획의 인가(지구단위계획 포함)
지정권자 → 관련지자체 의견수렴
법 제17조, 시행령 제29조
• 환경·교통·재해·인구영향평가 (수도권) 협의완료
• 수도권정비심의 완료(수도권)
• 에너지사용계획 협의완료
• 산지 및 농지전용 협의완료
• 국공유지 무상귀속 협의완료
• 기타 도시개발법 제19조 3항에 의한 협의
실시계획 고시
지정권자 → 공사
※ 개발계획수립·고시 후 3년 이내(법 제10조 2항)
법 제18조
공사착공
공사준공
사업준공
법 제49조

제3절 기초조사 등

1. 기초조사

도시계획결정을 함에 있어 기초조사를 하게 한 취지는 다수 이해관계인들의 이해대립을 합리적으로 조정하여 국민의 권리자유에 대한 부당한 침해를 방지하고 행정의 민주화 및 신뢰를 확보함과 아울러 자의적인 도시계획을 배제하고 타당한 도시계획이 되도록 하려는데 있다.

가. 조사자 등

1) 조 사 자

도시개발을 위하여 조사 또는 측량 등의 기초조사를 할 수 있는 자는 사업의 시행자나 시행자가 되려는 자이다.

2) 조사시기

그 조사시기는 도시개발사업을 지정하거나, 도시개발구역의 지정을 요청 또는 제한하고자 하는 때이다(법 제6조 제1항).

나. 기초조사 – 조사 또는 측량(임의절차)

도시개발사업의 시행자나 시행자가 되려는 자는 도시개발구역을 지정하거나 도시개발구역의 지정을 요청 또는 제안하려고 할 때에는 도시개발구역으로 지정될 구역의 토지, 건축물, 공작물, 주거 및 생활실태, 주택수요, 그 밖에 필요한 사항에 관하여 조사할 수 있다(법 제6조 제1항). 만일, 도시계획결정을 함에 있어 도시개발을 위한 조사 등의 기초조사절차를 적법하게 거치지 아니한 하자가 있을 경우 그 효력이 문제될 수 있는데, 대법원은 그 결정을 함에 있어 기초조사 절차를 적법하게 걸치지 아니한 하자가 있었다고 하더라도 그 하자는 도시계획결정의 취소사유는 될지언정 당연무효의 사유는 아니라고 판시하고 있다.

도시계획법 제15조 제1항 소정의 기초조사를 거치지 않고서 한 도시계획결정의 효력 유무(대판 1990. 6.12. 선고 90누2178 판결)

도시계획결정을 함에 있어서 도시계획법 제15조 제1항 소정의 기초조사절차를 적법하게 거치지 아니한 하자가 있었더라도 그러한 절차상의 하자는 그 도시계획결정의 취소사유는 될지언정 당연무효의 사유라고는 보여지지 않는다.

[기초조사 수행방법 - 도시개발업무지침]

도시개발업무지침 2-7-3. 기초조사는 다음에서 정하는 바에 따라 수행하도록 한다.

(1) 분석대상이 되는 모든 현황자료는 신뢰성에 바탕을 두어야 하며 자료의 출처를 명기한다.
(2) 기존 문헌이나 자료만으로는 현황을 정확하고 충분하게 파악할 수 없는 경우에는 현지조사 등을 통해 보완한다.
(3) 현황분석은 기준년도의 현황에 대한 정태(靜態)분석과 아울러 시공간(時空間)상 변화과정을 밝힐 수 있는 동태(動態)분석을 시행한다.
(4) 분석기준년도는 현재의 상황을 가장 정확하게 반영할 수 있도록 1년 이내를 기준으로 하고, 1년 이내의 자료수집 등이 어려운 경우 가능한 한 최근년도를 기준으로 정한다.
(5) 분석방법은 다양한 기법을 병행하여 특정기법에 한정함에 따라 발생할 수 있는 편향과 왜곡을 방지한다.

다. 기초조사의 내용

1) 기초조사의 내용

시행자 또는 시행자가 되려는 자가 조사·측량할 수 있는 사항은 다음 각 호와 같으며, 이에 따라 조사·측량할 사항에 관하여 다른 법령에 근거하여 이미 조사·측량한 자료가 있으면 그 자료를 활용할 수 있다.

제1호 도시 또는 도시개발구역으로 지정하려는 지역과 생활권이 같은 지역의 인구변동 상황 및 추이

제2호 도시개발구역의 인구, 토지이용, 지장물 및 각종 개발사업 현황

제3호 주변지역의 교통 현황

제4호 풍수해, 산사태, 지반 붕괴, 그 밖의 재해의 발생빈도 및 현황

제5호 도시·군기본계획·광역도시계획 등 상위계획에 관한 사항

제6호 그 밖에 국토교통부령으로 정하는 사항[30)]

2) 기초조사 사항

기초조사는 계획수립의 구체적인 방향과 내용을 정하는 역할을 하므로 자료의 신뢰성과 분석의 객관성이 충분히 유지되도록 하기 위하여, 개발사업의 골격을 구성하는 데 필요한 사항을 중심으로 다음의 사항을 분석한다(도시개발업무지침 2-7-2).

가) 주변지역 여건

나) 대상지역 현황

다) 관련계획 검토

라) 그 밖에 필요한 경우에는 현황분석의 일환으로 해당 개발구역 또는 주변지역의 주민을 대상으로 설문조사 등을 시행할 수 있다.

3) 기초조사 항목별 분석기준

기초조사에 관한 주요 항목별 분석기준은 다음과 같다(도시개발업무지침 2-7-4).

가) 주변지역 여건

(1) 주변지역 여건은 광역적 여건과 인근지역 여건으로 구분하여 분석한다.

(2) 광역적 여건은 해당 개발구역이 위치한 시군구의 전체적인 공간적 또는 사회경제적 맥락 속에서 해당 개발사업이 차지하는 의미나 위상을 분석한다.

(3) 인근지역 여건으로서 토지이용, 교통, 주요 기반시설 및 사회경제적 여건을 검토하고 해당 개발사업과의 관계를 분석한다.

나) 대상지역 현황

(1) 대상지역의 현황분석은 해당 개발구역의 지리적물적사회적 및 경제적 특성에 대한 현황분석을 포함하도록 한다.

---

30) 도시개발법 시행규칙 제10조 (기초조사의 내용)
영 제10조 제1항 제6호에서 "그 밖에 국토교통부령으로 정하는 사항"이란 다음 각 호의 사항을 말한다.
1. 문화재 분포 현황
2. 공원 및 녹지 분포 현황
3. 환경성검토서 작성에 필요한 환경 현황(녹지지역 안 또는 도시지역 외의 지역에 도시개발구역을 지정하는 경우만 해당한다)

(2) 해당 개발구역 안에 문화재나 보전해야 할 생태계 또는 경관 등이 있을 경우에는 이를 정확히 기술한다.

다) 관련계획 검토

(1) 관련계획 검토는 해당 개발계획에 영향을 주는 국토종합계획, 광역도시계획, 도시기본계획 및 도시관리계획 등 상위계획과 도로 및 상하수도계획 등 개별법에 따른 각종 계획의 검토를 포함하도록 한다.

(2) 관련계획 검토는 해당 내용을 단순 요약 나열하기보다는 해당 개발계획과의 관련성과 사업에 미치는 영향 등을 분석한다.

라. 자료제출 요청

조사나 측량을 하려는 자는 관계 행정기관, 지방자치단체, 「공공기관의 운영에 관한 법률」에 따른 공공기관(이하 "공공기관"이라 한다), 정부출연기관, 그 밖의 관계 기관의 장에게 필요한 자료의 제출을 요청할 수 있다. 이 경우 자료 제출을 요청받은 기관의 장은 특별한 사유가 없으면 요청에 따라야 한다.

2. 구역지정을 위한 주민의견청취 등

도시개발법상 구역지정을 위한 주민의견청취 규정은 구역지정에 앞서 해당 구역지정에 대한 이해관계를 가지고 있는 지역 주민들의 의견을 사전에 청취하고 그들의 의견을 반영함으로써 구역지정에 관한 불필요한 분쟁을 사전에 방지하고 효율적이고 신속한 사업시행을 위하여 도입된 제도이다. 이때 청취된 주민의 의견을 개발계획에 반영하여야 할지 여부는 지정권자의 재량이며, 반드시 개발계획에 반영하여야 할 의무를 부담하는 것은 아니다.

가. 주민 등의 의견청취

1) 주민 등의 의견청취

가) 원 칙

국토교통부장관, 시·도지사 또는 대도시 시장이 도시개발구역을 지정(대도시 시장이 아닌 시장·군수 또는 구청장의 요청에 의하여 지정하는 경우를 제외한다)하고자 하거나 대도시 시장이 아닌 시장·군수 또는 구청장이 도시개발구역의 지정을 요청하려고 하는 경우에는 공람이나 공청회를 통하여 주민이나 관계 전문가 등으로부터 의견을 들어야 하며, 공람이나 공청회에서 제시된 의견이 타당하다고 인정되면 이를 반영하여야 한다. 도시개발구역을 변경(대통령령으로 정하는 경미한 사항은 제외한다)하려는 경우에도 또한 같다(법 제7조 제1항).

이는 도시계획의 입안에 있어 다수 이해관계자의 이익을 합리적으로 조정하여 국민의 자유권리에 대한 부당한 침해를 방지하고 행정의 민주화와 신뢰를 확보하기 위하여 국민의 의사를 그 과정에 반영시키는데 그 취지가 있다. 따라서 위와 같은 절차를 위반한 하자가 있는 경우 그에 따른 행정처분은 위법하다.

나) 예외 - 주민 등의 의견청취의 제외사항

주민 등의 의견청취가 제외되는 법 제7조 제1항 후단의 "대통령령으로 정하는 경미한 사항"이란 다음 각 호의 어느 하나에 해당하지 아니하는 사항을 말한다(영 제12조).

제1호 편입되는 면적과 제외되는 면적의 합계가 종전(법 제7조 제1항에 따라 주민 등의 의견청취를 거쳐 도시개발구역을 지정 또는 변경한 때를 말한다) 도시개발구역 면적의 100분의 5 이상이거나 1만 제곱미터 이상인 경우(경미한 사항이 여러 차례 변경된 경우에는 누적하여 산정한다)

제2호 법 제21조 제2항에 따라 사업시행방식을 변경하는 경우

제3호 그 밖에 지정권자가 토지소유자의 권익보호 등을 위하여 중대하다고 인정하거나 시·도 조례로 정한 경우

도시계획입안절차에 하자가 있는 행정처분의 효력(대법원 1988. 5.24. 선고 87누388 판결)

도시계획법 제11조 제1항, 제15조 제1항, 제16조의 2 제2항, 동법시행령 제11조 제1항, 제14조의 2 제6항 및 동법시행규칙 제4조 제2항 등의 취지는 도시계획의 입안에 있어 다수 이해관계자의 이익을 합리적으로 조정하여 국민의 자유권리에 대한 부당한 침해를 방지하고 행정의 민주화와 신뢰를 확보하기 위하여 국민의 의사를 그 과정에 반영시키는데 있다 할 것이므로 위와 같은 절차에 하자가 있는 행정처분은 위법하다.

도시계획안의 공고 및 공람절차에 하자가 있는 도시계획결정의 적부(대법원 2000. 3.23. 선고 98두2768 판결)

도시계획법 제16조의 2 제2항과 같은 법 시행령 제14조의 2 제6항 내지 제8항의 규정을 종합하

여 보면 도시계획의 입안에 있어 해당 도시계획안의 내용을 공고 및 공람하게 한 것은 다수 이해관계자의 이익을 합리적으로 조정하여 국민의 권리자유에 대한 부당한 침해를 방지하고 행정의 민주화와 신뢰를 확보하기 위하여 국민의 의사를 그 과정에 반영시키는데 있는 것이므로 이러한 공고 및 공람 절차에 하자가 있는 도시계획결정은 위법하다.

2) 주민의 의견청취를 위한 공고 및 공람

가) 관계서류 송부

국토교통부장관 또는 특별시장 · 광역시장 · 도지사 · 특별자치도지사(이하 "시 · 도지사"라 한다)는 도시개발구역의 지정에 관한 주민의 의견을 청취하려면 관계 서류 사본을 시장 · 군수 또는 구청장에게 송부하여야 하여야 한다(영 제11조 제1항).

나) 공고 · 공람

이에 따라 시장 · 군수 등이 주민의 의견을 청취하려는 경우에는,

ⅰ) 입안할 도시개발구역의 지정 및 개발계획의 개요,

ⅱ) 시행자 및 도시개발사업의 시행방식에 관한 사항,

ⅲ) 공람기간,

ⅳ) 그 밖에 국토교통부령으로 정하는 사항 등을

전국 또는 해당 지방을 주된 보급지역으로 하는 둘 이상의 일간신문과 해당 시 · 군 또는 구의 인터넷 홈페이지에 공고하고 14일 이상 일반인에게 공람시켜야 한다. 다만, 도시개발구역의 면적이 10만 제곱미터 미만인 경우에는 일간신문에 공고하지 아니하고 공보와 해당 시 · 군 또는 구의 인터넷 홈페이지에 공고할 수 있다. 또한 이때 일간신문에 공고함에 있어서는 도시계획의 기본적인 사항만을 밝히고 구체적인 사항은 공람절차에서 보충하면 족하다.[31]

다) 공고 및 공람절차 하자의 효력

도시계획의 입안에 있어 해당 도시계획안의 내용을 공고 및 공람하게 한 것은 다수 이해관계인의 이익을 합리적으로 조정하여 국민의 권리자유에 대한 부당한 침해를 방지하고 행정의 민주화와 신뢰를 회복하기 위하여 국민의 의사를 그 과정에 반영시키는데 있으므로 이러한 공고 및 공람 절차에 하자가 있는 경우 그 도시계획결정은 위법하다.[32]

---

31) 대법원 1996. 11. 29.자 96누8567 결정.

32) 대법원 2000. 3. 28. 선고 98두2768 판결.

3) 주민 등의 의견서제출

공고된 내용에 관하여 의견이 있는 자는 공람기간에 도시개발구역의 지정에 관한 공고를 한 자에게 의견서를 제출할 수 있다(영 제11조 제3항). 시장 · 군수 또는 구청장은 영 제11조 제3항에 따라 제출된 의견을 종합하여 국토교통부장관(제1항에 따라 국토교통부장관이 시장 · 군수 · 구청장에게 송부한 경우에만 해당한다), 시 · 도지사에게 제출하여야 하며, 제출된 의견이 없으면 그 사실을 국토교통부장관, 시 · 도지사에게 통보하여야 한다(다만, 대도시 시장이 지정권자인 경우에는 그러하지 아니하다)(같은 조 제4항).

4) 의견통보

국토교통부장관 등은 제출된 의견을 공고한 내용에 반영할 것인지를 검토하여 그 결과를 공람기간이 끝난 날부터 30일 이내에 그 의견을 제출한 자에게 통보하여야 한다(같은 조 제5항).

나. 구역지정을 위한 공청회

1) 공청회 개최(의무적 공청회 개최면적)

국토교통부장관, 시 · 도지사, 시장 · 군수 또는 구청장은 도시개발사업을 시행하려는 구역의 면적이 100만 제곱미터 이상인 경우(법 제4조 제3항에 따른 도시개발계획의 변경 후의 면적이 100만 제곱미터 이상인 경우를 포함한다)에는 공람기간이 끝난 후에 공청회를 개최하여야 한다(영 제13조 제1항).

2) 공 고

국토교통부장관, 시 · 도지사, 시장 · 군수 또는 구청장은 공청회를 개최하려면 다음 각 호의 사항을 전국 또는 해당 지방을 주된 보급지역으로 하는 일간신문과 인터넷 홈페이지에 공청회 개최 예정일 14일 전까지 1회 이상 공고하여야 한다. 다만, 법 시행령 제11조 제2항에 따른 공고 시 다음 각 호의 사항을 이미 공고한 경우에는 그러하지 아니하다(영 제13조 제2항).

제1호 공청회의 개최목적
제2호 공청회의 개최예정일시 및 장소
제3호 입안하고자 하는 도시개발구역지정 및 개발계획의 개요
제4호 의견발표의 신청에 관한 사항

제5호 그 밖에 국토교통부령으로 정하는 사항

3) 공청회의 생략

공청회가 국토교통부장관, 시 · 도지사, 시장 · 군수 또는 구청장이 책임질 수 없는 사유로 2회에 걸쳐 개최되지 못하거나 개최는 되었으나 정상적으로 진행되지 못한 경우에는 공청회를 생략할 수 있다. 이 경우 공청회를 생략하게 된 사유와 달리 의견을 제출할 수 있는 의견 제출의 시기 및 방법 등에 관한 사항을 영 제13조 제2항에 따른 방법으로 공고함으로써 주민의 의견을 듣도록 하여야 한다(같은 조 제3항).

4) 주 재 자

공청회는 공청회를 개최하는 자가 지명하는 자가 주재한다(같은 조 제4항).

5) 기 타

법 시행령 제13조 제1항부터 제4항까지에서 규정한 사항 외에 공청회의 개최에 필요한 사항은 그 공청회를 개최하는 주체에 따라 국토교통부장관이 정하거나 해당 지방자치단체의 조례로 정할 수 있다(같은 조 제5항).

다. 구역지정을 위한 도시계획위원회의 심의 등

도시개발계획의 타당성 확보를 위하여 도시개발법(제8조)에서는 구역지정시 관계부처와의 협의 및 도시계획위원회의 심의 절차에 관한 규정을 도입하였다.

1) 관계행정기관의 장과의 협의

지정권자는 도시개발구역을 지정하거나 법 제4조 제1항 단서에 따라 개발계획을 수립하려면 관계 행정기관의 장과 협의하여야 한다(법 제8조 제1항).[33] 이는 도시계획위원회 심의 사전절차를 규정한 것으로 도시개발구역을 지정 후 개발계획을 수립하는 경우 도시개발구역을 지정하는 때에 협의와는 별개로 개발계획을 수립하고자 하는 때에도 관계 행정기관의 장과 협의를

---

33) 법 제4조
① 지정권자는 도시개발구역을 지정하려면 해당 도시개발구역에 대한 도시개발사업의 계획(이하 "개발계획"이라 한다)을 수립하여야 한다. 다만, 제2항에 따라 개발계획을 공모하거나 대통령령으로 정하는 지역에 도시개발구역을 지정할 때에는 도시개발구역을 지정한 후에 개발계획을 수립할 수 있다.

생략할 수 없도록 하여 계획의 타당성을 검토하기 위한 것으로 보아야 할 것이다.[34)]

2) 도시계획위원회의 심의

가) 도시계획위원회의 심의

지정권자는 도시개발구역을 지정하거나 개발계획을 수립하려면 위 1)항의 협의 후, 「국토의 계획 및 이용에 관한 법률」 제106조에 따른 중앙도시계획위원회 또는 같은 법 제113조에 따른 시 · 도 도시계획위원회나 대도시에 두는 대도시도시계획위원회의 심의를 거쳐야 한다. 변경하는 경우에도 또한 같다. 다만, 대통령령으로 정하는 경미한 사항을 변경하는 경우에는 그러하지 아니하다(법 제8조 제1항).

나) 심의제외 사항

법 제8조제1항 단서에서 "대통령령으로 정하는 경미한 사항을 변경하는 경우"란 다음 각 호의 어느 하나에 해당하지 아니하는 사항을 변경하는 경우를 말한다(영 제14조 1항).

제1호 제7조 제1항 제2호부터 제10호까지의 규정에 해당하는 경우(이 조에서 "종전"이란 법 제8조제1항에 따라 도시계획위원회의 심의를 거쳐 도시개발구역을 지정 · 변경하거나 개발계획을 수립 · 변경한 때를 말한다)

제2호 도시개발구역 면적이 종전보다 100분의 10 이상 증감하는 경우

제3호 그 밖에 지정권자가 도시 · 군기본계획에서 제시한 목표를 실현하기 위하여 중대하다고 인정하거나 시 · 도 조례로 정한 경우

다) 심의의제 사항

위 나)항에도 불구하고 「환경영향평가법」에 따른 환경영향평가에 대한 협의 결과, 「도시교통정비 촉진법」에 따른 교통영향평가서 검토 결과, 「자연재해대책법」에 따른 사전재해영향성 검토 협의 결과 또는 「교육환경 보호에 관한 법률」에 따른 교육환경평가서 심의 결과를 반영하는 개발계획의 변경은 경미한 사항의 변경으로 본다(영 제14조 제2항).

[법 시행령 제7조 제1항 제2호부터 제10호까지의 규정]

제2호 너비가 12미터 이상인 도로를 신설 또는 폐지하는 경우

---

34) 도시재생과-577, 2014. 3. 7.)

제3호 사업시행지구를 분할하거나 분할된 사업시행지구를 통합하는 경우
제4호 도로를 제외한 기반시설(「국토의 계획 및 이용에 관한 법률 시행령」 제2조 제1항 각 호의 기반시설을 말한다)의 면적이 종전보다 100분의 10(공원 또는 녹지의 경우에는 100분의 5) 이상으로 증감하거나 신설되는 기반시설의 총면적이 종전 기반시설 면적의 100분의 5 이상인 경우
제5호 수용예정인구가 종전보다 100분의 10 이상 증감하는 경우(변경 이후 수용예정인구가 3천명 미만인 경우는 제외한다)
제6호 기반시설을 제외한 도시개발구역의 용적률이 종전보다 100분의 5 이상 증가하는 경우
제7호 법 제5조 제1항 제7호에 따른 토지이용계획(종전 개발계획에서 분류한 최하위 토지용도를 말하며, 기반시설은 제외한다)의 변경으로서 다음 각 목의 어느 하나에 해당하는 경우. 다만, 용도별 변경 면적이 1천 제곱미터 이상인 경우로 한정한다.
가. 용도별 면적이 종전보다 100분의 10 이상 증감하는 경우
나. 신설되는 용도의 토지 총면적이 종전 도시개발구역 면적(기반시설 면적은 제외한다)의 100분의 5 이상인 경우
제8호 법 제5조 제1항 제13호에 따른 기반시설의 설치에 필요한 비용이 종전보다 100분의 5 이상 증가하는 경우
제9호 법 제21조 제2항에 따라 사업시행방식을 변경하는 경우
제10호 용도지역 · 용도지구 · 용도구역에 대한 도시 · 군관리계획이 변경(제1호부터 제4호까지 및 제7호의 규정에 해당하는 경우는 제외한다)되는 경우

라) 심의결과 반영시 이행절차

도시계획위원회의 심의 과정에서 사업 시행방식 변경, 사업구역 축소 등으로 심의가 결정된 경우 이는 중대한 변경사항으로 주민 등의 의견청취, 도시계획위원회 심의절차가 의제되지 않는 사항으로 도시개발법령에서 정한 절차를 다시 이행하여야 한다.[35]

3) 지구단위계획에 따라 도시개발구역을 지정하는 경우

지구단위계획에 따라 도시개발사업을 시행하기 위하여 도시개발구역을 지정하는 경우에는 중앙도시계획위원회 또는 시 · 도 도시계획위원회나 대도시에 두는 대도시도시계획위원회의 심의를 거치지 아니한다(법 제8조의 제2항).

35) 도시재생과-1129, 2013. 8. 23.

4) 도시개발구역 지정 시 국토교통부장관과의 협의

가) 국토교통부장관과의 협의

지정권자는 관계 행정기관의 장과 협의하는 경우 지정하려는 도시개발구역이 일정 규모 이상 또는 국가계획과 관련되는 등 대통령령으로 정하는 경우에 해당하면 국토교통부장관과 협의하여야 한다(법 제8조의 제3항).

[법 제8조 제3항에서 "지정하려는 도시개발구역이 일정 규모 이상 또는 국가계획과 관련되는 등 대통령령으로 정하는 경우"]

> **법 시행령 제14조의 2 (도시개발구역 지정 시 국토교통부장관과의 협의)**
>
> 법 제8조 제3항에서 "지정하려는 도시개발구역이 일정 규모 이상 또는 국가계획과 관련되는 등 대통령령으로 정하는 경우"란 다음 각 호의 어느 하나에 해당하는 경우를 말한다.
>
> 제1호 지정하려는 도시개발구역 면적이 100만 제곱미터 이상인 경우
>
> 제2호 개발계획이 「국토의 계획 및 이용에 관한 법률」 제2조 제14호에 따른 국가계획을 포함하고 있거나 그 국가계획과 관련되는 경우

나) 협의 요청 시 제출 서류

지정권자가 위 가)항에 따라 국토교통부장관에게 협의를 요청하려면 국토교통부령으로 정하는 서류를 첨부하여 함께 제출하여야 한다(영 제14조의2 제2항). 여기서 "국토교통부령으로 정하는 서류"란 제5조 제1호 · 제3호 · 제4호 · 제5호 및 제7호부터 제11호까지의 서류 및 도면을 말한다(법 시행규칙 제10조의 2).

[법 시행규칙 제5조 제1호 · 제3호 · 제4호 · 제5호 및 제7호부터 제11호까지의 서류 및 도면]

> **법 시행규칙 제5조 (도시개발구역의 지정 요청)**
>
> 시장[「지방자치법」 제175조에 따른 서울특별시와 광역시를 제외한 인구 50만 이상의 대도시의 시장(이하 "대도시 시장"이라 한다)은 제외한다] · 군수 또는 구청장(자치구의 구청장을 말한다. 이하 같다)은 법 제3조 제4항에 따라 도시개발구역의 지정을 요청할 때에는 별지 제3호서식의 도시개발구역 지정요청서에 다음 각 호의 서류 및 도면을 첨부하여 특별시장 · 광역시장 · 도지사 · 특별자치도지사(이하 "시 · 도지사"라 한다)에게 제출하여야 한다. 이 경우 시 · 도지사는 「전자정부법」 제36조 제1항에 따른 행정정보의 공동이용을 통하여 지적도 및 임야도를 확인하여야 한다.
>
> 제1호 별지 제2호서식의 도시개발구역 조사서
>
> 제3호 법 제5조 제1항에 따른 개발계획의 내용에 관한 서류. 다만, 법 제4조 제1항 단서에

따라 도시개발구역을 지정한 후에 개발계획을 수립하는 경우에는 영 제9조 제1항 각 호의 사항을 적은 서류 및 환경성검토서(녹지지역 안 또는 도시지역 외의 지역에 도시개발구역을 지정하는 경우만 해당하고, 「환경정책기본법」에 따라 사전환경성검토를 실시한 경우에는 사전환경성검토서를 말한다)
제4호 법 제6조에 따른 기초조사 등에 관한 서류
제5호 법 제7조 제1항에 따른 주민 및 관계전문가 등의 의견청취 결과 및 이에 대한 검토의견서
제7호 축척 2만 5천분의 1 또는 5만분의 1의 위치도
제8호 도시개발구역의 경계를 표시한 축척 1천분의 1부터 5천분의 1까지의 지형도와 경계설정의 이유를 적은 서류
제9호 「국토의 계획 및 이용에 관한 법률」 제113조 제2항에 따른 시·군·구 도시계획위원회의 자문 결과 및 이에 대한 검토의견서(영 제5조 단서에 따라 시·군·구 도시계획위원회의 자문을 거치지 아니한 경우는 제외한다)
제10호 법 제9조 제2항에 따른 도시·군 관리계획의 결정에 필요한 도서
제11호 편입 농지 및 임야 현황에 관한 조사자료

제4절 도시개발구역지정 고시와 해제 등

1. 도시개발구역지정 고시절차

통상 도시개발구역이 지정될 경우 그 지역이 방대하며 또한 개발구역내에는 토지소유자 등의 많은 이해관계인이 존재하고, 개발계획도 매우 복잡한 경우가 많아 그 내용을 이해관계인에게 개별적으로 통지한다는 것은 사실상 불가능하다. 설사 개별통지가 가능하다 하더라도 각자 그 통지를 받은 날로부터 효력발생의 기산일을 산정하게 될 경우 효력발생 시기가 서로 다르게 되는 등의 여러 불합리한 결과를 초래할 수 있다. 따라서 도시개발법 제9조는 이러한 문제를 차단하고 효율적인 개발을 추진하기 위하여 개발계획을 수립한 경우 그 사실을 해당지역의 이해관계인에게 알리기 위하여 이를 관보나 공보에 고시하고, 관계 서류를 일반에게 공람시키는 제도를 도입하였다.

서울특별시장이 건설부장관의 도시계획변경결정에 따라 도시계획안을 입안함에 있어서 이해관계인에게 개별적으로 서면통지를 하여야 하는지 여부(대법원 1991. 1.11. 선고 90누1717 판결)

서울특별시장이 건설부장관의 도시계획변경결정에 따라 도시계획안을 입안함에 있어서 행정절차 운영지침에 따라 주민의 의견청취를 하여야 하고 그 도시계획변경결정을 관보에 게재하는 외에 이해관계인 등에게 개별적으로 서면통지를 하여 공람을 시켜야 한다는 주장은 독자적인 견해에 불과하다.

도시계획결정을 개별통지해 주지 아니한 것이 행정심판법 제18조 제3항 단서 소정의 심판청구기간 불준수에 대한 정당한 사유에 해당하는지 여부(대법원 1993. 3.23. 선고 92누8613 판결)

도시계획결정을 토지소유자에게 개별통지하여야 한다는 규정이 없으므로 개별통지해주지 아니하여 뒤늦게 도시계획결정 사실을 알고서 행정심판을 제기하였다는 사유만으로는 심판청구기간을 지키지 못한 데에 행정심판법 제18조 제3항 단서에서 규정하는 정당한 사유가 있는 경우에 해당한다고 볼 수 없다.

가. 관보 또는 공보에 고시

1) 구역지정과 동시에 개발계획을 수립하는 경우

가) 고시 및 공람

지정권자는 도시개발구역을 지정하거나 개발계획을 수립한 경우에는 이를 관보나 공보에 고시하고, 대도시 시장인 지정권자는 관계 서류를 일반에게 공람시켜야 하며, 대도시 시장이 아닌 지정권자는 해당 도시개발구역을 관할하는 시장(대도시 시장을 제외한다)·군수 또는 구청장에게 관계 서류의 사본을 보내야 하며, 지정권자인 특별자치도지사와 관계 서류를 송부받은 시장(대도시 시장을 제외한다)·군수 또는 구청장은 해당 관계 서류를 일반인에게 공람시켜야 한다. 변경하는 경우에도 또한 같다(법 제9조 제1항). 이에 따른 관계 서류의 공람기간은 14일 이상으로 한다(같은 조 제4항).

도시계획안 내용의 공고·공람 절차의 시행 방법(대법원 1996.11.29. 선고 96누8567 판결)

도시계획법 제16조의 2 제2항, 같은 법 시행령 제14조의 2 제6항 각 규정의 내용과 취지에 비추어 보면, 도시계획안의 내용을 일간신문에 공고함에 있어서는 도시계획의 기본적인 사항만을 밝히고 구체적인 사항은 공람절차에서 이를 보충하면 족하다.

관보에 게재하여 고시하지 아니한 도시계획결정 등 처분의 효력(대법원 1985.12.10. 선고 85누186 판결)

구 도시계획법(1971.1.19. 법률 제2291호로 개정되기 전의 것) 제7조가 도시계획결정 등 처분의 고시를 도시계획구역, 도시계획결정 등의 효력발생요건으로 규정하였다고 볼 것이어서 건설부장관 또는 그의 권한의 일부를 위임받은 서울특별시장, 도지사 등 지방장관이 기안, 결재 등의 과정을 거쳐 정당하게 도시계획결정 등의 처분을 하였다고 하더라도 이를 관보에 게재하여 고시하지 아니한 이상 대외적으로는 아무런 효력도 발생하지 아니한다.

도시계획구역 안에 포함될 토지의 지번이나 면적 등을 표시하지 않거나 "리"의 기재를 누락한 도시계획결정고시의 하자와 수용재결 단계에서 그 하자를 주장함의 가부(대법원 1990. 1.25. 선고 89누2936 판결)

도시계획구역 안에 포함될 토지의 지번이나 지번별 면적 등을 표시하지 않았다고 하여 도시계획결정의 고시에 하자가 있는 것이라고는 볼 수 없고, 고시에서 위치를 표시하는데 "리"의 기재를 누락한 하자는 고시 자체를 무효라고 볼 정도로 중대하고 명백한 하자라고 볼 수 없음은 물론, 가사 그와 같은 하자가 취소사유가 되는 위법이더라도, 이는 선행처분인 도시 계획결정 단계에서 다투었어야 할 것이고 그 쟁송기간이 이미 도과된 후인 수용재결단계에 있어서는 그 처분의 불가쟁력에 의하여 이를 주장할 수 없는 것이다.

나) 관보 또는 공보에 고시할 내용

지정권자는 도시개발구역을 지정한 때에는 다음 각 호의 사항을 관보 또는 공보에 고시하여야 한다. 다만, 제7의2호에 해당하는 사항은 시행자를 지정한 이후에 고시할 수 있다(영 제15조 제1항).

제1호 도시개발구역의 명칭

제2호 도시개발구역의 위치 및 면적

제3호 도시개발구역의 지정목적

제4호 시행자(시행자가 지정이 되지 아니한 경우에는 제안자를 말한다)와 그 주된 사무소의 소재지

제5호 도시개발사업의 시행기간 및 시행방법

제6호 토지이용계획 및 기반시설계획

제7호 국토교통부령으로 정하는 토지 명세[36](도시개발구역을 지정할 때 제7호의2에 따라 토지 세목

---

36) 법 시행규칙 제11조 (토지 명세)

① 영 제15조 제1항 제7호에서 "국토교통부령으로 정하는 토지 명세"란 토지의 소재지, 지번, 지목, 면적(하나의 필지 중 일부가 도시개발구역에 포함되는 경우에는 해당 필지 전체의 면적 및 도시개발구역에 편입되는 토지의 면적) 및 토지소유자에 관한 사항을 말한다.

을 고시한 경우는 제외한다)

제7의2호 「토지수용법」 제22조 제1항에 따라 고시는 토지의 세목(수용 또는 사용방식으로 도시 개발사업을 실시하는 지역으로 한정한다)

토지세목공고의 의의(대법원 1988.12.27. 선고 87누1141 판결)

토지의 세목의 공고는 사업인정에 의하여 지정된 범위 내에서 구체적으로 수용할 수 있는 목적물을 임시로 결정하는 행위이며, 이로써 목적물에 대하여 막연한 효력밖에 없었던 사업인정이 현실화하고 구체화 된다.

제8호 도시개발구역의 이용에 제공되는 「국토의 계획 및 이용에 관한 법률」 제2조 제6호에 따른 기반시설을 도시개발구역 밖에 설치할 필요가 있는 경우 도시개발구역 밖의 기반시설계획에 관한 사항

제9호 법 제11조 제8항 제4호에 따른 실시계획의 인가신청기간

제10호 관계 도서의 열람방법

제11호 도시·군 관리계획에 관한 사항(법 제9조 제2항에 따라 도시지역 및 지구단위계획구역으로 결정된 것으로 보는 사항을 포함한다)

제12호 그 밖에 국토교통부령으로 정하는 사항

2) 구역지정 후 개발계획을 수립하는 경우

가) 개발계획 수립 방법

법 제4조제1항 단서에 따라 도시개발구역을 지정한 후에 개발계획을 수립하는 경우에는 도시개발구역을 지정할 때에 지정 목적, 시행 방식 및 인구수용계획 등 대통령령으로 정하는 사항에 관한 계획을 수립하여야 한다(법 제5조 제3항).

나) 고시내용

지정권자는 법 제4조 제1항 단서에 따라 도시개발구역을 지정한 후에 개발계획을 수립하는 경우에는 제1항에도 불구하고 도시개발구역을 지정한 때에는 제1항 각 호의 사항의 일부(제1항 제1호부터 제4호까지, 제7호 및 제10호의 사항은 반드시 포함하여야 한다)와 제9조 제1항 제5호 및 제6호의 사항을 고시할 수 있다. 이 경우 개발계획을 수립하면 제1항 각 호의 사항을 고시하여야

② 제1항에 따른 토지 명세는 별지 제7호의2 서식에 따른다.

한다(영 제15조 제2항).

나. 개발계획 변경사항의 고시

지정권자는 개발계획을 변경한 때에는 도시개발구역의 명칭, 도시개발구역의 위치 및 면적, 도시개발구역의 지정목적, 도시개발사업의 시행자와 그 주된 사무소의 소재지, 도시개발사업의 시행기간 및 시행방법의 사항과 변경된 사항을 고시하여야 한다(법 시행령 제15조 제3항).

다. 통 보

1) 통 보

시·도지사 또는 대도시 시장이 도시개발구역을 지정·고시한 경우에는 국토교통부장관에게 그 내용을 통보하여야 한다(법 제9조 제3항).

2) 통보의 방식

도시개발법 상에는 도시계획결정을 토지소유자에게 개별 통지하여야 한다는 규정은 없으므로 개발통지해 주지 아니하여 뒤늦게 도시계획결정 사실을 알고서 행정심판을 제가하였다는 사유만으로는 심판청구기간을 지키지 못한 데에 행정심판법 제18조 제3항 단서에서 규정한 정당한 사유가 있는 경우에 해당한다고 볼 수 없다.[37]

라. 도시개발구역 지정·고시의 효과

1) 도시지역과 지구단위계획구역의 결정·고시로 의제

도시개발구역이 지정·고시된 경우 해당 도시개발구역은「국토의 계획 및 이용에 관한 법률」에 따른 도시지역과 대통령령으로 정하는 지구단위계획구역[38]으로 결정되어 고시된 것으로 본다. 다만,「국토의 계획 및 이용에 관한 법률」제51조 제3항에 따른 지구단위계획구역 및 같은 법 제37조 제1항 제8호에 따른 취락지구로 지정된 지역인 경우에는 그러하지 아니하다

---

37) 대법원 1993. 3. 23. 선고 92누8613 판결.

38) 여기서 대통령령으로 정하는 지구단위계획구역이란 국토의 계획 및 이용에 관한 법률 제49조 제1호에 따른 지구단위계획구역을 말한다(영 제15조 제3항).

(법 제9조 제2항). 다만, 이에 따라 결정·고시된 것으로 보는 사항에 대하여「국토의 계획 및 이용에 관한 법률」제32조에 따른 도시·군관리계획에 관한 지형도면의 고시는 같은 법 제33조에도 불구하고 제5조 제1항 제2호의 도시개발사업의 시행 기간에 할 수 있다(같은 조 제4항).

2) 개발행위 허가 등

가) 개발행위허가

도시개발구역지정에 관한 주민 등의 의견청취를 위한 공고가 있는 지역 및 도시개발구역에서 건축물의 건축, 공작물의 설치, 토지의 형질 변경, 토석의 채취, 토지 분할, 물건을 쌓아놓는 행위, 죽목의 벌채 및 식재 등 대통령령으로 정하는 행위를 하려는 자는 특별시장·광역시장·특별자치도지사·시장 또는 군수의 허가를 받아야 한다. 허가받은 사항을 변경하려는 경우에도 또한 같다(법 제9조 제5항).

나) 행위허가의 대상

도시계획법 제9조 제5항에 따라 특별시장·광역시장·특별자치도지사·시장 또는 군수의 허가를 받아야 하는 행위는 다음 각 호와 같다(법 시행령 제16조 제1항).

제1호 건축물의 건축 등 :「건축법」제2조 제1항 제2호에 따른 건축물(가설건축물을 포함한다)의 건축, 대수선(大修繕) 또는 용도 변경

토지구획정리지구내의 토지 위에 건물을 신축한 경우 건축법위반 여부(대법원 1983. 2. 8. 선고 82도2690 판결)
건축법 제55조 제2호는 도시계획구역 외에서 동법 제5조 제1항 본문 등 규정에 위반하는 행위를 한 자에 대한 벌칙규정이므로, 토지구획정리지구 내에 있는 토지로서 도시계획구역 안에 위치한 토지인 것으로 추측되는 대지위에 건물을 신축하는 행위는 건축법 제55조 제2호 소정 벌칙의 적용대상이 될 수 없다.

제2호 공작물의 설치 : 인공을 가하여 제작한 시설물(「건축법」제2조 제1항 제2호에 따른 건축물은 제외한다)의 설치

제3호 토지의 형질변경 : 절토·성토·정지·포장 등의 방법으로 토지의 형상을 변경하는 행위, 토지의 굴착 또는 공유수면의 매립

제4호 토석의 채취 : 흙·모래·자갈·바위 등의 토석을 채취하는 행위. 다만, 토지의 형질변경을 목적으로 하는 것은 제3호에 따른다.

제5호 토지분할

제6호 물건을 쌓아놓는 행위 : 옮기기 쉽지 아니한 물건을 1개월 이상 쌓아놓는 행위

제7호 죽목(竹木)의 벌채 및 식재(植栽)

다) 허가행위 예외 사항

다음 각 호의 어느 하나에 해당하는 행위는 제5항에도 불구하고 허가를 받지 아니하고 할 수 있다.

제1호 재해 복구 또는 재난 수습에 필요한 응급조치를 위하여 하는 행위

제2호 그 밖에 대통령령으로 정하는 행위

여기서 "그 밖에 대통령령으로 정하는 행위"란 다음 각 호의 어느 하나에 해당하는 행위로서 「국토의 계획 및 이용에 관한 법률」 제56조에 따른 개발행위허가의 대상이 아닌 것을 말한다(영 제16조 제3항).

1. 농림수산물의 생산에 직접 이용되는 것으로서 국토교통부령으로 정하는 간이공작물의 설치

   여기서 "국토교통부령으로 정하는 간이공작물"이란 다음 각 호의 공작물을 말한다(법 시행규칙 제12조).

   가. 비닐하우스

   나. 양잠장

   다. 고추, 잎담배, 김 등 농림수산물의 건조장

   라. 버섯 재배사(栽培舍)

   마. 종묘배양장

   바. 퇴비장

   사. 탈곡장

   아. 그 밖에 제1호부터 제7호까지의 공작물과 유사한 것으로서 국토교통부장관이 정하여 관보에 고시하는 공작물

2. 경작을 위한 토지의 형질변경

제3호 도시개발구역의 개발에 지장을 주지 아니하고 자연경관을 훼손하지 아니하는 범위에서의 토석채취

제4호 도시개발구역에 남겨두기로 결정된 대지에서 물건을 쌓아놓는 행위

제5호 관상용 죽목의 임시 식재(경작지에서의 임시 식재는 제외한다)

라) 허가시 의견청취

특별시장·광역시장·특별자치도지사·시장 또는 군수는 법 제9조 제5항에 따라 제1항 각 호의 행위에 대한 허가를 하려는 경우에 시행자가 이미 지정되어 있으면 미리 그 시행자의 의견을 들어야 한다(영 제16조 제2항). 위 규정에 의거하여 만일 도시개발구역에서 건축물의 용도 변경을 위해 허가를 받고자 하는 경우 시행자의 동의서가 필요한지가 문제될 수 있는데, 위 규정은 미리 시행자의 의견을 듣도록 규정하고 있을 뿐, 이에 더해 허가 신청권자로 하여금 시행자의 동의서를 받아오도록 규정하고 있지는 아니하기 때문에 시행자의 동의서까지 받을 필요는 없다.[39)]

3) 기득권 보호

허가를 받아야 하는 행위로서 도시개발구역의 지정 및 고시 당시 이미 관계 법령에 따라 행위 허가를 받았거나 허가를 받을 필요가 없는 행위에 관하여 그 공사나 사업에 착수한 자는 도시개발구역이 지정·고시된 날로부터 30일 이내에 국토교통부령으로 정하는 신고서에 그 공사 또는 사업의 진행 사항과 시행계획을 첨부하여 관할 특별시장·광역시장·특별자치도지사·시장 또는 군수에게 신고한 후 이를 계속 시행할 수 있다(법 제9조 제7항, 영 제16조 제4항).

한편, 공사의 착수기가에 관하여 대법원은 건축허가를 받은 후 부속건물을 철거하고 분진을 방지하기 위한 가설울타리공사를 하다가 공사를 중지하였을 뿐, 건축의 신축을 위한 굴착공사에는 착수하지 아니하였을 경우, 당해 건물의 신축공사에 착수하였다고 볼 수 없다고 판시한 사례가 있다.[40)]

4) 국토계획법의 준용 등

특별시장·광역시장·특별자치도지사·시장 또는 군수는 제5항을 위반한 자에게 원상회복을 명할 수 있다. 이 경우 명령을 받은 자가 그 의무를 이행하지 아니하는 경우에는 특별시장·광역시장·특별자치도지사·시장 또는 군수는 「행정대집행법」에 따라 이를 대집행할 수 있다(법 제9조 제8항). 또한 위 제5항에 따른 허가에 관하여 이 법으로 규정한 것 외에는 「국토의 계획 및 이용에 관한 법률」 제57조부터 제60조까지 및 제62조를 준용하며(법 제9조 제9항), 위 제5항에 따라 허가를 받으면 「국토의 계획 및 이용에 관한 법률」 제56조에 따라 허가를 받은 것으로 본다(법 제9조 제10항).

---

39) 도시재생과-437, 2012. 3. 19.
40) 대법원 1994. 12. 2. 선고 94누7058 판결.

5) 개발행위허가 위반자에 대한 조치

개발행위 허가를 받지 아니하고 행위를 한 자에 대하여는 3년 이하의 징역이나 3천만원 이하의 벌금에 처할 수 있으며(법 제80조 제1호), 나아가 특별시장 · 광역시장 · 특별자치도지사 · 시장 또는 군수는 위반자에게 원상회복을 명할 수 있다. 이 경우 명령을 받은 자가 그 의무를 이행하지 아니하는 경우에는 특별시장 · 광역시장 · 특별자치도지사 · 시장 또는 군수는 「행정대집행법」에 따라 이를 대집행할 수 있다(법 제9조 제8항).

2. 도시개발구역지정 해제

일정지역이 도시개발구역으로 지정된 후 오랜 기간 지정목적에 따른 개발사업이 진행되지 아니할 경우 그로 인하여 발생하는 재산권침해 등 이해당사자들의 피해방지 및 신속한 사업시행을 위하여 도시개발법 제10조는 개발구역지정 후 일정기간이 경과하거나 또는 일정요건을 갖추게 되면 그 지정이 해제되는 것으로 의제하는 규정을 두었다.

가. 해제의 요건

도시개발구역의 지정은 다음의 어느 하나에 규정된 날의 다음 날에 해제된 것으로 본다(법 제10조 제1항).

1) 도시개발구역이 지정 · 고시된 날부터 3년이 되는 날까지 제17조에 따른 실시계획의 인가를 신청하지 아니하는 경우에는 그 3년이 되는 날
2) 도시개발사업의 공사완료(환지방식에 따른 사업인 경우에는 그 환지처분)의 공고일

나. 구역지정 후 개발계획 수립시 해제의 의제

도시개발구역을 지정한 후 개발계획을 수립하는 경우에는 다음의 어느 하나에 규정된 날의 다음 날에 도시개발구역의 지정이 해제된 것으로 본다(법 제10조 제2항, 영 제17조 제2항).

1) 도시개발구역이 지정 · 고시된 날부터 2년이 되는 날까지 개발계획을 수립 · 고시하지 아니하는 경우에는 그 2년이 되는 날. 다만, 도시개발구역의 면적이 330만 제곱미터 이상인 경우에는 5년으로 한다.

2) 개발계획을 수립 · 고시한 날부터 3년이 되는 날까지 제17조에 따른 실시계획 인가를 신청하지 아니하는 경우에는 그 3년이 되는 날. 다만, 도시개발구역의 면적이 330만 제곱미터 이상인 경우에는 5년으로 한다.

다. 구역지정해제의 고시 및 공람

1) 고시 및 공람

도시개발구역의 지정이 해제의제 되는 경우 지정권자는 대통령령으로 정하는 바에 따라 이를 관보나 공보에 고시하고, 대도시 시장인 지정권자는 관계 행정기관의 장에게 통보하여야 하며 관계 서류를 일반에게 공람시켜야 하고, 대도시 시장이 아닌 지정권자는 관계 행정기관의 장과 도시개발구역을 관할하는 시장(대도시 시장을 제외한다) · 군수 또는 구청장에게 통보하여야 한다. 이 경우 지정권자인 특별자치도지사와 본문에 따라 통보를 받은 시장(대도시 시장을 제외한다) · 군수 또는 구청장은 관계 서류를 14일 이상 일반인에게 공람시켜야 한다(법 제10조 제4항, 영 제17조 제1, 3항).

2) 고시할 내용

지정권자는 도시개발구역의 지정이 해제된 경우에는 다음 각 호의 사항을 관보 또는 공보에 고시하여야 한다(영 제17조 제1항).

제1호 도시개발구역의 명칭
제2호 도시개발구역의 위치 및 면적
제3호 도시개발구역의 해제 사유
제4호 「국토의 계획 및 이용에 관한 법률」에 따른 용도지역 · 용도지구 · 용도구역 및 도시 · 군 계획시설의 환원 또는 폐지에 관한 사항
제5호 그 밖에 국토교통부령으로 정하는 사항

라. 토지소유자 반대시 구역지정 해제

도시개발사업 시행시 도시개발법 제10조 제1항 및 제2항에 해당하는 경우에는 도시개발구역이 해제되나, 토지소유자들이 사업취소를 요구하는 등 정상적인 사업추진이 불가능한 경우 지정권자는 토지소유자 및 시행자 등 이해관계인의 의견을 수렴하여 도시개발구역을 해제하는

것도 가능하다.[41]

마. 효과 – 용도지역 등의 환원 또는 폐지

도시개발구역의 지정이 해제의제(解除擬制)된 경우에는 그 도시개발구역에 대한 「국토의 계획 및 이용에 관한 법률」에 따른 용도지역 및 지구단위계획구역은 해당 도시개발구역 지정 전의 용도지역 및 지구단위계획구역으로 각각 환원되거나 폐지된 것으로 본다. 다만, 도시개발구역의 지정이 해제의제된 경우에는 환원되거나 폐지된 것으로 보지 아니한다(법 제10조 제3항).

제5절 구역지정 해제와 관련 중요 질의회신

사례 31 : 구역지정 해제시 토지소유자의 동의

질의사항

○ 도시개발구역 지정 후 환지예정지로 지정 공람된 도시개발사업의 구역 해제를 위해서 도시개발법 제3조 제3항에 따른 토지소유자의 동의가 필요한지

회신내용

○ 도시개발법 제4조 제3항에서는 환지방식 도시개발사업시 개발계획 수립 및 변경을 위해 토지소유자의 동의를 받도록 규정하고 있으나, 구역 해제를 위한 별도 절차를 규정하고 있지 않습니다.

(도시재생과-618, 2012. 4. 13.)

사례 32 : 지정권자의 판단으로 구역지정 해제

질의사항

○ 정상적인 사업의 추진이 어려운 경우, 지정권자의 판단에 따라 도시개발구역을 해제하는 것이 가능한지

41) 도시재생과-33, 2012. 1. 10.

회신내용

○ 도시개발법 제10조에서는 법적 기한 내 지정권자가 개발계획을 수립하지 않거나 시행자가 실시계획인가신청을 하지 않을 경우에 한정하여 법에 따라 구역지정이 해제되도록 정하고 있으나, 시행자를 지정할 수 없는 등 정상적인 사업추진이 불가능한 경우에는 지정권자의 판단에 따라 구역을 해제하는 것도 가능합니다.

(도시재생과-1104, 2012. 6. 22.)

사례 33 : 자동실효에 의한 구역지정 해제 및 자동연장 여부

질의사항

○ 개발구역을 확장하여 구역지정 변경 및 개발계획을 수립하여 고시하였을 경우 새로운 행정행위로 보고 실효기간이 자동으로 연장되는지

회신내용

○ 최초 도시개발구역 지정 후 변경 사항이 발생하였더라도, 실효기간 계산 시점은 최초 도시개발구역 지정으로 보아야 할 것입니다.

(도시재생과-2125, 2012. 12. 3.)

사례 34 : 시행자의 파산결정시 구역지정 해제가부

질의사항

○ 시행자의 파산결정으로 사업추진이 불가능한 경우 사업기간 내 시행자가 변경되지 않았을 때 도시개발구역 지정을 해제하여야 하는지

회신내용

○ 도시개발구역의 지정과 개발계획 수립은 도시개발법 제3조 제1항 제4조 제1항에 따라 지정권자의 권한에 속하는 사항으로 도시개발구역 지정의 해제 또한 당연히 지정권자에게 해제 여부의 결정 권한이 있다.

(도시재생과-2093, 2014. 9. 3.)

제 3 편

사업시행자와 시실계획단계

제 1 장 시행자 및 실시계획 등

제 1 절 시행자 등

도시개발법 제11조는 도시개발사업에 있어 민간자본 등을 활용하여 원활한 사업을 도모하고 다양한 개발수요에 부응하기 위하여 사업시행자가 될 수 있는 자를 통상의 도시개발사업조합 이외에 순수민간조합 및 민관합동법인 등도 함께 규정하고 있다.

1. 시행자지정

가. 지정권자 및 시행자 적격

도시개발사업의 시행자는 다음 각 호의 자 중에서 지정권자가 지정한다(법 제11조 제1항 본문).

제1호 국가나 지방자치단체

제2호 대통령령으로 정하는 공공기관

법 시행령 제18조 (시행자) ① 법 제11조 제1항 제2호에서 "대통령령으로 정하는 공공기관"이란 다음 각 호의 공공기관을 말한다.

가) 「한국토지주택공사법」에 따른 한국토지주택공사(이하 "한국토지주택공사"라 한다)

나) 삭제 [2009.9.21 제21744호(한국토지주택공사법 시행령)] [시행일 2009.10.1]

다) 「한국수자원공사법」에 따른 한국수자원공사

라) 「한국농어촌공사 및 농지관리기금법」에 따른 한국농어촌공사

마) 「한국관광공사법」에 따른 한국관광공사

바) 「한국철도공사법」에 따른 한국철도공사

사) 「공공기관 지방이전에 따른 혁신도시 건설 및 지원에 관한 특별법」 제43조 제3항에 따른 매입공공기관(같은 법 제2조 제6호에 따른 종전부동산 및 그 주변을 개발하는 경우로 한정한다)

제3호 대통령령으로 정하는 정부출연기관

> **법 시행령 제18조** ② 법 제11조 제1항 제3호에서 "대통령령으로 정하는 정부출연기관"이란 다음 각 호의 기관을 말한다.
>
> 가) 「한국철도시설공단법」에 따른 한국철도시설공단(「역세권의 개발 및 이용에 관한 법률」 제2조 제2호에 따른 역세권개발사업을 시행하는 경우에만 해당한다)
>
> 나) 「제주특별자치도 설치 및 국제자유도시 조성을 위한 특별법」에 따른 제주국제자유도시개발센터(제주특별자치도에서 개발사업을 하는 경우에만 해당한다)

제4호 「지방공기업법」에 따라 설립된 지방공사

제5호 도시개발구역의 토지소유자(「공유수면 관리 및 매립에 관한 법률」 제28조에 따라 면허를 받은 자를 해당 공유수면을 소유한 자로 보고 그 공유수면을 토지로 보며, 제21조에 따른 수용 또는 사용방식의 경우에는 도시개발구역의 국공유지를 제외한 토지면적의 3분의 2 이상을 소유한 자를 말한다)

제6호 도시개발구역의 토지소유자(「공유수면 관리 및 매립에 관한 법률」 제28조에 따라 면허를 받은 자를 해당 공유수면을 소유한 자로 보고 그 공유수면을 토지로 본다)가 도시개발을 위하여 설립한 조합(도시개발사업의 전부를 환지방식으로 시행하는 경우에만 해당하며, 이하 "조합"이라 한다)

제7호 「수도권정비계획법」에 따른 과밀억제권역에서 수도권 외의 지역으로 이전하는 법인 중 과밀억제권역의 사업 기간 등 대통령령으로 정하는 요건에 해당하는 법인

> **법 시행령 제18조** ③ 법 제11조 제1항 제7호에서 "대통령령으로 정하는 요건에 해당하는 법인"이란 다음 각 호의 어느 하나에 해당하는 법인을 말한다.
>
> 가) 「수도권정비계획법」 제6조 제1항 제1호에 따른 과밀억제권역(이하 이 조에서 "과밀억제권역"이라 한다)에 3년 이상 계속하여 공장시설을 갖추고 사업을 하고 있거나 3년 이상 계속하여 본점 또는 주사무소(이하 이 조에서 "본사"라 한다)를 두고 있는 법인으로서 그 공장시설의 전부 또는 본사를 「수도권정비계획법」 제2조 제1호에 따른 수도권(이하 "수도권"이라 한다) 외의 지역으로 이전하는 법인. 이 경우 공장시설 또는 본사의 이전에 따라 이전하는 종업원의 수(여러 개의 법인이 모여 지방으로 이전하는 경우에는 그 종업원 총수)가 500명 이상이어야 한다.
>
> 나) 과밀억제권역에서 「고등교육법」 제2조 제1호에 따른 대학(같은 법 제30조에 따른 대학원대학은 제외한다)을 운영 중인 학교법인으로서 대학시설의 전부를 수도권 외의 지역으로 이전하는 학교법인

제8호 「주택법」 제9조에 따라 등록한 자 중 도시개발사업을 시행할 능력이 있다고 인정되는 자로서 대통령령으로 정하는 요건에 해당하는 자(「주택법」 제2조 제6호에 따른 주택단지와

그에 수반되는 기반시설을 조성하는 경우에만 해당한다)

> **법 시행령 제18조** ④ 법 제11조 제1항 제8호에서 "대통령령으로 정하는 요건에 해당하는 자"란 다음 각 호의 요건을 모두 충족하는 자를 말한다. 다만, 「채무자 회생 및 파산에 관한 법률」에 따른 회생절차가 진행 중인 법인은 제외한다.
> 가) 「주택법」 제15조에 따라 제출된 최근 3년간의 평균 영업실적(대지 조성에 투입된 비용을 말하며, 보상비는 제외한다)이 해당 도시개발사업에 드는 연평균 사업비(보상비는 제외한다) 이상일 것
> 나) 경영의 건전성이 국토교통부령으로 정하는 기준 이상일 것

제9호 「건설산업기본법」에 따른 토목공사업 또는 토목건축공사업의 면허를 받는 등 개발계획에 맞게 도시개발사업을 시행할 능력이 있다고 인정되는 자로서 대통령령으로 정하는 요건에 해당하는 자

> **법 시행령 제18조** ⑤ 법 제11조 제1항 제9호에서 "대통령령으로 정하는 요건에 해당하는 자"란 다음 각 호의 어느 하나에 해당하는 자로서 경영의 건전성이 국토교통부령으로 정하여 고시하는 기준 이상인 자를 말한다. 다만, 「채무자 회생 및 파산에 관한 법률」에 따른 회생절차가 진행 중인 법인은 제외한다.
> 가) 「건설산업기본법」에 따라 종합공사를 시공하는 업종(토목공사업 및 토목건축공사업에 한한다)에 등록한 자로서 같은 법 제23조에 따라 공시된 시공능력 평가액이 당해 도시개발사업에 드는 연평균 사업비(보상비는 제외한다) 이상인 자
> 나) 「자본시장과 금융투자업에 관한 법률」에 따른 신탁업자 중 「주식회사의 외부감사에 관한 법률 시행령」 제2조 제1항에 따른 외부감사의 대상이 되는 자

제9의2호 「부동산개발업의 관리 및 육성에 관한 법률」 제4조 제1항에 따라 등록한 부동산개발업자로서 대통령령으로 정하는 요건에 해당하는 자

> **법 시행령 제18조** ⑥ 법 제11조 제1항 제9호의2에서 "대통령령으로 정하는 요건에 해당하는 자"란 다음 각 호의 요건을 모두 충족하는 자를 말한다. 다만, 「채무자 회생 및 파산에 관한 법률」에 따른 회생절차가 진행 중인 법인은 제외한다.
> 가) 「부동산개발업의 관리 및 육성에 관한 법률」 제17조 제1호에 따라 국토교통부장관에게 보고한 최근 3년간 연평균 사업실적이 해당 도시개발사업에 드는 연평균 사업비 이상일 것
> 나) 시행자 지정 신청일 기준으로 최근 3년간 「부동산개발업의 관리 및 육성에 관한 법률」 제22조에 따른 시정조치 및 같은 법 제24조 제1항에 따른 영업정지를 받은 사실이 없을 것
> 3. 경영의 건전성이 국토교통부령으로 정하는 기준 이상일 것

제10호 「부동산투자회사법」에 따라 설립된 자기관리부동산투자회사 또는 위탁관리부동산투자회사로서 대통령령으로 정하는 요건에 해당하는 자

> **법 시행령 제18조** ⑦ 법 제11조 제1항 제10호에서 "대통령령으로 정하는 요건에 해당하는 자"란 시행자 지정 신청일 당시 「부동산투자회사법」 제38조에 따라 공시된 투자보고서를 기준으로 재무제표상 부채가 자본금의 2배 미만이고, 최근 3년간 같은 법 제39조 제2항 제1호, 제2호 및 같은 법 시행령 제41조 제1호에 해당하는 조치를 받은 사실이 없는 자로서 다음 각 호의 어느 하나에 해당하는 자를 말한다. 다만, 「채무자 회생 및 파산에 관한 법률」에 따른 회생절차가 진행 중인 법인은 제외한다.
>
> 가) 최근 3년간 「부동산투자회사법」 제21조 제1호부터 제3호까지 및 제6호에 따른 자산의 연평균 투자 · 운용실적(위탁관리 부동산투자회사의 경우에는 해당 부동산투자회사로부터 자산의 투자 · 운용업무를 위탁받은 자산관리회사가 투자 · 운용을 위탁받은 실적 총합계액의 연평균 금액을 말한다)이 해당 도시개발사업에 드는 연평균 사업비 이상인 자
>
> 나) 「부동산투자회사법」 제9조 제2항 제2호에 따른 사업계획상 자본금이 해당 도시개발사업에 드는 총사업비의 100분의 15 이상인 자

제11호 제1호부터 제9호까지, 제9호의2 및 제10호에 해당하는 자(제6호에 따른 조합은 제외한다)가 도시개발사업을 시행할 목적으로 출자에 참여하여 설립한 법인으로서 대통령령으로 정하는 요건에 해당하는 법인

> **법 제18조** ⑦ 법 제11조 제1항 제10호에서 "대통령령으로 정하는 요건에 해당하는 자"란 시행자 지정 신청일 당시 「부동산투자회사법」 제38조에 따라 공시된 투자보고서를 기준으로 재무제표상 부채가 자본금의 2배 미만이고, 최근 3년간 같은 법 제39조 제2항 제1호, 제2호 및 같은 법 시행령 제41조 제1호에 해당하는 조치를 받은 사실이 없는 자로서 다음 각 호의 어느 하나에 해당하는 자를 말한다. 다만, 「채무자 회생 및 파산에 관한 법률」에 따른 회생절차가 진행 중인 법인은 제외한다.
>
> 가) 최근 3년간 「부동산투자회사법」 제21조 제1호부터 제3호까지 및 제6호에 따른 자산의 연평균 투자 · 운용실적(위탁관리 부동산투자회사의 경우에는 해당 부동산투자회사로부터 자산의 투자 · 운용업무를 위탁받은 자산관리회사가 투자 · 운용을 위탁받은 실적 총합계액의 연평균 금액을 말한다)이 해당 도시개발사업에 드는 연평균 사업비 이상인 자
>
> 나) 「부동산투자회사법」 제9조 제2항 제2호에 따른 사업계획상 자본금이 해당 도시개발사업에 드는 총사업비의 100분의 15 이상인 자
>
> 1) 법 제11조 제1항 제1호부터 제4호까지에 해당하는 자
>
> 2) 「국가재정법」 제5조 제1항에 따라 설치된 기금을 관리하기 위하여 법률에 따라 설립된 법인

> 3) 법률에 따라 설립된 공제회
> 4) 「법인세법 시행령」 제61조 제2항 제1호부터 제13호까지 및 제24호에 해당하는 금융회사

나. 예외 - 환지방식에 의한 시행자는 도시개발조합으로 한정

다만, 도시개발구역의 전부를 환지방식으로 시행하는 경우에는 제5호의 토지소유자나 제6호의 조합을 시행자로 지정한다(법 제11조 제1항 단서). 다만, 이에도 불구하고 지정권자는 다음의 어느 하나에 해당하는 사유가 있으면 지방자치단체나 대통령령으로 정하는 자(이하 "지방자치단체등"이라 한다)를 시행자로 지정할 수 있다. 이 경우 도시개발사업을 시행하는 자가 시·도지사 또는 대도시 시장인 경우 국토교통부장관이 지정한다(법 제11조 제2항).

1) 토지소유자나 조합이 대통령령으로 정하는 기간에 시행자 지정을 신청하지 아니한 경우 또는 지정권자가 신청된 내용이 위법하거나 부당하다고 인정한 경우
2) 지방자치단체의 장이 집행하는 공공시설에 관한 사업과 병행하여 시행할 필요가 있다고 인정한 경우
3) 도시개발구역의 국공유지를 제외한 토지면적의 2분의 1 이상에 해당하는 토지소유자 및 토지소유자 총수의 2분의 1 이상이 지방자치단체 등의 시행에 동의한 경우

[법 제11조 제2항 제1호에서 "대통령령으로 정하는 기간"]

> **법 시행령 제20조**
> ② 법 제11조 제2항 제1호에서 "대통령령으로 정하는 기간"이란 법 제9조 제1항에 따른 개발계획의 수립·고시일부터 1년 이내를 말한다. 다만, 지정권자가 시행자 지정 신청기간의 연장이 불가피하다고 인정하여 6개월의 범위에서 연장한 경우에는 그 연장된 기간을 말한다.
> 1) 토지소유자나 조합이 대통령령으로 정하는 기간에 시행자 지정을 신청하지 아니한 경우 또는 지정권자가 신청된 내용이 위법하거나 부당하다고 인정한 경우
> 2) 지방자치단체의 장이 집행하는 공공시설에 관한 사업과 병행하여 시행할 필요가 있다고 인정한 경우
> 3) 도시개발구역의 국공유지를 제외한 토지면적의 2분의 1 이상에 해당하는 토지소유자 및 토지소유자 총수의 2분의 1 이상이 지방자치단체 등의 시행에 동의한 경우

[동의자 수의 산정방법]

법 시행령 제25조 (동의자 수의 산정방법 등)

① 법 제11조 제2항 제3호 및 같은 조 제6항에 따른 동의자 수의 산정 방법은 다음 각 호와 같다.

제1호 토지소유권 또는 지상권을 공유하는 경우 : 다른 공유자의 동의를 받은 대표 공유자 또는 대표 지상권자 1명만을 해당 토지소유자 또는 지상권자로 볼 것. 다만, 「집합건물의 소유 및 관리에 관한 법률」 제2조 제2호에 따른 구분소유자는 각각을 토지소유자 1명으로 본다.

제2호 제11조 제2항에 따른 공람 · 공고일 후에 「집합건물의 소유 및 관리에 관한 법률」 제2조 제1호에 따른 구분소유권을 분할하게 되어 토지소유자의 수가 증가하게 된 경우 : 공람 · 공고일 전의 토지소유자의 수를 기준으로 산정하고, 증가된 토지소유자의 수는 토지소유자 총수에 추가 산입하지 말 것

제3호 법 제11조 제5항 따라 도시개발구역의 지정이 제안되기 전에 동의를 철회한 사람이 있는 경우 : 그 사람은 동의자 수에서 제외할 것

제4호 법 제11조 제5항에 따라 도시개발구역의 지정이 제안된 후부터 법 제3조에 따라 도시개발구역이 지정되기 전까지 토지소유자가 변경된 경우 : 기존 토지소유자의 동의서를 기준으로 할 것

② 토지소유자가 동의하거나 동의를 철회할 경우에는 국토교통부령으로 정하는 동의서 또는 동의철회서를 제출하여야 하며, 토지 또는 지상권을 공동으로 소유하는 토지 또는 지상권의 대표 소유자는 대표자지정 동의서와 대표 소유자 및 공유자의 신분을 증명할 수 있는 서류를 각각 첨부하여 함께 제출하여야 한다.

③ 제1항 및 제2항에서 규정한 사항 외에 동의자 수의 산정 방법 · 절차 등에 관하여 필요한 세부적인 사항은 국토교통부장관이 정한다.

■ 도시개발법 시행규칙 [별지 제12호의2 서식] 〈개정 2017. 12. 29.〉

도시개발사업시행자 지정 동의서

※ 색상이 어두운 란은 동의자가 작성하지 않습니다.

접수번호		접수 일자
동의자	성명(법인의 명칭 및 대표자 성명)	생년월일(법인등록번호)
	주소	전화번호

시행자 지정 예정자		
	성명(법인명)	
	법인등록번호	
	주소	
	전화번호	

본인은 「도시개발법」 제11조제2항제3호에 따라 위의 자를 시행자로 지정하는 것에 대하여 설명을 듣고 위 내용에 동의합니다.

년 월 일

동의자 (서명 또는 인)

(시행자 지정 예정자) 귀하

동의자 소유 토지 현황				
번호	지번	지목	면적(㎡)	비고
1				
2				
3				
4				

첨부서류: 신분을 증명하는 문서사본 1부.

유의사항

소유 토지 작성란이 부족한 경우에는 별지에 적고 간인(間印)을 하여야 합니다.

210㎜×297㎜[백상지(80g/㎡) 또는 중질지(80g/㎡)]

■ 도시개발법 시행규칙 [별지 제6호 서식] 〈개정 2017. 12. 29.〉

동의철회서

※ 색상이 어두운 란은 동의 철회자가 작성하지 않습니다.

접수번호		접수 일자
동의자	성명(법인의 명칭 및 대표자 성명)	생년월일(법인등록번호)
	주소	전화번호
동의의 철회내용	*(동의 철회자 자필로 기재)*	

본인은 위 동의의 철회내용에 기재한 것과 같이 이전에 동의하였던 것을 철회합니다.

년 월 일

동의 철회자 (서명 또는 인)

시행자 또는 시행예정자	성명 (법인의 명칭 및 대표자 성명)	
	생년월일 (법인등록번호)	
	주소	
	전화번호	

귀하

동의 철회자 소유 토지 현황				
번호	지번	지목	면적(㎡)	비고
1				
2				
3				

첨부서류: 신분을 증명하는 문서사본 1부.

유의사항

1. 귀하(란) 앞에는 동의철회자가 철회하려는 동의서를 제출한 상대방을 적어야 합니다.
2. 소유 토지 작성란이 부족한 경우에는 별지에 적고 간인(間印)을 하여야 합니다.

210㎜×297㎜[백상지(80g/㎡) 또는 중질지(80g/㎡)]

■ 도시개발법 시행규칙 [별지 제7호 서식] 〈개정 2017. 12. 29.〉

대표자 지정 동의서

여러 명이 공유한 토지 현황

토지위치 (지번)						
지목		면적	구분	성명	지분	면적(㎡)
			1			
			2			
			3			
			4			

본인은 위 토지의 공유자로서 「도시개발법 시행령」 제6조제6항 및 제25조제2항에 따라 아래의 자를 대표 소유자로 지정하고, 대표 소유자가 ○○ 도시개발사업과 관련한 토지 소유자로서 환지방식 개발계획, 시행자 지정, 구역지정 제안, 조합 설립 인가 및 토지 사용 · 수용 등에 대한 동의권(조합원의 의결권을 포함합니다)을 행사하는 것에 대하여 동의합니다.

년 월 일

대표 소유자(선임 수락자)	성명: (서명 또는 인) 생년월일: 전화번호:
위임자(동의자)	성명: (서명 또는 인) 생년월일: 전화번호:
위임자(동의자)	성명: (서명 또는 인) 생년월일: 전화번호:
위임자(동의자)	성명: (서명 또는 인) 생년월일: 전화번호:

첨부서류 : 대표 소유자 및 위임자의 신분을 증명하는 문서사본 각 1부.

유의사항

소유 토지 작성란이 부족한 경우에는 별지에 적고 간인(間印)을 하여야 합니다.

210㎜×297㎜[백상지(80g/㎡) 또는 중질지(80g/㎡)]

다. 2인 이상의 도시개발사업 시행

지정권자는 토지소유자 2인 이상이 도시개발사업을 시행하려고 할 때 또는 토지소유자가 같은 항 제7호부터 제10호까지의 규정에 해당하는 자와 공동으로 도시개발사업을 시행하려고 할 때에는 대통령령으로 정하는 바에 따라 도시개발사업에 관한 규약을 정하게 할 수 있다(법 제11조 제3항).

2. 시행자지정 신청

가. 사업자지정신청서의 제출

사업시행자로 지정받으려는 자는 다음 각 호의 사항을 기재한 사업시행자 지정신청서를 시장(대도시 시장은 제외한다) · 군수 또는 구청장을 거쳐 지정권자에게 제출하여야 하며, 지정받은 내용을 변경하는 경우에도 또한 같다.

다만, 지정권자가 도시개발사업을 직접 시행하는 경우에는 그러하지 아니하며, 국토교통부장관 · 특별자치도지사 또는 대도시 시장이 지정권자인 경우에는 국토교통부장관 · 특별자치도지사 또는 대도시 시장에게 직접 제출할 수 있다(영 제19조 제1항).

제1호 신청인의 성명(법인인 경우에는 법인의 명칭 및 대표자의 성명) · 주소

제2호 사업시행계획의 개요

가. 사업의 명칭

나. 사업의 시행목적

다. 사업의 내용

라. 사업의 시행기간

마. 사업의 시행방식

나. 첨부서류

사업시행자 지정신청서에는 다음 각 호의 서류 및 도면을 첨부하여야 한다(같은 조 제2항, 영 제19조 제2항).

제1호 사업계획서

제2호 자금조달계획서

제3호 위치도

제4호 법 제11조 제2항 각 호의 어느 하나에 해당하는지 여부를 확인할 수 있는 서류

제5호 규약 · 정관 또는 시행규정

제6호 축척 2만 5천분의 1 또는 5만분의 1의 위치도

다. 시행자지정 신청서의 서식 - 시행자지정서 발급 등

사업시행자 지정신청서는 별지 제8호 서식에 위 나.항의 서류 및 도서를 첨부하여야 하며(법 시행규칙 제14조 제1항), 지정권자가 도시개발사업의 시행자를 지정한 경우에는 별지 제9호 서식의 시행자지정서를 신청인에게 발급하고, 별지 제10호 서식의 시행자 지정대장을 작성 · 관리하여야 한다(동조 제3항).

이 경우 시행자지정대장은 전자적 처리가 불가능한 특별한 사유가 없으면 전자적 처리가 가능한 방법으로 작성 · 관리하여야 한다(동조 제5항).

■ 도시개발법 시행규칙 [별지 제8호 서식] 〈개정 2017. 12. 29.〉

도시개발사업시행자 지정신청서

※ 색상이 어두운 란은 신청인이 작성하지 않습니다. (앞 쪽)

접수번호		접수일자		처리기간 30일	
신 청 인	성명(법인의 명칭 및 대표자 성명)			생년월일(법인등록번호)	
	주소			전화번호	
신청구역	구 역 명			시행면적	㎡
	위 치				
사업계획	사업목적				
	사업개요				
	시행기간			시행방법	
	자금계획	총 액			천원
		내 자			천원
		외 자			천원

「도시개발법 시행령」 제19조제1항 및 「도시개발법 시행규칙」 제14조제1항 · 제2항에 따라 위와 같이 도시개발사업 시행자지정을 신청합니다.

년 월 일

신청인 (서명 또는 인)

국토교통부 장관
특별시장 · 광역시장 · 도지사 · 특별자치도지사 귀하
대도시 시장

첨부서류	1. 사업계획서 2. 자금조달계획서 3. 「도시개발법」 제11조제1항 각 호의 어느 하나에 해당하는지 여부를 확인할 수 있는 서류 4. 「도시개발법」 제11조제2항 각 호의 어느 하나에 해당하는지 여부를 확인할 수 있는 서류 5. 규약 · 정관 또는 시행규정 6. 축척 2만 5천분의 1 또는 5만분의 1의 위치도	수수료 없음

210㎜×297㎜[백상지(80g/㎡) 또는 중질지(80g/㎡)]

(뒤 쪽)

처리절차

시장 · 군수 · 구청장을 경유하는 경우, 신청서는 다음과 같이 처리됩니다.

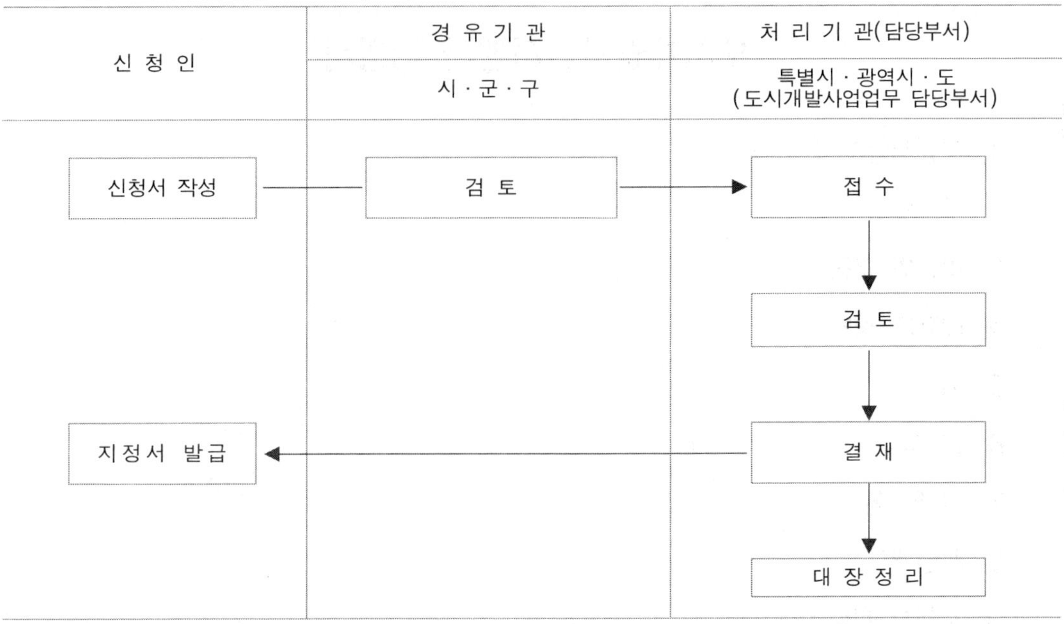

지정권자인 국토교통부 장관, 특별자치도지사, 대도시 시장에게 직접 제출하는 경우, 신청서는 다음과 같이 처리됩니다.

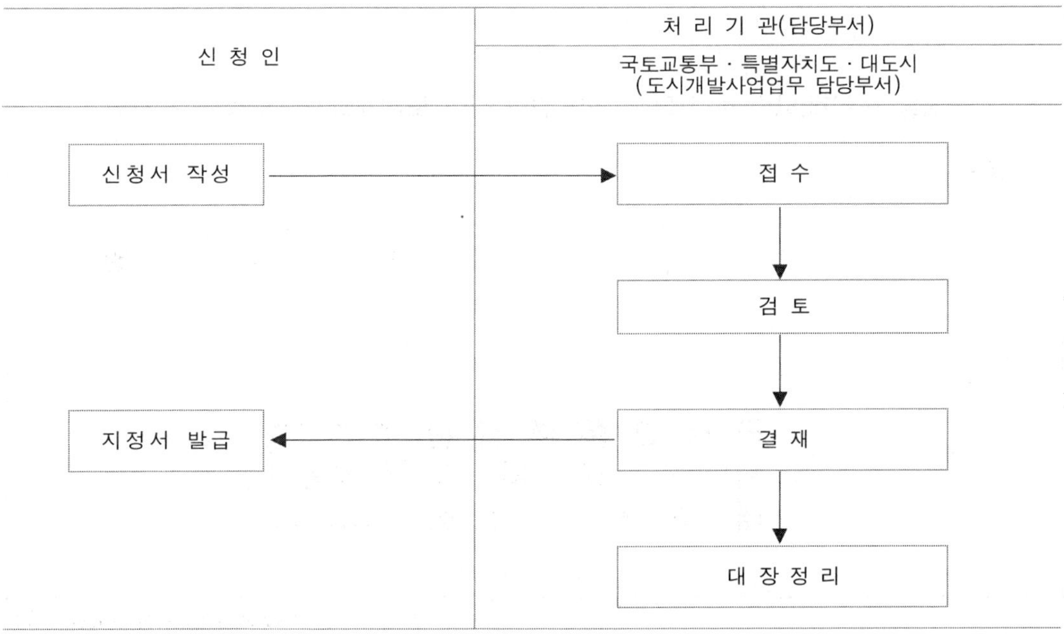

■ 도시개발법 시행규칙 [별지 제9호 서식] 〈개정 2017. 12. 29.〉

제 호

도시개발사업시행자 지정서

1. 사업시행자
2. 주 소
3. 법인의 명칭
4. 대표자 성명
5. 위 치
6. 면 적 ㎡
7. 사 업 명
8. 사업개요
9. 시행자 지정조건

귀하를「도시개발법」제11조에 따라 위와 같이 도시개발사업시행자로 지정합니다.

년 월 일

국 토 교 통 부 장 관
시 · 도 지 사
대 도 시 시 장

직인

210㎜×297㎜[백상지(150g/㎡)]

[별지 제10호 서식]

도시개발사업시행자 지정대장

일련번호	시행자지정일	시행자				위치	시행면적(㎡)	사업기간	시행방법	총사업비(천원)
		주소	성명	생년월일(법인등록번호)	전화번호					
	. . .							. . . ~ . . .		
	. . .							. . . ~ . . .		
	. . .							. . . ~ . . .		
	. . .							. . . ~ . . .		
	. . .							. . . ~ . . .		
	. . .							. . . ~ . . .		
	. . .							. . . ~ . . .		
	. . .							. . . ~ . . .		
	. . .							. . . ~ . . .		
	. . .							. . . ~ . . .		
	. . .							. . . ~ . . .		
	. . .							. . . ~ . . .		
	. . .							. . . ~ . . .		
	. . .							. . . ~ . . .		

210㎜×297㎜(보존용지(2종) 70g/㎡)

라. 비용부담

시장 · 군수 또는 구청장은 구역지정 제안자와 협의하여 도시개발구역의 지정을 위해 필요한 비용의 전부 또는 일부를 제안자에게 부담시킬 수 있다(법 제11조 제7항).

마. 직권지정의 가부

도시개발법령상 도시개발사업 시행자를 지정함에 있어 도시개발구역 지정권자는 시행자로 지정을 받으려는 자의 자지정신청서의 제출여부와 상관없이 자신의 판단에 의하여 시행자를 지정할 수 있다.

도시개발법령상 도시개발사업 시행자를 지정함에 있어서 도시개발구역 지정권자는 시행자지정신청서의 제출 여부와 상관없이 자신의 판단에 의하여 시행자를 지정할 수 있는지 여부(대법원 2006.10.12. 선고 2006두8075 판결)

도시개발법 시행령 제15조 제1항의 규정 형식과 내용으로 볼 때 위 조항은 시행자로 지정받고자 하는 자에 대하여 시행자지정신청서의 제출의무를 부과하고 있는 것으로 해석할 수 있을 뿐이고, 도시개발법 제11조 제1항 본문이 '시행자는 같은 조 제1항 각 호의 자 중에서 지정권자가 이를 지정한다'라고 규정하고 있는 외에 달리 같은 법이나 같은 법 시행령에서 지정권자에 대하여 같은 조 제1항 각 호의 자들 중에서 시행자지정신청을 하지 않은 자는 시행자로 지정할 수 없다고 정하는 취지의 규정이 없는 이상, 도시개발구역 지정권자로서는 시행자지정신청서의 제출 여부와 상관없이 자신의 판단에 의하여 같은 법 제11조 제1항 각 호의 자 중에서 시행자를 지정할 수 있다.

3. 우선시행자지정

지정권자는 공공기관, 정부출연기관, 지방공사, 도시개발구역의 토지소유자, 과밀억제권역에서 수도권 외의 지역으로 이전하는 법인 등(법 제11조 제1항 제2호부터 제11호까지)이 도시개발구역의 지정을제안한 경우에는 그 제안자를 우선하여 시행자로 지정할 수 있다.

이 경우 법 제11조 제1항 제7호에 해당하는 자 중 법인인 토지소유자는 제13조 제1호에 따른 기준{도시개발사업시행자 지정신청일을 기준으로 「주식회사의 외부감사에 관한 법률」 제14조에 따라 공시된 해당 연도의 손익계산서상 당기순손실이 발생하지 아니한 법인일 것(이 경우 해당 연도의 손익계산서가 공시되지 아니한 경우에는 직전 연도의 손익계산서에 따른다)}에 적합하여야 한다(법 시행규칙 제14조 제4항).

이는 개발계획 및 구역지정이 수립되면 지정 전 제안자에게 우선권을 주어 시행자를 지정할 수 있다는 의미로 강제성이 없는 임의규정이다.

법 제11조 (시행자 등) ① 도시개발사업의 시행자(이하 "시행자"라 한다)는 다음 각 호의 자 중에서 지정권자가 지정한다. 다만, 도시개발구역의 전부를 환지방식으로 시행하는 경우에는 제5호의 토지소유자나 제6호의 조합을 시행자로 지정한다.

제1호 국가나 지방자치단체

제2호 대통령령으로 정하는 공공기관

제3호 대통령령으로 정하는 정부출연기관

제4호 「지방공기업법」에 따라 설립된 지방공사

제5호 도시개발구역의 토지소유자(「공유수면 관리 및 매립에 관한 법률」 제28조에 따라 면허를 받은 자를 해당 공유수면을 소유한 자로 보고 그 공유수면을 토지로 보며, 제21조에 따른 수용 또는 사용방식의 경우에는 도시개발구역의 국공유지를 제외한 토지면적의 3분의 2 이상을 소유한 자를 말한다)

제6호 도시개발구역의 토지소유자(「공유수면 관리 및 매립에 관한 법률」 제28조에 따라 면허를 받은 자를 해당 공유수면을 소유한 자로 보고 그 공유수면을 토지로 본다)가 도시개발을 위하여 설립한 조합(도시개발사업의 전부를 환지방식으로 시행하는 경우에만 해당하며, 이하 "조합"이라 한다)

제7호 「수도권정비계획법」에 따른 과밀억제권역에서 수도권 외의 지역으로 이전하는 법인 중 과밀억제권역의 사업 기간 등 대통령령으로 정하는 요건에 해당하는 법인

제8호 「주택법」 제9조에 따라 등록한 자 중 도시개발사업을 시행할 능력이 있다고 인정되는 자로서 대통령령으로 정하는 요건에 해당하는 자(「주택법」 제2조 제6호에 따른 주택단지와 그에 수반되는 기반시설을 조성하는 경우에만 해당한다)

제9호 「건설산업기본법」에 따른 토목공사업 또는 토목건축공사업의 면허를 받는 등 개발계획에 맞게 도시개발사업을 시행할 능력이 있다고 인정되는 자로서 대통령령으로 정하는 요건에 해당하는 자

제9의2호 「부동산개발업의 관리 및 육성에 관한 법률」 제4조 제1항에 따라 등록한 부동산개발업자로서 대통령령으로 정하는 요건에 해당하는 자

제10호 「부동산투자회사법」에 따라 설립된 자기관리부동산투자회사 또는 위탁관리부동산투자회사로서 대통령령으로 정하는 요건에 해당하는 자

제11호 제1호부터 제9호까지, 제9호의2 및 제10호에 해당하는 자(제6호에 따른 조합은 제외한다)가 도시개발사업을 시행할 목적으로 출자에 참여하여 설립한 법인으로서 대통령령으로 정하는 요건에 해당하는 법인

4. 도시개발사업의 대행

도시개발사업에 대한 민간의 참여를 활성화하여 다양한 형태의 도시개발을 가능하게 할 목적으로, 공공시행자가 시행하는 도시개발사의 일부를 주택건설사업자 등으로 하여금 대행할 수 있게 하였는데, 이는 도시개발사업에 대한 민간의 참여를 확대하고 민간의 자본과 전문성을 활용하여 보다 창의적이고 효율적인 도시개발이 이루어질 수 있도록 하기 위한 목적에서 이다.

가. 대행범위

법 제11조 제11항에 따라 주택건설사업자 등에게 대행하게 할 수 있는 도시개발사업의 범위는 다음 각 호와 같다(영 제25조의2 제1항).

1. 실시설계
2. 부지조성공사
3. 기반시설공사
4. 조성된 토지의 분양

나. 대행자 선정방식

시행자는 법 제11조 제11항에 따라 도시개발사업을 대행하게 하려는 경우에는 다음 각 호의 사항을 공고하고 대행할 사업자를 경쟁입찰 방식으로 선정하여야 한다(영 제25조의2 제2항).

1. 개발사업의 목적
2. 개발사업의 종류 및 개요
3. 개발사업의 시행기간
4. 대행개발사업자의 자격요건 및 제출서류
5. 대행개발사업자의 선정기준 및 방식

다. 대행계약의 체결

시행자는 법 제11조 제11항에 따라 도시개발사업을 대행하게 하려는 경우에는 대행개발사업자와 대행에 관한 계약을 체결하여야 한다.

5. 시행자의 변경

가. 시행자변경 사유

지정권자는 i) 도시개발사업에 관한 실시계획의 인가를 받은 후 2년 이내에 사업을 착수하지 아니하는 경우, ii) 행정처분으로 시행자의 지정이나 실시계획의 인가가 취소된 경우, iii) 시행자의 부도·파산, 그 밖에 이와 유사한 사유로 도시개발사업의 목적을 달성하기 어렵다고 인정되는 경우, iv) 도시개발구역의 전부를 환지방식으로 시행하는 경우 시행자로 지정된 자(토지소유자 또는 조합)가 도시개발구역 지정의 고시일부터 1년 이내(다만, 지정권자가 실시계획의 인가 신청기간의 연장이 불가피하다고 인정하여 6개월의 범위에서 연장한 경우에는 그 연장된 기간을 말한다)에 도시개발사업에 관한 실시계획의 인가를 신청하지 아니하는 경우에는 시행자를 변경할 수 있다(법 제11조 제8항, 영 제24조).

나. 실시계획의 인가신청기간 연장신청

시행자는 영 제24조 단서[42]에 따른 실시계획의 인가신청기간의 연장이 필요하면 별지 제12호서식의 도시개발사업 실시계획 인가신청기간 연장신청서에 i) 인가신청기간 연장사유서, ii) 축척 2만 5천분의 1 또는 5만분의 1의 위치도 등의 서류 및 도면을 첨부하여 시장(대도시 시장은 제외한다)·군수 또는 구청장을 거쳐 지정권자에게 제출하여야 한다. 다만, 국토교통부장관·특별자치도지사 또는 대도시 시장이 지정권자인 경우에는 국토교통부장관·특별자치도지사 또는 대도시 시장에게 직접 제출할 수 있다(법 시행규칙 제16조).

---

42) 영 제24조(시행자의 변경) 법 제11조 제8항 제4호에서 "대통령령으로 정하는 기간"이란 법 제9조 제1항에 따른 도시개발구역 지정의 고시일부터 1년 이내를 말한다. 다만, 지정권자가 실시계획의 인가신청기간의 연장이 불가피하다고 인정하여 6개월의 범위에서 연장한 경우에는 그 연장된 기간을 말한다.

■ 도시개발법 시행규칙 [별지 제12호 서식] 〈개정 2017. 12. 29.〉

도시개발사업 실시계획 인가신청기간 연장신청서

※ 색상이 어두운 란은 신청인이 작성하지 않습니다.

(앞 쪽)

접수번호	접수일자	처리기간 10일

신 청 인	성명(법인의 명칭 및 대표자 성명)	생년월일(법인등록번호)
	주소	전화번호

신 청 내 용			
사 업 명			
사업목적			
위 치			
면 적	㎡		
기간연장 신청내역	당초기간	연장기간	
	연장사유		
특기사항			

「도시개발법 시행령」 제24조 단서 및 「도시개발법 시행규칙」 제16조에 따라 위와 같이 실시계획인가 신청기간 연장을 신청합니다.

년 월 일

신청인 (서명 또는 인)

국토교통부 장관
특별시장 · 광역시장 · 도지사 · 특별자치도지사 귀하
대도시 시장

첨부서류	1. 인가신청기간 연장사유서 2. 축척 2만 5천분의 1 또는 5만분의 1의 위치도	수수료 없음

210㎜×297㎜[백상지(80g/㎡) 또는 중질지(80g/㎡)]

(뒤 쪽)

처리절차

시장 · 군수 · 구청장을 경유하는 경우, 신청서는 다음과 같이 처리됩니다.

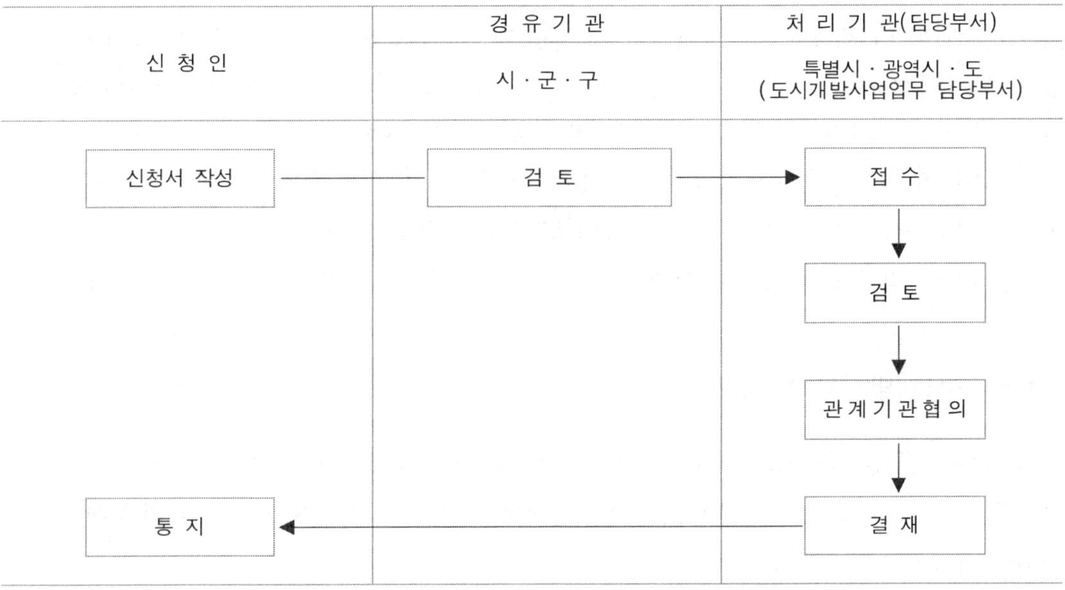

지정권자인 국토교통부 장관, 특별자치도지사, 대도시 시장에게 직접 제출하는 경우, 신청서는 다음과 같이 처리됩니다.

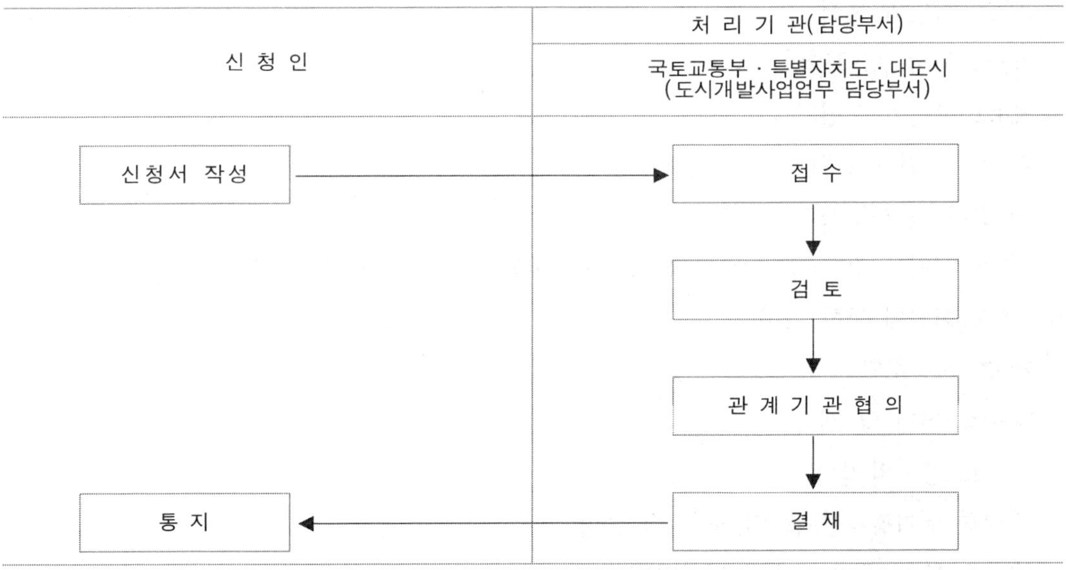

6. 공동시행자

가. 공동시행의 요건

지정권자는 법 제11조 제1항 제5호{도시개발구역의 토지소유자(「공유수면 관리 및 매립에 관한 법률」 제28조에 따라 면허를 받은 자를 해당 공유수면을 소유한 자로 보고 그 공유수면을 토지로 보며, 제21조에 따른 수용 또는 사용방식의 경우에는 도시개발구역의 국공유지를 제외한 토지면적의 3분의 2 이상을 소유한 자를 말한다)}에 따른 토지소유자 2인 이상이 도시개발사업을 시행하려고 할 때 또는 같은 호에 따른 토지소유자가 같은 항 제7호부터 제10호까지의 규정에 해당하는 자와 공동으로 도시개발사업을 시행하려고 할 때에는 도시개발사업에 관한 규약을 정하게 할 수 있다(법 제11조 제3항).

나. 도시개발사업의 규약

도시개발사업을 공동으로 시행하려면 다음의 사항이 포함된 규약을 작성하여야 한다. 다만, 제12호 · 제14호 · 제16호 및 제18호는 환지방식으로 도시개발사업을 시행하는 경우에만 해당한다(영 제21조).

제1호 사업의 명칭
제2호 사업의 목적
제3호 도시개발구역의 위치 및 면적
제4호 사업의 시행기간
제5호. 사업의 범위
제6호 주된 사무소의 소재지
제7호 임원을 정할 경우에는 그 자격 · 수 · 임기 · 직무 및 선임방법
제8호 회의에 관한 사항
제9호 비용부담
제10호 회계 및 계약
제11호 공고의 방법
제12호 토지평가협의회의 구성 및 운영
제13호 토지 등의 가액의 평가방법
제14호 환지계획 및 환지예정지의 지정
제15호 토지 등의 관리 및 처분

제16호 보류지 및 체비지의 관리 · 처분

제17호 공공시설용지의 부담

제18호 청산(淸算)

제19호 토지에 대한 소유권의 변동 등 시행자에게 통보하여야 할 사항

제20호 그 밖에 국토교통부령으로 정하는 사항

다. 시행규정(규약) 등의 작성

1) 시행규정의 작성

지정권자는 토지 소유자 2인 이상이 도시개발사업을 시행하려고 할 때 또는 같은 호에 따른 토지 소유자가 같은 항 제7호부터 제10호까지의 규정에 해당하는 자와 공동으로 도시개발사업을 시행하려고 할 때에는 대통령령으로 정하는 바에 따라 도시개발사업에 관한 규약을 정하게 할 수 있다(법 제11조 제3항).

2) 시행규정의 작성의무

지방자치단체등이 도시개발사업의 전부를 환지방식으로 시행하려고 할 때와 제1항 제1호부터 제4호까지 또는 제11호(제1항 제1호부터 제4호까지의 규정에 해당하는 자가 대통령령으로 정하는 비율을 초과하여 출자한 경우로 한정한다)에 해당하는 자(국가, 지방자치단체, 공공기관, 정부출연기관, 지방공사, 공동출자법인 등)가 도시개발사업의 일부를 환지방식으로 시행하려고 할 때에는 대통령령으로 정하는 바에 따라 시행규정을 작성하여야 한다.

이 경우 제1항 제2호부터 제4호까지의 시행자는 대통령령으로 정하는 기준에 따라 사업관리에 필요한 비용의 책정에 관한 사항을 시행규정에 포함할 수 있다(법 제11조 제4항).

3) 시행규정의 내용

시행규정에는 다음 각 호의 사항이 포함되어야 한다(영 제22조 제2항).

가) 제21조 제1호부터 제6호까지 및 제9호부터 제20호까지의 규정에 해당하는 사항

나) 법 제11조 제4항 후단에 따라 사업관리에 필요한 비용을 책정하는 경우에는 사업관리비의 금액, 지급시기 및 방법

영 제21조 (도시개발사업의 규약)

법 제11조 제3항에 따라 공동으로 도시개발사업을 시행하려는 자가 정하는 규약에는 다음 각 호의 사항이 포함되어야 한다. 다만, 제12호 · 제14호 · 제16호 및 제18호는 환지방식으로 도시개발사업을 시행하는 경우에만 해당한다.

제1호 사업의 명칭
제2호 사업의 목적
제3호 도시개발구역의 위치 및 면적
제4호 사업의 시행기간
제5호 사업의 범위
제6호 주된 사무소의 소재지
제9호 비용부담
제10호 회계 및 계약
제11호 공고의 방법
제12호 토지평가협의회의 구성 및 운영
제13호 토지 등의 가액의 평가방법
제14호 환지계획 및 환지예정지의 지정
제15호 토지 등의 관리 및 처분
제16호 보류지 및 체비지의 관리 · 처분
제17호 공공시설용지의 부담
제18호 청산(淸算)
제19호 토지에 대한 소유권의 변동 등 시행자에게 통보하여야 할 사항
제20호 그 밖에 국토교통부령으로 정하는 사항

7. 구역지정의 제안

가. 구역지정 제안권자

국가나 지방자치단체, 대통령령으로 정하는 공공기관, 대통령령으로 정하는 정부출연기관 「지방공기업법」에 따라 설립된 지방공사, 도시개발구역의 토지소유자(수용 또는 사용의 방식으로 제안하는 경우에는 도시개발구역의 국공유지를 제외한 토지면적의 3분의 2 이상을 사용할 수 있는 대통령령으로 정하는 권원(토지사용승낙서 및 토지매매계약서)을 가지고 2분의 1 이상을 소유한 자를 말한다) 또는 법 11조 제1항 제7호부터 제11호까지의 규정에 해당하는 자[43]는 대통령령으로 정하는 바에 따라

43) 법 제11조 제1항.

특별자치도지사 · 시장 · 군수 또는 구청장에게 도시개발구역의 지정을 제안할 수 있다. 다만, 공공기관의 장 또는 정부출연기관의 장은 국토교통부장관에게 직접 제안할 수 있다(법 제11조 제5항).

나. 도시개발구역지정제안서 제출

1) 지정제안서 제출

도시개발구역의 지정을 제안하려는 자는 국토교통부령으로 정하는 도시개발구역지정제안서를 국토교통부장관, 특별자치도지사, 시장 · 군수 또는 구청장에게 제출하여야 한다(영 제23조 제1항). 만일, 도시개발구역의 지정을 제안하려는 지역이 둘 이상의 시 · 군 또는 구의 행정구역에 걸쳐 있는 경우에는 그 지역에 포함된 면적이 가장 큰 행정구역의 시장 · 군수 또는 구청장에게 제1항에 따른 서류를 제출하여야 한다(같은 조 제2항). 이 경우 도시개발구역지정의 제안을 받은 국토교통부장관 · 특별자치도지사 · 시장 · 군수 또는 구청장은 제안 내용의 수용 여부를 2개월 이내에 제안자에게 통보하여야 한다. 다만, 관계 기관과의 협의가 지연되는 등 불가피한 사유가 있는 경우에는 1개월 이내의 범위에서 통보기간을 연장할 수 있다(같은 조 제3항).

2) 지정제안서 제출시 첨부서류

도시개발구역의 지정을 제안하려는 자는 별지 제11호서식의 도시개발구역 지정제안서에 다음의 서류 및 도면을 첨부하여 국토교통부장관, 특별자치도지사, 시장 · 군수 또는 구청장에게 제출하여야 한다. 이 경우 특별자치도지사, 시장 · 군수 또는 구청장은 「전자정부법」 제36조

---

7. 「수도권정비계획법」에 따른 과밀억제권역에서 수도권 외의 지역으로 이전하는 법인 중 과밀억제권역의 사업 기간 등 대통령령으로 정하는 요건에 해당하는 법인
8. 「주택법」 제9조에 따라 등록한 자 중 도시개발사업을 시행할 능력이 있다고 인정되는 자로서 대통령령으로 정하는 요건에 해당하는 자(「주택법」 제2조 제6호에 따른 주택단지와 그에 수반되는 기반시설을 조성하는 경우에만 해당한다)
9. 「건설산업기본법」에 따른 토목공사업 또는 토목건축공사업의 면허를 받는 등 개발계획에 맞게 도시개발사업을 시행할 능력이 있다고 인정되는 자로서 대통령령으로 정하는 요건에 해당하는 자

9의2. 「부동산개발업의 관리 및 육성에 관한 법률」 제4조 제1항에 따라 등록한 부동산개발업자로서 대통령령으로 정하는 요건에 해당하는 자

10. 「부동산투자회사법」에 따라 설립된 자기관리부동산투자회사 또는 위탁관리부동산투자회사로서 대통령령으로 정하는 요건에 해당하는 자
11. 제1호부터 제9호까지, 제9호의2 및 제10호에 해당하는 자(제6호에 따른 조합은 제외한다)가 도시개발사업을 시행할 목적으로 출자에 참여하여 설립한 법인으로서 대통령령으로 정하는 요건에 해당하는 법인

제1항에 따른 행정정보의 공동이용을 통하여 지적도 및 임야도를 확인하여야 한다(법 시행규칙 제15조).

가) 시행규칙 제5조 제1호부터 제4호까지 및 제6호부터 제8호까지의 서류 및 도면

시행규칙 제5조

제1호 별지 제2호 서식의 도시개발구역 조사서
제2호 법 제4조 제4항에 따른 토지면적 및 토지소유자의 동의에 관한 서류(환지방식이 적용되는 지역만 해당한다)
제3호 법 제5조 제1항에 따른 개발계획의 내용에 관한 서류. 다만, 법 제4조 제1항 단서에 따라 도시개발구역을 지정한 후에 개발계획을 수립하는 경우에는 영 제9조 제1항 각 호의 사항을 적은 서류 및 환경성검토서(녹지지역 안 또는 도시지역 외의 지역에 도시개발구역을 지정하는 경우만 해당하고, 「환경정책기본법」에 따라 사전환경성검토를 실시한 경우에는 사전환경성검토서를 말한다)
제4호 법 제6조에 따른 기초조사 등에 관한 서류

나) 편입 농지 및 임야 현황에 관한 조사자료

■ 도시개발법 시행규칙 [별지 제11호 서식] 〈개정 2017. 12. 29.〉

도시개발구역 지정 제안서

※ 색상이 어두운 란은 제안자가 작성하지 않습니다. (앞 쪽)

접수번호	접수일자	처리기간 1개월

제 안 자	성명(법인의 명칭 및 대표자 성명)		생년월일(법인등록번호)	
	주소		전화번호	
구 역 명				
지정목적				
위 치				
면 적				㎡
시행기간				
시행방식				
수용계획	계획인구		세대수	
	주요유치업종		공장수	

「도시개발법」 제11조제5항 및 「도시개발법 시행령」 제23조제1항에 따라 위와 같이 도시개발구역 지정을 제안합니다.

년 월 일

제안자 (서명 또는 인)

국토교통부 장관
특별자치도지사 귀하
시장 · 군수 · 구청장

제안자(대표자) 제출서류	1. 「도시개발법 시행규칙」 별지 제2호서식의 도시개발구역조사서 2. 「도시개발법」 제4조제4항에 따른 토지면적 및 토지소유자의 동의에 관한 서류(환지방식이 적용되는 지역에만 해당합니다) 3. 「도시개발법」 제5조제1항에 따른 개발계획의 내용에 관한 서류. 다만, 「도시개발법」 제4조제1항 단서에 따라 도시개발구역을 지정한 후에 개발계획을 수립하는 경우에는 「도시개발법 시행령」제9조제1항 각 호의 사항을 기재한 서류 및 환경성검토서(녹지지역 안 또는 도시지역 외의 지역에 도시개발구역을 지정하는 경우만 해당하고, 「환경영향평가법」에 따라 전략환경영향평가를 실시하는 경우에는 전략환경영향평가서를 말합니다) 4. 「도시개발법」 제6조에 따른 기초조사 등에 관한 서류 5. 「도시개발법」 제11조제6항에 따른 토지면적 및 토지소유자의 동의에 관한 서류 6. 축척 2만 5천분의 1 또는 5만분의 1의 위치도 (뒤 쪽으로 계속됩니다)	수수료 없음

210㎜×297㎜[백상지(80g/㎡) 또는 중질지(80g/㎡)]

(뒤 쪽)

제안자 (대표자) 제출서류	7. 도시개발구역의 경계를 표시한 축척 1천분의 1 내지 5천분의 1의 지형도와 경계설정의 이유를 적은 서류 8. 편입농지 및 임야 현황에 관한 조사자료	
담당 공무원 확인사항	지적도 및 임야도	

처리절차

이 제안서는 다음과 같이 처리됩니다.

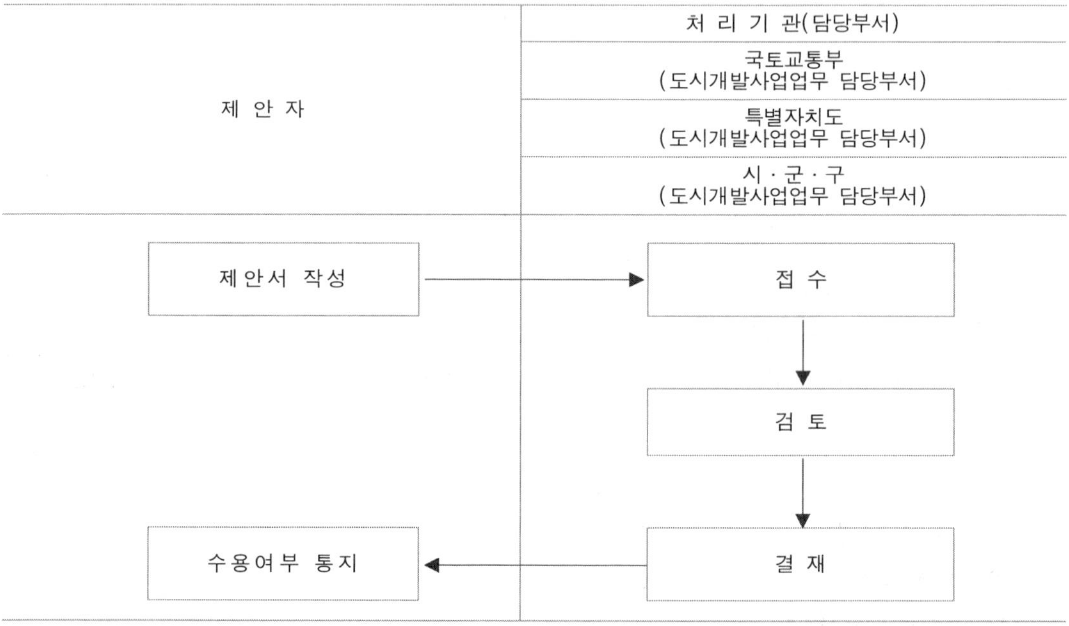

다. 지정제안시 토지소유자의 동의

1) 지정동의

토지소유자 또는 과밀억제권역에서 수도권 외의 지역으로 이전하는 법인, 도시개발사업을 시행할 능력이 있다고 인정되는 자, 토목공사사업 면허를 받는 등 도시개발사업을 시행할 능력이 있다고 인정되는 자, 자기(또는 위탁)관리동산투자회사, 부동산개발법인이 도시개발구역의 지정을 제안하려는 경우에는 대상 구역 토지면적의 3분의 2 이상에 해당하는 토지소유자(지상권자를 포함한다)의 동의를 받아야 한다(법 제11조 제6항). 그러나 만일 개발구역지정 제안에 필요한 대상구역의 토지면적 3분의 2 이상에 해당하는 토지소유자의 동의를 얻지 못하였다고 하더라도, 그 제안에 기초하여 이루어진 도시개발구역지정처분이 위법한 것은 아니다.

도시개발구역지정처분이 적법한 제안권자 아닌 자가 제안했거나 제안에 필요한 동의요건을 갖추지 못한 제안에 기초하여 이루어진 경우 그 처분이 위법한지 여부(대법원 2012. 9.27. 선고 2010두16219 판결)

시·도지사 등 지정권자는 계획적인 도시개발이 필요하다고 인정되는 때에는 도시개발구역을 지정할 수 있고, 토지소유자 등의 개발구역지정제안은 지정권자가 도시개발구역을 지정하는 데 반드시 필요한 절차가 아니라 단순히 지정권자의 권한 행사를 촉구하는 것에 불과하다고 할 것이다. 따라서 도시개발구역지정을 제안한 제안자가 적법한 제안권자가 아니라거나 개발구역지정제안에 필요한 대상구역의 토지면적의 3분의 2 이상에 해당하는 토지소유자의 동의를 얻지 못하였다고 하더라도, 그와 같은 사유로 인하여 그 제안에 기초하여 이루어진 도시개발구역지정처분이 위법하다고 할 수 없다.

2) 동의자수 산정방법

지정제한시 토지소유자에 대한 동의자수 산정 방법은 다음 각 호와 같다(영 제25조 제1항). 그 외에 동의자 수의 산정 방법·절차 등에 관하여 필요한 세부적인 사항은 국토교통부장관이 정한다.

제1호 토지소유권 또는 지상권을 공유하는 경우 : 다른 공유자의 동의를 받은 대표 공유자 또는 대표 지상권자 1명만을 해당 토지소유자 또는 지상권자로 볼 것. 다만, 「집합건물의 소유 및 관리에 관한 법률」 제2조 제2호에 따른 구분소유자는 각각을 토지소유자 1명으로 본다.

제2호 제11조 제2항에 따른 공람·공고일 후에 「집합건물의 소유 및 관리에 관한 법률」 제2조 제1호에 따른 구분소유권을 분할하게 되어 토지소유자의 수가 증가하게 된 경우 : 공람·공고일 전의 토지소유자의 수를 기준으로 산정하고, 증가된 토지소유자의 수는 토지소유자 총수에 추가 산입하지 말 것

제3호 법 제11조 제5항 따라 도시개발구역의 지정이 제안되기 전에 동의를 철회한 사람이 있는 경우 : 그 사람은 동의자 수에서 제외할 것

제4호 법 제11조 제5항에 따라 도시개발구역의 지정이 제안된 후부터 법 제3조에 따라 도시개발구역이 지정되기 전까지 토지소유자가 변경된 경우 : 기존 토지소유자의 동의서를 기준으로 할 것

라. 토지소유자의 동의 철회

토지소유자가 동의하거나 동의를 철회할 경우에는 국토교통부령으로 정하는 동의서 또는 동의철회서를 제출하여야 하며, 토지 또는 지상권을 공동으로 소유하는 토지 또는 지상권의 대표 소유자는 대표자지정 동의서와 대표 소유자 및 공유자의 신분을 증명할 수 있는 서류를 각각 첨부하여 함께 제출하여야 한다(영 제25조 제2항). 위 제2)항에서 규정한 사항 외에 동의자 수의 산정 방법 · 절차 등에 관하여 필요한 세부적인 사항은 국토교통부장관이 정한다.

마. 동의서 등

동의서는 다음 각 호의 구분에 따르고, 동의철회서 및 대표자 지정동의서는 각각 별지 제6호 서식 및 별지 제7호 서식에 따른다(법 시행규칙 제17조).

1) 법 제11조 제2항 제3호에 따른 도시개발사업 시행자 지정동의서 : 별지 제12호의 2 서식
2) 법 제11조 제6항에 따른 도시개발구역 지정 제안 동의서 : 별지 제12호의 3 서식

■ 도시개발법 시행규칙 [별지 제6호 서식] 〈개정 2017. 12. 29.〉

동의철회서

※ 색상이 어두운 란은 동의 철회자가 작성하지 않습니다.

접수번호		접수 일자
동의자	성명(법인의 명칭 및 대표자 성명)	생년월일(법인등록번호)
	주소	전화번호

동의의 철회내용	*(동의 철회자 자필로 기재)*

본인은 위 동의의 철회내용에 기재한 것과 같이 이전에 동의하였던 것을 철회합니다.

년 월 일

동의 철회자 (서명 또는 인)

시행자 또는 시행예정자	성명 (법인의 명칭 및 대표자 성명)	
	생년월일 (법인등록번호)	
	주소	
	전화번호	

귀하

동의 철회자 소유 토지 현황				
번호	지번	지목	면적(㎡)	비고
1				
2				
3				

첨부서류: 신분을 증명하는 문서사본 1부.

유의사항

1. 귀하(란) 앞에는 동의 철회자가 철회하려는 동의서를 제출한 상대방을 적어야 합니다.
2. 소유 토지 작성란이 부족한 경우에는 별지에 적고 간인(間印)을 하여야 합니다.

210㎜×297㎜[백상지(80g/㎡) 또는 중질지(80g/㎡)]

■ 도시개발법 시행규칙 [별지 제7호 서식] 〈개정 2017. 12. 29.〉

대표자 지정 동의서

<table>
<tr><td colspan="7">여러 명이 공유한 토지 현황</td></tr>
<tr><td>토지위치
(지번)</td><td colspan="6"></td></tr>
<tr><td rowspan="5">지목</td><td rowspan="5"></td><td rowspan="5">면적</td><td>구분</td><td>성명</td><td>지분</td><td>면적(㎡)</td></tr>
<tr><td>1</td><td></td><td></td><td></td></tr>
<tr><td>2</td><td></td><td></td><td></td></tr>
<tr><td>3</td><td></td><td></td><td></td></tr>
<tr><td>4</td><td></td><td></td><td></td></tr>
</table>

본인은 위 토지의 공유자로서 「도시개발법 시행령」 제6조제6항 및 제25조제2항에 따라 아래의 자를 대표 소유자로 지정하고, 대표 소유자가 ○○ 도시개발사업과 관련한 토지 소유자로서 환지방식 개발계획, 시행자 지정, 구역지정 제안, 조합 설립 인가 및 토지 사용 · 수용 등에 대한 동의권(조합원의 의결권을 포함합니다)을 행사하는 것에 대하여 동의합니다.

년　　월　　일

대표 소유자(선임 수락자)	성명: (서명 또는 인) 생년월일: 전화번호:
위임자(동의자)	성명: (서명 또는 인) 생년월일: 전화번호:
위임자(동의자)	성명: (서명 또는 인) 생년월일: 전화번호:
위임자(동의자)	성명: (서명 또는 인) 생년월일: 전화번호:

첨부서류: 대표 소유자 및 위임자의 신분을 증명하는 문서사본 각 1부.

유의사항
소유 토지 작성란이 부족한 경우에는 별지에 적고 간인(間印)을 하여야 합니다.

210㎜×297㎜[백상지(80g/㎡) 또는 중질지(80g/㎡)]

■ 도시개발법 시행규칙 [별지 제12호의2 서식] 〈개정 2017. 12. 29.〉

도시개발사업시행자 지정 동의서

※ 색상이 어두운 란은 동의자가 작성하지 않습니다.

접수번호	접수 일자

동의자	성명(법인의 명칭 및 대표자 성명)	생년월일(법인등록번호)
	주소	전화번호

시행자 지정 예정자	성명(법인명)	
	법인등록번호	
	주소	
	전화번호	

본인은 「도시개발법」 제11조제2항제3호에 따라 위의 자를 시행자로 지정하는 것에 대하여 설명을 듣고 위 내용에 동의합니다.

년 월 일

동의자 (서명 또는 인)

(시행자 지정 예정자) 귀하

동의자 소유 토지 현황				
번호	지번	지목	면적(㎡)	비고
1				
2				
3				
4				

첨부서류: 신분을 증명하는 문서사본 1부.

유의사항

소유 토지 작성란이 부족한 경우에는 별지에 적고 간인(間印)을 하여야 합니다.

210㎜×297㎜[백상지(80g/㎡) 또는 중질지(80g/㎡)]

■ 도시개발법 시행규칙 [별지 제12호의3 서식] 〈개정 2017. 12. 29.〉

도시개발구역 지정 제안 동의서

※ 색상이 어두운 란은 동의자가 작성하지 않습니다.

접수번호		접수 일자
동의자	성명(법인의 명칭 및 대표자 성명)	생년월일(법인등록번호)
	주소	전화번호

동의내용		
	제안 면적	(㎡)
	사업방식	
	제안자(시행예정자)	성명: 법인번호(생년월일) :

본인은 「도시개발법」 제11조제6항에 따른 도시개발구역 지정 제안(도시개발구역지정 제안을 위한 주민공람, 관계 기관 협의 및 도시계획위원회 심의 결과 등에 따라 제안이 변경되는 경우를 포함합니다)에 대하여 제안자 등에게 설명을 듣고 위 내용에 동의합니다.

년 월 일

동의자 (서명 또는 인)

(○○ 도시개발구역 지정 제안자) 귀하

동의자 소유 토지(지상권) 현황				
번호	지번	지목	면적(㎡)	지상권 설정 여부
1				
2				
3				
4				

첨부서류: 신분을 증명하는 문서사본 1부.

유의사항

1. 제안이 변경되지 아니하는 조건에서 제안자가 변경되어도 본 동의는 유효합니다.
2. 소유(지상권 설정) 토지 작성란이 부족한 경우에는 별지에 적고 간인(間印)을 하여야 합니다.

210㎜×297㎜[백상지(80g/㎡) 또는 중질지(80g/㎡)]

8. 준용규정

도시개발구역의 지정을 제안하는 경우 도시개발구역의 규모, 제안 절차, 제출 서류, 기초조사 등에 관하여 필요한 사항은 제3조 제5항(도시개발구역을 지정하거나 그 지정을 요청하는 경우 도시개발구역의 지정대상 지역 및 규모, 요청 절차, 제출 서류 등에 필요한 사항은 대통령령으로 정한다)과 제6조(기초조사 등)를 준용한다(법 제11조 제9항).

제 2 절 도시개발사업시행의 위탁 등

사업시행자는 항만 · 철도등 공공시설의 건설과 공유수면 매립업무를 국가 · 지자체 또는 정부투자기관에 위탁할 수 있으며, 도시개발사업을 위한 기초조사 · 토지매수 및 보상업무 · 이주대책 등을 관할 구청장이나 정부투자기관에 위탁할 수 있다. 다만, 민간사업시행자의 경우에는 지정권자의 승인을 얻어 신탁업법에 의한 신탁회사와 신탁계약을 체결하여 도시개발사업을 시행할 수 있는데, 그 이유는 도시개발사업의 신탁계약에 따른 토지소유자의 불이익의 방지 및 그 들의 권익을 보호하기 위함이다.

[도시개발사업의 시행절차]

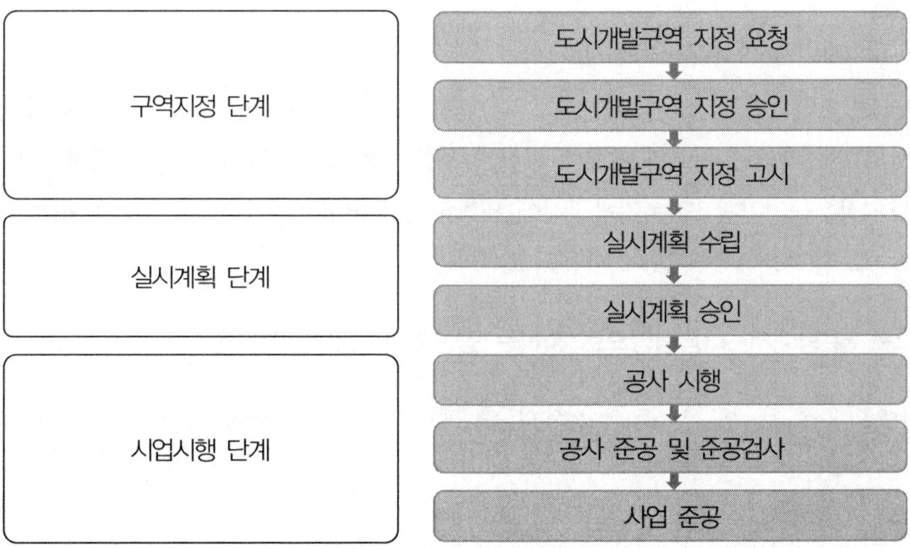

1. 시행위탁의 개념

도시개발법상 '시행의 위탁'이란 시행자가 일정한 자에게 맡겨서 시행하는 사업의 형태를 말한다(법 제12조). 위탁은 시행자가 누구인지 여부와 관계없이 가능하며, 조합의 경우에는 조합설립인가를 받고 시행자 지정까지 받은 이후가 될 것이다.

반면, 신탁은 시행자가 법 제11조 제1항 제5호 내지 제9호에 해당하는 자로 한정되며, 공공시설 등의 사업에 해당하는 것을 제외하고 지정권자의 승인을 받아 자본시장과 금융투자업에 관한 법률에 따른 신탁업자와 대통령령으로 정하는 바에 따라 신탁회사와 신탁계약을 체결하여 시행하는 것이 다르다(법 제12조 4항).[44]

가. 위탁시행 대상사업

위탁시행대상	위탁가능기관
항만 · 철도 · 국토계획법 제2조 제6호에 의한 기반시설건설 및 공유수면의 매립에 관한 사무	국, 지방자치단체, 한국토지주택공사, 한국수자원공사, 한국농어촌공사, 한국관광공사, 한국철도공사, 한국철도시설공단, 제주국제자유도시개발센터
도시개발사업을 위한 토지매수업무, 손실보상업무, 주민 이주대책사업	관한 지방자치단체, 한국토지주택공사, 한국수자원공사, 한국농어촌공사 한국철도시설공단, 제주국제자유도시개발센타, 한국감정원

1) 공공시설 등의 위탁시행

가) 대상사업 및 위탁기관(수탁자)

시행자는 항만 · 철도, 그 밖에 「국토의 계획 및 이용에 관한 법률」 제2조 제6호에 따른 기반시설의 건설과 공유수면의 매립에 관한 업무를 국가, 지방자치단체, 대통령령으로 정하는 공공기관 · 정부출연기관 또는 지방공사에 위탁하여 시행할 수 있는데(법 제12조 제1항), 이러한 방식은 주로 환지방식에서 많이 사용되고 있다.

[법 제12조 제1항에서 "대통령령으로 정하는 공공기관 · 정부출연기관"]

> **법 시행령 26조** ② 법 제12조 제1항에서 "대통령령으로 정하는 공공기관 · 정부출연기관"이란 다음 각 호의 기관을 말한다.

44) 전연규 외 도시개발연구팀, "도시개발법과 실무해설", 한국도시개발연구포럼, 2011, 587면.

제1호 한국토지주택공사
제2호 삭제 [2009.9.21 제21744호(한국토지주택공사법 시행령)] [시행일 2009.10.1]
제3호 「한국수자원공사법」에 따른 한국수자원공사
제4호 「한국농어촌공사 및 농지관리기금법」에 따른 한국농어촌공사
제5호 「한국관광공사법」에 따른 한국관광공사
제6호 「한국철도공사법」에 따른 한국철도공사
제7호 「한국철도시설공단법」에 따른 한국철도시설공단
제8호 「제주특별자치도 설치 및 국제자유도시 조성을 위한 특별법」에 따른 제주국제자유도시 개발센터

나) 위탁기관과의 협약체결

시행자는 도시개발사업의 일부를 위탁하여 시행하려면 국가 · 지방자치단체 등 위탁기관과 다음의 사항에 관한 협약을 체결하여야 한다(영 제26조 제3항).

(1) 위탁사업의 사업지
(2) 위탁사업의 종류 · 규모 · 금액, 그 밖에 공사설계의 기준이 되는 사항
(3) 위탁사업의 시행기간(착공 및 준공예정일과 공정계획을 포함한다)
(4) 위탁사업에 필요한 비용의 지급방법과 그 자금의 관리에 관한 사항
(5) 위탁자가 부동산 · 기자재 또는 노무자를 제공하는 경우에는 그 관리에 관한 사항
(6) 위험부담에 관한 사항
(7) 그 밖에 위탁사업의 내용을 명백히 하기 위하여 필요한 사항

에스에이치공사가 택지개발사업 시행자인 서울특별시장으로부터 이주대책 수립권한을 포함한 택지개발사업에 따른 권한을 위임 또는 위탁받은 경우, 위 공사 명의로 이루어진 이주대책에 관한 처분에 대한 취소소송의 정당한 피고는 위 공사라고 한 사례(대법원 2007. 8.23. 선고 2005두3776 판결)

에스에이치공사가 택지개발사업 시행자인 서울특별시장으로부터 이주대책 수립권한을 포함한 택지개발사업에 따른 권한을 위임 또는 위탁받은 경우, 이주대책 대상자들이 에스에이치공사 명의로 이루어진 이주대책에 관한 처분에 대한 취소소송을 제기함에 있어 정당한 피고는 에스에이치공사가 된다.

나. 토지매수업무 등의 위탁

1) 위탁기관 및 대상업무

시행자는 도시개발사업을 위한 기초조사, 토지 매수 업무, 손실보상 업무, 주민 이주대책 사업 등을 지방자치단체, 대통령령으로 정하는 공공기관 · 정부출연기관 · 정부출자기관 또는 지방공사에 위탁할 수 있다. 다만, 정부출자기관에 주민 이주대책 사업을 위탁하는 경우에는 이주대책의 수립 · 실시 또는 이주정착금의 지급, 그 밖에 보상과 관련된 부대업무만을 위탁할 수 있다(법 제12조 제2항).

[법 제12조 제2항 본문에서 "대통령령으로 정하는 공공기관 · 정부출연기관 · 정부출자기관"이란]

법 시행령 제27조 ② 법 제12조 제2항 본문에서 "대통령령으로 정하는 공공기관 · 정부출연기관 · 정부출자기관"이란 다음 각 호의 기관을 말한다.
제1호 한국토지주택공사
제2호 삭제 [2009. 9.21 제21744호(한국토지주택공사법 시행령)] [시행일 2009.10. 1]
제3호 「한국수자원공사법」에 따른 한국수자원공사
제4호 「한국농어촌공사 및 농지관리기금법」에 따른 한국농어촌공사
제5호 「한국철도시설공단법」에 따른 한국철도시설공단
제6호 「제주특별자치도 설치 및 국제자유도시 조성을 위한 특별법」에 따른 제주국제자유도시 개발센터
제7호 「국유재산법」에 따라 출자된 주식회사 한국감정원

2) 관련사항 협약 체결

시행자는 기초조사, 토지 매수 업무, 손실 보상 업무 또는 주민 이주대책 사업 등에 관한 업무를 위탁하려면 다음에서 정하는 사항에 관한 협약을 체결하여야 한다.

가) 위탁사업의 사업지
나) 위탁사업의 종류 · 규모 · 금액, 그 밖에 공사설계의 기준이 되는 사항
다) 위탁사업의 시행기간(착공 및 준공예정일과 공정계획을 포함한다)
라) 위탁사업에 필요한 비용의 지급방법과 그 자금의 관리에 관한 사항
마) 위탁자가 부동산 · 기자재 또는 노무자를 제공하는 경우에는 그 관리에 관한 사항
바) 위험부담에 관한 사항
사) 그 밖에 위탁사업의 내용을 명백히 하기 위하여 필요한 사항

다. 위탁수수료

1) 위탁수수료의 지급

시행자가 업무를 위탁하여 시행하는 경우에는 국토교통부령으로 정하는 요율의 위탁 수수료를 그 업무를 위탁받아 시행하는 자에게 지급하여야 한다(법 제12조 제3항).

2) 위탁수수료의 요율

사업시행자가 업무를 위탁할 경우 그에 따른 위탁 수수료의 요율은 아래 별표 2와 같다(법 시행규칙 제18조).

[별표 2]

위탁수수료의 요율(제18조 관련)

1. 토지매수 및 보상업무

위탁금액	요 율 (위탁금액에 대한 수수료의 비율)	비 고
10억원 이하	20/1,000 이내	1. "위탁금액"이란 기초조사비, 토지매입비, 시설의 매수 및 이전비, 권리 또는 지장물의 보상비와 이주대책사업비(이주대책사업을 하는 경우만 해당한다) 등의 합계액을 말한다. 2. 감정수수료 및 등기수수료 등의 법정수수료는 위탁수수료의 요율을 정할 때에 가산한다. 3. 기초조사, 매수 및 보상업무의 완료 후 준공 및 관리처분을 위한 측량·지목변경 및 관리이전을 위한 소유권의 변경에 소요되는 비용은 위탁수수료의 요율기준의 100분의 30의 범위에서 이를 가산할 수 있다. 4. 지역적인 특수한 사정이 있는 경우에는 위탁자와 수탁자가 협의하여 이 위탁수수료의 요율을 조정할 수 있다.
10억원 초과 30억원 이하	17/1,000 이내	
30억원 초과 50억원 이하	13/1,000 이내	
50억원 초과	10/1,000 이내	

2. 도시개발사업

공사비	요 율 (공사비에 대한 수수료의 비율)	비 고
100억원 이하	90/1,000 이내	1. "공사비"란 재료비·노무비·일반관리비·이윤 및 부가가치세액의 합계액을 말한다. 2. 공사비는 발주설계서 또는 직영설계서에 따른 금액을 기준으

100억원 초과 300억원 이하	80/1,000 이내	로 하되, 설계 · 시공일괄입찰의 경우에는 계약금액을 기준으로 한다. 3. 설계변경으로 공사비가 변경되는 경우에는 그에 따라 수수료를 가감할 수 있다. 4. 2년 이상의 장기사업인 경우에는 총 공사비에 대한 수수료를 산정하여 위탁자와 수탁자의 협의에 따라 연차별 수수료를 배분하여 정할 수 있다. 5. 위탁사업의 범위에 용지매수 및 손실보상업무와 이주대책사업이 포함되는 경우에는 그에 따른 위탁수수료를 가산한다. 6. 조사 · 설계 등 부대사업을 포함하여 위탁하는 경우에는 부대사업에 소요되는 비용을 공사비에 합산하여 요율을 적용한다.
300억원 초과 500억원 이하	75/1,000 이내	
500억원 초과	70/1,000 이내	

2. 신탁계약에 의한 도시개발사업

가. 신탁개발자 - 법 제11조 제1항 5호 내지 9호에 해당하는 시행자

법 제11조 제1항 제5호부터 제9호까지의 규정에 따른 시행자는 지정권자의 승인을 받아 「자본시장과 금융투자업에 관한 법률」에 따른 신탁업자와 대통령령으로 정하는 바에 따라 신탁계약을 체결하여 도시개발사업을 시행할 수 있다(법 제12조 제4항). 이에 해당하는 자는 위탁과는 달리 공공시설의 사업 등의 경우를 제외하고 도시개발사업을 진행할 수 있으며, 시행자지정을 받지 않은 자는 신탁계약의 일방이 될 수 없다.

법 제11조 제1항

제5호 도시개발구역의 토지소유자(「공유수면 관리 및 매립에 관한 법률」 제28조에 따라 면허를 받은 자를 해당 공유수면을 소유한 자로 보고 그 공유수면을 토지로 보며, 제21조에 따른 수용 또는 사용방식의 경우에는 도시개발구역의 국공유지를 제외한 토지면적의 3분의 2 이상을 소유한 자를 말한다)

제6호 도시개발구역의 토지소유자(「공유수면 관리 및 매립에 관한 법률」 제28조에 따라 면허를 받은 자를 해당 공유수면을 소유한 자로 보고 그 공유수면을 토지로 본다)가 도시개발을 위하여 설립한 조합(도시개발사업의 전부를 환지방식으로 시행하는 경우에만 해당하며, 이하 "조합"이라 한다)

제7호 「수도권정비계획법」에 따른 과밀억제권역에서 수도권 외의 지역으로 이전하는 법인 중 과밀억제권역의 사업 기간 등 대통령령으로 정하는 요건에 해당하는 법인

제8호 「주택법」 제9조에 따라 등록한 자 중 도시개발사업을 시행할 능력이 있다고 인정되는 자로서 대통령령으로 정하는 요건에 해당하는 자(「주택법」 제2조 제6호에 따른 주택단지와

그에 수반되는 기반시설을 조성하는 경우에만 해당한다)
제9호 「건설산업기본법」에 따른 토목공사업 또는 토목건축공사업의 면허를 받는 등 개발계획에 맞게 도시개발사업을 시행할 능력이 있다고 인정되는 자로서 대통령령으로 정하는 요건에 해당하는 자

나. 신탁계약의 승인

1) 승인요건

시행자가 도시개발사업에 관한 신탁계약의 승인을 받으려는 경우에는 국토교통부령으로 정하는 아래 2)항의 서류를 지정권자에게 제출하여야 한다(영 제28조 제1항).

2) 제출서류

시행자는 도시개발사업에 관한 신탁계약의 승인을 받으려는 경우에는 별지 제13호서식의 신탁계약 승인신청서에 ⅰ) 사업계획서, ⅱ) 자금조달계획서, ⅲ) 영 제18조 제5항에 따른 요건을 갖추었는지 여부를 확인할 수 있는 서류, ⅳ) 위치도 등의 서류 및 도면을 첨부하여 지정권자에게 제출하여야 한다(법 시행규칙 제19조).

■ 도시개발법 시행규칙 [별지 제13호 서식] 〈개정 2017. 12. 29.〉

신탁계약 승인신청서

※ 색상이 어두운 란은 신청인이 작성하지 않습니다. (앞 쪽)

접수번호	접수일자	처리기간 30일

위 탁 자	성명(법인의 명칭 및 대표자 성명)	생년월일(법인등록번호)
	주소	전화번호
수 탁 자	성명(법인의 명칭 및 대표자 성명)	생년월일(법인등록번호)
	주소	전화번호

구 역 명		
위 치		
면 적		m²
신탁개발 개요	신탁목적	
	신탁내용	
	신탁기간	

「도시개발법」 제12조제4항, 「도시개발법 시행령」 제28조제1항 및 「도시개발법 시행규칙」 제19조에 따라 위와 같이 신탁계약의 승인을 신청합니다.

년 월 일

신청인 (서명 또는 인)

국토교통부 장관
특별시장 · 광역시장 · 도지사 · 특별자치도지사 귀하
대도시 시장

첨부서류		수수료
첨부서류	1. 사업계획서 2. 자금조달계획서 3. 「도시개발법 시행령」 제18조제5항에 따른 요건을 갖추었는지 확인할 수 있는 서류 4. 위치도	없음

210mm×297mm[백상지(80g/㎡) 또는 중질지(80g/㎡)]

(뒤 쪽)

처리절차

이 신청서는 다음과 같이 처리됩니다.

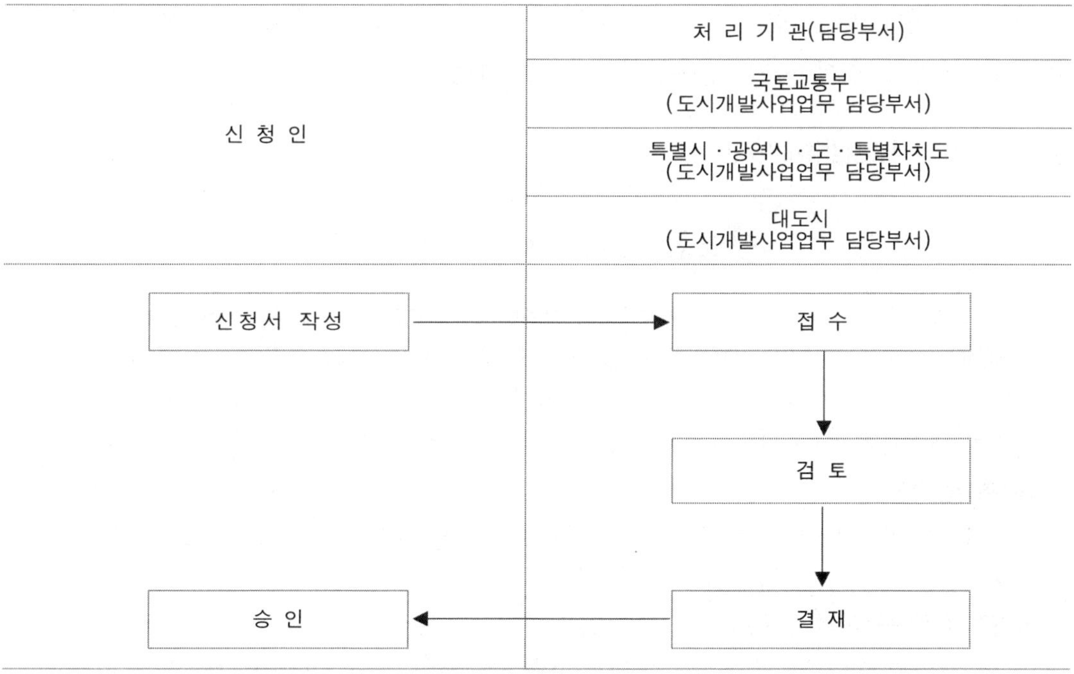

3) 신탁계약체결 통보

시행자는 승인을 받아 신탁계약을 체결한 경우에는 그 계약을 체결한 날부터 1개월 이내에 그 계약서 사본을 첨부하여 지정권자에게 그 사실을 통보하여야 한다(영 제28조 제2항).

다. 신탁회사의 자격요건

시행자가 신탁계약을 체결할 수 있는 신탁회사는 '자본시장과 금융투자업에 관한 법률'에 따른 신탁업자 중 '주식회사의 외부감사에 관한 법률 시행령' 제2조 제1항에 따른 외부감사의 대상이 되는 자로서 경영의 건전성이 국토교통부령으로 정하여 고시하는 기준 이상의 자를 말한다. 다만, '채무자 회생 및 파산에 관한 법률'에 따른 회생절차가 진행 중인 법인은 제외한 자를 말한다(영 제18조 제5항 제2호, 영 제28조 제3항).

라. 체비지의 처분 등

행정청인 시행자가 체비지 또는 보류지를 관리하거나 처분(제36조 제4항에 따라 체비지를 관리하거나 처분하는 경우를 포함한다)하는 경우에는 국가나 지방자치단체의 재산처분에 관한 법률을 적용하지 아니한다. 다만, 신탁계약에 따라 체비지를 처분하려는 경우에는 「공유재산 및 물품관리법」 제29조 및 제43조를 준용한다(법 제44조 제2항).

[부동산 관리 · 처분신탁계약서]

부동산 관리 · 처분신탁계약서

○○시 ○○읍 ○○리 ○○-○○번지 상에 신축할 ○○아파트 신축공사의 시행자인 ㈜○○○(이하 "위탁자"라 함)은 별지 기재의 부동산(이하 "수탁자"라 함)에 신탁하고, 신탁 수익은 시공자 겸 수익자인 ㈜○○○○(이하 "수익자"라 함)에 제공함에 있어 다음과 같이 부동산 관리, 처분신탁계약(이하 "신탁계약"이라 함)을 체결한다.

제1조 (신탁목적)

이 신탁의 목적의 수탁자가 신탁부동산에 대하여 소유권 보전업무 및 처분업무 등을 수행하는데 있다.

제2조 (신탁부동산의 인수)

① 위탁자는 신탁계약 체결 즉시 신탁부동산을 수탁자에게 인도하고 수탁자는 이를 인수하여 신탁을 원인으로 한 소유권 이전 등기 및 신탁등기를 한다.

② 위탁자는 권리증, 인감증명, 위임장 등 신탁등기에 필요한 제반서류를 수탁자에게 제공하여야 한다.

제3조 (신탁기간)

① 신탁계약기간은 년 월 일로부터 년 월 일까지로 하되, 이 기간 주 신탁부동산을 처분하여 소유권이전 등기가 종료된 때에는 그 시기를 종료시기로 한다.

② 신탁기간을 약정하고자 할 때에는 위탁자와 수탁자가 협의하여 연장할 수 있다.

③ 신탁부동산의 일부를 처분하는 경우에는 그 부분에 대하여 소유권이전등기를 종료한 때에 그 부분에 한하여 신탁이 일부 종료된 것으로 본다.

제4조 (수익자)

이 신탁계약에 있어서의 수익자는 다음과 같이 정한다.

신탁원본의 수익자
성 명(법인명) :
주민등록번호(법인 등록번호) :

주 소 :
신탁수익의 수익자
성 명(법인명) :
주민등록번호(법인 등록번호) :
주 소 :

제5조 (필요자금차입 및 담보제공)
수탁자는 신탁사무처리에 필요한 자금을 신탁재산 및 수익자의 부담으로 재정경제부장관이 정하는 방법으로 차입하고, 차입금의 담보로서 신탁부동산에 근저당권을 설정할 수 있는 것으로 한다.

제6조 (신탁부동산의 처분 및 운용)
수탁자는 신탁부동산을 적정하다고 인정하는 처분가격, 처분방법 및 처분조건으로 처분하고, 처분 시까지의 관리사무를 약정한 경우에는 임대사무 및 임대를 위한 유지관리 사무를 수탁자가 직접 하거나 수탁자가 선임하는 제3자에게 위탁할 수 있다.

제7조 (선관의무 및 하자담보책임)
① 수탁자는 신탁부동산의 임대사무, 유지관리 및 기타신탁사무에 대하여 선량한 관리자로서 주의의무를 다한 경우에는 위탁자 또는 수익자에게 손해가 발생하더라도 그 책임을 지지 아니한다.
② 위탁자는 신탁기간 동 또는 신탁종료 후 그 신탁한 토지의 하자 및 그 하자가 있음을 원인으로 하여 발생된 손해 등에 대하여 책임을 진다.

제8조 (신탁의 원본)
신탁의 원본은 신탁부동산과 신탁부동산의 매각대금, 신탁부동산에 관하여 취득한 입주보증금. 신탁부동산의 대위재산 및 제5조의 차입금과 기타 이에 준하는 것으로 한다.

제9조 (신탁의 수익)
신탁의 수익은 신탁부동산으로부터 발생하는 임대료 및 신탁재산에 속하는 금전의 운용에 대해 발생한 이익 기타 이에 준하는 것으로 한다.

제10조 (수익권증서)
수탁자는 수익자의 청구가 잇는 경우에 신탁수익권을 증명하기 위하여 수익권증서를 수익자에게 교부할 수 있으며, 이 경우 수익권증서는 지분비율을 표시하여 분할, 작성할 수 있다.

제11조 (신탁재산에 속하는 금전운용)
① 신탁재산에 속하는 금전은 수탁자가 운용방법을 같이하는 다른 신탁재산과 합동 또는 단독으로 재정경제원장관이 정하는 방법으로 운용하기로 한다.
② 신탁부동산 임대에 따른 입주보증금 등은 제1항의 운용방법 외에 차입금 및 보증금 등의 변제에 충당할 수 있다.

제12조 (비용부담)
① 신탁재산에 관한 제세공과금, 유지관리비, 금융비용 등 기타 신탁사무처리에 필요한 제비용

및 신탁사무처리에 있어서의 수탁자의 무과실 손해는 위탁자의 부담으로 한다.

② 신탁재산에 속하는 금전이 제1항의 제비용 등의 지불에 부족하고 위탁자 또는 수익자로부터 그 부족금액을 받을 수 없을 경우에는 수탁자가 상당하다고 인정한 방법으로 신탁재산의 일부 또는 전부를 매각해서 그 지불에 충당할 수 있다.

③ 위탁자가 제1항의 비용 등을 지급시기에 납부하지 않은 경우에는 수탁자가 대신 납부할 수 있으며, 이 경우 위탁자 또는 수익자는 금융기관의 연체이율에 의한 지체상금을 수탁자에게 지급하여야 한다.

④ 수탁자는 제3항의 대납금과 지체상금을 신탁재산 중에서 이를 공제, 수취할 수 있다.

제13조 (신탁의 계산 및 수익교부)

① 신탁재산에 관한 계산기일은 매년 12월 31일 및 신탁종료일로 하고 수탁자는 당해기의 수지계산서를 작성하여 수익자에게 통보하고 신탁수익은 금전으로 교부한다.

② 계산기일 이전에 위탁자, 수익자 및 수탁자가 합의하는 경우에는 신탁재산에 의하여 발생된 수익과 비용 및 신탁보수를 매월 또는 매 분기별로 가정산할 수 있다.

제14조 (신탁보수)

① 신탁보수는 재정경제부 장관이 정하는 보수요율의 범위 내에서 수탁자가 정하는 방법 및 시기에 신탁재산으로 충당하거나 위탁자에게 이를 청구할 수 있다.

② 수탁자가 입주자의 알선을 행한 때에는 별도로 부동산 임대차 중개수수료 상당액을 받을 수 있다.

③ 일반 경제정세의 심한 변동 또는 신탁사무의 현저한 증감 기타 상당한 사유가 발생한 때에는 수탁자는 수익자와 협의하여 신탁보수를 조정할 수 있디.

제15조 (신탁 해지 및 책임부담)

① 수익자는 천재지변 기타 부득이한 사정이 있는 경우를 제외하고는 원칙적으로는 신탁 해지를 할 수 없으며 수탁자가 신탁 해지를 승낙하는 경우에도 신탁 해지에 의한 수탁자의 손해를 수익자가 부담하여야 한다.

② 제1항의 규정에 불구하고 경제정세의 변화 기타 상당한 사유에 의하여 신탁목적 달성 또는 신탁 사무수행이 불가능하거나 현저히 곤란한 때는 수탁자는 위탁자 및 매수예정자와 협의하여 신탁을 해지할 수 있으며 이 경우 수탁자는 그 책임을 부담하지 아니한다.

③ 제2항의 경우 수탁자는 제비용 및 신탁보수와 손해가 발행한 경우에는 배상금을 신탁부동산으로부터 공제한다.

제16조 (신탁의 종료 및 원본의 교부 등)

① 이 신탁은 신탁기간 만료 시 또는 신탁 해지에 의하여 종료하며 신탁종료 시 수탁자는 최종계산에 의하여 수익자의 동의를 받도록 한다. 다만, 수익자에게 이미 통지한 사항은 수익자가 동의한 것으로 간주하여 최종 계산서에 이를 생략할 수 있다.

② 신탁의 원본은 제1항의 동의를 받은 후 신탁종료일의 영업 익일 이후 수익자에게 수탁자가 정하는 방법으로 신탁계약서 또는 수익권증서와 상환으로 교부한다.

제17조 (인감의 대조 및 책임)

수탁자는 수익자가 제출한 인영(또는 서명)을 기 제출된 인영(또는 서명)과 상당한 주의로서 대조하고 틀림없다고 인정되어 신탁원본 또는 신탁수익의 교부 기타 신탁사무를 처리한 때는 청구서 및 인감에 관한 위조, 변조, 도용 기타 어떠한 사고로 말미암아 손해가 발생하여도 그 책임을 지지 아니한다.

제18조 (신고사항)

① 위탁자, 수익자 또는 이들이 상속인은 다음 각 호의 경우에 수탁자에게 지체 없이 그 사실을 서면에 의하여 신고하여야 한다.

1. 신탁계약서, 수익증권증서 및 신고인감의 분실
2. 위탁자, 수익자 및 이들의 대리인 기타 신탁관계인의 사망 또는 주소, 성명, 행위능력 등의 변경을 인정하는 사항의 발생

② 제1항의 신고가 지체됨으로써 발생하는 손해에 대하여는 수탁자는 그 책임을 지지 아니한다.

③ 제1항의 신고를 게을리 하여 수탁자에게 손해가 발생하는 경우에는 위탁자와 수익자는 연대하여 그 손해를 배상하기로 한다.

제19조 (소송)

① 수탁자는 수익자로부터의 소송 수속 신청을 승낙하여 이에 응하거나 수탁자 스스로의 판단으로 소송수속을 할 수 있다.

② 제1항의 소송 인지대 및 변호사 보수 등 소송에 관한 일체는 수익자가 부담한다.

제20조 (관할법원)

이 신탁계약에 관하여 다툼이 발생한 경우에는 수탁자의 본점 소재지 지방법원을 그 관할법원으로 하기로 한다.

제21조 (기타사항)

이 계약에서 정하지 아니한 사항에 대하여서는 위탁자와 수익자가 따로 정하는 바에 의하기로 한다.

제22조 (신탁계약서의 작성)

신탁계약서는 5통을 작성하여 위탁자, 수탁자, 매수예정자가 각1통씩 보관하며 나머지는 신탁등기 시 사용한다.

년 월 일

위 탁 자

주소 :

상호 :

성명 :

수 탁 자

주소 :
상호 :
성명 :

수 익 자
주소 :
상호 :
성명 :

라. 신탁회사 변경시 지정권자 승인

법 제12조 제4항은 시행자가 필요한 경우 신탁계약을 체결하여 사업을 시행할 수 있도록 근거를 부여한 것으로(신탁회사가 신탁계약을 통해 도시개발사업을 시행할 수 수 있도록 정한 규정이 아니다) 동 조항에 따라 신탁계약을 체결하여 지정권자의 승인을 받더라도 시행자가 변경되는 것은 아니다. 따라서 신탁회사가 시행자의 지위로서 도시개발사업을 시행하는 것은 가능하지 않으며, 시행자가 지정 또는 변경은 법 제11조 및 시행령 제18조 등 정해진 절차에 따라 지정권자의 시행자 지정절차가 필요하다.45)

제 3 절 도시개발조합설립

1. 개 요

도시개발사업은 도시계획시설사업, 재개발사업과 함께 도시계획사업의 하나로서, 도시개발구역안에서 주거 · 상업 · 산업 · 유통 · 정보통신 · 생태 · 문화 · 보건 및 복지 등의 기능을 가지는 단지 또는 시가지를 조성하기 위하여 시행하는 사업이다. 이러한 도시개발사업은 토지소유자로 구성된 조합이 사업시행자이자 사업주체이다.

사업시행자인 조합을 구성하기 위해서는 이를 구성하기 전에 추진위원회를 구성하여 관할

45) 도시재생과 - 767, 2012. 5. 9.

관청의 승인을 받은 이들이 주축이 되어 창립총회를 개최하게 된다. 조합설립을 위한 창립총회에서 조합정관의 확정과 임 · 대의원을 선출하여 확정하고 동의서와 함께 이를 관할관청에 제출하여 인가를 받아야 조합이 법인격을 갖추게 된다.[46] 이로써 토지소유자 단체로서 조합은 적법하게 도시개발사업을 시행할 수 있는 법적지위를 부여받는 것이다.

2. 도시개발조합설립추진위원회

가. 의 의

조합을 설립하려면 도시개발구역의 토지소유자 7명 이상이 대통령령으로 정하는 사항을 포함한 정관을 작성하여 지정권자에게 조합 설립의 인가를 받아야 하고(법 제13조 제1항)조합설립의 인가를 신청하려면 해당 도시개발구역의 토지면적의 3분의 2 이상에 해당하는 토지소유자와 그 구역의 토지소유자 총수의 2분의 1 이상의 동의를 받아야 하는데(법 제13조 제3항) 조합설립인가를 받기 전 단계로서 조합설립인가와 관련된 준비행위를 하는 단체를 의미한다.

주택재개발, 주택재건축정비사업 등을 규율하고 있는 도시 및 주거환경정비법(이하 '도시정비법'이라 한다)의 경우 '정비사업조합을 설립하고자 하는 경우에는 위원장을 포함한 5인 이상의 위원 및 운영규정에 대한 토지등소유자 과반수의 동의를 받아 조합설립을 위한 추진위원회를 구성하여 국토교통부령으로 정하는 방법과 절차에 따라 시장 · 군수의 승인을 받아야 한다.'(도시정비법 제13조)라고 하여 법적 지위를 부여하고, 추진위원회의 기능과 조직 및 운영 등에 관하여 비교적 상세히 규율하고 있다. 그러나 도시개발법의 경우 이를 명시적으로 규율하고 있지 아니하여 도시정비법에서의 추진위원회와 같이 법률이 직접적으로 규정하고 있는 단체는 아니다. 그러나 도시개발조합설립을 준비하기 위한 단체로 사실상 활동하는 단체라 할 것이다.

나. 법적성격

도시정비법의 조합설립추진위원회의 경우 법적 성격을 비법인사단이라 할 것인데, 도시개발조합설립추진위원회의 경우 그 법적 성격이 문제된다. 결국 이는 민법상의 조합과 비법인사단의 구별기준에 따라 판단하여야 할 것이다.

---

46) 전연규 외 도시개발연구팀, 앞의 책, 413면.

민법상의 조합과 비법인사단의 구별기준(대법원 1992. 7.10. 선고 92다2431 판결)

민법상의 조합과 법인격은 없으나 사단성이 인정되는 비법인사단을 구별함에 있어서는 일반적으로 그 단체성의 강약을 기준으로 판단하여야 하는바, 조합은 2인 이상이 상호간에 금전 기타 재산 또는 노무를 출자하여 공동사업을 경영할 것을 약정하는 계약관계에 의하여 성립하므로(민법 제703조) 어느 정도 단체성에서 오는 제약을 받게 되는 것이지만 구성원의 개인성이 강하게 드러나는 인적 결합체인데 비하여 비법인사단은 구성원의 개인성과는 별개로 권리의무의 주체가 될 수 있는 독자적 존재로서의 단체적 조직을 가지는 특성이 있다 하겠는데 민법상 조합의 명칭을 가지고 있는 단체라 하더라도 고유의 목적을 가지고 사단적 성격을 가지는 규약을 만들어 이에 근거하여 의사결정기관 및 집행기관인 대표자를 두는 등의 조직을 갖추고 있고, 기관의 의결이나 업무집행방법이 다수결의 원칙에 의하여 행해지며, 구성원의 가입, 탈퇴 등으로 인한 변경에 관계없이 단체 그 자체가 존속되고, 그 조직에 의하여 대표의 방법, 총회나 이사회 등의 운영, 자본의 구성, 재산의 관리 기타 단체로서의 주요사항이 확정되어 있는 경우에는 비법인사단으로서의 실체를 가진다고 할 것이다.

다. 추진위원회의 활동

도시정비법이 추진위원회의 기능, 조직 및 운영, 업무 등에 관하여 상세히 규율(도시정비법 제14조, 제15조, 동법 시행령 제21조의2, 제22조, 제23조, 제24조, 제25조, 동법 시행규칙 제6조 등) 하고 있는 것과는 달리 도시개발법에서는 추진위원회에 관하여 명시적으로 규율하고 있지 않음은 앞에서 본바와 같다.

그러나 도시개발조합 설립에 있어서도 사실상 추진위원회는 도시조합설립을 위한 업무로서 조합설립을 위한 토지소유자들의 동의를 얻는 업무, 정관의 작성 등의 활동을 하게 된다.

라. 추진위원회의 법률관계[47)]

이는 앞에서 본 바와 같이 추진위원회의 '단체성'의 정도에 따라 민법상 조합에 불과할 경우에는 민법상 조합규정이, 비법인 사단의 정도에 이른 경우에는 규약에 정함이 있으면 그에 따르고 그렇지 아니한 경우에는 민법의 사단법인에 관한 규정이 유추적용될 수 있을 것이다. 다만, 법인격을 전제로 하는 규정은 준용되지 않는다. 이하에서는 단체성의 정도가 비법인에 이른 정도라는 전제하에 비법인 사단에 관한 법률관계를 설명한다.

47) 노재호, 민법교안 재3판, 32면.

1) 재산관계

법인이 아닌 사단의 사원이 집합체로서 물건을 소유할 때에는 총유로 한다(민법 제275조 제1항). 소유권 이외의 재산권의 경우에도 이와 같다(준총유, 민법 제278조). 총유에 관하여는 우선 정관 기타 규약에 의한다(민법 제275조 제2항). 정관 기타 규약에 정하지 않은 경우에는 총유물의 관리 및 처분은 사원 총회의 결의에 의하고 (민법 제276조 제1항) 각 사원은 정관 기타 규약에 좇아 총유물을 사용, 수익할 수 있으며, 총유물에 관한 사원의 권리 · 의무는 사원의 지위를 취득, 상실함으로써 취득, 상실된다(민법 제277조). 채무도 준총유하며 그 구성원이 개인재산으로 책임을 지지 않는다.

대법원 2003. 7.22. 선고 2002다64780 판결

[1] 주택건설촉진법상의 재건축조합[48]의 재산소유관계 및 그 재산의 관리 및 처분 방법과 재건축조합이 재건축사업의 시행을 위하여 설계용역계약을 체결하는 행위가 총유물의 관리 및 처분 행위에 해당하는지 여부(소극)

[2] 비법인사단의 대표자가 정관에 위반하여 사원총회의 결의 없이 체결한 거래행위의 효력 및 대표권 제한 사실에 대한 상대방의 악의에 관한 주장 · 입증책임의 소재(=재건축조합)

[1] 주택건설촉진법에 의하여 설립된 재건축조합은 민법상의 비법인사단에 해당하고, 총유물의 관리 및 처분에 관하여는 정관이나 규약에 정한 바가 있으면 이에 따라야 하고, 그에 관한 정관이나 규약이 없으면 사원 총회의 결의에 의하여 하는 것이므로 정관이나 규약에 정함이 없는 이상 사원총회의 결의를 거치지 않은 총유물의 관리 및 처분행위는 무효라고 할 것이나, 총유물의 관리 및 처분행위라 함은 총유물 그 자체에 관한 법률적 · 사실적 처분행위와 이용, 개량행위를 말하는 것으로서 재건축조합이 재건축사업의 시행을 위하여 설계용역계약을 체결하는 것은 단순한 채무부담행위에 불과하여 총유물 그 자체에 대한 관리 및 처분행위라고 볼 수 없다.

[2] 비법인사단의 경우에는 대표자의 대표권 제한에 관하여 등기할 방법이 없어 민법 제60조의 규정을 준용할 수 없고, 비법인사단의 대표자가 정관에서 사원총회의 결의를 거쳐야 하도록 규정한 대외적 거래행위에 관하여 이를 거치지 아니한 경우라도, 이와 같은 사원총회 결의사항은 비법인사단의 내부적 의사결정에 불과하다 할 것이므로, 그 거래 상대방이 그와 같은 대표권 제한 사실을 알았거나 알 수 있었을 경우가 아니라면 그 거래행위는 유효하다고 봄이 상당하고, 이 경우 거래의 상대방이 대표권 제한 사실을 알았거나 알 수 있었음은 이를 주장하는 비법인사단측이 주장 · 입증하여야 한다.

48) 참고로 현재에는 도시정비법의 시행으로 비법인사단인 재건축조합은 정비사업조합이라는 명칭을 사용하여야 하고 그 법적 성질은 법인이다(도시정비법 제18조).

대법원 2007. 4. 19. 선고 2004다60072, 60089 전원합의체 판결
비법인사단이 타인 간의 금전채무를 보증하는 행위를 총유물의 관리·처분행위로 볼 수 있는지 여부(소극) 및 비법인사단인 재건축조합의 조합장이 채무보증계약을 체결하면서 조합규약에서 정한 조합 임원회의 결의 등 절차를 거치지 않은 경우, 그 보증계약의 효력(원칙적 유효)

[다수의견]
민법 제275조, 제276조 제1항에서 말하는 총유물의 관리 및 처분이라 함은 총유물 그 자체에 관한 이용·개량행위나 법률적·사실적 처분행위를 의미하는 것이므로, 비법인사단이 타인 간의 금전채무를 보증하는 행위는 총유물 그 자체의 관리·처분이 따르지 아니하는 단순한 채무부담행위에 불과하여 이를 총유물의 관리·처분행위라고 볼 수는 없다. 따라서 비법인사단인 재건축조합의 조합장이 채무보증계약을 체결하면서 조합규약에서 정한 조합 임원회의 결의를 거치지 아니하였다거나 조합원총회 결의를 거치지 않았다고 하더라도 그것만으로 바로 그 보증계약이 무효라고 할 수는 없다. 다만, 이와 같은 경우에 조합 임원회의의 결의 등을 거치도록 한 조합규약은 조합장의 대표권을 제한하는 규정에 해당하는 것이므로, 거래 상대방이 그와 같은 대표권 제한 및 그 위반 사실을 알았거나 과실로 인하여 이를 알지 못한 때에는 그 거래행위가 무효로 된다고 봄이 상당하며, 이 경우 그 거래 상대방이 대표권 제한 및 그 위반 사실을 알았거나 알지 못한 데에 과실이 있다는 사정은 그 거래의 무효를 주장하는 측이 이를 주장·입증하여야 한다.

2) 외부관계

가) 대표권 제한에 관한 민법 제60조 준용여부

비법인 사단의 경우에는 대표자의 대표권 제한에 관하여 등기할 방법이 없어 민법 제60조의 규정을 준용할 수 없고, 비법인사단의 대표자가 정관 등에서 사원총회의 결의를 거쳐야 하도록 규정한 대외적 거래행위에 관하여 이를 거치지 아니한 경우라도 사원총회결의사항은 비법인사단의 내부적 의사결정에 불과하다할 것이므로 그 거래 상대방이 알았거나 알 수 있었을 경우가 아니라면 그 거래행위는 유효하다 봄이 상당하고, 이 경우 그 거래의 상대방이 대표권 제한 사실을 알았거나 알 수 있었음은 이를 주장하는 비법인 사단측이 주장, 입증하여야 할 것이다[49]

나) 법인의 불법행위능력 규정의 유추적용 여부

비법인사단의 대표자가 직무에 관하여 타인에게 손해를 가한 경우 그 사단은 민법 제35조 제1항의 유추적용에 의하여 그 손해를 배상할 책임이 있고, 비법인사단의 대표자의 행위가 대표자 개인의 사리를 도모하기 위한 것이었거나 혹은 법령의 규정에 위배된 것이었다 하더라

49) 대법원 2003. 7.22. 선고 2002다64780 판결.

도 외관상, 객관적으로 직무에 관한 행위라고 인정할 수 있다면 민법 제35조 제1항의 직무에 관한 행위에 해당한다 할 것이나, 한편 그 대표자의 행위가 직무에 관한 행위에 해당하지 아니함을 피해자 자신이 알았거나 또는 중대한 과실로 인하여 알지 못한 경우에는 비법인사단에게 손해배상책임을 물을 수 없다.

여기서 중대한 과실이라 함은, 거래의 상대방이 조금만 주의를 기울였더라면 대표자의 행위가 그 직무권한 내에서 적법하게 행하여진 것이 아니라는 사정을 알 수 있었음에도 만연히 이를 직무권한 내의 행위라고 믿음으로써 일반인에게 요구되는 주의의무에 현저히 위반하는 것으로 거의 고의에 가까운 정도의 주의를 결여하고, 공평의 관점에서 상대방을 구태여 보호할 필요가 없다고 봄이 상당하다고 인정되는 상태를 말한다.

대법원 2008. 1.18. 선고 2005다34711 판결

[1] 비법인사단의 대표자의 행위가 직무에 해당하지 아니함을 피해자가 알았거나 중대한 과실로 알지 못한 경우 비법인사단에게 손해배상책임을 물을 수 있는지 여부(소극) 및 이때 중대한 과실의 의미

[2] 부당이득반환에 있어서 이른바 운용이익의 반환범위

[3] 매매계약이 무효인 경우, 매도인이 매매대금으로 받은 금전을 정기예금에 예치하여 얻은 이자가 반환해야 할 부당이익의 범위에 포함된다고 본 사례

[1] 비법인사단의 대표자가 직무에 관하여 타인에게 손해를 가한 경우 그 사단은 민법 제35조 제1항의 유추적용에 의하여 그 손해를 배상할 책임이 있고, 비법인사단의 대표자의 행위가 대표자 개인의 사리를 도모하기 위한 것이었거나 혹은 법령의 규정에 위배된 것이었다 하더라도 외관상, 객관적으로 직무에 관한 행위라고 인정할 수 있다면 민법 제35조 제1항의 직무에 관한 행위에 해당한다 할 것이나, 한편 그 대표자의 행위가 직무에 관한 행위에 해당하지 아니함을 피해자 자신이 알았거나 또는 중대한 과실로 인하여 알지 못한 경우에는 비법인사단에게 손해배상책임을 물을 수 없다. 여기서 중대한 과실이라 함은, 거래의 상대방이 조금만 주의를 기울였더라면 대표자의 행위가 그 직무권한 내에서 적법하게 행하여진 것이 아니라는 사정을 알 수 있었음에도 만연히 이를 직무권한 내의 행위라고 믿음으로써 일반인에게 요구되는 주의의무에 현저히 위반하는 것으로 거의 고의에 가까운 정도의 주의를 결여하고, 공평의 관점에서 상대방을 구태여 보호할 필요가 없다고 봄이 상당하다고 인정되는 상태를 말한다.

[2] 부당이득반환의 경우 수익자가 반환해야 할 이득의 범위는 손실자가 입은 손해의 범위에 한정되고, 여기서 손실자의 손해는 사회통념상 손실자가 당해 재산으로부터 통상 수익할 수 있을 것으로 예상되는 이익 상당이라 할 것이며, 부당이득한 재산에 수익자의 행위가 개입되어 얻어진 이른바 운용이익의 경우, 그것이 사회통념상 수익자의 행위가 개입되지 아니하였더라도 부당이득된 재산으로부터 손실자가 통상 취득하였으리라고 생각되는 범위 내에서는 반환해야 할 이득의 범위에 포함된다.

[3] 매매계약이 무효인 경우, 매도인이 매매대금으로 받은 금전을 정기예금에 예치하여 얻은 이자가 반환해야 할 부당이익의 범위에 포함된다고 본 사례.

마. 추진위원회와 설립인가를 받은 도시개발조합과의 관계

도시정비법 제15조 제4항은 '추진위원회는 추진위원회가 행한 업무를 제24조의 규정에 의한 총회(이하 "총회"라 한다)에 보고하여야 하며, 추진위원회가 행한 업무와 관련된 권리와 의무는 조합이 포괄승계한다' 라고 규정하여 조합설립추진위원회가 행한 업무와 관련된 권리와 의무는 설립인가를 받은 조합이 포괄승계하도록 하고 있다.

그러나, 앞에서 본 바와 같이 도시개발법의 경우 추진위원회의 법적지위를 인정하고 있지 아니한 바, 추진위원회가 행한 업무와 관련된 권리, 의무가 설립인가를 받은 조합에 당연히 포괄승계되지는 않는다고 보아야 한다.

통상 조합은 창립총회를 하며 기존에 추진위원회가 행한 업무와 관련하여 '추진위원회가 행한 기 업무 추인의 건'이라고 하여 조합 총회에서 이를 의결하고 있는데, 이는 '별도의 승계행위'로 인한 권리, 의무의 승계이므로 별개의 쟁점이라 할 것이다.

3. 도시개발조합

가. 조합의 법인격

조합은 법인으로 한다(법제15조 제1항). 조합은 조합설립의 인가를 받은 날부터 30일 이내에 주된 사무소의 소재지에서 설립등기를 함으로써 성립한다. 조합이 인가를 받은 사항을 변경하려면 지정권자로부터 변경인가를 받아야 하나 대통령령으로 정하는 경미한 사항[50]을 변경하려는 경우에는 신고하기만 하면 된다.

한편, 조합에 관하여 도시개발법이 규정한 것 외에는 민법 중 사단법인에 관한 규정을 준용한다.

---

50) 도시개발법 시행령 제30조(조합설립인가사항의 경미한 변경) 법 제13조 제2항 단서에서 "대통령령으로 정하는 경미한 사항을 변경하려는 경우"란 다음 각 호의 경우를 말한다.
1. 주된 사무소의 소재지를 변경하려는 경우
2. 공고방법을 변경하려는 경우

도시개발조합은 환지방식에 의한 도시개발사업에 있어서는 원칙적으로 시행자가 된다.

나. 조합설립인가의 요건 및 절차

1) 조합설립인가의 요건

조합을 설립하려면 도시개발구역의 토지소유자 7명 이상이 대통령령으로 정하는 사항을 포함한 정관을 작성하여 지정권자에게 조합 설립의 인가를 받아야 하고(법 제13조 제1항) 조합 설립의 인가를 신청하려면 해당 도시개발구역의 토지면적의 3분의 2 이상에 해당하는 토지소유자와 그 구역의 토지소유자 총수의 2분의 1 이상의 동의를 받아야 한다(법 제13조 제3항).

2) 동의자 수의 산정방법 및 동의절차

가) 동의자 수의 산정방법 등에 관하여는 개발계획 수립 및 변경에서의 동의율 산정 규정인 시행령 제6조 제4항부터 제7항까지(제4항 제4호 및 제5호는 제외한다)의 규정을 준용한다.

(1) 동의자수 산정방법

동의자의 수를 산정하는 방법은 다음 각 호와 같다.

제1호 도시개발구역의 토지면적을 산정하는 경우 : 국공유지를 포함하여 산정할 것

제2호 토지소유권을 여러 명이 공유하는 경우 : 다른 공유자의 동의를 받은 대표 공유자 1명만을 해당 토지소유자로 볼 것. 다만, 「집합건물의 소유 및 관리에 관한 법률」 제2조 제2호에 따른 구분소유자는 각각을 토지소유자 1명으로 본다.

제3호 제11조 제2항에 따른 공람 · 공고일 후에 「집합건물의 소유 및 관리에 관한 법률」 제2조 제1호에 따른 구분소유권을 분할하게 되어 토지소유자의 수가 증가하게 된 경우 : 공람 · 공고일 전의 토지소유자의 수를 기준으로 산정하고, 증가된 토지소유자의 수는 토지소유자 총수에 추가 산입하지 말 것

(2) 국공유지 관리청의 동의

국공유지를 제외한 전체 사유 토지면적 및 토지소유자에 대하여 법 제4조 제4항에 따른 동의 요건 이상으로 동의를 받은 후에 그 토지면적 및 토지소유자의 수가 법적 동의 요건에 미달하게 된 경우에는 국공유지 관리청의 동의를 받아야 한다.

(3) 동의 및 동의철회 방법

토지소유자가 동의하거나 동의를 철회할 경우에는 국토교통부령으로 정하는 동의서 또는 동의철회서를 제출하여야 하며, 공유토지의 대표 소유자는 대표자지정 동의서와 대표 소유자 및 공유자의 신분을 증명할 수 있는 서류를 각각 첨부하여 함께 제출하여야 한다.

국토교통부 훈령 제425호(2014. 9.24 공포 · 시행) **도시개발업무지침**

1-6-1. 개발구역 안의 토지면적에 대한 동의면적을 산정함에 있어서 동의대상자는 「부동산등기법」에 따라 등기부에 등재된 토지소유자 및 지상권자로 한다.

1-6-2. 도시개발구역 안의 토지면적을 산정함에 있어서는 국공유지를 포함하여 산정한다.

1-6-3. 토지소유자에 대한 동의는 국공유지를 제외한 전체 사유토지면적 및 토지소유자에 대하여 동의요건 이상으로 동의를 받은 후 그 토지면적 및 토지소유자의 수가 법적 동의요건에 미달되는 경우에는 국공유지 관리청의 동의를 받아야 한다.

1-6-4. 지상권이 설정된 토지에 대한 동의면적을 산정함에 있어 개발구역안의 토지에 관하여 소유권 또는 지상권을 가진 자의 동의는 각각 해당 지상권이 설정된 토지면적의 2분의 1에 해당하는 토지에 대한 동의로 산정한다.

1-6-5. 도시개발구역지정제안서 · 개발계획수립 또는 변경신청서 · 시행자지정 신청서 · 조합설립인가 신청서 등이 시장 · 군수 · 구청장 또는 지정권자에게 제출되기 전에 이 법에 따른 동의대상자가 관련 동의를 철회한 경우에는 이를 동의면적 및 동의자의 수에서 제외하여야 한다. 이 경우 규칙 제7조의 규정에 따른 내용증명우편(행정청이 시행자인 경우에는 행정청에 직접 제출할 수 있다. 시행자는 제출된 동의철회서를 문서접수대장에 등재하고 지정권자에게 그 현황을 제출하여야 한다)이 시장 · 군수 · 구청장 또는 지정권자에게 접수된 날 전일까지 배달된 경우에만 철회한 것으로 본다.

1-6-6. 면적의 산정에 있어서 개발구역의 경계에 걸쳐 있는 토지는 개발구역 안의 토지만을 동의면적으로 계산하여야 한다.

1-6-7. 토지 등의 사용 또는 수용을 위한 토지소유자 동의요건 산정기준일은 도시개발구역지정 고시일을 기준으로 한다.

1-6-8. 영 제6조 제6항 및 제25조 제2항에 따른 동의서 징구 시 제출하는 신분을 증명할 수 있는 서류란 주민등록증 사본 · 여권사본 · 운전면허증 사본 등을 말한다.

나) 동의의 철회 및 조합설립에 동의한 자로부터 토지를 취득한 자의 취급

한편, 토지소유자는 조합 설립인가의 신청 전에 법 제13조 제3항에 따른 동의를 철회할 수 있는데 이 경우 그 토지소유자는 동의자 수에서 제외한다(시행령 제31조 제2항).

또한 조합 설립인가에 동의한 자로부터 토지를 취득한 자는 조합의 설립에 동의한 것으로

보되, 다만 토지를 취득한 자가 조합 설립인가 신청 전에 동의를 철회한 경우에는 그러하지 아니하다(시행령 제31조 제3항).

다) 도시정비법의 동의 요건과의 비교

도시정비법상 조합설립에 필요한 동의 요건

도시정비법

제16조 (조합의 설립인가 등) ① 주택재개발사업 및 도시환경정비사업의 추진위원회(제13조 제2항 단서 또는 같은 조 제6항에 따라 추진위원회를 구성하지 아니하는 경우에는 토지등소유자를 말한다)가 조합을 설립하려면 토지등소유자의 4분의 3 이상 및 토지면적의 2분의 1 이상(가로주택정비사업의 경우에는 토지등소유자의 10분의 8 이상 및 토지면적의 3분의 2 이상)의 토지소유자의 동의를 얻어 다음 각 호의 사항을 첨부하여 시장·군수의 인가를 받아야 하며, 인가받은 사항을 변경하고자 하는 때에도 또한 같다. 다만, 대통령령으로 정하는 경미한 사항을 변경하고자 하는 때에는 조합원의 동의없이 시장·군수에게 신고하고 변경할 수 있다.

1. 정관
2. 공사비 등 정비사업에 드는 비용(이하 "정비사업비"라 한다)과 관련된 자료 등 국토교통부령으로 정하는 서류
3. 그 밖에 시·도조례로 정하는 서류

② 주택재건축사업의 추진위원회(제13조 제6항에 따라 추진위원회를 구성하지 아니하는 경우에는 토지등소유자를 말한다)가 조합을 설립하고자 하는 때에는 「집합건물의 소유 및 관리에 관한 법률」 제47조 제1항 및 제2항에도 불구하고 주택단지 안의 공동주택의 각 동(복리시설의 경우에는 주택단지 안의 복리시설 전체를 하나의 동으로 본다)별 구분소유자의 3분의 2 이상 및 토지면적의 2분의 1 이상의 토지소유자의 동의(공동주택의 각 동별 구분소유자가 5 이하인 경우는 제외한다)와 주택단지 안의 전체 구분소유자의 4분의 3 이상 및 토지면적의 4분의 3 이상의 토지소유자의 동의를 얻어 제1항 각 호의 사항을 첨부하여 시장·군수의 인가를 받아야 한다. 인가받은 사항을 변경하고자 하는 때에도 또한 같다. 다만, 제1항 단서에 따른 경미한 사항을 변경하고자 하는 때에는 조합원의 동의없이 시장·군수에게 신고하고 변경할 수 있다.

③제2항의 규정에 불구하고 주택단지가 아닌 지역이 정비구역에 포함된 때에는 주택단지가 아닌 지역안의 토지 또는 건축물 소유자의 4분의 3 이상 및 토지면적의 3분의 2 이상의 토지소유자의 동의를 얻어야 한다.

제17조 (토지등소유자의 동의방법 등) ① 제4조의 3 제1항 제4호, 제7조 제1항, 제8조, 제13조 제2항, 제14조 제4항, 제16조 제1항부터 제3항까지, 제16조의 2 제1항, 제26조 제3항, 제28조 제7항, 제33조 제2항에 따른 동의(동의한 사항의 철회 또는 제8조 제4항 제7호·제13조 제3항 및 제26조 제3항에 따른 반대의 의사표시를 포함한다)는 서면동의서에 토지등소유자의 지장(指章)을 날인하고 자필로 서명하는 서면동의의 방법으로 하며, 주민등록증, 여권 등 신원을 확인할 수

있는 신분증명서의 사본을 첨부하여야 한다. 다만, 토지등소유자가 해외에 장기체류하거나 법인인 경우 등 불가피한 사유가 있다고 시장 · 군수가 인정하는 경우에는 토지등소유자의 인감도장을 날인한 서면동의서에 해당 인감증명서를 첨부하는 방법으로 할 수 있다.

② 제1항 및 제12조에 따른 토지등소유자의 동의자 수 산정방법 및 절차 등에 관하여 필요한 사항은 대통령령으로 정한다.

도시정비법 시행령

제28조 (토지등소유자의 동의자수 산정방법 등) ① 법 제12조 및 제17조 제1항에 따른 토지등소유자(토지면적에 관한 동의자수를 산정하는 경우에는 토지소유자를 말한다. 이하 이 조에서 같다)의 동의는 다음 각 호의 기준에 따라 산정한다.

1. 주거환경개선사업, 주택재개발사업, 도시환경정비사업, 주거환경관리사업 또는 가로주택정비사업의 경우에는 다음 각 목의 기준에 의할 것
   가. 1필지의 토지 또는 하나의 건축물이 수인의 공유에 속하는 때에는 그 수인을 대표하는 1인을 토지등소유자로 산정할 것. 다만, 도시환경정비구역의 「전통시장 및 상점가 육성을 위한 특별법」 제2조에 따른 전통시장 및 상점가로서 1필지의 토지 또는 하나의 건축물이 수인의 공유에 속하는 경우에는 해당 토지 또는 건축물의 토지등소유자의 4분의 3 이상의 동의를 받아 이를 대표하는 1인을 토지등소유자로 산정할 수 있다.
   나. 토지에 지상권이 설정되어 있는 경우 토지의 소유자와 해당 토지의 지상권자를 대표하는 1인을 토지등소유자로 산정할 것
   다. 1인이 다수 필지의 토지 또는 다수의 건축물을 소유하고 있는 경우에는 필지나 건축물의 수에 관계없이 토지등소유자를 1인으로 산정할 것. 다만, 도시환경정비사업의 경우 토지등소유자가 정비구역 지정 후에 정비사업을 목적으로 취득한 토지 또는 건축물에 대하여는 정비구역 지정 당시의 토지 또는 건축물의 소유자를 토지등소유자의 수에 포함하여 산정하되, 이 경우 동의 여부는 이를 취득한 토지등소유자에 의한다.
2. 주택재건축사업의 경우에는 다음 각 목의 기준에 따를 것
   가. 소유권 또는 구분소유권이 여러 명의 공유에 속하는 경우에는 그 여러 명을 대표하는 1명을 토지등소유자로 산정할 것
   나. 1명이 둘 이상의 소유권 또는 구분소유권을 소유하고 있는 경우에는 소유권 또는 구분소유권의 수에 관계없이 토지등소유자를 1명으로 산정할 것
3. 추진위원회 또는 조합의 설립에 동의한 자로부터 토지 또는 건축물을 취득한 자는 추진위원회 또는 조합의 설립에 동의한 것으로 볼 것
4. 토지등기부등본 · 건물등기부등본 · 토지대장 및 건축물관리대장에 소유자로 등재될 당시 주민등록번호의 기재가 없고 기재된 주소가 현재 주소와 상이한 경우로서 소재가 확인되지 아니한 자는 토지등소유자의 수에서 제외할 것
5. 국유지 · 공유지에 대해서는 그 재산관리청을 토지등소유자로 산정할 것

④ 토지등소유자는 법 제12조 및 제17조 제1항 전단의 동의(법 제8조 제4항 제7호 · 제13조 제3항

> 및 제26조 제3항에 따라 동의가 의제되는 경우를 포함한다)에 따른 인 · 허가 등의 신청 전에 동의를 철회하거나 반대의 의사표시를 할 수 있다. 다만, 법 제16조에 따른 조합설립의 인가에 대한 동의 후 제26조 제2항 각 호의 사항이 변경되지 아니한 경우로서 다음 각 호의 어느 하나에 해당하는 경우에는 철회할 수 없다.
> 1. 조합설립에 최초로 동의한 날부터 30일이 지난 경우
> 2. 제22조의 2 제1항에 따라 창립총회를 개최한 경우
>
> ⑤ 제4항에 따라 동의를 철회하거나 반대의 의사표시를 하려는 토지등소유자는 동의의 상대방 및 시장 · 군수에게 철회서에 토지등소유자의 지장(指章)을 날인하고 자필로 서명한 후 주민등록증 및 여권 등 신원을 확인할 수 있는 신분증명서 사본을 첨부하여 내용증명의 방법으로 발송하여야 한다. 이 경우 시장 · 군수가 철회서를 받은 때에는 지체 없이 동의의 상대방에게 철회서가 접수된 사실을 통지하여야 한다.
> ⑥ 제4항에 따른 동의의 철회나 반대의 의사표시는 철회서가 동의의 상대방에게 도달한 때 또는 제5항 후단에 따라 시장 · 군수가 동의의 상대방에게 철회서가 접수된 사실을 통지한 때 중 빠른 때에 효력이 발생한다.

라) 조합설립인가처분의 법적성질과 심사기준

환지방식에 의한 도시개발사업의 경우, 도시개발법상 조합설립인가처분은 조합에 대하여 도시개발사업을 시행할 수 있는 권한을 가지는 행정주체(공법인)으로서의 지위를 부여하는 설권적 처분을 갖는다고 보아야 할 것이다. 따라서 조합설립인가처분의 효력을 다투기 위해서는 항고소송인 행정소송으로 다투어야 할 것이다. 이 경우 피고는 조합설립인가처분을 한 행정청이 될 것이고, 보통 조합설립인가처분이 취소 또는 무효로 될 경우 조합은 사업을 시행할 수 있는 지위가 박탈되므로 보조참가를 하는 것이 보통이다.

참고로 도시정비법상 조합설립인가처분에 관한 판결을 소개하면 아래와 같다.

> **대법원 2010. 1.28. 선고 2009두4845 판결**
>
> [1] 구 도시 및 주거환경정비법상 재개발조합설립인가신청에 대하여 행정청의 재개발조합설립인가처분이 있은 후 조합설립동의에 하자가 있음을 이유로 재개발조합 설립의 효력을 다투기 위한 소송(=항고소송)
> [2] 구 도시 및 주거환경정비법상의 재개발조합 설립에 토지 등 소유자의 서면에 의한 동의를 요구하고 그 동의서를 재개발조합설립인가신청시 행정청에 제출하도록 하는 취지 및 재개발조합설립인가신청을 받은 행정청이 재개발조합설립인가의 요건인 토지 등 소유자의 동의 여부를 심사할 때 동의의 내용과 진정성에 관한 심사의 기준
> [3] 재개발조합의 설립추진위원회가 토지 등 소유자로부터 받아 행정청에 제출한 동의서에 구 도시 및

주거환경정비법 시행령 제26조 제1항 제1호와 제2호에 정한 '건설되는 건축물의 설계의 개요'와 '건축물의 철거 및 신축에 소요되는 비용의 개략적인 금액'에 관하여 그 내용의 기재가 누락되어 있음에도 이를 유효한 동의로 처리하여 재개발조합의 설립인가를 한 처분은 위법하고 그 하자가 중대하고 명백하여 무효라고 한 사례

[1] 재개발조합설립인가신청에 대한 행정청의 조합설립인가처분은 단순히 사인(사인)들의 조합설립행위에 대한 보충행위로서의 성질을 가지는 것이 아니라 법령상 일정한 요건을 갖추는 경우 행정주체(공법인)의 지위를 부여하는 일종의 설권적 처분의 성질을 가진다고 보아야 한다. 그러므로 구 도시 및 주거환경정비법(2007.12.21. 법률 제8785호로 개정되기 전의 것)상 재개발조합설립인가신청에 대하여 행정청의 조합설립인가처분이 있은 이후에는, 조합설립동의에 하자가 있음을 이유로 재개발조합 설립의 효력을 부정하려면 항고소송으로 조합설립인가처분의 효력을 다투어야 한다.

[2] 구 도시 및 주거환경정비법(2007.12.21. 법률 제8785호로 개정되기 전의 것)상의 재개발조합 설립에 토지 등 소유자의 서면에 의한 동의를 요구하고 그 동의서를 재개발조합설립인가신청시 행정청에 제출하도록 하는 취지는 서면에 의하여 토지 등 소유자의 동의 여부를 명확하게 함으로써 동의 여부에 관하여 발생할 수 있는 관련자들 사이의 분쟁을 미연에 방지하고 나아가 행정청으로 하여금 재개발조합설립인가신청시에 제출된 동의서에 의하여서만 동의요건의 충족 여부를 심사하도록 함으로써 동의 여부의 확인에 불필요하게 행정력이 소모되는 것을 막기 위한 데 있다. 따라서 재개발조합설립인가신청을 받은 행정청은 재개발조합설립인가의 요건인 토지 등 소유자의 동의 여부를 심사함에 있어서 무엇보다도 동의의 내용에 관하여는 동의서에 구 도시 및 주거환경정비법 시행령(2008.12.17. 대통령령 제21171호로 개정되기 전의 것) 제26조 제1항 각 호의 법정사항이 모두 포함되어 있는지를 기준으로, 동의의 진정성에 관하여는 그 동의서에 날인된 인영과 인감증명서의 인영이 동일한 것인지를 기준으로 각 심사하여야 한다. 그리고 위 기준 중 어느 하나라도 충족하지 못하는 동의서에 대하여는 이를 무효로 처리하여야 하고, 임의로 이를 유효한 동의로 처리할 수는 없다.

[3] 재개발조합의 설립추진위원회가 토지 등 소유자로부터 받아 행정청에 제출한 동의서에 구 도시 및 주거환경정비법 시행령(2008.12.17. 대통령령 제21171호로 개정되기 전의 것) 제26조 제1항 제1호와 제2호에 정한 '건설되는 건축물의 설계의 개요'와 '건축물의 철거 및 신축에 소요되는 비용의 개략적인 금액'에 관하여 그 내용의 기재가 누락되어 있음에도 이를 유효한 동의로 처리하여 재개발조합의 설립인가를 한 처분은 위법하고 그 하자가 중대하고 명백하여 무효라고 한 사례.

대법원 2012.10.25. 선고 2010두25107 판결

[1] 행정청이 주택재건축사업조합 설립인가처분을 한 후 구 도시 및 주거환경정비법 시행령 제27조 각 호에서 정하는 경미한 사항의 변경에 대하여 조합설립 변경인가 형식으로 처분을 한 경우, 당초 조합설립인가처분을 다툴 소의 이익이 소멸하는지 여부(소극)

[2] 주택재건축사업조합이 새로 조합설립인가처분을 받는 것과 동일한 요건과 절차를 거쳐 조합설립변경

인가처분을 받는 경우, 당초 조합설립인가처분의 무효확인을 구할 소의 이익이 소멸하는지 여부(원칙적 소극)

[3] 구 도시 및 주거환경정비법 제16조 제3항에서 정한 '토지 또는 건축물 소유자'의 의미

[4] 관할 행정청이 구 도시 및 주거환경정비법 제16조 제3항에서 정한 동의요건 중 '토지 또는 건축물 소유자의 5분의 4 이상'의 의미를 잘못 해석하여 요건을 충족하지 못한 주택재건축사업 추진위원회의 조합설립인가신청에 대하여 조합설립인가처분을 한 사안에서, 위 처분은 하자가 중대하지만 객관적으로 명백하다고 할 수 없어 당연무효라고 볼 수는 없다는 이유로, 이와 달리 본 원심판결에 법리오해의 위법이 있다고 한 사례

[1] 재건축조합설립인가신청에 대한 행정청의 조합설립인가처분은 법령상 일정한 요건을 갖출 경우 주택재건축사업의 추진위원회에게 행정주체로서의 지위를 부여하는 일종의 설권적 처분의 성격을 가지고 있고, 구 도시 및 주거환경정비법(2009. 2. 6. 법률 제9444호로 개정되기 전의 것) 제16조 제2항은 조합설립인가처분의 내용을 변경하는 변경인가처분을 할 때에는 조합설립인가처분과 동일한 요건과 절차를 거칠 것을 요구하고 있다. 그런데 조합설립인가처분과 동일한 요건과 절차가 요구되지 않는 구 도시 및 주거환경정비법 시행령(2008.12.17. 대통령령 제21171호로 개정되기 전의 것) 제27조 각 호에서 정하는 경미한 사항의 변경에 대하여 행정청이 조합설립의 변경인가라는 형식으로 처분을 하였다고 하더라도, 그 성질은 당초의 조합설립인가처분과는 별개로 위 조항에서 정한 경미한 사항의 변경에 대한 신고를 수리하는 의미에 불과한 것으로 보아야 하므로, 경미한 사항의 변경에 대한 신고를 수리하는 의미에 불과한 변경인가처분이 있다고 하더라도 설권적 처분인 조합설립인가처분을 다툴 소의 이익이 소멸된다고 볼 수는 없다.

[2] 주택재건축사업조합이 새로 조합설립인가처분을 받는 것과 동일한 요건과 절차를 거쳐 조합설립변경인가처분을 받는 경우 당초 조합설립인가처분의 유효를 전제로 당해 주택재건축사업조합이 매도청구권 행사, 시공자 선정에 관한 총회 결의, 사업시행계획의 수립, 관리처분계획의 수립 등과 같은 후속 행위를 하였다면 당초 조합설립인가처분이 무효로 확인되거나 취소될 경우 그것이 유효하게 존재하는 것을 전제로 이루어진 위와 같은 후속 행위 역시 소급하여 효력을 상실하게 되므로, 특별한 사정이 없으면 위와 같은 형태의 조합설립변경인가가 있다고 하여 당초 조합설립인가처분의 무효확인을 구할 소의 이익이 소멸된다고 볼 수는 없다.

[3] 구 도시 및 주거환경정비법(2007.12.21. 법률 제8785호로 개정되기 전의 것, 이하 '개정 전 도시정비법'이라고 한다)은 제2조 제9호 (나)목에서, 주택재건축사업의 '토지등소유자'는 '정비구역 안에 소재한 건축물 및 그 부속토지의 소유자, 정비구역이 아닌 구역 안에 소재한 대통령령이 정하는 주택 및 부속토지의 소유자와 부대·복리시설 및 그 부속토지의 소유자'를 의미한다고 규정함으로써 토지와 건축물을 모두 소유하는 '토지등소유자'를 '토지 또는 건축물의 소유자'와 구별하고 있는데 제16조 제3항은 명시적으로 '토지 또는 건축물 소유자의 5분의 4 이상'이라고 규정하고 있는 점, 토지만을 소유한 자 또는 건축물만을 소유한 자는 비록 주택재건축사업에서 조합원이 될 수 없다고 하더라도[개정 전 도시정비법 제2조 제9호 (나)목, 제19조 제1항] 그 소유의 토지 또는 건축물은 매도청구의 대상이 될 수 있으므로(개정 전 도시정비법 제39조) 재건축조합의 설립에

중대한 이해관계가 있는 점 등 여러 사정을 종합하면, 개정 전 도시정비법 제16조 제3항에서 정한 '토지 또는 건축물 소유자'는 정비구역 안의 토지 및 건축물의 소유자뿐만 아니라 토지만을 소유한 자, 건축물만을 소유한 자 모두를 포함하는 의미라고 해석하는 것이 옳다.

[4] 관할 행정청이 구 도시 및 주거환경정비법(2007.12.21. 법률 제8785호로 개정되기 전의 것, 이하 '개정 전 도시정비법'이라고 한다) 제16조 제3항에서 정한 동의요건 중 '토지 또는 건축물 소유자의 5분의 4 이상'을 '토지소유자의 5분의 4 이상' 또는 '건축물 소유자의 5분의 4 이상' 중 어느 하나의 요건만 충족하면 된다고 잘못 해석하여 요건을 충족하지 못한 주택재건축사업 추진위원회의 조합설립인가신청에 대하여 조합설립인가처분을 한 사안에서, 위 처분은 개정 전 도시정비법 제16조 제3항에서 정한 동의요건을 충족하지 못하여 위법할 뿐만 아니라 하자가 중대하다고 볼 수 있으나, '토지 또는 건축물 소유자의 5분의 4 이상'의 문언적 의미가 명확한 것은 아니고 다의적으로 해석될 여지가 충분히 있는 점 등을 종합하면, 조합설립인가처분 당시 주택단지가 전혀 포함되어 있지 않은 정비구역에 대한 재건축사업조합의 설립인가처분을 하기 위해서는 '토지 및 건축물 소유자, 토지소유자, 건축물 소유자' 모두의 5분의 4 이상의 동의를 얻어야 한다는 점이 객관적으로 명백하였다고 할 수 없어 위 조합설립인가처분이 당연무효라고 볼 수는 없다는 이유로, 이와 달리 본 원심판결에 법리오해의 위법이 있다고 한 사례.

대법원 2012. 3.29. 선고 2008다95885 판결

[1] 도시 및 주거환경정비법상 주택재개발사업조합의 조합설립인가처분이 법원의 재판에 의하여 취소된 경우, 주택재개발사업조합이 조합설립인가처분 취소 전에 도시 및 주거환경정비법상 적법한 행정주체 또는 사업시행자로서 한 결의 등 처분이 소급하여 효력을 상실하는지 여부(원칙적 적극) 및 이때 종전 결의 등 처분의 법률효과를 다투는 소송의 당사자지위까지 함께 소멸하는지 여부(소극)

[2] 갑 주택재개발정비사업조합설립 추진위원회가 주민총회에서 주택재개발정비사업의 시공자로 을 주식회사를 선정하는 결의를 하였고, 조합설립인가처분 후 갑 주택재개발정비사업조합이 조합총회에서 을 회사를 시공자로 선정(추인)하는 결의를 하였는데, 위 각 결의의 무효확인을 구하는 소송 계속 중에 갑 조합에 대한 조합설립인가처분을 취소하는 내용의 대법원판결이 선고된 사안에서, 갑 조합의 조합설립인가처분 취소 전에 이루어진 결의는 소급하여 효력을 상실하였고, 추진위원회의 시공자 선정 결의도 무효라고 보아, 원심판결을 파기하고 자판한 사례

[1] 도시 및 주거환경정비법(이하 '도시정비법'이라고 한다)상 주택재개발사업조합의 조합설립인가처분이 법원의 재판에 의하여 취소된 경우 그 조합설립인가처분은 소급하여 효력을 상실하고, 이에 따라 당해 주택재개발사업조합 역시 조합설립인가처분 당시로 소급하여 도시정비법상 주택재개발사업을 시행할 수 있는 행정주체인 공법인으로서의 지위를 상실하므로, 당해 주택재개발사업조합이 조합설립인가처분 취소 전에 도시정비법상 적법한 행정주체 또는 사업시행자로서 한 결의 등 처분은 달리 특별한 사정이 없는 한 소급하여 효력을 상실한다고 보아야 한다. 다만 그 효력 상실로 인한 잔존사무의 처리와 같은 업무는 여전히 수행되어야 하므로, 종전에 결의 등 처분의 법률효과를 다투는 소송에서의 당사자지위까지 함께 소멸한다고 할 수는 없다.

[2] 갑 주택재개발정비사업조합설립 추진위원회가 주민총회를 개최하여 주택재개발정비사업의 시공자로 을 주식회사를 선정하는 결의(이하 '제1결의'라고 한다)를 하였고, 조합설립인가처분 후 갑 주택재개발정비사업조합이 조합총회를 개최하여 을 회사를 시공자로 선정(추인)하는 결의(이하 '제2결의'라고 한다)를 하였는데, 위 각 결의의 무효확인을 구하는 소송 계속 중에 갑 조합에 대한 조합설립인가처분을 취소하는 내용의 대법원판결이 선고된 사안에서, 갑 조합에 대한 조합설립인가처분은 법원의 재판에 의한 취소로 소급하여 효력을 상실하였고, 갑 조합 역시 조합설립인가처분 당시로 소급하여 도시 및 주거환경정비법(이하 '도시정비법'이라고 한다)상 주택재개발사업을 시행할 수 있는 행정주체인 공법인으로서 지위를 상실하였으므로, 갑 조합이 조합설립인가처분 취소 전에 도시정비법상 적법한 사업시행자임을 전제로 개최한 조합총회에서 이루어진 제2결의는 소급하여 효력을 상실하였고, 한편 시공자 선정은 추진위원회 또는 추진위원회가 개최한 주민총회의 권한범위에 속하는 사항이 아니라 조합총회의 고유권한이므로, 추진위원회가 개최한 주민총회에서 주택재개발사업의 시공자를 선정한 제1결의도 무효라고 보아, 원심판결을 파기하고 자판한 사례.

대법원 2014. 4.24. 선고 2012두21437 판결

구 도시 및 주거환경정비법상 재개발조합설립인가를 위한 동의 정족수를 판단하는 기준 시기(=재개발조합설립인가신청 시)

구 도시 및 주거환경정비법(2012. 2. 1. 법률 제11293호로 개정되기 전의 것)상의 재개발조합설립에 토지등소유자의 서면에 의한 동의를 요구하고 동의서를 재개발조합설립인가신청 시 행정청에 제출하도록 하는 취지는 서면에 의하여 토지등소유자의 동의 여부를 명확하게 함으로써 동의 여부에 관하여 발생할 수 있는 관련자들 사이의 분쟁을 사전에 방지하고 나아가 행정청으로 하여금 재개발조합설립인가신청 시에 제출된 동의서에 의하여서만 동의요건의 충족 여부를 심사하도록 함으로써 동의 여부의 확인에 행정력이 소모되는 것을 막기 위한 데 있는 점, 구 도시 및 주거환경정비법 시행령(2012. 7.31. 대통령령 제24007호로 개정되기 전의 것) 제28조 제4항에서 토지등소유자는 '인가신청 전'에 동의를 철회하거나 반대의 의사표시를 할 수 있도록 규정하는 한편, 조합설립의 인가에 대한 동의 후에는 위 시행령 제26조 제2항 각 호의 사항이 변경되지 않으면 조합설립의 '인가신청 전'이라고 하더라도 동의를 철회할 수 없도록 규정하여 '인가신청 시'를 기준으로 동의 여부를 결정하도록 하고 있는 점, 인가신청 후 처분 사이의 기간에도 토지등소유자는 언제든지 자신의 토지 및 건축물 등을 처분하거나 분할, 합병하는 것이 가능한데, 대규모 지역의 주택재개발사업에 대한 조합설립인가신청의 경우 행정청이 처분일을 기준으로 다시 일일이 소유관계를 확인하여 정족수를 판단하기는 현실적으로 어려울 뿐만 아니라 처분시점이 언제이냐에 따라 동의율이 달라질 수 있는 점, 만일 처분일을 기준으로 동의율을 산정하면 인가신청 후에도 소유권변동을 통하여 의도적으로 동의율을 조작하는 것이 가능하게 되어 재개발사업과 관련한 비리나 분쟁이 양산될 우려가 있는 점 등을 종합적으로 고려하면, 조합설립인가를 위한 동의 정족수는 재개발조합설립인가신청 시를 기준으로 판단해야 한다.

■ 도시개발법 시행규칙 [별지 제13호의2 서식] 〈개정 2017. 12. 29.〉

조합 설립 인가 신청 동의서

※ 색상이 어두운 란은 동의자가 작성하지 않습니다.

접수번호		접수 일자
동의자	성명(법인의 명칭 및 대표자 성명)	생년월일(법인등록번호)
	주소	전화번호

본인은 「도시개발법」 제13조제3항에 따른 조합설립(조합설립 인가 과정에서 지정권자의 보완 요구에 따라 정관이 변경되는 경우를 포함합니다)에 동의합니다.

년 월 일

동의자 (서명 또는 인)

(○○ 도시개발사업 조합설립 인가 신청자) 귀하

동의자 소유 토지 현황				
번호	지번	지목	면적(㎡)	비고
1				
2				
3				
4				

첨부서류: 신분을 증명하는 문서사본 1부.

유의사항
소유 토지 작성란이 부족한 경우에는 별지에 적고 간인(間印)을 하여야 합니다.

210㎜×297㎜[백상지(80g/㎡) 또는 중질지(80g/㎡)]

■ 도시개발법 시행규칙 [별지 제6호 서식] 〈개정 2017. 12. 29.〉

동의철회서

※ 색상이 어두운 란은 동의 철회자가 작성하지 않습니다.

접수번호		접수 일자
동의자	성명(법인의 명칭 및 대표자 성명)	생년월일(법인등록번호)
	주소	전화번호
동의의 철회내용	*(동의 철회자 자필로 기재)*	

본인은 위 동의의 철회내용에 기재한 것과 같이 이전에 동의하였던 것을 철회합니다.

년 월 일

동의 철회자 (서명 또는 인)

시행자 또는 시행예정자	성명(법인의 명칭 및 대표자 성명)	
	생년월일 (법인등록번호)	
	주소	
	전화번호	

귀하

동의 철회자 소유 토지 현황				
번호	지번	지목	면적(㎡)	비고
1				
2				
3				

첨부서류: 신분을 증명하는 문서사본 1부.

유의사항

1. 귀하(란) 앞에는 동의철회자가 철회하려는 동의서를 제출한 상대방을 적어야 합니다.
2. 소유 토지 작성란이 부족한 경우에는 별지에 적고 간인(間印)을 하여야 합니다.

210㎜×297㎜[백상지(80g/㎡) 또는 중질지(80g/㎡)]

■ 도시개발법 시행규칙 [별지 제7호 서식] 〈개정 2017. 12. 29.〉

대표자 지정 동의서

여러 명이 공유한 토지 현황

토지위치 (지번)						
지목		면적	구분	성명	지분	면적(㎡)
			1			
			2			
			3			
			4			

본인은 위 토지의 공유자로서 「도시개발법 시행령」 제6조제6항 및 제25조제2항에 따라 아래의 자를 대표 소유자로 지정하고, 대표 소유자가 ○○ 도시개발사업과 관련한 토지 소유자로서 환지방식 개발계획, 시행자 지정, 구역지정 제안, 조합 설립 인가 및 토지 사용 · 수용 등에 대한 동의권(조합원의 의결권을 포함합니다)을 행사하는 것에 대하여 동의합니다.

년 월 일

대표 소유자(선임 수락자)	성명: (서명 또는 인) 생년월일: 전화번호:
위임자(동의자)	성명: (서명 또는 인) 생년월일: 전화번호:
위임자(동의자)	성명: (서명 또는 인) 생년월일: 전화번호:
위임자(동의자)	성명: (서명 또는 인) 생년월일: 전화번호:

첨부서류: 대표 소유자 및 위임자의 신분을 증명하는 문서사본 각 1부.

유의사항

소유 토지 작성란이 부족한 경우에는 별지에 적고 간인(間印)을 하여야 합니다.

210㎜×297㎜[백상지(80g/㎡) 또는 중질지(80g/㎡)]

다. 정관의 작성

1) 의 의

조합이 도시개발사업을 추진하기 위해서는 조합의 운영, 결의 방법, 조합원의 권리 · 의무에 관한 사항 등의 기본적 규칙을 규정할 필요가 있는데 이를 정관이라 한다.

조합을 설립하려면 도시개발구역의 토지소유자 7명 이상이 대통령령으로 정하는 사항을 포함한 정관을 작성하여 지정권자에게 조합 설립의 인가를 받아야 하므로(법 제13조 제1항) 조합 정관은 조합설립인가를 받기 위하여 반드시 작성하여야 할 것 중 하나라 할 수 있다.

2) 정관에 포함되어야 할 사항

도시개발법 시행령

제29조 (정관의 기재사항) ① 법 제13조 제1항에 따라 도시개발구역의 토지소유자들이 도시개발사업을 위하여 설립한 조합(이하 "조합"이라 한다)이 작성하는 정관에는 다음 각 호의 사항이 포함되어야 한다.

1. 도시개발사업의 명칭
2. 조합의 명칭
3. 사업목적
4. 도시개발구역의 면적
5. 사업의 범위 및 사업기간
6. 주된 사무소의 소재지
7. 임원의 자격 · 수 · 임기 · 직무 및 선임방법
8. 회의에 관한 사항
9. 총회의 구성, 기능, 의결권의 행사방법, 그 밖에 회의운영에 관한 사항
10. 대의원회 또는 이사회를 두는 경우에는 그 구성, 기능, 의결권의 행사방법, 그 밖에 회의운영에 관한 사항
11. 비용부담에 관한 사항
12. 회계 및 계약에 관한 사항
13. 공공시설용지의 부담에 관한 사항
14. 공고의 방법
15. 토지평가협의회의 구성 및 운영에 관한 사항
16. 토지등 가액 평가방법에 관한 사항
17. 환지계획 및 환지예정지의 지정에 관한 사항
18. 보류지 및 체비지의 관리 · 처분에 관한 사항

19. 청산에 관한 사항
20. 건축물을 설치하는 경우에는 당해 건축물의 관리 및 처분에 관한 사항
21. 토지에 대한 소유권의 변동 등 시행자에게 통보하여야 할 사항
22. 그 밖에 국토교통부령으로 정하는 사항

② 조합의 정관작성에 관한 세부적인 기준은 특별시 · 광역시 · 도 또는 특별자치도(이하 "시 · 도"라 한다)의 조례로 정할 수 있다.

3) 정관의 효력

사단법인의 정관은 이를 작성한 사원뿐만 아니라 그 후에 가입한 사원이나 사단법인의 기관 등도 구속하는 점에 비추어 보면 그 법적 성질은 계약이 아니라 자치법규로 보는 것이 타당하므로, 이는 어디까지나 객관적인 기준에 따라 그 규범적인 의미 내용을 확정하는 법규해석의 방법으로 해석되어야 하는 것이지, 작성자의 주관이나 해석 당시의 사원의 다수결에 의한 방법으로 자의적으로 해석될 수는 없다. 따라서 어느 시점의 사단법인의 사원들이 정관의 규범적인 의미 내용과 다른 해석을 사원총회의 결의라는 방법으로 표명하였다 하더라도 그 결의에 의한 해석은 그 사단법인의 구성원인 사원들이나 법원을 구속하는 효력이 없다 할 것이다(대법원 2000.11.24. 선고 99다12437 판결 등).

따라서 구체적 조항이 강행규정에 위반하는 것이 아닌 한 조합과 조합원에게 우선 적용되는 자치법규라 할 것이다.

4) 조합 정관의 예

제1장 총 칙

제1조 (사업목적) 이 정관은 도시개발법의 규정에 의한 환지방식으로 시행하는 OOOOO 지구 도시개발사업의 조합구성과 운영 등에 관하여 필요한 사항을 정함으로서 본 사업의 원활한 추진과 쾌적한 도시환경의 조성에 기여함을 사업목적으로 한다.

제2조 (도시개발사업의 명칭) 본 도시개발사업의 명칭은 "OOOOO지구도시개발사업" (이하 "사업"이라 한다)이라 한다.

제3조 (조합의 명칭) 본 조합의 명칭은 "OOOOO지구 도시개발사업조합" (이하 "조합"이라 한다)이라 한다.

제4조 (도시개발구역의 면적) 도시개발구역의 면적은 도시개발법(이하 "법"이라 한다) 제9조의 규정에 의하여 고시된 면적으로 한다. 다만, 부득이한 사유로 인하여 면적의 증 · 감이 발생하여

변경승인 및 인가를 받은 경우에는 그 면적으로 한다.

제5조 (사업의 범위 및 사업기간) ① 본 사업의 범위는 OOOOO지구 도시개발사업구역(이하 "도시개발구역"이라 한다)을 대상으로 한다.

② 본 사업의 시행기간은 조합설립인가일로부터 청산일까지로 한다.

제6조 (사무소의 소재지) 조합의 사무소는 ***** 지역에 소재하는 것으로 하되, 가급적 사업구역 인접지역에 둔다.

제7조 (설립등기) 조합은 법 제13조의 규정에 의한 조합설립의 인가를 받은 날부터 30일이내에 그 주된 사무소의 소재지에서 설립등기를 하여야 한다.

제8조 (조합원) 조합의 조합원은 법 제14조의 규정에 의하여 OOOOO지구 도시개발구역안의 토지소유자로 한다.

제9조 (조합원의 권리 · 의무 등) ① 조합원은 보유토지의 면적에 관계없이 평등한 의결권을 갖는다.

② 의결권을 갖는 조합원은 다음과 같다.

1. 도시개발구역 공람 · 공고일(2008.12.15) 이전에 소유한 토지는 등기부등본상 토지소유자
2. 도시개발구역 공람 · 공고일 이후에 소유한 토지는 그 소유자. 다만, 수인이 공유하게 된 경우에는 그 수인을 대표하는 1인이 의결권을 갖는다.
3. "집합건물의 소유 및 관리에 관한 법률" 제2조 제2호에 따른 구분 소유자. 다만, 도시개발구역 공람 · 공고일 후에 구분소유권을 공유하게 된 경우에는 그 수인을 대표하는 1인이 의결권을 갖는다.

③ 의결권을 가진 조합원은 권한의 대리행사는 원칙적으로 인정하지 아니하나 그 조합원이 부득이한 사유로 별도의 대리인을 정하여 위임장을 제출하는 경우에는 그 권한을 대리할 수 있다. 이 경우 조합원의 자격은 변동되지 아니한다.

④ 조합원이 자신의 토지소유권을 제3자에게 양도하거나, 상속 · 증여 및 판결 등으로 인하여 조합원의 권리가 이전된 때에는 조합원의 권리를 취득 한 자로 조합원이 변경된 것으로 보며, 권리를 양수받은 자는 조합원의 권리와 의무 및 종전의 권리자가 행하였거나 조합이 종전의 권리자에게 행한 처분, 청산시 권리 · 의무에 관한 범위 등을 포괄 승계한다.

⑤ 조합원은 권리자 명부의 기재사항이 변경되었거나 주소 또는 거소를 이전한 경우에는 지체없이 이를 조합에 신고하여야 한다.

⑥ 조합원은 정관이 정하는 바에 따라 조합의 운영 및 당해 사업에 필요한 경비를 부담하여야 하고 원활한 도시개발사업의 진행을 위하여 철거 및 이주의무와 의결사항 준수의무를 다한다.

⑦ 조합원은 조합이 도시개발사업의 시행에 필요한 서류를 요구할 경우에는 이를 제출할 의무가 있으며, 조합의 승낙이 없는 한 이를 회수할 수 없다.

제10조 (조합의 합병 및 해산) 조합을 합병 또는 해산하고자 할 때에는 총회의 의결을 거쳐야 한다. 다만, 법 제46조에 따른 청산금의 징수 · 교부를 완료한 후에 조합을 해산하는 경우는

제외한다.

제11조 (사업비용) ① 본 사업에 소요되는 사업비는 체비지 매각수입금, 징수청산금, 보조금, 기타 잡수입 등으로 충당한다.

② 조합은 본 사업에 필요한 자금을 조합원 등으로부터 사전에 차입할 수 있다.

③ 조합은 제1항 및 제2항의 규정에 의하여 사전에 투자받은 투자비용을 투자한 조합원 등에게 반환할 의무를 가진다.

④ 투자비용의 반환은 현금지급을 원칙으로 하며, 이 경우 원금과 이자를 함께 반환하여야 한다. 다만, 투자한 조합원 등이 요구하는 경우에는 투자비용의 반환을 체비지 등으로 우선 반환할 수 있다.

⑤ 제4항의 경우, 이자의 산정은 반환일 현재 시중은행 일반대출 평균 이자율 이상으로 하되, 조합과 투자한 조합원 등의 협의에 따라 조정할 수 있다.

⑥ OOOOO지구 도시개발사업추진위원회 또는 OOOOO지구 도시개발사업조합(가칭 "조합")이 조합설립등기일 이전에 구역지정 등의 행위를 함으로서 제반 비용을 지출한 경우에는 이를 조합이 행한 것으로 본다.

제12조 (통지의 방법) ① 조합은 조합원의 권리 또는 의무에 관한 사항 등을 조합원에게 성실히 통지하여야 한다.

② 제1항의 규정에 의한 통지는 다음 각 호에 의한 고지·공고로 한다.

1. 고지는 우편과 등기우편으로 한다. 다만, 우편물이 주소·거소 불명, 수취거절 등의 사유로 반송되었을 때에는 등기우편으로 1회 이상 추가로 발송한다.
2. 공고는 풍무동 동사무소 또는 조합의 게시판에 14일 이상 게시하며, 조합원이 열람할 수 있도록 관련서류와 도면 등을 조합사무실에 1개월 이상 비치하여야 한다.
3. 조합원에 대한 통지 또는 최고는 공부상의 권리자 명부에 기재된 주소 또는 거소로 하고 조합원이 따로 연락처를 신고한 경우에는 그에 따른다.

③ 조합원에게 공고해야 할 사항은 다음 각 호에 의한다.

1. 총회 개최사항에 관한 사항
2. 환지예정지의 공람에 관한 사항
3. 환지처분의 공고에 관한 사항
4. 환지계획의 인가에 관한 사항
5. 개발계획 및 실시계획의 변경에 관한 사항
6. 실시계획의 고시에 따른 열람·공고에 관한 사항
7. 지장물 등의 이전 및 제거에 관한 사항
8. 공사완료 공고에 관한 사항
9. 기타 조합장이 필요로 하는 사항 등

제2장 임원 및 총회

제13조 (조합의 임원) 조합에는 다음 각 호의 임원을 둔다.

1. 조합장 1인
2. 이 사 11인 이내
3. 감 사 1인

제14조 (임원 및 대의원의 선출) ① 조합장은 조합원 중에서 조합원 10인 이상의 추천을 받은 자 중에서 총회에서 의결권을 가진 조합원 과반수의 출석과 출석조합원 과반수의 찬성으로 선출한다.

② 이사는 의결권을 가진 조합원 중에서 조합장이 추천하여 총회에서 선임한다. 이사의 보궐은 결원이 생긴 날부터 30일 이내에 조합장이 선임하되, 차기 총회의 동의를 얻는다.

③ 감사는 의결권을 가진 조합원 중에서 조합원 7인 이상의 추천을 받은 자 중에서 총회에서 다수득표를 얻은 자로 선출한다. 감사의 보궐은 결원이 생긴 날부터 30일 이내에 대의원회에서 선임하되, 차기 총회의 동의를 얻어야 한다.

④ 임원의 선출에 있어서 투표결과 득표가 동일할 경우에는 재투표를 실시한다.

⑤ 대의원은 의결권을 가진 조합원 총수의 100분의 10 이상에 해당하는 수만큼 조합장이 선임하여 개별통지한다. 대의원의 결원으로 대의원 수가 의결권을 가진 조합원 총수의 100분의 10에 미달되는 경우에는 미달이 생긴 날부터 30일 이내에 조합장이 선임하여 통보한다.

제15조 (임원 및 대의원의 자격) ① 다음 각 호에 해당하는 자는 조합의 임원 및 대의원이 될 수 없다.

1. 금치산자. 한정치산자 또는 미성년자
2. 파산선고를 받은 자로서 복권되지 아니한 자
3. 금고 이상의 형을 선고받고 그 집행이 종료되거나 집행을 받지 아니하기로 확정된 후 2년이 경과되지 아니한 자 또는 그 형의 집행유예의 기간 중에 있는 자

② 조합의 임원 및 대의원으로 선임된 자가 제1항 각호에 해당하게 된 때에는 그 다음 날부터 자격을 상실한다.

제16조 (임기) ① 임원 및 대의원의 임기는 2년으로 하되, 연임할 수 있다. 다만, 창립총회에서 선출된 임원 및 대의원의 임기는 차기 정기총회까지로 한다.

② 보궐 임원 및 대의원의 임기는 전임자의 잔임기간으로 하고, 사업기간의 연장으로 인한 기간은 전임자가 그 임기를 계속할 수 있다.

③ 임원 및 대의원은 임기 중에라도 조합의 명예를 손상시키거나 본 정관을 성실히 준수하지 않을 때에는 총회에서 해임할 수 있다. 다만, 대의원이 이에 해당될 때에는 조합장이 해임할 수 있다.

④ 임원 및 대의원의 원에 의한 사직은 조합장이 이를 처리한다.

제17조 (임원의 해임 등) ① 조합장 및 임원이 직무유기 및 태만 또는 관계법령 및 이 정관에 위반하여 조합에 손실을 초래한 경우에는 해임할 수 있다. 다만, 원에 의해 사임하는 임원에 대해서는 해임의 절차 없이 그 자격을 상실한다.

② 조합장 및 임원의 해임은 의결권을 가진 조합원 10분지 1 이상 또는 대의원 3분의 2 이상의

발의로 소집된 총회에서 재적조합원 과반수의 출석과 출석조합원 과반수의 동의를 얻어 해임할 수 있으며, 이 경우 발의자 대표가 의장이 된다.

③ 제1항 및 제2항의 규정에 의하여 사임하거나 해임되는 임원이, 새로운 임원이 선임될 때까지 직무를 수행하는 것이 적합하지 아니하다고 인정될 때에는 대의원회의 의결에 따라 그 직무를 정지하고 조합장에게 임원의 직무를 수행할 자를 지체 없이 선임하도록 요청할 수 있다.

제18조 (임원의 직무 등) ① 조합장은 조합을 대표하고 그 사무를 총괄하며 총회 · 이사회 및 대의원회의 의장이 된다. 다만, 조합장의 사임 · 퇴임을 비롯한 유고시에는 이사회의 의결에 따라 이사 중에서 그 직무를 대신할 자를 선임한다.

② 이사는 조합의 업무와 사무를 분담하여, 총회 및 대의원회의 의결사항을 수임 집행한다.

③ 감사는 조합의 사무와 재정 및 회계에 관한 사항을 감사한다.

④ 조합장 또는 이사가 자기를 위한 조합과의 계약이나 소송에 관하여는 감사가 조합을 대표한다.

⑤ 조합의 임원은 같은 목적의 사업을 하는 다른 조합의 임원 또는 직원을 겸할 수 없다.

제19조 (총회) ① 조합에는 의결권을 가진 조합원 전원으로 구성하는 총회를 둔다.

② 총회는 창립총회, 정기총회, 임시총회로 구분하며 조합장이 소집, 개최한다. 다만, 창립총회는 도시개발사업 추진위원회 위원장 또는 그 직무를 대행하는 자가 소집, 개최한다.

③ 정기총회는 매년1회 개최하되, 그 개최시기는 이사회에서 정한다.

④ 조합장은 대의원의 2/3이상 또는 의결권을 가진 재적조합원 1/5 이상이 임시총회의 소집요구가 있는 경우에는 30일 이내에 임시총회를 개최하여야 한다. 이 경우 조합장이 10일 이내에 임시총회 소집요구에 응하지 않을 때에는 의결권을 가진 조합원 공동명의로 임시총회를 소집할 수 있으며, 이 경우의 임시총회의 의장은 총회 소집을 요구한 대표자로 한다.

⑤ 총회를 개최하거나 개최일시를 변경하는 경우에는 총회의 목적 · 일시 · 장소 · 안건 및 변경사유 등에 관하여 미리 이사회의 의결을 거쳐야 한다. 다만, 제4항 규정에 의하여 총회를 소집하는 경우에는 그러하지 아니한다.

⑥ 제1항 및 제2항의 규정에 의하여 총회를 소집하는 경우에는 조합원에게 회의개최 7일전까지 이를 통지하여야 하며, 회의개최 14일 전까지 총회의 목적 · 일시 · 장소 및 안건 등을 조합사무소의 게시판에 게시하고, 이를 일간신문에 공고하여야 한다.

⑦ 조합원은 총회 또는 공람 등에 있어 필요한 경우에는 제9조 제3항의 규정에 따라 본인이 지정하는 대리인에게 서면으로 대리권을 행사하게 하거나 서면 또는 대리인을 통하여 의결권을 행사할 수 있다.

제20조 (총회의 의결사항) 다음 각 호의 사항은 총회의 의결을 거쳐야 한다. 다만, 총회의 의결사항의 일부는 정관이 정하는 바에 따라 대의원회에 위임할 수 있다.

1. 정관의 변경
2. 개발계획 및 실시계획의 수립 및 변경
3. 자금의 차입과 그 방법 · 이율 및 상환방법

4. 조합의 수지예산
5. 부과금의 금액 및 징수방법
6. 환지계획의 작성
7. 환지예정지의 지정
8. 보류지, 체비지 등의 처분방법
9. 조합임원의 선임
10. 조합의 합병 또는 해사에 관한 사항. 다만, 법 제45조의 규정에 의한 청산금의 징수 · 교부를 완료한 후에 조합을 해산하는 경우를 제외한다.
11. 정관 제33조 및 제34조의 규정에 의한 정리 전 · 후 토지평가 결정
12. 지장물 등의 이전 및 제거에 따른 보상에 관한 사항
13. 기타 조합장이 필요하다고 인정하는 사항

제21조 (대의원회) ① 총회의 권한을 대행하고 조합원 등의 분쟁을 조정하기 위하여 조합에 대의원회를 둔다.

② 대의원회는 조합장, 감사, 이사 및 선출 대의원으로 구성한다.

제22조 (대의원회의 권한대행) ① 대의원회는 다음 각 호를 제외한 총회의 의결사항에 대하여 총회의 권한을 대행할 수 있다.

1. 정관의 변경
2. 개발계획의 수립 및 변경
3. 조합임원의 선임
4. 조합의 합병 또는 해산에 관한 사항 (청산금의 징수 · 교부를 완료한 후 조합을 합병 · 해산하는 경우는 제외)

② 조합운영의 효율적 수행과 신속한 집행을 위하여 제1항의 규정에 불구하고 다음 각 호의 사항에 관하여는 대의원회에 위임 · 시행하되, 차기 총회에서 보고 및 추인을 얻어야 한다.

1. 법령의 제 · 개정, 폐지 등으로 인한 정관의 변경에 관한 사항
2. 사업구역의 변경, 사업면적의 증감, 인허가상의 필요성, 긴급을 요하는 등의 사유에 따른 개발계획의 수립 및 변경에 관한 사항
3. 임기 중 결원이 발생하였을 경우의 보궐임원의 선임에 관한 사항
4. 기타 긴급을 요하는 것으로 대의원회에서 의결로 결정한 사항

③ 제1항 및 제2항의 규정에 의하여 대의원회의 의결을 거친 사항에 대하여 조합장은 지체없이 이를 집행하여야 한다.

④ 대의원회는 조합원 등이 조합에 제기한 분쟁을 조정하기 위하여 대의원 5인 이상으로 구성되는 조정위원회를 둘 수 있다.

제23조 (이사회의 설치) ① 조합에는 조합의 사무를 집행하기 위하여 조합장과 이사로 구성하는 이사회를 둔다.

② 조합장은 이사회의 의장이 되며, 이사회는 조합장이 소집, 개최한다.

③ 조합의 운영에 필요한 경우에 조합장은 이사 중에서 상임이사를 선임할 수 있다.
④ 이사회는 다음 각 호의 사무를 집행한다.
1. 조합의 예산 및 통상업무의 집행에 관한 사항
2. 총회 및 이사회 상정안건의 심의·결정에 관한 사항
3. 시행세칙 등 조합 내부규정의 제정 및 개정에 관한 사항
4. 기타 조합의 운영 및 업무추진에 관한 사항

제24조 (회의 정족수) ① 총회의 성원은 의결권을 가진 재적조합원 과반수의 출석으로 하고, 의결은 출석조합원 과반수의 찬성으로 하며, 가부동수인 때에는 의장이 결정하는 바에 따른다.
② 대의원회의 성원은 재적대의원 과반수의 출석으로 하고, 의결은 출석대의원 과반수의 찬성으로 하며, 가부동수인 때에는 의장이 결정하는 바에 따른다.
③ 이사회의 성원은 구성원 과반수의 출석으로 하고, 의결은 출석인원 과반수의 찬성으로 하며, 가부동수인 때에는 의장이 결정하는 바에 따른다.

제25조 (감사의 이사회 출석 등) ① 감사는 이사회에 출석하여 의견을 진술할 수 있다. 이 경우 감사에게 의결권을 부여하지 않는다.
② 이사회는 조합운영상 필요하다고 인정될 때에는 감사에게 조합의 업무에 대하여 감사를 실시하도록 요청할 수 있다.
③ 감사는 조합의 사무와 재정 및 회계에 관한 사항을 감사하고 정기총회에 그 감사결과를 제출하여야 하며, 조합원 5분의 1 이상의 요청이 있을 때에는 공인회계사에게 회계감사를 의뢰하여 공인회계사가 작성한 감사보고서를 총회 또는 대의원회에 제출하여야 한다.

제26조 (회의소집) ① 조합장이 대의원회를 소집하고자 할 경우에는 개최일 7일 이전에 회의장소·일시 및 회의사항을 서면으로 통지하여야 한다. 다만, 조합장이 인정하여 긴급을 요하는 경우에는 그러하지 아니하다.
② 대의원 과반수이상이 회의 목적·일시 및 사유 등을 기재하여 회의소집을 요구하는 경우에는 조합장은 회의소집 요구서를 받은 날부터 7일 이내에 대의원회를 소집하여야 한다.
③ 제2항에 의거 소집청구가 있는 경우로서 조합장이 7일 이내 정당한 이유 없이 대의원회를 소집하지 아니한 때에는 소집을 청구한 자의 대표가 이를 소집한다.

제27조 (의사록 등의 작성 및 관리) ① 총회·대의원회 및 이사회 의사록 등에는 회의의 경과, 방법 및 결과를 기재하고, 참석자 전원이 서명날인 하는 것을 원칙으로 한다. 단. 총회·대의원회의 경우 참석자 전원의 서명날인이 현실적으로 어려운 점을 감안하여 법무사 입회하에 가결된 안건은 참석자 전원의 서명날인이 없어도 유효한 것으로 인정한다.
② 제1항 규정에 의한 의사록 등은 조합에 비치하여 조합원이 항시 열람할 수 있도록 하여야 한다.

제3장 임·직원 및 급여

제28조 (직원의 채용 등) ① 조합장은 예산의 범위 내에서 직원을 채용할 수 있으며, 본 사업의

추진에 지대한 공헌이 있는 자나 도시개발사업에 관하여 전문지식과 경험이 풍부한 자를 고문 또는 자문위원으로 영입할 수 있다.

② 직원은 조합의 대내외 행정 및 기술적인 업무를 담당한다.

③ 조합장은 금전 및 물품을 담당하는 직원에 대하여는 신원보증서 및 재정보증서를 받아야 한다.

제29조 (급여 및 비용) ① 조합은 상근임원 및 직원과 고문 및 자문위원에 대하여 직급에 해당하는 급여를 지급할 수 있다.

② 조합은 예산의 범위 안에서 비상근 임원 및 대의원에 대하여 그 직무를 수행함에 있어 소요되는 비용과 수당 등을 지급할 수 있다.

③ 제1항 및 제2항의 규정에 의한 급여 및 비용 등의 기준과 그 지급방법에 대하여는 대의원회의 동의를 받아 조합장이 이를 정한다.

제30조 (근무) 직원은 조합장의 명을 받아 각 직무에 성실히 근무하여야 한다.

제4장 재 정

제31조 (조합의 회계) ① 조합의 회계연도는 매년 1월 1일(설립인가를 받은 당해연도는 인가일)로부터 12월 말일까지로 한다.

② 조합의 예산 및 회계에 관하여는 기업회계기준의 원칙에 따른다.

③ 조합운영 및 사업시행을 위한 재원은 다음 각 호에 의한다.

1. 개발사업비에 충당하기 위한 체비지 및 보류지
2. 환지예정지 지정에 의한 조합원 부담금 및 연체료 수입금
3. 징수 · 청산금
4. 조합재산의 사용수익 또는 처분으로부터의 수익금
5. 법 제59조 · 제61조의 규정에 의한 보조 또는 융자금
6. 기타 조합의 수입금

④ 조합은 회계연도별 결산보고서를 작성하여 감사 및 공인회계사의 감사를 필한 후 그 내용을 총회 또는 조합원에게 서면으로 보고하고 그 내용 및 회의록을 작성하여 조합사무실에 비치하여 조합원들이 열람할 수 있도록 하여야 한다.

제32조 (비용부담 및 징수) ① 조합은 공공시설용지의 확보 및 사업시행에 필요한 비용에 충당하기 위하여 조합원에게 경비를 부과 · 징수할 수 있다.

② 제1항의 규정에 의한 부과금은 환지계획에 따라 공평하게 부과하되 사업시행구역안의 토지의 위치 · 면적 · 이용상황 및 환경 등 제반여건을 고려하여 부과하여야 한다.

③ 조합은 납부기한 내에 부과금을 납부하지 아니한 조합원에 대하여는 금융기관에서 적용하는 연체금리의 범위 내에서 연체료 및 수수료를 부과할 수 있다.

④ 조합원에게 비용 및 부과금을 징수하고자 할 때에는 조합장은 납부기일과 장소를 지정하여 10일 이전에 조합원에게 통지하여야 한다.

⑤ 조합은 부과금 또는 연체료를 체납하는 조합원이 있을 때에는 김포시장에게 그 징수를 위탁할 수 있으며, 그 위탁을 받은 김포시장은 지방세체납처분의 예에 따라 이를 징수할 수 있다.
⑥ 제5항 규정에 의한 징수가 불가능한 경우에는 제35조 또는 제38조의 규정에 의한 환지예정지 또는 청산금 등에 전부 또는 일부로 대체 징수할 수 있다.

제5장 사업의 시행

제33조 (토지 등의 평가) ① 본 사업시행과 관련된 토지 등의 평가는 지가공시및토지등의평가에관한법률의 규정에 의한 2인 이상의 감정평가업자가 평가한 금액을 토지평가협의회의 심의를 거쳐 조합이 이를 결정한다.
② 본 사업에 수반되는 지장물의 이전 및 철거, 보상의 가격 등에 관하여는 제1항의 기준을 적용한다.
③ 사업시행 후 공용 또는 공공용으로 사용되는 토지에 관하여는 평가가격을 결정하지 아니할 수 있다.

제34조 (환지계획의 기준) ① 환지계획은 평가식 환지설계의 방법을 원칙으로 한다.
② 제1항의 규정에 의한 환지계획을 할 경우에는 다음 기준에 의한다.

1. 법 제28조 내지 제34조의 규정을 따르며, 정리 전 · 후 평가지수에 의하여 산출된 권리면적을 기준으로 환지한다.
2. 환지의 위치는 종전 토지 또는 이에 대등하다고 인정하는 위치에 지정함을 원칙으로 하되, 보류지(체비지 · 공공시설용지 등) 및 집단환지 등의 지정으로 종전 토지의 위치 등에 환지를 지정할 수 없는 경우에는 다른 위치로 지정할 수 있다.
3. 사업시행인가일 현재 공익사업을위한토지등의취득및보상에관한법률 제4조 각호의 1에 해당하는 공공시설의 용지에 대하여는 제1호의 규정을 적용하지 아니할 수 있다.
4. 토지이용계획상 계획에서 정한 내용에 적합하게 토지를 이용하기 위하여 필요한 토지는 다른 위치로 환지할 수 있다.
5. 토지이용계획상 국민주택 또는 공동주택을 건설하기 위하여 필요로 하는 토지는 집단으로 환지를 할 수 있다.
6. 토지소유자의 신청 또는 동의가 있는 때에는 당해 토지의 전부 또는 일부에 대하여 환지를 정하지 아니할 수 있다. 다만, 당해 토지에 관하여 임차권자등이 있는 때에는 그 동의를 얻어야 한다.
7. 조합은 환지가 되는 토지면적의 규모를 조정할 필요가 있는 때에는 시행세칙으로 정하는 범위 안에서 면적을 증가하여 환지를 정하거나 환지 대상에서 제외할 수 있고, 그 면적을 감소하여 환지면적을 정할 수 있다.
8. 조합은 토지소유자가 공동주택의 건설을 요청한 토지에 대하여는 집단으로 환지를 지정할 수 있다.
9. 조합은 법 제31조 제2항의 규정에 의한 고소토지가 되지 아니하도록 하기 위해 필요한 경우에는 토지소유자의 동의를 얻어 하나의 필지를 2인 이상의 공동환지로 지정할 수 있다.

10. 기존시가지 · 주택지 등 토지의 이용도가 높은 지역과 저지대 · 임야 등 토지의 이용도가 낮은 지역에 대하여는 토지부담률을 차등하여 산정하되, 사업시행 전부터 도로 · 상하수도 등 기반시설이 갖추어져 있는 주택지에 대하여는 토지부담률을 최소화 할 수 있다.

③ 조합은 법 32조의 입체환지와 관련하여 도시개발사업을 원활히 시행하기 위하여 특히 필요한 경우에는 토지소유자의 동의를 받아 환지의 목적인 토지를 갈음하여 조합에게 처분할 권한이 있는 건축물의 일부와 그 건축물이 있는 토지의 공유지분을 부여할 수 있다.

④ 조합은 환지계획에 관한 필요한 사항은 대의원회의 의결을 받아 세칙으로 정할 수 있다.

제35조 (환지예정지의 지정 및 사용) ① 조합은 환지계획을 수립하여 인가권자의 인가를 받은 경우에는 환지예정지를 지정하여야한다.

② 제1항의 규정에 의하여 지정된 환지예정지는 토지소유자가 이를 유지관리하여야 하며, 관리소홀 등으로 인하여 손해가 발생한 경우에는 조합이 이를 책임지지 아니 한다.

③ 법 제29조 제3항의 규정에 의한 통지를 받은 토지소유자 및 임차권자(이하 "토지소유자 등"이라 한다)가 환지예정지를 사용하고자 하는 경우에는 조합의 사용승인을 받아야 한다.

④ 조합은 공사완료 전에 토지소유자가 토지를 사용하기 위한 환지예정지의 측량을 의뢰할 경우에는 측량법에 의한 측량업체 또는 대한지적공사를 측량자를 지정할 수 있다.

제36조 (보류지 및 체비지의 관리 · 처분) 사업비에 충당될 보유지 및 체비지의 관리 · 처분에 대하여는 시행세칙으로 정한다.

제37조 (보류지, 체비지 및 공공시설용지의 부담) ① 보류지 및 체비지와 사업시행 후 공공시설용지로서 토지소유자가 부담해야 할 토지의 면적은 실시계획 및 환지계획이 정하는 바에 의한다.

② 보류지, 체비지 및 공공시설용지는 실시계획의 고시일 현재 토지소유자가 이를 부담한다. 이 경우 부담률은 그 소유토지의 면적 및 정리 전 · 후의 평가지수에 따라 부담하며 부담방법은 환지계획에서 정하는 바에 의한다.

제38조 (청산에 관한사항) ① 환지를 정하거나 그 대상에서 제외한 경우에 그 과부족분에 대하여는 종전의 토지 및 환지의 위치 · 지목 · 면적 · 토질 · 수리 · 이용 상황 · 환경기타의 사항을 종합적으로 고려하여 금전으로 이를 청산하여야 한다.

② 환지를 정하지 아니한 토지에 대하여는 환지계획인가 후 청산금 신청시 토지를 평가하여 청산금을 교부할 수 있다.

③ 제1항의 청산금은 환지처분일부터 6개월 이내에 교부 또는 징수하여야 한다. 다만, 조합이 필요하다고 인정할 때에는 연장기간을 정한 후 이자를 붙여 분할 징수하거나 분할 교부할 수 있으며, 청산금의 징수 및 교부에 대하여는 시행세칙에 의한다.

제 6 장 도시개발사업 토지평가협의회

제39조 (기능) 도시개발사업 토지평가협의회(이하 "협의회"라 한다)는 법 제28조 제3항 규정에 의거 사업지구 내의 토지평가에 관한 다음 각 호의 사항에 대하여 심의한다.

1. 환지계획수립을 위한 토지평가
2. 장애물 등의 이전 및 제거에 따른 보상에 관한 사항
3. 청산금 및 수익자부담금 결정에 필요한 토지평가
4. 불환지 청산금 결정을 위한 토지평가
5. 기타 사업 시행상 조합이 필요하다고 인정하는 토지평가

제40조 (구성) ① 협의회는 위원장, 부위원장 각 1인을 포함하여 11인 이내의 위원으로 구성한다.
② 위원장은 조합장이 되고, 부위원장은 위원 중 조합장이 선임한다.
③ 위원은 다음 각 호에 해당하는 자로서 조합장이 임명 또는 위촉한다.
1. 조합의 이사, 감사, 대의원
2. 당해 사업시행 지구 내에 토지소유 등으로 이해관계가 있는 자
3. 토지평가에 관한 전문지식과 도시개발사업에 관한 경험이 많은 자
4. 기타 토지평가협의회에서 인정하는 자
④ 협의회는 도시개발사업에 전문지식과 경험이 풍부한 전문가를 고문 또는 자문위원으로 영입할 수 있다.
⑤ 위원의 임기는 본 사업이 완료될 때까지로 하며, 결원이 발생할 시 위원장은 지체 없이 충원하여야 한다.

제41조 (직무) ① 위원장은 협의회를 대표하며, 회의를 총괄한다.
② 부위원장은 위원장을 보좌하며 위원장의 유고시 그 직무를 대행한다.

제42조 (회의) ① 협의회는 위원장이 필요하다고 인정할 때 회의를 소집한다.
② 협의회는 재적위원 과반수 출석으로 개회하고, 출석위원 과반수의 찬성으로 의결한다.
③ 위원장은 표결권을 가지며, 가부동수인 경우에는 결정권을 가진다.

제43조 (회의록 비치) 위원장은 협의회의 회의록을 작성하고 회의사항을 기록하여 비치하여야 한다.

제44조 (수당) 조합의 임원이 아닌 고문 또는 위원 등이 협의회와 관련한 업무를 수행하는 경우에는 예산의 범위 내에서 일당과 여비를 실비로 지급할 수 있다.

제7장 준공검사 등

제45조 (준공검사 등) ① 조합은 도시개발사업의 공사를 완료한 때에는 관계법령이 정하는바에 따라 공사를 완료한 때에는 관계법령이 정하는바에 따라 공사완료보고서를 작성하여 준공검사를 신청하고 지정권자의 준공검사를 받아야 한다.
② 조합은 도시개발사업을 효율적으로 시행하기 위하여 필요한 경우에는 당해 도시개발사업에 관한 공사가 전부 완료되기 전에 공사가 완료된 부분에 관하여 제1항의 규정에 의한 준공검사를 받을 수 있다.
③ 준공검사 등에 소요되는 비용은 조합이 부담한다.
④ 관할 관청으로부터 준공검사필증을 교부받은 경우에는 이를 지체 없이 조합원에게 통지하고,

조합게시판에 게시하여야 한다.

제46조 (조합의 해산) ① 조합은 준공검사를 받은 날로부터 1년 이내에 환지처분 및 건축시설 등에 대한 제반 소유권이전절차를 완료하고 총회를 소집하여 해산 결의를 하여야 한다.

② 조합이 해산결의를 한 때에는 해산결의 당시의 임원이 청산인이 된다.

③ 조합이 해산하는 경우 청산에 관한 업무와 채권의 추심 및 채무의 변제 등에 관하여 필요한 사항은 민법의 관계규정에 따른다.

④ 조합이 해산하는 경우에는 다음 각 호의 서류를 첨부하여 조합인가권자의 해산인가를 받아야 한다.

1. 조합 해산인가 신청서
2. 조합원의 동의를 얻은 정산서
3. 기타 해산인가에 필요한 서류

제47조 (청산인의 의무) 청산인은 다음 각 호의 업무를 성실히 수행하여야 한다.

1. 현존하는 조합의 사무종결
2. 채권의 추심 및 채무의 변제
3. 잔여재산의 처분
4. 기타 청산에 필요한 사항

제48조 (채무변제 및 잔여재산 처분) 청산 종결 후 조합의 채무 및 잔여재산이 있을 때에는 해산 당시의 조합원에게 기존의 대지 등 소유권에 비례하여 공정하게 배분하여야 한다.

제49조 (관련 자료의 공개와 보존) ① 조합은 사업시행에 관하여 다음 각 호의 서류 및 관련자료 등을 공개하여야 하며 조합원의 공람요청이 있는 경우에는 이에 응하여야 한다. 다만, 개인비밀의 보호, 자료의 특성상 공개하기 어려운 사항은 개략적인 내용만 공개할 수 있다.

1. 실시계획인가서
2. 정관
3. 환지계획 · 환지처분 등 환지관련서류 및 도면
4. 공사설계도 등 관련서류 및 도면
5. 청산금 관련서류
6. 조합의 합병 및 해산 관련서류
7. 총회 의사록
8. 추진위원회, 조합의 이사회 및 대의원회 의사록
9. 당해 사업의 시행에 관한 행정기관의 문서
10. 회계감사결과

② 조합은 총회 또는 중요한 회의가 있은 때에는 속기록녹음 또는 영상자료를 만들어 이를 청산 시까지 보관하여야 한다.

③ 조합원이 제1항 각호의 사항을 열람하고자 하는 때에는 서면으로 열람을 요청하여야 하며, 조합은 특별한 사유가 없는 한 이에 응하여야 한다.

제8장 보 칙

제50조 (이동신고) 토지소유자 및 관계인이 권리관계나 주소를 변경할 때는 조합장에게 신고하여야 하며 신고를 아니함으로써 생긴 손해에 대하여는 이의를 제기할 수 없다.

제51조 (정관의 해석) 이 정관의 해석에 대하여 이견이 있을 경우에는 최우선으로 이사회에서 해석하고, 그 이후에도 이견이 있을 경우에는 대의원회에서 해석하기로 한다.

제52조 (소송관할법원) 조합과 조합원간에 법률상 다툼이 있는 경우에는 당사자 간의 합의가 최우선하며, 합의가 성립되지 않을 경우 소송관할 법원은 조합소재지 관할법원으로 한다.

제53조 (민법의 준용) ① 조합에 관하여는 정관에 정한 것을 제외하고는 민법 중 사단법인에 관한 규정을 준용한다.

② 이 정관에서 정하는 사항 이외에 조합의 운영과 사업시행 등에 관하여 필요한 사항은 관계법령 및 관계행정기관의 지침·지시 또는 유권해서 등에 따른다. 다만, 이 정관이 법령의 개정으로 변경되어야 할 경우에는 정관의 개정절차에 관계없이 변경되는 것으로 본다.

제54조 (시행세칙 등) 본 정관에서 규정된 사항은 시행세칙 등 조합 내부 규정으로 정하여 시행할 수 있다.

부 칙

제1조 (시행일) 본 정관은 조합설립 인가일로부터 시행한다.

제2조 (경과조치) ① 이 정관의 시행 전 OOOOO지구 도시개발사업추진위원회 또는 (가칭) OOOOO지구 도시개발사업조합에서 이미 시행한 행위에 대하여는 이 정관에 의하여 행한 것으로 본다.

② 이 사업을 추진하기 위하여 조합설립인가일 이전에 OOOOO지구 도시개발사업추진위원회 또는 (가칭)OOOOO지구 도시개발사업조합과 업무추진약정을 체결한 사항에 대하여는 조합이 이를 체결한 것으로 보며, 이와 관련된 세부운영방법 등은 조합내부규정으로 정하여 시행한다.

라. 조합의 기관

1) 조합의 임원

가) 임원의 의의 및 선출방법

조합에는 임원으로 조합장 1명, 이사, 감사를 두고, 조합의 임원은 시행령 제32조 제2항 제1호[51]에 따른 의결권(이하 "의결권"이라 한다)을 가진 조합원이어야 하며 정관으로 정한 바에

51) 보유토지의 면적과 관계없는 평등한 의결권. 다만, 다른 조합원으로부터 해당 도시개발구역에 그가 가지고 있는 토지소유권 전부를 이전 받은 조합원은 정관으로 정하는 바에 따라 본래의 의결권과는 별도로 그

따라 총회에서 선임한다.

한편, 앞에서 본 바와 같이 정관에는 임원의 자격·수·임기·직무 및 선임방법에 관한 내용을 규정하도록 되어 있는 바, 그에 따라 임원을 선출하면 된다.

나) 임원의 임무

조합장은 조합을 대표하고 그 사무를 총괄하며, 총회·대의원회 또는 이사회의 의장이 된다.

이사는 정관에서 정하는 바에 따라 조합장을 보좌하며, 조합의 사무를 분장(分掌)한다.

감사는 조합의 사무 및 재산상태와 회계에 관한 사항을 감사한다.

한편, 조합장 또는 이사의 자기를 위한 조합과의 계약이나 소송에 관하여는 감사가 조합을 대표하고 조합의 임원은 조합의 임원은 그 조합의 다른 임원이나 직원을 겸할 수 없고(법제14조 제2항) 같은 목적의 사업을 하는 다른 조합의 임원 또는 직원을 겸할 수 없다(시행령 제34조).

다) 임원의 결격사유와 해임

(1) 임원의 결격사유

법 제14조 (조합원 등) ③ 다음 각 호의 어느 하나에 해당하는 자는 조합의 임원이 될 수 없다.
1. 금치산자, 한정치산자 또는 미성년자
2. 파산선고를 받은 자로서 복권되지 아니한 자
3. 금고 이상의 형을 선고받고 그 집행이 끝나거나 집행을 받지 아니하기로 확정된 후 2년이 지나지 아니한 자 또는 그 형의 집행유예 기간 중에 있는 자

④ 조합의 임원으로 선임된 자가 제3항 각 호의 어느 하나에 해당하게 된 경우에는 그 다음 날부터 임원의 자격을 상실한다.

(2) 도시정비법의 경우 조합임원의 해임방법과 절차에 관하여 법률에 규정을 두고 있으나(도시정비법 제23조 제4항) 도시개발법의 경우 법률에 규정이 없다. 따라서 정관에 규정을 두었다면 정관이 규정하고 있는 방법에 해임절차를 거치면 될 것이다.

(가) 해임청구권 및 이를 피보전권리로 하는 직무집행정지가처분[52]

이와 관련하여 대법원은 재판상의 해임청구권을 명시적으로 인정하는 상법과는 달리 법률

토지소유권을 이전한 조합원의 의결권을 승계할 수 있다.

52) 이우재, 도시 및 주거환경정비법(상) 2009, 750면 이하.

에 명문의 규정이 없는 경우에는 형성의 소의 성질상 허용될 수 없고, 따라서 그 해임청구의 소를 본안으로 하는 직무집행정지가처분도 당연히 허용될 수 없다는 전제하에 "기존 법률관계의 변경, 형성을 목적으로 하는 형성의 소는 법률에 명문의 규정이 있는 경우에 한하여 제기할 수 있는 바, 조합의 이사장 및 이사가 조합업무에 관하여 위법행위 및 정관위배행위 등을 하였다는 이유로 그 해임을 청구하는 소송은 형성의 소에 해당하는데 이를 제기할 수 있는 법적 근거가 없으므로 조합의 이사장 및 이사 직무집행정이가처분은 허용될 수 없다"라고 판시하고 있다.[53]

따라서 단순히 조합의 임원이 위법행위 등을 하였다는 이유만으로 해임을 청구하는 소송과 이를 본안으로 하는 직무집행정지가처분은 허용될 수 없다할 것이다.

다만, 당연 결격사유, 당연 퇴임사유의 경우에는 별도로 해임절차를 밟는 것이 아니라 이미 해임, 퇴임된 임원에 대한 임원지위상실관한 확인의소가 본안이 될 것이므로 위와 같은 문제는 발생하지 아니하고, 임원을 선출한 결의가 무효인 경우에도 역시 위와 같은 문제는 발생하지 아니한다 할 것이다.

(나) 해임의결권에 의한 직무집행정지가처분

정관 또는 규약에 해임에 관한 절차를 규정하고 있을 경우 그에 따른 해임절차를 거친 경우에 본안은 임원지위부존재확인청구의 소가 될 것인 바, 이 경우 본안은 형성의 소가 아니므로 해임이 된 임원이 계속적으로 직무를 집행하고 있을 경우 직무집행정지가처분이 가능할 것으로 본다.

이 경우 해임의결을 할 것으로 전제로 해임의결을 할 때까지 직무집행을 정지할 수 있는지 즉, 단체의 규약, 정관 등에 해임의결권이 있고, 해임의결이 이루어지기 전까지 급박한 상태를 해소하기 위하여 잠정적 조치로 직무집행정지신청이 가능할 것인가의 문제인데 이와 관련하여 직무집행가처분신청이 가능하다는 전제하에 이를 판단한 사안이 있다.[54]

라) 조합임원 등의 공무원 의제

조합의 임직원은 「형법」 제129조부터 제132조까지[55]의 규정에 따른 벌칙을 적용할 때 공무

---

53) 대법원 2001. 1. 16. 선고 2000다45020 판결 등 다수

54) 서울서부지방법원 2011카합1245 결정.

55) 제129조(수뢰, 사전수뢰) ① 공무원 또는 중재인이 그 직무에 관하여 뇌물을 수수, 요구 또는 약속한 때에는 5년 이하의 징역 또는 10년 이하의 자격정지에 처한다.
② 공무원 또는 중재인이 될 자가 그 담당할 직무에 관하여 청탁을 받고 뇌물을 수수, 요구 또는 약속한 후 공무원 또는 중재인이 된 때에는 3년 이하의 징역 또는 7년 이하의 자격정지에 처한다.

원으로 본다(도시개발법 제84조).

대법원 2010. 5.13. 선고 2009도7040 판결

[1] 구 도시개발법 제82조 가 벌칙적용상 조합의 임·직원을 공무원으로 의제하는 경우인 형법 제129조 제2항에서의 '공무원 또는 중재인이 될 자'의 의미

[2] 뇌물죄에서 뇌물의 내용인 '이익'의 의미 및 투기적 사업에 참여할 기회를 얻는 것이 그 이익에 해당하는지 여부(적극)

[3] 도시개발조합의 임원인 조합장 또는 상무이사로 선출될 상당한 개연성이 있는 피고인들이 그 담당할 직무에 관하여 청탁을 받고 소유권이전등기를 마칠 수 있는 기회를 제공받는 방법으로 이익을 수수한 사안에서, 사전수뢰죄의 성립을 긍정한 사례

2) 총 회

가) 최고의사결정기구

조합의 총회는 조합원 전원으로 구성되는 최고의사결정기구로서 필수기관이다. 조합 총회에서 결의하는 사항은 조합원들의 권리, 의무에 영향을 주는 중요한 사항으로서 총회에서 의결된 바에 따라 조합장이 조합을 대표하여 업무를 집행한다.

따라서 조합의 정관에는 총회의 구성, 기능, 의결권의 행사방법, 그 밖에 회의운영에 관한 사항을 규정하여야 한다(시행령 제29조 제1항 제9호).

나) 총회의 의결사항

시 행 령

제35조 (총회의 의결사항) 다음 각 호의 사항은 총회의 의결을 거쳐야 한다.

제130조(제삼자뇌물제공) 공무원 또는 중재인이 그 직무에 관하여 부정한 청탁을 받고 제3자에게 뇌물을 공여하게 하거나 공여를 요구 또는 약속한 때에는 5년 이하의 징역 또는 10년 이하의 자격정지에 처한다.
제131조(수뢰후부정처사, 사후수뢰) ① 공무원 또는 중재인이 전2조의 죄를 범하여 부정한 행위를 한 때에는 1년 이상의 유기징역에 처한다.
② 공무원 또는 중재인이 그 직무상 부정한 행위를 한 후 뇌물을 수수, 요구 또는 약속하거나 제삼자에게 이를 공여하게 하거나 공여를 요구 또는 약속한 때에도 전항의 형과 같다.
③ 공무원 또는 중재인이었던 자가 그 재직 중에 청탁을 받고 직무상 부정한 행위를 한 후 뇌물을 수수, 요구 또는 약속한 때에는 5년 이하의 징역 또는 10년 이하의 자격정지에 처한다.
④ 전3항의 경우에는 10년 이하의 자격정지를 병과할 수 있다.
제132조(알선수뢰) 공무원이 그 지위를 이용하여 다른 공무원의 직무에 속한 사항의 알선에 관하여 뇌물을 수수, 요구 또는 약속한 때에는 3년 이하의 징역 또는 7년 이하의 자격정지에 처한다.

1. 정관의 변경
2. 개발계획 및 실시계획의 수립 및 변경
3. 자금의 차입과 그 방법·이율 및 상환방법
4. 조합의 수지예산
5. 부과금의 금액 또는 징수방법
6. 환지계획의 작성
7. 환지예정지의 지정
8. 법 제44조에 따른 체비지 등의 처분방법
9. 조합임원의 선임
10. 조합의 합병 또는 해산에 관한 사항. 다만, 법 제46조에 따른 청산금의 징수·교부를 완료한 후에 조합을 해산하는 경우는 제외한다.
11. 그 밖에 정관에서 정하는 사항

다) 총회의결을 거치지 아니한 행위의 효과

대법원 2002. 3.26. 선고 2001다83197 판결

토지구획정리조합이 조합원총회의 의결 없이 자금차입의 방법으로 한 타인의 채무에 대한 연대보증행위의 효력(무효)

구 토지구획정리사업법(2001. 1.28. 법률 제6252호로 폐지) 제26조 제3호 및 제9호에 의하면, 차입금의 차입방법·이율 및 상환방법 등과 기타 대통령령 또는 정관으로 정하는 사항에 관하여는 조합원총회의 의결을 거쳐야 한다고 규정하고 있으므로, 위 규정의 취지에 비추어 보면 토지구획정리조합이 자금차입의 방법으로서 타인의 채무에 관하여 연대보증을 하기 위하여도 조합원총회의 의결을 거쳐야 하고, 이와 같이 법률에 의하여 조합원총회의 의결을 거쳐야 할 사항에 관하여 그 의결을 거치지 아니한 채 한 대표자의 행위는 그 효력이 없다.

대법원 2008. 5.29. 선고 2006다22494 판결

[1] 토지구획정리조합이 조합원총회나 이에 갈음한 대의원회의 의결 없이 한 체비지 처분행위의 효력(무효)

[2] 토지구획정리조합의 대의원회가 대의원을 일방적으로 해임하거나 그에 따른 대의원 정수의 결원을 잔여 대의원들만의 결의로 보궐 선임할 수 있는지 여부(원칙적 소극)

[1] 구 토지구획정리사업법(2000. 1.28. 법률 제6252호로 폐지) 제25조, 제26조 제8호, 제27조, 제66조 제1항에 의하면, 토지구획정리조합이 체비지 등을 처분할 때에는 조합원으로 구성된 총회 또는 총회에 갈음하여 설치된 대의원회의 의결을 거치도록 규정하고 있는데, 이는 효력규정이므로 이를 위반하여 토지구획정리조합이 총회나 이에 갈음한 대의원회의 의결 없이 체비지를 처분한

행위는 효력이 없다.

[2] 토지구획정리조합의 사무집행기관에 불과한 조합 임원의 유고시에 총회의 권한대행기관이자 조합원 전체의 대의기관인 대의원회에서 보궐 선임하는 것은 대의원들을 선출한 전체 조합원의 의사가 고르게 반영될 수 있음에 반해, 대의원회의 다수를 점하는 쪽에서 다수의견에 반대하는 대의원들을 수적 우세를 내세워 일방적으로 해임 처리한다든지 그로 인하여 야기된 법령 혹은 정관상 대의원 정수의 결원을 잔여 대의원들만의 자체적 결의로써 보궐 선임한다든지 하는 것은 다수 대의원들에 의해 대변되는 일부 조합원들의 의사와 이해만이 주로 반영되어 조합의 민주적 운영 및 의사형성을 왜곡할 우려가 크므로, 법령이나 정관 혹은 총회의 결의에 의한 명시적인 위임이 없는 이상 적법한 절차로서 용인될 수 없다.

대법원 2001. 3.23. 선고 2000다72671 판결
토지구획정리조합이 조합원총회의 결의 없이 한 체비지 또는 보류지 처분행위의 효력(무효)

구 토지구획정리사업법 제26조 제8호에 의하면, "체비지 또는 보류지의 처분 방법에 관하여는 조합원총회의 결의를 거쳐야 한다."고 규정하고 있으므로 위 규정의 취지에 비추어 보면 토지구획정리조합이 조합원총회의 결의를 거치지 아니하고 체비지 또는 보류지를 처분하는 행위를 한 경우에는 그 효력이 없다.

라) 총회의 소집권자, 소집절차, 소집방법 및 의결

주택재개발, 재건축정비사업을 규율하는 도시정비법의 경우 총회의 소집권자, 소집방법 및 절차 등에 관하여 기본적으로 법률에 규정을 두고, 구체적인 사항은 정관으로 규율하도록 하고 있으나(도시정비법 제24조 제2항, 제20조),[56] 도시개발법의 경우 총회의 구성, 기능, 의결권의 행사방법, 그 밖에 회의운영에 관한 사항을 정관의 기재사항으로 하고 있다.

따라서 조합의 정관이 정하는 바에 의하여 소집권자가 총회를 소집하여야 하고, 소집방법과 절차를 준수하여야 할 것이다.

총회의 소집방법과 절차는 조합원의 의결권에 영향을 미치는 사항이므로 만약 정관이 정하는 절차를 준수하지 아니하였거나 의사 의결정족수를 충족하지 아니하였을 경우 총회 개최전이라면 총회개최금지가처분, 총회가 개최된 이후라면 총회결의효력정지가처분, 총회결의무효

56) 도시정비법 제24조 ② 총회는 제23조 제4항의 경우를 제외하고는 조합장의 직권 또는 조합원 5분의 1 이상 또는 대의원 3분의 2 이상의 요구로 조합장이 소집한다.
제20조 ① 조합은 다음 각호의 사항이 포함된 정관을 작성하여야 한다.
10. 총회의 소집절차·시기 및 의결방법
11. 총회의 개최 및 조합원의 총회소집요구에 관한 사항

확인소송으로 다툴 수 있을 것이다.[57)]

의사록의 증명력과 출석 조합원의 의미(대법원 2010. 4.29. 선고 2008두5568 판결)

[1] 도시 및 주거환경정비법 제24조에 따라 조합원 총회에서 관리처분계획의 수립을 의결하는 경우의 결정족수를 정하는 기준이 되는 출석조합원의 의미

[2] 법인의 총회 또는 이사회 의사록의 증명력

[3] 구청장이 관리처분계획(안)에 대한 결의가 조합규약에서 정한 의결정족수인 '출석조합원 2/3 이상의 찬성'요건을 충족하지 못하였다는 이유로 주택재건축정비사업조합의 관리처분계획 인가신청을 반려한 사안에서, 성원보고시 출석하였다가 결의 당시 퇴장한 조합원을 출석조합원에서 제외하면 의결정족수를 충족하는 이상 위 반려처분은 위법하다고 한 사례

[1] 도시 및 주거환경정비법 제24조 에 따라 조합원 총회에서 관리처분계획의 수립을 의결하는 경우의 의결정족수를 정하는 기준이 되는 출석조합원은 당초 총회에 참석한 모든 조합원을 의미하는 것이 아니라 문제가 된 결의 당시 회의장에 남아 있던 조합원만을 의미하고, 회의 도중 스스로 회의장에서 퇴장한 조합원은 이에 포함되지 않는다.

[2] 법인의 총회 또는 이사회 등의 의사에는 의사록을 작성하여야 하고 의사록에는 의사의 경과, 요령 및 결과 등을 기재하고 이와 같은 의사의 경과요령 및 결과 등은 의사록을 작성하지 못하였다든가 또는 이를 분실하였다는 등의 특단의 사정이 없는 한 이 의사록에 의하여서만 증명된다.

[3] 구청장이 관리처분계획(안)에 대한 결의가 조합규약에서 정한 의결정족수인 '출석조합원 2/3이상의 찬성'요건을 충족하지 못하였다는 이유로 주택재건축정비사업조합의 관리처분계획 인가신청을 반려한 사안에서, 총회의사록의 기재에 의하면 위 결의의 의결정족수를 정하는 출석조합원은 2차 성원보고시 출석조합원이 아니라 결의 당시 회의장에 남아 있던 조합원만을 의미하고, 투표에 불참한 조합원 19명은 총회에 참석하였다가 결의 당시 회의장을 퇴장한 것으로 보이는 점 등에 비추어, 이들을 출석조합원에서 제외하면 의결정족수를 충족하는 이상 위 반려처분은 위법하다고 한 사례.

대구고등법원 2014. 1.15. 선고 2013나21155 판결

전 문

원고, 피항소인
피고, 항소인 ㅇㅇ지구근생**구역도시개발사업조합

제1심 판 결 대구지방법원 서부지원 2013. 8.22. 선고 2013가합950 판결

57) 만약 해당 총회가 임원 등을 선출하는 총회라면 직무집행정지가처분, 선출결의무효확인 소송이 가능하다.

변 론 종 결 2013.12.18.

판 결 선 고 2014. 1.15

주 문

1. 피고의 항소를 기각한다.
2. 항소비용은 피고가 부담한다.

청 구 취 지

피고가 2012.10.26.자 임시총회 및 2013. 2.19.자 임시총회에서 별지 기재 각 안건에 관하여 한 각 결의는 무효임을 확인한다.

항 소 취 지

제1심 판결을 취소한다. 원고의 청구를 기각한다.

이 유

1. 기초사실

다음의 각 사실은 당사자 사이에 다툼이 없거나, 갑 제1 내지 4호증, 을 제1 내지 10호증의 각 기재(특별히 표시하지 않는 경우 가지번호를 포함한다. 이하 같다)에 변론 전체의 취지에 의하여 인정할 수 있고, 반증이 없다.

가. 당사자의 지위

피고 조합은 대구 일대 21,565㎡에 대한 도시개발사업의 진행을 목적으로 2008. 4.25. 대구광역시 달서구청장의 설립인가를 받아 설립된 조합이고, 원고는 위 사업지구 내에 토지를 소유하고 있는 사람으로서 피고 조합의 조합원이다.

나. 피고 조합의 정관

피고 조합의 정관 중 이 사건에 관한 주요조항은 아래와 같다.

제5조 (사업의 범위, 시행방식 및 사업기간) 사업의 범위는 사업계획에 의하며, 시행방식은 법 제20조에 의한 환지방식으로 하고, 사업기간은 실시계획인가일로부터 환지처분일까지로 한다.

제20조 (총회의 의결사항) 다음 각 항에 해당하는 사항은 총회의 의결을 거쳐야 한다.

① 정관의 변경

⑥ 환지계획의 작성

제23조 (회의 정족수) ① 총회의 회의는 조합원(대리인 포함)의 과반수 이상 출석으로 하고, 의결은 출석 조합원(대리인 포함)의 과반수 이상 찬성으로 하며, 가부동수일 때에는 의장이 결정하는 바에 따른다.

제30조 (환지계획의 기준) ① 환지계획은 본 사업지구의 특성을 감안하여 면적식 방법을 원칙으

로 하며, 사업진행과정에서 면적식이 불합리하다고 인정될 경우에는 협의회를 거쳐 변경할 수 있다.

다. 피고 조합의 임시총회

피고 조합은 2012.10.26. 15 : 00경 제4차 임시총회를 개최하고, 조합원 38명 중 27명 참석, 그 중 15명의 찬성으로 별지 기재와 같이 환지계획을 '면적식'에서 '평가식'으로 변경하는 내용의 결의(이하 '제4차 총회결의'라 한다)를 하였다.

피고 조합은 2013. 2.19. 15 : 00경 제5차 임시총회를 개최하고, 조합원 38명 중 22명 참석, 그 중 20명의 찬성으로 별지 기재와 같이 피고 조합의 정관 중 환지계획에 관한 내용을 '면적식'에서 '평가식'으로 변경하고, 이에 따라 사업비 약 1억 9,185만 원을 증액하기로 하는 내용의 결의(이하 '제5차 총회결의'라 한다)를 하였다.

2. 당사자들의 주장

가. 원고의 주장

피고 조합의 제4, 5차 총회결의 사항은 조합설립인가 당시에 정해진 환지계획 및 이에 따른 정관의 내용을 실질적으로 변경하는 것이므로, 피고 조합의 정관 제23조 제1항에 따라 '조합원의 과반수 출석과 출석 조합원의 과반수 찬성'으로 결의할 수 없고, 도시개발법 제13조 제3항 에 따라 '도시개발구역 토지면적의 3분의 2 이상에 해당하는 토지소유자와 그 구역의 토지소유자 총수의 2분의 1 이상의 동의'가 필요하다.

피고의 조합의 제4, 5차 총회결의는 위와 같은 의결정족수 요건을 갖추지 못하였으므로 무효이다.

나. 피고 조합의 주장

도시개발사업조합이 법률에 규정된 요건을 갖추고 지정권자의 인가를 받아 일단 설립되었다면 그 후 조합의 의사결정은 정관에서 정한 바에 따라 총회의 의결로써 하여야 한다. 피고 조합의 제4, 5차 총회결의는 피고 조합의 정관 제23조 제1항에 규정된 의결정족수에 따라 적법하게 이루어졌으므로 모두 유효하다.

3. 판 단

가. 피고 정관 제23조 제1항의 효력

1) 법인의 정관이나 그에 따른 세부사업을 위한 규정 등 단체내부의 규정은 특별한 사정이 없는 한 그것이 선량한 풍속 기타 사회질서에 위반되는 등 사회관념상 현저히 타당성을 잃은 것이거나 결정절차가 현저히 정의에 어긋난 것으로 인정되는 경우 등을 제외하고는 이를 유효한 것으로 시인하여야 한다(대법원 1992. 11.24. 선고 91다29026 판결 등 참조). 그러나 주택재건축사업조합이 사업추진을 위해 재건축조합 정관의 필요적 기재사항이자 엄격한 정관 변경 절차를 거쳐야 하는 '시공자와의 계약서에 포함될 내용'에 관한 안건을 총회에 상정하여 의결하는 경우, 그 계약서에 포함될 내용이 당초의 재건축결의시 채택한 조합원의 비용분담 조건을 변경하는 것인 때에는, 비록 그것이 정관변경에 대한 절차가

아니라 할지라도 특별다수의 동의요건을 규정하여 조합원들의 이익을 보호하려는 구 도시 및 주거환경정비법(2005. 3.18. 법률 제7392호로 개정되기 전의 것) 제20조 제3항, 제1항 제15호의 규정을 유추적용하여 조합원의 3분의 2 이상의 동의를 요한다고 봄이 상당하다. 이와 달리 재건축조합의 정관 규정이 조합원들의 이해관계에 중대한 영향을 미치는 '시공사 계약서에 포함될 내용'에 관하여 그것이 당초의 재건축결의의 내용을 실질적으로 변경하는 것임에도 불구하고 조합원의 3분의 2이상의 의결정족수에 못 미치는 동의로도 가결할 수 있도록 규정하고 있는 경우에는, 구 도시 및 주거환경정비법(2005. 3.18. 법률 제7392호로 개정되기 전의 것) 제16조 제2항 소정의 엄격한 동의요건을 거쳐 성립한 재건축결의의 내용이 용이하게 변경되어 재건축결의의 기초가 흔들릴 수 있을 뿐만 아니라, 일단 변경된 내용도 다시 이해관계를 달리하는 일부 조합원들의 이합집산에 의하여 재차 변경될 수 있어 권리관계의 안정을 심히 해하고 재건축사업의 원활한 진행에 상당한 장애를 초래할 수 있으므로, 그러한 정관의 가결정족수 규정은 사회관념상 현저히 타당성을 잃은 것으로서 그 효력을 인정하기 어렵다(대법원 2009. 1.30. 선고 2007다31884 판결 등 참조).

2) 위와 같은 법리에 비추어 보면, 면적식 환지계획에 따라 도시개발사업을 진행하기로 하여 조합설립 및 인가를 받은 피고 조합이 그 후 환지계획을 평가식으로 변경하고, 이에 따라 정관의 기재사항을 변경하거나 사업비를 증액하는 것은 조합원들의 이해관계에 중대한 영향을 미칠 뿐만 아니라 조합설립인가 당시의 내용에 실질적인 변경을 초래하는 것이 되므로 일반적인 의결정족수에 따를 수 없다고 할 것이다. 그런데도 불구하고 피고 조합의 정관 제23조 제1항은 위와 같은 사항을 총회의 안건으로 상정하여 의결하는 경우까지 일반적인 의결정족수인 '조합원 과반수의 출석과 출석 조합원의 과반수 동의' 요건에 따르도록 규정하고 있으므로, 이는 사회관념상 현저히 타당성을 잃은 것이어서 그 효력을 인정할 수 없다.

따라서 피고 조합의 정관 제23조 제1항 중 조합원 비용분담에 관한 사항을 변경하는 경우에 있어서도 일반적인 의결정족수에 따르도록 규정한 부분은 무효라고 보아야 한다.

나. 조합원 비용분담 사항의 변경요건

도시개발법은 조합원 비용분담에 관한 사항을 변경하는 데에 필요한 요건이나 절차에 관하여 명시적인 규정을 두고 있지 않지 않다. 그러나 위 법은 도시개발사업조합이 설립요건(해당 도시개발구역의 토지면적의 3분의 2 이상에 해당하는 토지소유자와 그 구역의 토지소유자 총수의 2분의 1 이상의 동의)을 구비하여 일단 조합으로서 설립인가를 받은 이후에는 이를 법인으로 취급하면서 위 법에서 정하지 않은 사항에 대해서는 민법 중 사단법인에 관한 규정을 준용하도록 규정하고 있고(도시개발법 제15조 제1항, 제4항), 한편 민법 제42조 는 사단법인의 정관변경 요건에 관련하여 '총 사원 3분의 2 이상의 동의가 있는 때에 한하여 이를 변경할 수 있다. 그러나 정수에 관하여 정관에 다른 규정이 있는 때에는 그 규정에 의한다.'라고 규정함으로써 정관에서 그 정관변경의 요건이나 절차에 관해 별도로 정하고 있지 않은 경우 정관변경은 원칙적으로 구성원 3분의 2 이상의 동의에 의하도록 하고 있다. 위와 같은 법률규정의 내용과 취지를 종합해 보면, 도시개발법은 도시개발사업조합의 정관변경에 관하여 민법에 정해진 결의요건에 따라 그 조합원 3분의 2 이상의 동의를 받도록 하고, 조합 총회를 통하여 조합의 의사를 결정하는 경우 각 조합원이 그 소유 토지의 면적이나 가치에 상관없이 동등한 자격과 지분을 가지는 것(이와 같은 취지에서 피고 조합의 정관 또한 총회 결의와 관련하여 각 조합원의 지분에 차등을 두지 않고 일정 면적 이상의 토지소유자에 대한 동의를 별도로 요구하지도 않는다)으로 규정하였다고 해석함이 타당하다. [원고는 이와 달리 도시개발법 제13조 제3항 에 따라'해당 도시개발구역 토지면적의 3분의 2 이상에 해당하는 토지를 소유한 조합원과 조합원 총수의 2분의 1 이상의 동의'를 받아야 한다고 주장하나(제1심 법원도 원고 주장과 같은 입장이다), 이러한 해석은 도시개발법의 전체적인 규정내용이나 취지와 맞지 않을 뿐만 아니라, 위 도시개발법 해당 조항은 조합의 설립과 인가에 필요한 요건으로서 조합이 사업계획의 일부를 변경하는 경우에도 위와 같은 요건을 구비하도록 요구하는 것은 기왕의 조합설립을 무효로 하고 변경된 사업계획에 따라 새로운 조합을 설립할 것을 요구하는 것과 다를 바 없어 따르기 어렵다.]

다. 제4, 5차 총회결의의 효력

피고 조합의 조합원이 총 38명이고, 제4차 총회결의에는 조합원 15명이, 제5차 총회결의에는 조합원 20명이 조합원의 비용분담에 관한 사항에 변경을 가져오는 해당 안건에 각 찬성한 사실은 앞에서 본 바와 같다. 위 인정사실에 의하면, 피고 조합의 제4, 5차 총회결의는 해당 안건의 결의에 필요한 조합원 26명(38명 × 2/3 = 25.33명)의 동의를 충족하지 못한 중대한 하자가 있으므로 무효이다.

4. 결 론

그렇다면, 피고 조합의 제4, 5차 총회결의는 결의요건을 충족하지 못하여 무효이고, 한편 피고가 위 각 총회결의가 유효하다고 주장하며 그 효력을 다투고 있는 이상 원고로서는 그 무효확인을 구할 법률상 이익도 있으므로, 원고의 이 사건 청구는 이유 있어 이를 인용하여야 할 것인바, 제1심판결은 이와 결론을 같이하여 정당하므로 피고의 항소는 이유 없어 이를 기각하기로 하여 주문과 같이 판결한다.

별 지

총회결의 내용

1. 제4차 총회결의(2012.10.26.자 임시총회) 내용
   환지계획을 "면적식"에서 "평가식"으로 변경
2. 제5차 총회결의(2013. 2.19.자 임시총회) 내용
   정관의 내용 중 "면적식" 환지계획에 관한 내용을 "평가식" 환지계획에 관한 내용으로 변경하고, 이에 따라 사업비 약 1억 9,185만 원을 증액하기로 함. 끝

대구지방법원 2013. 8.22. 선고 2013가합950 판결

전 문

원 고 a
피 고 b도시개발사업조합

주 문

1. 피고가 2012.10.26.자 임시총회 및 2013. 2.19.자 임시총회에서 별지 기재 각 안건에 관하여 한 각 결의는 무효임을 확인한다.
2. 소송비용은 피고가 부담한다.

청 구 취 지

주문과 같다.

이 유

1. 기초사실

가. 당사자의 지위

(1) 피고는 대구 달서구 c일대 21,565㎡의 도시개발사업을 촉진하고, 이 지역의 건전한 발전과 조합원의 복리증진을 기하기 위하여 설립된 조합으로, 사업시행방식은 '환지방식', 환지계획은 '면적식'으로 하는 내용의 정관을 제정하여 2008.4.25. 대구광역시 달서구청장으로부터 설립인가를 받았다.

(2) 원고는 도시개발구역 내에 위치한 대구 달서구 d, e 토지의 일부 지분을 소유하고 있는 피고 조합의 조합원이다.

나. 임시총회의 개최 및 결의

(1) 2012.10.26. 15：00경 개최된 피고의 제4회 임시총회에서 조합원 38명 중 27명 참석, 그 중 15명의 찬성으로 환지계획을 '면적식'에서 '평가식'으로 변경하는 내용의 결의가 이루어졌다.

(2) 2013. 2.19. 15：00경 계획된 피고의 제5호 임시총회에서 조합원 38명 중 22명 참석, 그 중 20명의 찬성으로 피고의 정관 중 '면적식' 환지계획에 관한 내용을 '평가식' 환지계획에 관한 내용으로 변경하고, 이에 따른 사업비 약 1억 9,185만 원을 증액하기로 하는 내용의 결의가 이루어졌다.

다. 정관의 내용

피고의 정관 중 이 사건과 관련된 조항은 다음과 같다.

[인정근거]

다툼 없는 사실, 갑 제 1내지 4호증, 을제1 내지 10호증(가지번호 있는 호증의 경우 가지번호

포함)의 각 기재, 변론 전체의 취지

2. 당사자들의 주장

가. 원고의 주장

이 사건 각 임시총회의 안건은 조합설립인가 당시에 작성한 환지계획 및 이에 따른 정관의 내용을 실질적으로 변경하는 것이므로 이를 의결하는 경우에는 통상적인 의결사항에 관한 의결정족수 규정인 정관 제23조 제1항이 적용될 수 없고, 도시개발법 제13조 제3항에 따라 도시개발구역 토지면적의 3분의 2 이상에 해당하는 토지소유자와 그 구역의 토지 수요자 총수의 2분의 1 이상의 동의가 필요하다. 그런데 위 각 임시총회의 결의는 위 의결정족수 요건을 갖추지 못하였으므로 무효이다.

나. 피고의 주장

도시개발사업조합이 법률에 규정된 요건을 갖추어 지정권자의 인가를 받아 일단 설립된 후에는 조합의 의사결정은 총회의 의결에 따라야 하는데, 이 사건 각 임시총회에서 정관 제23조 제1항에 규정된 의결정족수에 따른 적법한 의결이 이루어졌으므로 이 사건 각 임시총회의 결의는 모두 유효이다.

3. 판 단

살피건대, 총회의 결의로 정관의 기재사항을 변경하는 경우에, 그것이 조합설립인가 당시에 동의한 내용을 실질적으로 변경하는 것임에도 불구하고 정관 제23조 제1항 에 따라 조합원의 과반수 이상 출석, 조합원의 과반수 이상의 찬성으로 그 기재사항을 변경할 수 있도록 한다면 도시개발법 제13조 제1, 3항의 엄격한 동의요건을 거쳐 성립한 조합설립인가의 내용이 용이하게 변경되어 조합 설립의 기초가 흔들릴 수 있을 뿐만 아니라, 일단 변경될 수 있어 권리관계의 안정을 심히 해하고 도시개발사업의 원활한 진행에 상당한 장애를 초래할 수 있으므로, 이 경우에 위 의결정족수 규정은 사회관념상 현저히 타당성을 잃은 것으로 그 효력을 인정하기 어렵다(대법원 2009. 1.30. 선고 2007다31884 판결 참조)(도시 및 주거환경정비법상의 재건축조합에 관한 사안이나 도시개발법에 의해 설립된 도시개발사업조합의 경우도 달리 볼 이유가 없으므로 동일한 법리가 적용된다고 할 것이다).

이 사건에서 피고의 환지계획을 당초의 면적식에서 평가식으로 변경하고, 이에 따라 정관의 기재사항을 변경하거나 사업비를 증액하는 것은 조합원들의 이해관계에 중대한 영향을 미치는 것으로 조합설립인가 당시의 내용을 실질적으로 변경하는 것이므로, 위와 같은 사항을 안건으로 상정하여 총회에서 의결하는 경우에까지 정관 제23조 제1항 의결정족수 규정의 효력을 인정할 수는 없다고 할 것이고, 관련 법령에 특별의결정족수 규정을 두고 있는지 여부에 따라 정관 제23조 제1항의 효력 유무가 달라지는 것도 아니라 할 것이므로 대법원은 재건축결의 이후에 재건축결의 당시 정한 내용을 변경하기 위해서는 그것이 구성원인 조합원의 이해관계에 미치는 영향에 비추어 재건축결의시의 의결정족수를 규정한 집합건물의 소유 및 관리에 관한 법률 제47조 제2항을 유추 적용하여 조합원 5분의 4 이상의 결의가 필요하다고 판시하였는바(대법원 2005. 4.21. 선고 2003다4969 판결 등 참조). (이는 재건축결의 당시 조합원들

사이에 합의된 재건축결의의 본질적인 내용을 변경하는 경우에는 관련 법령에 특별의결정족수가 규정되어 있는지 여부와 상관없이 재건축결의시 요구되는 가중된 의결정족수 요건을 갖추어야 한다는 법리를 밝힌 것으로 볼 수 있다. 위 판례가 도시 및 주거환경정비법 시행 전의 재건축조합에 관한 것이기는 하나, 위 관계에서 적시한 법리는 이 사건과 같이 도시개발사업조합의 의사결정을 하는 경우에도 달리 볼 이유가 없으므로 그대로 적용된다고 할 것이다.

결국 도시개발법 제13조 제3항 을 유추 적용하여 해당 도시개발구역 토지면적의 3분의 2 이상에 해당하는 토지를 소유한 조합원과 조합원 총수의 2분의 1 이상의 동의를 받아야 한다고 봄이 상당하다.)

그런데 이 사건 2013. 2.19.자 결의의 경우 조합원 총수의 2분의 1 이상인 20명이 안건에 찬성하였으나 2012.10.26.자 결의는 조합원 총수의 2분의 1에 미치지 못하는 15명만 안건에 찬성하였음은 앞서 본 바와 같고, 2012.10.26.자 및 2013.2.19.자 결의 모두 찬성한 조합원이 토지면적의 3분의 2 이상에 해당하는 토지소유자인지는 확정하지 아니한 채 안건의 가결이 공표된 사실은 피고도 인정하고 있는 바이므로, 위 각 결의는 의결정족수를 충족하지 못한 중대한 하자가 있어 무효라고 할 것이고, 피고가 이를 다투고 있는 이상 그 확인을 구할 이익도 인정된다.

4. 결 론

그렇다면, 원고의 이 사건 청구는 이유 있으므로 이를 인용하기로 하여 주문과 같이 판결한다.

별 지

총회결의내용

1. 2012.10.26.자 임시총회 : 환지계획을 "면적식"에서 "평가식"으로 변경
2. 2013. 2.19.자 임시총회 : 정관의 내용 중 "면적식"환지계획에 관한 내용을 "평가식"환지계획에 관한 내용으로 변경하고, 이에 따라 사업비 약 1억 9,185만 원을 증액하기로 함. 끝.

마. 보론 – 서면에 의한 의결권 행사

1) 총 설

조합 총회의 경우 사업구역 내에 실제 거주하지 아니한 조합원이 있을 수 있고, 설사 조합원이 사업구역 내에 거주한다고 하여도 총회에 직접 참석이 어려운 경우가 있을 수 있다. 이 경우를 대비하여 조합의 정관에는 통상 서면에 의한 의결권 행사 방법을 규정하고 있는데 실무에서 총회의결의 효과에 대하여 문제되는 경우가 많은 바, 이하에서는 이에 관하여 살펴보기로 한다.

2) 서면에 의한 의결권 행사(이하 '서면 결의서'라 함)와 서면결의서의 구성 및 법적성격

가) 서면 결의서에 의한 의결권 행사

서면에 의한 의결권 행사는 조합원이 총회에 직접 참석하여 의결권을 행사하지 않고서도 서면에 의하여 그 조합원의 출석과 의결이 있는 것으로 보는 의사 결정방법으로 서면에 의하여 의결권을 행사한 조합원은 사전에 자신의 출석권과 의결권을 행사하게 되는 것이다.

서면에 의한 의결권 행사를 통하여 총회에 직접 참석할 수 없는 조합원으로서는 총회에 참석하지 않고서도 자신의 권리를 행사할 수 있고, 조합으로서는 적지 않은 비용과 노력을 들여 개최한 총회가 조합원들의 참여 부족 등으로 의사 정족수조차 충족되지 못하고 무산되는 상황을 사전에 방지할 수 있게 된다.

나) 서면결의서의 구성 및 법적성격

서면에 의하여 의결권을 행사하는 서면결의서에는 조합원 여부를 확인하기 위하여 '성명, 권리내역, 전화번호, 주소' 등을 기재하고, 조합원 자신이 작성한 문서임을 확인하는 서명이 기재된 '인적사항란'과 안건에 관한 의결내용을 표시하는 '안건란'으로 구성되어 있다.

즉 서면결의서는 안건에 관하여 의결권을 갖는 조합원이 서면으로 의사표시를 하는 방법이고 그 의사표시의 상대방은 조합이 되는 것이다.

결과적으로 서면결의서는 조합원이 작성한 조합원 명의의 문서라 할 것이고 작성 주체는 조합원인 것이다.

다) 서면결의서의 효력

따라서 서면결의서는 궁극적으로 조합원들의 진정한 의사를 확인하는데 그 의미가 있는 것[58]이고, 서면결의서가 작성자의 의사에 반하여 작성되어 위조되었다는 등의 명백한 증거가 없는 이상 그 효력을 부정할 수 없는 것이다[59].

그리고, 조합원의 의결권을 충분히 보장할 필요가 있다는 점에서 사본이거나 "팩시밀리를 통해 전송받은" 서면결의서의 경우에도 그 효력을 부인할 수 없다는 것이 법원의 입장이다.[60]

다만 정관이나 규약에 서면결의서의 제출방법, 방식 등을 규정하고 있다면 그에 따라야 유효하다고 할 것이다.

---

58) 서울고등법원 2001. 7.18. 선고 99나42713 판결.
59) 위 서울고등법원 99나42713 판결.
60) 서울중앙지방법원 2011카합2183 결정.

3) 대의원회

가) 총 설

의결권을 가진 조합원의 수가 100인 이상인 조합은 총회의 권한을 대행하게 하기 위하여 대의원회를 둘 수 있는데(시행령 제36조) 후술하는 바와 같이 일정한 사항에 관하여는 총회의 권한을 대행하는 역할을 한다.

나) 필수적 기관인지 여부

도시정비법의 경우 '조합원의 수가 100인 이상인 경우 대의원회를 두어야 한다'(도시정비법제25조 제1항)라고 규정하여 필수적 기관이다.

그리고, 조합의 법정대의원수에 미달한 대의원회의 결의에 관하여 '대의원회는 총회의 권한을 대행할 수 있는 기관으로 조합원 총회의 의사결정을 갈음할 수 있을 정도의 대표성을 갖추기 위하여 법정 대의원수의 요건을 갖추어야하며, 만약 법정 대의원수에 미달하는 경우 총회의 대행기관으로 대의원회를 둔 근본취지에 반하고 이 경우 대의원회가 결의한 결의는 무효라는 취지의 판시를 하면서, 대의원 수가 법정 정원을 충족하지 못하는 경우 오히려 대의원회는 그 기능을 다하고 조합원 총회가 본연의 역할을 하면 될 것이라고 판시한바가 있다.[61]

그러나, 도시개발법의 경우 '의결권을 가진 조합원의 수가 100인 이상인 조합은 총회의 권한을 대행하게 하기 위하여 대의원회를 둘 수 있다'(시행령 제36조 제1항)라고 규정[62]하여 도시정비법과 달리 필수적 기관은 아니지만, 실무상 도시개발조합은 의사결정의 효율성을 위하여 대의원회를 두고 있다.

다) 대의원회의 구성

(1) 대의원의 수

의결권을 가진 조합원의 수가 100인 이상인 조합의 경우 총회의 권한을 대행하게 하기 위하여 대의원회를 줄 수 있고, 대의원회에 두는 대의원의 수는 의결권을 가진 조합원 총수의 100분의 10 이상으로 한다(시행령 제36조 제2항).

---

61) 대구지방법원 서부지원 2011. 6.30. 선고 2011가합994 판결, 위 판결의 항소심인 대구고등법원 2012. 1.13. 선고 2011나4224 판결, 위 판결의 상고심인 대법원 2012. 5.10. 선고 2012다15824 판결 참고.

62) 시행령 제29조 제1항 (정관의 기재사항) 에서도 대의원회 또는 이사회를 두는 경우에는 그 구성, 기능, 의결권의 행사방법, 그 밖에 회의운영에 관한 사항을 정관의 기재사항으로 규정하는 바 필수적 기관이 아님을 알 수 있다.

(2) 대의원의 선출방법

대의원은 의결권을 가진 조합원 중에서 정관에서 정하는 바에 따라 선출하고(시행령 제36조 제2항), 조합장이 대의원회의 의장이 된다(시행령 제34조 제1항).

도시정비법의 경우 대의원의 선임 및 해임에 관하여는 정관이 정하는 바에 의한다고 규정하고 있지만(도시정비법 제25조 제4항[63]) 동법 시행령 제34조 제1항 제2호는 대의원의 선임 및 해임에 관한 사항을 총회의결사항으로 규정하여 반드시 조합원 총회에서 의결로써 대의원을 선임 및 해임하는 것으로 규정한 것과는 다르다.

일정한 사항에 관하여 총회의 권한을 대행할 수 있는 기관임을 고려할 때, 대의원은 반드시 조합 총회에서 의결로써 선출하도록 규정함이 바람직하다고 할 것이다.

(3) 대의원회의 운영

(가) 대의원회의 소집 및 대의원회의 의결방법

대의원회의 소집방법, 절차, 의결방법 등은 정관에 정한 바에 따른다(시행령 제29조 제1항 제10호).

(나) 대의원회의 권한

대의원회는 제35조에 따른 총회의 의결사항 중 같은 조 제1호 · 제2호(제7조에 따른 사항과 관련된 개발계획의 경미한 변경 및 법 제17조 제1항에 따른 실시계획(이하 "실시계획"이라 한다)의 수립 · 변경은 제외한다) · 제6호(제60조 제1항 각 호에서 정하는 환지계획의 경미한 변경은 제외한다) · 제9호 및 제10호의 사항을 제외한 총회의 권한을 대행할 수 있다.

즉, 대의원회는 시행령 제36조 따라 다음 사항을 제외하고는 총회의 권한을 대행할 수 있다.

- 정관의 변경
- 개발계획 및 실시계획의 수립 및 변경(제7조에 따른 사항과 관련된 개발계획의 경미한 변경 및 법 제17조 제1항에 따른 실시계획의 수립 · 변경은 제외)
- 환지계획의 작성(제60조 제1항 각 호에서 정하는 환지계획의 경미한 변경은 제외)
- 조합임원의 선임
- 조합의 합병 또는 해산에 관한 사항(다만, 법 제46조에 따른 청산금의 징수 · 교부를 완료한 후에 조합을 해산하는 경우는 제외)

63) 대의원의 수, 의결방법, 선임방법 및 선임절차 등에 관하여는 대통령령이 정하는 범위 안에서 정관으로 정한다.

4) 이 사 회

이사회를 두는 경우에는 그 구성, 기능, 의결권의 행사방법, 그 밖에 회의운영에 관한 사항은 정관으로 정하도록 규정하고 있다(시행령 제29조 제1항 제10호).

조합장은 이사회의 의장이 된다(시행령 제34조 제1항).

바. 도시개발조합의 해산과 청산

1) 총 설

도시개발법은 조합의 해산에 관하여 상세한 규정을 두고 있지 않다. 다만 법 제15조 제4항 '조합에 관하여 이 법으로 규정한 것 외에는 「민법」 중 사단법인에 관한 규정을 준용한다.'라고 규정하고 있는 바, 결국 조합의 해산 및 청산절차는 민법 중 사단법인의 해산 등에 관한 규정에 따라 이루어진다.

2) 해산 사유

민 법

제77조 (해산사유) ① 법인은 존립기간의 만료, 법인의 목적달성 또는 달성의 불능, 기타 정관에 정한 해산사유의 발생, 파산 또는 설립허가의 취소로 해산한다.

② 사단법인은 사원이 없게 되거나 총회의 결의로도 해산한다.

제78조 (사단법인의 해산결의) 사단법인은 총사원 4분의 3 이상의 동의가 없으면 해산을 결의하지 못한다. 그러나 정관에 다른 규정이 있는 때에는 그 규정에 의한다.

도시개발법 시행령

제35조 (총회의 의결사항) 다음 각 호의 사항은 총회의 의결을 거쳐야 한다.

10. 조합의 합병 또는 해산에 관한 사항. 다만, 법 제46조에 따른 청산금의 징수·교부를 완료한 후에 조합을 해산하는 경우는 제외한다.

3) 해산결의의 시기

대법원 2007. 1.11. 선고 2005다63542호 판결

피고의 정관은 제66조에서 '분양처분 고시 후 구 도시재개발법에서 정한 대지 및 건축시설의 등기에 관한 절차를 이행한 때에는 지체 없이 대의원회를 소집하여 조합의 해산을 결의하여야 한다.'고 규정함과 동시에 제21조 제1항 제2호에서 대의원회의 결의사항 중 하나로 '사업완료시 조합의 해산'을 들고 있는 사실, 피고 조합은 2002.2.9. 분양처분 고시를 하고, 2002.2.16경부터 재개발사업에 의하여 조성된 대지 및 신축된 아파트에 관하여 소유권보존등기를 경료하기 시작하여 2004.10.10.경 보존등기가 전부 완료된 사실 등을 인정한 후, 피고 조합은 정관의 규정에 따라 사업완료를 이유로 대의원회의 결의에 조합을 해산할 수 있고, 피고 조합의 예산집행에 대한 결산이 종료되지 않았다고 하여 달리 볼 것은 아니라고 판단하였는바, 법인은 해산에 의하여 바로 그 법인격이 소멸되는 것이 아니고, 청산의 목적범위 내에서는 여전히 권리 · 의무의 주체가 되는 것이므로(민법 제81조) 피고 조합의 예산집행에 문제가 있었다고 하더라도 청산과정에서 이를 바로 잡을 수 있는 점과 기록에 비추어 살펴보면 원심의 위와 같은 사실인정과 판단은 정당하다.

4) 청 산[64)]

해산한 법인은 청산의 목적 범위 내에서만 권리가 있고 의무를 부담한다(민법 제81조). 법인이 해산한 때에는 파산의 경우를 제외하고는 이사가 청산인이 되지만, 정관 또는 총회의 결의로 달리 정한 바가 있으면 그에 따른다(민법 제82조).[65)]

청산인은 현존하는 조합사무의 종결, 채권의 추심 및 채무의 변제, 잔여재산의 처분 그 밖에 청산에 필요한 사항 등의 업무를 처리하여야 한다(민법 제87조). 채무의 변제는 민법 제88조 이하[66)]의 규정에 의한다.

대법원 1980. 4. 8. 선고 79다2036 판결

가. 법인의 청산절차에 관한 규정이 강행규정인지 여부

---

64) 이우재, 도시 및 주거환경정비법(상), 진원사, 2009, 814면.

65) 통상 기존의 조합장이 청산인이 된다.

66) 제88조(채권신고의 공고) ① 청산인은 취임한 날로부터 2월 내에 3회 이상의 공고로 채권자에 대하여 일정한 기간 내에 그 채권을 신고할 것을 최고하여야 한다. 그 기간은 2월 이상이어야 한다.
② 전항의 공고에는 채권자가 기간 내에 신고하지 아니하면 청산으로부터 제외될 것을 표시하여야 한다.
③ 제1항의 공고는 법원의 등기사항의 공고와 동일한 방법으로 하여야 한다.
제89조(채권신고의 최고) 청산인은 알고 있는 채권자에게 대하여는 각각 그 채권신고를 최고하여야 한다. 알고 있는 채권자는 청산으로부터 제외하지 못한다.
제90조(채권신고기간내의 변제금지) 청산인은 제88조 제1항의 채권신고기간 내에는 채권자에 대하여 변제하지 못한다. 그러나 법인은 채권자에 대한 지연손해배상의 의무를 면하지 못한다.
제91조(채권변제의 특례) ① 청산 중의 법인은 변제기에 이르지 아니한 채권에 대하여도 변제할 수 있다.
② 전항의 경우에는 조건있는 채권, 존속기간의 불확정한 채권 기타 가액의 불확정한 채권에 관하여는 법원이 선임한 감정인의 평가에 의하여 변제하여야 한다.
제92조(청산으로부터 제외된 채권) 청산으로부터 제외된 채권자는 법인의 채무를 완제한 후 귀속권리자에게 인도하지 아니한 재산에 대하여서만 변제를 청구할 수 있다.

나. 청산등기가 경료되었으나 청산사무가 종료되지 아니한 경우와 청산법인의 존속

1. 민법 제80조, 제81조, 제87조와 같은 청산절차에 관한 규정은 모두 제3자의 이해관계에 중대한 영향을 미치기 때문에 소위 강행규정이라고 해석되므로 만일 그 청산법인이나 그 청산인이 청산법인의 목적범위 외의 행위를 한 때는 무효라 아니할 수 없다.
2. 청산종결등기가 경료된 경우에도 청산사무가 종료되었다 할 수 없는 경우에는 청산법인으로 존속한다.

제4절 조 합 원

1. 조합원의 자격

조합의 조합원은 도시개발구역의 토지소유자로 한다(법제14조 제1항). 도시정비법은 주택재개발정비사업의 경우 조합설립에 동의하였는지 여부와 관계없이 조합원이 되고(강제가입주의), 주택재건축정비사업의 경우 조합설립에 동의한 자만 조합원이 되는 (임의가입주의)것으로 규정하고 있는데, 도시개발법은 조합설립이 동의 여부와 관계없이 조합원이 되도록 규정하고 있는바, 강제가입주의라 할 수 있다.

2. 조합원의 권리 · 의무

가. 조합원의 권리

조합원은 최고 의사결정기구인 조합 총회에 참석할 수 있는 권리, 총회에 참석하여 의결권을 행사하고 의안에 관하여 발언할 수 있는 권리, 임원 등을 선출할 수 있는 권리, 임원 등에 입후보할 수 있는 권리, 조합의 각종 서류를 열람할 수 있는 권리, 조합 총회에서 의결된 사항에 관한 권리 등을 갖는다.

이와 관련하여 도시개발법 시행령은 아래와 같이 규정하고 있다.

시행령 제32조

② 조합원의 권리 및 의무는 다음 각 호와 같다.

1. 보유토지의 면적과 관계없는 평등한 의결권. 다만, 다른 조합원으로부터 해당 도시개발구역에 그가 가지고 있는 토지소유권 전부를 이전 받은 조합원은 정관으로 정하는 바에 따라 본래의 의결권과는 별도로 그 토지소유권을 이전한 조합원의 의결권을 승계할 수 있다.

3. 그 밖에 정관에서 정하는 권리 및 의무

③ 제2항 제1호를 적용할 때 공유 토지는 공유자의 동의를 받은 대표공유자 1명만 의결권이 있으며, 「집합건물의 소유 및 관리에 관한 법률」 제2조 제2호에 따른 구분소유자는 구분소유자별로 의결권이 있다. 다만, 제11조 제2항에 따른 공람 · 공고일 후에 「집합건물의 소유 및 관리에 관한 법률」 제2조에 따른 구분소유권을 분할하여 구분소유권을 취득한 자는 의결권이 없다.

④ 조합은 법 제28조에 따른 환지계획을 작성하거나 그 밖에 사업을 시행하는 과정에서 조합원이 총회에서 의결하는 사항 등에 동의하지 아니하거나 소규모 토지소유자라는 이유로 차별해서는 아니된다.

대법원 2010. 11. 11. 선고 2009다89337 판결

선출권 및 피선출권을 침해하였는지 여부(도시정비법 조합설립추진위원장 및 감사에 관한 사안)

[1] 주택재개발정비사업 조합설립추진위원회의 운영규정의 해석상 위 추진위원회가 주민총회에 임기가 만료된 위원장이나 감사를 연임하는 안건을 상정하면서 입후보자등록공고 등의 절차를 거치지 않았다고 하더라도 그것이 토지소유자들의 위원장이나 감사에 대한 선출권 내지 피선출권을 침해하였다고 볼 수 없다고 한 원심의 판단을 수긍한 사례

원심판결 이유에 의하면 원심은, 그 채택 증거에 의하여 판시와 같은 사실을 인정한 후 다음과 같이 판단하였다. 피고의 운영규정에는 위원의 임기는 선임된 날부터 2년까지로 하되, 추진위원회에서 재적위원 과반수의 출석과 출석위원 3분의 2 이상의 찬성으로 연임할 수 있으나, 위원장, 감사의 연임은 주민총회의 의결에 의하며, 추진위원의 선임방법은 추진위원회에서 정하되, 동별 · 가구별 세대수와 시설의 종류를 고려하여야 하고, 위원장, 감사의 선임, 변경, 연임 등의 사항은 주민총회의 의결을 거쳐 결정한다고 규정되어 있다. 이에 의하면 위원장이나 감사의 임기가 만료한 경우에 선임 또는 연임의 결정은 주민총회의 의결을 거쳐야 하지만, 피고가 새로운 입후보자등록공고 등의 절차를 밟아 주민총회에 위원장, 감사의 선임 안건을 상정하든지, 그렇지 아니하고 주민총회에 위원장, 감사의 연임 안건을 상정할 것인지를 선택할 수 있다고 해석된다. 따라서 원고(선정당사자, 이하 '원고'라고 한다)를 포함한 토지소유자들의 위원장이나 감사에 대한 선출권 내지 피선출권은 주민총회에서 임기가 만료된 위원장이나 감사를 연임하는 안건에 관하여 이를 부결하는 내용의 반대 결의가 이루어진 다음에 새로운 추진위원으로서 위원장이나 감사를 선임하는 결의를 하는 경우에 보장하면 충분하고, 피고가 주민총회에

임기가 만료된 위원장이나 감사를 연임하는 안건을 상정하는 때에는 새로운 입후보자가 등록하는 것이 아니므로 입후보자등록공고 등의 절차를 거치지 않았다고 하더라도 그것이 원고를 포함한 토지소유자들의 위원장이나 감사에 대한 선출권 내지 피선출권을 침해하였다고 볼 수 없다.
관련 법리 및 기록에 비추어 살펴보면 원심의 판단은 정당한 것으로 수긍이 가고, 거기에 상고이유로 주장하는 것과 같은 법리오해 등의 위법이 없다.

나. 조합원의 의무

조합원은 정관에서 정한 조합의 운영 및 도시개발사업의 시행에 필요한 경비를 부담할 의무(시행령 제32조 제2항 제2호)와 그밖에 정관에서 정한 의무를 부담한다(시행령 제32조 제2항 제3호).

그에 따라 조합은 사업에 필요한 비용을 조성하기 위하여 정관으로 정하는 바에 따라 조합원에게 경비를 부과 · 징수할 수 있다(법제16조 제1항). 이 경우 그 부과금의 금액은 도시개발구역의 토지의 위치, 지목, 면적, 이용 상황, 환경, 그 밖의 사항을 종합적으로 고려하여야 한다(법제16조 제2항)

한편, 조합은 조합원이 부과금의 납부를 게을리 한 경우에는 정관으로 정하는 바에 따라 연체료를 부담시킬 수 있으며 (법 제16조 제4항) 부과금이나 연체료를 체납하는 자가 있으면 특별자치도지사, 시장, 군수 또는 구청장에 부과금 또는 연체료의 징수를 위탁할 수 있다(법 제16조 제3항 내지 제5항, 시행령 제37조)

그 밖에 조합은 정관에서 권리자의 명부 기재사항이 변경되었거나 주소 또는 거소를 이전한 경우 조합에 신고할 의무, 도시개발사업의 시행에 필요한 서류를 제출할 의무, 조합총회에서 의결된 사항을 준수할 의무 등을 부담한다.

조합의 조합원에 대한 경비부과징수권의 법적 성질(=행정처분) 및 채권자대위권의 피대위채권으로서의 적격 여부(대법원 2002. 5. 28. 선고 2000다5817 판결)

[1] 채무의 존재는 인정되나 그 액수가 구체적으로 주장 · 입증되지 않는 경우 법원이 취하여야 할 조치
[2] 구 토지구획정리사업법 제28조에 의한 조합의 조합원에 대한 경비부과징수권의 법적 성질(=행정처분) 및 채권자대위권의 피대위채권으로서의 적격 여부(소극)
[3] 손해가 간접적이고도 경제적인 것에 불과하여 불법행위가 성립하지 않는다고 한 사례

[1] 원고가 토지구획정리조합을 대위하여 조합원인 피고들에게 확정된 환지청산금을 구하고, 피고들이 환지청산금을 완납하지 아니한 사실을 인정한 이상, 법원으로서는 적극적으로 석명권을 행사

하여 피고별 미납액에 관한 입증을 촉구하고 경우에 따라서는 직권으로라도 그 미납액을 심리·판단하여야 한다.

[2] 구 토지구획정리사업법(2000. 1.28. 법률 제6252호로 폐지) 제28조에 의한 조합의 조합원에 대한 경비부과징수권은 행정처분적인 성질을 가지는 것이어서 채권자대위권을 행사할 피대위채권으로 적합하지 아니한 것이라고 보아야 한다.

[3] 토지구획정리조합의 조합장 또는 이사들이 조합의 채권자에게 청산금을 적게 줄 의도로 조합의 결의를 유도하고 그에 따라 환지처분 업무를 수행함으로써 그 채권자에게 손해가 발생하였다 하더라도, 그 환지처분 자체가 위법한 것이 아닌 이상 그 채권자의 손해는 간접적이고도 경제적인 것에 불과하여 그 조합장 등의 행위가 그 채권자에 대한 관계에서 불법행위로 될 수는 없다고 한 사례.

제5절 실시계획의 수립 등

실시계획은 도시개발사업의 시행자가 수립하는 구체적인 사업시행계획으로서 도시개발법 제17조 이하에서는 도시개발사업의 원활한 추진 및 효율적인 도시관리 등을 위하여 시행자로 하여금 개발계획에 맞게 실시계획을 작성케 한 후 지정권자로 하여금 인가를 받도록 규정하고 있다.

1. 실시계획의 작성

가. 작 성 자

시행자는 대통령령으로 정하는 바에 따라 도시개발사업에 관한 실시계획을 작성하여야 한다. 이 경우 실시계획에는 지구단위계획이 포함되어야 한다(법 제17조 제1항).

나. 실시계획의 작성

실시계획은 개발계획에 맞게 작성하여야 한다. 다만, 지구단위계획은 「국토의 계획 및 이용에 관한 법률」 제49조 제2항에 따른 지구단위계획의 수립기준에 따라 작성하여야 하며, 위 각 항에서 규정한 사항 외에 실시계획의 작성에 필요한 세부적인 사항은 국토교통부장관이 정한다(영 제38조 제1항 내지 제3항).

다. 첨부서류

실시계획에는 아래에 서류들을 명시하거나 첨부하여야 한다(법 제17조 제5항).

1) 사업 시행에 필요한 설계도서
2) 자금 계획
3) 시행 기간
4) 그 밖에 대통령령으로 정하는 사항과 서류

2. 실시계획의 인가절차

각종 영향평가 심의대상규모 및 요청시기			
영향평가		대상사업의 범위	협의요청시기
환 경	도시개발사업	면적 25㎡ 이상인 것	실시계획의 인가 전
	택지개발사업	면적 30㎡ 이상인 것	실시계획의 승인 전
교 통	도시개발사업	부지면적 10만㎡ 이상	실시계획의 인가 전
	택지개발사업	부지면적 10만㎡ 이상	실시계획의 승인 전
사전재해	도시개발사업		시실계획의 인가 전
	택지개발사업		실시계획의 승인 전

가. 인가권자

시행자(지정권자가 시행자인 경우는 제외한다)는 작성된 실시계획에 관하여 지정권자의 인가를 받아야 한다(법 제17조 제2항). 이때 인가는 작성된 실시계획의 효력을 보충·완성시켜주는 법률적 행위의 효력요건이기 때문에 무인가행위는 원칙적으로 무효가 되지만 처벌의 대상이 되지는 않는 것이 보통이다.

또한, 인가를 받은 실시계획을 변경하거나 폐지하는 경우에도 이를 준용하지만, 국토교통부령으로 정하는 경미한 사항을 변경하는 경우에는 그러하지 아니하다(같은 조 제4항).

도시개발사업의 공사 등이 완료되고 원상회복이 사회통념상 불가능하게 된 경우, 도시개발사업의 시행에 따른 도시계획변경결정처분과 도시개발구역지정처분 및 도시개발사업실시계획인가처분의 취소를 구할 법률상 이익이 있는지 여부(대법원 2005. 9. 9. 선고 2003두5402 판결)

도시개발사업의 시행에 따른 도시계획변경결정처분과 도시개발구역지정처분 및 도시개발사업실시계획인가처분은 도시개발사업의 시행자에게 단순히 도시개발에 관련된 공사의 시공권한을 부여하는 데 그치지 않고 당해 도시개발사업을 시행할 수 있는 권한을 설정하여 주는 처분으로서 위 각 처분 자체로 그 처분의 목적이 종료되는 것이 아니고 위 각 처분이 유효하게 존재하는 것을 전제로 하여 당해 도시개발사업에 따른 일련의 절차 및 처분이 행해지기 때문에 위 각 처분이 취소된다면 그것이 유효하게 존재하는 것을 전제로 하여 이루어진 토지수용이나 환지 등에 따른 각종의 처분이나 공공시설의 귀속 등에 관한 법적 효력은 영향을 받게 되므로, 도시개발사업의 공사 등이 완료되고 원상회복이 사회통념상 불가능하게 되었더라도 위 각 처분의 취소를 구할 법률상 이익은 소멸한다고 할 수 없다.

나. 법적성격

토지구획정리사업은 대지로서의 효용증진과 공공시설의 정비를 위하여 실시하는 토지의 교환·분합 기타의 구획변경, 지목 또는 형질의 변경이나 공공시설의 설치·변경에 관한 사업으로서, 그 시행인가는 사업지구에 편입될 목적물의 범위를 확정하고 시행자로 하여금 목적물에 관한 현재 및 장래의 권리자에게 대항할 수 있는 법적 지위를 설정해 주는 행정처분의 성격을 갖는 것이므로, 사업시행자의 자격이나 토지소유자의 동의 여부 및 특정 토지의 사업지구 편입 등에 하자가 있다고 주장하는 토지소유자 등은 시행인가 단계에서 그 하자를 다투었어야 하며, 시행인가처분에 명백하고도 중대한 하자가 있어 당연 무효라고 볼 특별한 사정이 없는 한, 사업시행 후 그 시행인가처분의 하자를 이유로 효력을 다툴 수는 없다.[67)]

다. 의견청취

지정권자가 실시계획을 작성하거나 인가하는 경우 국토교통부장관이 지정권자이면 시·도지사 또는 대도시 시장의 의견을, 시·도지사가 지정권자이면 시장(대도시 시장을 제외한다)·군수 또는 구청장의 의견을 미리 들어야 한다(같은 조 제3항).

67) 대법원 2004. 10. 14. 선고 2002두424 판결.

라. 인가신청 및 신청시 첨부서류

1) 인가신청

시행자가 법 제17조 제2항에 따라 실시계획의 인가를 받으려는 경우에는 실시계획 인가신청서에 국토교통부령으로 정하는 서류를 첨부하여 시장(대도시 시장은 제외한다)·군수 또는 구청장을 거쳐 지정권자에게 제출하여야 한다. 다만, 국토교통부장관·특별자치도지사 또는 대도시 시장이 지정권자인 경우에는 국토교통부장관·특별자치도지사 또는 대도시 시장에게 직접 제출할 수 있다(영 제39조).

2) 첨부서류

시행자(지정권자가 시행자인 경우는 제외한다)는 실시계획에 관한 인가를 받으려는 때에는 별지 제14호 서식의 도시개발사업 실시계획 인가신청서에 다음 각 호의 서류 및 도면을 첨부하여 지정권자에게 제출하여야 한다(법 시행규칙 제20조 제1항).

[실시계획 인가신청서 첨부서류]

법 시행규칙 제20조 (실시계획 인가신청서)

제1호 사업비 및 자금조달계획서(연차별 투자계획을 포함한다)
제2호 존치하려는 기존 공장이나 건축물 등의 명세서
제3호 보상계획서(이주대책을 포함한다)
제4호 사업의 위탁 또는 신탁계획서
제5호 도시개발사업의 시행으로 새로 설치하는 공공시설 또는 기존의 공공시설의 조서(調書) 및 도면(법 제11조 제1항 제1호부터 제4호까지의 규정에 해당하는 자가 시행자인 경우만 해당한다)
제6호 도시개발사업의 시행으로 용도폐지되는 국가 또는 지방자치단체의 재산에 대한 둘 이상의 감정평가업자의 감정평가서(법 제11조 제1항 제5호부터 제11호까지의 규정에 해당하는 자가 시행자인 경우만 해당한다)
제7호 도시개발사업으로 새로 설치하는 공공시설의 조서 및 도면과 그 설치비용계산서(법 제11조 제1항 제5호부터 제11호까지의 규정에 해당하는 자가 시행자인 경우만 해당한다). 이 경우 새로운 공공시설의 설치에 필요한 토지와 종래의 공공시설이 설치되어 있는 토지가 같은 토지인 경우에는 그 토지가격을 뺀 설치비용만을 계산한다.
제8호 도시·군관리계획(지구단위계획을 포함한다)의 결정에 필요한 관계 서류 및 도면
제9호 환경영향평가, 교통영향분석·개선대책, 재해영향평가 등 각종 영향평가서
제10호 법 제19조 제2항에 따른 관계 행정기관의 장과의 협의에 필요한 서류
제11호 축척 2만 5천분의 1 또는 5만분의 1의 위치도
제12호 계획평면도 및 개략설계도

■ 도시개발법 시행규칙 [별지 제14호 서식] 〈개정 2017. 12. 29.〉

도시개발사업 실시계획 인가신청서

※ 색상이 어두운 란은 신청인이 작성하지 않습니다. (앞 쪽)

접수번호	접수일자	처리기간 120일 (경유기관 30일, 협의기관 30일 포함)

신 청 인	성명(법인의 명칭 및 대표자 성명)	생년월일(법인등록번호)
	주소	전화번호

신청내용	사업명칭							
	사업목적							
	위 치			시행면적	㎡			
	시행방법			사업기간				
	토지이용현황	지목별						
		면적(㎡)						
	토지이용계획	용도별						
		면적(㎡)						
	기반시설계획	시설별						
		개 요						

「도시개발법」 제17조제2항, 「도시개발법 시행령」 제39조 및 「도시개발법 시행규칙」 제20조제1항에 따라 위와 같이 도시개발사업 실시계획 인가를 신청합니다.

년 월 일

신청인 (서명 또는 인)

국토교통부장관
특별시장 · 광역시장 · 도지사 · 특별자치도지사 귀하
대도시 시장

첨부서류	1. 사업비 및 자금조달계획서(연차별 투자계획을 포함합니다) 2. 존치하려는 기존 공장이나 건축물 등의 명세서 3. 보상계획서(이주대책을 포함합니다) 4. 사업의 위탁 또는 신탁계획서 5. 도시개발사업의 시행으로 새로 설치하는 공공시설 또는 기존의 공공시설의 조서(調書) 및 도면(「도시개발법」 제11조제1항제1호부터 제4호까지의 규정에 해당하는 자가 시행자인 경우에만 제출합니다) 6. 도시개발사업의 시행으로 용도폐지되는 국가 또는 지방자치단체의 재산에 대한 2 이상의 감정평가업자의 감정평가서(「도시개발법」 제11조제1항제5호부터 제11호까지의 규정에 해당하는 자가 시행자인 경우에만 제출합니다) (뒤 쪽으로 계속됩니다)	수수료 없음

210㎜×297㎜[백상지(80g/㎡) 또는 중질지(80g/㎡)]

(뒤 쪽)

첨부서류	7. 도시개발사업으로 새로 설치하는 공공시설의 조서 및 도면과 그 설치비용계산서(「도시개발법」 제11조제1항제5호부터 제11호까지의 규정에 해당하는 자가 시행자인 경우에만 제출합니다). 이 경우 새로운 공공시설의 설치에 필요한 토지와 종래의 공공시설이 설치되어 있는 토지가 같은 토지인 경우에는 그 토지가격을 뺀 설치비용만 계산합니다. 8. 도시 · 군관리계획(지구단위계획을 포함합니다)의 결정에 필요한 관계 서류 및 도면 9. 환경영향평가 · 교통영향평가 · 재해영향평가 등 각종 영향평가서 10. 「도시개발법」 제19조제2항에 따른 관계 행정기관의 장과의 협의에 필요한 서류 11. 위치도 12. 계획평면도 및 개략설계도

처리절차

시장 · 군수 · 구청장을 경유하는 경우, 신청서는 다음과 같이 처리됩니다.

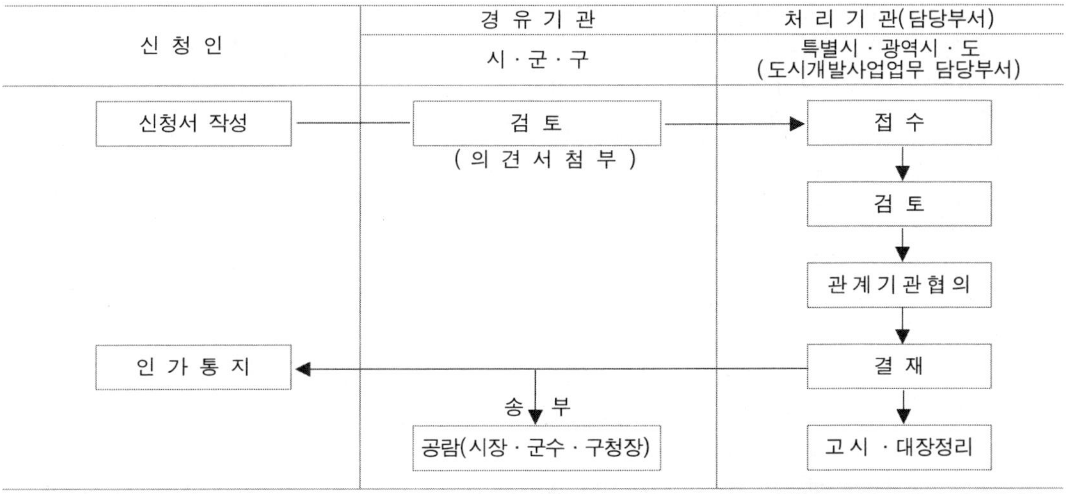

지정권자인 국토교통부 장관, 특별자치도지사, 대도시 시장에게 직접 제출하는 경우, 신청서는 다음과 같이 처리됩니다.

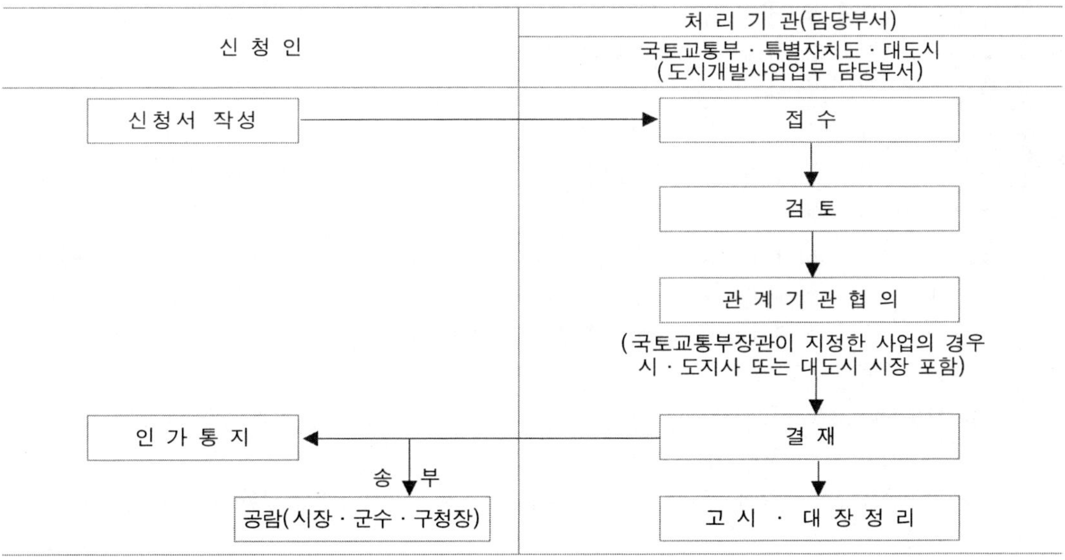

[도시개발업무지침상 실시계획의 내용]

제1장 사업의 명칭, 위치 및 면적 등

3-1-1. 사업의 명칭, 위치 및 면적은 2-1-6.의 규정에 따라 작성한다.

3-1-2. 사업기간은 2-5-1.의 규정에 따라 작성한다.

3-1-3. 시행자의 주소 및 성명은 2-6-1.의 규정에 따라 작성한다.

제2장 첨부도면 및 서류

3-2-1. 실시계획인가신청을 위한 첨부도면 및 서류는 다음과 같다.

(1) 위치도는 축척 1/25,000 또는 1/50,000 이상의 도시관리계획 총괄도 또는 지형도를 사용하여 개발구역 등을 표시하도록 한다.

(2) 토지 관련 서류에는 지적도 또는 임야도 등이 포함되어야 하며 토지 등을 수용하고자 할 때에는 수용할 토지 등의 소재지, 지번, 지목, 면적, 소유권 및 소유권외의 권리의 명세와 그 소유자 및 권리자의 성명, 주소를 기재한 서류를 첨부한다.

다만, 개발계획 수립시 제출한 서류의 내용변경이 없는 경우에는 그러하지 아니하다.

(3) 실시계획의 계획평면도는 축척 1/5,000 이상의 지형도를 이용하여 개발계획에서 정한 내용을 표시한다.

(4) 다른 법률에 따른 허가인가 등을 의제하는 경우에는 해당 법률에 따른 실시설계도를 첨부한다.

(5) 사업비 및 자금조달계획은 제2편 제8장 제15절의 규정에 따라 작성한다.

(6) 개발되는 토지 또는 시설물의 처분에 관한 계획서는 토지이용계획 및 공급조건에 적합하게 작성한다.

(7) 존치하고자 하는 기존 공장이나 건축물 등에 대하여는 대지조성공사, 우·오수처리 등의 지장여부를 판단하기 위한 존치대상 건축물 검토서, 별지 제1호 서식의 존치대상 건축물 조서 및 존치대상 건축물 현황도를 작성한다.

(8) 토지, 건물, 권리 등의 매수, 보상 및 이주대책에 관한 서류는 「토지수용법」 등을 준용하여 작성한다.

(9) 공공시설물 및 토지 등의 무상귀속과 대체에 관한 계획서는 법 제66조의 규정에 따라 작성한다.

(10) 국가 또는 지방자치단체에 귀속될 공공시설의 산출내역서는 공공시설별로 구분하여 실시계획 작성 시점을 기준으로 비용을 산출하며, 시행자에게 귀속 또는 양도될 기존 공공시설의 평가서는 2 이상의 감정평가기관에 따른 평가액산정 등 객관적인 기준을 별도로 마련한 후 작성한다.

(11) 사업위탁 또는 신탁계획서는 법 제12조, 영 제26조부터 제28조까지 및 시행규칙 제18조 및 제19조의 규정에 따라 작성한다.

(12) 지구단위계획 결정에 필요한 관계서류 및 도면은 개발계획에서 정한 내용이 포함되어야 한다.

⒀ 환경영향평가 등 각종 영향평가의 결과가 필요한 경우에는 실시계획인가 신청시 심의필증을 첨부한다.
⒁ 환지방식으로 시행하는 경우에는 시행자별 규약, 시행규정, 조례, 부담률 계산서를 작성하여야 하며 부담률 계산서에는 다음 사항이 포함되어야 한다.
① 사업시행 전후 토지의 용도별, 지목별 면적비교표
② 용도별 체비지조서
③ 공공용지 조서
④ 부담률 계산서
⑤ 기타 필요한 사항
⒂ 별표 1의 2의 녹색도시 개발계획에서 정한 목표치 및 평가 등급 결정에 적용한 기준을 확인할 수 있는 서류나 도면 등

3. 실시계획의 인가신청기간 연장신청

시행자는 실시계획의 인가신청기간의 연장이 필요하면 별지 제12호 서식의 도시개발사업 실시계획 인가신청기간 연장신청서에 다음 각 호의 서류 및 도면을 첨부하여 시장(대도시 시장은 제외한다)·군수 또는 구청장을 거쳐 지정권자에게 제출하여야 한다. 다만, 국토교통부장관·특별자치도지사 또는 대도시 시장이 지정권자인 경우에는 국토교통부장관·특별자치도지사 또는 대도시 시장에게 직접 제출할 수 있다(법 시행규칙 제16조).

가. 인가신청기간 연장사유서
나. 축척 2만 5천분의 1 또는 5만분의 1의 위치도

■ 도시개발법 시행규칙 [별지 제12호 서식] 〈개정 2017. 12. 29.〉

도시개발사업 실시계획 인가신청기간 연장신청서

※ 색상이 어두운 란은 신청인이 작성하지 않습니다.

(앞 쪽)

접수번호		접수일자		처리기간 10일

신 청 인	성명(법인의 명칭 및 대표자 성명)		생년월일(법인등록번호)	
	주소		전화번호	
신 청 내 용				
사 업 명				
사업목적				
위　　치				
면　　적	㎡			
기간연장 신청내역	당초기간		연장기간	
	연장사유			
특기사항				

「도시개발법 시행령」 제24조 단서 및 「도시개발법 시행규칙」 제16조에 따라 위와 같이 실시계획인가 신청기간 연장을 신청합니다.

년　　월　　일

신청인　　　　(서명 또는 인)

국토교통부 장관
특별시장 · 광역시장 · 도지사 · 특별자치도지사 귀하
대도시 시장

첨부서류	1. 인가신청기간 연장사유서 2. 축척 2만 5천분의 1 또는 5만분의 1의 위치도	수수료 없음

210㎜×297㎜[백상지(80g/㎡) 또는 중질지(80g/㎡)]

(뒤 쪽)

처리절차

시장 · 군수 · 구청장을 경유하는 경우, 신청서는 다음과 같이 처리됩니다.

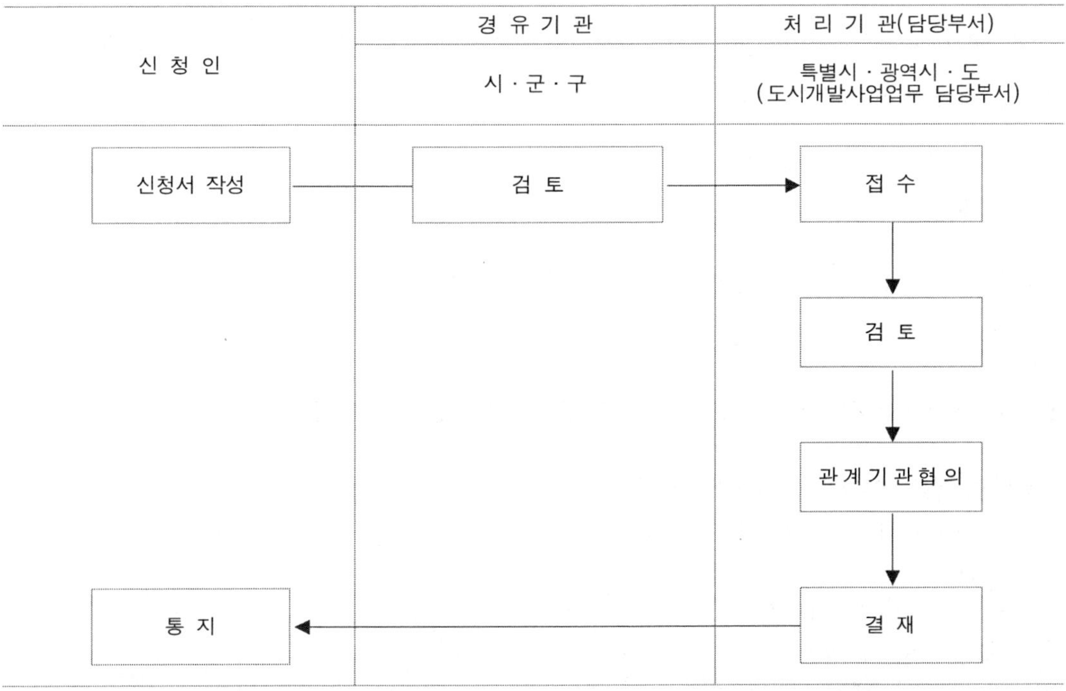

지정권자인 국토교통부 장관, 특별자치도지사, 대도시 시장에게 직접 제출하는 경우, 신청서는 다음과 같이 처리됩니다.

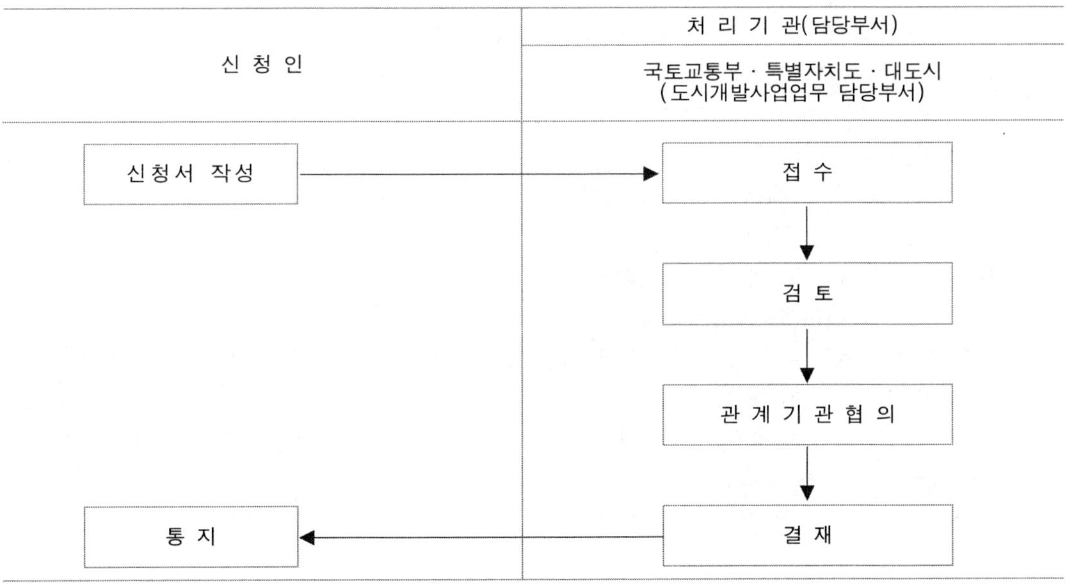

4. 실시계획의 변경 · 폐지

가. 인가 및 의견청취

인가를 받은 실시계획을 변경하거나 폐지하는 경우에도 법 제17조 제2항(인가)과 제3항(의견청취)을 준용한다(법 제17조 제4항).

나. 예 외

다만, 국토교통부령으로 정하는 경미한 사항을 변경하는 경우에는 그러하지 아니하다(법 제17조 제1항 단서, 법 시행규칙 제21조).

[법 제17조 제4항 단서에서 "국토교통부령으로 정하는 경미한 사항"]

제21조 (실시계획의 경미한 변경사항)

법 제17조 제4항 단서에서 "국토교통부령으로 정하는 경미한 사항"이란 다음 각 호의 사항을 말한다.

제1호 삭제 [2011.12.30]

제2호 삭제 [2011.12.30]

제3호 사업시행지역의 변동이 없는 범위에서의 착오 · 누락 등에 따른 사업시행면적의 정정

제4호 사업시행면적의 100분의 10의 범위에서의 면적의 감소

제5호 사업비의 100분의 10의 범위에서의 사업비의 증감

제6호 「측량 · 수로조사 및 지적에 관한 법률」 제2조 제4호에 따른 지적측량 결과를 반영하기 위한 다음 각 목의 부지 면적 등의 변경

가. 도시개발구역

나. 법 제5조 제1항 제7호에 따른 토지이용계획에 따라 구획된 토지

다. 도시 · 군계획시설

제7호 「국토의 계획 및 이용에 관한 법률 시행령」 제25조 제3항 각 호의 어느 하나에 해당하는 도시 · 군관리계획(지구단위계획은 제외한다)의 변경

제8호 「국토의 계획 및 이용에 관한 법률 시행령」 제25조 제4항 각 호의 어느 하나에 해당하는 지구단위계획의 변경

제9호 법 제19조 제1항에 따라 의제된 관련 인 · 허가 등의 변경(관계 법령에서 경미한 변경으로 정한 경우로 한정한다)

5. 실시계획의 고시

가. 고시 및 공람

지정권자가 실시계획을 작성하거나 인가한 경우에는 이를 관보나 공보에 고시하고 시행자에게 관계 서류의 사본을 송부하며, 대도시 시장인 지정권자는 일반에게 관계 서류를 공람시켜야 하고, 대도시 시장이 아닌 지정권자는 해당 도시개발구역을 관할하는 시장(대도시 시장을 제외한다) · 군수 또는 구청장에게 관계 서류의 사본을 보내야 한다. 이 경우 지정권자인 특별자치도지사와 본문에 따라 관계 서류를 받은 시장(대도시 시장을 제외한다) · 군수 또는 구청장은 이를 일반인에게 공람시켜야 한다(법 제18조 제1항).

나. 고시내용

1) 고시사항

지정권자가 실시계획을 작성하거나 인가한 경우에는 다음 각 호의 사항을 고시하여야 한다(영 제40조 제1항).

제1호 사업의 명칭
제2호 사업의 목적
제3호 도시개발구역의 위치 및 면적
제4호 시행자
제5호 시행기간
제6호 시행방식
제7호 도시 · 군관리계획(지구단위계획을 포함한다)의 결정내용
제8호 인가된 실시계획에 관한 도서의 공람기간 및 공람장소
제9호 법 제19조에 따라 실시계획의 고시로 의제되는 인 · 허가 등의 고시 또는 공고사항

2) 관할등기소에 통보 · 제출

지정권자는 도시개발사업을 환지방식으로 시행하는 구역에 대해 실시계획의 고시 내용 중 사업의 명칭, 사업의 목적, 도시개발구역의 위치 및 면적, 시행자, 시행기간, 시행방식에 관한 사항과 토지조서를 관할등기소에 통보 · 제출하여야 한다(영 제40조 제2항).

6. 고시의 효과 - 도시계획 결정의 의제

가. 도시 · 군관리계획 결정 · 고시 의제

실시계획을 고시한 경우 그 고시된 내용 중 「국토의 계획 및 이용에 관한 법률」에 따라 도시 · 군 관리계획(지구단위계획을 포함한다. 이하 같다)으로 결정하여야 하는 사항은 같은 법에 따른 도시 · 군 관리계획이 결정되어 고시된 것으로 본다. 이 경우 종전에 도시 · 군 관리계획으로 결정된 사항 중 고시 내용에 저촉되는 사항은 고시된 내용으로 변경된 것으로 본다(법 18조 제2항).

나. 지형도면의 고시기간 특례

도시 · 군 관리계획으로 결정 · 고시된 사항에 대한 「국토의 계획 및 이용에 관한 법률」 제32조의 도시 · 군 관리계획에 관한 지형도면의 고시에 관하여는 제9조 제4항(제9조 제2항에 따라 결정 · 고시된 것으로 보는 사항에 대하여 「국토의 계획 및 이용에 관한 법률」 제32조에 따른 도시 · 군관리계획에 관한 지형도면의 고시는 같은 법 제33조에도 불구하고 제5조 제1항 제2호의 도시개발사업의 시행 기간에 할 수 있다)을 준용한다(같은 조 제3항).

[실시계획 고시의 효력]

국토계획법에 의한 도시관리계획(지구단위계획 포함)으로 결정하여야 하는 사항

↓

국토계획법에 의한 도시관리계획이 결정고시된 것으로 봄

종전의 국토계획법으로 결정된 사항 중 고시내용에 저촉되는 사항은
고시된 내용으로 변경된 것으로 봄

7. 실시계획의 실효

도시계획사업의 시행자는 늦어도 고시된 도시계획사업의 실시계획인가에서 정한 사업시행 기간 내에 사법상의 계약에 의하여 도시계획사업에 필요한 타인 소유의 토지를 양수하거나

수용재결의 신청을 하여야 하고, 그 사업시행기간 내에 이와 같은 취득절차가 선행되지 아니하면 그 도시계획사업의 실시계획인가는 실효되고, 그 후에 실효된 실시계획인가를 변경인가하여 그 시행기간을 연장하였다고 하여 실효된 실시계획의 인가가 효력을 회복하여 소급적으로 유효하게 될 수는 없다.[68]

도시계획시설사업의 시행자가 실시계획에서 정한 사업시행기간 내에 토지에 대한 수용재결 신청을 한 경우, 토지수용위원회가 사업시행기간이 경과한 이후에도 위 신청에 따른 수용재결을 할 수 있는지 여부 (대법원 2007. 1. 11. 선고 2004두8538 판결)
구 도시계획법(2002. 2. 4. 법률 제6655호 국토의 계획 및 이용에 관한 법률 부칙 제2조로 폐지) 제68조, 구 토지수용법(2002. 2. 4. 법률 제6656호 토지수용법 부칙 제2조로 폐지) 제17조 등 관계 규정을 종합하면, 도시계획시설사업의 시행자는 늦어도 인가·고시된 도시계획시설사업 실시계획에서 정한 사업시행기간 내에 사법상의 계약에 의하여 도시계획시설사업에 필요한 타인 소유의 토지를 양수하거나 수용재결의 신청을 하여야 하고, 도시계획시설사업의 시행자가 그 사업시행기간 내에 토지에 대한 수용재결 신청을 하였다면 그 신청은 사업시행기간이 경과하였다 하더라도 여전히 유효하므로, 토지수용위원회는 사업시행기간이 경과한 이후에도 위 신청에 따른 수용재결을 할 수 있다.

제6절 관련 인·허가 등의 의제

도시개발법 제19조는 도시개발사업의 시행절차의 간소화 및 절차의 편의성을 도모하기 위하여 실시계획을 작성하거나 인가할 때 그 효과로서 다른 법률에서 요구되는 해당 인·허가 등을 받은 것으로 본다고 규정하고 있다.

1. 관련 인·허가 등의 의제

가. 관련 인·허가 등의 의제

실시계획을 작성하거나 인가할 때 지정권자가 해당 실시계획에 대한 허가·승인·심사·인

68) 대법원 1991. 11. 26. 선고 90누9971 판결.

가 · 신고 · 면허 · 등록 · 협의 · 지정 · 해제 또는 처분 등에 관하여 관계 행정기관의 장과 협의한 사항에 대하여는 해당 인 · 허가 등을 받은 것으로 본다. 또한 실시계획을 고시한 경우에는 관계 법률에 따른 인 · 허가 등의 고시나 공고를 한 것으로 본다(법 제19조 제1항). 이는 도시개발사업의 시행절차의 간소화 및 절차의 편의성을 도모하기 위하여 도입된 제도이다.

구 도시개발법상 실시계획의 인가 · 고시에 의하여 도시개발구역에 편입된 국유재산에 대한 사용 · 수익허가가 의제되는 경우, 실시계획에서 정한 사업시행기간을 허가기간으로 한 사용 · 수익허가가 있는 것인지 여부(적극) 및 그에 따른 사용료 산정기준(대법원 2014. 11. 13. 선고 2011두30212 판결)

구 도시개발법(2008. 3. 21. 법률 제8970호로 전부 개정되기 전의 것, 이하 같다) 제17조 제1항, 제2항, 제5항, 제19조 제1항 제19호, 제2항, 제3항의 규정 내용 및 국유재산의 사용 · 수익허가의 법적 성질 등을 종합하여 보면, 구 도시개발법상 실시계획의 인가 · 고시에 의하여 도시개발구역에 편입된 국유재산에 대한 사용 · 수익허가가 의제되는 경우에는 해당 국유재산에 대하여 실시계획에서 정한 사업시행기간을 허가기간으로 한 사용 · 수익허가가 있었다고 할 것이다. 따라서 그에 따른 사용료 역시 달리 특별한 사정이 없는 한 현실적인 사용 여부나 사용 기간에 관계없이 실시계획에서 정하여진 해당 국유재산에 대한 사업시행기간을 기준으로 산정하여야 할 것이다.

나. 의제사항

실시계획을 작성하거나 인가할 때 다음 각 호의 사항에 대하여는 해당 인 · 허가 등을 받은 것으로 본다(법 제19조 제1항).

제1호 「수도법」 제17조와 제49조에 따른 수도사업의 인가, 같은 법 제52조와 제54조에 따른 전용상수도설치의 인가

제2호 「하수도법」 제16조에 따른 공공하수도 공사시행의 허가

제3호 「공유수면 관리 및 매립에 관한 법률」 제8조에 따른 공유수면의 점용 · 사용허가, 같은 법 제28조에 따른 공유수면의 매립면허, 같은 법 제35조에 따른 국가 등이 시행하는 매립의 협의 또는 승인 및 같은 법 제38조에 따른 공유수면매립실시계획의 승인

제4호 삭제 [2010.4.15 제10272호(공유수면 관리 및 매립에 관한 법률)] [[시행일 2010.10.16]]

제5호 「하천법」 제30조에 따른 하천공사 시행의 허가, 같은 법 제33조에 따른 하천의 점용허가 및 같은 법 제50조에 따른 하천수의 사용허가

제6호 「도로법」 제36조에 따른 도로공사 시행의 허가, 같은 법 제61조에 따른 도로점용의 허가

제7호 「농어촌정비법」 제23조에 따른 농업생산기반시설의 목적 외 사용의 승인

제8호 「농지법」 제34조에 따른 농지전용의 허가 또는 협의, 같은 법 제35조에 따른 농지의 전용신고, 같은 법 제36조에 따른 농지의 타용도 일시사용허가 · 협의 및 같은 법 제40조에 따른 용도변경의 승인

제9호 「산지관리법」 제14조 · 제15조에 따른 산지전용허가 및 산지전용신고, 같은 법 제15조의2에 따른 산지일시사용허가 · 신고, 같은 법 제25조에 따른 토석채취허가 및 「산림자원의 조성 및 관리에 관한 법률」 제36조 제1항 · 제4항과 제45조 제1항 · 제2항에 따른 입목벌채 등의 허가 · 신고

제10호 「초지법」 제23조에 따른 초지(草地) 전용의 허가

제11호 「사방사업법」 제14조에 따른 벌채 등의 허가, 같은 법 제20조에 따른 사방지(砂防地) 지정의 해제

제12호 「공간정보의 구축 및 관리 등에 관한 법률」 제15조 제3항에 따른 지도 등의 간행 심사

제13호 「광업법」 제24조에 따른 불허가처분, 같은 법 제34조에 따른 광구감소처분 또는 광업권취소처분

제14호 「장사 등에 관한 법률」 제27조 제1항에 따른 연고자가 없는 분묘의 개장(改葬)허가 [[시행일 2008.5.26]]

제15호 「건축법」 제11조에 따른 허가, 같은 법 제14조에 따른 신고, 같은 법 제16조에 따른 허가 · 신고 사항의 변경, 같은 법 제20조에 따른 가설건축물의 허가 또는 신고

제16호 「주택법」 제16조에 따른 사업계획의 승인

제17호 「항만법」 제9조 제2항에 따른 항만공사 시행의 허가, 같은 법 제10조 제2항에 따른 실시계획의 승인

제18호 「사도법」 제4조에 따른 사도(私道)개설의 허가

제19호 「국유재산법」 제30조에 따른 사용허가

제20호 「공유재산 및 물품 관리법」 제20조 제1항에 따른 사용 · 수익의 허가

제21호 「관광진흥법」 제52조에 따른 관광지의 지정(도시개발사업의 일부로 관광지를 개발하는 경우만 해당한다), 같은 법 제54조에 따른 조성계획의 승인, 같은 법 제55조에 따른 조성사업시행의 허가

제22호 「체육시설의 설치 · 이용에 관한 법률」 제12조에 따른 사업계획의 승인

제23호 「유통산업발전법」 제8조에 따른 대규모 점포의 개설등록

제24호 「산업집적활성화 및 공장설립에 관한 법률」 제13조에 따른 공장설립 등의 승인

제25호 「물류시설의 개발 및 운영에 관한 법률」 제22조에 따른 물류단지의 지정(도시개발사업의 일부로 물류단지를 개발하는 경우만 해당한다) 및 같은 법 제28조에 따른 물류단지개발 실시계획의 승인

제26호 「산업입지 및 개발에 관한 법률」 제6조, 제7조 및 제7조의2에 따른 산업단지의 지정(도시개발사업의 일부로 산업단지를 개발하는 경우만 해당한다), 같은 법 제17조, 제18조 및 제18조의2에 따른 실시계획의 승인

제27호 「공간정보의 구축 및 관리 등에 관한 법률」 제86조 제1항에 따른 사업의 착수 · 변경 또는 완료의 신고

제28호 「에너지이용 합리화법」 제10조에 따른 에너지사용계획의 협의

제29호 「집단에너지사업법」 제4조에 따른 집단에너지의 공급 타당성에 관한 협의

제30호 「소하천정비법」 제10조에 따른 소하천(小河川)공사시행의 허가, 같은 법 제14조에 따른 소하천 점용의 허가

제31호 「하수도법」 제34조 제2항에 따른 개인하수처리시설의 설치신고

2. 관련 인 · 허가 등의 의제절차

가. 관련서류의 제출 및 협의 의제

인 · 허가 등의 의제를 받으려는 자는 실시계획의 인가를 신청하는 때에 해당 법률로 정하는 관계 서류를 함께 제출하여야 한다(법 제19조 제2항). 또한, 지정권자는 실시계획을 작성하거나 인가할 때 그 내용에 법 제19조 제1항 각 호의 어느 하나에 해당하는 사항이 있으면 미리 관계 행정기관의 장과 협의하여야 한다. 이 경우 관계 행정기관의 장은 협의 요청을 받은 날부터 20일 이내에 의견을 제출하여야 하며, 그 기간 내에 의견을 제출하지 아니하면 협의한 것으로 본다(같은 조 제3항, 영 제41조).

나. 협의회 구성

1) 협의회 구성운영

지정권자는 협의 과정에서 관계 행정기관 간에 이견이 있는 경우에 이를 조정하거나 협의를

신속하게 진행하기 위하여 필요하다고 인정하는 때에는 관계 행정기관과 협의회를 구성하여 운영할 수 있다. 이 경우 관계 행정기관의 장은 소속 공무원을 이 협의회에 참석하게 하여야 한다(같은 조 제4항).

2) 협의회 구성 통보

지정권자가 협의회를 구성할 때에는 협의회 개최일의 7일 전까지 관계 행정기관의 장에게 그 사실을 통보하여야 한다.

3) 협의회 구성원

협의회를 개최할 때에는 관계 행정기관 소속의 5급 이상 공무원과 시행자를 포함하여야 한다(영 제41조의2).

3. 농지전용허가의제

가. 농지법으로 정한 관련서류 제출

도시개발구역의 지정을 제안하는 자가 도시개발구역의 지정과 동시에 농지전용 허가의 의제(법 제19조 제1항 제8호)를 받고자 하는 경우에는 시장 · 군수 · 구청장 또는 국토교통부장관에게 도시개발구역의 지정을 제안할 때에 「농지법」으로 정하는 관계 서류를 함께 제출하여야 한다(법 제19조 제5항).

나. 허가의제

지정권자가 도시개발구역을 지정할 때 농지전용 허가에 관하여 관계 행정기관의 장과 협의한 경우에는 제안자가 시행자로 지정된 때에 해당 허가를 받은 것으로 본다(같은 조 제6항).

4. 주택건설사업 등의 등록의제

순환용주택, 임대주택의 건설 · 공급 및 입체환지를 시행하는 경우로서 시행자가 실시계획의 인가를 받은 경우에는 「주택법」 제4조에 따라 주택건설사업 등의 등록을 한 것으로 본다(같은 조 제7항).

제7절 도시개발사업에 관한 공사의 감리

'감리'라 함은 "자기 책임하에(보조자의 조력을 받는 경우를 포함한다) 건축법이 정하는 바에 의하여 건축물·건축설비 또는 공작물이 설계도서의 내용대로 시공되는지의 여부를 확인하고 품질관리·공사관리 및 안전관리 등에 대하여 지도·감독하는 행위"를 말하고(건축법 제2조 제1항 제15호, 건축사법 제2조 제4호), '책임감리'라 함은 에 대하여 "건설공사에 대하여 감리전문회사가 설계도서 기타 관계 서류의 내용대로 시공되는지의 여부를 확인하고, 품질관리·공사관리 및 안전관리 등에 대한 기술지도를 하며, 발주자의 위탁에 의하여 관계 법령에 따라 발주자로서의 감독권한을 대행하는 행위"를 말한다(건설기술관리법 제27조, 제28조 제2항 제9호). 한편, 공사감리자는 건축주에 대하여는 법적·기술적인 측면에서 건축공사를 보조하는 위치에 있고, 행정청에 대하여는 행정청을 대신하여 건축공사가 허가 또는 신고된 대로 이행되는지를 감독하는 위치에 있다.

1. 감리자 지정

지정권자는 실시계획을 인가하였을 때에는 「건설기술 진흥법」에 따른 건설기술용역업자를 도시개발사업의 공사에 대한 감리를 할 자로 지정하고 지도·감독하여야 한다. 다만, 시행자가 "「건설기술 진흥법」 제2조 제6호에 해당하는 자인 경우에는 그러하지 아니하다(법 제20조 제1항).

> **건설기술 진흥법 제2조**
> 제6호 "발주청"이란 건설공사 또는 건설기술용역을 발주(發注)하는 국가, 지방자치단체, 「공공기관의 운영에 관한 법률」 제5조에 따른 공기업·준정부기관, 「지방공기업법」에 따른 지방공사·지방공단, 그 밖에 대통령령으로 정하는 기관의 장을 말한다.

2. 감리원 배치 등

가. 감리원 배치

감리할 자로 지정받은 자는 그에게 소속된 자를 감리원으로 배치하여야 한다(법 제20조 제2항).

나. 감리원의 배치기준

감리원 배치기준은 다음 각 호와 같다(법 시행령 제42조 제1항).

제1호 감리자격이 있는 자를 공사현장에 상주시켜 감리할 것
제2호 공사에 대한 감리업무를 총괄하는 총괄 감리원 1명과 공사분야별 감리원을 각각 배치할 것
제3호 총괄 감리원은 도시개발사업의 공사 전체 기간에 걸쳐 배치하고, 공사분야별 감리원은 해당 공사의 기간 동안 배치할 것
제4호 감리원을 다른 사업공사에 중복하여 배치하지 아니할 것

다. 감리원의 업무

다음 각 호의 업무를 수행하여야 한다.

제1호 시공자가 설계도면과 시방서의 내용에 맞게 시공하는지의 확인
제2호 시공자가 사용하는 자재가 관계 법령의 기준에 맞는 자재인지의 확인
제3호 「건설기술 진흥법」 제55조에 따른 품질시험 실시 여부의 확인
제4호 설계도서가 해당 지형 등에 적합한지의 확인
제5호 설계변경에 관한 적정성의 확인
제6호 시공계획 · 예정공정표 및 시공도면 등의 검토 · 확인
제7호 품질관리의 적정성 확보, 재해의 예방, 시공상의 안전관리, 그 밖에 공사의 질적 향상을 위하여 필요한 사항의 확인

3. 감리업무의 수행

가. 공사감리비의 지급

시행자는 감리자가 공사감리비의 지급을 신청하는 경우에는 당사자 간에 체결된 계약서에 따라 그 적정성을 확인하고 공사감리비를 지급하여야 한다. 이 경우 시행자는 공사감리비의 신청일부터 14일 이내에 공사감리비를 지급하여야 하며(법 시행규칙 제22조), 시행자와 감리자 간의 책임내용과 책임범위는 이 법으로 규정한 것 외에는 당사자 간의 계약으로 정한다(법 제20

조 제7항).

나. 위반사항에 대한 조치

1) 시정권고 및 지정권자에 보고

감리자는 업무를 수행할 때 위반사항을 발견하면 지체 없이 시공자와 시행자에게 위반사항을 시정할 것을 알리고, 7일 이내에 지정권자에게 그 내용을 보고하여야 한다(법 제20조 제3항).

2) 공사의 중지 및 이의신청

시공자와 시행자는 시정통지를 받은 경우 특별한 사유가 없으면 해당 공사를 중지하고 위반사항을 시정한 후 감리자의 확인을 받아야 한다. 이 경우 감리자의 시정통지에 이의가 있으면 즉시 공사를 중지하고 지정권자에게 서면으로 이의신청을 할 수 있으며(법 제20조 제4항), 이 경우 지정권자는 이의신청을 받은 날부터 10일 이내에 그 처리결과를 이의신청자 및 감리자에게 통보하여야 한다(영 제42조 제3항).

4. 부실감리에 대한 조치

가. 부실감리자에 대한 등록취소 등의 요건

지정 · 배치된 감리자나 감리원이 그 업무를 수행하면서 고의나 중대한 과실로 감리를 부실하게 하거나 관계 법령을 위반하여 감리를 함으로써 해당 시행자 또는 도시개발사업으로 조성된 토지 · 건축물 또는 공작물 등의 공급을 받은 자 등에게 피해를 입히는 등 도시개발사업의 공사가 부실하게 된 경우에는 감리자 등의 등록이 말소, 면허취소 등에 해당하는 조치를 당할 수 있다(법 제20조 제6항).

나. 등록취소 요청

지정권자는 부실감리자에 대하여 해당 감리자의 등록 또는 감리원의 면허, 그 밖에 자격인정 등을 한 행정기관의 장에게 등록말소 · 면허취소 · 자격정지 · 영업정지, 그 밖에 필요한 조치를 하도록 요청할 수 있다(법 제20조 제6항).

5. 감리의 대상 · 절차 등

가. 감리의 대상 · 절차

감리를 하여야 하는 도시개발사업에 관한 공사의 대상, 감리방법, 감리절차, 감리계약, 이의신청의 처리 등 감리에 관하여 필요한 사항은 대통령령으로 정한다(법 제20조 제8항).

나. 공사의 대상

책임감리 또는 시공감리를 하여야 하는 도시개발사업에 관한 공사의 대상은 다음 각 호의 구분에 따르며(영 제42조 제4항), 이 영에서 규정한 사항 외에 감리원의 배치기준, 감리방법 및 절차, 감리계약 등에 대하여는 「건설기술 진흥법 시행령」 제59조 및 제60조를 준용한다(같은 조 제5항).

1) 도시개발사업의 공사비가 100억 원 이상인 경우 : 「건설기술 진흥법 시행령」 제55조 제1항 제2호에 따른 감독 권한대행 등 건설사업관리
2) 도시개발사업의 공사비가 100억 원 미만인 경우 : 「건설기술진흥법 시행령」 제45조 제1항 제3호에 따른 시공 단계의 건설사업관리

[건설사업관리의 업무범위 및 업무내용]

건설기술 진흥법 시행령 제59조 (건설사업관리의 업무범위 및 업무내용)

① 법 제39조 제1항에 따른 건설사업관리의 업무범위는 다음 각 호에 따른 단계별로 구분한다.
제1호 설계 전 단계
제2호 기본설계 단계
제3호 실시설계 단계
제4호 구매조달 단계
제5호 시공 단계
제6호 시공 후 단계
② 제1항에 따른 단계별 업무내용은 다음 각 호로 한다.
제1호 건설공사의 기본구상 및 타당성 조사 관리
제2호 건설공사의 계약관리
제3호 건설공사의 설계관리
제4호 건설공사의 사업비 관리

제5호 건설공사의 공정관리
제6호 건설공사의 품질관리
제7호 건설공사의 안전관리
제8호 건설공사의 환경관리
제9호 건설공사의 사업정보 관리
제10호 건설공사의 준공 후 사후관리
제11호 그 밖에 건설공사의 원활한 관리를 위하여 필요한 사항

③ 감독 권한대행 등 건설사업관리에는 다음 각 호의 업무가 포함되어야 한다.

제1호 시공계획의 검토
제2호 공정표의 검토
제3호 건설업자나 주택건설등록업자가 작성한 시공상세도면의 검토
제4호 시공이 설계도면 및 시방서의 내용에 적합하게 이루어지고 있는지에 대한 확인
제5호 구조물 규격에 관한 검토
제6호 사용자재의 적합성 검토
제7호 건설업자나 주택건설등록업자가 수립한 품질관리계획 또는 품질시험계획의 검토 · 확인 · 지도 및 이행상태의 확인, 품질시험 및 검사 성과에 관한 검토 · 확인
제8호 재해예방대책의 확인, 안전관리계획에 대한 검토 · 확인, 그 밖에 안전관리 및 환경관리의 지도
제9호 설계 변경에 관한 사항의 검토
제10호 공사 진척 부분에 대한 조사 및 검사
제11호 완공도면의 검토 및 완공사실의 확인
제12호 하도급에 대한 타당성 검토
제13호 설계내용의 현장조건 부합성 및 실제 시공 가능성 등의 사전검토
제14호 다음 각 목의 감독 권한대행 업무
- 가. 품질 · 안전 및 환경관리 실태의 확인
- 나. 설계변경에 관한 사항의 확인
- 다. 준공검사
- 라. 건설업자나 주택건설등록업자가 작성한 시공상세도면의 확인
- 마. 구조물 규격 및 사용자재의 적합성에 대한 확인

제15호 그 밖에 공사의 질적 향상을 위하여 필요한 사항으로서 국토교통부령으로 정하는 사항

④ 법 제39조 제3항에 따라 시행하는 설계용역에 대한 건설사업관리에는 다음 각 호의 업무가 포함되어야 한다.

제1호 건설공사 관련 법령, 법 제44조 제1항 제1호 및 제2호에 따른 건설공사 설계기준 및 건설공사 시공기준에의 적합성 검토
제2호 구조물의 설치 형태 및 건설공법 선정의 적정성 검토
제3호 사용재료 선정의 적정성 검토

제4호 설계내용의 시공 가능성에 대한 사전검토
제5호 구조계산의 적정성 검토
제6호 제74조에 따른 측량 및 지반조사의 적정성 검토
제7호 설계공정의 관리
제8호 공사기간 및 공사비의 적정성 검토
제9호 제75조에 따른 설계의 경제성등 검토
제10호 설계안의 적정성 검토
제11호 설계도면 및 공사시방서 작성의 적정성 검토
⑤ 제1항부터 제4항까지에서 규정한 건설사업관리의 업무내용에 관하여 필요한 사항은 국토교통부장관이 정하여 고시한다.

제60조 (건설사업관리기술자의 배치)

① 시공 단계의 건설사업관리를 수행하는 건설사업관리용역업자는 해당 건설공사의 규모 및 공종에 적합하다고 인정하는 건설기술자를 건설사업관리 업무에 배치하여야 하며, 법 제40조 제5항에 따른 해당 건설사업관리의 책임건설기술자(이하 "책임건설사업관리기술자"라 한다)를 건설공사의 규모 등을 고려하여 국토교통부령으로 정하는 기준에 따라 배치하여야 한다.

② 발주청은 건설사업관리용역업자가 건설사업관리기술자를 배치할 때 국토교통부령으로 정하는 배치기준에 따라 등급별로 적절히 배치하도록 하여야 한다. 다만, 제55조 제3항에 따라 감독 권한대행 등 건설사업관리를 통합하여 시행하는 경우에는 배치기준 이하로 조정하여 배치할 수 있다.

③ 발주청은 공사예정가격의 70퍼센트 미만으로 낙찰된 공사의 시공 단계에 건설사업관리기술자를 배치하는 경우에는 국토교통부장관이 정한 기준 이상으로 늘려 배치하여야 한다.

④ 발주청은 이미 배치되었거나 배치될 건설사업관리기술자가 해당 건설공사의 건설사업관리 업무 수행에 적합하지 아니하다고 인정되는 경우에는 그 이유를 구체적으로 밝혀 건설사업관리용역업자에게 건설사업관리기술자의 교체를 요구할 수 있으며, 건설사업관리용역업자가 스스로 건설사업관리기술자를 교체하려는 경우에는 미리 발주청의 승인을 받아야 한다.

⑤ 건설사업관리용역업자는 공사현장에 배치된 건설사업관리기술자가 업무의 수행기간 중 법에 따른 교육이나 「민방위기본법」 또는 「향토예비군 설치법」에 따른 교육을 받는 경우나 유급휴가 등으로 현장을 이탈하게 되는 경우에는 건설사업관리 업무에 지장이 없도록 필요한 조치를 하여야 한다.

⑥ 발주청은 건설사업관리기술자가 교육을 받는 기간과 「관공서의 공휴일에 관한 규정」에 따른 공휴일(일요일은 제외한다)에 대한 대가를 감액해서는 아니 된다.

⑦ 건설사업관리기술자의 배치 기준·방법 등에 관하여 필요한 사항은 국토교통부령으로 정한다.

6. 관련 규정의 준용

법 제20조 제1항과 제2항에 따른 감리에 관하여는 "「건설기술 진흥법」 제24조, 제28조, 제31조, 제32조, 제33조, 제37조, 제38조 및 제41조를 준용하며(법 제20조 제9항), 그 외 「건축법」 제25조에 따른 건축물의 공사감리대상 및 「주택법」 제24조에 따른 감리대상에 해당하는 도시개발사업에 관한 공사의 감리에 대하여는 법 제20조 제1항부터 제9항까지의 규정에도 불구하고 각각 해당 법령으로 정하는 바에 따른다(같은 조 제10항).

제 2 장 사업시행단계

제 1 절 도시개발사업의 시행방식

1. 개 요

도시개발법 제21조는 도시개발사업의 시행방식에 대하여 시행자가 도시개발구역의 토지등을 공영개발에 해당하는 수용 또는 사용하는 방식이나 환지방식 또는 이를 혼용하는 방식으로 시행할 수 있다고 규정하고 있다.

이는 사업의 용이성 · 규모 등을 고려하여 결정하는데, 사업시행자가 도시개발사업을 수용 또는 사용에 환지에 의한 방식을 혼용하여 시행하고자 하는 경우에는 수용 또는 사용에 의한 방식이 적용되는 구역과 환지에 의한 방식이 적용되는 구역으로 분할하여 시행할 수 있으며, 사업시행지구를 분할하여 시행하는 경우에는 각 사업지구에서 부담하여야 하는 기반시설의 설치비용등을 명확히 구분하여 실시계획에 반영하여야 한다.

한편, 도시개발법에서는 사업시행방식이 환지방식, 수용 또는 사용방식, 혼용방식으로 나누어져 있어 여건에 따라 사업시행방식을 선택할 수 있으나 택지개발촉진법에서는 수용 또는 사용방식만 규정되어 있고, 특별한 사유가 있는 경우에는 도시개발법에 의한 도시개발사업(환지방식 또는 혼용방식)으로 할 수 있다.

[도시개발사업 시행방식]

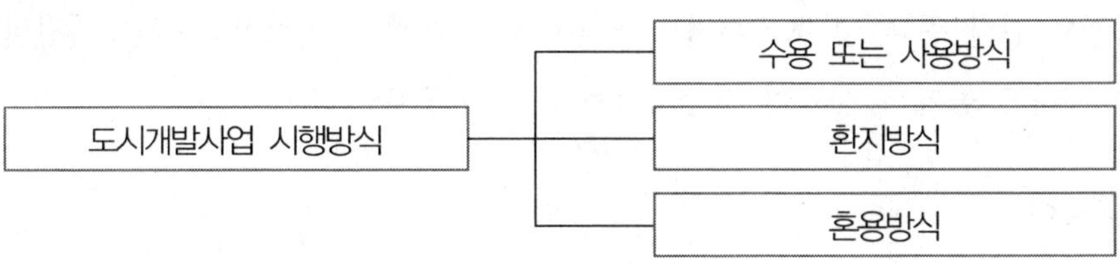

2. 도시개발사업 시행방식

가. 시행방식

도시개발사업은 시행자가 도시개발구역의 토지 등을 수용 또는 사용하는 방식이나 환지방식 또는 이를 혼용하는 방식을 원칙으로 하되(법 제22조 제1항), 사업의 용이성 · 규모 등을 고려하여 도시개발사업의 시행방식을 정할 수 있다(영 제43조 제1항). 다만, 지정권자는 지가상승 등 지역개발 여건의 변화로 도시개발사업 시행방식 지정 당시의 요건을 충족하지 못하나 영 제43조 제1항 각 호 어느 하나의 요건을 충족하는 경우에는 법 제21조 제2항 각 호에 따라 해당 요건을 충족하는 도시개발사업 시행방식으로 변경할 수 있다(영 제43조 제5항).

나. 종 류

1) 환지방식

토지구획정리사업방식의 하나로서, 대부분의 지역주민들이 선호하는 방식이다. 이는 도시개발사업 때 수용한 땅의 소유주에게 보상금 대신 개발구역 내에 조성된 다른 땅을 주는 방식으로 대지로서의 효용증진과 공공시설의 정비를 위하여 토지의 교환 · 분합, 그 밖의 구획변경, 지목 또는 형질의 변경이나 공공시설의 설치 · 변경이 필요한 경우 또는 도시개발사업을 시행하는 지역의 지가가 인근의 다른 지역에 비하여 현저히 높아 수용 또는 사용방식으로 시행하는 것이 어려운 경우에 시행한다(영 제43조 제1항 제1호).

2) 수용 또는 사용방식

계획적이고 체계적인 도시개발 등 택지의 집단적인 조성과 공급이 필요한 경우에 시행하는 방식으로서(영 제43조 제1항 제2호), 전면매수방식 또는 공영개발방식이라고도 한다. 위 방식의 사업은 토지매수후의 사업기간이 상대적으로 빠르고 기반시설확보에 용이하다는 장점이 있는 반면 토지주의 반발 증대 및 초기투자비가 막대하여 대부분 이러한 부담을 감당할 수 있는 국가 또는 지자체 등에서 시행이 가능하다는 단점이 있다.

3) 혼용방식

도시개발구역으로 지정하려는 지역이 부분적으로 영 제43조 제1호(환지방식) 또는 제2호(수용 또는 사용방식)에 해당하는 경우에 동일사업자 수용 및 사용방식과 환지방식을 사용하여 시행하는 사업방식으로서(영 제43조 제1항 제3호), 시행자가 이에 따라 사업을 시행하려는 경우에는 다음 각 호의 방식으로 도시개발사업을 시행할 수 있다(영 제43조 제2항). 이에 따른 사업시행의 방법 등에 관하여 필요한 세부적인 사항은 국토교통부장관이 정한다(같은 조 제4항).

가) 분할 혼용방식 : 수용 또는 사용방식이 적용되는 지역과 환지방식이 적용되는 지역을 사업시행지구별로 분할하여 시행하는 방식, 다만 이에 사업시행지구를 분할하여 시행하는 경우에는 각 사업지구에서 부담하여야 하는 「국토의 계획 및 이용에 관한 법률」 제2조 제6호에 따른 기반시설의 설치비용 등을 명확히 구분하여 실시계획에 반영하여야 한다(영 제43조 제3항).

나) 미분할 혼용방식 : 사업시행지구를 분할하지 아니하고 수용 또는 사용방식과 환지방식을 혼용하여 시행하는 방식. 이 경우 환지에 대해서는 법 제3장 제3절에 따른 사업 시행에 관한 규정을 적용하고, 그 밖의 사항에 대해서는 수용 또는 사용방식에 관한 규정을 적용한다.

다. 시행방식의 종류별 장단점

도시개발사업의 사업방식인 수용 또는 사용방식, 환지방식, 혼용방식 등의 시행자 및 시행방식에 따른 장단점을 비교하면 아래와 같다.

[도시개발사업의 종류 및 장 · 단점 비교][69)]

구 분	시행 또는 사용방식	환지방식
개 요	택지의 집단적인 조성 및 공급을 위하여 전면 매수 및 조성 후 분양	해당토지의 지가가 주변 보다 높거나 대지의 효용증진을 위한 정비를 목적으로 할 경우 시행하는 방식
시행자	• 국가 및 지자체 • 정부투자기관 • 지방공사 • 토지소유자 또는 조합 • 수도권이외 지역이전법인 • 도시개발 공동법인	• 지자체 • 토지주택공사 • 지방공사 • 토지소유자 또는 조합 • 신탁회사
장 점	• 초기민원예상, 전체민원은 최소화	• 최소한의 사업비 투입으로 공공시설을 확보

69) 대한국토 · 도시계획학회, 앞의 책, 313면.

	• 전면매수방식에 의한 시행으로 기반시설확보에 용이 • 조성후 분양을 통한 수익기대 • 토지매수후의 사업기간이 상대적으로 빠름	• 체비지매각대금을 통하여 사업비부담의 경감 • 기존시설부지 최대 반영
단 점	• 전면매수에 따른 토지주의 반발증대 • 이주대책마련의 어려움 • 초기투자비가 막대함 • 무리한 기반시설 부담	• 토지주의 요구에 의한 토지이용계획의 비효율성 • 사업기간의 장기화 • 개발이익의 사유화 • 기반서실의 미비

라. 시행절차

각 사업방식별 시행절차는 아래와 같다.

[도시개발사업의 시행절차][70)]

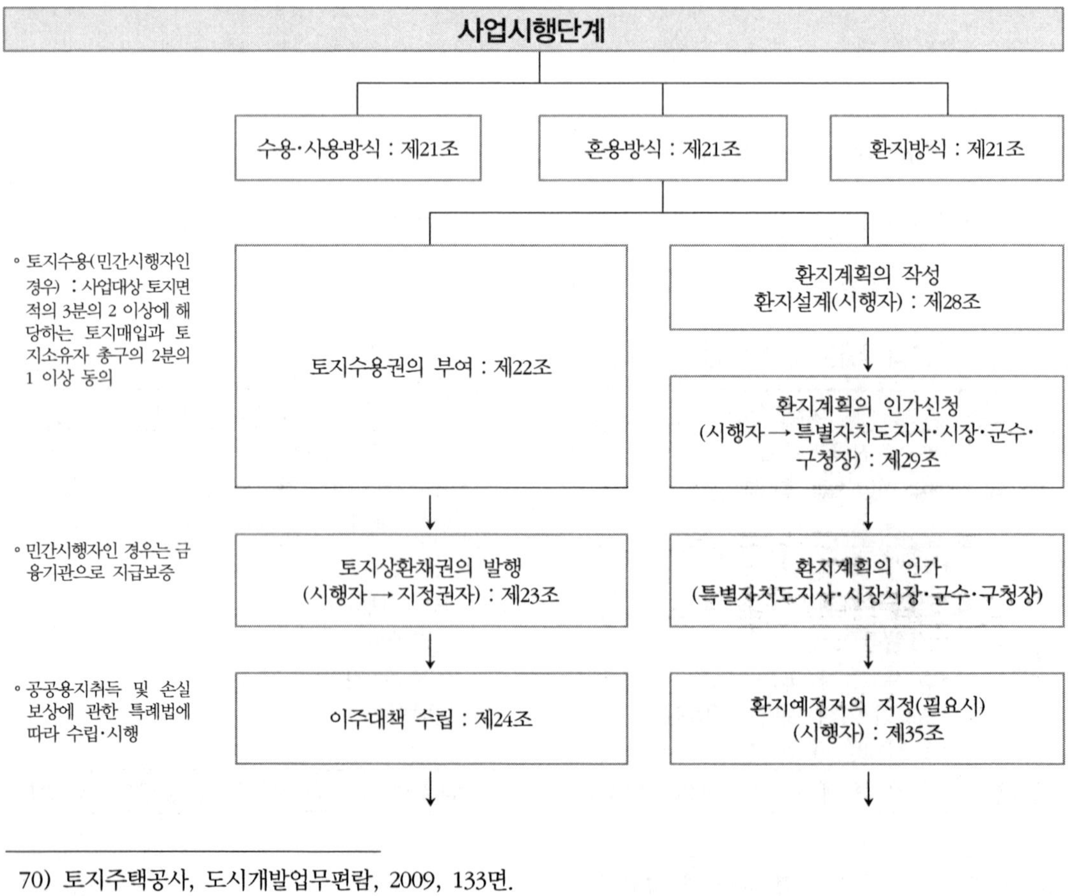

70) 토지주택공사, 도시개발업무편람, 2009, 133면.

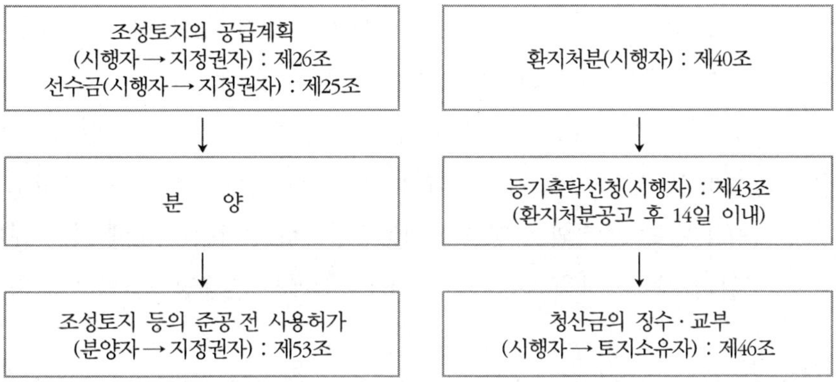

3. 도시개발사업 시행방식의 변경

가. 사업시행방식의 변경가능성

지정권자는 도시개발구역지정 이후 지가상승 등 지역개발의 여건변화에 따라 도시개발사업의 시행방식을 변경(예 : 수용 또는 사용방식 ▶ 전부 환지방식)할 수 있으며(법 제21조 제2항), 또한 지가상승 등 지역개발 여건의 변화로 도시개발사업 시행방식 지정 당시의 요건을 충족하지 못하나 영 제43조 제1항 각 호[71] 어느 하나의 요건을 충족하는 경우에는 법 제21조 제2항 각 호에 따라 해당 요건을 충족하는 도시개발사업 시행방식으로 변경할 수 있다(영 제42조 제5항).

나. 시행방식의 변경요건(법 제21조 제2항 각호)

1) 제11조 제1항 제1호부터 제4호까지의 시행자(국가나 지방자치단체, 공공기관, 정부출연기관, 지방공사)가 대통령령으로 정하는 기준에 따라 도시개발사업의 시행방식을 수용 또는 사용방식에서 전부 환지방식으로 변경하는 경우
2) 제11조 제1항 제1호부터 제4호까지의 시행자(국가나 지방자치단체, 공공기관, 정부출연기관, 지

---

71) 영 제43조 제1항
1. 환지방식 : 다음 각 목의 어느 하나에 해당하는 경우
   가. 대지로서의 효용증진과 공공시설의 정비를 위하여 토지의 교환 · 분합, 그 밖의 구획변경, 지목 또는 형질의 변경이나 공공시설의 설치 · 변경이 필요한 경우
   나. 도시개발사업을 시행하는 지역의 지가가 인근의 다른 지역에 비하여 현저히 높아 수용 또는 사용방식으로 시행하는 것이 어려운 경우
2. 수용 또는 사용방식 : 계획적이고 체계적인 도시개발 등 집단적인 조성과 공급이 필요한 경우
3. 혼용방식 : 도시개발구역으로 지정하려는 지역이 부분적으로 제1호 또는 제2호에 해당하는 경우

방공사)가 대통령령으로 정하는 기준에 따라 제1항에 따른 도시개발사업의 시행방식을 혼용방식에서 전부 환지방식으로 변경하는 경우

3) 제11조 제1항 제1호부터 제5호까지(국가나 지방자치단체, 공공기관, 정부출연기관, 지방공사, 토지소유자) 및 제7호부터 제11호까지(수도권이외 지역이전법인, 일반건설업체, 부동산투자회사, 도시개발사업공동출자법인)의 시행자가 대통령령으로 정하는 기준에 따라 제1항에 따른 도시개발사업의 시행방식을 수용 또는 사용방식에서 혼용방식으로 변경하는 경우

다. 혼용방식에서 수용 · 사용방식으로 변경가부

도시개발법 시행령 제15조 제2항에 의거 도시개발구역 지정시 시행방법을 혼용방식으로 고시한 후 도시개발사업의 시행방식을 수용 또는 사용방식으로 변경하여 개발계획을 수립할 수 있는지가 문제될 수 있다.

도시개발사업의 시행방식 변경은 도시개발법 제21조 규정에 의거 수용, 사용방식에서 전부 환지방식, 혼용방식에서 전부 환지방식, 수용 · 사용방식에서 혼용방식으로 변경에 대하여 정하고 있다. 따라서 혼용방식에서 수용 · 사용방식으로 변경은 입법취지상 불가능하다.

4. 순환개발방식의 개발사업

가. 임시거주지 제공

시행자는 도시개발사업을 원활하게 시행하기 위하여 도시개발구역의 내외에 새로 건설하는 주택 또는 이미 건설되어 있는 주택에 그 도시개발사업의 시행으로 철거되는 주택의 세입자 또는 소유자[72]를 임시로 거주하게 하는 등의 방식으로 그 도시개발구역을 순차적으로 개발할 수 있다(법 제21조의2 제1항). 한편, 도시개발법에서 세입자 등이라 함은 같은 법 제21조의2 제1항에 도시개발사업의 시행으로 철거되는 주택의 세입자 또는 소유자(제7조에 따라 주민 등의 의견을 듣기 위하여 공람한 날 또는 공청회의 개최에 관한 사항을 공고한 날 이전부터 도시개발구역의 주택에 실제로 거주하는 자)로 한다.

---

72) 법 제7조에 따라 주민 등의 의견을 듣기 위하여 공람한 날 또는 공청회의 개최에 관한 사항을 공고한 날 이전부터 도시개발구역의 주택에 실제로 거주하는 자에 한정한다.

나. 임시거주주택(순환용주택)의 사용 또는 임대

시행자는 도시개발구역을 순차적으로 개발하는 방식으로 도시개발사업을 시행하는 경우에는 「주택법」 제38조에도 불구하고 임시로 거주하는 주택(이하 "순환용주택"이라 한다)을 임시거주시설로 사용하거나 임대할 수 있다(법 제21조의2 제2항).

다. 이주대책 수립 등 간주

순환용주택에 거주하는 자가 도시개발사업이 완료된 후에도 순환용주택에 계속 거주하기를 희망하는 때에는 이를 분양하거나 계속 임대할 수 있다. 이 경우 계속 거주하는 자가 환지 대상자이거나 이주대책 대상자인 경우에는 환지 대상에서 제외하거나 이주대책을 수립한 것으로 본다(법 제21조의2 제3항).

한편, 시행자가 순환용주택을 분양하거나 임대하는 경우에는 「주택법」 제16조에 따라 승인받은 해당 순환용주택의 공급 목적에 맞게 국토교통부장관이 정하는 바에 따라 분양하거나 임대하여야 하여야 하며(영 제43조의2 제1항), 이에 따라 임대용 순환용주택을 임차하려는 사람은 「임대주택법」에 따른 해당 임대주택의 입주자 자격 요건을 갖추어야 한다(영 제43조의2 제2항). 또한, 환지 대상자가 순환용주택에 계속 거주하기를 희망하는 경우에는 해당 토지소유자가 도시개발구역에 소유하고 있는 종전의 토지 중 주택에 부속되는 토지에 대하여 금전으로 청산하고, 환지 대상에서 제외할 수 있다(영 제43조의2 제3항).

5. 세입자 등을 위한 주거대책

시행자는 도시개발사업에 따른 세입자등의 주거안정 등을 위하여 주거 및 생활실태 조사와 주택수요 조사 결과를 고려하여 임대주택 건설용지를 조성 · 공급하거나 임대주택을 건설 · 공급하여야 한다(법 제21조의3 제1항).

가. 임대주택 건설용지 등의 조성 또는 공급

1) 임대주택 건설용지 조성계획 또는 임대주택 건설계획의 수립

시행자는 임대주택 건설용지를 조성 · 공급하거나 임대주택을 건설 · 공급할 때에는 도시개발사업의 방식과 해당 지역의 임대주택 재고상황 등을 고려하여 임대주택 건설용지 조성계획 또는 임대주택 건설계획을 수립하여야 한다(영 제43조의3 제1항).

다만, 다음의 어느 하나에 해당하는 경우에는 임대주택 건설용지 조성계획 또는 임대주택 건설계획을 수립하지 아니할 수 있다(같은 조 제2항).

가) 도시개발구역 면적이 10만 제곱미터 미만이거나 수용예정인구가 3천명 이하(도시개발구역 전부를 환지방식으로 시행하는 경우에는 도시개발구역 면적이 30만 제곱미터 미만이거나 수용예정인구가 5천명 이하)인 경우

나) 도시개발사업으로 건설ㆍ공급되는 주거전용면적 60제곱미터 이하 공동주택의 수용예정인구가 도시개발구역 전체 수용예정인구의 100분의 40(수도권과 광역시 지역은 100분의 50) 이상인 경우

다) 영 제43조의3 제1항에 따라 계획된 임대주택이 50세대 미만인 경우

2) 시행자의 자료요청

시행자는 임대주택 건설계획을 수립하기 위하여 필요한 경우에는 특별시장ㆍ광역시장ㆍ특별자치도지사ㆍ시장ㆍ군수에게 해당 지역의 임대주택 재고상황에 대한 자료를 요청할 수 있으며, 이에 따른 임대주택 건설계획의 수립에 관한 구체적인 기준은 국토교통부장관이 정하여 고시한다(영 제43조의3 제3, 4항).

나. 임대주택 건설용지 등의 인수 절차 및 방법

1) 임대주택의 인수 방법, 시기 및 하자 보수 등

임대주택 건설용지 또는 임대주택의 인수 방법, 시기 및 하자 보수 등에 필요한 사항은 시행자와 임대주택 건설용지 또는 임대주택을 인수할 자가 협의하여 결정한다(영 제43조의4 제1항).

2) 임대주택 건설용지의 인수가격

임대주택 건설용지의 인수가격은 다음 각 호에 따라 산정한 금액으로 하고, 건설된 임대주택을 인수하는 경우의 건축비는 「공공주택 특별법 시행령」 제54조 제5항에 따라 정해진 분양전환가격의 산정기준 중 건축비로 한다. 이 경우 임대주택 건설용지의 가격과 건축비에 가산할 항목은 시행자와 인수자가 협의하여 정할 수 있다(같은 조 제2항). 다만, 지정권자는 임대주택

건설용지 등의 인수 등에 대한 협의가 이루어지지 아니한 경우에는 필요한 권고 등을 할 수 있다(같은 조 제3항).

가) 「공공주택 특별법 시행령」 제54조 제1항 제1호부터 제3호까지의 임대주택 건설용지: 「감정평가 및 감정평가사에 관한 법률」에 따른 감정평가업자(이하 "감정평가업자"라 한다)가 평가한 금액을 산술평균한 금액(이하 "감정가격"이라 한다)의 100분의 80

나) 「공공주택 특별법 시행령」 제54조 제1항 제4호 및 제5호의 임대주택 건설용지: 감정가격의 100분의 90

다) 제1호 및 제2호 외의 임대주택 건설용지: 감정가격

다. 임대주택의 공급조건 등

1) 임대주택의 공급기준

시행자(제1항에 따라 임대주택 건설용지를 공급하는 경우에는 공급받은 자를 말하고, 제2항에 따라 인수한 경우에는 그 인수자를 말한다. 이하 이 항에서 같다)가 도시개발구역에서 임대주택을 건설·공급하는 경우에 임차인의 자격, 선정방법, 임대보증금, 임대료 등에 관하여는 「민간임대주택에 관한 특별법」 제42조 및 제44조, 「공공주택 특별법」 제48조, 제49조 및 제50조의3에도 불구하고 대통령령으로 정하는 범위에서 그 기준을 따로 정할 수 있다. 이 경우 행정청이 아닌 시행자는 미리 시장·군수·구청장의 승인을 받아야 한다(법 제21조의3 제4항).

2) 임대주책의 공급순위

임대주택 공급을 위한 임차인의 선정은 임차인의 선정은 임대주택 공급 신청 당시 무주택자(해당 도시개발사업으로 철거되는 주택은 소유하지 아니한 것으로 본다) 중에서 다음에 따른 순위로 선정한다. 다만, 같은 순위에서 경쟁이 발생하는 경우에는 추첨으로 임차인을 선정한다(영 제43조의5 제1항).

가) 1 순 위

제11조 제2항에 따른 공람 공고일 이전부터 법 제22조 제2항에 따라 준용되는 「토지수용법」 제15조 제1항에 따른 보상계획 공고일(이하 이 조에서 "보상계획 공고일"이라 한다) 또는 법 제29조 제3항에 따른 환지계획 공고일(이하 이 조에서 "환지계획 공고일"이라 한다)까지 해당 도시개발구역에 거주하는 세입자

나) 2 순 위

제11조 제2항에 따른 공고일 이전부터 보상계획 공고일 또는 환지계획 공고일까지 해당 도시개발구역에 거주하는 주택의 소유자. 다만, 환지방식이 적용되는 지역의 경우에는 주거용도의 토지 또는 주택으로 환지를 받지 아니한 사람 중에서 해당 도시개발사업으로 주거지를 상실하는 사람으로 한정한다.

다) 3 순 위

해당 도시개발구역 밖의 기반시설 설치로 인하여 주거지를 상실한 자

3) 임대보증금 및 임대료

임대주택 공급의 임대보증금 및 임대료는 임대주택 공급자가 시장 · 군수 · 구청장과 협의하여 결정한다(같은 조 제2항).

4) 공가세대의 입주자 선정

임대주택을 공급한 이후 잔여세대 또는 임대주택 입주자의 퇴거로 발생한 공가(空家)세대의 입주자 선정에 대해서는 「민간임대주택에 관한 특별법」 또는 「공공주택 특별법」에 따른다(같은 조 제3항).

라. 국가 등의 임대주택 건설용지 또는 임대주책 인수

법 제11조 제1항 제1호부터 제4호까지의 규정에 해당하는 자(국가나 지방자치단체, 공공기관, 정부출연기관, 지방공사)중 주택의 건설, 공급, 임대를 할 수 있는 자는 시행자가 요청하는 경우 도시개발사업의 시행으로 공급되는 임대주택 건설용지나 임대주택을 인수하여야 하며(법 제21조의3 제2항), 이에 따른 임대주택 건설용지 또는 임대주택 인수의 절차와 방법 및 인수가격 결정의 기준 등은 대통령령으로 정한다(같은 조 제3항).

6. 도시개발사업분쟁조정위원회의 구성 등

가. 도시개발사업분쟁조정위원회 설치

도시개발사업으로 인한 분쟁을 조정하기 위하여 도시개발구역이 지정된 특별자치도 또는

시 · 군 · 구에 도시개발사업분쟁조정위원회(이하 "분쟁조정위원회"라 한다)를 둘 수 있다.

다만, 해당 지방자치단체에 「도시 및 주거환경정비법」 제77조의 2에 따른 도시분쟁조정위원회가 이미 설치되어 있는 경우에는 대통령령으로 정하는 바에 따라 분쟁조정위원회의 기능을 대신하도록 할 수 있다(법 제21조의4 제1항).

나. 분쟁조정위원회 구성

법 제21조의 4 제1항 단서에 따라 「도시 및 주거환경정비법」 제77조의 2에 따른 도시분쟁조정위원회가 법 제21조의 4 제1항 본문에 따른 도시개발사업분쟁조정위원회의 기능을 대신하는 경우는 「도시 및 주거환경정비법」 제77조의 2에 따른 도시분쟁조정위원회의 위원 중 다음 각 호의 어느 하나에 해당하는 사람이 2명 이상 위원으로 참여하는 경우로 한다(영 제43조의6).

1) 해당 시 · 군 · 구의 도시개발사업 관련 업무에 종사하는 5급 이상 공무원
2) 대학이나 연구기관에서 부교수 이상 또는 이에 상당하는 직에 재직하고 있는 자
3) 변호사, 감정평가사 및 공인회계사
4) 도시계획기술사, 건축사(입체환지를 시행하는 경우로 한정한다) 및 3년 이상 환지설계 업무에 종사한 자(환지방식을 시행하는 경우로 한정한다)

다. 분쟁조정위원회 운영 등

분쟁조정위원회의 구성, 운영, 분쟁조정의 절차 등에 관한 사항은 「도시 및 주거환경정비법」 제77조의 2 및 제77조의 3을 준용한다. 이 경우 "정비사업"은 "도시개발사업"으로 본다(법 제21조의4 제2항).

[도시 및 주거환경정비법 제77조의2 및 제77조의3]

제77조의 2 (도시분쟁조정위원회의 구성 등)

① 정비사업의 시행으로 인하여 발생된 분쟁의 조정을 위하여 정비구역이 지정된 특별자치시, 특별자치도, 또는 시 · 군 · 구(자치구를 말한다. 이하 이 조에서 같다)에 도시분쟁조정위원회(이하 "조정위원회"라 한다)를 둔다.

② 조정위원회는 부시장 · 부지사 · 부구청장 또는 부군수를 위원장으로 한 10인 이내의 위원으로 구성하며, 위원은 다음 각 호의 어느 하나에 해당하는 자 중에서 시장 · 군수가 임명 또는

위촉한다. 이 경우 제1호 및 제3호의 어느 하나에 해당하는 자가 각 2인 이상이 포함되어야 한다.

제1호 해당 특별자치시, 특별자치도 또는 시 · 군 · 구에서 정비사업 관련 업무에 종사하는 5급 이상 공무원

제2호 대학이나 연구기관에서 부교수 이상 또는 이에 상당하는 직에 재직하고 있는 자

제3호 변호사, 건축사, 감정평가사, 공인회계사

제4호 그 밖에 정비사업에 전문적 지식을 갖춘 자로서 시 · 도조례로 정하는 자

③ 조정위원회는 정비사업의 시행과 관련한 분쟁 사항을 심사 · 조정하되, 「주택법」, 「토지수용법」, 그 밖의 관계 법률에 따라 설치된 위원회의 심사대상에 포함되는 사항은 제외할 수 있다.

④ 조정위원회에는 위원 3인으로 구성된 분과위원회(이하 "분과위원회"라 한다)를 두며, 분과위원회에는 제2항 제1호 및 제3호의 어느 하나에 해당하는 자가 각 1인 이상 포함되어야 한다.

제77조의 3 (조정위원회의 조정 등)

① 정비사업과 관련한 분쟁당사자는 조정위원회에 조정을 신청할 수 있으며, 조정위원회는 조정의 신청을 받은 날부터 60일 이내에 조정절차를 마쳐야 한다. 다만, 기간 내에 조정절차를 마칠 수 없다고 판단되는 경우에는 조정위원회의 의결로 그 기간을 1회에 한하여 연장할 수 있으며 그 기간은 30일 이내로 한다.

② 조정위원회의 위원장은 조정위원회의 심사에 앞서 분과위원회에서 사전 심사를 담당하게 할 수 있으며, 분과위원회의 위원 전원이 일치된 의견으로 조정위원회 심사가 필요 없다고 인정하는 경우에는 조정위원회에 회부하지 아니하고 분과위원회의 심사로 조정절차를 끝낼 수 있다.

③ 조정위원회 또는 분과위원회는 제1항에 따른 조정절차를 마친 경우 조정안을 작성하여 지체 없이 각 당사자에게 제시하여야 하며, 조정안을 제시받은 각 당사자는 그 제시받은 날부터 15일 이내에 그 수락 여부를 조정위원회 또는 분과위원회에 통보하여야 한다.

④ 당사자가 조정안을 수락한 경우 조정위원회는 즉시 조정서를 작성하고, 위원장 및 각 당사자는 이에 서명 · 날인하여야 한다. 이 경우 당사자 간 조정서와 동일한 내용의 합의가 성립된 것으로 본다.

⑤ 조정위원회의 구성 · 운영 및 비용의 부담, 그 밖에 필요한 사항은 시 · 도조례로 정한다.

제2절 도시개발법상 수용의 특례

1. 수용 또는 사용방식의 정의

도시개발사업의 수용 또는 사용방식은 일단의 용지를 개발의 목적에 따라 필요한 토지 등을

수용 또는 사용하여 일괄적으로 시행하는 도시개발방식(전면매수방식 공영개발방식)으로서, 이는 택지개발촉진법에서의 공영개발방식과 유사하다.

2. 사업주체와 시행절차

가. 사업주체

수용 및 사용방식에 의한 도시개발사업의 시행주체는 토지소유자, 국가나 지자체, 지방공사, 수도권이외 지역이전 법인, 도시개발사업 공동출자법인, 일반건설업체(신탁회사) 등이다.

나. 사업에 필요한 동의요건

시행자	동의요건 등
국가, 지방자치단체, 정부투자기관, 지방공사	토지 등을 수용 또는 사용할 수 있음.
민간시행자	사업대상 토지면적의 2/3 이상에 해당하는 토지를 매입하고 토지소유자 총수의 1/2 이상에 해당하는 자의 동의필요.

1) 동의요건

시행자는 도시개발사업에 필요한 토지 등을 수용하거나 사용할 수 있다. 다만, 법 제11조 제1항 제5호 (토지소유자) 및 제7호부터 제11호까지의 규정(수도권 이외 지역이전법인, 일반건설업체, 부동산개발업자, 부동산투자회사, 도시개발사업 공동출자법인)(같은 항 제1호부터 제4호까지의 규정에 해당하는 자가 100분의 50 비율을 초과하여 출자한 경우는 제외한다)에 해당하는 시행자는 사업대상 토지면적의 3분의 2 이상에 해당하는 토지를 소유하고 토지소유자 총수의 2분의 1 이상에 해당하는 자의 동의를 받아야 한다(법 제22조 제1항 본문). 이에 따른 동의자 수의 산정방법 및 동의절차, 그 밖에 필요한 사항은 대통령령으로 정한다(같은 조 제4항).

2) 동의요건 산정기준일

토지소유자의 동의요건 산정기준일은 도시개발구역지정 고시일을 기준으로 하며, 그 기준일 이후 시행자가 취득한 토지에 대하여는 동의 요건에 필요한 토지소유자의 총수에 포함하고 이를 동의한 자의 수로 산정한다(법 제22조 제1항 단서).

3) 동의자 수의 산정방법

동의자 수의 산정방법 등에 관하여는 법 시행령 제6조 제4항부터 제7항까지의 규정을 준용한다(영 제44조).

도시개발법 시행령 제6조

④ 법 제4조 제4항에 따른 동의자의 수를 산정하는 방법은 다음 각 호와 같다.

제1호 도시개발구역의 토지면적을 산정하는 경우 : 국공유지를 포함하여 산정할 것

제2호 토지소유권을 여러 명이 공유하는 경우 : 다른 공유자의 동의를 받은 대표 공유자 1명만을 해당 토지소유자로 볼 것. 다만, 「집합건물의 소유 및 관리에 관한 법률」 제2조 제2호에 따른 구분소유자는 각각을 토지소유자 1명으로 본다.

제3호 제11조 제2항에 따른 공람·공고일 후에 「집합건물의 소유 및 관리에 관한 법률」 제2조 제1호에 따른 구분소유권을 분할하게 되어 토지소유자의 수가 증가하게 된 경우 : 공람·공고일 전의 토지소유자의 수를 기준으로 산정하고, 증가된 토지소유자의 수는 토지소유자 총수에 추가 산입하지 말 것

제4호 법 제11조 제5항에 따라 도시개발구역의 지정이 제안되기 전에 또는 법 제4조 제2항에 따라 도시개발구역에 대한 도시개발사업의 계획(이하 "개발계획"이라 한다)의 변경을 요청받기 전에 동의를 철회하는 사람이 있는 경우 : 그 사람은 동의자 수에서 제외할 것

제5호 법 제11조 제5항에 따라 도시개발구역의 지정이 제안된 후부터 법 제4조에 따라 개발계획이 수립되기 전까지의 사이에 토지소유자가 변경된 경우 또는 법 제4조 제2항에 따라 개발계획의 변경을 요청받은 후부터 개발계획이 변경되기 전까지의 사이에 토지소유자가 변경된 경우 : 기존 토지소유자의 동의서를 기준으로 할 것

⑤ 국공유지를 제외한 전체 사유 토지면적 및 토지소유자에 대하여 법 제4조 제4항에 따른 동의 요건 이상으로 동의를 받은 후에 그 토지면적 및 토지소유자의 수가 법적 동의 요건에 미달하게 된 경우에는 국공유지 관리청의 동의를 받아야 한다.

⑥ 토지소유자가 동의하거나 동의를 철회할 경우에는 국토교통부령으로 정하는 동의서 또는 동의철회서를 제출하여야 하며, 공유토지의 대표 소유자는 대표자지정 동의서와 대표 소유자 및 공유자의 신분을 증명할 수 있는 서류를 각각 첨부하여 함께 제출하여야 한다.

⑦ 제4항부터 제6항까지에서 규정한 사항 외에 동의자 수의 산정 방법·절차 등에 관한 세부적인 사항은 국토교통부장관이 정한다.

4) 사업인정 및 고시의제

가) 사업인정

수용 또는 사용의 대상이 되는 토지의 세부목록을 고시한 경우에는 「토지수용법」 제20조 제1항과 제22조에 따른 사업인정 및 그 고시가 있었던 것으로 본다. 이 경우 사업인정 및 그

고시일을 언제로 보아야 하는지가 문제될 수 있는데, 도시개발법 제22조에서 토지 등의 수용 또는 사용에 관하여 이 법에 특별한 규정이 있는 경우를 제외하고는 토지수용법을 준용한다고 규정하고 있고, 같은 조 제3항에서 위 법을 준용함에 있어서 제5조 제1항 제14호의 규정에 의한 수용 또는 사용의 대상이 되는 토지의 세목을 고시한 때에는 토지수용법 제20조 제1항 및 제22조의 규정에 의한 사업인정 및 그 고시가 있는 것으로 본다고 정의하고 있고, 도시개발법에서 토지 등의 세목은 개발계획의 내용을 포함하도록 하고 있으므로 개발계획 수립 · 고시일을 토지수용법에 의한 사업인정 및 그 고시일을 보아야 할 것이다.

나) 수용재결신청기간

다만, 재결신청은 같은 법 제23조 제1항과 제28조 제1항에도 불구하고 개발계획에서 정한 도시개발사업의 시행 기간 종료일까지 하여야 한다(법 제22조 제3항). 따라서 시행기간이 종료되기 전에 수용재결신청을 하여야 하며, 만일 위 기간을 경과하였다면 그에 따라 총회결의 등 절차적 요건을 갖추어 개발계획 및 실시계획을 변경인가 받아야 한다.

이에 대하여 대법원은 "도시계획사업의 시행자는 늦어도 고시된 도시계획사업의 실시계획인가에서 정한 사업시행기간 내에 사법상의 계약에 의하여 도시계획사업에 필요한 타인 소유의 토지를 양수하거나 수용재결의 신청을 하여야 하고, 그 사업시행기간 내에 이와 같은 취득절차가 선행되지 아니하면 그 도시계획사업의 실시계획인가는 실효되고, 그 후에 실효된 실시계획인가를 변경인가하여 그 시행기간을 연장하였다고 하여 실효된 실시계획의 인가가 효력을 회복하여 소급적으로 유효하게 될 수는 없지만, 도시계획사업의 실시계획변경인가도 시행자에게 도시계획사업을 실시할 수 있는 권한을 설정하여 주는 처분인 점에서는 당초의 인가와 다를 바 없으므로 도시계획사업의 실시계획인가고시에 정해진 사업시행기간 경과 후에 이루어진 변경인가고시도 그것이 새로운 인가로서의 요건을 갖춘 경우에는 그에 따른 효과가 있다 할 것이다."고 판시하고 있다.[73]

> **참고 ▶** 도시개발법에서는 도시개발구역지정 고시일 또는 개발계획을 별도로 수립하는 경우에는 개발계획 고시일(수용 또는 사용토지의 세목고시일)을 사업인정시기로 보고 있으며, 택지개발촉진법에서는 택지개발예정지구 지정 · 고시가 있은 때 사업인정 및 사업인정의 고시가 있는 것으로 본다.

73) 대법원 1991. 11. 26. 선고 90누9971 판결, 대법원 2000. 10. 13. 선고 2000두5142 판결 등 참조.

도시계획사업의 실시계획인가 고시에 정해진 사업시행기간 경과 후 변경인가 고시를 하면서 일부 사항을 종전의 것과 같다는 취지에서 생략한 경우, 그 하자는 변경인가에 의한 새로운 사업실시계획인가의 무효사유가 아니라 취소사유에 지나지 아니한다고 본 사례(대법원 1991. 11. 26. 선고 90누9971판결)

도시계획사업의 실시계획인가 고시에 정해진 사업시행기간 경과 후 변경인가 고시를 하면서 사업시행기간을 제외한 나머지 사항 중 일부는 종전 고시 내용과 같이하고, 일부는 그 기재를 생략한 경우, 생략한 사항은 종전의 것과 같다는 취지에서 생략한 것임을 알 수 있는 경우, 위와 같은 정도의 절차상의 하자는 변경인가에 의한 새로운 사업실시계획인가 자체가 무효라고 보아야 할 정도로 중대하고 명백한 것이라고 볼 수 없어 이는 취소사유에 지나지 아니한다.

토지수용법

제20조 (사업인정)

① 사업시행자는 제19조에 따라 토지 등을 수용하거나 사용하려면 대통령령으로 정하는 바에 따라 국토교통부장관의 사업인정을 받아야 한다.

제22조 (사업인정의 고시)

① 국토교통부장관은 제20조에 따른 사업인정을 하였을 때에는 지체 없이 그 뜻을 사업시행자, 토지소유자 및 관계인, 관계 시 · 도지사에게 통지하고 사업시행자의 성명이나 명칭, 사업의 종류, 사업지역 및 수용하거나 사용할 토지의 세목을 관보에 고시하여야 한다.

② 제1항에 따라 사업인정의 사실을 통지받은 시 · 도지사(특별자치도지사는 제외한다)는 관계 시장 · 군수 및 구청장에게 이를 통지하여야 한다.

③ 사업인정은 제1항에 따라 고시한 날부터 그 효력이 발생한다.

제23조 (사업인정의 실효)

① 사업시행자가 제22조 제1항에 따른 사업인정의 고시(이하 "사업인정고시"라 한다)가 된 날부터 1년 이내에 제28조 제1항에 따른 재결신청을 하지 아니한 경우에는 사업인정고시가 된 날부터 1년이 되는 날의 다음 날에 사업인정은 그 효력을 상실한다.

제28조 (재결의 신청)

① 제26조에 따른 협의가 성립되지 아니하거나 협의를 할 수 없을 때(제26조 제2항 단서에 따른 협의 요구가 없을 때를 포함한다)에는 사업시행자는 사업인정고시가 된 날부터 1년 이내에 대통령령으로 정하는 바에 따라 관할 토지수용위원회에 재결을 신청할 수 있다.

도시계획사업의 실시계획인가 고시에 정해진 사업시행기간 경과 후 변경인가 고시를 하면서 일부 사항을 종전의 것과 같다는 취지에서 생략한 경우, 그 하자는 변경인가에 의한 새로운 사업실시계획인가의 무효사유가 아니라 취소사유에 지나지 아니한다고 본 사례(대법원 1991. 11. 26. 선고 90누9971 판결)

도시계획사업의 실시계획인가 고시에 정해진 사업시행기간 경과 후 변경인가 고시를 하면서 사업시행기간을 제외한 나머지 사항 중 일부는 종전 고시 내용과 같이하고, 일부는 그 기재를 생략한 경우, 생략한 사항은 종전의 것과 같다는 취지에서 생략한 것임을 알 수 있는 경우, 위와 같은 정도의 절차상의 하자는 변경인가에 의한 새로운 사업실시계획인가 자체가 무효라고 보아야 할 정도로 중대하고 명백한 것이라고 볼 수 없어 이는 취소사유에 지나지 아니한다.

3. 토지보상의 법적근거

가. 법적근거

토지 등의 수용 또는 사용에 관하여 이 법에 특별한 규정이 있는 경우 외에는 「토지수용법」을 준용한다(법 제22조 제2항). 이때 보상은 사업시행자가 담당하며, 사전보상, 개인별 보상, 일괄보상, 현금보상(부재지주는 일부 예외)이 원칙이다. 이는 사업시행자의 원활한 사업시행 및 피수용자에 대한 적절한 보상을 위해 도입된 규정이다.

토지수용법 제68조 제3항의 위임에 따라 협의취득의 보상액 산정에 관한 구체적 기준을 정하고 있는 토지수용법 시행규칙 제22조가 대외적인 구속력을 가지는지 여부(대법원 2012. 3. 29. 선고 2011다104253 판결)

토지수용법(이하 '공익사업법'이라 한다) 제68조 제3항은 협의취득의 보상액 산정에 관한 구체적 기준을 시행규칙에 위임하고 있고, 위임 범위 내에서 토지수용법 시행규칙 제22조는 토지에 건축물 등이 있는 경우에는 건축물 등이 없는 상태를 상정하여 토지를 평가하도록 규정하고 있는데, 이는 비록 행정규칙의 형식이나 공익사업법의 내용이 될 사항을 구체적으로 정하여 내용을 보충하는 기능을 갖는 것이므로, 공익사업법 규정과 결합하여 대외적인 구속력을 가진다.

나. 토지보상 절차

1) 토지보상 업무흐름

토지보상에 관한 업무는 보상사전준비 ▶ 기본조사 ▶ 보상계획공고 및 열람 ▶ 손실보상협의 ▶ 수용재결과 이의신청 등의 절차를 통하여 이루어지며, 각 절차별 업무내용은 아래와 표와 같다.

[토지보상 업무흐름][74)]

보상업무	내 용	개발업무
보상사전준비	• 사업지구관리 • 용지도 및 현황도 작성 • 각종 공부발급	• 구역지정 – 사업시행자 지정
⇩		⇩
기본조사	• 기본조사 계획수립 및 준비, 교육실시 • 토지 및 지장물 등 기본조사 실시 • 토지, 물건조서 작성 • 무상귀속협의	• 조사설계 착수 – 측량토질 조사 – 기본설계 착수
⇩		⇩
보상계획공고 및 열람	• 보상계획공고열람 • 감정평가의뢰	• 기본계획 수립 및 고시 • 개발계획 수립 및 고시
⇩		
손실보상협의	• 손실보상협의요청 • 사업시행자산정 보상비 보상	
⇩		⇩
수용재결과 이의신청 등	• 미협의 토지 및 지장물에 대한 수용재결 신청(중토위) • 수용시기까지 공탁 후 미철거 지장물에 대한 행정대집행 실시	• 실시계획 승인신청 • 실시계획 승인 • 실시계획 변경 • 공사발주 의뢰

2) 토지보상 절차

토지보상절차는 해당지역에 관한 구역지정고시를 시작으로 기본조사 ▶ 사업인정고시 ▶ 보상계획 공고 · 열람 ▶ 손실보상의 요청 ▶ 협의 ▶ 보상금지급{협의 불성립시 : 수용재결신청(중앙토지수용위원회) 공탁 및 소유권이전, 이의신청, 행정소송 등} 아래의 표와 같은 업무절차에 따라 이루어진다.

---

74) 토지주택공사, 앞의 책, 140면.

[용지보상 절차도][75)]

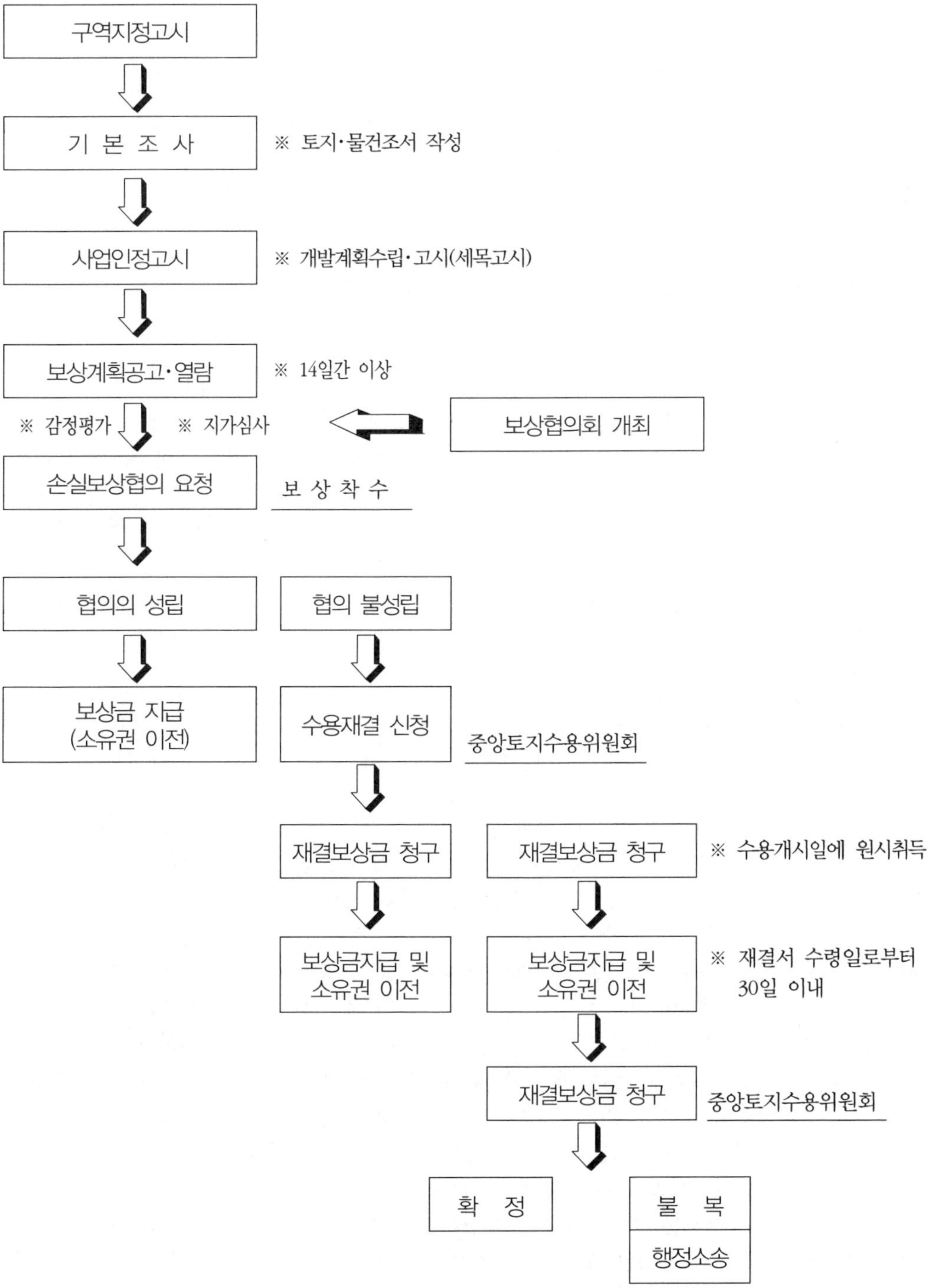

75) 토지주택공사, 앞의 책, 141면.

사업실시계획인가·고시에 포함된 일부 토지에 대하여 도시계획사업의 시행기간 내에 수용재결신청을 하지 아니한 경우, 위 실시계획의 일부 폐지나 변경이 없더라도 그 부분 토지에 대한 실시계획인가의 효력이 상실되는지 여부(대법원 1997. 12. 26. 선고 97누2191 판결)

실시계획인가·고시에 포함된 일부 토지에 대하여 도시계획사업의 시행기간 내에 수용재결신청을 하지 아니한 때에는 인가된 실시계획의 일부 폐지나 변경이 없다고 하더라도 그 시행기간 만료일의 익일부터 그 일부 토지에 대한 실시계획인가의 효력이 상실된다.

당초의 실시계획에 포함되어 있지 아니한 장래의 사업계획에 의하여 수용토지의 필요성 유무를 판정할 수 있는지 여부(대법원 1994. 8. 12. 선고 93다50550 판결)

당초의 취득목적사업이 동일성을 유지하면서 다만 사업의 세부적인 시행계획만이 변경된 경우에는 특단의 사정이 없는 한 그 변경된 시행계획을 기준으로 하여 필요성의 유무를 판정할 수 있다 할 것이나, 도시계획법 제30조 제2항에 따라 같은 법 제25조의 규정에 의한 도시계획사업 실시계획의 인가를 토지수용법 제14조의 규정에 의한 사업인정으로 보게 되는 경우에는, 실시계획의 시행계획이 내부적으로 변경되었다 하더라도 도시계획법 제25조 제1항 단서, 같은 법 시행규칙 제11조의 2의 규정이 정하는 경미한 사항에 해당하지 아니하는 한, 그 변경에 관하여 건설부장관의 인가를 받은 때에만 변경된 실시계획을 기준으로 하여 수용한 토지의 필요성 유무를 판정할 수 있다.

표준지 공시지가의 결정절차와 그 효력 및 감정평가업자의 토지 평가액 산정의 적정성을 인정하기 위한 감정평가서의 기재 내용과 정도(대법원 2009. 12. 10. 선고 2007두20140 판결)

구 부동산 가격공시 및 감정평가에 관한 법률(2008. 2.29. 법률 제8852호로 개정되기 전의 것) 제2조 제5호, 제6호, 제3조 제1항, 제5조, 제10조와 같은 법 시행령(2008. 2.29. 대통령령 제20722호로 개정되기 전의 것) 제8조 등을 종합하여 보면, 건설교통부장관은 토지이용상황이나 주변 환경 그 밖의 자연적·사회적 조건이 일반적으로 유사하다고 인정되는 일단의 토지 중에서 표준지를 선정하고, 그에 관하여 매년 공시기준일 현재의 적정가격을 조사·평가한 후 중앙부동산평가위원회의 심의를 거쳐 이를 공시하여야 한다. 표준지의 적정가격을 조사·평가할 때에는 인근 유사토지의 거래가격, 임대료, 당해 토지와 유사한 이용가치를 지닌다고 인정되는 토지의 조성에 필요한 비용추정액 등을 종합적으로 참작하되, 둘 이상의 감정평가업자에게 이를 의뢰하여 평가한 금액의 산술평균치를 기준으로 하고, 감정평가업자가 행한 평가액이 관계 법령을 위반하거나 부당하게 평가되었다고 인정되는 경우 등에는 당해 감정평가업자 혹은 다른 감정평가업자로 하여금 다시 조사·평가하도록 할 수 있으며, 여기서 '적정가격'이란 당해 토지에 대하여 통상적인 시장에서 정상적인 거래가 이루어지는 경우 성립될 가능성이 가장 높다고 인정되는 가격을 말하고, 한편 이러한 절차를 거쳐 결정·공시된 표준지 공시지가는 토지시장의 지가정보를 제공하고 일반적인 토지거래의 지표가 되며, 국가·지방자치단체 등의 기관이 그 업무와 관련하여 지가를 산정하거나 감정평가업자가 개별적으로 토지를 감정평가하는 경우에 기준이 되는 효력을 갖는다. 또한, 표준지 공시지가의 결정절차 및 그 효력과 기능 등에 비추어 보면, 표준지 공시지가는 당해 토지뿐 아니라 인근 유사토지의 가격을 결정하는 데에 전제적 · 표준적 기능을 수행하는 것이어서 특히 그 가격의 적정성이 엄격하게 요구된다. 이를 위해서는 무엇보다도 적정가격 결정의 근거가 되는 감정평가업자의 평가액 산정이 적정하게 이루어졌음이 담보될 수 있어야 하므로, 그 감정평가서에는 평가원인을 구체적으로 특정하여 명시함과 아울러 각 요인별 참작 내용과 정도가 객관적으로 납득이 갈 수 있을 정도로 설명됨으로써, 그 평가액이 당해 토지의 적정가격을 평가한 것임을 인정할 수 있어야 한다.

도시지역 내에 있는 수용대상토지와 용도지역이 같은 비교표준지가 여러 개 있는 경우 및 도시지역 외에 있는 수용대상토지와 현실적 이용상황이 같은 비교표준지가 여러 개 있는 경우, 비교표준지 선정 방법 (대법원 2011. 9. 8. 선고 2009두4340 판결)

비교표준지는 특별한 사정이 없는 한 도시지역 내에서는 용도지역을 우선으로 하고, 도시지역 외에서는 현실적 이용상황에 따른 실제 지목을 우선으로 하여 선정해야 한다. 또한 수용대상토지가 도시지역 내에 있는 경우 용도지역이 같은 비교표준지가 여러 개 있을 때에는 현실적 이용상황, 공부상 지목, 주위환경, 위치 등의 제반 특성을 참작하여 자연적, 사회적 조건이 수용대상 토지와 동일 또는 유사한 토지를 당해 토지에 적용할 비교표준지로 선정해야 하고, 마찬가지로 수용대상 토지가 도시지역 외에 있는 경우 현실적 이용상황이 같은 비교표준지가 여러 개 있을 때에는 용도지역까지 동일한 비교표준지가 있다면 이를 당해 토지에 적용할 비교표준지로 선정해야 한다.

수용보상금의 증액을 구하는 소송에서 선행처분으로서 그 수용대상 토지 가격 산정의 기초가 된 비교표준지공시지가결정의 위법을 독립한 사유로 주장할 수 있는지 여부(대법원 2008. 8. 21. 선고 2007두13845 판결)

표준지공시지가결정은 이를 기초로 한 수용재결 등과는 별개의 독립된 처분으로서 서로 독립하여 별개의 법률효과를 목적으로 하지만, 표준지공시지가는 이를 인근 토지의 소유자나 기타 이해관계인에게 개별적으로 고지하도록 되어 있는 것이 아니어서 인근 토지의 소유자 등이 표준지공시지가결정 내용을 알고 있었다고 전제하기가 곤란할 뿐만 아니라, 결정된 표준지공시지가가 공시될 당시 보상금 산정의 기준이 되는 표준지의 인근 토지를 함께 공시하는 것이 아니어서 인근 토지소유자는 보상금 산정의 기준이 되는 표준지가 어느 토지인지를 알 수 없으므로, 인근 토지소유자가 표준지의 공시지가가 확정되기 전에 이를 다투는 것은 불가능하다. 더욱이 장차 어떠한 수용재결 등 구체적인 불이익이 현실적으로 나타나게 되었을 경우에 비로소 권리구제의 길을 찾는 것이 우리 국민의 권리의식임을 감안하여 볼 때, 인근 토지소유자 등으로 하여금 결정된 표준지공시지가를 기초로 하여 장차 토지보상 등이 이루어질 것에 대비하여 항상 토지의 가격을 주시하고 표준지공시지가결정이 잘못된 경우 정해진 시정절차를 통하여 이를 시정하도록 요구하는 것은 부당하게 높은 주의의무를 지우는 것이고, 위법한 표준지공시지가결정에 대하여 그 정해진 시정절차를 통하여 시정하도록 요구하지 않았다는 이유로 위법한 표준지공시지가를 기초로 한 수용재결 등 후행 행정처분에서 표준지공시지가결정의 위법을 주장할 수 없도록 하는 것은 수인한도를 넘는 불이익을 강요하는 것으로서 국민의 재산권과 재판받을 권리를 보장한 헌법의 이념에도 부합하는 것이 아니다. 따라서 표준지공시지가결정이 위법한 경우에는 그 자체를 행정소송의 대상이 되는 행정처분으로 보아 그 위법 여부를 다툴 수 있음은 물론, 수용보상금의 증액을 구하는 소송에서도 선행처분으로서 그 수용대상 토지 가격 산정의 기초가 된 비교표준지공시지가결정의 위법을 독립한 사유로 주장할 수 있다.

다. 보상의 기준 및 각종 기준

1) 토지보상

토지보상의 대상 및 보상(지급)기준 및 근거법률 등은 아래와 같다.

보상대상	보상(지급)기준	근 거
일반원칙	• 부동산 가격공시 및 감정평가에 관한 법률에 의한 공시지가를 기준으로 공시기준일부터 가격시점까지의 토지이용계획, 지가변동률, 생산자 물가상승율, 당해 토지의 위치·형상·환경·이용 상황 등을 참작하여 평가 • 공부상 지목에 불구하고 가격시점에 있어서의 현실적인 이용상황과 일반적 이용방법에 의한 객관적 상황을 고려하여 평가(일시적인 이용상황과 토지소유자 및 관계인의 주관적인 가치배제)	토지수용법 제70조, 토지수용법 시행규칙 제22조
공법상 제한 토지	• 일반적 제한 : 제한받는 상태대로 평가(예 : 용도지역·지구·구역) • 개별적 제한 : 제한이 없는 상태대로 평가(예 : 공익사업)	토지수용법 시행규칙 제23조
무허가건축물 부지	• 무허가건축물 등이 건축될 당시의 이용상황을 상정 평가	토지수용법 시행규칙 제24조
불법형질 변경토지	• 불법으로 형질변경될 당시의 이용상황을 상정 평가	토지수용법 시행규칙 제24조
미불용지	• 종전의 공익사업에 편입될 당시의 이용상황을 상정 평가 다만, 종전 편입될 당시의 이용상황을 알 수 없는 경우에는 편입될 당시의 지목과 인근토지의 이용상황을 상정 평가	토지수용법 시행규칙 제25조
사도부지	• 사도법에 의한 사도부지 : 인근토지 평가가격의 5분의 1 이내	토지수용법 시행규칙 제26조

	• 사실상의 사도부지 : 인근토지 평가가격의 3분의 1 이내	
기타 도로부지	• 일반원칙대로 정상평가	상 동
구거부지	• 일반구거 : 인근토지 평가가격의 3분의 1 이내 • 도수로 부지 : 일반원칙대로 정상평가	상 동
개간비	• 적법하게 개간한 자가 개간 당시부터 보상 당시까지 계속하여 적법하게 당해 토지를 점유하고 있는 경우 개간후의 토지가격에서 개간 전의 토지가격을 뺀 금액으로 개간비 보상	토지수용법 시행규칙 제27조
잔여지	• 잔여지를 종래의 목적에 사용하는 것이 현저히 곤란한 때에는 사업시행자에게 토지 전부 매수청구 가능	토지수용법 제74조

2) 지장물보상

지장물보상의 대상 및 보상(지급)기준, 근거법령은 아래와 같다. 한편, 도시개발구역에서 건축물의 이전 · 제거 등 법 제38조 제1항 또는 제64조 제1항에 따른 행위로 손실을 입은 자가 있으면 법 제65조 제1항에 따라 사업시행자가 그 손실을 보상하여야 하는데, 이때 보상기준에 관하여는 같은 법 제5항에 따라 공익사업을 위한 토지 등의 취득 및 보상에 관한 법률을 준용하도록 하고 있으나, 국토의 계획 및 이용에 관한 법률 제56조 제1항을 위반한 건축물에 대하여는 그러하지 아니하도록 규정하고 있다.

다만, 무허가 건축물의 손실보상 여부는 개별법률(공익사업을 위한 토지 등의 취득 및 보상에 관한 법률), 실시계획서(보상계획서), 시행자, 보상을 받을 자와의 협의 등을 종합적으로 고려하여 지정권자가 판단하여야 할 사항이다.

보상대상	보상(지급)기준	근거
지장물평가 일반원칙	• 건축물 · 입목 · 공작물 기타 토지에 정착한 물건(건축물 등)에 대하여는 이전비로 보상하되, 다음의 경우에는 취득가격으로 보상 - 이전이 어렵거나 이전하면 종래 목적대로 사용 불가한 경우 - 이전비가 그 물건의 가격을 초과하는 경우 - 사업시행자가 공익사업에 직접 사용할 목적으로 취득	토지수용법 제75조
건축물 보상	• 건축물은 그 구조 · 이용상태 · 면적 · 내구연한 · 유용성 및 이전 가능성, 그 밖에 가격형성에 관련되는 제요인을 종합적으로 고려하여 이전비(해체비, 건축비, 적정거리까지의 운반비)로 평가	토지수용법 시행규칙 제33조, 제35조

	• 건축물의 철거비용은 사업시행자가 부담 • 주거용 건축물의 최저 보상특례 - 주거용 건축물의 평가금액이 3백만원 미만인 경우에는 그 보상액은 3백만원으로 한다. • 재편입된 주거용 건축물에 대한 가산금 - 공익사업시행으로 보상금을 받은 후 그 밖의 지역에서 매입하거나 건축하여 소유하고 있는 주거용 건축물이 그 보상일로부터 20년 이내에 다른 공익사업지구에 편입되는 경우에는 당해평가 금액의 30%를 가산 지급 • 평가 후 1년이 경과할 때까지 보상계약이 체결되지 아니한 경우에는 재평가 시점에서 당해물건이 자생적으로 증가되어 물건이 변경된 경우에는 변경된 물건을 대상으로 재평가 • 사업지구에 편입되지 않은 건축물의 잔여부분을 보수하여 사용할 수 있는 경우에는 그 잔여부분에 대하여는 보수비로 보상 • 건축물보상에 있어서는 주건축물, 부속건축물, 부대시설은 일체로 하는 것이 아니라 물건별로 구분평가(단, 건축설비는 일체로 평가)	
공작물 등 보상	• 공작물은 이전비로 평가 • 보상제외 공작물 - 공작물 등의 용도 폐지 또는 기능상실로 인한 경제적 가치가 없는 경우 - 공작물 등의 가치가 보상이 되는 다른 토지 등의 가치에 충분히 반영되어 토지 등의 가격이 증가한 경우 - 사업시행자가 공익사업에 편입되는 공작물 등에 대한 대체시설을 하는 경우	토지수용법 시행규칙 제36조
수목 보상	• 이전비를 지급하고 이식시킴이 원칙이나, 이식이 경제적으로 부적합하거나 이전비가 당해 입목의 취득비를 초과하는 경우에는 취득비로 보상 • 수목의 수량은 매 그루별로 조사 · 산정하나, 특별한 사유가 있는 경우에는 표본추출방식에 의함.	토지수용법 시행규칙 제37조(과수), 제38조(묘목), 제39조(입목)
분묘 보상	• 유연분묘 : 분묘이전비 + 석물이전비 + 잡비 + 이전보조비 • 무연분묘 : 사업시행자가 장사 등에 관한 법률(제23조, 동법 시행규칙 제14조)의 절차에 따라 분묘개장허가를 받아 일정기간 공고를 거쳐 공원묘지로 이장 또는 화장하여 납골당에 안치하며, 보상액은 유연분묘의 보상비에서 이전보조비를 제외한 금액의 50% 이내로 함	토지수용법 시행규칙 제42조

3) 영업손실보상

영업손실보상의 대상 및 보상(지급)기준, 근거법령은 아래와 같다. 이때 영업은 사업인정고시일등 전부터 적법한 장소(무허가건축물 등, 불법형질변경토지, 그 밖에 다른 법령에서 물건을 쌓아놓는 행위가 금지된 장소가 아닌 곳을 말함)에서 인적·물적 시설을 갖추고 계속적으로 행하고 있는 영업(다만, 무허가건축물 등에서 임차인이 영업하는 경우에는 그 임차인이 사업인정고시일등 1년 이전부터 부가가치세법 제5조에 따른 사업자등록을 하고 행하고 있는 영업을 말함) 및 영업을 행함에 있어서 관계 법령에 의한 허가 등을 필요로 하는 경우에는 사업인정고시일등 전에 허가 등을 받아 그 내용대로 행하고 있는 영업을 의미한다.

보상대상	보상(지급) 기준	근거
영업손실 보상대상	• 사업인정 고시일등 전부터 적접한 장소에서 인적·물적 시설을 갖추고 계속적으로 영리를 목적으로 행하고 있는 영업 • 관계법령에 의한 허가·면허·신고 등을 받은 영업 • 허가 등의 내용대로 행하고 있는 영업	토지수용법 시행규칙 제45조
영업폐지 보상	• 2년간의 영업이익(당해 영업의 최근 3년간의 평균영업이익)에 영업용 고정자산, 원재료, 제품 및 상품 등 매각손실액을 더한 금액으로 보상	토지수용법 시행규칙 제46조
영업휴업 보상	• 일반 : 3개월분 영업이익＋고정비용＋이전비용＋감손상당액＋부대비용 • 특수 : 3월 이상 영업을 할 수 없는 경우나 3월 내에 다른 장소로 이전이 어렵다고 객관적으로 입증되는 경우에는 휴업보상기간은 실제의 휴업기간으로 하되, 2년을 초과할 수 없음	토지수용법 시행규칙 제47조
무허가영업 보상	• 대상 : 사업인정고시일 등 전부터 허가 등을 받아야 행할 수 있는 영업을 허가 등이 없이 행하여 온 자 • 보상 : 3인 가구 3개월분 가계지출비와 영업시설 등의 이전비용으로 상정하여 보상	토지수용법 시행규칙 제52조
휴직·실직 보상	• 대상 : 사업인정고시일 등 당시 3월 이상 근무한 근로자 • 보상 : 휴직 : 평균임금의 100분의 70에 해당하는 금액으로 보상(90일 이내) 실직 : 평균임금의 90일분에 해당하는 금액으로 보상	토지수용법 시행규칙 제51조
축산 보상	• 보상대상 - 축산법 제22조의 규정에 의해 신고한 부화업, 계란집하업, 가축사육종축업(종돈 50두 이상의 종돈업, 종계 1천수 이상의 종계업) 또는 가축사육업 - 기준사육 마리수 이상의 가축을 기르는 경우(닭 : 200, 토끼 : 150, 오리 : 150, 돼지 : 20, 소 : 5, 사슴 : 15, 염소, 양 : 20, 꿀벌 : 20) - 기준사육 마리수 미만의 여러 종별 가축의 합계가 기준	토지수용법 시행규칙 제49조

	사육 마리수에 대한 실제사육 마리수의 비율이 1이상인 축산 • 영업에 대한 휴업 또는 폐지 보상규정을 준용하여 평가	
농업손실 보상	• 농업을 영위하던 농민에게는 2년분의 영농손실을 보상 • 자경농이 아닌 농지 - 농지소유자가 당해 지역에 거주하는 경우 · 농지소유자와 실제 경작자 간의 협의에 따라 지급 · 협의가 성립되지 아니한 경우는 각각 50%씩 보상 - 농지소유자가 당해 지역에 거주하지 아니하는 경우 실제 경작자에게 보상 • 농기구 보상 농지 면적의 2/3 이상이 사업지구에 편입되어 당해 지역에서 영농을 계속할 수 없는 경우 농기구 매각손실액을 보상	토지수용법 시행규칙 제48조

라. 수용 또는 사용방식의 보상시기

도시개발법에서는 사업시행자가 도시개발사업을 시행함에 있어 토지 등의 수용 또는 사용에 관하여 도시개발법에 특별한 규정이 있는 경우를 제외하고는 공익사업을 위한 토지 등의 취득 및 보상에 관한 법률을 준용하도록 하고, 토지의 세목고시를 한 경우에는 사업인정 및 그 고시가 있는 것으로 본다고 규정하고 있으므로 보상계획의 수립, 협의절차 시기 등은 사업인정 고시 이후의 절차를 준용하여 추진하여야 한다.

마. 대도청구 소송 적용대상

도시개발법 제22조에서는 공익사업을 위한 토지 등의 취득 및 보상에 관한 법률을 준용하도록 규정하고 있으므로, 도시개발사업에 필요한 토지 등에 대한 매수 협의가 원만히 이루어지지 않을 경우 시행자는 주택법에 의한 매도청구 소송을 적용받지 아니하고. 도시개발법령에 의한 수용 또는 사용에 필요한 동의요건을 갖추어 토지취득 절차를 진행할 수 있다.

4. 토지상환채권의 발행

토지상환채권이란 사업시행자가 토지 등의 매수대금 일부를 현금 대신 개발사업으로 조성된 토지로 상환할 목적으로 발행하는 채권이다. 이는 개발사업을 위한 보상에 활용함으로써 현금유동을 억제하여 주변지역 투기적 수요를 차단하고, 공공사업 및 SOC 투자재원 확보를 위하여 발행되고 있다. 그러나 실제 도시개발사업 실무에서는 토지상환채권이 발생한 된 사례를 찾아보기는 힘들다.

가. 채권의 발행자

1) 발행주체

토지상환채권은 시행자가 토지 등의 매수대금 중 일부를 사업시행으로 조성된 토지 건축물로 상환하는 채권을 말하는데, 시행자는 토지소유자가 원하면 토지 등의 매수 대금의 일부를 지급하기 위하여 대통령령으로 정하는 바에 따라 사업 시행으로 조성된 토지 · 건축물로 상환하는 채권(이하 "토지상환채권"이라 한다)을 발행할 수 있다.

2) 지급보증

다만, 제11조 제1항 제5호부터 제11호까지의 규정에 해당하는 자(국가나 지방자치단체, 공공기관, 정부출연기관 또는 지방공사 아닌 시행자) 즉, 민간시행자는 대통령령으로 정하는 금융기관 등으로부터 지급보증을 받은 경우에만 이를 발행할 수 있다(법 제23조 제1항).

[법 제23조 제1항 단서에서 "대통령령으로 정하는 금융기관 등"]

> **법 시행령 제46조 (토지상환채권의 보증기관)**
> 법 제23조 제1항 단서에서 "대통령령으로 정하는 금융기관 등"이란 「은행법」 제2조 제1항 제2호에 따른 은행(이하 "은행"이라 한다)과 「보험업법」에 따른 보험회사 및 「건설산업기본법」 제54조에 따른 공제조합을 말한다. 를 말한다.

나. 채권의 발행규모

토지상환채권의 발행규모는 그 토지상환채권으로 상환할 토지 · 건축물이 해당 도시개발사업으로 조성되는 분양토지 또는 분양건축물 면적의 2분의 1을 초과하지 아니하도록 하여야 한다(영 제45조).

다. 채권의 발행계획

1) 발행계획작성 및 지정권자의 승인

시행자(지정권자가 시행자인 경우는 제외한다)는 토지상환채권을 발행하려면 토지상환채권의 발행계획을 작성하여 미리 지정권자의 승인을 받아야 한다(법 제23조 제2항).

2) 발행계획에 포함될 내용

토지상환채권의 발행계획에는 다음 각 호의 사항이 포함되어야 한다(영 제47조).

제1호 시행자의 명칭

제2호 토지상환채권의 발행총액

제3호 토지상환채권의 이율

제4호 토지상환채권의 발행가액 및 발행시기

제5호 상환대상지역 또는 상환대상토지의 용도

제6호 토지가격의 추산방법

제7호 보증기관 및 보증의 내용(법 제11조 제1항 제5호부터 제11호까지의 규정에 해당하는 자가 발행하는 경우에만 해당한다)

라. 발행방법

1) 토지상환채권의 발행공고

시행자가 토지상환채권을 발행하는 경우에는 토지상환채권의 명칭과 법 시행령 제47조 각 호의 사항을 공고하여야 한다(영 제48조).

2) 토지상환채권의 발행조건 등

토지상환채권의 이율은 발행당시의 은행의 예금금리 및 부동산 수급상황을 고려하여 발행자가 정하며(영 제49조 제1항), 이 경우 채권은 기명식(記名式) 증권으로 한다(같은 조 제2항).

3) 토지상환채권의 청약 등

토지상환채권으로 토지 등의 매각대금을 받으려는 자(이하 "청약자"라 한다)는 다음 각 호의 사항을 기재한 토지상환채권 청약서 2통을 작성하여 시행자에게 제출하여야 한다(영 제50조).

제1호 사업의 명칭

제2호 청약자의 성명(법인인 경우에는 법인의 명칭 및 대표자의 성명) · 주소

제3호 청약자 소유의 토지 등의 명세

제4호 청약자가 토지 등의 매각대금으로 받는 금액

제5호 토지상환채권으로 받으려는 금액

4) 토지상환채권의 기재사항

토지상환채권에는 다음 각 호의 사항을 기재하고 발행자가 기명날인하여야 한다(영 제51조).

제1호 법 시행령 제47조 제1호 및 제3호부터 제6호까지의 사항

제2호 토지상환채권의 번호

제3호 토지상환채권의 발행연월일

마. 토지상환채권원부의 비치

토지상환채권의 발행자는 주된 사무소에 다음 각 호의 사항을 기재한 토지상환채권원부를 비치하여야 한다(영 제52조).

제1호 토지상환채권의 번호

제2호 토지상환채권의 발행연월일

제3호 법 시행령 제47조 제2호부터 제6호까지의 사항

제4호 토지상환채권 소유자의 성명 및 주소

제5호 토지상환채권의 취득연월일

바. 토지상환채권의 이전 등

1) 토지상환채권의 이전

토지상환채권을 이전하는 경우 취득자는 그 성명과 주소를 토지상환채권원부에 기재하여 줄 것을 요청하여야 하며, 취득자의 성명과 주소가 토지상환채권에 기재되지 아니하면 취득자는 발행자 및 그 밖의 제3자에게 대항하지 못한다(영 제53조 제1항).

2) 토지상환채권을 질권의 목적으로 하는 경우

토지상환채권을 질권의 목적으로 하는 경우에는 질권자의 성명과 주소가 토지상환채권원부에 기재되지 아니하면 질권자는 발행자 및 그 밖의 제3자에게 대항하지 못하며(영 제53조 제2항), 발행자는 질권이 설정된 때에는 토지상환채권에 그 사실을 표시하여야 한다(같은 조 제3항).

사. 토지상환채권의 소유자에 대한 통지

토지상환채권의 소유자에 대한 통지 또는 최고는 토지상환채권원부에 기재된 주소로 하여야 한다. 다만, 토지상환채권의 소유자가 토지상환채권의 발행자에게 따로 주소를 알린 경우에는 그 주소로 하여야 한다(영 제54조).

5. 이주대책

가. 이주대책의 개념

이주대책이란 공공사업의 시행에 필요한 토지 등을 제공함으로 인하여 생활의 근거를 상실하게 되는 이주자들을 위하여 사업시행자가 기본적인 생활시설이 포함된 택지를 조성하거나 그 지상에 주택을 건설하여 이주자들에게 이를 그 투입비용 원가만의 부담하에 개별 공급하는 것으로서, 그 본래의 취지에 있어 이주자들에 대하여 종전의 생활상태를 원상으로 회복시키면서 동시에 인간다운 생활을 보장하여 주기 위한 이른바 생활보상의 일환으로 국가의 적극적이고 정책적인 배려에 의하여 마련된 제도이다.[76)]

나. 이주대책의 수립 등

1) 이주대상자

공공용지의 취득 및 손실보상에 관한 특례법 제8조 소정의 이주대책자가 되기 위해서는 공공사업시행지구 내에 건물을 소유하고 있다가 당해 공공사업의 시행을 위하여 당해 건물을 사업시행자에게 제공함으로서 생활근거를 상실하게 되는 자만이 공공용지의 취득 및 손실보상에 관한 특례법 소정의 이주대책대상자가 되고 당해 건물에 계속하여 거주하지 아니하던 자는

76) 대법원 1994. 5. 24. 선고 92다35783 판결.

당해 건물의 제공으로 인하여 생활근거를 상실하게 된 자가 아니어서 이주대책대상자가 되지 아니한다.[77]

한편, 공익사업을 위한 토지 등의 취득 및 보상에 관한 법률 제40조 제3항에서는 무허가건축물의 소유자 등은 원칙적으로 이주대책대상자에서 제외하도록 규정하고 있지만, 사업시행자는 위 법령에서 정한 이주대책대상자의 범위를 확대하는 기준을 수립하여 실시하는 것은 허용된다.[78]

2) 이주대책의 수립 · 시행

시행자는 「토지수용법」로 정하는 바에 따라 도시개발사업의 시행에 필요한 토지 등의 제공으로 생활의 근거를 상실하게 되는 자에 관한 이주대책 등을 수립 · 시행하여야 한다(법 제24조).

[토지주택공사내부규정(이주대책의 수립 및 시행에 관한 예규)]

> **제4조 (이주대책의 수립)**
> ① 조성사업의 시행으로 인하여 소유하는 가옥을 제공함에 따라 생활의 근거를 상실하게 되는 자에 대하여는 이 예규가 정하는 바에 따라 이주대책을 수립 · 시행한다.
> 이 경우, 가옥의 일부가 사업지구에 편입된 경우로서 잔여부분을 잔여지수용에 준하여 보상하는 경우(잔여부분을 보상하지 아니한 경우로서 잔여토지의 위치 · 형상, 잔여가옥의 상태 등에 비추어 잔여가옥에 정상적인 거주가 불가능한 경우를 포함)에는 그 전체 가옥이 사업지구에 포함된 것으로 본다.
> ② 이주대책은 가옥을 소유한 개인을 대상으로 수립 · 시행하며 법인이나 단체는 그 대상이 되지 아니함.

[용지규정시행세칙 제25조(기준일)]

> - 택촉법 : 예정지구지정 공람공고일. 다만, 주민 등의 의견청취 절차를 거치지 아니하고 예정지구로 지정고시되는 경우에는 그 예정지구 지정고시일
> - 산입법 : 산업단지 지정고시일
> - 도시개발법 : 도시개발구역지정 공람공고일
> - 국토계획법 : 도시계획시설사업 실시계획 인가고시일
> - 주택법 : 사업계획승인고시일
> - 보금자리법 : 주택지구지정 공람공고일. 다만, 주민 등의 의견청취 절차를 거치지 아니하고 주택지구로 지정고시되는 경우에는 그 지구지정고시일

---

77) 대법원 1994. 2. 22. 선고 93누15120 판결.
78) 대법원 2009. 9. 24. 선고 2009두9819 판결.

3) 사업시행자의 이주자에 대한 택지공급 등의 재량

구 도시개발법(2007. 4.11. 법률 제8376호로 개정되기 전의 것) 제23조, 토지수용법 제78조 제1항, 같은 법 시행령 제40조 제3항 제2호의 문언, 내용 및 입법 취지 등을 종합하여 보면, 위 시행령 제40조 제3항 제2호에서 말하는 '공익사업을 위한 관계 법령에 의한 고시 등이 있은 날'은 이주대책대상자와 아닌 자를 정하는 기준이지만, 나아가 사업시행자가 이주대책대상자 중에서 이주대책을 수립 · 실시하여야 할 자와 이주정착금을 지급하여야 할 자를 정하는 기준이 되는 것은 아니므로, 사업시행자는 이주대책기준을 정하여 이주대책대상자 중에서 이주대책을 수립 · 실시하여야 할 자를 선정하여 그들에게 공급할 택지 또는 주택의 내용이나 수량을 정할 수 있고, 이를 정하는 데 재량을 가지므로, 이를 위해 사업시행자가 설정한 기준은 그것이 객관적으로 합리적이 아니라거나 타당하지 않다고 볼 만한 다른 특별한 사정이 없는 한 존중되어야 한다.[79)]

4) 이주대책대상자의 범위확대 기준의 수립 · 실시

구 도시개발법(2007. 4.11. 법률 제8376호로 개정되기 전의 것) 제23조, 토지수용법(이하 '공익사업법'이라 한다) 제78조 제1항에서 사업시행자는 도시개발사업의 시행으로 인하여 주거용 건축물을 제공함에 따라 생활의 근거를 상실하게 되는 자(이하 '이주대책대상자'라 한다)를 위하여 공익사업법 시행령이 정하는 바에 따라 이주대책을 수립 · 실시하거나 이주정착금을 지급하여야 한다고 규정하는 한편 공익사업법 시행령 제40조 제3항에서 무허가건축물의 소유자 등은 원칙적으로 이주대책대상자에서 제외하도록 규정하고 있는바, 사업시행자가 위 법령에서 정한 이주대책대상자의 범위를 확대하는 기준을 수립하여 실시하는 것은 허용되고, 그러한 기준을 수립 · 실시함에 있어서 이주대책 등은 이주자들에 대하여 종전의 생활상태를 원상으로 회복시키면서 동시에 인간다운 생활을 보장하여 주기 위한 제도라는 점을 염두에 두고 형평에 어긋나지 않도록 하여야 할 것이다.[80)]

구 공공용지의 취득 및 손실보상에 관한 특례법 제8조 제1항과 같은 법 시행령 제5조 제5항에 정한 이주대책의 의미 및 사업시행자가 특별공급주택의 수량, 특별공급대상자의 선정 등에 재량을 가지는지 여부(대법원 2007. 2. 22. 선고 2004두7481 판결)

79) 대법원 2009. 3.12. 선고 2008두12610 판결.
80) 대법원 2009. 9.24. 선고 2009두9819 판결.

> 구 공공용지의 취득 및 손실보상에 관한 특례법(2002. 2. 4. 법률 제6656호 토지수용법 부칙 제2조로 폐지) 제8조 제1항 및 같은 법 시행령(2002.12.30. 대통령령 제17854호 토지수용법 시행령 부칙 제2조로 폐지) 제5조 제5항에 의하여 실시되는 이주대책은 공공사업의 시행으로 생활근거를 상실하게 되는 이주자에게 이주정착지의 택지를 분양하도록 하는 것이고, 사업시행자는 특별공급주택의 수량, 특별공급대상자의 선정 등에 있어 재량을 가진다.

다. 이주자에 대한 공공시설 설치비용부담 여부

토지수용법 제78조 제4항은 공공시설의 설치에 관하여 "이주대책의 내용에는 이주정착지(이주대책의 실시로 건설하는 주택단지를 포함한다)에 대한 도로, 급수시설, 배수시설, 그 밖의 공공시설 등 통상적인 수준의 생활기본시설이 포함되어야 하며, 이에 필요한 비용은 사업시행자가 부담한다.

다만, 행정청이 아닌 사업시행자가 이주대책을 수립 · 실시하는 경우에 지방자치단체는 비용의 일부를 보조할 수 있다."라고 규정하여 공급하는 방법을 규정하고 있는바, 이는 사업시행자가 당해 공익사업구역의 밖에 이주자만을 위한 별도의 이주정착지를 조성하여 투입비용 원가만의 비용으로 공급하는 것을 그 내용으로 하고 있습니다. 즉 토지수용법은 이주정착지의 조성에 의한 이주대책에 대해서는 사업시행자가 이른바 조성원가만을 이주대책대상자들로부터 받아야 한다고 규정하여 실질적인 생활보상이 되도록 하고 있다고 할 것이고, 이는 강행규정에 해당합니다.

판례도 토지수용법 제78조 제1항과 관련하여 "이주자들에게는 다만 분양받을 택지의 소지(素地)가격 및 택지조성비, 그리고 지상에 주택을 건설하여 공급하는 경우 건축원가만을 부담시킬 수 있는 것으로 해석함이 상당하고, 이와 같은 규정들은 그 취지에 비추어 볼 때 당사자의 합의로도 그 적용을 배제할 수 없는 강행법규에 해당한다고 봄이 상당하다."라고 하여[81] 위 규정이 강행법규라는 것을 명확히 하고 있다. 공익사업법 제규정 및 판례를 종합하면, 이주민에 대하여 주거대책의 방법으로 택지 또는 주택을 특별공급하는 경우 토지수용법 제78조 제4항에 의거하여 생활기본시설을 설치하여 이주대책대상자들에게 제공하여야 한다는 것이다.

---

81) 대법원 1994. 5. 24. 선고 92다35783 판결; 2002. 3. 15. 선고 2001다67126 판결.

라. 세입자의 주거이전비 취득시기 등

토지수용법 제78조 제5항 및 같은 법 시행규칙 제54조 제2항, 제55조 제2항의 각 규정에 의하여 공익사업의 시행에 따라 이주하는 주거용 건축물의 세입자에게 지급하는 주거이전비와 이사비는, 당해 공익사업 시행지구 안에 거주하는 세입자들의 조기이주를 장려하여 사업추진을 원활하게 하려는 정책적인 목적과 주거이전으로 인하여 특별한 어려움을 겪게 될 세입자들을 대상으로 하는 사회보장적인 차원에서 지급하는 금원의 성격을 갖는다 할 것이므로, 같은 법 시행규칙 제54조 제2항에 규정된 '공익사업의 시행으로 인하여 이주하게 되는 주거용 건축물의 세입자로서 사업인정고시일 등 당시 또는 공익사업을 위한 관계 법령에 의한 고시 등이 있은 당시 당해 공익사업 시행지구 안에서 3월 이상 거주한 자'에 해당하는 세입자는 이후의 사업시행자의 주거이전비 산정통보일 또는 수용개시일까지 계속 거주할 것을 요함이 없이 위 사업인정고시일 등에 바로 같은 법 시행규칙 제54조 제2항의 주거이전비와 같은 법 시행규칙 제55조 제2항의 이사비 청구권을 취득한다고 볼 것이다. 한편 이사비의 경우 실제 이전할 동산의 유무나 다과를 묻지 않고 같은 법 시행규칙 제55조 제2항 [별표 4]에 규정된 금액을 지급받을 수 있다.82)

[별표 4] 〈개정 2016.1.6.〉

이사비 기준(제55조 제2항 관련)

<table>
<tr><th rowspan="2">주택연면적기준</th><th colspan="3">이사비</th><th rowspan="2">비고</th></tr>
<tr><th>노임</th><th>차량운임</th><th>포장비</th></tr>
<tr><td>1. 33제곱미터 미만</td><td>3명분</td><td>1대분</td><td>(노임 + 차량운임) × 0.15</td><td rowspan="3">1. 노임은 「통계법」 제3조제3호에 따른 통계작성기관이 같은 법 제18조에 따른 승인을 받아 작성·공표한 공사부문 보통인부의 노임을 기준으로 한다.
2. 차량운임은 한국교통연구원이 발표하는 최대적재량이 5톤인 화물자동차의 1일 8시간 운임을 기준으로 한다.
3. 한 주택에서 여러 세대가</td></tr>
<tr><td>2. 33제곱미터 이상 49.5제곱미터 미만</td><td>4명분</td><td>2대분</td><td>(노임 + 차량운임) × 0.15</td></tr>
<tr><td>3. 49.5제곱미터 이상 66제곱미터 미만</td><td>5명분</td><td>2.5대분</td><td>(노임 + 차량운임) × 0.15</td></tr>
</table>

82) 대법원 2006. 4. 27. 선고 2006두2435 판결.

4. 66제곱미터 이상 99제곱미터 미만	6명분	3대분	(노임 + 차량운임) × 0.15	거주하는 경우 주택연면적기준은 세대별 점유면적에 따라 각 세대별로 계산·적용한다.
5. 99제곱미터 이상	8명분	4대분	(노임 + 차량운임) × 0.15	

구 공익사업을 위한 토지 등의 취득 및 보상에 관한 법령에 따라 주거용 건축물의 세입자가 주거이전비 보상을 소구하는 경우 그 소송의 형태(대법원 2008. 5.29. 선고 2007다8129 판결)

구 토지수용법(2007.10.17. 법률 제8665호로 개정되기 전의 것) 제78조 제5항, 제7항, 같은 법 시행규칙 제54조 제2항 본문, 제3항의 각 조문을 종합하여 보면, 세입자의 주거이전비 보상청구권은 그 요건을 충족하는 경우에 당연히 발생하는 것이므로, 주거이전비 보상청구소송은 행정소송법 제3조 제2호에 규정된 당사자소송에 의하여야 한다. 다만, 구 도시 및 주거환경정비법(2007.12.21. 법률 제8785호로 개정되기 전의 것) 제40조 제1항에 의하여 준용되는 구 토지수용법 제2조, 제50조, 제78조, 제85조 등의 각 조문을 종합하여 보면, 세입자의 주거이전비 보상에 관하여 재결이 이루어진 다음 세입자가 보상금의 증감 부분을 다투는 경우에는 같은 법 제85조 제2항에 규정된 행정소송에 따라, 보상금의 증감 이외의 부분을 다투는 경우에는 같은 조 제1항에 규정된 행정소송에 따라 권리구제를 받을 수 있다.

6. 선 수 금

막대한 개발자금이 투여되는 도시개발사업에 있어 자금사정이 좋지 않은 사업시행자로 하여금 초기 사업시행을 위한 토지 매수 및 수용 등에 사용되는 보상금 등의 지급에 어려움이 없이 원활한 개발사업을 진행할 수 있도록 하기 위하여 개발사업으로 조성되지 아니한 상태의 토지 등에 대하여 준공완료 전에 선수금을 받도록 함으로써 개발사업의 편의를 도모하기 위하여 인정된 제도이다.

가. 선수금의 사전수급

시행자는 조성토지 등과 도시개발사업으로 조성되지 아니한 상태의 토지(이하 "원형지"라 한다)를 공급받거나 이용하려는 자로부터 대통령령으로 정하는 바에 따라 해당 대금의 전부 또는 일부를 미리 받을 수 있다(법 제25조 제1항).

나. 지정권자의 승인

시행자(지정권자가 시행자인 경우는 제외한다)는 해당 대금의 전부 또는 일부를 미리 받으려면 지정권자의 승인을 받아야 한다(법 제25조 제2항).

다. 선수금 지급요건

선수금을 받으려는 시행자는 다음 각 호의 구분에 따른 요건을 갖추어 지정권자의 승인을 받아야 한다(영 제55조 제1항).

제1호 법 제11조 제1항 제1호부터 제4호까지 및 제11호(법 제11조제1항제1호부터 제4호까지의 규정에 해당하는 자가 출자한 경우에만 해당한다)에 해당하는 시행자: 개발계획을 수립·고시한 후에 사업시행 토지면적의 100분의 10 이상의 토지에 대한 소유권을 확보할 것(사용동의를 포함한다). 다만, 실시계획인가를 받기 전에 선수금을 받으려는 경우에는 「환경영향평가법」에 따른 환경영향평가 및 「도시교통정비 촉진법」에 따른 교통영향평가를 실시하여 「국토의 계획 및 이용에 관한 법률」 제2조제6호에 따른 기반시설 투자계획이 구체화된 경우로 한정한다.

제2호 법 제11조 제1항 제5호부터 제9호까지 및 제11호(법 제11조 제1항 제1호부터 제4호까지의 규정에 해당하는 자가 출자한 경우는 제외한다)에 해당하는 시행자: 해당 도시개발구역에 대하여 실시계획인가를 받은 후 다음 각 목의 요건을 모두 갖출 것

가. 공급하려는 토지에 대한 소유권을 확보하고, 해당 토지에 설정된 저당권을 말소하였을 것. 다만, 부득이한 사유로 토지소유권을 확보하지 못하였거나 저당권을 말소하지 못한 경우에는 시행자·토지소유자 및 저당권자가 다음 내용의 공동약정서를 공증하여 제출하여야 한다.

1) 토지소유자는 제3자에게 해당 토지를 양도하거나 담보로 제공하지 아니할 것

2) 선수금을 납부한 자가 법 제50조에 따른 준공검사 또는 법 제53조에 따른 준공전 사용허가를 받아 해당 토지를 사용하게 되는 경우에는 토지소유자 및 저당권자는 지체 없이 소유권을 이전하고, 저당권을 말소할 것

나. 공급하려는 토지에 대한 도시개발사업의 공사 진척률이 100분의 10 이상일 것

다. 공급계약의 불이행 시 선수금의 환불을 담보하기 위하여 다음의 내용이 포함된 보증서 등(「국가를 당사자로 하는 계약에 관한 법률 시행령」 제37조제2항에 따른 지급보증서,

증권, 보증보험증권, 정기예금증서 및 수익증권 등을 말한다. 이하 같다)을 지정권자에게 제출할 것. 다만, 2)의 경우 그 사업기간을 연장하는 때에는 당초의 보증 또는 보험의 기간에 그 연장하려는 기간을 가산한 기간을 보증 또는 보험의 기간으로 하는 보증서 등을 제출하여야 한다.

1) 보증 또는 보험의 금액은 선수금에 그 금액에 대한 보증 또는 보험기간에 해당하는 약정 이자 상당액을 가산한 금액 이상으로 할 것
2) 보증 또는 보험 기간의 개시일은 선수금을 받는 날 이전이어야 하며, 그 종료일은 준공예정일부터 1개월 이상으로 할 것

라. 담보제공의 금지

시행자는 공사완료 공고 전에 미리 토지를 공급하거나 시설물을 이용하게 한 후에는 그 토지를 담보로 제공하여서는 아니 된다(영 제55조 제2항).

마. 선수금의 환불

지정권자는 시행자가 공급계약의 내용대로 사업을 이행하지 아니하거나 시행자의 파산 등(「채무자 회생 및 파산에 관한 법률」에 따른 법원의 결정 · 인가를 포함한다)으로 사업을 이행할 능력이 없다고 인정하는 경우에는 해당 도시개발사업의 준공 전에 보증서 등을 선수금의 환불을 위하여 사용할 수 있다(영 제55조 제3항).

> **참고 ▶** 택지개발촉진법(법 제20조) 및 택지개발업무처리지침(제32조 제4항)에서 선수금을 받고자 하는 사업시행자는 당해 예정지구 지정 후 예정지구 전체 면적의 100분의 50 이상의 토지에 대한 소유권을 확보(사용 동의 포함)하여야 하며 실시계획 승인 전에 선수금 을 받는 경우에는 광역교통개선대책 등 기반시설 투자계획이 구체화된 후 사전환경성 검토결과 녹지보전의 필요성이 없는 토지를 대상으로 하도록 하고 있다(개정 '2009. 8.21.).
> (개정전 : 예정지구 전체면적의 100분의 25 이상의 토지소유권 확보)

7. 원형지의 공급과 개발

원형지란 간선도로와 상하수도 등 기초적인 기반시설만을 갖추고 부지 정리 등 조성계획이

수립되지 않는 토지를 말한다. 그만큼 땅 값이 저렴하고 기업은 이를 매입하여 정부의 규제를 받지 않고 독자적으로 토지이용계획과 건축계획을 자유롭게 수립해 개발할 수 있다는 장점이 있다. 현재까지는 토지주택공사나 지방자치단체, 지방공기업에만 허용되고 있다.

가. 원형지의 공급과 개발

시행자는 도시를 자연친화적으로 개발하거나 복합적 · 입체적으로 개발하기 위하여 필요한 경우에는 대통령령으로 정하는 절차에 따라 미리 지정권자의 승인을 받아 다음 각 호의 어느 하나에 해당하는 자에게 원형지를 공급하여 개발하게 할 수 있다. 이 경우 공급될 수 있는 원형지의 면적은 도시개발구역 전체 토지 면적의 3분의 1 이내로 한정한다(법 제25조의2 제1항).

제1호 국가 또는 지방자치단체

제2호 「공공기관의 운영에 관한 법률」 제4조에 따른 공공기관

제3호 「지방공기업법」에 따라 설립된 지방공사

제4호 법 제11조 제1항 1호(국가 또는 지방자치단체) 또는 제2호(공공기관) 따른 시행자가 복합개발 등을 위하여 실시한 공모에서 선정된 자

제5호 원형지를 학교나 공장 등의 부지로 직접 사용하는 자

나. 원형지의 공급과 개발 절차

1) 원형지의 공급계획서 작성 및 내용

시행자는 원형지를 공급하기 위하여 지정권자에게 승인 신청을 할 때에는 원형지의 공급계획을 작성하여 함께 제출하여야 한다. 작성된 공급 계획을 변경하는 경우에도 같다(법 제25조의2 제2항). 이에 따른 원형지 공급 계획에는 원형지를 공급받아 개발하는 자(이하 "원형지개발자"라 한다)에 관한 사항과 원형지의 공급내용 등이 포함되어야 한다(같은 조 제3항).

2) 원형지공급신청서에 첨부될 서류

가) 공급대상 토지의 위치 · 면적 및 공급목적

나) 원형지개발자에 관한 사항

다) 원형지 인구수용 계획, 토지이용 계획, 교통처리 계획, 환경보전 계획, 주요 기반시설의 설치계획 및 그 밖의 원형지 사용계획 등을 포함하는 원형지 개발계획

라) 원형지 사용조건
마) 예상 공급가격 및 주요 계약조건
바) 그 밖에 지정권자가 사업의 특성상 필요하다고 인정하는 사항으로서 시행자와 협의하여 정하는 사항

3) 실시계획의 내용에 반영

시행자는 개발 방향과 승인내용 및 공급 계획에 따라 원형지개발자와 공급계약을 체결한 후 원형지개발자로부터 세부계획을 제출받아 이를 실시계획의 내용에 반영하여야 한다(법 제25조의2 제4항).

4) 지정권자의 승인

시행자로부터 승인신청서를 제출받은 지정권자는 개발계획을 수립한 후 원형지 공급을 승인할 수 있으며(영 제55조의2 제2항), 승인을 할 때에는 용적률 등 개발밀도, 토지용도별 면적 및 배치, 교통처리계획 및 기반시설의 설치 등에 관한 이행조건을 붙일 수 있다(법 제25조의2 제5항).

다. 원형지의 매각금지

원형지개발자(국가 및 지방자치단체는 제외한다)는 10년의 범위에서 대통령령으로 정하는 기간 안에는 원형지를 매각할 수 없다(법 제25조의2 제6항 본문).

법 시행령 제55조의 2
③ 법 제25조의 2 제6항 본문에서 "대통령령으로 정하는 기간"이란 다음 각 호의 기간 중 먼저 끝나는 기간을 말한다.
제1호 원형지에 대한 공사완료 공고일부터 5년
제2호 원형지 공급 계약일부터 10년

다만, 이주용 주택이나 공공·문화 시설 등 대통령령으로 정하는 경우로서 미리 지정권자의 승인을 받은 경우에는 예외로 한다(법 제25조의2 제6항 단서).

법 시행령 제55조의 2

④ 법 제25조의 2 제6항 단서에서 "대통령령으로 정하는 경우"란 다음 각 호의 용지로 원형지를 사용하는 경우를 말한다.

제1호 기반시설 용지

제2호 임대주택 용지

제3호 그 밖에 원형지개발자가 직접 조성하거나 운영하기 어려운 시설의 설치를 위한 용지

라. 원형지 공급승인 취소 등

지정권자는 다음 각 호의 어느 하나에 해당하는 경우에는 원형지 공급승인을 취소하거나 시행자로 하여금 그 이행의 촉구, 원상회복 또는 손해배상의 청구, 원형지 공급계약의 해제 등 필요한 조치를 취할 것을 요구할 수 있다(법 제25조의2 제7항).

제1호 시행자가 제2항에 따른 원형지의 공급 계획대로 토지를 이용하지 아니하는 경우

제2호 원형지개발자가 제4항에 따른 세부계획의 내용대로 사업을 시행하지 아니하는 경우

제3호 시행자 또는 원형지개발자가 제5항에 따른 이행조건을 이행하지 아니하는 경우

마. 원형지 공급계약 해제

시행자는 다음 각 호의 어느 하나에 해당하는 경우 원형지 공급계약을 해제할 수 있다(법 제25조의2 제8항). 이때 시행자는 원형지개발자에게 2회 이상 시정을 요구하여야 하고, 원형지개발자가 시정하지 아니한 경우에는 원형지 공급계약을 해제할 수 있다. 이 경우 원형지개발자는 시행자의 시정 요구에 대하여 의견을 제시할 수 있다(영 제55조의2 제5항).

제1호 원형지개발자가 세부계획에서 정한 착수 기한 안에 공사에 착수하지 아니하는 경우

제2호 원형지개발자가 공사 착수 후 세부계획에서 정한 사업 기간을 넘겨 사업 시행을 지연하는 경우

제3호 공급받은 토지의 전부나 일부를 시행자의 동의 없이 제3자에게 매각하는 경우

제4호 그 밖에 공급받은 토지를 세부계획에서 정한 목적대로 사용하지 아니하는 등 제4항에 따른 공급계약의 내용을 위반한 경우

바. 원형지개발자의 선정기준 등

원형지개발자의 선정기준, 원형지 공급의 절차와 기준 및 공급가격, 시행자와 원형지개발자의 업무범위 및 계약방법 등에 필요한 사항은 대통령령으로 정한다(법 제25조의2 제9항).

1) 원형지개발자의 선정 및 계약방법

원형지개발자의 선정은 수의계약의 방법으로 한다. 다만, 원형지개발자의 선정은 경쟁입찰의 방식으로 하며, 경쟁입찰이 2회 이상 유찰된 경우에는 수의계약의 방법으로 할 수 있다(영 제55조의2 제6항).

2) 원형지 공급가격

원형지 공급가격은 개발계획이 반영된 원형지의 감정가격에 시행자가 원형지에 설치한 기반시설 등의 공사비를 더한 금액을 기준으로 시행자와 원형지개발자가 협의하여 결정한다(영 제55조의2 제7항).

3) 시행자와 원형지개발자의 업무범위

시행자와 원형지개발자의 업무범위는 공급계약에서 정하되, 시행자는 원형지 조성을 위한 인·허가 등의 신청 등 관계 법령에 따른 업무를 담당한다(영 제55조의2 제8항).

8. 조성토지 등의 공급계획

도시개발법에서는 사업시행자의 자의적인 조성토지 공급 등으로 인한 피해를 방지하기 위한 목적으로 사업시행자가 조성토지 등을 공급하려고 할 때에는 조성토지 등의 내용, 공급절차, 공급기준, 가격평가 등의 내용을 담은 계획을 작성하거나 변경하여 지정권자에게 제출하게 함으로써, 감독관청의 후견적 감독의 근거를 마련하였다.

질의사항

도시개발사업 준공 이후, 조성토지 공급에 대하여 조례로 정하여 매각되는 경우 도시개발법령에 위반되는 것인지

회신내용

도시개발법 제26조에 따라 시행자는 조성토지 등을 공급하려고 할 때에는 공급계획을 지정권자에게 제출하여야 하므로, 제출한 공급계획 대로 공급을 완료하지 못하고 사업을 준공할 경우 준공 전 공급계획의 변경이 필요한 것으로 보입니다.

다만, 도시개발사업 준공 이후 조성토지 공급에 대해 도시개발법에서 별도의 규정을 두고 있지 않는 바, 조례로 정하여 매각할지 여부에 대해서는 해당 지자체에서 종합적으로 판단해야 할 사항으로 보입니다.

(도시재생과 - 1722, 2012.10. 5)

가. 조성토지 공급계획의 작성

1) 공급계획 작성 및 제출

시행자(지정권자가 시행자인 경우는 제외한다)는 조성토지 등을 공급하려고 할 때에는 조성토지 등의 공급 계획을 작성하거나 변경하여 지정권자에게 제출하여야 한다. 이 경우 행정청이 아닌 시행자는 시장(대도시 시장을 제외한다)·군수 또는 구청장을 거쳐 제출하여야 한다(법 제26조 제1항).

2) 유보지의 처리

도시개발법 제22조 제1항은 사업시행자가 도시개발사업에 필요한 토지 등을 수용하거나 사용할 수 있다고 규정하고 있으며, 같은 법 제26조 제1항은 시행자가 조성토지 등을 공급하려면 조성토지 등의 공급계획을 작성하여 지정권자에게 제출하도록 규정하고 있다. 또한, 같은 법 제5조 제1항 제7호에 따라 개발계획의 내용에는 토지이용계획이 포함되어야 하며 같은 법 제17조 제1항에 따라 실시계획은 개발계획에 맞게 작성하고 실시계획에는 지구단위계획이 포함되도록 규정하고 있고, 같은 법 제10조 제3항에 따라 구역지정이 해제될 때에는 같은 법 제9조 제2항 및 제18조 제2항에 따라 지구단위계획구역 및 도시관리계획으로 결정 고시된 것으로 보아 용도지역으로 변경된 사항에 대하여 구역 지정 전의 용도지역 또는 지구단위계획으로 각각 환원되거나 폐지된 것으로 보도록 규정하고 있는 점 등을 종합적으로 고려할 때, 개발계획 및 실시계획에서 해당 도시개발구역내 토지에 대하여 적정하게 용도를 분류하여야 할 것이다.

따라서 도시개발사업 시행과정에서 일부 토지에 대하여 용도를 정하지 않고 유보지로 설정한 것은 개발계획으로 적정하게 수립하였다고 볼 수 없으므로 준공 전에 개발계획 및 실시계획을 변경하여 해당 유보지를 도시개발구역에서 제외하거나 유보지에 대한 용도를 지정한 후 조성토지 등의 공급계획을 작성하여야 할 것이다.

나. 조성토지 공급계획의 내용 등

조성토지 등의 공급 계획의 내용, 공급의 절차 · 기준, 조성토지 등의 가격의 평가, 그 밖에 필요한 사항은 대통령령으로 정한다(법 제26조 제2항).

1) 조성토지의 공급계획의 내용

도시개발사업으로 조성된 토지 · 건축물 또는 공작물 등(이하 "조성토지 등"이라 한다)의 공급계획에는 다음 각 호의 사항이 포함되어야 한다(영 제56조).

제1호 공급대상 조성토지 등의 위치 · 면적 및 가격결정방법
제2호 공급대상자의 자격요건 및 선정방법
제3호 공급의 시기 · 방법 및 조건
제4호 법 제11조 제1항 제5호, 제7호부터 제9호까지, 제9호의2, 제10호 및 제11호(같은 항 제1호부터 제4호까지의 규정에 해당하는 자가 100분의 50을 초과하여 출자한 경우는 제외한다)에 해당하는 시행자의 경우 토지소유 현황. 이 경우 시행자가 「토지수용법」 제28조에 따라 재결을 신청한 토지 및 법 제66조에 따라 시행자에게 무상 귀속되는 토지는 시행자가 소유한 것으로 본다.
제5호 시행자(해당 도시개발사업의 시행을 목적으로 설립된 법인의 경우에는 출자자를 포함한다)가 직접 건축물을 건축하여 사용하거나 공급하려고 계획한 토지의 현황
제6호 그 밖에 국토교통부령으로 정하는 사항

2) 조성토지 등의 공급방법 등

가) 공급의 원칙 등

(1) 공급의 원칙 및 제한

시행자는 조성토지 등을 고시된 실시계획(지구단위계획을 포함한다)에 따라 공급하여야 한다. 이 경우 시행자는 「국토의 계획 및 이용에 관한 법률」 제2조 제6호에 따른 기반시설의 원활한 설치를 위하여 필요하면 공급대상자의 자격을 제한하거나 공급조건을 부여할 수 있다(영 제57조

제1항).

(2) 조성토지의 공급

시행자가 개발사업으로 조성된 토지건축물 또는 공작물 등(이하 "조성토지 등"이라 한다)을 공급하는 경우에는 작성된 조성토지 등의 공급계획에 따라 공급한다. 이에 따라 시행자가 조성토지 등을 공급하는 경우 개발계획 또는 지구단위계획에서 규정한 내용을 공고하여야 하며, 이 경우 도시계획법령 등에 따른 건축물의 금지 또는 제한하는 내용이 있는 경우에는 그 내용을 포함하여 공고하여야 한다. 이때, 시행자는 분양안내서 및 매매계약서에 국토의 계획 및 이용에 관한 법령 등에 따른 건축물의 건축을 금지 또는 제한하는 내용이 있는 경우에는 이를 명기하여야 한다.

[도시개발업무지침 : 조성토지의 공급]

5-1-1. 시행자가 개발사업으로 조성된 토지건축물 또는 공작물 등(이하 "조성토지 등"이라 한다)을 공급하는 경우에는 법 제26조의 규정에 따라 작성된 조성토지 등의 공급계획에 따라 공급한다.
5-1-2. 시행자가 조성토지 등을 공급하는 경우 개발계획 또는 지구단위계획에서 규정한 내용을 공고하여야 한다. 이 경우 도시계획법령 등에 따른 건축물의 금지 또는 제한하는 내용이 있는 경우에는 그 내용을 포함하여 공고한다.
5-1-3. 시행자는 분양안내서 및 매매계약서에 국토의 계획 및 이용에 관한 법령 등에 따른 건축물의 건축을 금지 또는 제한하는 내용이 있는 경우에는 이를 명기한다.
5-1-4. 조성토지의 공급가격은 감정가격을 기준으로 한다.

[도시개발업무지침 : 주거용지의 공급]

5-2-1. 시행자가 주거용지를 공급하는 경우에는 개발계획에서 정한 가구 또는 획지별로 주택호수, 용적률과 임대주택지 또는 분양주택지 등 용도를 명시하여 공급한다.
5-2-2. 개발계획에 반영된 임대주택건설용지로 공급할 용지가 최초 공급공고일 후 6월 이내에 공급되지 않을 경우 시행자는 이를 국민주택규모의 분양주택건설용지로 공급할 수 있다. 다만, 공공시행자외의 자가 시행자인 경우에는 2월 이내에 공급되지 않을 경우 국민주택규모의 분양주택건설용지로 공급할 수 있다.
5-2-3. 주택건설사업계획 승인 또는 건축허가를 할 때에는 개발계획에서 정한 토지이용계획, 인구수용계획 및 지구단위계획 등에 따라 주택 등이 건설되도록 한다. 다만, 다음과 같은 경우에는 주택건설사업계획 승인권자 또는 건축허가권자가 도로, 상하수도, 학교 및 공원 등 기반시설의 설치현황을 고려하여 당초 계획된 용적률 및 공급가격을 변경하지 않

는 범위 내에서 해당 변경사항을 허용하여 주택건설사업계획 승인 또는 건축허가를 할 수 있다.

(1) 당초 계획된 평형보다 작은 평형의 공동주택을 건설함에 따라 세대수가 증가하는 경우. 다만, 세대수 증가에 따라 증가되는 수용인구는 당초 인구수용계획의 10퍼센트를 초과할 수 없다.

(2) 당초 계획된 용적률 및 세대수를 초과하지 않는 범위 내에서 당초 계획된 평형보다 작은 평형의 공동주택을 건설하는 경우

(3) 확정측량단계에서 공급받은 용지가 축소되거나 건물의 배치, 설계 또는 시공상 불가피한 사유가 있어 세대수를 축소 조정하는 경우

(4) 공급된 토지의 용도를 분양에서 임대로 변경하여 사용하고자 하는 경우. 다만, 공급가격은 변경할 수 없다.

5-2-4. 지정권자는 다음과 같은 경우에는 실시계획(지구단위계획을 포함한다)에도 불구하고 기반시설 설치기준 등을 고려하여 당초 계획된 면적보다 작은 면적으로 주택을 건설할 수 있도록 세대수 변경을 허용할 수 있다. 다만, 변경사항은 세대수에 한정되며 세대수 증가에 따라 증가되는 수용인구는 당초 인구수용계획의 10퍼센트를 초과할 수 없다.

(1) 수용 또는 사용방식 : 최초 공급공고일 이후 2개월이 경과하여도 매각되지 않은 토지 또는 시행자가 직접 사용할 토지에 대하여 시행자가 법 제26조에 따른 공급계획 변경을 요청한 경우

(2) 환지방식 : 환지계획수립 또는 변경과 병행하여 시행자가 공동주택 평형 변경을 요청한 경우

5-2-5. 시행자는 연약지반이 포함된 용지를 개발하여 공급하는 경우에는 다음 사항에 적합하게 하여야 한다.

(1) 용지조성공사 착수 전에 토질조사를 철저히 하고 필요한 경우 해당 토지의 특성에 맞게 용지조성고까지 지반안정 처리를 한다.

(2) 허용잔류침하량 이내로 지반안정 처리 후 건축물의 건축 등이 이루어질 수 있도록 토지사용시기를 합리적으로 조정하도록 한다. 다만, 용지를 공급받는 자가 조기에 토지사용을 원하는 경우에는 공급받는 자가 직접 지반안정처리를 하는 조건으로 토지사용시기를 조정할 수 있다.

(3) 연약지반현황과 지반안정처리 주요내용 및 토지사용시 유의사항 등을 분양안내서에 명기하고 연약지반 분포도면토질심도처리공법 및 허용잔류 침하량 등 자세한 사항을 분양안내소에 비치하여 일반이 열람할 수 있도록 한다.

(4) (3)의 규정에 따른 연약지반현황과 지반안정처리 내용 등을 시장군수 등 관련 인허가 담당기관에 통보한다.

나) 공급방식 - 원칙 : 경쟁입찰방식

조성토지 등의 공급은 경쟁입찰의 방법을 원칙으로 하되, 예외적으로 추첨의 방식 및 수의계

약의 방식으로 공급할 수 있다(영 제57조 제2항).

경쟁입찰의 경우 최고가격으로 입찰한 자를 낙찰자로 한다. 이 경우 경쟁입찰 대상 토지가 「건축법 시행령」 별표 1 제2호의 공동주택과 주거용 외의 용도가 복합된 건축물(다수의 건축물이 일체적으로 연결된 하나의 건축물을 포함한다)을 건축하기 위한 토지인 때에는 경쟁입찰 대상 토지의 면적에 주거용 외의 용도에 해당하는 비율(실시계획에 포함된 지구단위계획상의 비율을 말하며, 건축물의 연면적 대비 비율로 산정한다)을 곱하여 산정된 면적(이하 이 항에서 "상업면적"이라 한다)에 대하여 최고가격으로 입찰한 자를 낙찰자로 하며, 상업면적에 대하여는 낙찰가격을, 상업면적 외에 대하여는 감정가격을 각각 적용하여 산정한 가격을 합한 가격을 해당 토지의 공급가격으로 한다(영 제57조 제6항).

(1) 추첨방식의 분양

「주택법」 제2조 제3호에 따른 국민주택규모 이하의 주택건설용지(임대주택건설용지를 포함한다), 「주택법」 제2조 제5호에 따른 공공택지, 국토교통부령으로 정하는 330제곱미터 이하의 단독주택용지 및 공장용지에 대하여는 추첨의 방법으로 분양할 수 있다(영 제57조 제2항).

[영 제57조 제2항 단서에서 "국토교통부령으로 정하는 면적"]

법 시행규칙 제23조 (수의계약에 따른 토지공급기준)

① 영 제57조 제2항 단서에서 "국토교통부령으로 정하는 면적"이란 330제곱미터를 말한다.

② 영 제57조 제4항 제3호에 따라 수의계약의 방법으로 조성토지를 공급하는 경우의 기준 및 면적은 별표 3과 같다. 다만, 조성토지의 공급 신청량이 법 제26조에 따라 지정권자에게 제출한 조성토지 등의 공급 계획에서 계획된 면적을 초과하는 경우에는 추첨의 방법에 따른다.

[도시개발업무지침 : 분양 추첨]

제5장 분양 추첨

5-5-1. 분양의 방법에 따라 조성토지 등을 공급하는 경우에는 그 추첨은 공개하여 실시한다.

5-5-2. 분양공고결과 경합이 없는 경우에는 추첨없이 그 신청자를 공급대상자로 결정할 수 있다.

5-5-3. 매입신청자중 공급 우선 순위자가 있을 때에는 공급 우선순위자에 대한 추첨을 먼저 한다.

(2) 수의계약방식의 분양

시행자는 다음 각 호의 어느 하나에 해당하는 경우에는 수의계약의 방법으로 조성토지 등을 공급할 수 있다(영 제57조 제5항).

택지개발사업의 시행자인 한국토지공사가 사업의 원활한 시행을 위하여 생활대책을 수립·시행함에 있어 가지는 재량권의 범위 및 한계(광주지방법원 2007. 1. 25. 선고 2006구합1159 판결)
택지개발사업의 시행자인 한국토지공사가 조성사업의 원활한 시행을 위하여 생활근거를 상실하게 되는 이주자들에게 상업용지 등을 특별한 조건으로 분양하여 주는 내용의 생활대책을 수립·시행함에 있어, 생활대책의 시행 여부, 특별 공급되는 용지의 수량, 특별공급 대상자의 선정 등에 있어 상당한 재량을 가진다 할 것이나, 그 재량을 행사함에 있어서는 헌법상 평등의 원칙 및 국민의 기본권 보장이나 다른 법률의 규정을 위배하여서는 아니된다.

(가) 학교용지, 공공청사용지 등 일반에게 분양할 수 없는 공공용지를 국가, 지방자치단체, 그 밖의 법령에 따라 해당 시설을 설치할 수 있는 자에게 공급하는 경우

(나) 임대주택 건설용지를 다음 각 목에 해당하는 자가 단독 또는 공동으로 총지분의 100분의 50을 초과하여 출자한 「부동산투자회사법」 제2조 제1호에 따른 부동산투자회사에 공급하는 경우

가. 국가나 지방자치단체

나. 한국토지주택공사

다. 주택사업을 목적으로 설립된 지방공사

(다) 법 제18조 제1항 전단에 따라 고시한 실시계획에 따라 존치하는 시설물의 유지관리에 필요한 최소한의 토지를 공급하는 경우

(라) 「토지수용법」에 따른 협의를 하여 그가 소유하는 도시개발구역 안의 조성토지 등의 전부를 시행자에게 양도한 자에게 국토교통부령으로 정하는 기준에 따라 토지를 공급하는 경우[83]

83) 도시개발업무지침 제3장 협의양도인 주택용지공급

5-3-1. 영 제57조 제4항 제3호 및 시행규칙 제23조 제2항 별표 3 제1호 가목의 규정에 따라 수의계약으로 협의양도인에게 용지를 공급할 수 있는 토지의 면적기준은 다음과 같다.

(1) 시행자에게 협의양도한 토지의 면적이 다음 기준에 적합한 경우

① 수도권지역(수도권정비계획법에 따른 수도권지역을 말한다) : 1천 제곱미터 이상

1. 주거지역 : 60㎡
2. 상업지역 : 150㎡
3. 공업지역 : 150㎡
4. 녹지지역 : 200㎡
5. 1~4에 해당하지 아니하는 지역 : 60㎡

[별표 3]

수의계약에 따른 토지의 공급기준 및 면적(제23조 제2항 관련)

1. 공급기준
  가. 시행자는 「토지수용법」에 따른 협의에 응하여 그가 소유하는 도시개발구역 안의 토지의 전부(「수도권정비계획법」에 따른 수도권지역의 경우에는 해당 토지의 면적이 1천 제곱미터 이상인 경우에 한하며, 해당 토지에 「토지수용법」 제3조에 해당되는 물건이나 권리가 있는 경우에는 이를 포함한다. 이하 이 호에서 같다)를 시행자에게 양도한 자(영 제11조제2항에 따른 공고일 이전부터 토지를 소유한 경우에 한하되, 그 이후에 토지를 소유한 경우로서 도시개발구역 안의 토지의 종전 소유자로부터 그 토지의 전부를 취득한 경우와 법원의 판결 또는 상속에 따라 토지를 취득한 경우를 포함한다)에게 주택건설용지를 공급할 수 있다.
  나. 시행자는 「주택법」 제9조에 따라 등록한 주택건설사업자가 영 제11조 제2항에 따른 공고일 현재 소유한 도시개발구역 안의 토지의 전부를 「토지수용법」에 따른 협의에 응하여 시행자에게 양도한 경우에는 해당 주택건설사업자에게 주택건설용지를 공급할 수 있다.
  다. 시행자는 기존에 등록된 공장을 소유한 자가 그 공장을 이전하기 위하여 영 제11조 제2항에 따른 공고일 현재 소유한 토지의 전부를 「토지수용법」에 따른 협의에 응하여 양도한 경우에는 해당인에게 공장용지를 공급할 수 있다.

2. 공급면적
  가. 제1호 가목에 따라 토지를 공급하는 경우에는 1세대당 1필지를 기준으로 하여 1필지당 165제곱미터 이상 330제곱미터 이하의 범위 안에서 규약·정관 또는 시행규정으로 정한 면적으로 한다.
  나. 제1호 나목에 따라 토지를 공급하는 경우에는 다음의 계산식에 따라 산정한 면적의 범위 안에서 규약·정관 또는 시행규정으로 정한 면적으로 한다.
  주택건설사업자가 소유하던 토지의 면적-주택건설사업자가 소유하던 토지의 면적×(해당 사업지구의 도시기반시설면적/해당 사업지구의 총면적)
  다. 제1호다목에 따라 토지를 공급하는 경우에는 나목의 계산식을 준용하여 산정한 면적의 범위 안에서 규약·정관 또는 시행규정으로 정한 면적으로 한다.

(마) 토지상환채권에 의하여 토지를 상환하는 경우

(바) 토지의 규모 및 형상, 입지조건 등에 비추어 토지이용가치가 현저히 낮은 토지로서,

---

② 수도권 이외의 지역 : 건축법시행령 제80조의 규정에 따른 대지의 분할제한 면적 이상

(2) 협의양도한 토지가 지구경계로 분할된 경우로서 토지소유자의 요구에 따라 시행자가 지구외 잔여지를 매입한 때에는 지구외 토지를 합한 면적을 기준으로 한다.

(3) 협의양도한 토지를 지분으로 공유하고 있는 경우에는 지분면적을 기준으로 한다. 다만, 공유자 전원이 지분을 시행자에게 협의양도한 경우에 한한다.

(4) 협의양도한 토지가 수개의 필지인 경우에는 각 소유토지를 합한 면적(지분 소유면적을 포함한다)을 기준으로 한다.

인접 토지소유자 등에게 공급하는 것이 불가피하다고 시행자가 인정하는 경우

(사) 법 제11조 제1항 제1호부터 제4호까지의 규정에 해당하는 시행자가 도시개발구역에서 도시발전을 위하여 복합적이고 입체적인 개발이 필요하여 국토교통부령으로 정하는 절차와 방법에 따라 선정된 자에게 토지를 공급하는 경우

(아) 산업통상자원부장관이 「외국인투자 촉진법」 제27조에 따른 외국인투자위원회의 심의를 거쳐 같은 법 제2조 제6호에 따른 외국인투자기업에게 수의계약을 통하여 조성토지 등을 공급할 필요가 있다고 인정하는 경우. 다만, 2009년 7월 1일부터 2011년 6월 30일까지 공급되는 조성토지 등만 해당한다.

(자) 제2항에 따른 경쟁입찰 또는 추첨의 결과 2회 이상 유찰된 경우

(차) 그 밖에 관계 법령의 규정에 따라 수의계약으로 공급할 수 있는 경우, 따라서 관계법령인 임대주택법 제10조 제1항에 따라 지자체 등이 개발한 택지를 건설임대사업자에게 수의계약으로 공급하는 것은 가능하다.

구 택지개발촉진법 시행령 제13조의2 제5항 제5호에 의한 택지공급이 택지개발사업 시행자의 재량행위인지 여부(대법원 2007. 12. 13. 선고 2006두19068 판결)

택지개발사업 시행자의 택지공급은 상대방에게 권리나 이익을 부여하는 효과를 수반하는 이른바 수익적 행위인 점, 구 택지개발촉진법 시행령(2005. 3. 8. 대통령령 제18734호로 개정되기 전의 것)의 관련 조항들을 종합하여 볼 때 택지개발사업의 시행자는 택지를 공급함에 있어 공급대상 토지의 위치 및 면적, 공급의 대상자 또는 대상자 선정방법, 공급의 시기·방법 및 조건, 공급가격 결정방법 등을 스스로 정할 수 있고, 자신의 필요나 정책적 판단에 의하여 택지공급 대상자의 자격을 제한하거나 택지공급가격을 달리 정하거나 수의계약에 의한 택지공급 여부를 결정할 수 있는 점 등을 고려하면, 구 택지개발촉진법 시행령 제13조의 2 제5항 제5호에 의한 택지공급은 택지개발사업 시행자의 재량행위에 해당한다고 보아야 한다.

[도시개발업무지침 : 수의계약 등]

제6장 수의계약 등

5-6-1. 2회 이상 경쟁입찰 또는 추첨을 한 결과 조성토지가 매각되지 아니할 경우에는 수의계약 방법으로 공급할 수 있다. 다만, 다음과 같은 경우에는 다시 분양 등의 공고를 하여 경쟁입찰 또는 추첨의 방법으로 공급한다.

(1) 공급가격의 재결정으로 공급가격이 하락하는 경우

(2) 공급대상자의 범위 및 제한요건이 완화되는 경우

> (3) 대금납부조건 등이 연장 또는 완화되는 경우
> (4) 공급하고자 하는 조성토지 등에 대한 용도 및 건축제한사항 등이 완화되는 경우
> (5) 기타 재공고가 필요하다고 인정되는 경우

3) 토지공급시 공고사항

시행자가 조성토지 등을 공급하려면 다음 각 호의 사항을 공고하여야 한다. 다만, 공급대상자가 특정되어 있거나 자격이 제한되어 있는 경우로서 개별통지를 한 경우에는 그러하지 아니하다(영 제57조 제3항).

제1호 시행자의 명칭 및 주소와 대표자의 성명
제2호 토지의 위치 · 면적 및 용도(토지사용에 제한이 있는 경우에는 그 제한내용을 포함한다)
제3호 공급의 방법 및 조건
제4호 공급가격 또는 공급가격 결정방법
제5호 공급대상자의 자격요건 및 선정방법
제6호 공급신청의 기간 및 장소
제7호 그 밖에 시행자가 필요하다고 인정하는 사항

4) 공급가격

조성토지의 공급가격은 감정가격을 기준으로 한다(영 제57조 제5항, 도시개발업무지침 5-1-4).

[도시개발업무지침 : 감정평가]

> 5-4-1. 조성토지 등의 공급가격은 「부동산 가격공시 및 감정평가에 관한 법률」의 규정에 따라 설립인가를 받은 감정평가법인 또는 사무소개설등록을 한 감정평가사가 감정평가한 가격(이하 "감정가격"이라 한다)을 기준으로 결정한다. 다만, 환지방식의 경우에는 감정평가법인 또는 사무소개설등록을 한 2 이상의 감정평가사가 감정평가한 가격의 산술 평균한 가격을 기준으로 정할 수 있다.
> 5-4-2. 개발된 조성토지 등을 경쟁입찰의 방법 또는 추첨의 방법으로 공급하고자 하는 때에는 그 입찰일 또는 추첨일로부터 10일 이전에 이를 공고하여야 한다. 다만, 긴급을 요하거나 재공고 하는 경우에는 5일 이전에 공고할 수 있다.
> 5-4-3. 경쟁입찰의 방법에 따라 조성토지 등을 공급하는 경우에는 이를 공개하여 실시한다.
> 5-4-4. 입찰은 1인의 입찰로서도 성립한다.

5-4-5. 입찰은 매입신청자 전원이 동시에 실시함을 원칙으로 한다.
5-4-6. 낙찰자가 없을 때에는 입찰장소에서 회수의 제한 없이 재입찰을 할 수 있다.
5-4-7. 낙찰해당금액과 동가의 입찰자가 2인 이상인 경우에는 즉시 추첨으로 그 낙찰자를 정한다.
5-4-8. 개찰은 공개하여 이를 행한다.

5) 복합개발시행자에 대한 토지공급의 절차 및 방법

수의계약의 방법으로 토지를 공급받을 자(이하 "복합개발시행자"라 하며, 법인을 설립하여 사업시행자로 하려는 자를 포함한다)를 선정하는 경우에는 다음 각 호의 절차와 방법에 따라야 한다(법 시행규칙 제24조).

가) 공 모

공모는 전국 또는 해당 지방을 주된 보급지역으로 하는 일간신문에 i) 공모 대상 토지 현황, ii) 공모참가자격 및 공모일정, iii) 그 밖에 시행자가 필요하다고 인정하는 사항을 1회 이상 공고하고, 응모기간은 90일 이상으로 하여야 한다.

나) 심의위원회구성

시행자는 분야별 전문가로 구성된 선정심의위원회를 구성하여 평가를 거쳐 복합개발시행자를 선정하여야 한다.

다) 심의위원회의 구서, 평가방법 등

선정심의위원회의 구성, 평가기준, 선정방법, 협약서 체결 등에 필요한 사항은 시행자가 정하고, 평가기준은 일반국민에게 공개하여야 한다.

[환지설계의 방법 비교표]

행정중심복합도시 토지공급지침

행정중심복합도시건설청 훈령 제60호〈주택기획팀-439, 2007. 6.20 제정〉
행정중심복합도시건설청 훈령 제62호〈주택기획팀-622, 2007. 9. 5 개정〉
행정중심복합도시건설청 훈령 제84호〈주택건축과-678, 2008.10.21 개정〉
행정중심복합도시건설청 훈령 제99호〈기획재정담당관-1465, 2009.8.7 개정〉
행정중심복합도시건설청 훈령 제130호〈주택건축과-1274, 2010. 8.27 개정〉

제1조 (목적) 이 지침은 「신행정수도 후속대책을 위한 연기·공주지역 행정중심복합도시건설을 위한 특별법시행령」(이하 "시행령"이라 한다) 제18조 내지 제20조에 따른 조성토지 등의 공급계획의 수립기준과 공급방법 및 공급가격기준, 기타 행정중심복합도시건설사업(이하 "건설사업"이라 한다)의 추진에 필요한 사항을 규정함을 목적으로 한다.

제2조 (적용범위) ① 이 지침은 「신행정수도 후속대책을 위한 연기·공주지역 행정중심복합도시건설을 위한 특별법」(이하 "특별법"이라 한다) 및 동법 시행령에 따른 조성토지 등의 개발 및 공급 등의 업무를 처리하는 경우에 적용한다.

② 특별법 제38조에 의한 행정중심복합도시건설청장(이하 "건설청장"이라 한다) 및 특별법 제18조 제1항에 따라 지정된 건설사업 시행자(이하 "사업시행자"라 한다)는 특별법령 및 「국토의 계획 및 이용에 관한 법률」 등 관련법령과 이 지침에서 정하지 아니한 사항 그리고 이 지침의 시행에 필요한 세부 사항을 따로 정할 수 있다.

제3조 (정의) 이 지침에서 사용하는 용어의 정의는 다음과 같다.

1. "예정지역"이라 함은 특별법 제16조에 의한 이전계획에 따른 중앙행정기관 등의 이전 및 그에 따른 시가지 조성을 위하여 동법 제11조 및 제12조에 따라 지정·고시된 지역을 말한다.
2. "조성토지"라 함은 사업시행자가 건설사업으로 조성한 토지를 말한다.
3. "원형지"라 함은 특별법 제18조 제4항에 따라 사업시행자가 국가기관 및 지방자치단체 등에 공급하여 개발하는 토지를 말한다.
4. "조성토지 등"이라 함은 조성토지 및 원형지를 말한다.
5. "대행개발"이라 함은 특별법 제18조 제5항에 따라 건설사업의 효율적인 시행을 위하여 사업시행자를 대행하여 개발하는 경우를 말한다.

제4조 (조성토지등의 공급계획) ① 사업시행자가 예정지역내에서 조성토지 등을 공급하고자 하는 경우에는 특별법 제25조에 따라 공급계획을 수립하여 건설청장의 승인을 얻어야 한다. 공급계획을 변경하는 경우에도 또한 같다.

② 건설청장은 개발계획과 조성토지 등의 공급계획을 서로 비교·검토하여 조성토지 등이 원활히 공급될 수 있도록 수급계획을 조정할 수 있다.

③ 사업시행자가 제1항에 따라 조성토지 등의 공급계획에 대한 승인을 얻어 조성토지 등을 공급하고자 하는 경우에는 토지 의무이용기간 통지 등 투기억제에 대한 대책을 수립하여야 한다.

제5조 (조성토지 등의 공급) ① 사업시행자가 조성토지를 공급할 경우에는 개발계획 등에서 정한 용도를 명시하여 공급하여야 한다. 다만, 원형지를 공급하는 경우에는 용도를 제외한 공급대상 토지 및 개발방향만을 명시하여 공급할 수 있다.

② 건설사업으로 개발된 조성토지 등을 공급받아 주택사업계획승인 또는 건축허가 등을 얻고자 하는 자는 지구단위계획에서 정한 토지이용계획 및 주택에 관한 계획 등에 따라 승인 또는 허가 등을 신청하여야 한다. 다만, 다음 각 호의 1에 해당하는 경우에는 도로, 상하수도 등 도시기반 시설과 학교·공원 등 시설계획을 고려하여 당초 계획된 용적률 및 조성토지 등의 공급가격을 변경하지 않는 범위 내에서 주택사업계획승인 또는 건축허가 신청을 할 수 있다.

1. 공급된 공동주택건설용지에 당초 계획된 호당 면적보다 작은 면적으로 공동주택을 건설하고자 하여 세대수를 초과하는 경우
2. 공급된 공동주택건설용지에 당초 계획된 용적률 및 호수를 초과하지 않는 범위 내에서 당초 계획된 호당 면적 범위보다 작은 면적으로 공동주택을 건설하는 경우
3. 공동주택건설용지를 공급받은 사업주체가 해당택지에 주택건설이 어렵다고 판단하여 건설청장과 협의하여 당초 계획된 규모별 전용면적범위보다 작은 전용면적의 주택을 건설하고자 하는 경우. 단, 이 경우 세대수의 증가는 총세대수의 5%의 범위 내에서 조정할 수 있다.
4. 확정측량단계에서 공급받은 조성토지의 면적이 축소되거나 건물의 배치 · 설계 · 시공상 불가피한 사유가 있어 최소한의 세대수를 축소 조정하는 경우
5. 공급된 분양주택건설용지를 임대주택건설용지로 사용하고자 하는 경우. 다만, 조성토지 등의 공급가격은 변경할 수 없다.

③ 사업시행자가 제1항에 따라 주택건설용지를 공급할 경우에는 개발계획에서 정한 비율의 임대주택을 건설할 수 있도록 임대주택건설용지를 확보 · 공급하여야 한다. 다만, 건설청장이 임대주택건설 비율을 단계별 또는 연차별로 수립한 경우에는 이에 따라 임대주택건설용지를 확보 · 공급하여야 한다.

④ 임대주택건설용지가 용지공급을 위한 최초 공고 후 6월 이내에 공급되지 않을 경우 사업시행자는 분양주택건설용지로 공급할 수 있다. 이 경우 공급가격은 분양주택건설용지 공급가격기준을 적용한다.

⑤ 사업시행자는 연약지반이 포함된 조성토지를 개발하여 공급하는 경우에는 다음 각 호에 적합하게 하여야 한다.

1. 조성공사 착수 전에 토질조사를 철저히 하고 필요한 경우 당해 토지의 특성에 맞게 조성고까지 지반안정 처리를 할 것
2. 허용잔류침하량 이내로 지반안정 처리 후 건축물의 건축 등이 이루어질 수 있도록 토지사용시기를 합리적으로 조정할 것. 다만, 조성토지 등을 공급받는 자가 조기에 토지사용을 원하는 경우에는 공급받는 자가 직접 지반안정처리를 하는 조건으로 토지사용시기를 조정할 수 있다.
3. 연약지반현황과 지반안정처리 주요내용 및 토지사용시 유의사항 등을 분양안내서에 명기하고, 연약지반 분포도면 · 토질 · 심도 · 처리공법 · 허용잔류침하량 등 자세한 사항은 분양안내소에 비치하여 일반이 열람할 수 있도록 할 것
4. 제3호에 의한 연약지반현황과 지반안정처리 내용 등을 건설청장에게 보고할 것

⑥ 사업시행자는 조성토지 등의 공급과 관련하여 하수관거 등 지하매설물에 대한 시공상의 안전 및 파손 방지대책을 수립하고 이에 적합하게 건축공사 등이 진행될 수 있도록 관리하여야 한다.

⑦ 사업시행자는 지구단위계획이 수립되기 이전에 조성토지를 공급하고자 하는 경우에는 선수협약을 체결하여 공급할 수 있다. 이 경우 선수금에 관한 사항은 특별법 제26조에 의한다.

제6조 (조성토지의 공급방법 및 가격) ① 사업시행자가 조성토지를 공급하고자 하는 경우에는 시행령 제19조 제2항에 따라 경쟁입찰의 방법에 의한다. 다만, 시행령 제19조 제2항 단서에

해당하는 경우에는 추첨하여 공급할 수 있다.

② 사업시행자가 조성토지를 공급하고자 하는 경우 공급가격 및 공급방법은 별표1에서 정하는 기준에 의한다. 이 경우 제13조에 따라 산정된 조성원가(이하 "조성원가"라 한다)가 감정가격을 초과하는 경우에는 감정가격으로 공급할 수 있다.

③ 제2항에서 정하지 않은 조성토지의 공급방법 및 가격은 사업시행자가 별도로 정할 수 있다.

제7조 (원형지개발자의 조성토지 공급) ① 원형지개발자가 조성한 토지 중 시행령 제19조의 2 제1항 각 호의 토지를 일반에게 공급하는 경우에는 제5조 및 제6조를 준용한다. 이 경우 제5조 및 제6조 중 "사업시행자"는 "원형지개발자"로 본다.

② 원형지개발자의 토지조성원가 산정기준은 제13조에 따르되, 원형지개발자와 사업시행자가 동일한 경우 원형지개발지역과 사업시행자의 사업시행지역을 통합하여 조성원가를 산정할 수 있다.

제8조 (원형지개발계획의 승인 등) ① 사업시행자가 건설사업의 일부를 원형지로 공급하여 개발하고자 특별법 제18조 제4항에 따라 승인신청을 한 때에는 건설청장은 승인 전에 특별법 제29조에 따른 행정중심복합도시건설추진위원회(이하 "추진위원회"라 한다)의 심의를 거쳐야 한다.

② 사업시행자는 제1항에 따라 승인을 얻고자 하는 경우에는 다음 각 호의 사항을 기재한 원형지개발계획서를 건설청장에게 제출하여야 한다.

1. 원형지개발의 목적 및 필요성
2. 원형지로 공급될 대상토지 및 개발방향
3. 공급대상자

제9조 (원형지 공급가격 기준) 사업시행자가 원형지를 공급하는 경우 공급가격 기준은 별표2에서 정하는 바에 따른다.

제10조 (용도제한 공고 등) 사업시행자는 공급하고자 하는 조성토지 등에 「국토의 계획 및 이용에 관한 법률」 제76조에 따른 건축물의 건축제한사항 이외의 용도제한에 대한 내용이 있는 경우에는 미리 그 내용을 공고하고, 분양안내서 및 매매계약서에 이를 명기하여야 한다.

제11조 (조성원가의 산정시기) 조성원가는 매년 6월 30일에 산정하는 것을 원칙으로 하되, 그 해 공급하고자 하는 조성토지의 공급계획이 없거나 조성원가 산정방법이 달라지는 등 특별한 사유가 있는 경우에는 그러하지 아니하다.

제12조 (조성원가의 공개) ① 사업시행자가 조성토지를 공급하고자 공고하는 때에 그 조성원가를 공개하여야 한다. 이 경우 조성원가는 다음 각 호의 항목으로 구성한다.

1. 용지비
2. 용지부담금
3. 조성비
4. 기반시설 설치비
5. 직접인건비
6. 이주대책비

7. 판매비
8. 일반관리비
9. 자본비용
10. 토지조성에 소요된 그 밖의 비용

② 법 제26조의 규정에 따라 선수금을 받고자 하는 경우로서 토지공급 시점까지 그 해의 조성원가를 산정하지 못한 경우에는 토지의 공급 공고 이후에 조성원가를 공개할 수 있다.

③ 사업시행자가 조성원가를 공개하는 경우에는 별표3에 따라 산정한 조성원가를 항목별로 인터넷 홈페이지나 일간신문 등에 공개하여야 한다.

제13조 (조성원가의 산정 기준) ① 조성원가의 산정기준 및 적용방법은 별표3에서 정하는 바에 따른다.

제14조 (대행개발사업자의 선정) ① 사업시행자가 특별법 제18조 제5항에 따라 건설사업의 일부를 주택건설사업자 등으로 하여금 대행하게 하는 경우 「건설산업기본법」 제9조에 따라 일반건설업 면허를 소지한 자 중 조성토지를 공급받고자 하는 자를 대상으로 선정한다. 다만, 대행개발사업 신청자가 공급받고자 하는 조성토지에 주택건설용지가 포함된 경우에는 「주택법」 제9조에 따라 주택건설사업자로 등록된 자이어야 한다.

② 대행개발사업자는 경쟁입찰의 방법으로 선정한다.

③ 사업시행자는 대행개발사업자에게 공사비 등을 상계하여 조성토지를 공급할 수 있으며, 공사비 등을 상계할 수 있는 조성토지는 다음 각 호와 같다.

1. 실수요자에게 공급예정인 공동주택건설용지
2. 실수요자에게 공급예정인 단독주택건설용지
3. 상업업무시설용지 등 경쟁입찰의 방법으로 공급하는 조성토지로서 입찰공고결과 매입신청이 없거나 낙찰자가 없어 수의계약의 방법으로 공급하여야 하는 시설용지

제15조 (경쟁입찰에 의한 토지 공급) 사업시행자가 시행령 제19조 제2항에 따라 경쟁입찰의 방법으로 조성토지를 공급하고자 하는 경우에는 창의적이고 미래지향적인 도시형성을 도모하기 위하여 입찰방법은 가격뿐만 아니라 설계내용에 대한 평가도 포함될 수 있도록 노력하여야 한다.

제16조 (도시기능 증진 등을 위한 토지공급) ① 사업시행자가 시행령 제19조 제3항 제5호에 따라 도시의 미관·경관, 쾌적성의 향상 또는 도시기능의 증진 등을 위하여 수의계약의 방법으로 조성토지를 공급하고자 하는 경우에는 사업제안, 설계 또는 디자인 등에 대하여 공모 등의 방법으로 공급대상자를 선정하여야 하며, 공모 등을 시행하는 경우에는 다음 각 호에 따라야 한다.

1. 공모는 일간신문에 1회 이상, 응모기간은 30일(설계공모인 경우에는 90일) 이상 공고하여야 한다.
2. 분야별 전문가로 구성된 평가위원회를 구성하여 평가를 실시하여야 한다.
3. 기타 평가기준 및 절차 등에 필요한 사항을 정하여야 한다.

② 제1항에서 정하는 절차 및 방법에 따라 토지를 공급하는 경우 그 공급가격은 별표1에서

정하는 바에 따른다.

제17조 (협의양도자에 대한 조성토지 공급) 사업시행자는 시행령 제19조 제3항에 따라 1,000제곱미터(이하 이조에서 "기준면적"이라 한다) 이상의 토지를 협의양도한 자에게 330제곱미터 이하의 조성토지를 공급할 수 있으며, 이 경우 협의양도한 토지의 면적 산정기준은 다음 각 호와 같다.

1. 협의양도한 토지가 예정지역 경계로 분할된 경우로서 토지소유자의 요구에 의하여 예정지역외 잔여지를 매입한 때에는 예정지역외 토지를 합산한 면적을 기준으로 한다.
2. 협의양도한 토지를 지분으로 공유하고 있는 경우에는 지분면적을 기준으로 한다. 다만, 협의양도한 지분면적이 기준면적 미만인 경우에는 그 미만 소유자 전원이 지정한 대표자 1인 또는 공동명의로 조성토지를 공급받을 수 있다.
3. 협의양도한 토지가 수개의 필지인 경우에는 소유토지를 합산한 면적(지분 소유면적을 포함한다)을 기준으로 한다.
4. 사업시행을 위하여 예정지역외의 토지취득이 불가피한 경우 그 협의양도한 토지는 기준면적에 합산할 수 있다.

제18조 (공급대상자의 자격제한) ① 다음 각 호의 1에 해당하는 경우에는 시행령 제19조 제4항에 따라 공급대상자의 자격을 제한하여 시설용지를 공급할 수 있다.

1. 학교시설용지, 의료시설용지, 산업용지, 공공기반시설용지, 공공 청사 · 연구시설 등의 시설용지
2. 「토지수용법」에 의한 이주대책의 실시에 따라 공급하는 주택건설용지 또는 제17조에 따라 토지를 양도한 자에게 공급하는 조성토지를 공급받지 못한 소유자 등에게 보상의 목적으로 공급하는 시설용지
3. 기타 건설청장이 필요하다고 인정하여 정하는 시설용지

② 사업시행자는 제1항 제3호에 따라 공급대상자의 자격을 제한하고자 하는 경우에는 당해 시설용지의 자격제한의 목적, 필요성, 방법 등에 대하여 건설청장의 인정을 얻어야 한다.

제19조 (예정지역 개발투자) 사업시행자는 개발이익의 일부를 행정중심복합도시의 교육 · 문화 · 복지시설 등의 설치와 특별법 제53조에 따른 주변지역 지원사업에 지원할 수 있다.

제20조 (토지공급에 관한 중요사항의 심의) 다음 각 호의 1에 해당하는 경우 건설청장은 토지공급과 관련된 승인 또는 인정 등을 하기 전에 특별법 제30조 제9호에 따라 추진위원회의 심의를 거쳐야 한다.

1. 제8조에 따른 원형지개발계획에 관한 사항
2. 제9조에 따른 원형지 공급가격 기준에 관한 사항
3. 제13조에 따른 조성원가 산정기준에 관한 사항
4. 그 밖에 건설청장이 토지공급과 관련하여 중요하다고 판단하는 경우

제21조 (재검토기한) 「훈령 · 예규 등의 발령 및 관리에 관한 규정」(대통령훈령 제248호)에 따라 이 훈령 발령 후의 법령이나 현실여건의 변화 등을 검토하여 이 훈령의 폐지, 개정 등의 조치를

하여야 하는 기한은 2014년 8월 6일까지로 한다.

부　칙 (훈령 제60호 2007. 6.20)

제1조 (시행일) 이 지침은 2007년 6월 20일부터 시행한다.

제2조 (경과조치) 이 지침을 제정하기 전에 추진위원회의 심의 등을 거쳐 원형지개발자를 선정한 경우에는 제8조에 따라 원형지개발계획의 승인을 얻은 것으로 본다.

부　칙 (훈령 제62호 2007. 9. 5)

이 지침은 2007년 9월 5일부터 시행한다.

부　칙 (훈령 제84호 2008.10.21)

이 지침은 2008년 10월 21일부터 시행한다.

부　칙 (훈령 제84호 2009.8.7)

이 지침은 2009년 8월 7일부터 시행한다.

부　칙 (훈령 제130호 2010.8.27)

이 지침은 2010년 8월 27일부터 시행한다.

[별표 1]

조성토지 공급방법 및 가격기준

토 지 용 도	공급대상	공급방법	공급가격	비 고
1. 단독주택건설용지				
가. 330m²이하	협의양도자 실수요자	수의계약 추　첨	조성원가의 110% 감정가격	
나. 330m²초과	실수요자	경쟁입찰	낙찰가격	
2. 공동주택건설용지				
가. 임대주택건설용지				
1) 60m²이하				
가) 국민임대주택	국민임대주택 사업시행자	수의계약	조성원가의 60%	
나) 국민임대주택외의 임대주택	실수요자	추　첨	조성원가의 60%	
2) 60m²초과 85m²이하 가) 국민임대주택	국민임대주택 사업시행자	수의계약	조성원가의 70%	

나) 국민임대주택외의 임대주택	실수요자	추 첨	조성원가의 70%	
3) 85㎡초과149㎡이하	실수요자	추 첨	감정가격	
나. 분양주택건설용지				
1) 60㎡이하	실수요자	추 첨	조성원가의 90%	
2) 60㎡초과 85㎡이하	실수요자	추 첨	조성원가의 100%	
3) 85㎡초과	실수요자	경쟁입찰	낙찰가격	
3. 학교시설용지				
가. 초등학교 및 중학교	국가 또는 지자체 실수요자	수의계약	조성원가의 50% 감정가격	
나. 고등학교	국가 또는 지자체 실수요자	수의계약	조성원가의 70% 감정가격	
다. 대학교	국가 또는 지자체 실수요자	수의계약	감정가격	
라. 특수학교	국가 또는 지자체 실수요자		조성원가의 50% 감정가격	
4. 유치원시설용지	국가 또는 지자체 실수요자	수의계약 경쟁입찰	조성원가의 100% 낙찰가격	
5. 상업업무시설용지	실수요자	경쟁입찰	낙찰가격	
6. 산업시설용지				
가. 도시형공장, 벤처기업 집적시설, 소프트웨어 사업용시설이 설치되는 공장용지	국가 또는 지자체 실수요자	수의계약 추첨	조성원가의 100% 감정가격	
나. 기타, 공장용지	실수요자	추첨	감정가격	
7. 공공기반시설용지				
가. 주차장	국가 또는 지자체 실수요자	수의계약 경쟁입찰	조성원가의 100% 낙찰가격	
나. 자동차정류장	국가 또는 지자체 실수요자	수의계약 경쟁입찰	조성원가의 100% 낙찰가격	
다. 시장	국가 또는 지자체 농수산물 유통공사 실수요자	수의계약 수의계약 경쟁입찰	조성원가의 100% 감정가격 낙찰가격	
라. 자동차운전면허시험장	국가 또는 지자체	수의계약	조성원가의 100%	
마. 집단에너지시설	실수요자	수의계약	감정가격	
바. 전기공급시설	실수요자	수의계약	감정가격	

8. 주유소시설용지	협의양도자 실수요자	경쟁입찰 경쟁입찰	낙찰가격 낙찰가격	
9. 종교시설용지	협의양도자(종교법인 소유토지) 실수요자	수의계약 경쟁입찰	기존면적 : 조성원가 110% 추가면적 : 감정가격 낙찰가격	
10. 기타 시설용지 가. 공공청사	국가 또는 지자체	수의계약	조성원가의 100%	
나. 연구시설	국가 또는 지자체 정부출연 연구기관 실수요자	수의계약 수의계약 경쟁입찰	조성원가의 100% 조성원가의 100% 낙찰가격	
다. 사회복지시설	국가 또는 지자체 사회복지법인 (건설청장 추천) 실수요자	수의계약 경쟁입찰	조성원가의 100% 낙찰가격	
라. 문화시설	국가 또는 지자체 실수요자	수의계약 경쟁입찰	조성원가의 100% 낙찰가격	
마. 종합의료시설	국가 또는 지자체 실수요자	수의계약 경쟁입찰	조성원가의 100% 낙찰가격	
바. 체육시설	국가 또는 지자체 실수요자	수의계약 경쟁입찰	조성원가의 100% 낙찰가격	
11. 특례사항 가. 가격과 설계내용에 대하여 경쟁입찰을 실시한 공급용지	–	경쟁입찰	낙찰가격	
나. 사업제안, 설계, 디자인 등에 대하여 공모 등을 실시한 공급용지 1) 조성원가 이하의 공급용지	–	수의계약	당해 토지의 용도별 공급가격	
2) 조성원가 초과 공급용지	–	수의계약	감정가격	
다. 상업지역내의 주택건설용지(60㎡이하 임대주택건설용지 제외)	실수요자	경쟁입찰	낙찰가격	
라. 이전기관 종사자에				

대한 지원시설 용지 (주거 · 체육 · 후생 시설)				
1) 조성원가 이하의 공급용지	공무원후생 복지사업을 목적으로 설립된 공공기관	수의계약	당해 토지의 용도별 공급가격	
2) 조성원가 초과 공급용지		수의계약	감정가격	

주) 1. 공급가격은 상한가격이며, 건설사업의 활성화 등을 위하여 사업시행자는 공급가격이하로 공급할 수 있다.
2. 특별법시행령 제19조 제3항에 따른 시설용지, 기반시설용지 등은 관리주체 및 공공성 등에 따라 구분하여 결정 한다.
3. 협의양도자에게 공급하고자하는 토지로서, 그 공급신청량이 계획된 수량을 초과하는 경우에는 추첨의 방법을 원칙으로 공급대상자를 선정한다. 다만, 토지용도 등을 감안하여 제한경쟁입찰의 방법으로도 공급대상자를 선정할 수 있다.
4. 사회복시설용지의 경우 건설청장은 동일 용도의 시설용지를 협의양도한 자를 우선하여 추천할 수 있다.
5. 분양대상 공동주택건설용지로서 추첨대상(85㎡이하)용지와 경쟁대상(85㎡초과)용지가 혼합된 경우에는 경쟁입찰의 방법으로 공급한다. 이 경우 가격의 경쟁은 85㎡초과 부분에 대하여만 실시한다.
6. 협의양도자에게 공급하는 단독주택건설용지는 실시계획 및 지구단위계획에 의하여 분할된 필지단위로 공급하되, 사업시행자가 330㎡이내에서 공급대상 필지의 평균면적을 정하고 평균면적을 초과하는 부분에 대하여는 감정가격으로 공급할 수 있다.

[별표 2]

원형지공급가격 산정기준 및 적용방법(제9조 관련)

1. 원형지 공급가격의 개념 및 원칙

가. 원형지는 조성되지 않은 원형상태의 토지이며, 원형지 공급가격은 사업시행자가 원형지개발자에게 원형지를 공급하는 경우에 그 기준이 되는 가격을 말한다.

나. 원형지는 사업시행자의 개발 · 실시계획에 따른 개발방향에 따라 원형지개발자가 개발 · 실시계획을 수립하여 시행하는 사업이므로 사업시행자의 조성원가에서 원형지부분의 조성비(공사비 및 간접비)를 제외한 수준으로 공급하는 것을 원칙으로 한다.

2. 원형지공급가격의 산정방법

가. 산정방법

1) 원형지공급가격은 사업시행자의 조성원가에 원형지부분 유상공급면적을 곱한 금액(이하 "원형지총사업비"라 한다)에서 원형지부분 조성공사비(이하 "원형지조성비"라 한다)와 원형지 조성공사에 따른 간접비(이하 "원형지간접비"라 한다)를 제외하여 산정한다.

2) 원형지총사업비, 원형지조성비 및 원형지간접비는 사업시행자가 원형지개발자에게 원형지를 공급하는 시점의 개발 및 실시계획과 동 시점의 사업시행자의 조성원가 및 간접비율

을 적용하여 산정한다.

3) 원형지의 유상공급면적은 원형지 전체면적에서 [별표 3]에 따라 산정한 무상공급면적을 제외하여 산정한다.

4) "3)"의 유상공급면적을 산정함에 있어 공공성이 있는 시설용지의 조성원가 이하 부분을 무상공급면적으로 간주함에 따라 사업 시행자의 회수액 감소분이 발생할 경우 원형지개발자와 사업시행자가 이를 분담한다.

나. 원형지공급가격 산정식

원형지공급가격 = 1)원형지총사업비 − (2)원형지조성비 + 3)원형지간접비)

1) 원형지총사업비 = 사업시행자의 조성원가 × 원형지의 유상공급면적

2) 원형지조성비 : 공급시점의 실시계획상 원형지부분 투입예정 조성공사비

3) 원형지간접비 = 원형지조성비 × (가)사업시행자의 간접비 / 나)사업시행자의 전체 사업비)

가) 사업시행자가 최근 5년간 시행한 사업지구의 간접비 연 평균액

나) 사업시행자가 최근 5년간 시행한 사업지구의 사업비 연 평균액

[별표 3]

조성토지의 조성원가 산정기준 및 적용방법(제13조 관련)

1. 조성원가의 개념

행정중심복합도시(이하 "행복도시"라 한다)의 조성원가는 행복도시에서 공급되는 토지를 조성하는데 소요되는 직·간접적인 비용을 사전적으로 산출한 공급원가로서 토지공급시 기준이 되는 가격을 말한다.

2. 조성원가 산정의 기본원칙

가. 조성원가는 개발계획 및 실시계획에 의거 이해관계자가 신뢰할 수 있도록 객관적인 자료와 근거에 의하여 산정하여야 한다.

나. 세부 항목별 조성원가는 그 특성에 따라 원가집계 및 배부방법(배부율)에 의하여 산정한다. 다만 사전적 조성원가와 사후적 조성원가(실제 발생원가)와의 차이가 발생할 수 있으므로 가능한 실제 발생원가에 근접하도록 객관적이고 공정하게 산정하여야 한다.

다. 배부율은 사업시행자의 최근 3년간 운용실적(결산기준)을 기준으로 한다.

3. 조성원가 구성 요소

가. 조성원가는 토지의 조성과정에서 직·간접적으로 관련되어 투입된 총 비용으로서 직접비와 간접비로 구성하며, 세부항목은 별지와 같다.

나. 직접비는 용지취득 및 조성공사를 위하여 직접 소요된 비용으로 용지비 · 용지부담금 · 조성비 · 기반시설 설치비 · 직접인건비 · 이주대책비로 구성하고, 간접비는 사업시행자의 영업활동과 관련하여 발생하는 판매비 · 일반관리비 · 자본비용 · 그 밖의 비용으로 구성한다.

다. 사업시행자는 조성원가의 구성요소 중 조성원가에서 차지하는 비중이 크고, 중요한 항목이라고 판단되는 경우에는 항목을 세분할 수 있다.

4. 조성원가의 산정 방법

가. 단위면적당 조성원가 산정

조성원가는 매년 6월 30일에 산정하는 것을 원칙으로 하되, 조성원가 산정방법이 달라지는 등 특별한 사유가 있는 경우에는 토지를 공급하고자 하는 시점에 산정할 수 있으며, 조성원가 산정시점 현재 확정된 실시계획을 토대로 잔여 사업비를 향후 공급될 유상공급면적으로 나누어 단위면적당 조성원가를 산정한다.

나. 단위면적당 조성원가 산정식

단위면적당 조성원가(원/㎡) = 잔여사업비1) / 향후 공급될 유상공급면적2)

1) 잔여사업비 : 가)기 투입된 사업비(자본비용 제외) + 나)향후 투입될 사업비(자본비용 제외) + 다)자본비용 -라)기 공급된 유상공급 면적분의 사업비

가) 기 투입된 사업비(자본비용 제외) : 기 투입된 용지비, 용지부담금, 조성비, 기반시설설치비, 직접인건비, 이주대책비, 판매비, 일반관리비, 그 밖의 비용

나) 향후 투입될 사업비(자본비용 제외) : 향후 투입될 용지비, 용지부담금, 조성비, 기반시설설치비, 직접인건비, 이주대책비, 판매비, 일반관리비, 그 밖의 비용

다) 자본비용 : 조성원가 산정연도까지 발생된 자본비용

라) 기 공급된 유상공급 면적분의 사업비 : 기 공급년도별 조성원가에 기 년도별 공급된 유상공급면적을 곱한 금액

2) 향후 공급될 유상공급면적 : 유상공급면적 - 기 공급된 유상공급면적

3) 유상공급면적 : 총 사업면적 - 무상공급면적

4) 총 사업비 = 기 투입된 사업비(자본비용 제외) + 자본비용 + 향후 투입될 사업비(자본비용 제외)

다. 무상공급면적 산정

1) 무상공급 면적은 관련법령에 따라 무상으로 공급하는 면적과 초 · 중 · 고등학교시설용지 등 공공성이 있는 시설용지 중 조성원가 이하로 공급하는 토지의 조성원가 이하 부분 면적(예, 학교용지확보 등에 관한 특례법에 의거 조성원가의 70%로 공급하는 고등학교용지의 경우 공급면적 중 30%는 무상공급면적으로 간주)을 합한 것으로 한다.

2) 존치건축물 부지, 현황 보존지 등 수용대상이나 공급대상이 아닌 토지면적은 무상공급면적

에 포함하여 산정하며, 존치부담금 등은 사업비에서 제외하고 조성원가를 산정한다.

3) 조성원가 이하로 공급하는 공공성이 있는 시설용지 이외의 토지는 조성원가 이하로 공급(예, 임대주택 · 공동주택용지, 이주자택지)하더라도 무상공급면적에 포함시킬 수 없다.

라. 직접비 및 간접비의 산정방법

1) 직접비의 산정

가) 용지비는 실시계획에 의거 용지매수에 관련된 직접비로서 용지매입비, 지장물 등 보상비, 영업 · 영농 · 축산 등에 관한 권리의 보상비, 종합토지세 · 도시계획세 · 교육세 · 농어촌특별세 등 용지제세, 보상관련 용역비, 조사비, 등기비, 사업시행과 관련하여 집행한 부대비용 등을 합하여 산정한다.

나) 용지부담금은 개발계획 및 실시계획에 의거 토지 등의 취득과 관련하여 용지의 형질변경 등을 원인으로 법령에 따라 부과되는 농지보전 부담금, 대체산림지원 조성비 등 각종 부담금을 포함하여 산정한다.

다) 조성비는 건설사업의 토지조성에 소요된 직접비로서 부지조성 공사비, 특수구조물 공사비, 가로등 공사비, 전기통신 공사비, 조경 공사비, 정보화시설 공사비, 문화재 시 · 발굴비용, 기타 공사비, 설계비, 측량비, 자재비, 시공감리비, 조성관련 용역비 및 그 부대비용 등을 합하여 산정한다.

라) 기반시설 설치비는 도로 및 상 · 하수처리 관련 시설, 에너지 통신시설, 그 밖의 기반시설 설치에 소요되는 각 종 비용(다른 법령이나 인가 · 허가 조건에 따라 국가 또는 지자체에 납부하는 부담금 및 공공시설 설치비 등을 포함한다)을 합하여 산정한다. 단 법령에 근거가 없거나 건설사업과 관련 없는 인가 · 허가 조건 등에 의한 기반시설설치비는 조성원가에 포함시킬 수 없으며, 개발계획 및 실시계획에 반영되지 않은 공공시설 설치비 등은 조성원가에 포함시킬 수 없다.

마) 직접인건비는 건설사업을 직접 수행하는 직원의 인건비로서 재무제표상 손익계산서를 근거로 하여 다음의 산식에 의해 산정하며, 직접인건비율은 2%를 초과할 수 없다.

① 직접인건비 = 건설사업의(용지비 + 용지부담금 + 조성비 + 기반시설 설치비 + 이주대책비) × 직접인건비율

② 직접인건비율 = 최근 3년간 조성사업 관련 부서의 직접인건비 집행액의 연 평균액 / 최근 3년간(용지비 + 용지부담금 + 조성비 + 기반시설설치비 + 이주대책비)의 연 평균액

바) 이주대책비는 이주정착금 등 이주대책에 소요된 제반비용으로 산정한다.

2) 간접비의 산정

가) 판매비는 광고선전비, 판매촉진비, 그 밖에 판매활동에 소요된 비용(조성사업과 관련이 없는 부분 제외)으로서, 재무제표상 손익계산서를 근거로 하여 다음의 산식에 의해 산정

하며, 판매비율은 직전 3개년 비율의 평균치를 초과할 수 없다.

① 판매비＝건설사업의(용지비＋용지부담금＋조성비＋기반시설 설치비＋직접인건비＋이주대책비) × 판매비율

② 판매비율＝최근 3년간 판매비 집행액의 연 평균액 / 최근 3년간(용지비 ＋용지부담금＋조성비＋기반시설설치비＋직접인건비＋이주대책비)의 연평균액

나) 일반관리비는 인건비 · 임차료 · 연구개발비 · 훈련비 · 그 밖에 사업시행과 관련한 일반관리에 소요된 비용으로 직접인건비에 포함된 금액은 제외하며, 재무제표상 손익계산서를 근거로 하여 다음의 산식에 의해 산정한다. 일반관리비율은 직전 3개년 비율의 평균치를 초과할 수 없다.

① 일반관리비＝건설사업의(용지비＋용지부담금＋조성비＋기반시설 설치비＋직접인건비＋이주대책비) × 일반관리비율

② 일반관리비율＝최근 3년간 일반관리비 집행액의 연 평균액 / 최근 3년간(용지비＋용지부담금＋조성비＋기반시설설치비＋직접인건비＋이주대책비)

③ 일반관리비율과 판매비율의 합은 국가를당사자로하는계약에관한법률시행규칙 제8조 제1항 제1호의 비율을 초과할 수 없으며, 직전 3개년 비율의 평균을 초과할 수 없다.

다) 자본비용은 건설사업을 시행하는데 필요한 사업비의 조달에 소요되는 비용으로서 다음의 산식에 의해 산정하여, 조성원가 공개내용에는 타인 자본비용률을 표시하여야 한다.

① 자본비용＝순 투입액의 누적액 × 타인자본 구성비율 × 타인자본비용률

② 순 투입액의 누적액은 자본비용 산정기간 동안 매년 건설사업에 대한 투입액에서 회수액을 차감한 순 투입금액을 누적한 금액임

③ 타인자본 구성비율＝총 자본중 타인자본 구성비율

④ 타인자본비용률＝(최근 5년간 차입이자의 연 평균액 / 최근 5년간 타인 자본의 연 평균액)

⑤ 자본비용 총 산정기간＝조성사업 착수일(보상계획 공고일)로부터 조성원가산정일이 속하는 해의 12월31일까지의 기간

⑥ 순 투입액은 복리를 적용하여 산정하며, 타인자본은 회계상 부채가 아니라 금융비용을 부담하는 부채만으로 산정한다.

라) 그 밖의 비용은 「산업재해보상보험법」에 따른 보험료, 천재지변으로 발생하는 피해액 및 사업 관련 기부채납금 등을 합산한 것으로, 일반관리비 등과 중복하여 계산되지 않도록 유의하여야 하며, 재무제표상 손익계산서를 근거로 하여 다음의 산식에 의해 산정한다.

① 그 밖의 비용＝건설사업의 (용지비＋용지부담금＋조성비＋기반시설 설치비＋직접인건

비+이주대책비) × 그 밖의 비용률

② 그 밖의 비용률=(최근 3년간 그 밖의 비용의 연 평균액 / 최근 3년간 (용지비+용지부담금+조성비+기반시설 설치비+직접인건비+이주 대책비)의 연 평균액

5. 조성원가의 신뢰성 확보노력

가. 사업시행자는 조성원가 담당 직원에 대한 교육, 전산시스템 개발 등을 통해 조성원가가 신뢰성 있게 산정될 수 있도록 하여야 한다.

나. 사업시행자는 행복도시 건설사업의 독립적인 회계구분이 가능하도록 회계시스템을 정비하여야 한다.

6. 조성원가 심의위원회 운영

가. 사업시행자는 사전적으로 산정된 조성원가의 신뢰성을 높이고 산정과정의 객관성, 공정성 등을 검증하기 위하여 조성원가 심의위원회(이하 심의위원회)'를 구성 · 운영하여야 한다.

나. 심의위원회는 다음 중 어느 하나에 해당하는 자 중에서 사업시행자가 위촉하는 위원장 1인을 포함한 10인 내외의 위원으로 구성하되, 시민단체(「비영리민간단체지원법」 제2조의 규정에 의한 비영리 민간단체를 말한다)가 추천하는 민간위원이 포함되어야 한다.

1) 사업시행자 소속 임 · 직원

2) 행정중심복합도시건설청 소속 공무원(2인 이상 위원에 포함하여야 한다)

3) 회계사, 감정평가사, 변호사

4) 대학 · 연구기관 등에 재직하고 있는 토지 및 주택분야에 전문적 지식과 경험이 풍부한 자

다. 사업시행자가 심의위원회를 개최하고자 하는 경우 부득이한 경우를 제외하고는 그 개최일 7일 전까지 부의안건을 첨부한 개최통지서를 위원 전원에게 송부하여야 하며, 이 경우 보안사고가 발생하지 않도록 유의하여야 한다.

라. 심의위원회의 구성과 운영에 관하여 기타 필요한 사항은 사업시행자 및 심의위원회에서 정한다.

[별지]

조성원가 구성항목 및 세부내역

조성원가 항목	세부내역
용지비	용지매입비, 지장물 보상비, 영업 · 영농 · 축산 등에 관한 권리의 보상비, 종합토지세 · 도시계획세 · 교육세 · 농어촌특별세 등 용지제세, 보상 관련 용역비, 조사비, 등기비 및 그 부대비용
조성비	부지조성 공사비, 특수구조물 공사비, 가로등 공사비, 전기통신 공사비, 조경공사비, 정보화시설 공사비, 문화재 시발굴비용, 설계비, 측량비, 조성 관련

	용역비 및 그 부대비용 등 당해 사업지구의 조성에 소요된 직접비
직접 인건비	해당 사업을 직접 수행하는 직원의 인건비
이주대책비	이주대책의 시행에 따른 비용 및 손실액
판매비	광고선전비, 판매촉진비, 그 밖에 판매활동에 소요된 비용
일반관리비	인건비, 임차료, 연구개발비, 훈련비, 그 밖에 사업시행과 관련한 일반관리에 소요된 비용(직접 인건비에 포함된 금액은 제외한다)
용지부담금	용지의 형질변경 등을 원인으로 법령에 따라 부과되는 농지부담금, 산림부담금 등 각종 부담금
기반시설 설치비	도로 및 상·하수처리 관련 시설, 에너지 통신시설, 그 밖의 기반시설 설치에 소요되는 각 종 비용(다른 법령이나 인가·허가 조건에 따라 국가 또는 지자체에 납부하는 부담금 및 공공시설 설치비 등을 포함한다)
자본비용	사업을 시행하는데 필요한 사업비의 조달에 소요되는 비용
그 밖의 비용	「산업재해보상 보험법」에 따른 보험료, 천재지변으로 발생하는 피해액 및 사업 관련 기부채납금

9. 학교용지 등의 공급

도시개발법에서는 학교 등과 이주단지 등의 기반시설이 갖는 공익적 성격 등의 여러 특성들을 감안하여 위 각각의 목적으로 이용될 토지의 공급가격에 대하여는 일반적인 조성토지의 공급가격과는 다른 특별규정을 두고 있다.

가. 학교용지 등의 공급 가격

1) 가격산정의 방식

시행자는 학교, 폐기물처리시설, 그 밖에 대통령령으로 정하는 시설을 설치하기 위한 조성토지 등과 이주단지의 조성을 위한 토지를 공급하는 경우에는 해당 토지의 가격을 「감정평가 및 감정평가사에 관한 법률」에 따른 감정평가업자가 감정평가한 가격 이하로 정할 수 있으며(법 제27조 제1항), 이에 따라 감정가격 이하로 조성토지 등을 공급할 수 있는 시설에 대한 공급가격의 기준 등에 관하여 필요한 사항은 국토교통부 장관이 정하여 고시한다(영 58조 제3항).

[법 제27조 제1항에서 "대통령령으로 정하는 시설"]

> **법 제58조** ① 법 제27조 제1항에서 "대통령령으로 정하는 시설"이란 다음 각 호의 시설을 말한다.
> 제1호 공공청사(2013년 12월 31일까지는 정부가 납입자본금 전액을 출자한 법인의 주된 사무소를 포함한다)
> 제2호 사회복지시설(행정기관 및 「사회복지사업법」에 따른 사회복지법인이 설치하는 사회복지시설을 말한다). 다만, 「사회복지사업법」에 따른 사회복지시설의 경우에는 유료시설을 제외한 시설로서 관할 지방자치단체의 장의 추천을 받은 경우로 한정한다.
> 제3호 「국토의 계획 및 이용에 관한 법률 시행령」 별표 17 제2호 차목에 해당하는 공장. 다만, 해당 도시개발사업으로 이전되는 공장의 소유자가 설치하는 경우로 한정한다)
> 제4호 임대주택
> 제5호 「주택법」 제2조 제3호에 따른 국민주택 규모 이하의 공동주택. 다만, 법 제11조 제1호부터 제4호까지의 규정에 따른 시행자가 국민주택 규모 이하의 공동주택을 건설하려는 자에게 공급하는 경우로 한정한다.
> 제5의2호 「관광진흥법」 제3조 제1항 제2호 가목에 따른 호텔업 시설. 다만, 법 제11조 제1항 제1호부터 제4호까지의 규정에 따른 시행자가 200실 이상의 객실을 갖춘 호텔의 부지로 토지를 공급하는 경우로 한정한다.
> 제6호 그 밖에 「국토의 계획 및 이용에 관한 법률」 제2조 제6호에 따른 기반시설로서 국토교통부령으로 정하는 시설84)

2) 감정가격 고시

감정가격 이하로 조성토지 등을 공급할 수 있는 시설에 대한 공급가격의 기준 등에 관하여 필요한 사항은 국토교통부장관이 정하여 고시한다(영 제58조 제3항).

[도시개발업무지침 : 학교용지 등의 공급가격 기준]

> 5-7-1. 영 제58조 제2항의 규정에 따라 조성토지에 대한 공급을 감정가격 이하로 공급하고자

---

84) 법 시행규칙 제25조 (조성토지 등의 공급가격)
영 제58조 제1항 제6호에서 "그 밖에 「국토의 계획 및 이용에 관한 법률」 제2조 제6호에 따른 기반시설로서 국토교통부령으로 정하는 시설"이란 행정청이 같은 법에 따라 직접 설치하는 다음 각 호의 시설을 말한다.
1. 삭제 [2010. 6.30]
2. 시장
3. 자동차정류장
4. 종합의료시설
5. 방송·통신시설(시행자가 법 제11조 제1호부터 제4호까지의 시행자 중 어느 하나에 해당하는 자인 경우로서 국가가 직접 설치하는 시설로 한정한다)

할 경우 시행자는 실시계획에서 정한 사업기간 내에 조성원가 수준으로 공급할 수 있다. 이 경우 조성원가는 별표 3의 기준에 따라 산정한 공사비조사비설계비보상비 및 기타 비용을 합산한 금액을 말한다.

5-7-2. 5-7-1.의 규정에 불구하고 이주대책에 따라 해당자에게 이주택지 등을 공급하는 경우에는 감정가격에서 도로급수시설배수시설 기타 공공시설 등 해당 지역의 여건에 따라 설치하는 생활기본시설의 설치비를 차감한 가격으로 공급한다.

5-7-3. 5-7-2.의 규정에 따른 생활기본시설의 설치비는 다음 산식에 따라 산정한다.

(1) 이주단지를 별도로 조성하는 경우 :
생활기본시설의 설치비 ÷ 이주단지 가처분면적 × 필지별 면적

(2) 사업지구안의 단독 주택지를 공급하는 경우 :
사업지구 전체 생활기본시설의 설치비 ÷ 사업지구 전체 가처분면적 × 필지별 면적

3) 학교용지 확보 등에 관한 특례법적용 - 용지확보 및 경비부담

도시개발구역내 학교용지 확보에 대하여는 아래에서 설명하는 학교용지 확보 등에 관한 특례법이 우선 적용된다. 따라서 신설되는 학교용지에 대하여는 학교용지 확보 등에 관한 특례법 제4조 제3항 제1호의 규정에 따라 무상으로 공급하여야 된다.[85)]

가) 학교용지의 확보 등

특별시 · 광역시 · 특별자치시 · 도 또는 특별자치도인 개발사업시행자는 제3조(학교용지의 조성 · 개발)에 따른 학교용지를 확보하여 시 · 도 교육비특별회계 소관 공유재산으로 하여야 하며(학교용지확보등에 관한 특례법 제4조 제1항), 시 · 도 외의 개발사업시행자는 제3조에 따른 학교용지를 시 · 도에 공급하고, 시 · 도는 학교용지를 확보하여 시 · 도 교육비특별회계 소관 공유재산으로 하여야 한다(같은 조 제2항).

나) 공급가격 - 무상

국가 또는 지방자치단체, 「공공기관의 운영에 관한 법률」 제4조에 따른 공공기관 , 「지방공기업법」 제5조에 따른 지방직영기업, 지방공기업법」 「제49조에 따른 지방공사, 「지방공기업법」 제76조에 따른 지방공단개발사업시행자 등이 개발사업을 하는 경우에는 학교용지를 무상(「도시 및 주거환경정비법」에 따른 정비사업의 경우 2천가구 규모 이상은 초등학교와 중학교는 학교용지 조성원가의 100분의 50, 고등학교는 학교용지 조성원가의 100분의 70으로 하고, 2천가구 규모 미만인 경우에는 조성원

85) 도시재생과-2273, 2014. 9. 25.

가)으로 공급하여야 한다.

나. 특성화지역 특례

1) 공급가격

제11조 제1항 제1호부터 제4호까지의 시행자는 제1항에서 정한 토지 외에 지역특성화 사업 유치 등 도시개발사업의 활성화를 위하여 필요한 경우에는 대통령령으로 정하는 바에 따라 감정평가한 가격 이하로 공급할 수 있다(법 제27조 제2항).

다. 절 차

시행자는 법 제27조 제2항에 따라 토지를 공급하는 경우에는 실시계획 작성 전에 ⅰ) 토지 공급 목적 및 필요성, ⅱ) 공급 토지 목록, ⅲ) 공급대상자 선정방법 등의 사항에 대하여 해당 지역의 시장·군수·구청장과 협의하여야 한다(영 제58조 제2항).

제3절 환지방식에 따른 도시개발사업의 시행

확지계획 • 행정청이 아닌 시행자 → 특별자치도지사, 시장, 군수, 구청장의 인가
• 원칙 : 종전 토지와 환지의 위치·지목·면적·토질·수리·이용상황·환경 등을 종합적으로 고려하여 합리적으로 정하여야 한다.

예 외 • 토지소유자의 동의 또는 신청에 의한 부지정(임차권자 등의 동의), 직권부지정
• 면적고려 : 증한지, 감환지, 입체환지
• 공공시설용지 : 환지계획작성기준 적용 ×
• 체비지(경비충당목적), 보류지(규약, 정관, 시행규정으로 정하는 목적)

⇩

환지예정지 • 임의적, 임차권자 등 아울러 지정
• 사용, 수익권 이전(종전토지 ➡ 환정예정지)
• 종전토지 사용·수익 금지
• 체비지 ➡ 시행자가 사용, 수익, 처분

• 표지의 설치(시행자)

⇩

환지처분 • 준공검사 후 60일 이내 공고(공고일 다음날 효력발생)
• 권리의 이전(종전토지 ➡ 환지)
• 청산금(분할징수, 교부 가능) - 환지처분시 결정(공고일 다음날 확정)
- 환지처분 공고 후 징수·교수, 다만 환지를 정하지 아니한 토지는 환지처분 전에 교부가능
• 권리의 소멸 : 환지부지정된 종전 토지에 있던 권리는 환지처분 공고일이 끝나는 날 소멸
• 체비지는 시행자, 보류지는 환지계획에서 정한 자가 환지처분 공고일 다음날 취득
• 환지등기(시행자) : 법률규정에 의한 물권변동, 14일 이내 촉탁·신청

1. 환지방식의 정의 및 사업시행자 등

가. 환지방식의 정의 및 성격

1) 환지방식의 정의

환지란 대지로서 효용증진과 공공시설의 정비를 위하여 토지소유자의 동의하에 사업시행 전에 존재하던 권리관계에 변동을 가하지 않고 각 토지의 위치, 지적, 토지이용상황 및 환경 등을 고려하여 사업시행 후의 새로이 조성된 대지에 기존의 권리를 이전하는 행위 즉, 기존토지의 권리를 개발 후 토지에 재분배하는 방식을 말하며, 미개발된 시가지나 농지를 택지로 조성하기 위하여 공공시설의 설치·변경, 토지의 교환·분합, 기타의 구획변경, 지목 또는 형질의 변경 등을 가하는 도시개발사업으로서 환지와 감보를 수반하며, 이에 소요되는 비용은 토지권리자가 분담하게 되며 특별한 경우에는 국가가 일부를 보조할 수 있도록 법에서 규정하고 있다.

[환지개념도]

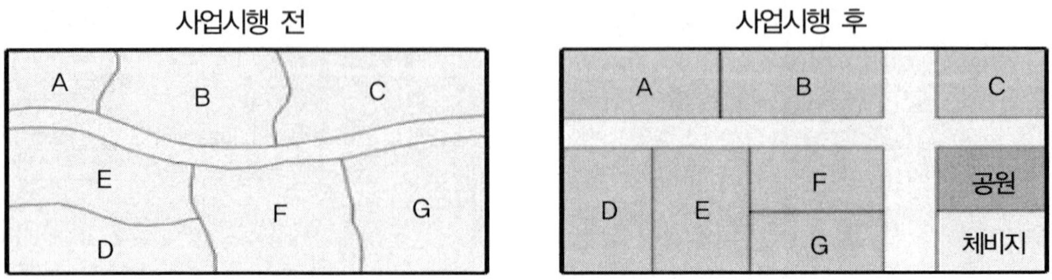

2) 환지방식의 공익사업 여부

도시개발사업은 계획적이고 체계적인 도시개발을 도모하고 쾌적한 도시환경의 조성과 공공복리의 증진에 이바지하는 것을 목적(도시개발법 제1조)으며 하며, 국토의 계획 및 이용에 관한 법률(제2조 제10호)에서는 도시개발법에 따른 도시개발사업을 도시·군관리계획을 시행하기 위한 도시·군계획사업으로 분류하고 있고, 공익사업을 위한 토지 등의 취득 및 보상에 관한 법률(제2조 제2호 및 제4조)에서도 공익사업에 해당하는 사업임을 명백히 하고 있다.

또한, 도시개발사업의 시행자는 도시개발구역의 토지 등을 수용 또는 사용하는 방식이나 환지방식 또는 이를 혼용하는 방식으로 다양하게 시행할 수 있으며(도시개발법 제21조), 환지방식에 있어 시행자는 도시개발구역 내 장애물 등을 이전하거나 제거할 수 있고(같은 법 제38조) 이에 따라 손실을 입은 자가 있으면 시행자가 그 손실을 보상토록 규정하면서 손실보상의 기준(수용, 사용, 재결 등)에 대하여는 공익사업을 위한 토지 등의 취득 및 보상에 관한 법률을 준용하도록 하고 있는 점(같은 법 제65조) 등을 종합적으로 고려할 때, 도시개발사업은 공익사업을 위한 토지 등의 취득 및 보상에 관한 법률 제4조에 의한 공익사업에 해당하며 도시개발사업 시행자 또는 공익사업 시행자로 보아야 할 것이다.[86)]

나. 수용·사용방식과의 차이점

환지방식은 권리의 대상인 토지의 구획·형질에 변경을 가하면서도 원칙적으로 토지의 권리관계에 대하여는 변동을 발생시키지 않는다는 점에서 토지에 대한 권리의 보상·변경을 발생시키는 수용·사용방식과는 근본적으로 차이를 갖고 있다.

[수용사용방식과 환지방식의 차이점]

구 분	사업시행방식	
	환지방식	수용 또는 사용방식
장 점	• 주민의 토지소유욕을 보장함으로써 재산권 보장의 용이 및 원주민의 재정착률을 향상 • 민간의 적극적 참여 • 체비지 매각을 통한 사업비확보로 사업수행이 용이	• 사업시행의 용이성 계획수립의 독립성 확보 용이(시행자가 전체토지의 소유주) • 사업기간 단축

86) 도시재생과-1212, 2013. 9. 5.

단 점	• 민간사업(조합설립) • 사업기간의 장기화 • 행정절차 기간소요(협의. 인·허가 기간 소요)	• 토지소유자의 재산권 침해 가능성 높음(토지수용시 실거래가 기준이 아닌 공시지가 기준) • 토지소유자들의 집단민원 발생우려 • 사업대상지가 기 조성된 시가지 이거나 중심지일 경우 토지보상에 막대한 재원 필요
기 준	• 토지면적의 2/3 이상 • 토지소유자 1/2 이상의 동의 필요	사업대상토지의 2/3 이상 매입 후 수용

다. 환지방식 개발사업의 특징87)

1) 관련 권리자의 입장

환지방식 개발사업은 원칙적으로 기존 소유주의 토지에 대한 권리를 인정하면서 시행되므로 지구 내 토지소유자는 토지를 수용 당하거나 떠나야하는 문제는 없다. 또한 환지방식에 의해 토지를 정리함으로써 도로계획에 걸린 토지소유자들도 사업지구 밖으로 퇴거되는 경우는 원칙적으로 없으며 새로이 환지된 토지에서 택지를 마련하게 된다. 권리자는 소유하고 있는 토지가 환지됨으로써 발생되는 이익과 면적 등에 비례하여 토지의 일부를 내놓음으로써 사업에 필요한 비용을 비교적 공평하게 분담한다.

2) 사업시행자의 입장

환지방식 개발사업은 환지방식에 의해 시행되기 때문에 토지를 매입할 필요가 없으므로 그 만큼 비용이 줄어든다. 뿐만 아니라 공공시설, 공원, 도로 등을 확보하는 데 소요되는 비용도 없으며 경우에 따라서는 사업에 소요되는 비용의 전부를 토지소유자들에게 부담시킬 수 있다.

3) 공공시설 관리자의 입장

환지방식 개발사업을 통해서 필요한 공공용지를 무상으로 확보할 수 있으며 공공용지의 위치도 주민들이 이용하기에 편리한 장소에 마련할 수 있다.

87) 대한국토 · 도시계획학회, 앞의 책, 317~318면.

라. 사업시행자

1) 전부 환지방식의 시행자

가) 원칙 : 토지소유자 또는 조합

도시개발구역의 전부를 환지방식을 시행하는 경우에는 토지소유자 또는 조합을 시행자로 지정한다. 여기서 도시개발구역의 토지 소유자란, 「공유수면 관리 및 매립에 관한 법률」 제28조에 따라 면허를 받은 자를 해당 공유수면을 소유한 자로 보고 그 공유수면을 토지로 보며, 제21조에 따른 수용 또는 사용방식의 경우에는 도시개발구역의 국공유지를 제외한 토지면적의 3분의 2 이상을 소유한 자를 말한다(법 제11조 제1항 단서, 제1항 제7호). 또한, 여기서 조합이란 도시개발구역의 토지 소유자가 도시개발을 위하여 설립한 조합(도시개발사업의 전부를 환지방식으로 시행하는 경우에만 해당하며, 이하 "조합"이라 한다)을 말한다(제6호).

나) 예외 : 지방자치단체 등의 지정

지정권자는 위 가)항서에도 불구하고 다음 각 호의 어느 하나에 해당하는 사유가 있으면 지방자치단체나 대통령령으로 정하는 자(이하 "지방자치단체등"이라 한다)를 시행자로 지정할 수 있다. 이 경우 도시개발사업을 시행하는 자가 시·도지사 또는 대도시 시장인 경우 국토교통부장관이 지정한다(법 제11조 제2항). 여기서 대통령령으로 정하는 자란, 한국토지주택공사, 「지방공기업법」에 따른 지방공사(이하 "지방공사"라 한다)와 제18조 제5항 제2호에 해당하는 자를 말한다(영 제20조 제1항).

제1호 토지 소유자나 조합이 대통령령으로 정하는 기간에 시행자 지정을 신청하지 아니한 경우 또는 지정권자가 신청된 내용이 위법하거나 부당하다고 인정한 경우, 여기서 "대통령령으로 정하는 기간"이란 법 제9조 제1항에 따른 개발계획의 수립·고시일부터 1년 이내를 말한다. 다만, 지정권자가 시행자 지정 신청기간의 연장이 불가피하다고 인정하여 6개월의 범위에서 연장한 경우에는 그 연장된 기간을 말한다(영 제20조 제2항).

제2호 지방자치단체의 장이 집행하는 공공시설에 관한 사업과 병행하여 시행할 필요가 있다고 인정한 경우

제3호 도시개발구역의 국공유지를 제외한 토지면적의 2분의 1 이상에 해당하는 토지 소유자 및 토지 소유자 총수의 2분의 1 이상이 지방자치단체 등의 시행에 동의한 경우

2) 시행자 변경

지정권자는 다음 각 호의 어느 하나에 해당하는 경우에는 시행자를 변경할 수 있다(법 제11조 제8항).

제1호 도시개발사업에 관한 실시계획의 인가를 받은 후 2년 이내에 사업을 착수하지 아니하는 경우
제2호 행정처분으로 시행자의 지정이나 실시계획의 인가가 취소된 경우
제3호 시행자의 부도 · 파산, 그 밖에 이와 유사한 사유로 도시개발사업의 목적을 달성하기 어렵다고 인정되는 경우
제4호 제1항 단서에 따라 시행자로 지정된 자가 대통령령으로 정하는 기간에 도시개발사업에 관한 실시계획의 인가를 신청하지 아니하는 경우

3) 규약 또는 시행규정의 작성

가) 규약의 작성 - 민간부분 시행자

지정권자는 토지 소유자 2인 이상이 도시개발사업을 시행하려고 할 때 또는 토지 소유자가 같은 항 제7호부터 제10호까지의 규정에 해당하는 자(수도권 외의 지역으로 이전하는 법인, 등록사업자, 토목공사업 또는 토목건축공사업의 면허를 받은 등 개발계획에 적합하게 도시개발사업을 시행할 능력이 있다고 인정되는 자, 등록한 부동산개발업자, 자기관리부동산투자회사, 위탁관리부동산투자회사와) 공동으로 도시개발사업을 시행하려고 할 때에는 대통령령으로 정하는 바에 따라 도시개발사업에 관한 규약을 정하게 할 수 있다(법 제11조 제3항).

도시개발법 시행령

제21조 (도시개발사업의 규약) 법 제11조 제3항에 따라 공동으로 도시개발사업을 시행하려는 자가 정하는 규약에는 다음 각 호의 사항이 포함되어야 한다. 다만, 제12호 · 제14호 · 제16호 및 제18호는 환지방식으로 도시개발사업을 시행하는 경우에만 해당한다.
1. 사업의 명칭
2. 사업의 목적
3. 도시개발구역의 위치 및 면적
4. 사업의 시행기간
5. 사업의 범위
6. 주된 사무소의 소재지

7. 임원을 정할 경우에는 그 자격 · 수 · 임기 · 직무 및 선임방법
8. 회의에 관한 사항
9. 비용부담
10. 회계 및 계약
11. 공고의 방법
12. 토지평가협의회의 구성 및 운영
13. 토지등의 가액의 평가방법
14. 환지계획 및 환지예정지의 지정
15. 토지등의 관리 및 처분
16. 보류지 및 체비지의 관리 · 처분
17. 공공시설용지의 부담
18. 청산(淸算)
19. 토지에 대한 소유권의 변동 등 시행자에게 통보하여야 할 사항
20. 그 밖에 국토교통부령으로 정하는

나) 시행규정의 작성(공공부분 시행자)

지방자치단체 등이 도시개발사업의 전부를 환지방식으로 시행하려고 할 때와 국가 또는 지방자치단체, 공공기관, 정부출연기관, 지방공사 또는 공동출자법인(국가 또는 지방자치단체, 공공기관, 정부출연기관, 지방공사 100분의 50을 초과하여 출자한 경우로 한정한다)에 해당하는 자가 도시개발사업의 일부를 환지방식으로 시행하려고 할 때에는 대통령령으로 정하는 바에 따라 시행규정을 작성하여야 한다. 이 경우 제1항 제2호부터 제4호까지의 시행자는 대통령령으로 정하는 기준에 따라 사업관리에 필요한 비용의 책정에 관한 사항을 시행규정에 포함할 수 있다(법 제11조 제4항).

2. 환지계획

환지계획수립 ⇒ 환지계획공고 ⇒ 동의서 징구 ⇒ 이의신청 ⇒ 환지심 의위원회의 심의 ⇒ 시장 · 도지사의 적부결정 ⇒ 인가신청 ⇒ 시장 · 도지사의 승인 ⇒ 환지처분 고시 · 통지 ⇒ 환지등기 · 청산

가. 환지계획의 정의 등

1) 환지계획의 정의

환지계획이란 사업시행지구내의 토지에 관한 환지처분을 행하기 위한 계획으로서, 시행자(지정권자 제외)가 이를 정하고자 할 때에는 지정권자의 인가를 받아야 한다. 환지계획은 사업계획에 의해 정해진 공공시설의 배치에 맞추어 개개의 대지를 어떻게 재배치 할 것인가를 정하는 청사진이자 환지처분에 의해 발생하는 관계 권리자 상호간의 불균형을 시정하기 위한 청산금의 징수 · 교부계획이다.[88)]

2) 환지계획의 처분성 - 행정계획

항고소송의 대상이 되는 행정청의 처분이라 함은 원칙적으로 행정청의 공법상의 행위로서 특정사항에 대하여 법규에 의한 권리의 설정 또는 의무의 부담을 명하거나 기타 법률상의 효과를 직접 발생하게 하는 등 국민의 권리의무에 직접 관계가 있는 행위를 말하므로, 행정청의 내부적인 의사결정 등과 같이 상대방 또는 관계자들의 법률상 지위에 직접적인 법률적 변동을 일으키지 아니하는 행위는 그에 해당하지 아니한다. 따라서 토지구획정리사업법 제57조, 제62조 등의 규정상 환지예정지 지정이나 환지처분은 그에 의하여 직접 토지소유자 등의 권리의무가 변동되므로 이를 항고소송의 대상이 되는 처분이라고 볼 수 있으나, 환지계획은 위와 같은 환지예정지 지정이나 환지처분의 근거가 될 뿐 그 자체가 직접 토지소유자 등의 법률상의 지위를 변동시키거나 또는 환지예정지 지정이나 환지처분과는 다른 고유한 법률효과를 수반하는 것이 아니어서 이를 항고소송의 대상이 되는 처분에 해당한다고 할 수가 없다.[89)]

환지계획이 항고소송의 대상이 되는 행정처분인지 여부(대법원 1999. 8. 20. 선고 97누6889 판결)
항고소송의 대상이 되는 행정청의 처분이라 함은 원칙적으로 행정청의 공법상의 행위로서 특정사항에 대하여 법규에 의한 권리의 설정 또는 의무의 부담을 명하거나 기타 법률상의 효과를 직접 발생하게 하는 등 국민의 권리의무에 직접 관계가 있는 행위를 말하므로, 행정청의 내부적인 의사결정 등과 같이 상대방 또는 관계자들의 법률상 지위에 직접적인 법률적 변동을 일으키지 아니하는 행위는 그에 해당하지 아니한다. 따라서 토지구획정리사업법 제57조, 제62조 등의 규정상 환지예정지 지정이나 환지처분은 그에 의하여 직접 토지소유자 등의 권리의무가 변동되므로

88) 대한국토 · 도시계획학회, 앞의 책, 137면.
89) 대법원 1999. 8. 20. 선고 97누6889 판결.

> 이를 항고소송의 대상이 되는 처분이라고 볼 수 있으나, 환지계획은 위와 같은 환지예정지 지정이나 환지처분의 근거가 될 뿐 그 자체가 직접 토지소유자 등의 법률상의 지위를 변동시키거나 또는 환지예정지 지정이나 환지처분과는 다른 고유한 법률효과를 수반하는 것이 아니어서 이를 항고소송의 대상이 되는 처분에 해당한다고 할 수가 없다.

나. 환지계획의 작성 등

1) 환지계획의 작성

시행자는 도시개발사업의 전부 또는 일부를 환지방식으로 시행하려면 다음의 사항이 포함된 환지계획을 작성하여야 하며(법 제28조 제1항), 환지계획은 종전의 토지와 환지의 위치 · 지목 · 면적 · 토질 · 수리(水利) · 이용 상황 · 환경, 그 밖의 사항을 종합적으로 고려하여 합리적으로 정하여야 한다(같은 조 제2항). 이 경우 환지계획의 작성에 따른 환지계획의 기준, 보류지(체비지 · 공공시설 용지)의 책정 기준 등에 관하여 필요한 사항은 국토교통부령으로 정할 수 있다(같은 조 제5항).

또한, 환지계획을 수립할 경우에는 법 제28조제1항에서 정하는 사항을 반드시 정하여야 하며 특히 동조 동항 제3호의 필지별과 권리별로 된 청산대상 토지명세를 작성함에 있어서는 법 제30조 및 제31조의 규정에 따른 불환지 토지라도 권리면적은 정하여야 하고 체비지 명세를 작성함에 있어서는 4-7-1.의 규정에 따른 토지명세도 같이 작성하여야 한다(도시개발업무지침 4-1-5).

[도시개발업무지침 : 환지계획]

> 2-8-14-1. 토지의 수용사용 및 환지에 관한 계획은 다음의 사항을 고려하여 수립한다.
> (1) 관련 자료의 구축 및 토지의 평가 등은 정확성과 신뢰성을 확보한다.
> (2) 사업의 수익측면 뿐만 아니라 형평성도 함께 고려하도록 한다.
>
> 2-8-14-2. 토지의 수용사용 및 환지에 관한 계획은 다음의 기준에 따라 작성한다.
> (1) 수용 또는 사용의 방식은 토지세목별 현황 및 지장물 현황을, 환지방식에서는 개략적인 환지계획 및 평균부담률을 반드시 포함하도록 한다.
> (2) 토지세목별 현황 및 지장물 현황은 관계법령이 정하는 바에 의해 분류하여 객관성과 합리성이 확보되도록 조사하고, 조사된 현황자료는 자료 관리 및 활용을 용이하게 한다.
> (3) 사업시행방식(수용 및 사용, 환지방법)의 결정은 토지 등의 취득방법의 타당성, 이해관계자의 의견 및 사업시행효과 등을 충분히 검토하여 정한다.

(4) 존치하는 건축물 및 공작물의 처리계획은 존치의 필요성, 존치로 인한 사업시행상의 문제 및 고려사항, 존치 건축물 및 공작물의 활용방안 등을 검토하여야 한다.

2-8-14-3. 도시개발사업의 시행에 필요한 이주대책의 내용과 방법은 「토지수용법」 등이 정하는 범위 내에서 사업시행자가 따로 정하여 시행한다. 다만, 도시개발구역 지정권자가 투기억제를 위하여 필요 하다고 인정되는 때에는 이주대책기준일을 별도로 정하여 공고할 수 있다.

2-8-14-4. 법 제5조 제1항 제14호의 규정에 따른 수용 또는 사용의 대상이 되는 토지건축물 또는 토지에 정착한 물건과 이에 관한 소유권외의 권리, 광업권, 어업권, 물의 사용에 관한 관리의 세목 고시를 할 때에는 법 제11조 제1항에 따라 시행자를 지정하여야 한다.

가) 환지 설계

법 시행규칙 제26조 (환지계획에 포함되어야 하는 내용)

① 법 제28조 제1항 제1호에 따른 환지설계(이하 "환지설계"라 한다)에는 축척 1천2백분의 1 이상의 환지예정지도, 환지전후대비도, 과부족면적표시도 및 환지전후 평가단가 표시도가 첨부되어야 한다.

나) 필지별로 된 환지 명세

다) 필지별과 권리별로 된 청산 대상 토지 명세

법 시행규칙 제26조 (환지계획에 포함되어야 하는 내용)

② 시행자는 법 제28조 제1항 제3호에 따른 청산 대상 토지 명세를 작성할 때에는 법 제30조 및 법 제31조에 따라 환지대상에서 제외하는 토지에 대하여도 영 제62조 제1항 후단에 따른 권리면적(이하 "권리면적"이라 한다)을 정하여야 한다.

라) 제34조에 따른 체비지(替費地) 또는 보류지(保留地)의 명세

마) 제32조에 따른 입체환지를 계획하는 경우에는 입체환지용 건축물의 명세와 제32조의 3에 따른 공급 방법·규모에 관한 사항

바) 그 밖에 국토교통부령으로 정하는 사항

법 시행규칙 제26조 (환지계획에 포함되어야 하는 내용)

③ 법 제28조 제1항 제6호에서 "국토교통부령으로 정하는 사항"이란 다음 각 호의 사항을

말한다.
제1호 수입 · 지출 계획서
제2호 평균부담률 및 비례율과 그 계산서(제27조 제3항에 따라 평가식으로 환지 설계를 하는 경우로 한정한다)
제3호 건축 계획(입체환지를 시행하는 경우로 한정한다)
제4호 법 제28조 제3항에 따른 토지평가협의회 심의 결과

2) 조성토지 등의 가격 평가

시행자는 환지방식이 적용되는 도시개발구역에 있는 조성토지 등의 가격을 평가할 때에는 토지평가협의회의 심의를 거쳐 결정하되, 그에 앞서 대통령령으로 정하는 공인평가기관이 평가하게 하여야 하며(법 제28조 제3항), 이에 따른 토지평가협의회의 구성 및 운영 등에 필요한 사항은 해당 규약 · 정관 또는 시행규정으로 정한다(같은 조 제4항).

토지구획정리사업시행자가 토지평가협의회의 심의를 거치지 않고 결정한 토지 등의 가격평가나 이에 터잡은 환지예정지 지정처분의 적부(대법원 1990. 2. 27. 선고 89누1346 판결)

토지구획정리사업의 시행자가 시행지역 안의 토지 등의 가격을 평가하고자 할 때에는 반드시 공인평가기관의 평가와 토지평가협의회의 심의를 거쳐서 결정하여야 하는 것이고 특별한 사정이 없는 한 이와 같은 심의를 거치지 아니하고 결정한 토지 등의 가격평가나 이에 터잡은 환지예정지 지정처분은 그 절차에 하자가 있는 것으로서 위법한 것이라고 보아야 할 것이다.

환지예정지지정처분을 함에 있어, 토지평가협의회의 심의를 거치지 아니하고 결정된 토지 등의 가격평가에 터잡음으로써 그 절차에 하자가 있다는 사유만으로 위 처분을 취소하는 것이 현저히 공공복리에 적합하지 아니하다고 보이므로 사정판결을 할 사유가 있는지 여부(대법원 1992. 2. 14. 선고 90누9032 판결)

환지예정지지정처분의 기초가 된 가격평가의 내용이 일응 적정한 것으로 보일 뿐만 아니라 환지계획으로 인한 환지예정지지정처분을 받은 이해관계인들 중 원고를 제외하고는 아무도 위 처분에 관하여 불복하지 않고 있으므로 원고에 대한 환지예정지지정처분을 위법하다 하여 이를 취소하고 새로운 환지예정지를 지정하기 위하여 환지계획을 변경할 경우 위 처분에 불복하지 않고 기왕의 처분에 의하여 이미 사실관계를 형성하여 온 다수의 다른 이해관계인들에 대한 환지예정지지정처분까지도 변경되어 기존의 사실관계가 뒤엎어지고 새로운 사실관계가 형성되어 혼란이 생길 수도 있게 되는 반면 위 처분으로 원고는 이렇다 할 손해를 입었다고 볼 만한 사정도 엿보이지 않고 가사 손해를 입었다 할지라도 청산금보상 등으로 전보될 수 있는 점 등에 비추어 보면 위 처분이 토지평가협의회의 심의를 거치지 아니하고 결정된 토지 등의 가격평가에 터잡은

> 것으로 그 절차에 하자가 있다는 사유만으로 이를 취소하는 것은 현저히 공공복리에 적합하지 아니하다고 보여 사정판결을 할 사유가 있다.

다. 법령개정에 따른 정관변경 후 환지계획 수립

도시개발법 시행령 제29조 제1항 제17호에 따라 정관에는 환지계획 등에 대한 사항이 포함되어야 하므로 정관으로 환지계획에 대한 사항을 시행규칙 개정 이전에 정하였으나 시행규칙 개정 이후에 최초로 환지계획을 작성하게 되어 정관에서 환지계획에 대해 정한 사항과 개정 시행규칙에서 정한 사항 간에 상충이 발생하는 경우에는 정관을 변경한 이후 개정 시행규칙에 따라 환지계획을 작성하여야 한다.[90]

3. 환지설계

가. 의 의

환지설계는 사업시행자가 후에 이루어지는 환지예정지 지정처분이나 환지처분을 시행하기 위해 필수적으로 거쳐하는 단계로서, 구획정리방식의 개발에서 환지교부 이전의 계획을 말한다. 즉, 도시개발사업 전의 토지와 환지면적의 평가액을 균형 있게 산정한 후 종전토지의 위치, 형상, 이용 상황, 환경 등을 종합적으로 감안하여 토지를 바꾸어 주는 것을 말한다. 이때 환지계획기준이 되는 종전 토지면적을 기준면적이라고 하는데, 이는 토지대장상의 면적이나 임야대장상의 면적으로 정하여지는 것이 실무례이다.

나. 환지설계의 방법

일반적으로 환지설계의 방식에는 도시새발사업의 시행전후의 토지의 평가액에 비례하여 환지를 결정하는 평가식, 도시개발사업시행 전의 토지의 면적 및 위치를 기준으로 하는 면적식 등의 방식이 있는데, 이중 평가식을 원칙으로 적용한다(법 시행규칙 제27조 제3항).

90) 도시재생과 - 909, 2012. 5. 22.

[환지설계의 방법 비교표]

구 분	평가식	면적식
방 법	정리 전·후 토지평가를 하여 토지이용증진율에 따라 환지하는 방법	부담면적을 연도부담과 공통부담으로 분류한 후 공통부담을 공공용지부담과 비용부담(체비지 면적)으로 분류하여 시행하는 환지방식
장 점	• 계산방법이 이론적임 • 개발이익의 균등배분 • 부당한 개발이익 방지 • 비환지시 적용 용이	• 계산방법이 간단 • 지구전체의 환지예상 용이 • 제자리환지 용이
단 점	• 계산이 복잡해서 환지계산에 많은 시간 소요 • 토지이용계획에 의한 평가(지가 변화폭이 큼)	• 지가의 격차가 심한 지구의 경우 부담의 불균형 초래 • 불가피한 비환지가 많은 지구는 환지의 위치 불균형 초래
혼용 가부	도시개발법 시행규칙 제27조 제3항 및 부칙에 의거 이 규칙 시행(2012. 4. 12.) 이후 환지계획을 작성하는 경우에 하나의 환지계획구역에서는 같은 방식을 적용하도록 하고 있다. 따라서 두 방식의 혼용은 불가하다.[91]	

1) 평가식 환지설계

가) 평가식 환지설계의 정의

평가식 환지설계는 도시개발사업 시행 전·후의 토지의 평가액에 비례하여 환지를 결정하는 평가방식이다.

나) 평가식 환지설계의 장단점

이는 계산방법이 비교적 이론적이며 이해하기 용이하다는 점, 평가와 환지할당 과정에서 최대한 주관성을 배제하고 토지의 가치에 따라 감보율이 결정되므로 비환지(이동환지)에 대한 적용이 용이하다는 점, 부당이득이 방지된다는 점, 계획적인 환지설계가 가능하다는 점, 기존의 조성시가지의 주거환경개선사업이나 재개발사업에 적용하는데 편리하다는 점 등의 장점이 있다.

반면, 평가방식이 번거롭고 많은 시간을 필요로 하며, 전통적 토지구획정리사업과 같이 토지이용증진율이 비교적 높은 지역과 단가의 격차가 큰 지구에는 적합하지 않다는 등의 단점이 있다.

91) 법 시행규칙이 2012. 3. 30. 개정되기 전에는 평가식과 면적식을 혼합하는 방식인 절충식이 있었으나, 입체환지 등 도입으로 인하여 절충식은 삭제되었다.

다) 환지설계의 원칙

환지계획수립을 위한 환지설계는 다음의 원칙에 따른다(도시개발업무지침 4-1-4).

(1) 환지단가

① 평면환지단가 : 평면환지로 공급되는 종후 토지의 평가액 / 환지면적

② 입체환지단가 : 입체환지로 공급되는 종후 구분건축물의 평가액 / 환지면적

(2) 환지면적 : 종후 토지의 면적(입체환지인 경우에는 종후 구분건축물의 전유부분 면적을 말한다)

(3) 권리면적

① 평면환지 : 권리가액/평면환지단가

② 입체환지 : 권리가액/입체환지단가

(4) 청산금 : (환지면적 - 권리면적) × 청산단가(환지처분 시점을 기준으로 재평가한 환지단가를 말한다)

(5) 정리 전 가격은 실시계획인가시점(도시개발사업으로 인한 도시·군관리계획 결정, 변경결정 등을 반영하지 않은 사업 이전 상태)을 기준으로 하고 정리 후 가격은 환지처분시점을 기준으로 하여 정하되, 평가시기는 환지계획 수립 전에 하여야 한다.

라) 토지 평가시기

정리 전 가격은 실시계획인가시점(도시개발사업으로 인한 도시관리계획 결정, 변경결정 등을 반영하지 않은 사업 이전 상태)을 기준으로 하고 정리 후 가격은 환지처분시점을 기준으로 하여 정하되, 평가시기는 환지계획 수립 전에 하여야 한다(도시개발업무지침 4-1-4).

마) 토지의 감정평가방법

조성토지 등의 공급가격은 「부동산 가격공시 및 감정평가에 관한 법률」의 규정에 따라 설립인가를 받은 감정평가법인 또는 사무소개설등록을 한 감정평가사가 감정평가한 가격(이하 "감정가격"이라 한다)을 기준으로 결정한다. 다만, 환지방식의 경우에는 감정평가법인 또는 사무소개설등록을 한 2 이상의 감정평가사가 감정평가한 가격의 산술 평균한 가격을 기준으로 정할 수 있다.

도시계획구역 내에 있는 지가산정 대상토지에 대한 표준지 선정 방법 및 지방자치단체가 토지구획정리사업의 시행을 위한 환지계획을 수립함에 있어 평가식 환지방식을 채택한 경우, 단순 감보율의 비교만으로 환지예정지지정처분의 위법성을 판단하는 기준으로 삼을 수 있는지 여부(대법원 2002. 4. 12. 선고 2000두5982 판결)

도시계획상 용도지역이 같은지 여부는 토지의 자연적 · 사회적 조건의 동일 또는 유사성 여부를 판단하는 중요한 요소의 하나이므로, 도시계획구역 내에 있는 지가산정 대상토지에 대하여 용도지역이 같은 일반주거지역 내에서 비교표준지를 선정함이 상당하나, 반드시 당해 토지와 용도지역이 같은 토지만을 표준지로 삼아야 한다든가 용도지역이 같은 표준지는 다른 요소를 고려함이 없이 용도지역이 다른 표준지에 우선하여 그 표준지로 선정하여야 하는 것은 아니며, 평가대상토지 주위에 달리 적절한 표준지가 없는 이상, 표준지가 수용대상토지와 상당히 떨어져 있다는 것만으로는 그 표준지 선정이 위법하다고 할 수 없다. 따라서 지방자치단체가 토지구획정리사업의 시행을 위한 환지계획을 수립함에 있어 평가식 환지방식을 채택한 경우, 면적식 환지방식과는 달리 종전 토지의 평가액이 동일하다 하더라도 비환지되는 위치 · 면적 등에 따라 감보율이 달라질 수 있는 이상, 단순 감보율의 비교만으로 환지예정지지정처분의 위법성을 판단하는 기준으로 삼을 수 없다.

[도시개발업무지침 : 감정평가]

5-4-1. 조성토지 등의 공급가격은 「부동산 가격공시 및 감정평가에 관한 법률」의 규정에 따라 설립인가를 받은 감정평가법인 또는 사무소개설등록을 한 감정평가사가 감정평가한 가격(이하 "감정가격"이라 한다)을 기준으로 결정한다. 다만, 환지방식의 경우에는 감정평가법인 또는 사무소개설등록을 한 2 이상의 감정평가사가 감정평가한 가격의 산술 평균한 가격을 기준으로 정할 수 있다.

5-4-2. 개발된 조성토지 등을 경쟁입찰의 방법 또는 추첨의 방법으로 공급하고자 하는 때에는 그 입찰일 또는 추첨일로부터 10일 이전에 이를 공고하여야 한다. 다만, 긴급을 요하거나 재공고 하는 경우에는 5일 이전에 공고할 수 있다.

5-4-3. 경쟁입찰의 방법에 따라 조성토지 등을 공급하는 경우에는 이를 공개하여 실시한다.

5-4-4. 입찰은 1인의 입찰로서도 성립한다.

5-4-5. 입찰은 매입신청자 전원이 동시에 실시함을 원칙으로 한다.

5-4-6. 낙찰자가 없을 때에는 입찰장소에서 회수의 제한 없이 재입찰을 할 수 있다.

5-4-7. 낙찰해당금액과 동가의 입찰자가 2인 이상인 경우에는 즉시 추첨으로 그 낙찰자를 정한다.

5-4-8. 개찰은 공개하여 이를 행한다.

바) 평균토지부담률

(1) 평균토지부담률의 한계

환지계획구역의 평균 토지부담률은 50퍼센트를 초과할 수 없다. 다만, 해당 환지계획구역의 특성을 고려하여 지정권자가 인정하는 경우에는 60퍼센트까지로 할 수 있으며, 환지계획구역 안의 토지소유자 2/3 이상이 동의하는 경우에는 60퍼센트를 초과하여 정할 수 있다(법 시행규칙 제29조 제2항).

(2) 계 산 식

법 제29조 제2항에 따른 환지계획구역의 평균 토지부담률은 다음의 계산식에 따라 산정한다(같은 조 제2항).

평균 토지부담률

=[(보류지 면적－제27조 제5항 각 호에 해당하는 토지의 면적)/

(환지계획구역 면적－제27조 제5항 각 호에 해당하는 토지의 면적)] × 100

[평가식환지 공고 사례]

화성남양지구 도시개발사업 환지계획 공고

화성시 공고 제2006-1075호

경기도 고시 제2004-429(2005. 1.10.)호로 실시계획인가를 득한 화성남양지구 도시개발사업지구에 대하여 환지계획을 정하고자 도시개발법 제28조 제3항 및 같은 법 시행령 제51조 규정에 의하여 다음과 같이 공고합니다.

2006년 5월 25일

화 성 시 장

1. 사업명 : 화성 남양지구 도시개발사업
2. 위치 : 경기도 화성시 남양도 산 121-1 번지 일원
3. 사업시행자 : 화성시장
4. 시행방식 : 평가식 환지
5. 사업면적 : 678.691㎡(205,385평) – 환지구역 : 599,826㎡(181,447평)

- 수용구역 : 79,135㎡(23,938평)

6. 공람기간 : 2006. 5.25. ~ 2006. 6.15.(14일간 공유일 제외)
7. 공람장소 : 화성시 남양지구 도시개발사업지구 내 현장사무실
8. 관계서류는 남양지구 도시개발사업지구 현장사무실에 비치하고 있으며 환지계획에 의견이 있으신 분은 위 기간 내에 서면으로 의견서를 제출하여 주시기 바라오며, 개별통지를 받지 못하신 분은 본 공고로 갈음합니다.
9. 문의사항이 있는 경우 화성시청 건설도시과 박○○(369-2671)로 연락주시면 친절히 답변드리겠습니다.

2) 면적식 환지설계

가) 면적식 환지설계의 개념

면적식이란 부담면적을 연도부담(환지위치에 접해있는 도로의 폭원에 따라 일정하게 부담(전면부담, 측면부담, 배면부담)하는 부분)과 공통부담(정리 전 토지의 이용상황·지목 등을 여러 등급으로 분류하여 급지별 차등감보를 하게 되는데, 공원, 녹지, 연도부담 면적 외의 도로면적, 체비지 면적 등을 정리 전 토지의 급지부담률에 따라 일정하게 부담(공공시설 용지부담, 보류지 부담)하는 부분)으로 분류한 후 공통부담 공공용지부담과 비용부담(체비지면적)으로 분류하여 시행하는 방식으로서, 평가식이 토지가격을 환지수단으로 하는데 대하여 면적식은 전설한 바와 같이 토지면적 및 위치 그 자체를 환지수단으로 하다는 점이서 양자의 근본적인 차이가 있다.

나) 면적식 환지설계의 장단점

면적식의 장점은 미리 결정해둔 설계계획에 따라 작업을 진행하게 되므로 환지설계가 평가식보다 비교적 간편하며, 또한 비교적 짧은 시간 내에 작업을 완료할 수 있고, 전체지구에 대한 환지할당상태를 쉽게 예상할 수 있어 환지 및 체비지의 배치 등을 일관성 있게 할 수 있으며, 기존 건물이 적은 농경지에 유리하다는 점이다. 반면, 공용용지 등의 부담방법이 접면도로의 폭원에 따라서만 변화(같은 폭의 도로라도 도로 위치에 따라 큰 가격차가 발생하게 됨)하게 한 것은 실제 토지가격이 도로 이외 수많은 요소들에 의하여 결정된다는 점에서 연도부담을 완벽하게 조정하기가 어렵다는 점 및 지가의 격차가 심한 지구의 경우 부담의 불균형이 초래할 수 있고, 불가피한 비환지가 많은 지구는 환지의 위치에 불균형을 초래할 수 있다는 등의 단점이 있다.

다) 공공감보면적

도시개발사업이 시행되는 토지에 있어서는 종전의 토지면적 보다도 환지처분 후의 토지면적이 감소하는 것이 보통이다. 이는 도시개발사업의 시행에 의하여 도로 · 공원 등 새로운 공공시설과 보유지(또는 체비지)가 생기가 때문이다. 이때 새로운 공공시설이 생김으로써 감소하는 토지면적을 공공감보라 한다. 위 가)에서 언급한 바와 같이 연도감보와 공통감보로 구분된다.

(1) 연도감보

(가) 개 념

정리 후 환지위치에 접해있는 도로의 폭원에 따라 그 토지의 기준면적에서 일정하게 감보하여 부담(전면부담, 측면부담, 배면부담)하는 면적을 말한다.

(나) 종 류

① 전면부담 : 도로가 전면에만 있는 경우의 부담을 지칭한다.
② 측면부담 : 도로가 전면과 측면에 있는 경우의 부담을 지칭한다.
③ 배면부담 : 도로가 전면, 측면, 후면에 있는 경우의 부담을 지칭한다.

(2) 공통감보

연도부담에서 제외되 도로면적과 새로이 만들어지거나 확장되는 공원, 하천, 시장, 학교용지 및 유보지에 충당되어질 감보면적에 대해 공동으로 부담하는 것을 공통감보(또는 공통부담)라고 한다. 공통감보는 환지기준면적에 정비례해서 감보하는 것이 원칙이나 다른 특별한 요소를 가미해서 특정택지에 대하여 감보율을 조정하여 적용하는 경우도 있다.

• 공공시설 용지부담 : 공공시설용지(도로 · 공원 · 광장 · 구거 · 녹지 등)에 충당
• 보류지부담 : 체지비 · 주차장 및 학교용지 등에 충당

[여주군 도시계획 토지구획정리사업지구 공공용지부담규칙]

여주군도시계획토지구획정리사업지구공공용지부담규칙(1982. 5.31 **규칙 제345호**)

제1조 (목적) 여주군 도시계획 토지구획정리사업 시행 조례 제20조 및 여주군도시계획 토지구획사업지구 내 환지 및 토지가격 산출 규칙 제17조 규정에 의한 공공용지 부담에 관한 사항을 규정함을 목적으로 한다.

제2조 (공통부담) 도로(각각 전체의 토지 포함), 광장, 공원, 주거, 녹지, 체비지, 기타의 공공의 용에

공하는 토지로서 제3조 규정에 의하여 그 인접지에서 부담하는 토지 이외의 토지는 지구 내 일반지 토지 각필의 공동 부담으로 하되, 그 부담방법은 토지 각필의 면적, 공사비, 기타 사업비 등을 감안하여 등차별(급지별)로 부담하여 토지 급지별 조사, 분류 기준은 다음 각 호와 같다.

1. A급지------- 공공용지(무감보)
2. B급지------- 인가당시 건물의 부지
3. C급지------- 1미터 미만 성토 및 절토하는 토지
4. D급지------- 1미터 이상 2미터 미만 성토 및 절토하는 토지
5. E급지------- 2미터 이상 성토 및 절토하는 토지
6. F급지------- 도로, 하천, 주거 등 개인사유지(평가 비례 식환지)

제3조 (연도부담) 도로 및 광장의 사용에 공하는 토지는 그 전부 또는 일부를 이에 접한 토지 각필의 부담으로 하고, 각 토지에서 부담할 면적은 다음 각 호에 의하여 산출한 것으로 한다.

1. 토지 각필의 전면도로의 부담면적은 [별표1]에 표시한 부담폭원에 접면장을 곱하여 산출한 면적으로 한다. 다만, 그 토지가 표준 앞길이(별표3)에 달하지 않는 각지에 연속하고 그 전부 또는 일부가 각각에서 표준 앞길이의 이내에 있는 경우에는 예외로 한다.
2. 제1호 단서에 해당하는 토지의 도로 부담면적은 제1호의 규정에 의한 부담의 인근 각지의 측면도로의 접면장에 [별표 4]부담폭원을 곱한 면적에서 그 면적에 [별표5]의 부담률을 곱한 면적을 감한 잔면적을 부담한다.
3. 1필의 토지로서 2개 이상의 도로에 접하는 경우에는 그 전면 도로에 부담면적은 제1호에 의하여 이를 산출하고, 그 측방 도로에 대한 부담면적을 [별표2]에 표시한 부담폭원에 그 접면장을 곱한 면적과의 합계 면적으로 한다(단, 그 토지가 각지로서 표준 앞길 이를 갖지 않는 경우에 있어서 측면 도로에 대한 부담면적은 그 접면장에 [별표2]의 부담폭원을 곱한 수에 [별표 5]의 부담률을 곱한 면적으로 한다).
4. 제3호의 경우에는 전면 도로와의 구분은 다음 방법에 의하여 이를 정한다.
   가. 각 도로의 폭원이 다를 때에는 폭원이 큰 것을 전면도로로 하고, 기타를 측면도로로 한다.
   나. 각 도로 폭원이 동일한 때는 노선지가 높은 것을 전면도로로 하고, 기타를 측면도로로 한다.
   다. 도로 폭원이하 노선지가 동일한 때에는 군수가 이를 정하는 바에 의한다.
5. 광장에 접한 토지에 있어서는 교회도로폭원이 대등할 경우에는 그 폭원의 도로를, 교회도로 폭원이 대등하지 아니할 경우에는 폭원이 큰 도로를, 광장에 면한 측에 존재하는 것으로 간주하여 이를 전면도로로 하고 그 토지에 접한 교회도로를 측면도로로 간주하여 그 부담면적은 제1호 내지 제4호에 의하여 산출한 면적으로 한다.
6. 본조에서 표준간구(앞길이)라 함은 전면도로의 접면장을 말한다.
7. 획지 안기장이 10미터 미만일 때에는 접면장에 [별표6]을 곱한 갱정접면장에 의하여 부담한다.

부 칙 (1982. 5.31 규칙 제345호)

이 규칙은 공포한 날부터 시행한다.

다. 환지설계의 작성

1) 작성기준

환지계획은 종전의 토지와 환지의 위치 · 지목 · 면적 · 토질 · 수리(水利) · 이용 상황 · 환경, 그 밖의 사항을 종합적으로 고려하여 합리적으로 정하여야 한다(법 제28조 제2항).

[도시개발업무지침 : 환지계획의 일반적인 기준 및 특별기준]

제1장 환지계획의 일반적인 기준

4-1-1. 시행자가 환지계획을 작성하는 때에는 개발구역내의 기존시가화 지역, 기존주택밀집지역, 전답대지임야 등 지목별 이용현황 및 공공시설이용도 등을 감안하여야 한다.

4-1-2. 개발구역의 규모가 크거나 주거지역공업지역 또는 생활권이 다른 지역 등이 혼합된 개발구역인 경우 기타 사업시행의 난이도 등으로 인하여 일괄하여 환지처분이 곤란할 경우에는 규약, 정관 또는 시행규정에서 환지계획구역을 수 개의 지구로 분할하고 지구별로 환지계획을 수립할 수 있다.

4-1-4. 환지계획수립을 위한 환지설계는 다음 원칙에 따른다.

(1) 환지단가
① 평면환지단가: 평면환지로 공급되는 종후 토지의 평가액 / 환지면적
② 입체환지단가: 입체환지로 공급되는 종후 구분건축물의 평가액 / 환지면적

(2) 환지면적: 종후 토지의 면적(입체환지인 경우에는 종후 구분건축물의 전유부분 면적을 말한다)

(3) 권리면적
① 평면환지: 권리가액/평면환지단가
② 입체환지: 권리가액/입체환지단가

(4) 청산금: (환지면적 - 권리면적) × 청산단가(환지처분 시점을 기준으로 재평가한 환지단가를 말한다)

(5) 정리전 가격은 실시계획인가시점(도시개발사업으로 인한 도시 · 군관리계획 결정, 변경결정 등을 반영하지 않은 사업 이전 상태)을 기준으로 하고 정리 후 가격은 환지처분시점을 기준으로 하여 정하되, 평가시기는 환지계획 수립 전에 하여야 한다.

4-1-5. 환지계획을 수립할 경우에는 법 제28조제1항에서 정하는 사항을 반드시 정하여야 하며 특히 동조 동항 제3호의 필지별과 권리별로 된 청산대상 토지명세를 작성함에 있어서는 법 제30조 및 제31조의 규정에 따른 불환지 토지라도 권리면적은 정하여야 하고 체비지 명세를 작성함에 있어서는 4-7-1.의 규정에 따른 토지명세도 같이 작성하여야 한다.

제2장 환지계획의 특별기준

4-2-1. "다른 자리 환지"란 종전의 위치에서 벗어나 다른 자리에 환지를 지정하는 것을 말한다.

4-2-2. 시행자는 다음 사항을 유의하여 환지계획을 수립하여야 한다.

(1) 환지는 가급적 제자리 환지를 원칙으로 하며 보류지(체비지 및 공공시설부지), 집단환지로 지정될 경우에 한하여 다른 자리 환지할 수 있으며 기타 부득이한 사유로 다른 자리 환지할 경우에는 규약, 정관 또는 시행규정에서 구체적인 사항을 정한 후 다른 자리 환지한다.

(2) 환지계획한 1필지의 규모는 다음에서 정하는 면적 이상이어야 한다.

① 기존건축물이 있는 경우에는 「건축법 시행령」 제80조의 규정에서 정하는 면적

② 기존건축물이 없는 경우

㉮ 토지이용계획상의 주거용지 : 165제곱미터 이상으로서 규약시행규정 또는 정관이 정하는 면적

㉯ 토지이용계획상의 상업용지공업용지 또는 기타 용지 : 「국토의 계획 및 이용에 관한 법률 시행령」 【별표1】 2. 라의 규정에 따른 도시계획조례에서 정하는 면적 이상으로서 규약시행규정 또는 정관이 정하는 면적

(3) 환지계획 수립시 법 제31조의 규정에서 정하고 있는 과소토지와 기존건축물이 있어 면적을 증가하여 환지할 경우에는 체비지화하여 증환지할 수 있으며 환지예정자의 신청이 있을 경우에는 체비지 매각기준에 따라 매각하고 매각대금은 분할 납부하게 할 수 있다. 이 경우 면적을 증가하여 환지하고자 하는 경우에는 해당 토지소유자에게 그 사실을 통지하고 수용 여부를 서면으로 확인하여야 한다.

(4) 환지계획 수립시 기존시가화구역 또는 주거밀집지역 등 토지이용도가 높은 지역과 저지대, 임야 등 토지이용도가 낮은 지역에 대하여는 차등하여 부담률을 정한다. 특히 주택지로서 사업시행 이전부터 도로상하수도 등 기반시설이 갖추어져 생활여건이 형성되어 있는 지역에 대하여는 감보율을 최소화하여 민원이 발생하지 않도록 한다.

(5) 현재 지목상으로는 전답 또는 임야로 되어 있으나, 사실상 형질변경 기타 건축허가를 받아 대지화한 토지와 도로 등 공공시설을 지방자치단체에 기부채납 또는 무상 귀속시킨 경우에는 그에 상당하는 비용을 감안하여 부담률을 책정한다.

(6) 1필지의 대지는 반드시 도로 또는 통로에 접하도록 환지하여야 하며, 사업시행으로 인하여 통로가 없는 대지가 발생하여서는 아니된다.

(7) 공공시설에 저촉되어 철거되는 건축물 이외의 기존건축물이 있는 토지에 대하여는 가능한 1필지 규모가 되도록 증환지한다.

(8) 사도 또는 기타 공공의 용도로 사실상 이용되고 있는 토지나 지목이 도로, 구거, 하천 등으로 되어 있는 사유의 토지에 대하여도 환지계획을 수립한다.

(9) 환지계획한 필지별 대지면적은 토지이용계획상 지장이 없는 대지규모로 계획하되, 필요한 경우에는 토지소유자의 동의를 얻어 하나의 대지를 2인 이상에게 공동으로 환지할 수 있다

4-2-3. 환지계획에서 필요한 때에는 법 제32조에 의거하여 입체환지를 시행할 수 있으며 입체환지 기준은 다음과 같다.

(1) 입체환지는 집단체비지 내에 공동주택 또는 상가를 건설하는 경우에 허용된다.

(2) 입체환지의 대상이 될 수 있는 자는 해당 구역 안에 토지와 그 토지에 건축된 주택을 동시에 소유한 자이거나 토지와 토지에 건축된 상가를 동시에 소유한 자를 말한다.

(3) 입체환지인 경우에는 건축계획을 환지계획의 내용에 포함하여야 한다. 이 경우 건축계획은 구역 내 입체환지의 수요를 고려하여 결정한다.
(4) 삭제
(5) 삭제
(6) 삭제
(7) 입체환지의 일반적 기준은 다음과 같다.
① 종전의 토지 · 면적 · 이용상황 · 환경 및 기타의 사항을 종합적으로 고려하여 건축시설이 균형 있게 토지소유자에게 배분되고 합리적으로 이용되도록 한다.
② 입체환지의 신청기간이 만료된 이후에 그 접수된 내용을 기준으로 환지계획을 수립하여야 한다.
③ 삭제
④ 삭제
⑤ 입체환지 신청을 접수한 결과 신청한 종전 토지나 건축물의 수가 입체환지로 조성되는 구분건축물(구분소유권)의 수에 현저히 미달되는 경우에는 개발계획 및 실시계획 등을 변경하여 입체환지를 시행하지 아니할 수 있다. 이 경우 취소여부에 대하여는 규약 · 정관 또는 시행규정으로 그 기준 및 관련 절차 등을 정하여야 한다.
(8) 법 제32조의3 제4항에서 국토교통부장관이 정하는 규모이상이란 입체환지를 신청하는 토지면적의 합이 영 제62조 제1항에 따라 산정된 과소 토지 규모 이상으로서 제62조의2 제1항에 따른 권리가액 이상인 경우를 말한다.

2) 작성방법

가) 환지계획구역별 작성

시행자는 환지계획을 작성할 때에는 환지계획구역(환지방식으로 도시개발사업이 시행되는 도시개발구역의 범위를 말하며, 법 제5조 제1항 제3호에 따라 도시개발구역이 둘 이상의 사업시행지구로 분할되는 경우에는 그 분할된 각각의 사업시행지구를 말한다. 이하 같다)별로 작성하여야 하며, 실시계획 인가 사항, 환지계획구역의 시가화 정도, 토지의 실제 이용 현황과 경제적 가치 등을 종합적으로 고려하여야 한다(법 시행규칙 제27조 제1항).

나) 환지설계의 원칙

환지설계는 평가식(도시개발사업 시행 전후의 토지의 평가가액에 비례하여 환지를 결정하는 방법을 말한다)을 원칙으로 하되, 환지지정으로 인하여 토지의 이동이 경미하거나 기반시설의 단순한 정비 등의 경우에는 면적식(도시개발사업 시행 전의 토지 및 위치를 기준으로 환지를 결정하는 방식을 말한다)을 적용할 수 있다. 이 경우 하나의 환지계획구역에서는 같은 방식을 적용하여야 하며, 입체환지를 시행하는 경우에는 반드시 평가식을 적용하여야 한다(법 시행규칙 제27조 제3항).

법 시행규칙 제26조

③ 법 제28조 제1항 제6호에서 "국토교통부령으로 정하는 사항"이란 다음 각 호의 사항을 말한다.

1. 수입 · 지출 계획서

법 시행규칙 제26조

⑤ 제4항 제1호에 따른 권리가액은 다음과 같이 산정한다.

권리가액 = 비례율 × 환지 전 토지 · 건축물의 평가액

2. 평균부담률 및 비례율과 그 계산서(제27조 제3항에 따라 평가식으로 환지설계를 하는 경우로 한정한다)

법 시행규칙 제26조

④ 제3항 제2호에 따른 평균부담률과 비례율은 다음 각 호의 계산식에 따른다.

1. 평균부담률

[총사업비/(권리가액의 합계+체비지 평가액의 합계)] × 100

2. 비례율

{[도시개발사업으로 조성되는 토지 · 건축물의 평가액 합계(공공시설 또는 무상으로 공급되는 토지 · 건축물의 평가액 합계를 제외한다) - 총 사업비]/환지 전 토지 · 건축물의 평가액 합계(제27조 제5항 각 호에 해당하는 토지 및 같은 조 제7항에 해당하는 건축물의 평가액 합계를 제외한다)} × 100

3. 건축 계획(입체환지를 시행하는 경우로 한정한다)
4. 법 제28조 제3항에 따른 토지평가협의회 심의 결과

3) 환지설계에 포함될 내용

시행자는 도시개발사업의 전부 또는 일부를 환지방식으로 시행하려면 다음 각 호의 사항이 포함된 환지계획을 작성하여야 한다(법 제28조 제1항).

제1호 환지 설계

제2호 필지별로 된 환지 명세

제3호 필지별과 권리별로 된 청산 대상 토지 명세

제4호 제34조에 따른 체비지(替費地) 또는 보류지(保留地)의 명세

제5호 제32조에 따른 입체환지를 계획하는 경우에는 입체환지용 건축물의 명세와 제32조의

3에 따른 공급 방법 · 규모에 관한 사항

제6호 그 밖에 국토교통부령으로 정하는 사항

4) 조성토지 등의 가격평가

시행자는 환지방식이 적용되는 도시개발구역에 있는 조성토지 등의 가격을 평가할 때에는 토지평가협의회의 심의를 거쳐 결정하되, 그에 앞서 대통령령으로 정하는 공인평가기관이 평가하게 하여야 하며, 이에 따른 토지평가협의회의 구성 및 운영 등에 필요한 사항은 해당 규약 · 정관 또는 시행규정으로 정한다(법 제28조 제3,4항).

5) 환지방식의 구분

환지의 방식은 다음 각 호와 같이 구분한다(법 시행규칙 제27조 제2항).

(1) 평면환지 : 환지 전 토지에 대한 권리를 도시개발사업으로 조성되는 토지에 이전하는 방식이다.

(2) 입체환지 : 법 제32조에 따라 환지 전 토지나 건축물(무허가 건축물은 제외한다)에 대한 권리를 도시개발사업으로 건설되는 구분건축물에 이전하는 방식이다.

6) 토지면적을 고려한 환지

가) 토지면적의 조정

시행자는 토지 면적의 규모를 조정할 특별한 필요가 있으면 면적이 작은 토지는 과소(過小) 토지가 되지 아니하도록 면적을 늘려 환지를 정하거나 환지 대상에서 제외할 수 있고, 면적이 넓은 토지는 그 면적을 줄여서 환지를 정할 수 있다(법 제31조 제1항).

나) 과소토지의 기준

과소 토지의 기준이 되는 면적은 대통령령으로 정하는 범위에서 시행자가 규약 · 정관 또는 시행규정으로 정한다(법 제31조 제2항).

(1) 원 칙

법 제31조 제2항에서 "대통령령으로 정하는 범위"란 「건축법 시행령」 제80조에서 정하는 면적을 말한다. 이 경우 과소 토지 여부의 판단은 권리면적(토지소유자가 환지계획에 따라 환지가 이루어질 경우 도시개발사업으로 조성되는 토지에서 받을 수 있는 토지의 면적을 말한다)을 기준으로 한다(영

제62조 제1항).

[과소토지 면적기준 - 건축법시행령 제80조]

> **제80조 (건축물이 있는 대지의 분할제한)**
> 법 제57조 제1항에서 "대통령령으로 정하는 범위"란 다음 각 호의 어느 하나에 해당하는 규모 이상을 말한다.
> 제1호 주거지역 : 60제곱미터
> 제2호 상업지역 : 150제곱미터
> 제3호 공업지역 : 150제곱미터
> 제4호 녹지지역 : 200제곱미터
> 제5호 제1호부터 제4호까지의 규정에 해당하지 아니하는 지역 : 60제곱미터

(2) 예 외

다음 각 호의 어느 하나에 해당하는 경우에는 과소토지의 기준이 되는 면적을 국토교통부장관이 정하는 바에 따라 규약·정관 또는 시행규정에서 따로 정할 수 있다(영 제62조 제2항).

제1호 기존 건축물이 없는 경우
제2호 환지로 지정할 토지의 필지수가 도시개발사업으로 조성되는 토지의 필지수보다 많은 경우
제3호 환지계획에 따라 도시개발사업으로 조성되는 토지에 대한 지구단위계획에서 정하는 획지(劃地)의 최소 규모가 제1항에 따른 면적보다 큰 경우
제4호 제43조 제2항 제2호에 따른 미분할 혼용방식으로 사업을 시행하는 경우
제5호 그 밖에 시행자가 환지계획상 제1항에 따른 면적을 기준으로 하여 환지하기 곤란하다고 인정하는 토지

(3) 과소토지 산정방법 등의 고시

법 시행령 제62조 제1항 및 제2항에서 규정한 사항 외에 권리면적의 산정방법 등 과소 토지 기준의 산정 등에 필요한 세부적인 사항은 국토교통부장관이 정하여 고시한다(영 제62조 제3항).

(4) 공유환지 지정

시행자는 영 제62조에 따른 과소 토지 등에 대하여 2 이상의 토지 또는 건축물 소유자의 신청을 받아 환지 후 하나의 토지나 구분건축물에 공유로 환지를 지정할 수 있으며(법 시행규칙

제27조 제8항),[92] 또한, 시행자는 「집합건물의 소유 및 관리에 관한 법률」에 해당하는 건축물을 건축할 용도로 계획된 토지에 대하여 2 이상의 토지소유자의 신청을 받아 공유로 환지를 지정할 수 있다(같은 조 제9항).

7) 환지의 위치 - 제자리환지 원칙

환지의 위치는 다음 각 호의 사항을 고려하여 시행자가 정한다. 이 경우 토지나 건축물의 환지는 같은 환지계획구역에서 이루어져야 한다(법 시행규칙 제27조 제4항).

가) 평면환지

환지 전 토지의 용도, 보유 기간, 위치, 권리가액, 청산금 규모 등을 고려하여 정한다.

나) 입체환지

토지소유자 등의 신청에 따라 정하되, 같은 내용의 신청이 2 이상인 경우에는 환지 전 토지 또는 건축물의 보유 기간, 거주 기간(주택을 공급하는 경우에 한정한다), 권리가액 등을 고려하여 정한다.

8) 동의 등에 따른 환지의 제외

가) 환지 제외의 원칙

토지소유자가 신청하거나 동의하면 해당 토지의 전부 또는 일부에 대하여 환지를 정하지 아니할 수 있다(법 제30조 제1항).[93] 다만, 이에 따라 환지를 정하지 아니하는 토지에 대하여는 환지처분 전이라도 청산금을 교부할 수 있으며, 이때 청산금은 대통령령으로 정하는 바에 따라 이자를 붙여 분할징수하거나 분할교부할 수 있다(법 제46조 제1,2항).

나) 예　외

법 제30조 제1항에도 불구하고 시행자는 다음 각 호의 어느 하나에 해당하는 토지는 규약·정관 또는 시행규정으로 정하는 방법과 절차에 따라 환지를 정하지 아니할 토지에서 제외할 수 있다(법 제30조 제2항).

제1호 법 제36조의2에 따라 환지예정지를 지정하기 전에 사용하는 토지

---

92) 이 경우 환지를 지정받은 자는 다른 환지를 지정받을 수 없다.
93) 해당 토지에 관하여 임차권자 등이 있는 경우에는 그 동의를 받아야 한다.

제2호 법 제29조에 따른 환지계획인가에 따라 환지를 지정받기로 결정된 토지
제3호 종전과 같은 위치에 종전과 같은 용도로 법 제28조에 따라 환지를 계획하는 토지
제4호 토지소유자가 환지 제외를 신청한 토지의 면적 또는 평가액(법 제28조 제3항에 따른 토지 평가협의회에서 정한 종전 토지의 평가액을 말한다. 이하 같다)이 모두 합하여 구역 전체의 토지(국유지 · 공유지를 제외한다) 면적 또는 평가액의 100분의 15 이상이 되는 경우로서 환지를 정하지 아니할 경우 사업시행이 곤란하다고 판단되는 토지
제5호 법 제7조에 따라 공람한 날 또는 공고한 날 이후에 토지의 양수계약을 체결한 토지. 다만, 양수일부터 3년이 지난 경우는 제외한다.

9) 공공시설의 용지 등에 관한 조치

가) 공공시설용지

공공시설용지는 이미 결정된 도시관리계획 또는 도시계획시설의 결정 · 구조 및 설치기준에 관한 규칙에 적합하게 책정하여야 하며, 환지계획구역 안에 도시계획시설의 결정 · 구조 및 설치기준에 관한 규칙에 의한 주간선도로, 보조간선도로외의 도로를 배치할 때에는 가능한 주간선도로에 동규칙에 의한 집산도로 또는 국지도로가 직접 연결되지 아니하도록 배치하고, 필요한 때에는 회전차선, 변속차선 또는 교통섬 및 입체교차시설 등을 설치하도록 하여야 한다.

또한, 공원은 이용하기 쉬운 위치에 배치하도록 하며, 공원의 면적은 환지계획구역 면적의 3/100 이상이 되도록 하여야 한다. 다만, 국토의 계획 및 이용에 관한 법률 제2조 제13호 및 동법 시행령 제4조의 규정에 의한 공공시설 외의 기반시설을 설치하는 때에는 도시계획시설의 결정 · 구조 및 설치기준에 관한 규칙 또는 관계 법령에 적합하게 하여야 한다.

나) 특례규정

토지수용법 제4조 각 호의 어느 하나에 해당하는 공공시설의 용지에 대하여는 환지계획을 정할 때 그 위치 · 면적 등에 관하여 법 제28조 제2항에 따른 기준을 적용하지 아니할 수 있다(법 제33조 제1항).

[토지수용법 제4조]

> **제4조 (공익사업)**
> 이 법에 따라 토지 등을 취득하거나 사용할 수 있는 사업은 다음 각 호의 어느 하나에 해당하는

사업이어야 한다.

제1호 국방·군사에 관한 사업

제2호 관계 법률에 따라 허가·인가·승인·지정 등을 받아 공익을 목적으로 시행하는 철도·도로·공항·항만·주차장·공영차고지·화물터미널·궤도(軌道)·하천·제방·댐·운하·수도·하수도·하수종말처리·폐수처리·사방(砂防)·방풍(防風)·방화(防火)·방조(防潮)·방수(防水)·저수지·용수로·배수로·석유비축·송유·폐기물처리·전기·전기통신·방송·가스 및 기상 관측에 관한 사업

제3호 국가나 지방자치단체가 설치하는 청사·공장·연구소·시험소·보건시설·문화시설·공원·수목원·광장·운동장·시장·묘지·화장장·도축장 또는 그 밖의 공공용 시설에 관한 사업

제4호 관계 법률에 따라 허가·인가·승인·지정 등을 받아 공익을 목적으로 시행하는 학교·도서관·박물관 및 미술관 건립에 관한 사업

제5호 국가, 지방자치단체, 「공공기관의 운영에 관한 법률」 제4조에 따른 공공기관, 「지방공기업법」에 따른 지방공기업 또는 국가나 지방자치단체가 지정한 자가 임대나 양도의 목적으로 시행하는 주택 건설 또는 택지 및 산업단지 조성에 관한 사업

제6호 제1호부터 제5호까지의 사업을 시행하기 위하여 필요한 통로, 교량, 전선로, 재료 적치장 또는 그 밖의 부속시설에 관한 사업

제7호 제1호부터 제5호까지의 사업을 시행하기 위하여 필요한 주택, 공장 등의 이주단지 조성에 관한 사업

제8호 그 밖에 다른 법률에 따라 토지 등을 수용하거나 사용할 수 있는 사업

사실상 공공의 용에 공하였던 도로를 포함하여 지방자치단체가 토지구획정리사업으로 도로로 확장개설한 경우와 토지구획정리사업법 제53조 제2항 후문과의 관계(대법원 1975. 6.10. 선고 73다1257 판결)

도로에 편입시켜 도로로 개설하여 공공의 용에 사실상 공하고 있던 사인 토지를 포함하여 지방자치단체가 한 토지구획정리사업의 시행으로 새로이 도로로 확장 개설한 것이라면 이를 토지구획정리사업법 제53조 제2항 후문 규정의 대체되는 시설이 설치된 경우이므로 지방자치단체는 위 토지에 대하여 환지예정지를 지정하지 아니하기로 결정하고 사인에 대하여 위 토지의 사용수익을 정지할 수 있고 또 위 토지의 사용수익 내지 관리권을 가질 수 있는 것이므로 사인은 그 소유의 토지에 대한 지방자치단체의 점유를 권원 없는 불법점유라 하여 이를 원인으로 손해배상을 청구할 수 없다.

토지구획정리사업을 시행하는 지역 내의 공공의 구거용으로 공여된 토지에 대하여는 환지계획에 있어서 환지를 정하여 하는지 여부(대법원 1971. 6.22. 선고 70다2590 판결)

토지구획정리사업을 시행하는 환지 내의 공고의 구거용으로 공여된 토지에 대하여는 환지계획

에 있어서 환지를 정하지 아니한다.

사실상의 사도에 대하여 환지예정지를 지정함에 있어서 기준면적을 종전토지 면적의 3분의 1 이내로 한다는 취지의 조치원남리지구토지구획정리사업시행조례 제21조 제3항이 헌법 제23조 제3항이나 토지구획정리사업법 제48조, 제53조 제1항의 규정에 위반되는지 여부(대법원 1993. 9. 28. 선고 93누11302 판결)

조치원남리지구토지구획정리사업시행조례 제21조 제3항은 "도로, 구거 등으로 사용되는 사유지는 공공용지의취득및손실보상에관한특례법시행규칙 제6조의 2 제2항에 의하여 산출된 기준면적을 적용한다"고 규정하고 있는바, 토지구획정리사업법 제48조, 제53조 제1항, 토지수용법 제3조의 각 규정에 의하면 도로용지에 대하여는 토지구획정리사업법 제48조의 규정에 의한 기준이 아닌 다른 기준을 적용할 수 있고, 한편 공공용지의취득및손실보상에관한특례법시행규칙 제6조의 2 제2항 제2호는 사도법에 의한 사도 이외의 사실상의 사도, 구거 기타 이와 유사한 시설에 공하여지고 있는 토지를 도로, 구거 기타 이에 대체되는 공공시설용지 이외의 용지로 편입시키기 위한 경우에는 그 토지에 대한 평가는 인근토지에 대한 평가금액의 3분의 1 이내로 하도록 규정하고 있으므로, 위 조례 제21조 제3항의 규정은 이와 같은 사실상의 사도에 대하여는 그 환지예정지를 지정함에 있어서 기준면적을 종전토지 면적의 3분의 1 이내로 한다는 취지의 규정으로 해석되고 또 이는 위 각 법령의 규정취지에 따른 것으로서 적법하며, 그것이 재산권의 보장에 관한 헌법 제23조 제3항의 규정에 어긋나거나 토지구획정리사업법 제48조, 제53조 제1항의 규정에 위반되어 무효라 할 수 없다.

다) 환지부지정

시행자가 도시개발사업의 시행으로 국가 또는 지방자치단체가 소유한 공공시설과 대체되는 공공시설을 설치하는 경우 종전의 공공시설의 전부 또는 일부의 용도가 폐지되거나 변경되어 사용하지 못하게 될 토지는 환지를 정하지 아니하며, 이를 다른 토지에 대한 환지의 대상으로 하여야 한다(법 제33조 제2항).

법 제66조 (공공시설의 귀속 등)

① 제11조 제1항 제1호부터 제4호까지의 규정에 따른 시행자가 새로 공공시설을 설치하거나 기존의 공공시설에 대체되는 공공시설을 설치한 경우에는 「국유재산법」과 「공유재산 및 물품 관리법」 등에도 불구하고 종전의 공공시설은 시행자에게 무상으로 귀속되고, 새로 설치된 공공시설은 그 시설을 관리할 행정청(이하 이 조 및 제67조에서 "관리청"이라 한다)에 무상으로 귀속된다.

② 제11조 제1항 제5호부터 제11호까지의 규정에 따른 시행자가 새로 설치한 공공시설은 그 관리청에 무상으로 귀속되며, 도시개발사업의 시행으로 용도가 폐지되는 행정청의 공공시설은

「국유재산법」과 「공유재산 및 물품 관리법」 등에도 불구하고 새로 설치한 공공시설의 설치비용에 상당하는 범위에서 시행자에게 무상으로 귀속시킬 수 있다.

토지소유자가 무상으로 제공하지 아니한 공공의 용에 공하고 있는 사유지를 구 토지구획정리사업법 제53조 제2항의 해당 토지라 하여 환지예정지도 지정하지 아니하고 청산금도 교부하지 아니한 채 토지구획정리사업을 진행하여 1975.12.31. 이후 환지확정처분을 한 경우의 구획정리사업시행자의 손해배상의 범위(서울고등법원 1985. 4. 17. 선고 83나3463 제11민사부 판결 : 확정)

토지구획정리사업시행자가 토지구획정리사업을 시행하면서 무상으로 제공되지 아니한 도로 기타 공공의 용에 사실상 공하고 있는 사유지를 구 토지구획정리사업법 제53조 제2항 후문 해당 토지라 하여 환지예정지도 지정하지 아니하고 청산금도 교부하지 아니한 채 이를 그 사업지구 내에 편입시키고 사업을 진행하여 1975.12.31. 법률 제2848호 구 토지구획정리사업법시행 이후에 환지확정처분을 함으로써 토지소유자의 소유권을 상실시킨 것은 불법이라 할 것이므로 토지구획정리사업시행자는 토지소유자에게 이로 인한 손해를 배상할 책임이 있으며, 그 손해액은 위 법(1975.12.31. 법률 제2848호) 부칙 제2항에 따라 그 사업시행인가당시의 평가액을 기준으로 한 청산금상당액이다.

라. 체비지 또는 보류지 지정

1) 체비지 및 보류지의 개념

체비지란, 도시의 체계적인 개발을 위한 방안으로 일정지역을 도시개발사업지구로 지정한 후 공공시설의 설치 등 시행에 필요한 자금을 조달하기 위하여 사업시행자가 지구 내 지역주민의 개인토지 점유면적에 따라 감보율을 적용한 후 취득하여 집행 또는 매각하는 토지를 말한다. 즉, 도시개발사업으로 인하여 발생하는 사업비용을 충당하기 위하여 사업시행자가 취득하여 집행 또는 매각하는 토지가 바로 체비지이다(도시개발 업무지침 4-6-1).

또한, 보류지란 환지방식에 의하여 조성되는 토지 중에서 일반환지 대상토지 외의 토지로서 체비지, 공공시설용지, 기타 용지를 말한다.

토지구획정리사업의 체비지대장상 소유자 명의 변경을 금지하는 가처분 결정이 있었으나 제3자가 채무자인 토지구획정리조합으로부터 권리를 양수하고 체비지대장의 소유자 명의를 변경한 경우, 가처분권리자가 제3자의 권리취득 효력을 부인할 수 있는지 여부(대법원 2009. 1. 30. 선고 2006다37465 판결)

토지구획정리조합이 보관하고 있는 체비지대장의 소유자 명의 변경을 금지하는 가처분이 있다고 하더라도 그와 같은 가처분은 결정을 송달하는 외에 현행법상 등기부에 이를 공시하는 방법이 없어 대물적 효력이 인정되지 아니하므로, 제3자가 채무자인 위 조합으로부터 실제로 권리를 양수하고 체비지대장의 소유자 명의를 변경함으로써 권리를 취득하였다면 가처분을 내세워 그 권리취득의 효력을 부인할 수 없다.

토지구획정리사업의 체비지를 이중매매한 경우, 이행불능이 성립하는 시기(대법원 2009. 1.30. 선고 2006다37465 판결)

구 토지구획정리사업법(2000. 1.28. 법률 제6252호로 폐지) 제54조, 제57조 제4항, 제62조 제6항의 규정에 의하여 환지처분 전에 구획정리사업시행자가 체비지 지정을 하여 이를 제3자에게 처분하는 경우, 매수인이 토지를 인도받거나 체비지대장에 소유자로 등재되면, 매수인은 다른 이중 양수인에게 그 권리취득을 대항할 수 있으므로, 체비지를 이중매매한 경우에는 매도인이 매수인 앞으로 체비지대장의 소유자 명의를 변경하여 준 시점에 매도인의 다른 매수인에 대한 체비지에 관한 매도인으로서의 의무는 이행불능으로 된다.

2) 체비지 · 보류지의 지정 등

시행자는 도시개발사업에 필요한 경비에 충당하거나 규약 · 정관 · 시행규정 또는 실시계획으로 정하는 목적을 위하여 일정한 토지를 환지로 정하지 않고 보류지로 정할 수 있으며, 그 중 일부를 체비지로 정하여 도시개발사업에 필요한 경비에 충당할 수 있다(법 제34조 제1항).

가) 체비지의 지정 기준

(1) 시행자는 체비지를 주요 간선도로변 또는 대지의 제곱미터(㎡)당 단가가 높은 지역에 집중적으로 지정하여서는 아니되며(도시개발업무지침 4-6-2), 법 제34조 제2항의 규정에 따른 집단체비지는 대지의 제곱미터(㎡)당 단가가 비교적 낮은 지역에 지정하되, 「주택법」에 따른 국민주택건설용지 등의 확보를 위하여 필요한 경우에는 체비지를 집단으로 지정할 수 있다. 이 경우 시행자는 부담률의 적정여부 및 공사계획을 고려하여야 하며 공사비의 부족으로 인한 부실시공 또는 사업시행에 차질을 초래하여서는 아니된다(같은 지침 4-6-3).

(2) 또한 도시개발업무지침 4-6-3.의 규정에 의해 집단체비지를 지정할 때에는 시행자가 환지계획을 작성하기 이전에 시장군수 또는 구청장과 사전 협의하여야 한다(같은 지침 4-6-4).

(3) 그 외 법 제34조 제2항의 규정에 따른 집단체비지는 체비지 면적의 70퍼센트 범위 내에서 지역여건에 따라 결정한다(4-6-5).

[별지 제2호 서식] 체비지확인서(7-3-2. 관련)]

지구명	위치		면적 (㎡)	비고
	브럭	롯트		

위 토지는 도시개발법 제28조의 규정에 따라 환지계획으로 정한 ○○도시개발사업의 체비지임을 확인함.

200 년 월 일

신청인 : (인)

확인자 : ○○시장(군수) (인)

첨부 : 1/1,200 지적도에 건물개황을 표시한 도면

토지구획정리사업에서 과도한 체비지 지정을 이유로 사업 시행자에게 손해배상책임을 물을 수 있는지 여부(대법원 2002. 3. 12. 선고 2000다55225 판결)

토지구획정리사업의 시행자는 구 토지구획정리사업법(2000. 1.28. 법률 제6252호로 폐지) 제54조 제1항에 따라 구획정리사업에 필요한 경비에 충당하기 위하여 환지계획에서 일정한 토지를 체비지로 정할 수 있는데, 토지구획정리사업은 도시의 건전한 발전과 공공복리의 증진에 기여함을 목적으로 하는 공공사업으로서 그 시행에 상당한 기간이 소요되고, 사업시행기간 동안 지가의 변동 등에 따라 체비지 매각대금이 달라지며, 경비의 부족으로 사업이 중단되면 공공의 이익은 물론 토지소유자의 이익도 침해되기 때문에, 체비지를 정함에 있어서는 사업의 시행자에게 재량권이 넓게 인정되므로, 사업의 시행자가 재량권을 현저하게 남용하여 과도한 체비지를 지정함으로써 사업시행지구 내의 토지소유자에게 손해를 입혔다는 증명이 없는 한 결과적으로 체비지를 적게 지정할 수 있었다는 사정만으로 사업의 시행자에게 손해배상책임을 물을 수 없다.

나) 체비지의 관리 및 처분

(1) 체비지의 관리처분과 매각의 기준 등에 대하여는 규약정관시행규정에 별도로 정하여야 한다. 이 경우 매각대금은 분할납부하게 할 수 있고 필요에 따라서는 거치기간을 둘 수 있다(같은 지침 4-7-3).

(2) 또한, 체비지 매각대금의 분할납부에 따른 이자율은 일반시중은행 대출금리 이하로 하며(같은 지침 4-7-4), 시행자는 체비지를 전매한 경우에는 관할 세무관서(세무서, 시군구청을 말한다)의 장에게 이를 통보하여야 한다(같은 지침 4-7-4).

체비지 양도의 공시방법(대법원 1995. 3. 10. 선고 93다57964 판결)

시행자가 체비지를 제3자에게 처분하는 경우 또는 그 이후에 체비지가 전전 양도되는 경우 공시방법을 갖출 필요가 있는데, 법률은 이에 관하여 아무런 규정도 두고 있지 아니하지만 양수인이 취득하는 권리의 성질과 토지구획정이사업시행자가 체비지 양수를 신고 받아 이를 체비지대장에 등재하는 것이 토지구획정이사업의 실무 내지는 관행으로 되어 있는 점 및 같은 법 제45조, 제79조와 같은 법 시행령 제30조 제3호, 제40조가 시행자가 시행지구 안의 토지에 관한 권리를 가진 자의 성명 및 그 권리의 내용을 기재한 서류를 비치하고 이해관계인의 요구가 있을 때에는 이를 열람시켜야 하며 시행지구 안의 토지에 관한 권리를 가진 자에 변동이 있을 때에는 그 당사자는 그 사유가 발생한 날로부터 15일 이내에 관계증명서류를 첨부하여 이를 신고하여야 한다고 규정하고 있는 점 등을 고려하여 본다면, 체비지에 대한 인도 내지 점유 외에 사업시행자가 관리하는 체비지대장에의 등재도 그 공시방법이라고 할 것이다.

점유 또는 체비지대장에의 등재 중 어느 하나의 요건을 먼저 갖춘 체비지 양수인의 지위(대법원 1995. 3. 10. 선고 93다57964 판결)

점유 또는 체비지대장에의 등재 중 어느 하나의 요건을 먼저 갖춘 체비지 양수인은 다른 이중양수인에게 그 권리 취득을 대항할 수 있음은 물론이고 당해 토지에 관하여 물권 유사의 사용수익권을 취득하였다가 환지처분공고 익일에 같은 법에 의하여 소유권을 원시적으로 취득하게 되는 것이다.

3) 보류지의 책정기준

보류지는 실시계획인가에 따라 정하되, 도시개발구역이 2 이상의 환지계획구역으로 구분되는 경우에는 환지계획구역별로 사업비 및 보류지를 책정하여야 한다(법 시행규칙 제28조 제1항). 다만, 이에도 불구하고 결합개발 또는 혼용방식으로 도시개발사업을 시행하거나 기반시설의 규모, 지형여건, 사업특성 등을 고려하여 필요한 경우에는 규약 · 정관 또는 시행규정에서 정하는 바에 따라 체비지 매각 수입이나 사업비를 조정하여 환지계획구역 별로 배분할 수 있다(같은 조 제2항).

4) 체비지의 집단지정

특별자치도지사 · 시장 · 군수 또는 구청장은 주택법에 따른 국민주택건설용지 등의 확보를 위하여 필요한 경에는 체비지를 집단으로 지정할 수 있으며, 집단체비지는 대지의 제곱미터(㎡) 당 단가가 비교적 낮은 지역에 지정하고 체비지 면적의 70% 범위 내에서 지역여건에 따라 결정한다(법 제34조 제2항).

마. 토지부담률

1) 감보의 개념

도시개발사업 시행지구의 모든 토지소유자는 환지방식 개발사업으로 얻은 각각의 부가가치(수익)에 따라 사업비용의 충당과 공공시설의 설치를 위한 체비지 또는 보류지 등의 용지를 부담하여야 하며 이에 따라 종전의 토지면적에 비해 환지의 면적이 다소 감소하게 되는데, 위와 같은 면적의 감소를 감보라 한다. 현행, 환지방식 개발사업에서는 '시행자는 도시개발사업에 필요한 경비를 충당하거나 규약, 정관, 시행규정 또는 실시계획에 정하는 목적을 위하여 환지계획에서 일정한 토지를 환지로 정하지 아니하고 이를 제비지 또는 유보지로 정할 수 있다고 규정하여 감보를 명문화하고 있다.[94)]

예를 들어, 전체 토지면적 1,000㎡를 보유한 사람이 환지방식의 사업 후 700㎡를 돌려받았다면 보류지로 떼어준 땅의 면적은 300㎡이고, 감보율(토지부담률)은 30%가 된다. 사업대상지의 평균 토지부담률은 50%를 초과할 수 없게 되어 있으나 불가피한 경우 지정권자의 승인을 얻어 60%까지 가능하며, 환지계획구역안의 토지소유자 2/3 이상이 동의하는 경우에는 60% 이상도 가능하다.

환지(예정지)면적 산출을 위한 종전 토지의 등급 및 감보율 결정시 불법적 이용상황도 고려하여야 하는지 여부(대법원 1998. 10. 27. 선고 96누15879 판결)

종전 토지의 감보율을 정함에 있어서는 적정한 환지(예정지)면적을 산출하기 위하여 지목과 토지이용상황 등 토지의 이용가치를 결정하는 다른 요소(도로접면 이외의 요소)들을 감안하여 토지등급 및 감보율에 차등을 두어야 하는데, 이때에 지목과 다른 토지이용상황은 특별한 사정이 없는 한 토지형질변경허가 등 적법한 행정절차를 거쳐 변경된 이용상황이어야 하고, 그렇지 아니한 불법적 이용상황은 이를 토지등급 및 감보율의 결정에 감안할 수 없다.

2) 감보의 종류

전설한 바와 같이 도시개발사업이 시행되는 토지에 있어서는 종전의 토지면적 보다도 환지처분 후의 토지면적이 감소하는 것이 보통인데, 이는 도시개발사업의 시행에 의하여 도로·공원 등 새로운 공공시설과 보류지(또는 체비지)가 생기기 때문이다. 이때 새로운 공공시설이 생김으로써 감소하는 토지면적을 공공감보라 하며, 이는 연도감보와 공통감보로 구분된다.

가) 연도감보(또는 연도부담)

(1) 개 념

연도감보는 일반적으로 정리 후 환지위치에 접해있는 도로의 폭원에 따라 그 토지의 기준면적에서 일정하게 감보하여 부담(전면부담, 측면부담, 배면부담)하는 면적을 말한다.

(2) 종 류

(가) 전면부담

도로가 전면에만 있는 경우의 부담을 지칭한다.

---

94) 대한국토·도시계획학회, 앞의 책, 327면.

(나) 측면부담

도로가 전면과 측면에 있는 경우의 부담을 지칭한다.

(다) 배면부담

도로가 전면, 측면, 후면에 있는 경우의 부담을 지칭한다.

나) 공통감보

공통감보는 연도부담에서 제외된 도로면적과 새로이 만들어지거나 확장되는 공원, 하천, 시장, 학교용지 및 유보지에 충당되어질 감보면적에 대해 공동으로 부담하는 것을 공통감보(또는 공통부담)라고 한다. 공통감보는 환지기준면적에 정비례해서 감보하는 것이 원칙이나 다른 특별한 요소를 가미해서 특정택지에 대하여 감보율을 조정하여 적용하는 경우도 있다.

- 공공시설 용지부담 : 공공시설용지(도로 · 공원 · 광장 · 구거 · 녹지 등)에 충당
- 보류지부담 : 체지비 · 주차장 및 학교용지 등에 충당

다) 보류지감보

보류지감보란 사업시행자가 토지 일부를 환지로 정하지 않고 체비지 또는 보류지로 정하여 사업비용이나 공공시설용지 등에 충당하기 위해 부담하는 감보를 말한다.

3) 감보율(부담률) 산정방법

감보율의 결정은 자연적 또는 인문사회적 여건에 따라 달라질 수 있는 성질의 것으로서 모은 경우에 적합한 일률적인 감보율의 결정은 있을 수 없다.

토지의 부담률 산정 기준은 다음과 같다(법 시행규칙 제29조 제1항).

가) 공공시설의 면적을 명확히 파악하고, 환지전후의 지가변동률 및 인근토지의 가격을 참작하여 체비지를 책정함으로써 토지부담률을 적정하게 할 것

나) 기존 시가지 · 주택밀집지역 등 토지의 이용도가 높은 지역과 저지대 · 임야 등 토지의 이용도가 낮은 지역에 대하여는 토지부담률을 차등하여 산정하되, 사업시행 전부터 도로 · 상하수도 등 기반시설이 갖추어져 있는 주택지에 대하여는 토지부담률을 최소화할 것

다) 지목상 전 · 답 · 임야이나 사실상 형질변경 등으로 대지가 된 토지와 도로 등 공공시설을 지방자치단체에 기부채납 또는 무상귀속시킨 토지는 그에 상당하는 비용을 고려

하여 토지부담률을 산정할 것

4) 토지부담률

가) 토지부담률의 상한 및 변경금지

환지계획구역의 평균 토지부담률은 50퍼센트를 초과할 수 없다. 다만, 해당 환지계획구역의 특성을 고려하여 지정권자가 인정하는 경우에는 60퍼센트까지로 할 수 있으며, 환지계획구역의 토지 소유자 총수의 3분의 2 이상이 동의(시행자가 조합인 경우에는 총회에서 의결권 총수의 3분의 2 이상이 동의한 경우를 말한다)하는 경우에는 60퍼센트를 초과하여 정할 수 있다(법 시행규칙 제29조 제2항). 이러한 토지부담률 상한에 관하여 시행자는 사업시행 중 부득이한 경우를 제외하고는 토지소유자에게 부담을 주는 토지부담률의 변경을 하여서는 아니 된다(같은 조 제4항).

나) 토지부담률 계산식

법 시행규칙 제2항에 따른 환지계획구역의 평균 토지부담률은 다음의 계산식에 따라 산정한다(같은 조 제3항).

> 평균 토지부담률 = [(보류지 면적－시행자에게 무상으로 공급되는 공공시설면적)
> / (환지계획구역 면적－시행자에게 무상으로 공급되는 공공시설면적)] × 100

다) 지방자치단체의 공사비 보조

환지계획구역의 외부와 연결되는 환지계획구역안의 도로로서 너비 25미터 이상의 간선도로는 토지소유자가 도로의 부지를 부담하고, 관할 지방자치단체가 공사비를 보조하여 건설할 수 있다(같은 조 제6항).

바. 환지계획의 인가신청

1) 개 요

도시개발법 제29조는 환지계획의 인가신청에 관하여 '행정청이 아닌 시행자가 환지계획을 작성하였을 경우 특별시장 등의 인가를 받아야 한다.'고 규정하고 있는데, 이는 비행정청의 환지계획에 대한 행정청의 후견적 감독 및 환지계획의 적법성을 확보함은 물론 시행자가 환지계획에서 정한 내용을 임의로 변경하지 못하도록 하여 사업이 완료된 경우에 환지처분의 내용을 미리 명확하게 보장하거나 확보하려는데 있다.

2) 인가신청 및 인가권자

가) 인가권자

행정청이 아닌 시행자가 환지계획을 작성한 경우에는 특별자치도지사 · 시장 · 군수 또는 구청장의 인가를 받아야 하며(법 제29조 제1항), 이는 인가받은 내용을 변경하려는 경우에 준용한다(같은 조 제2항).

나) 인가가 불필요한 경우

다만, 대통령령으로 정하는 경미한 사항을 변경하는 경우에는 그러하지 아니하다(법 제29조 제2항 단서). 여기서 "대통령령으로 정하는 경미한 사항을 변경하는 경우"란 다음 각 호의 경우를 말한다(영 제60조). 그러나 행정청이 아닌 시행자가 법 제29조 제2항 단서에 따라 환지계획을 변경하려는 경우에는 특별자치도지사 · 시장 · 군수 또는 구청장에게 통보하여야 한다(법 제29조 제3항).

제1호 종전 토지의 합필 또는 분필로 환지명세가 변경되는 경우

제2호 토지 또는 건축물 소유자(체비지인 경우에는 시행자 또는 체비지 매수자를 말한다)의 동의에 따라 환지계획을 변경하는 경우. 다만, 다른 토지 또는 건축물 소유자에 대한 환지계획의 변경이 없는 경우로 한정한다.

제3호 「측량 · 수로조사 및 지적에 관한 법률」 제2조 제4호에 따른 지적측량의 결과를 반영하기 위하여 환지계획을 변경하는 경우

제4호 환지로 지정된 토지나 건축물을 금전으로 청산하는 경우

제5호 그 밖에 국토교통부령으로 정하는 경우

[도시개발업무지침 : 환지계획의 변경]

4-5-1. 시행자가 사업시행중 공공시설의 변경 또는 집단체비지의 책정 등으로 환지계획을 변경하여야 할 필요가 있을 경우에는 즉시 환지계획을 변경한다.

4-5-2. 4-5-1.의 규정에 따라 환지계획을 변경하고자 할 경우에는 반드시 환지계획 당시의 환지방법 및 환지기준에 따라야 한다. 다만, 시행지구의 변동 등으로 당초의 환지방법을 따를 수 없는 부득이한 사정이 있을 경우에는 예외로 할 수 있다.

4-5-3. 환지처분을 위한 확정측량 결과 환지계획을 변경할 사유가 발생하였을 때에는 환지계획을 변경한 후 그 결과에 따라 환지처분한다.

다) 인가신청시 첨부서류

행정청이 아닌 시행자가 환지계획인가를 신청할 때에는 법 제29조 제4항에 따라 제출된 의견서를 첨부하여야 한다(법 제29조 제5항).

3) 환지계획의 통지 및 공람

가) 통지 및 공람

행정청이 아닌 시행자가 환지계획의 인가를 신청하려고 하거나 행정청인 시행자가 환지계획을 정하려고 하는 경우에는 토지소유자와 해당 토지에 대하여 임차권, 지상권, 그 밖에 사용하거나 수익할 권리(이하 "임차권 등"이라 한다)를 가진 자(이하 "임차권자 등"이라 한다)에게 환지계획의 기준 및 내용 등을 알리고 관계 서류의 사본을 일반인에게 공람시켜야 한다.

다만, 대통령령으로 정하는 경미한 사항을 변경하는 경우에는 그러하지 아니하다(법 제29조 제3항). 여기서 "대통령령으로 정하는 경미한 사항을 변경하는 경우"란 법 시행령 제60조 각 호의 어느 하나에 해당하는 경우를 말한다. 이렇듯 환지계획인가 신청 전에 관계서류를 공람시켜 토지소유자 등의 임차권자 등에게 통지를 하도록 규정하는 것은 환지계획의 입안에 도시개발사업에 대한 다수의 이해관계인의 의사를 반영하고 그들 상호 간의 이익을 합리적으로 조정하는데 그 취지가 있다.[95]

제1호 종전 토지의 합필 또는 분필로 환지명세가 변경되는 경우

제2호 토지 또는 건축물 소유자(체비지인 경우에는 시행자 또는 체비지 매수자를 말한다)의 동의에 따라 환지계획을 변경하는 경우. 다만, 다른 토지 또는 건축물 소유자에 대한 환지계획의 변경이 없는 경우로 한정한다.

제3호 「측량·수로조사 및 지적에 관한 법률」 제2조 제4호에 따른 지적측량의 결과를 반영하기 위하여 환지계획을 변경하는 경우

제4호 환지로 지정된 토지나 건축물을 금전으로 청산하는 경우

제5호 그 밖에 국토교통부령으로 정하는 경우

나) 공람할 관계서류

일반에게 공람시켜야 하는 관계 서류의 사본은 다음 각 호와 같다(영 제61조).

제1호 환지계획의 수립기준

---

95) 대법원 2001. 1. 30. 선고 99두11110 판결.

제2호 사업시행자가 조합인 경우에는 조합원의 명부, 총회 및 대의원회의 회의록(대의원회의 회의록은 대의원회를 둔 경우에만 해당한다), 총회의 승인을 받은 사업보고서 및 수지계산서 또는 조합의 재산목록

제3호 사업시행지구의 토지에 관한 권리를 가진 자의 성명 및 그 권리의 내용을 기재한 서류

제4호 실시계획 인가도면, 환지계획 도면 및 환지계획 수립 전의 지적도

다) 공람기간

시행자는 공람을 실시하려는 때에는 공람 장소·방법 등에 관한 사항을 인터넷 홈페이지 등을 이용하여 일반인에게 알리고 14일 이상 공람할 수 있게 하여야 한다(영 제61조 제2항).

문성2지구 도시개발조합 공고 제2013-1호

문성2지구 도시개발사업 환지계획 공람공고

1. 구미시 고시 제2013-130호(2013. 9.26)호로 실시계획인가 되고, 시행중인 문성2지구 도시개발사업에 대하여 도시개발법 제28조의 규정에 의거 환지계획을 작성하고 토지소유자 및 이해관계인에게 같은 법 제29조 및 같은 법 시행령 제61조 규정에 의거 환지계획을 공람 하오니 공람하시기 바라며 의견이 있는 경우 공람기간 내 조합사무실로 서면으로 제출하여 주시기 바랍니다.
2. 이 공고에 대한 내용은 별도로 토지소유자에게 개별 통지하겠으나, 미 수령된 경우에는 본 공고로 갈음 하겠습니다.

2013년 10월 22일

문성2지구 도시개발조합장 ○ ○ ○

가. 사업개요

- 사 업 명 : 구미 문성2지구 도시개발사업
- 위 치 : 경상북도 구미시 고아읍 문성리 755번지 일원
- 시 행 자 : 문성2지구 도시개발사업 조합
- 시행면적 : 356,702㎡

나. 공람기간

- 공람기간 : 2013.10.22.~11. 8.(14일간)

(의견서 우편접수 시 공람기간 내 소인에 한함)

다. 공람내용

1) 환지계획의 수립기준
2) 조합원의 명부
3) 총회 및 대의원회 회의록
4) 사업보고서 및 수지계산서
5) 사업시행지구의 토지에 관한 권리를 가진 자의 성명 및 그 권리내용을 기재한 서류
6) 실시계획 인가도면
7) 환지계획 도면 및 환지계획 수립전의 지적도

라. 공람장소

- 장　　소 : 문성2지구 도시개발사업 조합 사무실
- 주　　소 : 경상북도 구미시 고아읍 문성리 1124번지 4층
- 전화번호 : (054) 444-9113

※ 기타 자세한 사항은 조합사무실로 문의하시기 바랍니다.

4) 의견서 제출 및 결과 통보

토지소유자나 임차권자 등은 공람 기간에 시행자에게 의견서를 제출할 수 있으며, 시행자는 그 의견이 타당하다고 인정하면 환지계획에 이를 반영하여야 하며(법 제29조 제5항), 이에 따라 제출된 의견에 대하여 공람 기일이 종료된 날부터 60일 이내에 그 의견을 제출한 자에게 환지계획에의 반영 여부에 관한 검토 결과를 통보하여야 한다(같은 조 제6항). 만일 위와 같은 절차를 거치지 아니하고 인가받은 환지계획 및 이러한 환지계획에 따라 이루어진 환지예정지지정처분은 위법하다.

구 토지구획정리사업법상 최초의 공람과정에서 제시된 이해관계인의 의견에 따라 환지계획을 수정하여 인가신청하는 경우, 그 전에 수정된 내용에 대한 재공람절차를 거쳐야 하는지 여부(적극)와 그 재공람절차를 거치지 않고 인가받은 환지계획 및 그 환지계획에 따라 이루어진 환지예정지지정 처분의 적법 여부 (대법원 2001.10.30. 선고 99두11110 판결)

구 토지구획정리사업법(2000. 1.28. 법률 제6252호 토지구획정리사업법폐지법률로 폐지) 제47조, 제33조 등의 규정에서 환지계획의 인가신청에 앞서 관계 서류를 공람시켜 토지소유자 등의 이해관

> 계인으로 하여금 의견서를 제출할 기회를 주도록 규정하고 있는 것은 환지계획의 입안에 토지구획정리사업에 대한 다수의 이해관계인의 의사를 반영하고 그들 상호간의 이익을 합리적으로 조정하는 데 그 취지가 있다고 할 것이므로, 최초의 공람과정에서 이해관계인으로부터 의견이 제시되어 그에 따라 환지계획을 수정하여 인가신청을 하고자 할 경우에는 그 전에 다시 수정된 내용에 대한 공람절차를 거쳐야 한다고 봄이 위와 같은 제도의 취지에 부합하는 것이라고 할 것이고, 위와 같은 재공람절차를 거치지 않고 인가받은 환지계획 및 이러한 환지계획에 따라 이루어진 환지예정지지정 처분은 위법하다.

4. 입체환지

가. 입체환지의 개념

1) 개 념

도시개발사업의 시행자는 도시개발사업을 원활히 시행하기 위하여 특히 필요한 경우에는 토지 또는 건축물 소유자의 신청을 받아 아래 그림과 같이 건축물의 일부와 그 건축물이 있는 토지의 공유지분을 부여할 수 있는데(법 제32조 제1항), 이에 따라 환지 전 토지나 건축물(무허가 건축물은 제외한다)에 대한 권리를 도시개발사업으로 건설되는 구분건축물에 이전하는 방식을 입체환지라 하며(법 시행규칙 제27조 제2항),[96] 이러한 입체환지는 도로, 공원 등 공공시설의 정비뿐만 아니라 건축물 건설까지를 하나의 절차에 따라 시행자가 일체적으로 수행하게 된다.

우리나라는 2000년 도시개발법 제정시 입체환지의 개념이 도입되면서 도시기반시설과 건축물의 동시정비를 위한 법적 · 제도적 기반이 마련되었으며 입체환지 도입을 촉진하기 위하여 2006년 도시재정비촉진을 위한 특별법 제정으로 재정비촉진지구 내에서 입체환지를 시행할 경우 관련 규정이 완화되었는데, 이는 원주민의 재정착 측면에서 매우 중요한 의미를 갖는다.

이러한 입체환지는 환지할 목적으로 시행자가 직접 구역 내에 공동주택 또는 상가 등 집합건축물을 건축하는 경우에 적용하며, 무허가 건축물에 대하여는 입체환지를 적용할 수 없다. 다만 건축허가를 받아 건축하였으나 등기를 하지 않은 건축물에 대하여는 입체환지 신청 전까지 부동산등기법에 따른 등기부에 등재된 경우에 한하여 입체환지를 지정할 수 있다. 또한 입체환지를 적용하는 경우에는 실시계획인가 시 관련 건축계획(건축허가 또는 주택사업승인 등)을 법 제19

96) 이에 대비되면 개념인 평면환지는 환지 전 토지에 대한 권리를 도시개발사업으로 조성되는 토지에 이전하는 방식을 말한다.

조 제1항에 따라 의제하여 인가를 받아야 하며, 건축규모 및 건축용도 등은 구역 내 입체환지의 수요 및 사업비 등을 고려하여 적정하게 결정하여야 한다(도시개발법무지침 4-2-3).

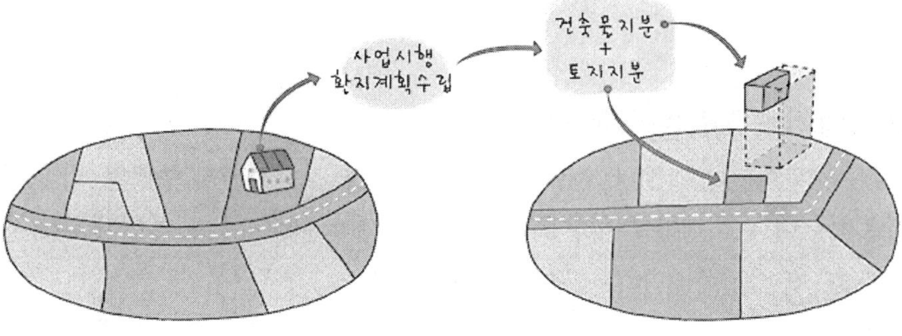

2) 기대효과[97]

가) 전체 감보율 완화

기존의 도시개발사업은 주로 전면 수용방식이나, 평면 환지방식으로 시행되고 있어 지역주민의 참여와 토지 및 건축물의 일체적인 정비측면에서 한계점으로 지적되어, 입체환지가 기존 사업방식의 한계를 극복하는 적절한 수단으로 언급되고 있다. 입체환지는 동일 시행자가 토지 정리와 건축물의 조성을 하나의 절차로 시행하여 종전 토지권리를 건축물의 일부와 공유지분으로 환지하는 방식으로서, 감보를 통하여 공공용지와 체비지를 확보하는 점에서 평면환지와 동일하다고 할 것이나, 토지를 감보하고 종전 토지 권리의 일부를 건축물의 구분소유권으로 돌려주기 때문에 지구전체의 감보율을 완화하는 기대효과가 발생한다.

나) 아파트분양가 하향

수용·사용방식으로 도시개발사업을 진행할 경우 아파트 또는 상가 등 구분건물의 분양가에 시행사의 정상이윤이 포함되어 분양가를 상승시키는 요인으로 작용하게 되지만, 입체환지 도시개발사업은 조합원이 일정부분 감보를 통하여 기반시설 및 사업비를 부담하고, 개발사업의 이익이 조합원에게 돌아오므로 시행사의 이익부분이 없어 구분건물의 분양가격을 낮출 수 있다.

다) 재정착비율 상승

환지방식 도시개발사업은 집단환지를 선호하며 그 결과 도시개발구역 내 공동주택의 비율

---

97) 김성기, 도시개발사업의 입체환지방식 활성화에 관한 연구, 2007.

이 높아, 집단환지를 신청하면 환지예정지가 지정되고 환지처분이 완료되면 아파트 사업시행자에게 토지를 매각 후 타지역으로 이전하는 것이 일반적이나 입체환지를 시행하여 토지 소유자의 토지에 대한 권리를 건축물과 토지의 공유지분을 부여함으로써 재정착 비율을 높일 수 있다.

라) 대지조성과 주택설계의 통합 절차

입체환지가 제도화되면 기존의 토지 소유자나 건축물 소유자에게 주택을 공급할 수 있는 법적 근거가 확보되므로 주민의 재정착문제, 토지보상비와 대토수요로 인한 지가상승 문제 등을 해소해 줄 것으로 기대된다.

3) 구별개념(공동환지 또는 집단환지)

가) 공동환지

시행자는 과소토지가 되지 않도록 필요한 경우에는 「집합건물의 소유 및 관리에 관한 법률」에 해당하는 건축물을 건축할 용도로 계획된 토지에 대하여 2 이상의 토지소유자의 신청을 받아 공유로 환지를 지정할 수 있다(법 시행규칙 제27조 제9항).

나) 집단환지

시행자는 동일인이 소유한 2 이상의 환지 전 토지 또는 건축물에 대하여 환지 후 하나의 토지 또는 구분건축물에 환지를 지정할 수 있다(법 시행규칙 제29조 제10항).

[도시개발업무지침 : 집단환지의 지정]

4-3-1. 「주택법」 제2조 제2호의 공동주택 또는 동조 제3호의 국민주택을 건설하기 위하여 필요한 경우에는 집단환지를 지정할 수 있다.
4-3-2. 시행자는 집단환지의 지정에 관하여 토지소유자가 신청할 수 있도록 환지계획 작성 전 60일 이내의 기간을 정하여 개발구역 안의 토지소유자에게 서면으로 통지하고 신청을 받아야 한다.
4-3-3. 시행자는 4-3-2.의 규정에 따라 신청한 면적이 인구수용계획상의 면적을 초과하는 경우에는 추첨의 방식에 따라 집단환지대상자를 선정할 수 있다.
4-3-4. 시행자는 4-3-3.의 결과를 신청자에게 서면으로 통지한다.
4-3-5. 시행자는 규약정관시행 규정에 공동주택 건설이 원활하도록 집단환지를 받은 토지소유자가 건설회사에게 고가 매수 또는 시공권의 요구 등 부당한 주장을 할 경우 이를 방지할 수 있는 대책을 사전에 마련하여 반영해야 한다.

다) 양자와 입체환지의 구별

시행자는 과소토지가 되지 않도록 하기 위해 환지계획을 하면서 공동환지 또는 입체환지로 시행하는 2가지 방법이 있다. 양자는 1필지를 2인 이상으로 공유하는 점에서 같지만, 양자는 건축물에 대한 공유지분을 포함하지 못한다는 점에서 입체환지와 그 성격을 달리한다.[98]

나. 입체환지의 일반적 기준

법 제32조에 의거하여 입체환지를 시행할 경우 입체환지 기준은 다음과 같다(도시개발업무지침 4-2-3).

1) 입체환지를 위한 부지와 건축규모, 평면환지, 체비지 계획 등을 종합적으로 고려하여 사업의 원활한 시행 및 소유자에게 손익이 균형 있게 배분되도록 한다.

2) 입체환지의 신청기간이 만료된 이후에 그 접수된 내용을 기준으로 환지계획을 수립하여야 한다.

3) 입체환지 신청을 접수한 결과 신청한 종전 토지나 건축물의 수가 입체환지로 조성되는 구분건축물(구분소유권)의 수에 현저히 미달되는 경우에는 개발계획 및 실시계획 등을 변경하여 입체환지를 시행하지 아니할 수 있다. 이 경우 취소여부에 대하여는 규약·정관 또는 시행규정으로 그 기준 및 관련 절차 등을 정하여야 한다.

다. 입체환지의 지정절차

1) 입체환지 지정

입체환지는 해당 구역 안의 토지 또는 건축물 소유자의 신청을 받아 지정되며, 다만, 토지 또는 건축물이 대통령령으로 정하는 기준 이하인 경우에는 시행자가 규약·정관 또는 시행규정으로 신청대상에서 제외할 수 있다(법 제32조 제1항). 여기서 "대통령령으로 정하는 기준 이하"란 입체환지를 신청하는 자의 종전 소유 토지 및 건축물의 권리가액(환지계획상 환지 후 조성토지 등에 대하여 종전의 토지 및 건축물 소유자가 얻을 수 있는 권리의 가액을 말한다. 이하 이 조에서 같다)이 도시개발사업으로 조성되는 토지에 건축되는 구분건축물의 최소 공급 가격의 100분의 70 이하인 경우를 말한다(영 제62조의 2 제1항). 다만, 환지 전 토지에 주택을 소유하고 있던 토지소유자는

98) 한국도시개발연구포험, 앞의 책, 871면.

권리가액과 관계없이 입체환지를 신청할 수 있다(같은 조 제2항).

[도시개발업무지침 : 입체환지의 대상자]

> 4-2-3. 환지계획에서 필요한 때에는 법 제32조에 의거하여 입체환지를 시행할 수 있으며 입체환지 기준은 다음과 같다.
> (2) 입체환지의 대상이 될 수 있는 자는 해당 구역 안에 토지와 그 토지에 건축된 주택을 동시에 소유한 자이거나 토지와 토지에 건축된 상가를 동시에 소유한 자를 말한다.

2) 토지소유자에 통지 및 공고

입체환지의 경우 시행자는 환지계획작성 전에 실시계획의 내용, 환지계획기준, 환지 대상 필지 및 건축물의 명세, 환지신청 기간 등 대통령령으로 정하는 사항을 토지소유자(건축물 소유자를 포함한다)에게 통지하고 해당 지역에서 발행되는 일간신문에 공고하여야 한다(법 제32조 제3항).

> **법 시행규칙 제62조의2 (입체환지 신청을 위한 통지사항 등)**
> ③ 법 제32조 제3항에서 "대통령령으로 정하는 사항"이란 다음 각 호의 사항을 말한다.
> 1. 환지 계획 기준
> 2. 환지 전 토지 · 건축물의 용도 · 규모 등 상세내역 및 평가가액
> 3. 입체환지로 공급되는 건축물의 위치 · 용도 · 규모 등 상세내역 및 평가가액
> 4. 입체환지 신청의 기간, 장소, 절차 및 방법
> 5. 그 밖에 규약 · 정관 또는 시행규정에서 정하는 사항

3) 환지신청기간

입체환지의 신청 기간은 통지한 날부터 30일 이상 60일 이하로 하여야 한다. 다만, 시행자는 환지계획의 작성에 지장이 없다고 판단하는 경우에는 20일의 범위에서 그 신청기간을 연장할 수 있다(법 제32조 제4항). 이에 따라 입체환지를 받으려는 토지소유자는 위 기간 이내에 대통령령으로 정하는 방법 및 절차에 따라 시행자에게 환지신청을 하여야 한다.

4) 환지계획 작성

입체환지계획의 작성에 관하여 필요한 사항은 국토교통부장관이 정할 수 있다(법 제32조 제6항).

5) 입체환지신청시 첨부서류

입체환지를 신청하려는 자는 다음의 서류를 첨부하여 시행자에게 신청하여야 한다(법 시행규칙 제30조).

가) 입체환지신청서
나) 입체환지신청자의 주민등록등본
다) 환지 전 소유하고 있던 토지 또는 건축물에 대한 등기사항 증명서
라) 그 밖에 시행자가 입체환지신청에 필요하다고 인정하는 서류

라. 투기억제를 위한 환지지정의 제한

시행자는 주민 등의 의견청취를 위하여 공람 또는 공청회의 개최에 관한 사항을 공고한 날 또는 투기억제를 위하여 시행예정자(제3조 제3항 제2호 및 제4항에 따른 요청자 또는 제11조 제5항에 따른 제안자를 말한다)의 요청에 따라 지정권자가 따로 정하는 날(이하 이 조에서 "기준일"이라 한다)의 다음 날부터 다음 각 호의 어느 하나에 해당하는 경우에는 국토교통부령으로 정하는 바에 따라 해당 토지 또는 건축물에 대하여 금전으로 청산(건축물은 제65조에 따라 보상한다)하거나 환지 지정을 제한할 수 있다(법 제32조의2 제1항).

이에 따라 지정권자가 기준일을 따로 정하는 경우에는 기준일과 그 지정사유 등을 관보 또는 공보에 고시하여야 한다. 이 경우 시행자는 입체환지를 신청하는 토지나 건축물에 대해서는 기준일 당시의 해당 토지 또는 건축물의 수를 초과하여 입체환지를 신청할 수 없다(법 시행규칙 제30조의2 제1항).

제1호 1필지의 토지가 여러 개의 필지로 분할되는 경우
제2호 단독주택 또는 다가구주택이 다세대주택으로 전환되는 경우

법 시행규칙 제30조의 2

② 법 제32조의 2 제1항 제1호 및 제3호는 해당 토지 또는 주택 등의 분할·이전을 위하여 「부동산등기법」에 따른 등기부에 기록된 등기 접수일을 기준으로 환지 지정 제한 여부 등을 판단하고, 법 제32조의 2 제1항 제2호 및 제4호는 해당 건축물에 대한 「건축법」에 따른 건축허가 또는 용도변경허가 신청일을 기준으로 환지 지정 제한 여부 등을 판단한다.

제3호 하나의 대지범위 안에 속하는 동일인 소유의 토지와 주택 등 건축물을 토지와 주택 등 건축물로 각각 분리하여 소유하는 경우

제4호 나대지에 건축물을 새로 건축하거나 기존 건축물을 철거하고 다세대주택이나 그 밖의 「집합건물의 소유 및 관리에 관한 법률」에 따른 구분소유권의 대상이 되는 건물을 건축하여 토지 또는 건축물의 소유자가 증가되는 경우

마. 입체환지에 따른 주택 공급 등

1) 공급원칙

시행자는 입체환지로 건설된 주택 등 건축물을 인가된 환지계획에 따라 환지신청자에게 공급하여야 한다. 이 경우 주택을 공급하는 경우에는 「주택법」 제54조에 따른 주택의 공급에 관한 기준을 적용하지 아니한다(법 제32조의3 제1항).

2) 공급기준

가) 원 칙

입체환지로 주택을 공급하는 경우 환지계획의 내용은 다음 각 호의 기준에 따른다. 이 경우 주택의 수를 산정하기 위한 구체적인 기준은 대통령령으로 정한다(같은 조 제2항).

(1) 1세대 또는 1명이 하나 이상의 주택 또는 토지를 소유한 경우 1주택을 공급할 것

(2) 같은 세대에 속하지 아니하는 2명 이상이 1주택 또는 1토지를 공유한 경우에는 1주택만 공급할 것

나) 예 외

시행자는 위 가)항에도 불구하고 다음의 어느 하나에 해당하는 토지소유자에 대하여는 소유한 주택의 수만큼 공급할 수 있다(같은 조 제3항).

(1) 「수도권정비계획법」 제6조 제1항 제1호에 따른 과밀억제권역에 위치하지 아니하는 도시개발구역의 토지소유자

(2) 근로자(공무원인 근로자를 포함한다) 숙소나 기숙사의 용도로 주택을 소유하고 있는 토지소유자

(3) 법 제11조 제1항 제1호부터 제4호까지의 시행자

3) 무주택자에 대한 특례

입체환지로 주택을 공급하는 경우 주택을 소유하지 아니한 토지소유자에 대하여는 기준일 현재 다음 각 호의 어느 하나에 해당하는 경우에만 주택을 공급할 수 있다(같은 조 제4항).

가) 토지 면적이 국토교통부장관이 정하는 규모 이상인 경우

나) 종전 토지의 총 권리가액(주택 외의 건축물이 있는 경우 그 건축물의 총 권리가액을 포함한다)이 입체환지로 공급하는 공동주택 중 가장 작은 규모의 공동주택 공급예정가격 이상인 경우

4) 입체환지 잔여분 분양

시행자는 입체환지의 대상이 되는 용지에 건설된 건축물 중 공급대상자에게 공급하고 남은 건축물의 공급에 대하여는 규약·정관 또는 시행규정으로 정하는 목적을 위하여 체비지(건축물을 포함한다)로 정하거나 토지소유자 외의 자에게 분양할 수 있다(같은 조 제5항). 이때 남은 건축물의 분양에 대하여는 「건축물의 분양에 관한 법률」 및 「주택공급에 관한 규칙」에 따른다. 다만, 법, 「건축물의 분양에 관한 법률」 및 「주택공급에 관한 규칙」의 적용 대상이 아닌 건축물은 규약·정관 또는 시행규정이 정하는 바에 따라 분양할 수 있다(법 시행규칙 제30조의 3).

5) 주택 등 건축물의 공급방법 등

주택 등 건축물을 공급하는 경우 공급의 방법 및 절차 등과 분양의 공고와 신청 절차 등에 필요한 사항은 대통령령으로 정한다(같은 조 제6항).

5. 환지예정지의 지정

가. 환지예정지 지정의 의의 등

1) 의 의

토지의 사용은 사업시행 기간 중 가급적 사용을 정지시키는 것이 공사시행에 효과적이기는 하나 공사착공에서 준공까지에는 상당한 기간이 필요한데, 그 동안 토지사용을 금지시킨다는 것은 토지소유자에게 적지 않은 피해를 주게 될 뿐만 아니라 공공용지에 직접 편입된 토지는 사용불능인 경우도 생긴다.

이에 대한 해결책으로 확정환지처분 전 공사 시행에 지장이 없는 한 종전 토지의 사용구역을 지정하여 토지사용의 편리를 도모할 필요가 있다. 이러한 때 환지예정지를 지정하며, 이 경우 종전의 토지에 관한 임차권자등이 있을 때에는 그 환지예정지에 대하여 당해 권리의 목적인 토지 또는 권리를 아울러 지정하여야 한다. 환지예정지가 지정된 경우에는 종전의 토지소유자 및 임차권자 등은 환지예정지 지정의 효력 발생일로부터 환지처분의 공고가 있는 날까지 환지예정지 또는 그 부분에 대하여 종전과 동일한 내용의 권리를 행사 할 수 있으며, 종전의 토지에 대하여는 이를 사용하거나 수익할 수 없다.

2) 목 적

환지예정지 지정목적은 환지방식 개발사업의 원활한 추진을 도모하고 관계 권리자의 관리관계를 조속히 안정시켜 권리자가 실제상 환지처분이 행하여진 것과 같은 효과를 향유할 수 있도록 함에 있다.[99]

나. 환지예정지지정의 법적성격

항고소송의 대상이 되는 행정청의 처분이라 함은 원칙적으로 행정청의 공법상의 행위로서 특정사항에 대하여 법규에 의한 권리의 설정 또는 의무의 부담을 명하거나 기타 법률상의 효과를 직접 발생하게 하는 등 국민의 권리의무에 직접 관계가 있는 행위를 말하므로, 행정청의 내부적인 의사결정 등과 같이 상대방 또는 관계자들의 법률상 지위에 직접적인 법률적 변동을 일으키지 아니하는 행위는 그에 해당하지 아니한다.

따라서 환지예정지 지정이나 환지처분은 그에 의하여 직접 토지소유자 등의 권리의무가 변동되므로 이를 항고소송의 대상이 되는 처분이라고 볼 수 있으나, 환지계획은 위와 같은 환지예정지 지정이나 환지처분의 근거가 될 뿐 그 자체가 직접 토지소유자 등의 법률상의 지위를 변동시키거나 또는 환지예정지 지정이나 환지처분과는 다른 고유한 법률효과를 수반하는 것이 아니어서 이를 항고소송의 대상이 되는 처분에 해당한다고 할 수가 없다.[100]

환지처분 공고 후에 환지예정지지정처분의 취소를 구할 법률상 이익의 유무(대법원 1999. 10. 8. 선고 99두6873 판결)

99) 대한국토, 도시계획학회, 앞의 책, 329면.
100) 대법원 1999. 8. 20. 선고 97누6889 판결.

토지구획정리사업법에 의한 토지구획정리는 환지처분을 기본적 요소로 하는 것으로서 환지예정지지정처분은 사업시행자가 사업시행지구 내의 종전 토지소유자로 하여금 환지예정지지정처분의 효력발생일로부터 환지처분의 공고가 있는 날까지 당해 환지예정지를 사용수익할 수 있게 하는 한편 종전의 토지에 대하여는 사용수익을 할 수 없게 하는 처분에 불과하고 환지처분이 일단 공고되어 효력을 발생하게 되면 환지예정지지정처분은 그 효력이 소멸되는 것이므로, 환지처분이 공고된 후에는 환지예정지지정처분에 대하여 그 취소를 구할 법률상 이익은 없다.

다. 환지예정지의 지정

1) 지정권자

시행자는 도시개발사업의 시행을 위하여 필요하면 도시개발구역의 토지에 대하여 환지예정지(환지예정지는 환지는 물론 체비지, 보류지도 포함하는 개념이다)를 지정할 수 있다. 이 경우 종전의 토지에 대한 임차권자 등이 있으면 해당 환지예정지에 대하여 해당 권리의 목적인 토지 또는 그 부분을 아울러 지정하여야 한다(법 제35조 제1항).

2) 통지 및 공람

법 제29조 제3항 및 제4항은 법 제11조 제1항 제5호부터 제11호까지의 규정에 따른 시행자(이는 행정청이 아닌 시행자를 의미한다)가 환지예정지를 지정하려고 할 때에 준용한다(법 제35조 제2항). 따라서 행정청이 아닌 시행자가 환지예정지를 지정하려고 하는 경우에는 토지 소유자와 해당 토지에 대한 임차권 등 이를 사용하거나 수익할 권리를 가진 자에게 알리고 관계 서류의 사본을 일반인에게 공람시켜야 한다. 다만 행정청이나 공공기간, 정부출연기관, 지방공사 등이 사업시행자인 경우에는 공람절차는 필요 없다.

환지예정지 지정처분은 그 처분의 성질상 관계 토지 소유자에게 막대한 이해관계를 미치는 처분이므로 반드시 그 소유자에게 개별적으로 서면통지를 필요로 하는 상대방 있는 행정처분이다.[101]

소유자에 대한 통지를 결한 환지예정지 지정이나 환지처분의 효력(대법원 1982. 7. 27. 선고 80누523 판결)

구 조선시가지계획령, 토지개량령의 각 규정과 구 도시계획법 제36조, 제37조의 규정에 의하면

101) 대법원 1962. 5. 17. 선고 62누10 판결.

토지구획정리사업을 시행함에 있어 환지예정지 지정이나 환지확정의 처분을 그 처분 당시의 토지 소유자에게 개별적으로 통지하지 않았다 하여도 그 처분이 당연무효로 된다고 볼 수 없다.

환지예정지지정처분 및 환지예정지변경처분이 위법하지만 이를 취소하는 것이 현저히 공공복리에 적합하지 아니한 경우에 해당하여 사정판결을 할 사유가 있다고 본 사례(대법원 1997. 11. 11. 선고 95누4902 판결)

당해 공업용지조성사업은 그 사업면적이 150,000㎡를 초과하고 있어 구 도시계획법(1991.12. 14. 법률 제4427호로 개정되기 전의 것) 제86조 제1항 및 같은 법 시행령(1992. 7. 1. 대통령령 제13684호로 개정되기 전의 것) 제67조 제2호의 규정상 토지구획정리사업법상의 환지 규정을 준용할 수 없는 사업이므로 그 사업시행자인 지방자치단체장이 위 환지 규정을 준용하여 행한 환지예정지지정처분 및 환지예정지변경처분이 위법하지만, 만약 이를 취소할 경우 이미 환지예정지지정(변경)처분에 불복하지 않고 그 처분에 기하여 사실관계를 형성하여 온 사업지역 내 다수의 이해관계인들에 대한 환지예정지지정(변경)처분까지도 이를 변경하게 됨으로써 기존의 사실관계가 뒤집어지고 새로운 사실관계가 형성되는 혼란이 발생할 수 있게 되는 반면에 위 환지예정지지정(변경)처분을 취소하지 않고 유지함으로써 당해 회사에게 다소의 손해가 발생한다고 하더라도 이는 금전 등으로 전보될 수 있는 것이므로 당해 환지예정지지정처분을 취소하는 것은 현저히 공공복리에 적합하지 아니한 경우에 해당하여서 사정판결을 할 사유가 있다.

[도시개발법 제29조 제3항 및 제4항]

도시개발법 제29조

③ 행정청이 아닌 시행자가 제1항에 따라 환지계획의 인가를 신청하려고 하거나 행정청인 시행자가 환지계획을 정하려고 하는 경우에는 토지소유자와 해당 토지에 대하여 임차권, 지상권, 그 밖에 사용하거나 수익할 권리(이하 "임차권 등"이라 한다)를 가진 자(이하 "임차권자 등"이라 한다)에게 환지계획의 기준 및 내용 등을 알리고 대통령령으로 정하는 바에 따라 관계 서류의 사본을 일반인에게 공람시켜야 한다. 다만, 대통령령으로 정하는 경미한 사항을 변경하는 경우에는 그러하지 아니하다.

④ 토지소유자나 임차권자등은 제3항의 공람 기간에 시행자에게 의견서를 제출할 수 있으며, 시행자는 그 의견이 타당하다고 인정하면 환지계획에 이를 반영하여야 한다.

[도시개발법 제11조 제1항 제5호부터 제11호까지의 시행자]

도시개발법 제11조 (시행자 등)

① 도시개발사업의 시행자(이하 "시행자"라 한다)는 다음 각 호의 자 중에서 지정권자가 지정한

다. 다만, 도시개발구역의 전부를 환지방식으로 시행하는 경우에는 제5호의 토지소유자나 제6호의 조합을 시행자로 지정한다.

제5호 도시개발구역의 토지소유자(「공유수면 관리 및 매립에 관한 법률」 제28조에 따라 면허를 받은 자를 해당 공유수면을 소유한 자로 보고 그 공유수면을 토지로 보며, 제21조에 따른 수용 또는 사용방식의 경우에는 도시개발구역의 국공유지를 제외한 토지면적의 3분의 2 이상을 소유한 자를 말한다)

제6호 도시개발구역의 토지소유자(「공유수면 관리 및 매립에 관한 법률」 제28조에 따라 면허를 받은 자를 해당 공유수면을 소유한 자로 보고 그 공유수면을 토지로 본다)가 도시개발을 위하여 설립한 조합(도시개발사업의 전부를 환지방식으로 시행하는 경우에만 해당하며, 이하 "조합"이라 한다)

제7호 「수도권정비계획법」에 따른 과밀억제권역에서 수도권 외의 지역으로 이전하는 법인 중 과밀억제권역의 사업 기간 등 대통령령으로 정하는 요건에 해당하는 법인

제8호 「주택법」 제9조에 따라 등록한 자 중 도시개발사업을 시행할 능력이 있다고 인정되는 자로서 대통령령으로 정하는 요건에 해당하는 자(「주택법」 제2조 제6호에 따른 주택단지와 그에 수반되는 기반시설을 조성하는 경우에만 해당한다)

제9호 「건설산업기본법」에 따른 토목공사업 또는 토목건축공사업의 면허를 받는 등 개발계획에 맞게 도시개발사업을 시행할 능력이 있다고 인정되는 자로서 대통령령으로 정하는 요건에 해당하는 자

제9의2호 「부동산개발업의 관리 및 육성에 관한 법률」 제4조 제1항에 따라 등록한 부동산개발업자로서 대통령령으로 정하는 요건에 해당하는 자

제10호 「부동산투자회사법」에 따라 설립된 자기관리부동산투자회사 또는 위탁관리부동산투자회사로서 대통령령으로 정하는 요건에 해당하는 자

제11호 제1호부터 제9호까지, 제9호의2 및 제10호에 해당하는 자(제6호에 따른 조합은 제외한다)가 도시개발사업을 시행할 목적으로 출자에 참여하여 설립한 법인으로서 대통령령으로 정하는 요건에 해당하는 법인

3) 토지소유자 등의 의견제출

토지소유자나 임차권자 등은 공람 기간(14일)에 시행자에게 의견서를 제출할 수 있으며, 시행자는 그 의견이 타당하다고 인정하면 환지계획에 이를 반영하여야 한다(법 제35조 제2항).

4) 지정통지

시행자가 환지예정지를 지정하려면 관계 토지소유자와 임차권자 등에게 환지예정지의 위치·면적과 환지예정지 지정의 효력발생 시기를 알려야 한다(법 제35조 제3항). 이때 환지예정지 지정처분은 개별적으로 상대방에게 도달되었을 때 성립된다. 다만, 그것을 그 처분 당시의 토

지소유자에게 개별적으로 통지하지 아니하였다 하더라도 그 처분이 당연무효가 되는 것은 아니다.[102)]

한편, 시행자가 위 절차를 통하여 환지예정지를 지정하고 공고를 완료하였을 때에는 토지소유자가 환지예정지를 유지 · 관리하여야 한다.

토지구획정리에 있어서의 환지예정지 지정처분은 그 토지소유자에게 통지함으로서 효력발생 및 위 지정처분의 발효 기산일(대법원 1962. 5. 17. 선고 62누10 판결)

소원법(폐) 제3조 소정의 "행정처분이 있은 날"이라 함은 환지예정지 지정처분에 있어서는 관계 토지소유자에게 통지하여 그 효력이 생긴 날을 의미하며, 환지예정지 지정처분은 상대방 있는 행정처분이므로 관계 토지소유자에게 이를 통지함으로써 그 효력이 생긴다.

토지구획정리사업지구 내의 토지에 대한 개별토지가격 산정 방법(대법원 1997. 11. 28. 선고 96누13620 판결)

구 지가공시및토지등의평가에관한법률(1995.12.29. 법률 제5108호로 개정되기 전의 것) 제9조, 제10조, 구 개별토지가격합동조사지침(1993. 7.19. 국무총리훈령 제281호로 개정되기 전의 것) 제7조 등의 규정에 의하면, 개별토지가격은 기본적으로 표준지의 공시지가를 기준으로 하여 대상 토지의 이용상황 등의 토지특성에 따른 객관적인 이용가치를 비교 · 평가하는 것이고, 토지구획정리사업법 제57조 제1항의 규정 취지에 비추어 특별한 사정이 없는 이상 환지예정지는 그대로 환지로 확정되는 것이므로, 토지구획정리사업지구 내의 토지에 대한 개별토지가격 산정은 그 산정 기준일 당시 종전 토지에 대한 환지예정지가 지정되어 있고 그 지정의 효력이 발생한 이후로서 환지처분의 공고일 이전인 경우에는 종전 토지의 소유자가 사용 · 수익권을 가지는 환지예정지의 토지특성을 표준지와 비교 · 조사하여 산정하여야 한다.

5) 환지예정지조서

환지예정지를 지정하는 경우 환지예정지지정조서는 별지 제3호 서식에 따른다(도시개발업무지침 4-8-1).

[도시개발업무지침 : 환지예정지조서]

4-8-1. 법 제35조의 규정에 따라 환지예정지를 지정하는 경우 환지예정지지정조서는 별지 제3호 서식에 따른다.

102) 대법원 1962. 5. 17. 선고 62누10 판결,

4-8-2. 시행자가 법 제40조의 규정에 따라 환지처분을 하고자 할 경우에는 각 필지마다 환지면적 및 청산금의 내용이 포함되도록 하여야 하며 전체 사업비용을 감안하여 청산금의 징수 또는 교부 잔액이 없도록 한다.

4-8-3. 법 제40조의 규정에 따라 환지처분을 하는 경우 환지처분조서는 별지 제4호서식과 같다.

4-8-4. 2-4-1.의 규정에 따라 지구별로 분할하여 단계별로 환지계획을 수립할 경우에는 완료된 지구별로 환지처분할 수 있다.

[별지 제3호 서식] 환지예정지조서 (4-8-1. 관련)

<table>
<tr><td colspan="2">순 번</td><td colspan="2"></td><td>주 소</td><td colspan="3"></td><td colspan="2">성 명</td><td colspan="2"></td><td colspan="2">주민등록번호</td><td colspan="2"></td></tr>
<tr><td colspan="9">종 전 토 지 의 표 시</td><td colspan="6">환 지 예 정 지</td><td rowspan="2">비고</td></tr>
<tr><td>동</td><td>지번</td><td>지목</td><td>토지대장면적(㎡)</td><td>편입면적(㎡)</td><td>가산면적(㎡)</td><td>기준면적(㎡)</td><td>감보면적(㎡)</td><td>감보율(%)</td><td>브럭</td><td>롯트</td><td>권리면적(㎡)</td><td>환지면적(㎡)</td><td>과도면적(㎡)</td><td>부족면적(㎡)</td></tr>
<tr><td></td><td></td><td></td><td></td><td></td><td></td><td></td><td></td><td></td><td></td><td></td><td></td><td></td><td></td><td></td><td></td></tr>
</table>

라. 환지예정지 지정의 효과

1) 환지예정지로의 사용 · 수익권의 변화

가) 종전 토지에 대한 사용 · 수익권이전

시행자는 도시개발사업의 시행을 위하여 필요하면 도시개발구역의 토지에 대하여 환지예정지를 지정할 수 있다. 이 경우 종전의 토지의 소유자와 임차권자등은 환지예정지 지정의 효력 발생일부터 환지처분이 공고되는 날까지 환지예정지나 해당 부분에 대하여 종전과 같은 내용의 권리를 행사할 수 있으며 종전의 토지는 사용하거나 수익할 수 없다(법 제36조 제1항).

따라서 환지예정지의 지정이 된다고 하더라도 곧바로 소유권의 변동이 발생하는 것은 아니고, 그에 따라 지정된 환지예정지에 대하여 사용 · 수익권을 취득할 뿐이므로,[103] 종전의 토지 소유자는 그 토지를 처분할 수 있는 것이다.[104]

환지예정지의 경작자가 동 환지예정지를 분배받아 상환완료한 경우 동 예정지의 소유권취득자(대법원 1984. 9. 25. 선고 80다1501 판결)

환지계획에 따른 환지예정지 지정처분이 된 경우 종전 토지소유자의 그 환지예정지에 대한 사용수익권에 터전을 잡아 환지예정지를 경작하던 자가 농지개혁법시행으로 그 환지예정지를 농지분배받아 상환을 완료하면 수분배자는 그 환지예정지 자체에 대한 소유권을 취득하고 후일 환지계획의 완결로 환지확정이 되더라도 수분배자가 취득한 소유권에는 변동이 없고 종전 토지소유자는 환지확정된 토지에 대한 소유권을 취득할 수 없다.

종전 토지소유자의 환지예정지에 대한 점유가 취득시효의 기초로서의 점유인지 여부(대법원 2002. 9. 4. 선고 2002다22083 판결)

토지구획정리사업의 시행으로 환지예정지 지정이 있을 경우 종전 토지의 소유자는 환지예정지로 지정된 토지에 관하여 사용 · 수익권을 취득하게 되고, 이 사용 · 수익권은 종전 토지에 대한 소유권에 기한 것이므로, 종전 토지소유자의 환지예정지에 대한 점유는 자기 소유의 종전 토지에 대한 점유와 그 성질이 같다 할 것이어서, 종전 토지소유자가 종전 토지에 대한 환지예정지를 점유하는 것은 취득시효의 기초로서의 점유라고 볼 수 없다.

환지예정지 지정을 받은 종전토지소유자가 환지예정지 위에 종전부터 권원에 의하여 건립된 건물의 소

103) 대법원 1968. 4. 30. 선고 68다390 판결.
104) 대법원 1963. 5. 21. 선고 63누21 판결.

유자에 대하여 직접 철거청구권이 있는지 여부(대법원 1978. 4. 11. 선고 77다1831 전원합의체 판결)

환지예정지지정을 받은 종전토지소유자는 환지예정지위에 종전부터 권원에 의하여 건립된 건물 기타 공작물을 소유하는 사람에 대하여 환지예정지의 사용수익권을 근거로 하여 직접 건물 기타 공장물의 철거를 구할 수 없다(다수의견).

환지예정지를 특정하여 매도하였으나 그 중 일부가 토지구획정리사업지구에서 제외되고 나머지 부분만이 환지로 확정된 경우, 그 제외된 부분이 매매 목적물에 포함되는지 여부(대법원 1997. 2. 14. 선고 96다31673 판결)

환지예정지를 특정하여 매도하였으나, 그 중 일부가 토지구획정리사업지구에서 제외되어 버리고 나머지 부분만이 환지로 확정된 경우에는 매도인은 토지구획정리사업지구에서 제외된 부분을 여전히 소유하고 있으므로 이를 매수인에게 이전할 수 있을 뿐만 아니라, 이러한 경우 만약 매도된 환지예정지 중 확정된 환지지적만을 매매목적물로 본다면 매수인으로서는 원래 취득하여야 할 환지예정지의 일부가 토지구획정리사업지구에서 제외되는 바람에 이를 취득하지 못하게 되는 반면에, 매도인으로서는 토지구획정리사업지구에서 제외된 부분을 매도하였으면서도 여전히 자신이 소유하게 되는 부당한 결과가 되므로, 이러한 경우에는 특별한 사정이 없는 한 토지구획정리사업지구 내에 소재하여 환지로 확정된 부분뿐만 아니라 토지구획정리사업지구에서 제외되어 환지로 지정되지 아니한 채 여전히 매도인의 소유로 남아 있는 토지도 매매목적물에 포함되는 것으로 해석함이 당사자의 의사에 부합한다.

나) 사용·수익 개시일의 별도지정

시행자는 환지예정지를 지정한 경우에 해당 토지를 사용하거나 수익하는 데에 장애가 될 물건이 그 토지에 있거나 그 밖에 특별한 사유가 있으면 그 토지의 사용 또는 수익을 시작할 날을 따로 정할 수 있다(법 제36조 제2항). 만일 이에 따라 사용·수익의 개시일을 따로 정할 경우에는 사용·수익의 개시일까지는 환지예정비지정의 효력이 발생하지 않는다.

다) 종전 토지소유자 등의 수인의무

환지예정지 지정의 효력이 발생하거나, 그 토지의 사용 또는 수익을 시작하는 경우에 해당 환지예정지의 종전의 소유자 또는 임차권자 등은 환지예정지가 지정되어 환지처분의 공고가 있는 날까지의 기간에는 이를 사용하거나 수익할 수 없으며, 환지예정지 지정을 받은 자가 그 예정지를 사용·수익하는 권리의 행사를 방해할 수 없다(법 제36조 제3항).

라) 체비지의 사용 · 수용 · 처분

시행자는 체비지의 용도로 환지예정지가 지정된 경우에는 도시개발사업에 드는 비용을 충당하기 위하여 이를 사용 또는 수익하게 하거나 처분할 수 있다(법 제36조 제4항). 체비지의 처분에 따른 등기는 환지처분이 있은 후에만 가능하고, 시행자 명의로 먼저 보존등기가 경료되고 다음 이전등기가 경료된다.

토지구획정리사업시행자가 매도한 체비지를 전전매수하여 인도받은 자의 권리관계(대법원 1993. 11. 9. 선고 93다16642 판결)

토지구획정리사업법 제54조, 제57조 제4항, 제62조 제6항의 규정에 따라 환지처분 전에 사업시행자가 체비지 지정을 하여 이를 매도하고 그것이 전전양도된 경우 전전매수인이 토지의 인도를 받았다면 그 매수인은 당해 토지에 관하여 물권 유사의 사용수익권을 취득하였다가 환지처분공고 익일에 위 법에 의하여 소유권을 원시적으로 취득하게 된다.

환지예정지가 지정되지 않은 체비지에 관한 토지소유자의 사용수익권의 유무(대법원 1988. 10. 24. 선고 87다카1604 판결)

토지구획정리사업법 제57조 제4항의 규정에 의하면 체비지로 지정된 토지에 관하여 환지예정지가 지정되지 않은 때에는 토지소유자는 같은 법 제58조의 규정에 의한 사용수익정지처분이 없는 한 환지처분 시까지 계속하여 그 토지를 사용수익할 수 있다.

마) 임대료 등이 증감청구 등 행사

임차권 등의 목적인 토지에 관하여 환지예정지가 지정된 경우 임대료 · 지료(地料), 그 밖의 사용료 등의 증감(增減)이나 권리의 포기 등에 관하여는 법 제48조와 제49조를 준용한다.

(1) 임대료 등의 증감청구

(가) 임대료 등의 증감청구

도시개발사업으로 임차권 등의 목적인 토지 또는 지역권에 관한 승역지(承役地)의 이용이 증진되거나 방해를 받아 종전의 임대료 · 지료, 그 밖의 사용료 등이 불합리하게 되면 당사자는 계약 조건에도 불구하고 장래에 관하여 그 증감을 청구할 수 있다. 도시개발사업으로 건축물이 이전된 경우 그 임대료에 관하여도 또한 같다(법 제48조 제1항). 이 경우 당사자는 해당 권리를 포기하거나 계약을 해지하여 그 의무를 지지 아니할 수 있다(같은 조 제2항).

(나) 기 간

환지처분이 공고된 날부터 60일이 지나면 임대료 · 지료, 그 밖의 사용료 등의 증감을 청구할 수 없다(같은 조 제3항).

(2) 권리의 포기 등

(가) 권리의 포기 및 계약의 해지

도시개발사업의 시행으로 지역권 또는 임차권 등을 설정한 목적을 달성할 수 없게 되면 당사자는 해당 권리를 포기하거나 계약을 해지할 수 있다. 도시개발사업으로 건축물이 이전되어 그 임대의 목적을 달성할 수 없게 된 경우에도 또한 같다(법 제49조 제1항). 이에 따라 권리를 포기하거나 계약을 해지한 자는 그로 인한 손실을 보상하여 줄 것을 시행자에게 청구할 수 있다(같은 조 제2항). 이 경우 손실을 보상한 시행자는 해당 토지 또는 건축물의 소유자 또는 그로 인하여 이익을 얻는 자에게 이를 구상(求償)할 수 있다(같은 조 제3항).

(나) 기 간

환지처분이 공고된 날부터 60일이 지나면 제1항에 따른 권리를 포기하거나 계약을 해지할 수 없다(같은 조 제4항).

(다) 손실보상의 방법 등

손실보상에 관하여는 타인 토지의 출입 등에 관한 손실보상의 방법 및 절차 등에 관한 규정을 준용하며(같은 조 제5항), 손실보상금의 구상에 관하여는 법 제16조 제4항 및 제5항을 준용한다(같은 조 제6항).

마. 환지불지정 토지의 사용 · 수익 정지

1) 사용 · 수익의 정지

시행자는 환지를 정하지 아니하기로 결정된 토지소유자나 임차권자 등에게 날짜를 정하여 그날부터 해당 토지 또는 해당 부분의 사용 또는 수익을 정지시킬 수 있다(법 제37조 제1항).

환지를 정하지 아니하고 다른 토지에 대한 환지예정지로 지정된 토지의 소유자가 그 토지를 사용 수익할 수 없게 되는 시기(대법원 1971. 4. 28. 선고 71다193 판결)

환지를 정하지 아니하고 다른 토지에 대한 환지예정지로 지정된 토지의 소유자는 그 지정의 효력발생일(예정지에 대한 사용수익을 개시할 날을 따로 정한 때에는 그날)로부터 그 토지를 사용수익할 수 없게 된다.

환지예정지가 지정되지 않은 체비지에 관한 토지소유자의 사용수익권의 유무(대법원 1988. 10. 24. 선고 87다카1604 판결)

토지구획정리사업법 제57조 제4항의 규정에 의하면 체비지로 지정된 토지에 관하여 환지예정지가 지정되지 않은 때에는 토지소유자는 같은 법 제58조의 규정에 의한 사용수익정지처분이 없는 한 환지처분시까지 계속하여 그 토지를 사용수익할 수 있다.

2) 사용 · 수익정지를 위한 고지

시행자가 사용 또는 수익을 정지하게 하려면 30일 이상의 기간을 두고 미리 해당 토지소유자 또는 임차권자 등에게 알려야 한다(법 제37조 제2항).

바. 토지의 관리

1) 환지지정 등으로 인한 사용 · 수익자가 없게 된 토지의 관리 – 시행자

환지예정지의 지정이나 사용 또는 수익의 정지처분으로 이를 사용하거나 수익할 수 있는 자가 없게 된 토지 또는 해당 부분은 환지예정지의 지정일이나 사용 또는 수익의 정지처분이 있은 날부터 환지처분을 공고한 날까지 시행자가 관리한다(법 제39조 제1항).

토지구획정리사업지구 내의 공공시설 예정지에 대한 점유를 자주점유로 볼 수 있는지 여부(대법원 1997. 2. 28. 선고 95다43136 판결)

환지예정지로 지정된 종전 토지를 점유하였다 하여도 그 토지를 시효취득할 수는 없을 뿐만 아니라, 공공시설을 설치하기로 계획 · 지정된 이른바 공공시설 예정지는 법률적으로 그에 대응하는 종전 토지가 없기 때문에 그 토지를 점유함으로써 시효취득할 종전 토지가 있을 수 없고, 공공시설 예정지는 사업시행자가 토지구획정리사업법 제59조에 의하여 이를 관리하는 공법상의 관리대상이 되는 토지일 뿐 시행자가 그 소유권을 갖는 것은 아니며, 종전의 소유자도 그 토지에 대하여 사용 · 수익권이 없는 형식상의 소유권을 보유하고 있는 점에 비추어 볼 때 개인이 공공시설 예정지를 점유한다고 하여도 그 점유를 소유의 의사를 가지고 하는 자주점유라고는 할 수 없으므로, 시효취득은 성립될 수 없다.

2) 환지예정지 · 위치 등의 표시

시행자는 환지예정지 또는 환지의 위치를 나타내려고 하는 경우에는 국토교통부령으로 정하는 표지를 설치할 수 있으며(법 제39조 제2항), 이에 따른 환지예정지 또는 환지의 위치를 나타내는 표지는 아래 별표 5와 같다(법 시행규칙 제31조).

[별표 5]

환지 등의 표시를 위한 표지(제31조 관련)

1. 표지의 규격

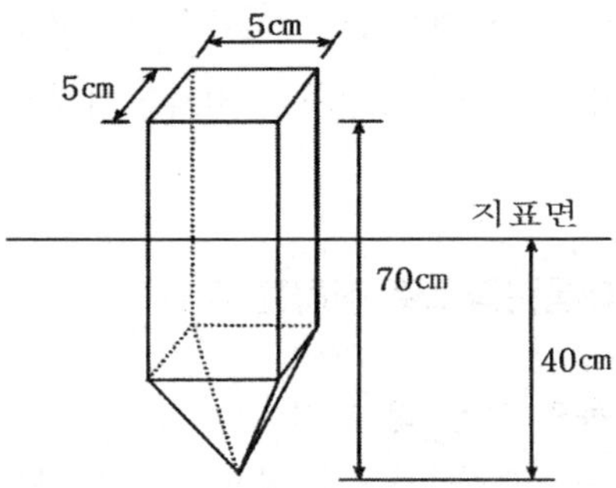

2. 표시방법
   가. 앞면에는 환지측량지점, 환지 또는 환지예정지를 적는다.
   나. 뒷면에는 위치를 적는다.
   다. 양쪽 옆면에는 각각 설치연월일과 "제 호"의 표시를 한다.
   라. 재료는 석재, 합성수지재 또는 콘크리트재로 한다.

3) 표시훼손에 대한 처분

누구든지 환지처분이 공고된 날까지는 시행자의 승낙 없이 설치된 표지를 이전하거나 훼손하여서는 아니 된다(법 제39조 제3항). 만일 위 규정에 위반하여 표시를 훼손한 자는 500만 원 이하의 과태료를 부과한다.

[과태료 규정]

제85조 (과태료)

② 다음 각 호의 어느 하나에 해당하는 자에게는 500만원 이하의 과태료를 부과한다.

제2호 제39조 제3항을 위반한 자

사. 장애물 등의 이전과 제거

1) 특별자치도지사 · 시장 · 군수 또는 구청장의 허가

시행자는 환지예정지를 지정하거나 종전의 토지에 관한 사용 또는 수익을 정지시키는 경우나 대통령령으로 정하는 시설의 변경 · 폐지에 관한 공사를 시행하는 경우 필요하면 도시개발구역에 있는 건축물과 그 밖의 공작물이나 물건(이하 "건축물 등"이라 한다) 및 죽목(竹木), 토석, 울타리 등의 장애물(이하 "장애물 등"이라 한다)을 이전하거나 제거할 수 있다. 이 경우 시행자(행정청이 아닌 시행자만 해당한다)는 미리 관할 특별자치도지사 · 시장 · 군수 또는 구청장의 허가를 받아야 한다(법 제38조 제1항).

[법 제38조 제1항 전단에서 "대통령령으로 정하는 시설"]

법 시행령 제63조 (장애물 등의 이전 및 제거)

① 법 제38조 제1항 전단에서 "대통령령으로 정하는 시설"이란 「국토의 계획 및 이용에 관한 법률」 제2조 제6호에 따른 기반시설을 말한다.

구 토지구획정리사업법상 토지구획정리사업의 시행자에게, 건축물 등을 이전하거나 제거하여 공사를 완료한 후 환지처분을 함으로써 사업구역 내의 토지소유자가 환지처분받은 토지의 사용수익을 방해받지 않도록 할 의무가 있는지 여부(대법원 2007. 6. 14. 선고 2005다1810 판결)

토지구획정리사업의 시행자는 사업 목적의 달성을 위하여 필요한 경우에는 구 토지구획정리사업법(1999. 2. 8. 법률 제5893호로 개정되기 전의 것) 제40조 제1항의 권능 등을 행사하여 건축물 등을 이전하거나 제거하여 공사를 완료한 후 환지처분을 함으로써 사업구역 내의 토지소유자가 환지처분받은 토지의 사용수익을 방해받지 않도록 할 의무를 가지고, 만약 시행자가 그 의무를 태만한 과실로 토지소유자에게 손해를 입힌 경우에는 그 손해를 배상할 책임이 있다.

행정청에 대하여 작위의무의 이행을 구하는 진정서를 부작위위법확인소송제도가 생기기 전에 소관기관 아닌 다른 행정기관에 제출한 경우 그 진정인의 부작위위법확인소송에서의 원고적격 유무(대법원 1990. 5. 25. 선고 89누5768 판결)

원고가 피고인 서울특별시장에 대하여 작위의무의 이행을 구하는 취지의 진정서를 제출하였다면 비록 부작위위법확인소송제도가 그 이후에 시행된 현행 행정소송법(1984.12.15. 전면개정, 1985.10. 1. 시행)에 의하여 신설되었다고 하더라도 위 법 시행 전의 신청에 대한 피고의 부작위가 계속되고 있는 한, 현행 행정소송법을 적용하여 그 부작위에 대한 위법확인소송을 제기할 수 있다고 할 것이고, 또한 원고가 강남구청장이나 정부합동민원실에 위와 같은 취지의 민원서류를 제출하였다면 민원서류를 접수한 행정기관이 소관기관이 아닌 경우에는 민원사무처리규정(1982. 7.20. 대통령령 제10869호)에 따라 접수한 때로부터 8 근무시간 이내에 소관기관에 이를 이송하여야 하므로 실제로 접수한 행정기관이 위 민원서류를 소관기관에게 송부하였는지의 여부에 관계없이 원고의 위 신청은 있었다고 보아야할 것이고, 따라서 원심이 원고에 대하여 원고적격이 없다는 이유로 이 사건 부작위위법확인의 소를 부적법하다고 한 것은 잘못이다.

2) 동절기의 철거제한 등

특별자치도지사 · 시장 · 군수 또는 구청장은 법 제38조 제1항 후단에 따른 허가를 하는 경우에는 동절기 등 대통령령으로 정하는 시기에 점유자가 퇴거하지 아니한 주거용 건축물을 철거할 수 없도록 그 시기를 제한하거나 임시거주시설을 마련하는 등 점유자의 보호에 필요한 조치를 할 것을 조건으로 허가를 할 수 있다(같은 조 제2항).

[법 제38조 제2항에서 "동절기 등 대통령령으로 정하는 시기"]

법 시행령 제63조 (장애물 등의 이전 및 제거)

② 법 제38조 제2항에서 "동절기 등 대통령령으로 정하는 시기"란 다음 각 호의 어느 하나에 해당하는 시기를 말한다.

제1호 동절기(12월 1일부터 다음 해 2월 말일까지를 말한다)

제2호 일출 전과 일몰 후

제3호 해당 지역에 「기상법 시행령」 제8조 제2항 제1호부터 제7호까지의 규정에 따른 기상특보가 발표된 때

제4호 「재난 및 안전관리기본법」 제3조에 따른 재난이 발생한 때

제5호 제1호부터 제4호까지에 준하는 시기로서 특별자치도지사 · 시장 · 군수 또는 구청장이 점유자의 보호를 위하여 필요하다고 인정하는 시기

3) 건축물 이전 · 제거 등의 고지

시행자가 건축물 등과 장애물 등을 이전하거나 제거하려고 하는 경우에는 그 소유자나 점유자에게 미리 알려야 한다. 다만, 소유자나 점유자를 알 수 없으면 이를 공고하여야 한다(같은 조 제3항).

> **법 시행령 제63조 (장애물 등의 이전 및 제거)**
> ③ 법 제38조 제3항 단서에 따른 공고는 관보 또는 해당 도시개발구역이 있는 해당 지방자치단체를 주된 보급지역으로 하는 일간신문에 하여야 하며, 시행자는 그 공고의 내용을 시행지구의 적당한 장소에 게시하여야 한다.

4) 주거용 건축물의 이전 · 철거 통지

주거용으로 사용하고 있는 건축물을 이전하거나 철거하려고 하는 경우에는 이전하거나 철거하려는 날부터 늦어도 2개월 전에 통지를 하여야 한다. 다만, 건축물의 일부에 대하여 대통령령으로 정하는 경미한 이전 또는 철거를 하는 경우나 「국토의 계획 및 이용에 관한 법률」 제56조 제1항을 위반한 건축물의 경우에는 그러하지 아니하다(같은 조 제4항).

[법 제38조 제4항 단서에서 "대통령령으로 정하는 경미한 이전 또는 철거"]

> **법 제63조 (장애물 등의 이전 및 제거)**
> ④ 법 제38조 제4항 단서에서 "대통령령으로 정하는 경미한 이전 또는 철거"란 창고, 차고, 그 밖의 이와 유사한 것의 이전 또는 차양, 옥외계단, 그 밖에 이와 유사한 것의 철거를 말한다.

5) 손실보상

가) 손실보상 및 공탁

시행자는 건축물 등과 장애물 등을 이전 또는 제거하려고 할 경우 「토지수용법」 제50조에 따른 토지수용위원회의 손실보상금에 대한 재결이 있은 후 다음 각 호의 어느 하나에 해당하는 사유가 있으면 이전하거나 제거할 때까지 토지 소재지의 공탁소에 보상금을 공탁할 수 있다(법 제38조 제5항). 이때 손실보상의무는 단지 종전토지가 환지예정지로 지정되었다는 사실만으로 발생하는 것은 아니고, 시행자가 건축물소유자에 대하여 건축물 등의 이전, 제거처분을 한 경우에 비로소 발생한다.[105]

제1호 보상금을 받을 자가 받기를 거부하거나 받을 수 없을 때
제2호 시행자의 과실 없이 보상금을 받을 자를 알 수 없을 때
제3호 시행자가 관할 토지수용위원회에서 재결한 보상 금액에 불복할 때

105) 대법원 1991. 6. 11. 선고 90다20442 판결.

제4호 압류나 가압류에 의하여 보상금의 지급이 금지되었을 때

나) 보상금차액의 공탁 및 출급시기

시행자가 관할 토지수용위원회에서 재결한 보상 금액에 불복하는 경우 시행자는 보상금을 받을 자에게 자기가 산정한 보상금을 지급하고 그 금액과 토지수용위원회가 재결한 보상 금액과의 차액을 공탁하여야 한다. 이 경우 보상금을 받을 자는 그 불복 절차가 끝날 때까지 공탁된 보상금을 받을 수 없다(법 제38조 제6항).

토지구획정리사업법 제40조 제1항에 의한 건축물 등의 이전 또는 제거로 인한 토지구획정리사업시행자의 건축물 등 소유자에 대한 같은 법 제41조 제1항의 손실보상의무 발생시기(대법원 1991. 6.11. 선고 90다20442 판결)

토지구획정리사업법 제40조 제1항, 제41조 제1항, 제56조 제1항의 각 규정에 의하면, 토지구획정리사업시행자의 같은 법 제40조 제1항에 의한 건축물 및 장애물 등의 이전 또는 제거로 인한 같은 법 제41조 제1항의 손실보상의무는 건축물 등 건축되어 있던 종전토지가 환지예정지로 지정되었다는 사실만으로써 발생하는 것이 아니고, 사업시행자가 건축물 소유자에 대하여 건축물 등의 이전 등 처분을 한 경우에 비로소 발생한다고 보아야 한다.

다) 손실보상 기준

손실보상의 기준에 관하여는 「공익사업을 위한 토지 등의 취득 및 보상에 관한 법률」 제14조(토지조서 및 물건조서의 작성), 제18조(보존등기 등이 되어 있지 아니한 토지등에 대한 보상의 특례), 제61조(사업시행자보상), 제63조(현물보상), 제64조(개인별보상), 제65조(일괄보상), 제67조(보상액의 가격시점), 제68조(보상액의 산정), 제71조(사용하는 토지보상), 제72조(사용하는 토지의 매수청구), 제73조(잔여지의 손실과 공사비 보상), 제75조(건축물등 물건에 대한 보상), 제75조의2(잔여지의 손실과 공사비 보상), 제76조(권리의 보상), 제77조(영업의 손실보상) 및 제78조제5항(주거용건물 거주자의 이사비 보상)·제6항(이농 농어민 차액보상)·제9항(보상기준)을 준용한다(법 제65조 제5항).

아. 환지예정지 지정 전 토지사용

1) 사용권자

법 제11조 제1항 제1호부터 제4호까지의 시행자(국가·지방자치단체, 공공기관, 정부출연기관, 지방공사 등)는 다음 각 호의 어느 하나에 해당하는 경우에는 환지예정지를 지정하기 전이라도 실시

계획 인가 사항의 범위에서 토지 사용을 하게 할 수 있으며(법 제36조의2 제1항), 이에 따라 토지를 사용하는 자는 법 제28조에 따른 환지계획에 따라야 한다(같은 조 제4항).

제1호 순환개발을 위한 순환용주택을 건설하려는 경우
제2호 「국방 · 군사시설 사업에 관한 법률」에 따른 국방 · 군사시설을 설치하려는 경우
제3호 제7조 제1항에 따른 주민 등의 의견청취를 위한 공고일 이전부터 「주택법」 제4조에 따라 등록한 주택건설사업자가 주택건설을 목적으로 토지를 소유하고 있는 경우
제4호 그 밖에 기반시설의 설치나 개발사업의 촉진에 필요한 경우 등 대통령령으로 정하는 경우

다만, 법 제11조 제1항 제3호(정부출연기관) 또는 제4호(지방공사)의 경우에는 다음 각 호 모두에 해당하는 경우에만 환지예정지를 지정하기 전에 토지를 사용할 수 있다(같은 조 제2항).

제1호 사용하려는 토지의 면적이 구역 면적의 100분의 5 이상(최소 1만 제곱미터 이상)이고 소유자가 동일할 것. 이 경우 국유지 · 공유지는 관리청과 상관없이 같은 소유자로 본다.
제2호 사용하려는 종전 토지가 제17조 제2항에 따른 실시계획 인가로 정한 하나 이상의 획지(劃地) 또는 가구(街區)의 경계를 모두 포함할 것
제3호 사용하려는 토지의 면적 또는 평가액이 구역 내 동일소유자가 소유하고 있는 전체 토지의 면적 또는 평가액의 100분의 60 이하이거나 대통령령으로 정하는 바에 따라 보증금을 예치할 것
제4호 사용하려는 토지에 임차권자 등이 있는 경우 임차권자 등의 동의가 있을 것

2) 공급 · 분양금지

법 제36조의 2 제1항에 따라 토지를 사용하는 자는 환지예정지를 지정하기 전까지 새로 조성되는 토지 또는 그 위에 건축되는 건축물을 공급 또는 분양하여서는 아니 된다(같은 조 제3항).

3) 방법 및 절차

법 제36조의 2 제1항부터 제4항까지의 규정의 시행에 필요한 구체적인 절차, 방법 및 세부기준 등은 대통령령으로 정할 수 있다(같은 조 제5항).

자. 환지예정지 지정효력 상실시기

환지예정정지 지정처분은 환지처분이 공고되어 효력이 발생하는 그 효력이 소멸된다. 따라서 환지예정지 지정처분은 환지처분의 공고일까지만 효력이 있으므로 그에 대한 항고소송은 환지처분이 유효하게 공고되면 그 소의 이익이 소멸된다.

6. 환지처분

가. 환지처분의 개념

환지처분이란 사업시행자가 환지계획에 따라 종전 토지에 갈음하여 즉 개발사업지역 내의 토지에 대하여 환지방식 개발사업 시행 전의 토지의 각 필지 및 그 토지상에 존재하는 임차권, 지상권, 지역권 등의 권리의 목적이 되는 부분을 환지방식 개발사업 공사 후의 새로운 토지를 교부하거나, 종전의 토지와 새로운 토지 간에 과부족이 생긴 경우에 금전으로 청산할 것을 결정하는 행정행위(행정처분)를 말한다.

나. 법적지위

환지처분은 행정처분의 하나이다. 시행자가 행정청이 아닌 토지소유자 또는 조합인 경우에도 그가 행하는 환지처분은 국가의 공권력을 위임받아 행하는 행위로서 행정처분이다. 따라서 중대하고 명백한 하자가 있으면 환지처분은 무효로 되고, 행정청이나 재판에 의해 취소되지 않는 한 공정력을 갖는다.106)

종전 토지소유자가 아닌 타인을 권리자로 지정한 환지처분의 효력(대법원 1987. 2. 10. 선고 86다카285 판결)
종전의 토지가 단독 또는 다른 토지들과 합동으로 환지되었다면 그 환지가 제자리 환지라 하더라도 환지처분이 대인적 처분이 아닌 대물적 처분의 성격을 가진 점에 비추어 종전 토지소유자는 환지에 대하여 단독 또는 공동으로 소유권을 취득한다 할 것이고 사업시행자가 종전 토지소유자가 아닌 타인을 환지받는 권리자로 지정하였다 하더라도 종전 토지소유자가 환지의 소유권을 취득하고 이를 행사함에 있어서는 아무런 영향이 없다.

106) 대한국토 · 도시계획학회, 앞의 책, 332면.

환지계획에 의하지 아니하고 환지계획에도 없는 사항을 내용으로 하는 환지처분의 효력(대법원 1993. 5. 27. 선고 92다14878 판결)

환지처분의 내용은 모두 환지계획에 의하여 미리 결정되는 것이며 환지처분은 다만 환지계획구역에 대한 공사가 완료되기를 기다려서 환지계획에 정하여져 있는 바를 토지소유자에게 통지하고 그 뜻을 공고함으로써 효력이 발생되는 것이고, 따라서 환지계획과는 별도의 내용을 가진 환지처분은 있을 수 없는 것이므로 환지계획에 의하지 아니하고 환지계획에도 없는 사항을 내용으로 하는 환지처분은 효력을 발생할 수 없다.

당연무효인 당초의 환지처분이 있은 뒤에 적법한 절차를 거쳐 새로운 환지처분이 유효하게 이루어진 경우, 당초의 환지처분에 대한 무효확인을 구할 법률상 이익이 상실되는지 여부(대법원 2002. 4. 23. 선고 2000두2495 판결)

환지처분이 공고되어 효력을 가지게 되면 환지예정지지정처분의 효력은 소멸되므로 그 때부터는 환지예정지지정처분이 무효라는 확인을 구할 법률상 이익이 없어지고, 당초의 환지처분이 환지계획의 내용에 따르지 아니하여 무효이면 시행자는 환지계획변경 등의 절차를 거쳐 다시 환지처분을 할 수 있고, 이러한 새로운 환지처분이 적법하게 이루어지면 당초의 환지처분이 무효라는 확인을 구할 법률상의 이익도 없어진다.

다. 환지처분의 종류

1) 협의의 환지처분

가) 감환지처분

적응환지처분에 의한 환지면적보다 환지면적을 더 작게 환지를 하여 주는 처분을 말한다(법 제31조 제1항).

나) 적응환지처분

종전 토지 및 그 토지 위에 존재하는 임차권, 지상권 등에 대하여 그 위치, 면적, 토질 등을 기준으로 하여 환지 및 임차권, 지상권 등의 목적이 되는 환지의 부분을 지정하는 처분을 말하며(법 제28조 제2항), 가장 이상적인 처분이라 할 수 있다.

다) 증환지처분

환지면적이 기준면적에 미달하여 그 규모를 조정할 필요가 있는 경우에 종전의 토지보다 더 많이 환지해 주는 처분을 말한다.

라) 공공시설용지에 대한 환지처분

토지수용법 제3조의 공익사업에 해당하는 공공시설용지에 대한 환지처분의 그 위치, 면적 등에 관하여 환지계획의 기준을 적용하지 아니하고 환지처분의 그 위치, 면적 등에 관하여 환지계획의 기준을 적용하지 아니하고 환지처분을 행할 수 있다.

2) 광의의 환지처분

가) 동의에 의한 환지부지정처분

토지소유자의 신청 또는 동의가 있을 때에는 종전의 토지에 대하여 환지를 지정하지 않고 금전으로 청산할 것을 정하는 환지처분을 할 수 있다.

나) 과소토지에 대한 환지부지정처분

적응환지처분에 의한 환지면적이 과소토지로 될 것이 예견되는 경우에는 증환지처분을 하여 주는 것이 원칙이나 증환지처분도 해줄 수가 없는 경우에는 환지를 지정하지 아니할 수 있다.

다) 입체환지처분

시행자는 토지소유자의 동의를 얻어 토지에 갈음하여 시행자가 처분할 권한을 가진 건축물과 그 건축물이 있는 부지의 공유지분을 주도록 할 수 있다.

라) 보류지, 체비지의 처분

시행자는 도시개발사업의 시행에 필요한 경비에 충당하거나 규약, 정관, 시행규정 또는 사업계획에서 정한 목적을 수행하기 위하여 환지계획에서 정하여진 바에 의하여 일정한 토지의 환지를 지정하지 아니하고 보류지, 체비지로 지정할 수 있다.

라. 환지처분의 절차

1) 공 람

시행자는 환지방식으로 도시개발사업에 관한 공사를 끝낸 경우에는 지체 없이 대통령령으로 정하는 바에 따라 이를 공고하고 공사 관계 서류를 일반인에게 공람시켜야 한다(법 제40조

제1항).

2) 공사완료의 공고

가) 공고의 방법

공사완료의 공고는 관보 또는 공보에 하여야 한다(영 제64조 제1항).

나) 공고시 포함될 사항

위 가)에 따른 공고에는 다음 각 호의 사항이 포함되어야 한다(같은 조 제2항).

제1호 사업의 명칭
제2호 시행자
제3호 시행기간
제4호 개발계획에 따른 공종별 공사시행내역

다) 공람기간

시행자는 공고를 한 때에는 다음 각 호의 서류를 14일 이상 일반에게 공람시켜야 한다(같은 조 제3항).

(1) 영 제64조 제2항 각 호의 사항을 기재한 서류
(2) 공사설계서 및 관련 도면

라) 소유자 등의 의견제서출 및 준공검사신청 등

도시개발구역의 토지소유자나 이해관계인은 공람 기간에 시행자에게 의견서를 제출할 수 있으며, 의견서를 받은 시행자는 공사 결과와 실시계획 내용에 맞는지를 확인하여 필요한 조치를 하여야 한다(법 제40조 제2항). 만일 위 공람 기간에 의견서의 제출이 없거나 제출된 의견서에 따라 필요한 조치를 한 경우에는 지정권자에 의한 준공검사를 신청하거나 도시개발사업의 공사를 끝내야 한다(같은 조 제3항).

마) 환지처분의 기간

시행자는 지정권자에 의한 준공검사를 받은 경우(지정권자가 시행자인 경우에는 법 제51조에 따른 공사완료 공고가 있는 때)에는 대통령령으로 정하는 기간(60일 이내)에 환지처분을 하여야 한다(같은 조 제4항).

법 시행령 제65조 (환지처분의 기간)

법 제40조 제4항에서 "대통령령으로 정하는 기간"이란 60일 이내를 말한다.

바) 환지처분의 공고

시행자는 환지처분을 하려는 경우에는 환지계획에서 정한 사항을 토지소유자에게 알리고 이를 공고하여야 한다(같은 조 제5항).

법 시행령 제66조 (환지처분의 공고)

① 법 제40조 제5항에 따른 환지처분의 공고는 관보 또는 공보에 하여야 한다.

② 제1항에 따른 공고에는 다음 각 호의 사항이 포함되어야 한다.

제1호 사업의 명칭

제2호 시행자

제3호 시행기간

제4호 환지처분일

제5호 사업비 정산내역

제6호 체비지 매각대금과 보조금, 그 밖에 사업비의 재원별 내역

사) 환지처분조서

환지처분을 하는 경우 환지처분조서를 작성하여야 하는데, 그 조서는 별지 제4호와 같다(도시개발업무지침 4-8-3).

[별지 제4호 서식] 환지처분조서

순 번		주소		성 명		주민등록번호	
환지예정지	브럭 롯트						

종 전 토 지 의 표 시									환 지 의 표 시				청 산 내 역						비고
동	지번	지목	토지대장면적(㎡)	편입면적(㎡)	가산면적(㎡)	기준면적(㎡)	감보면적(㎡)	감보율(%)	동	지번	지목	환지면적(㎡)	권리면적(㎡)	과도면적(㎡)	부족면적(㎡)	㎡당토지가격(원)	청산금액(원) 징수	교부	

아) 환지처분과 분양처분의 비교

환지처분과 분양처분은 기존의 권리를 새로운 권리로 변환시켜 주는 처분이라는 점에서 동일하나, 양자는 아래와 같이 권리이전의 확정시기, 소유권이전의 절차, 우선매수권의 인정여부 등에 관한 차이가 있다.

사 항	분양처분	환지처분
권리이전 확정시기	소유권 이전 고시일	환지처분공고일의 다음날
소유권이전 (분양처분) 환지처분절차	준공인가신청▶준공검사(시장, 군수)▶준공인가 및 공사완료고시(시장, 군수)▶확정측량 및 토지분할(시행자)▶소유권이전통지, 고시(시행자)▶청산	공사완료 공고, 공람(14일 이상, 시행자)▶의견제출▶공사완료보고서 작성▶준공검사(지정권자)▶공사완료공고(지정권자)▶환지처분통지, 공고(시행자)▶청산
우선 매수청구권	정비기반시설설치를 위해 토지 등의 수용된 자	불인정
등 기	소유권 이전의 고시가 있는 때 지체 없이 촉탁 또는 신청(시행자)	환지처분공고후 14일 이내 촉탁 또는 신청(시행자)
다른 등기의 제한	소유권 이전 고시일로부터 등기가 있을 때까지 다른 등기 제한 * 예외가 없다.	원칙 : 환지처분공고일로부터 등기가 있을 때까지 다른 등기 제한 예외 : 확정일부에 의해 환지처분공고일 전에 등기원인 있음을 증명한 경우

마. 청 산 금

1) 청산금의 개념

도시개발사업 또는 기타 법률에 의하여 사업시행자가 사업완료 후에 사업구역 내의 토지소유자 또는 관계인에게 종전의 토지 대신에 그 구역 내의 다른 토지로 바꾸어 교부될 환지와 종전의 토지 간에 지목 · 지적 · 토성(土性) · 수리 · 경사 · 온도 · 등위 등을 종합적으로 감안하여 상계할 수 없는 부분이 있는 경우에 금전으로 청산하는 행정행위를 환지청산이라 하며, 지급하는 금전을 환지청산금이라 한다.

2) 청산금의 법적성질

청산금은 환지를 정하거나 그 대상에서 제외한 경우 그 과부족분(過不足分)은 종전의 토지 및 환지의 위치 · 지목 · 면적 · 토질 · 수리 · 이용 상황 · 환경, 그 밖의 사항을 종합적으로 고려하여 금전으로 청산하는 것으로써, 이의 교부는 그 과부족분에 대한 손실보상금의 성격을 가지며, 그의 징수는 부당이득금반환의 성격을 갖는다.

토지구획정리사업의 시행에 관한 도급계약의 도급인인 토지구획정리조합이 과도지(과도지) 소유자들에 대하여 환지처분시의 시가보다 저렴한 가격을 기준으로 산정한 환지청산금을 부과·징수하였더라도, 과도지 소유자들이 위 도급계약의 수급인에 대한 관계에서 법률상 원인 없이 차액 상당의 부당이득을 얻었다고 할 수 없다고 한 사례(대법원 2007. 6. 29. 선고 2005다48888 판결)

부당이득은 법률상 원인 없이 타인의 재산 또는 노무로 인하여 이익을 얻고 이로 인하여 타인에게 손해를 가함으로써 성립되는 것이므로 그러한 요건을 구비한 때에만 부당이득반환청구가 허용될 수 있다.

그런데 위 조합은 2000. 1.28. 법률 제1822호로 폐지된 구 토지구획정리사업법 제19조에 근거한 법인으로서 그 구성원인 조합원과 독립하여 별개로 권리의무의 주체가 된다고 할 것인바, 원고는 위 조합의 자력 유무에 불구하고 여전히 위 조합에 대하여 도급대금청구채권을 가지고 있으므로 무슨 손해를 입었다고 할 수 없고, 위 피고들을 포함한 과도지 소유자들은 위 조합의 환지확정처분에 따른 환지청산금을 납부하거나 납부해야 할 의무를 부담하고 과도지의 소유권을 취득한 것이므로 이러한 소유권 취득을 가리켜 법률상 원인이 없는 것이라고 할 수도 없으며, 위 조합이 위 피고들에게 과도지의 청산금으로 얼마를 부과하고 징수할 것인지는 위 조합과 조합원인 위 피고들 사이의 내부 문제에 불과하여 제3자인 원고가 위 조합을 대위하는 등의 방법에 의하지 아니한 채 직접 개입할 여지는 없다고 할 것이므로, 설령 위 조합이 위 피고들을 포함한 과도지 소유자들에게 대하여 그 환지처분시의 시가보다 저렴한 가격을 기준으로 산정한 환지청산금을 부과·징수하였다고 하더라도, 위 피고들이 원고에 대한 관계에서 법률상 원인 없이 그 차액 상당의 이득을 얻었다고는 할 수 없다고 할 것이다.

3) 청산금의 산정기준 및 결정시기 등

가) 청산금의 산정기준

환지를 정하거나 그 대상에서 제외한 경우 그 과부족분(過不足分)은 종전의 토지(법 제32조에 따라 입체환지방식으로 사업을 시행하는 경우에는 환지 대상 건축물을 포함한다. 이하 법 제42조 및 법 제45조에서 같다) 및 환지의 위치·지목·면적·토질·수리·이용 상황·환경, 그 밖의 사항을 종합적으로 고려하여 금전으로 청산하여야 한다(법 제41조 제1항).

나) 청산금의 결정시기

청산금은 환지처분을 하는 때에 결정하여야 한다. 다만, 법 제30조(동의 등에 따른 환지의 제외)나 법 제31조(토지면적을 고려한 환지)에 따라 환지 대상에서 제외한 토지 등에 대하여는 청산금을 교부하는 때에 청산금을 결정할 수 있다(같은 조 제2항).

[도시개발업무지침 : 청산금]

> 4-9-1. 법 제46조의 규정에 따른 청산금의 징수 및 교부는 환지처분일로부터 1년 이내에 완료하여야 한다. 다만, 시행자가 필요하다고 인정하는 경우에는 기간을 정한 후 이자를 붙여 분할징수하거나 분할교부할 수 있다.
> 4-9-2. 청산금에 대하여 이자를 붙여 분할징수하거나 분할교부하는 경우의 이자율은 일반시중은행 대출금리 이하로 한다.
> 4-9-3. 4-9-1.에 따른 청산금의 이자율 적용기준일은 청산금을 일시에 납부하는 때에는 납부고지일로 하고 분할납부를 하는 때에는 그 분할납부금의 납부일 현재로 한다.

다) 청산금의 확정시기

청산금은 환지처분이 공고된 날의 다음 날에 확정된다(법 제42조 제6항). 따라서 위 기한까지 미지급시에는 그 다음날부터 지연손해금을 가산하여 지급하여야 한다.

> **청산금 부과처분의 요건 및 구 토지구획정리사업법(1975.12.31. 법률 제2848호)상 청산금 산정의 기준시기**(대법원 1984. 1. 31. 선고 82누492 판결)
>
> 토지구획정리사업법이 정하는 청산금은 구획정리사업에 소요되는 사업비에 충당함은 물론 사업지구 내 토지에 관하여 환지처분에 따라 생기는 불공평을 과부족 없이 공평하게 하기 위하여 그 과부족액을 이득을 취한 자로부터 징수하여 이를 손실을 받을 자에게 교부하여 청산하려는 것이므로 이 사건 토지가 구획정리사업지구에 적법하게 편입되고 원고들에게 교부한 환지면적이 원래 원고 등에게 교부하여야 할 권리면적을 초과하고 있음이 분명하다면 이 사건 청산금부과처분은 적법한 요건을 갖추었다 할 것이다.
>
> 다. 청산금산정을 위한 토지가액 평가시기에 관한 법률해석을 그릇하여 그 평가시기를 잘못 잡았다고 하더라도 이는 청산금부과처분이 당연무효이거나 그 부과처분 전부의 취소사유가 된다고는 할 수 없고, 적법한 평가시기를 기준으로 하여 산출한 청산금 금액을 초과한 부분만을 취소할 것이다. 또한, 1980. 1. 4. 법률 제3255호로 토지구획정리사업법 제52조에 그 제2항이 신설되기 이전의 토지구획정리사업법(1975.12.31 법률 제2848호)의 규정에 의하면 청산금의 산정은 환지계획인가시의 토지가액을 기준으로 하여야 한다.

4) 청산금의 징수 및 교부 시기

청산금의 징수 및 교부는 환지처분일로부터 1년 이내에 완료하여야 한다. 다만, 시행자가 필요하다고 인정하는 경우에는 기간을 정한 후 이자를 붙여 분할징수하거나 분할교부할 수 있다(도시개발업무지침 4-9-1).

토지구획정리사업법 제52조 소정의 청산금 산출방법(대법원 1995. 9. 5. 선고 95누3060 판결)

토지구획정리사업법 제48조의 2 제1항, 같은 법 시행령 제30조의 2 및 지가공시및토지등의평가에관한법률 제4조, 제9조 제2항, 제10조 제1항 제6호, 같은 법 시행령 제12조 제4호, 감정평가에관한규칙 제17조 등을 종합하면, 토지구획정리사업법에 의한 환지청산금의 기준이 되는 토지가격의 산정은 그 토지와 유사한 이용가치를 지닌다고 인정되는 하나 또는 둘 이상의 표준지를 선택하여 그 공시지가를 기준으로 환지청산시까지의 지가변동율을 참작하고 표준지와 평가 대상 토지와의 위치, 지형, 환경 등 토지의 객관적 가치에 영향을 미치는 제 요인을 비교교량하는 이른바 품등비교를 하여 가격을 평가하여야 하며, 그 감정평가서에는 위와 같은 각 평가요인을 구체적으로 특정하여 명시함으로써 보상액 산정이 적정하게 이루어졌음을 객관적으로 인정할 수 있어야 한다.

토지구획정리사업시행에 있어 사업비용의 증액책정에 관하여 변경인가를 받지 아니하고 징수청산금을 증액부과한 경우의 효력(대법원 1977. 12. 27. 선고 75누188 판결)

토지구획정리사업시행에 있어 사업비용의 증액책정에 관하여 건설부장관의 변경인가를 밟지 아니한 절차상의 위법사유가 있더라도 그 사실만으로 이미 부과된 징수청산금 부과처분이 바로 당연무효가 되는 것은 아니다.

그릇된 토지가액평가시기를 기준으로 한 청산금 부과처분의 효력(대법원 1984. 1. 31. 선고 82누492 판결 [청산금부과처분] 〉 종합법률정보 판례)

청산금산정을 위한 토지가액 평가시기에 관한 법률해석을 그릇하여 그 평가시기를 잘못 잡았다고 하더라도 이는 청산금부과처분이 당연무효이거나 그 부과처분 전부의 취소사유가 된다고는 할 수 없고, 적법한 평가시기를 기준으로 하여 산출한 청산금 금액을 초과한 부분만을 취소할 것이다.

바. 환지처분의 효과

1) 원칙적 효과

가) 환지처분으로 인한 권리의 확정

환지처분의 공고가 있는 경우에는 환지계획에서 정하여진 환지는 그 환지처분의 공고가 있는 날의 다음날부터 종전의 토지로 보며, 환지계획에서 환지를 정하지 아니한 종전의 토지상에 존재하던 권리는 그 환지처분의 공고가 있은 날이 종료한 때에 소멸한다(법 제42조 제1항).

나) 체비지(보류지)의 귀속

환지계획으로 체비지 또는 보류지를 지정한 경우 체비지는 시행자가, 보류지는 환지계획에서 정한 자가 각각 환지처분의 공고가 있는 날의 다음 날에 당해 소유권을 취득한다. 다만, 이미 처분된 체비지는 당해 체비지를 매입한 자가 소유권 이전 등기를 마친 때에 이를 취득한다(법 제42조 제5항).

다) 청산금의 확정

청산금은 환지처분의 공고가 있은 날의 다음날에 취득한다(법 제42조 제6항).

2) 예외적 효과

가) 종전토지에 전속하는 행정 또는 재판상 처분

행정상 또는 재판상의 처분으로서 종전의 토지에 대하여 전속하는 것은 환지처분에 의하여 영향을 받지 아니한다(법 제42조 제2항). 여기서 종전의 토지에 대하여 전속하는 처분이라 함은 특정 토지의 사실관계에 착안하여 행하여진 처분으로서, 그 처분의 성질상 다른 토지로서 바꿀 수 없는 것을 말한다. 예를 들면, 토지 등의 취득 및 보상에 관한 법률에 의한 수용처분, 국토의 계획 및 이용에 관한 법률에 의한 지역 · 지구 · 구역의 지정, 재판상의 검증 · 출입금지가처분 · 증거보전 처분 등이 이에 해당한다.

나) 지역권의 존속 및 소멸

환지처분이 발생하더라도 종전의 토지에 대하여 존재하던 도시개발구역 안의 토지에 대한 지역권은 종전의 토지에 존속한다. 다만, 도시개발사업의 시행으로 인하여 행사할 이익이 없어진 지역권은 환지처분의 공고가 있은 날이 종료하는 때에 소멸한다(법 제42조 제3항).

다) 입체환지의 효과

환지계획에 따라 토지소유자는 환지처분이 공고된 날의 다음 날에 환지계획에서 정하는 바에 따라 건축물의 일부와 당해 건축물이 있는 토지의 공유지분을 취득한다. 이 경우 종전의 토지에 대한 저당권은 환지처분의 공고가 있은 날의 다음 날부터 당해 건축물의 일부와 당해 건축물이 있는 토지의 공유지분에 존재하는 것으로 본다(법 제42조 제4항). 환지처분이 일단 확정되어 효력이 발생한 후에는 이를 소급하여 시정하는 뜻의 환지변경처분이란 있을 수 없다. 따라서 그러한 환지변경의 필요가 있을 때에는 그를 위하여 환지절차를 새로이 밟아야 하며 그러한 절차를 밟지 아니하고 한 환지 변경처분은 하자가 중대하고 명백하여 당연무효이다.

환지처분 확정후의 환지변경 처분의 효력(서울고등법원 1977. 3. 29. 선고 76구485 제1특별부 판결 : 확정)

환지처분이 일단 확정되어 효력을 발생한 후에는 이를 소급하여 시정하는 뜻의 환지변경처분이란 있을 수 없고 그러한 환지변경의 필요가 있을 때에는 그를 위하여 환지절차를 새로이 밟아야 하며 그러한 절차를 밟지 아니하고 한 환지 변경처분은 하자가 중대하고 명백하여 당연무효이다.

토지소유자에 대한 환지확정의 통지가 누락되었으나 일단 공고되어 확정된 환지처분의 효력 유무(대법원 1991. 5. 10. 선고 90누3591 판결)

토지구획정리사업법 제61조 제5항에 의하면, 시행자가 환지처분을 하고자 할 때에는 환지계획에서 정한 사항을 토지소유자에게 통지하고 이를 공고하도록 되어 있으나 위 제61조와 같은 법 제62조의 규정을 종합하여 보면 환지처분은 개별적인 통지의 유무와는 관계없이 공고에 의하여 외부적으로 성립하고 그 환지처분은 공고익일부터 실체법상의 효과가 발생하는 것이므로 토지소유자에 대한 환지확정의 통지가 누락되었다 하더라도 일단 공고되어 확정된 환지처분이 당연무효가 된다고 할 것은 아니다.

환지확정처분의 일부에 대하여 취소를 구할 법률상 이익의 유무(대법원 1990. 9. 25. 선고 88누2557 판결)

토지구획정리사업법에 의한 토지구획정리는 환지처분을 기본적 요소로 하는 것으로서 환지예정지지정처분은 사업시행자가 사업지구 내의 종전 토지소유자로 하여금 환지계획에서 환지로 정하여진 토지를 환지처분이 있을 때까지 사이에 사용수익할 수 있게 하는 처분에 불과하고 한편 환지처분은 사업시행자가 환지계획구역의 전부에 대하여 공사를 완료한 후 환지계획에 따라 환지교부 등을 하는 처분으로서 일단 공고되어 효력을 발생하게 된 이후에는 환지 전체의 절차를 처음부터 다시 밟지 않는 한 그 일부만을 따로 떼어 환지처분을 변경할 길이 없으며 다만 그 환지처분에 위법이 있다면 그 위법을 이유로 하여 민사상의 절차에 따라 권리관계의 존부를 확정하거나 손해의 배상을 구하는 등의 길이 있을 뿐이므로 그 환지확정처분의 일부에 대하여 취소를 구할 법률상 이익은 없다고 할 것이다.

토지구획정리사업이 완료되어 시가 도시계획상 필요에 의하여 환지예정지변경절차를 통한 환지처분으로 토지를 취득하였으나 그 후 도시계획이 폐지되었다면 토지소유자가 환매권을 취득하는지 여부(대법원 1993. 3. 26. 선고 92다16904 판결)

환지처분이 토지구획정리사업법에 의한 공고가 있은 다음 도시계획의 필요에 의하여 이루어졌다 하더라도 이러한 사정만으로 이를 토지수용법 또는 도시계획법상의 토지수용에 해당되는 것으로 볼 수 없다 할 것인바, 토지구획정리사업지구 내의 토지에 대하여 교통가각광장설치를 위한 도시계획상 필요에 의하여 이루어진 환지예정지변경절차를 통한 환지처분으로 토지소유자가 새로운 환지를 취득하고 시가 이 사건 토지를 취득하였다 하더라도 토지소유자와 시의 토지취득은 위 법 소정의 구획정리사업의 완료에 따른 환지처분으로 인한 것인 이상, 환지처분의 공고가 있은 날의 익일부터는 토지소유자가 취득한 새로운 환지가 종전의 토지로 간주되는 것이므로 그 후 교통가각광장설치 도시계획이 폐지되었다고 하여 토지소유자가 토지수용법 제71조 제1항의 준용에 의하여 시가 취득한 토지에 대하여 환매권을 취득한다고 볼 수는 없다.

7. 환지처분에 의한 등기

가. 시행자의 등기신청

시행자는 환지처분이 공고되면 공고 후 14일 이내에 관할 등기소에 이를 알리고 토지와 건축물에 관한 등기를 촉탁하거나 신청하여야 한다(법 제40조 제1항). 다만, 청산금을 징수하지 못한 토지에 대하여는 그러하지 아니하다(도시개발업무지침 4-10-1). 이 경우 등기에 관하여는 대법원규칙으로 정하는 바에 따른다(같은 조 제2항).

나. 다른 등기의 제한

환지처분이 공고된 날부터 법 제40조 제1항에 따른 등기가 있는 때까지는 다른 등기를 할 수 없다. 다만, 등기신청인이 확정일자가 있는 서류로 환지처분의 공고일 전에 등기원인(登記原因)이 생긴 것임을 증명하면 다른 등기를 할 수 있다(같은 조 제2항).

사업시행자가 별다른 이유 없이 환지등기의 촉탁을 장기간 지체하는 경우, 토지의 소유자에게 사업시행자에 대하여 환지등기의 촉탁을 신청할 수 있는 조리상의 권리가 있는지 여부(대법원 2000. 12. 22. 선고 99두11349 판결)

구 토지구획정리사업법(1999. 2. 8. 법률 제5904호로 개정되기 전의 것) 제65조 제2항은 구획정리사업 또는 환지처분으로 인하여 시행지구 안의 토지 또는 건축물에 관한 권리의 변동이 있는 때에는 시행자는 환지처분의 공고가 있은 후 지체 없이 대법원규칙이 정하는 바에 의하여 이에 관한 등기를 신청 또는 촉탁하여야 한다고 규정하고 있는바, 이는 종전토지의 소유자가 환지 후 토지의 소유자로 됨에도 불구하고 같은 조 제3항에 의하여 다른 등기를 경료하지 못함으로써 그 재산을 처분함에 있어 받는 제약을 최소화하기 위하여 사업시행자에게 환지처분의 공고가 있은 후 지체 없이 환지등기를 촉탁하도록 의무를 부과하고 있는 것이라고 할 것이므로, 사업시행자가 별다른 이유 없이 환지등기의 촉탁을 장기간 지체하는 경우 토지의 소유자로서는 사업시행자에 대하여 환지등기의 촉탁을 신청할 수 있는 조리상의 권리가 있다고 할 것이고, 사업시행자가 이를 거부하였다면 위법한 처분이 된다고 할 것이다.

환지처분의 공고가 있은 후 종전 토지의 등기부에 경매신청의 등기가 기입되었으나 경매절차가 진행된 끝에 환지된 토지의 등기부에 경락인의 명의로 소유권이전등기가 경료된 데 대하여 실체적 권리관계에 부합되는 유효한 등기라고 본 사례(대법원 1991. 3. 12. 선고 90다16894 판결)

환지처분의 공고가 있은 후 토지구획정리사업시행지구 안의 토지에 관하여 법원이 임의경매개시결정을 하였는데 토지구획정리사업법 제65조 제3항에 위반되어 종전 토지의 등기부에 경매신청의 등기가 기입되었다고 하더라도 경매개시결정이 경매할 부동산의 소유자에게 송달되어 그 부동산에 대한 압류의 효력이 생긴 다음 경매절차가 진행된 끝에 환지된 토지의 등기부에 경락인의 명의로 경락허가결정을 원인으로 한 소유권이전등기가 마쳐졌다면 그 소유권이전등기는 실체적 권리관계에 부합되는 유효한 등기이다.

환지처분공고 이후 환지등기 이전에 이루어진 종전토지에 대하여 한 등기의 효력 및 환지등기 전에 종전토지에 관한 등기신청과 이의 처리방법(대법원 1983. 12. 27. 선고 81다1039 판결)

환지처분의 효과로서 환지는 그 환지처분의 공고한 날의 익일부터 이를 종전의 토지로 보게 되므로 종전의 토지소유자는 환지등기가 없어도 그날부터 종전토지에 대한 소유권을 상실함과 동시에 새로 부여된 환지의 소유권을 취득하는 것이고 따라서 환지에 대한 등기로서의 효력이 존속하는 것은 환지처분공고 당시 종전토지 위에 있는 등기에 한하고 그 공고이후 환지등기 이전에 이루어진 종전토지에 관한 등기는 환지에 대한 등기로서의 효력이 없다. 또한, 환지처분공고 후 환지등기 종료 전에는 종전토지에 대한 등기를 할 수 없는 것이고 위와 같은 등기의 신청이 있는 경우 등기공무원은 부동산등기법 제55조 제2호의 규정에 따라 그 등기신청을 각하할 것이다.

8. 체비지의 처분 등

가. 시행자의 체비지 등의 처분 및 관리

시행자는 체비지나 보류지를 규약 · 정관 · 시행규정 또는 실시계획으로 정하는 목적 및 방법에 따라 합리적으로 처분하거나 관리하여야 한다(법 제44조 제1항).

토지구획정리조합이 조합원총회의 결의 없이 한 체비지 또는 보류지 처분행위의 효력(대법원 2001. 3. 23. 선고 2000다72671 판결)

구 토지구획정리사업법 제26조 제8호에 의하면, "체비지 또는 보류지의 처분 방법에 관하여는 조합원총회의 결의를 거쳐야 한다."고 규정하고 있으므로 위 규정의 취지에 비추어 보면 토지구획정리조합이 조합원총회의 결의를 거치지 아니하고 체비지 또는 보류지를 처분하는 행위를 한 경우에는 그 효력이 없다.

토지구획정리조합이 조합원총회나 이에 갈음한 대의원회의 의결 없이 한 체비지 처분행위의 효력(대법원 2008. 5. 29. 선고 2006다22494 판결)

구 토지구획정리사업법(2000. 1.28. 법률 제6252호로 폐지) 제25조, 제26조 제8호, 제27조, 제66조 제1항에 의하면, 토지구획정리조합이 체비지 등을 처분할 때에는 조합원으로 구성된 총회 또는 총회에 갈음하여 설치된 대의원회의 의결을 거치도록 규정하고 있는데, 이는 효력규정이므로 이를 위반하여 토지구획정리조합이 총회나 이에 갈음한 대의원회의 의결 없이 체비지를 처분한 행위는 효력이 없다.

나. 행정청인 시행자에 대한 특례

행정청인 시행자가 체비지 또는 보류지를 관리하거나 처분(법 제36조 제4항에 따라 체비지를 관리하거나 처분하는 경우를 포함한다)하는 경우에는 국가나 지방자치단체의 재산처분에 관한 법률을 적용하지 아니한다. 다만, 신탁계약에 따라 체비지를 처분하려는 경우에는 「공유재산 및 물품 관리법」 제29조 및 제43조를 준용한다(같은 조 제2항).

[공유재산 및 물품관리법 제29조(계약의 방법) 및 제43조(신탁보수 등)]

제29조 (계약의 방법)

① 일반재산을 대부하거나 매각하는 계약을 체결할 때에는 그 뜻을 공고하여 입찰에 부쳐야 한다. 다만, 대통령령으로 정하는 경우에는 지명경쟁에 부치거나 수의계약으로 할 수 있으며, 증권의 경우에는 「자본시장과 금융투자업에 관한 법률」 제9조 제9항에 따른 증권매출의 방법으로 하며, 이 법 제4조 제1항 제2호 및 제3호의 일반재산을 매각하는 경우에는 제76조 제2항을 준용한다.

② 제1항 단서에 따라 증권을 매각하는 경우 가격산정에 필요한 사항은 대통령령으로 정한다.

제43조 (신탁보수 등)
제42조에 따른 신탁으로 발생한 수익의 지방자치단체 귀속방법과 신탁업자의 신탁보수, 신탁업자의 선정범위 등에 관하여 필요한 사항은 대통령령으로 정한다.

다. 학교용지 등의 공공 가격 특례

학교, 폐기물처리시설, 그 밖에 대통령령으로 정하는 시설을 설치하기 위하여 조성토지 등을 공급하는 경우 그 조성토지 등의 공급 가격에 관하여는 법 제27조 제1항(학교용지 등의 공공 가격)을 준용한다(같은 조 제3항).

도시개발법 제27조 (학교용지 등의 공급 가격)
① 시행자는 학교, 폐기물처리시설, 그 밖에 대통령령으로 정하는 시설을 설치하기 위한 조성토지 등과 이주단지의 조성을 위한 토지를 공급하는 경우에는 해당 토지의 가격을 「부동산 가격공시 및 감정평가에 관한 법률」에 따른 감정평가업자가 감정평가한 가격 이하로 정할 수 있다.
② 제11조 제1항 제1호부터 제4호까지의 시행자는 제1항에서 정한 토지 외에 지역특성화 사업 유치 등 도시개발사업의 활성화를 위하여 필요한 경우에는 대통령령으로 정하는 바에 따라 감정평가한 가격 이하로 공급할 수 있다

[도시개발업무지침 : 학교용지 등의 공급가격 기준]

제7장 학교용지 등의 공급가격 기준
5-7-1. 영 제58조 제2항의 규정에 따라 조성토지에 대한 공급을 감정가격 이하로 공급하고자 할 경우 시행자는 실시계획에서 정한 사업기간 내에 조성원가 수준으로 공급할 수 있다. 이 경우 조성원가는 별표 3의 기준에 따라 산정한 공사비조사비설계비보상비 및 기타 비용을 합산한 금액을 말한다.
5-7-2. 5-7-1.의 규정에 불구하고 이주대책에 따라 해당자에게 이주택지 등을 공급하는 경우에는 감정가격에서 도로급수시설배수시설 기타 공공시설 등 해당 지역의 여건에 따라 설치하는 생활기본시설의 설치비를 차감한 가격으로 공급한다.
5-7-3. 5-7-2.의 규정에 따른 생활기본시설의 설치비는 다음 산식에 따라 산정한다.
(1) 이주단지를 별도로 조성하는 경우 : 생활기본시설의 설치비 ÷ 이주단지 가처분면적 × 필지별 면적
(2) 사업지구안의 단독 주택지를 공급하는 경우 : 사업지구 전체 생활기본시설의 설치비

÷ 사업지구 전체 가처분면적× 필지별 면적

라. 지역특성화 사업 유치 등을 위한 특례

법 제11조 제1항 제1호부터 제4호까지의 시행자(국가나 지방자치단체, 공공기관, 정부출연기관, 지방공사)가 지역특성화 사업 유치 등 도시개발사업의 활성화를 위하여 필요한 경우에 공급하는 토지 중 법 제44조 제3항 외의 토지에 대하여는 법 제27조 제2항을 준용한다(같은 조 제4항).

토지구획정리사업법에 의하여 지정된 체비지의 취득이 구 소득세법 제23조 제1항 제1호 소정의 토지 그 자체의 취득에 해당하는지 여부(적극) 및 그 원칙적 취득시기(=대금 청산일)(대법원 1999. 9. 17. 선고 98두11519 판결)

구 소득세법(1994.12.22. 법률 제4803호로 전문 개정되기 전의 것) 제4조 제3항, 제23조 제1항, 같은 법 시행령(1994.12.31. 대통령령 제14467호로 전문 개정되기 전의 것) 제44조, 토지구획정리사업법 제54조 제1항, 제57조 제4항 등의 규정을 종합하면, 토지구획정리사업법에 의하여 지정된 체비지의 취득은 구 소득세법 제23조 제1항 제1호에 규정된 토지 그 자체의 취득에 해당하고, 그 취득시기는 같은 법 시행령 제53조 제1항 제1호에 의하여 원칙적으로 대금을 청산한 날이 된다.

토지구획정리사업시행자가 체비지를 지정하여 제3자에게 매도하는 경우, 그 매수인이 사용수익권 및 소유권을 취득하는 시기(대법원 1998. 10. 23. 선고 98다36207 판결)

토지구획정리사업법 제54조, 제57조 제4항, 제62조 제6항의 규정에 의하여 환지처분 전에 구획정리사업시행자가 체비지 지정을 하여 이를 제3자에게 처분하는 경우, 매수인이 토지의 인도 또는 체비지대장에의 등재 중 어느 하나의 요건을 먼저 갖추었다면, 그 매수인은 다른 이중양수인에게 그 권리취득을 대항할 수 있음은 물론이고, 당해 토지에 관하여 물권 유사의 사용수익권을 취득하였다가 환지처분 공고 익일에 같은 법에 의하여 원시적으로 소유권을 취득하게 된다.

9. 감가보상금

도시개발사업이 진행되면 통산 단위면적당 토지가격은 사업시행 전에 비하여 현저히 증대되는 것이 일반적이다. 그러나 도시개발사업은 도로·광장·공원 등의 공공시설 설치를 병행하게 되고 이러한 공공시설 설치면적이 지나치게 많아지면 상대적으로 감보율이 높아져서 공공시설에 편입된 토지를 제외한 토지가격 총액이 사업시행 전 토지가격의 총액보다 감소할 수도 있다. 이러한 사업이 토지소유자나 조합 등에 의하여 자의적으로 이루어진 것이라면 별문제가 아니지만, 국가 또는 지방자치단체가 토지소유자의 의사와 관계없이 사업을 시행했던 경우라면 이는 당연히 토지소유자의 재산권에 대한 침해로서 보상하여야 마땅할 것이다. 이러한 취지에서 두고 있는 제도가 '감가보상금제도'인 것이다.

가. 감가보상의 요건

행정청인 시행자는 도시개발사업의 시행으로 사업 시행 후의 토지가액(價額)의 총액이 사업 시행 전의 토지가액의 총액보다 줄어든 경우에는 그 차액에 해당하는 감가보상금을 대통령령으로 정하는 기준에 따라 종전의 토지소유자나 임차권자 등에게 지급하여야 한다(법 제45조). 따라서 감가보상금의 지급은 일종의 손실보상금과 같이 개발사업의 시행으로 인하여 토지등소유자 등의 토지가격 총액이 줄어든 경우 그 차액을 보상하는 제도인 것이다.

토지구획정리조합의 체비지대장상 소유자로 등재된 자를 상대로 명의변경절차 이행의 의사 진술을 명하는 승소 확정판결을 받은 자가 그 조합에 대하여 자신 명의로의 변경등재를 청구할 수 있는지 여부(부산지방법원 1996. 10. 24. 선고 96가합6243 판결 : 항소)

체비지대장은 기본적으로는 토지구획정리조합이 그 사업 시행의 편의 또는 체비지의 관리를 위하여 작성·비치하는 것으로서 토지구획정리조합은 체비지대장상 소유자 명의를 그가 정한 절차나 방법에 따라 등재하거나 변경하는 것에 불과하므로, 체비지대장상 소유자로 등재된 자를 상대로 그 체비지에 관하여 명의변경절차를 이행하라는 의사의 진술을 명하는 승소 확정판결을 받은 자로서는 토지구획정리조합이 체비지대장상의 명의변경 등재의 실행을 구하는 요구에 불응한다 하더라도, 달리 특별한 사정이 없는 한 토지구획정리조합을 상대로 그 불이행에 따른 손해배상을 구하는 것은 별론으로 하고, 토지구획정리조합에 대하여 직접 체비지대장상의 명의변경 등재의 실행을 강제할 무슨 근거나 권원이 있다고 할 수는 없다.

나. 감가보상의 대상자

감가보상의 대상자는 전설한 바와 같이 토지소유자나 임차권자 등이다. 이들은 실제 환지에 의하여 종전 토지에 비하여 가격상의 손실을 본 개개인이 아니라 사업지구 내의 모든 토지소유자 또는 임차권자 등이다.[107)]

다. 감가보상금의 산정

감가보상금으로 지급하여야 할 금액은 도시개발사업 시행 후의 토지가액의 총액과 시행 전의 토지가액의 총액과의 차액을 시행 전의 토지가액의 총액으로 나누어 얻은 수치에 종전의 토지 또는 그 토지에 대하여 수익할 수 있는 권리의 시행 전의 가액을 곱한 금액으로 한다(영 제67조).

[감가보상금 산정식]

$$감가보상금 = \frac{시행\ 후\ 택지가격의\ 총액 - 시행\ 전\ 택지가격의\ 총액}{시행\ 전\ 택지가격의\ 총액} \times 종전토지의\ 시행\ 전\ 가액$$

10. 청산금의 확정 및 징수·부과 등

가. 현금청산의 요건

1) 동의에 따른 현금청산

가) 대 상

토지소유자가 신청을 하면 해당 토지의 전부 또는 일부에 대하여 환지를 정하지 아니하고 이를 현금으로 청산할 수 있다. 이때 해당 토지에 임차권자의 등이 있는 경우에는 그의 동의를 받아야 한다(법 제30조 제1항).

나) 제외 대상

아래에서 열거된 사항에 대하여는 현금청산을 진청하더라도 현금이 아닌 환지를 공급하여야 한다. 따라서 시행자는 위 가)에도 불구하고 다음 각 호의 어느 하나에 해당하는 토지는 규약·정관 또는 시행규정으로 정하는 방법과 절차에 따라 환지를 정하지 아니할 토지에서 제외할 수 있다(법 제30조 제2항).

제1호 제36조의 2에 따라 환지 예정지를 지정하기 전에 사용하는 토지

제2호 제29조에 따른 환지 계획 인가에 따라 환지를 지정받기로 결정된 토지

---

107) 대한국토·도시계획학회, 앞의 책, 336면.

제3호 종전과 같은 위치에 종전과 같은 용도로 제28조에 따라 환지를 계획하는 토지

제4호 토지 소유자가 환지 제외를 신청한 토지의 면적 또는 평가액(제28조제3항에 따른 토지평가협의회에서 정한 종전 토지의 평가액을 말한다. 이하 같다)이 모두 합하여 구역 전체의 토지(국유지 · 공유지를 제외한다) 면적 또는 평가액의 100분의 15 이상이 되는 경우로서 환지를 정하지 아니할 경우 사업시행이 곤란하다고 판단되는 토지

제5호 제7조에 따라 공람한 날 또는 공고한 날 이후에 토지의 양수계약을 체결한 토지. 다만, 양수일부터 3년이 지난 경우는 제외한다.

2) 과부족분 현금청산

가) 대 상

환지방식은 체비지나 공공시설 용지 때문에 상상 감보를 수반하기 때문에 토지면적의 규모를 조정할 특별한 필요가 있는 경우 시행자는 면적이 작은 과소토지를 환지대상에서 제외하고, 이를 현금으로 청산할 수 있다(법 제31조 제1항).

나) 기 준

과소토지의 기준면적은 「건축법 시행령」 제80조에서 정하는 면적을 말한다. 이 경우 과소토지 여부의 판단은 권리면적(토지 소유자가 환지 계획에 따라 환지가 이루어질 경우 도시개발사업으로 조성되는 토지에서 받을 수 있는 토지의 면적을 말한다. 이하 이 조에서 같다)을 기준으로 한다(영 제62조 제1항).

> **건축법 제80조 (건축물이 있는 대지의 분할제한)**
>
> 법 제57조 제1항에서 "대통령령으로 정하는 범위"란 다음 각 호의 어느 하나에 해당하는 규모 이상을 말한다.
>
> 1. 주거지역 : 60제곱미터
> 2. 상업지역 : 150제곱미터
> 3. 공업지역 : 150제곱미터
> 4. 녹지지역 : 200제곱미터
> 5. 제1호부터 제4호까지의 규정에 해당하지 아니하는 지역 : 60제곱미터

다만, 다음 각 호의 어느 하나에 해당하는 경우에는 제1항에도 불구하고 과소 토지의 기준이 되는 면적을 국토교통부장관이 정하는 바에 따라 규약 · 정관 또는 시행규정에서 따로 정할

수 있다.

제1호 기존 건축물이 없는 경우

제2호 환지로 지정할 토지의 필지수가 도시개발사업으로 조성되는 토지의 필지수보다 많은 경우

제3호 환지 계획에 따라 도시개발사업으로 조성되는 토지에 대한 지구단위계획에서 정하는 획지(劃地)의 최소 규모가 제1항에 따른 면적보다 큰 경우

제4호 제43조 제2항 제2호에 따른 미분할 혼용방식으로 사업을 시행하는 경우

제5호 그 밖에 시행자가 환지 계획상 제1항에 따른 면적을 기준으로 하여 환지하기 곤란하다고 인정하는 토지

3) 투기억제를 위한 환지제외 등

가) 환지지정 등 제한사유

시행자는 주민 등의 의견청취를 위하여 공람 또는 공청회의 개최에 관한 사항을 공고한 날 또는 투기억제를 위하여 시행예정자(제3조 제3항 제2호 및 제4항에 따른 요청자 또는 제11조 제5항에 따른 제안자를 말한다)의 요청에 따라 지정권자가 따로 정하는 날(이하 이 조에서 "기준일"이라 한다)의 다음 날부터 다음 각 호의 어느 하나에 해당하는 경우에는 국토교통부령으로 정하는 바에 따라 해당 토지 또는 건축물에 대하여 금전으로 청산(건축물은 제65조에 따라 보상한다)하거나 환지 지정을 제한할 수 있다(법 제32조의1 제1항).

제1호 1필지의 토지가 여러 개의 필지로 분할되는 경우

제2호 단독주택 또는 다가구주택이 다세대주택으로 전환되는 경우

제3호 하나의 대지범위 안에 속하는 동일인 소유의 토지와 주택 등 건축물을 토지와 주택 등 건축물로 각각 분리하여 소유하는 경우

제4호 나대지에 건축물을 새로 건축하거나 기존 건축물을 철거하고 다세대주택이나 그 밖의 「집합건물의 소유 및 관리에 관한 법률」에 따른 구분소유권의 대상이 되는 건물을 건축하여 토지 또는 건축물의 소유자가 증가되는 경우

나) 환지지정 등의 제한방법

시행자는 법 제32조의 2 제1항 각 호에 해당하는 경우에는 규약·정관 또는 시행규정으로 정하는 바에 따라 환지의 위치, 종류, 규모 등을 제한할 수 있다. 이 경우 시행자는 입체환지를

신청하는 토지나 건축물에 대해서는 법 제32조의 2 제1항에 따른 기준일 당시의 해당 토지 또는 건축물의 수를 초과하여 입체환지를 신청할 수 없다(법 시행규칙 제32조의2 제1항).

다) 기준일 고시

지정권자는 기준일을 따로 정하는 경우에는 기준일과 그 지정사유 등을 관보 또는 공보에 고시하여야 한다(법 제32조의2 제2항).

나. 청산금의 확정

청산금은 환지처분이 공고된 날의 다음 날에 확정된다(법 제42조 제6항). 따라서 위 기한까지 청산금을 지급치 아니할 경우 그 상당액에 대한 지연손해금을 가산하여 지급하여야 한다.

다. 청산금의 결정

환지를 정하거나 그 대상에서 제외한 경우 그 과부족분(過不足分)은 종전의 토지 및 환지의 위치·지목·면적·토질·수리·이용 상황·환경, 그 밖의 사항을 종합적으로 고려하여 금전으로 청산하여야 하며, 이에 따른 청산금은 환지처분을 하는 때에 결정하여야 한다. 다만, 환지 대상에서 제외한 토지 등에 대하여는 청산금을 교부하는 때에 청산금을 결정할 수 있다(법 제41조).

토지구획정리사업법 제52조 소정의 청산금의 산출방법(대법원 1984. 11. 27. 선고 84누437 판결)

토지구획정리사업법 제52조 소정의 청산금은 같은 법조 소정의 종전의 토지 및 환지의 위치, 지목, 면적, 토질, 수리, 이용상황, 환경 기타의 모든 사항을 종합적으로 고려하여 개별적·객관적으로 산출되어야 하는 것이므로 그 청산금은 구획정리사업에 있어서의 사업비용의 책정 여하에 의하여 직접적으로 영향을 받는 것은 아니다.

토지구획정리사업을 위법하게 시행한 경우 배상액으로서의 청산금의 금액 범위(대법원 1977. 4. 12. 선고 76다2254 판결)

토지구획정리사업시행자가 사실상 공공용에 공해진 도로에 대하여 토지소유자가 무상으로 그 토지를 제공한 바도 없는데 환지도 지정하지 아니하고 또 청산금을 교부하기로 하지도 않은 채 사업을 시행하여 토지소유자로 하여금 그 소유권을 상실케 한 경우에 이로 인한 불법행위의 책임을 지는 범위는 청산금을 지급하기로 가정하였을 때 예상되는 청산금의 범위를 넘을 수 없는 바 위 청산금의 범위산정은 종전의 토지와 환지의 위치 지목 지적 토질 환경 기타 사항을 종합적으로 고려하여 정하여야 하며 이는 환지계획에서 명세되고 환지공고에 의해서 그 익일에 확정됨으로서 정해지는 청산금의 범위가 이에 해당된다고 할 것이며 반드시 감보율에 상당한 면적을 공제한 나머지 면적의 환지공고 다음날 당시의 시가라고 할 수 없다.

토지구획정리사업의 시행자가 사유지에 대하여 환지도 지정하지 아니하고 청산금도 교부하지 아니한 경우의 구제방법 및 이 경우 위 시행자의 불법행위 책임에 따른 손해배상의 범위와 산정기준(대법원 1991. 4. 26. 선고 90다11295 판결)

토지구획정리사업의 시행자가 구 토지구획정리사업법(1966.8.3. 법률 제1822호) 제53조 제2항 후문에 따라 종전토지에 대하여 환지도 지정하지 아니하고 적법절차에 따른 청산금도 교부하지 아니하였다면 이를 이유로 민사상의 불법행위로 인한 손해배상을 구함으로써 구제받을 길이 있을 뿐, 환지처분이 일단 적법하게 공고되어 효력을 발생한 이상 환지 전체의 절차를 처음부터 다시 밟기 전에는 그 토지 부분만을 따로 떼어 환지처분을 변경할 수는 없다. 따라서 이와 같은 위법한 환지처분으로 그 토지소유권을 상실하게 한 경우에 이로 인한 불법행위책임을 지는 범위는 청산금을 지급하기로 가정하였을 때 예상되는 청산금에 상당하는 금액이고, 그 청산금 상당액은 환지처분시를 기준으로 종전토지의 위치, 지목 등 여러 사정을 참작하여 사업시행으로 인한 개발이익이 포함되지 않은 객관적인 거래가액을 평가한 후 이에 따라 산정하여야 할 것이며, 그 토지거래가액의 평가에 있어서는 환지처분 공고를 거침으로써 소유권이 상실되는 종전토지의 면적을 기준으로 평가하여야 하고, 종전토지의 면적에서 당해 환지지구내의 일반환지에 대한 공동감보율을 적용하여 감보한 면적을 기준으로 평가할 것은 아니다.

라. 청산금의 징수 · 교부 등

1) 징수 등의 시기

시행자는 환지처분이 공고된 후에 확정된 청산금을 징수하거나 교부하여야 한다. 다만, 법 제30조(동의 등에 따른 환지의 제외)와 법 제31조(토지면적을 고려한 환지)에 따라 환지를 정하지 아니하는 토지에 대하여는 환지처분 전이라도 청산금을 교부할 수 있다(법 제46조 제1항).

2) 청산금의 분할징수 · 교부 및 교부대상자 등

가) 분할징수 등

청산금은 대통령령으로 정하는 바에 따라 이자를 붙여 분할징수하거나 분할교부할 수 있으며(법 제46조 제2항), 이에 따라 청산금을 분할징수하거나 분할교부하려는 경우에는 청산금액에 규약 · 정관 또는 시행규정에서 정하는 이자율을 곱하여 산출된 금액을 이자로 징수하거나 교부할 수 있다(영 제68조 제1항). 위에서 규정한 사항 외에 청산금의 분할징수 또는 분할교부에 관하여 규약 · 정관 또는 시행규정에서 정하는 바에 따른다(같은 조 제2항).

나) 교부대상자

청산금의 징수, 교부는 권리면적과 현실적인 환지면적과의 과부족으로 인하여 생기는 토지소유자 사이의 경제적 이익의 불균형을 공평하게 조절하기 위한 것이므로, 청산금징수, 교부의 대상은 원칙적으로 환지처분공고 당시의 등기부상의 토지소유자라고 할 것이다.

토지구획정리사업법에 의한 청산금징수, 교부의 상대방(대법원 1989. 11. 10. 선고 88누9923 판결)
토지구획정리사업법에 의한 청산금의 징수, 교부는 권리면적과 현실적인 환지면적과의 과부족으로 인하여 생기는 토지소유자 사이의 경제적 이익의 불균형을 공평하게 조절하기 위한 것이므로, 청산금징수, 교부의 대상은 원칙적으로 환지처분공고 당시의 등기부상의 토지소유자라고 할 것이다.

다) 교부징수시기

시행자는 환지처분이 공고된 후 확정된 청산금을 징수 · 교부하여야 하는데, 이때 징수 · 교부는 환지처분일로부터 1년 이내에 완료하여야 한다(실무지침 4-9-1). 그에 따른 환지청산금 지급기일은 환지처분 공고일 다음날로 보아할 할 것이다.[108] 다만, 다만, 제30조와 제31조에 따라 환지를 정하지 아니하는 토지에 대하여는 환지처분 전이라도 청산금을 교부할 수 있다(법 제46조 제1항 단서).

3) 청산금의 강제징수

가) 행정청인 경우

행정청인 시행자는 청산금을 내야 할 자가 이를 내지 아니하면 국세 또는 지방세 체납처분의 예에 따라 징수할 수 있다.

108) 서울고등법원 2012. 7. 25. 선고 2012나15482 판결.

나) 비행정청인 경우

행정청이 아닌 시행자는 특별자치도지사 · 시장 · 군수 또는 구청장에게 청산금의 징수를 위탁할 수 있다(법 제46조 제3항). 이 경우 법 제16조 제5항(특별자치도지사 · 시장 · 군수 또는 구청장이 부과금이나 연체료의 징수를 위탁받으면 지방세 체납처분의 예에 따라 징수할 수 있다. 이 경우 조합은 특별자치도지사 · 시장 · 군수 또는 구청장이 징수한 금액의 100분의 4에 해당하는 금액을 해당 특별자치도 · 시 · 군 또는 구에 지급하여야 한다)을 준용한다.

4) 청산금의 공탁

청산금을 받을 자가 주소 불분명 등의 이유로 청산금을 받을 수 없거나 받기를 거부하면 그 청산금을 공탁할 수 있다(법 제46조 제4항).

라. 청산금의 산정방법

청산금의 산정은 환지처분시의 토지가격을 기준으로 하여야 한다. 이때 환지청산금의 기준이 되는 토지가격의 산정은 그 토지와 유사한 이용가치를 지닌다고 인정되는 하나 또는 둘 이상의 표준지를 선택하여 그 공시지가를 기준으로 환지청산시까지의 지가변동율을 참작하고 표준지와 평가 대상 토지와의 위치, 지형, 환경 등 토지의 객관적 가치에 영향을 미치는 제 요인을 비교교량하는 이른바 품등비교를 하여 가격을 평가하여야 하며, 그 감정평가서에는 위와 같은 각 평가요인을 구체적으로 특정하여 명시함으로써 보상액 산정이 적정하게 이루어졌음을 객관적으로 인정할 수 있어야 한다.[109]

마. 청산금의 소멸시효

청산금을 받을 권리나 징수할 권리를 5년간 행사하지 아니하면 존속기간 만료로 당연히 소멸한다(법 제47조).

[도시개발업무지침 : 청산금]

제9장 청 산 금

4-9-1. 법 제46조의 규정에 따른 청산금의 징수 및 교부는 환지처분일로부터 1년 이내에 완료하

109) 대법원 1995. 9. 5. 선고 95누3060 판결.

여야 한다. 다만, 시행자가 필요하다고 인정하는 경우에는 기간을 정한 후 이자를 붙여 분할징수하거나 분할교부할 수 있다.

4-9-2. 청산금에 대하여 이자를 붙여 분할징수하거나 분할교부하는 경우의 이자율은 일반시중은행 대출금리 이하로 한다.

4-9-3. 4-9-1.에 따른 청산금의 이자율 적용기준일은 청산금을 일시에 납부하는 때에는 납부고지일로 하고 분할납부를 하는 때에는 그 분할납부금의 납부일 현재로 한다.

11. 권리의 조정

가. 임대료 등의 증감청구

1) 증감청구의 요건

도시개발사업으로 임차권 등의 목적인 토지 또는 지역권에 관한 승역지(承役地)의 이용이 증진되거나 방해를 받아 종전의 임대료 · 지료, 그 밖의 사용료 등이 불합리하게 되면 당사자는 계약 조건에도 불구하고 장래에 관하여 그 증감을 청구할 수 있다. 도시개발사업으로 건축물이 이전된 경우 그 임대료에 관하여도 또한 같다(법 제48조 제1항).

2) 권리의 포기 등

법 제48조 제1항의 경우 당사자는 해당 권리를 포기하거나 계약을 해지하여 그 의무를 지지 아니할 수 있다(법 제48조 제2항).

3) 증감청구의 기한

환지처분이 공고된 날부터 60일이 지나면 임대료 · 지료, 그 밖의 사용료 등의 증감을 청구할 수 없다(법 제48조 제3항).

나. 권리의 포기 등

1) 권리의 포기

도시개발사업의 시행으로 지역권 또는 임차권 등을 설정한 목적을 달성할 수 없게 되면 당사자는 해당 권리를 포기하거나 계약을 해지할 수 있다. 도시개발사업으로 건축물이 이전되어 그 임대의 목적을 달성할 수 없게 된 경우에도 또한 같다(법 제49조 제1항).

2) 손실보상청구 및 구상권행사

가) 손실보상청구 및 구상권행사

권리를 포기하거나 계약을 해지한 자는 그로 인한 손실을 보상하여 줄 것을 시행자에게 청구할 수 있으며, 이에 따라 손실을 보상한 시행자는 해당 토지 또는 건축물의 소유자 또는 그로 인하여 이익을 얻는 자에게 이를 구상(求償)할 수 있다(법 제49조 제2,3항).

나) 방법 및 절차

손실보상에 관하여는 타인 토지의 출입 등에 관한 손실보상의 방법 및 절차 등에 관한 규정을 준용하며, 손실보상금의 구상에 관하여는 법 제16조 제4항(조합은 부과금이나 연체료를 체납하는 자가 있으면 대통령령으로 정하는 바에 따라 특별자치도지사 · 시장 · 군수 또는 구청장에게 그 징수를 위탁할 수 있다) 및 제5항(특별자치도지사 · 시장 · 군수 또는 구청장이 제4항에 따라 부과금이나 연체료의 징수를 위탁받으면 지방세 체납처분의 예에 따라 징수할 수 있다. 이 경우 조합은 특별자치도지사 · 시장 · 군수 또는 구청장이 징수한 금액의 100분의 4에 해당하는 금액을 해당 특별자치도 · 시 · 군 또는 구에 지급하여야 한다)을 준용한다.

3) 권리포기 등의 기한

환지처분이 공고된 날부터 60일이 지나면 권리를 포기하거나 계약을 해지할 수 없다(법 제49조 제4항).

제4절 도시개발시행단계의 주요 질의 · 회신사례

사례 35 : 시행자 변경

질의사항

- 당초 도시개발사업의 시행자(「도시개발법」 제11조 제1항 제9호에 해당하는 토목공사업자)를 같은 법 제11조 제1항 제5호에 따른 토지소유자로 변경하는 것이 가능한지

회신내용

○ 「도시개발법」 제11조 제1항 제5호에 해당하는 토지소유자는 도시개발사업의 시행자 자격이 있으므로 토지소유자로 시행자를 변경하는 것은 가능합니다.

– 다만, 위와 같이 시행자를 변경할 것인지는 지정권자가 시행자 요건에 부합하는지 등을 검토하여 최종적으로 결정할 사항임을 알려드립니다.

(도시재생과-436, 2012. 3.19)

사례 36 : 외국인 토지소유자의 시행자격

질의사항

○ 외국인이 토지를 소유한 경우, 「도시개발법」 제11조 제1항 제5호에 따라 토지소유자로서 시행자 지정이 가능한지

회신내용

○ 「도시개발법」 제11조 제1항 각 호의 요건에 해당하는 자는 도시개발사업의 시행자가 될 수 있는 바, 동 규정에서 토지소유자의 국적에 대한 제한 규정이 없으므로 외국인이 국내 토지를 소유하여 「부동산등기법」에 따라 등기부에 등재되었다면 같은 법 제11조 제1항 제5호의 토지소유자로서 해당 도시개발사업의 시행자가 될 수 있습니다.

(도시재생과-542, 2011. 4.19)

사례 37 : 제안서를 보완하여 재 제출시 제안한 날은

질의사항

○ 토지소유자가 「도시개발법」 제11조 제5항에 따라 행정청에 도시개발구역 지정을 제안하였으나, 제안요건 미비 등을 이유로 여러 차례에 걸쳐 당해 행정청의 보완 요구와 제안자의 보완서류 제출이 있은 이후에 제안이 수용된 경우, 도시개발구역 지정을 제안한 날(이하 '제안기준일')은 언제로 보아야 하는지

회신내용

○ 토지소유자가 「도시개발법」 제11조 제5항에 따라 도시개발구역 지정을 제안한 이후, 당해 행정청에서 제안요건 미비 등을 이유로 제안자에게 보완을 요구하였다면, 제안 기준일은 당해 행정청이 동법 시행령 제23조 제3항에 따라 제안내용의 수용을 통보하기 직전에 제안자가 최종 보완 서류를 제출한 날로 보아야 할 것으로 판단됩니다.

– 그 이유는, 「도시개발법」에서 도시개발구역의 지정을 제안한 서류 및 제안요건 등에 흠결이 있을 경우 당해 행정청은 이를 즉시 반려하도록 하는 규정이 없을 뿐만 아니라,

- 「민원사무처리에 관한 법률」 제13조 제1항에서 "행정기관의 장은 접수한 민원서류에 흠이 있는 경우에는 보완에 필요한 상당한 기간을 정하여 지체 없이 민원인에게 보완을 요구하여야 한다."라고 규정하고 있는 점 등을 고려할 때, 제안 요건의 미비 등을 이유로 당해 행정청이 반드시 제안서류를 반려하여야 한다고 볼 수 없는 바, 제안 서류의 흠이 보완 가능하거나 제안자의 착오 등에 기인한 경우 등에는 당해 행정청이 제안 서류의 보완을 요구하는 것이 가능하다 할 것이고,
- 만일 이때 최초 제안한 날을 제안기준일로 본다면, 최초 제안한 내용에 동의한 토지소유자 등 권리자는 제안자가 당초의 제안 내용을 변경·보완하거나 동의 요건 충족을 위한 추가 동의 확보행위를 하는 기간의 경우에도 동법 시행령 제25조의 동의자 수 산정방법에 따라 당초의 동의를 철회할 수 없어 이들의 권리를 침해할 수 있는 문제점이 있고,
- 제안자도 이 점을 악용하여 당초 확보된 동의를 철회할 수 없도록 하기 위하여 제안요건이 충족되지도 않은 제안서를 우선 행정청에 제출할 수 있는 불합리와 모순이 발생할 수 있기 때문입니다.

○ 따라서, 「도시개발법」 제11조 제5항에 따라 제안서를 제출받은 행정청이 요건미비된 제안서를 즉시 반려하지 않고, 제안자에게 보완 요구하였다면 보완 서류를 최종적으로 제출한 날을 제안기준일로 보는 것이 합리적일 것으로 판단되며,
- 다만, 이 경우 같은 법 시행령 제25조에 의한 동의자 수 산정시 제안기준일 이전에 토지소유자가 변경되었는지의 여부 등은 별도 확인할 필요가 있을 것입니다.

(도시재생과-1894, 2010. 7.20)

사례 38 : 도시개발사업시행 가능성 여부

질의사항

○ 현 시행자에서 신탁회사로 시행자 지위가 이전되도록 신탁계약을 체결한 후, 「도시개발법」 제12조 제4항에 따른 지정권자의 승인을 받아 신탁회사가 사업을 시행하는 것이 가능한지

회신내용

○ 「도시개발법」 제12조 제4항은 시행자가 필요한 경우 신탁계약을 체결하여 사업을 시행할 수 있도록 근거를 부여한 것으로(신탁회사가 신탁계약을 통해 도시개발사업을 시행할 수 있도록 정한 규정이 아님), 동 조항에 따라 신탁계약을 체결하여 지정권자의 승인을 받더라도 시행자가 변경되는 것은 아닙니다.
- 따라서, 위와 같은 경우 신탁회사가 시행자의 지위로서 도시개발업을 시행하는 것은 가능하지 않으며 시행자 지정 또는 변경은 「도시개발법」 제11조 및 시행령 제18조 등 정해진 절차에 따라 지정권자의 시행자 지정 절차가 필요함을 알려드립니다.

(도시재생과-767, 2012. 5. 9)

사례 39 : 도시개발사업 대행개발 가능여부

질의사항

ㅇ 도시개발사업의 시행자가 도시개발구역 하천공사를 직접 시행할 때 민간사업자와 합의서를 체결하고 이를 근거로 민간사업자가 시공사와 도급계약을 하여 하천공사를 진행할 수 있는지

회신내용

ㅇ 「도시개발구역의 하천공사는 도시개발사업의 시행자가 직접 시행하거나, 「도시개발법」 제12조 제1항에 따라 국가, 지자체, 대통령령으로 정하는 공공기관 · 정부출연기관 또는 지방공사에게 위탁하여 시행할 수 있습니다.

– 다만, 하천공사시 시행자의 시공사 선정 및 도급계약 등에 대한 사항은 도시개발 법령에서 규정하고 있지 않으므로 이에 대한 구체적인 사항은 관련 법령에 따라 판단하시기 바랍니다.

(도시재생과-1192, 2011. 9. 1)

사례 40 : 조합원자격

질의사항

가. 조합원이 되기 위한 자격요건은 무엇인지? 도시개발사업시 토지소유자로 인정하는 기준은 무엇인지

나. 종중대표는 조합원이 될 수 없는 것인지

다. 공유토지의 경우 대표자로 지정된 자만이 조합원이 될 수 있는지

라. 공유토지의 경우 대표자로 지정된 자만이 조합원이 될 수 있는지

마. 공유토지소유자의 경우 임원으로 선임될 자격이 없는 것인지

회신내용

가. 「도시개발법」 제14조 제1항에 따라 도시개발구역의 토지소유자는 조합원이 되며, 「부동산등기법」에 따라 등기부에 등재된 토지소유자가 도시개발사업시 토지소유자로 인정됨을 알려드립니다.

나. 종중이 도시개발구역 내 토지를 소유하고 있는 경우(등기부 상 토지소유자가 종중인 경우) 종중이 조합원이 됨을 알려드립니다. 다만, 종중회의에서 결정된 종중대표가 조합원(종중)의 권리를 대리하는 것은 가능할 것으로 보입니다.

다. 공유토지의 소유자도 「도시개발법」 제14조 제1항에 구역 내 토지소유자로서 조합원이 되며, 다만, 같은 법 시행령 제32조 제3항에 따라 조합원의 권리는 대표자를 지정하여 그 대표자로 하여금 행사하게 할 수 있음을 알려드립니다.

라. 질의3의 답변과 같이 공유토지소유자는 대표자를 지정하여 조합원으로서의 권리를 행사할

수 있으며, 총회에서 발언권 등에 대한 사항은 해당 조합의 정관 등을 확인하시기 바랍니다.
마. 질의3의 답변과 같이 공유토지소유자는 대표자를 지정하여 조합원으로서의 권리(임원으로서 권한을 행사하는 것)를 행사할 수 있음을 알려드립니다.

(도시재생과-416, 2012. 3.14)

사례 41 : 공유자의 조합원자격 여부

질의사항

○ 공유토지소유자의 경우 조합원을 산정할 때 「도시개발법 시행령」 제25조 제1항 제1호에 따라 다른 공유자의 동의를 받아 선임된 대표자 1명만을 조합원으로 보아야 하는지 여부

회신내용

○ 「도시개발법 시행령」 제25조 제1항 제1호는 법 제11조 제2항 제3호 및 제6항에 따른 동의자 수 산정에 적용되는 규정으로 조합 설립에 대한 동의자 수 산정에 관해서는 같은 법시행령 제32조에 따라 시행령 제6조 제2항부터 제5항까지의 규정이 준용됩니다.
- 그러므로 공유토지소유자는 같은 법 제14조에 따라 도시개발구역 내 토지소유자로서 조합원이 될 수 있으나, 총회의 의결권 행사는 시행령 제32조에 의하여 다른 토지공유자의 동의를 받아 선임된 대표자 1인을 통해 가능하므로 의결권자 총수 산정에는 대표자 1인만이 산입됨을 알려드립니다.

(도시재생과-2237, 2010.10.11)

사례 42 : 조합원자격

질의사항

가. 공유토지소유자가 대표공유자 지정을 철회하였다면 대표공유자는 조합 총회에서 의결권을 행사할 수 없는 것인지
나. 동일한 토지에서 공유토지소유자 1인이 대표자지정 동의서를 철회한 경우 다른 공유토지소유자가 이를 거부할 수 있는지
다. 도시개발사업의 개발계획 수립에 대한 토지소유자 동의를 조합 총회의 의결로 갈음할 수 있는지
라. 총회 의결권 행사를 위한 조합원 수 산정과 조합설립인가시 동의자수 산정기준(근거 조문)은 동일한 것인지

회신내용

가. 「도시개발법 시행령」 제32조 제3항에 따라 공유토지는 공유자의 동의를 받은 대표공유자

1명이 의결권을 행사할 수 있습니다.

나. 도시개발법령에서는 공유토지소유자가 다른 공유토지소유자의 대표자 지정에 대한 동의 철회를 거부할 수 있는 근거 규정을 두고 있지 않습니다.

다. 「도시개발법」 제4조 제5항에서는 개발계획 수립을 위해 총회에서 도시개발구역의 토지면적의 2/3 이상에 해당하는 조합원과 그 지역의 조합원 1/2 이상 동의를 받은 경우에는 같은조 제3항에 따른 토지소유자의 동의를 받은 것으로 보도록 규정하고 있습니다.

라. 조합원의 총회 의결권 행사에 대한 기준은 도시개발법 시행령 제32조 제2항을 따르고, 조합 설립인가시 동의자수 산정 기준은 같은 법 시행령 제31조에 따라야 함을 알려드립니다.

(도시재생과-1279, 2011. 9. 9)

사례 43 : 조합원자격

질의사항

가. 조합 임원의 임기는 언제부터 시작되는지

나. 조합 시행의 도시개발사업에서 토지평가협의회 구성에 외부인사 영입이 가능한지

다. 환지계획시 환지면적의 기준(상한)은 무엇인지

라. 평균부담률을 산정할 때 유상매입한 국공유지를 무상귀속되는 공공시설의 면적으로 간주해도 되는지

회신내용

가. 「도시개발법」에서는 조합 임원의 임기에 대하여 구체적으로 규정하지 않고 있으며, 이에 관한 사항은 같은 법 제13조 및 같은 법 시행령 제33조에서 정한 바와 같이 정관에서 정하여 구역 지정권자의 인가를 받도록 하고 있습니다.

- 즉, 조합 정관은 도시개발법에서 조합의 조직과 활동에 관해 단체 내부에서 자율적으로 정한 자치규범으로서의 지위를 보장하고 있으며, 동 정관의 효력을 발생시키기 위한 보충적 행위로서 구역 지정권자의 인가를 받도록 한 것입니다.
- 따라서, 조합 정관에서 임원의 임기 개시일에 대하여 구체적으로 명시하지 아니하여 발생한 다툼에 대해서는 정관상 권한 있는 기관(일반적으로는 인가권자 또는 법원)에서 이를 판단하여야 할 사안으로 보입니다.

나. 「도시개발법 시행령」 제29조에 따라 "토지평가협의회 구성에 대한 사항"은 정관에서 정하며, 조합의 정관에서 '토지평가에 관한 전문지식을 가진 자', '도시개발사업에 관한 학식과 경험이 많은 자' 등의 자격기준을 규정하였다면 이를 충족하는 외부인사는 협의회 위원이 될 수 있을 것으로 판단됩니다.

다. 도시개발법령에서는 환지면적에 대한 하한선 기준으로 「도시개발법 시행령」 제62조, 시행규칙 제30조 등으로 과소 토지에 대한 사항을 규정하고 있을 뿐 그 상한선을 명시적으로 규정하고 있지 않으나, 환지계획은 실시계획(지구단위계획)에 따라 수립되는 것이므로 지구

단위계획에서 환지면적에 대한 상한을 별도로 규정하였다면 환지계획시 지구단위계획의 환지면적 상한선 규정을 따라야 합니다.

라. 환지계획 수립 이전에 조합이 국·공유지를 유상매입하였다면, 이는 조합 소유의 토지로서 환지계획수립의 대상이 되고 이를 환지의 대상으로 하거나 환지를 정하지 아니하고 다른 토지에 대한 환지의 대상으로 할 수 있겠으나, 「도시개발법 시행규칙」 제29조에 따른 평균 토지부담률 산정시 국·공유지를 무상귀속하여 산정한 결과와 동일한 결과로 산정(국·공유지의 매입에 따른 토지소유자의 비용부담을 별도)되도록 하는 것이 바람직할 것으로 판단됩니다.

(도시재생과-2162, 2010. 9.17)

사례 44 : 대의원 선출방법 및 대의원수의 적합성

질의사항

가. 조합 총회에서 대의원 선출을 '이사회'에 위임할 수 있는지 여부와 이와 같은 절차로 이사회에서 선출된 대의원의 의결이 유효한지 여부

나. 「토지구획정리사업법」 제27조 2항에 따라 대의원의 수를 조합원 총수의 1/10 이상이 충족되도록 정관에서 규정하였으나, 조합원의 수가 증가하여 정관에서 정한 대의원 수가 현재 조합원 총수의 1/10에 미치지 못하는 경우 새로이 선출하는 대의원의 수를 당초 정관에서 정한 대의원 수로 하는 것이 타당한지 여부

회신내용

가. 「토지구획정리사업법」 제27조 제4항에서 조합의 대의원은 정관이 정하는 바에 따라 조합원 중에서 총회가 이를 선출하도록 규정하고 있는 반면, '이사회'에 대해서는 그 기구의 구성과 권한, 지위 등에 대하여 특별히 명시하고 있지 아니합니다. 따라서 조합 임원 선출 등 일부 사항을 제외한 모든 총회의 권한을 대행하는 대의원을 법적으로 그 권한 등이 명시되지 아니한 이사회에서 선출하는 것은 바람직하지 않다고 판단됩니다.

- 「토지구획정리사업법」에서는 대의원의 선출방법 및 권한 등만 규정하고 있을 뿐 이사회에서 선출한 대의원의 의결에 대한 효력문제를 별도로 규정하고 있지 않으며, 이에 대한 구체적 사항은 사법적 판단이 필요한 것으로 생각됩니다.

나. 「토지구획정리사업」 제27조 제2항에서 대의원의 수는 정관으로 정하되, 조합원 총수의 10분의 1 이상이어야 한다고 규정하고 있으므로 조합원이 증가하여 기존 정관에서 정한 대의원의 수가 현재 조합원의 1/10에 미치지 못할 경우에는 정관을 변경하여 대의원 수를 조정한 이후 이에 따라 대의원을 선출하여야 할 것으로 판단됩니다.

(도시재생과-2202, 2010.10. 4)

사례 45 : 조합동의 · 의결권 · 임원선임 효력 관련

질의사항

가. 조합설립 인가시 지상권자의 동의도 받아야 하는지

나. 공유토지의 경우 대표공유자가 아닌 공유토지소유자 각각이 조합장, 이사, 감사, 대의원 등이 될 수 있는지

다. 공유토지소유자 전원이 조합설립에 동의하였으나 대표공유자를 지정하여 동의한 것이 아닌 경우 이를 유효한 동의로 볼 수 있는지 여부

라. 조합설립인가에 동의서를 받은 이후 토지매매로 새로이 해당 토지를 소유하게 된 자가 조합설립인가에 반대하는 경우 기존 동의서에 대해 그 효력을 인정할 수 있는지

회신내용

가. 「도시개발법」 제13조 제3항에 따라 조합설립인가 신청시에는 해당 도시개발구역의 토지면적 2/3 이상에 해당하는 토지소유자와 그 구역의 토지소유자 총수 1/2 이상의 동의를 받아야 하며, 이때 토지소유자 이외 지상권자의 동의에 대해서는 도시개발법령에서 특정하여 규정하고 있는 바가 없습니다.

나. 「도시개발법 시행령」 제32조 제3항에서는 공유토지에 대한 의결권을 공유토지소유자가 각각이 아닌 대표공유자에게 일원화하여 부여하고 있으므로, 공유토지소유자가 조합원 또는 이사 등에 선임되어 그 직무를 수행하는 것은 의결권이 없는 자가 조합의 의사결정을 집행하는 것에 해당하므로

- 같은 법 제33조 제2항에서 조합 임원의 자격을 조합원(공유토지소유자도 조합원에 해당)으로 규정하면서 별도의 제한을 두고 있지 않고 있더라도 의결권이 없는 자가 조합장 등 임원이 되는 것은 타당하지 않은 것으로 판단됩니다.

다. 「도시개발법 시행령」 제31조 제3항에 따라 조합설립인가 동의자 수 산정방법은 제6조 제2항부터 제5항까지의 규정이 준용되므로, 제6항 제2조 제2호에 따라 공유토지의 경우 공유토지대표자 1인이 토지소유자에 해당하여 도시개발사업시 필요한 동의권을 행사할 수 있으나

- 대표자를 선임하도록 규정한 동 조항의 취지는 지분쪼개기 등 투기방지 및 의사결정구조 왜곡 등의 문제를 방지하고 토지공유자간 분산된 의견을 수렴할 수 있는 창구를 마련하여 공유토지소유자들이 합치된 의사를 효율적으로 표현할 수 있도록 하기 위한 것이므로,
- 공유토지소유자 전원이 조합설립인가에 개별적으로 동의하였다면 대표자를 지정하지 않았다고 하더라도 해당 동의를 무효한 것으로 보는 것은 비합리적인 것으로 판단(공유자 전원이 동의 의사 표시를 하였음에도 대표자를 지정하지 아니 하였다 하여 동의가 없는 것으로 보는 것은 불합리)되나 이에 대한 사항은 지정권자가 조합설립인가시 그 타당성을 판단하여 최종적으로 결정할 사항임을 알려드립니다.

라. 토지의 소유권 이전 등으로 동의권자가 변경된 경우 새로이 토지를 취득한 자는 이전 토지소유권자가 행사한 조합설립인가 동의가 자신의 의사와 상반되는 경우 조합설립인가 접수

전에 기존 토지소유자의 동의사항을 철회하는 것은 가능합니다.

(도시재생과-274, 2011. 2.28)

사례 46 : 정관변경 등

질의사항

가. 조합 정관의 변경 절차는

나. 「도시개발법 시행령」 제61조에서 정하고 있는 서류의 열람 및 복사가 가능한지

다. 시행령 등 입법예고에 따라 구역 지정 제안 동의요건이 변경될 것을 알고 있는 상황에서 구역지정 제안을 진행하는 것이 가능한지

라. 조합 창립 총회시 동의자 산정 기준은

마. 대표자 지정 동의서에 위탁자의 인감증명서가 첨부되어야 하는지

바. 독립적인 의결권을 가지지 못하는 공유토지소유자의 경우 대의원이 될 수 있는지

사. 대표자 지정을 하지 않은 공유 토지의 경우 공유지분별로 동의면적을 산정할 수 있는지

회신내용

가. 「도시개발법 시행령」 제35조 제1호에 따라 정관을 변경하기 위해서는 총회 의결이 필요함을 알려드립니다.

나. 「도시개발법」 제29조 제3항에서는 환지계획의 인가신청 전에 같은 법 시행령 제61조에서 정하고 있는 서류를 일반인에게 공람하도록 정하고 있으며, 같은 법 제72조 및 시행령 제85조의 5에 따라 조합 총회 · 대의원회 · 이사회 및 규약 · 정관 등에서 정한 회의의 회의록 등은 개인의 신상정보를 제외하고 열람이나 복사가 가능함을 알려드립니다.

다. 도시개발법 시행령 개정(2008. 9.22)으로 공유 토지소유자의 경우 대표자를 지정하여 동의권을 행사할 수 있도록 규정되었으며, 동 개정 조항은 개정 시행령 시행 이후 최초로 도시개발구역 지정을 제안하는 경우부터 적용하도록 부칙에서 정하였습니다.

- 따라서 시행령 개정안의 입법예고시는 동 개정안의 시행 전이므로 당시 규정(동의 요건, 동의서 양식 등)에 따라 제안서를 제출하는 것은 가능합니다.

라. 「도시개발법」 제13조 제3항 및 같은 법 시행령 제31조에서는 조합설립 인가 시 동의요건에 대한 사항을 규정하고 있으나, 조합설립 인가 전 창립총회에 대하여는 별도의 규정이 없음을 알려드립니다.

마. 「도시개발법 시행령」(시행 2011.12.30, 대통령령 제23472호) 제6조 제4항 및 제25조 제2항 등에 따라 대표자 지정 동의서에는 공유자(위탁자)의 인감증명서가 첨부되어야 함을 알려드립니다.

- 다만, 대표자 지정 동의서에 대한 인감증명서 첨부 조항은 2012. 4. 1 시행령 개정으로 신분을 증명하는 문서 사본으로 변경되었음을 알려드립니다.

바. 「도시개발법 시행령」(시행 2011.12.30, 대통령령 제23472호) 제32조 제3항에서는 공유토지에

대한 의결권을 공유토지소유자가 각각이 아닌 대표공유자에게 일원화하여 부여하고 있으므로, 공유토지소유자가 대의원 등에 선임되어 그 직무를 수행하는 것은 의결권이 없는 자가 총회의 의결을 대행하는 것으로 법령의 취지에 부합하지 않은 것으로 보입니다.

– 이러한 이유로 2012. 4. 1 시행령을 개정하여 대의원을 의결권이 있는 조합원 중에서 선출(제36조 제2항)하도록 명확히 하였음을 알려드립니다.

사. 공유 토지의 경우 「도시개발법 시행령」 제6조 제2항 제2호 등에 따라 대표 공유자가 토지소유자로서 동의권을 행사할 수 있으며, 대표 공유자가 동의를 한 경우에 해당 공유토지가 동의면적으로 산정됨을 알려드립니다.

(도시재생과-596, 2012. 4.10)

사례 47 : 조합 총회 등

질의사항

가. 조합 총회시 공유 토지소유자의 의결권 행사 방법은

나. 국공유지 관리청도 조합원에 해당하는지

다. 환지계획 공람시 통지대상 및 의견 제출이 가능한 대상은 누구인지

라. 환지계획의 경미한 변경은 인가 사항인지

마. 무상귀속 대상 국공유지가 소유권 이전으로 사유지가 된 경우에도 무상귀속으로 처리할 수 있는지

바. 토지부담률을 50%에서 53%로 변경하고자 하는 경우 「도시개발법」 제4조 제3항에 따른 동의서가 필요한지

사. 사업기간의 연장은 실시계획의 경미한 변경인지

회신내용

가. 공유 토지의 경우 「도시개발법 시행령」 제32조 제3항에 따라 공유자의 동의를 받은 대표공유자 1인만이 의결권이 있으므로, 공유 토지소유자는 대표자 1인을 지정하여 의결권을 행사할 수 있습니다.

나. 국공유지 관리청도 조합원에 해당하며, 일반 조합원과 같은 권리와 의무를 가집니다.

다. 환지계획 공람시 「도시개발법」 제29조 제3항에 따라 토지소유자(공유 토지소유자 포함) 및 임차권자등에게 통지하여야 하며, 같은조 제4항에 따라 토지소유자 및 임차권자등 권리자(권리가 없는 일반인 제외)는 환지계획에 대한 의견서를 제출 할 수 있습니다.

라. 「환지계획의 경미한 변경은 「도시개발법」 제29조 제2항에 따라 인가 사항이 아니나, 후속 업무의 처리를 위해 환지계획 인가권자에게 이를 통지하는 절차는 필요할 것으로 보입니다.

마. 환지계획은 실시계획에 따라 이루어지며 공공시설의 무상귀속은 실시계획에서 결정되는 것이므로, 국공유지의 소유권이 변경된 경우 환지계획 변경 전에 실시계획을 선행하여 변경하여야 할 것으로 보입니다.

바. 「도시개발법 시행규칙」 제29조 제2항에 따라 지정권자가 인정하는 경우에는 토지 부담률(감보율)을 60%까지 할 수 있으며, 60%를 초과하는 경우에 토지소유자 전원의 동의가 필요함을 알려드립니다.

사. 「도시개발법 시행규칙」 제21조 각 호에 해당하는 사항을 실시계획의 경미한 변경으로 볼 수 있으며, 사업기간의 변경은 위 조항에서 경미한 변경으로 규정하고 있지 않습니다.

(도시재생과-205, 2012. 2. 8)

사례 48 : 공유자의 조합원자격 여부

질의사항

○ 조합임시총회에서 조합장의 명의가 변경된 경우, 지정권자로부터 변경인가를 득하여야 하는지 여부

회신내용

○ 「도시개발법」 제13조의 규정에 따라 조합을 설립하려면 도시개발구역의 토지소유자 7명 이상이 대통령령으로 정하는 사항을 포함한 정관을 작성하여, 지정권자에게 조합설립의 인가를 받아야 하며, 인가받은 사항을 변경하려면 동조 제2항의 규정에 의거 지정권자로부터 다시 변경인가를 받아야 합니다.

○ 그러나, 동법시행령 제33조 및 제35조에서 조합임원의 선임은 인가받은 정관에 따라, 총회의 의결을 거치도록 하고 있어 조합설립 인가시 조합임원의 선임은 지정권자의 인가 범위에 포함되지 않을 것으로 판단됩니다.

– 다만, 조합설립 인가사항에 조합임원을 선임하여 인가받도록 하였거나, 조합정관 및 시·도조례에서 별도로 정하고 있다면 이에 따른 변경인가를 받아야 할 것입니다.

※ 참고 : 동법시행규칙 제21조 제2호에서 "법인인 사업시행자의 대표자 변경"은 실시계획의 경미한 변경사항으로 규정하고 있어 실시계획 변경절차는 필요할 것으로 판단됨

(도시재생과-766, 2010. 3.11)

사례 49 : 도시관리계획 변경절차 방법

질의사항

○ 「국토의 계획 및 이용에 관한 법률」(이하 '국계법') 제30조에 따른 도시관리계획 변경 없이 도시계획시설(유원지) 일부를 도시개발구역으로 편입하고 「도시개발법」 제18조에 따라 실시계획을 인가한 경우, '국계법'에 따른 도시관리계획이 변경·결정된 것으로 볼 수 있는지

회신내용

○ 「도시개발법」 제18조 제2항에서는 같은 조 제1항에 따라 도시개발사업의 실시 계획을 고시

한 경우, 그 고시된 내용 중 '국계법'에 따라 도시관리계획(지구단위계획 포함)으로 결정하여야 하는 사항은 같은 법에 따른 도시관리계획이 결정되어 고시된 것으로 보며, 이 경우 종전에 도시관리계획으로 결정된 사항 중 고시 내용에 저촉되는 사항은 고시된 내용으로 변경된 것으로 본다고 규정하고 있습니다.

- 만일, 귀 시가 제시한 '갑설'에 따른다면, 구역 지정 예정지역에 도로, 공원, 수도공급설비 등의 도시계획시설이 포함되어 있을 경우(대부분의 구역지정 예정지역 안에는 도로 등 종전의 도시계획시설이 포함되어 있을 것임) 도시개발구역을 지정하기 위해서는 사전에 국계법에 따른 도시관리계획 변경 절차를 거친 후 도시개발구역을 지정하여야 하는 번거로운 문제점이 발생하게 될 것입니다.
- 따라서 귀 시의 '을설'과 같이 구역에 편입된 도시계획시설(유원지)은 해당 도시개발사업의 실시계획인가 및 그 내용의 고시로 국계법에 따른 도시관리계획이 변경된 것으로 보는 것이 타당하며, 이를 위해 '국계법'상의 별도 절차 이행이 필요한 것은 아닙니다.

(도시재생과-476, 2011. 4. 5)

사례 50 : 실시계획변경에 대한 개발계획변경 여부

질의사항

가. 실시계획변경(고양시 고시 제2009-302호, 2009.11.10.)시 대도시계획심의위원회의 심의가 필요한 것인지

나. 개발계획 수립시 도시관리계획 내용을 「국토의 계획 및 이용에 관한 법률」 제52조 제4항의 지구단위계획 수립기준에 따라 작성해야 하는지

회신내용

가. 「도시개발법」(이하 '법') 제8조에 따라 개발계획 수립 및 변경(경미한 변경 제외)시 도시계획심의를 받아야 하나, 개발계획의 변경을 수반하지 않는 실시계획변경의 경우 동 심의는 필요하지 않습니다.

- 그러므로 상기의 실시계획변경이 개발계획의 변경을 초래하는지에 대해 지정권자인 귀 시가 판단하여 심의 이행여부를 결정하여야 합니다.

나. 도시개발사업에 있어서 개발계획은 도시개발구역의 기본적인 개발방향과 토지이용계획, 인구 및 주택에 관한 지표설정, 환경계획 등 공간골격의 체계를 형성하는 계획으로써 법 제5조 및 「도시개발법 시행령」(이하 '영') 제8조와 「도시개발업무지침」 제2편에 따라 수립하여야 하고,

- 실시계획은 개발계획을 구체화하는 단계로서 개발계획에 맞게 작성하여야 하며, 이때에 지구단위계획이 포함되어야 하고, 동 지구단위계획은 영 제38조 제2항에서 「국토의 계획 및 이용에 관한 법률」 제52조 제4항의 '지구단위계획 수립기준'에 따라 작성하도록 하고 있으므로 개발계획 단계에서 반드시 동 기준을 따라야 하는 것은 아닙니다.

- 참고로, 영 제8조 11호의 '도시관리계획의 수립 또는 변경에 관한 사항'이란 법 제5조 1항 각호(인구수용계획, 토지이용계획, 교통처리계획 등) 및 대통령령으로 정하는 개발계획을 실현하기 위해 필요한 용도지역 · 도시계획시설 등의 변경, 신설, 폐지 등에 대한 사항으로 이에 대한 구체적인 내용은 실시계획인가시 확정되고 그 효력이 발생합니다.

(도시재생과-1967, 2010. 8. 6)

사례 51 : 용도지역 종 변경에 대한 행정절차

질의사항

○ 용도지역의 종 세분사항을 변경하는 것은 개발계획의 변경인지 아니면 실시계획의 변경인지

회신내용

○ 용도지역의 종 세분계획은 실시계획 수립시 반영되어야 할 사항이나 지정권자는 필요한 경우 개발계획에서도 이에 대한 사항을 정할 수 있습니다. 따라서 도시개발구역 용도지역의 종 세분계획이 개발계획에 반영되었다면 개발계획과 함께 실시계획의 변경이 필요한 사항이나, 그 사항이 개발계획에 반영되지 않고 실시계획에서 비로소 정해진 것이라면 이는 실시계획의 변경사항입니다.

- 아울러 「도시개발법」 제18조 2항은 도시관리계획의 결정 · 고시 시점을 실시계획인가시로 규정한 것으로서, 이 규정과 관계없이 개발계획에서는 도시관리계획 관련사항(용도지역 종 세분화 등)을 정할 수 있으며, 이렇게 개발계획에서 정한 사항을 변경하고자 할 경우에는 그 내용이 실시계획인가시점에서 확정된다고 하더라도 개발계획의 변경절차를 이행하여야 합니다.

(도시재생과-2486, 2010.11.26)

사례 52 : 도시개발법 의제관련

질의사항

○ 「주한미군 공여구역 주변지역 지원특별법」(이하 "특별법"이라 한다) 제29조에서 의제토록 규정하고 있는 도시개발법 구역지정, 개발계획 수립, 시행자 지정, 실시계획의 인가에 대해 의제 협의하고자 할 경우 도시개발법령상 시행자 지정 요건도 갖추어야 하는지

회신내용

○ 도시개발사업의 구역지정, 개발계획 수립 및 실시계획 인가(이하 '구역지정 등'이라 한다)를 받기 위해서는, 도시개발법 제11조 제1항 각 호의 시행자가 도시개발사업을 시행해야 할 것입니다.

– 다만, 도시개발법령상 시행자에 해당하지 않는 자가 특별법에 따라 도시개발사업의 구역 지정 등을 의제협의하고자 할 경우 시행자 요건을 갖추어야 하는지 여부에 대해서는 특별법에 별도의 규정이 있다면 이에 따라야 할 것으로 보입니다.

(도시재생과-1823, 2012.10.17)

사례 53 : 환지방식 도시개발사업의 사업인정 기준

질의사항

가. 환지방식 도시개발사업의 실시계획 인가 시 '편입 토지소유자 조서'를 고시한 경우 이를 「도시개발법」 제22조 제3항에 따른 사업인정으로 볼 수 있는지

나. 도시개발구역 편입 국유지를 매각하기 위해서는 2011년도 국유재산 관리 · 처분 기준(8-0)에 따라 관리계획에 계상하여야 하는지

회신내용

가. 「도시개발법」 제22조 제3항에 따른 사업인정 의제 규정은 '수용 또는 사용방식'으로 시행하는 사업에 적용되는 것으로 '환지방식' 사업에는 적용되지 않습니다. 즉, 환지방식 사업구역 안의 토지는 환지 또는 매각 등의 대상이 될 뿐 수용의 대상이 될 수 없으므로 비록 시행자가 구역에 편입되는 토지소유자의 조서를 고시하였더라도 그 고시 시점에 관계없이 「토지수용법」에 따른 사업인정이 있는 것으로 볼 수 없습니다.

나. 환지방식으로 시행하는 도시개발구역 안의 국유지는 「도시개발법」 제66조에 따른 무상귀속대상에 해당되지 아니할 경우 환지(같은 법 제41조에 따라 금전으로 청산하는 경우에도 환지처분의 범위에 포함됨)를 받거나 같은 법 제68조에 따라 시행자에게 매각할 수 있습니다.

– 이 경우 해당 국유지를 「국유재산법」에 따른 '국유재산 관리계획'에 계상하여야 하는지에 대해서는 도시개발법에서 정하고 있지 아니하므로 국유재산법 및 국유재산 관리 · 처분 기준 등에 따라 판단하여야 할 것으로 보입니다.

(도시재생과-906, 2011. 6.30)

사례 54 : 조성토지 공급관련

질의사항

○ 도시개발사업 준공 이후, 조성토지 공급에 대하여 조례로 정하여 매각하는 경우 도시개발법령에 위반되는 것인지

회신내용

○ 「도시개발법」 제26조에 따라 시행자는 조성토지 등을 공급하려고 할 때에는 공급계획을

지정권자에게 제출하여야 하므로, 제출한 공급계획 대로 공급을 완료하지 못하고 사업을 준공할 경우 준공 전 공급계획의 변경이 필요할 것으로 보입니다.

- 다만, 도시개발사업 준공 이후 조성토지 공급에 대해 도시개발법에서 별도의 규정을 두고 있지 않은바 조례로 정하여 매각할지 여부에 대해서는 해당 지자체에서 종합적으로 판단해야 할 사항으로 보입니다.

(도시재생과-1722, 2012.10. 5)

사례 55 : 조성토지 공급계약

질의사항

○ 도시개발사업으로 조성된 토지(임대주택건설용지)를 「임대주택법」 제10조에 따라 건설임대사업자에게 수의계약으로 공급하는 것이 가능한지

회신내용

○ 「도시개발법 시행령」 제57조 제4항 제8호에 따라 "그 밖에 관계법령에 따라 수의계약으로 공급할 수 있는 경우"에는 도시개발사업으로 조성된 토지를 수의계약으로 공급할 수 있으므로,

- 관계법령인 「임대주택법」 제10조 제1항에 따라 지자체 등이 개발한 택지를 건설임대사업자에게 수의계약으로 공급하는 것은 가능합니다.

(도시재생과-1021, 2012. 6.11)

사례 56 : 조성토지 공급 관련

질의사항

○ 도시개발사업 준공 이후, 조성토지를 공급하는 경우 도시개발법령이 적용되는 것인지

회신내용

○ 「도시개발법」 제10조 제1항 제2호에 따라 도시개발사업의 공사완료의 공고일 다음 날에 도시개발구역의 지정은 해제되며, 사업완료 이후에는 원칙적으로(관계서류의 인수인계 등 사후관리가 필요한 사항은 예외) 사업시행에 대한 절차 등 도시개발법령 관련 조항은 해제된 도시개발구역에 적용되지 않을 것으로 보입니다.

- 다만, 「도시개발법」 제26조에 따라 시행자는 조성토지 등을 공급하려고 할 때에는 공급계획을 지정권자에게 제출하여야 하므로, 제출한 공급계획 대로 공급을 완료하지 못하고 사업을 준공할 경우 준공 전 공급계획의 변경이 필요할 것으로 보입니다.

(도시재생과-1264, 2012. 7.13)

사례 57 : 조성토지의 수의계약 공급

질의사항

○ 도시개발사업 조성토지 등을 「공유재산 및 물품관리법」에 따라 수의계약으로 공급할 수 있는지

회신내용

○ 「도시개발법 시행령」 제57조 제4항 제8호에 따라 "관계 법령의 규정에 따라 수의계약으로 공급할 수 있는 경우"에는 조성토지 등을 수의계약으로 공급할 수 있으므로, 「공유재산 및 물품관리법 시행령」 제38조 제1항에 따라 토지공급 시 수의계약이 가능하다면 조성토지 등을 수의계약으로 공급하는 것은 가능할 것으로 보입니다.

(도시재생과-663, 2012. 4.23)

사례 58 : 도시개발사업으로 조성된 토지를 매입한 자가 그 토지를 전매할 수 있는지

질의사항

○ 「도시개발법」을 근거로 시행 중인 이주단지에 대하여도 전매행위가 가능한지 여부

회신내용

○ 현행 「도시개발법」에서는 도시개발사업으로 인하여 조성된 토지(이주대책용지 포함)의 공급방법 등에 대하여만 규정하고 있으며, 공급된 토지의 전매행위에 관해서는 별도의 제한규정을 두지 않고 있으므로, 시행자로부터 이주택지를 공급받은 자는 관계법률에서 정하는 바에 따라 권리행사(전매 포함)가 가능할 것으로 판단됩니다.

※ 참고 : 「택지개발촉진법」 제19조2는 아파트 분양가격 안정 등을 도모하기 위하여 전매를 원칙적으로 금지하는 규정이며, 예외적으로 이주택지 등에 한하여 전매 허용.

(도시재생과-570, 2010. 2.23)

사례 59 : 학교용지 공급 가격 등

질의사항

가. 「도시개발법」 제11조 제1항 제2호에 따른 공공기관이 환지방식으로 사업을 시행할 경우 학교용지를 공급시 우선적으로 적용되는 법령은 무엇인지

나. 임대주택건설용지를 개별 환지로 지정할 수 있는지 아니면 체비지로 지정하여야 하는지

다. 「도시개발법 시행규칙」 제26조 제1항에 따른 환지설계에 환지설계도가 첨부되어야 하는지

라. 사업기간 연장을 위해 정관을 변경하는 경우 조합설립 인가를 변경하여야 하는지

마. 시행자가 기존 공공시설을 무상으로 귀속받기 위해서는 이에 대체되는 새로운 공공시설을

설치하여야 하는 것인지

회신내용

가. 초등학교 등 학교용지 공급에 대한 사항은 특별법인 「학교용지 확보 등에 관한 특례법」이 우선적으로 적용됨을 알려드립니다.

나. 환지대상 토지소유자가 임대주택사업을 하고자 할 경우에는 임대주택건설용지를 개별환지로 지정하는 것은 가능하며, 임대주택건설용지에 대한 환지 수요가 없는 경우에는 체비지로 지정하여 매각하는 것이 타당할 것으로 보입니다.

다. 「도시개발법 시행규칙」 제26조 제1항에서는 환지설계에 환지설계도가 포함되도록 명시하고 있지는 않습니다.

라. 「도시개발법」 제13조 제1항에 따라 조합을 설립하려면 정관을 작성하여 인가를 받아야 하고, 같은 조 제2항에 따라 인가 받은 사항을 변경하는 경우에도 시행령 제30조에 따른 경미한 변경을 제외하고는 변경인가를 받아야 함을 알려드립니다.

마. 기존 공공시설의 무상귀속은 「도시개발법」 제66조에서 정한 절차에 따라 이루어지며, 이를 위해 대체되는 공공시설을 새로이 설치하여야 하는 것은 아닙니다.

(도시재생과-385, 2012. 3. 9)

사례 60 : 국공유지 매각시 가격결정 방법

질의사항

○ 「도시개발법」 제68조 제2항에 따라 국공유지를 수의계약으로 매각하는 경우 가격결정방법은 무엇인지

회신내용

○ 「도시개발법」 제68조에서는 도시개발구역에 있는 국가나 지방자치단체 소유의 재산으로서 도시개발사업에 필요한 재산은 「국유재산법」과 「공유재산 및 물품 관리법」에도 불구하고 시행자에게 수의계약의 방법으로 처분할 수 있도록 정하고 있으나, 위 조항에 따른 국공유지 매각시 구체적인 가격결정방법에 대해서는 별도의 규정이 없으며 이는 시행자와 관리청 간에 협의하여 결정할 사항으로 보입니다.

(도시재생과-987, 2012. 6. 5)

사례 61 : 개정 시행규칙 부칙 문의

질의사항

○ 「도시개발법」 제28조에 따라 환지계획 작성에 착수하여 토지평가협의회 최종 심의를 거친

경우, 개정 도시개발법 시행규칙(국토교통부령 제453호, 2012. 4. 1 시행) 제26조 등 환지관련 규정이 적용되는 것인지

회신내용

○ 「도시개발법 시행규칙」(국토교통부령 제453호) 제3조에서는 제26조 등 환지계획에 관한 개정 규정들은 개정 시행규칙 시행('12. 4. 1) 이후 최초로 환지계획을 작성하는 분부터 적용하도록 정하고 있습니다.

– 따라서, 시행규칙 개정 전에 이미 법 제28조에 따라 환지계획의 작성에 착수하였고 토지평가협의회 심의를 완료하였다면, 개정 시행규칙 시행 이후 최초로 환지계획을 작성하는 것이 아니므로 개정 시행규칙의 부칙 적용례에 해당하지 않는 것으로 보입니다.

(도시재생과-721, 2012. 5. 1)

사례 62 : 환지 제외

질의사항

○ 「도시개발법」 제30조에 따라 환지를 정하지 않는 것이 가능한지

회신내용

○ 「도시개발법」 제30조에 따라 토지소유자가 신청하거나 동의하면 해당 토지의 전부 또는 일부에 대하여 환지를 정하지 아니 할 수 있으며(해당 토지에 임차권 등이 있는 경우 그 동의를 받아야 함), 또한 같은 법 제31조에 따라 시행자는 토지 면적의 규모를 조정할 필요가 있으면 작은 토지는 과소 토지가 되지 아니하도록 면적을 늘려 환지를 정하거나 환지 대상에서 제외할 수 있음을 알려드립니다.

(도시재생과-1575, 2011.11.11)

사례 63 : 공공시설의 무상귀속 등

질의사항

가. 「도시개발법」 제33조 제2항에 따라 공공시설용지를 다른 토지의 환지로 정하는 경우 관리청과 협의를 하지 않아도 되는 것인지

나. 「도시개발법」 제66조 제3항에 따른 공공시설의 무상귀속 협의시 관리청이 유상으로 매입하도록 회신한 경우에도 무상귀속이 가능한지

다. 「도시개발법」 제41조 제1항에 따른 청산금은 환지처분시 결정하는 것인지

라. 「도시개발법」 제30조 및 제31조에 따라 환지를 정하지 아니하는 토지에 대하여 환지처분 전에 청산금을 교부한 경우 해당 토지의 소유권 이전 등기 시점은

마. 「도시개발법 시행규칙」〈국토교통부령 제453호, 2012. 3.30〉 개정 규정에 따라 환지계획을 최초로 작성하고자 하는 경우, 정관을 변경하고 환지계획을 수립하여야 하는지

회신내용

가. 「도시개발법」 제33조 제2항에서는 "시행자가 도시개발사업의 시행으로 국가 또는 지방자치단체가 소유한 공공시설과 대체되는 공공시설을 설치하는 경우 종전의 공공시설의 전부 또는 일부의 용도가 폐지되거나 변경되어 사용하지 못하게 될 토지는 제66조 제1항 및 제2항에도 불구하고 환지를 정하지 아니하며, 이를 다른 토지에 대한 환지의 대상으로 하여야 한다."라고 정하고 있습니다.

– 따라서, 위와 같이 해당 공공시설을 환지로 정하지 않고 다른 토지에 대한 환지대상으로 하기 위해서는 법에서 정한 요건 "대체되는 공공시설이 설치되었는지"와 "종전의 공공시설의 전부 또는 일부의 용도가 폐지되거나 변경되어 사용하지 못하게 되었는지"에 대한 검토가 필요하므로, 이를 위해 시행자와 관리청 간의 협의가 필요할 것으로 보입니다.

나. 「도시개발법」 제66조 제3항에서는 공공시설의 귀속에 관한 사항이 포함된 실시계획을 작성하거나 인가하려면 미리 그 공공시설의 관리청의 의견을 듣도록 정하고 있으므로 무상귀속 가능여부는 협의에 따라 결정될 사안으로 보입니다.

다. 「도시개발법」 제41조 제2항에서는 같은조 제1항의 청산금을 환지처분시 결정하도록 정하고 있습니다.

라. 「도시개발법」 제42조 제1항에 따라 환지계획에서 정하여진 환지는 그 환지처분이 공고된 날의 다음 날부터 종전의 토지로 보며, 환지계획에서 환지를 정하지 아니한 종전의 토지에 있던 권리는 그 환지처분이 공고된 날이 끝나는 때에 소멸합니다.

– 또한, 「도시개발법」 제43조 제1항에 따라 시행자는 제40조 제5항에 따라 환지처분이 공고되면 공고 후 14일 이내에 관할 등기소에 이를 알리고 토지와 건축물에 관한 등기를 촉탁하거나 신청하여야 하므로, 환지처분 전 청산 토지의 등기도 환지처분이후 처리되는 것으로 보입니다.

마. 「도시개발법 시행규칙」〈국토교통부령 제453호, 2012. 3.30〉 제26조, 제27조 등 환지계획에 대한 개정규정은 이 규칙 시행 이후 최초로 환지계획을 수립하는 경우부터 적용됩니다.

– 「도시개발법 시행령」 제29조 제1항 제17호에 따라 정관에는 환지계획 등에 대한 사항이 포함되어야 하므로 정관으로 환지계획에 대한 사항을 시행규칙 개정 이전에 정하였으나 시행규칙 개정 이후에 최초로 환지계획을 작성하게 되어 정관에서 환지계획에 대해 정한 사항과 개정 시행규칙에서 정한 사항 간에 상충이 발생하는 경우에는 정관을 변경한 이후 개정 시행규칙에 따라 환지계획을 작성하여야 할 것으로 보이며, 이에 대한 구체적인 사항은 해당 사업의 환지계획인가권자에게 문의하시기 바랍니다.

(도시재생과-999, 2012. 6. 7)

사례 64 : 환지방식에서의 종전 공공시설용지 처리 기준

질의사항

가. 환지방식(평가식)의 도시개발사업에서 기존 공공시설용지에 관한 조치의 협의 규정이 법 제33조 제2항 인지 제66조인지? 및 제33조 제2항의 조문중 '환지를 정하지 아니하고'의 법적 해석을 "환지를 하지 않고 보류지의 용도로 사용한다"로 해석되는지 여부

나. 사업제안전 지자체가 공공시설로서 공사 중인 공공시설에 대하여 시행자가 대체시설을 설치시, 공사 중인 토지는 시행자에게 무상귀속이 가능한지 여부

회신내용

가. 환지방식에서의 기존 공공시설용지 등에 관한 조치는 도시개발법 제33조의 규정에 따라 처리됨을 알려드리며

- 동법33조 제2항 중 "제66조 제1항 및 제2항에도 불구하고 환지를 정하지 아니하며, 이를 다른 토지에 대한 환지의 대상으로 하여야 한다."의 의미는 시행자에게 종전의 공공시설용지가 직접 무상귀속됨에도 불구하고, 그 토지에 대해서는 환지를 지정하지 아니하고, 다른 토지에 대한 환지대상으로 정하는 것을 의미하는 것으로, 보류지 용도로 지정 가능함을 알려드립니다.

나. 지정권자는 도시개발구역 설정시 도시계획시설사업의 구역경계를 고려하여, 도시개발 구역을 설정하여야 하며(도시개발업무지침 1-3-2-2)

- 도시개발구역내 공공시설의 귀속에 관한 사항이 포함된 실시계획을 작성하거나 인가하려면, 미리 그 공공시설의 관리청의 의견을 듣도록 규정하고 있음을 알려드리오니 구체적인 무상귀속 여부에 관해서는 당해 사업의 지정권자인 시 · 도지사 또는 대도시시장에게 문의하시길 바랍니다.

(도시재생과-138, 2010. 1.13)

사례 65 : 지장물 이전 제거

질의사항

○ 협의 보상이 완료된 지장물을 철거하기 위해서 「도시개발법」 제38조 제1항에 따른 구청장 등의 허가를 받아야 하는지

회신내용

○ 「도시개발법」 제38조 제1항에서는 도시개발구역에 있는 건축물 등 지장물을 이전 · 제거하고자 할 경우 사전에 구청장 등의 허가를 받도록 규정하고 있으며, 협의보상이 완료된 지장물을 위 조항에 따른 허가 예외대상으로 규정하고 있지는 않습니다.

(도시재생과-1374, 2011.10.14)

사례 66 : 환지방식에서의 지장물 보상 및 재결시점

질의사항

○ 환지방식의 도시개발사업 구역에 위치한 지장물 등에 대한 보상협의 및 재결신청 가능 시기는 각각 언제인지

회신내용

○ 환지방식의 도시개발사업에서는 원칙적으로 토지의 보상이 논의될 여지가 없으나, 구역 내 지장물 등의 이전 및 제거에 대한 보상 절차는 「도시개발법」과 「토지수용법」의 관련 조항을 근거로 판단할 수 있습니다.

○ 「도시개발법」 제38조에 따라 이전 · 제거하고자 하는 지장물이 확정(물건조서 작성 완료)된 경우 사업의 진행단계와 상관없이 보상 협의를 개시할 수 있으며 이에 대한 협의가 성립하지 않은 경우 동 지장물을 이전 · 제거하기 전에 관할 토지수용위원회에 재결을 신청하여야 합니다.

(도시재생과-1790, 2010. 7. 5)

사례 67 : 폐천부지에 대한 환지처분 여부

질의사항

○ 토지구획정리사업 시행 전에 폐천부지가 된 토지에 대하여 「토지구획정리사업법」 제53조 2항을 적용하지 않고 환지처분을 할 수 있는 근거는 무엇인지

회신내용

○ 「토지구획정리사업법」 제53조 2항에서는 구획정리사업의 시행으로 국공유의 공공시설에 대체되는 공공시설을 설치한 경우, 공공시설의 전부 또는 일부가 폐지 또는 변경되어 불용으로 될 토지(환지계획 수립 이전에 이미 불용으로 된 것이 아니라 장차 불용으로 될 예정 토지임)에 대하여는 환지를 정하지 아니하고 다른 토지에 대한 환지대상으로 하도록 정하고 있습니다.

– 즉, 구 건설교통부에서 질의회신('83.11.24)한 내용은 「토지구획정리사업법」 제53조 2항의 적용을 받아 환지로 정해지지 않고 다른 토지의 환지대상이 되어야 하는 공공시설은 해당 사업으로 인해 용도가 폐지된 것에 한정되는 것으로, 사업시행 전에 이미 용도가 폐지되어 폐천으로 된 토지는 상기 조항의 적용을 받지 않는다는 의미입니다.

(도시재생과-2138, 2010. 9.13)

사례 68 : 환지예정지로 지정된 토지의 사용료 지급여부

질의사항

○ 도시개발사업 공사를 위해 환지예정지로 지정된 토지에 현장사무실 및 창고를 설치할 경우

환지예정지를 지정받은 자에게 사용료를 지불하여야 하는지

회신내용

○ 「도시개발법」 제36조 제1항에 따른 환지예정지 지정은 환지처분 이전에 환지예정지에 대한 사용ㆍ수익권을 부여함으로서 토지소유자의 재산권 제약을 완화하려는 취지의 제도로서, 환지예정지가 지정되면 이에 대한 효력 발생일부터 토지소유자는 환지예정지를 사용ㆍ수익할 수 있고 사적자치에 따라 타인의 사용에 대해 사용료를 요구할 수 있습니다.

– 한편, 사업시행자는 도시개발사업을 위한 성토 등 부지조성공사가 완료되지 토지에 대해서는 환지예정지 지정을 늦추거나 같은조 제2항에 따라 환지예정지의 사용 또는 수익의 시작일을 따로 정하여, 공사진행과 환지예정지 사용 간에 마찰을 미연에 방지할 수 있도록 하고 있습니다.

(도시재생과-55, 2011. 1.17)

사례 69 : 국공유지의 환지 가능여부

질의사항

○ 국공유지 관리청이 환지받기를 원할 경우, 해당 국공유지에 대한 환지처분이 가능한지

회신내용

○ 도시개발사업을 환지방식으로 시행하는 경우, 그 도시개발구역 안에 있는 국ㆍ공유지는 「도시개발법」 제33조에 따라 다른 토지에 대한 환지의 대상으로 하거나, 같은 법 66조 제1항 및 제2항에 따라 시행자에게 무상으로 귀속되는 토지 등 법률에서 특별히 정한 경우를 제외하고는 다른 일반 사유지와 마찬가지로 환지의 대상이 됩니다.

(도시재생과-1403, 2011.10.10)

사례 70 : 국공유지의 청산 및 환지

질의사항

○ 국공유지 관리청이 해당 토지를 청산 받고자 하는 경우에도 청산을 하지 않고 환지를 지정하는 것이 가능한지

회신내용

○ 「도시개발법」 제30조에 따라 토지소유자(국공유지 관리청 포함)가 신청하거나 동의하면 해당 토지의 전부 또는 일부에 대하여 환지를 정하지 아니할 수 있으며, 해당 국공유지의 청산 또는 환지 여부에 대한 사항은 관리청과 협의하여 결정하시기 바랍니다.

(도시재생과-1461, 2011.10.21)

사례 71 : 체비지 사용

질의사항

○ 체비지 매각 또는 사용을 위해 해당 지자체에 신고 등의 절차가 필요한지

회신내용

○ 「도시개발법」 제44조에 따라 시행자는 체비지를 규약 · 정관 · 시행규정 또는 실시계획으로 정하는 목적 및 방법에 따라 합리적으로 처분 · 관리하여야 하며, 행정청인 시행자가 체비지를 처분 · 관리하는 경우에는 국가 · 지자체의 재산처분에 관한 법률을 적용하지 아니합니다.

– 또한, 도시개발법령에서는 체비지 매각 등을 위한 신고 등의 절차를 규정하고 있지 않으며, 같은 법 제53조에 따라 체비지의 경우 준공 전 사용허가 대상에서도 제외됨을 알려드립니다.

(도시재생과-1395, 2011.10. 7)

사례 72 : 법 제49조에 따른 권리의 포기 등

질의사항

가. 환지방식으로 도시개발사업을 시행함에 있어 도시개발구역이 지정되기 전부터 토지(건축물)를 임차하여 영업 행위를 해온 임차인에게 사업시행자가 「토지수용법」(이하 "토지수용법"이라 함) 제77조 제1항에 따라 손실을 보상한 경우 「도시개발법」(이하 "법"이라 함) 제49조 제3항에 따라 해당 토지 또는 건축물의 소유자에게 이를 구상(求償)할 수 있는지

나. 「도시개발법」 제49조 제3항에 따라 손실을 보상한 시행자는 해당 토지 · 건축물의 소유자 또는 그로 인하여 이익을 얻는 자에게 이를 구상할 수 있는데, 이 때 시행자가 구상을 청구할 수 있는 경우란 구체적으로 무엇을 의미하는지

회신내용

가. 도시개발구역에서 건축물의 이전 · 제거 등 법 제38조 제1항 또는 제64조 제1항에 따른 행위로 손실(영업 폐지나 휴업에 따른 영업손실 등을 포함함)을 입은 자가 있으면 법 제65조 제1항에 따라 사업시행자가 그 손실을 보상하여야 하며, 이때 보상 기준에 관하여는 같은 조 제5항에 따라 토지수용법을 준용하도록 하고 있습니다.

– 이 경우 시행자가 보상한 손실에 대하여는 토지 또는 건축물 소유자 등에게 구상할 수 있도록 법에서 특별히 정하고 있지 않으며(법 제49조 제3항에 따른 구상권 행사 대상과 그 성질을 달리함), 그 손실보상액은 「도시개발법 시행규칙」 제29조에 따라 산정하는 '토지부

담률'에 반영되어야 할 것으로 판단됩니다.

나. 환지방식에 의한 사업은 종전토지의 위치 · 지목 · 면적 등의 변경이 수반되어 종전 토지에 설정된 지역권, 임차권 등의 목적물이 변경될 수밖에 없으므로 이에 대한 권리 조정이 뒤따르게 됩니다. 이에 따라 법 제49조 제1항에서 도시개발사업의 시행으로 종전에 설정된 지역권 또는 임차권 등의 목적을 달성할 수 없게 되면 당사자(토지 또는 건축물의 소유자와 임차권자 등)가 해당 권리를 포기하거나 계약을 해지할 수 있도록 하고 있으나, 이 경우 계약의 해지 등으로 인하여 입은 손실(임차보증금의 반환 등 포함)에 대하여는 당사자 간의 계약에 따라 해결하는 것이 원칙입니다.

– 따라서, 법 제49조 제2항 및 제3항에서 권리의 포기나 계약 해지로 인하여 손실을 입은 자가 이를 보상하여 줄 것을 시행자에게 청구할 수 있도록 하고, 그 손실을 보상한 시행자는 토지 또는 건축물 소유자나 그로 인하여 이익을 얻는 자에게 구상할 수 있도록 규정한 것은 계약의 상대방이 계약상의 의무를 이행하지 않는 등 도시개발사업으로 인해 피해를 볼 수 있는 임차권자 등의 권리를 보호하기 위한 취지에서 둔 것이지 어느 경우에나 그 손실을 시행자에게 청구할 수 있도록 한 것은 아닌 것으로 보입니다.

(도시재생과-1442, 2011.10.13)

제 3 장 준공검사

제 1 절 준공검사

1. 개 요

가. 준공검사의 개념

1) 준공검사의 개념

계약상대자가 공사를 완성하였을 때에는 그 사실을 준공신고서 등 서면으로 계약담당공무원(책임감리를 하는 공사에 있어서는 당해공사의 감리전문회사를 말함)에게 통지하고 필요한 검사를 받아야 하는데, 이를 준공검사라 한다. 도시개발법 제50조는 이에 관하여 '시행자(지정권자가 시행자인 경우는 제외한다)가 도시개발사업의 공사를 끝낸 때에는 국토교통부령으로 정하는 바에 따라 공사완료 보고서를 작성하여 지정권자의 준공검사를 받아야 한다.'고 규정하고 있다. 이는 허가권자가 준공검사를 신청한 공사가 허가 또는 신고한 설계도서대로 시공되었는지의 여부, 실시계획인가사항의 이행 여부 및 감리완료보고서, 공사완료도서 등의 서류 및 도서가 적합하게 작성되었는지의 여부 등의 사항에 대한 검사를 실시하고, 검사에 합격된 공사에 대하여는 준공검사필증을 교부해 주기 위함이다.

2) 도시개발법 제67조 중 준공의 의미

도시개발법 제66조 제5항 및 제6항에서 해당 도시개발사업의 준공검사를 마친 공공시설이 관리청에 귀속되는 것으로 규정하고 있어, 전체 도시개발사업의 준공시기가 공공시설의 귀속시기임을 알 수 있다.

따라서 같은 법 제67조 도시개발사업으로 도시개발구역에 설치된 공공시설은 준공 후 해당 공공시설의 관리청에 귀속될 때까지 이 법이나 다른 법률에 특별한 규정이 있는 경우 외에는 특별자치도지사 · 시장 · 군수 또는 구청장이 관리한다에서 준공의 대상은 공공시설로 보는 것이 타당하다.110)

[도시개발업무지침 : 준공검사]

제8장 준공검사 및 공고

5-8-1. 시행자(지정권자가 시행자인 경우를 제외한다. 이하 이 절에서 같다)가 개발사업의 공사를 완료한 때에는 공사완료보고서를 작성하여 지정권자의 준공검사를 받아야 하며 준공검사자는 해당 공사가 개발사업 실시계획에 따라 적정하게 시행되었는지의 여부를 확인한다.

5-8-2. 준공검사자는 5-8-1.의 규정에 따른 확인결과 해당 사업이 개발사업 실시계획대로 시행되었다고 인정할 경우에는 준공검사필증을 작성하여 시행자에게 교부하고 공사완료 공고를 한다.

5-8-3. 준공검사자는 5-8-2.의 규정에 따른 준공검사필증을 교부한 때에는 해당 시장군수 또는 구청장에게 통보한다.

[건축물의 사용승인]

건축법 제22조 (건축물의 사용승인)

① 건축주가 제11조 · 제14조 또는 제20조 제1항에 따라 허가를 받았거나 신고를 한 건축물의 건축공사를 완료[하나의 대지에 둘 이상의 건축물을 건축하는 경우 동(棟)별 공사를 완료한 경우를 포함한다]한 후 그 건축물을 사용하려면 제25조 제5항에 따라 공사감리자가 작성한 감리완료보고서(같은 조 제1항에 따른 공사감리자를 지정한 경우만 해당된다)와 국토교통부령으로 정하는 공사완료도서를 첨부하여 허가권자에게 사용승인을 신청하여야 한다.

② 허가권자는 제1항에 따른 사용승인신청을 받은 경우 국토교통부령으로 정하는 기간에 다음 각 호의 사항에 대한 검사를 실시하고, 검사에 합격된 건축물에 대하여는 사용승인서를 내주어야 한다. 다만, 해당 지방자치단체의 조례로 정하는 건축물은 사용승인을 위한 검사를 실시하지 아니하고 사용승인서를 내줄 수 있다.

제1호 사용승인을 신청한 건축물이 이 법에 따라 허가 또는 신고한 설계도서대로 시공되었는지의 여부

제2호 감리완료보고서, 공사완료도서 등의 서류 및 도서가 적합하게 작성되었는지의 여부

---

110) 도시재생과-499, 2012. 3. 28.

나. 준공검사의 법적성질 - 확인행위

건물 사용검사처분(준공처분)은 건축허가를 받아 건축된 건물이 건축허가사항대로 건축행정목적에 적합한가 여부를 확인하고 사용검사필증을 교부하여 줌으로써 허가 받은 자로 하여금 건축한 건물을 사용, 수익할 수 있게 하는 법률효과를 발생시키는 행정처분으로서, 준법률행위적 행정행위 중 확인에 불과하다.[111] 따라서 지정권자는 도시개발 사업시행자가 애초 인가받은 실시계획사항대로 공사를 완료하였다면 사업시행자의 준공검사신청을 거부할 수 없는 것이다.

건축 과정에서 인접주택 소유자가 피해를 입은 경우, 그 피해자가 신축건물에 대한 사용검사처분의 취소를 구할 법률상 이익이 있는지 여부(대법원 1996. 11. 29. 선고 96누9768 판결)

건물 사용검사처분(준공처분)은 건축허가를 받아 건축된 건물이 건축허가 사항대로 건축행정목적에 적합한가 여부를 확인하고 사용검사필증을 교부하여 줌으로써 허가받은 자로 하여금 건축한 건물을 사용ㆍ수익할 수 있게 하는 법률효과를 발생시키는 것에 불과하고, 건축한 건물이 인접주택 소유자의 권리를 침해하는 경우 사용검사처분이 그러한 침해까지 정당화하는 것은 아닐뿐만 아니라, 당해 건축물을 건축하는 과정에서 인접주택 소유자가 자신의 주택에 대하여 손해를 입었다 하더라도 그러한 손해는 금전적인 배상으로 회복될 수 있고, 일조권의 침해 등 생활환경상 이익침해는 실제로 그 건물의 전부 또는 일부가 철거됨으로써 회복되거나 보호받을 수 있는 것인데, 건물에 대한 사용검사처분의 취소를 받는다 하더라도 그로 인하여 건축주는 건물을 적법하게 사용할 수 없게 되어 사용검사 이전의 상태로 돌아가게 되는 것에 그칠 뿐이고, 위반건물에 대한 시정명령을 할 것인지 여부, 그 시기 및 명령의 내용 등은 행정청의 합리적 판단에 의하여 결정되는 것이므로, 건물이 이격거리를 유지하지 못하고 있고 건축과정에서 인접주택 소유자에게 피해를 입혔다 하더라도, 인접주택의 소유자로서는 건물에 대한 사용검사처분의 취소를 구할 법률상 이익이 있다고 볼 수 없다.

2. 준공인가의 절차

가. 준공검사신청

1) 신 청

시행자(지정권자가 시행자인 경우는 제외한다)가 도시개발사업의 공사를 끝낸 때에는 국토교통부

111) 대법원 1994. 1. 14. 선고 93누20481 판결.

령으로 정하는 바에 따라 공사완료 보고서를 작성하여 지정권자의 준공검사를 받아야 한다(법 제50조 제1항).

2) 공사완료보고서의 내용

시행자는 준공검사를 받으려는 경우에는 공사완료 보고서에 다음 각 호의 서류 및 도면을 첨부하여 시장(대도시 시장은 제외한다) · 군수 또는 구청장을 거쳐 지정권자에게 제출하여야 한다. 다만, 국토교통부장관 · 특별자치도지사 또는 대도시 시장이 지정권자인 경우에는 국토교통부장관 · 특별자치도지사 또는 대도시 시장에게 직접 제출할 수 있다(법 시행규칙 제32조).

제1호 준공조서(준공설계도서 및 준공사진을 포함한다)
제2호 시장 · 군수 또는 구청장이 발행하는 지적측량성과도
제3호 법 제52조 제3항에 따른 관계 행정기관의 장과의 협의에 필요한 서류 및 도면
제4호 법 제66조에 따른 공공시설의 귀속조서 및 도면
제5호 신 · 구 지적대조도

[별지 제16호 서식]

(앞쪽)

공사완료 보고서				처리기간 30일
1. 보고자	주 소			
	성 명 (법인인 경우는 그 명칭 및 대표자의 성명			
	주민등록번호 (법인등록번호)		전화번호	

2. 보고내용						
구역명						
지정목적						
위치						
면적	㎡					
시행기간	. . .~ . . .					
토지이용계획						
용도별						
면적(㎡)						
기반시설개요						
시설명						
개요						

「도시개발법」 제50조 제1항에 따라 위와 같이 보고합니다.

년 월 일

보고자 (서명또는인)

국토교통부장관
시·도지사 귀하
대도시 시장

※ 구비서류

1. 준공조서(준공설계도서 및 준공사진을 포함한다)
2. 시장·군수 또는 구청장이 발행하는 지적측량성과도
3. 「도시개발법」 제52조 제3항에 따른 관계 행정기관의 장과의 협의에 필요한 서류 및 도면
4. 「도시개발법」 제66조에 따른 공공시설의 귀속조서 및 도면
5. 신·구 지적대조도

수수료
없음

210mm×297mm(보존용지(2종) 70g/㎡)

이 신청서는 다음과 같이 처리됩니다. (뒤쪽)

보 고 자	처리기관 (담당부서)
	국토교통부 (도시개발사업업무 담당부서)
	시 · 도 (도시개발사업업무 담당부서)
	대도시 (도시개발사업업무 담당부서)

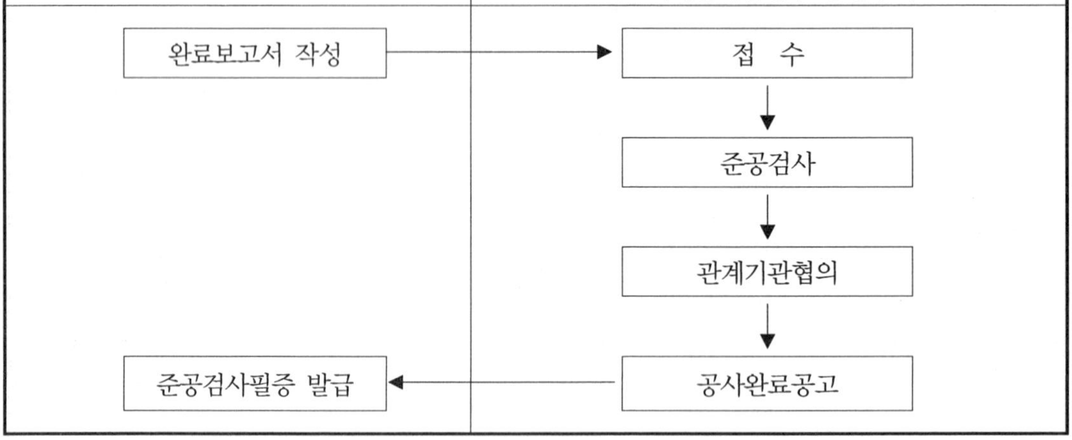

나. 준공검사

1) 준공검사

지정권자는 사업시행자로부터 공사완료 보고서를 받으면 지체 없이 준공검사를 하여야 한다. 이 경우 지정권자는 효율적인 준공검사를 위하여 필요하면 관계 행정기관 · 공공기관 · 연구기관, 그 밖의 전문기관 등에 의뢰하여 준공검사를 할 수 있다(법 제50조 제2항).

2) 준공검사 의뢰

지정권자는 공사완료 보고서의 내용에 포함된 공공시설을 인수하거나 관리하게 될 국가기관 · 지방자치단체 또는 공공기관의 장 등에게 준공검사에 참여할 것을 요청할 수 있으며, 이를 요청받은 자는 특별한 사유가 없으면 요청에 따라야 한다(법 제50조 제3항).

3) 부분 준공검사

시행자는 도시개발사업을 효율적으로 시행하기 위하여 필요하면 해당 도시개발사업에 관한 공사가 전부 끝나기 전이라도 공사가 끝난 부분에 관하여 준공검사(지정권자가 시행자인 경우에는 시행자에 의한 공사완료 공고를 말한다)를 받을 수 있다(법 제50조 제4항).

[별지 제10호 서식]

학교시설사업 준공검사필증

제 호

학교시설사업촉진법 제13조 제1항 및 동법시행령 제18조 제2항의 규정에 의하여 아래 학교시설사업에 대한 승인신청사항이 승인사항과 같게 완료되었기 준공검사필증을 교부합니다.

년 월 일

(교육감, 교육장) ㊞

가. 사업시행자 :

나. 학교의 종류 및 명칭 : (가) 종류 :
(나) 명칭 :

다. 학교시설사업의 시행지 :

라. 학교시설사업의 면적 및 규모 : (가) 학교부지 면적 :
(나) 학교시설 규모 :

마. 학교시설사업의 착공 및 준공 연월일 : (가) 착공연월일 :
(나) 준공연월일 :

바. 학교시설 현황 : 별첨

24585-01011일
95.10.17 승인

210mm×297mm
(인쇄용지(특급) 70g/㎡)

다. 준공검사의 거부

준공검사처분은 건축허가를 받아 건축한 건물이 건축허가사항대로 건축행정목적에 적합한가의 여부를 확인하고, 준공검사필증을 교부하여 줌으로써 허가받은 자로 하여금 건축한 건물을 사용, 수익할 수 있게 하는 법률효과를 발생시키는 확인적 행위에 불과하다. 따라서 허가관청으로서는 특단의 사정이 없는 한 건축허가내용대로 완공된 건축물의 준공을 거부할 수 없다.[112)]

그러나 만약 건축허가 자체가 건축관계 법령에 위반되는 하자가 있는 경우에는 비록 건축허가내용대로 완공된 건축물이라 하더라도 위법한 건축물이 되는 것으로서 그 하자의 정도에 따라 건축허가를 취소할 수 있음은 물론 그 준공도 거부할 수 있다고 하여야 할 것이다.[113)]

허가관청이 건축허가사항대로 시공된 건축물의 준공을 거부할 수 있는지 여부(소극) (대법원 1999. 12. 21. 선고 98다29797 판결)

준공검사는 건축허가를 받아 건축한 건물이 건축허가사항대로 건축행정목적에 적합한가의 여부를 확인하고 준공검사필증을 교부하여 주는 것이므로 허가관청으로서는 건축허가사항대로 시공되었다면 준공을 거부할 수 없다.

건축 관련 법규를 위반하는 내용이 포함된 건물의 용도변경 신고를 수리한 행정관청이 신고내용대로 용도변경된 건물의 사용승인을 거부하는 경우, 건축허가의 취소에 있어서와 같은 조리상의 제약을 준수하여야 하는지 여부(소극) (대법원 2006. 1. 26. 선고 2005두12565 판결)

건축법(2005.11. 8. 법률 제7696호로 개정된 것)상 용도변경 신고에 대하여 행정청은 그 신고가 소정의 형식적 요건을 갖추어 적법하게 제출되었는지 여부만 심사하여 수리할 뿐 실질적인 심사를 하는 것이 아니므로 용도변경 신고내용대로 용도변경을 하였다고 하더라도 그 신고내용에 건축 관련 법규를 위반하는 내용이 포함되어 있었다면, 그 신고를 수리한 행정관청으로서는 사용승인을 거부할 수 있고, 그 사용승인을 거부함에 있어 건축허가의 취소에 있어서와 같은 조리상의 제약이 따른다고 할 수 없다.

도시계획사업시행자가 건축허가가 된 대상토지 중 일부에 대한 소유권 내지 사용권을 취득하지 못한 경우 건축허가를 취소할 수 있는지 여부(소극) (대법원 2001. 2. 9. 선고 98다52988 판결)

구 도시계획법(2000. 1.28. 법률 제6243호로 개정되기 전의 것) 제25조에 의한 도시계획실시계획의

112) 대법원 1999. 12. 21. 선고 98다29797 판결.
113) 대법원 1992. 4. 10. 선고 91누5358 판결.

> 인가를 받은 도시계획사업의 시행자는 같은 법 제29조 및 제30조에 따라 도시계획사업구역으로 지정된 토지를 도시계획사업의 시행기간 내에는 토지수용법이 정하는 바에 의하여 협의취득하거나 수용 또는 사용할 수 있으므로 건축허가 신청 당시 그 대지 중 일부에 대하여 도시계획사업의 시행자가 그 소유 또는 사용권을 아직 취득하지 못한 것을 하자로 보더라도 도시계획사업의 준공예정일이 경과하기 전까지는 그 치유가 불가능하다고 단정할 수는 없다고 할 것이고, 더욱이 건축허가를 받게 되면 그 허가를 기초로 하여 일정한 사실관계와 법률관계를 형성하게 되므로 그 허가를 취소함에 있어서는 허가를 받은 자가 입게 될 불이익과 건축행정상의 공익 및 제3자의 이익을 허가조건 위반의 정도와 비교·교량하여 개인적 이익을 희생시켜도 부득이하다고 인정되는 경우가 아니면 함부로 그 허가를 취소할 수 없는 것이므로, 건축허가가 된 대지 중 일부에 대하여 아직 도시계획사업시행자가 소유권 내지 사용권을 취득하지 못하고 있었다는 사정만으로 건축허가를 취소할 정도의 하자라고 할 수는 없다.

제2절 준공검사의 완료

1. 준공검사 및 공고

가. 공사완료 공고

지정권자는 준공검사를 한 결과 도시개발사업이 실시계획대로 끝났다고 인정되면 시행자에게 준공검사 증명서를 내어주고 공사완료 공고를 하여야 하며, 실시계획대로 끝나지 아니하였으면 지체 없이 보완 시공 등 필요한 조치를 하도록 명하여야 한다(법 제51조 제1항).

나. 지정권자가 시행자인 경우

지정권자가 시행자인 경우 그 시행자는 도시개발사업의 공사를 완료한 때에는 공사완료 공고를 하여야 한다(법 제51조 제2항).

다. 공사완료 공고의 방법

공사완료의 공고는 관보 또는 공보에 하여야 하며(영 제69조 제1항), 이에 따른 공고에는 다음 각 호의 사항이 포함되어야 한다.

제1호 사업의 명칭

제2호 시행자

제3호 사업시행지의 위치

제4호 사업시행지의 면적 및 용도별 면적

제5호 준공일자

제6호 주요 시설물의 처분에 관한 사항

[공사완료 공고]

여주시 공고 제2014 – 695호

공 고

여주시 고시 2014-170(2014.07.23.)호로 실시계획(변경)인가 고시된 여주(강천) 도시계획시설(도로 : 소로1-2)사업에 대하여『국토의 계획 및 이용에 관한 법률』제98조 규정에 따라 공사완료되어 같은 법 시행령 제102조 규정에 따라 아래와 같이 공고합니다.

2014. 8. .

여 주 시 장

ㅁ공사완료 내용

가. 사업시행지의 위치

○ 위 치 : 여주시 강천면 부평리 402번지 일원

나. 사업의 종류 및 명칭

○ 사업의 종류 : 도시계획시설(도로 : 소로1류2호)사업

○ 명 칭 : 썬밸리골프장 진입도로 개설 공사

다. 사업의 면적 또는 규모

구분	규모				기능	연장 (m)	기점	종점	사용 형태	주 요 경과지	최 초 결정일	비고 (편입면적)
	등급	류별	번호	폭원 (m)								
결정	소로	1	2	10	국지 도로	373.0	부평리 411-1	부평리 415	일반 도로		'10.7.22	8,947㎡
준공	소로	1	2	10	국지 도로	373.0	부평리 411-1	부평리 415	일반 도로			8,947㎡

라. 사업시행자의 주소 및 성명
　○ 주　　소 : 경기도 여주시 매룡동 101-5번지
　○ 성　　명 : 동광레저(주) 대표 이 ○ ○

마. 사업의 착수 및 준공일
　○ 착 수 일 : 실시계획인가일
　○ 준 공 일 : 2014.8.5

2. 준공검사 증명서

공사완료에 따른 준공검사 증명서는 별지 제17호 서식에 따른다(법 시행규칙 제33조).

[별지 제17호 서식] 〈개정 2013.3.23〉

제　　호

준공검사증명서

1. 사업시행자
2. 주　소
3. 상 호 명
4. 대표자 명
5. 사 업 명
6. 위　치
7. 시행면적　　　　　　㎡
8. 준공연월일　　.　　.　　.
9. 준공검사사항(확정　량조서 및 지적도 별첨)

귀하가 시행한 도시개발사업에 대하여 「도시개발법」 제51조 제1항에 따라 아래와 같이 준공검사를 하고 이 증서를 발급합니다.

년　　월　　일

국토교통부장관
시 · 도 지 사　　직 인
대 도 시　시 장

210mm×297mm(보존용지(2종) 70g/㎡)

제3절 공사완료에 따른 관련 인·허가 등의 의제

1. 인·허가 등의 의제

준공검사를 하거나 공사완료 공고를 할 때 지정권자가 제19조에 따라 의제되는 인·허가 등(제19조 제1항 제4호에 따른 면허·협의 또는 승인은 제외한다. 이하 이 조에서 같다)에 따른 준공검사·준공인가 등에 대하여 관계 행정기관의 장과 협의한 사항에 대하여는 그 준공검사·준공인가 등을 받은 것으로 본다(법 제52조 제1항).

2. 관련 서류의 제출

시행자(지정권자인 시행자는 제외한다)가 준공검사·준공인가 등의 의제를 받으려면 준공검사를 신청할 때 해당 법률로 정하는 관계 서류를 함께 제출하여야 한다(법 제52조 제2항).

3. 관계 행정기관의 장과 협의

지정권자는 준공검사를 하거나 공사완료 공고를 할 때 그 내용에 법 제19조(관련 인·허가 등의 의제)에 따라 의제되는 인·허가 등에 따른 준공검사·준공인가 등에 해당하는 사항이 있으면 미리 관계 행정기관의 장과 협의하여야 한다.

[도시개발법 제19조(관련 인·허가 등의 의제)]

제19조 (관련 인·허가 등의 의제)

① 제17조에 따라 실시계획을 작성하거나 인가할 때 지정권자가 해당 실시계획에 대한 다음 각 호의 허가·승인·심사·인가·신고·면허·등록·협의·지정·해제 또는 처분 등(이하 "인·허가 등"이라 한다)에 관하여 제3항에 따라 관계 행정기관의 장과 협의한 사항에 대하여는 해당 인·허가 등을 받은 것으로 보며, 제18조 제1항에 따라 실시계획을 고시한 경우에는 관계 법률에 따른 인·허가 등의 고시나 공고를 한 것으로 본다.

제1호 「수도법」 제17조와 제49조에 따른 수도사업의 인가, 같은 법 제52조와 제54조에 따른 전용상수도설치의 인가

제2호 「하수도법」 제16조에 따른 공공하수도 공사시행의 허가

제3호「공유수면 관리 및 매립에 관한 법률」 제8조에 따른 공유수면의 점용 · 사용허가, 같은 법 제28조에 따른 공유수면의 매립면허, 같은 법 제35조에 따른 국가 등이 시행하는 매립의 협의 또는 승인 및 같은 법 제38조에 따른 공유수면매립실시계획의 승인

제4호 삭제 [2010. 4.15 제10272호(공유수면 관리 및 매립에 관한 법률)] [[시행일 2010. 10.16]]

제5호「하천법」 제30조에 따른 하천공사 시행의 허가, 같은 법 제33조에 따른 하천의 점용허가 및 같은 법 제50조에 따른 하천수의 사용허가

제6호「도로법」 제36조에 따른 도로공사 시행의 허가, 같은 법 제61조에 따른 도로점용의 허가

제7호「농어촌정비법」 제23조에 따른 농업생산기반시설의 목적 외 사용의 승인

제8호「농지법」 제34조에 따른 농지전용의 허가 또는 협의, 같은 법 제35조에 따른 농지의 전용신고, 같은 법 제36조에 따른 농지의 타용도 일시사용허가 · 협의 및 같은 법 제40조에 따른 용도변경의 승인

제9호「산지관리법」 제14조 · 제15조에 따른 산지전용허가 및 산지전용신고, 같은 법 제15조의 2에 따른 산지일시사용허가 · 신고, 같은 법 제25조에 따른 토석채취허가 및 「산림자원의 조성 및 관리에 관한 법률」 제36조 제1항 · 제4항과 제45조 제1항 · 제2항에 따른 입목벌채 등의 허가 · 신고

제10호「초지법」 제23조에 따른 초지(草地) 전용의 허가

제11호「사방사업법」 제14조에 따른 벌채 등의 허가, 같은 법 제20조에 따른 사방지(砂防地) 지정의 해제

제12호「공간정보의 구축 및 관리 등에 관한 법률」 제15조 제3항에 따른 지도 등의 간행 심사

제13호「광업법」 제24조에 따른 불허가처분, 같은 법 제34조에 따른 광구감소처분 또는 광업권 취소처분

제14호「장사 등에 관한 법률」 제27조 제1항에 따른 연고자가 없는 분묘의 개장(改葬)허가 [시행일 2008. 5.26]

제15호「건축법」 제11조에 따른 허가, 같은 법 제14조에 따른 신고, 같은 법 제16조에 따른 허가 · 신고 사항의 변경, 같은 법 제20조에 따른 가설건축물의 허가 또는 신고

제16호「주택법」 제16조에 따른 사업계획의 승인

제17호「항만법」 제9조 제2항에 따른 항만공사 시행의 허가, 같은 법 제10조 제2항에 따른 실시계획의 승인

제18호「사도법」 제4조에 따른 사도(私道)개설의 허가

제19호「국유재산법」 제30조에 따른 사용허가

제20호「공유재산 및 물품 관리법」 제20조 제1항에 따른 사용 · 수익의 허가

제21호「관광진흥법」 제52조에 따른 관광지의 지정(도시개발사업의 일부로 관광지를 개발하는 경우만 해당한다), 같은 법 제54조에 따른 조성계획의 승인, 같은 법 제55조에 따른 조성사업시행의 허가

제22호「체육시설의 설치 · 이용에 관한 법률」 제12조에 따른 사업계획의 승인

제23호「유통산업발전법」 제8조에 따른 대규모 점포의 개설등록

제24호 「산업집적활성화 및 공장설립에 관한 법률」 제13조에 따른 공장설립 등의 승인
제25호 「물류시설의 개발 및 운영에 관한 법률」 제22조에 따른 물류단지의 지정(도시개발사업의 일부로 물류단지를 개발하는 경우만 해당한다) 및 같은 법 제28조에 따른 물류단지개발실시계획의 승인
제26호 「산업입지 및 개발에 관한 법률」 제6조, 제7조 및 제7조의 2에 따른 산업단지의 지정(도시개발사업의 일부로 산업단지를 개발하는 경우만 해당한다), 같은 법 제17조, 제18조 및 제18조의 2에 따른 실시계획의 승인
제27호 「공간정보의 구축 및 관리 등에 관한 법률」 제86조 제1항에 따른 사업의 착수 · 변경 또는 완료의 신고
제28호 「에너지이용 합리화법」 제10조에 따른 에너지사용계획의 협의
제29호 「집단에너지사업법」 제4조에 따른 집단에너지의 공급 타당성에 관한 협의
제30호 「소하천정비법」 제10조에 따른 소하천(小河川)공사시행의 허가, 같은 법 제14조에 따른 소하천 점용의 허가
제31호 「하수도법」 제34조 제2항에 따른 개인하수처리시설의 설치신고

② 제1항에 따른 인 · 허가 등의 의제를 받으려는 자는 실시계획의 인가를 신청하는 때에 해당 법률로 정하는 관계 서류를 함께 제출하여야 한다.

③ 지정권자는 실시계획을 작성하거나 인가할 때 그 내용에 제1항 각 호의 어느 하나에 해당하는 사항이 있으면 미리 관계 행정기관의 장과 협의하여야 한다. 이 경우 관계 행정기관의 장은 협의 요청을 받은 날부터 대통령령으로 정하는 기간에 의견을 제출하여야 하며, 그 기간 내에 의견을 제출하지 아니하면 협의한 것으로 본다.

④ 지정권자는 제3항에 따른 협의 과정에서 관계 행정기관 간에 이견이 있는 경우에 이를 조정하거나 협의를 신속하게 진행하기 위하여 필요하다고 인정하는 때에는 대통령령으로 정하는 바에 따라 관계 행정기관과 협의회를 구성하여 운영할 수 있다. 이 경우 관계 행정기관의 장은 소속 공무원을 이 협의회에 참석하게 하여야 한다.

⑤ 도시개발구역의 지정을 제안하는 자가 제1항에도 불구하고 도시개발구역의 지정과 동시에 제1항 제8호에 따른 농지전용 허가의 의제를 받고자 하는 경우에는 제11조 제5항에 따라 시장 · 군수 · 구청장 또는 국토교통부장관에게 도시개발구역의 지정을 제안할 때에 「농지법」으로 정하는 관계 서류를 함께 제출하여야 한다.

⑥ 지정권자가 도시개발구역을 지정할 때 제1항 제8호에 따른 농지전용 허가에 관하여 관계 행정기관의 장과 협의한 경우에는 제4항에 따른 제안자가 제11조 제1항에 따라 시행자로 지정된 때에 해당 허가를 받은 것으로 본다.

⑦ 제21조의 2에 따른 순환용주택, 제21조의 3에 따른 임대주택의 건설 · 공급 및 제32조에 따른 입체환지를 시행하는 경우로서 시행자가 실시계획의 인가를 받은 경우에는 「주택법」 제9조에 따라 주택건설사업 등의 등록을 한 것으로 본다.

제4절 조성토지 등의 준공 전 사용

1. 준공검사(또는 공사완료) 전 사용금지

가. 준공검사(또는 공사완료) 전 사용금지

준공검사 전 또는 공사완료 공고 전에는 조성토지 등(체비지는 제외한다)을 사용할 수 없다. 다만, 사업 시행의 지장 여부를 확인받는 등 대통령령으로 정하는 바에 따라 지정권자로부터 사용허가를 받은 경우에는 그러하지 아니하다(법 제53조).

나. 벌 칙

사용허가 없이 조성토지 등을 사용한 자는 2년 이하의 징역이나 2천만원 이하의 벌금에 처해진다(법 제81조 제3호).

도시개발법 제81조 (벌칙)

다음 각 호의 어느 하나에 해당하는 자는 2년 이하의 징역이나 2천만원 이하의 벌금에 처한다.
제1호 제17조 제2항에 따라 실시계획의 인가를 받지 아니하고 사업을 시행한 자
제2호 제26조 제1항에 따른 조성토지 등의 공급 계획을 제출하지 아니하고 조성토지 등을 공급한 자
제3호 제53조 단서에 따른 사용허가 없이 조성토지 등을 사용한 자

2. 특례규정 - 준공 전 사용허가

시행자는 조성토지 등(법 제32조에 따라 입체환지로 지정된 건축물을 포함한다)을 준공 전에 사용하려면 그 범위를 정하여 준공전사용허가신청서에 사업시행상의 지장 여부에 관한 검토서를 첨부하여 지정권자에게 제출하여야 하며(영 제70조 제1항), 지정권자는 이에 따른 허가신청이 있는 경우 그 사용으로 인하여 앞으로 시행될 사업에 지장이 있는지를 확인한 후 허가 여부를 결정하여야 한다(같은 조 제2항).

3. 사용허가신청서

준공전사용허가신청서는 별지 제18호 서식에 따른다(법 시행규칙 제34조).

[별지 제18호 서식] 〈개정 2013.3.23〉

(앞쪽)

<table>
<tr><td colspan="6">준공전사용허가신청서</td><td>처리기간
15일</td></tr>
<tr><td rowspan="3">신청인</td><td>주 소</td><td colspan="5"></td></tr>
<tr><td>성 명
(법인인 경우는 그 명칭 및 대표자의 성명)</td><td colspan="5"></td></tr>
<tr><td>주민등록번호
(법인등록번호)</td><td colspan="2"></td><td>전화
번호</td><td colspan="2"></td></tr>
<tr><td colspan="7">신청내용</td></tr>
<tr><td>구역명</td><td colspan="6"></td></tr>
<tr><td>시행면적</td><td colspan="6"></td></tr>
<tr><td>시행기간</td><td colspan="6">. . .~ . . .</td></tr>
<tr><td>사업진도</td><td colspan="6"></td></tr>
<tr><td colspan="7">토지이용계획</td></tr>
<tr><td>용도별</td><td></td><td></td><td></td><td></td><td></td><td></td></tr>
<tr><td>면적(㎡)</td><td></td><td></td><td></td><td></td><td></td><td></td></tr>
<tr><td colspan="7">기반시설개요</td></tr>
<tr><td>시설명</td><td></td><td></td><td></td><td></td><td></td><td></td></tr>
<tr><td>개 요</td><td></td><td></td><td></td><td></td><td></td><td></td></tr>
<tr><td colspan="7">「도시개발법 시행령」 제70조에 따라 위와 같이 신청합니다.

년 월 일

신청인 (서명또는인)

국토교통부장관
시 · 도 지 사 귀하
대 도 시 시 장</td></tr>
<tr><td colspan="6">※ 첨부서류 : 사업시행상의 지장여부에 관한 검토서</td><td>수수료
없음</td></tr>
</table>

210mm×297mm(보존용지(2종)70g/㎡)

이 신청서는 다음과 같이 처리됩니다. (뒤쪽)

신청인	처리기관 (담당부서)
	국토교통부 (도시개발사업업무 담당부서)
	시 · 도 (도시개발사업업무 담당부서)
	대도시 (도시개발사업업무 담당부서)
신청서 작성 →	접수
	↓
	검토
	↓
허가 통지 ←	결재

제5절 준공검사 등의 주요 질의 · 회신사례

사례 73 : 부분준공 및 부분환지처분 가능여부

질의사항

○ 환지방식 도시개발사업시 사업준공 이전에 일부 공동주택용지에 대한 부분준공 및 부분환지처분이 가능한지

회신내용

○ 「도시개발법」 제40조 제4항에 따라 시행자는 공사가 완료되면 환지처분을 하여야 하며, 같은 법 제42조에 따른 환지처분을 하여야만 사업구역의 토지에 대한 권리관계가 확정이 됩니다.

– 따라서 전체 도시개발사업이 준공되지 않은 상황에서 일부 토지에 한하여 부분준공 및 부분환지처분이 이루어질 경우 사업구역 토지소유자 일부에 대한 권리관계가 사전에

확정되어, 이후 사업비 변경에 따른 청산금 교부 또는 징수의 대상에서 이미 환지처분을 받은 토지소유자들이 제외되는 등 사업구역의 토지소유자간 형평성 문제가 발생할 수 있습니다.

– 결론적으로, 환지사업의 경우 전체 사업이 준공된 이후의 환지처분으로 사업구역 토지소유자들의 권리관계가 동시에 확정하여야 하므로, 수용 또는 사용방식의 사업과 달리 「도시개발법」 제50조 제4항에 따른 부분준공 및 이에 따른 부분환지처분(부분환지처분은 부분준공과 달리 도시개발법령에 명시적인 근거 규정이 없음)은 가능하지 않은 것으로 보입니다.

※ 참고로 우리나라의 경우 건축물과 토지의 등기가 이원화되어 있어 택지개발지구 또는 보금자리지구에서도 공동주택입주 이후 일정기간 토지의 등기가 이루어지지 않은 경우가 존재함을 알려드립니다.

(도시재생과-1191, 2011. 8.29)

사례 74 : 환지예정지의 준공전 사용허가 필요여부

질의사항

가. 환지예정지로 지정된 토지를 사용·수익(건축물 신축 등)하기 위해서 「도시개발법」 제53조에 따른 '조성토지 등의 준공 전 사용허가'가 필요한지

나. 조합정관 규정에 의거 조합으로부터 환지예정지의 사용·수익에 대한 승인을 받은 경우, 「도시개발법」 제53조(조성토지 등의 준공 전 사용)의 '조성토지 등의 준공 전 사용허가'와 동일한 효력이 있는지

회신내용

가. 「도시개발법」 제36조에 따라 환지예정지가 지정되면 종전의 토지소유자와 임차권자(환지예정지를 지정받은 자) 등은 환지예정지 지정의 효력발생일부터 환지 처분이 공고되는 날까지 해당 부분(환지예정지)에 대하여 종전과 같은 내용의 권리(사용권 및 수익권 등)를 가지게 되므로 같은 법 제53조의 준공 전 사용허가 없이 환지예정지를 사용 또는 수익하는 것은 가능합니다.

나. '가'의 답변과 같이, 환지예정지의 사용·수익 등을 위해서는 별도의 준공 전 사용 허가가 필요치 않고 환지예정지를 지정하면 바로 효력이 발생하는 것이며, 다만, 같은 법 제36조 2항에 따라 시행자인 조합이 해당 토지를 사용하거나 수익하는데 장애가 될 물건이 있는 등의 사유가 있을 경우 그 사용·수익의 개시일을 따로이 정하는 것이 가능할 뿐입니다.

– 위와 같이, 환지예정지의 지정으로 인한 환지예정지의 사용·수익은 조합의 승인을 필요로 하는 행위가 아니며, 이러한 점을 비교해 볼 때, 조합의 환지예정지 사용 승인과 지정권자의 준공 전 사용허가의 효력을 비교하는 것은 별다른 실익이 없는 것으로 판단됩니다.

(도시재생과-2586, 2010.12.10)

사례 75 : 환지예정지의 준공 전 사용허가 필요여부

질의사항

가. 환지방식의 도시개발사업의 경우 「도시개발법」(이하 같은 법) 제50조 제4항에 따른 부분준공 및 부분환지처분이 가능한지

나. 준공 또는 환지처분 전에 건축허가 및 건축물 사용승인이 가능한지

다. 환지처분 전 청산금 징수가 가능한지

회신내용

가. 환지방식 도시개발사업은 토지부담률 등 토지소유자의 권리의무관계, 기반시설 분담, 환지계획의 변경가능성 등 수용방식 사업과는 다른 특수성이 존재하므로 같은 법 제5조 1항에 3호 및 시행규칙 제27조에 따라 환지방식의 사업지구가 분할된 경우에 한하여 지구별 부분환지처분 및 부분준공이 가능할 것으로 판단됩니다.

나. 도시개발구역에서의 건축허가 및 건축물 사용승인은 개발계획 및 실시계획에 건축계획이 포함되고 같은 법 제19조에 따라 건축허가 등이 의제된 경우에는 별도의 허가 없이 건축 등의 행위가 가능하나, 이러한 경우 이외에는 「건축법」 등 관련법에 따른 별도의 허가를 받아 건축을 하거나 건축물을 사용할 수 있습니다.

- 이 경우 「도시개발법」 제35조에 따른 환지예정지에서의 건축행위 등은 같은 법 제36조에 따른 환지예정지 지정의 효과에 따라 해당 토지의 사용 · 수익권이 발생하므로 토지 사용을 위해서 반드시 사업준공 또는 환지처분이 필요한 것은 아닙니다.

다. 같은 법 제41조 제2항에 따라 청산금은 환지처분을 할 때에 결정되므로, 청산금의 징수 또한 그 금액이 확정된 환지처분 이후에 가능할 것으로 판단됩니다.

(도시재생과-2680, 2010.12.30)

제 4 편

비용부담

제 1 장 비용부담의 원칙

제 1 절 시행자부담의 원칙

도시개발법 제54조에서는 도시개발사업에 필요한 비용은 이 법이나 다른 법률에 특별한 규정이 있는 경우 외에는 시행자가 부담한다 라고 규정하여, 시행자부담의 원칙을 천명하고 있다. 따라서 만일, 토지구획정리사업을 시행함에 있어서 그 구역 내의 어느 특정한 지구를 제외한 지구에 대해서만 실지사업공사를 시행하였다고 할지라도 토지구획정리사업은 토지의 효용을 증진시킴은 물론 도시의 건전한 발전과 공공복리의 증진에 기여함을 목적으로 하는 것인 바 그 사업은 그 특정지구를 포함한 전 지역에 대한 공동사업으로 시행하였다고 볼 것이므로 시행자부담의 원칙상 그 사업에 소요된 비용은 그 사업구역 내의 전 토지소유자가 공동부담하여야 할 것이다.

토지구획정리사업지구 중 실지사업공사를 시행하지 않은 토지의 소유자의 비용부담 여부(대법원 1984. 1. 31. 선고 82누492 판결)

토지구획정리사업을 시행함에 있어서 그 구역 내의 어느 특정한 지구를 제외한 지구에 대해서만 실지사업공사를 시행하였다고 할지라도 토지구획정리사업은 토지의 효용을 증진시킴은 물론 도시의 건전한 발전과 공공복리의 증진에 기여함을 목적으로 하는 것인 바 그 사업은 그 특정지구를 포함한 전 지역에 대한 공동사업으로 시행하였다고 볼 것이므로 그 사업에 소요된 비용은 그 사업구역 내의 전 토지소유자가 공동부담하여야 할 것임이 당연하다.

토지구획정리사업지구 중 실지 사업공사를 시행하지 않은 토지소유자에게 비용부담을 시킬 수 있는지 여부(대법원 1985. 5.28. 선고 84누210 판결)

토지구획정리사업을 시행함에 있어서 그 구역 내의 어느 특정지구를 제외한 지구에 대하여만 실지 사업공사를 시행하였다고 할지라도 토지구획정리사업은 토지의 효용을 증진시킴은 물론 도시의 건전한 발전과 공공복리의 증진에 기여함을 목적으로 하는 것이어서, 그 사업은 그 특정지구를 포함한 전 지역에 대한 공동사업으로 시행하였다고 볼 것이므로 그 사업에 소요된 비용은 그 사업구역 내의 전 토지소유자가 공동부담하는 것이 마땅하다.

제2절 도시개발구역의 시설 설치 및 비용부담 등

1. 시설의 설치구분

도시개발구역의 시설의 설치는 다음의 구분에 따른다(법 제55조 제1항).

가. 도로와 상하수도시설의 설치는 지방자치단체

나. 전기시설 · 가스공급시설 또는 지역 난방시설의 설치는 해당 지역에 전기 · 가스 또는 난방을 공급하는 자

다. 통신시설의 설치는 해당 지역에 통신서비스를 제공하는 자

2. 설치비용의 부담

가. 원 칙

도시개발구역의 시설의 설치비용은 그 설치의무자가 이를 부담한다.

나. 도시개발구역의 시설의 예외

다만, 도시개발구역 안의 전기시설을 사업시행자가 지중선로로 설치할 것을 요청하는 경우에는 전기를 공급하는 자와 지중에 설치할 것을 요청하는 자가 각각 2분의 1의 비율로 그 설치비용을 부담(전부 환지방식으로 도시개발사업을 시행하는 경우에는 전기시설을 공급하는 자가 3분의 2, 지중에 설치할 것을 요청하는 자가 3분의 1의 비율로 부담한다)한다(법 제55조 제2항).

3. 시설설치 기한

시설의 설치는 특별한 사유가 없으면 준공검사 신청일(지정권자가 시행자인 경우에는 도시개발사업의 공사를 끝내는 날을 말한다)까지 끝내야 한다(법 제55조 제3항).

4. 시설의 종류별 설치범위

시설의 종류별 설치범위는 대통령령으로 정하며(법 제55조 제4항), 이 중 지방자치단체의 설치의무 범위에 속하지 아니하는 도로 또는 상하수도시설로서 시행자가 그 설치비용을 부담하려는 경우에는 시행자의 요청에 따라 지방자치단체가 그 도로 설치사업이나 상하수도 설치사업을 대행할 수 있다(같은 조 제5항).

[법 제55조 제4항에 따른 시설의 종류별 설치범위]

법 시행규칙 제71조 (시설의 설치범위)

법 제55조 제4항에 따른 시설의 종류별 설치범위는 다음 각 호와 같다.

제1호 도로 : 다음 각 목의 요건에 모두 해당하는 도로

가. 도시개발구역지정 이전부터 「국토의 계획 및 이용에 관한 법률」에 따른 도시·군 계획도로 또는 「도로법」에 따른 도로구역으로 결정된 도로일 것

나. 지방자치단체가 설치하여야 하는 「도로법」상의 국도·지방도 및 국가지원 지방도일 것

제2호 상하수도시설 : 도시개발구역의 상하수도관로와 연결되지 아니하고 통과하는 상하수도관로

제3호 전기시설 : 도시개발구역 밖의 기간이 되는 시설로부터 도시개발구역의 토지이용계획 또는 환지계획상의 6미터 이상인 도시·군계획도로에 접하는 개별필지(이하 "개별필지"라 한다)의 경계선까지의 전기시설

제4호 가스공급시설 : 도시개발구역 밖의 기간이 되는 가스공급시설로부터 개별필지의 경계선까지의 가스공급시설. 다만, 취사 또는 개별난방용(중앙집중식난방용은 제외한다)으로 가스를 공급하기 위하여 도시개발구역의 개별필지에 정압조정실을 설치하는 경우에는 그 정압조정실까지의 가스공급시설

제5호 통신시설 : 관로시설은 도시개발구역 밖의 기간이 되는 시설로부터 도시개발구역의 개별필지의 경계선까지의 관로시설 및 도시개발구역 밖의 기간이 되는 시설로부터 도시개발구역의 개별필지의 최초 단자까지의 케이블시설

제6호 지역난방시설 : 도시개발구역 밖의 기간이 되는 열수송관의 분기점으로부터 도시개발구

역의 개별필지의 각 기계실입구 차단밸브까지의 열수송관

5. 지방자치단체의 설치대행

대통령령으로 정하는 시설의 종류별 설치범위 중 지방자치단체의 설치 의무 범위에 속하지 아니하는 도로 또는 상하수도시설로서 시행자가 그 설치비용을 부담하려는 경우에는 시행자의 요청에 따라 지방자치단체가 그 도로 설치사업이나 상하수도 설치사업을 대행할 수 있다(법 제55조 제5항).

제3절 지방자치단체의 비용부담

1. 지정권자가 시행자인 경우

가. 비용의 일부부담

지정권자가 시행자인 경우 그 시행자는 그가 시행한 도시개발사업으로 이익을 얻는 시ㆍ도 또는 시ㆍ군ㆍ구가 있으면 대통령령으로 정하는 바에 따라 그 도시개발사업에 든 비용의 일부를 그 이익을 얻는 시ㆍ도 또는 시ㆍ군ㆍ구에 부담시킬 수 있다.

나. 관계기관과의 협의

비용의 일부를 시ㆍ도 또는 시ㆍ군ㆍ구에 일부 부담시키는 경우 국토교통부장관은 국토교통부장관과 협의하여야 하고, 시ㆍ도지사 또는 대도시 시장은 관할 외의 시ㆍ군 ㆍ구에 비용을 부담시키려면 그 시ㆍ군ㆍ구를 관할하는 시ㆍ도지사와 협의하여야 하며, 시ㆍ도지사 간 또는 대도시 시장과 시도지사 간의 협의가 성립되지 아니하는 경우에는 국토교통부장관의 결정에 따른다(법 제56조 제1항).

다. 부담금의 한계

부담금의 일부를 시 · 도 또는 시 · 군 · 구에 일부 부담시키는 경우 그 부담금의 총액은 해당 도시개발사업에 소요된 비용의 2분의 1을 넘지 못한다. 이 경우 도시개발사업에 소요된 비용에는 해당 도시개발사업의 조사비, 측량비, 설계비 및 관리비는 포함하지 아니한다(영 제72조 제1항).

라. 부담금명세 및 부담금액 통보

국토교통부장관, 시 · 도지사 또는 대도시 시장은 도시개발사업으로 이익을 받는 시 · 도 또는 시 · 군 · 구에 부담금을 부담시키려는 경우에는 도시개발사업에 소요된 비용총액의 명세와 부담금의 금액을 명시하여 비용을 부담시키려는 시 · 도 또는 시 · 군 · 구에 송부하여야 한다(영 제72조 제2항).

마. 부담금의 산정 등

부담금의 산정 · 배분 등에 필요한 사항은 국토교통부장관이 정한다(영 제72조 제3항).

2. 시장 · 군수 · 구청장이 시행자인 경우

가. 비용의 일부부담

시장(대도시 시장을 제외한다) · 군수 또는 구청장은 그가 시행한 도시개발사업으로 이익을 얻는 다른 지방자치단체가 있으면 대통령령으로 정하는 바에 따라 그 도시개발사업에 든 비용의 일부를 그 이익을 얻는 다른 지방자치단체와 협의하여 그 지방자치단체에 부담시킬 수 있다(법 제56조 제2항).

나. 협의 불성립시

협의가 성립되지 아니하면 관할 시 · 도지사의 결정에 따르며, 그 시 · 군 · 구를 관할하는 시 · 도지사가 서로 다른 경우에는 제1항 후단을 준용하여, 비용의 일부를 시 · 도 또는 시 ·

군 · 구에 일부 부담시키는 경우 국토교통부장관은 국토교통부장관과 협의하여야 하고, 시 · 도지사 또는 대도시 시장은 관할 외의 시 · 군 · 구에 비용을 부담시키려면 그 시 · 군 · 구를 관할하는 시 · 도지사와 협의하여야 하며, 시 · 도지사 간 또는 대도시 시장과 시도지사 간의 협의가 성립되지 아니하는 경우에는 국토교통부장관의 결정에 따른다.

다. 관련 규정의 준용

시장(대도시 시장을 제외한다) · 군수 또는 구청장이 다른 지방자치단체에 도시개발사업에 소요된 비용의 일부를 부담시키려는 경우에는 영 제72조 제1항부터 제3항까지의 규정을 준용한다(영 제72조 제4항).

3. 비용부담 납부통지서

지방자치단체의 비용부담금, 공공시설관리자의 비용부담금 및 추가설치시설의 비용부담금의 납부통지서는 별지 제19호서식에 따르며(법 시행규칙 제35조 제1항), 이때 납부통지서에는 해당 시설의 설치에 관한 비용산출내역서와 비용부담산출내역서를 각각 첨부하여야 한다(같은 조 제2항).

[별지 제19호 서식] 〈개정 2013.3.23〉

<table>
<tr><td colspan="5">비용부담 납부통지서</td></tr>
<tr><td rowspan="3">납부
의무자</td><td>주소</td><td colspan="3"></td></tr>
<tr><td>성명(법인인 경우는 그 명칭 및 대표자의 성명</td><td colspan="3"></td></tr>
<tr><td>생년월일(법인등록번호)</td><td></td><td>전화번호</td><td></td></tr>
<tr><td colspan="5">비용부담내역</td></tr>
<tr><td>사업명</td><td colspan="4"></td></tr>
<tr><td>사업목적</td><td colspan="4"></td></tr>
<tr><td>토지이용계획</td><td colspan="4"></td></tr>
<tr><td>기반시설개요</td><td colspan="4"></td></tr>
<tr><td>납부방법</td><td colspan="2"></td><td>납부기한</td><td>. . .</td></tr>
</table>

「도시개발법」 제56조부터 제58조까지의 규정에 따라 위와 같이 비용부담납부를 알려드리니 기한 내에 납부하시기 바랍니다.

년 월 일

국토교통부장관
시 · 도지사
대도시 시장 직인

귀하

※ 구비서류 : 1. 해당 시설의 설치에 관한 비용산출내역서
2. 비용부담산출내역서

210㎜×297㎜(보존용지(2종) 70g/㎡)

제4절 공공시설 관리자의 비용부담

1. 공동구설치의무자의 비용부담

공동구란 도시계획시설 중 하나로, 일반적으로는 여러 가지 지하매설물을 공동으로 매설하기 위하여 도로의 지하에 설치하는 시설물을 말한다. 하나의 관에 지하매설물을 공동으로 두는 방식인데, 이들 매설대상에는 전화시설 · 전기시설 · 가스시설 · 수도시설 등이 있다. 이로써 도시의 미관, 도로구조의 보전, 원활한 교통소통 등의 효과가 있다.

가. 비용부담

시행자는 공동구(共同溝)를 설치하는 경우에는 다른 법률에 따라 그 공동구에 수용될 시설을 설치할 의무가 있는 자에게 공동구의 설치에 드는 비용을 부담시킬 수 있다(법 제57조 제2항).

[도시개발업무지침 : 비용분담]

6-1-1. 개발사업의 비용부담액은 설치될 기반시설의 총 용량에 대한 해당 기반시설의 설치로 인하여 이익을 받는 지방자치단체의 시설 유발용량의 비율을 해당 시설의 총 사업비에 곱한 금액으로 산출하되 다른 법률에서 비용부담액 산정기준이 있는 경우에는 그에 따라 부담액을 산정한다.

$$\text{비용부담액} = \frac{\text{해당 지자체 유발용량}}{\text{해당 시설 총용량}} \times \text{해당시설 총사업비}$$

6-1-2. 해당시설의 총사업비는 별표3의 기준에 따라 산정한 공사비 · 조사비 · 설계비 · 보상비 및 기타 비용을 합산한 금액으로 한다.

[별표 3] 사업비(조성원가) 표준항목 및 산정(2-8-15-2. 및 5-7-1.관련)

항 목	중항목	소 항 목	산 정 기 준
조사비	- 측량비 - 기타 조사비		엔지니어링기술진흥법 제10조의 규정에 따른 엔지니어링 사업대가의 기준
설계비	- 설계비		
공사비 (건축비 포함)	- 재료비 - 노무비 - 경비 - 일반관리비 - 이윤		국가를 당사자로 하는 계약에 관한 법률 시행령 제9조의 규정에 따른 예정가격 결정기준과 정부표준 품셈 및 단가(정부 고시가격이 있는 경우에는 그 가격을 말한다)에 의함
보상비	- 토지매입비 - 지장물 보상비(건물 · 입목 등) - 권리 보상비(영업권 · 광업권 등) - 이주대책비		수용 또는 사용방식인 경우는 공익사업을위한토지등의취득및보상에관한법률의 규정에 따른 평가액에 의할 수 있음 (단 환지방식의 경우 토지매입비란 국공유지 매입 등 실토지매입비를 말한다)
기 타 비 용	부대비	- 일반관리비 - 사업타당성분석비 - 영향평가비 - 감리비 - 건설공사 보험료 - 재원조달 금융부대비용 - 기타 비용	일반관리비는 국가를 당사자로 하는 계약에 관한 법률 시행령 제9조의 규정에 따른 예정가격 결정기준에 따른 일반관리비율에 의하며, 건설공사 보험료는 산업재해보험업법에 의함
	제세공과금	- 세금 - 공과금 - 각종 부담금	부담금은 법률에 따른 경우에 의함
	건설이자		사업시행기간 중 자본비용
	기타	- 운영설비비 - 영업준비금 - 기타	

주 : 1. 사업의 특성에 따라 분류 기준을 달리하거나 항목의 변동(추가 · 삭제)이 발생한 경우에는 그 사유를 명기할 것

2. 항목별 세부산출 내역은 부속서류에 포함할 것

3. 5-7-1.에 따른 조성원가는 아래의 기준에 따라 산정한다.

가. 입체환지 또는 매각용 건축물을 시행자가 직접 건축하는 경우에는 해당 건축비용은 제외하여 조성원가를 산정한다.

나. 환지방식의 경우 토지매입비는 구역 내 토지(무상귀속 받은 토지는 제외)의 정리 전 평가가격으로 한다.

나. 관련규정의 준용

위 가.항의 공동구의 설치 방법·기준 및 절차와 비용의 부담 등에 관한 사항은 「국토의 계획 및 이용에 관한 법률」 제44조를 준용한다(법 제57조 제2항 후단).

국토의 계획 및 이용에 관한 법률 제44조 (공동구의 설치)

① 다음 각 호에 해당하는 지역·지구·구역 등(이하 이 항에서 "지역 등"이라 한다)이 대통령령으로 정하는 규모를 초과하는 경우에는 해당 지역 등에서 개발사업을 시행하는 자(이하 이 조에서 "사업시행자"라 한다)는 공동구를 설치하여야 한다.

제1호 「도시개발법」 제2조 제1항에 따른 도시개발구역

제2호 「택지개발촉진법」 제2조 제3호에 따른 택지개발지구

제3호 「경제자유구역의 지정 및 운영에 관한 특별법」 제2조 제1호에 따른 경제자유구역

제4호 「도시 및 주거환경정비법」 제2조 제1호에 따른 정비구역

제5호 그 밖에 대통령령으로 정하는 지역

② 「도로법」 제20조에 따른 도로 관리청은 지하매설물의 빈번한 설치 및 유지관리 등의 행위로 인하여 도로구조의 보전과 안전하고 원활한 도로교통의 확보에 지장을 초래하는 경우에는 공동구 설치의 타당성을 검토하여야 한다. 이 경우 재정여건 및 설치 우선순위 등을 감안하여 단계적으로 공동구가 설치될 수 있도록 하여야 한다.

③ 공동구가 설치된 경우에는 대통령령으로 정하는 바에 따라 공동구에 수용하여야 할 시설이 모두 수용되도록 하여야 한다.

④ 제1항에 따른 개발사업의 계획을 수립할 경우에는 공동구 설치에 관한 계획을 포함하여야 한다. 이 경우 제3항에 따라 공동구에 수용되어야 할 시설을 설치하고자 공동구를 점용하려는 자(이하 이 조에서 "공동구 점용예정자"라 한다)와 설치 노선 및 규모 등에 관하여 미리 협의한 후 제44조의 2 제4항에 따른 공동구협의회의 심의를 거쳐야 한다.

⑤ 공동구의 설치(개량하는 경우를 포함한다)에 필요한 비용은 이 법 또는 다른 법률에 특별한 규정이 있는 경우를 제외하고는 공동구 점용예정자와 사업시행자가 부담한다. 이 경우 공동구 점용예정자는 해당 시설을 개별적으로 매설할 때 필요한 비용의 범위에서 대통령령으로 정하는 바에 따라 부담한다.

⑥ 제5항에 따라 공동구 점용예정자와 사업시행자가 공동구 설치비용을 부담하는 경우 국가, 특별시장·광역시장·특별자치시장·특별자치도지사·시장 또는 군수는 공동구의 원활한 설치를 위하여 그 비용의 일부를 보조 또는 융자할 수 있다.

⑦ 제3항에 따라 공동구에 수용되어야 하는 시설물의 설치기준 등은 다른 법률에 특별한 규정이 있는 경우를 제외하고는 국토교통부장관이 정한다.

2. 유발용량의 산정(도시개발지침 제6편 제2장)

유발용량중 도로, 철도 및 주차장 등 「국토의 계획 및 이용에 관한 법률」 제2조 제6호 가목의 교통시설에 대한 유발용량 산정은 교통영향평가지침에 의거하여 산출하며, 위 규정에 불구하고 기반시설의 설치여건에 따라 지방자치단체 간 이용량을 명확히 구분하기 곤란한 상하수도 또는 공동구 등 기반시설이나 「국토의 계획 및 이용에 관한 법률」 제2조 제8호의 광역시설의 경우에는 이익을 받는 지방자치단체 이용인구 또는 이용 세대수 등에 따른 시설 원단위에 따른 비율로 분담액을 설정할 수 있다.

전설한 규정에 의하여도 그 유발용량을 계량화할 수 없는 경우에는 비용을 부담시킬 자와 부담할 자의 협의에 의하거나 해당시설 관련 전문기관 등 제3의 평가기관의 평가에 따라 산출할 수 있다.

3. 도시개발구역 밖의 기반시설 비용부담(도시개발업무지침 제6편 제3장)

개발구역 밖에 설치하는 기반시설의 관리 또는 운영으로 인하여 이익을 받는 지방자치단체 또는 해당 공공시설의 관리자는 법 제58조 제4항의 규정에 따라 그 시설의 설치비용을 부담하여야 하며, 비용부담액의 산정 및 납부방식 등에 관한 사항은 법 제55조 및 영 제71조를 적용한다. 이에 따른 기반시설의 관리, 운영 등의 발생이익의 산정을 위하여 필요한 경우에는 회계법인 등 제3의 기관에 의뢰하여 산정할 수 있다.

4. 폐기물처리시설 등 비용부담(도시개발업무지침 제6편 제4장)

타 지방자치단체의 비용부담 원칙에 불구하고 기반시설 중 오폐수처리시설, 폐기물처리시설, 공동묘지, 화장장 또는 전기가스공급시설 등을 설치하는 경우에는 동 시설의 설치비용 외에 동 시설의 설치로 인한 녹지확보, 환경저감시설 설치, 인근 주민 이주대책 등 환경대책 및 주민지원을 위한 비용을 가산한 금액을 포함하여 분담하게 할 수 있다.

제5절 도시개발구역 밖의 기반시설의 설치비용

기반시설(基盤施設), 또는 기간시설(基幹施設), 또는 인프라스트럭처(Infrastructure)는 경제 활동의 기반을 형성하는 기초적인 시설들을 말하며, 도로나 하천, 항만, 공항 등과 같이 경제 활동에 밀접한 사회 자본을 말한다. 흔히 인프라(infra)라고도 부른다. 최근에는 학교나 병원, 공원과 같은 사회 복지, 생활환경시설 등도 포함시킨다. 이 "인프라"는 범위를 확장하여, "결제 인프라", "배송 인프라"처럼, "기반"을 뜻하는 용어로 쓰이기도 한다.

1. 시설설치 및 비용부담

가. 시행자부담

도시개발구역의 이용에 제공하기 위하여 대통령령으로 정하는 기반시설을 도시개발구역 밖의 지역에 설치하는 경우 지정권자는 법 제5조 제1항 제13호(도시개발구역 밖의 지역에 기반시설을 설치하여야 하는 경우에는 그 시설의 설치에 필요한 비용의 부담 계획)에 따른 비용부담 계획이 포함된 개발계획에 따라 시행자에게 이를 설치하게 하거나 그 설치비용을 부담하게 할 수 있다(법 제58조 제1항). 여기서 대통령이 정하는 기반시설이란 「국토의 계획 및 이용에 관한 법률」 제2조 제6호에 따른 기반시설을 말한다(영 제74조).

[법 제58조 제1항에서 "대통령령으로 정하는 기반시설"]

법 제2조 (정의)

이 법에서 사용하는 용어의 정의는 다음과 같다.

제6호 "기반시설"이라 함은 다음 각목의 시설로서 대통령령이 정하는 시설을 말한다.

가. 도로 · 철도 · 항만 · 공항 · 주차장 등 교통시설

나. 광장 · 공원 · 녹지 등 공간시설

다. 유통업무설비, 수도 · 전기 · 가스공급설비, 방송 · 통신시설, 공동구 등 유통 · 공급시설

라. 학교 · 운동장 · 공공청사 · 문화시설 · 체육시설 등 공공 · 문화체육시설

마. 하천 · 유수지 · 방화설비 등 방재시설

바. 화장장 · 공동묘지 · 납골시설 등 보건위생시설

사. 하수도 · 폐기물처리시설 등 환경기초시설

나. 국가의 비용지원

국가나 지방자치단체는 시행자가 부담하는 비용을 제외한 나머지 설치비용을 지원할 수 있다. 이 경우 지원 규모나 지원 방법 등은 국토교통부장관이 관계 중앙행정기관의 장과 협의하여 정한다(법 제58조 제2항).

2. 추가설치시설의 비용부담

가. 원인자 부담

지정권자는 비용부담 계획에 포함되지 아니하는 기반시설을 실시계획의 변경 등으로 인하여 도시개발구역 밖에 추가로 설치하여야 하는 경우에는 그 비용을 대통령령으로 정하는 바에 따라 실시계획의 변경 등 기반시설의 추가 설치를 필요하게 한 자에게 부담시킬 수 있다(법 제58조 제3항).

나. 부담자에 통고

지정권자는 추가설치시설의 비용을 부담시키려는 경우에는 이를 부담할 자에게 설계서 또는 비용산출 근거서류를 첨부하여 그 비용의 납부를 서면으로 통지하여야 한다(영 제75조 제1항). 다만, 이에 따른 추가설치시설의 비용을 둘 이상이 부담하여야 하는 경우에는 그 분담률과 납부방법 등에 관하여 이를 부담할 자와 미리 협의하여야 한다. 이 경우 협의가 성립되지 아니하는 경우에는 지정권자는 부담금을 부담할 자가 원인을 제공한 정도 등을 고려하여 그 부담금액을 정할 수 있다(같은 조 제2항).

다. 시행자가 원인제공자인 경우

시행자가 기반시설의 추가 설치에 대한 원인을 제공한 경우 시행자에게 부담시킬 수 있는 기반시설의 추가 비용은 최초 실시계획인가 시의 총사업비의 100분의 10을 초과할 수 없다. 다만, 시행자가 스스로 기반시설의 추가 설치를 지정권자에게 요청하거나 시행자의 요청에 따라 개발계획을 변경함에 따라 기반시설의 추가 설치가 필요하게 된 경우에는 100분의 10을 초과할 수 있다(영 제75조 제3항).

라. 추가비용의 산정방법 등

추가설치시설의 비용의 산정 및 부담에 관하여 필요한 사항은 국토교통부령으로 정한다(영 제75조 제4항). 이때 그 비용은 별표 6의 기준에 따라 산정한 공사비, 조사비, 설계비, 보상비 및 그 밖의 비용을 합산한 금액으로 한다(법 시행규칙 제36조).

[별표 6]

비용산정기준(제36조 관련)

1. 공 사 비

「국가를 당사자로 하는 계약에 관한 법률 시행령」 제9조에 따른 재료비 · 노무비 · 경비 · 일반관리비 및 이윤의 합계액을 말한다.

2. 조 사 비

해당 도시기반시설의 설치를 위한 측량비 및 그 밖에 조사비로서 순공사비에 포함되지 아니한 비용을 말하며, 「엔지니어링기술진흥법」 제10조에 따른 엔지니어링사업대가의 기준에 따른다.

3. 설 계 비

해당 도시기반시설의 설계를 위한 비용을 말하며, 「엔지니어링기술진흥법」 제10조에 따른 엔지니어링사업대가의 기준에 따른다.

4. 보 상 비

해당 도시기반시설의 설치를 위하여 지급된 토지매입비와 토지가액에 포함되지 아니한 건물 · 입목 · 영업권 등 토지소유권 외의 권리에 대한 보상비 및 이주대책비의 합계액을 말한다.

5. 그 밖의 비용

「산업재해보상보험법」에 따른 보험료, 「국가를 당사자로 하는 계약에 관한 법률 시행령」 제9조의 예정가격 결정기준에 따른 일반관리비율에 따라 산정한 일반관리비, 최초 실시계획에서 정한 시행기간(정부지원계획의 차질이나 그 밖의 불가피한 사유로 시행기간을 연장한 경우에는 연장된 기간을 포함한다)까지의 자본비용, 천재지변으로 인한 피해액, 다른 법령이나 도시기반시설 설치의 인가조건 등에 따라 국가 또는 지방자치단체에 납부한 부담금 등 해당 도시기반시설의 설치에 소요된 비용의 합계액을 말한다.

※ 비 고

제5호에서 시행기간을 연장할 수 있는 불가피한 사유는 다음과 같다.

가. 국가 또는 지방자치단체가 도시기반시설의 설치와 연계하여 시행하는 항만 · 도로 · 용수 등 도시기반시설 설치사업의 부진

나. 국가 또는 지방자치단체의 계획 또는 정책의 변경

다. 태풍 · 해일 · 홍수 등 불가항력의 자연재해

라. 문화재 발굴, 관련부처와의 협의지연 등 지정권자가 도시기반시설 설치의 시행기간을 연장

하는 것이 불가피하다고 인정하는 경우

3. 도시개발구역 밖의 기반시설에 대한 비용부담

가. 지방자치단체 또는 공공시설의 관리자 부담

지정권자는 시행자의 부담으로 도시개발구역 밖의 지역에 설치하는 기반시설로 이익을 얻는 지방자치단체 또는 공공시설의 관리자가 있으면 대통령령으로 정하는 바에 따라 그 기반시설의 설치에 드는 비용의 일부를 이익을 얻는 지방자치단체 또는 공공시설의 관리자에게 부담시킬 수 있다. 이 경우 지정권자는 해당 지방자치단체나 공공시설의 관리자 및 시행자와 협의하여야 한다(법 제58조 제4항).

나. 비용부담규정 준용

도시개발구역 밖에 설치하는 「국토의 계획 및 이용에 관한 법률」 제2조 제6호에 따른 기반시설로 이익을 받는 지방자치단체 또는 공공시설관리자에 대한 비용부담에 관하여는 제72조를 준용한다(영 제76조).

4. 비용조정신청

지정권자로부터 기반시설의 설치비용을 부담하도록 통지를 받은 자가 비용의 부담에 대하여 이견이 있는 경우에는 그 통지를 받은 날부터 20일 이내에 지정권자에게 이를 증명할 수 있는 자료를 첨부하여 조정을 신청할 수 있다. 이 경우 지정권자는 그 신청을 받은 날부터 15일 이내에 이를 심사하여 그 결과를 신청인에게 통지하여야 한다(법 제58조 제5항).

5. 설치비용등의 강제징수 등

가. 가산금의 징수

지정권자는 납부의무자가 기반시설의 설치비용을 납부기한까지 내지 아니하면 가산금을 징수한다. 이 경우 가산금에 관하여는 「국세징수법」 제21조를 준용한다(법 제58조 제6항).

나. 강제징수

지정권자는 납부의무자가 기반시설의 설치비용과 가산금을 납부기한까지 내지 아니하면 국세 또는 지방세 체납처분의 예에 따라 징수한다(법 제58조 제7항).

6. 과오납 환급

지정권자는 납부의무자가 납부한 금액에서 과오납(過誤納)한 부분이 있으면 이를 조사하여 그 차액(差額)을 추징하거나 환급하여야 한다. 이 경우 과오납한 날의 다음 날부터 추징 또는 환급 결정을 하는 날까지의 기간에 대하여 「국세기본법」 제52조에서 정한 이자율에 따라 계산한 금액을 추징금 또는 환급금에 더하여야 한다(법 제58조 제8항).

7. 비용부담 납부통지서

지방자치단체의 비용부담금, 공공시설관리자의 비용부담금 및 추가설치시설의 비용부담금의 납부통지서는 별지 제19호 서식에 따르며, 납부통지서에는 해당 시설의 설치에 관한 비용산출내역서와 비용부담산출내역서를 각각 첨부하여야 한다(법 시행규칙 제35조).

[별지 제19호 서식] 〈개정 2013.3.23〉

<table>
<tr><td colspan="6">비용부담 납부통지서</td></tr>
<tr><td rowspan="3">납부
의무자</td><td colspan="2">주소</td><td colspan="3"></td></tr>
<tr><td colspan="2">성명(법인인 경우는 그 명칭 및 대표자의 성명</td><td colspan="3"></td></tr>
<tr><td colspan="2">생년월일(법인등록번호)</td><td></td><td>전화번호</td><td></td></tr>
<tr><td colspan="6">비용부담내역</td></tr>
<tr><td colspan="2">사업명</td><td colspan="4"></td></tr>
<tr><td colspan="2">사업목적</td><td colspan="4"></td></tr>
<tr><td colspan="2">토지이용계획</td><td colspan="4"></td></tr>
<tr><td colspan="2">기반시설개요</td><td colspan="4"></td></tr>
<tr><td colspan="2">납부방법</td><td></td><td>납부기한</td><td colspan="2">. . .</td></tr>
<tr><td colspan="6">「도시개발법」 제56조부터 제58조까지의 규정에 따라 위와 같이 비용부담납부를 알려드리니 기한 내에 납부하시기 바랍니다.

년 월 일

국토교통부장관
시 · 도 지 사
대 도 시 시 장 직 인

귀하</td></tr>
<tr><td colspan="6">※ 구비서류 : 1. 해당 시설의 설치에 관한 비용산출내역서
2. 비용부담산출내역서</td></tr>
</table>

210㎜×297㎜(보존용지(2종) 70g/㎡)

제6절 보조 또는 융자

1. 국고의 보조 또는 융자

도시개발사업의 시행에 드는 비용은 대통령령으로 정하는 바에 따라 그 비용의 전부 또는 일부를 국고에서 보조하거나 융자할 수 있다. 다만, 시행자가 행정청이면 전부를 보조하거나 융자할 수 있다.

2. 보조 또는 융자의 범위

국고에서의 보조 또는 융자는 다음 각 호의 구분에 따른다.

가. 국가나 지방자치단체가 시행자

국가나 지방자치단체가 시행자인 경우에는 다음의 비용 전부의 보조 또는 융자할 수 있다(영 제77조 제1호).

1) 항만 · 도로 및 철도의 공사비
2) 공원 · 녹지의 조성비
3) 용수공급시설의 공사비
4) 하수도 및 폐기물처리시설의 공사비
5) 도시개발구역 안의 공동구의 공사비
6) 이주단지의 조성비
7) 그 밖에 도시개발을 위하여 특히 필요하다고 국토교통부령으로 정하는 「국토의 계획 및 이용에 관한 법률」 제2호 제13호에 따른 공공시설의 공사비

나. 국가나 지방자치단체 이외의 자가 시행자

국가나 지방자치단체 이외의 자가 시행자인 경우에는 영 제77조 제1호 각 목의 비용의 융자. 다만, 수도권이전법인인 시행자에 대하여는 용수공급시설, 도시개발구역과 연결하기 위한 도

로의 설치비용의 전부와 하수도시설 설치비용의 2분의 1을 보조할 수 있다(영 제77조 제2호).

제7절 도시개발특별회계의 설치 등

1. 도시개발특별회계 설치 등

가. 도시개발특별회계 설치

시 · 도지사 또는 시장 · 군수(광역시에 있는 군의 군수는 제외한다)는 도시개발사업을 촉진하고 도시 · 군계획시설사업의 설치지원 등을 위하여 지방자치단체에 도시개발특별회계(이하 "특별회계"라 한다)를 설치할 수 있다(법 제60조 제1항).

나. 특별회계의 재원

도시개발 특별회계 재원(세입)은 도시개발법 아래 각 호에 해당하는 재원으로 조성하여 도시개발사업의 촉진 및 도시 · 군계획시설사업 설치 지원 등에 사용하도록 법률로 특정하고 있다. 따라서 그 외 가령 도로법 제76조에 의해 부과되는 원자 부담금은 이에 해당하지 아니하기 때문에 특별회계 재원으로 활용하는 것은 적정치 아니하다.

특별회계는 다음 각 호의 재원으로 조성된다(법 제60조 제2항).

제1호 일반회계에서 전입된 금액

제2호 정부의 보조금

제3호 제62조에 따른 도시개발채권의 발행으로 조성된 자금

제4호 제70조에 따른 수익금 및 집행 잔액

제5호 제85조에 따라 부과 · 징수된 과태료

제6호 「수도권정비계획법」 제16조에 따라 시 · 도에 귀속되는 과밀부담금 중 해당 시 · 도의 조례로 정하는 비율의 금액

제7호 「개발이익환수에 관한 법률」 제4조 제1항에 따라 지방자치단체에 귀속되는 개발부담

금 중 해당 지방자치단체의 조례로 정하는 비율의 금액

제8호 「국토의 계획 및 이용에 관한 법률」 제65조 제8항에 따른 수익금

제9호 「지방세법」 제112조(같은 조 제1항 제1호는 제외한다)에 따라 부과 · 징수되는 재산세의 징수액 중 대통령령으로 정하는 비율의 금액[114]

제10호 차입금

제11호 해당 특별회계자금의 융자회수금 · 이자수입금 및 그 밖의 수익금이다. 환지방식과 특별회계국가나 지방자치단체 등이 도시개발사업을 환지방식으로 시행하는 경우에는 회계의 구분을 위하여 사업별로 특별회계를 설치하여야 한다(법 제60조 제3항).

2. 특별회계의 운용

가. 특별회계의 용도

특별회계는 다음 각 호의 용도로 사용한다(법 제61조 제1항).

제1호 도시개발사업의 시행자에 대한 공사비의 보조 및 융자

제2호 도시 · 군계획시설사업에 관한 보조 및 융자

제3호 지방자치단체가 시행하는 대통령령으로 정하는 도시 · 군계획시설사업에 드는 비용[115]

제4호 제62조에 따른 도시개발채권의 원리금 상환

제5호 도시개발구역의 지정, 계획수립 및 제도발전을 위한 조사 · 연구비

제6호 차입금의 원리금 상환

제7호 특별회계의 조성 · 운용 및 관리를 위한 경비

제8호 그 밖에 대통령령으로 정하는 사항[116]

---

114) 제78조 (재산세의 도시개발특별회계 전입)
법 제60조 제2항 제9호에서 "대통령령으로 정하는 비율의 금액"이란 「지방세법」 제112조(같은 조 제1항 제1호는 제외한다)에 따른 재산세 징수액 중 「도시 및 주거환경정비법」에 따른 도시 · 주거환경정비기금, 「도시재정비 촉진을 위한 특별법」에 따른 재정비촉진특별회계 및 「주차장법」에 따른 주차장특별회계로 전입되는 금액을 제외한 나머지 금액을 말한다.

115) 제79조 (도시개발특별회계의 지원대상)
법 제61조 제1항 제3호에서 "대통령령으로 정하는 도시 · 군계획시설사업"이란 「국토의 계획 및 이용에 관한 법률」 제2조 제7호에 따른 도시 · 군계획시설을 설치 · 정비 또는 개량하는 사업을 말한다.

116) 제80조 (도시개발특별회계의 용도)
법 제61조 제1항 제8호에서 "그 밖에 대통령령으로 정하는 사항"이란 지방자치단체의 장이 시행하는 도시

나. 운용상황 보고

국토교통부장관은 필요한 경우에는 지방자치단체의 장에게 특별회계의 운용 상황을 보고하게 할 수 있다(법 제61조 제2항).

다. 특별회계의 설치 · 운용 및 관리

특별회계의 설치 · 운용 및 관리에 필요한 사항은 대통령령으로 정하는 기준에 따라 해당 지방자치단체의 조례로 정한다(법 제61조 제3항).

1) 특별회계에서 보조할 수 있는 범위

도시개발특별회계에서 보조할 수 있는 범위는 다음 각 호와 같다(영 제81조 제1항).

제1호 지방자치단체의 장이 시행하는 다음 각 목의 사업비

가. 도시개발사업의 공사비

나. 「국토의 계획 및 이용에 관한 법률」 제2조 제10호에 따른 도시 · 군계획시설사업의 공사비 및 사유(私有)대지의 보상비

제2호 제1호 외의 자가 시행하는 다음 각 목의 사업비

가. 도시개발사업 중 도시 · 군계획시설의 설치에 필요한 공사비의 2분의 1 이하

나. 「국토의 계획 및 이용에 관한 법률」 제2조 제10호의 도시 · 군계획시설사업의 공사비의 2분의 1 이하

제3호 법 제61조 제1항 제5호의 조사 · 연구비

제4호 법 제61조 제1항 제7호의 경비

2) 특별회계에서 융자할 수 있는 범위

도시개발특별회계에서 융자할 수 있는 범위는 다음 각 호와 같다(영 제81조 제2항).

제1호 지방자치단체의 장이 시행하는 「국토의 계획 및 이용에 관한 법률」 제2조 제10호에 따른 도시 · 군계획시설사업의 공사비의 2분의 1 이하

제2호 제1호 외의 자가 시행하는 다음 각 목의 사업비의 3분의 1 이하

개발사업의 사업비를 말한다.

가. 도시개발사업 중 「국토의 계획 및 이용에 관한 법률」 제2조 제7호에 따른 도시·군계획시설의 설치에 필요한 공사비

나. 「국토의 계획 및 이용에 관한 법률」 제2조 제10호에 따른 도시·군계획시설사업의 공사비

제8절 도시개발채권의 발행·매입

1. 도시개발채권의 발행

가. 도시개발채권의 발행

지방자치단체의 장은 도시개발사업 또는 도시·군계획시설사업에 필요한 자금을 조달하기 위하여 도시개발채권을 발행할 수 있다(법 제62조 제1항).

나. 도시개발채권의 발행 절차

1) 도시개발채권의 발행자

도시개발채권은 시·도의 조례로 정하는 바에 따라 시·도지사가 이를 발행한다(영 제82조 제1항).

2) 국토교통부장관의 승인

시·도지사는 도시개발채권의 발행하려는 경우에는 다음 각 호의 사항에 대하여 국토교통부장관의 승인을 받아야 한다(영 제82조 제2항).

제1호 채권의 발행총액

제2호 채권의 발행방법

제3호 채권의 발행조건

제4호 상환방법 및 절차

제5호 그 밖에 채권의 발행에 필요한 사항

3) 공고사항

시 · 도지사는 국토교통부장관의 승인을 받은 후 도시개발채권을 발행하려는 경우에는 다음 각 호의 사항을 공고하여야 한다(영 제82조 제3항).

제1호 채권의 발행총액
제2호 채권의 발행기간
제3호 채권의 이율
제4호 원금상환의 방법 및 시기
제5호 이자지급의 방법 및 시기

다. 도시개발채권의 발행방법 등

1) 도시개발채권의 발행방법

도시개발채권은 「공사채등록법」 제3조에 따른 등록기관에 등록하여 발행하거나 무기명으로 발행할 수 있으며, 발행방법에 필요한 세부적인 사항은 시 · 도의 조례로 정한다(영 제83조 제1항).

2) 도시개발채권의 이율

도시개발채권의 이율은 채권의 발행 당시의 국채 · 공채 등의 금리와 특별회계의 상황 등을 고려하여 해당 시 · 도의 조례로 정하되, 국토교통부장관의 승인을 받아야 한다(영 제83조 제2항).

3) 도시개발채권의 상환기간 등

가) 상황기간

도시개발채권의 상환은 5년부터 10년까지의 범위에서 지방자치단체의 조례로 정한다(영 제83조 제3항).

나) 소멸시효

도시개발채권의 소멸시효는 상환일부터 기산(起算)하여 원금은 5년, 이자는 2년으로 한다(법 제62조 제3항).

라. 도시개발채권 발행원부의 비치 등

1) 사무취급기관 등

도시개발채권의 매출 및 상환업무의 사무취급기관은 해당 시・도지사가 지정하는 은행 또는 「자본시장과 금융투자업에 관한 법률」 제294조에 따라 설립된 한국예탁결제원으로 하며(영 제83조 제4항), 도시개발채권의 재발행・상환・매입필증의 교부 등 도시개발채권의 발행과 사무취급에 필요한 사항은 국토교통부령으로 정한다(같은 조 제5항).

2) 발행원부의 비치

사무취급기관은 도시개발채권 발행원부를 갖춰 두고, 다음 각 호의 사항을 기록하여야 하며, 월별 도시개발채권의 매출 및 상환업무에 관한 사항을 다음 달 20일까지 해당 시・도지사에게 보고하여야 한다(법 시행규칙 제37조).

제1호 도시개발채권을 매입한 자의 성명, 주민등록번호 및 주소
제2호 도시개발채권의 금액
제3호 도시개발채권의 이율
제4호 도시개발채권의 발행일 및 상환일

마. 도시개발채권의 중도상환

도시개발채권은 다음 각 호의 어느 하나에 해당하는 경우를 제외하고는 중도에 상환할 수 없으며, 위 각 호에 따라 중도에 상환을 받으려는 자는 도시개발채권 중도상환신청서에 지정권자・지방자치단체 또는 시행자가 발행하는 위 각 호의 어느 하나에 해당하는 사실을 증명하는 서류를 첨부하여 도시개발채권 사무취급기관에 신청하여야 한다(법 시행규칙 제38조).

제1호 도시개발채권의 매입사유가 된 허가 또는 인가가 매입자의 귀책사유 없이 취소된 경우
제2호 법 제63조 제1항 제1호에 해당하는 자의 귀책사유 없이 해당 도급계약이 취소된 경우
제3호 도시개발채권의 매입의무자가 아닌 자가 착오로 도시개발채권을 매입한 경우
제4호 도시개발채권의 매입의무자가 매입하여야 할 금액을 초과하여 도시개발채권을 매입한 경우

[별지 제20호 서식]

(앞 쪽)

<table>
<tr><td colspan="6">도시개발채권 중도상환신청서</td><td>처리기간
1일</td></tr>
<tr><td rowspan="3">신청인</td><td>주 소</td><td colspan="5"></td></tr>
<tr><td>성 명
(법인인 경우는 그 명칭 및 대표자의 성명</td><td colspan="5"></td></tr>
<tr><td>생 년 월 일
(법 인 등 록 번 호)</td><td colspan="2"></td><td>전화번호</td><td colspan="2"></td></tr>
<tr><td colspan="7">도시개발채권 매입사실의 표기</td></tr>
<tr><td rowspan="2">매입하여야할 금액(원)</td><td rowspan="2">매입한금액 (원)</td><td colspan="2">중도상환신청금액(원)</td><td rowspan="2">중 도 상 환 사 유</td><td rowspan="2" colspan="2">근 거</td></tr>
<tr><td>금액</td><td>기호 및 번호</td></tr>
<tr><td></td><td></td><td></td><td></td><td></td><td colspan="2"></td></tr>
<tr><td colspan="7">「도시개발법 시행규칙」 제38조제2항에 따라 도시개발채권의 중도상환을 받기 위해 위와 같이 신청합니다.

년 월 일

신청인 (서명 또는 인)

도시개발채권 사무취급기관의 장 귀하</td></tr>
<tr><td colspan="6">※ 구비서류 : 「도시개발법 시행규칙」 제38조 제1항 각 호의 어느 하나에 해당하는 사실을 증명하는 서류</td><td>수수료
없음</td></tr>
</table>

210㎜×297㎜(보존용지(2종)70g/㎡)

이 신청서는 다음과 같이 처리됩니다. (뒤 쪽)

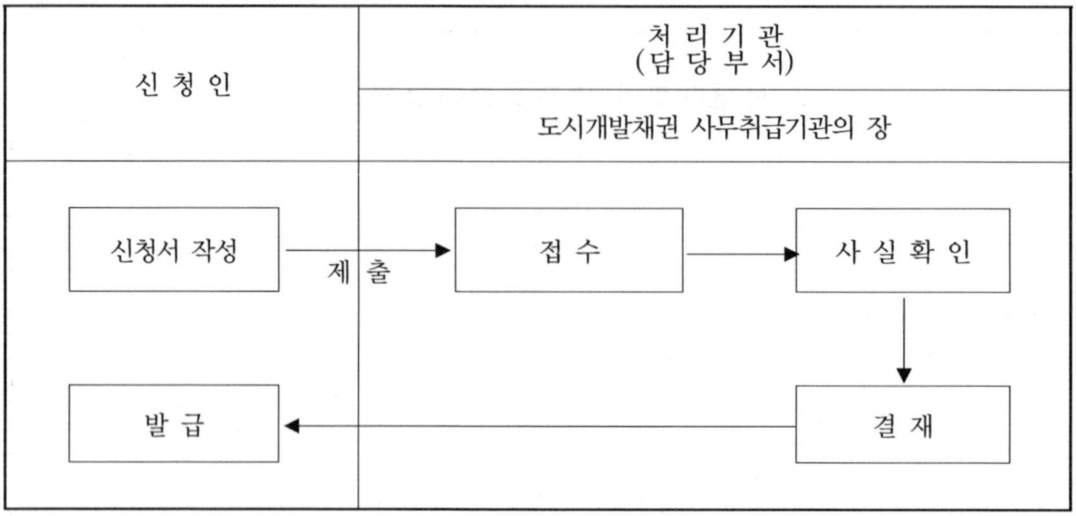

2. 도시개발채권의 매입

가. 도시개발채권의 매입자

다음 각 호의 어느 하나에 해당하는 자는 도시개발채권을 매입하여야 한다(법 제63조 제1항). 다만, 위 규정을 적용할 때에는 다른 법률에 따라 실시계획 인가 또는 「국토의 계획 및 이용에 관한 법률」 제56조의 개발행위허가가 의제되는 협의를 거친 자를 포함한다(같은 조 제2항).

제1호 수용 또는 사용방식으로 시행하는 도시개발사업의 경우 제11조 제1항 제1호부터 제4호까지의 규정에 해당하는 자와 공사의 도급계약을 체결하는 자

제2호 제1호에 해당하는 시행자 외에 도시개발사업을 시행하는 자

제3호 「국토의 계획 및 이용에 관한 법률」 제56조 제1항에 따른 허가를 받은 자 중 대통령령으로 정하는 자{여기서 "대통령령으로 정하는 자"란 토지의 형질변경허가를 받은 자를 말한다(영 제84조 제1항)}

나. 도시개발채권의 매입 대상 · 금액 및 절차 등

도시개발채권의 매입 대상 · 금액 및 절차 등에 필요한 사항은 대통령령으로 정한다(법 제63조 제1항).

다. 도시개발채권의 매입대상 및 그 금액 등

1) 도시개발채권의 매입대상 및 그 금액

수용 또는 사용방식 등으로 시행하는 도시개발사업의 경우 그 공사에 관하여 국가 등과 도급계약 등을 체결하려는 자는 도시개발채권을 매입하여야 하는데, 그 매입대상 및 그 금액은 아래 별표 1과 같으며, 이에 따른 매입대상면적의 산정기준 등에 관하여 필요한 사항은 국토교통부령으로 정한다(영 제84조 제1,2항).

[별표 1] 〈개정 2014.11.4.〉

도시개발채권의 매입대상 및 금액(제84조제2항 관련)

1. 도시개발채권의 매입대상별 매입금액은 다음 표와 같다.

매입대상	매입금액
가. 법 제11조 제1항 제1호부터 제4호까지의 규정에 해당하는 자와 도시개발사업의 시행을 위한 공사의 도급계약을 체결한 자	공사도급계약 금액의 100분의 3
나. 법 제11조 제1항 제5호부터 제9호까지, 제9호의2, 제10호 및 제11호에 해당하는 자로서 도시개발사업을 시행하는 자	시행면적 3.3제곱미터 당 20,000원
다. 「국토의 계획 및 이용에 관한 법률」 제56조에 따라 토지의 형질변경 허가를 받는 자	토지형질변형 허가면적 3.3제곱미터 당 20,000원

비고: 시ㆍ도는 위 표의 나목 및 다목에 규정된 금액의 범위에서 해당 시ㆍ도의 조례로 매입금액을 달리 정할 수 있다.

2. 도시개발채권 매입의무의 면제

가. 다음에 정하는 자에 대하여는 도시개발채권의 매입의무를 면제한다.

1) 국가기관: 「대한민국헌법」ㆍ「정부조직법」, 그 밖의 특별법에 따라 설립된 기관과 그 소속기관
2) 지방자치단체: 지방자치단체 및 그 소속기관
3) 「공공기관의 운영에 관한 법률」에 따른 다음의 공공기관
가) 「한국토지주택공사법」에 따른 한국토지주택공사
나) 삭제 〈2009.9.21〉
다) 「한국수자원공사법」에 따른 한국수자원공사
라) 「한국농어촌공사 및 농지관리기금법」에 따른 한국농어촌공사
마) 「한국관광공사법」에 따른 한국관광공사
바) 「한국철도공사법」에 따른 한국철도공사
사) 「한국도로공사법」에 따른 한국도로공사
아) 「한국석유공사법」에 따른 한국석유공사

자) 「한국농수산식품유통공사법」에 따른 한국농수산식품유통공사
차) 「한국광물자원공사법」에 따른 한국광물자원공사
카) 「제주특별자치도 설치 및 국제자유도시 조성을 위한 특별법」에 따른 제주국제자유도시개발센터
타) 「금융회사부실자산 등의 효율적 처리 및 한국자산관리공사의 설립에 관한 법률」에 따른 한국자산관리공사
4) 지방공기업: 「지방공기업법」에 따른 지방공기업
5) 주한 외국정부기관: 외국정부의 공관 및 사절단, 국제기구(대한민국 국민이 아닌 그 구성원을 포함한다), 미합중국 군대 및 국제연합군(대한민국 국민이 아닌 그 구성원과 군속을 포함한다)
6) 「사립학교법」 제2조에 따른 사립학교

나. 다음에 해당하는 토지의 면적에 대하여는 도시개발채권의 매입의무를 면제한다.
1) 법 제11조 제1항 제5호부터 제9호까지, 제9호의2, 제10호 및 제11호에 해당하는 자가 시행하는 도시개발사업 구역 중 토지형질변경이 수반되지 아니하는 면적
2) 영농 및 축산을 목적으로 토지형질변경허가를 받는 면적
3) 「사회기반시설에 대한 민간투자법」 제2조 제1호 가목부터 타목까지의 규정에 해당하는 시설의 건설을 목적으로 토지형질변경허가를 받는 면적
4) 주택건설을 목적으로 토지형질변경허가를 받는 토지 중 다음에 해당하는 면적
가) 「주택법」 제2조 제5호에 따른 사업주체가 전용면적 60제곱미터(공용면적을 포함하는 경우에는 70제곱미터를 말한다) 이하인 주택(임대를 목적으로 하는 주택을 포함한다)을 건설하기 위한 토지의 면적
나) 가) 외의 주택을 건설하기 위한 토지형질변경허가 면적 중 국가 또는 지방자치단체에 귀속(기부채납을 포함한다)되는 토지의 면적
5) 토지형질변경허가 대상면적 중 도시철도채권의 매입대상과 중복되는 면적

다. 도시개발채권의 매입의무자가 제1호의 기준에 따라 도시개발채권을 매입한 경우에는 도시개발채권의 매입상당액만큼 국민주택채권 또는 도시철도채권의 매입의무를 각각 면제한다.

라. 시 · 도지사가 천재지변, 그 밖의 사유로 도시개발채권의 매입이 부적당하다고 인정하는 경우에는 이를 면제할 수 있다.

3. 도시개발채권의 최저매입금액은 1만원으로 한다. 다만, 1만원 미만의 단수가 있을 경우 그 단수가 5천원 이상 1만원 미만인 때에는 이를 1만원으로 하고, 그 단수가 5천원 미만인 때에는 단수가 없는 것으로 한다.

2) 매입강제

시 · 도지사, 시장 · 군수 또는 구청장은 이 영 및 해당 시 · 도의 조례로 정하는 바에 따라 법 제63조 제1항 각 호에 해당하는 자에게 도시개발채권을 매입하게 하여야 한다(영 제84조 제4항).

3. 매입필증의 교부

가. 매입필증의 교부

도시개발채권 사무취급기관의 장은 법 제63조 제1항 각 호의 어느 하나에 해당하는 자에게 도시개발채권을 매출할 때에는 도시개발채권 매입필증에 기명날인하여 매입자에게 교부하여야 한다(법 시행규칙 제39조 제1항).

[별지 제21호 서식]

(앞 쪽)

<table>
<tr><td colspan="4" rowspan="2">도시개발채권 매입필증</td><td>처리기간</td></tr>
<tr><td>즉 시</td></tr>
<tr><td rowspan="3">매입자</td><td>주 소</td><td colspan="3"></td></tr>
<tr><td>성 명
(법인인 경우는 그 명칭 및 대표자의 성명)</td><td colspan="3"></td></tr>
<tr><td>생 년 월 일
(법 인 등 록 번 호)</td><td></td><td>전화번호</td><td></td></tr>
<tr><td rowspan="7">도시개발
채권</td><td>기호 및 번호</td><td colspan="3"></td></tr>
<tr><td>매입금액</td><td colspan="3">원정(₩)</td></tr>
<tr><td>매입목적</td><td colspan="3"></td></tr>
<tr><td>제출기관</td><td colspan="3"></td></tr>
<tr><td>발행점포</td><td colspan="3"></td></tr>
<tr><td>발행일자</td><td colspan="3">. . .</td></tr>
<tr><td>상환일</td><td colspan="3">. . .</td></tr>
<tr><td colspan="5">위와 같이 「도시개발법 시행규칙」 제39조 제1항에 따라 도시개발채권을 매입하였음을 증명합니다.
년 월 일
도시개발채권 사무취급기관의 장 인
(문의처: 담당자 ☎)</td></tr>
<tr><td colspan="4" rowspan="2">도시개발채권 매입필증은 멸실 또는 도난 등의 사유로 분실한 경우라도 재발행하지 아니한다. 다만, 매입필증이 도시개발채권의 매입</td><td>수수료</td></tr>
<tr><td>없음</td></tr>
<tr><td colspan="5">목적에 사용되지 아니하였음을 해당 도시개발채권을 발행한 자가 확인한 경우에는 재발행할 수 있다</td></tr>
</table>

210㎜×297㎜(보존용지(2종) 70g/㎡)

나. 매입필증 발행대장 작성 · 비치

도시개발채권 사무취급기관은 매입필증 발행대장을 작성 · 비치하여야 한다(법 시행규칙 제39조 제2항).

[별지 제22호 서식]

도시개발채권 매입필증 발행대장

일련번호	신청인		도시개발채권		매입목적	제출기관
	주소	성명	기호 및 번호	매입금액(원)		

210mm×297mm(보존용지(2종) 70g/㎡)

다. 매입필증 기재사항 정정

1) 매입자의 경우

매입자는 매입필증의 기재사항에 착오 또는 누락이 있는 경우에는 도시개발채권 매입필증 기재사항 정정신청서에 매입필증을 첨부하여 해당 도시개발채권 사무취급기관에 제출하여야 한다(법 시행규칙 제39조 제3항).

2) 도시개발채권 사무취급기관의 경우

도시개발채권 사무취급기관이 전항에 따른 기재사항 정정신청서를 제출받은 경우 매입필증의 기재사항에 착오 또는 누락이 있는 때에는 이를 정정하고, 그 매입필증에 정정의 표시와 함께 날인을 한 후 교부하여야 한다.

[별지 제23호 서식]

(앞쪽)

<table>
<tr><td colspan="5">도시개발채권 매입필증 기재사항 정정신청서</td><td>처리기간
즉시</td></tr>
<tr><td rowspan="3">신청인</td><td colspan="2">주소</td><td colspan="3"></td></tr>
<tr><td colspan="2">성명 (법인인 경우는 그 명칭 및 대표자의 성명</td><td colspan="3"></td></tr>
<tr><td colspan="2">생년월일
(법인등록번호)</td><td></td><td>전화번호</td><td></td></tr>
<tr><td rowspan="2">채권</td><td colspan="2">기호 및 번호</td><td colspan="3"></td></tr>
<tr><td colspan="2">금액</td><td colspan="3"></td></tr>
<tr><td colspan="6">정정사항</td></tr>
<tr><td colspan="2">항목별</td><td colspan="2">정정하기 전의 내용</td><td colspan="2">정정한 내용</td></tr>
<tr><td colspan="2">매입자성명</td><td colspan="2"></td><td colspan="2"></td></tr>
<tr><td colspan="2">매입목적</td><td colspan="2"></td><td colspan="2"></td></tr>
<tr><td colspan="2">제출기관</td><td colspan="2"></td><td colspan="2"></td></tr>
<tr><td colspan="2">발행일자</td><td colspan="2">. . .</td><td colspan="2">. . .</td></tr>
<tr><td colspan="6">「도시개발법 시행규칙」 제39조 제3항에 따라 위와 같이 도시개발채권 매입필증의 기재사항을 정정하여 줄 것을 신청합니다.</td></tr>
</table>

<table>
<tr><td colspan="2">년 월 일
신청인 (서명 또는 인)
도시개발채권 사무취급기관의 장 귀하</td></tr>
<tr><td rowspan="2">※ 구비서류 : 매입필증</td><td>수수료</td></tr>
<tr><td>없음</td></tr>
</table>

210㎜×297㎜(보존용지(2종)70g/㎡)

이 신청서는 다음과 같이 처리됩니다. (뒤쪽)

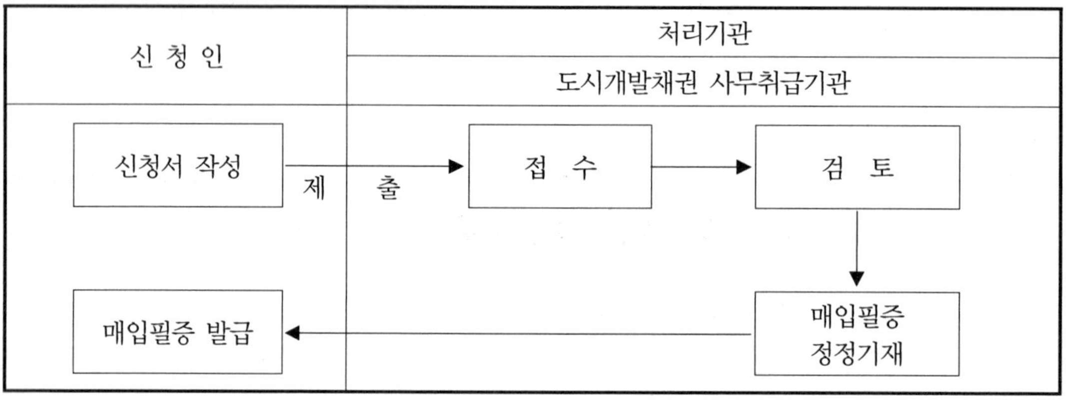

4. 매입필증의 재발행

가. 재발행의 요건

도시개발채권 매입필증은 멸실 또는 도난 등의 사유로 분실한 경우라도 재발행하지 아니한다. 다만, 매입필증이 도시개발채권의 매입목적에 사용되지 아니하였음을 해당 도시개발채권을 발행한 자가 확인한 경우에는 이를 재발행할 수 있다(법 시행규칙 제40조 제1항).

나. 도시개발채권 매입필증 재발행신청 절차

1) 신청서 제출

매입자가 매입필증을 재발행받으려는 경우에는 도시개발채권 매입필증 재발행신청서에 매입자로부터 매입필증을 제출받는 자[117]가 발급한 도시개발채권 매입필증 미사용증명서를 첨부하여 도시개발채권 사무취급기관에 제출하여야 한다(법 시행규칙 제40조 제2항).

[별지 제24호 서식]

(앞쪽)

도시개발채권 매입필증 재발행신청서					처리기간
					즉시
신청인	주소				
	성명(법인인 경우는 그 명칭 및 대표자의 성명)				
	생년월일 (법인등록번호)		전화번호		
도시개발 채권	기호 및 번호				
	매입금액	원정(₩)			
	매입의목적				
	제출기관				
	발행점포				
	발행일자	. . .			

위 기재사항의 도시개발채권 매입필증을 분실하였으므로 「도시개발법」 시행규칙 제40조 제2항에 따라 도시개발채권 매입필증의 재발행을 신청합니다.

년 월 일

신청인 (서명 또는 인)

도시개발채권 사무취급기관의 장 귀하

※ 구비서류 : 도시개발채권 매입필증 미사용증명서 1부	수수료
	없음

210㎜×297㎜(보존용지(2종) 70g/㎡)

117) 법 제63조 제1항에 따른 도시개발채권의 매입의무자와 도급계약을 체결하는 자, 매입의무자에게 도시개발사업의 실시계획을 인가하는 자 및 토지의 형질변경을 허가하는 자를 말한다. 이하 "매입필증 징구의무자"라 한다.

이 신청서는 다음과 같이 처리됩니다. (뒤쪽)

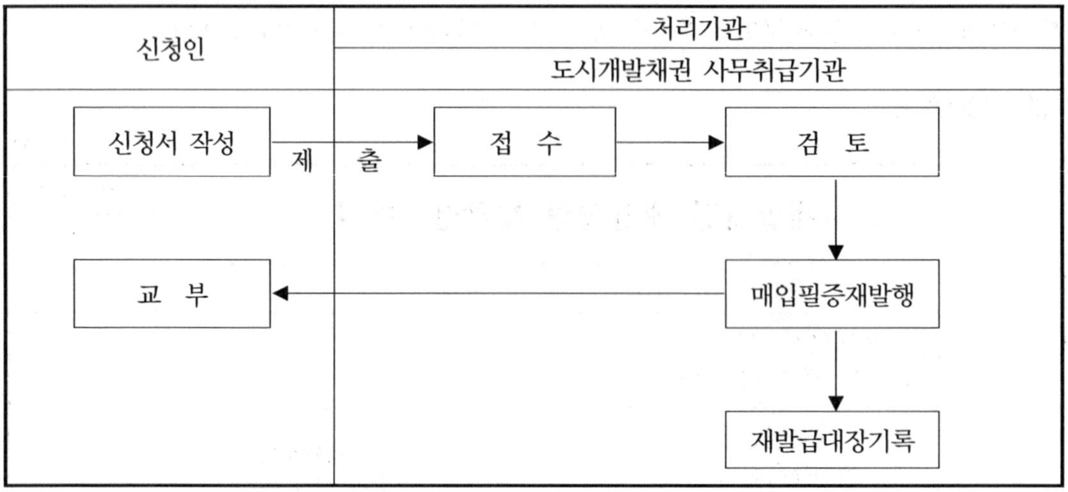

[별지 제25호 서식]

(앞쪽)

도시개발채권 매입필증 미사용증명서					처리기간 1일
신청인	주 소				
	성명(법인인 경우는 그 명칭 및 대표자의 성명)				
	생년월일 (법인등록번호)		전화번호		
도시개발 채권	기호 및 번호				
	매입금액	원정(₩)			
	매입의 목적				
	제출기관				
	발행점포				
	발행일자	. . .			

위 기재사항의 도시개발채권 매입필증을 귀 기관에 사용한 사실이 없음을 증명하여 주시기 바랍니다.

년 월 일

신청인　　　　(서명또는인) **매입필증을 제출받는 기관의 장 귀하**	
위의 사항을 증명합니다. 년　　월　　일 **매입필증을 제출받는 기관의 장** 인	
	수수료
	없음

210㎜×297㎜(보존용지(2종)70g/㎡)

이 신청서는 다음과 같이 처리됩니다. (뒤쪽)

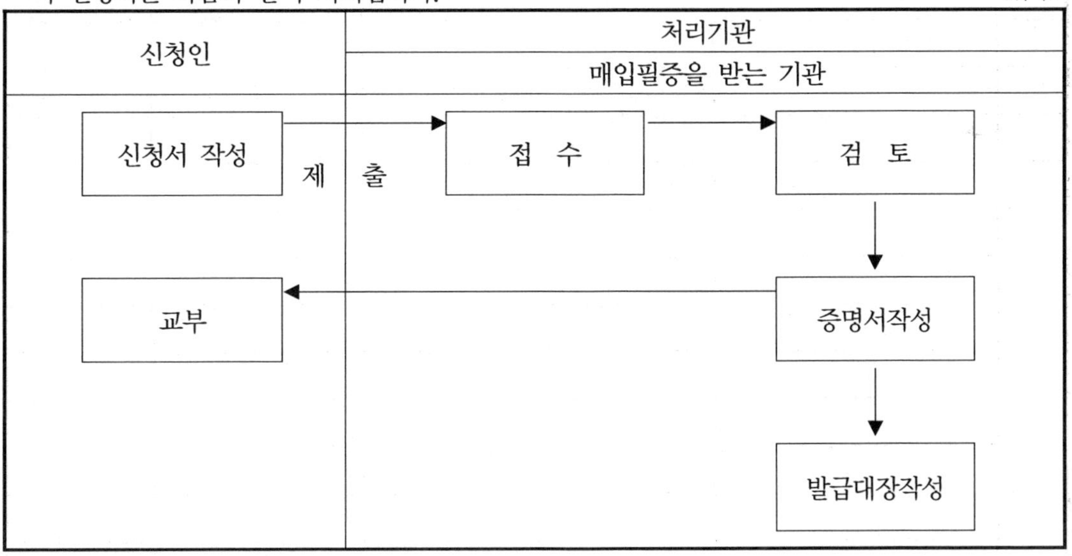

2) 발급대장 기록

매입필증 징구의무자는 도시개발채권 매입필증 미사용증명서를 발급한 경우에는 도시개발채권 매입필증 미사용증명서 발급대장에 이를 기록하여야 한다(법 시행규칙 제40조 제3항).

[별지 제26호 서식]

도시개발채권 매입필증 미사용증명서 발급대장

일련번호	신청인(매입자)		도시개발채권		사유
	주소	성명	기호 및 번호	매입금액(원)	

210mm×297mm(보존용지(2종)70g/㎡)

3) 매입필증 재발행대장 기재

도시개발채권 사무취급기관은 매입필증을 재발행하는 경우에는 매입필증의 우측상단에 재발행의 표시를 하고 도시개발채권 매입필증 재발행대장에 이를 기재하여야 한다(법 시행규칙 제40조 제3항).

[별지 제27호 서식]

도시개발채권 매입필증 재발행대장

일련번호	신청인(매입자)		도시개발채권		매입목적	제출받는 기관
	주소	성명	기호 및 번호	매입금액(원)		

210mm×297mm(보존용지(2종)70g/㎡)

5. 매입필증의 접수

가. 매입필증 접수 시기

매입필증을 제출받은 자가 매입자로부터 매입필증을 제출받아야 하는 시기는 다음 각 호와 같다(법 시행규칙 제41조 제1항).

제1호 허가 또는 인가를 하는 경우 : 해당 허가 또는 인가가 있었음을 증명하는 서류를 발급할 때

제2호 공사의 도급계약을 체결하는 경우 : 도급계약을 체결할 때. 다만, 공사기간이 2년 이상인 경우에는 그 대금을 지급할 때에 매입필증(대금을 분할하여 지급하는 경우에는 그 분할 대금에 해당하는 매입필증)을 받아야 한다.

나. 매입필증 접수대장 기록사항

매입필증 징구의무자는 매입필증을 제출받으면 매입필증에 별지 제28호 서식의 소인(消印) 표시를 한 후 별지 제29호 서식의 도시개발채권 매입필증 접수대장에 다음 각 호의 사항을 기록하여야 한다(같은 조 제2항).

제1호 도시개발채권의 기호 및 번호

제2호 매입자의 성명 및 주소

제3호 매입목적

제4호 매입금액

[별지 제28호 서식]

도시개발채권 매입필증의 소인

1. 소인의 모형

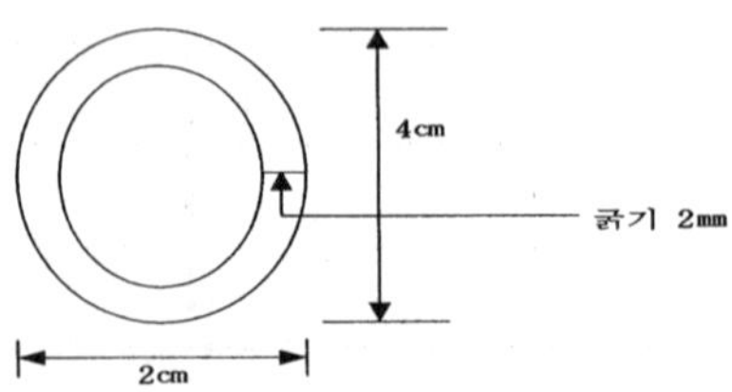

2. 소인의 위치 및 방법 : 매입필증의 우측 상단에 적색 또는 청색의 스탬프를 사용하여 소인

[별지 제29호 서식]

도시개발채권 매입필증 접수대장

일련번호	접수 일자	매입목적	신청인(매입자)		도시개발채권		비고
			주소	성명	기호 및 번호	매입금액(원)	
	. . .						
	. . .						
	. . .						
	. . .						
	. . .						
	. . .						
	. . .						
	. . .						
	. . .						
	. . .						
	. . .						
	. . .						
	. . .						
	. . .						
	. . .						
	. . .						
	. . .						
	. . .						
	. . .						
	. . .						
	. . .						
	. . .						
	. . .						

210mm×297mm(보존용지(2종)70g/㎡)

다. 매입필증 보관기간

매입필증을 제출받은 자는 매입자로부터 제출받은 매입필증을 5년간 따로 보관하여야 하며, 지방자치단체의 장이나 도시개발채권 사무취급기관 그 밖에 관계기관의 요구가 있는 때에는 이를 제시하여야 한다(같은 조 제3항).

라. 매입면제

1) 매입면제신청

도시개발채권의 매입을 면제받으려는 자는 별지 제30호 서식의 도시개발채권매입면제신청서에 도시개발채권의 매입면제사유를 증명할 수 있는 서류를 첨부하여 매입필증 징구의무자에게 제출하여야 한다(같은 조 제4항).

2) 매입면제자의 기록

매입필증 징구의무자는 제4항에 따라 도시개발채권 매입면제신청서를 받으면 신청인과 면제신청항목을 확인한 후 별지 제31호 서식의 도시개발채권 매입면제자기록부에 이를 기록하여야 한다(법 시행규칙 제41조 제5항).

[별지 제31호 서식]

도시개발채권 매입면제자 기록부

일련번호	신청인(매입자)		매입대상항목	면제금액(원)	면제근거	면제사유
	주소	성명				

210mm×297mm(보존용지(2종)70g/㎡)

제2장 비용부담 등에 관한 주요 질의·회신 사례

사례 76 : 비용부담

○ 환지방식 도시개발사업시 공동주택용지에 인접 또는 포함된 도로(가 · 감속차로)의 설치비용(토지매입 등 포함) 부담자는 누구인지

회신내용

○ 「도시개발법」 제54조에 따라 도시개발사업에 필요한 비용은 이 법이나 다른 법률에 특별한 규정이 있는 경우 외에는 시행자가 부담하며, 같은 법 제55조 제1항에서는 같은 법 시행령 제71조 제1호에 해당하는 도로의 설치비용은 지자체가 부담하도록 정하고 있습니다.

– 아울러, 도시개발법령에서는 공동주택용지에 인접 또는 포함된 가 · 감속차로의 비용부담 주체를 별도로 정하고 있지 않음을 알려드립니다.

(도시재생과-1447, 2012.8.10)

사례 77 : 지자체에서 도시계획시설사업비 지원이 가능한지

○ 지자체 시행 환지방식 도시개발사업에서 도시계획시설로 결정된 완충녹지의 설치비용을 체비지 매각대금이 아닌 지자체 예산에서 부담하는 것이 가능한지

회신내용

○ 「도시개발법」(이하'법') 제54조에서 도시개발에 필요한 비용을 원칙적으로 시행자가 부담하도록 명시한 것은, 원인자 부담원칙에 따라 사업비 부담주체를 명확하게 규정하여 비용부담에 관한 분쟁을 없애기 위한 취지입니다.

– 일반적으로 환지방식의 도시개발사업은 사업시행자가 체비지 매각 등으로 사업비를 충당하도록 되어 있으나, 동 규정에서 정한 바와 같이 "이 법이나 다른 법률에 특별한 규정이 있는 경우"에는 그 규정에 따라 비용부담 주체를 달리 정할 수 있도록 하고 있습니다.

– 법 제60조 제3항에 따르면 지방자치단체 등이 도시개발사업을 환지방식으로 시행하는 경우에는 회계의 구분을 위하여 사업별로 특별회계를 설치하도록 하고 있고, 이 특별회계는 법 제61조 제1항에 따라 시행자에 대한 공사비의 보조나 도시계획시설의 설치사업비 등의 용도로 사용할 수 있도록 하고 있으며,

- 법 제57조에서 정한 공공시설 관리자의 비용부담에 관한 규정과 공원 · 녹지의 조성비 등을 국고에서 보조하거나 융자할 수 있도록 한 제59조의 취지 등에 비추어 볼 때 공공시설(완충녹지)의 설치비용을 해당 지자체에서 부담하는 것은 가능할 것으로 판단되나, 이 경우 토지소유자들에 대한 토지부담률 또는 특혜 소지 등을 종합적으로 고려하여 결정하여야 할 것으로 보입니다.

(도시재생과-2554, 2010.12. 8)

사례 78 : 특별회계 운영기준

가. 「도시개발법」(이하 '법')에 따라 설치, 운용되고 있는 도시개발특별회계를 다른 특별회계(도시개발사업 등 각종 토지개발사업을 목적으로 함)로 전환하여 운용하는 것이 가능한지

나. 도시개발특별회계의 예산을 다른 특별회계의 재원에 출자하는 것이 가능한지 여부

다. 지방자치단체가 도시개발사업을 수용 또는 사용방식으로 직접 시행하는 경우 사업별로 별도의 특별회계를 설치하지 아니하고, 현재 운용중인 도시개발특별회계로 운용하는 것이 가능한지 여부

회신내용

가. 법 제60조 제1항에 따르면 도시개발특별회계는 도시개발사업의 촉진과 도시계획 시설사업의 설치 지원 등의 특정한 목적을 위해 설치할 수 있도록 하고 있는 바, 법령에서 도시개발특별회계를 다른 특별회계로 전환할 수 있다는 명시적 규정이 없고, 다른 특별회계로 전환할 경우 법 제61조 등에서 정한 용도 외로도 사용될 수 있어 도시개발특별회계의 설치 목적에 반하므로 전환이 불가한 것으로 판단됩니다.

- 다만, 도시개발특별회계는 도시개발사업을 시행하기 위하여 반드시 설치하여야 하는 것이 아니고 자체장이 재량적으로 판단하여 그 설치 여부를 결정하는 것이므로, 해당 도시개발특별회계가 특정 도시개발사업을 위해 한정된 목적으로 설치되지 아니하였거나 법 제61조 및 같은 법 시행령 제80조, 제81조 등에서 정한 용도로 사용할 필요가 없다면 해당 지자체장이 제반 여건을 고려하여 이미 설치된 도시개발특별회계를 폐지하는 것 또한 가능할 것으로 판단됩니다.

나. 도시개발특별회계는 법 제61조 및 같은 법 시행령 제80조, 제81조 등에서 정한 용도로만 사용하도록 하고 있으므로 동 규정에서 정하지 아니한 다른 특별회계로의 출자는 할 수 없을 것으로 보입니다. 다만, 동 규정에서 정한 용도로만 사용할 수 있도록 한정하여 지원하는 것은 가능할 것으로 판단됩니다.

다. 같은 법 제60조 제3항에 따라 국가나 지자체 등이 환지방식으로 도시개발사업을 시행하는 경우 회계를 구분하여 사업별로 특별회계를 설치하여야 하나, 수용 또는 사용방식의 경우 별도의 제한 규정이 없으므로, 환지방식과 같이 반드시 사업별로 특별회계를 설치해야 하는 것으로 판단되지는 않습니다. (도시재생과-480, 2011. 4. 5)

사례 79 : 특별회계 운용 및 지원시기 등

가. 「도시개발법」 제61조 제1항 제1호에 따라 도시개발사업의 공사비를 보조할 경우, 시공이 완료된 공사에 공사비를 소급하여 지원할 수 있는지

나. 「도시개발법」 제61조 제1항 제5호에 따른 '도시개발구역의 지정, 계획수립 및 제도발전을 위한 조사 · 연구비'에 민간사업시행자가 지출한 "측량(분할, 확정 등), 교통관련 용역 또는 연구용역, 문화재 조사(지표, 시굴, 발굴 등)" 등의 비용이 포함되는 것인지

회신내용

가. 「도시개발법」 제60조에 따라 시 · 도지사 또는 시장 · 군수는 도시개발사업을 촉진하고 도시계획시설사업의 설치 지원을 위하여 해당 지방자치단체에 특별회계를 설치할 수 있으며, 이를 재원으로 하여 같은 법 제61조 제1항 제1호에 따라 시행자에게 공사비 등을 보조하거나 융자할 수 있습니다.

- 이 때, 공사비의 보조 또는 융자시기를 언제로 할 것인지, 어떠한 방법으로 지원할 것인지 등의 사항은 사업비 지원의 필요성, 사업 추진현황 및 제반여건 등을 고려하여 시 · 도지사 또는 시장 · 군수가 합리적으로 결정할 사안이나, 같은 법 제5조 제1항 제12호, 제17조 제5항 및 같은 법 시행규칙 제20조 등에 따른 재원조달계획에 따라 합당하게 집행되어야 합니다.

나. 「도시개발법」 제61조 제1항 제5호에 따라 '도시개발구역의 지정, 계획수립 및 제도발전을 위한 조사 · 연구비'의 용도로 특별회계를 사용할 수 있으며, 같은 법 시행령 제81조 제1항 제3호에서는 상기의 조사 · 연구비를 특별회계에서 보조할 수 있도록 규정하고 있습니다.

- 다만, '도시개발구역의 지정, 계획수립 및 제도발전을 위한 조사 · 연구비' 항목이 구체적으로 무엇을 포함하는지는 각 비용의 실질적인 성격이 어떠한지에 따라 사업별로 달라질 수 있으므로 법령의 해석으로 일반화시킬 수 있는 사안이 아니며, 시 · 도지사 또는 시장 · 군수 등이 해당 비용의 구체적인 성격을 파악하여 판단할 문제입니다.

(도시재생과-578, 2011. 4.26)

사례 80 : 특별회계 재원 사용

○ 도시계획시설(공원)인 어린이대공원의 놀이동산 재조성사업에 도시개발 특별회계 예산을 사용할 수 있는지 여부

회신내용

○ 「도시개발법」 제61조 제1항 제3호 및 같은 법 시행령 제81조 제1항 제1호 나목에 따라 지방자치단체가 시행하는 도시계획시설사업의 공사비는 도시개발특별회계에서 보조할 수 있으나, 도시계획시설인 공원의 설치비를 도시개발특별회계로 조달할 것인지는 해당 지자

체의 도시개발특별회계 운용 및 관리기관의 판단에 따라 결정할 사항임을 알려드립니다.

(도시재생과-1150, 2011. 8.21)

사례 81 : 환지방식에서 수익금 발생시 처리방법

○ 환지방식 사업에서 수익금 발생이 예상되는 경우 이를 정산하여 토지소유자에게 돌려주어야 하는지 아니면 지자체 특별회계로 귀속해야 하는지

회신내용

○ 「도시개발법」 제70조 제2항에 따라 시행자는 법 제44조에 따른 체비지의 매각대금과 법 제46조에 따른 청산금의 징수금 등을 해당 도시개발사업의 목적에 한해 사용할 수 있으며, 같은 조 제3항에 따라 그 수익금 등을 도시개발사업의 목적으로 사용한 이후 잔액이 있으면 해당 지방자치단체에 설치된 특별회계로 귀속된다고 규정하고 있습니다.

– 다만, 체비지는 도시개발사업에 필요한 경비를 충당하기 위하여 토지소유자의 부담에 의해 책정되는 토지이므로, 체비지의 과다 책정 등을 이유로 사업비가 남을 것으로 예상되는 경우에는 환지처분 전에 환지계획을 변경하여 체비지의 면적 및 토지부담률(감보율)을 조정하거나 개발계획을 변경하는 것은 가능할 것으로 보입니다.

(도시재생과-448, 2011. 4. 1)

제 5 편

보칙 및 벌칙

제 1 절 타인토지의 출입

1. 조사 · 측량 등을 위한 타인 토지 출입 · 사용

도시개발사업의 시행자(법 제11조 제1항 각 호의 어느 하나에 해당하는 자)는 도시개발구역의 지정, 도시개발사업에 관한 조사 · 측량 또는 사업의 시행을 위하여 필요하면 타인이 점유하는 토지에 출입하거나 타인의 토지를 재료를 쌓아두는 장소 또는 임시도로로 일시 사용할 수 있으며, 특히 필요하면 장애물 등을 변경하거나 제거할 수 있다(법 제64조 제1항).

2. 타인 토지의 출입 · 사용 절차

가. 출입허가 및 일시 · 장소의 통지

1) 출입허가 및 통지

타인의 토지에 출입하려는 자는 출입할 토지의 구역 및 기간을 정하여 특별자치도지사 · 시장 · 군수 또는 구청장의 허가를 받아야 하며(행정청이 아닌 도시개발사업의 시행자만 해당한다), 출입하려는 날의 3일 전에 그 토지의 소유자 · 점유자 또는 관리인에게 그 일시와 장소를 알려야 한다(법 제64조 제2항).

2) 사업시행자의 시장 · 군수 · 구청장에 통지

타인이 점유하는 토지에 출입하려는 사업시행자는 출입하려는 날의 5일 전까지 그 일시 및 장소를 특별자치도지사, 시장 · 군수 또는 구청장에게 통지하여야 한다(토지수용법 제10조 제1항).

3) 시장 · 군수 · 구청자의 토지점유자에 통지

특별자치도지사, 시장 · 군수 또는 구청장은 제1항에 따른 통지를 받은 경우 또는 특별자치도, 시 · 군 또는 구가 사업시행자인 경우에 특별자치도지사, 시장 · 군수 또는 구청장이 타인이 점유하는 토지에 출입하려는 경우에는 지체 없이 이를 공고하고 그 토지점유자에게 통지하여야 한다(토지수용법 제10조 제2항).

나. 토지의 일시사용 및 장애물 등 변경

1) 소유자 등의 동의

타인의 토지를 재료를 쌓아두는 장소 또는 임시도로로 일시 사용하거나 장애물 등을 변경하거나 제거하려는 자는 미리 그 토지의 소유자 · 점유자 또는 관리인의 동의를 받아야 한다(법 제64조 제3항).

한편, 도로예정부지의 공사를 위한 진출입시에도 타인토지출입허가를 받아야 하는지 여부가 문제될 수 있는데, 도시개발법 제36조 제1항에 따라 환지예정지가 지정되면 종전의 토지소유자 등은 환지예정지 지정의 효력발생일부터 환지처분이 공고되는 날까지 환지예정지 등에 대하여 종전과 같은 내용의 권리를 행사할 수 있으며 종전 토지는 사용하거나 수익할 수 없게 된다. 따라서 도로예정부지로 계획된 토지를 소유하고 있는 자가 다른 토지로 환지예정지 지정을 받으면 종전 토지인 도로예정지에 대한 사용 또는 수익이 제한되며, 도로예정부지는 같은 법 제39조에 따라 환지예정지 지정 등으로 사용하거나 수익할 수 있는 자가 없게 된 토지에 해당하여 환지처분 공고까지 시행자가 이를 관리하게 된다. 또한 같은 법 제64조에 따른 타인토지의 출입허가는 시행자가 같은 법 제6조에 따른 기초조가 등을 위해 타인이 점유하여 사용 · 수익 중인 토지에 출입하는 경우에 필요한 것이나, 개발계획에서 정한 바에 따라 공사를 시행하기 위하여 종전 토지소유자가 사용할 수 없는 토지 등에 출입하는 경우에도 허가를 받도록 한다면 시행자의 정상적인 사업시행 및 공사가 사실상 불가능해지는 모순이 발생할 수 있다.[118)]

2) 도지사 등에 통지 및 허가

토지나 장애물 등의 소유자 · 점유자 또는 관리인이 현장에 없거나 주소 또는 거소(居所)를 알 수 없어 그 동의를 받을 수 없으면 관할 특별자치도지사 · 시장 · 군수 또는 구청장에게 알려야 한다. 다만, 행정청이 아닌 도시개발사업의 시행자는 관할 특별자치도지사 · 시장 · 군수 또는 구청장의 허가를 받아야 한다(법 제64조 제4항).

3) 소유자 등에 대한 사전통지

지를 일시 사용하거나 장애물 등을 변경하거나 제거하려는 자는 토지를 사용하려는 날이나

118) 도시재생과-1245, 2011. 9. 8.

장애물 등을 변경하거나 제거하려는 날의 3일 전까지 해당 토지나 장애물 등의 소유자·점유자 또는 관리인에게 토지의 일시사용이나 장애물 등의 변경 또는 제거에 관한 사항을 알려야 한다(법 제64조 제5항).

3. 토지의 출입 제한

일출 전이나 일몰 후에는 해당 토지의 점유자의 승낙 없이 택지 또는 담장과 울타리로 둘러싸인 타인의 토지에 출입할 수 없다(법 제64조 제6항).

4. 토지점유자의 수인의무

토지의 점유자는 정당한 사유 없이 시행자의 토지의 출입, 토지를 재료를 쌓아두는 장소 또는 임시도로로 일시사용하는 행위, 장애물변경 등의 행위를 방해하거나 거절하지 못한다(법 제64조 제7항).

5. 증표의 제시

타인 토지의 출입, 타인 토지를 재료를 쌓아두는 장소 또는 임시도로로 일시 사용하는 행위, 장애물변경 등의 행위를 하려는 자는 그 권한을 표시하는 증표와 허가증을 지니고 이를 관계인에게 내보여야 한다(법 제64조 제8항). 이 경우 증표는 증표 및 허가증은 각각 별지 제32호 서식 및 별지 제33호 서식에 따른다(법 시행규칙 제42조 제1항). 위의 통지는 서면으로 하되, 교부나 우편법에 의한 특별송달로 하여야 한다.

[별지 제32호 서식]

제 호	사진 (2.5㎝×3㎝)

증 표

1. 주 소 :

2. 성 명 :

3. 생년월일 :

4. 유효기간 : . . . ~ . . .

위 사람은 「도시개발법」 제64조 제8항에 따라 타인의 토지에 출입할 수 있는 자임을 증명합니다.

년 월 일

특별자치도지사
시장 · 군수 · 구청장 직인

65㎜×90㎜(보존용지(1종) 120g/㎡)

[별지 제33호 서식]

제　　　호

허 가 증

1. 성　　명 :

2. 주　　소 :

3. 생년월일 :

4. 허가기간 :　　　.　　.　　. ~　　　.　　.　　.

위 사람은 「도시개발법」 제64조 제8항에 따라 아래 토지에의 출입을 허가받은 자임을 증명합니다.

위치	면적(㎡)	소유자		출입목적
		주소	성명	

년　　　월　　　일

특별자치도지사
시장 · 군수 · 구청장 직인

210㎜×297㎜(보존용지(2종) 70g/㎡)

6. 과태료의 부과

법 제64조 제2항부터 제4항까지의 규정에 따른 허가 또는 동의를 받지 아니하고 제64조 제1항에 따른 행위를 한 자에게는 1천만원 이하의 과태료를(법 제85조 제1항 제2호), 제64조 제6항을 위반하여 타인의 토지에 출입한 자에게는 500만원의 과태료를 부과한다(법 제85조 제2항 제4호).

제2절 손실보상

1. 손실보상

시행자가 도시개발사업을 위해 도시개발구역에 있는 장애물 등의 이전과 제거(제38조 제1항)(「국토의 계획 및 이용에 관한 법률」 제56조 제1항을 위반한 건축물에 대하여는 그러하지 아니하다) 및 조사·측량 등을 위한 타인토지의 출입(법 제64조 제1항) 등에 따른 행위로 인하여 손실을 입은 자가 있으면 시행자가 그 손실을 보상하여야 한다(법 제65조 제1항).

2. 손실보상의 절차

가. 토지조서 및 물건조서의 작성 등

사업시행자는 공익사업의 수행을 위하여 사업인정 전에 협의에 의한 토지 등의 취득 또는 사용이 필요할 때에는 토지조서와 물건조서를 작성하여 서명 또는 날인을 하고 토지소유자와 관계인의 서명 또는 날인을 받아야 한다. 다만, 토지소유자 및 관계인이 정당한 사유 없이 서명 또는 날인을 거부하는 경우 및 토지소유자 및 관계인을 알 수 없거나 그 주소·거소를 알 수 없는 등의 사유로 서명 또는 날인을 받을 수 없는 경우 중 어느 하나에 해당하는 경우에는 그러하지 아니하다. 이 경우 사업시행자는 해당 토지조서와 물건조서에 그 사유를 적어야 한다(토지수용법 제14조).

소유자의 입회와 서명날인 없이 작성된 토지조서 등에 기하여 행한 중앙토지수용위원회의 이의 재결의 적부(대법원 1990. 1. 23. 선고 87누947 판결)

기업자가 토지조서나 물건조서를 작성함에 있어 소유자들의 입회와 서명날인이 있었는지의 여부는 그 기재의 증명력에 관한 문제이어서 입회나 서명날인이 없었다는 사유만으로는 중앙토지수용위원회의 이의재결이 위법하다 하여 그 취소의 사유로 삼을 수는 없다.

나. 보상계획 공고 및 통지

사업시행자는 토지조서와 물건조서를 작성하였을 때에는 공익사업의 개요, 토지조서 및 물건조서의 내용과 보상의 시기·방법 및 절차 등이 포함된 보상계획을 전국을 보급지역으로 하는 일간신문에 공고하고, 토지소유자 및 관계인에게 각각 통지하여야 하며, 제2항 단서에 따라 열람을 의뢰하는 사업시행자를 제외하고는 특별자치도지사, 시장·군수 또는 구청장에게도 통지하여야 한다. 다만, 토지소유자와 관계인이 20인 이하인 경우에는 공고를 생략할 수 있다(토지수용법 제15조 제1항).

다. 피해자와의 협의

손실보상에 관하여는 그 손실을 보상할 자와 손실을 입은 자가 협의하여야 한다(법 제65조 제2항). 이에 의한 협의취득 또는 보상협의는 공공기관이 사경제주체로서 행하는 사법상 매매 내지 사법상 계약의 실질을 가진다.

구 공공용지의취득및손실보상에관한특례법에 의한 협의취득 또는 보상합의의 법적 성질(대법원 2004. 9. 24. 선고 2002다68713 판결)

구 공공용지의취득및손실보상에관한특례법(2002. 2. 4. 법률 제6656호로 폐지되기 전의 것)은 사업시행자가 토지 등의 소유자로부터 토지 등의 협의취득 및 그 손실보상의 기준과 방법을 정한 법으로서, 이에 의한 협의취득 또는 보상합의는 공공기관이 사경제주체로서 행하는 사법상 매매 내지 사법상 계약의 실질을 가진다.

공익사업을 위한 토지 등의 취득 및 보상에 관한 법령에 따른 협의취득에서 채무불이행책임이나 매매대금 과부족금에 대한 지급의무를 약정할 수 있는지 여부(적극) 및 협의취득을 위한 매매계약의 해석 방법

(대법원 2012. 2. 23. 선고 2010다91206 판결)

공익사업을 위한 토지 등의 취득 및 보상에 관한 법령(이하 '공익사업법령'이라고 한다)에 의한 협의취득은 사법상의 법률행위이므로 당사자 사이의 자유로운 의사에 따라 채무불이행책임이나 매매대금 과부족금에 대한 지급의무를 약정할 수 있다. 그리고 협의취득을 위한 매매계약을 해석함에 있어서도 처분문서 해석의 일반원칙으로 돌아와 매매계약서에 기재되어 있는 문언대로의 의사표시의 존재와 내용을 인정하여야 하고, 당사자 사이에 계약의 해석을 둘러싸고 이견이 있어 처분문서에 나타난 당사자의 의사해석이 문제되는 경우에는 그 문언의 내용, 그러한 약정이 이루어진 동기와 경위, 그 약정에 의하여 달성하려는 목적, 당사자의 진정한 의사 등을 종합적으로 고찰하여 논리와 경험칙에 따라 합리적으로 해석하여야 한다. 다만 공익사업법은 공익사업의 효율적인 수행을 통하여 공공복리의 증진과 재산권의 적정한 보호를 도모하는 것을 목적으로 하고 협의취득의 배후에는 수용에 의한 강제취득 방법이 남아 있어 토지 등의 소유자로서는 협의에 불응하면 바로 수용을 당하게 된다는 심리적 강박감이 자리 잡을 수밖에 없으며 협의취득 과정에는 여러 가지 공법적 규제가 있는 등 공익적 특성을 고려하여야 한다.

도시환경정비사업의 사업시행자가 구 도시 및 주거환경정비법 제49조 제6항에 따라 임차인에게서 정비구역 내 부동산을 인도받기 위하여 거쳐야 할 절차(대법원 2011. 11. 24. 선고 2009다28394 판결)

구 도시 및 주거환경정비법(2009. 5.27. 법률 제9729호로 개정되기 전의 것) 제49조 제6항 본문, 사전보상의 원칙을 규정한 구 토지수용법(2011. 8. 4. 법률 제11017호로 개정되기 전의 것) 제62조를 비롯한 관계 규정들을 종합하여 보면, 도시환경정비사업의 사업시행자가 공사에 착수하기 위하여 임차인으로부터 정비구역 내 토지 또는 건축물을 인도받기 위하여는 관리처분계획이 인가 · 고시된 것만으로는 부족하고 협의 또는 재결절차에 의하여 결정되는 영업손실보상금 등을 지급할 것이 요구된다고 보는 것이 국민의 재산권을 보장하는 헌법에 합치하는 해석이라고 할 것이다. 만일 사업시행자와 임차인 사이에 보상금에 관한 협의가 성립된다면 조합의 보상금 지급의무와 임차인의 부동산 인도의무는 동시이행의 관계에 있게 되고, 재결절차에 의할 때에는 부동산 인도에 앞서 영업손실보상금 등의 지급절차가 선행되어야 할 것이다.

1) 보상협의회

공익사업이 시행되는 해당 지방자치단체의 장은 필요한 경우에는 i) 보상액 평가를 위한 사전 의견수렴에 관한 사항, ii) 잔여지의 범위 및 이주대책 수립에 관한 사항, iii) 해당 사업지역 내 공공시설의 이전 등에 관한 사항, iv) 토지소유자나 관계인 등이 요구하는 사항 중 지방자치단체의 장이 필요하다고 인정하는 사항, v) 그 밖에 지방자치단체의 장이 회의에 부치는 사항을 협의하기 위하여 보상협의회를 둘 수 있다. 다만, 공익사업지구 면적이 10㎡ 이상이고, 통지 등의 소유자가 50인 이상인 공익사업을 시행하는 경우에는 의무적으로 보상협의회를 두어야 한다(토지수용법 제82조 제1항).

2) 감정평가사 추천

가) 추천방법

협의보상시 이해당사자인 사업시행자 및 토지소유자 등이 감정평가사를 추천할 수 있는데, 위 각자들이 추천하는 감정평가사는 사업시행자 1인, 시 · 도지사 1인 그리고 토지소유자 1인을 각 추천할 수 있다.

나) 선정시기 및 선정권자

1차 협의보상평가시에는 사업시행자 1인, 시 · 도지사 1인, 토지소유자 1인(면적+숫자 1/2)이고, 그 후 2차 수용재결평가시에는 토지수용위원회 2인, 3차 이의재결평가시에는 중앙토지수용위원회 2인, 4차 법원평가시에는 법원 1인 등을 선정할 수 있다.

토지수용법 시행령

제28조(시 · 도지사와 토지소유자의 감정평가업자 추천) ① 사업시행자는 법 제15조제1항에 따른 보상계획을 공고할 때에는 시 · 도지사와 토지소유자가 감정평가업자(「감정평가 및 감정평가사에 관한 법률」 제2조 제4호에 따른 감정평가업자를 말하며, 이하 "감정평가업자"라 한다)를 추천할 수 있다는 내용을 포함하여 공고하고, 보상 대상 토지가 소재하는 시 · 도의 시 · 도지사와 토지소유자에게 이를 통지하여야 한다.

② 법 제68조제2항에 따라 시 · 도지사와 토지소유자는 법 제15조 제2항에 따른 보상계획의 열람기간 만료일부터 30일 이내에 사업시행자에게 감정평가업자를 추천할 수 있다.

③ 제2항에 따라 시 · 도지사가 감정평가업자를 추천하는 경우에는 다음 각 호의 사항을 지켜야 한다.

1. 감정평가 수행능력, 소속 감정평가사의 수, 감정평가 실적, 징계 여부 등을 고려하여 추천대상 집단을 선정할 것
2. 추천대상 집단 중에서 추첨 등 객관적이고 투명한 절차에 따라 감정평가업자를 선정할 것
3. 제1호의 추천대상 집단 및 추천 과정을 이해당사자에게 공개할 것
4. 보상 대상 토지가 둘 이상의 시 · 도에 걸쳐 있는 경우에는 관계 시 · 도지사가 협의하여 감정평가업자를 추천할 것

④ 제2항에 따라 감정평가업자를 추천하려는 토지소유자는 보상 대상 토지면적의 2분의 1 이상에 해당하는 토지소유자와 보상 대상 토지의 토지소유자 총수의 과반수의 동의를 받은 사실을 증명하는 서류를 첨부하여 사업시행자에게 감정평가업자를 추천하여야 한다. 이 경우 토지소유

자는 감정평가업자 1명에 대해서만 동의할 수 있다.
⑤ 제2항에 따라 감정평가업자를 추천하려는 토지소유자는 해당 시·도지사와 「감정평가 및 감정평가사에 관한 법률」 제33조에 따른 한국감정평가사협회에 감정평가업자를 추천하는 데 필요한 자료를 요청할 수 있다.
⑥ 국토교통부장관은 제3항에 따른 시·도지사의 감정평가업자 추천에 관한 사항에 관하여 표준지침을 작성하여 보급할 수 있다.

3) 조속재결신청

사업인정고시가 된 후 협의가 성립되지 아니하였을 때에는 토지소유자와 관계인은 서면으로 사업시행자에게 재결을 신청할 것을 청구할 수 있다. 사업시행자는 위의 청구를 받았을 때에는 그 청구를 받은 날부터 60일 이내에 관할 토지수용위원회에 재결을 신청하여야 하며, 만일 위 기간을 넘겨서 재결을 신청하였을 때에는 그 지연된 기간에 대하여 「소송촉진 등에 관한 특례법」 제3조에 따른 법정이율을 적용하여 산정한 금액을 관할 토지수용위원회에서 재결한 보상금에 가산(加算)하여 지급하여야 한다(토지수용법 제30조).

라. 토지수용위원회에 재결신청

사업시행자가 수용재결신청을 하면, 토지수용위원회는 재감정신청을 실시하기 위하여 보상대상자나 사업시행자로부터 의견서를 제출받아야 하며, 이때 재감정을 위하여 토지수용위원회에서 감정평가사 2인을 선정한다. 이에 따른 통상의 수용재결절차는 4~6개월여 정도가 소용된다.

1) 재결신청

손실을 보상할 자나 손실을 입은 자는 협의가 성립되지 아니하거나 협의를 할 수 없으면 관할 토지수용위원회에 재결을 신청할 수 있다(법 제65조 제3항).

토지수용법 제30조 제1항에서 정한 '협의가 성립되지 아니한 때'에, 토지소유자 등이 손실보상대상에 해당한다고 주장하며 보상을 요구하는데도 사업시행자가 손실보상대상에 해당하지 않는다며 보상대상에서 이를 제외한 채 협의를 하지 않아 결국 협의가 성립하지 않은 경우도 포함되는지 여부(대법원 2011. 7. 14. 선고 2011두2309 판결)

토지수용법(이하 '공익사업법'이라 한다) 제30조 제1항은 재결신청을 청구할 수 있는 경우를 사업시행자와 토지소유자 및 관계인 사이에 '협의가 성립하지 아니한 때'로 정하고 있을 뿐 손실보상대상에 관한 이견으로 협의가 성립하지 아니한 경우를 제외하는 등 그 사유를 제한하고 있지 않은 점, 위 조항이 토지소유자 등에게 재결신청청구권을 부여한 취지는 공익사업에 필요한 토지 등을 수용에 의하여 취득하거나 사용할 때 손실보상에 관한 법률관계를 조속히 확정함으로써 공익사업을 효율적으로 수행하고 토지소유자 등의 재산권을 적정하게 보호하기 위한 것인데, 손실보상대상에 관한 이견으로 손실보상협의가 성립하지 아니한 경우에도 재결을 통해 손실보상에 관한 법률관계를 조속히 확정할 필요가 있는 점 등에 비추어 볼 때, '협의가 성립되지 아니한 때'에는 사업시행자가 토지소유자 등과 공익사업법 제26조에서 정한 협의절차를 거쳤으나 보상액 등에 관하여 협의가 성립하지 아니한 경우는 물론 토지소유자 등이 손실보상대상에 해당한다고 주장하며 보상을 요구하는데도 사업시행자가 손실보상대상에 해당하지 아니한다며 보상대상에서 이를 제외한 채 협의를 하지 않아 결국 협의가 성립하지 않은 경우도 포함된다고 보아야 한다.

토지소유자 등이 구 토지수용법 제85조에서 정한 제소기간 내에 관할 토지수용위원회에서 재결한 보상금의 증감에 대한 소송을 제기한 경우, 같은 법 제30조 제3항에서 정한 지연가산금은 위 제85조에서 정한 제소기간에 구애받지 않고 그 소송절차에서 청구취지 변경 등을 통해 청구할 수 있는지 여부(대법원 2012. 12. 27. 선고 2010두9457 판결)

구 토지수용법(2011. 8. 4. 법률 제11017호로 개정되기 전의 것, 이하 '구 공익사업법'이라고 한다) 제84조 제1항, 제85조, 제30조 등 관계 법령의 내용, 형식 및 취지를 종합하면, 구 공익사업법 제30조 제3항에서 정한 지연가산금은, 사업시행자가 재결신청의 청구를 받은 때로부터 60일을 경과하여 재결신청을 한 경우 관할 토지수용위원회에서 재결한 보상금(이하 '재결 보상금'이라고 한다)에 가산하여 토지소유자 및 관계인에게 지급하도록 함으로써, 사업시행자로 하여금 구 공익사업법이 규정하고 있는 기간 이내에 재결신청을 하도록 간접강제함과 동시에 재결신청이 지연된 데에 따른 토지소유자 및 관계인의 손해를 보전하는 성격을 갖는 금원으로, 재결 보상금에 부수하여 구 공익사업법상 인정되는 공법상 청구권이다. 그러므로 제소기간 내에 재결 보상금의 증감에 대한 소송을 제기한 이상, 지연가산금은 구 공익사업법 제85조에서 정한 제소기간에 구애받지 않고 그 소송절차에서 청구취지 변경 등을 통해 청구할 수 있다고 보는 것이 타당하다.

2) 재결의 절차

가) 공고 · 열람 및 의견진술

토지수용위원회는 재결신청서를 접수한 때에는 지체 없이 이를 공고하고 공고한 날부터 14일 이상 관계서류의 사본을 일반인이 열람할 수 있도록 하여야 한다(토지수용법 제31조 제1항). 토지수용위원회가 공고를 한 때에는 관계서류의 열람 기간 중에 토지소유자 또는 관계인은 의견을 제시할 수 있다(같은 조 제2항).

나) 심 리

토지수용위원회는 열람기간이 경과한 때에는 지체 없이 당해 신청에 대한 조사 및 심리를 하여야 한다(토지수용법 제32조 제1항). 토지수용위원회는 심리를 함에 있어서 필요하다고 인정하는 때에는 사업시행자 · 토지소유자 및 관계인을 출석시켜 그 의견을 진술하게 할 수 있다(같은 조 제2항). 토지수용위원회는 사업시행자 · 토지소유자 및 관계인을 출석하게 하는 경우에는 사업시행자 · 토지소유자 및 관계인에게 미리 그 심리의 일시 및 장소를 통지하여야 한다(같은 조 제3항).

또한, 토지수용위원회는 심리에 필요하다고 인정할 때에는 사업시행자 · 토지소유자 · 관계인 또는 참고인에 대하여 위원회에 출석하여 진술케 하거나 그 의견서 또는 자료의 제출을 요구할 수 있고, 감정평가업자 그 밖의 감정인에 대하여 감정평가를 의뢰하거나 위원회에 출석하여 진술케 할 수 있고, 토지수용위원회의 위원 또는 사무기구의 직원이나 지방토지수용위원회의 업무를 담당하는 직원으로 하여금 실지 조사권을 갖는다(토지수용법 제58조). 다만, 위원에게도 재판의 경우와 같이 심리의 공정을 기하기 위하여 제척 · 기피 · 회피의 제도가 채택되었다(토지수용법 제57조).

공익사업으로 인하여 영업을 폐지하거나 휴업하는 자가 구 토지수용법 제34조, 제50조 등에 규정된 재결절차를 거치지 않은 채 곧바로 사업시행자를 상대로 영업손실보상을 청구할 수 있는지 여부(대법원 2011. 9. 29. 선고 2009두10963 판결)

구 토지수용법(2007.10.17. 법률 제8665호로 개정되기 전의 것, 이하 '구 공익사업법'이라 한다) 제77조 제1항, 제4항, 구 토지수용법 시행규칙(2007. 4.12. 건설교통부령 제556호로 개정되기 전의 것) 제45조, 제46조, 제47조와 구 공익사업법 제26조, 제28조, 제30조, 제34조, 제50조, 제61조, 제83조 내지 제85조의 규정 내용 및 입법 취지 등을 종합하여 보면, 공익사업으로 인하여 영업을 폐지하거나 휴업하는 자가 사업시행자에게서 구 공익사업법 제77조 제1항에 따라 영업손실에 대한 보상을 받기 위해서는 구 공익사업법 제34조, 제50조 등에 규정된 재결절차를 거친 다음 재결에 대하여 불복이 있는 때에 비로소 구 공익사업법 제83조 내지 제85조에 따라 권리구제를 받을 수 있을 뿐, 이러한 재결절차를 거치지 않은 채 곧바로 사업시행자를 상대로 손실보상을 청구하는 것은 허용되지 않는다고 보는 것이 타당하다.

구 토지수용법 제79조 제2항 등에 따른 사업폐지 등에 대한 보상청구권에 관한 쟁송형태(=행정소송) 및 공익사업으로 인한 사업폐지 등으로 손실을 입은 자가 위 법률에 따른 보상을 받기 위해서 재결절차를 거쳐야 하는지 여부(대법원 2012. 10. 11. 선고 2010다23210 판결)

> 구 토지수용법(2007.10.17. 법률 제8665호로 개정되기 전의 것, 이하 '구 공익사업법'이라고 한다) 제79조 제2항, 토지수용법 시행규칙 제57조에 따른 사업폐지 등에 대한 보상청구권은 공익사업의 시행 등 적법한 공권력의 행사에 의한 재산상 특별한 희생에 대하여 전체적인 공평부담의 견지에서 공익사업의 주체가 손해를 보상하여 주는 손실보상의 일종으로 공법상 권리임이 분명하므로 그에 관한 쟁송은 민사소송이 아닌 행정소송절차에 의하여야 한다. 또한 위 규정들과 구 공익사업법 제26조, 제28조, 제30조, 제34조, 제50조, 제61조, 제83조 내지 제85조의 규정 내용·체계 및 입법 취지 등을 종합하여 보면, 공익사업으로 인한 사업폐지 등으로 손실을 입게 된 자는 구 공익사업법 제34조, 제50조 등에 규정된 재결절차를 거친 다음 재결에 대하여 불복이 있는 때에 비로소 구 공익사업법 제83조 내지 제85조에 따라 권리구제를 받을 수 있다고 보아야 한다.

3) 재 결

가) 재결기간

토지수용위원회는 심리를 개시한 날부터 14일 이내에 재결을 하여야 한다. 다만, 특별한 사유가 있은 때에는 1차에 한하여 14일의 범위 안에서 이를 연장할 수 있다(토지수용법 제35조).

나) 재결방식

토지수용위원회의 재결은 서면으로 한다. 서면으로 하는 재결서에는 주문 및 그 이유와 재결의 일자를 기재하고, 위원장 및 회의에 참석한 위원이 이에 기명날인한 후 그 정본을 사업시행·토지소유자 및 관계인에게 송달해야 한다(토지수용법 제34조).

다) 재결사항

토지수용위원회의 재결사항은 ㉠ 수용 또는 사용할 토지의 구역 및 사용방법, ㉡ 손실의 보상, ㉢ 수용 또는 사용의 개시일과 기간, ㉣ 그 밖에 이법 및 다른 법률에서 규정한 사항이며, 사업시행자·토지소유자 또는 관계인이 신청한 범위 안에서 재결하여야 한다. 다만, 손실의 보상에 있어서는 증액재결을 할 수 있다(토지수용법 제50조).

라) 재결의 실효

사업시행자가 수용 또는 사용의 개시일 까지 토지수용위원회가 재결한 보상금을 지급 또는 공탁하지 아니하는 때에는 당해 토지수용위원회의 재결은 그 효력을 상실한다(토지수용법 제42조 제1항). 이 경우 재결의 실효로 토지소유자 또는 관계인이 손실을 입은 경우 사업시행자는 그 손실을 보상하여야 한다(같은 조 제2항).

4) 재결의 효과 – 지장물 등의 인도의무

재결의 효과는 ㉮ 사업시행자는 일정 조건하에 수용의 효과가 발생하고, ㉯ 피수용자는 손실보상청구권 및 환매권을 취득하며, 수용물건의 인도 · 이전의무를 지며(수용재결금에 대한 보상금이 공탁되거나 지급되고 수용개시일이 도과되면 수용된 물건에 대한 이전등기가 경료되지 아니하더라도 그 소유권은 사업시행자에게 이전된다), ㉰ 재결은 불가변력이 발생하므로 당해 토지수용위원회 스스로도 이를 변경하지 못하며, ㉱ 재결이 확정되면 민사소송법상 확정판결이 있은 것으로 보며, 재결서 정본은 집행력 있는 판결의 정본과 동일한 효력을 가진다(토지수용법 제86조). ㉲ 재결이 있은 후에는 위험부담도 사업시행자의 부담으로 한다(토지수용법 제46조). ㉳ 재결은 사업시행자가 수용 또는 사용의 개시일까지 보상금을 지급 또는 공탁하지 아니한 때에는 그 효력을 상실한다(토지수용법 제42조).

마. 재결에 대한 불복

재결은 행정행위의 성질을 가지므로 그에 대하여 불복하는 자는 행정쟁송을 제기하여 그것의 취소 · 변경을 구할 수 있다. 다만, 토지수용법은 재결의 취소 · 변경을 구하는 행정쟁송에 대하여 행정심판법 및 행정소송법에 대한 약간의 특례를 규정하고 있다. 재결에 대한 불복절차로는 이의신청과 행정소송이 있다. 종전 토지수용법에서는 필요적 이의신청 전치주의가 채택되어 이의신청을 거쳐야만 행정소송을 제기할 수 있었으나, 현행 토지수용법은 임의적 이의신청주의를 채택하여 이의신청을 거쳐 행정소송을 제기할 수도 있고, 이의신청을 거치지 않고 바로 행정소송을 제기할 수도 있게 되었다(토지수용법 제85조).

1) 이의신청

가) 의 의

중앙토지수용위원회의 재결에 이의가 있는 자는 중앙토지수용위원회에, 지방토지수용위원회의 재결에 대하여 이의가 있는 자는 해당 지방토지수용위원회를 거쳐 중앙토지수용위원회에 각각 이의신청을 하되 재결서의 정본을 받은 날로부터 30일 이내에 하여야 한다(토지수용법 제83조). 사업시행자가 관할 토지수용위원회의 수용재결에 불복하여 중앙토지수용위원회에 이의를 신청할 경우에는 자기가 산정한 보상금을 지급하고 토지수용위원회가 재결한 보상금액과의 차액을 공탁하여야 한다(토지수용법 제40조 제4항).

이의신청 및 소송의 계속 중에 이의를 보류하지 아니하고 한 토지수용보상금 공탁금의 수령의 효과(대법원 1982. 11. 9. 선고 82누197 전원합의체 판결)

기업자가 토지수용법 제61조 제2항 제1호에 의하여 토지수용위원회가 재결한 토지수용보상금을 공탁한 경우에 그 공탁은 기업자가 토지소유자에 대하여 부담하는 토지수용에 따른 보상금 지급의무의 이행을 위한 것으로서 민법상 변제공탁과 다를 바 없으므로 토지소유자가 아무런 이의를 유보함이 없이 공탁금을 수령하였다면 토지소유자는 토지수용위원회의 재결에 승복하여 그 공탁의 취지에 따라 보상금을 수령한 것이라고 봄이 상당하므로 이로써 기업자의 보상금 지급의무가 확정적으로 소멸하는 것이고, 토지소유자가 위 재결에 대하여 이의신청을 제기하거나 소송을 제기하고 있는 중이라고 할지라도 그 쟁송 중에 보상금 일부의 수령이라는 등 유보의 의사표시를 함이 없이 공탁금을 수령한 이상, 이는 종전의 수령거절 의사를 철회하고 재결에 승복하여 공탁한 취지대로 보상금 전액을 수령한 것이라고 볼 수밖에 없음은 마찬가지이며, 공탁금 수령당시 이의신청이나 소송이 계속 중이라는 사실만으로 공탁금 수령에 관한 이의유보의 의사표시가 있는 것과 같이 볼 수는 없다.

채무 일부의 변제공탁 효력(대법원 2011. 12. 13. 선고 2011다11580 판결)

채무자가 공탁원인이 있어서 공탁에 의하여 채무를 면하려면 채무액 전부를 공탁하여야 하고, 일부 공탁은 채무를 변제하면서 일부 제공이 유효한 제공이라고 시인될 수 있는 특별한 사정이 있는 경우를 제외하고는, 채권자가 이를 수락하지 아니하는 한 그에 상응하는 효력을 발생할 수 없다.

사업시행자가 재결에 불복하여 이의신청을 거쳐 행정소송을 제기하는 경우 이의재결에서 증액된 보상금을 공탁하여야 할 시기(대법원 2008. 2. 15. 선고 2006두9832 판결)

토지수용법 제85조 제1항의 규정 및 관련 규정들의 내용, 사업시행자가 행정소송 제기시 증액된 보상금을 공탁하도록 한 위 제85조 제1항 단서 규정의 입법 취지, 그 규정에 의해 보호되는 보상금을 받을 자의 이익과 그로 인해 제한받게 되는 사업시행자의 재판청구권과의 균형 등을 종합적으로 고려하여 보면, 사업시행자가 재결에 불복하여 이의신청을 거쳐 행정소송을 제기하는 경우에는 원칙적으로 행정소송 제기 전에 이의재결에서 증액된 보상금을 공탁하여야 하지만, 제소 당시 그와 같은 요건을 구비하지 못하였다 하여도 사실심 변론종결 당시까지 그 요건을 갖추었다면 그 흠결의 하자는 치유되었다고 본다.

나) 관할 및 당사자

이의 신청의 관할은 중앙토지수용위원회이고, 청구인은 사업시행자 · 토지소유자 · 관계인 등 관할 토지수용위원회의 재결에 이의가 있는 자이고, 피청구인은 관할토지수용위원회이다(토지수용법 제83조).

다) 이의 신청에 대한 재결

중앙토지수용위원회는 이의신청이 있는 경우 심리를 통하여 원재결이 위법 또는 부당하다고 인정하는 때에는 그 재결의 전부 또는 일부를 취소하거나 보상액을 직접 변경할 수 있다(토지수용법 제84조 제1항). 중앙토지수용위원회의 취소나 변경으로 보상금이 증액된 경우 사업시행자는 재결의 취소 또는 변경의 재결서 정본을 받은 날부터 30일 이내에 보상금을 받을 자에게 그 증액된 보상금을 지급하여야 한다(같은 조 제2항).

다만, 사업시행자가 당해 재결에 불복할 경우에는 증액된 보상금을 공탁한 후 행정소송을 제기할 수 있다(토지수용법 제85조 제1항).

토지수용위원회가 사업의 시행이 불가능하게 되는 것과 같은 재결을 행할 수 있는지 여부(대법원 1994. 11. 11. 선고 93누19375 판결)

토지수용법은 수용 · 사용의 일차 단계인 사업인정에 속하는 부분은 사업의 공익성 판단으로 사업인정기관에 일임하고, 그 이후의 구체적인 수용 · 사용의 결정은 토지수용위원회에 맡기고 있는바, 이와 같은 토지수용절차의 2분화 및 사업인정의 성격과 토지수용위원회의 재결사항을 열거하고 있는 같은 법 제29조 제2항의 규정 내용에 비추어 볼 때, 토지수용위원회는 행정쟁송에 의하여 사업인정이 취소되지 않는 한 그 기능상 사업인정 자체를 무의미하게 하는, 즉 사업의 시행이 불가능하게 되는 것과 같은 재결을 행할 수는 없다.

택지개발촉진법에 의한 택지개발계획 승인처분의 제소기간이 도과한 후 수용재결이나 이의재결 단계에서 그 위법 부당함을 이유로 재결의 취소를 구할 수 있는지 여부(대법원 1996. 4. 26. 선고 95누13241 판결)

택지개발촉진법 제12조 제2항에 의하면 택지개발계획의 승인 · 고시가 있은 때에는 토지수용법 제14조 및 제16조의 규정에 의한 사업인정 및 사업인정의 고시가 있은 것으로 보도록 규정되어 있는바, 이와 같은 택지개발계획의 승인은 당해 사업이 택지개발촉진법상의 택지개발사업에 해당함을 인정하여 시행자가 그 후 일정한 절차를 거칠 것을 조건으로 하여 일정한 내용의 수용권을 설정해 주는 행정처분의 성격을 갖는 것이고, 그 승인고시의 효과는 수용할 목적물의 범위를 확정하고 수용권으로 하여금 목적물에 관한 현재 및 장래의 권리자에게 대항할 수 있는 일종의 공법상 권리로서의 효력을 발생시킨다고 할 것이므로 토지소유자로서는 선행처분인 건설부장관의 택지개발계획 승인단계에서 그 제척사유를 들어 쟁송하여야 하고, 그 제소기간이 도과한 후 수용재결이나 이의재결 단계에 있어서는 위 택지개발계획 승인처분에 명백하고 중대한 하자가 있어 당연무효라고 볼 특단의 사정이 없는 이상 그 위법 부당함을 이유로 재결의 취소를 구할 수는 없다.

라) 이의 신청에 대한 재결의 효력

재결서를 받은 날부터 60일 이내에, 이의 신청을 거쳤을 경우에는 이의 신청에 대한 재결서를 받은 날부터 30일 이내에 소송이 제기되지 아니하거나 그 밖의 사유로 이의 신청에 대한 재결이 확정된 때에는 민사소송법상의 확정판결이 있은 것으로 보며, 재결서 정본은 집행력 있는 판결의 정본과 동일한 효력을 가진다(토지수용법 제86조 제1항).

이의 신청이나 행정소송의 제기는 사업의 진행 또는 토지의 수용 또는 사용을 정지시키지 아니한다(토지수용법 제88조)고 규정하여 "집행부정지원칙"을 천명하고 있다. 그러나 이의 신청에 관한 이 규정은 행정심판법에서 규정하고 있는 집행정지신청을 배제하는 것은 아니라 할 것이므로 중앙토지수용위원회는 직권 또는 신청에 의하여 재결의 집행정지결정을 할 수 있다 할 것이다(행정심판법 제30조 제2항).

2) 행정소송

가) 행정소송 제소기간 등

지방토지수용위원회 또는 중앙토지수용위원회의 재결에 대하여 불복이 있는 사업시행자 · 토지소유자 또는 관계인은 재결서를 받은 날부터 60일 이내에, 이의신청을 거친 때에는 이의신청에 대한 재결서를 받은 날부터 30일 이내에 각각 행정소송을 제기할 수 있다(토지수용법 제85조 제1항). 60일 또는 30일 제소기간은 행정소송의 일반적인 제소기간인 90일보다 짧은 것인데, 이는 공공사업을 신속하게 수행할 필요성에 기인한 것이므로, 그것이 행정심판법이나 행정소송법의 관련규정의 취지에 어긋나거나 헌법 제27조에 위반된 것이라 볼 수 없다.

여기에서의 행정소송은 지방토지수용위원회나 중앙토지수용위원회의 재결의 취소 또는 무효확인을 구하는 항고소송과 보상금의 증액 또는 감액만을 청구하는 보상금증감청구소송인 형식적 당사자소송의 두 가지가 있다.

행정처분이 있음을 안 날부터 90일을 넘겨 행정심판을 청구하였다가 부적법하다는 이유로 각하재결을 받은 후 재결서를 송달받은 날부터 90일 내에 원래의 처분에 대하여 취소소송을 제기한 경우, 취소소송의 제소기간을 준수한 것으로 볼 수 있는지 여부(대법원 2011. 11. 24. 선고 2011두18786 판결)

행정소송법 제18조 제1항, 제20조 제1항, 구 행정심판법(2010. 1.25. 법률 제9968호로 전부 개정되기 전의 것) 제18조 제1항을 종합해 보면, 행정처분이 있음을 알고 처분에 대하여 곧바로 취소소송을 제기하는 방법을 선택한 때에는 처분이 있음을 안 날부터 90일 이내에 취소소송을 제기하여야 하고, 행정심판을 청구하는 방법을 선택한 때에는 처분이 있음을 안 날부터 90일 이내에 행정심판을 청구하고 행정심판의 재결서를 송달받은 날부터 90일 이내에 취소소송을 제기하여야 한다. 따라서 처분이 있음을 안 날부터 90일 이내에 행정심판을 청구하지도 않고 취소소송을 제기하지도 않은 경우에는 그 후 제기된 취소소송은 제소기간을 경과한 것으로서 부적법하고, 처분이 있음을 안 날부터 90일을 넘겨 청구한 부적법한 행정심판청구에 대한 재결이 있은 후 재결서를 송달받은 날부터 90일 이내에 원래의 처분에 대하여 취소소송을 제기하였다고 하여 취소소송이 다시 제소기간을 준수한 것으로 되는 것은 아니다.

토지소유자 등이 수용재결에 불복하여 이의신청을 거친 후 취소소송을 제기하는 경우 피고적격(=수용재결을 한 토지수용위원회) 및 소송대상(=수용재결) (대법원 2010. 1. 28. 선고 2008두1504 판결)

토지수용법 제85조 제1항 전문의 문언 내용과 같은 법 제83조, 제85조가 중앙토지수용위원회에 대한 이의신청을 임의적 절차로 규정하고 있는 점, 행정소송법 제19조 단서가 행정심판에 대한 재결은 재결 자체에 고유한 위법이 있음을 이유로 하는 경우에 한하여 취소소송의 대상으로 삼을 수 있도록 규정하고 있는 점 등을 종합하여 보면, 수용재결에 불복하여 취소소송을 제기하는 때에는 이의신청을 거친 경우에도 수용재결을 한 중앙토지수용위원회 또는 지방토지수용위원회를 피고로 하여 수용재결의 취소를 구하여야 하고, 다만 이의신청에 대한 재결 자체에 고유한 위법이 있음을 이유로 하는 경우에는 그 이의재결을 한 중앙토지수용위원회를 피고로 하여 이의재결의 취소를 구할 수 있다고 보아야 한다.

나) 보상금증액소송

(1) 당 사 자

보상금의 증감에 관한 소송인 경우 그 소송을 제기하는 자가 토지소유자 또는 관계인일 때에는 사업시행자를, 사업시행자일 때에는 토지소유자 또는 관계인을 각각 피고로 한다(토지보상법 제85조 제2항). 이처럼 수용재결이나 이의재결 중 보상금에 대한 재결에 불복이 있는 경우 보상금의 증액 또는 감액을 청구하는 소송을 보상금증감소송이라 한다.

(2) 법적성질

보상금증감소송의 경우 처분청인 토지수용위원회를 피고로 하지 않고, 대등한 당사자인 토지소유자 또는 관계인과 사업시행자를 당사자로 하기 때문에, 형식적 관점에서 당사자소송에 해당한다.[119] 그러나 보상금증감소송은 실질적으로 위원회의 재결을 다투는 의미도 갖기 때문에 항고소송의 성질도 내포되어 있다고 볼 수 있다.

(3) 소송요건

(가) 소의대상

보상금증감소송은 토지수용위원회의 보상금에 관한 재결을 전제로 하면서 직접적으로 보상금의 증감을 다투는 소송이므로 보상금에 관한 법률관계를 대상으로 한다.

(나) 원고적격

보상금증감소송의 원고는 토지소유자와 관계인이다. 여기서 토지소유자는 공익사업에 필요한 토지의 소유자를 지칭하고, 관계인이란 사업시행자가 취득하거나 사용할 토지에 관하여 지상권·지역권·전세권·저당권·사용대차·임대차에 따른 권리 또는 그 밖에 토지에 관한 소유권 외의 권리를 가진 자나 그 토지에 있는 물건에 관하여 소유권이나 그 밖의 권리를 가진 자를 말한다(토지수용법 제2조).

(다) 피고적격

행정소송법 제39조가 당사자소송은 국가·공공단체 그 밖의 권리주체를 피고를 규정하고 있다. 그러나 토지보상법 제85조 제2항은 보상금증액청구소송에서의 피고를 사업시행자로 지정하고 있어, 보상금증액청구소송에서의 피고는 사업시행자이다.

토지수용법 제75조의2 제2항 소정의 "기업자"의 의미 및 행정청이 공익사업을 시행하는 경우 행정소송의 피고(= 국가 또는 지방공공단체) (대법원 1993. 5. 25. 선고 92누15772 판결)

수용대상 토지의 소유자 또는 관계인이 토지수용법 제75조의2 제1항과 제2항의 규정에 의하여 이의신청의 재결에 대하여 보상금의 증감에 관한 행정소송을 제기하는 경우 그 소송은 재결청과 기업자를 공동피고로 하는 필요적 공동소송이다.

또한, 같은 법 제75조의2 제2항에 규정된 "기업자"라 함은 재결에 의하여 토지의 소유권 등의 권리를 취득하고 그로 인하여 토지소유자 또는 관계인이 입은 손실을 보상하여야 할 의무를 지는 권리의무의 주체인 국가 또는 지방공공단체 등을 의미한다.

(라) 제소기간

수용재결인 경우 재결서를 송달받은 날부터 60일 이내에, 이의재결인 경우는 이의신청에 대한 재결서를 송달받은 날부터 30일 이내에 소송을 제기할 수 있다(토지수용법 제85조 제1항).

---

119) 대법원 1991. 11. 26. 선고 91누285 판결.

(마) 입증책임

보상금증액청구소송에서의 입증책임은 원고가 부담한다.

토지수용법 제75조의2 제2항에 의한 보상금의 증감에 관한 소송의 성질 및 입증책임의 소재(대법원 1997. 11. 28. 선고 96누2255 판결)
토지수용법 제75조의2 제2항 소정의 손실보상금 증액청구의 소에 있어서 그 이의재결에서 정한 손실보상금액보다 정당한 손실보상금액이 더 많다는 점에 대한 입증책임은 원고에게 있다고 할 것이고, 위 보상금증액소송은 재결청과 기업자를 공동피고로 하는 필요적 공동소송으로 그 공동피고 사이에 소송의 승패를 합일적으로 확정하여야 하므로 비록 이의재결이 그 감정평가의 위법으로 위법한 경우라도 그 점만으로 위와 같은 입증책임의 소재를 달리 볼 것은 아니다.

3. 토지수용법의 준용

가. 이의신청 절차의 준용

관할 토지수용위원회의 재결에 관하여는 「토지수용법」 제83조부터 제87조까지의 규정을 준용한다(법 제65조 제4항).

[토지수용법 제83조부터 제87조까지의 규정]

제83조 (이의의 신청)

① 중앙토지수용위원회의 제34조에 따른 재결에 이의가 있는 자는 중앙토지수용위원회에 이의를 신청할 수 있다.

② 지방토지수용위원회의 제34조에 따른 재결에 이의가 있는 자는 해당 지방토지수용위원회를 거쳐 중앙토지수용위원회에 이의를 신청할 수 있다.

③ 제1항 및 제2항에 따른 이의의 신청은 재결서의 정본을 받은 날부터 30일 이내에 하여야 한다.

제84조 (이의신청에 대한 재결)

① 중앙토지수용위원회는 제83조에 따른 이의신청을 받은 경우 제34조에 따른 재결이 위법하거나 부당하다고 인정할 때에는 그 재결의 전부 또는 일부를 취소하거나 보상액을 변경할 수 있다.

② 제1항에 따라 보상금이 늘어난 경우 사업시행자는 재결의 취소 또는 변경의 재결서 정본을 받은 날부터 30일 이내에 보상금을 받을 자에게 그 늘어난 보상금을 지급하여야 한다. 다만,

제40조 제2항 제1호 · 제2호 또는 제4호에 해당할 때에는 그 금액을 공탁할 수 있다.

제85조 (행정소송의 제기)

① 사업시행자, 토지소유자 또는 관계인은 제34조에 따른 재결에 불복할 때에는 재결서를 받은 날부터 60일 이내에, 이의신청을 거쳤을 때에는 이의신청에 대한 재결서를 받은 날부터 30일 이내에 각각 행정소송을 제기할 수 있다. 이 경우 사업시행자는 행정소송을 제기하기 전에 제84조에 따라 늘어난 보상금을 공탁하여야 하며, 보상금을 받을 자는 공탁된 보상금을 소송이 종결될 때까지 수령할 수 없다.

② 제1항에 따라 제기하려는 행정소송이 보상금의 증감(增減)에 관한 소송인 경우 그 소송을 제기하는 자가 토지소유자 또는 관계인일 때에는 사업시행자를, 사업시행자일 때에는 토지소유자 또는 관계인을 각각 피고로 한다.

제86조 (이의신청에 대한 재결의 효력)

① 제85조 제1항에 따른 기간 이내에 소송이 제기되지 아니하거나 그 밖의 사유로 이의신청에 대한 재결이 확정된 때에는 「민사소송법」상의 확정판결이 있은 것으로 보며, 재결서 정본은 집행력 있는 판결의 정본과 동일한 효력을 가진다.

② 사업시행자, 토지소유자 또는 관계인은 이의신청에 대한 재결이 확정되었을 때에는 관할 토지수용위원회에 대통령령으로 정하는 바에 따라 재결확정증명서의 발급을 청구할 수 있다.

제87조 (법정이율에 따른 가산지급)

사업시행자는 제85조 제1항에 따라 사업시행자가 제기한 행정소송이 각하 · 기각 또는 취하된 경우 다음 각 호의 어느 하나에 해당하는 날부터 판결일 또는 취하일까지의 기간에 대하여 「소송촉진 등에 관한 특례법」 제3조에 따른 법정이율을 적용하여 산정한 금액을 보상금에 가산하여 지급하여야 한다.

1. 재결이 있은 후 소송을 제기하였을 때에는 재결서 정본을 받은 날
2. 이의신청에 대한 재결이 있은 후 소송을 제기하였을 때에는 그 재결서 정본을 받은 날

나. 보상의 기준 준용

보상의 기준에 관하여는 「토지수용법」 제14조, 제18조, 제61조, 제63조 부터 제65조까지, 제67조, 제68조, 제71조부터 제73조까지, 제75조, 제75조의2, 제76조, 제77조 및 제78조 제5항 · 제6항 · 제9항을 준용한다(법 제65조 제5항).

[토지수용법 제14조, 제18조, 제61조, 제63조 부터 제65조까지, 제67조, 제68조, 제71조부터 제73조까지, 제75조, 제75조의2, 제76조, 제77조 및 제78조 제5항 · 제6항 · 제9항]

> **제14조 (토지조서 및 물건조서의 작성)**
> ① 사업시행자는 공익사업의 수행을 위하여 제20조에 따른 사업인정 전에 협의에 의한 토지 등의 취득 또는 사용이 필요할 때에는 토지조서와 물건조서를 작성하여 서명 또는 날인을 하고 토지소유자와 관계인의 서명 또는 날인을 받아야 한다. 다만, 다음 각 호의 어느 하나에 해당하는 경우에는 그러하지 아니하다. 이 경우 사업시행자는 해당 토지조서와 물건조서에 그 사유를 적어야 한다.
> 1. 토지소유자 및 관계인이 정당한 사유 없이 서명 또는 날인을 거부하는 경우
> 2. 토지소유자 및 관계인을 알 수 없거나 그 주소 · 거소를 알 수 없는 등의 사유로 서명 또는 날인을 받을 수 없는 경우
>
> ② 토지와 물건의 소재지, 토지소유자 및 관계인 등 토지조서 및 물건조서의 기재사항과 그 작성에 필요한 사항은 대통령령으로 정한다.

1) 사업시행자보상의 원칙

보상금청구권자는 헌법 제23조 제3항의 규정에 따라 보호되는 지위를 가진 자로서 수용을 통해 재산권이 침해된 토지소유자 기타 이해관계인이며, 보상의무자는 수용을 통해 직접 수익한 자이다.

토지수용법 제61조는 보상의무자에 대하여, 공익사업에 필요한 토지 등의 취득 또는 사용으로 인하여 토지소유자나 관계인이 입은 손실은 사업시행자가 보상하여야 한다고 규정하고 있다.

> **제61조 (사업시행자 보상)**
> 공익사업에 필요한 토지 등의 취득 또는 사용으로 인하여 토지소유자나 관계인이 입은 손실은 사업시행자가 보상하여야 한다.

2) 사전보상의 원칙

사업시행자는 해당 공익사업을 위한 공사에 착수하기 이전에 토지소유자와 관계인에게 보상액 전액을 지급하여야 한다. 다만, 천재지변 시 및 시급한 토지사용의 경우 또는 토지소유자 및 이해관계인의 승낙이 있는 경우에는 그러하지 아니하다. 따라서 사전보상의 원칙상 사업시행자가 토지소유자 및 관계인에게 보상금을 지급하지 아니하고 그 승낙도 받지 아니한 채 미리

공사에 착수할 경우 그 행위는 사전보상의 원칙상 위법하다.

제62조(사전보상)
사업시행자는 해당 공익사업을 위한 공사에 착수하기 이전에 토지소유자와 관계인에게 보상액 전액(全額)을 지급하여야 한다. 다만, 제38조에 따른 천재지변 시의 토지 사용과 제39조에 따른 시급한 토지 사용의 경우 또는 토지소유자 및 관계인의 승낙이 있는 경우에는 그러하지 아니하다.

3) 현금보상의 원칙

손실보상은 현금으로 지급함이 원칙이다. 그러나 예외적으로 현물보상으로 대토보상이 인정되고, 환지의 제공이나 건축시설물로 보상이 이루어지기고 하고, 일정한 경우에는 채권으로 보상될 수도 있으며, 증권보상이 이루어지는 경우도 있다.

가) 원칙 - 금전보상

손실보상은 다른 법률에 특별한 규정이 있는 경우를 제외하고는 현금으로 지급하여야 한다.

나) 채권보상

(1) 채권을 발행할 수 있는 사업시행자

법 제63조 제7항 각 호 외의 부분에서 "대통령령으로 정하는 「공공기관의 운영에 관한 법률」에 따라 지정 · 고시된 공공기관 및 공공단체"란 다음 각 호의 기관 및 단체를 말한다(토지수용법 시행령 제25조).

제1호 「한국토지주택공사법」에 따른 한국토지주택공사
제2호 「한국전력공사법」에 따른 한국전력공사
제3호 「한국농어촌공사 및 농지관리기금법」에 따른 한국농어촌공사
제4호 「한국수자원공사법」에 따른 한국수자원공사
제5호 「한국도로공사법」에 따른 한국도로공사
제6호 「한국관광공사법」에 따른 한국관광공사
제7호 「공기업의 경영구조 개선 및 민영화에 관한 법률」에 따른 한국전기통신공사
제8호 「한국가스공사법」에 따른 한국가스공사
제9호 「한국철도시설공단법」에 따른 한국철도시설공단

제10호 「인천국제공항공사법」에 따른 인천국제공항공사
제11호 「한국환경공단법」에 따른 한국환경공단
제12호 「지방공기업법」에 따른 지방공사
제13호 「항만공사법」에 따른 항만공사
제14호 「한국철도공사법」에 따른 한국철도공사
제15호 「산업집적활성화 및 공장설립에 관한 법률」에 따른 한국산업단지공단

(2) 채권보상의 기준이 되는 보상금액 등

법 제63조 제7항 제2호에서 "대통령령으로 정하는 일정 금액" 및 법 제63조 제8항 각 호 외의 부분에서 "대통령령으로 정하는 1억원 이상의 일정 금액"이란 1억원을 말하며, 사업시행자는 부재부동산 소유자가 사업시행자에게 토지를 양도함으로써 또는 토지가 수용됨으로써 발생하는 소득에 대하여 납부하여야 하는 양도소득세(양도소득세에 부가하여 납부하여야 하는 주민세와 양도소득세를 감면받는 경우 납부하여야 하는 농어촌특별세를 포함한다. 이하 이 항에서 같다) 상당 금액을 세무사의 확인을 받아 현금으로 지급하여 줄 것을 요청할 때에는 양도소득세 상당 금액을 위의 금액에 더하여 현금으로 지급하여야 한다(토지수용법 시행령 제27조).

(3) 채권상환기간 및 이율

채권으로 지급하는 경우 채권의 상환 기한은 5년을 넘지 아니하는 범위에서 정하여야 하며, 그 이자율은 다음 각 호와 같다(토지수용법 제63조 제9항).

1. 제7항 제2호 및 제8항에 따라 부재부동산 소유자에게 채권으로 지급하는 경우
   가. 상환기한이 3년 이하인 채권: 3년 만기 정기예금 이자율(채권발행일 전달의 이자율로서, 「은행법」에 따라 설립된 은행 중 전국을 영업구역으로 하는 은행이 적용하는 이자율을 평균한 이자율로 한다)
   나. 상환기한이 3년 초과 5년 이하인 채권: 5년 만기 국고채 금리(채권발행일 전달의 국고채 평균 유통금리로 한다)
2. 부재부동산 소유자가 아닌 자가 원하여 채권으로 지급하는 경우
   가. 상환기한이 3년 이하인 채권: 3년 만기 국고채 금리(채권발행일 전달의 국고채 평균 유통금리로 한다)로 하되, 제1호 가목에 따른 3년 만기 정기예금 이자율이 3년 만기 국고채 금리보다 높은 경우에는 3년 만기 정기예금 이자율을 적용한다.
   나. 상환기한이 3년 초과 5년 이하인 채권: 5년 만기 국고채 금리(채권발행일 전달의 국고채

평균 유통금리로 한다)

다) 대토보상

토지소유자가 원하는 경우로서 사업시행자가 해당 공익사업의 합리적인 토지이용계획과 사업계획 등을 고려하여 토지로 보상이 가능한 경우에는 토지소유자가 받을 보상금 중 본문에 따른 현금 또는 제7항 및 제8항에 따른 채권으로 보상받는 금액을 제외한 부분에 대하여 다음 각 호에서 정하는 기준과 절차에 따라 그 공익사업의 시행으로 조성한 토지로 보상할 수 있다(토지수용법 제63조 제1항 단서).

제1호 토지로 보상받을 수 있는 자: 「건축법」 제57조 제1항에 따른 대지의 분할 제한 면적 이상의 토지를 사업시행자에게 양도한 자가 된다. 이 경우 대상자가 경합(競合)할 때에는 제7항 제2호에 따른 부재부동산(不在不動産) 소유자가 아닌 자로서 제7항에 따라 채권으로 보상을 받는 자에게 우선하여 토지로 보상하며, 그 밖의 우선순위 및 대상자 결정방법 등은 사업시행자가 정하여 공고한다.

제2호 보상하는 토지가격의 산정 기준금액: 다른 법률에 특별한 규정이 있는 경우를 제외하고는 일반 분양가격으로 한다.

제3호 보상기준 등의 공고: 제15조에 따라 보상계획을 공고할 때에 토지로 보상하는 기준을 포함하여 공고하거나 토지로 보상하는 기준을 따로 일간신문에 공고할 것이라는 내용을 포함하여 공고한다.

제63조 (현금보상 등)

① 손실보상은 다른 법률에 특별한 규정이 있는 경우를 제외하고는 현금으로 지급하여야 한다. 다만, 토지소유자가 원하는 경우로서 사업시행자가 해당 공익사업의 합리적인 토지이용계획과 사업계획 등을 고려하여 토지로 보상이 가능한 경우에는 토지소유자가 받을 보상금 중 본문에 따른 현금 또는 제7항 및 제8항에 따른 채권으로 보상받는 금액을 제외한 부분에 대하여 다음 각 호에서 정하는 기준과 절차에 따라 그 공익사업의 시행으로 조성한 토지로 보상할 수 있다.

1. 토지로 보상받을 수 있는 자 : 「건축법」 제57조 제1항에 따른 대지의 분할 제한 면적 이상의 토지를 사업시행자에게 양도한 자가 된다. 이 경우 대상자가 경합(競合)할 때에는 제7항 제2호에 따른 부재부동산(不在不動産) 소유자가 아닌 자로서 제7항에 따라 채권으로 보상을 받는 자에게 우선하여 토지로 보상하며, 그 밖의 우선순위 및 대상자 결정방법 등은 사업시행자가 정하여 공고한다.
2. 보상하는 토지가격의 산정 기준금액 : 다른 법률에 특별한 규정이 있는 경우를 제외하고는

일반 분양가격으로 한다.
3. 보상기준 등의 공고 : 제15조에 따라 보상계획을 공고할 때에 토지로 보상하는 기준을 포함하여 공고하거나 토지로 보상하는 기준을 따로 일간신문에 공고할 것이라는 내용을 포함하여 공고한다.

② 제1항 단서에 따라 토지소유자에게 토지로 보상하는 면적은 사업시행자가 그 공익사업의 토지이용계획과 사업계획 등을 고려하여 정한다. 이 경우 그 보상면적은 주택용지는 990제곱미터, 상업용지는 1천100제곱미터를 초과할 수 없다.

③ 제1항 단서에 따라 토지로 보상받기로 결정된 권리는 그 보상계약의 체결일부터 소유권이전등기를 마칠 때까지 전매(매매, 증여, 그 밖에 권리의 변동을 수반하는 모든 행위를 포함하되, 상속 및 「부동산투자회사법」에 따른 개발전문 부동산투자회사에 현물출자를 하는 경우는 제외한다)할 수 없으며, 이를 위반할 때에는 사업시행자는 토지로 보상하기로 한 보상금을 현금으로 보상할 수 있다. 이 경우 현금보상액에 대한 이자율은 제9항 제1호 가목에 따른 이자율의 2분의 1로 한다.

④ 제1항 단서에 따라 토지소유자가 토지로 보상받기로 한 경우 그 보상계약 체결일부터 1년이 지나면 이를 현금으로 전환하여 보상하여 줄 것을 요청할 수 있다. 이 경우 현금보상액에 대한 이자율은 제9항 제2호 가목에 따른 이자율로 한다.

⑤ 사업시행자는 해당 사업계획의 변경 등 국토교통부령으로 정하는 사유로 보상하기로 한 토지의 전부 또는 일부를 토지로 보상할 수 없는 경우에는 현금으로 보상할 수 있다. 이 경우 현금보상액에 대한 이자율은 제9항 제2호 가목에 따른 이자율로 한다.

⑥ 사업시행자는 토지소유자가 다음 각 호의 어느 하나에 해당하여 토지로 보상받기로 한 보상금에 대하여 현금보상을 요청한 경우에는 현금으로 보상하여야 한다. 이 경우 현금보상액에 대한 이자율은 제9항 제2호 가목에 따른 이자율로 한다.
1. 국세 및 지방세의 체납처분 또는 강제집행을 받는 경우
2. 세대원 전원이 해외로 이주하거나 2년 이상 해외에 체류하려는 경우
3. 그 밖에 제1호 · 제2호와 유사한 경우로서 국토교통부령으로 정하는 경우

⑦ 사업시행자가 국가, 지방자치단체, 그 밖에 대통령령으로 정하는 「공공기관의 운영에 관한 법률」에 따라 지정 · 고시된 공공기관 및 공공단체인 경우로서 다음 각 호의 어느 하나에 해당되는 경우에는 제1항 본문에도 불구하고 해당 사업시행자가 발행하는 채권으로 지급할 수 있다.
1. 토지소유자나 관계인이 원하는 경우
2. 사업인정을 받은 사업의 경우에는 대통령령으로 정하는 부재부동산 소유자의 토지에 대한 보상금이 대통령령으로 정하는 일정 금액을 초과하는 경우로서 그 초과하는 금액에 대하여 보상하는 경우

⑧ 토지투기가 우려되는 지역으로서 대통령령으로 정하는 지역에서 다음 각 호의 어느 하나에 해당하는 공익사업을 시행하는 자 중 대통령령으로 정하는 「공공기관의 운영에 관한 법률」에 따라 지정 · 고시된 공공기관 및 공공단체는 제7항에도 불구하고 제7항 제2호에 따른 부재부동산 소유자의 토지에 대한 보상금 중 대통령령으로 정하는 1억원 이상의 일정 금액을 초과하는

부분에 대하여는 해당 사업시행자가 발행하는 채권으로 지급하여야 한다.
1. 「택지개발촉진법」에 따른 택지개발사업
2. 「산업입지 및 개발에 관한 법률」에 따른 산업단지개발사업
3. 그 밖에 대규모 개발사업으로서 대통령령으로 정하는 사업

⑨ 제7항 및 제8항에 따라 채권으로 지급하는 경우 채권의 상환 기한은 5년을 넘지 아니하는 범위에서 정하여야 하며, 그 이자율은 다음 각 호와 같다.
1. 제7항 제2호 및 제8항에 따라 부재부동산 소유자에게 채권으로 지급하는 경우
   가. 상환기한이 3년 이하인 채권 : 3년 만기 정기예금 이자율(채권발행일 전달의 이자율로서, 「은행법」에 따라 설립된 은행 중 전국을 영업구역으로 하는 은행이 적용하는 이자율을 평균한 이자율로 한다)
   나. 상환기한이 3년 초과 5년 이하인 채권 : 5년 만기 국고채 금리(채권발행일 전달의 국고채 평균 유통금리로 한다)
2. 부재부동산 소유자가 아닌 자가 원하여 채권으로 지급하는 경우
   가. 상환기한이 3년 이하인 채권 : 3년 만기 국고채 금리(채권발행일 전달의 국고채 평균 유통금리로 한다)로 하되, 제1호 가목에 따른 3년 만기 정기예금 이자율이 3년 만기 국고채 금리보다 높은 경우에는 3년 만기 정기예금 이자율을 적용한다.
   나. 상환기한이 3년 초과 5년 이하인 채권 : 5년 만기 국고채 금리(채권발행일 전달의 국고채 평균 유통금리로 한다)

4) 개별보상의 원칙

손실보상은 토지소유자나 관계인에게 개인별로 하여야 함이 원칙이다. 따라서 개별보상의 원칙상 만일 보상대상 토지가 공유인 경우에는 그 보상은 공유자별로 각각 하여야 한다. 여기서 개인별이란 수용 또는 사용이 대상이 되는 물건별로 하는 것이 아니라 토지소유자나 관계인 개인별로 하는 것을 뜻한다.

제64조 (개인별 보상)
손실보상은 토지소유자나 관계인에게 개인별로 하여야 한다. 다만, 개인별로 보상액을 산정할 수 없을 때에는 그러하지 아니하다.

수용재결에 대한 이의신청에서 보상액 산정에 관하여만 다투고 잔여지수용청구를 기각한 부분에 대하여는 명시적인 불복을 하지 아니하였더라도 행정소송에서 이를 다툴 수 있는지 여부(대법원 1995. 9. 15. 선고 93누20627 판결)

토지수용에 따른 보상은 수용 대상 토지별로 하는 것이 아니라 피보상자 개인별로 행하여지는 것이고, 잔여지수용청구권은 토지소유자에게 손실보상책의 일환으로 부여된 권리이어서 이는 수용할 토지의 범위와 그 보상액을 결정할 수 있는 토지수용위원회에 대하여 토지수용의 보상가액을 다투는 방법에 의하여도 행사할 수 있고, 또 토지수용법 제75조는 이의신청이 있으면 중앙토지수용위원회는 수용재결의 위법 또는 부당 여부를 심리하도록 규정하고 있을 뿐 이의신청서에 기재된 이의사유에 한하여 심리하도록 제한하고 있지 않으므로, 특별한 사정이 없는 한, 이의신청의 효력은 수용재결 전체에 미치며, 토지수용에 관한 행정소송에 있어서는 이의재결의 고유한 위법사유뿐만 아니라 이의신청사유로 삼지 아니한 수용재결의 하자도 주장할 수 있으므로 수용재결에 대한 이의신청을 함에 있어서 수용재결 중 기업자가 재결신청한 부분에 관한 보상액의 산정이 위법하다는 취지의 주장만 하고 잔여지수용청구를 기각한 부분에 대하여 불복한다고 명시하지 아니하였다고 하더라도, 행정소송에서 수용재결 중 잔여지수용청구를 기각한 부분에 하자가 있어 보상액의 산정이 잘못되었다는 주장을 할 수 있다.

5) 일괄보상의 원칙

사업시행자는 동일한 사업지역에 보상시기를 달리하는 동일인 소유의 토지 등이 여러 개 있는 경우 토지소유자나 관계인이 요구할 때에는 한꺼번에 보상금을 지급하도록 하여야 한다.

제65조 (일괄보상)

사업시행자는 동일한 사업지역에 보상시기를 달리하는 동일인 소유의 토지 등이 여러 개 있는 경우 토지소유자나 관계인이 요구할 때에는 한꺼번에 보상금을 지급하도록 하여야 한다.

6) 사업시행 이익과의 상계금지 원칙

사업시행자는 동일한 소유자에게 속하는 일단(一團)의 토지의 일부를 취득하거나 사용하는 경우 해당 공익사업의 시행으로 인하여 잔여지(殘餘地)의 가격이 증가하거나 그 밖의 이익이 발생한 경우에도 그 이익을 그 취득 또는 사용으로 인한 손실과 상계(相計)할 수 없다.

제66조 (사업시행 이익과의 상계금지)

사업시행자는 동일한 소유자에게 속하는 일단(一團)의 토지의 일부를 취득하거나 사용하는 경우 해당 공익사업의 시행으로 인하여 잔여지(殘餘地)의 가격이 증가하거나 그 밖의 이익이 발생한 경우에도 그 이익을 그 취득 또는 사용으로 인한 손실과 상계(相計)할 수 없다.

7) 시가보상의 원칙 및 보상금액의 산정시점

가) 개발이익 배제의 원칙

공익사업을 위한 토지 등의 취득 및 보상에 관한 법률 제67조 제2항은 '보상액을 산정할 경우에 해당 공익사업으로 인하여 토지 등의 가격이 변동되었을 때에는 이를 고려하지 아니한다.'라고 규정하고 있는바, 수용 대상 토지의 보상액을 산정함에 있어 해당 공익사업의 시행을 직접 목적으로 하는 계획의 승인, 고시로 인한 가격변동은 이를 고려함이 없이 재결 당시의 가격을 기준으로 하여 적정가격을 정하여야 하는 것이 원칙이다.

나) 배제되지 아니하는 개발이익

그러나 해당 공익사업과는 관계없는 다른 사업의 시행으로 인한 개발이익은 이를 포함한 가격으로 평가하여야 하고, 개발이익이 해당 공익사업의 사업인정고시일 후에 발생한 경우에도 마찬가지이다.[120)]

> **제67조 (보상액의 가격시점 등)**
> ① 보상액의 산정은 협의에 의한 경우에는 협의 성립 당시의 가격을, 재결에 의한 경우에는 수용 또는 사용의 재결 당시의 가격을 기준으로 한다.
> ② 보상액을 산정할 경우에 해당 공익사업으로 인하여 토지 등의 가격이 변동되었을 때에는 이를 고려하지 아니한다.

8) 감정평가업자에 의한 평가원칙

사업시행자는 토지 등에 대한 보상액을 산정하려는 경우에는 감정평가업자 3인(제2항에 따라 시·도지사와 토지소유자가 모두 감정평가업자를 추천하지 아니하거나 시·도지사 또는 토지소유자 어느 한쪽이 감정평가업자를 추천하지 아니하는 경우에는 2인)을 선정하여 토지 등의 평가를 의뢰하여야 한다. 다만, 사업시행자가 국토교통부령으로 정하는 기준에 따라 직접 보상액을 산정할 수 있을 때에는 그러하지 아니하다.

> **제68조 (보상액의 산정)**
> ① 사업시행자는 토지 등에 대한 보상액을 산정하려는 경우에는 감정평가업자 3인(제2항에 따라

120) 대법원 2014. 2. 27. 선고 2013두21182 판결.

시 · 도지사와 토지소유자가 모두 감정평가업자를 추천하지 아니하거나 시 · 도지사 또는 토지소유자 어느 한쪽이 감정평가업자를 추천하지 아니하는 경우에는 2인)을 선정하여 토지 등의 평가를 의뢰하여야 한다. 다만, 사업시행자가 국토교통부령으로 정하는 기준에 따라 직접 보상액을 산정할 수 있을 때에는 그러하지 아니하다.
② 제1항 본문에 따라 사업시행자가 감정평가업자를 선정할 때 해당 토지를 관할하는 시 · 도지사와 토지소유자는 대통령령으로 정하는 바에 따라 감정평가업자를 각 1인씩 추천할 수 있다. 이 경우 사업시행자는 추천된 감정평가업자를 포함하여 선정하여야 한다.
③ 제1항 및 제2항에 따른 평가 의뢰의 절차 및 방법, 보상액의 산정기준 등에 관하여 필요한 사항은 국토교통부령으로 정한다.

9) 현황평가의 원칙

토지에 대한 보상액은 가격시점에서의 현실적인 이용상황과 일반적인 이용방법에 의한 객관적 상황을 고려하여 산정하되, 일시적인 이용상황과 토지소유자나 관계인이 갖는 주관적 가치 및 특별한 용도에 사용할 것을 전제로 한 경우 등은 고려하지 아니한다.

제70조 (취득하는 토지의 보상)
① 협의나 재결에 의하여 취득하는 토지에 대하여는 「부동산 가격공시에 관한 법률」에 따른 공시지가를 기준으로 하여 보상하되, 그 공시기준일부터 가격시점까지의 관계 법령에 따른 그 토지의 이용계획, 해당 공익사업으로 인한 지가의 영향을 받지 아니하는 지역의 대통령령으로 정하는 지가변동률, 생산자물가상승률(「한국은행법」 제86조에 따라 한국은행이 조사 · 발표하는 생산자물가지수에 따라 산정된 비율을 말한다)과 그 밖에 그 토지의 위치 · 형상 · 환경 · 이용상황 등을 고려하여 평가한 적정가격으로 보상하여야 한다.
② 토지에 대한 보상액은 가격시점에서의 현실적인 이용상황과 일반적인 이용방법에 의한 객관적 상황을 고려하여 산정하되, 일시적인 이용상황과 토지소유자나 관계인이 갖는 주관적 가치 및 특별한 용도에 사용할 것을 전제로 한 경우 등은 고려하지 아니한다.

제71조 (사용하는 토지의 보상 등)
① 협의 또는 재결에 의하여 사용하는 토지에 대하여는 그 토지와 인근 유사토지의 지료(地料), 임대료, 사용방법, 사용기간 및 그 토지의 가격 등을 고려하여 평가한 적정가격으로 보상하여야 한다.
② 사용하는 토지와 그 지하 및 지상의 공간 사용에 대한 구체적인 보상액 산정 및 평가방법은 투자비용, 예상수익 및 거래가격 등을 고려하여 국토교통부령으로 정한다.

제72조 (사용하는 토지의 매수청구 등)

사업인정고시가 된 후 다음 각 호의 어느 하나에 해당할 때에는 해당 토지소유자는 사업시행자에게 해당 토지의 매수를 청구하거나 관할 토지수용위원회에 그 토지의 수용을 청구할 수 있다. 이 경우 관계인은 사업시행자나 관할 토지수용위원회에 그 권리의 존속(存續)을 청구할 수 있다.

1. 토지를 사용하는 기간이 3년 이상인 경우
2. 토지의 사용으로 인하여 토지의 형질이 변경되는 경우
3. 사용하려는 토지에 그 토지소유자의 건축물이 있는 경우

제73조 (잔여지의 손실과 공사비 보상)

① 사업시행자는 동일한 소유자에게 속하는 일단의 토지의 일부가 취득되거나 사용됨으로 인하여 잔여지의 가격이 감소하거나 그 밖의 손실이 있을 때 또는 잔여지에 통로·도랑·담장 등의 신설이나 그 밖의 공사가 필요할 때에는 국토교통부령으로 정하는 바에 따라 그 손실이나 공사의 비용을 보상하여야 한다. 다만, 잔여지의 가격 감소분과 잔여지에 대한 공사의 비용을 합한 금액이 잔여지의 가격보다 큰 경우에는 사업시행자는 그 잔여지를 매수할 수 있다.

② 제1항 본문에 따른 손실 또는 비용의 보상은 해당 사업의 공사완료일부터 1년이 지난 후에는 청구할 수 없다.

③ 사업인정고시가 된 후 제1항 단서에 따라 사업시행자가 잔여지를 매수하는 경우 그 잔여지에 대하여는 제20조에 따른 사업인정 및 제22조에 따른 사업인정고시가 된 것으로 본다.

④ 제1항에 따른 손실 또는 비용의 보상이나 토지의 취득에 관하여는 제9조 제6항 및 제7항을 준용한다.

⑤ 제1항 단서에 따라 매수하는 잔여지 및 잔여지에 있는 물건에 대한 구체적인 보상액 산정 및 평가방법 등에 대하여는 제70조, 제75조, 제76조, 제77조 및 제78조 제4항부터 제6항까지의 규정을 준용한다.

10) 도로보상금

가) 도로부지

도로부지에 대한 평가는 다음 각 호에서 정하는 바에 의한다(토지수용법 시행규칙 제26조).

제1호 「사도법」에 의한 사도의 부지는 인근토지에 대한 평가액의 5분의 1 이내
제2호 사실상의 사도의 부지는 인근토지에 대한 평가액의 3분의 1 이내
제3호 제1호 또는 제2호 외의 도로의 부지는 제22조의 규정에서 정하는 방법

나) 사실상 사도의 의미

"사실상의 사도"라 함은 「사도법」에 의한 사도외의 도로(「국토의 계획 및 이용에 관한 법률」에

의한 도시 · 군관리계획에 의하여 도로로 결정된 후부터 도로로 사용되고 있는 것을 제외한다)로서 다음 각 호의 1에 해당하는 도로를 말한다.

제1호 도로개설당시의 토지소유자가 자기 토지의 편익을 위하여 스스로 설치한 도로
제2호 토지소유자가 그 의사에 의하여 타인의 통행을 제한할 수 없는 도로
제3호「건축법」 제45조에 따라 건축허가권자가 그 위치를 지정 · 공고한 도로
제4호 도로개설당시의 토지소유자가 대지 또는 공장용지 등을 조성하기 위하여 설치한 도로

다) 구거부지

구거부지에 대하여는 인근토지에 대한 평가액의 3분의 1 이내로 평가한다. 다만, 용수를 위한 도수로부지(개설당시의 토지소유자가 자기 토지의 편익을 위하여 스스로 설치한 도수로부지를 제외한다)에 대하여는 제22조의 규정에 의하여 평가한다.

여기서 "인근토지"라 함은 당해 도로부지 또는 구거부지가 도로 또는 구거로 이용되지 아니하였을 경우에 예상되는 표준적인 이용상황과 유사한 토지로서 당해 토지와 위치상 가까운 토지를 말한다.

11) 건물보상금

가) 건축물등 물건에 대한 보상

건축물 · 입목 · 공작물과 그 밖에 토지에 정착한 물건(이하 "건축물 등"이라 한다)에 대하여는 이전에 필요한 비용(이하 "이전비"라 한다)으로 보상하여야 한다.

나) 건축물의 평가방법

건축물(담장 및 우물 등의 부대시설을 포함한다. 이하 같다)에 대하여는 그 구조 · 이용상태 · 면적 · 내구연한 · 유용성 및 이전가능성 그 밖에 가격형성에 관련되는 제요인을 종합적으로 고려하여 평가한다. 이때 건축물의 가격은 원가법으로 평가하지만, 주거용 건축물에 있어서는 거래사례비교법에 의하여 평가한 금액(공익사업의 시행에 따라 이주대책을 수립 · 실시하거나 주택입주권 등을 당해 건축물의 소유자에게 주는 경우 또는 개발제한구역 안에서 이전이 허용되는 경우에 있어서의 당해 사유로 인한 가격상승분은 제외하고 평가한 금액을 말한다)이 원가법에 의하여 평가한 금액보다 큰 경우와 「집합건물의 소유 및 관리에 관한 법률」에 의한 구분소유권의 대상이 되는 건물의 가격은 거래사례비교법으로 평가한다.

한편, 건축물의 사용료는 임대사례비교법으로 평가한다. 다만, 임대사례비교법으로 평가하

는 것이 적정하지 아니한 경우에는 적산법으로 평가할 수 있다. 그 외 물건의 가격으로 보상한 건축물의 철거비용은 사업시행자가 부담한다. 다만, 건축물의 소유자가 당해 건축물의 구성부분을 사용 또는 처분할 목적으로 철거하는 경우에는 건축물의 소유자가 부담한다(토지수용법 제33조).

다) 공작물 등의 평가

토지수용법 제33조 내지 제35조의 규정은 공작물 그 밖의 시설(이하 "공작물 등"이라 한다)의 평가에 관하여 이를 준용하며, 다음 각 호의 1에 해당하는 공작물 등은 이를 별도의 가치가 있는 것으로 평가하여서는 아니된다(토지수용법 시행규칙 제36조).

제1호 공작물 등의 용도가 폐지되었거나 기능이 상실되어 경제적 가치가 없는 경우
제2호 공작물 등의 가치가 보상이 되는 다른 토지 등의 가치에 충분히 반영되어 토지 등의 가격이 증가한 경우
제3호 사업시행자가 공익사업에 편입되는 공작물 등에 대한 대체시설을 하는 경우

라) 무허가건축물의 보상대상 여부

토지수용법상의 사업인정 고시 이전에 건축되고 공공사업용지 내의 토지에 정착한 지장물인 건물은 통상 적법한 건축허가를 받았는지 여부에 관계없이 손실보상의 대상이 되나, 주거용 건물이 아닌 위법 건축물의 경우에는 관계 법령의 입법 취지와 그 법령에 위반된 행위에 대한 비난가능성과 위법성의 정도, 합법화될 가능성, 사회통념상 거래 객체가 되는지 여부 등을 종합하여 구체적·개별적으로 판단한 결과 그 위법의 정도가 관계 법령의 규정이나 사회통념상 용인할 수 없을 정도로 크고 객관적으로도 합법화될 가능성이 거의 없어 거래의 객체도 되지 아니하는 경우에는 예외적으로 수용보상 대상이 되지 아니한다.[121]

제75조 (건축물 등 물건에 대한 보상)
① 다만, 다음 각 호의 어느 하나에 해당하는 경우에는 해당 물건의 가격으로 보상하여야 한다.
1. 건축물 등을 이전하기 어렵거나 그 이전으로 인하여 건축물 등을 종래의 목적대로 사용할 수 없게 된 경우
2. 건축물 등의 이전비가 그 물건의 가격을 넘는 경우
3. 사업시행자가 공익사업에 직접 사용할 목적으로 취득하는 경우

121) 대법원 2001. 4. 13. 선고 2000두6411 판결.

② 농작물에 대한 손실은 그 종류와 성장의 정도 등을 종합적으로 고려하여 보상하여야 한다.
③ 토지에 속한 흙·돌·모래 또는 자갈(흙·돌·모래 또는 자갈이 해당 토지와 별도로 취득 또는 사용의 대상이 되는 경우만 해당한다)에 대하여는 거래가격 등을 고려하여 평가한 적정가격으로 보상하여야 한다.
④ 분묘에 대하여는 이장(移葬)에 드는 비용 등을 산정하여 보상하여야 한다.
⑤ 사업시행자는 사업예정지에 있는 건축물 등이 제1항 제1호 또는 제2호에 해당하는 경우에는 관할 토지수용위원회에 그 물건의 수용 재결을 신청할 수 있다.
⑥ 제1항부터 제4항까지의 규정에 따른 물건 및 그 밖의 물건에 대한 보상액의 구체적인 산정 및 평가방법과 보상기준은 국토교통부령으로 정한다.

제75조의 2 (잔여 건축물의 손실에 대한 보상 등)
① 사업시행자는 동일한 소유자에게 속하는 일단의 건축물의 일부가 취득되거나 사용됨으로 인하여 잔여 건축물의 가격이 감소하거나 그 밖의 손실이 있을 때에는 국토교통부령으로 정하는 바에 따라 그 손실을 보상하여야 한다. 다만, 잔여 건축물의 가격 감소분과 보수비(건축물의 나머지 부분을 종래의 목적대로 사용할 수 있도록 그 유용성을 동일하게 유지하는 데에 일반적으로 필요하다고 볼 수 있는 공사에 사용되는 비용을 말한다. 다만, 「건축법」 등 관계 법령에 따라 요구되는 시설 개선에 필요한 비용은 포함하지 아니한다)를 합한 금액이 잔여 건축물의 가격보다 큰 경우에는 사업시행자는 그 잔여 건축물을 매수할 수 있다.
② 동일한 소유자에게 속하는 일단의 건축물의 일부가 협의에 의하여 매수되거나 수용됨으로 인하여 잔여 건축물을 종래의 목적에 사용하는 것이 현저히 곤란할 때에는 그 건축물소유자는 사업시행자에게 잔여 건축물을 매수하여 줄 것을 청구할 수 있으며, 사업인정 이후에는 관할 토지수용위원회에 수용을 청구할 수 있다. 이 경우 수용 청구는 매수에 관한 협의가 성립되지 아니한 경우에만 하되, 그 사업의 공사완료일까지 하여야 한다.
③ 제1항에 따른 보상 및 잔여 건축물의 취득에 관하여는 제9조 제6항 및 제7항을 준용한다.
④ 제1항 본문에 따른 보상에 관하여는 제73조 제2항을 준용하고, 제1항 단서 및 제2항에 따른 잔여 건축물의 취득에 관하여는 제73조 제3항을 준용한다.
⑤ 제1항 단서 및 제2항에 따라 취득하는 잔여 건축물에 대한 구체적인 보상액 산정 및 평가방법 등에 대하여는 제70조, 제75조, 제76조, 제77조 및 제78조 제4항부터 제6항까지의 규정을 준용한다.

12) 권리보상

가) 권리의 보상

광업권·어업권 및 물(용수시설을 포함한다) 등의 사용에 관한 권리에 대하여는 투자비용, 예상수익 및 거래가격 등을 고려하여 평가한 적정가격으로 보상하여야 한다.

나) 광업권 및 어업권의 평가

광업권에 대한 손실의 평가는 「광업법 시행규칙」 제19조에 따르며, 조업 중인 광산이 토지 등의 사용으로 인하여 휴업하는 경우의 손실은 휴업기간에 해당하는 영업이익을 기준으로 평가한다. 이 경우 영업이익은 최근 3년간의 연평균 영업이익을 기준으로 한다.

광물매장량의 부재(채광으로 채산이 맞지 아니하는 정도로 매장량이 소량이거나 이에 준하는 상태를 포함한다)로 인하여 휴업중인 광산은 손실이 없는 것으로 본다(토지수용법 시행규칙 제43조).

또한, 공익사업의 시행으로 인하여 어업권이 제한·정지 또는 취소되거나 「수산업법」 제14조 또는 「내수면어업법」 제13조에 따른 어업면허의 유효기간의 연장이 허가되지 아니하는 경우 해당 어업권 및 어선·어구 또는 시설물에 대한 손실의 평가는 「수산업법 시행령」 별표 4에 따르며, 공익사업의 시행으로 인하여 어업권이 취소되거나 「수산업법」 제14조 또는 「내수면어업법」 제13조에 따른 어업면허의 유효기간의 연장이 허가되지 아니하는 경우로서 다른 어장에 시설을 이전하여 어업이 가능한 경우 해당 어업권에 대한 손실의 평가는 「수산업법 시행령」 별표 4 중 어업권이 정지된 경우의 손실액 산출방법 및 기준에 의한다.

제76조 (권리의 보상)

① 광업권·어업권 및 물(용수시설을 포함한다) 등의 사용에 관한 권리에 대하여는 투자비용, 예상 수익 및 거래가격 등을 고려하여 평가한 적정가격으로 보상하여야 한다.
② 제1항에 따른 보상액의 구체적인 산정 및 평가방법은 국토교통부령으로 정한다.

[별표 4]

어업보상에 대한 손실액의 산출방법·산출기준 및 손실액산출기관 등(제69조 관련)

1\. 어업별 손실액 산출방법

가. 법 제8조에 따른 면허어업의 경우로서 법 제34조 제1항 제1호부터 제6호까지 및 제35조 제6호(법 제34조 제1항 제1호부터 제6호까지의 규정에 해당하는 경우로 한정한다)에 해당하는 사유로 어업권이 제한·정지 또는 취소되었거나 그 사유로 법 제14조에 따른 어업면허 유효기간의 연장이 허가되지 않은 경우

1) 어업권이 취소되었거나 어업권 유효기간의 연장이 허가되지 않은 경우: 평년수익액 ÷ 연리(12퍼센트) + 어선·어구 또는 시설물의 잔존가액

2) 어업권이 정지된 경우: 평년수익액 × 어업의 정지기간 + 시설물 등 또는 양식물의 이전 · 수거 등에 드는 손실액 + 어업의 정지기간 중에 발생하는 통상의 고정적 경비. 다만, 1)에 따른 보상액을 초과할 수 없다.

3) 어업권이 제한된 경우: 평년수익액과 제한기간이나 제한 정도 등을 고려하여 산출한 손실액. 다만, 1)에 따른 보상액을 초과할 수 없다.

나. 법 제41조에 따른 허가어업 및 법 제47조에 따른 신고어업의 경우로서 법 제34조 제1항 제1호부터 제6호까지의 규정과 법 제35조 제6호(법 제34조 제1항 제1호부터 제6호까지의 규정에 해당하는 경우로 한정한다)에 해당하는 사유로 허가어업 또는 신고어업이 제한 · 정지 또는 취소된 경우. 다만, 법 제49조 제1항 및 제3항에 따라 준용되는 법 제34조 제1항 제1호부터 제3호까지의 규정에 해당하는 사유로 허가어업 또는 신고어업이 제한된 경우는 제외한다.

1) 허가어업 또는 신고어업이 취소된 경우: 3년분 평년수익액 + 어선 · 어구 또는 시설물의 잔존가액

2) 허가어업 및 신고어업이 정지된 경우(어선의 계류를 포함한다): 평년수익액 × 어업의 정지기간 또는 어선의 계류기간 + 어업의 정지기간 또는 어선의 계류기간 중에 발생하는 통상의 고정적 경비. 다만, 1)에 따른 보상액을 초과할 수 없다.

3) 허가어업 또는 신고어업이 제한되는 경우: 어업의 제한기간 또는 제한 정도 등을 고려하여 산출한 손실액. 다만, 1)에 따른 보상액을 초과할 수 없다.

다. 법 제72조 제2항 및 「수산자원관리법」 제43조 제2항에 따른 이전 또는 제거 명령에 따른 경우로서 측량 · 검사에 장애가 되는 물건에 대한 이전 또는 제거 명령을 받고 이전 또는 제거를 한 경우와 소하성어류의 통로에 방해가 되는 물건에 대한 제거명령을 받고 제거공사를 한 경우: 물건의 이전 또는 제거 공사에 드는 비용과 이전 또는 제거로 인하여 통상적으로 발생하는 손실

2. 어업별 손실액 산출방법에 관련된 용어의 정의 및 산출기준

가. 면허어업, 허가어업 및 신고어업의 손실액 산출방법에서 "평년수익액"이란 평균 연간어획량을 평균 연간판매단가로 환산한 금액에서 평년어업경비를 뺀 금액을 말한다. 이 경우 평균 연간어획량, 평균 연간판매단가 및 평년어업경비의 산출기준은 다음과 같다.

1) 평균 연간어획량의 산출기준

가) 3년 이상의 어획실적(양식어업의 경우 생산실적을 말한다. 이하 같다)이 있는 경우: 법 제96조 제2항 및 「수산자원관리법」 제12조 제4항에 따라 보고된 어획실적, 양륙량(揚陸量) 또는 판매실적(보상의 원인이 되는 처분을 받은 자가 보고된 실적 이상의 어획실적 등이 있었음을 증거서류로 증명한 경우에는 그 증명된 실적을 말한다)을 기준으로 산출한 최근 3년 동안의 평균어획량(양식어업의 경우 생산량을 말한다. 이하 같다)으로 하되, 최근 3년 동안의 어획량은 보상의 원인이 되는 처분일이 속하는 연도의 전년도를 기준연

도로 하여 소급 기산(起算)한 3년 동안(소급 기산한 3년의 기간 동안 일시적인 해양환경의 변화로 연평균어획실적의 변동폭이 전년도에 비하여 1.5배 이상이 되거나 휴업 · 어장정비 등으로 어획실적이 없어 해당 연도를 포함하여 3년 동안의 평균어획량을 산정하는 것이 불합리한 경우에는 해당 연도만큼 소급 기산한 3년 동안을 말한다)의 어획량을 연평균한 어획량으로 한다.

나) 어획실적이 3년 미만인 경우: 다음의 계산식에 따라 계산한 추정 평균어획량

(1) 면허어업: 해당 어장의 실적기간 중의 어획량 × 인근 같은 종류의 어업의 어장(통상 2개소)의 3년 평균어획량 ÷ 인근 같은 종류의 어업의 어장의 해당 실적기간 중의 어획량

(2) 허가어업 또는 신고어업: 해당 어업의 실적기간 중의 어획량 × 같은 규모의 같은 종류의 어업(통상 2건)의 3년 평균어획량 ÷ 같은 규모의 같은 종류의 어업의 해당 실적기간 중의 어획량. 다만, 같은 규모의 같은 종류의 어업의 어획량이 없으면 비슷한 규모의 같은 종류의 어업의 어획량을 기준으로 3년 평균어획량을 계산한다.

※ (1) 및 (2)의 계산식에서 실적기간은 실제 어획실적이 있는 기간으로 하되, 같은 규모 또는 비슷한 규모의 같은 종류의 어업의 경우에는 손실을 입은 자의 실제 어획실적이 있는 기간과 같은 기간의 실제 어획실적을 말한다.

※ 어획량의 기본단위는 킬로그램을 원칙으로 하고, 어획물의 특성에 따라 생물(生物) 중량 또는 건중량(乾重量)을 기준으로 한다. 다만, 김은 마른 김 1속을 기준으로 하고, 어획물을 내용물 중량으로 환산할 필요가 있으면 해양수산부장관이 고시하는 수산물 가공업에 관한 생산고 조사요령의 수산물 중량환산 및 수율표를 기준으로 한다.

2) 평균 연간판매단가의 산출기준

가) 평균 연간판매단가는 보상액의 산정을 위한 평가시점 현재를 기준으로 하여 소급 기산한 1년 동안의 수산물별 평균 판매단가[해당 수산물이 계통출하(系統出荷)된 주된 위판장의 수산물별 · 품질등급별 판매량을 수산물별로 가중평균하여 산출한 평균 판매단가를 말한다]로 한다.

나) 계통출하된 판매실적이 없는 경우 등의 평균 연간판매단가는 가)의 평균 연간판매단가에도 불구하고 다음과 같이 계산한다.

(1) 계통출하된 판매실적이 없는 경우: 다음의 우선순위에 따른 가격을 기준으로 평균 연간판매단가를 계산해 낸다.

(가) 해당 지역 인근의 수산업협동조합의 위판가격

(나) 해당 지역 인근의 수산물도매시장의 경락가격

(2) 소급 기산한 1년의 기간 동안 어획물의 일시적인 흉작 · 풍작 등으로 어가(魚價)의 연평균 변동폭이 전년도에 비하여 1.5배 이상이 되어 가)의 평균 연간판매단가를 적용하

는 것이 불합리한 경우: 소급 기산한 최초의 1년이 되는 날부터 다시 소급하여 기산한 1년 동안의 평균 판매단가에 소급하여 기산한 최초의 1년 동안의 수산물 계통출하 판매가격의 전국 평균 변동률을 곱한 금액으로 한다.

3) 평년어업경비의 산출기준

평년어업경비는 보상액 산정을 위한 평가시점 현재를 기준으로 1년 동안 소급하여 기산한 해당 어업의 연간 어업경영에 필요한 경비로 하되, 경비항목 및 산출방법은 다음과 같다.

가) 경비항목

구분	경비항목
1. 생산관리비	① 어미고기 및 수산종자 구입비 ② 미끼구입비 ③ 사료비 ④ 유지보수비 ⑤ 연료 및 유류비 ⑥ 전기료 ⑦ 약품비 ⑧ 소모품비 ⑨ 어장관리비[어장 청소, 해적생물(害敵生物) 구제(驅除) 및 표지시설 설치 등] ⑩ 자원조성비 ⑪ 용선료(傭船料)
2. 인건비	① 어업자 본인의 인건비 ② 본인 외의 사람에 대한 인건비
3. 감가상각비	① 시설물 ② 어선 또는 관리선[선체, 기관 및 의장품(艤裝品) 등 포함] ③ 어구 ④ 그 밖의 장비 및 도구
4. 판매관리비	① 가공비 ② 보관비 ③ 용기대 ④ 판매수수료 ⑤ 판매잡비(운반 · 포장 등)
5. 그 밖의 잡비	① 각종 세금과 공과금 ② 어장행사료 ③ 주식 · 부식비 ④ 복리후생비 ⑤ 보험료 및 공제료 ⑥ 그 밖의 경비

나) 산출방법

(1) 평년어업경비는 가)에서 규정하고 있는 경비항목별로 계산하되, 규정된 경비항목 외의 경비가 있으면 그 밖의 경비항목에 포함시켜 전체 평년어업경비가 산출되도록 해야 한다.

(2) 경비항목별 경비 산출은 어선의 입항 및 출항에 관한 신고사항, 포획 · 채취물의 판매실적, 유류 사용량, 임금정산서, 보험료 및 공제료, 세금납부실적, 국토교통부의 건설공사표준품셈 등 수집 가능한 자료를 확보 · 분석하고 현지 실제조사를 통하여 객관적이고 공정하게 해야 한다. 다만, 인건비, 감가상각비 및 판매관리비 중 판매수수료의 산출은 다음과 같이 한다.

(가) 인건비 중 어업자 본인의 인건비는 본인 외의 사람의 인건비의 평균단가를 적용하고, 본인 외의 사람의 인건비는 현실단가를 적용하되, 어업자가 직접 경영하여 본인 외의 자의 인건비가 없으면 「통계법」 제18조에 따른 승인을 받아 작성 · 공포한 제조부문 보통인부의 노임단가를 적용한다. 이 경우 제29조 제1항에 따른 신고어업에 대한 인건비는 투입된 노동시간을 고려하여 계산해야 한다.

(나) 감가상각비는 신규 취득가격을 기준으로 하여 해당 자산의 내용연수(耐用年數)에 따른 상각률을 적용하여 계산한 상각액이 매년 균등하게 되도록 계산해야 한다.

이 경우 어선의 내용연수 및 잔존가치율은 다음과 같이 하되, 어선의 유지 · 관리 상태를 고려하여 이를 단축 · 축소할 수 있다.

선질별	내용연수(년)	잔존가치율(%)
강선	25	20
F.R.P.선	20	10
목선	15	10

(다) 판매관리비 중 판매수수료는 해당 어선의 주된 양륙지 또는 어업장이 속한 지역에 있는 수산업협동조합의 위판수수료율을 적용한다.

(3) 생산관리비 중 소모품비와 감가상각비의 적용대상 구분은 내용연수를 기준으로 하여 내용연수가 1년 이상인 것은 감가상각비로, 1년 미만인 것은 소모품비로 한다.

(4) 수산 관련 법령에서 규정하고 있는 수산종자 살포, 시설물의 철거 등 어업자의 의무사항은 어장면적 및 경영규모 등을 고려하여 적정하게 계산해야 한다.

(5) 산출된 경비가 일시적인 요인으로 통상적인 경우보다 변동폭이 1.5배 이상이 되어 이를 적용하는 것이 불합리하다고 판단되면 인근 비슷한 규모의 같은 종류의 어업(같은 종류의 어업이 없는 경우에는 비슷한 어업) 2개 이상을 조사하여 평균치를 적용할 수 있다.

(6) 어업생산주기가 1년 이상 걸리는 경우 수산종자 구입비, 사료비, 어장관리비 및 판매관리비 등 생산주기와 연계되는 경비항목에 대해서는 생산주기로 나누어 연간 평균 어업경비를 계산해야 한다. 이 경우 생산주기는 국립수산과학원의 관할 연구소와 협의하여 정한다.

나. 면허어업, 허가어업 및 신고어업의 손실액 산출방법에서 "어선 · 어구 또는 시설물의 잔존가액"이란 보상액의 산정을 위한 평가시점 현재를 기준으로 하여 「감정평가 및 감정평가사에 관한 법률」에 따른 평가방법 및 기준에 따라 평가한 어선 · 어구 또는 시설물의 잔존가액을 말한다. 다만, 해당 잔존가액은 보상을 받으려는 자가 어선 · 어구 또는 시설물을 재사용하는 등의 사유로 보상을 신청하지 않으면 손실액 산출에서 제외한다.

다. 면허어업, 허가어업 및 신고어업의 손실액산출방법에서 "통상의 고정적 경비"란 어업의 정지기간 중 또는 어선의 계류기간 중에 해당 시설물 또는 어선 · 어구를 유지 · 관리하기 위하여 통상적으로 발생하는 경비를 말한다.

3. 어업별 손실액의 산출방법 및 산출기준 등에 따른 어업별 손실액의 산출에 대한 예외로서 다음 각 목의 어느 하나에 해당하는 정당한 사유가 없음에도 불구하고 어업실적이 없어 제1호 및 제2호의 어업별 손실액의 산출방법 및 산출기준 등에 따라 어업별 손실액을 산출할 수 없는 경우의 어업별 손실액은 어업의 면허 · 허가 또는 신고에 든 인지세 · 등록세 등 모든 경비와 해당 어업의 어선 · 어구 또는 시설물의 매각이나 이전에 따른 손실액으로 한다.

가. 법 제34조 제1항 제1호부터 제6호까지 및 제35조 제6호(법 제34조 제1항 제1호부터 제6호까지의 규정에 해당하는 경우로 한정한다)에 해당하는 사유로 면허 · 허가를 받거나 신고한 어업을 처분하여 어업실적이 없는 경우. 다만, 법 제81조 제1항 제1호 단서에 따라 보상대상에서 제외되는 법 제34조 제1항 제1호부터 제3호까지의 규정(법 제49조 제1항 및 제3항에 따라 준용되는 경우를 포함한다)에 해당하는 사유로 허가를 받거나 신고한 어업이 제한되는 경우는 제외한다.

나. 그 밖에 법 제30조에 따른 휴업, 태풍 피해 복구 등 정당한 사유가 있는 경우

4. 어업별 손실액의 산출기관 등

가. 어업별 손실액의 산출기관

1) 보상의 원인이 되는 처분을 한 행정기관: 제66조 제1항에 따라 보상을 받으려는 자가 제출한 서류로 어업별 손실액을 계산할 수 있는 경우

2) 전문기관 : 제66조 제1항에 따라 보상을 받으려는 자가 제출한 서류로 어업별 손실액을 계산할 수 없는 경우

나. 전문기관에 의한 손실액의 산출 등

1) 행정관청은 제66조 제1항에 따른 서류로 손실액을 계산할 수 없으면 피해의 범위와 정도에 대하여 해양수산부장관이 지정하는 수산에 관한 전문조사 · 연구기관 또는 교육기관으로 하여금 손실액 산출을 위한 용역조사를 하게 한 후 그 조사결과를 토대로 「감정평가 및 감정평가사에 관한 법률」에 따른 2명 이상의 감정평가사에게 손실액의 평가를 의뢰하되, 법 제81조 제2항에 따라 보상액을 부담할 수익자가 있으면 수익자에게 용역조사 및 손실액 평가를 의뢰하게 할 수 있다. 다만, 지정된 손실액조사기관으로부터 조사 신청이 없는 경우 등 용역조사를 할 수 없는 부득이한 경우에는 감정평가사에게 용역조사 및 손실액 평가를 함께 의뢰할 수 있다.

2) 1)에 따라 용역조사나 손실액 평가를 의뢰받은 자(이하 "조사평가자"라 한다)는 신뢰성 있는 어업경영에 관한 증거자료나 인근 같은 종류의 어업의 생산실적 등을 조사하거나 평가하여 손실액을 계산해야 한다.

3) 조사 · 평가를 의뢰한 행정관청 또는 수익자는 손실액 산정의 적정성을 확인하기 위하여 필요하면 조사평가자에게 조사 또는 평가에 관련된 증거자료 및 보완자료의 제출을 요구할 수 있다. 이 경우 조사평가자는 요구한 자료를 지체 없이 제출해야 한다.

4) 조사 · 평가를 의뢰한 행정관청 또는 수익자는 조사평가자의 조사 또는 평가 결과가 관계 법령을 위반하여 조사 또는 평가되었거나 부당하게 조사 또는 평가되었다고 인정하면 해당 조사평가자에게 그 사유를 밝혀 다시 조사 또는 평가를 의뢰할 수 있으며, 조사평가자의 조사 또는 평가 결과가 적정한 것으로 인정할 수 없는 특별한 사유가 있으면 다른 조사평가자에게 손실액의 조사 또는 평가를 다시 의뢰할 수 있다. 이 경우 보상액의 산정은 다시 평가한 손실액의 산술평균치를 기준으로 한다.

5) 1) 및 4)에 따른 용역조사 및 평가에 드는 경비는 법 제81조에 따라 보상의 책임이 있는 자가 부담해야 한다.

6) 해양수산부장관은 1)에 따라 지정한 수산에 관한 전문조사연구기관 또는 교육기관이 다음의 어느 하나에 해당하면 그 지정을 취소할 수 있다. 이 경우 지정이 취소된 기관은 그 취소가 있는 날부터 3년 이내에는 다시 손실액 산출을 위한 용역기관으로 지정받을 수 없다.

가) 거짓이나 그 밖의 부정한 방법으로 지정을 받았거나 조사를 한 경우

나) 조사자료를 제출하지 않았거나 그 내용이 부실한 경우

7) 해양수산부장관은 1) 또는 6)에 따라 용역조사기관을 지정하거나 그 지정을 취소한 경우에는 그 사실을 관보에 고시해야 한다.

8) 1) 및 4)에 따라 손실액 산출에 관한 조사 또는 평가를 의뢰받은 조사평가자나 조사평가를 의뢰한 수익자는 조사 및 평가에 필요한 범위에서 행정관청, 어선의 입항·출항 신고기관, 수산업협동조합 등에 관련 서류의 열람·발급을 요청할 수 있으며, 요청을 받은 행정관청 등은 특별한 사유가 없으면 그 요청에 따라야 한다.

9) 8)에 따라 조사평가자 또는 수익자가 행정관청에 서류의 열람·발급을 의뢰할 때에는 다음 각 호의 사항을 적은 의뢰서를 제출해야 한다.

가) 의뢰자의 주소·성명 또는 명칭

나) 열람하거나 발급받으려는 목적

다) 열람하거나 발급받으려는 내용

라) 열람·발급이 필요한 서류 또는 공문서의 종류 및 수량

10) 1)부터 7)까지에서 규정한 사항 외에 용역조사 및 손실액 평가의 의뢰절차 등에 관하여 필요한 사항은 해양수산부장관이 정하여 고시한다.

13) 수 목

가) 평가대상 수목

수목의 수량은 평가의 대상이 되는 수목을 그루별로 조사하여 산정한다. 다만, 그루별로 조사할 수 없는 특별한 사유가 있는 경우에는 단위면적을 기준으로 하는 표본추출방식에 의하며, 수목의 손실에 대한 보상액은 정상식(경제적으로 식재목적에 부합되고 정상적인 생육이 가능한 수목의 식재상태를 말한다)을 기준으로 한 평가액을 초과하지 못한다(토지수용법 제40조).

적정거래가격 미달의 이전료를 보상케 한 수용재결처분의 당부(대법원 1984. 5. 29. 선고 83누635 판결)
가. 과수목이 기술적으로는 이식이 가능하다 하더라도 경제적으로 이식가능수령을 초과하여 이식이 불가능하다면 이전료를 보상하고 이전케 할 것이 아니라 동종물건의 인근에 있어서의 거래가액 등을 고려한 적정가격을 보상하고 수용하여야 할 것인바, 적정거래가격보다 더 적은 이전료를 보상케 하고 이전케 한 수용재결처분은 위법하다. 나. 공공용지의 취득 및 손실보상에 관한 특례법은 공공사업에 필요한 토지 등의 협의에 의한 취득(사법상의 매매계약과 같은 성질이다)에 적용되는 것이고 토지수용법상의 공용징수에는 적용될 수 없다.

나) 평가기준

지장물인 과수에 대하여는 다음 각 호의 구분에 따라 평가한다. 이 경우 이식가능성 · 이식적기 · 고손율(枯損率) 및 감수율(減收率)에 관하여는 별표 2의 기준을 참작하여야 한다(토지수용법 시행규칙 제37조 제2항).

제1호 이식이 가능한 과수

가. 결실기에 있는 과수

(1) 계절적으로 이식적기인 경우 : 이전비와 이식함으로써 예상되는 고손율 · 감수율을 감안하여 정한 고손액 및 감수액의 합계액

(2) 계절적으로 이식적기가 아닌 경우 : 이전비와 (1)의 고손액의 2배 이내의 금액 및 감수액의 합계액

나. 결실기에 이르지 아니한 과수

(1) 계절적으로 이식적기인 경우 : 이전비와 가목(1)의 고손액의 합계액

(2) 계절적으로 이식적기가 아닌 경우 : 이전비와 가목(1)의 고손액의 2배 이내의 금액의 합계액

제2호 이식이 불가능한 과수

가. 거래사례가 있는 경우 : 거래사례비교법에 의하여 평가한 금액

나. 거래사례가 없는 경우

(1) 결실기에 있는 과수 : 식재상황 · 수세 · 잔존수확가능연수 및 수익성 등을 감안하여 평가한 금액

(2) 결실기에 이르지 아니한 과수 : 가격시점까지 소요된 비용을 현재의 가격으로 평가한 금액(이하 "현가액"이라 한다)

[별표 2]

수종별 이식가능수령 · 이식적기 · 고손율 및 감수율기준(제37조제2항관련)

구분 수종	이식가능수령	이식적기	고손율	감수율	비고
일반사과	5년 이하	2월 하순~3월 하순	15퍼센트 이하	이식 1차년 : 100퍼센트 이식 2차년 : 80퍼센트 이식 3차년 : 40퍼센트	그 밖의 수종은 유사수종에 준하여 적용한다.
왜성사과	3년 이하	2월 하순~3월 하순, 11월	20퍼센트 이하		
배	7년 이하	2월 하순~3월 하순, 11월	10퍼센트 이하		
복숭아	5년 이하	2월 하순~3월 하순, 11월	15퍼센트 이하		
포도	4년 이하	2월 하순~3월 하순, 11월	10퍼센트 이하		
감귤	8년 이하	6월장마기, 11월, 12월~3월 하순	10퍼센트 이하		
감	6년 이하	2월 하순~3월 하순, 11월	20퍼센트 이하		
밤	6년 이하	11월 상순~12월 상순	20퍼센트 이하		
자두	5년 이하	2월 하순~3월 하순, 11월	10퍼센트 이하		
호두	8년 이하	2월 하순~3월 하순, 11월	10퍼센트 이하		
살구	5년 이하	2월 하순~3월 하순, 11월	10퍼센트 이하		

다) 보상평가

과수외의 수익수 및 관상수에 대한 평가에 관하여 이를 준용하되, 관상수의 경우에는 감수액을 고려하지 아니한다. 이 경우 고손율은 당해 수익수 및 관상수 총수의 10퍼센트 이하의 범위 안에서 정하되, 이식적기가 아닌 경우에는 20퍼센트까지로 할 수 있다(토지수용법 시행규칙 제37조 제4항).

14) 영업보상금

가) 대 상

영업을 폐지하거나 휴업함에 따른 영업손실에 대하여는 영업이익과 시설의 이전비용 등을 고려하여 보상하여야 한다.

공익사업을 위한 토지 등의 취득 및 보상에 관한 법률 제67조 제1항은 공익사업의 시행으로 인한 손실보상액의 산정은 협의에 의한 경우에는 협의성립 당시의 가격을, 재결에 의한 경우에는 수용 또는 사용의 재결 당시의 가격을 기준으로 한다고 규정하므로, 위 법 제77조 제4항의 위임에 따라 영업손실의 보상대상인 영업을 정한 같은 법 시행규칙 제45조 제1호에서 말하는 '적법한 장소(무허가 건축물 등, 불법형질변경토지, 그 밖에 다른 법령에서 물건을 쌓아놓는 행위가 금지되는 장소가 아닌 곳을 말한다)에서 인적 · 물적시설을 갖추고 계속적으로 행하고 있는 영업'에 해당하는

지 여부는 협의성립, 수용재결 또는 사용재결 당시를 기준으로 판단하여야 한다.122)

나) 무허가영업

사업인정고시일 등 전부터 허가 등을 받아야 행할 수 있는 영업을 허가 등이 없이 행하여 온 자가 공익사업의 시행으로 인하여 제45조 제1호 본문에 따른 적법한 장소에서 영업을 계속할 수 없게 된 경우에는 제45조 제2호에 불구하고 「통계법」 제3조 제3호에 따른 통계작성기관이 조사·발표하는 가계조사통계의 도시근로자가구 월평균 가계지출비를 기준으로 산정한 3인 가구 3개월분 가계지출비에 해당하는 금액을 영업손실에 대한 보상금으로 지급하되, 제47조 제1항 제2호에 따른 영업시설·원재료·제품 및 상품의 이전에 소요되는 비용 및 그 이전에 따른 감손상당액(이하 이 조에서 "영업시설 등의 이전비용"이라 한다)은 별도로 보상한다. 다만, 본인 또는 생계를 같이 하는 동일 세대안의 직계존속·비속 및 배우자가 해당 공익사업으로 다른 영업에 대한 보상을 받은 경우에는 영업시설 등의 이전비용만을 보상하여야 한다.

다) 무허가 건축물에서의 영업

적법 건물에서 적법 영업을 할 때는 영업이익(권리금)보상 + 이전비용(이사비) 보상을 받을 수 있지만, 적법 건물에서 불법 영업을(영업허가 없이) 할 때는 가계지출비보상(3인 가구 3개월분 월평균 가계지출비) + 이전비를 보상받을 수 있다. 다만, 이 또한 사업 인정고시일 등 전부터 영업한 자에 한한다.

그 외 문제가 되는 무허가건물에서 적법 영업을 할 때는 영업이익 + 이전비용보상을 하는데, 이 경우 무허가 건축물 등에서 사업인정고시일 등 1년 이전부터 사업자등록을 하고 실제(소유주 아님) 영업자에게만 보상을 하는데, 이때 보상은 영업이익 1천만 원을 초과하지 못하지만, 토지수용법 시행규칙 제47조 제1항 제2호의 규정에 의거하여 영업시설·원재료·제품 및 상품의 이전에 소요되는 비용 및 그 이전에 따른 감손상당액은 별도보상 한다.

참고 ▶ 무허가 건물에서 하는 자유영업의 경우는 1989. 1. 24. 이전 건축된 무허가 건물 안에서의 영업은 보상대상이 되며, 1989. 1.24. 이후 건축된 무허가 건물 안에서의 영업은 보상대상이 아니다. 다만 영세 서민보호 위해 무허가 건물임차인이 사업인정고시일 등 1년 이전부터 부가가치세법상 사업자등록을 하고 영업하고 있다면 영업보상 대상이 된다.

---

122) 대법원 2010. 9. 9. 선고 2010두11641 판결.

라) 불복방법

구 공익사업을 위한 토지 등의 취득 및 보상에 관한 법률(2007.10.17. 법률 제8665호로 개정되기 전의 것, 이하 '구 공익사업법'이라 한다) 제77조 제1항, 제4항, 구 공익사업을 위한 토지 등의 취득 및 보상에 관한 법률 시행규칙(2007. 4.12. 건설교통부령 제556호로 개정되기 전의 것) 제45조, 제46조, 제47조와 구 공익사업법 제26조, 제28조, 제30조, 제34조, 제50조, 제61조, 제83조 내지 제85조의 규정 내용 및 입법 취지 등을 종합하여 보면, 공익사업으로 인하여 영업을 폐지하거나 휴업하는 자가 사업시행자에게서 구 공익사업법 제77조 제1항에 따라 영업손실에 대한 보상을 받기 위해서는 구 공익사업법 제34조, 제50조 등에 규정된 재결절차를 거친 다음 재결에 대하여 불복이 있는 때에 비로소 구 공익사업법 제83조 내지 제85조에 따라 권리구제를 받을 수 있을 뿐, 이러한 재결절차를 거치지 않은 채 곧바로 사업시행자를 상대로 손실보상을 청구하는 것은 허용되지 않는다고 보는 것이 타당하다.[123)]

따라서 공익사업으로 인하여 영업을 폐지하거나 휴업하는 자가 토지수용법에 규정된 재결절차를 거치지 않은 채 곧바로 사업시행자를 상대로 영업손실보상을 청구할 수 없다.

15) 휴업보상

가) 요 건

공익사업의 영업휴업보상은 영리목적으로 적법한 장소에서 영업을 하다 공익사업시행을 직접원인으로 영업 손실이 발생해야하며, 이때의 영업은 사업인정고시 이전부터 영업을 해 왔어야 하고, 허가. 신고 등을 요하는 업종은 사업인정 고시 이전에 영업 허가·신고 등을 득할 것을 요한다(토지수용법 제47조).

나) 휴업기간

문제가 되는 휴업기간은 종전 3월에서 2014. 10. 22. 법 개정으로 4개월 이내로 변경 되었다. 특정한 경우 즉, 당해 공익사업을 위한 영업의 금지 또는 제한으로 인하여 4개월 이상의 기간 동안 영업을 할 수 없는 경우 및 영업시설의 규모가 크거나 이전에 고도의 정밀성을 요구하는 등 당해 영업의 고유한 특수성으로 인하여 4개월 이내에 다른 장소로 이전하는 것이 객관적으로 어렵다고 인정되는 경우에는 실제 휴업기간으로 하되, 그 기간은 2년을 초과할 수 없다.

123) 대법원 2011. 9. 29. 선고 2009두10963 판결.

다) 휴업 손실보상금액

휴업에 따른 손실보상금의 산정은 휴업기간에 해당하는 영업이익과 영업장소 이전 후 발생하는 영업이익 감소액에 휴업기간중의 영업용 자산에 대한 감가상각비 · 유지관리비와 휴업기간 중에도 정상적으로 근무하여야 하는 최소인원에 대한 인건비 등 고정적 비용과 영업시설 · 원재료 · 제품 및 상품의 이전에 소요되는 비용 및 그 이전에 따른 감손상당액 및 이전광고비 및 개업비 등 영업장소를 이전함으로 인하여 소요되는 부대비용 등을 합한 금액이다.

한편, 개인영업으로 휴업기간에 해당하는 영업이익이 「통계법」 제3조 제3호의 도시근로자가구 월평균가계지출비를 기준으로 산정한 3인 가구의 휴업기간 동안의 가계지출비에 미달하는 영세한 영업자는 그 가계지출비를 휴업기간에 해당하는 영업이익으로 보며, 사업인정고시일등 전부터 허가 등을 받아야 행할 수 있는 영업을 허가 등이 없이 행하여 온 자의 경우 도시근로자가구 월평균가계지출비를 기준으로 산정한 3인 가구 3개월분 가계지출비에 해당하는 금액을 영업손실에 대한 보상금으로 지급하되, 영업시설 등의 이전비용은 별도로 보상한다. 다만, 본인 또는 생계를 같이 하는 동일 세대안의 직계존속 · 비속 및 배우자가 해당 공익사업으로 다른 영업에 대한 보상을 받은 경우에는 영업시설 등의 이전비용만을 보상한다.

제77조 (영업의 손실 등에 대한 보상)

① 영업을 폐지하거나 휴업함에 따른 영업손실에 대하여는 영업이익과 시설의 이전비용 등을 고려하여 보상하여야 한다.

② 농업의 손실에 대하여는 농지의 단위면적당 소득 등을 고려하여 실제 경작자에게 보상하여야 한다. 다만, 농지소유자가 해당 지역에 거주하는 농민인 경우에는 농지소유자와 실제 경작자가 협의하는 바에 따라 보상할 수 있다.

③ 휴직하거나 실직하는 근로자의 임금손실에 대하여는 「근로기준법」에 따른 평균임금 등을 고려하여 보상하여야 한다.

④ 제1항부터 제3항까지의 규정에 따른 보상액의 구체적인 산정 및 평가 방법과 보상기준, 제2항에 따른 실제 경작자 인정기준에 관한 사항은 국토교통부령으로 정한다.

제78조 (이주대책의 수립 등)

⑤ 주거용 건물의 거주자에 대하여는 주거 이전에 필요한 비용과 가재도구 등 동산의 운반에 필요한 비용을 산정하여 보상하여야 한다.

⑥ 공익사업의 시행으로 인하여 영위하던 농업 · 어업을 계속할 수 없게 되어 다른 지역으로 이주하는 농민 · 어민이 받을 보상금이 없거나 그 총액이 국토교통부령으로 정하는 금액에 미치

지 못하는 경우에는 그 금액 또는 그 차액을 보상하여야 한다.

⑨ 제5항 및 제6항에 따른 보상에 대하여는 국토교통부령으로 정하는 기준에 따른다.

구 택지개발촉진법 제6조 제1항 단서에서 정한 '예정지구의 지정·고시 당시에 공사 또는 사업에 착수한 자'의 의미 및 예정지구의 지정·고시로 인하여 건축허가가 효력을 상실한 후에 공사에 착수하여 공사가 진척된 토지에 대한 보상액을 산정함에 있어서 그 이용현황의 평가 방법 및 토지수용법 시행규칙 제26조 제2항 제1호, 제2호에서 정한 '도로개설 당시의 토지소유자가 자기 토지의 편익을 위하여 스스로 설치한 도로' 및 '토지소유자가 그 의사에 의하여 타인의 통행을 제한할 수 없는 도로'의 판단 기준 (대법원 2007. 4. 12. 선고 2006두18492 판결)

구 택지개발촉진법(2002. 2. 4. 법률 제6655호로 개정되기 전의 것) 제6조 제1항 단서에서 규정하는 '예정지구의 지정·고시 당시에 공사 또는 사업에 착수한 자'라 함은 예정지구의 지정·고시 당시 구 택지개발촉진법 시행령(2006. 6. 7. 대통령령 제19503호로 개정되기 전의 것) 제6조 제1항에 열거되어 있는 행위에 착수한 자를 의미하는 것이고 그러한 행위를 하기 위한 준비행위를 한 자까지 포함하는 것은 아니라고 할 것이며, 같은 법 제6조 제1항 본문에 의하면, 건축법 등에 따른 건축허가를 받은 자가 택지개발 예정지구의 지정·고시일까지 건축행위에 착수하지 아니하였으면 종전의 건축허가는 예정지구의 지정·고시에 의하여 그 효력을 상실하였다고 보아야 할 것이어서, 이후 건축행위에 착수하여 행하여진 공사 부분은 택지개발촉진법 제6조 제2항의 원상회복의 대상이 되는 것이므로, 예정지구의 지정·고시 이후 공사에 착수하여 공사가 진척되었다고 하더라도 당해 토지에 대한 보상액을 산정함에 있어서 그 이용현황을 수용재결일 당시의 현황대로 평가할 수는 없고, 구 토지수용법 시행규칙(2005. 2. 5. 건설교통부령 제424호로 개정되기 전의 것) 제24조에 따라 공사에 착수하기 전의 이용상황을 상정하여 평가하여야 한다.

한편, 구 토지수용법 시행규칙(2005. 2. 5. 건설교통부령 제424호로 개정되기 전의 것) 제26조 제1항 제2호, 제2항 제1호, 제2호는 사도법에 의한 사도 외의 도로(국토의 계획 및 이용에 관한 법률에 의한 도시관리계획에 의하여 도로로 결정된 후부터 도로로 사용되고 있는 것을 제외한다)로서 '도로개설 당시의 토지소유자가 자기 토지의 편익을 위하여 스스로 설치한 도로'와 '토지소유자가 그 의사에 의하여 타인의 통행을 제한할 수 없는 도로'는 '사실상의 사도'로서 인근토지에 대한 평가액의 1/3 이내로 평가하도록 규정하고 있는데, 여기서 '도로개설당시의 토지소유자가 자기 토지의 편익을 위하여 스스로 설치한 도로'인지 여부는 인접토지의 획지면적, 소유관계, 이용상태 등이나 개설경위, 목적, 주위환경 등에 의하여 객관적으로 판단하여야 하고, '토지소유자가 그 의사에 의하여 타인의 통행을 제한할 수 없는 도로'에는 법률상 소유권을 행사하여 통행을 제한할 수 없는 경우뿐만 아니라 사실상 통행을 제한하는 것이 곤란하다고 보이는 경우도 해당한다고 할 것이나, 적어도 도로로의 이용상황이 고착화되어 당해 토지의 표준적 이용상황으로 원상회복하는 것이 용이하지 않은 상태에 이르러야 할 것이어서 단순히 당해 토지가 불특정 다수인의 통행에 장기간 제공되어 왔고 이를 소유자가 용인하여 왔다는 사정만으로는 사실상의 도로에 해당한다고 할 수 없다.

국가·지방자치단체가 도로를 점유하는 형태(대법원 1994. 9. 9. 선고 94다23951 판결)

국가나 지방자치단체가 도로를 점유하는 형태는 도로관리청으로서의 점유와 사실상의 지배주체로서의 점유로 나누어 볼 수 있는바, 기존의 사실상의 도로에 도로법에 의한 노선인정의 공고 및 도로구역의 결정이 있거나 도시계획법에 의한 도시계획사업의 시행으로 도로 설정이 된 때에는 이때부터 도로관리청으로서의 점유를 개시한 것으로 인정할 수 있고, 이러한 도로법 등에 의한 도로의 설정행위가 없더라도 국가나 지방자치단체가 기존의 사실상 도로에 대하여 확장, 도로 포장 또는 하수도 설치 등 도로의 개축 또는 유지보수공사를 시행하여 일반 공중의 교통에 공용한 때에는 이때부터 그 도로는 국가나 지방자치단체의 사실상 지배하에 있는 것으로 보아 사실상 지배주체로서의 점유를 개시한 것으로 인정할 수 있으며, 여기에서 기존의 사실상의 도로에 도로법에 의한 도로구역의 결정이 있는 때라 함은 도로관리청이 도로법에 의하여 행한 도로구역의 결정이 있는 때를 말하므로 도시계획법에 의한 도시계획(도로시설)결정이 있는 때는 여기에 포함되지 아니한다.

제3절 공공시설의 귀속 등

1. 공공시설의 귀속 등

가. 공공시설의 의미

도시개발법에서는 '공공시설'을 별도로 규정하고 있지 아니하지만, 통상 공공시설이라 함은 국가 또는 지방자치단체에 의하여 공적 목적의 수행에 제공되는 계획적 설비의 일체를 말한다. 공적인 목적을 위해 공공기관에 의해 유지, 통제되는 시설로 여기서 제공되는 공공서비스는 보다 넓은 의미의 사회간접자본으로 분류된다. 철도, 도로 등의 교통시설, 전기와 가스 등의 공급 시설, 국공립학교와 병원, 시군구청, 복지관, 공원, 하수도 등이 이에 해당한다. 공공시설의 설치와 운영에 대한 근거와 기준은 법령(국토의 계획 및 이용에 관한 법률 제2조 제13호)으로 정한다. 공공시설이라고 해서 모두 무상이 아니며 법령에 의해 공공시설의 사용에 대한 요금이나 특정 이용에 대한 수수료를 징수할 수 있다.

토지구획정리사업법 제63조의 '공공시설의 용에 공하는 토지'의 의미(대법원 1996. 7. 12. 선고 96다10508 판결)

토지구획정리사업법 제63조에 의하여 환지처분의 공고가 있은 날의 익일에 그 관리자의 구분에 따라 국가 또는 지방자치단체에 귀속하는 '구획정리사업의 시행으로 인하여 생긴 공공시설의 용에 공하는 토지'란 적법하게 토지구획정리사업을 시행함으로써 생긴 공공시설의 용에 공하는 토지만을 의미하고, 시행자가 공공시설을 설치하는 공사를 함에 있어서 측량을 잘못함으로 인하여, 환지계획에 종전 토지에 대한 환지로 정하여져 있는 인접 토지를 침범하여 공공시설을 설치함으로써 결과적으로 공공시설에 공하는 토지가 된 토지는 이에 포함되지 않는다.

구 택지개발촉진법 제25조 제1항 및 구 도시계획법 제83조 제1항에 의하여 사업시행자에게 무상귀속되는 '종래의 공공시설' 여부의 판단 기준(대법원 2004. 5. 28. 선고 2002다59863 판결)

구 택지개발촉진법(1999. 1.25. 법률 제5688호로 개정되기 전의 것) 제25조 제1항 및 구 도시계획법(2000. 1.28. 법률 제6243호로 개정되기 전의 것) 제83조 제1항 소정의 공공시설은 국유재산법 및 지방재정법 소정의 공공용 재산에 해당한다 할 것이고, 또한 택지개발사업실시계획의 승인을 받은 자에게 무상으로 귀속되는 종래의 공공시설인지 여부는 택지개발사업실시계획의 승인 시점을 기준으로 판단하되, 그 승인 당시 종래 공공시설의 현실적인 이용상황이 지적공부상 지목과는 달라졌다고 하더라도 관리청이 공용폐지를 하지 아니하고 종래의 공공시설을 국유재산법이나 지방재정법에 따른 공공용 재산으로 관리하여 왔다면 특별한 사정이 없는 한 종래의 공공시설은 여전히 사업시행자에게 무상으로 귀속된다고 할 것이다.

구 도시계획법에 따라 행정청이 아닌 도시계획사업 시행자가 도시계획사업을 시행하여 설치한 공공시설 및 그 부지의 국가 또는 지방자치단체에의 소유권 귀속시기(=사업완료시)(대법원 2000. 8. 22. 선고 98다55161 판결)

구 도시계획법(1991.12.14. 법률 제4427호로 개정되기 전의 것) 제83조 제2항 전단은 행정청이 아닌 시행자가 도시계획사업을 시행하여 새로이 설치한 공공시설은 그 시설을 관리할 국가 또는 지방자치단체에 무상으로 귀속된다고 규정하고 있으므로, 도시계획사업의 시행으로 공공시설이 설치되면 사업완료와 동시에 당해 공공시설을 구성하는 토지와 시설물의 소유권은 그 시설을 관리할 국가 또는 지방자치단체에 직접 원시적으로 귀속되고, 같은 조 제5항의 세목통지 내지 사업완료통지가 있어야 비로소 공공시설의 소유권이 국가 또는 지방자치단체에 귀속되는 것은 아니다.

나. 공공시설의 무상귀속

1) 시행자가 공공기관인 경우

도시개발법 제11조 제1항 제1호부터 제4호까지의 규정에 따른 시행자(국가 · 지방자치단체, 공공기관, 정부출연기관, 지방공사)가 새로 공공시설을 설치하거나 기존의 공공시설에 대체되는 공공시설을 설치한 경우에는 「국유재산법」과 「공유재산 및 물품 관리법」 등에도 불구하고 종전의 공공시설은 시행자에게 무상으로 귀속되고, 새로 설치된 공공시설은 그 시설을 관리할 행정청(이하 이 조 및 제67조에서 "관리청"이라 한다)에 무상으로 귀속된다(법 제66조 제1항). 따라서 공공시설의 귀속은 행정청의 인 · 허가 등의 행정청의 의사와는 관계없이 시행자에게 무상으로 귀속되는 것이므로 그에 행정청의 재량이 개입할 여지가 없다.

한편, 무상귀속 시 도시개발사업 구역 내 편입된 도로(법률상 도로가 아닌 현황도로)의 도로포장 구간 외곽에 식재된 수목이 공공시설로서 무상귀속되는지 여부가 문제될 수 있는데, 이 경우 지정권자가 공공시설의 귀속에 관한 사항이 포함된 실시계획을 인가하려면 미리 그 공공시설 관리청의 의견을 듣고 조치를 취할 수 있는 것이므로, 이는 당해 사업 지정권자가 종합적인 상황을 고려하여 결정하여야 할 사항이다.[124)]

또한, 무상귀속 대상 국공유지가 소유권 이전으로 인하여 사유지가 된 경우에도 무상귀속으로 처리할 수 있는지도 문제될 수 있는데, 환지계획은 시실계획에 따라 이루어지며 공공시설의 무상귀속은 시실계획에서 결정되는 것이므로, 국공유지의 소유권이 변경된 경우 환지계획 변경 전에 실시계획을 선행하여 변경하여야 할 것이다.[125)]

2) 시행자가 비행정청인 경우

도시개발법 제11조 제1항 제5호부터 제11호까지의 규정에 따른 시행자(토지소유자, 조합, 수도권이외 지역이전 법인, 일반건설업체, 도시개발사업 공동법인)가 새로 설치한 공공시설은 그 관리청에 무상으로 귀속되며, 도시개발사업의 시행으로 용도가 폐지되는 행정청의 공공시설은 「국유재산법」과 「공유재산 및 물품 관리법」 등에도 불구하고 새로 설치한 공공시설의 설치비용에 상당하는 범위에서 시행자에게 무상으로 귀속시킬 수 있다(법 제66조 제2항).

다시 말해 시행자가 비행정청인 경우는 도시개발구역 내 국유지의 사업시행자에 대한 무상귀속 여부를 행정청의 재량에 맡기고 있는 것이다.

---

124) 도시재생과-1726, 2013. 11. 7.
125) 도시재생과-205, 2012. 2. 8.

다. 무상귀속에 관한 협의

1) 공공시설 - 관리청의 의견청취

지정권자는 공공시설의 귀속에 관한 사항이 포함된 실시계획을 작성하거나 인가하려면 미리 그 공공시설의 관리청의 의견을 들어야 한다. 다만, 관리청이 지정되지 아니한 경우에는 관리청이 지정된 후 준공검사(지정권자가 시행자인 경우에는 법 제51조에 따른 공사완료 공고를 말한다)를 마치기 전에 관리청의 의견을 들어야 한다(법 제66조 제3항). 이 경우 공공기관이 시행자인 경우 법률에 따라 당연히 공공시설은 무상으로 귀속되는 것이므로 지정권자가 관리청의 의견을 묻는 절차를 거치더라도 관리청이 무상귀속 자체를 거부할 수는 없다.

한편, 공공시설의 무상귀속에 관한 협의시 관리청이 유상으로 매입하도록 회신한 경우에도 무상귀속이 가능한지가 문제가 될 수 있는데, 도시개발법 제66조 제3항에서는 공공시설의 귀속에 관한 사항이 포함된 실시계획을 작성하거나 인가하려면 미리 그 공공시설의 관리청의 의견을 듣도록 정하고 있으므로 무상귀속 가능 여부는 협의에 따라 결정될 것이다.[126]

2) 공공시설의 점유 및 사용

지정권자가 관리청의 의견을 들어 실시계획을 작성하거나 인가한 경우 시행자는 실시계획에 포함된 공공시설의 점용 및 사용에 관하여 관계 법률에 따른 승인 · 허가 등을 받은 것으로 보아 도시개발사업을 할 수 있다. 이 경우 해당 공공시설의 점용 또는 사용에 따른 점용료 및 사용료는 면제된 것으로 본다(법 제66조 제4항). 이 규정은 기존 공공시설의 용도가 폐지되더라도 그 소유권은 무상귀속 시점까지 관리청에 있으므로 시행자에게 점용 및 사용권을 인정하여 도시개발사업을 시행하도록 한 것이며, 무상귀속으로 인하여 소유권이 변동되는 시점까지의 점용료 및 사용료를 면제한 것이다.[127]

라. 무상귀속의 시기

1) 행정청 등이 시행자인 경우

도시개발법 제11조 제1항 제1호부터 제4호까지의 규정에 따른 시행자(국가 · 지방자치단체, 공공기관, 정부출연기관, 지방공사)는 도시개발사업이 끝나 준공검사(지정권자가 시행자인 경우에는 법 제51

126) 도시재생과-999, 2012. 6. 7.
127) 전연규 외 도시개발연구팀, 앞의 책, 1048면.

조에 따른 공사완료 공고를 말한다)를 마친 경우에는 해당 공공시설의 관리청에 공공시설의 종류와 토지의 세부목록을 알려야 한다. 이 경우 공공시설은 그 통지한 날에 해당 공공시설을 관리할 관리청과 시행자에 각각 귀속된 것으로 본다(법 제66조 제5항).

2) 비행정청이 시행자인 경우

도시개발법 제11조 제1항 제5호부터 제11호까지의 규정에 따른 시행자(토지소유자, 조합, 수도권이외 지역이전 법인, 일반건설업체, 도시개발사업 공동법인)는 법 제66조 제2항에 따라 그에게 양도되거나 관리청에 귀속될 공공시설에 대하여 도시개발사업의 준공검사를 마치기 전에 해당 공공시설의 관리청에 그 종류와 토지의 세부목록을 알려야 하고, 준공검사를 한 지정권자는 그 내용을 해당 공공시설의 관리청에 통보하여야 한다. 이 경우 공공시설은 지정권자가 준공검사 증명서를 내어준 때에 해당 공공시설을 관리할 관리청과 시행자에게 각각 귀속되거나 양도된 것으로 본다(법 제66조 제6항).

마. 소유권의 무상귀속 시기 - 준공검사시

행정청이 아닌 도시계획사업시행자가 도시계획사업을 시행하여 설치한 공공시설 및 그 부지의 국가·지방자치단체에의 소유권 귀속시기는 사업완료시 다시 말해, 준공검사시에 원시적으로 귀속된다. 다만, 행정청인 시행자인 경우에는 비행정청인 시행자와 달리 그 귀속시시가 준공검사 후 공공시설의 종류 및 토지의 세목을 관리청에 통지한 날이라, 양자의 귀속시기가 서로 다르다.

구 도시계획법에 따라 행정청이 아닌 도시계획사업시행자가 도시계획사업을 시행하여 설치한 공공시설 및 그 부지의 국가·지방자치단체에의 소유권 귀속시기{=사업완료(준공검사)시} (대법원 1999. 4. 15. 선고 96다24897 전원합의체 판결)

[다수의견] 구 도시계획법(1991.12.14. 법률 제4427호로 개정되기 전의 것) 제83조 제2항은 "행정청이 아닌 시행자가 도시계획사업을 시행하여 새로이 설치한 공공시설은 그 시설을 관리할 국가 또는 지방자치단체에 무상으로 귀속되며, 도시계획사업의 시행으로 인하여 그 기능이 대체되어 용도가 폐지되는 국가 또는 지방자치단체의 재산은 국유재산법 및 지방재정법 등의 규정에 불구하고 그가 새로 설치한 공공시설의 설치비용에 상당하는 범위 안에서 그 시행자에게 이를 무상으로 양도할 수 있다."고 규정하고 있으므로, 도시계획사업의 시행으로 공공시설이 설치되면 그 사업완료(준공검사)와 동시에 당해 공공시설을 구성하는 토지와 시설물의 소유권이 그 시설을 관리할

국가 또는 지방자치단체에 직접 원시적으로 귀속된다.

[별개의견] 구 도시계획법(1991.12.14. 법률 제4427호로 개정되기 전의 것) 제83조 제2항은 '행정청이 아닌 시행자가 도시계획사업을 시행하여 새로이 설치한 공공시설은 그 시설을 관리할 국가 또는 지방자치단체에 무상으로 귀속된다.'고 규정하는 한편, 같은 법 제83조 제5항은 '제2항의 규정에 의하여 관리청에 귀속될 공공시설…에 관하여 …그 사업이 완료되어 준공검사를 필한 후에 그 시행자가 사업완료통지를 관리청에 함으로써 관리청에의 귀속이 된 것으로 본다.'고 규정하고 있는바, 이는 민법 제187조 소정의 '법률의 규정에 의한 물권변동'의 한 형태를 규정한 것으로 구 도시계획법 제83조 제2항은 그 물권변동의 법률요건을, 같은 법 제83조 제5항은 그 법률효과가 발생되는 시기를 각 규정한 것으로 보아야 할 것이므로, 구 도시계획법 제83조 제2항 및 제5항의 규정에 의한 물권변동에 있어서, 행정청이 아닌 시행자가 도시계획사업을 시행하여 준공검사를 마치는 것까지가 그 사업시행으로 인하여 새로이 설치된 공공시설이 국가 또는 지방자치단체에 무상으로 귀속하는 법률효과를 일으키는 법률요건에 해당하고(도시계획법 제83조 제7항이 준공검사서를 등기원인 증서로 규정하고 있는 것도 같은 취지이다.), 시행자의 사업완료통지는 이러한 법률요건에 의한 법률효과의 발생을 그 통지에 의존케 하는 것으로서, 그 사업이 완료된 시점에서 볼 때, 장래에 발생할 것이 사회통념상 확실하지만 그 시기가 확정되지 아니한 점에서 불확정기한에 유사한 성질을 가진 것이라고 할 것인데, 이른바 불확정기한은 그 기한사실이 발생한 때뿐만 아니라 그 사실의 발생이 불가능하게 된 때에도, 기한은 반드시 도래한다는 법리에 따라, 그 기한이 도래한 것으로 보아야 하는 것이므로, 시행자가 사업완료통지를 행한 때는 물론, 그러한 통지의 실현이 사실상 불가능하게 된 때, 예를 들면 사업완료 후 당해 공공시설에 관하여 국가 또는 지방자치단체의 소유권취득과 양립할 수 없는 처분행위가 이루어져 소유권의 귀속의 효력을 발생시키는 사업완료통지를 더 이상 기대할 수 없게 된 때에도 시행자가 사업완료통지를 한 것으로 보아 그 소유권이 국가 또는 지방자치단체에 귀속하는 효력이 발생하는 것으로 해석하여야 한다.

[반대의견] 구 도시계획법(1991.12.14. 법률 제4427호로 개정되기 전의 것) 제83조 제1항 내지 제5항의 규정내용, 같은 법의 다른 조항 및 다른 실정법 조항을 종합하여 보면, 같은 법 제83조 제1항과 제2항은 공공시설의 귀속 주체 및 방법(유상이 아닌 무상)을, 제4항 후단과 제5항은 그 귀속시기를 각 규정한 것으로 해석함이 가장 평이하고 자연스러우며, 행정청이 아닌 시행자가 설치한 공공시설의 소유권이 국가 또는 지방자치단체에 귀속되는 시기는 같은 조 제5항의 사업완료 통지시라고 풀이함이 옳다.

바. 공공시설의 등기에 관한 특례

공공시설을 등기할 때 「부동산등기법」에 따른 등기원인을 증명하는 서면은 준공검사 증명서(시행자가 지정권자인 경우에는 같은 조 제2항에 따른 공사완료 공고문)로 갈음한다(법 제66조 제7항).

2. 공공시설의 관리

도시개발사업으로 도시개발구역에 설치된 공공시설은 준공 후 해당 공공시설의 관리청에 귀속될 때까지 이 법이나 다른 법률에 특별한 규정이 있는 경우 외에는 특별자치도지사 · 시장 · 군수 또는 구청장이 관리한다(법 제67조).

3. 국 · 공유지의 처분 제한 등

가. 국유재산의 종류

"국유재산"이란 국가의 부담, 기부채납이나 법령 또는 조약에 따라 국가 소유로 된 제5조 제1항 각 호의 재산을 말한다(국유재산법 제2조 제1호).

[국유재산의 범위, 구분과 종류]

국유재산법

제5조 (국유재산의 범위)

① 국유재산의 범위는 다음 각 호와 같다.

1. 부동산과 그 종물(從物)
2. 선박, 부표(浮標), 부잔교(浮棧橋), 부선거(浮船渠) 및 항공기와 그들의 종물
3. 「정부기업예산법」 제2조에 따른 정부기업(이하 "정부기업"이라 한다)이나 정부시설에서 사용하는 기계와 기구 중 대통령령으로 정하는 것
4. 지상권, 지역권, 전세권, 광업권, 그 밖에 이에 준하는 권리
5. 「자본시장과 금융투자업에 관한 법률」 제4조에 따른 증권(이하 "증권"이라 한다)
6. 다음 각 목의 어느 하나에 해당하는 권리(이하 "지식재산"이라 한다)
   가. 「특허법」 · 「실용신안법」 · 「디자인보호법」 및 「상표법」에 따라 등록된 특허권, 실용신안권, 디자인권 및 상표권
   나. 「저작권법」에 따른 저작권, 저작인접권 및 데이터베이스제작자의 권리 및 그 밖에 같은 법에서 보호되는 권리로서 같은 법 제53조 및 제112조 제1항에 따라 한국저작권위원회에 등록된 권리(이하 "저작권 등"이라 한다)
   다. 「식물신품종 보호법」 제2조 제4호에 따른 품종보호권
   라. 가목부터 다목까지의 규정에 따른 지식재산 외에 「지식재산 기본법」 제3조 제3호에 따른 지식재산권. 다만, 「저작권법」에 따라 등록되지 아니한 권리는 제외한다.

② 제1항 제3호의 기계와 기구로서 해당 기업이나 시설의 폐지와 함께 포괄적으로 용도폐지된

> 것은 해당 기업이나 시설이 폐지된 후에도 국유재산으로 한다.
>
> **제6조 (국유재산의 구분과 종류)**
>
> ① 국유재산은 그 용도에 따라 행정재산과 일반재산으로 구분한다.
>
> ② 행정재산의 종류는 다음 각 호와 같다.
>
> 1. 공용재산 : 국가가 직접 사무용·사업용 또는 공무원의 주거용(직무 수행을 위하여 필요한 경우로서 대통령령으로 정하는 경우로 한정한다)으로 사용하거나 대통령령으로 정하는 기한까지 사용하기로 결정한 재산
> 2. 공공용재산 : 국가가 직접 공공용으로 사용하거나 대통령령으로 정하는 기한까지 사용하기로 결정한 재산
> 3. 기업용재산 : 정부기업이 직접 사무용·사업용 또는 그 기업에 종사하는 직원의 주거용(직무 수행을 위하여 필요한 경우로서 대통령령으로 정하는 경우로 한정한다)으로 사용하거나 대통령령으로 정하는 기한까지 사용하기로 결정한 재산
> 4. 보존용재산 : 법령이나 그 밖의 필요에 따라 국가가 보존하는 재산
>
> ③ "일반재산"이란 행정재산 외의 모든 국유재산을 말한다.

나. 처분의 제한

1) 원 칙

도시개발구역에 있는 국가나 지방자치단체 소유의 토지로서 도시개발사업에 필요한 토지는 해당 개발계획으로 정하여진 목적 외의 목적으로 처분할 수 없다(법 제68조 제1항).

2) 예 외

도시개발구역에 있는 국가나 지방자치단체 소유의 재산으로서 도시개발사업에 필요한 재산은 「국유재산법」과 「공유재산 및 물품 관리법」에도 불구하고 시행자에게 수의계약의 방법으로 처분할 수 있다. 이 경우 그 재산의 용도폐지(행정재산인 경우만 해당한다)나 처분에 관하여는 지정권자가 미리 관계 행정기관의 장과 협의하여야 하며(법 제68조 제2항), 이 경우 요청을 받은 관계 행정기관의 장은 그 요청을 받은 날부터 30일 이내에 협의에 필요한 조치를 하여야 한다(같은 조 제3항).

3) 국공유지 매각시 가격결정

국공유지를 수의계약으로 매각하는 경우 가격은 어떻게 해야 하는지 실무에서 문제되는데,

도시개발법 제68조에서는 도시개발구역에 있는 국가나 지방자치단체 소유의 재산으로서 도시개발사업에 필요한 재산은 국유재산법과 공유재산 및 물품관리법에도 불구하고 시행자에게 수의계약의 방법으로 처분할 수 있도록 정하고 있으나, 위 조항에 따른 국공유지 매각시 구체적인 가격결정방법에 대해서는 별도의 규정이 없다. 따라서 이는 시행자와 관리청 간에 협의에 의하여 결정되어야 한다.[128)]

4. 국공유지 등의 임대

가. 시행자가 수도권이외 지역 이전법인인 경우

도시개발법 제11조 제1항 제7호에 해당하는 시행자(수도권이외 지역 이전법인)의 경우 기획재정부장관, 국유재산의 관리청 또는 지방자치단체의 장은 「국유재산법」과 「공유재산 및 물품관리법」에도 불구하고 도시개발구역에 있는 국가나 지방자치단체의 소유인 토지 · 공장, 그 밖의 국공유지를 수의계약으로 사용 · 수익 또는 대부(이하 "임대"라 한다)할 수 있다(법 제69조 제1항).

나. 임대기간 및 임대료

1) 임대기간

가) 임대기간

국가나 지방자치단체가 소유하는 토지 등을 임대하는 경우의 임대 기간은 「국유재산법」과 「공유재산 및 물품 관리법」에도 불구하고 20년의 범위 이내로 할 수 있다(법 제69조 제2항).

나) 임대기간 갱신

임대 기간은 갱신할 수 있다. 이 경우 갱신 기간은 갱신할 때마다 20년의 기간을 초과할 수 없다(법 제69조 제4항).

다) 건축물 축조시 임대기간

국가나 지방자치단체가 소유하는 토지를 임대하는 경우에는 「국유재산법」과 「공유재산 및

---

128) 도시재생과-987, 2012. 6. 5.

물품 관리법」에도 불구하고 그 토지 위에 공장이나 그 밖의 영구시설물을 축조하게 할 수 있다. 이 경우 그 시설물의 종류 등을 고려하여 임대 기간이 끝나는 때에 이를 국가나 지방자치단체에 기부하거나 원상으로 회복하여 반환하는 것을 조건으로 토지를 임대할 수 있다(법 제69조 제3항).

2) 임대료의 산정

가) 임 대 료

임대하는 토지 등의 임대료는 「국유재산법」과 「공유재산 및 물품 관리법」에도 불구하고 대통령령으로 정하는 바에 따른다(법 제69조 제4항).

나) 임대료의 산정방법

도시개발구역에 있는 국가 또는 지방자치단체의 소유인 토지 · 공장, 그 밖의 국공유지(이하 "토지 · 공장 등"이라 한다)의 임대료는 다음 각 호의 방법에 따라 산정한다.

제1호 국가 소유인 토지 · 공장 등의 임대료는 해당 토지 · 공장 등의 가액에 1천분의 50 이상의 요율을 곱하여 산출한 금액으로 할 것. 다만, 「수도권정비계획법」 제6조 제1호에 따른 과밀억제권역에서 수도권 외의 지역으로 이전하는 법인으로서 2005년 12월 31일까지 이전한 법인에 대하여는 처음 5년간은 1천분의 10 이상, 다음 5년간은 1천분의 25 이상의 요율을 곱하여 산출한 금액으로 한다.

제2호 지방자치단체 소유인 토지 · 공장 등의 임대료는 해당 토지 · 공장 등의 가액에 1천분의 10 이상의 요율을 곱하여 산출한 금액으로 할 것

5. 수익금 등의 사용 제한 등

가. 용도폐지된 토지처분 수익금

법 제66조 제1항(공공시설의 귀속)에 따라 동법 제11조 제1항 제1호부터 제4호까지의 시행자(국가 · 지방자치단체, 공공기관, 정부출연기관, 지방공사인 시행자)에게 귀속되는 토지로서 용도가 폐지된 토지를 처분하여 생긴 수익금은 해당 개발계획으로 정하여진 목적 외의 목적으로 사용할 수 없다(법 제70조 제1항).

나. 체비지의 매각대금, 청산금, 부담금, 보조금 등

시행자는 체비지의 매각 대금과 청산금의 징수금, 부담금과 보조금 등을 해당 도시개발사업의 목적이 아닌 다른 목적으로 사용할 수 없다(법 제70조 제2항).

다. 수익금잔액 특별회계 귀속

시행자가 수익금 등을 도시개발사업의 목적으로 사용한 후 집행 잔액이 있으면 그 집행 잔액과, 지방자치단체가 수용 또는 사용방식으로 도시개발사업을 시행하여 발생한 수익금은 해당 지방자치단체에 설치된 특별회계에 귀속된다(법 제70조 제3항).

제4절 시행자지위와 관련된 보칙

1. 조세와 부담금 등의 감면 등

국가나 지방자치단체는 도시개발사업을 원활히 시행하기 위하여 「지방세특례제한법」, 「농지법」, 「산지관리법」 등으로 정하는 바에 따라 지방세, 농지보전부담금, 대체산림자원조성비 등을 감면할 수 있다(법 제71조).

[지방세법 감면사항]

지방세법

제109조 (비과세)

① 국가, 지방자치단체, 지방자치단체조합, 외국정부 및 주한국제기구의 소유에 속하는 재산에 대하여는 재산세를 부과하지 아니한다. 다만, 다음 각 호의 어느 하나에 해당하는 재산에 대하여는 재산세를 부과한다.

1. 대한민국 정부기관의 재산에 대하여 과세하는 외국정부의 재산
2. 제107조 제2항 제4호에 따라 매수계약자에게 납세의무가 있는 재산

② 국가, 지방자치단체 또는 지방자치단체조합이 1년 이상 공용 또는 공공용으로 사용하는 재산에 대하여는 재산세를 부과하지 아니한다. 다만, 유료로 사용하는 경우에는 재산세를 부과한다.

> ③ 다음 각 호에 따른 재산(제13조 제5항에 따른 과세대상은 제외한다)에 대하여는 재산세를 부과하지 아니한다. 다만, 대통령령으로 정하는 수익사업에 사용하는 경우와 해당 재산이 유료로 사용되는 경우의 그 재산(제3호 및 제5호의 재산은 제외한다) 및 해당 재산의 일부가 그 목적에 직접 사용되지 아니하는 경우의 그 일부 재산에 대하여는 재산세를 부과한다.
> 1. 대통령령으로 정하는 도로·하천·제방·구거·유지 및 묘지
> 2. 「산림보호법」 제7조에 따른 산림보호구역, 그 밖에 공익상 재산세를 부과하지 아니할 타당한 이유가 있는 것으로서 대통령령으로 정하는 토지
> 3. 임시로 사용하기 위하여 건축된 건축물로서 재산세 과세기준일 현재 1년 미만의 것
> 4. 비상재해구조용, 무료도선용, 선교(船橋) 구성용 및 본선에 속하는 전마용(傳馬用) 등으로 사용하는 선박
> 5. 행정기관으로부터 철거명령을 받은 건축물 등 재산세를 부과하는 것이 적절하지 아니한 건축물 또는 주택(「건축법」 제2조 제1항 제2호에 따른 건축물 부분으로 한정한다)으로서 대통령령으로 정하는 것

2. 결합개발 등에 관한 적용 기준 완화의 특례

가. 결합개발 등에 관한 적용 기준 완화

1) 기준완화 가능성

지정권자는 일정한 요건하에 도시개발구역의 지정 대상 및 규모, 개발계획의 내용, 시행자를 지정하는 요건 및 도시개발채권의 매입에 관한 기준을 일부 완화하여 적용할 수 있다(법 제71조의2 제1항).

2) 완화의 요건

지정권자는 다음 각 호의 어느 하나에 해당하는 경우에는 도시개발구역의 지정 대상 및 규모 등의 기준을 일부 완화하여 적용할 수 있다(법 제71조의2 제1항).

제1호 제3조의2에 따라 서로 떨어진 둘 이상의 지역을 결합하여 하나의 도시개발사업으로 시행하는 경우로서 대통령령으로 정하는 사업

제2호 제5조에 따라 개발계획을 수립할 때에 대통령령으로 정하는 바에 따라 저탄소 녹색도시계획을 같이 수립하여 시행하는 경우

제3호 제21조의3에 따른 임대주택 건설용지나 임대주택의 공급 기준을 초과하여 공급하거

나 영세한 세입자, 토지소유자 등 사회적 약자를 위하여 대통령령으로 정하는 바에 따라 사업계획을 수립하는 경우

제4호 환지방식으로 시행되는 지역에서 영세한 토지소유자 등의 원활한 재정착을 위하여 대통령령으로 정하는 바에 따라 환지계획을 수립하여 시행하는 경우

제5호 「공공주택건설 등에 관한 특별법」에 따른 공공주택 건설을 위한 용지 등을 감정가격 이하로 공급하는 경우

제6호 역세권 등 대중교통 이용이 용이한 지역(「국토의 계획 및 이용에 관한 법률」 제36조에 따른 주거지역, 상업지역, 공업지역의 면적이 도시개발구역 전체면적의 100분의 70 이상인 경우에 한정한다)에 도시개발구역을 지정하는 경우로서 도심 내 소형주택의 공급 확대, 토지의 고도 이용과 건축물의 복합개발을 촉진할 필요가 있는 경우

제7호 그 밖에 주거 등 생활환경의 개선과 낙후지역의 도시기능 회복 등을 위하여 민간기업의 투자유치가 필요한 사업으로서 대통령령으로 정하는 사업을 시행하는 경우

나. 기준 완화의 특례

1) 특례적용의 요건

지정권자는 법 제71조의 2 제1항 각 호의 어느 하나에 해당하는 사항이 포함된 사업을 효율적으로 시행하기 위하여 필요한 경우에는 해당 법률의 규정에도 불구하고 대통령령으로 정하는 범위에서 다음 각 호의 사항에 대하여 완화된 기준을 정하여 시행할 수 있다. 이 경우 지정권자가 시·도지사나 대도시 시장인 경우에는 대통령령으로 정하는 범위에서 해당 지방자치단체의 조례로 완화된 기준을 정하여 시행할 수 있다(법 제71조의2 제2항).

제1호 「국토의 계획 및 이용에 관한 법률」 제76조부터 제78조까지의 규정에 따른 건축물의 건축, 건폐율 및 용적률의 제한

제2호 「건축법」 제4조, 제42조, 제60조 및 제61조에 따른 건축 심의, 대지의 조경, 건축물의 높이 등 건축 제한

제3호 「도시공원 및 녹지 등에 관한 법률」 제14조에 따른 도시공원 또는 녹지 확보 기준

제4호 「주차장법」 제6조 및 제19조에 따른 주차장설비기준 및 부설주차장의 설치기준

제5호 「주택법」 제21조, 제38조 및 제68조에 따른 주택 건설 및 공급 기준과 국민주택채권의 매입

2) 특례 대상

도시개발법 제71조의 2 제1항 제1호에서 "대통령령으로 정하는 사업"이란 법 제5조의 2 제2항 각 호(같은 항 제2호 및 제6호는 제외한다)의 어느 하나에 해당하는 지역의 면적이 도시개발구역 면적의 100분의 30 이상인 사업을 말한다. 다만, 지정권자가 특례가 필요하다고 인정하여 법 제8조에 따른 도시계획위원회의 심의를 거친 사업에 대해서는 해당 지역의 면적 비율을 달리 정할 수 있다(영 제85조의 2 제1항). 또한 법 제71조의 2 제1항 제2호의 적용을 받으려는 시행자는 지정권자에게 특례의 적용을 신청하여야 하고, 지정권자는 그 저탄소 녹색도시계획을 평가하여야 하고, 이에 따른 저탄소 녹색도시계획의 수립 및 평가에 필요한 사항은 국토교통부장관이 정하여 고시한다(법 제85조의 2 제2,3항).

법 제71조의 2 제1항 제3호에서 "대통령령으로 정하는 바에 따라 사업계획을 수립하는 경우"란 다음 각 호의 어느 하나에 해당하는 경우를 말한다(같은 조 제4항).

제1호 법 제21조의 3에 따라 산정된 임대주택 건설용지 또는 임대주택의 공급계획에서 100분의 50(임대주택을 300세대 이상 공급하는 경우로 한정한다)을 초과하여 임대주택 건설용지 또는 임대주택을 공급하는 경우

제2호 도시개발구역 면적의 100분의 5(1만 제곱미터 이상이어야 한다) 이상을 도시개발사업으로 발생하는 이주민의 이주단지로 조성하여 공급하는 경우

3) 특례적용에 필요한 사항

영 제85조의 2 제1항부터 제4항까지에서 규정한 사항 외에 특례의 적용에 필요한 사항은 국토교통부령으로 정한다(같은 조 제5항).

다. 특례 범위

1) 특례 범위

도시개발법 제71조의 2 제2항 각 호 외의 부분 본문 및 단서에서 "대통령령으로 정하는 범위"란 다음과 같다(영 제85조의3 제1항).

제1호 건폐율 : 「국토의 계획 및 이용에 관한 법률 시행령」 제84조에서 정한 상한

제2호 용적률 : 해당 지방자치단체의 조례에서 정한 용적률의 100분의 110

제3호 건축 심의 : 「건축법 시행령」 제5조 제4항 제3호, 제5호 및 제6호에 해당하는 심의는 법 제8조에 따른 도시계획위원회와 공동으로 한다.

제4호 대지의 조경 : 「건축법 시행령」 제27조 제3항 전단에도 불구하고 옥상조경면적의 전부를 조경면적으로 산정한 기준

제5호 건축물의 높이 : 지구단위계획으로 일단의 가로구역에 대하여 높이를 지정한 경우에는 「건축법」 제60조 제1항에 따른 가로구역별 높이를 지정 · 공고한 것으로 본다.

제6호 도시공원 또는 녹지의 확보 : 국토교통부령으로 정하는 「도시공원 및 녹지 등에 관한 법률」 제14조 제2항에 따른 개발계획 규모별로 개발계획에 포함하여야 하는 도시공원 또는 녹지 면적

제7호 부설주차장 설치기준 : 「주차장법 시행령」 별표 1에서 정한 설치기준의 100분의 50에 해당하는 기준

제8호 주택건설기준 : 주택과 주택 외의 시설을 복합하여 건축하는 경우에는 「주택건설 기준 등에 관한 규정」 제7조 제2항 및 제12조에 따른 복합건축물 적용의 특례를 준용하여 국토교통부령으로 정하는 기준

2) 특례기준

영 제85조의 3 제1항 각 호(같은 항 제8호는 제외한다)에 따른 특례 적용의 구체적인 기준은 국토교통부령으로 정하며(같은 조 제2항) 그 기준은 아래 별표 7과 같다(법 시행규칙 제44조).

[별표 7]

특례 적용기준(제44조 관련)

1. 영 제85조의 3에 따른 특례 적용에 대한 구체적인 기준은 다음 각 목의 범위에서 지정권자가 개발계획 수립 또는 변경할 때에 결정한다.

   가. 법 제71조의 2 제1호에 따른 결합개발

   1) 영 제85조의 3 제1항 제1호에 따른 건폐율 : 영 제5조의 2 제2항 각 호 외의 지역만 다음 계산식에 따라 산출되는 건폐율을 적용하되, 영 제5조의 2 제2항 각 호 외의 지역의 각 용도지역 별로 산정한다.
   영 제5조의 2 제2항 각 호 외 지역의 해당 용도지역에 적용되는 건폐율 × [1 + 결합개발대상 면적 비율]

2) 영 제85조의 3 제1항 제2호에 따른 용적률 : 영 제5조의 2 제2항 각 호 외의 지역만 다음 계산식에 따라 산출되는 용적률을 적용하되, 영 제5조의 2 제2항 각 호 외의 지역의 각 용도지역 별로 산정한다.
영 제5조의 2 제2항 각 호 외 지역의 해당 용도지역에 적용되는 용적률 × [0.5 × (결합개발 대상 면적 비율 − 0.3)]

3) 영 제85조의 3 제1항 제6호에 따른 도시공원 또는 녹지의 확보 기준 : 「도시공원 및 녹지 등에 관한 법률 시행규칙」 별표 2에서 정한 기준의 100분의 15 범위에서 완화할 수 있다.

4) 영 제85조의 3 제1항 제7호에 따른 부설주차장 설치기준 : 「주차장법 시행령」 별표 1에서 정한 설치기준을 100분의 50까지 완화할 수 있다.

5) 영 제85조의 3 제1항 제8호에 따른 주택건설기준 : 주택과 주택 외의 시설을 복합하여 건축하는 경우에는 「주택건설기준 등에 관한 규정」 제7조 제2항 및 제12조에 따른 복합 건축물 적용의 특례를 준용하여 주택건설기준을 완화할 수 있다.

나. 법 제71조의 2 제1항 제3호에 따른 임대주택 초과공급 · 이주단지 조성
영 제85조의 3 제1항 제6호에 따른 도시공원 또는 녹지의 확보 기준 : 영 제85조의 3 제1항 제6호에 따라 특례로 완화되는 도시공원 또는 녹지의 면적은 「도시공원 및 녹지 등에 관한 법률 시행규칙」 별표 2에서 정한 기준의 100분의 15의 범위에서 완화할 수 있다.

2. 하나의 특례 대상에 대하여는 하나의 특례를 적용하는 것을 원칙으로 한다. 다만, 하나의 사업이 다수의 특례 대상인 경우에는 특례 대상별로 특례를 적용할 수 있으나 영 및 이 규칙에서 정하는 특례 범위를 초과할 수 없다.

3. 제1호 및 제2호에서 정한 것 외의 특례 적용 대상 및 특례 적용 기준은 법 제71조의 2 및 영 제85조의 2부터 제85조의 4에 따른다.

라. 특례 적용

지정권자는 결합개발 등에 관한 적용 기준 완화의 특례를 적용하려는 경우에 도시개발법 제4조에 따라 개발계획을 수립 또는 변경할 때에 특례 대상 및 범위 등 특례 적용에 대한 내용을 포함하여 개발계획을 수립하거나 변경하여야 하며(법 제85조의 4 제1항), 위에서 규정한 사항 외에 필요한 사항은 국토교통부장관이 정하여 고시한다(같은 조 제2항).

3. 관계 서류의 열람 및 보관 등

가. 관계서류의 열람 · 복사

시행자는 도시개발사업의 시행을 위하여 필요하면 등기소나 그 밖의 관계 행정기관의 장에게 무료로 필요한 서류를 열람 · 복사하거나 그 등본 또는 초본을 교부하여 줄 것을 청구할 수 있다(법 제72조 제1항). 만일, 이에 위반하여 관계 서류나 도면을 넘기지 아니한 자에게는 500만원 이하의 과태료를 부과할 수 있다(법 제85조 제2항 제5호).

나. 관계 서류의 게시 등

시행자는 토지소유자와 그 밖의 이해관계인이 알 수 있도록 관보 · 공보 · 일간신문 또는 인터넷에 게시하는 등의 방법으로 다음 각 호에 관한 사항을 공개하여야 한다(같은 조 제2항). 또한 위 각 호에 관한 서류나 도면 등을 도시개발사업이 시행되는 지역에 있는 주된 사무소에 갖추어 두어야 하고, 도시개발구역의 토지 등에 대하여 권리자가 열람이나 복사를 요청하는 경우에는 개인의 신상정보를 제외하고 열람이나 복사를 할 수 있도록 하여야 한다. 이 경우 복사에 필요한 비용은 실비의 범위에서 청구인의 부담으로 할 수 있다(같은 조 제3항).

제1호 규약 · 정관 등을 정하는 경우 그 내용
제2호 시행자가 공람, 공고 및 통지하여야 하는 사항
제3호 도시개발구역 지정 및 개발계획, 실시계획 수립 · 인가 내용
제4호 환지계획인가 내용
제5호 그 밖에 도시개발사업의 시행에 관하여 대통령령으로 정하는 사항

[법 제72조 제2항 제5호에서 "대통령령으로 정하는 사항"]

영 제85조의 5 (관계 서류의 열람 및 보관 등)

법 제72조 제2항 제5호에서 "대통령령으로 정하는 사항"이란 다음 각 호의 사항을 말한다. 다만, 제2호, 제3호 및 제5호는 도시개발구역의 전부 또는 일부를 환지방식으로 하여 도시개발사업을 시행하는 경우로 한정한다.

제1호 도시개발사업에 관한 공사의 감리보고서
제2호 체비지(건축물을 포함한다) 매각 내역서
제3호 회계감사보고서

제4호 준공조서
제5호 조합 총회, 대의원회, 이사회 및 규약·정관 등에서 정한 회의의 회의록
제6호 그 밖에 지정권자가 필요하다고 인정한 사항

개인의 사생활의 비밀과 자유를 침해할 우려가 있다는 등의 이유로 재개발사업에 관한 정보공개청구를 배척한 사례(대법원 1997. 5.23. 선고 96누2439 판결)

재개발사업에 관한 이해관계인이 공개를 청구한 자료 중 일부는 개인의 인적사항, 재산에 관한 내용이 포함되어 있어서 공개될 경우에는 타인의 사생활의 비밀과 자유를 침해할 우려가 있으며, 그 자료의 분량이 합계 9,029매에 달하기 때문에 이를 공개하기 위하여는 행정업무에 상당한 지장을 초래할 가능성이 있고, 그 자료의 공개로 공익이 실현된다고 볼 수도 없다는 이유로, 재개발사업에 관한 정보공개청구를 배척하였다.

다. 관계서류의 인계 및 보관

1) 관계서류의 인계

행정청이 아닌 시행자가 도시개발사업을 끝내거나 폐지한 경우에는 국토교통부령으로 정하는 바에 따라 관계 서류나 도면을 특별자치도지사·시장·군수 또는 구청장에게 넘겨야 한다(같은 조 제4항).

2) 인계시기

행정청이 아닌 시행자가 특별자치도지사·시장·군수 또는 구청장에게 관계서류를 넘기려는 경우에는 다음 각 호의 서류 및 도면을 도시개발사업을 완료 또는 폐지한 날부터 2개월 이내에 넘겨야 한다(법 시행규칙 제43조 제1항). 다만, 서류 및 도면의 보관기간은 제1항 제1호부터 제5호까지의 서류 및 도면은 10년, 같은 항 제6호·제7호의 서류 및 도면은 5년으로 한다(같은 조 제2항).

제1호 실시계획 인가서
제2호 규약·정관 또는 시행규정 관련 서류
제3호 환지계획·환지처분 등 환지 관련 서류 및 도면
제4호 공사설계도 등 관련 서류 및 도면

제5호 청산금 관련 서류
제6호 조합의 합병 및 해산 관련 서류
제7호 그 밖에 일반문서 관련 서류 및 도면

3) 보존기간

행정청인 시행자 관계 서류를 넘겨받은 특별자치도지사 · 시장 · 군수 또는 구청장은 그 도시개발사업의 관계 서류를 국토교통부령으로 정하는 기간 동안 보관하여야 한다(법 제75조 제5항).

4. 권리의무의 승계

시행자나 도시개발구역의 토지 등에 대하여 권리를 가진 자(이하 "이해관계인 등"이라 한다)가 변경된 경우에 이 법 또는 이 법에 따른 명령이나 규약 · 정관 또는 시행규정에 따라 종전의 이해관계인 등이 행하거나 이해관계인등에 대하여 행한 처분, 절차, 그 밖의 행위는 새로 이해관계인등이 된 자가 행하거나 새로 이해관계인등이 된 자에 대하여 행한 것으로 보는데(법 제73조), 이는 도시개발사업에 있어서 사업의 연속성을 유지하기 위한 것이다.

토지구획정리사업법 제79조 제2항 소정의 사업시행자의 변경으로 인한 권리의무의 승계가 있었다고 본 사례(대법원 1995. 3.14. 선고 94다6666 판결)

토지구획정이사업시행자의 변경으로 인한 권리의무의 승계에 관한 토지구획정리사업법 제79조 제2항의 규정상, 도지사가 토지구획정리조합에 대한 설립 및 사업인가를 취소하고 같은 법 제7조 제1항 제2호에 따라 지방자치단체인 시에게 그 토지에 대한 구획정이사업의 시행을 명한 것은 같은 법 제79조 제2항 소정의 "시행자 등의 변동이 있는 때"에 해당함이 분명하므로, 구획정리조합의 기존 채무가 새로운 사업시행자인 시가 승계할 채무인지 여부는 결국 그 채무가 종전의 시행자인 구획정리조합이 "같은 법 또는 같은 법에 의한 명령이나 규약, 정관 또는 시행규정의 규정에 의하여" 부담하게 된 채무인지 여부에 달려있는바, 종전의 시행자인 구획정리조합의 창업비지급채무가 조합정관의 규정에 따라 대의원회의 적법한 의결을 거쳐 감독관청인 도지사로부터 인가받은 사업계획의 범위 내에서 부담하게 된 채무라면, 그 창업비지급채무는 다른 사정이 없는 한, 위 법률의 규정에 따라 새로 시행자가 된 시에게 당연히 승계된 것으로 보아야 한다.

5. 보고 및 검사 등

가. 검사를 위한 보고 · 자료제출명령

1) 보고 및 검사

지정권자나 특별자치도지사 · 시장(대도시 시장을 제외한다) · 군수 또는 구청장은 도시개발사업의 시행과 관련하여 필요하다고 인정하면 시행자(지정권자가 시행자인 경우는 제외한다)에게 필요한 보고를 하게 하거나 자료를 제출하도록 명할 수 있으며, 소속 공무원에게 도시개발사업에 관한 업무와 회계에 관한 사항을 검사하게 할 수 있다(법 제74조 제1항).

2) 보고 및 검사시기

도시개발법 제74조 제1항에 따라 지정권자 등은 도시개발사업의 시행과 관련하여 필요하다고 인정하면 시행자에게 필요한 보고를 하게하거나 자료를 제출하도록 명할 수 있으며, 소속 공무원에게 도시개발사업에 관한 업무와 회계에 관한 사항을 검사하게 할 수 있다.

따라서 위 조항에 따른 검사 등의 이행 여부는 지정권자 등이 결정할 사항이다.[129)]

나. 벌 칙

만일, 자료의 제출, 보고 의무자가 그 검사를 거부 · 방해 또는 기피하는 경우에는 1,000만원 이하의 과태료를 부과할 수 있으며, 서류나 도면을 넘기지 아니하거나, 보고를 하지 아니하거나 거짓된 보고를 하는 경우 또는 자료의 제출을 하지 아니하거나 거짓된 자료를 제출하는 경우에는 500만원 이하의 과태료를 부과할 수 있다(법 제85조 제1항 제3호, 제2항 5,6,7호).

다. 증표의 제시

법 제85조 제1항에 따른 업무나 회계를 검사하는 공무원은 그 권한을 표시하는 증표를 지니고 이를 관계인에게 내보여야 하며, 이에 따른 증표에 필요한 사항은 국토교통부령으로 정한다(법 제74조 제2, 3항). 이때 증표는 아래 별지 제34호 서식에 따른다(법 시행규칙 제42조 제2항).

---

129) 도시재생과-1185, 2012. 7. 4.

[별지 제34호 서식]

<table>
<tr><td>제 호

증 표</td><td>사진
(2.5㎝×3㎝)</td></tr>
<tr><td colspan="2">1. 주 소 :
2. 성 명 :
3. 생년월일 :
4. 유효기간 : . . . ~ . . .

위 사람은 「도시개발법」 제74조에 따라 도시개발사업에 관한 업무 및 회계에 관한 사항을 검사할 수 있는 자임을 증명합니다.

년 월 일

국토교통부장관
시 · 도지사
시장 · 군수 · 구청장 직인</td></tr>
</table>

65㎜×90㎜(보존용지(1종) 120g/㎡)

제5절 도시개발구역 밖의 시설에 대한 준용

도시개발구역 밖의 지역에서 도시개발구역을 이용하는 데에 제공되는 기반시설을 설치하는 등 도시개발사업에 직접 관련되는 사업의 시행에 필요한 경우에는 법 제3조부터 제53조까지 및 제64조부터 제77조까지의 규정을 준용한다(법 제78조).

제6절 권한의 위임

행정관청권한의 위임이라 함은 「행정관청이 자기의 법령상의 권한의 일부를 다른 행정기관에 이전하여 수임기관의 권한으로 행사」하도록 하는 경우를 말한다. 지휘 · 감독관계에 있는 자 사이의 이전과 대등관계에 있는 자 사이의 이전을 구분하여, 전자의 경우를 좁은 의미의 위임이라 하고, 후자의 경우를 위탁이라 한다. 권한의 위탁 중에서 등기 · 소송에 관한 사무를 위탁하는 것을 촉탁이라 한다.

1. 국토교통부장관의 권한위임

이 법에 따른 국토교통부장관의 권한은 그 일부를 대통령령으로 정하는 바에 따라 시 · 도지사나 그 소속 기관의 장에게 위임할 수 있으며, 시 · 도지사는 국토교통부장관의 승인을 받아 위임받은 권한의 일부를 시장 · 군수 또는 구청장에게 재위임할 수 있다(법 제79조 제1항).

2. 시 · 도지사의 권한위임

이 법에 따른 시 · 도지사의 권한은 그 일부를 시 · 도의 조례로 정하는 바에 따라 시장 · 군수 또는 구청장에게 위임할 수 있다(같은 조 제2항).

[서울시의 경우]

> 시장의 권한에 속하는 사무 중 다음 각 호의 사무를 구청장에게 위임한다(조례 제27조 제1항).
> 제1호 법 제13조에 따른 조합설립인가에 관한 사무
> 제2호 법 제20조에 따른 공사의 감리에 관한 사무

3. 위임 또는 재임된 경우 의결기관

전항에 따라 권한이 위임되거나 재위임된 경우에 위임되거나 재위임된 사항 중 「국토의 계획 및 이용에 관한 법률」 제106조에 따른 중앙도시계획위원회 또는 같은 법 제113조 제1항에 따른 지방도시계획위원회의 의결을 거쳐야 하는 사항은 그 권한을 위임받거나 재위임받은 지방자치단체에 설치된 지방도시계획위원회의 의결을 거쳐야 한다(법 제79조 제3항).

제7절 행정심판과 권리구제 등

1. 법률 등의 위반자에 대한 행정처분

가. 법률 등의 위반자에 대한 행정처분

1) 행정처분

지정권자나 시장(대도시 시장을 제외한다)·군수 또는 구청장은 일정한 요건 하에 이 법에 따른 시행자 지정 또는 실시계획 인가 등을 취소하는 등의 처분을 하거나 필요한 조치를 명할 수 있다(법 제75조).

2) 처분권자

위 1)에 따라 법률 등의 위반자에 대한 행정처분 권한은 해당 인, 허가에 관한 지정권자나 시장·군수·구청장이다. 다만, 같은 법 제79조 제2항에 따라 시·도지사의 권한은 그 일부를 시·도의 조례로 정하는 바에 따라 시장·군수 또는 구청장에게 위임할 수 있도록 정하고 있기

때문에, 위임사무의 범위 내에서는 이를 위임받은 기관이 처분권자가 된다.

토지구획정리조합이 예비비에서 공로금을 지출하기로 하는 지급결의가 감독관청의 인가대상인지 여부(소극)와 그의 취소를 명한 감독관청의 처분의 효력유무(대법원 1990. 5. 11. 선고 89다카8320 판결)

토지구획정리조합이 예비비에서 공로금을 지출하기로 한 지급결의는 이미 인가받은 사업계획의 범위 내에서 하는 구체적인 집행결정이지 자금계획의 변경이 아니기 때문에 감독관청의 인가대상이 아니며, 토지구획정리사업법 제77조 제2항의 사업계획을 어긴 것도 아니므로 감독관청이 그 결정의 취소를 명하였다 하더라도 권한 없는 자의 행위로서 그 효력이 없다.

나. 행정처분의 요건

지정권자나 시장 · 군수 또는 구청장은 다음 각 호의 어느 하나에 해당하는 자에 대하여 시행자 지정 또는 실시계획 인가 등을 취소하거나 공사의 중지, 건축물 등이나 장애물 등의 개축 또는 이전, 그 밖에 필요한 처분을 하거나 조치를 명할 수 있다(법 제75조).

제1호 지정권자가 제4조 · 제11조 · 제13조 · 제17조 또는 제29조에 따른 수립 · 지정 · 인가 또는 승인 시 부과한 조건을 지키지 아니하거나 개발계획 · 실시계획대로 도시개발사업을 시행하지 아니한 자

제2호 제9조 제5항에 따른 허가를 받지 아니하고 행위를 한 자

제3호 거짓이나 그 밖의 부정한 방법으로 제11조 · 제13조 · 제17조 · 제22조 · 제23조 또는 제29조에 따른 시행자 지정, 조합 설립 인가, 실시계획 인가, 토지 등의 수용재결 또는 사용재결, 토지상환채권발행의 승인 또는 환지계획의 인가를 받은 자

제4호 제11조 제3항 · 제4항 또는 제13조 제1항에 따라 정한 규약 · 시행규정 또는 정관을 위반한 자

제5호 제13조 제2항 단서, 제35조, 제37조 제2항, 제38조 제2항, 제40조, 제43조, 제66조 제6항, 제70조 제2항 또는 제72조를 위반한 자

제5의2호 제21조의 3 제1항을 위반하여 세입자등에게 임대주택 건설용지를 조성 · 공급하지 아니하거나 임대주택을 건설 · 공급하지 아니한 자

제6호 제23조에 따른 승인을 받지 아니하고 토지상환채권을 발행한 자

제7호 제24조에 따른 이주대책 등을 수립하지 아니하거나 수립된 대책을 시행하지 아니한 자

제8호 제25조를 위반하여 선수금을 받은 자

제8의2호 제25조의 2 제5항에 따른 승인 조건을 위반하거나 같은 조 제7항에 따른 조치를 이행하지 아니한 자

제9호 제26조 제1항에 따른 조성토지 등의 공급계획을 제출하지 아니하거나 공급계획과 다르게 조성토지 등을 공급한 자

제10호 제38조 제1항에 따른 허가를 받지 아니하고 장애물을 이전하거나 제거한 자

제10의2호 제38조 제2항에 따른 건축물의 이전 · 제거 허가의 조건을 이행하지 아니한 자

제11호 제50조 제1항에 따른 준공검사를 받지 아니한 자

제12호 제53조 단서에 따른 사용허가 없이 조성토지 등을 사용한 자

2. 청 문

지정권자나 특별자치도지사 · 시장(대도시 시장을 제외한다) · 군수 또는 구청장은 이 법에 따른 허가 · 지정 · 인가 또는 승인을 취소하려면 청문을 하여야 한다(법 제76조). 청문은 인가취소 등을 위한 필수적 절차로서 이를 거치지 아니한 처분은 위법한 처분이 되어 취소소송의 대상이 된다.

3. 행정심판

이 법에 따라 시행자가 행한 처분에 불복하는 자는 「행정심판법」에 따라 행정심판을 제기할 수 있다. 다만, 행정청이 아닌 시행자가 한 처분에 관하여는 다른 법률에 특별한 규정이 있는 경우 외에는 지정권자에게 행정심판을 제기하여야 한다(법 제77조).

토지수용위원회의 수용재결에 대한 이의절차에 행정심판법의 규정이 적용될 것인지 여부나. 토지수용재결서정본을 송달함에 있어 이의신청기간을 알리지 않은 경우 행정심판법 제18조 제6항이 적용되는지 여부(대법원 1992. 6. 9. 선고 92누565 판결)

토지수용위원회의 수용재결에 대한 이의절차는 실질적으로 행정심판의 성질을 갖는 것이므로 토지수용법에 특별한 규정이 있는 것을 제외하고는 행정심판법의 규정이 적용된다고 할 것이다.

또한, 토지수용법 제73조 및 제74조의 각 규정을 보면 수용재결에 대한 이의신청기간을 재결서정본송달일로부터 1월로 규정한 것 외에는 행정심판법 제42조 제1항 및 같은 법 제18조 제6항과 다른 내용의 특례를 규정하고 있지 않으므로, 재결서정본을 송달함에 있어서 상대방에게 이의신청기간을 알리지 않았다면 행정심판법 제18조 제6항의 규정에 의하여 같은 조 제3항의 기간 내에 이의신청을 할 수 있다고 보아야 할 것이다.

제8절 벌칙사항

1. 벌칙사항

가. 3년 이하의 징역이나 3천만원 이하의 벌금

다음 각 호의 어느 하나에 해당하는 자는 3년 이하의 징역이나 3천만원 이하의 벌금에 처한다(법 제80조).

제1호 제9조 제5항에 따른 허가를 받지 아니하고 행위를 한 자

제2호 부정한 방법으로 제11조 제1항에 따른 시행자의 지정을 받은 자

제3호 부정한 방법으로 제17조 제2항에 따른 실시계획의 인가를 받은 자

제4호 제25조의 2 제1항 및 제2항에 따라 원형지 공급 계획을 승인받지 아니하고 원형지를 공급하거나 부정한 방법으로 공급 계획을 승인받은 자

제5호 제25조의 2 제6항을 위반하여 원형지를 매각한 자

나. 2년 이하의 징역이나 2천만원 이하의 벌금

다음 각 호의 어느 하나에 해당하는 자는 2년 이하의 징역이나 2천만원 이하의 벌금에 처한다(법 제81조).

제1호 제17조 제2항에 따라 실시계획의 인가를 받지 아니하고 사업을 시행한 자

제2호 제26조 제1항에 따른 조성토지 등의 공급 계획을 제출하지 아니하고 조성토지 등을 공급한 자

제3호 제53조 단서에 따른 사용허가 없이 조성토지 등을 사용한 자

다. 1년 이하의 징역 또는 1천만원 이하의 벌금

다음 각 호의 어느 하나에 해당하는 자는 1년 이하의 징역 또는 1천만원 이하의 벌금에 처한다(법 제82조).

제1호 고의나 과실로 제20조 제2항에 따른 감리업무를 게을리하여 위법한 도시개발사업의 공사를 시공함으로써 시행자 또는 조성토지 등을 분양받은 자에게 손해를 입힌 자

제2호 제20조 제4항을 위반하여 시정통지를 받고도 계속하여 도시개발사업의 공사를 시공한 시공자 및 시행자

제3호 제75조에 따른 시행자 지정 또는 실시계획의 인가 등의 취소, 공사의 중지, 건축물 등이나 장애물 등의 개축 또는 이전 등의 처분이나 조치명령을 위반한 자

라. 양벌규정

도시개발법 제83조는 법인의 대표자나 법인 또는 개인의 대리인, 사용인, 그 밖의 종업원이 그 법인 또는 개인의 업무에 관하여 법 제80조부터 제82조까지의 어느 하나에 해당하는 위반행위를 하면 그 행위자를 벌하는 외에 그 법인 또는 개인에게도 해당 조문의 벌금형을 과(科)한다고 규정하고 있는데, 이는 법 제80조, 제81조 및 제82조의 위반 행위시 행위자를 형사처벌하는 외에 소속된 법인의 대표자에게 부과하는 것이다(법 제83조).

다만, 법인 또는 개인이 그 위반행위를 방지하기 위하여 해당 업무에 관하여 상당한 주의와 감독을 게을리하지 아니한 경우에는 그러하지 아니하다.

구 도시계획법 제93조 소정의 '사용인 기타의 종업원'에 토지의 임차인도 포함되는지 여부(대법원 2003. 6. 10. 선고 2001도2573 판결)

이른바 양벌규정인 구 도시계획법(2000. 1.28. 법률 제6243호로 전문 개정되기 전의 것) 제93조에서 정한 '사용인 기타의 종업원'에는 법인 또는 개인과 정식으로 고용계약을 체결하고 근무하는 자뿐만 아니라 법인 또는 개인의 대리인, 사용인 등이 자기의 업무보조자로서 사용하면서 직접 또는 간접으로 법인 또는 개인의 통제 · 감독 아래에 있는 자도 포함된다고 보아야 하지만, 토지의 소유자가 토지를 임차하여 사용하는 사람에 대하여 소유자로서의 권리를 행사할 수 있다는 이유만

으로 토지의 임차인을 그 토지소유자의 사용인 기타의 종업원에 해당한다고 볼 수는 없다.

구 건설업법 제63조에 의하여 건설업자가 아닌 행위자도 건설업자에 대한 각 벌칙규정의 적용대상이 되는지 여부(대법원 1997. 6. 13. 선고 97도534 판결)

건설업법 제60조 제4호, 제16조의 2 소정의 벌칙규정의 적용대상은 건설업자임이 그 규정 자체에 의하여 분명하나, 한편 같은 법(1995.12.30. 법률 제5137호로 개정되기 전의 것) 제63조는 법인의 대표자나 법인 또는 개인의 대리인, 사용인 기타의 종업원이 그 법인 또는 개인의 업무에 관하여 제59조 내지 제62조의 위반행위를 한 때에는 그 행위자를 벌하는 외에 그 법인이나 개인에 대하여도 해당 각 조의 벌금형을 과한다는 양벌규정을 두고 있고, 이 규정의 취지는 각 본조의 위반행위를 한 행위자와 건설업자인 법인 또는 개인의 쌍방을 모두 처벌하려는 데에 있으므로, 이 양벌규정에 의하여 건설업자가 아닌 행위자도 각 본조의 벌칙규정의 적용대상이 된다.

마. 벌칙 적용시 공무원 의제

조합의 임직원, 그 업무를 하는 감리원은 「형법」 제129조부터 제132조까지의 규정에 따른 벌칙을 적용할 때 공무원으로 본다(법 제84조).

[「형법」 제129조부터 제132조까지의 규정]

형 법

제129조 (수뢰, 사전수뢰)

① 공무원 또는 중재인이 그 직무에 관하여 뇌물을 수수, 요구 또는 약속한 때에는 5년 이하의 징역 또는 10년 이하의 자격정지에 처한다.

② 공무원 또는 중재인이 될 자가 그 담당할 직무에 관하여 청탁을 받고 뇌물을 수수, 요구 또는 약속한 후 공무원 또는 중재인이 된 때에는 3년 이하의 징역 또는 7년 이하의 자격정지에 처한다.

제130조 (제삼자뇌물제공)

공무원 또는 중재인이 그 직무에 관하여 부정한 청탁을 받고 제3자에게 뇌물을 공여하게 하거나 공여를 요구 또는 약속한 때에는 5년 이하의 징역 또는 10년 이하의 자격정지에 처한다.

제131조 (수뢰후부정처사, 사후수뢰)

① 공무원 또는 중재인이 전2조의 죄를 범하여 부정한 행위를 한 때에는 1년 이상의 유기징역에 처한다.

② 공무원 또는 중재인이 그 직무상 부정한 행위를 한 후 뇌물을 수수, 요구 또는 약속하거나

제삼자에게 이를 공여하게 하거나 공여를 요구 또는 약속한 때에도 전항의 형과 같다.
③ 공무원 또는 중재인이었던 자가 그 재직 중에 청탁을 받고 직무상 부정한 행위를 한 후 뇌물을 수수, 요구 또는 약속한 때에는 5년 이하의 징역 또는 10년 이하의 자격정지에 처한다.
④ 전3항의 경우에는 10년 이하의 자격정지를 병과할 수 있다.

제132조 (알선수뢰)

공무원이 그 지위를 이용하여 다른 공무원의 직무에 속한 사항의 알선에 관하여 뇌물을 수수, 요구 또는 약속한 때에는 3년 이하의 징역 또는 7년 이하의 자격정지에 처한다.

시·구도시계획위원회 위원이 형법 제129조의 공무원에 해당되는지 여부(대법원 1997. 6. 13. 선고 96도1703 판결)

형법 제129조에서의 공무원이라 함은 법령의 근거에 기하여 국가 또는 지방자치단체 및 이에 준하는 공법인의 사무에 종사하는 자로서 그 노무의 내용이 단순한 기계적·육체적인 것에 한정되어 있지 않은 자를 지칭하는 것이므로, 도시계획법 제75조 제2항, 제76조 제2항, 같은 법 시행령 제61조 제1항, 제3항에 따라 도시계획에 관하여 시장 또는 구청장의 자문에 응하며, 당해 시 또는 구의 도시계획에 관한 사항을 심의하기 위하여 설치된 시·구도시계획위원회의 위원도 형법 제129조에서 말하는 공무원에 해당된다.

서울시 부시장의 비서관이 체비지불하와 관련하여 금품을 받은 것이 알선수뢰죄에 해당한다고 본 사례 (대법원 1989. 11. 14. 선고 89도1700 판결)

서울시 공무원으로 11년 이상 근무하여 왔고 5급 별정직의 신분으로 서울시 부시장의 비서관으로 재직하던 자가 시청 관재과 소속공무원에게 부탁하여 체비지를 불하받도록 하여 주겠다고 약속하고 그 교제비로 금원을 교부받았다면, 이는 체비지 불하업무를 취급하는 시청 관재과 소속 공무원과의 사이에 직무상 연관관계를 가지고 사실상 어떤 영향력을 미칠 수 있는 지위를 이용하여 그 공무원의 직무에 속하는 사항의 알선에 관하여 뇌물을 수수한 것이라고 봄이 상당하다.

2. 과태료의 부과

가. 부과권자

도시개발법 제85조 제1항 제1호 및 같은 조 제2항 제1호부터 제3호까지의 규정에 해당하는 자에 대한 과태료는 해당 도시개발구역의 지정권자가 부과한다(법 제86조).

나. 과태료의 부과

1) 1천만원 이하의 과태료

다음 각 호의 하나에 해당하는 자에게는 1천만원 이하의 과태료를 부과한다(법 제85조 제1항).

제1호 제6조에 따른 조사 또는 측량을 위한 행위를 거부하거나 방해한 자

제2호 제64조 제2항부터 제4항까지의 규정에 따른 허가 또는 동의를 받지 아니하고 제64조 제1항에 따른 행위를 한 자

제3호 제74조 제1항에 따른 검사를 거부·방해 또는 기피한 자

2) 500만원 이하상의 과태료

다음 각 호의 어느 하나에 해당하는 자에게는 500만원 이하의 과태료를 부과한다(같은 조 제2항).

제1호 조합이 도시개발사업이 아닌 다른 업무를 한 경우

제2호 제39조 제3항을 위반한 자

제3호 제40조 제5항에 따른 통지를 하지 아니한 자

제4호 제64조 제6항을 위반하여 타인의 토지에 출입한 자

제5호 제72조 제4항에 따른 관계 서류나 도면을 넘기지 아니한 자

제6호 제74조 제1항에 따른 보고를 하지 아니하거나 거짓된 보고를 한 자

제7호 제74조 제1항에 따른 자료의 제출을 하지 아니하거나 거짓된 자료를 제출한 자

3) 과태료의 부과징수

과태료는 대통령령으로 정하는 바에 따라 국토교통부장관, 시·도지사, 시장·군수 또는 구청장이 부과·징수한다(같은 조 제3항).

효력을 상실한 행정처분의 취소를 구하는 헌법소원의 적법 여부(헌법재판소 1998. 9.30.자 98헌마18 결정소극)

행정기관의 과태료부과처분에 대하여 그 상대방이 이의를 제기함으로써 비송사건절차법에 의한 과태료의 재판을 하게 되는 경우, 법원은 당초 행정기관의 과태료부과처분을 심판의 대상으로 하여 그 당부를 심사한 후 이의가 이유 있다고 인정하여 그 처분을 취소하거나 이유 없다는 이유로 이의를 기각하는 재판을 하는 것이 아니라, 직권으로 과태료부과요건이 있는지를 심사하여 그

> 요건이 있다고 인정하면 새로이 위반자에 대하여 과태료를 부과하는 것이므로, 행정기관의 과태료 부과처분에 대하여 상대방이 이의를 하여 그 사실이 비송사건절차법에 의한 과태료의 재판을 하여야 할 법원에 통지되면 당초의 행정기관의 부과처분은 그 효력을 상실한다 할 것이다. 따라서 이미 효력을 상실한 피청구인의 과태료부과처분의 취소를 구하는 이 사건 심판청구는 권리보호의 이익이 없다.

3. 과태료의 부과기준

가. 일반기준

1) 위반행위의 횟수에 따른 과태료의 부과기준은 최근 1년간 같은 위반행위로 과태료를 부과받은 경우에 적용한다. 이 경우 위반횟수는 같은 위반행위에 대하여 과태료를 부과받은 날과 다시 같은 위반행위로 적발된 날을 기준으로 하여 계산한다.

2) 하나의 위반행위가 둘 이상의 과태료 부과기준에 해당하는 경우에는 그 중 금액이 큰 과태료 부과기준을 적용한다.

3) 부과권자는 다음의 어느 하나에 해당하는 경우에는 제2호에 따른 과태료 금액의 2분의 1의 범위에서 그 금액을 감경할 수 있다. 다만, 과태료를 체납하고 있는 위반행위자의 경우에는 그러하지 아니하다.

가) 위반행위자가 「질서위반행위규제법 시행령」 제2조의 2 제1항 각 호의 어느 하나에 해당하는 경우

나) 위반행위가 사소한 부주의나 오류로 인한 것으로 인정되는 경우

다) 위반행위자가 위반행위를 바로 정정하거나 시정하여 법 위반상태를 해소한 경우

라) 그 밖에 위반행위의 정도, 위반행위의 동기와 그 결과 등을 고려하여 감경할 필요가 있다고 인정되는 경우

4) 부과권자는 다음의 어느 하나에 해당하는 경우에는 제2호에 따른 과태료 금액의 2분의 1의 범위에서 가중할 수 있다. 다만, 법 제85조 제1항 및 제2항에 따른 과태료 금액의 상한을 넘을 수 없다.

가) 위반의 내용·정도가 중대하여 이해관계인 등에게 미치는 피해가 크다고 인정되는 경우

나) 법 위반상태의 기간이 6개월 이상인 경우

다) 그 밖에 위반행위의 정도, 위반행위의 동기와 그 결과 등을 고려하여 가중할 필요가 있다고 인정되는 경우

나. 개별기준

(단위 : 만원)

위반행위	근거 법조문	과태료 금액		
		1차	2차	3차 이상
가. 조합이 도시개발사업이 아닌 다른 업무를 한 경우	법 제85조 제2항 제1호	200	300	500
나. 법 제6조에 따른 조사 또는 측량을 위한 행위를 거부하거나 방해한 경우	법 제85조 제1항 제1호	200	400	600
다. 법 제39조 제3항을 위반한 경우	법 제85조 제2항 제2호	100	200	300
라. 법 제40조 제5항에 따른 통지를 하지 않은 경우	법 제85조 제2항 제3호	300	300	300
마. 법 제64조 제2항부터 제4항까지의 규정에 따른 허가 또는 동의를 받지 않고 법 제64조 제1항에 따른 행위를 한 경우	법 제85조 제1항 제2호			
1) 타인이 점유하는 토지에 출입한 경우		100	200	300
2) 타인의 토지를 재료를 쌓아두는 장소 또는 임시도로로 일시 사용한 경우		200	400	600
3) 장애물 등을 변경하거나 제거한 경우		300	600	1,000
바. 법 제64조 제6항을 위반하여 타인의 토지에 출입한 경우	법 제85조 제2항 제4호	100	200	300
사. 법 제72조 제3항에 따른 관계 서류나 도면을 넘기지 않은 경우	법 제85조 제2항 제5호			
1) 법 위반상태의 기간이 1개월 이내인 경우		200	200	200
2) 법 위반상태의 기간이 1개월 초과 3개월 이내인 경우		300	300	300
3) 법 위반상태의 기간이 3개월 초과인 경우		500	500	500
아. 법 제74조 제1항에 따른 보고를 하지 않거나 거짓된 보고를 한 경우	법 제85조 제2항 제6호	100	200	300
자. 법 제74조 제1항에 따른 자료의 제출을 하지 않거나 거짓된 자료를 제출한 경우	법 제85조 제2항 제7호	100	200	300
차. 법 제74조 제1항에 따른 검사를 거부·방해 또는 기피한 경우	법 제85조 제1항 제3호	200	400	800

제9절 보칙 및 벌칙 등에 관한 주요 질의·회신 사례

사례 82 : 타인토지의 출입허가 등

질의사항

○ 도시개발사업 구역에서 도로예정부지로 계획된 토지의 관리주체는 누구이며, 도로예정부지의 공사를 위한 진출입시 「도시개발법」 제64조에 따른 타인토지출입허가를 받아야 하는지

회신내용

○ 도시개발법」 제36조 제1항에 따라 환지예정지가 지정되면 종전의 토지소유자 등은 환지예정지 지정의 효력발생일로부터 환지처분이 공고되는 날까지 환지예정지 등에 대하여 종전과 같은 내용의 권리를 행사할 수 있으며 종전 토지는 사용하거나 수익할 수 없습니다.

– 따라서 도로예정부지로 계획된 토지를 소유하고 있던 자가 다른 토지로 환지예정지 지정을 받으면 종전 토지인 도로예정지에 대한 사용 또는 수익이 제한되며, 도로 예정부지는 같은 법 제39조에 따라 "환지예정지 지정 등으로 사용하거나 수익할 수 있는 자가 없게 된 토지"에 해당하여 환지처분 공고일까지 시행자가 이를 관리하게 됩니다.

– 또한 같은 법 제64조에 따른 타인토지의 출입허가는 시행자가 같은 법 제6조에 따른 기초조사 등을 위해 타인이 점유하여 사용·수익 중인 토지에 출입하는 경우에 필요한 것이나, 개발계획에서 정한 바에 따라 공사를 시행하기 위하여 종전 토지소유자가 사용할 수 없는 토지 등에 출입하는 경우에도 허가를 받도록 한다면 시행자의 정상적인 사업시행 및 공사가 사실상 불가능해지는 모순이 발생할 것으로 생각됩니다.

(도시재생과-1245, 2011.9.8)

사례 83 : 지장물 철거를 위한 환지예정지 지정여부

질의사항

○ 환지방식의 도시개발사업지구 내 지장물 이전·제거에 따른 손실보상시, 보상협의가 잘되지 않아, 관할 토지수용위원회에 재결신청을 하고자 하는 경우, 「도시개발법」 제35조에 따른 환지예정지 지정이 사전에 필요한지 여부

회신내용

○ 「도시개발법」 제65조 제1항·제2항에서 동법 제38조 제1항에 따른 행위로 손실을 입은 자가 있으면, 그 시행자는 손실을 입은 자와 협의하여 손실 보상하여야 하며 - 동 조 제3항에서 동 협의가 성립되지 않거나 협의를 할 수 없으면 관할 토지수용위원회에 재결을 신청할

수 있도록 정하고 있습니다.

○ 또한, "동 법 제38조 제1항에 따른 행위"란 제35조 제1항에 따라 환지예정지를 지정하는 경우 등에 도시개발구역에 있는 건축물과 그 밖의 공작물이나 물건 등을 이전 · 제거하는 경우로

– 환지예정지 지정 등의 절차가 이루어져야 동 법 제65조의 적용이 가능함을 알려드립니다.

(도시재생과-215, 2010. 1.20)

사례 84 : 공공시설의 무상귀속

질의사항

가. 「도시개발법」 제66조 제4항의 "점용 또는 사용"의 의미는 무엇인지

나. 시행자는 관리청과의 협의 없이 「도시개발법」 제66조 제4항에 따라 공공시설의 점용 또는 사용할 수 있는지

회신내용

가. 「도시개발법」 제66조 제4항의 "점용 또는 사용"이란 국유재산법 등 해당 공공시설의 점용 및 사용에 관하여 승인 · 허가 등을 받도록 정하고 있는 관계 법률상의 점 · 사용을 말합니다.

나. 「도시개발법」 제66조 제4항에 따라 지정권자가 관리청의 의견을 들어 실시계획을 작성하거나 인가한 경우, 시행자는 실시계획에 포함된 공공시설의 점용 및 사용에 관하여 관계 법률에 따른 승인 · 허가 등을 받은 것으로 보아 도시개발사업을 시행할 수 있습니다

– 동 규정의 취지는 국유재산법 등 관계 법률에서 해당 공공시설을 점 · 사용하고자 할 때 승인 · 허가를 받도록 하고 있다고 하더라도 도시개발사업시 관리청의 의견을 들어 실시계획을 인가하였다면 해당 공공시설의 점 · 사용에 대한 인허가를 받은 것으로 의제 처리하여 사업을 신속하고 효율적으로 추진할 수 있도록 하기 위한 것인바, 시행자가 해당 공공시설을 점 · 사용함에 있어 동 규정상의 "관리청의 의견을 들어 실시계획을 작성하거나 인가한 경우"에 해당이 되는지의 여부는 귀 시에서 판단하여야 할 것으로 보입니다.

(도시재생과-786, 2011. 6.14)

사례 85 : 도시개발법 제67조 '준공'의 의미

질의사항

○ 「도시개발법」 제67조 중 "준공"의 의미는 전체 도시개발사업의 준공을 의미하는 것인지 아니면 해당 공공시설의 준공을 의미하는 것인지

회신내용

○ 「도시개발법」 제66조 제5항 및 제6항에서 해당 도시개발사업의 준공검사를 마친 경우 공공시설이 관리청에 귀속되는 것으로 규정하고 있어, 전체 도시개발사업의 준공시기가 공공시설의 귀속시기임을 알 수 있습니다.

– 따라서, 같은 법 제67조 "도시개발사업으로 도시개발구역에 설치된 공공시설은 준공 후 해당 공공시설의 관리청에 귀속될 때까지 이 법이나 다른 법률에 특별한 규정이 있는 경우 외에는 특별자치도지사 · 시장 · 군수 또는 구청장이 관리한다."에서 "준공"의 대상은 공공시설로 보는 것이 타당할 것으로 보입니다.

(도시재생과-499, 2012. 3.28)

사례 86 : 구역해제시 인계 서류

질의사항

○ 도시개발구역이 해제된 경우 시행자가 지자체에 인계해야 할 서류는 무엇인지

회신내용

○ 「도시개발법」 제72조 제3항에 따라 행정청이 아닌 시행자가 도시개발사업을 끝내거나 폐지한 경우에는 국토교통부령이 정하는 바에 따라 관계 서류나 도면을 특별자치도지사 · 시장 · 군수 또는 구청장에게 넘겨야 합니다.

– 위에서 국토교통부령으로 정하는 서류란 같은 법 시행규칙 제43조 제1항에서 정하고 있는 "실시계획 인가서, 규약 · 정관 또는 시행규정 관련 서류, 환지계획 · 환지처분 등 환지 관련 서류 및 도면, 공사설계도 등 관련 서류 및 도면, 청산금 관련 서류, 조합의 합병 및 해산 관련 서류, 그 밖에 일반문서 관련 서류 및 도면 등임을 알려드립니다.

(도시재생과-489, 2012. 3.26)

사례 87 : 조합원이 직접 사업비를 부담할 수 있는지

질의사항

○ 체비지 매각이 어려운 경우 토지구획정리사업 공사비 등의 충당을 위해 조합원에게 현금을 징수하고 이후 체비지를 매각하여 그 비용을 조합원에게 환급하여 줄 수 있는지 여부

회신내용

○ 「토지구획정리사업법」 제28조에 따라 조합은 정관이 정하는 바에 의하여 구획정리사업에 필요한 비용에 충당하기 위하여 조합원으로부터 경비를 부과 · 징수할 수 있으며, 부과금의

금액은 시행지구 안에 있는 토지의 위치 · 지목 · 면적 · 토질 · 수리 · 이용상황 · 환경 기타의 사항을 종합적으로 고려하여 공평하게 정하도록 규정하고 있습니다.

– 그러므로 체비지가 매각되지 않아 사업비 충당이 어려운 경우 위 조항을 근거로 조합원에게 그 경비를 부과하고 이후 체비지 매각대금으로 조합원이 부담한 경비를 보전하는 것은 가능함을 알려드립니다.

(도시재생과-2238, 2010.10.11)

사례 88 : 개발행위허가 대상여부

질의사항

○ 지자체 시행 도시개발사업 구역에서 공모를 통해 선정된 자가 공원 조성을 위한 토석채취를 하고자 할 경우에 「국토의 계획 및 이용에 관한 법률」(이하 "국토계획법") 또는 「도시개발법」(이하 "도개법")에 따라 개발행위 허가 없이 토석제거(채취)가 가능한지

회신내용

○ 국토계획법 제56조 단서에서 '도시계획사업(도시개발사업 등)에 의한 행위'는 동 법에 따른 개발행위 허가 대상에서 제외하고 있고,

– 도개법 제9조 제5항 등에 따르면 "구역지정에 관한 주민 등의 의견청취를 위한 공고가 있는 지역 및 도시개발구역"에서 토석채취 등의 행위를 하고자 할 경우에는 관할 지자체장으로부터 행위허가를 받도록 하면서, 같은 조 제10항에서 도개법에 따라 허가를 받으면 국토계획법 제56조에 따라 허가를 받은 것으로 본다고 규정하고 있습니다.

– 즉, 도시개발구역 지정을 위해 공람공고한 지역 또는 도시개발구역에서의 개발행위는 도시개발법령에 따라 허가를 받으면 되고, 국토계획법에 따라 중복적으로 허가를 받을 필요가 없으나, 공람공고를 마치지 않았거나, 도시개발구역으로 지정되지 않은 지역(구역예정지역 포함)에서는 국토계획법에 따라 허가를 받아야 합니다.

– 한편, 도개법 제9조 제6항에 따라 행위허가를 받지 않아도 되는 대상은 기본적으로 국토계획법 제56조에 따른 개발행위허가의 대상이 아닌 것 중에서 도개법 시행령 제16조 제3항 각호의 어느 하나에 해당하는 행위이어야 합니다.

○ 따라서, 질의하신 사항의 경우, 도시개발구역으로 지정된 지역(또는 공람 공고를 마친 지역)에서의 토석 채취면적(1,692㎡)이 국토계획법 시행령 제53조 제4호에서 정한 규모를 초과하므로 위 도시개발법령에 따라 관할 지자체장의 허가를 받아야 합니다.

– 다만, 해당 공원 조성계획이 당해 도시개발사업을 위한 도시개발계획의 수립 고시나 실시계획의 인가내용에 포함되어 있는 공원 조성을 위해 이루어지는 토석의 채취 행위라면 이는 도시개발사업의 사업내용에 해당된다고 볼 수 있으므로 별도의 행위 허가를 받지 않아도 될 것으로 판단됩니다.

(도시재생과-2585, 2010.12. 9)

사례 89 : 정리후 토지 평가시점(토지구획정리사업)

질의사항

○ 토지구획정리사업이 완료되지 않은 현 시점에서 환지계획을 변경할 경우 종후 토지의 가치 평가시점 등 환지계획기준은 '환지계획 당시 시점'인지 '현재 변경 시점'인지

회신내용

○ 「토지구획정리사업법」 제48조의 2에 따라 시행자는 환지계획과 청산 등의 적정성을 기하기 위하여 시행지구 안의 토지 등의 가격을 평가하고자 할 때에는 토지평가협의회의 심의를 거쳐 결정하고, 토지평가협의회의 구성 및 운영 등에 관하여 필요한 사항은 당해 규약·정관 또는 시행규정으로 정하도록 규정되어 있으므로 종후 토지평가시점 등은 해당 사업의 정관 등에서 정한 바에 따라 판단할 사항입니다.

– 아울러 「토지구획정리사업법 사무처리규정」 제16조 제2항에 따라 환지계획을 변경하고자 할 경우에는 반드시 환지계획 당시의 환지방법, 환지기준에 따라야 하며 다만, 시행지구의 변동 등으로 당초의 환지계획을 따를 수 없는 부득이한 사정이 있을 경우에는 예외로 할 수 있음을 알려드립니다.

(도시재생과-971, 2011. 7.14)

사례 90 : 평가식 환지설계에 대한 문의

질의사항

가. 지침 4-1-4.에 따른 "정리 전 가격"의 기준은 무엇인지

나. 환지계획수립 시 토지부담률(감보율)이 마이너스(–)상태로 나타날 수 있는지

회신내용

가. "정리 전 가격"은 도시개발구역 지정(개별개획수립) 또는 도시관리계획의 결정·변경(실시계획인가)으로 인한 지가상승 등 개발효과가 반영되지 않은 사업이전 상태를 평가 기준으로 합니다.

나. 해당 토지의 평가결과 정리 전 가격보다 정리 후 가격이 낮은 경우 등에는 토지부담률이 마이너스(–)상태로 나타날 수 있습니다.

(도시재생과-1342, 2011. 9.27)

사례 91 : 전매제한

질의사항

○ 「도시개발법」에 따른 도시개발사업시 「택지개발촉진법」상 전매행위제한 등의 조항이 적용

되는지

회신내용

○ 「도시개발법」에 따른 도시개발사업시 조성토지 등의 공급 등 사업절차 등에 대한 사항은 「도시개발법」에서 타법 조항을 준용하도록 정하였거나 타법에서 도시개발사업시 타법상 관련 조항을 적용하도록 규정하고 있지 않지 않다면 「도시개발법」이 우선적으로 적용됨을 알려드립니다.

– 참고로, 「도시개발법」에서는 전매행위 등을 제한하는 별도의 규정을 두고 있지 않습니다.

(도시재생과-776, 2012. 5.10)

사례 92 : 환지예정지에 대한 주택건설 사업승인 시기

질의사항

○ 환지방식 도시개발사업시행시, 환지예정지 지정 전 실시계획인가 이후 종후 토지에 대한 주택건설사업승인 또는 건축허가 신청이 가능한지

회신내용

○ 도시개발법 제18조 제2항에 따라 실시계획인가 고시 후 용도지역 등 도시관리계획이 변경·결정된 것으로 볼 수 있으나, 같은 법 제36조에 따라 환지예정지 지정(토지에 대한 사용 또는 수익을 시작되는 날) 이후 해당 토지에 대한 사용이 가능하므로 실시계획인가 및 환지예정지 지정 이후 「주택법」에 따른 주택건설사업승인 및 「건축법」에 따른 건축허가 신청 등이 가능할 것으로 보이며, 이에 대한 구체적인 사항은 관련 허가부서에 문의하시기 바랍니다.

(도시재생과-910, 2012. 5.22)

사례 93 : 용도별 입지배분

질의사항

○ 개발계획수립 시 도시지역기준으로 주거용지 배분할 때, 공동주택용지의 비율을 주거용지의 100%로 계획하는 것이 가능한지

회신내용

○ 도시개발업무지침 2-8-5-3(3)③에서는 지역별로 주거용지의 배분기준(도시지역의 경우 원칙적으로 주거용지의 70%를 공동주택으로 계획 가능)을 정하면서 지정권자가 해당 지역의 여건을

고려하여 필요하다고 인정한 경우 30% 범위에서 조정할 수 있도록 정하고 있습니다.
- 따라서, 지정권자가 필요하다고 인정한 경우에는 도시지역기준으로 주거용지의 40%(70%－30%) ~ 100%(70%＋30%) 범위에서 공동주택용지를 계획하는 것은 가능할 것으로 보입니다.

(도시재생과-774, 2012. 5.10)

사례 94 : 건축물 용도변경

질의사항

○ 도시개발구역에서 건축물의 용도변경시 건축법에 따른 임의변경대상(건축법에서 허가나 신고 없이 임의로 용도변경 가능)인 경우에도 사업시행자의 의견을 들어야 하는지 여부

회신내용

○ 「도시개발법」 제16조 제1항 및 제2항에 따라 건축물의 건축, 대수선 또는 용도변경시 지자체장의 허가를 받아야 하며 지자체장이 허가를 하려는 경우 사업시행자가 지정되어 있으면 미리 그 시행자의 의견을 듣도록 규정되어 있고,
- 「도시개발법」에서는 건축물의 용도변경에 대해서 건축법을 의제하고 있지 않으므로 임의변경대상의 용도변경일지라도 사업시행자의 의견을 들어야 할 것으로 판단됩니다.

(도시재생과-1741, 2012.10. 8)

별 첨

도시개발업무지침

녹색도시개발 계획수립 및 평가기준

인천광역시 도시개발사업 표준정관

환지등기절차 등에 관한 업무처리지침

국토교통부 훈령 제778호(2016. 11. 25 공포 · 시행)

도시개발업무지침

제1편 총 칙

제 1 장 지침의 목적 및 적용범위

1-1-1. 이 지침은 「도시개발법」 제5조 및 동법시행령 제25조 등 도시개발법령에서 국토교통부장관이 정하도록 한 사항과 기타 도시개발사업의 시행상 필요한 세부적인 사항을 정함으로써 도시개발사업이 원활히 수행될 수 있도록 함을 목적으로 한다.

1-1-2. 이 지침은 「도시개발법」(이하 "법"이라 한다), 「도시개발법시행령」(이하 "영"이라 한다) 및 「도시개발법시행규칙」(이하 "규칙"이라 한다)에 따라 시행하는 도시개발사업(이하 "개발사업"이라 한다)에 이를 적용한다.

제 2 장 도시개발구역의 지정기준

1-2-1. 〈삭제〉

1-2-2. 〈삭제〉

1-2-3. 영 제2조에서 규정하고 있는 지역외의 지역이나 보전용지가 개발구역에 불가피하게 포함되는 경우에는 도시 · 군관리계획의 변경을 선행하거나 병행하여 추진하여야 한다.

1-2-4. 다른 법률에 따라 건축물의 건축 등 개발행위가 제한되는 지역은 개발구역에서 제외하는 것을 원칙으로 한다. 다만, 개발구역에 불가피하게 포함되는 경우에는 가급적 당초의 행위제한 목적이 달성될 수 있는 지역 · 지구 등으로 계획하여야 한다.

1-2-5. 「국토의 계획 및 이용에 관한 법률」에 따라 지구단위계획구역으로 지정된 지역으로서 지정권자가 기반시설의 설치 또는 대지의 교환 등 계획적인 도시개발이 필요하다고 인정하는 지역인 경우에는 영 제2조제1항의 규정에서 정하는 면적 이하라도 도시개발구역으로 지정할 수 있다. 이 경우 「국토의 계획 및 이용에 관한 법률」 제36조의 규정에 따른 용도지역간의 변경은 할 수 없다. 다만, 지구단위계획구역의 일부가 도시개발구역에 포함되는 경우에는 그러하지 아니하다.

1-2-6. 법 제3조 및 영 제2조 제3항의 규정에 따라 국토교통부장관이 국가균형발전을 위하여 관계 중앙행정기관의 장과 협의하여 개발구역으로 지정하고자 하는 지역에 대하여는 1-2-3. 와 1-2-4.의 규정을 적용하지 아니한다.

1-2-7. 법 제11조제1항 제5호부터 제11호까지 해당하는 자가 도시개발구역 지정을 제안하는 경우 영

제19조제3항의 규정에 따라 도시개발구역 지정의 제안을 받은 국토교통부장관, 시장 · 군수 또는 구청장은 다음의 어느 하나에 해당하는 경우 제안을 반려할 수 있다. 이 경우 정상적인 사업 추진여부를 고려하여 최대한으로 종전의 토지소유자들이 부당하게 소외되지 않는 결정이 되도록 충분히 검토하여야 한다.

(1) 제안일 이전 3년간 동의자중 5명이상 공유토지 증가가 전체토지의 5퍼센트 이상인 경우
(2) 제안일 이전 3년간 동의자중 5명이상 분할토지 증가가 전체토지의 5퍼센트 이상인 경우
(3) (1) 및 (2)에 불구하고 제안일 이전 급격하게 공유 및 분할된 토지 등이 포함된 경우
(4) 제안일 이전 3년간 동의자중 토지의 공유 및 분할이 전체토지의 20퍼센트 이상 증가한 경우
(5) (1)부터 (4)까지는 토지는 필지수와 사유지를 기준으로 한다.

1-2-8. 1-2-7.에 따른 공유 및 분할된 토지에 대하여는 「부동산 실권리자 명의 등기에 관한 법률」에 따라 토지소유 적정성 여부를 면밀하게 검토하여야 한다.

제 3 장 개발구역 지정대상지의 선정기준

제1절 개발구역 지정대상지 선정시 고려사항

1-3-1-1. 해당 개발구역 및 도시의 건전한 발전을 도모할 수 있도록 광역도시계획 및 도시 · 군기본계획에 부합되어야 한다. 이 경우 국토의 계획 및 이용에 관한 법령, 문화재보호법령, 수도법령, 농지법령 및 군사시설보호법령 등 다른 법령에 서 개발을 제한하고 있는 지역이 가능한 한 포함되지 않도록 하여야 한다.

1-3-1-2. 해당 개발구역 및 도시의 현황과 발전추세, 도시 · 군기본계획상의 단계별개발계획, 개발동향 등 관련된 사회 · 경제지표를 종합적으로 조사 분석하여 개발구역의 규모나 위치 등을 합리적으로 정하여야 한다. 이 경우 도시 · 군기본계획상의 단계별개발계획의 시점은 도시개발사업에 관한 실시계획의 인가시점(환지방식의 경우 환지계획 인가시점)으로 본다.

1-3-1-3. 도시개발사업의 기간과 기반시설 설치시점의 일치 가능성 및 수용능력을 감안하여야 한다.

1-3-1-4. 해당 개발구역과 인근지역의 자연환경 및 생태계에 미치는 영향을 감안하여야 한다.

1-3-1-5. 법 제3조 및 영 제2조 제3항의 규정에 따라 국가균형발전을 위한 개발구역을 지정하는 경우에는 1-3-1-1.와 1-3-1-2.의 규정에 불구하고 개발구역을 우선 지정하고 개발계획수립 이전까지 광역도시계획 및 도시 · 군기본계획을 변경할 수 있다. 다만, 개발구역에는 「국토의 계획 및 이용에 관한 법률」 제6조 제4호에 따른 자연환경보전지역을 포함하지 않는다.

제2절 개발구역의 경계 설정시 고려사항

1-3-2-1. 「국토의 계획 및 이용에 관한 법률」에 따른 용도지역 · 지구 · 구역 및 다른 토지이용 관련 법령에 따른 지역, 지구 및 구역 등의 경계를 고려하여야 한다.

1-3-2-2. 「국토의 계획 및 이용에 관한 법률」에 따른 도시 · 군계획시설사업의 구역경계를 고려하여야 한다.

1-3-2-3. 하천, 구거, 옹벽, 절개지 및 급경사지 등 지형 · 지세를 고려하여야 한다.

1-3-2-4. 기타 토지이용상황, 토양 및 지질, 자연경관, 환경적 · 생태적 요소 및 재해위험 요인을 고려하여야 한다.

1-3-2-5. 지구경계를 명확히 할 수 있는 요인을 고려하여야 한다.

제 4 장 개발구역 지정 대상지의 관리

1-4-1. 시장 · 군수 또는 구청장은 지정권자가 개발구역의 지정을 위한 협의를 요청하거나 법 제11조 제1항 제2호부터 제11호까지 해당하는 자가 제안한 개발구역 지정안이 수용된 경우에는 원활한 개발사업의 시행을 위하여 개발구역이 지정될 때까지 개발구역 안에서 「국토의 계획 및 이용에 관한 법률」에 따른 개발행위허가 대상이 아닌 토지의 형질변경, 토석의 채취 등의 행위 중 도시개발사업에 지장을 줄 우려가 있는 개발행위에 대하여는 도시계획조례로 제한하거나, 도시계획조례에 규정되어 있지 아니하는 사항에 대하여는 지방도시계획위원회심의를 거쳐 제한하는 등 필요한 조치를 취하여야 한다.

1-4-2. 영 제11조 제2항에 따른 공람공고일(이하 공람공고일이라 한다)로부터는 시장 · 군수 또는 구청장 및 시 · 도지사는 도시개발 대상지역 및 도시개발구역 내에 도시 · 군계획시설을 결정할 수 없다. 다만 부득이한 경우 선형시설에 한하여 지정권자와 협의하여 결정할 수 있다.

1-4-3. 국토교통부장관, 시 · 도지사, 시장 · 군수 또는 구청장은 개발구역 지정을 추진하고 있는 지역에 대해 부동산 거래 동향 등을 수시로 파악하여 부동산투기가 발생될 우려가 있다고 판단되는 경우에는 국세청 등 유관기관과 긴밀히 협조하여 적정한 대책을 강구하여야 한다.

제 5 장 2 이상의 용도지역이 걸치는 개발구역 지정기준

1-5-1. 영 제2조 제4항 및 시행규칙 제3조 별표 1 제1호 가목의 규정에 따라 개발구역으로 지정하고자 하는 지역이 2 이상의 용도지역에 걸치는 경우에는 다음의 산식에 따른 면적(A)이 1만 제곱미터 이상인 경우에 한하여 개발구역을 지정하여야 한다. 다만, 생산녹지지역이 포함된 경우에는 생산녹지지역이 전체 면적의 30퍼센트 이내이여야 한다.

A = 주거지역의 면적 + 상업지역의 면적 + 공업지역의 면적의 3분의 1
+ 자연녹지지역의 면적 + 생산녹지지역의 면적

제 6 장 동의자 수의 산정방법

1-6-1. 개발구역 안의 토지면적에 대한 동의면적을 산정함에 있어서 동의대상자는 「부동산등기법」에 따라 등기부에 등재된 토지소유자 및 지상권자로 한다.

1-6-2. 도시개발구역 안의 토지면적을 산정함에 있어서는 국공유지를 포함하여 산정한다.

1-6-3. 토지소유자에 대한 동의는 국공유지를 제외한 전체 사유토지면적 및 토지소유자에 대하여 동의요건 이상으로 동의를 받은 후 그 토지면적 및 토지소유자의 수가 법적 동의요건에 미달되는 경우에는 국공유지 관리청의 동의를 받아야 한다.

1-6-4. 지상권이 설정된 토지에 대한 동의면적을 산정함에 있어 개발구역 안의 토지에 관하여 소유권 또는 지상권을 가진 자의 동의는 각각 해당 지상권이 설정된 토지면적의 2분의 1에 해당하는 토지에 대한 동의로 산정한다.

1-6-5. 도시개발구역지정제안서 · 개발계획수립 또는 변경신청서 · 시행자지정 신청서 · 조합설립인가 신청서 등이 시장 · 군수 · 구청장 또는 지정권자에게 제출되기 전에 이 법에 따른 동의대상자가 관련 동의를 철회한 경우에는 이를 동의면적 및 동의자의 수에서 제외하여야 한다. 이 경우 규칙 제7조의 규정에 따른 내용증명우편(행정청이 시행자인 경우에는 행정청에 직접 제출할 수 있다. 시행자는 제출된 동의철회서를 문서접수대장에 등재하고 지정권자에게 그 현황을 제출하여야 한다)이 시장 · 군수 · 구청장 또는 지정권자에게 접수된 날 전일까지 배달된 경우에만 철회한 것으로 본다.

1-6-6. 면적의 산정에 있어서 개발구역의 경계에 걸쳐 있는 토지는 개발구역 안의 토지만을 동의면적으로 계산하여야 한다.

1-6-7. 토지 등의 사용 또는 수용을 위한 토지소유자 동의요건 산정기준일은 도시개발구역지정 고시일을 기준으로 한다.

1-6-8. 영 제6조제6항 및 제25조제2항에 따른 동의서 징구 시 제출하는 신분을 증명할 수 있는 서류란 주민등록증 사본 · 여권사본 · 운전면허증 사본 등을 말한다.

제 2 편 개발계획의 수립

제1장 개발구역의 명칭 등

2-1-1. 개발구역의 명칭은 해당 개발구역이 위치한 시 · 군 · 구 단위이하의 행정구역명을 중심으로 하여 시행자 및 해당 개발구역의 특성 등을 고려하여 다른 개발구역과 구별이 될 수 있도록 정하여야 한다.

2-1-2. 법 제11조 제1항 제5호부터 제10호까지의 규정에 해당하는 시행자는 2-1-1.의 계규정에 불구하고 특별한 사유가 있는 경우에는 행정구역명을 사용하지 아니할 수 있다.

2-1-3. 개발구역의 위치는 구역을 대표할 수 있는 소재지를 기재하되 시 · 도, 시 · 군 · 구, 읍 · 면 · 동, 리 및 대표번지를 기재한다.

2-1-4. 개발구역의 면적은 제곱미터로 표시하여야 한다.

2-1-5. 개발구역 지정의 필요성, 개발사업의 특성 및 효과 등 개발구역으로 지정해야 하는 당위성을 함축적으로 기술하여야 한다.

2-1-6. 개발계획의 명칭은 해당 개발구역의 명칭을 사용하여야 한다. 다만, 중복 또는 혼동방지 등 특별한 사유가 있는 경우에는 예외로 하되 그 사유를 명기하여야 한다.

2-1-7. 다음 지역에서는 도시개발구역 지정 후 개발계획을 수립할 수 있다.

(1) 자연녹지지역
(2) 생산녹지지역(생산녹지지역이 도시개발구역 지정면적의 100분의 30 이하인 경우에 한한다)
(3) 도시지역외의 지역
(4) 국토교통부장관이 국가균형발전을 위하여 관계 중앙행정기관의 장과 협의하여 도시개발구역으로 지정하고자 하는 지역(「국토의 계획 및 이용에 관한 법률」 제6조 제4호의 규정에 따른 자연환경보전지역을 제외한다)
(5) 해당 도시개발구역에 포함되는 주거지역 · 상업지역 · 공업지역의 면적의 합계가 전체 도시개발구역 지정 면적의 100분의 30 이하인 지역

제 2 장 개발계획의 구성

2-2-1. 개발계획은 개발계획서, 관련도면 및 부속서류 등으로 구성한다.

2-2-2. 개발계획서는 법 제5조 제1항, 영 제8조, 시행규칙 제9조 및 이 지침 별표 1, 별표 1의2에서 정하는 내용이 포함되어야 한다. 다만, 규정된 내용에 대하여 해당사항이 없을 경우에는 해당 없다는 내용을 표기하고 그 구체적인 사유를 명기하여야 하며, 법령에 규정되지 아니한 내용에 대하여도 개발계획서에 수록하는 것이 타당하다고 판단되는 사항은 포함시킬 수 있다.

2-2-3. 2-2-2.에 따라 개발계획서를 작성할 때에 별표 1의2에 관한 내용은 별표 1의 각 항목에 포함하되, 해당 항목이 없으면 이를 새로이 추가하여 작성하여야 한다. 이 경우 별표 1의 내용에 포함하기 곤란하거나 녹색도시를 효율적으로 조성하기 위하여 필요한 경우에는 이를 따로 작성하여 개발계획서에 포함할 수 있으며 이때, 별표 1의 내용에 그 주요 사항을 정리 · 수록하여야 한다.

2-2-4. 개발계획의 관련도면에는 다음 도면을 첨부하여야 한다.

(1) 개발계획평면도(축척 1/5,000 이상의 지형도)
(2) 산업시설의 유치업종별 배치계획도(축척 1/5,000 이상의 도면)
(3) 공동주택지 블록별 계획도(축척 1/5,000 이상의 도면)
(4) 영 제15조 제1항 제11호에 따른 도시 · 군관리계획의 수립 도면(축척 1/5,000 이상의 도면) 및 도시 · 군관리계획결정(변경)도(축척 1/5,000 이상의 지형도)
(5) 사업시행지구를 분할하거나 분할 혼용방식으로 사업을 시행하는 경우 사업시행지구별 또는 사업방식별 구역계 표시도면(축척 1/5,000 이상의 지형도)

2-2-5. 관련도면 및 부속서류는 2-2-2.부터 2-2-4까지에 따른 개발계획서 및 조서 또는 도면에 수록되지 아니한 관련도면과 전산프로그램이나 설문분석자료 등 개발계획의 내용에 대한 근거나 이를 설명하는 부속서류와 별표 1의2에 따른 평가서가 포함되어야 한다.

2-2-6. 〈삭제〉

제 3 장 시행방식

2-3-1. 개발사업의 시행방식은 수용 또는 사용방식, 환지방식, 혼용방식으로 구분한다.

제 4 장 사업시행지구의 분할기준 등

2-4-1. 법 제5조 제1항 제3호 및 영 제43조 제4항의 규정에 따라 다음과 같은 경우에는 개발구역을 2개 이상의 시행지구로 분할하여 시행할 수 있다.

(1) 개발구역의 면적이 대규모로서 단계별로 개발하는 것이 바람직한 경우

(2) 개발구역 안에서 수 개의 환지계획구역으로 개발사업이 시행될 필요가 있는 경우

(3) 개발구역 안에서 사업시행방식이 혼용되는 경우

2-4-2. 2-4-1.의 경우 각 시행지구의 지정 및 분할기준은 다음과 같다

(1) 각 시행지구의 최소면적은 1만 제곱미터 이상을 원칙으로 한다. 다만, 지정권자가 개발구역의 여건 등을 감안하여 불가피하다고 인정하는 경우에는 그러하지 아니하다.

(2) 시행지구를 분할하는 경계선의 설정은 제1편 제3장 제2절을 준용한다.

2-4-3. 사업시행지구를 분할하여 시행하는 경우에는 각 시행지구별 개발계획에 다음 내용이 포함되어야 한다.

(1) 시행지구 분할의 목적 또는 이유

(2) 면적

(3) 위치 및 시행지구 경계의 설정 사유

(4) 사업시행방식

(5) 사업시행기간

제 5 장 시행기간

2-5-1. 개발사업의 시행기간은 다음 기준에 따라 정하는 것을 원칙으로 한다. 이 경우 그 시기(始期) 및 종기(終期)를 정확히 알 수 없을 때에는 그 예정일을 기준으로 할 수 있다.

(1) 수용 또는 사용방식에 따른 개발사업의 시행기간은 개발구역 지정일부터 해당 사업의 공사완료 공고일까지로 한다.

(2) 환지방식에 따른 개발사업의 시행기간은 실시계획인가일부터 해당 사업의 환지처분일까지로 한다.

(3) 혼용방식에 따른 개발사업의 시행기간은 개발구역 지정일부터 해당 사업의 환지처분일까지로 한다.

2-5-2. 2-5-1.의 시행기간을 정할 때에는 해당 사업의 시행면적 · 공사의 난이도 및 공사비의 규모, 공정계획표 등을 감안하여야 한다.

제 6 장 시 행 자

2-6-1. 시행자에 관한 사항에는 다음 사항이 포함되어야 한다.

(1) 인적사항

① 성명(법인인 경우는 그 명칭 및 대표자의 성명)

② 주소(법인인 경우는 주된 사무소의 소재지)

③ 주민등록번호(법인인 경우는 법인등록번호)

(2) 법 제11조 제1항 제11호의 규정에 따른 공동으로 설립한 법인의 경우에는 출자자의 구성 및 출자비율

2-6-2. 법 제11조 제1항 제5호의 토지소유자라 함은 개발구역 안의 토지면적 3분의 2 이상을 소유한 자를 말한다. 이 경우 지상권이 설정되어 있는 토지는 토지소유자가 해당 토지의 2분의 1을 소유한 것으로 본다. 다만, 지상권자의 동의를 받은 경우에는 그 전부를 소유한 것으로 본다.

2-6-3. 영 제18조 제4항 제1호의 평균영업실적 및 영 제18조 제5항 제1호의 시공능력평가액의 산정에 있어 2 이상의 자가 공동으로 사업을 시행하는 경우에는 공동시행자 각각의 평균영업실적 및 시공능력평가액을 합산한 금액으로 한다.

제 7 장 기초조사

2-7-1. 기초조사는 계획수립의 구체적인 방향과 내용을 정하는 역할을 하므로 자료의 신뢰성과 분석의 객관성이 충분히 유지되도록 한다.

2-7-2. 기초조사는 개발사업의 골격을 구성하는 데 필요한 사항을 중심으로 다음의 사항을 분석한다.

(1) 주변지역 여건

(2) 대상지역 현황

(3) 관련계획 검토

(4) 그 밖에 필요한 경우에는 현황분석의 일환으로 해당 개발구역 또는 주변지역의 주민을 대상으로 설문조사 등을 시행할 수 있다.

2-7-3. 기초조사는 다음에서 정하는 바에 따라 수행하도록 한다.

(1) 분석대상이 되는 모든 현황자료는 신뢰성에 바탕을 두어야 하며 자료의 출처를 명기한다.

(2) 기존 문헌이나 자료만으로는 현황을 정확하고 충분하게 파악할 수 없는 경우에는 현지조사 등을 통해 보완한다.

(3) 현황분석은 기준년도의 현황에 대한 정태(靜態)분석과 아울러 시·공간(時·空間)상 변화과정을 밝힐 수 있는 동태(動態)분석을 시행한다.

(4) 분석기준년도는 현재의 상황을 가장 정확하게 반영할 수 있도록 1년 이내를 기준으로 하고, 1년 이내의 자료수집 등이 어려운 경우 가능한 한 최근년도를 기준으로 정한다.

(5) 분석방법은 다양한 기법을 병행하여 특정기법에 한정함에 따라 발생할 수 있는 편향과 왜곡을 방지한다.

2-7-4. 2-7-2.의 기초조사에 관한 주요 항목별 분석기준은 다음과 같다.

(1) 주변지역 여건

① 주변지역 여건은 광역적 여건과 인근지역 여건으로 구분하여 분석한다.

② 광역적 여건은 해당 개발구역이 위치한 시 · 군 · 구의 전체적인 공간적 또는 사회 · 경제적 맥락 속에서 해당 개발사업이 차지하는 의미나 위상을 분석한다.

③ 인근지역 여건으로서 토지이용, 교통, 주요 기반시설 및 사회 · 경제적 여건을 검토하고 해당 개발사업과의 관계를 분석한다.

(2) 대상지역 현황

① 대상지역의 현황분석은 해당 개발구역의 지리적 · 물적 · 사회적 및 경제적 특성에 대한 현황 분석을 포함하도록 한다.

② 해당 개발구역 안에 문화재나 보전해야 할 생태계 또는 경관 등이 있을 경우에는 이를 정확히 기술한다.

(3) 관련계획 검토

① 관련계획 검토는 해당 개발계획에 영향을 주는 국토종합계획, 광역도시계획, 도시 · 군기본계획 및 도시 · 군관리계획 등 상위계획과 도로 및 상 · 하수도계획 등 개별법에 따른 각종 계획의 검토를 포함하도록 한다.

② 관련계획 검토는 해당 내용을 단순 요약 · 나열하기보다는 해당 개발계획과의 관련성과 사업에 미치는 영향 등을 분석한다.

제 8 장 부문별 계획

제1절 목표 및 전략의 설정

2-8-1-1. 목표 및 전략의 설정은 다음의 사항을 준수한다.

(1) 목표와 전략은 단순히 희망사항을 나열하여서는 아니되며 반드시 달성 가능한 내용을 담는다.

(2) 목표와 전략은 추상적 표현을 배제하고 가급적 구체적으로 표현하여 계획과정의 다음 단계에서 실질적인 기준으로 활용될 수 있도록 한다.

(3) 목표와 전략의 세부내용은 서로 같은 정도의 깊이와 폭으로 구성한다.

(4) 목표와 전략의 세부내용은 상호간 중복을 피하여 설정하되 일관성이 유지되도록 한다.

(5) 목표와 전략은 상호 긴밀하게 연계되어야 하고 동시에 계획과정의 다음 단계의 계획과 일관성이 유지되도록 한다.

2-8-1-2. 목표 및 전략은 다음의 설정기준에 따라 작성한다.

(1) 목표

① 목표는 현황분석의 결과와 이해당사자의 의견, 정부 및 해당 지방자치단체의 정책방향 등을 종합적으로 고려하여 설정한다.

② 목표의 설정은 환경친화성, 삶의 질 향상 등 새로운 시대적 가치를 우선적으로 고려한다.

③ 목표의 세부항목에 대하여는 간략한 해설을 기재한다.

(2) 전략

① 전략은 목표를 현실적으로 실천하기 위한 최선의 수단을 중심으로 설정한다.

② 전략 설정시에는 목표와 전략간의 관계를 보여주는 도표를 첨부할 수 있다.

③ 전략의 세부항목에 대해서는 간략한 해설을 기재한다.

제2절 주요지표의 설정

2-8-2-1. 주요지표는 다음 사항을 준수하여 설정한다.

(1) 주요지표는 기 설정된 목표 및 전략과의 일관성이 유지되도록 한다.

(2) 주요지표의 설정은 객관성을 입증할 수 있도록 가급적 다양한 방법론을 활용하여야 하며 사용한 방법론을 명기한다.

(3) 주요지표는 단계별로 설정한다.

2-8-2-2. 주요지표는 다음의 설정기준에 따라 작성한다.

(1) 사회경제지표

① 사회경제지표에는 인구의 규모·분포·구조 및 고용과 경제규모에 관한 기본적 내용을 분석하여 수록한다.

② 인구밀도의 설정은 기반시설과 주변지역의 여건을 고려하되 특별한 이유가 없는 한 초고밀화가 되지 않도록 한다.

③ 인구구조의 설정은 주변지역 여건과 해당 도시의 개발사업의 특성을 고려하되 특별한 이유가 없는 한 균형 있는 구조가 이루어질 수 있도록 유의한다.

④ 고용 및 경제규모의 설정은 기반시설과 주변지역의 여건을 고려하되 해당 사업구역의 인구규모와 비교하여 가급적 사업구역 안에서 자족성을 가질 수 있도록 고려한다. 또한 주변지역 여건과 해당 개발사업의 특성을 고려하되, 특별한 이유가 없는 한 공간구조가 균형을 이루도록 유의한다.

(2) 시설지표

① 시설지표에는 도로, 상·하수도 등 주요 기반시설의 수요에 관한 기본적 내용을 분석하여 수록한다.

② 기반시설 수요예측에 사용되는 원단위의 설정은 환경친화적인 원단위가 되도록 유의한다.

(3) 환경지표

① 환경지표에서는 녹지율, 용적률 등 개발수준과 폐기물, 폐수 등 오염물질 배출에 관한 기본적 사항을 분석하여 수록한다.

② 환경지표를 설정함에 있어서는 각종 환경기준을 준수하여야 하고 환경친화적 개발이 될 수 있도록 유의한다.

제3절 공간구성의 기본골격

2-8-3-1. 공간구성의 기본골격은 다음의 사항을 준수하여 설정한다.

(1) 기본골격의 내용은 부문별 계획의 실질적인 지침이 될 수 있도록 구체적이어야 한다.

(2) 공간구성의 기본골격은 기본현황분석 결과, 목표 · 전략 및 주요지표 등 선행 연구결과와 일관성을 유지한다.

2-8-3-2. 공간구성은 다음의 계획기준에 따라 작성한다.

(1) 대안설정

① 대안은 최선안의 도출이 가능하도록 2개 이상을 만든다.

② 대안은 공간구조적 차원에서 대비될 수 있도록 상호 배타적인 내용으로 설정한다.

(2) 평가

① 평가는 정량적(定量的) · 정성적(定性的) 방법을 적절히 활용하여 수행한다.

② 평가방법과 절차는 객관성을 확보하도록 한다.

(3) 공간구성의 기본골격

① 공간구성의 기본골격에서는 선정된 대안을 보다 구체화하여 공간구조의 기본요소인 주요기능 또는 시설의 배치 및 이들 간의 동선체계에 관한 사항을 기술한다.

② 기본골격 설정시에는 개발에 따른 자연환경의 훼손이 최소화되도록 유의한다.

③ 단계별 개발이 필요한 경우에는 각 단계별로 기반시설 및 주민편의시설을 충족시킬 수 있도록 골격을 구성한다.

④ 혼용방식 및 2개 이상의 시행지구로 분할하여 시행하는 개발사업의 경우 주요 기능, 시설의 배치 및 동선체계는 시행지구별 특성과 여건을 우선적으로 감안하되 형평성과 전체적인 도시계획체계를 동시에 고려하여 균형 있는 계획이 이루어지도록 한다.

제4절 인구수용계획

2-8-4-1. 인구수용계획의 수립원칙은 다음과 같다.

(1) 인구수용계획은 광역도시계획 및 도시 · 군기본계획 등에 따른 도시지표와 해당 생활권의 인구배분계획 그리고 주변지역의 개발현황 및 장래 개발계획 등을 고려하여 작성한다.

(2) 인구수용계획은 다른 부문계획에 선행하여 수립되어야 하며, 주거단지개발의 경우 주택지계획과 연계하여 계획한다.

(3) 기존취락이나 상업 · 공장시설이 사업지구 안에 혼재되어 있는 경우에는 인구수용계획에 이주 및 재정착 방안을 포함하도록 한다.

2-8-4-2. 인구수용계획은 다음의 수립기준에 따라 작성한다.

(1) 인구규모 및 구조전망

① 인구계획을 위한 조사는 광역적 관점에서 지역의 인구성장률, 남녀구성비와 연령별 인구특성 등을 파악한다.

② 사업지구 내 수용인구에 대해서는 예상인구구조 및 성비의 추정 등 사회 · 경제적 특성을 파악하여 반영한다.

③ 세부 토지용도별 인구추정은 사업목표연도까지 단계별로 제시한다.

(2) 생활권 설정과 인구배분

① 생활권의 기본단위는 근린주거구역으로 하되 동질적 공동체로서 개념이 강조되도록 생활권

을 구분하고, 지역실정에 맞게 설정한다.

② 단위생활권은 주간선도로, 보조간선도로에 의해 구획하되, 생활권 내 불필요한 통과교통이 배제되도록 계획하여 보행환경을 최대한 보호하도록 한다.

(3) 밀도계획

① 해당 개발구역 안의 단위지구별 밀도배분은 상위계획 등 관련 자료의 분석을 토대로 환경수준, 소득구조 및 지역 여건, 공간구성의 특징, 도시경관과의 조화, 조경계획과의 적합성 및 인접 토지이용을 고려하여 수립한다.

② 용도별 밀도기준은 계획목표년도의 인구규모, 인구구조 및 시설이용인구 등을 기초로 하여 개발목표를 달성하기 위한 계획의 원칙과 상위계획에서 전제된 계획기준 등을 고려하여 적정한 개발밀도를 설정한다.

③ 토지용도 배분 및 주택건설용지 면적은 결정된 개발밀도에 따라 산출한다.

(4) 주택계획

① 주거용지개발이 포함된 경우 주택건설용지는 단독주택용지 및 공동주택용지별로 계획인구를 산정하여야 하며 공동주택용지의 경우 블록별 인구수 · 세대수 · 주택규모 구분 및 용적률에 관한 계획을 수립하여야 한다. 이 경우 공동 주택의 평형은 세대당 전용면적 60제곱미터 이하, 60제곱미터 초과 85제곱미터 이하 및 85제곱미터 초과로 구분하여 적정하게 분포되도록 하고, 층수는 연립주택 · 저층아파트 및 고층아파트로 구분한다.

② 개발구역 면적이 10만 제곱미터 이상으로서 공동주택용지를 계획하는 경우에는 공동 주택의 평형이 85제곱미터 이하인 주택건설용지가 60퍼센트 이상이 되도록 하여야 한다.

③ 다음의 어느 하나에 해당하는 경우에는 ① 및 ②의 기준을 적용하지 아니할 수 있다.

㉮ 개발구역의 면적이 10만 제곱미터 미만인 경우

㉯ 환지방식의 경우

㉰ 주택보급율이 100퍼센트를 초과하는 시 · 도, 이후 개발계획변경시 주택보급율이 변경되는 경우 주택보급율은 최초 개발계획에 따른다.

제5절 토지이용계획

2-8-5-1. 토지이용계획은 장래의 생산 및 소비 등 제반활동을 예측하고 이에 따른 공간수요를 추정하여 토지용도별로 적정하게 배치함으로서 토지의 효율적인 이용이 될 수 있도록 수립한다.

2-8-5-2. 토지이용계획의 수립원칙은 다음과 같다.

(1) 토지이용계획은 안전성, 건강성, 편의성, 쾌적성, 경제성, 환경성 및 역사성 등을 고려하여 수립한다.

(2) 토지이용계획은 주변지역과 연계되어 조화를 이룰 수 있도록 수립하여야 한다. 특히 주변지역의 관련계획 및 기존 시가지와의 연계 및 기능분담 방안을 검토한다.

(3) 토지이용계획은 개발행위로 인한 환경훼손을 최소화하고 자연적 · 인위적 재해를 예방할 수 있도록 가급적 자연지형을 유지하는 친환경적인 개발이 되도록 한다.

2-8-5-3. 토지이용계획은 다음의 수립기준에 따라 작성한다.

(1) 토지이용계획은 별표 2에서 정하고 있는 용도별 분류방법에 따라 수립한다. 다만, 해당 개발사업을 위하여 특별히 필요한 경우에는 별표 2에서 정한 분류기준 이외의 용도로 분류할 수 있다.

(2) 용도별 면적

① 용도별 면적산정에 활용되는 원단위는 합리적인 근거가 있어야 하며, 용도별 배분면적 산정은 해당 개발사업의 특성이 부각될 수 있도록 배분한다.

② 용도별 면적배분은 사업특성에 따라 적정비율을 유지해야 하며, 단순히 사업성을 높이기 위해 특정용도의 비율을 과도하게 높여서는 안된다.

(3) 용도별 입지배분

① 용도별 입지배분계획은 주변환경과 조화되고, 용도간의 기능적 연계가 가능하도록 수립한다.

② 주거용지는 단독주택용지, 준주거시설용지 및 공동주택용지로 구분한다. 이 경우 준주거시설용지란 「건축법 시행령」 별표1 제1호의 단독주택 및 제2호의 공동주택과 「국토의 계획 및 이용에 관한 법률 시행령」 별표7의 건축물을 제외한 건축물을 건축할 수 있는 용지를 말한다.

③ 단독주택용지, 준주거시설용지와 공동주택용지의 비율은 지역별로 다음의 기준에 따라 배분한다. 다만, 지정권자가 해당 지역의 여건을 고려하여 필요하다고 인정하는 경우에는 전체 주거용지의 30퍼센트 포인트의 범위 내에서 그 배분비율을 가감하여 조정할 수 있다.

㉮ 도시지역 : 단독주택용지 · 준주거시설용지 30퍼센트, 공동주택용지 70퍼센트

㉯ 비도시지역 : 단독주택용지 · 준주거시설용지 50퍼센트, 공동주택용지 50퍼센트

④ 단독주택용지는 획지단위 또는 가구단위(블록형을 포함한다)로 계획한다.

⑤ 준주거시설용지, 상업용지 및 산업 · 관광 · 유통시설용지는 해당 기능을 충분히 발휘할 수 있도록 배치한다.

⑥ 공업용지는 공장입지에 따른 제반 공해가 주거단지에 악영향을 주지 않도록 풍향 및 유치업종 등을 고려하여 정한다.

⑦ 다음의 어느 하나에 해당하는 경우에는 ③의 기준을 적용하지 아니할 수 있다.

㉮ 개발구역의 면적이 10만 제곱미터 미만인 경우

㉯ 환지방식의 경우

㉰ 도시지역외에서 10만 제곱미터 이상 30만 제곱미터 미만 규모인 공동주택단지를 건설하는 경우

㉱ 주택보급율이 100퍼센트를 초과하는 시 · 도, 이 후 개발계획변경시 주택보급율이 변경되는 경우 주택보급율은 최초 개발계획에 따른다.

㉲ 전원 · 관광휴양 등 기능을 가진 단지로 개발하기 위해 주거지역을 단독주택단지로 건설하는 경우

⑧ 공동주택용지에는 다음의 기준에 따라 임대주택건설용지(임대주택을 포함한다. 이하 같다)를 계획한다. 이 경우 지정권자는 해당 지역의 임대주택 수요분석 결과 필요한 경우에는 임대주택재고비율 및 사업방식 등을 고려하여 임대주택건설용지 계획을 10퍼센트 포인트의 범위 내에서 조정할 수 있다.

㉮ 수도권 · 광역시에서 법 제11조 제1항 제1호부터 제4호까지의 시행자 및 제11호에 해당하는 시행자(제1호부터 제4호까지의 시행자가 50퍼센트 이상 공동출자한 법인만 해당한다. 이하

'공공시행자'라 한다)가 도시개발사업을 시행하거나 공공시행자 외의 시행자가 100만 제곱미터 이상 규모의 도시개발사업을 시행하는 경우 : 전용면적 85제곱미터이하의 임대주택건설용지(임대주택을 포함한다. 이하 ⑧에서 같다)를 공동주택용지(공동주택을 포함한다. 이하 ⑧에서 같다)의 25퍼센트 이상으로 계획. 이 경우, 국민임대주택건설용지(국민임대주택을 포함한다)와 영구임대주택건설용지(영구임대주택을 포함한다) 및 임대의무기간이 30년 이상인 행복주택건설용지(행복주택을 포함한다)를 합한 면적이 공동주택용지의 15퍼센트 이상이 되도록 계획한다.

㉯ 수도권 · 광역시 지역에서 ㉮에 해당하지 않은 경우와 기타 지역의 경우 : 전용면적 85제곱미터 이하의 임대주택건설용지를 공동주택용지의 20퍼센트 이상 계획

(4) 가구(블록형을 포함한다) 및 획지의 분할

① 가구(블록형을 포함한다) 및 획지의 분할은 1가구(블록형을 포함한다) 및 획지당 대지의 규모, 가구의 방위, 경사의 방향, 계절풍, 접근성 등을 고려하여 계획을 수립한다.

② 준주거시설용지, 상업용지 및 산업 · 관광 · 유통시설용지안의 획지에 관한 계획은 다양한 업무 및 상업기능, 생산기능의 입지수요 등을 고려하여 수립한다.

제6절 교통처리계획

2-8-6-1. 교통처리계획은 이용자의 편의를 증진하고 전기 · 상 · 하수도 · 가스 등 기반시설의 공동수용 및 개발구역 안의 활동의 흐름에 미치는 영향 등을 고려하여 계획한다.

2-8-6-2. 교통처리계획의 수립원칙은 다음과 같다.

(1) 진입도로에 관한 계획, 개발구역 안의 도로의 기능별 체계, 주차장, 버스정차대 및 환승시설 등에 관한 계획이 포함되어야 하며 교통처리시설이 보행자도로 및 자전거도로 등 특수가로와 연계되도록 한다.

(2) 토지이용계획과의 상관성을 고려하여 수립되어야 하며 교통분석(혹은 영향평가)결과를 반영하여 수립한다.

2-8-6-3. 교통처리계획은 다음의 수립기준에 따라 작성한다.

(1) 교통수요 예측 등

① 교통특성분석, 첨두시 유 · 출입인구 및 발생교통량, 발생교통량의 가로별 배분, 본 사업으로 인한 유발교통량 등을 포함한다.

② 교통처리계획에서는 주변지역과의 연계성 및 편리성을 감안하여 교통시설의 배치와 규모를 결정한다.

(2) 가로망계획

① 가로의 분류, 기능별 구분, 가로망계획기준, 가로의 시설기준은 「국토의 계획 및 이용에 관한 법률」에 따른 도시 · 군계획시설의 결정 · 구조 및 설치에 관한규칙 및 가로망수립지침에 따라 계획한다.

② 교통처리계획은 기능에 따른 가로의 구분과 이에 적합한 가로규모를 설정하고 체계적인 가로망이 구성되도록 한다.

(3) 주차장계획

① 주차수요의 산정은 「주차장법 시행령」과 지방자치단체조례 등이 정하는 바에 따라 법정 주차대수를 산정하고 이를 기초로 주차수요를 예측한다.

② 주차장계획은 보차(步車)분리의 동선계획이 파괴되지 않도록 설계하여야 하며 주거공간 내부로 소음, 배기가스 및 반사광 등 악영향이 최소화되도록 계획한다.

③ 주간선도로, 보조간선도로, 집산도로에는 노상주차장을 설치하지 않도록 계획한다.

(4) 특수가로계획

① 보행자전용도로는 노선주변의 이용행태 및 잠재력, 공간의 형태 등을 고려하여 배치한다.

② 보행자들의 다양한 요구를 반영할 수 있는 공간과 시설을 설치하되, 보행자전용도로와 연접해 있는 공원, 소규모광장, 공연장, 휴식공간 또는 건축물의 전면공간과 연계시켜 일체화된 보행자 공간이 되도록 계획한다.

③ 자전거도로는 대중교통수단으로서의 기능을 증진하기 위해 주통근 · 통학로와 연계되도록 자전거이용시설의 · 시설기준에 관한 규칙이 정하는 바에 따라 배치하는 등 대중교통수단과의 연계성을 확보하도록 한다.

(5) 환승시설계획 : 각 교통수단간의 원활한 연계운영이 가능하도록 환승시설 설치를 검토하여 교통이용자의 편의를 제공한다.

(6) 교통안전시설 : 교통의 원활한 흐름과 교통사고예방을 위하여 교통시설의 연계성, 안전성을 종합평가하여 교차로접속, 교통통제시설 및 교통안전시설이 충분히 확충하도록 한다.

제7절 환경보전계획

2-8-7-1. 환경보전계획은 개발구역을 환경적으로 건전하고 지속가능한 도시로 조성함으로써 개발구역 안의 자연경관 보호와 시민의 건강을 증진하고 토지이용계획 및 교통처리계획 등과 원활한 연계를 이루도록 계획한다.

2-8-7-2. 환경보전계획의 수립원칙은 다음과 같다.

(1) 환경성 검토는 생태적 순환법칙인 '에너지와 물질의 닫힌 순환체계'구축을 유도할 수 있는 항목을 원칙으로 하되, 주민의 건강과 쾌적성을 고려함과 동시에 사회적, 기술적 현실을 고려하여 설정한다.

(2) 환경보전계획에는 개발구역 안의 보존지에 관한 사항 및 공원 · 녹지계획 등이 포함되도록 한다.

(3) 기존의 지형, 지세 및 식생 등 기존의 환경현황을 조사함으로써 자연생태계 파괴를 최소화되도록 계획한다.

(4) 공원 · 녹지체계는 이용자의 특성과 이용권을 고려하여 배치하며 이용자들의 접근에 장애가 되는 요소를 제거하고 다양한 교통수단에 따른 접근이 용이하도록 계획한다.

2-8-7-3. 환경보전계획은 다음의 수립기준에 따라 작성한다.

(1) 보전대상의 설정 및 보전계획

① 개발구역 안에서 현 상태대로 보호할 필요성이 있는 지역 및 역사적 가치가 있는 지역 등

보전할 대상지역을 지정하여 별도의 보전계획을 수립할 수 있다.

② 개발구역 지정 후에도 보존할 필요성이 있는 경우에는 시행자는 이를 개발계획의 내용에 반영하여야 하며 필요한 변경절차를 이행하도록 한다.

(2) 공원 · 녹지체계 구성계획

① 개발구역 안의 공원 · 녹지체계 구축은 서로 다른 특성들을 지닌 공원 · 녹지 등을 보행자전용도로 또는 녹도로 연결시켜 체계화함으로써 입주민들의 접근성 및 활용도를 높일 수 있도록 계획한다.

② 공원 · 녹지의 유형, 유치거리 및 규모, 녹지의 유형별 설치기준은 「도시공원 및 녹지 등에 관한 법률 시행규칙」 제6조 및 제1종 · 제2종 지구단위계획수립지침에 따른다.

③ 개발구역 안에 확보하여야 할 공원 또는 녹지의 면적은 「도시공원 및 녹지 등에 관한 법률 시행규칙」 제5조에 따라 확보해야 한다.

(3) 경관계획

① 경관계획은 개발사업의 경관영향요인을 추출하고 영향을 예측한 다음 저감방안 및 사후관리계획을 포함하도록 한다.

② 경관계획의 수립을 위하여 자연 · 인문 · 시각적 측면의 현황조사를 실시한다.

제8절 환경성 검토

2-8-8-1. 환경성검토는 환경정책기본법령의 환경성검토에 갈음하는 것으로서 개발사업이 환경에 미치는 영향을 검토하여 환경부하 요인을 사전에 해소하거나 최소화함으로써 개발과 환경을 조화시키기 위하여 실시하는 것이다. 다만, 환경정책기본법에 따른 "환경관리계획"이 수립된 도시는 그 내용을 개발구역 및 개발계획의 수립시 활용할 수 있다.

2-8-8-2. 환경성 검토는 개발구역을 녹지지역 또는 도시지역외의 지역에 지정하고자 하는 때에 실시하여야 한다. 다만, 「환경정책기본법」에 따라 사전 환경성 검토를 실시한 경우에는 사전 환경성 검토서를 말한다.

2-8-8-3. 환경성 검토는 다음의 사항과 도시 · 군관리계획 수립지침의 환경성 검토 부분 중 "평가기준 및 방법"을 준용하여 실시한다.

(1) 환경성 검토를 위한 환경지표 및 평가기준의 설정은 객관적이어야 하며 지표의 특성에 따라 정량적 또는 정성적 평가 중 하나를 선택하거나 병행한다.

(2) 개발사업이 기상(氣象)에 미치는 영향을 분석하여 에너지소비와 이로 인한 환경부하를 줄일 수 있는지 여부를 평가한다.

(3) 정성적 평가의 주요 내용에는 입지선정 요인으로 대지의 일조, 바람 등 자연환경에 미치는 영향, 에너지 소비에 미치는 영향 및 화석에너지의 절감 가능성을 포함하도록 한다.

2-8-8-4. 환경성 검토서의 구성은 다음과 같다.

(1) 개발사업의 개요 : 목적, 범위 및 내용에 대한 핵심적인 내용을 요약하여 기술하고 구체적인 내용은 개발계획서로 갈음한다.

(2) 환경현황 조사 · 분석 : 조사항목별 조사 · 분석 · 평가의 내용 및 결과를 구체적으로 기술

(3) 환경성 예측 및 저감방안 : 부분별로 작성

(4) 종합평가 및 결론 : 환경성 검토 실시결과를 도표 또는 도면 등을 이용하여 간단·명료하게 정리

2-8-8-5. 환경성 검토결과에 대하여는 개발구역의 지정안 및 개발계획의 수립안에 반영하여야 한다.

제9절 방재계획

2-8-9-1. 방재계획은 개발구역 안에서 발생가능한 재해를 예방함으로써 개발구역 안의 주민의 안전을 도모하기 위하여 수립하는 계획을 말한다.

2-8-9-2. 방재계획의 수립원칙은 다음과 같다.

(1) 방재계획에는 개발구역 안에서 과거 20년간 발생한 주요재난의 종류와 발생빈도에 대한 조사가 포함되도록 한다.

(2) 국지적인 게릴라성 집중호우 피해가 급증하고 있는 추세임을 감안하여 우수유출량을 저감할 수 있는 방안을 검토하고 개발구역 안에서 중점적으로 방재시설을 설치할 필요가 있는 지역과 이를 위한 시설의 종류가 포함되어야 하며 시설 설치에 필요한 우선순위선정기준 및 시설설치 순위에 대한 근거를 밝혀야 한다.

(3) 방재시설 설치를 위한 재원조달계획 및 이의 집행순위를 (2)에서 정한 우선순위에 맞추어 계획한다.

(4) 방재계획의 수립에 따른 효과를 방재계획이 수립되지 않았을 경우와 비교한 경제적 분석을 한다.

2-8-9-3. 방재계획은 다음의 수립기준에 따라 작성한다.

(1) 주요재난의 종류와 발생빈도

① 주요재난이라 함은 수해 또는 화재 등으로 인해 전체 주민 중 5퍼센트 이상의 주민이 거주지로부터 이탈한 경우를 말하며 발생빈도는 10년을 단위로 발생하는 횟수를 말한다.

② 주요재난이 발생했을 때 이에 대비할 수 있는 방재대책을 수립한다.

(2) 중점 대상지역 및 방재시설의 종류

① 중점 대상지역은 과거 5년간 2회 이상의 동일한 재난이 발생한 지역을 말하며 방재시설은 수해, 화재 등 주요재난을 방지하기 위한 시설을 말한다.

② 중점 대상지역을 선정하고 여타 지역의 사례를 고려하여 재난에 따른 피해를 최소화하기 위한 적절한 시설을 제시하도록 한다.

(3) 방재시설의 설치계획 및 집행계획

① 방재시설의 설치계획은 주요재난을 방지하기 위하여 설치하는 시설의 계획을 말하며 집행계획은 방재시설을 설치하기 위하여 필요한 재원의 조달 및 연차별 집행계획을 말한다.

② 도시개발사업 총사업비의 범위 내에서 방재시설의 설치를 위해 집행가능한 재원을 충분히 확보하도록 한다.

(4) 방재시설의 설치에 따른 효과분석

방재시설의 설치에 따라 예상되는 효과를 분석하되 설치하지 않았을 경우와의 비교를 포함

한다.

제10절 사전재해영향성검토

2-8-10-1. 사전재해영향성검토는 자연재해대책법령의 사전재해영향성검토에 갈음하는 것으로 개발사업이 재해에 미치는 영향을 검토하여 재해위험요인을 사전에 해소하거나 최소화함으로써 재해를 예방 및 저감시키기 위하여 실시하는 것이다.

2-8-10-2. 사전재해영향성 검토서의 구성은 다음과 같다.

(1) 개발사업의 목적 · 필요성 · 추진배경 · 추진절차 등 사업계획에 관한 내용

(2) 재해예방에 관한 사항

(3) 개발사업의 시행으로 인한 재해영향의 예측 및 저감대책에 관한 사항

(4) 「자연재해대책법 시행령」 제6조 제2항의 규정에 따른 고시내용에 관한 검토사항

2-8-10-3. 사전재해영향성 검토결과에 대하여는 개발구역의 개발계획의 수립안에 반영하여야 한다.

제11절 기반시설계획

2-8-11-1. 기반시설은 주민의 삶의 질을 결정하는 중요한 시설이므로 설치하여야 하는 시설의 종류, 규모, 질적 수준 등이 개발의 목표에 부합되도록 계획을 수립한다.

2-8-11-2. 기반시설계획의 수립은 합목적성을 확보하기 위하여 다음의 기본원칙이 준수되어야 한다.

(1) 해당 개발구역의 수요에 따라 양적 · 질적 기준을 충족시켜야 하며 필요시 인접지역의 수요를 고려하도록 한다.

(2) 장래에 예상되는 여건의 변화를 고려하여 지속가능성 및 환경적합성을 확보하도록 한다.

(3) 개발의 목표, 인구수용계획, 토지이용계획 및 교통처리계획 등 관련계획과 유기적으로 연계되어야 한다.

2-8-11-3. 기반시설계획은 다음의 계획기준에 따라 작성한다.

(1) 소요시설의 유형은 개발구역의 기능, 개발규모 및 입지 등에 따라 해당 개발구역에서 필요로 하는 시설들이 포함되어야 하며 필요한 경우에는 인근지역의 수요를 고려하여 정할 수 있다.

(2) 기본방향의 설정은 장래 여건의 변화, 안전성 및 쾌적성 확보, 환경적 적합성 등을 고려하도록 한다.

(3) 수요 예측시에는 다음의 사항을 고려하여야 하며 이를 분석하는 데 활용하는 자료 및 기법은 신뢰성과 타당성이 있어야 한다.

① 해당 개발구역 및 기반시설의 이용권과 인근지역의 공급시설의 용량 및 질적 수준에 대한 현재 및 장래여건 분석

② 기반시설의 이용인구 특성 및 공급기준(원단위)의 장래 변화

③ 해당 개발구역 및 인근지역의 수요에 대한 적정한 공급수준

④ 장래 확장 또는 신설할 경우의 대처방안 등 향후 기반시설의 관리 및 환경오염에 관한 사항

(4) 기반시설의 설치계획에는 다음 사항을 고려한다.

① 기반시설별 이용권을 고려하여 배치를 형평에 맞도록 하여야 한다. 기반시설의 이용권 설정

은 위치적 거리뿐만 아니라 시간적 거리 및 접근용이성이 확보되도록 한다.

② 토지이용계획 및 교통처리계획과 유기적으로 연계되어야 하며 기반시설의 입지로 인한 활동인구의 증가, 토지이용의 변화 및 교통영향 등을 고려한다.

③ 대중교통수단 이용의 편리성이 확보되어야 하며 보행자도로, 자전거도로, 공원·녹지 등 오픈스페이스 체계와 유기적으로 연계되어야 한다. 또한, 장애인 및 노약자가 이용하기에 편리하도록 한다.

④ 주변 환경여건을 고려하여야 하며 해당 기반시설의 입지로 인한 환경적 영향을 예측하고 시설부지 내외에 걸쳐 토지이용밀도의 조정 및 완충지대의 설치 등 환경적 영향에 대한 대책을 수립한다.

⑤ 각종 재난에 대한 대처가 가능하도록 하고 인접지역의 재난에 대한 대처방안이 함께 고려되도록 한다.

2-8-11-4. 기반시설은 다음의 계획기준을 고려하여 작성한다.

(1) 도로

① 관련 계획과 유기적으로 연계되어야 하며 특히 교통처리계획과는 일관성을 유지하도록 한다.

② 보행자도로 및 자전거도로 등 녹색교통수단에 대해 적극적으로 고려한다.

③ 보행자도로 및 자전거도로이외의 도로 폭은 8미터 이상으로 계획함을 원칙으로 한다. 다만, 교통량이 적어 8미터 이상으로 하는 것이 불합리하다고 시장·군수 또는 구청장이 인정하는 경우에는 8미터 미만으로 계획할 수 있다.

④ 도로의 결정 및 설치기준은 도시·군계획시설의 결정·구조 및 설치에 관한 규칙·가로망수립지침 및 「도로법」 등 관계법령이 정하는 바에 따른다.

(2) 주차장

① 주차장 수요예측은 장래의 교통수요에 대처할 수 있는 수준으로 한다.

② 주차장의 위치는 도로여건뿐만 아니라 토지이용 및 보행여건을 함께 고려하여 결정한다.

③ 주차장의 결정기준과 설치기준은 주차장법령 및 주차장설치조례 등 관계법령이 정하는 바에 따른다.

(3) 상·하수도, 전기공급설비

① 상·하수도, 전기공급설비는 해당 개발구역의 장래 수요 변화에 대처할 수 있는 수준으로 설치한다.

② 상·하수도, 전기공급설비의 계획은 해당 도시 또는 광역도시권의 수요 및 시설용량을 고려하도록 한다.

③ 상·하수도, 전기공급설비에 대한 계획기준은 도시 계획 시설의 결정·구조 및 설치에 관한 규칙 및 수도법, 하수도법 등 관계 법령이 정하는 바에 따른다.

④ 전기공급설비는 도시미관을 특별히 고려하여야 할 필요가 있는 지역에 대하여는 지중에 설치하도록 한다.

(4) 문화시설·도서관·보건의료시설·보육시설

① 문화시설은 공연장, 전시관 등 도시·군계획시설의 결정·구조 및 설치에 관한 규칙 제96조의 시설로서 지역의 문화발전과 문화증진을 위한 시설을 말한다.

② 문화시설 등은 해당 개발구역의 규모 및 수요 등을 고려하여 필요한 경우에 계획하되, 장래의 수요변화에 대처할 수 있도록 한다.

③ 문화시설 등의 규모 및 배치는 해당 시설이 생활권의 중심시설로 활용되거나 생활권 중심시설과 연계되도록 계획한다.

④ 문화시설 등의 결정기준 및 설치기준은 도시 · 군계획시설의 결정 · 구조 및 설치에 관한 규칙, 「의료법」, 「사회복지사업법」 및 「도서관 및 독서진흥법」 등 관계 법령이 정하는 바에 따른다.

(5) 학교

① 초등학교와 중학교는 학생들의 보행권을 기준으로 배치한다.

② 학교를 신설 또는 증축 할 수 없는 부득이한 경우에는 인접지역의 학교시설을 활용하되, 학급당 학생 수, 학교당 학급 수 등 장래의 교육여건의 변화에 따른 해당 학교시설의 수용용량을 고려하여야 하며 통학시간거리가 과도하게 되지 않도록 한다.

③ 학교의 결정기준 및 설치기준은 도시 · 군계획시설의 결정 · 구조 및 설치에 관한 규칙, 「초중등교육법」 및 「고등교육법」 등이 정하는 바에 따른다.

(6) 공동구 등 지하매설물

① 개발계획에는 공동구에 수용되는 시설의 설치현황, 장기 수요예측 및 경제적 타당성과 주변시설물에 미치는 영향을 충분히 검토하여 반영한다.

② 해당 개발구역의 공동구계획은 인접지역 및 해당 시 · 군의 공동구계획과 연계되도록 한다.

③ 상 · 하수도, 전기 · 통신시설 등은 시설의 수용에 따른 안전성, 설치의 효율성 및 관리의 용이성 등을 고려하여 설치한다.

④ 공동구의 결정기준 · 구조 및 설치기준은 도시 · 군계획시설의 결정 · 구조 및 설치에 관한 규칙 등 관계법령 및 지하공동구 내진 설계기준 등이 정하는 바에 따른다.

(7) 초고속 정보통신망

① 정보화시대에 부응하기 위하여 개발사업이 시행되는 구역은 초고속 정보통신망의 설치타당성을 검토하고 이를 반영하여 계획을 수립한다.

② 초고속 정보통신망 계획기준 및 설치기준은 도시 · 군계획시설의 결정 · 구조 및 설치에 관한 규칙 및 「전기통신기본법」 등 관계법령이 정하는 바에 따른다.

③ 통신계획은 초고속 정보통신망계획에 따라 설치되도록 한다.

(8) 집단에너지 공급시설

① 환경보전 및 자원절약적 도시개발을 위하여 개발사업을 시행하는 구역은 집단에너지 공급시설의 설치 타당성을 검토하고 필요시 시설공급방안을 제시하여야 한다. 집단에너지 공급시설을 설치할 수 없을 경우 인접지역 또는 해당 시 · 군의 집단에너지 공급시설을 활용하는 방안을 모색하도록 한다.

② 집단에너지 공급시설의 계획기준은 도시 · 군계획시설의 결정 · 구조 및 설치에 관한 규칙 및「집단에너지사업법」 등 관계법령이 정하는 바에 따른다.

(9) 기타 기반시설

① 자동차정류장 등 기타 기반시설은 해당 개발구역의 장래 수요 등을 고려하여 설치하여야

하며 계획기준 및 설치기준은 여객자동차운수사업법 등 관계법령이 정하는 바에 따른다.

② 주민의 편익과 복리증진 등을 위해 해당 개발구역의 장래 수요를 고려하여 해당 지자체의 조례 등에서 정하는 바에 따라 관련 기반시설 설치를 검토한다.

제12절 문화재보호계획

2-8-12-1. 문화재보호계획은 해당 개발구역 안에 분포하고 있는 문화재에 대하여 보존방안을 제시하고 토지이용계획 및 교통처리계획 등의 수립 방향을 제시하기 위한 계획을 말한다.

2-8-12-2. 문화재보호계획의 수립원칙은 다음과 같다.

(1) 문화재는 원형 그대로 보존하는 것을 원칙으로 한다.

(2) 문화재가 분포하는 경우 문화재의 보존을 위하여 토지이용이나 교통발생으로 인한 영향을 최소화하도록 개발계획을 수립하여야 한다.

2-8-12-3. 문화재보호계획은 다음의 수립기준에 따라 작성하여야 한다.

(1) 문화재 지표조사

① 문화재 지표조사는 문화재의 분포현황과 개발사업에 따른 직 · 간접적 영향에 대한 보존방안이 포함되어야 한다.

② 문화재 재표조사는 문화재청장이 문화재 지표조사기관으로 지정 · 고시한 전문조사기관이 담당하여 실시하여야 한다.

(2) 종합학술조사

① 종합학술조사는 전통문화의 양상과 자연환경, 역사적 배경에 대한 종합적인 조사와 기록을 포함하여야 한다.

② 종합학술조사는 330만 제곱미터 이상의 신도시개발 등으로 자연부락의 해체가 발생하는 경우에 한하여 시행한다.

(3) 문화재보호계획

① 지정문화재를 포함하여 보존가치가 있는 문화재에 대하여는 별도의 보호계획을 제시하어야 한다.

② 개발구역 안에 매장문화재가 분포하고 있는 경우에는 이를 고려하여 토지이용계획 및 교통계획을 수립하고 문화재에 미치는 영향을 최소화하는 토지이용계획을 작성한다.

③ 문화재보호계획과 관련한 상세한 사항은 「문화재보호법」 등 관계법령이 정하는 바에 따른다.

제13절 도시개발구역밖에 기반시설 계획 등

2-8-13-1. 도시개발구역밖에 기반시설 설치부담계획은 다음의 계획내용 및 수립기준에 따라 작성한다.

(1) 시설의 위치, 시설내역 및 제원, 소요부지면적, 설치방법 등의 내용을 중심으로 작성한다.

(2) 시설 설치에 따른 비용의 추정은 2-8-15-2.(2)의 규정에 따른다.

(3) 시설의 소유 및 운영에 대한 계획의 수립. 다만, 해당 시설의 소유 및 운영에 대하여 이 법 또는 타 법에서 별도로 규정하고 있는 경우에는 그에 따른다.

(4) 설치비용에 대한 시행자 부담분의 결정은 전액부담과 일부부담으로 구분하고 일부부담인 경우에는 다음 항목에 대한 검토 또는 분석결과를 제시한다.

① 시행자를 포함하여 해당 기반시설을 설치하여야 하는 원인의 제공 여부 및 기여 정도

② 시행자를 포함하여 해당 기반시설의 설치로 인하여 편익을 받는 자가 있는지 여부 및 수혜 정도

③ 시설의 소유나 운영 또는 이용에 따라 발생하는 비용 및 수입의 추정

④ ① 부터 ③까지를 종합하여 시행자 외의 자가 부담하여야 할 각각의 비율을 산정하여 제시한다.

(5) 시행자 비용부담액의 부담 방법은 현금 또는 현금등가물에 따른 납부방법, 시설을 직접 설치하는 방법 또는 두 가지 방법을 혼합하는 방법 등으로 나누어 수립할 수 있다.

(6) 혼용방식 또는 2개 이상의 사업시행지구로 분할하여 개발사업을 시행하는 경우에는 분할된 지구별로 구분하여 비용부담계획을 제시한다.

2-8-13-2. 2-8-13-1.의 도시기반시설의 부담계획에 따라 대상지역에 대한 계획도(지형도 1/5,000)를 작성한다.

2-8-13-3. 다음의 경우는 도시·군기본계획을 변경하지 않고 개발계획을 수립할 수 있다.

(1) 용도지역 면적의 조정이 도시·군기본계획상 해당 지역의 용도별 소요면적 중 10퍼센트 범위 내에 해당하는 경우

(2) 「국토의 계획 및 이용에 관한 법률」에 따라 국토교통부장관이 정한 「도시·군관리계획수립지침」 1-5-3-2.의 규정에 의해 도시·군기본계획을 변경하지 않고 도시·군관리계획을 결정(변경)할 수 있는 경우(1-5-3-2.(1)① ·(3)②은 제외)

제14절 토지의 수용·사용 및 환지에 관한 계획

2-8-14-1. 토지의 수용·사용 및 환지에 관한 계획은 다음의 사항을 고려하여 수립한다.

(1) 관련 자료의 구축 및 토지의 평가 등은 정확성과 신뢰성을 확보한다.

(2) 사업의 수익측면뿐만 아니라 형평성도 함께 고려하도록 한다.

2-8-14-2. 토지의 수용·사용 및 환지에 관한 계획은 다음의 기준에 따라 작성한다.

(1) 수용 또는 사용의 방식은 토지세목별 현황 및 지장물 현황을, 환지방식에서는 개략적인 환지계획 및 평균부담률을 반드시 포함하도록 한다.

(2) 토지세목별 현황 및 지장물 현황은 관계법령이 정하는 바에 의해 분류하여 객관성과 합리성이 확보되도록 조사하고, 조사된 현황자료는 자료 관리 및 활용을 용이하게 한다.

(3) 사업시행방식(수용 및 사용, 환지방법)의 결정은 토지 등의 취득방법의 타당성, 이해관계자의 의견 및 사업시행효과 등을 충분히 검토하여 정한다.

(4) 존치하는 건축물 및 공작물의 처리계획은 존치의 필요성, 존치로 인한 사업시행상의 문제 및 고려사항, 존치 건축물 및 공작물의 활용방안 등을 검토하여야 한다.

2-8-14-3. 도시개발사업의 시행에 필요한 이주대책의 내용과 방법은 「공익사업을 위한 토지 등의 취득

및 보상에 관한 법률」 등이 정하는 범위 내에서 사업시행자가 따로 정하여 시행한다. 다만, 도시개발구역 지정권자가 투기억제를 위하여 필요하다고 인정되는 때에는 이주대책기준일을 별도로 정하여 공고할 수 있다.

2-8-14-4. 법 제5조 제1항 제14호의 규정에 따른 수용 또는 사용의 대상이 되는 토지·건축물 또는 토지에 정착한 물건과 이에 관한 소유권외의 권리, 광업권, 어업권, 물의 사용에 관한 관리의 세목 고시를 할 때에는 법 제11조 제1항에 따라 시행자를 지정하여야 한다.

제15절 재원조달 및 사업시행계획

2-8-15-1. 재원조달 및 사업시행계획은 다음 각 호의 사항을 고려하도록 한다.

(1) 출자자의 재원조달이 가능하고 예정된 단계별 시행계획에 따라 사업이 완료될 수 있도록 현실적으로 달성 가능한 계획을 수립한다.

(2) 비용부담 및 분담은 수익이나 권리의 정도를 감안하여 형평성 있게 조정한다.

(3) 개발과정에서 민간의 참여 또는 의견수렴이 최대한 보장될 수 있도록 한다.

2-8-15-2. 재원조달 및 사업시행계획은 다음의 수립기준에 따라 작성한다.

(1) 계획내용

① 사업비 산정

② 개발방식의 검토 및 재원분담 방안

③ 재원조달 계획

④ 연차별 자금투자계획

(2) 사업비 산정은 조사비, 설계비, 공사비, 보상비 및 기타비용으로 구분하여 산출하되, 구체적 세부항목과 산정기준은 별표 3에 의하며 산정기준 시점, 물가상승률, 사업기간 및 적용금리 등 사업비 산정의 근거에 대하여 합리적인 기준을 제시하도록 한다.

(3) 개발방식은 시행자의 구성과 사업시행방식을 중심으로 하여 개발방식에 대한 법률적 검토 및 개발방식별 장단점, 개발방식의 대안 설정과 대안의 평가방법·평가요소의 설정, 대안평가 및 개발방식의 선정 등을 검토하되, 객관적이고 논리적 근거에 입각하여 최종 선택된 개발방식이 최선의 방안임을 나타낼 수 있도록 한다.

(4) 재원분담 방안은 (3)에서 선정된 개발방식에서 제시된 시행자의 특성을 감안하여 구성원별 역할분담, 재무특성 및 투자능력 등을 감안하여 수립한다.

(5) 재원조달계획은 다음과 같이 구분하여 수립·작성한다.

① 시행자 현황 : 해당 개발사업에 대한 실적 등을 기술한다.

② 시행자의 재무능력 : 해당연도(해당연도 자료가 없는 경우에는 직전연도) 재무상태(손익계산서 및 대차대조표)나 재정상태(결산서) 또는 재산상태(동산·부동산)를 나타낼 수 있는 자료. 다만, 법 제11조 제1항 제2호부터 제4호까지 또는 제7호부터 제10호까지의 규정에 해당하는 자가 출자자를 구성하고 있는 경우는 재무비율(수익성 비율·안정성 비율·활동성 비율·성장성 비율 등)을 나타낼 수 있는 자료를 추가하도록 한다.

③ 시행자 자금투입계획 : 총사업비를 자기자본 투자금(시행자가 2인 이상인 경우에는 각각 구

분)과 차입금으로 구분하며 차입금은 차입조건 및 연도별 차입 규모를 상세히 기술하고 차입 가능성을 설명하는 자료를 첨부한다.

(6) 연차별 자금투자계획은 사업시행기간, 공종별 자금 소요, 위험에 대한 대비 및 자금 조달능력 등을 종합적으로 감안하여 수립한다.

2-8-15-3. 단계별 사업시행은 다음의 계획내용 및 수립기준에 따라 작성한다.

(1) 재원조달, 시행방식, 시행자 및 개발내용 등의 측면에서 사업을 단계별로 시행해야 하는 이유 또는 필요성을 설명한 자료

(2) 단계별 시행에 따른 효과와 문제점 및 개선방안

(3) 단계별 시행계획

2-8-15-4. 사업의 운영방안은 다음의 계획내용 및 수립기준에 따라 작성한다.

(1) 해당 개발사업으로 조성된 토지, 건축물 기타 시설에 대한 분양 · 임대 등의 운영에 관한 사항

(2) 관광단지 또는 산업단지 등이 포함된 경우에는 (1)의 운영에 관한 사항과 관련하여 입주자 유치 및 홍보전략 등을 검토한다.

(3) 도시개발사업을 수행할 조직의 구성에 관한 사항

(4) 유지관리계획은 시행기간 연기에 따른 관리 및 사업준공 후 미사용 토지 및 시설물 등에 관한 유지관리 방안에 관한 사항

제16절 사업성 및 개발효과 검토

2-8-16-1. 사업성 및 개발효과에 관한 계획은 다음 원칙에 따라 수립한다.

(1) 객관적인 방법에 의하도록 하되 그렇지 못할 경우에는 논리적인 결과를 도출하도록 한다.

(2) 사업성 평가에 있어 비용과 편익으로 포함하는 항목의 구성은 균형 있게 설정한다.

(3) 사업시행의 과정에서 일어날 수 있는 주요 변화요인에 대한 검토를 통하여 문제점을 사전에 예측하고 이에 대한 대처방안을 마련함으로써 사업의 안전성을 확보할 수 있도록 한다.

2-8-16-2. 사업타당성은 다음의 검토기준에 따라 검토 · 작성한다.

(1) 비용의 추정 : 2-8-15-2. (2)의 규정에 따라 산정한 사업비를 기준으로 한다..

(2) 수입의 추정 : 개발계획의 내용에 따라 해당 개발사업의 결과로부터 발생할 분양 · 임대 · 운영 등의 수입과 시행과 정에서 발생할 예측가능한 모든 수입을 포함함을 원칙으로 한다.

(3) 전제 조건의 설정 : 할인율, 분석기간, 사업시행일정, 연차별 투자 및 회수비율 등을 합리적으로 설정한다.

(4) 사업성 분석 : 사업성 분석은 비용편익(B/C)에 따른 방법, 현재가치(NPV)에 따른 방법, 내부수익률(IRR)에 따른 방법 등을 사용할 수 있으며 각 방법에 따른 결과를 종합적으로 평가한다.

(5) (4)에 따른 전제조건의 변화를 몇 가지로 구분 설정하고 각각의 민감도 분석을 수행하여 그 결과를 (4)의 사업성 분석의 결과와 비교 평가한다.

(6) 추정 재무제표의 작성 : 2-8-15-2. (2)의 규정에 따라 산정한 사업비가 500억원 이상인 경우에는 해당 개발사업에 대하여 기업회계기준에 따른 추정손익계산서, 추정대차대조표 및 추정현금흐름표를 작성한다. 다만, 시행자에 대하여 관련 법령상 재무제표에 대한 별도의 작성기준이나

양식이 있는 경우에는 그에 따른다.

(7) 사업타당성은 재무적 타당성 외에 경제적 타당성 또는 기술적 타당성에 대하여도 검토할 수 있다.

2-8-16-3. 사업의 효과는 다음의 검토기준에 따라 작성한다.

(1) 검토내용

① 지역경제 활성화에 미치는 영향

② 지역사회 발전에 미치는 영향

(2) 해당 개발사업이 국가 또는 지역의 경제에 미치는 영향은 생산유발효과, 고용유발효과 및 재정증대효과의 측면으로 나누어 분석한다.

(3) 지역사회 발전에 미치는 영향은 지역주민의 생산 및 소비생활 편리성의 증대의 측면, 지역주민 또는 지역사회의 공공의 이용에 제공되는 공간(시설 또는 토지)의 공급 측면 등에 대하여 그 영향의 정도를 검토한다.

제 9 장 녹색도시개발계획의 수립 및 평가

제1절 녹색도시개발계획의 수립

2-9-1-1. 제7장의 기초조사와 제8장의 부문별 계획 등에 따라 개발계획을 수립할 때에는 별표 1의2에서 정한 녹색도시개발에 관한 기준이 조화롭게 반영되어야 한다.

2-9-1-2. 지정권자는 법 제17조 및 법 제50조에 따라 실시계획 인가 또는 준공검사를 하는 때에는 별표 1의2에 따라 수립한 녹색개발계획이 적절하게 반영되었는지의 여부를 확인 · 점검하여야 한다. 개발계획 또는 실시계획을 변경하거나 법 제26조에 따라 조성토지 등의 공급계획을 제출받은 때에도 또한 같다.

제2절 녹색도시개발계획의 평가

2-9-2-1. 지정권자는 저탄소의 환경친화적인 도시개발사업을 유도하기 위하여 별표 1의2 제4장에서 정한 기준에 따라 녹색도시개발계획에 대한 평가를 실시할 수 있다. 이 경우 평가 결과를 검증하거나 평가를 효율적으로 수행하기 위하여 필요한 자료의 조사 · 분석 등을 관계 전문기관 · 단체 또는 전문가에 의뢰할 수 있다. 이 때, 그 비용은 지정권자가 부담하여야 한다.

2-9-2-2. 지정권자는 2-9-2-1에 따른 평가결과를 종합하여 녹색도시의 수준에 대한 등급을 부여하고 이를 적극적으로 활용하여 녹색도시개발사업이 촉진될 수 있도록 노력하여야 한다.

2-9-2-3. 2-9-2-2.에 따른 평가등급은 1등급부터 5등급까지로 구분하고, 3등급 이상을 우수등급으로 한다.

제3절 인센티브

2-9-3-1. 지정권자는 2-9-2-3에 따라 우수등급을 받은 녹색도시개발사업 시행자에 대하여 법에서 정하는

사항과 함께 이 지침에서 정하는 기준을 완화하는 방법 등으로 인센티브를 줄 수 있다. 이 경우 인센티브는 등급에 따라 차등을 두어야 한다.

2-9-3-2. 2-9-3-1.에 따라 이 지침에서 정하는 기준을 완화하여 인센티브를 줄 수 있는 범위는 다음과 같다.

(1) 〈삭제〉

(2) 2-8-4-2 (4)에서 정한 공동주택용지의 규모별 배분기준

(3) 2-8-5-3 (3)에서 정한 주거용지 및 임대주택건설용지의 배분기준

2-9-3-3. 지정권자는 2-9-3-2.에서 정한 사항에 대하여 그 기준의 40퍼센트를 초과하지 않는 범위에서 인센티브의 세부 적용 기준을 우수등급별로 정하여 시행할 수 있다.

2-9-3-4. 지정권자는 2-9-3-1.에 따라 인센티브를 주는 경우에는 녹색도시개발에 대한 기여도 및 사업비용의 증가 정도와 관계 법률에 따른 의무적 이행기준의 초과 정도 및 인센티브의 중복 적용 등을 고려하여 적정하게 인센티브가 제공될 수 있도록 하여야 한다.

제 3 편 실시계획

제 1 장 사업의 명칭, 위치 및 면적 등

3-1-1. 사업의 명칭, 위치 및 면적은 2-1-6.의 규정에 따라 작성한다.

3-1-2. 사업기간은 2-5-1.의 규정에 따라 작성한다.

3-1-3. 시행자의 주소 및 성명은 2-6-1.의 규정에 따라 작성한다.

제 2 장 첨부도면 및 서류

3-2-1. 실시계획인가신청을 위한 첨부도면 및 서류는 다음과 같다.

(1) 위치도는 축척 1/25,000 또는 1/50,000이상의 도시 · 군관리계획총괄도 또는 지형도를 사용하여 개발구역 등을 표시하도록 한다.

(2) 토지 관련 서류에는 지적도 또는 임야도 등이 포함되어야 하며 토지 등을 수용하고자 할 때에는 수용할 토지 등의 소재지, 지번, 지목, 면적, 소유권 및 소유권외의 권리의 명세와 그 소유자 및 권리자의 성명, 주소를 기재한 서류를 첨부한다.
다만, 개발계획 수립시 제출한 서류의 내용변경이 없는 경우에는 그러하지 아니하다.

(3) 실시계획의 계획평면도는 축척 1/5,000 이상의 지형도를 이용하여 개발계획에서 정한 내용을 표시한다.

(4) 다른 법률에 따른 허가 · 인가 등을 의제하는 경우에는 해당 법률에 따른 실시설계도를 첨부한다.

(5) 사업비 및 자금조달계획은 제2편 제8장 제15절의 규정에 따라 작성한다.

(6) 개발되는 토지 또는 시설물의 처분에 관한 계획서는 토지이용계획 및 공급조건에 적합하게 작성한다.

(7) 존치하고자 하는 기존 공장이나 건축물 등에 대하여는 대지조성공사, 우 · 오수처리 등의 지장 여부를 판단하기 위한 존치대상 건축물 검토서, 별지 제1호서식의 존치대상 건축물조서 및 존치대상 건축물 현황도를 작성한다.

(8) 토지, 건물, 권리 등의 매수, 보상 및 이주대책에 관한 서류는 「공익사업을 위한 토지 등의 취득 및 보상에 관한 법률」 등을 준용하여 작성한다.

(9) 공공시설물 및 토지 등의 무상귀속과 대체에 관한 계획서는 법 제66조의 규정에 따라 작성한다.

(10) 국가 또는 지방자치단체에 귀속될 공공시설의 산출내역서는 공공시설별로 구분하여 실시계획 작성 시점을 기준으로 비용을산출하며, 시행자에게 귀속 또는 양도될 기존 공공시설의 평가서는 2 이상의 감정평가기관에 따른 평가액산정 등 객관적인 기준을 별도로 마련한 후 작성한다.

(11) 사업위탁 또는 신탁계획서는 법 제12조, 영 제26조부터 제28조까지 및 시행규칙 제18조 및 제19조의 규정에 따라 작성한다.

(12) 지구단위계획 결정에 필요한 관계서류 및 도면은 개발계획에서 정한 내용이 포함되어야 한다.

(13) 환경영향평가 등 각종 영향평가의 결과가 필요한 경우에는 실시계획인가 신청시 심의필증을 첨부한다.

(14) 환지방식으로 시행하는 경우에는 시행자별 규약, 시행규정, 조례, 부담률 계산서를 작성하여야 하며 부담률 계산서에는 다음 사항이 포함되어야 한다.

① 사업시행 전 · 후 토지의 용도별, 지목별 면적비교표

② 용도별 체비지조서

③ 공공용지 조서

④ 부담률 계산서

⑤ 기타 필요한 사항

(15) 별표 1의2의 녹색도시 개발계획에서 정한 목표치 및 평가 등급 결정에 적용한 기준을 확인할 수 있는 서류나 도면 등

제 4 편 환지계획

제 1 장 환지계획의 일반적인 기준

4-1-1. 시행자가 환지계획을 작성하는 때에는 개발구역내의 기존시가화 지역, 기존주택밀집지역, 전 · 답 · 대지 · 임야 등 지목별 이용현황 및 공공시설이용도 등을 감안하여야 한다.

4-1-2. 개발구역의 규모가 크거나 주거지역 · 공업지역 또는 생활권이 다른 지역 등이 혼합된 개발구역인 경우 기타 사업시행의 난이도 등으로 인하여 일괄하여 환지처분이 곤란할 경우에는 규약, 정관 또는 시행규정에서 환지계획구역을 수 개의 지구로 분할하고 지구별로 환지계획을 수립할 수 있다.

4-1-3. 〈삭제〉

4-1-4. 환지계획수립을 위한 환지설계는 다음 원칙에 따른다.

(1) 환지단가

① 평면환지단가: 평면환지로 공급되는 종후 토지의 평가액 / 환지면적

② 입체환지단가: 입체환지로 공급되는 종후 구분건축물의 평가액 / 환지면적

(2) 환지면적: 종후 토지의 면적(입체환지인 경우에는 종후 구분건축물의 전유부분 면적을 말한다)

(3) 권리면적

① 평면환지: 권리가액 / 평면환지단가

② 입체환지: 권리가액 / 입체환지단가

(4) 청산금: (환지면적 - 권리면적) × 청산단가(환지처분 시점을 기준으로 재평가한 환지단가를 말한다)

(5) 정리 전 가격은 실시계획인가시점(도시개발사업으로 인한 도시 · 군관리계획 결정, 변경결정 등을 반영하지 않은 사업 이전 상태)을 기준으로 하고 정리 후 가격은 환지처분시점을 기준으로 하여 정하되, 평가시기는 환지계획 수립 전에 하여야 한다.

4-1-5. 환지계획을 수립할 경우에는 법 제28조 제1항에서 정하는 사항을 반드시 정하여야 하며 특히 동조 동항 제3호의 필지별과 권리별로 된 청산대상 토지명세를 작성함에 있어서는 법 제30조 및 제31조의 규정에 따른 불환지 토지라도 권리면적은 정하여야 하고 체비지 명세를 작성함에 있어서는 4-7-1.의 규정에 따른 토지명세도 같이 작성하여야 한다.

4-1-6. 영 제62조 제2항에서 "국토교통부장관이 정하는 바"란 기존 건축물이 없는 경우에 주거지역의 경우 150제곱미터 이상에서 500제곱미터 이하의 범위를 말한다.

제 2 장 환지계획의 특별기준

4-2-1. "다른 자리 환지"란 종전의 위치에서 벗어나 다른 자리에 환지를 지정하는 것을 말한다.

4-2-2. 시행자는 다음 사항을 유의하여 환지계획을 수립하여야 한다.

(1) 1필지의 대지는 반드시 도로 또는 통로에 접하도록 환지하여야 하며, 사업시행으로 인하여 통로가 없는 대지가 발생하여서는 아니된다.

(2) 사도 또는 기타 공공의 용도로 사실상 이용되고 있는 토지나 지목이 도로, 구거, 하천 등으로 되어 있는 사유의 토지에 대하여도 환지계획을 수립한다.

4-2-3. 환지계획에서 필요한 때에는 법 제32조에 의거하여 입체환지를 시행할 수 있으며 입체환지 기준은 다음과 같다.

(1) 입체환지는 환지할 목적으로 시행자가 직접 구역 내에 공동주택 또는 상가 등 집합건축물을 건축하는 경우에 적용한다.

(2) 무허가 건축물에 대하여는 입체환지를 지정할 수 없다. 다만, 건축허가를 받아 건축하였으나 등기를 하지 않은 건축물에 대하여는 입체환지 신청 전까지 「부동산 등기법」에 따른 등기부에

등재된 경우에 한하여 입체환지를 지정할 수 있다.

(3) 입체환지를 적용하는 경우에는 실시계획인가 시 관련 건축계획(건축허가 또는 주택사업승인 등)을 법 제19조 제1항에 따라 의제하여 인가를 받아야 하며, 건축규모 및 건축용도 등은 구역 내 입체환지의 수요 및 사업비 등을 고려하여 적정하게 결정하여야 한다.

(4) 〈삭제〉

(5) 〈삭제〉

(6) 〈삭제〉

(7) 입체환지의 일반적 기준은 다음과 같다.

① 입체환지를 위한 부지와 건축규모, 평면환지, 체비지 계획 등을 종합적으로 고려하여 사업의 원활한 시행 및 소유자에게 손익이 균형 있게 배분되도록 한다.

② 입체환지의 신청기간이 만료된 이후에 그 접수된 내용을 기준으로 환지계획을 수립하여야 한다.

③ 〈삭제〉

④ 〈삭제〉

⑤ 입체환지 신청을 접수한 결과 신청한 종전 토지나 건축물의 수가 입체환지로 조성되는 구분건축물(구분소유권)의 수에 현저히 미달되는 경우에는 개발계획 및 실시계획 등을 변경하여 입체환지를 시행하지 아니할 수 있다. 이 경우 취소여부에 대하여는 규약 · 정관 또는 시행규정으로 그 기준 및 관련 절차 등을 정하여야 한다.

(8) 법 제32조의 3 제4항에서 국토교통부장관이 정하는 규모이상이란 입체환지를 신청하는 토지면적의 합이 영 제62조 제1항에 따라 산정된 과소 토지 규모 이상으로서 제62조의 2 제1항에 따른 권리가액 이상인 경우를 말한다.

제 3 장 집단환지의 지정

4-3-1. 〈삭제〉

4-3-2. 시행자는 집단환지의 지정에 관하여 토지소유자가 신청할 수 있도록 환지계획 작성 전 60일 이내의 기간을 정하여 개발구역 안의 토지소유자에게 서면으로 통지하고 신청을 받아야 한다.

4-3-3. 시행자는 집단환지를 신청한 토지의 권리면적이 환지면적보다 많은 경우에는 권리면적이 높은 순으로 집단환지 대상토지를 선정할 수 있다.

4-3-4. 시행자는 4-3-3.의 결과를 신청자에게 서면으로 통지한다.

4-3-5. 시행자는 집단환지의 사용 및 개발을 촉진하기 위해 집단환지로 지정받은 토지소유자 다수가 요청하면 토지소유자 소집 · 시공사 및 매수자 알선 등 적극적인 지원을 하여야 한다.

제 4 장 토지의 부담률

4-4-1. 〈삭제〉

4-4-2. 〈삭제〉

4-4-3. 〈삭제〉

4-4-4. 〈삭제〉

4-4-5. 〈삭제〉

제 5 장 환지계획의 변경

4-5-1. 시행자가 사업시행중 공공시설의 변경 또는 집단체비지의 책정 등으로 환지계획을 변경하여야 할 필요가 있을 경우에는 즉시 환지계획을 변경한다.

4-5-2. 4-5-1.의 규정에 따라 환지계획을 변경하고자 할 경우에는 반드시 환지계획 당시의 환지방법 및 환지기준에 따라야 한다. 다만, 시행지구의 변동 등으로 당초의 환지방법을 따를 수 없는 부득이한 사정이 있을 경우에는 예외로 할 수 있다.

4-5-3. 환지처분을 위한 확정측량 결과 환지계획을 변경할 사유가 발생하였을 때에는 환지계획을 변경한 후 그 결과에 따라 환지처분한다.

제 6 장 체비지의 지정

4-6-1. "체비지"란 도시개발사업으로 인하여 발생하는 사업비용을 충당하기 위하여 사업시행자가 취득하여 집행 또는 매각하는 토지를 말한다.

4-6-2. 시행자는 체비지를 주요 간선도로변 또는 대지의 제곱미터(㎡)당 단가가 높은 지역에 집중적으로 지정하여서는 아니된다.

4-6-3. 법 제34조 제2항의 규정에 따른 집단체비지는 대지의 제곱미터(㎡)당 단가가 비교적 낮은 지역에 지정하되, 「주택법」에 따른 국민주택건설용지 등의 확보를 위하여 필요한 경우에는 체비지를 집단으로 지정할 수 있다. 이 경우 시행자는 부담률의 적정여부 및 공사계획을 고려하여야 하며 공사비의 부족으로 인한 부실시공 또는 사업시행에 차질을 초래하여서는 아니된다.

4-6-4. 4-6-3.의 규정에 의해 집단체비지를 지정할 때에는 시행자가 환지계획을 작성하기 이전에 시장·군수 또는 구청장과 사전 협의하여야 한다.

4-6-5. 법 제34조 제2항의 규정에 따른 집단체비지는 체비지 면적의 70퍼센트 범위 내에서 지역여건에 따라 결정한다.

제 7 장 체비지의 관리 및 처분

4-7-1. 〈삭제〉

4-7-2. 〈삭제〉

4-7-3. 체비지의 관리 · 처분과 매각의 기준 등에 대하여는 규약 · 정관 · 시행규정에 별도로 정하여야 한다. 이 경우 매각대금은 분할납부하게 할 수 있고 필요에 따라서는 거치기간을 둘 수 있다.

4-7-4. 체비지 매각대금의 분할납부에 따른 이자율은 일반시중은행 대출금리 이하로 한다.

4-7-5. 시행자는 체비지를 매각하거나 전매한 경우에는 관할 세무관서(세무서, 시 · 군 · 구청을 말한다)의 장에게 이를 통보하여야 한다.

제 8 장 환지예정지조서 등

4-8-1. 법 제35조의 규정에 따라 환지예정지를 지정하는 경우 환지예정지지정조서는 별지 제3호 서식에 따른다.

4-8-2. 시행자가 법 제40조의 규정에 따라 환지처분을 하고자 할 경우에는 각 필지마다 환지면적 및 청산금의 내용이 포함되도록 하여야 하며 전체 사업비용을 감안하여 청산금의 징수 또는 교부 잔액이 없도록 한다.

4-8-3. 법 제40조의 규정에 따라 환지처분을 하는 경우 환지처분조서는 별지 제4호서식과 같다.

4-8-4. 사업시행지구(환지계획구역)별로 환지계획을 수립할 경우에는 준공된 지구별로 환지처분 할 수 있다.

제 9 장 청 산 금

4-9-1. 법 제46조의 규정에 따른 청산금의 징수 및 교부는 환지처분일로부터 1년 이내에 완료하여야 한다. 다만, 시행자가 필요하다고 인정하는 경우에는 기간을 정한 후 이자를 붙여 분할징수하거나 분할교부할 수 있다.

4-9-2. 청산금에 대하여 이자를 붙여 분할징수하거나 분할교부하는 경우의 이자율은 일반시중은행 대출금리이하로 한다.

4-9-3. 4-9-1.에 따른 청산금의 이자율 적용기준일은 청산금을 일시에 납부하는 때에는 납부고지일로 하고 분할납부를 하는 때에는 그 분할납부금의 납부일 현재로 한다.

제10장 등 기

4-10-1. 시행자는 환지처분 이후 부동산등기법이 정하는 바에 따라 지체없이 관할 등기소에 등기를 신청 또는 촉탁하여야 한다.
다만, 청산금을 징수하지 못한 토지에 대하여는 그러하지 아니하다.

제11장 혼용방식에 따른 개발사업 시행

4-11-1. (1) 법 제21조 및 영 제43조제2항에 따라 사업시행지구를 분할하여 개발사업을 시행하는 경우의

환지구역에 대해서는 법 제28조부터 제49조까지의 규정을 적용하고, 구역분할을 하지 않고 수용 또는 사용의 방식과 환지방식을 혼용하여 개발사업을 시행하는 구역에는 법 제22조부터 제27조까지의 규정을 적용한다. 다만, 구역을 분할하지 않고 혼용방식으로 사업을 시행하는 구역 내에서 환지대상으로 결정된 토지에 대해서는 법 제28조부터 제49조까지의 규정을 적용한다.

(2) 제1항 단서에 따라 환지방식을 준용할 경우 환지계획인가신청시 제출하는 서류 중 작성할 수 없는 서류는 인허가권자의 허가를 받아 조정할 수 있다.

4-11-2. 사업시행지구를 분할하여 개발사업을 시행하는 경우에는 다음 사항에 유의하여 환지구역을 지정하여야 한다.

(1) 구역분할 방식의 환지구역 지정은 취락지구 등 집단취락지를 대상으로 한다. 이때 환지구역의 경계는 용도지역 · 지구 등의 경계, 도시기반시설 경계, 지형, 지세, 기타 지구경계를 명확히 할 수 있는 요인을 기준으로 설정하여야 한다.

(2) 환지구역은 수용 및 사용방식의 전체사업구역과 사업시행 단계를 달리할 수 있으며, 동일 사업자가 시행함을 원칙으로 한다.

4-11-3. 사업시행지구를 분할하지 않고 개발사업을 시행하는 경우에는 시행자와 토지소유자가 원하는 토지를 환지대상으로 할 수 있다.

4-11-4. 환지방식을 적용할 경우 4-11-1의 규정에 의하되, 다음 기준에 따라 이를 산정하여야 한다.

(1) 구역을 분할하여 시행하는 경우 환지구역 내 기반시설을 포함한 사업비는 자체 체비지를 통하여 부담하고, 상하수도, 진입도로 등 도시개발구역외 기반시설에 대하여는 인구비율로 수용 및 사용방식의 전체사업지구와 기반시설 사업비를 분담하되, 동 사업의 환지에 따라 이전하는 인구수는 가산하지 아니한다. 다만, 산업 또는 복합용도 등 주택단지가 아닌 개발사업에서의 분담비율은 각 구역에서 유발되는 기반시설 수요량을 별도로 산정하여 분담하게 할 수 있다.

(2) 구역을 분할하지 아니하고 개발사업을 시행하는 경우 환지할 토지는 다른 자리 환지방식을 활용하여 한 곳에 통합하여 정하되, 불가피한 경우 개발계획에 따라 여러 곳에 통합하여 정할 수 있다. 또한, 주거용지로 환지할 토지는 토지소유자중 1가구에 한하여 1필지를 기준으로 하며 그 규모는 660제곱미터 이내로 하되, 지정권자가 필요하다고 인정하는 경우 계획적 단지배치를 고려하여 그 규모를 따로 정할 수 있다. 다만, 부담률은 사업시행자와 주민들과의 협의하에 적정히 산정하여야 한다."

4-11-5. 환지계획시 과소토지는 환지대상지에서 제외하며, 가능한 한 증환지가 발생하지 아니하도록 환지계획을 수립하여야 한다.

제 5 편 토지공급 및 사후관리

제 1 장 조성토지의 공급

5-1-1. 시행자가 개발사업으로 조성된 토지 · 건축물 또는 공작물 등(이하 "조성토지 등"이라 한다)을

공급하는 경우에는 법 제26조의 규정에 따라 작성된 조성토지 등의 공급계획에 따라 공급한다.

5-1-2. 시행자가 조성토지 등을 공급하는 경우 개발계획 또는 지구단위계획에서 규정한 내용을 공고하여야 한다. 이 경우 도시계획법령 등에 따른 건축물의 금지 또는 제한하는 내용이 있는 경우에는 그 내용을 포함하여 공고한다.

5-1-3. 시행자는 분양안내서 및 매매계약서에 국토의 계획 및 이용에 관한 법령 등에 따른 건축물의 건축을 금지 또는 제한하는 내용이 있는 경우에는 이를 명기한다.

5-1-4. 조성토지의 공급가격은 감정가격을 기준으로 한다.

제 2 장 주거용지의 공급

5-2-1. 시행자가 주거용지를 공급하는 경우에는 개발계획에서 정한 가구 또는 획지별로 주택호수, 용적율과 임대주택지 또는 분양주택지 등 용도를 명시하여 공급한다.

5-2-2. 개발계획에 반영된 임대주택건설용지로 공급할 용지가 최초 공급공고일 후 6월 이내에 공급되지 않을 경우 시행자는 이를 국민주택규모의 분양주택건설용지로 공급할 수 있다. 다만, 공공시행자 외의 자가 시행자인 경우에는 2월 이내에 공급되지 않을 경우 국민주택규모의 분양주택건설용지로 공급할 수 있다.

5-2-3. 주택건설사업계획 승인 또는 건축허가를 할 때에는 개발계획에서 정한 토지이용계획, 인구수용계획 및 지구단위계획 등에 따라 주택 등이 건설되도록 한다. 다만, 다음과 같은 경우에는 주택건설사업계획 승인권자 또는 건축허가권자가 도로, 상하수도, 학교 및 공원 등 기반시설의 설치현황을 고려하여 당초 계획된 용적률 및 공급가격을 변경하지 않는 범위 내에서 해당 변경사항을 허용하여 주택건설사업계획 승인 또는 건축허가를 할 수 있다.

(1) 당초 계획된 평형보다 작은 평형의 공동주택을 건설함에 따라 세대수가 증가하는 경우. 다만, 세대수 증가에 따라 증가되는 수용인구는 당초 인구수용계획의 10퍼센트를 초과할 수 없다.

(2) 당초 계획된 용적률 및 세대수를 초과하지 않는 범위 내에서 당초 계획된 평형보다 작은 평형의 공동주택을 건설하는 경우

(3) 확정측량단계에서 공급받은 용지가 축소되거나 건물의 배치, 설계 또는 시공상 불가피한 사유가 있어 세대수를 축소조정 하는 경우

(4) 공급된 토지의 용도를 분양에서 임대로 변경하여 사용하고자 하는 경우. 다만, 공급가격은 변경할 수 없다.

5-2-4. 지정권자는 다음과 같은 경우에는 실시계획(지구단위계획을 포함한다)에도 불구하고 기반시설 설치기준 등을 고려하여 당초 계획된 면적보다 작은 면적으로 주택을 건설할 수 있도록 세대수 변경을 허용할 수 있다. 다만, 변경사항은 세대수에 한정되며 세대수 증가에 따라 증가되는 수용인구는 당초 인구수용계획의 10퍼센트를 초과할 수 없다.

(1) 수용 또는 사용방식 : 최초 공급공고일 이후 2개월이 경과하여도 매각되지 않은 토지 또는 시행자가 직접 사용할 토지에 대하여 시행자가 법 제26조에 따른 공급계획 변경을 요청한 경우

(2) 환지방식 : 환지계획수립 또는 변경과 병행하여 시행자가 공동주택 평형 변경을 요청한 경우

5-2-5. 시행자는 연약지반이 포함된 용지를 개발하여 공급하는 경우에는 다음 사항에 적합하게 하여야 한다.

(1) 용지조성공사 착수 전에 토질조사를 철저히 하고 필요한 경우 해당 토지의 특성에 맞게 용지조성고까지 지반안정 처리를 한다.

(2) 허용잔류침하량 이내로 지반안정 처리 후 건축물의 건축 등이 이루어질 수 있도록 토지사용시기를 합리적으로 조정하도록 한다. 다만, 용지를 공급받는 자가 조기에 토지사용을 원하는 경우에는 공급받는 자가 직접 지반안정처리를 하는 조건으로 토지사용시기를 조정할 수 있다.

(3) 연약지반현황과 지반안정처리 주요내용 및 토지사용시 유의사항 등을 분양안내서에 명기하고 연약지반 분포도면 · 토질 · 심도 · 처리공법 및 허용잔류 침하량 등 자세한 사항을 분양안내소에 비치하여 일반이 열람할 수 있도록 한다.

(4) (3)의 규정에 따른 연약지반현황과 지반안정처리 내용 등을 시장 · 군수 등 관련 인허가 담당기관에 통보한다.

제 3 장 협의양도인 주택용지공급

5-3-1. 영 제57조 제4항 제3호 및 시행규칙 제23조 제2항 별표 3 제1호 가목의 규정에 따라 수의계약으로 협의양도인에게 용지를 공급할 수 있는 토지의 면적기준은 다음과 같다.

(1) 시행자에게 협의양도한 토지의 면적이 다음 기준에 적합한 경우

① 수도권지역(수도권정비계획법에 따른 수도권지역을 말한다) : 1천 제곱미터 이상

② 수도권 이외의 지역 : 건축법시행령 제80조의 규정에 따른 대지의 분할제한 면적 이상

(2) 협의양도한 토지가 지구경계로 분할된 경우로서 토지소유자의 요구에 따라 시행자가 지구 외 잔여지를 매입한 때에는 지구 외 토지를 합한 면적을 기준으로 한다.

(3) 협의양도한 토지를 지분으로 공유하고 있는 경우에는 지분면적을 기준으로 한다. 다만, 공유자 전원이 지분을 시행자에게 협의양도한 경우에 한한다.

(4) 협의양도한 토지가 수개의 필지인 경우에는 각 소유토지를 합한 면적(지분 소유면적을 포함한다)을 기준으로 한다.

제 4 장 감정평가

5-4-1. 조성토지 등의 공급가격은 「감정평가 및 감정평가사에 관한 법률」의 규정에 따라 설립인가를 받은 감정평가법인 또는 사무소개설등록을 한 감정평가사가 감정평가한 가격(이하 "감정가격"이라 한다)을 기준으로 결정한다. 다만, 환지방식의 경우에는 감정평가법인 또는 사무소개설등록을 한 2 이상의 감정평가사가 감정평가한 가격의 산술 평균한 가격을 기준으로 정할 수 있다.

5-4-2. 개발된 조성토지 등을 경쟁입찰의 방법 또는 추첨의 방법으로 공급하고자 하는 때에는 그 입찰일 또는 추첨일로부터 10일 이전에 이를 공고하여야 한다. 다만, 긴급을 요하거나 재공고 하는 경우에는 5일 이전에 공고할 수 있다.

5-4-3. 경쟁입찰의 방법에 따라 조성토지 등을 공급하는 경우에는 이를 공개하여 실시한다.

5-4-4. 입찰은 1인의 입찰로서도 성립한다.

5-4-5. 입찰은 매입신청자 전원이 동시에 실시함을 원칙으로 한다.

5-4-6. 낙찰자가 없을 때에는 입찰장소에서 회수의 제한 없이 재입찰을 할 수 있다.

5-4-7. 낙찰해당금액과 동가의 입찰자가 2인 이상인 경우에는 즉시 추첨으로 그 낙찰자를 정한다.

5-4-8. 개찰은 공개하여 이를 행한다.

제 5 장 분양 추첨

5-5-1. 분양의 방법에 따라 조성토지 등을 공급하는 경우에는 그 추첨은 공개하여 실시한다.

5-5-2. 분양공고결과 경합이 없는 경우에는 추첨 없이 그 신청자를 공급대상자로 결정할 수 있다.

5-5-3. 매입신청자중 공급 우선 순위자가 있을 때에는 공급 우선순위자에 대한 추첨을 먼저 한다.

제 6 장 수의계약 등

5-6-1. 2회 이상 경쟁입찰 또는 추첨을 한 결과 조성토지가 매각되지 아니할 경우에는 수의계약방법으로 공급할 수 있다. 다만, 다음과 같은 경우에는 다시 분양 등의 공고를 하여 경쟁입찰 또는 추첨의 방법으로 공급한다.

(1) 공급가격의 재결정으로 공급가격이 하락하는 경우
(2) 공급대상자의 범위 및 제한요건이 완화되는 경우
(3) 대금납부조건 등이 연장 또는 완화되는 경우
(4) 공급하고자 하는 조성토지 등에 대한 용도 및 건축제한사항 등이 완화되는 경우
(5) 기타 재공고가 필요하다고 인정되는 경우

제 7 장 학교용지 등의 공급가격 기준

5-7-1. 영 제58조 제3항의 규정에 따라 조성토지에 대한 공급을 감정가격 이하로 공급하고자 할 경우 시행자는 실시계획에서 정한 사업기간 내에 조성원가 수준으로 공급하되, 지역특성화를 위해 필요한 경우에는 사회복지시설, 학교 및 종합의료시설 등을 조성원가 이하로 공급할 수 있다. 이 경우 조성원가는 별표 3의 기준에 따라 산정한 공사비 · 조사비 · 설계비 · 보상비 및 기타 비용을 합산한 금액을 말한다.

5-7-2. 5-7-1.의 규정에 불구하고 이주대책에 따라 해당자에게 이주택지 등을 공급하는 경우에는 감정가격에서 도로 · 급수시설 · 배수시설 기타 공공시설 등 해당 지역의 여건에 따라 설치하는 생활기본시설의 설치비를 차감한 가격으로 공급한다.

5-7-3. 5-7-2.의 규정에 따른 생활기본시설의 설치비는 다음 산식에 따라 산정한다.

(1) 이주단지를 별도로 조성하는 경우 : 생활기본시설의 설치비 ÷ 이주단지 가처분면적 × 필지별 면적

(2) 사업지구안의 단독 주택지를 공급하는 경우 : 사업지구 전체 생활기본시설의 설치비 ÷ 사업지구 전체 가처분면적 × 필지별 면적

제 8 장 준공검사 및 공고

5-8-1. 시행자(지정권자가 시행자인 경우를 제외한다. 이하 이 절에서 같다)가 개발사업의 공사를 완료한 때에는 공사완료보고서를 작성하여 지정권자의 준공검사를 받아야 하며 준공검사자는 해당 공사가 개발사업 실시계획에 따라 적정하게 시행되었는지의 여부를 확인한다.

5-8-2. 준공검사자는 5-8-1.의 규정에 따른 확인결과 해당 사업이 개발사업 실시계획대로 시행되었다고 인정할 경우에는 준공검사필증을 작성하여 시행자에게 교부하고 공사완료 공고를 한다.

5-8-3. 준공검사자는 5-8-2.의 규정에 따른 준공검사필증을 교부한 때에는 해당 시장·군수 또는 구청장에게 통보한다.

제 9 장 공공시설의 인계인수

5-9-1. 시행자는 인계인수할 공공시설에 대하여 사업준공 이전에 해당 시설 관리청에 합동검사를 요청하여야 하며 해당 관리청은 사업준공 30일 전까지 합동검사를 완료한다.

5-9-2. 공공시설에 대한 합동검사에서 나타난 하자에 대한 보수는 시행자가 하여야 하며 공공시설의 관리권을 인계인수한 이후에 발생하는 하자에 대한 유지보수는 해당 공공시설의 관리청이 한다.

5-9-3. 개발사업의 준공 전에 공용개시가 필요한 공공시설에 대하여는 「건축법」 및 「주택법」에 따른 주택·부대시설·복리시설 대지에 대한 사용검사실시 전까지 해당 시설의 관리청과 시행자가 합동검사하여 공용개시 여부를 결정하여야 하며 그 공공시설을 공용개시하는 때에 해당 관리청은 그 공공시설의 관리권을 인수한다. 다만, 정수장·배수지·가압장 등 별도의 관리조직을 필요로 하는 공공시설의 경우에는 그 시설의 관리에 관한 사항을 상호 협의하여 결정할 수 있다.

5-9-4. 시행자가 공공시설을 해당 시설의 관리청에 인계할 때에는 「국가를 당사자로 하는 계약에 관한 법률 시행규칙」 제72조의 규정에 따른 하자보수보증금을 이관하여 해당 시설의 관리청이 하자담보책임추급권(하자담보 책임기간동안의 하자검사권, 하자보수요구권 및 하자보수보증금의 직접 사용권을 말한다)을 승계하여 행사할 수 있도록 한다.

제10장 사업준공후 공공시설용지의 용도 재검토

5-10-1. 개발사업 준공 후 2년이 경과할 때까지 공공시설용지를 매입하여야 할 기관이 매입하지 않을

경우 시행자는 시장 · 군수 또는 구청장에게 해당 토지의 용도변경을 요청할 수 있으며 시장 · 군수 또는 구청장은 용도변경에 따르는 기반시설 현황 및 주변지역에 미치는 영향 등을 검토하여 변경 여부를 정하여야 한다. 다만, 지정권자가 시행자인 경우에는 직접 변경여부를 정할 수 있다.

제11장 순환용 주택의 공급

5-11-1. 영 제43조의2제1항에 따라 순환용 주택을 분양 또는 임대가 가능한 주택은 시행자가 도시개발구역 내 · 외에 직접 소유하거나 매입, 건설, 사용할 수 있는 주택을 말한다.

제 6 편 비용분담 등

제 1 장 타 지방자치 단체의 비용부담 원칙

6-1-1. 개발사업의 비용부담액은 설치될 기반시설의 총 용량에 대한 해당 기반시설의 설치로 인하여 이익을 받는 지방자치단체의 시설 유발용량의 비율을 해당 시설의 총 사업비에 곱한 금액으로 산출하되 다른 법률에서 비용부담액 산정기준이 있는 경우에는 그에 따라 부담액을 산정한다.

$$\text{비용부담액} = \frac{\text{해당 지자체 유발용량}}{\text{해당 시설 총용량}} \times \text{해당시설 총사업비}$$

6-1-2. 해당시설의 총사업비는 별표3의 기준에 따라 산정한 공사비 · 조사비 · 설계비 · 보상비 및 기타 비용을 합산한 금액으로 한다.

제 2 장 유발용량의 산정

6-2-1. 제6편 제1장의 유발용량중 도로, 철도 및 주차장 등「국토의 계획 및 이용에 관한 법률」제2조 제6호 가목의 교통시설에 대한 유발용량 산정은 교통영향평가지침에 의거하여 산출한다.

6-2-2. 6-2-1.의 규정에 불구하고 기반시설의 설치여건에 따라 지방자치 단체간 이용량을 명확히 구분하기 곤란한 상 · 하수도 또는 공동구 등 기반시설이나「국토의 계획 및 이용에 관한 법률」제2조 제8호의 광역시설의 경우에는 이익을 받는 지방자치단체 이용인구 또는 이용 세대수 등에 따른 시설 원단위에 따른 비율로 분담액을 설정할 수 있다.

6-2-3. 6-2-1. 및 6-2-2.에 의하여도 그 유발용량을 계량화할 수 없는 경우에는 비용을 부담시킬 자와 부담할 자의 협의에 의하거나 해당시설 관련 전문기관 등 제3의 평가기관의 평가에 따라 산출할 수 있다.

제 3 장 도시개발구역 밖의 기반시설 비용부담

6-3-1. 개발구역 밖에 설치하는 기반시설의 관리 또는 운영으로 인하여 이익을 받는 지방자치단체 또는

해당 공공시설의 관리자는 법 제58조 제4항의 규정에 따라 그 시설의 설치비용을 부담하여야 한다.

6-3-2. 비용부담액의 산정 및 납부방식 등에 관한 사항은 법 제55조 및 영 제71조를 적용한다.

6-3-3. 6-3-2.에 따른 기반시설의 관리, 운영 등의 발생이익의 산정을 위하여 필요한 경우에는 회계법인 등 제3의 기관에 의뢰하여 산정할 수 있다.

제 4 장 폐기물처리시설 등 비용부담

6-4-1. 제6편 제1장의 규정에 따른 부담원칙에 불구하고 기반시설 중 오·폐수처리시설, 폐기물처리시설, 공동묘지, 화장장 또는 전기·가스공급시설 등을 설치하는 경우에는 동 시설의 설치비용 외에 동 시설의 설치로 인한 녹지확보, 환경저감시설 설치, 인근 주민 이주대책 등 환경대책 및 주민지원을 위한 비용을 가산한 금액을 포함하여 분담하게 할 수 있다.

제 7 편 공사계약 및 감리

제 1 장 공사도급계약

7-1-1. 개발사업을 수용 또는 사용방식에 따라 법 제11조 제1항 제5호부터 제10호까지의 시행자 또는 동조 동항 제11호의 시행자 중 제5호부터 제10호까지의 자를 포함하여 공동출자하여 설립한 법인에 해당하는 시행자가 시행하는 경우와 환지방식으로 시행하는 때에는 다음 기준에 따라 공사도급계약을 실시한다.

(1) 개발사업의 공사도급계약은 일반 공개경쟁입찰을 원칙으로 한다. 다만, 법 제11조 제1항 제9호에 해당하는 시행자로서 「건설산업기본법」 등 관계법령에 따라 시공능력을 갖춘 자는 직접 시공할 수 있다.

(2) 공사의 입찰 및 계약방법 등은 규약·정관·시행규정 또는 회계규정에 상세히 규정하여야 하며 국가를 당사자로 하는 계약에 관한 법령 및 예산회계관계법령을 준용할 수 있다.

(3) 공사도급을 받고자 하는 자는 「건설산업기본법」 등 관련 법령에 따른 적격자이어야 하며 시행자가 민간인 경우 도급계약서는 반드시 국토교통부가 제정한 민간건설공사 표준 도급 계약서를 사용한다.

제 2 장 건설기술용역업자의 선정

7-2-1. 시행자는 실시계획인가 요청시 건설기술 진흥법령에 적합한 건설기술용역업자를 선정하여, 법 제20조 제1항에 따라 실시계획인가와 동시에 지정권자로부터 도시개발사업의 공사에 대한 감리를 할 자로 지정받도록 하여야 한다.

7-2-2. 시·도지사는 시행자가 선정한 건설기술용역업자의 건설기술자에 대하여 건설기술 진흥법령에

따른 의무이행을 다하도록 지도하며 필요한 경우에는 이를 지방자치단체의 조례로 시장 · 군수 또는 구청장에게 위임할 수 있다.

7-2-3. 감리업무는 국토교통부 제정 건설사업관리 업무지침서를 따라 시행한다.

7-2-4. 7-2-1.부터 7-2-3.까지의 규정에 불구하고 「주택법」 제16조의 규정에 따른 주택건설사업계획 승인대상 및 「건축법」에 따른 건축물의 공사감리 대상인 공사에 관한 감리는 각각 주택법령 또는 건축법령이 정하는 바에 따른다.

제 3 장 공사비 등 지급

7-3-1. 용역비, 공사비(기성 · 준공금을 포함한다) 및 감리비 등은 현금으로 지급함을 원칙으로 한다. 다만, 다음과 같은 경우에는 공사비를 조성토지나 체비지로 현물(이하 "현물"이라 한다)지급할 수 있다.

(1) 수용 또는 사용방식에서 법 제11조 제11항에 따라 대행개발사업을 추진하는 경우

(2) 환지방식에서 체비지의 매각부진 또는 국민주택 건설을 위하여 필요한 경우

7-3-2. 법 제11조 제1항 제5호부터 제10호까지의 시행자 또는 같은 조 같은 항 제11호의 시행자중 제5호부터 제10호까지의 자를 포함하여 공동출자하여 설립한 법인에 해당하는 시행자가 7-3-1.(2)의 규정에 따라 공사비를 체비지로 현물 지급하고자 하는 경우에는 사전에 별지 제2호 서식의 체비지확인서를 관할 시 · 도지사로부터 확인을 받아야 하며 필요한 경우에는 이를 지방자치단체의 조례로 시장 · 군수 또는 구청장에게 위임할 수 있다.

7-3-3. 시행자는 사업의 원활한 추진을 위하여 공사비(기성금 및 준공금 포함)를 지급하는 시기 및 방법에 대하여 공사도급계약서에 구체적으로 명시한다.

제 8 편 행정사항

8-1. (재검토기한) 국토교통부장관은 「훈령 · 예규 등의 발령 및 관리에 관한 규정」에 따라 이 고시에 대하여 2016년 7월 1일 기준으로 매3년이 되는 시점(매 3년째의 6월 30일까지를 말한다)마다 그 타당성을 검토하여 개선 등의 조치를 하여야 한다.

부 칙 (제2009-349호)

① (시행일) 이 지침은 2009년 8월 21일 부터 시행한다.

② (종전사업의 경과조치) 종전의 도시개발업무지침(도시재생과-1274, 2009.6.29)은 동 지침이 시행한 날 폐지되며, 종전 지침에 따라 적용되는 도시개발사업은 동 지침의 규정에 따른다. 다만, 종전 지침의 부칙 규정에 관해서는 그 시행시기를 감안하여 동 지침에서 특별히 정하는 경우 외에는 종전의 부칙 규정을 따른다.

부 칙 (제652호, 2010.12.24.)

① (시행일) 이 지침은 발령한 날부터 시행한다.

부 칙 (제680호, 2011.2.25.)

① (시행일) 이 지침은 발령 후 6개월이 경과한 날부터 시행한다.

② (녹색도시개발계획의 적용례) 이 지침의 개정규정은 이 지침 시행 이후 최초로 도시개발구역의 지정을 제안하거나 요청하는 분부터 적용한다.

부 칙 (제779호, 2011.12.30.)

① (시행일) 이 지침은 발령한 날부터 시행한다.

② (도시개발구역 지정기준 등에 관한 적용례) 1-2-1., 1-2-2., 1-2-5.는 이 지침 시행 이후 최초로 지정·고시하는 도시개발구역부터 적용한다.

부 칙 (제893호, 2012.9.25.)

① (시행일) 이 지침은 발령한 날부터 시행한다.

부 칙 (제201호, 2013.5.13.)

이 고시는 발령한 날부터 시행한다.

부 칙 (제425호, 2014.9.24.)

① (시행일) 이 지침은 발령한 날부터 시행한다.

부 칙 (제535호, 2015.6.2.)

제1조(시행일) 이 지침은 발령한 날부터 시행한다.

부 칙 (제176호, 2016.4.6.)

①(시행일) 이 지침은 발령한 날부터 시행한다.

부 칙 (제778호, 2016.11.25.)

① (시행일) 이 지침은 발령한 날부터 시행한다.

[별표 1] **개발계획의 표준내용**(2-2-2. 관련)

사업의 개요	사업의 명칭·목적·범위	명칭, 목적, 위치, 면적, 사업기간, 사업의 주요내용
	사업추진방식	시행자, 사업시행방식, 사업추진 절차
	계획수립 방법	계획의 주요내용, 계획수립 방법
기본 구상	기초현황 분석	- 주변지역 여건 - 대상지역 현황 - 관련계획 및 법률 검토
	목표 및 전략의 설정	목표, 전략
	주요지표의 설정	- 사회 및 경제지표 - 시설지표 - 환경지표
	공간구성의 기본골격	- 대안설정 - 평가 - 공간구성의 기본골격
부문별 계획	인구수용계획	- 인구규모 및 구조전망 - 생활권 설정과 인구배분 - 밀도계획 - 주택배분계획
	토지이용계획	- 용지분류 - 용도별 면적산정 - 용도별 입지배분 - 가구 및 획지분할 - 유치업종 및 배치계획(산업단지 개발의 경우)
	교통처리계획	- 교통수요예측 - 환승시설계획 - 가로망계획 - 교통안전시설계획 - 주차장계획 - 특수가로계획
	환경보전계획	- 중점보전대상의 설정 및 보전계획 - 공원·녹지체계 구성계획 - 경관계획
	도시기반시설 계획	- 교통시설 - 도시공간시설 - 유통·공급시설(초고속 통신망, 공동구 포함) - 공공의 문화시설(교육시설 포함) - 방재시설 - 보건·위생시설

		- 구역 외 도시기반시설 설치계획
	문화재계획	- 문화재 조사 - 종합학술조사 - 문화재 보호계획
	도시 · 군관리계획 변경	- 도시 · 군관리계획의 결정 · 변경
	토지수용 · 사용 및 환지계획	- 토지 세목별 현황 - 지장물 현황 - 토지취득방법 - 수용 · 사용 및 환지계획(방식) - 존치 건축물 및 공작물 처리계획
	재원조달 및 사업시행계획	- 재원조달계획 - 단계별 사업시행계획 - 구역 외 도시기반시설 설치비용부담계획 - 사업의 운영방안
타당성 검 토	사업 타당성 검토	- 사업타당성 검토 - 사업의 효과

주 : 개발사업의 성격 및 구역의 특성에 따라 표준내용항목의 일부를 가감하여 작성할 수 있음

[별표 1의2]

녹색도시개발 계획수립 및 평가기준

제1장 총 칙

1. 목 적

1-1-1. 이 기준은 「도시개발법」 제5조 및 「도시개발업무지침」에 따라 도시개발계획을 수립함에 있어 「저탄소 녹색성장 기본법」에 따라 경제와 환경의 조화로운 발전을 구현하고 녹색성장에 적합한 도시기반을 조성하기 위하여 필요한 사항을 정하는 것을 목적으로 한다.

1-1-2. 개발계획수립시 고려하여야 할 추진전략은 다음과 같다.

(1) 녹색기술과 녹색산업을 새로운 성장동력으로 활용함으로써 국민경제의 발전을 도모한다.

(2) 저탄소 사회 구현을 통하여 국민의 삶의 질을 높이고 국제사회의 구성원으로서 책임을 실현한다.

(3) 「국토의 계획 및 이용에 관한 법률」에서 정한 「저탄소 녹색도시 조성을 위한 도시계획수립지침」에 따라 해당 지방자치단체에서 정한 목표를 실현한다.

(4) 기후변화에 대응하고 탄소배출을 저감할 수 있는 도시개발을 추구한다.

(5) 구역지정을 제안할 때부터 도시 · 군기본계획에서 정한 개발축 및 거점 또는 대중교통 이용이 용이한 지역위주로 개발이 집중될 수 있도록 유도한다.

(6) 개발의 용이성만을 고려한 도시외곽의 비지적(飛地:Leapfrogging) · 기생적 난개발 및 이에 따른 자연환경 훼손을 최소화할 수 있도록 기존 시가지 내에서의 개발에 인구계획 우선배정 등 개발용량을 우선적으로 할당한다.

(7) 이 기준에서 정한 녹색도시 조성기준을 충실히 반영하거나 그 이상으로 조성하는 녹색도시 개발사업에 대하여는 행정적 · 재정적 지원을 우선적으로 배려한다.

2. 정 의

1-2-1. "녹색도시"란 압축형 도시공간구조, 복합토지이용, 대중교통 중심의 교통체계, 신 · 재생에너지 활용 및 물 · 자원순환구조, 탄소흡수원의 확충 등을 통해 환경오염과 탄소배출을 최소화한 녹색성장 요소들을 갖춘 도시를 말한다.

1-2-2. "생태면적률"이란 공간계획 대상면적 중 빗물흡수 및 증발산, 동식물의 서식 등 '자연순환기능'을 가진 토양의 면적비를 말한다.

1-2-3. "자연지반"이란 암반층을 제외한 자연 상태의 토양층으로 구성되어 지하에 인공구조물이 없고, 빗물의 침투와 식물의 생장에 장애가 없는 원지반 또는 원지반에 자연상태로 보전되거나 인공적으로 조성한 녹지를 말한다.

1-2-4. "바람길"이란 도시외곽 또는 산림이나 하천을 통해 도시 내부로 흘러들어오는 공기의 흐름을 원활하게 함으로써, 오염물질의 정체와 도시열섬현상을 완화시켜주는 바람의 통로를 말한다.

1-2-5. "녹지축"이란 생물의 생태적 거점이 될 수 있는 녹지를 연결하는 선형의 녹지띠로서, 도시의 외곽 숲과 도시 안의 숲을 잇는 산림축과 하천을 잇는 하천축으로 구분된다.

3. 적용 범위

1-3-1. 이 기준은 「도시개발법」(이하 "법"이라 한다)에 따라 시행하는 도시개발사업에 적용한다. 다만, 다음에 해당하는 도시개발사업은 적용하지 아니할 수 있다.

(1) 도시개발구역면적이 10만㎡ 이하

(2) 도시개발구역에서 조성되는 도시 · 군계획시설면적이 구역면적의 70%를 초과하거나 도시 · 군계획시설 사업비가 전체 사업비의 70%를 초과하는 경우

1-3-2. 「도시개발업무지침」(이하 "지침"이라 한다) 제2편 제8장에 따라 개발계획을 수립할 때에는 이 기준에서 정한 사항을 반영하여야 하며, 지침과 이 기준 간에 상이하거나 상호 모순되는 내용이 있는 경우에는 이 기준을 우선 적용한다. 다만, 다른 법령에서 이 기준보다 강화된 기준으로 정한 경우에는 그에 따른다.

1-3-3. 이 기준에 규정되지 아니한 사항은 관련 법률의 규정을 적용한다.

4. 녹색도시 개발계획 수립원칙

1-4-1. 기후변화로 인한 환경위기와 자원위기에 대응하는 저탄소 녹색사회 구현을 위해 화석연료의 사용을 줄이고, 자원의 순환을 통해 생태계의 효율성을 제고하는 것을 원칙으로 한다.

1-4-2. 탄소배출저감과 에너지 절감을 위해 도시숲의 조성, 바람길의 확보, 도시열섬현상 완화, 압축형 도시공간구조 조성 등을 토지이용계획에 포함해야 한다.

1-4-3. 교통계획 수립시 대중교통을 활성화하고 녹색교통체계가 적용되도록 해야 한다.

1-4-4. 물과 폐기물 등 자원의 재활용과 순환에 대한 계획을 포함해야 한다.

1-4-5. 기후변화를 완화하고 쾌적한 도시환경을 확보하기 위해 녹색공간요소의 도입 계획을 포함해야 한다.

5. 계획의 체계 및 역할

1-5-1. 녹색도시개발계획은 공원 및 녹지 부문, 도시공간구조 및 교통 부문, 자원과 에너지 이용 부문 등을 구성요소로 하여 다음과 같이 수립한다.

(1) 공원 및 녹지 부문 : 도시 활동에서 발생하는 탄소흡수, 도시재해 방지, 열섬현상 완화, 생태계 회복 등의 기능을 수행하기 위한 공원과 녹지를 확보하는 계획을 수립한다.

(2) 도시공간구조 및 교통 부문 : 압축형 도시공간구조 조성과 복합토지이용으로 교통분야 에너지 소비량을 줄이고, 대중교통의 활성화와 녹색교통을 확대하여 탄소 배출을 저감할 수 있는 계획

을 수립한다.

(3) 자원과 에너지 이용 부문 : 건축물의 에너지 관리계획, 신 · 재생에너지의 보급 및 확대, 자원의 순환 및 재활용을 통한 탄소배출 저감계획을 수립한다.

제2장 계획의 수립

1. 기초조사

2-1-1. 녹색도시 조성을 위한 현황조사는 「도시개발법 시행령」 제10조에 따른 기초조사 자료를 활용하여 실시하고 필요한 경우 추가적인 항목에 대한 조사를 할 수 있다. 이 경우 녹지와 하천의 분포 등을 고려하여 개발구역의 인접 지역 일부를 조사 대상에 포함할 수 있다.

2-1-2. 개발사업 중 환경영향평가 대상사업 또는 환경성검토서 작성 대상사업의 경우에는 환경영향평가서 또는 환경성검토서 작성시 조사한 자료를 활용하고, 도시 · 군기본계획 등 상위계획에서 해당 지방자치단체의 탄소배출 현황, 배출량에 대한 장래예측 및 탄소저감계획이 수립된 경우에는 이를 적극적으로 계획에 반영하여야 한다.

2-1-3. 토지이용현황, 현존식생현황 등 환경현황을 도면화할 필요가 있을 경우 환경부에서 정한 「도시생태현황도(비오톱 지도) 작성 지침」을 준용하여 비오톱지도를 작성하여 계획에 활용할 수 있다.

2. 계획의 목표 및 구성요소

2-2-1. 녹색도시 구현을 위한 계획의 목표는 국가기후변화적응종합계획, 국가에너지기본계획과 도시 · 군기본계획 등의 상위계획의 목표와 연계하여 공원 및 녹지 부문, 도시공간구조 및 교통 부문, 자원과 에너지 부문의 구성요소를 모두 포함하여 설정한다.

2-2-2. 계획 수립을 위한 주요 지표는 다음의 기준에 따라 설정한다.

(1) 공원 및 녹지 부문 지표 : 공원 및 녹지 부문 지표에는 자연지형을 최대한 활용하여, 도시민의 쾌적한 생활 · 업무공간의 조성에 기여하는 공원 · 녹지 체계를 구축하는 계획에 관한 내용이 포함되어야 한다.

(2) 도시공간구조 및 교통 부문 지표 : 도시공간구조 및 교통 부문 지표에는 공간의 효율적인 활용을 위한 복합용도개발 등의 토지이용계획, 대중교통과 자전거이용 활성화와 녹색교통, 도보이용의 편의를 고려한 교통처리계획 등에 관한 내용이 포함되어야 한다.

(3) 자원 및 에너지 이용 부문 지표 : 자원 및 에너지 이용 부문 지표에는 빗물이용 등의 물순환과 자원순환, 자원 및 폐기물의 재활용, 화석연료를 대체할 수 있는 신 · 재생에너지의 이용, 자원순환과 에너지 이용 계획 등에 관한 내용이 포함되어야 한다.

(4) 도시개발사업이 시행되는 해당 지방자치단체에 「저탄소 녹색도시 조성을 위한 도시계획수립지침」 제4장에 따른 도시 · 군관리계획수립 기준이 마련되어있는 경우에는 우선적으로 그 내용을 지표설정 및 계획에 반영하여야 한다.

(5) 이 기준 및 관련 법규에서 제시되지 않았으나, 녹색도시 개발계획 수립을 위해 필요한 요소가 새롭게 발굴되었을 경우에는 이를 도시개발사업에 반영할 수 있는 별도의 수단을 강구하여야

한다.

제3장 녹색도시 조성을 위한 계획 기준

1. 공원 및 녹지 부문 계획

3-1-1. 공원·녹지 확보

(1) 도시의 공원과 녹지 및 도시숲은 산림과 하천을 유기적으로 연결하여 생물의 이동통로와 거점이 되어 생물다양성을 증진시키고, 주민의 여가와 휴식의 장소가 되며, 기상환경을 조절하여 도시열섬현상을 완화시키고, 도시 홍수, 침수 등 재해방지, 피난과 방재의 역할을 수행한다. 또한 녹색도시 수립을 위한 계획요소 중 유일한 탄소흡수원이므로 도시의 공원과 녹지 계획을 수립할 때에는 이산화탄소 흡수 효과를 증진시킬 수 있도록 수립하여야 한다.

(2) 공원 및 공원시설의 설치는 이용자의 편의를 고려하여 생활권 공원은「도시공원 및 녹지 등에 관한 법률 시행규칙」제6조에 따라 도보이용이 가능하도록 구성하고, 도시 전체에 균형 있게 배치하여 주민에게는 휴양과 오락의 장소를 제공하고, 도시의 재해방지 및 도시열섬현상, 대기오염 완화 등의 기능을 발휘할 수 있도록 계획한다.

(3) 개발사업 규모별 공원 확보 기준은「도시공원 및 녹지 등에 관한 법률 시행규칙」제5조에 따른다.

3-1-2. 생태면적률

(1) 도시의 과도한 불투수포장면적은 도시열섬현상과 생물서식공간을 파괴하는 주된 원인이므로, 빗물의 토양 침투와 지하수 함양을 통해 생물서식공간을 확보하고 도시기상환경을 조절하도록 적정한 생태면적률이 반영되도록 개발계획을 수립한다.

(2) 생태면적률은 개발구역의 자연지반녹지, 토양 내 빗물침투, 생물서식조건을 종합적으로 검토할 수 있는 지표로, 도시개발구역의 생태면적률은 최소 20% 이상이 되어야 한다. 다만, 구역 면적이 100만 제곱미터 이상인 경우에는 생태면적률을 25% 이상으로 한다.

(3) 빗물의 유출저감 및 저장, 동식물 서식처 마련, 미기후의 조절 등 도시환경의 개선을 위해 생태면적을 최대한 확보하되, 생태면적률의 산정은 다음 식과 표에 따른다.

$$\text{생태면적률(\%)} = \frac{\Sigma\ \text{토지용도별 생태면적}}{\text{개발구역 전체 면적}} = \frac{\Sigma(\text{공간유형별 면적}\times\text{가중치})}{\text{개발구역 전체 면적}} \times 100$$

※ 공간유형별 가중치 산정 기준

공간 유형		가중치	설 명	사 례
1	자연지반녹지	1.0	자연지반이 손상되지 않은 녹지 식물상과 동물상의 개발 잠재력 보유	자연 상태의 지반을 가진 녹지
2	수공간(투수기능)	1.0	자연지반 기초 위에 조성되고, 투수기능을 가지는 수공간	투수기능을 가지는 생태연못 등
3	수공간(차수)	0.7	자연지반 기초위에 조성되고, 투수기능이 없는 수공간	바닥면이 차수 처리된 생태연못

4	인공지반녹지 〉 90㎝	0.7	토심이 90㎝ 이상인 인공지반 상부 녹지	지하주차장 상부, 지하실 상부 녹지
5	인공지반녹지 〈 90㎝	0.5	토심이 90㎝ 이하인 인공지반 상부 녹지	지하주차장 상부, 지하실 상부 녹지
6	옥상녹화 ≥ 20㎝	0.6	토심이 20㎝ 이상인 옥상녹화시스템이 적용된 공간	혼합형 녹화옥상시스템 중량형 녹화옥상시스템
7	옥상녹화 〈 20㎝	0.5	토심이 20㎝ 미만인 옥상녹화시스템이 적용된 공간	저관리 경량형 옥상녹화면
8	부분포장	0.5	자연지반 위에 조성되고 공기와 물이 투과되는 포장, 식물생장 가능	잔디블록, 목판 또는 판석 부분포장
9	벽면녹화	0.4	창이 없는 벽면이나 옹벽(담장)의 녹화, 최대 10m 높이까지만 산정	벽면이나 옹벽녹화 공간
10	전면투수포장	0.3	공기와 물이 통과되는 전면투수 포장, 식물생장 불가능	자연지반위에 시공된 마사토, 자갈, 모래포장 등 투수성 전면포장
11	틈새투수포장	0.2	공기와 물이 통과되는 틈새를 확보한 포장	틈새를 가지는 바닥벽돌포장, 사고석 틈새포장 등
12	침투시설연계면	0.2	지하수 함양을 위한 우수침투시설 또는 일시적 저류시설과 연계된 면	녹화가 되어 있지 않은 옥상 중 침투시설과 연계된 공간, 저류옥상
13	포장면	0.0	공기와 물이 투과하지 않는 포장, 식물생장이 없음	인터락킹 블록, 콘크리트, 아스팔트 포장, 불투수 기반에 시공된 투수 포장

비 고 : 지자체에서 상기 기준과 유사하게 생태면적률 적용기준을 별도로 정하여 활용하는 경우에는 그에 따라 생태면적을 산정할 수 있다.

3-1-3. 자연지반면적률

(1) 개발사업 시행 전의 기존 지형을 최대한 활용하여 자연경관이 우수하고 생태계의 가치가 높은 지역은 원형을 보전하거나 공원 및 녹지로 조성하고, 절성토를 최소화하여 토양 내 저장된 탄소의 배출을 줄일 수 있도록 계획한다.

(2) 기존 지형은 「환경정책기본법」에 따른 '사전환경성검토 매뉴얼'에 따라 녹지자연도 7등급은 상대보전, 8등급 이상은 절대보전으로 하고, 생태자연도 2등급은 상대보전, 1등급은 절대보전으로 하며, 경사도 20도부터 30도 미만까지는 상대보전, 30도 이상의 지역은 절대보전으로 하는 것을 원칙으로 한다.

(3) 이미 개발된 지역을 제외하고는 무분별한 지하 공간 개발로 인한 지하수위 하강의 피해를 줄이기 위해 빗물이 침투할 수 있고, 지하수위가 유지되어 식생 및 건물의 안정적인 기반이 되는 자연지반을 최대한 확보할 수 있도록 노력하여야 한다.

(4) 도시개발구역의 자연지반면적률은 최소 10% 이상이 되어야 한다. 다만, 구역 면적이 100만 제곱미터 이상인 경우에는 자연지반면적률을 15% 이상으로 한다.

3-1-4. 녹 지 축

(1) 도시 생태계를 건강하게 유지하고 생물다양성을 확보하기 위해 산림축과 하천축을 연결하여 생태연결로가 단절되지 않도록 계획한다.

(2) 녹지축의 연결은 광역녹지축, 도시녹지축, 지구단위녹지축을 모두 고려하여 연결하고, 단절된

구간은 보행자전용도로, 녹도, 소공원 등을 조성하여 녹지축이 연결되도록 계획한다.

(3) 녹지축의 계획기준은 개발구역의 여건 · 밀도계획 등을 고려하여, 고밀복합개발을 위한 공간이용의 효율성 · 개발계획의 사업성과 조화를 이룰 수 있도록 다음 계획기준을 합리적으로 조정하여 적용하여야 한다.

계 획 기 준		녹지축의 최소폭
광역녹지축의 적정규모와 연계성 확보	녹지거점 연결을 통한 주녹지축 설정	700m
	보조녹지거점 연결을 통한 녹지축 설정	300m
도시단위 녹지축의 적정규모와 연계성 확보	녹지거점 연결을 통한 주녹지축 설정	100m
	보조녹지거점 연결을 통한 녹지축 설정	30m
지구단위녹지축의 적정규모와 연계성 확보	녹지거점 연결을 통한 주녹지축 설정	15m
	보조녹지거점 연결을 통한 부녹지축 설정	5m

3-1-5. 하천보전

(1) 홍수 조절, 지하수 함양, 미기후 조절, 환경과 생태계의 보전, 경관 유지, 친수공간을 활용한 여가기능을 회복시키기 위해 하천이 갖는 자연성을 유지하고 생태계를 보전하고 복원하는 계획을 수립한다.

(2) 하천의 여울과 소, 우각호, 홍수터의 하도습지는 생물의 서식처 및 홍수 저류 공간으로 보존하도록 하고 식물성플랑크톤과 수생식물이 탄소흡수원의 기능을 유지할 수 있도록 하천의 보전과 복원을 계획한다.

(3) 수질오염으로 인해 주민의 건강이 저해되는 것을 예방하고, 하천 및 호소 등의 공공수역 수질 및 수생태계를 보전 · 관리하기 위해「수질 및 수생태계보전에 관한 법률」제4조에 따라 해당 광역시장 · 도지사가 오염총량관리기본계획 및 오염총량관리시행계획을 수립시 조사한 자료를 토대로 하천보전에 관한 계획을 수립한다.

3-1-6. 습지 및 생태경관보전지역 등 보전

(1) 도시의 미기후 조절, 홍수조절, 지하수 함양과 탄소저장고 기능을 담당할 수 있도록 늪, 갯벌, 저수지, 논, 연못 등 습지를 보전하는 계획을 수립한다.

(2) 개발구역에 습지보호지역이나 생태경관보전지역 등과 같이 보호대상지역으로 지정된 지역이 있을 경우에는「습지보전법」제13조와「자연환경보전법」제15조 등에 따라 건축물의 신축 · 증축 및 토지의 형질변경 등의 행위가 제한되며, 주변에서 개발행위를 계획할 때에는 개발행위가 습지보호지역이나 생태경관보전지역 등에 미치는 영향이 최소화할 수 있도록 저감방안을 수립해야 한다.

2. 도시공간구조 및 교통 부문 계획

3-2-1. 직장과 주거지의 근접성(이하 "직주근접"이라 한다)

(1) 직장과 주거지역의 교통, 산업 등의 기능을 고려하여 공간구조를 계획하고 생활권을 설정한다.

(2) 주거지에서 직장까지의 통근시간을 줄일 수 있는 방안을 마련하여 이를 계획에 반영하여야 한다.

3-2-2. 복합토지이용

(1) 도시지역의 평면적 확산 방지와 토지이용의 효율 증진을 위해 대중교통 결절지를 중심으로 한 도보권의 고밀복합개발을 통해 상업, 업무, 문화, 주거 등 복합기능의 토지이용을 극대화한다.

3-2-3. 대중교통 접근성

(1) 대중교통을 쉽게 이용할 수 있도록 가급적 주거 및 근무지 등으로부터 도보권 이내에 대중교통시설을 배치하여 대중교통시설에 대한 접근성을 높인다.

(2) 환승연계가 용이한 역세권과 대중교통망이 교차하는 대중교통 결절지를 중심으로 대중교통중심개발(TOD: Transit Oriented Development)이 실현될 수 있도록 계획한다.

3-2-4. 바람길

(1) 도시열섬현상을 완화하기 위하여 개발구역과 연접한 기상대의 풍향자료를 활용하여 공기순환 저하로 인한 대기오염과 도시열섬현상의 악화를 피할 수 있도록 바람의 통로를 확보할 수 있는 공간 계획을 수립한다.

(2) 쾌적한 도시 환경을 위해 계절별 주풍향을 파악하고, 바람이 원활하게 통할 수 있도록 건물의 높이와 도로의 위치를 계획하며, 개발구역면적이 300만㎡(4-1-2-1. (1))에 따른 2급지에 구역을 지정하는 경우, 100만㎡ 이상) 이상인 경우에는 바람의 흐름에 대한 시뮬레이션을 시행하여 녹색개발계획에 반영하여야 한다.

(3) 태풍이나 돌풍과 같은 강풍에 의한 영향이 예상되는 지역에는 방풍림을 조성하여 바람의 영향을 완화할 수 있도록 개발계획을 수립한다.

(4) 개발구역으로 유입되는 찬바람이 생성되는 산림, 하천 등의 지역으로부터 바람의 흐름이 방해되지 않도록 공원·녹지 및 고층건물의 배치를 계획한다.

3-2-5. 대중교통 활성화

(1) 탄소배출의 저감을 위해 대중교통수단의 분담률을 높일 수 있도록 간선급행버스체계와 노선버스중심의 지능형교통체계를 구축하는 등 대중교통 이용 촉진 계획을 수립한다.

(2) 대중교통 이용의 편의를 위해 유동인구가 집중되는 대형유통시설이나 역세권의 도로는 대중교통전용지구로 계획하는 것을 고려한다.

(3) 상업, 업무시설이 밀집되어 있는 지역의 교통 혼잡을 줄이기 위해 버스전용차로제 등 통행속도 향상 방안을 마련하고, 광역으로 운행되는 전철이나 철도 등 친환경 교통수단간 환승체계를 보강하여 대중교통 이용편의를 고려한 교통체계를 구축한다.

(4) 연계교통수단간의 거리를 최소화하고 대중교통 이용자에게 편의를 제공할 수 있도록 환승시설을 계획하고, 광역적인 대중교통 결절지를 포함하여 개발계획을 수립하는 경우에는 복합환승센터 설치를 계획한다.

(5) 「대중교통의 육성 및 이용촉진에 관한 법률 시행령」 제10조에 따라 대중교통시설에 관한 사항을 반영하여 계획을 수립하되 개발계획으로 인해 유발되는 교통수요에 대처한 대중교통운행체계의 구축 및 대중교통시설의 입지 등 시설기준은 같은 법 시행령 제9조에 따른다.

3-2-6. 자전거 활성화

(1) 탄소배출이 없는 비동력 교통수단인 자전거의 이용을 촉진하기 위해 국가 및 지자체의 목표에 맞춰 기본적으로 교통수단분담률을 향상시킬 수 있도록, 자전거 수요를 추정하여 자전거도로나 자전거주차장 등 자전거이용시설의 규모를 고려한 계획을 수립한다.

(2) 자전거 이용자의 편의를 위해 자전거도로가 대중교통과 연계되도록 하며 환승시설 등에 자전거 주차장을 설치하는 등의 계획을 적극 고려한다.

(3) 자전거도로가 통근, 통학, 업무 등의 목적을 위해 이용될 수 있도록 자전거도로네트워크를 구축하되, 구체적인 설치기준 등은 「자전거 이용시설의 구조 · 시설 기준에 관한 규칙」(안전행정부령)에 따라 계획한다.

3-2-7. 녹색대중교통

(1) 저탄소 교통수단의 활성화를 위해 중장거리 교통수요를 담당하는 철도, 경전철, 간선급행버스 등을 도입 · 연계하는 방안을 수립한다.

(2) 녹색교통시설의 이용을 촉진하기 위해 도보나 자전거를 이용한 접근이 가능하도록 도로망을 계획한다.

(3) 수송부문 탄소배출량의 감소를 도모할 수 있는 친환경 자동차의 활성화를 위해 전기 충전소, 바이오연료 충전소를 일반 사업장, 거리, 공공 주차장 등에 설치하는 것을 고려한다.

3-2-8. 주차장

(1) 지상주차공간을 조성할 때는 우수침투 및 저류가 가능한 투수 포장 또는 투수블록, 식생블록 등을 이용하여, 도시열섬현상 완화, 생물서식공간 확보, 빗물침투 등이 가능하도록 노력하여야 한다.

(2) 주차면을 제외한 주통행로와 그 외 지역은 식생포장을 하거나 녹지대를 두어 그늘을 형성하는 등 복사열의 발생을 줄일 수 있도록 계획한다.

(3) 주차장 건물을 조성할 때에는 가급적 주차장의 외벽이나 옥상을 녹화하여 미기후조절과 탄소흡수의 기능을 할 수 있도록 계획하고, 주차장 건물의 지붕에 태양열 발전시설(집열판) 설치를 고려한다.

3-2-9. 보행자로

(1) 자동차 이용을 줄이고 도보 이용을 활성화하여 탄소배출을 저감시킴으로써 쾌적하고 안전한 보행환경을 조성하는 계획을 수립한다.

(2) 안전하고 쾌적한 보행을 위해 「도로의 구조 · 시설 기준에 관한 규칙」 제16조에 따라 최소 2m 이상의 보도 유효폭을 확보하고 안전펜스보다는 산울타리를 조성하며, 대중교통시설과의 연계를 고려하여 도로 환경을 보행자 중심으로 계획한다. 다만, 보차(步車)혼용도로를 계획하는 경우에는 자동차의 이용이 최대한 제한될 수 있도록 도로의 선형이나 보행시설물 등을 계획한다. 이 때 차량속도저감시설의 설치로 인해 소음과 대기오염 발생이 증가되지 않도록 하여야 한다.

(3) 도시의 중심부에는 가급적 보행자전용지구를 지정하고, 보행자전용지구는 문화, 상업, 주거시설 등의 이용이 원활하도록 이용자편의 위주로 계획하고, 보행자의 보행권을 존중하고 걷고 싶은 욕구를 해소할 수 있도록 보행환경을 조성한다.

(4) 지정권자는 자전거도로, 보행자로, 버스전용차로, 친환경 도로 등의 조성을 위해 단순히 도로의 폭을 넓히는 계획은 가급적 지양하고, 차로의 개수나 폭을 줄이는 방법(차로 다이어트) 등을 통해 공간을 확보할 수 있도록 노력하여야 한다. 특히, 도심에서 일반승용차 편의위주의 계획을 가급적 배제하고 대중교통의 이용성과 효율성에 최우선적인 교통계획의 목표를 두어야 한다.

3. 자원 및 에너지 이용 부문 계획

3-3-1. 빗물관리시설

(1) 도시개발사업으로 인해 불투수면적이 증가함에 따라 빗물이 하수도나 지표면을 통해 하천으로 바로 유입되어 지하수 함양이 저하되고 수자원확보가 어려워지며, 도시열섬현상을 가중시키는 등의 문제점이 발생하므로 이를 개선하기 위해 개발구역에 대한 물순환 환경을 회복시키는 빗물관리계획을 수립하여야 하며, 빗물관리시설은 빗물의 이용, 침투 및 저류시설로 구분하여 계획한다.

(2) 도시홍수 등 재해대비와 수자원의 절약 및 순환을 위해, 종합운동장, 실내체육관 및 공공청사를 신축할 때에는 「물의 재이용 촉진 및 지원에 관한 법률」 제8조에 따라 빗물이용시설을 설치하여야 한다.

(3) 빗물침투시설과 저류시설 등의 우수유출저감시설은 「자연재해대책법 시행령」 제16조에 따라 공원, 녹지, 야외공연장, 주차장, 광장, 학교 운동장, 도로 등의 공공시설과 일정규모 이상의 민간건축물에 설치하여야 한다.

(4) 빗물저류시설은 빗물의 유출을 최소화할 수 있어야 하며, 건축물의 지붕이나 옥상, 지하공간, 주차장, 조경공간 등을 활용하여 설치한다. 빗물저류시설은 하수도의 빗물배제계획을 고려하여 시설규모를 산정한다.

(5) 빗물집수장소는 건물의 지붕이나 옥상 등 빗물의 집수가 가능한 불투수면에 설치하되, 토사 등 오염물질의 유입을 방지하는 조치를 취하고, 집수된 빗물을 소방용수, 조경용수, 청소용수, 화장실용수, 운동장 살수용수 등으로 이용할 수 있도록 용도와 필요량에 맞게 설치장소와 방법을 정한다. 이 경우 저장시설의 용량은 「수도법 시행규칙」 제7조에 따른다.

3-3-2. 중수도시설

(1) 수돗물의 소비량을 줄이고 하수의 발생량을 감소시켜 수질보전을 도모하고, 장래 물 부족과 기후변화에 따른 가뭄에 대비하기 위해 물의 재이용을 계획에 반영하여야 한다.

(2) 수자원의 효율적인 이용을 위해 「물의 재이용 촉진 및 지원에 관한 법률」에 따라 물 사용량의 10% 이상을 재이용할 수 있도록 중수도를 설치 · 운영하여야 한다.

(3) 물 사용량의 10% 이상을 공공하수도관리청이 공급하는 하 · 폐수처리수 재처리수를 이용하는 경우에는 중수를 이용한 것으로 본다.

(4) 중수로 시설은 「하수도법 시행령」 제21조, 같은 법 시행규칙 제21조 중수도 설치 및 사용수량의 산정기준에 따라 설치하며, 개발사업의 규모와 여건에 맞는 개별순환방식, 지역순환방식, 광역순환방식으로 설치할 수 있다.

3-3-3. 폐기물 재활용

(1) 폐기물의 발생을 억제하고 폐기물을 재활용하여 자원순환이 친환경적으로 이행될 수 있도록

재활용, 재사용, 재생이용, 에너지 회수 등의 폐기물 처리 방안을 계획한다.

(2) 시행자는 개발사업에서 발생할 건설폐기물의 처리에 관한 사항은 「건설폐기물의 재활용촉진에 관한 법률」에 따라 폐기물의 종류별 발생예상량, 분리배출 계획, 재활용 계획 등을 조사하여 그 결과를 토대로 폐기물 처리계획서를 작성하여 특별자치도지사 또는 시장 · 군수 · 구청장에게 신고하여야 한다.

(3) 지정권자는 「자원의 절약과 재활용촉진에 관한 법률」 제7조에 따른 해당 시 · 도의 자원순환기본계획을 활용하고, 같은 법 제11조에 따라 개발사업 시행에 앞서 자원순환을 촉진할 수 있도록 폐기물 등의 자원순환에 관한 계획을 수립하여야 한다.

3-3-4. 집단에너지 공급시설

(1) 연료의 사용량을 절감시킴으로써 대기오염물질 및 이산화탄소의 발생을 줄이고 연료의 다원화로 석유의존도를 감소시키고 미활용에너지의 활용을 증대시키기 위해 집단에너지 공급 시설 도입을 계획한다.

(2) 에너지 이용효율을 향상하고 에너지 사용량을 절감하기 위해 집단에너지 공급시설을 도입할 때에는 「집단에너지사업법 시행령」 제5조에 따라 지식경제부장관과 공급타당성을 협의 후 지역냉난방사업 등을 시행할 수 있다.

3-3-5. 신 · 재생에너지

(1) 화석연료의 고갈과 화석연료 사용으로 인한 온실가스의 배출 및 기후변화 등에 대처하기 위해 햇빛, 물, 지열, 강수, 생물유기체 등 재생 가능한 에너지를 변환시켜 이용하는 신 · 재생에너지 발전시설의 설치와 에너지이용 합리화를 통한 탄소 배출 감소방안을 계획에 반영한다.

(2) 「에너지이용 합리화법 시행령」 제20조에 따라 연간 일정량 이상의 연료 및 열 또는 전력을 사용하는 시설을 설치하려는 공공사업주관자는 에너지 수요예측 및 공급계획, 에너지이용의 합리화를 통한 이산화탄소의 배출감소 방안 등이 포함된 에너지사용계획을 같은 법 시행령 제21조에 따라 수립하고 지식경제부장관에게 제출하여야 한다.

(3) 「신에너지 및 재생에너지 개발 · 이용 · 보급 촉진법 시행령」 제15조와 제16조에 따른 신 · 재생에너지 설비 설치의무기관은 신 · 재생에너지 설비 설치계획서를 건축허가 신청 전에 지식경제부장관에게 제출하고 같은 법 시행령 제17조 제2항에 따른 지식경제부장관의 검토결과를 반영하여 신 · 재생에너지 설비를 설치하여야 한다.

(4) 지정권자 또는 시행자는 토지공급을 할 때에 건축물 설계 시 건축물의 예상 에너지사용량의 일정비율 이상을 신 · 재생에너지를 사용하도록「신에너지 및 재생에너지 개발 · 이용 · 보급 촉진법」 제12조 제2항에 따라 신 · 재생에너지 설비를 의무적으로 설치하도록 할 수 있으며, 지정권자는 같은 법 시행령 제15조에 따라 신 · 재생에너지의 공급의무 비율을 산정하여 계획에 반영하여야 한다. 이 경우 건축물의 예상 에너지사용량의 산정기준 및 산정방법 등은 지식경제부장관의 고시에 따른다.

3-3-6. 친환경 건축물

(1) 건축물의 합리적인 에너지 관리를 통해 자원과 에너지 비용을 절약하여 에너지 위기에 대비하고 탄소배출량을 줄임으로써 쾌적한 생활환경을 조성할 수 있도록 친환경 건축물의 건설을

계획하여야 한다.

(2) 건축물의 에너지 관련 시설을 계획할 때에는 「주택건설기준 등에 관한 규정」에 따라 주택의 총 에너지사용량 또는 총 이산화탄소배출량을 절감할 수 있는 에너지절약형 친환경 주택으로 건설하여야 한다.

(3) 에너지 효율이 높은 건축물의 건축을 확대하고, 효율적으로 에너지를 관리하기 위하여 시행자는 「건축법」에 따른 공동주택과 업무용 건축물의 난방, 냉방, 급탕, 조명에너지 등의 에너지 절감 평가를 통해 에너지 절감률에 따른 등급을 부여받는 에너지 효율등급 인증을 신청할 수 있다.

(4) 공공건축물은 「친환경건축물의 인증에 관한 규칙」에 따라 의무적으로 토지이용, 교통, 에너지, 재료 및 자원 분야의 친환경건축물 인증평가를 받아야 하며, 지정권자는 개발계획단계에서 개발구역의 일정 면적 이상 건축물이 친환경건축물 인증을 받도록 목표치를 설정하여 개발계획에 반영하도록 노력하여야 한다.

＊ 친환경건축물 인증등급별 점수기준

구 분	평가 등급	심사점수
최우수(그린 1등급)	1	80점(74점) 이상
우수(그린 2등급)	2	70점(66점) 이상
우량(그린 3등급)	3	60점(58점) 이상
일반(그린 4등급)	4	50점(50점) 이상

＊ 「건축법」 제65조 제4항에 따른 「친환경건축물 인증기준」
＊ 심사점수는 공동주택을 제외한 모든 건축물, ( )안은 공동주택 점수임

4. 탄소배출저감계획 수립

3-4-1. 지정권자는 필요한 경우 「저탄소 녹색도시 조성을 위한 도시계획수립지침」에 따라 해당 지방자치단체의 온실가스 감축목표와 목표연도가 설정되어 있는 경우에는 이를 바탕으로 해당 사업의 탄소배출량 목표를 합리적으로 설정할 수 있다. 다만, 감축목표 등이 설정되어 있지 아니한 경우에는 국가온실가스 감축목표를 대안으로 활용할 수 있다.

3-4-2. 3-4-1.에 따라 탄소배출량 목표를 산정할 때에는 「저탄소 녹색도시 조성을 위한 도시계획수립지침」 제3장에 따라 해당 지방자치단체에서 정한 방법 및 탄소배출 원단위 등을 적용하여야 한다. 이 경우 해당 지방자치단체에서 정한 기준이 없을 때에는 다음의 기준 또는 자료를 활용하여 탄소배출량을 개략적으로 산정할 수 있다.

(1) 한국환경공단의 지자체 온실가스 배출량 산정 지침

(2) 에너지관리공단의 기후변화협약대책시스템(석유환산톤(TOE) 및 이산화탄소배출량(tCO2) 자동계산 프로그램이나 온실가스 배출량 정보 시스템 등 : http://co2.kemco.or.kr)

(3) IPCC(Intergovernmental Panel on Climate Change, 기후변화에 관한 정부간 협의체)의 국제기준 온실가스 배출량산정 및 배출계수 : http://www.ipcc.ch)

제4장 녹색도시 조성을 위한 평가 및 적용 기준

1. 녹색도시 평가기준

4-1-1. 녹색도시 평가기준은 탄소흡수와 탄소저감으로 크게 구분하여 평가하고, 평가의 세부범주 및 평가항목은 다음과 같다.

부 문	범 주	평 가 항 목
탄소흡수	공원녹지	공원녹지비(比)
		생태면적률
		자연지반면적률
탄소저감	토지이용	직주근접
	교 통	대중교통 활성화
		자전거 이용 활성화
		녹색대중교통
	친환경건축물	친환경건축물 인증
	에너지	신·재생에너지 이용
	자원순환	빗물이용
		중수이용

4-1-2. 항목별 평가방법

4-1-2-1. 탄소흡수 분야

(1) 공원녹지율

공원녹지율은 「도시공원 및 녹지 등에 관한 법률 시행규칙」 제5조 별표2에 따라 도시개발사업에 적용하는 기준을 확보기준으로 적용하며, 평가기준은 다음과 같다. 이 경우 평가점수가 1점 미만인 경우에는 0점으로 처리한다.

$$* \text{ 공원녹지 확보비(比)} = \frac{\text{개발구역 내 도시·군계획시설로 결정되는 도시공원 및 녹지 면적}}{\text{확보기준}}$$

점 수		1.0 ~ 5.0 점
공원녹지 확보비(比)	1급지	**{공원녹지확보비(比) + (공원녹지확보비(比) - 1) × 3} = 점수** 예 : 공원녹지확보비(比)가 1인 경우 : (1.0) = 1점 공원녹지확보비(比)가 1.5인 경우 : (1.5 + 0.5 × 3) = 3점 공원녹지확보비(比)가 2인 경우 : (2.0 + 1.0 × 3) = 5점 ※ 공원녹지확보비(比)가 2를 초과할 경우 5점으로 산정함

	2급지	**{공원녹지확보비(比) + (공원녹지확보비(比) - 1) × 7} = 점수** 예 : 공원녹지확보비(比)가 1인 경우 : (1.0) = 1점 공원녹지확보비(比)가 1.25인 경우 : (1.25 + 0.25 × 7) = 3점 공원녹지확보비(比)가 1.50인 경우 : (1.5 + 0.5 × 7) = 5점 ※ 공원녹지확보비(比)가 1.50를 초과일 경우는 5점으로 산정함

* 1급지 : 구역지정 전 용도지역이 2급지를 제외한 경우(이하 같다)
* 2급지 : 구역지정 전 용도지역 중 주거 · 상업 · 공업지역이 구역면적의 80% 이상인 경우로서 도시 · 군기본계획상 도심 · 부도심 · 지역(지구)중심 등 개발거점이나 개발축상에 위치한 경우(이하 같다)

(2) 생태면적률

생태면적률은 계획대상지 전체를 대상으로 3-1-2에 따라 산정하고 다음과 같은 평가기준으로 평가한다. 이 경우 평가점수가 1점 미만인 경우에는 0점으로 처리한다.

$$* \text{ 생태면적률(\%)} = \frac{\Sigma \text{ 토지용도별 생태면적}}{\text{(개발구역 전체면적)}} \times 100$$

* 토지용도별 생태면적 : 토지이용계획을 기준으로 구역의 모든 토지 각각의 토지용도별(또는 가구나 획지 단위) 면적을 기준으로 생태면적을 산정한다. 단, 개발계획도서만으로 산정이 곤란한 토지는 실시계획수립시 적용하도록 토지용도별 목표치를 부여하고 이를 합산한 면적으로 산정한다.
* 목표치(면적, 비율, 기준 등 이 기준에서 항목별로 정한 단위)는 획지나 가구별로 정하기보다 가급적 총량적으로 정하고 향후 지구단위계획수립시 시행자가 적정하게 배분할 수 있도록 한다(이하 같다).
  - 목표치의 산정 예시 :
    개발계획에서 전체 공동주택용지의 생태면적 목표치를 30%로 부여하였다면, 실시계획인가시 지구단위계획에서 각 각의 공동주택용지의 평균 생태면적율이 30% 이상이 되도록 적정하게 배분하여 획지별로 할당량을 구체적으로 부여하고 이를 조성하도록 명기하여야 한다. 각 획지별 건축허가시에는 3-1-2에 따라 산정한 생태면적이 기준 이상이 되는지 확인하여야 한다.

점 수		1.0 ~ 5.0 점
생태 면적률	1급지	**{생태면적률/100 + (생태면적률/100 - 0.3)} × 10 - 2 = 점수** 예 : 생태면적률 30%일 경우 : (0.3 × 10) - 2 = 1점 생태면적률 40%일 경우 : (0.4 + 0.1) × 10 - 2 = 3점 생태면적률 50%일 경우 : (0.5 + 0.2) × 10 - 2 = 5점 ※ 50% 이상일 경우는 5점으로 산정
	2급지	**{생태면적률/100 + (생태면적률/100 - 0.2)} × 10 - 1 = 점수** 예 : 생태면적률 20%일 경우 : (0.2 × 10) - 1 = 1점 생태면적률 30%일 경우 : (0.3 + 0.1) × 10 - 1 = 3점 생태면적률 40%일 경우 : (0.4 + 0.2) × 10 - 1 = 5점 ※ 40% 이상일 경우는 5점으로 산정

(3) 자연지반면적률

자연지반면적률은 토지이용계획을 기준으로 산정한다. 다만, 개발계획도서만으로 정확한 산정이 곤란한 용지는 실시계획수립시 적용하도록 정한 자연지반 목표치를 합산한 면적으로 산정한다. 자연지반면적률의 평가점수는 다음 식을 이용하여 산정한다. 이 경우 평가점수가 1점 미만인 경우에는 0점으로 처리한다.

$$* \text{ 자연지반면적률(\%)} = \frac{\text{자연지반면적}}{\text{(개발구역 전체면적)}} \times 100$$

점 수		1.0 ～ 5.0 점
자연지반 면적률	1급지	**{자연지반면적률/100 + (자연지반면적률/100 - 0.2) × 3} × 10 - 1 = 점수** 예 : 자연지반면적률 20%일 경우 : (0.2 × 10) - 1 = 1점 자연지반면적률 25%일 경우 : (0.25 + 0.05 × 3) × 10 - 1 = 3점 자연지반면적률 30%일 경우 : (0.3 + 0.1 × 3) × 10 - 1 = 5점 ※ 30% 이상일 경우는 5점으로 산정
	2급지	**{자연지반면적률/100 - (자연지반면적률/100 - 0.1) × 0.6} × 100 - 9 = 점수** 예 : 자연지반면적률 10%일 경우 : (0.1 × 100) - 9 = 1점 자연지반면적률 15%일 경우 : (0.15 - 0.05 × 0.6) × 100 - 9 = 3점 자연지반면적률 20%일 경우 : (0.2 - 0.1 × 0.6) × 10 - 9 = 5점 ※ 20% 이상일 경우는 5점으로 산정

4-1-2-2. 탄소저감 분야

(1) 직주근접

직주근접 평가는 개발구역의 중심지에서 개발구역이 위치한 지역의 중핵도시 중심지까지 대중교통을 이용한 편도 통근 시간 또는 통근거리로 평가한다. 다만, 구체적 통근시간 또는 통근거리를 산정한 근거가 제시되지 않은 계획은 평가에서 제외한다. 평가점수는 통근거리 또는 시간을 기준으로 하되, 평가점수가 1점 미만인 경우에는 0점으로 처리한다.

* 개발구역의 중심지 : 구역의 청사(시청, 구청, 군청, 읍사무소)를 기준으로 한다. 청사가 없는 경우는 대중교통 결절지 중에서 지정권자가 적정하게 위치를 정한다.

* 중핵도시 : 아래 표에서 정하는 기준에 따라 지정권자가 선정한다.

개발구역 위치	중핵도시	비 고
수도권	서울특별시, 인천광역시, 인구 50만 이상인 도시로서 거주민 기준 취업인구보다 근무지기준 취업인구가 많은 시	해당 도시 내에 위치하는 경우에는 해당 도시를 중핵도시로 본다.(취업인구는 통계청의 최근 연도 경제활동인구조사 자료 기준)
지방권	광역시, 도청소재지, 인구 50만 이상인 시, 인구 10만 이상인 도시로서 거주민 기준 취업인구보다 근무지기준 취업인구가 많은 시	

* 중핵도시의 중심지 : 해당 시의 중심청사(시청, 도청). 다만 서울시, 광역시의 경우에는 도심 또는 부도심에 있는 중심청사(구청 등)을 대상으로 한다. 도심 또는 부도심에 중심청사가 없는 경우는 중심상업지역과 같이 시민들이 가장 집중되는 장소를 기준으로 한다.

점 수	1.0 ~ 5.0 점
편도 통근시간 또는 통근거리	**{통근시간(분) - (통근시간(분) - 20)×1.1} - 15 = 점수** 예 : 편도통근시간 20분일 경우 : (20) - 15 = 5점 편도통근시간 40분일 경우 : (40 - 20 × 1.1) - 15 = 3점 편도통근시간 60분일 경우 : (60 - 40 × 1.1) - 15 = 1점 ※ 60분 초과일 경우는 점수를 산정하지 아니함 20분 이내의 경우는 5점으로 산정
	{통근거리(km) - (통근거리(km) - 10)×1.1} - 5 = 점수 예 : 편도통근거리 10km일 경우 : (10) - 5 = 5점 편도통근거리 30km일 경우 : (30 - 20 × 1.1) - 5 = 3점 편도통근거리 50km일 경우 : (50 - 40 × 1.1) - 5 = 1점 ※ 50km 초과일 경우는 점수를 산정하지 아니함 10km 이내의 경우는 5점으로 산정

* 편도통근시간 : 평일 첨두시간에 대중교통 이용시 통상적인 통근시간(환승을 포함하여 최단시간 산정. 출·퇴근시간이 다를 경우 평균시간)
* 통근거리 : 편도통근시간 산정시 적용한 통근경로 거리의 합

(2) 대중교통 활성화

대중교통활성화는 토지이용계획에 따라 대중교통영향권 각각의 토지용도별 또는 가구나 획지별로 산정한 개발밀도를 기준으로 아래 산식에 따라 집중도와 복합도의 평가결과를 합산하여 산정한다. 단, 토지용도별 개발밀도 산정이 곤란한 용지에 대하여는 실시계획수립시 적용하도록 정한 목표치를 기준으로 평가한다. 평가점수는 집중도의 경우 0.1일 때 최소 0.7점, 0.7 이상일 경우 3.5점으로 한다. 집중도 0.1 미만의 경우에는 점수를 산정하지 아니한다. 복합도의 경우 0.1 일 때 0.3점, 0.5 이상일 경우 1.5점으로 한다. 복합도 0.1 미만의 경우에는 점수를 산정하지 아니한다.

* 대중교통영향권 : 다음 중 어느 하나에 해당하는 지역으로서 지정권자가 합리적으로 설정할 것(이 경우 철도역, 경전철역, BRT버스정류장은 관계 법령에 따라 기본계획 등의 행정계획이 최종 확정되어 해당 도시개발사업의 준공예정일 이전까지 설치가 가능한 시설인 경우에는 포함한다.

① 철도역(국철, 지하철)으로부터 최단 도보거리 400M이내

② 경전철역·BRT버스정류장으로부터 최단 도보거리 300M이내

③ 준주거지역(구역면적이 30만㎡ 이하인 경우에 한함)·일반상업지역 또는 중심상업지역

* 최단도보거리 : 도로(보도폭이 2M 이상인 경우에 한함)·보행자전용도로 또는 녹도로 이동 가능한 최단거리

$$* \ 집중도 = \frac{대중교통영향권\ 내의\ \Sigma(개발밀도 \times 획지면적)}{개발구역\ 전체의\ \Sigma(개발밀도 \times 획지면적)}$$

$$* \ 복합도 = \frac{\Sigma(주거외용도\ 개발밀도 \times 획지면적)}{\Sigma(개발밀도 \times 획지면적)}$$

- 단, 복합도는 대중교통영향권 내에서만 산정함
* 개발밀도는 개발계획 또는 실시계획에서 정한 해당 획지의 용적률임.

점 수	0.7 ~ 3.5점(5점의 70% 반영)
집중도	**{집중도 + (집중도 - 0.1) × 3.7} + 0.6 = 점수** 예 : 집중도가 0.1일 경우 : (0.1 + 0 × 3.7) + 0.6 = 0.7점 집중도가 0.5일 경우 : (0.5 + 0.4 × 3.7) + 0.6 = 2.58 = 2.6점 집중도가 0.7일 경우 : (0.7 + 0.6 × 3.7) + 0.6 = 3.5점 ※ 집중도가 0.7 이상일 경우는 3.5점으로 산정
점 수	0.3 ~ 1.5점(5점의 30% 반영)
복합도	**{복합도 + (복합도 - 0.1) × 2} + 0.2 = 점수** 예 : 복합도가 0.1일 경우 : (0.1 + 0 ×2) + 0.2 = 0.3점 복합도가 0.3일 경우 : (0.3 + 0.2 × 2) + 0.2 = 0.9점 복합도가 0.5일 경우 : (0.5 + 0.4 × 2) + 0.2 = 1.5점 ※ 복합도가 0.5 이상일 경우는 1.5점으로 산정

(3) 자전거 이용 활성화

자전거 이용 활성화는 간선도로, 보조간선도로, 집산도로의 총 길이대비 구역에 설치되는 자전거도로길이를 기준으로 아래 산식에 따라 산정한다. 자전거도로의 길이는 자전거전용도로, 자전거·보행자 겸용도로를 포함한 총 길이로 산정한다. 이 때 자전거도로는 양방향·일방향 설치구분 없이 길이를 산정하되, 도로양측에 설치되는 경우에는 각각을 산정대상으로 한다. 이 경우 평가점수가 1점 미만인 경우에는 0점으로 처리한다.

$$* \ 자전거도로연장비(比) = \frac{자전거도로\ 길이}{집산도로\ 기능\ 이상\ 도로의\ 길이}$$

점 수	1.0 ~ 5.0 점
자전거도로 연장비(比)	**자전거도로연장비(比) × 10 - 3 = 점수** 예 : 자전거도로연장비(比)가 0.4일 경우 : (0.4 × 10) - 3 = 1점 : 자전거도로연장비(比)가 0.8일 경우 : (0.8 × 10) - 3 = 5점 ※ 0.8 이상일 경우는 5점으로 산정

(4) 녹색대중교통

녹색대중교통에 대한 평가는 개발계획에서 수립된 다음 시설의 설치 및 도입여부를 기준으로 평가한다.

① 간선급행버스(BRT) 시스템

② 자동궤도차(AGT) 등 경전철, 전철 또는 국철의 역사

③ 전기자동차 또는 바이오연료 충전소

④ 버스전용차로

⑤ 복합환승센터

* 버스전용차로 : 시내버스(마을버스제외)노선으로 계획된 도로 길이의 50%이상 계획하는 경우에만 해당한다.
* 위 시설에 대하여 해당 도시개발사업으로 직접 계획하는 것 외에도 다른 사업계획에 따라 별도로 설치하거나 도입하는 시행계획(실시계획, 집행계획 등)이 확정되어 그 시설의 이용을 반영하여 개발계획을 수립한 경우에는 도입한 것으로 본다.
* 위 ①, ②, ⑤의 시설이 구역 외에 설치 · 계획(기존 시설 포함)되는 경우 구역경계로부터 도보로 접근이 가능한 거리이내인 경우에는 도입한 것으로 본다.

점 수	3	4	5
녹색교통 도입여부	1가지	2가지	3가지 이상

(5) 친환경건축물 인증

친환경건축물 인증은 개발구역에 건축되는 건축물 중 친환경건축물 등급인증을 받을 계획인 건축물의 범위를 기준으로 평가한다. 인증 대상으로 계획한 건축물은 지구단위계획을 통해 친환경건축물 인증을 실현할 수 있는 계획을 구체적으로 명시해야한다. 단, 개발계획단계에서는 인증대상 건물의 목표치를 설정하고 이를 평가한다.

점 수	구 분	1	2	3	4	5
친환경 건축물 적용범위	공공 건축물	모두 인증	모두 3등급 이상 인증	모두 2등급 이상 인증	모두 1등급 이상 인증	모두 1등급 이상 인증
	공동 주택등	-	-	모두 인증	모두 3등급 이상 인증	모두 2등급 이상 인증
	기타 건축물	-	-	-	-	모두 인증

* 공공건축물 : 업무시설 · 학교시설 · 판매시설 · 숙박시설로서 건축연면적 합이 1만m² 이상인 건축물 및 공공청사로서 건축연면적 3천m² 이상인 건축물

* 공동주택 등 : 세대수가 20호 이상인 공동주택 또는 이와 복합하여 건축되는 건축물
* 기타건축물 : 공공건축물 및 공동주택 등 이외의 건축물 중 연면적 1,000㎡ 이상 건축물

(6) 신 · 재생에너지 이용

신 · 재생에너지이용은 개발구역 전체 건축물의 총에너지 사용량을 기준으로 산정한다. 에너지 사용량 추정은 건축물의 용도 및 연면적과 건축면적을 기준으로 한다. 신 · 재생에너지 사용비율의 산정은 개발계획도서에서 추정한 에너지사용계획(또는 목표치)을 기준으로 한다. 건축물에 대한 신 · 재생에너지 사용비율은 지구단위계획수립시 가구나 획지별로 구체적으로 명시해야한다. 단, 개발계획단계에서는 목표치를 설정하고 이를 기준으로 평가한다. 평가점수가 1점 미만인 경우에는 0점으로 처리한다.

$$\text{* 신 · 재생에너지 이용비(比)} = \frac{\text{개발구역 전체 건축물의 신 · 재생에너지 계획이용량}}{\text{개발구역 전체 건축물 총에너지 추정사용량}}$$

* 에너지 사용량 추정을 위한 건축물의 연면적과 건축면적은 아래와 같다.
  - 건축물의 연면적 : 획지(가구)면적 × 지구단위계획에서 정한 용적률
  - 건축물의 건축면적 : 획지(가구)면적 × 지구단위계획에서 정한 건폐율

점 수	1.0 ~ 5.0 점
건축물 신 · 재생 에너지 사용비(比)	**{사용비(比) - (사용비(比) - 0.02)×0.5}×100 - 1 = 점수** 예 : 사용비(比)가 0.02일 경우 : (0.02) × 100 - 1 = 1점 사용비(比)가 0.06일 경우 : (0.06 - 0.04 × 0.5) × 100 - 1 = 3점 사용비(比)가 0.1일 경우 : (0.1 - 0.08 ×0 .5) × 100 - 1 = 5점 ※ 사용비(比)가 0.1 이상일 경우는 5점으로 산정

(7) 빗물이용

빗물이용시설은 개발구역의 총 대지면적(지구단위계획에서 용적률이 부여되는 획지 또는 가구면적을 말한다) 대비 이용시설의 총 계획용량(저류용량)을 기준으로 평가한다. 이 때, 빗물저류량의 산정은 개발계획도서에서 정한 시설설치 계획 또는 목표치를 기준으로 한다. 계획도서에는 빗물이용계획을 구체적으로 명시해야한다. 기반시설로서 설치하는 시설 이외에 건축물에 대한 빗물이용시설의 설치 유무 및 용량의 설정은 지구단위계획에서 획지별로 명시하여야 한다. 단, 개발계획단계에서는 목표치를 설정하고 이를 평가한다.

점 수	1	2	3	4	5
대지면적(㎡)당 저수조 또는 저류지 용량	0.005㎥ 이상 0.0075㎥ 미만	0.0075㎥ 이상 0.01㎥ 미만	0.01㎥ 이상 0.015㎥ 미만	0.015㎥ 이상 0.02㎥ 미만	0.02㎥ 이상

(8) 중수이용

중수이용은 개발구역 전체의 물 사용량을 기준으로 재이용되는 물의 용량을 산정하여 평가한다. 중수이용량의 개발계획도서에서 정한 시설설치 계획 또는 기준(목표치)을 기준으로 산정한다. 계획도서에는 중수이용시설계획을 구체적으로 명시해야한다. 중수이용시설의 설치는 원칙

적으로 개발구역 전체를 대상으로 하되, 설치 유무 및 용량의 설정은 지구단위계획으로 정한다. 건축물에 대한 중수이용비율 및 시설설치기준은 지구단위계획 수립시 획지별로 구체적으로 명시해야 한다. 단, 개발계획단계에서는 목표치를 설정하고 이를 평가한다. 이 경우 물사용량의 일부를 하·폐수처리수 재처리수로 공급받는 경우에는 재처리수 이용량을 중수이용량에 포함하여 계산할 수 있다. 평가점수가 1점 미만인 경우에는 0점으로 처리한다.

$$* \text{ 중수이용비(比)} = \frac{\text{개발구역 전체 중수 계획 이용량}}{\text{개발구역 전체 물 계획 사용량}}$$

* 기반시설로서 중수도 공동사용을 위한 순환시설이 설치되는 경우에는 이용비(比)에 상관없이 5점을 부여한다.

점 수	1.0 ~ 5.0 점
중수이용비(比)	**{중수이용비(比) - (중수이용비(比) - 0.1) × 0.6} × 100 - 9 = 점수** 예 : 중수이용비(比)가 0.1일 경우 : (0.1) × 100 - 9 = 1점 중수이용비(比)가 0.15일 경우 : (0.15 - 0.05 × 0.6) × 100 - 9 = 3점 중수이용비(比)가 0.2일 경우 : (0.2 - 0.1 × 0.6) × 100 - 9 = 5점 ※ 중수이용비(比)가 0.2 이상일 경우는 5점으로 산정

4-1-3. 평가 점수 산정

4-1-3-1. 탄소흡수 분야

탄소흡수분야 평가점수는 다음과 같이 3개 분야에 대해 평가항목별 가중치에 따라 산정한다.

평가지표	평가점수	가중치	만 점
공원녹지(比)	1.0 ~ 5.0	4	20.0
생태면적률	1.0 ~ 5.0	4	20.0
자연지반면적률	1.0 ~ 5.0	2	10.0
소 계			50.0

* 단, 평가점수의 합은 소수점 둘째자리에서 반올림한다.

4-1-3-2. 탄소저감 분야

탄소저감 분야 평가점수는 다음과 같이 8개 분야에 대해 평가항목별 가중치에 따라 산정한다.

평가지표	평가점수	가중치	만 점
직주근접	1.0 ~ 5.0	3	15.0
대중교통활성화	0.3 ~ 5.0	2	10.0
자전거 이용 활성화	1.0 ~ 5.0	1	5.0
녹색대중교통	3.0 ~ 5.0	0.5	2.5

친환경건축물 인증	1.0 ~ 5.0	2	10.0
신 · 재생에너지 이용	1.0 ~ 5.0	0.5	2.5
빗물이용	1.0 ~ 5.0	0.5	2.5
중수이용	1.0 ~ 5.0	0.5	2.5
소 계			50.0

* 단, 평가점수의 합은 소수점 둘째자리에서 반올림한다.

4-1-3-3. 정성적 평가

지정권자는 정량적 지표 외에 개발계획에서 반영된 녹색도시조성에 대한 전반적인 내용 및 도입 기능 · 시설의 수준 · 구역특성 등을 종합적으로 고려하여 다음과 같이 평가점수를 추가적으로 부여할 수 있다. 정성적 평가는 4-1-3-1 및 4-1-3-2에 따른 정량평가를 제외한 다음 항목 등에 대한 계획을 평가하는 것으로 한다. 정성적 평가점수의 총점은 정량적 평가점수의 5%를 초과할 수 없다. 이 경우 정성적 평가 총점이 100점을 초과하는 경우에는 합계총점을 100점으로 한다.

(1) 녹지축 연결 계획
생태통로, 녹도, 연결녹지, 소공원 등 녹지축 단절 구간 연결을 위한 대책 마련 등

(2) 하천보전
개발구역의 하천, 소하천, 계류 등 자연형 하천 조성, 복개하천 복원 계획 등

(3) 습지보전지역, 생태경관보전지역 등의 보호
개발구역에 위치한 보전지역 보호를 위한 완충녹지 계획 수립 등

(4) 바 람 길
바람길 조성을 위해 바람통로 시뮬레이션 후 단지 및 건축물 배치 계획 수립 등

(5) 주 차 장
공공청사, 공동주택 등의 주차장 설계시 투수포장, 식재를 통한 그늘 조성, 태양광 발전 시설 설치 등의 계획 등

(6) 보행자로
보행자의 안전하고 쾌적한 보행환경을 위한 쇼핑, 오락, 문화, 관광, 만남의 중심거리 및 역세권 등에 보행자전용지구 계획수립 등

(7) 폐기물 재활용
개발과정에서 발생되는 건설폐기물 활용 계획 수립, 개발구역 폐기물 재활용센터 설치 계획 수립 등

(8) 집단에너지 공급시설
지역 냉난방사업 가능한 집단에너지 공급시설 도입계획 수립 등

(9) 건축물 에너지관리
「건축법」에 따라 에너지효율등급 1등급 인증을 받아야 하는 연면적 3천㎡ 이상의 공공청사 외에 「건축법 시행령」 별표 1 제5호부터 제16호까지, 제23호 가목부터 다목까지, 제24호 및 제26호부터 제28호까지의 용도의 건축물로서 신축 · 증축 또는 개축하는 부분의 연면적이 1천

㎡ 이상 건축물에 대한 에너지효율등급 인증 계획 수립 등

(10) 그 밖에 관련법령에서 권장하거나 지정권자가 추천하는 방법으로 저탄소 · 녹색도시 개발계획을 수립하여 사업에 반영하는 사항 등

* 정성적 평가 점수 부여 예시
정량적 평가 총점이 70점으로 평가된 상황에서, 정성적 평가점수를 부여할 수 있는 최고점은 70 × 1.05 = 73.5 ⇒ 3.5점임

4-1-3-4. 평가등급

평가등급은 정량적 평가점수와 정성적 평가점수를 합산하여 다음과 같이 결정한다.

등급구분	기준
녹색도시 1등급	90점 초과
녹색도시 2등급	80점 초과 ~ 90점
녹색도시 3등급	70점 초과 ~ 80점
녹색도시 4등급	60점 초과 ~ 70점
녹색도시 5등급	50점 초과 ~ 60점

2. 녹색도시 평가등급의 적용 및 활용

4-2-1. 지정권자는 녹색 도시개발을 촉진하기 위하여 이 기준에 따른 평가결과가 5등급 이상이 되도록 개발계획을 수립할 수 있다. 이 경우 지정권자는 법 제3조 제4항에 따라 구역 지정을 요청하거나 법 제11조 제5항에 따라 구역 지정을 제안하는 자(이하 "시행예정자"라 한다)에게 4-2-6에 따라 자체평가한 결과가 4등급 이상이 되도록 권고할 수 있다.

4-2-2. 지정권자는 4-2-1에 따라 평가를 실시하는 경우 도심지 내 재정비를 통한 고밀복합개발, 관광단지 조성, 체육시설설치, 대규모 단일 건축물의 건축 등 특수한 목적의 사업으로서 지정권자가 이 기준에 따른 평가가 적정하지 않다고 판단하는 경우에는 도시계획위원회 위원 중 관련분야 위원 등 전문가의 자문을 거쳐 4-1-3-1 및 4-1-3-2의 개별 지표별 가중치를 50% 이내에서 가감하여 평가할 수 있다. 이 경우 전체 가중치의 합은 변경이 없어야 한다.

4-2-3. 지정권자는 이 기준에 따라 평가를 실시하여 시행자에게 인센티브를 주고자 하는 경우 개발계획 도서를 기준으로 정확히 평가할 수 없는 지표는 개략적인 적용계획 및 목표치를 설정하고 이를 근거로 평가하되, 실시계획인가시 그 반영여부를 반드시 확인하여야 한다. 이 경우 건축물 등 개발사업 이후에 건축주나 사용자가 이행하여야 하는 사항에 대하여는 지구단위계획에 명시하여야 하며, 시행자는 조성토지 공급시 공급계약서에 그 사실을 기재하고 공급받는 자에게 충분히 설명하여야 한다.

4-2-4. 이 기준에서 적용한 지표이외의 새로운 저탄소 · 녹색관련 기술이나 개발방법을 적용하는 등의 사유로 관련 평가지표를 신설하여 평가에 반영할 필요가 있다고 인정되는 경우, 지정권자는 도시계획위원회의 자문을 거쳐 평가지표를 신설할 수 있다. 이 경우 적용기준 및 평가방법(가중치

조정)은 해당 관할 구역에 동일하게 적용하며 그 평가기준을 공보에 공고하여야 한다.

4-2-5. 지정권자는 이 기준에 따라 평가를 실시한 경우 영 제15조에 따라 구역지정 또는 개발계획수립을 고시할 때에는 그 내용에 평가결과(등급)를 포함하고 별첨 '녹색도시 개발계획 평가총괄표'와 함께 세부 평가내용 및 목표치를 개발계획서에 첨부하여야 한다. 다만, 법 제4조제1항 단서에 따라 개발계획을 별도로 수립하는 경우에는 구역지정시 개발계획수립에서 준수하여야 할 평가등급을 고시하여야 한다.

4-2-6. 제4장에 따라 녹색도시개발계획에 대한 평가등급 또는 인센티브를 받고자 하는 시행예정자가 구역 지정을 제안하거나 요청하는 경우에는 별첨 '녹색도시 개발계획 평가총괄표'를 활용한 자체 평가서를 작성하여 규칙 제5조 및 제15조에 따라 제출하는 개발계획서에 이를 첨부하여야 한다.

4-2-7. 이 기준에 따라 평가 또는 인센티브를 받은 이후 개발계획 또는 실시계획을 변경할 때에는 변경된 계획을 토대로 제4장에 따른 재평가를 실시하여야 하며, 이 경우 평가결과는 최초 평가등급 이상을 유지하여야 한다.

4-2-8. 개발계획 또는 실시계획인가(지구단위계획인가로 의제된 경우를 포함한다)내용에 제4장에 따른 평가내용이 반영된 경우, 건축허가권자나 개발행위허가권자는 도시개발구역에서 건축행위 등 관련 인·허가할 때 지구단위계획의 내용대로 건축행위 등이 이루어질 수 있도록 건축계획이나 도면을 확인하여야 한다.

(별첨)

녹색도시 개발계획 평가총괄표

구역명 : 도시개발구역, ( )급지 작성일: 년 월 일

<table>
<tr><th>부문</th><th>평 가 항 목</th><th>계획 또는 목표치</th><th>평점
ⓐ</th><th>가중치
ⓑ</th><th>환산점수
(ⓐ×ⓑ)</th></tr>
<tr><td rowspan="4">1.
탄소
흡수</td><td>공원녹지확보비(比)</td><td></td><td></td><td>4</td><td></td></tr>
<tr><td>생태면적률</td><td>(%)</td><td></td><td>4</td><td></td></tr>
<tr><td>자연지반면적률</td><td>(%)</td><td></td><td>2</td><td></td></tr>
<tr><td colspan="2">탄소흡수 부문평가 합계(만점: 50점)</td><td colspan="3"></td></tr>
<tr><td rowspan="12">2.
탄소
저감</td><td rowspan="2">직주근접</td><td>(시간)</td><td rowspan="2"></td><td rowspan="2">3</td><td rowspan="2"></td></tr>
<tr><td>(km)</td></tr>
<tr><td rowspan="3">대중교통 활성화</td><td>집중도</td><td></td><td rowspan="3">2</td><td rowspan="3"></td></tr>
<tr><td>복합도</td><td></td></tr>
<tr><td>소계</td><td></td></tr>
<tr><td>자전거 활성화</td><td></td><td></td><td>1</td><td></td></tr>
<tr><td>녹색대중교통</td><td>(유형수)</td><td></td><td>0.5</td><td></td></tr>
<tr><td>친환경건축물 비율</td><td></td><td></td><td>2</td><td></td></tr>
<tr><td>신·재생에너지 이용</td><td></td><td></td><td>0.5</td><td></td></tr>
<tr><td>빗물이용</td><td>(m³)</td><td></td><td>0.5</td><td></td></tr>
<tr><td>중수이용</td><td></td><td></td><td>0.5</td><td></td></tr>
</table>

<table>
<tr><td>3.
기타*</td><td></td><td></td><td></td><td></td><td></td></tr>
<tr><td colspan="3">탄소저감 부문평가 합계(만점: 50점)</td><td colspan="3"></td></tr>
<tr><td colspan="3">정량 평가 합계(탄소흡수 + 탄소저감, 만점: 100점)</td><td colspan="3"></td></tr>
</table>

<table>
<tr><th></th><th>평가 항목</th><th>반영여부</th><th>평가</th></tr>
<tr><td rowspan="10">4.
정성평가</td><td>녹지축 연결 계획</td><td></td><td></td></tr>
<tr><td>하천보전</td><td></td><td></td></tr>
<tr><td>습지보전지역, 생태경관보전지역 등의 보호</td><td></td><td></td></tr>
<tr><td>바람길</td><td></td><td></td></tr>
<tr><td>친환경 주차장 등</td><td></td><td></td></tr>
<tr><td>보행자로</td><td></td><td></td></tr>
<tr><td>폐기물 재활용</td><td></td><td></td></tr>
<tr><td>집단에너지 공급시설</td><td></td><td></td></tr>
<tr><td>건축물 에너지관리</td><td></td><td></td></tr>
<tr><td>기타</td><td></td><td></td></tr>
<tr><td colspan="2">정성평가 합계(항목 당 0.01로 산정하고 최고 0.05를 초과할 수 없다)</td><td colspan="2"></td></tr>
<tr><td colspan="2">최종 평점(정량평가 합계 × [1 + 정성평가 합계])</td><td colspan="2"></td></tr>
<tr><td colspan="2">평 가 등 급</td><td colspan="2">등급</td></tr>
</table>

※첨부: 지표별 세부산정근거

작성자:	(서명 또는 인)

※ 평가서 작성 요령

○ **정량평가의 경우**

1) 「녹색도시 개발계획수립기준」(이하 "기준"이라 한다) 4-1-2에 따라 평가항목별로 점수를 산정한다.
2) 탄소흡수 점수의 합과 탄소저감 점수의 합을 각각의 난에 적고, 이 두 값을 더하여 정량평가 합계 난에 적는다.
3) 3. 기타*는 기준 4-2-3에 따라 별도로 정한 지표를 추가하여 평가한다. 이 경우 첨부에 평가근거를 명기하여야 한다. 이 경우 총점이 100점을 초과할 수는 없다.
4) 기준 4-2-1의 단서에 따라 가중치를 조정한 경우에는 조정한 가중치를 적용한다.

○ **정성평가의 경우**

1) 정성평가를 할 경우에는 개발계획(또는 실시계획)에 반영되는 항목의 반영여부를 (○, ×) 로 표기하고, 반영된 항목 하나에 0.01로 적는다.
2) 정성평가의 합은 0.05를 초과하지 않는다. 이 경우 정성평가와 정량평가를 합한 총 점수는 100점을 초과할 수 없다.
3) 기타항목은 지정권자가 요구 또는 국가・지자체에서 권장하는 친환경 기준이나 기술을 적용하는 경우에 적용수준을 검토하여 평가한다.

○ **첨부물 작성요령**

1) 지표별로 산정내역 및 근거를 작성하되, 필요한 경우 관련 도면이나 규정 또는 산정사유를 상세히 작성하여야 한다.
2) 작성자가 평가서 작성을 위해 외부전문가의 자문이나 전문기관에 평가의뢰 등을 수행한 내용이 있으면 이를 첨부하여야 한다.

○ **기 타**

1) 급지는 구역지정전의 현황을 기준으로 기준 4-1-2-1(1)에 따라 확정한다.
2) 작성자는 개발계획 결정 또는 실시계획인가를 하는 때에는 지정권자(담당공무원)이며, 제안이나 개발계획 또는 실시계획인가 신청시에는 제안자나 시행자(대표자 명의로 작성 및 인감날인)이다.
3) 본 평가서는 개발계획수립 및 결정시 작성하여야한다. 다만, 실시계획인가시 이행확인을 위한 목적으로 반드시 재평가하여야 한다.

[별표 2] 토지용도분류 (2-8-5-3 관련)

1차분류	2차분류	3차분류
주거용지	- 공동주택용지 - 단독주택용지 - 준주거시설용지	- 아파트, 연립, 다세대
상업용지	- 중심상업, 일반상업, 근린상업, 유통상업	
산업시설 용 지		
관광시설 용 지		
유통시설 용 지		
도시기반 시설용지	- 국토의 계획 및 이용에 관한 법률 제2조 제6호에 게기한 시설 도로, 철도, 항만, 공항, 주차장, 자동차정류장, 궤도, 삭도, 운하, 자동차 및 건설기계검사시설, 자동차 및 건설기계운전학원, 광장, 공원, 녹지, 유원지, 공공공지, 유통업무설비, 수도 · 전기 · 가스 · 열공급설비, 공동구, 시장, 유류저장 및 송유설비, 학교, 운동장, 공공청사, 문화체육시설, 도서관 · 연구시설, 사회복지시설, 공공직업훈련시설, 청소년수련시설, 하천, 유수지, 저수지, 방화설비 · 방풍설비 · 방수설비 · 사방설비 · 방조설비, 화장장, 공동묘지, 납골시설 · 장례식장 · 도축장 · 도축장 · 종합의료시설, 하수도 · 폐기물처리시설 · 수질오염방지시설 · 폐차장	
기타시설 용 지	- 종교, 의료시설, 체육시설, 위험물저장 및 처리시설, 공공용시설 등	

[별표 3] 사업비(조성원가) 표준항목 및 산정(2-8-15-2. 및 5-7-1.관련)

<table>
<tr><th>항 목</th><th>중 항 목</th><th>소 항 목</th><th>산 정 기 준</th></tr>
<tr><td>조사비</td><td colspan="2">- 측량비
- 기타 조사비</td><td rowspan="2">엔지니어링기술진흥법 제10조의 규정에 따른 엔지니어링 사업대가의 기준</td></tr>
<tr><td>설계비</td><td colspan="2">- 설계비</td></tr>
<tr><td>공사비
(건축비 포함)</td><td colspan="2">- 재료비
- 노무비
- 경비
- 일반관리비
- 이윤</td><td>국가를 당사자로 하는 계약에 관한 법률시행령 제9조의 규정에 따른 예정가격 결정기준과 정부표준 품셈 및 단가(정부고시가격이 있는 경우에는 그 가격을 말한다)에 의함</td></tr>
<tr><td>보상비</td><td colspan="2">- 토지매입비
- 지장물 보상비(건물 · 입목 등)
- 권리 보상비(영업권 · 광업권 등)
- 이주대책비</td><td>수용 또는 사용방식인 경우는 공익사업을 위한 토지 등의 취득 및 보상에 관한 법률의 규정에 따른 평가액에 의할 수 있음
(단 환지방식의 경우 토지매입비란 국공유지 매입 등 실토지매입비를 말한다)</td></tr>
<tr><td rowspan="4">기 타
비 용</td><td>부대비</td><td>- 일반관리비
- 사업타당성분석비
- 영향평가비
- 감리비
- 건설공사 보험료
- 재원조달 금융부대비용
- 기타 비용</td><td>일반관리비는 국가를 당사자로 하는 계약에 관한 법률 시행령 제9조의 규정에 따른 예정가격 결정기준에 따른 일반관리비율에 의하며, 건설공사 보험료는 산업재해보험업법에 의함</td></tr>
<tr><td>제세공과금</td><td>- 세금
- 공과금
- 각종 부담금</td><td>부담금은 법률에 따른 경우에 의함</td></tr>
<tr><td>건설이자</td><td></td><td>사업시행기간 중 자본비용</td></tr>
<tr><td>기타</td><td>- 운영설비비
- 영업준비금
- 기타</td><td></td></tr>
</table>

주 : 1. 사업의 특성에 따라 분류 기준을 달리하거나 항목의 변동(추가 · 삭제)이 발생한 경우에는 그 사유를 명기할 것
2. 항목별 세부산출 내역은 부속서류에 포함할 것
3. 5-7-1.에 따른 조성원가는 아래의 기준에 따라 산정한다.
가. 입체환지 또는 매각용 건축물을 시행자가 직접 건축하는 경우에는 해당 건축비용은 제외하여 조성원가를 산정한다.
나. 환지방식의 경우 토지매입비는 구역 내 토지(무상귀속 받은 토지는 제외)의 정리 전 평가가격으로 한다.

[별지 제1호 서식] 존치대상건축물 조서(3-2-1. 관련)

일련번호	건축물의 부지					건축물					비고
	소재지	지번	지목	지적		구조	용도	건축면적		소유자	
				공부	건부지			공부	현황		
											토지와 건물의 소유자가 다른 경우 및 제3의 권리설정여부 등 기재

첨부 : 1/1,200 지적도에 건물개황을 표시한 도면

[별지 제2호 서식] 체비지 확인서 (7-3-2. 관련)

<table>
<tr><th rowspan="2">지구명</th><th colspan="2">위치</th><th rowspan="2">면적
(㎡)</th><th rowspan="2">비고</th></tr>
<tr><th>브럭</th><th>롯트</th></tr>
<tr><td></td><td></td><td></td><td></td><td></td></tr>
</table>

위 토지는 도시개발법 제28조의 규정에 따라 환지계획으로 정한 ○○도시개발사업의 체비지임을 확인함.

20 년 월 일

신청인 : (인)

확인자 : ○○시장(군수) (인)

첨부 : 1/1,200 지적도에 건물개황을 표시한 도면

[별지 제3호 서식] 환지예정지조서(4-8-1. 관련)

순 번			주 소						성 명		생년월일				
종 전 토 지 의 표 시									환 지 예 정 지						비고
동	지번	지목	토지대장면적(㎡)	편입면적(㎡)	가산면적(㎡)	기준면적(㎡)	감보면적(㎡)	감보율(%)	브럭	롯트	권리면적(㎡)	환지면적(㎡)	과도면적(㎡)	부족면적(㎡)	

[별지 제4호 서식] 환지처분조서(4-8-3. 관련)

순 번			주 소										성 명			생년월일			
환지예정지	브럭	롯트																	
종 전 토 지 의 표 시									환 지 의 표 시				청 산 내 역						비 고
동	지번	지목	토지대장면적(㎡)	편입면적(㎡)	가산면적(㎡)	기준면적(㎡)	감보면적(㎡)	감보율(%)	동	지번	지목	환지면적(㎡)	권리면적(㎡)	과도면적(㎡)	부족면적(㎡)	㎡당토지가격(원)	청산금액(원) 징수	청산금액(원) 교부	

인천광역시 도시개발사업 표준정관

제 1 장 총 칙

제1조 (명칭) ① 본 도시개발사업의 명칭은"ㅇㅇㅇ도시개발사업"(이하 "사업"이라 한다)이라 한다.
② 본 조합의 명칭은 "ㅇㅇㅇ도시개발사업조합"(이하 "조합"이라 한다) 이라 한다.

제2조 (사업목적) 조합은 "도시개발법"(이하 "법"이라 한다)과 이 정관이 정하는 바에 따라 계획적이고 체계적인 도시개발을 도모하고 쾌적한 도시환경의 조성과 공공복리 증진에 기여함을 목적으로 한다.

제3조 (도시개발구역) 도시개발 구역은 구역지정 승인된 인천광역시 ㅇㅇ구 ㅇㅇ동 ㅇㅇㅇ번지 일원 도시개발사업구역(이하"사업구역"이라 한다)으로 한다. 다만 관계법령 및 이 정관이 정하는 바에 따라 추가로 편입 또는 제외되는 토지 등이 있을 경우에는 그 변경승인 된 사업구역과 면적으로 한다.

제4조 (사업기간) 본 사업의 기간은 실시계획인가일로부터 환지처분일로 한다.

제5조 (사무소) ① 조합의 주된 사무소는 사업구역 내에 둔다. 다만 부득이한 경우 사업구역 인근에 둘 수 있다.
② 사무소를 이전하는 경우에는 이사회에서 의결한 후 이전할 수 있으며 이전시 조합원에게 이를 통지한다.

제6조 (정관의 변경) ① 정관을 변경하고자 할 때에는 조합원 3분의 1 이상, 대의원 3분의 2 이상 또는 조합장의 발의가 있어야 한다.
② 정관을 변경할 경우에는 총회에서 의결을 거쳐 지정권자의 승인을 받아야 한다.

제7조 (사업시행세칙) ① 정관 시행에 필요한 사항은 관련법령 및 정관의 범위 내에서 따로 사업시행에 관한 세칙이나 규정으로 정할 수 있다.
② 제1항의 세칙이나 규정은 대의원회의 의결을 거쳐 이를 정한다.

제8조 (권리 · 의무에 관한 사항의 고지 · 공고 방법) ① 조합은 조합원의 권리 · 의무에 관한 사항(변동사항을 포함한다. 이하 같다)을 조합원 에게 성실히 고지 · 공고하여야 한다.
② 제1항의 고지 · 공고방법은 이 정관에서 따로 정하는 경우를 제외하고는 다음 각 호의 방법에 따른다.

1. 관련 조합원에게 등기우편으로 개별 고지하여야 하며, 등기우편이 주소불명, 수취거절 등의 사유로 반송되는 경우에는 일반우편으로 재발송하고 "토지수용법 시행령 제4조" 규정에 의한 방법으로 송달한다.
2. 조합원이 쉽게 접할 수 있는 조합의 게시판(이하 "게시판"이라 한다)에 14일 이상 공고하고 게시판에 게시한 날부터 30일 이상 조합사무소에 관련서류와 도면 등을 비치하여 조합원이 열람할 수 있도록 한다.
3. 조합은 인터넷 홈페이지를 구축하여 제1항의 사항을 게시하여야 한다.
4. 제1호의 우편이 발송되고 제2호의 게시판에 공고가 있는 날부터 고지 · 공고된 것으로 본다.

5. 제1호 부터 제4호의 고지 · 공고 내용이 특정인의 권리에 관계되거나, 외부에 공개하는 것이 곤란한 경우에는, 그 요지만을 게시할 수 있다.

제 2 장 조 합 원

제9조 (조합원의 자격) ① 법 제14조의 규정에 의하여 조합원은 ○ ○ ○도시개발 구역안의 토지소유자로 한다. 다만 공유토지인 경우에는 다른 공유자의 동의를 받은 대표공유자 1인을 조합원으로 본다.

② 법인, 종교단체, 종친회(이하 "단체"라 한다) 등 단체의 조합원 자격은 단체에서 추천하는 대표자1인을 조합원으로 한다.

③ 양도 · 상속 · 증여 및 판결 등으로 조합원의 권리가 이전된 때에는 조합원의 권리를 취득한 자로 조합원이 변경된 것으로 보며, 권리를 양수받은 자는 조합원의 권리와 의무 및 종전의 권리자가 행하였거나 조합이 종전의 권리자에게 행한 처분, 청산시 권리 · 의무에 관한 범위 등을 포괄 승계한다.

제10조 (조합원의 권리 의무 등) ① 조합원은 다음 각 호의 권리를 갖는다.

1. 총회의 출석, 발언 및 의결권
2. 임원, 감사 및 대의원 선출권 및 피선거권
3. 조합의 각종서류 열람권
4. 총회에서 의결된 사항
5. 기타 도시개발법 · 령 · 규칙 등에 규정된 사항

② 조합원은 다음 각 호의 의무를 준수한다.

1. 관계법령 및 조합정관 준수의 의무
2. 조합비 납부 및 비용부담의 의무
3. 토지소유자의 소유권 변동 등 본 사업과 관련한 변경사항의 신고 의무
4. 총회 및 대의원회, 이사회에서 의결된 사항
5. 기타 도시개발법 · 령 · 규칙 및 정관, 세칙, 규정 등에 규정된 사항

③ 조합원은 평등하며 권한의 대리행사는 원칙적으로 인정하지 아니하되, 다음 각 호에 해당하는 경우에는 권한을 대리할 수 있다. 이 경우 조합원의 자격은 변동되지 아니한다.

1. 배우자 및 본인 · 배우자직계존비속 · 형제자매 중에서 성년자를 대리인으로 정하여 위임장을 제출하는 경우
2. 단체의 경우 그 소속인 중 1인을 대리인으로 선정하여 위임장을 제출하는 경우
3. 해외거주자가 대리인을 지정한 경우
4. 본 정관과 세칙에서 대리인 신고를 허용하는 경우

④ 조합원이 그 권리를 양도하거나 주소 또는 인감을 변경하였을 경우에는 그 양수자 또는 변경 당사자는 그 행위의 종료일부터 14일 이내에 조합에 그 변경내용을 신고하여야 한다. 이 경우 신고하지 아니하여 발생되는 불이익 등에 대하여 해당 조합원은 조합에 이의를 제기할 수 없다.

⑤ 조합원은 조합이 사업시행에 필요한 서류를 요구하는 경우 이를 제출할 의무가 있으며 조합의 승낙이 없는 한 이를 회수할 수 없다. 이 경우 조합은 조합의 승낙이 없는 한 회수할 수 없다는 것을 미리 고지하여야 한다.

⑥ 조합원은 조합의 제반업무에 대하여 정보공개를 청구할 수 있다. 이 경우 조합장은 "공공기관의 정보공개에 관한 법률"을 준용하여 공개하여야 한다.

제11조 (조합설립 등기) 조합은 법 제13조의 규정에 의거하여 지정권자로부터 조합설립인가를 받은 때에는 동법 시행령 제32조 제1항에 의거 인가를 받은 날부터 30일 이내에 다음 사항을 관할등기소에 등기하여야 한다.

1. 설립목적
2. 명칭
3. 시행구역
4. 주된 사무소의 소재지
5. 조합설립인가 연월일
6. 임원의 주소 및 성명
7. 임원의 대표권을 제한하는 경우에는 그 내용

제12조 (조합의 합병 및 해산) ① 조합을 합병 또는 해산하고자 할 때에는 총회의 의결을 거쳐 지정권자의 인가를 득 하여야 한다. 다만, 도시개발법시행령 제35조 제10호 단서 규정에 의거, 청산완료로 인하여 조합을 해산하는 경우에는 대의원회의 의결로서 해산할 수 있다.

② 해산 및 합병에 관하여 도시개발법과 법령으로 규정된 이외에는 민법 중 사단법인에 관한 규정을 준용한다.

제 3 장 임원 등

제13조 (임원) ① 조합에는 다음 각 호의 임원을 둔다.

1. 조 합 장 1인
2. 이 사 ○인(3인 이상 10인 이하로 한다).
3. 감 사 ○인(1인 이상 3인 이하로 한다).

② 조합임원은 총회에서 조합원 과반수 출석과 출석 조합원 과반수 이상의 동의를 얻어 조합원(공람공고일 현재 사업시행구역 안에 1년 이상 토지를 소유하고 있는 자에 한한다)중에서 선임한다.

③ 임원의 임기는 선임된 날부터 3년까지로 하되, 총회의 의결을 거쳐 연임할 수 있다.

④ 임원이 임기 중 궐위된(조합장 제외) 경우에는 제2항의 규정에 적합한 후보 중 차기 총회에서 이를 보궐 선임하며, 보궐 선임된 임원의 임기는 전임자의 잔임 기간으로 한다. 다만 조합장의 경우와 궐위된 임원이 3분의 1 이상인 경우에는 60일 이내에 총회에서 선출하여야 한다.

⑤ 선임된 임원의 자격은 법 제13조 제1항 및 법 제15조 제2항의 규정에 의한 인가 및 등기를 하여야 그 효력이 발생한다. 다만, 창립총회 등 최초로 선임된 임원은 선임된 다음날로부터 그 효력이 발생한다.

⑥ 임원의 임기가 만료되기 전에 후임 임원을 선출하여야 하며, 부득이한 경우로 임기가 만료되었을 경우에는 만료된 날로부터 30일 이내에 임원을 선출하여야 한다.

제14조 (임원의 직무 등) ① 조합장은 조합을 대표하고 조합의 사무를 총괄하며 총회와 대의원회 및

이사회의 의장이 된다.

② 이사는 이 정관이 정하는 바에 의하여 조합장을 보좌하고, 이사회에 부의된 사항을 심의·의결하며 조합의 사무를 분장한다.

③ 감사는 조합의 사무 및 재산상태와 회계에 관하여 감사하며 정기 총회에 감사결과보고서를 제출하여야 하며, 조합원 5분의 1 이상의 요청이 있을 때에는 공인회계사에게 회계감사를 의뢰하여 공인회계사가 작성한 감사보고서를 총회 또는 대의원회에 제출하여야 한다.

④ 감사는 조합의 재산관리 또는 조합의 업무집행이 공정하지 못하거나 부정이 있음을 발견하였을 때에는 총회 또는 대의원회에 보고하여야 하며, 조합장은 보고를 위한 총회 또는 대의원회를 소집하여야 한다. 이 경우 감사의 요구에도 조합장이 총회 또는 대의원회를 소집하지 아니하는 경우에는 감사가 직접 대의원회를 소집할 수 있으며 대의원회 의결에 의하여 총회를 소집할 수 있다.

⑤ 조합장 또는 이사가 자기를 위한 조합과의 계약이나 소송에 관련되었을 경우에는 감사가 조합을 대표한다.

⑥ 조합장이 유고 등으로 인하여 그 직무를 수행할 수 없을 때에는 이사 중에서 연장자순에 의하여 그 직무를 대행한다.

⑦ 조합은 그 사무를 집행하기 위하여 필요하다고 인정하는 때에는 따로 세칙을 정하여 상근하는 임원 또는 유급직원을 둘 수 있다.

⑧ 조합 임원은 같은 목적의 사업을 시행하는 다른 조합·추진위원회 또는 당해 사업과 관련한 시공자·설계자 등 관련단체의 임원·위원 또는 직원을 겸할 수 없다.

제15조 (임원의 결격사유 및 자격상실 등) ① 다음 각 호의 자는 조합의 임원에 선임될 수 없다.

1. 금치산자, 한정치산자 또는 미성년자
2. 파산선고를 받은 자로서 복권되지 아니한 자
3. 금고이상의 형을 선고받고 그 집행이 끝나거나 집행을 받지 아니하기로 확정된 후 2년이 지나지 아니한 자 또는 그 형의 집행유예 기간 중에 있는 자
4. 법 또는 정관 및 다른 법률에 의한 징계에 의하여 면직의 처분을 받은 때로부터 2년이 경과되지 아니한 자

② 임원이 제1항 각 호의 1에 해당하게 되거나 선임당시 그에 해당하는 자이었음이 판명된 때에는 당연 퇴임한다.

③ 제2항의 규정에 의하여 퇴임된 임원이 퇴임 전에 관여한 행위 중 관련법규나 정관에 위배되지 않는 행위는 그 효력을 잃지 아니한다.

④ 임원으로 선임된 후 그 직무와 관련한 형사사건으로 기소된 경우에는 그 내용에 따라 확정판결이 있을 때까지 제16조 제4항의 절차에 따라 그 자격을 정지할 수 있다. 또한, 임원이 그 사건으로 받은 확정판결내용이 법 제80조·제81조·제82조 벌칙규정에 의한 벌금형에 해당하는 경우에는 총회에서 자격상실여부를 결정한다.

제16조 (임원의 해임 등) ① 임원이 직무유기 및 근무태만 또는 비리 등과 관계법령 및 정관을 위반한 경우에는 해임할 수 있다.

② 임원이 자의로 사임하거나 제1항의 규정에 의하여 해임되는 경우에 는 지체 없이 새로운 임원을

선출하여야 한다. 이 경우 새로 선임된 임원의 자격은 제13조 제5항의 규정을 따른다.

③ 제1항 임원의 해임은 조합원 5분의 1 이상 발의로 소집된 총회에서 조합원 과반수 출석과 출석조합원 과반수 이상의 동의를 얻어 해임할 수 있으며 조합장 해임의 경우에는 발의자 대표의 임시사회로 선출된 자가 그 의장이 된다.

④ 조합장은 제2항의 규정에 의하여 사임하거나 또는 해임되는 임원의 직무수행을 정지하고 조합장이 임원의 직무를 수행할 자를 임시로 선임할 수 있다.

⑤ 대의원 등 조합관련 위원도 제1항 내지 제4항을 준용한다.

제17조 (임직원의 보수 등) ① 조합은 상근임원 및 유급직원 외의 임원에 대하여는 보수를 지급하지 아니한다. 다만, 임원의 직무수행으로 발생되는 경비는 지급할 수 있다.

② 조합은 상근하는 임원 및 유급직원에 대하여 제14조 제7항의 규정에 의거보수를 지급하여야 한다. 이 경우 보수규정은 미리 대의원회의 승인을 받아야 한다.

③ 유급 임직원은 조합의 업무규정이 정하는 바에 따라 이사회의 동의를 받아 조합장이 임면한다. 이 경우 임면결과에 대하여 사후에 대의원회의 및 총회에 보고하여야 한다.

제 4 장 회의 등

제18조 (총회) ① 조합에는 조합원으로 구성하는 총회를 둔다.

② 총회는 정기총회 · 임시총회로 구분하며 조합장이 소집한다.

③ 정기총회는 매년 1회, 회계연도 종료일부터 3월 이내에 개최한다.

④ 임시총회는 조합장 직권으로 개최하거나, 대의원 3분의 2 이상, 또는 조합원 5분의 1 이상의 요구가 있을 경우, 조합장은 요구일로부터 1월 이내에 총회를 개최하여야 한다.

⑤ 제4항의 규정에 의한 요구가 있는 경우로서 조합장이 1월 이내에 정당한 이유 없이 총회를 소집하지 아니하는 때에는 감사가 지체 없이 총회를 소집하여야 하며, 감사가 소집하지 아니하는 때에는 소집을 청구한 자의 대표가 이를 소집한다.

⑥ 제2항 내지 제5항의 규정에 의하여 총회를 개최하거나 일시를 변경하는 경우에는 총회의 목적 · 안건 · 일시 · 장소 · 변경사유 등에 관하여 미리 이사회의 의결을 거쳐야 한다. 다만, 제5항의 규정에 의한 조합장이 아닌 공동명의로 총회를 소집하는 경우에는 그러하지 아니하다.

⑦ 제2항 내지 제5항의 규정에 의하여 총회를 소집하는 경우에는 회의개최 14일 전부터 회의목적 · 안건 · 일시 및 장소 등을 게시판에 게시하여야 하며 각 조합원에게는 회의개최 7일전까지 우편으로 이를 발송, 통지하여야 한다.

⑧ 총회는 제6항에 의하여 통지한 안건에 대해서만 의결할 수 있다.

제19조 (총회의 의결사항) ① 다음 각 호의 사항은 총회의 의결을 거쳐 결정한다.

1. 정관의 변경
2. 개발계획 및 실시계획의 수립 및 변경
3. 자금의 차입과 그 방법 · 이율 및 상환방법
4. 조합의 수지예산 및 결산

5. 부과금의 금액 또는 징수방법
6. 환지계획의 작성
7. 환지예정지의 지정
8. 환지처분
9. 법 제44조의 규정에 의한 체비지 등의 처분방법
10. 각종 보상결정
11. 대의원회 및 이사회의 설치
12. 임원의 선임 및 해임
13. 조합의 합병 또는 해산에 관한 사항. 다만, 법 제46조의 규정에 의한 청산금의 징수교부를 완료한 후에 조합을 해산하는 경우를 제외한다.
14. 대의원의 선임 및 해임
15. 신탁개발 계약체결
16. 그 밖에 정관 및 세칙에서 총회의 의결을 거치도록 한 사항

② 도시개발법시행령 제36조 제3항 규정에 의거 제1항 제1호 · 제2호(개발계획의 수립 및 변경의 경우만 해당된다) · 제12호 및 제13호 사항을 제외한 총회의 권한은 대의원회에서 대행할 수 있다.

제20조 (총회의 의결방법) ① 총회는 법, 정관에서 특별히 정한 경우를 제외하고는 조합원 과반수 출석으로 개의하고 출석조합원의 과반수 찬성으로 의결한다.

② 조합원은 서면 또는 제10조 제3항 각 호에 해당하는 대리인을 통하여 의결권을 행사할 수 있다. 서면으로 행사하는 경우에는 제1항 규정에 의한 출석으로 본다.

③ 조합원은 제2항의 규정에 의하여 출석을 서면으로 하는 때에는 총회 각 안건내용에 대한 의사를 표시한 후 인감 또는 조합에 등록된 사용 인감으로 대리인계를 첨부하여 회의 개최 전일까지 조합에 도착된 경우에 한하여 인정한다.

제21조 (총회운영 등) ① 총회는 정관 및 의사진행의 일반적인 규칙에 따라 운영한다.

② 의장은 총회의 안건의 내용 등을 고려하여 다음 각 호에 해당하는 자등 조합원이 아닌 자를 총회에 참석하여 발언하도록 할 수 있다.

1. 조합직원
2. 설계자, 시공자, 감리자 등
3. 그 밖에 의장이 총회운영을 위하여 필요하다고 인정하는 자

③ 의장은 총회의 질서를 유지하고 의사를 정리하며, 고의로 의사진행을 방해하는 발언 · 행동 등으로 총회질서를 문란하게 하는 자에 대하여 그 발언의 정지 · 제한 또는 퇴장을 명할 수 있다.

④ 본 의사규칙은 대의원회 또는 이사회 등 조합관련 회의에서 준용할 수 있다

제22조 (대의원회의 설치) ① 조합원수가 100인 이상인 경우에는 대의원회를 둔다.

② 대의원의 수는 조합원 10분의 1 이상으로 하되 100인이 넘는 경우에는 100인으로 구성한다.

③ 대의원은 조합원 중에서 총회에서 선출하며 임기는 3년으로 한다. 다만, 조합장이 아닌 조합임원은 대의원이 될 수 없다.

④ 궐위된 대의원의 보선은 조합원 5인 이상의 추천을 받아 대의원회에서 선출하되 추후 총회의 승인

을 받는다.

⑤ 대의원회는 조합장이 필요하다고 인정하는 때에 소집한다. 다만, 다음 각 호의 1에 해당하는 때에는 조합장은 해당일부터 14일 이내에 대의원회를 소집하여야 한다.

1. 조합원 10분의 1 이상이 대의원회의 목적사항을 제시하여 소집을 청구하는 때
2. 대의원의 3분의 1 이상이 대의원회의 목적사항을 제시하여 소집을 청구하는 때

⑥ 제5항 각 호의 1에 의한 소집청구가 있는 경우로서 조합장이 14일 이내에 정당한 이유 없이 대의원회를 소집하지 아니한 때에는 감사가 지체 없이 이를 소집하여야 하며, 감사가 소집하지 아니하는 때에는 제5항 각 호의 규정에 의하여 소집을 청구한 자의 대표가 이를 소집한다.

⑦ 대의원회의 소집은 회의개최 7일 전에 회의목적 · 안건 · 일시 및 장소를 기재한 서면을 대의원에게 통지하는 것을 원칙으로 하되, 긴급을 요할 경우에는 전자통신의 문자나 전화, 팩스 등 기타의 방법으로 연락할 수 있으며, 대의원회의 소집내용을 게시판에 공고하여야 한다. 다만, 사업추진 상 시급히 대의원회 의결을 요하는 사안이 발생하는 경우에는 대의원회에서 안건상정 여부를 묻고 의결할 수 있다.

제23조 (대의원회 의결사항) ①대의원회는 다음 각 호의 사항을 의결한다.

1. 궐위된 임원 및 대의원의 보궐선임
2. 예산 및 결산의 승인에 관한 사항
3. 총회 부의안건의 사전심의 및 총회로부터 위임받은 사항
4. 기타 본 정관 및 세칙에서 정하는 사항과 조합장이 필요하다고 인정하여 상정한 안건

② 대의원회는 제22조 제7항의 규정에 의하여 통지한 사항에 관하여만 의결할 수 있다. 다만, 통지 후 시급히 의결할 사항이 발생한 경우, 의장의 발의와 출석대의원 과반수 이상 동의를 얻어 안건으로 채택한 경우에는 그 사항을 의결할 수 있다.

제24조 (대의원회 의결방법) ① 대의원회는 법 및 이 정관에서 특별히 정한 경우를 제외하고는 대의원 과반수 출석으로 개의하고 출석대의원 과반수의 찬성으로 의결하고 가부동수일 경우에는 의장이 결정하며, 조합장은 대의원회의 의장이 된다.

② 대의원은 대의원 자신과 관련된 사항에 대하여는 의결권을 행사할 수 없다.

제25조 (이사회의 설치) ① 조합에는 조합의 사무를 집행하기 위하여 조합장과 이사로 구성하는 이사회를 둔다. 이때 조합장은 이사회의 의장이 된다.

② 이사회는 조합장이 소집하며 안건, 일시, 장소를 기재한 서면으로 회의 개최 7일 전에 소집통보한다. 다만, 긴급을 요하는 부득이한 경우에는 회의개최 전일까지 전자통신이나 문자, 전화, 팩스 등 기타의 방법으로 할 수 있다.

③ 조합장은 이사 과반수 이상이 회의 목적, 사유를 기재하여 서면으로 이사회 소집을 요구한 때에는 소집요구서를 받은 날로부터 7일 이내에 이사회를 소집하여야 하며, 조합장이 이에 응하지 않을 경우에는 감사가 이사회를 소집하며, 감사가 이를 응하지 않을 경우 소집 요구한 이사가 이사회를 소집할 수 있다.

제26조 (이사회의 사무) 이사회는 다음 각 호의 사무를 집행한다.

1. 조합의 예산 및 통상업무의 집행에 관한 사항

2. 총회 및 대의원회의 상정안건의 심의 · 결정에 관한 사항
3. 업무규정 등 조합 내부규정의 제정 및 개정안 작성에 관한 사항
4. 기타 본 정관 및 세칙에서 정하는 사항과 조합의 운영 및 사업시행에 관하여 조합장이 필요하다고 인정하는 사항

제27조 (이사회의 의결방법) ① 이사회는 대리인 참석이 불가하며, 구성원 과반수 출석으로 개의하고 출석 구성원 과반수 찬성으로 의결한다. 단 가부동수 일 경우에는 의장이 결정한다.

② 구성원 자신과 관련된 사항에 대하여는 그 구성원은 의결권을 행사할 수 없다.

제28조 (감사의 출석권한 및 감사요청) ① 감사는 이사회 및 대의원회에 출석하여 의견을 진술할 수 있다. 다만, 의결권은 가지지 아니한다.

② 이사회는 조합운영상 필요하다고 인정될 때에는 감사에게 조합의 업무에 대하여 감사를 실시하도록 요청할 수 있다.

제29조 (회의록의 작성 및 관리) 총회, 대의원회, 이사회 및 토지평가협의회의 회의록 작성기준 및 관리 등은 다음 각 호와 같다.

1. 회의록에는 회의의 경과, 발언내용 및 결과를 기재하고 의장이 참석인원 중 3인 이상을 의사록 서명날인자로 지명하여 기명날인하여야 한다. 다만, 속기사의 속기록일 경우에는 제1호의 규정을 적용하지 아니한다.
2. 의장은 회의록을 작성하며, 출석인원의 명부를 기록하여 비치하여야 하며, 법 제72조 제3항의 규정에 의한 서류이관시까지 보존하여야 한다.
3. 회의록은 조합사무소에 비치하여 조합원이 항시 열람할 수 있도록 하여야 한다.
4. 임원의 선임 또는 대의원의 선출과 관련된 총회의 회의록에는 임원 또는 대의원 명부와 그 피선자격을 증명하는 서류를 첨부하여야 한다.

제 5 장 재 정

제30조 (비용부담) 법 제54조의 규정에 의한 비용(법 제58조 규정의 구역 밖의 기반시설의 설치비용을 포함한다)은 다른 법률에서 특별한 규정이 있는 경우를 제외하고 당해 구역의 사업시행자가 부담한다.

제31조 (부담금 등) ① 본 사업을 위한 부담금의 부과총액은 도시개발업무지침 "별표 3"에서 정하는 항목으로 한다.

② 부담금은 도시개발사업구역내 정리전토지의 권리면적에 따라 부담한다.

③ 사업비의 과부족이 생기는 경우 정리 후 평정가격으로 부담금을 산정하여 추징 또는 환급하되, 제19조 제1항 제5호 및 제8호 내용에 포함하여 의결하여야 한다.

④ 법 제17규정에 의한 실시계획인가일 현재 국가, 지방자치단체 또는 공공단체의 소유로서 정리 후 그 설립목적에 변동이 없는 토지에 대하여는 부담금을 감면할 수 있다.

제32조 (회계 등) ① 조합의 회계는 매년 1월 1일(설립인가를 받은 당해년도는 인가일)부터 12월 말일까지로 한다.

② 조합의 예산 · 회계는 기업회계의 원칙에 따르되 조합은 필요하다고 인정하는 때에는 다음 사항에

관하여 별도의 회계에 관한 세칙을 정하여 운영할 수 있다. 이 경우 회계에 관한 세칙을 정할 때는 미리 총회의 승인을 받아야 한다.

1. 예산의 편성과 집행기준에 관한 사항
2. 세입·세출예산서 및 결산보고서의 작성에 관한 사항
3. 수입의 관리·징수방법 및 수납기관 등에 관한 사항
4. 지출의 관리 및 지급 등에 관한 사항
5. 계약 및 채무관리에 관한 사항
6. 그 밖에 회계문서와 장부에 관한 사항

③ 조합은 매 회계년도 종료일부터 30일 내에 결산보고서를 작성한 후 감사의 의견서를 첨부하여 대의원회에 제출하여 의결을 거쳐야 하며, 대의원회 의결을 거친 결산보고서를 총회 또는 조합원에게 서면으로 보고하고 조합사무소에 이를 3월 이상 비치하여 조합원들이 열람할 수 있도록 하여야 한다.

제33조 (시공자의 선정 및 계약) ① 시공자의 선정은 일반경쟁입찰 또는 지명경쟁입찰 방법으로 하되 별도세칙에서 정하는 바에 따라 결정한다.

② 시공자의 업무범위 및 관련 사업비의 부담 등 사업시행 전반에 대한 내용을 협의한 후 미리 대의원회 승인을 받아 별도의 계약을 체결하여야 하며, 그 계약내용에 따라 상호간의 권리와 의무가 부여된다. 계약내용을 변경하는 경우도 같다. 다만, 금전적인 부담이 수반되지 아니하는 사항의 변경은 이사회의 승인을 받는다.

③ 조합은 제2항의 규정에 의하여 시공자와 체결한 계약서를 조합해산일까지 조합사무소에 비치하여야 한다.

④ 제2항의 계약내용에는 대지 및 건축물의 사용·처분, 공사비 및 부대비용 등 사업비의 부담, 시공보증, 시공상의 책임, 공사기간, 하자보수 책임 등에 관한 사항을 포함하여야 한다.

제34조 (설계자 및 감리자의 선정 및 계약) ① 설계자는 엔지니어링기술진흥법 제4조 규정 및 건설기술관리법 제28조에 적합하여야 하며, 별도 세칙에서 정하는 바에 따라 결정한다.

② 제33조 제1항 내지 제3항의 규정은 설계자, 감리자의 선정 및 계약에 관하여 이를 준용한다. 이 경우 "시공자"는 각각 "설계자", "감리자"로 본다.

제 6 장 사업의 시행

제35조 (원주민) ① 원주민이라 함은 사업구역 내에서 도시개발구역지정 공람공고일(00. 00. 00)이전부터 실제 거주하고 있는 자를 말한다.

② 원주민에 대한 세부기준은 세칙으로 정한다.

제36조 (주거대책) ① 조합은 원주민의 안정적인 주거를 위하여 개발계획 수립시 원주민에 대한 주거대책 등을 고려하여야 한다.

② 제1항의 주거대책은 개발계획 수립 전에 원주민들에게 환지방식의 특성을 설명하고 재정착 유무와 환지, 보상 등 의견을 들어 반영하여야 한다.

제37조 (토지사용과 보상) ① 시행자는 도시개발법 제64조 제1항의 규정에 의하여 사업시행이나 조사

등을 위하여 관할 구청장의 허가를 받아 타인의 토지를 출입하거나 일시 사용할 수 있다.

② 조합은 제1항의 의한 토지에 출입 또는 사용으로 인하여 손해를 입은 자가 있을 때에는 이를 법 제65조에 따라 손실보상 하여야 한다.

제38조 (장애물 등의 이전 및 제거) 사업구역 내의 장애물의 이전 및 제거를 할 경우에는 법 제38조의 규정에 의한 『토지수용법』을 준용한다.

제 7 장 환지 및 청산

제39조 (토지평가협의회 구성 및 운영) ① 조합은 도시개발사업구역의 토지 등 평가를 위하여 토지평가협의회(이하 "협의회"라 한다)를 두며, 다음 각 호 1에 해당하는 사항을 심의한다.

1. 환지계획 수립을 위한 토지평가 및 환지계획 기준 자문
2. 청산금 등 결정에 필요한 토지 등 평가
3. 불환지 청산금결정을 위한 토지평가
4. 체비지 매각을 위한 토지평가
5. 각종 보상금 결정을 위한 평가
6. 기타 정관 및 세칙에서 정하는 사항과 사업상 필요하다고 인정하는 사항 심의 및 평가

② 협의회는 조합장을 포함하여 7인 이상 20인 이내에서 다음 각 호의 인원으로 구성한다.

1. 조합장을 포함하여 조합장이 임명한 임원
2. 조합원
3. 토지평가 및 환지계획에 관한 전문지식을 가진 자.
4. 도시개발사업에 관한 학식과 경험이 풍부한자

③ 조합장은 협의회의 의장이 되며, 선임된 이사 1인이 간사가 된다.

④ 협의회의 위원은 조합장이 대의원회의 승인을 받아 위촉한다.

⑤ 협의회는 재적위원 3분의 2 이상의 출석으로 성원하며, 출석위원의 과반수이상의 찬성으로 의결한다.

⑥ 협의회의 운영 및 세부 사항은 세칙으로 따로 정한다.

제40조 (토지 등 평가방법) ① 토지 등의 평가는 도시개발법시행령 제59조(공인평가기관)의 규정에 의한 2 이상의 감정평가업자가 평가한 금액을 산술평균한 값으로 한다.

② 제1항의 규정에 의한 평가를 기준으로 협의회의 심의를 거쳐 금액을 결정한다.

제41조 (종전토지의 기준) ① 환지교부의 표준이 되는 종전의 토지 각필지의 지적과 지목은 법 제18조의 규정에 의한 실시계획인가일 현재의 토지대장 및 임야대장 면적과 지목에 의한다. 다만, 조합장은 공부상의 면적이 현실과 상이하다고 인정할 때는 실측, 기타 방법에 의하여 따로 면적을 정할 수 있다.

② 전항 단서의 경우에 있어서는 협의회의 심의를 거쳐야 한다.

제42조 (환지계획의 기준) ① 환지계획은 평가식을 원칙으로 한다.

② 환지는 종전 토지 위치에 지정함을 원칙으로 하되 다음 각 호 1에 해당하는 경우에는 다른 위치에 환지를 지정할 수 있다.

1. 보류지(체비지 및 공공시설용지를 말한다. 이하 같다)로 계획된 위치에 소재한 토지
2. 집단환지로 계획된 위치에 소재한 토지
3. 그 밖에 부득이한 사유로 종전위치에 환지를 지정할 수 없는 토지로서 세칙이 정하는 토지

③ 환지계획을 위한 평균토지부담률은 시행규칙 제29조 규정을 적용하며, 개인별 토지 부담률은 제40조에서 결정된 정리전후 평가금액과 비례율에 위해 산정한다. 다만, 개인별 최대부담률과 최소부담률은 세칙으로 정한다.

④ 환지계획 및 환지처분 등 본 정관에서 정하지 않은 사항은 세칙으로 정한다.

제43조 (환지계획의 특례) ① 시행자는 지구 내 동일 소유자가 2필지 이상의 토지를 소유하고 있는 경우 면적이 큰 필지에 1필지로 합필하여 환지를 지정할 수 있다.

② 다음 각 호 1에 해당하는 경우에는 종전 토지면적 한도 내에서 환지면적을 권리면적 보다 많게 지정할 수 있다.다만, 환지계획상 최소규모의 1필지 면적에 미달되는 경우에는 종전토지면적을 초과하여 환지면적을 지정할 수 있다.

1. 실시계획인가일 현재 공공목적에 사용되고 있는 토지 및 기타 시설물 부지에 대한토지로서 공익상 증환지 함이 필요하다고 인정되는 경우
2. 공공복리에 기여하는 사업에 사용하기로 확정된 토지로서 권리면적만으로는 협소하여 그 사업의 목적을 달성할 수 없다고 인정되는 경우. 다만 이 경우 미리 관계인의 증환지 신청이 있어야 한다.
3. 건축물이 있는 토지로서 환지계획상 권리면적이 건축법 시행령 제80조 규정에 의한 면적에 미달할 경우에는 건축법 시행령 제80조 규정에서 정하는 면적까지 증환지 한다.
   다만 토지소유자가 원하는 경우에는 금전 청산한다.
4. 나대지로서 환지계획상 권리면적이 주거지역 165제곱미터, 상업지역 · 공업지역 150제곱미터, 녹지지역 200제곱미터 미만인 경우 또는 환지계획에서 정한 1필지면적에 미달할 경우. 다만, 본 정관이나 세칙에서 정하는 면적 미만인 경우에는 환지를 지정하지 아니하고 금전으로 청산한다.

제44조 (환지예정지의 지정) ① 시행자는 환지계획을 수립하여 협의회의 심의와 대의원회의 의결을 거쳐 환지예정지를 지정 또는 변경할 수 있다.

② 환지예정지를 지정 또는 변경 한 때는 이를 토지소유자와 당해토지에 대하여 임차권자 등 에게 이를 통지하고 관계서류의 사본을 일반인에게 공람시켜야 한다. 다만 시행령 제60조 규정에 의한 경미한 사항을 변경하는 경우에는 그러하지 아니하다.

③ 조합장은 법 제35조 규정에 의거 환지예정지 지정 공람공고 시 관할구청장에게 환지예정지 조서와 도면을 통보하여야 한다.

제45조 (환지예정지의 사용) ① 환지예정지를 지정 받은 토지소유자는 환지예정지를 사용 수익 할 수 있다. 환지예정지를 사용하고자할 때는 조합에 사용승인을 받아야 한다. 이때 종전 토지는 사용할 수 없다. 다만 시행자가 사용개시 일을 따로 정하여 해당토지소유자 등에게 통지한 토지, 또는 시행자에게 사용승인을 득한 토지에 한하여 사용하여야 한다.

② 도시개발법 제31조 및 정관 제43조 제2항 규정에 의하여 면적을 증가하여 환지를 정한 토지에 대하여는 증 환지를 지정받은 자에게 매입할 수 있음을 통지하고 매입의사가 있을 경우 체비지화하여 매매계약을 체결하고 토지대금을 완납한 후 사용할 수 있다. 다만 증 환지를 지정받은 자가 매입의사

가 없거나 조합에서 정한 날까지 토지대금을 완납하지 않은 경우에는 증 환지 지정을 취소하고 금전청산 할 수 있다.

③ 시행자는 환지예정지를 사용하고자 하는 경우 환지위치를 나타내는 표지를 설치하여야 하며, 설치 이후 그 표지는 환지받은 토지소유자가 관리하여 한다.

제46조 (집단환지의 지정) ① 시행규칙 제27조 제6항에 따라 국민주택 또는 공동주택을 건설하기 위하여 토지소유자의 신청을 받아 집단환지를 지정할 수 있다.

② 시행자는 개발계획 수립 전 60일간의 기간을 정하여 인천지역을 주된 보급지역으로 하는 일간신문에 공고하고 토지소유자에게 그 취지를 서면으로 통지한 후 토지소유자의 신청을 받아 집단환지를 계획할 수 있다.

③ 집단환지를 받은 토지소유자는 공동주택 건설사업이 원활히 추진되도록 매각 등에 관한 의사를 통보받은 날로부터 3개월 내에 시행자에게 결정 통보하여야 한다.

④ 집단환지를 받은 토지소유자는 원활한 사업진행을 위하여 협조하여야 하며, 사업진행을 방해하거나 건설 회사에게 고가매수나 시공권의 요구 등 부당한 주장을 할 경우 세칙에서 정하는 바에 따라 금전청산 또는 비환지 한다.

⑤ 시행규칙 제27조 제3항에 의거 집단환지로 계획된 부지 내 토지소유자가 집단환지를 신청하지 않은 경우에는 공동주택부지외의 다른 위치에 환지를 지정한다.

제47조 (체비지의 지정) ① 조합장은 법 제34조 규정에 의하여 사업시행에 필요한 경비를 충당하기 위하여 구청장의 승인을 받은 환지계획이 정하는 바에 따라 일정한 토지를 환지로 정하지 아니하고 이를 체비지로 정하여야 한다.

② 체비지는 당해 사업구역 내 토지의 환지계획에 따라 산정된 보류지 면적 중 일부를 체비지로 정하여 본 사업에 필요한 경비에 충당한다.

③ 조합장은 환지계획시 체비지의 위치를 정하여야 하며, 그 위치가 균형이 이루어지도록 적당한 위치에 지정하여야 한다.

제48조 (체비지 등 관리 및 처분) 조합장은 체비지 등을 관리하여야 하며, 체비지 등 관리 및 처분 매각의 기준 등에 대하여는 세칙으로 정한다.

제49조 (청산금 등) ① 환지처분에 의하여 징수 또는 교부할 청산금은 권리면적과 환지면적과의 차이면적에 제40조 규정에 의해 결정된 단가를 곱하여 산출한 금액으로 한다.

② 제1항의 권리면적이라 함은 정관 제41조의 규정에 의하여 결정된 토지면적에서 제42조 제3항의 규정에 부담률 의해 산정된 부담면적을 공제한 면적을 말한다.

③ 환지처분에 따른 청산금 부과 · 징수에 관한 사항은 세칙으로 정한다.

제50조 (조합의 해산) ① 조합은 법제46조 규정에 의한 청산금의 징수 및 교부를 완료한 후에는 제12조 규정에 의하여 해산하여야 한다.

② 조합이 해산의결을 한 때에는 해산의결 당시의 조합장이 조합장 또는 임원중 청산인을 선임한다.

제51조 (청산인의 임무) 청산인은 다음 각 호의 업무를 성실히 수행하여야 한다.

1. 현존하는 조합의 사무종결

2. 채권의 추심 및 채무의 변제
3. 잔여재산의 처분
4. 그 밖에 청산에 필요한 사항

제52조 (관계서류의 이관) 조합은 사업을 완료하거나 폐지한 때에는 법 제72조 제3항의 규정에 의거 관할 구청장에게 인계하여야 한다.

제53조 (건축물의 관리 처분에 관한 사항) 건축물을 설치하는 경우 이에 대한 관리 및 처분에 관한 사항은 세칙에서 따로 정하는 바에 따른다.

제54조 (등기 등) ① 시행자는 환지처분이후 청산금을 징수한 경우에는 부동산등기법이 정하는 바에 따라 관할 등기소에 등기신청 또는 촉탁하여야 한다.

② 조합은 제1항의 규정에 의하여 등기하고자 하는 때에는 당해 조합원에게 통지하고 이를 관할구청장에게 보고하여야 한다.

제 8 장 보 칙

제55조 (징수금 통지) 비용부담금 및 징수금을 부과 할 때에는 조합장은 납입금액, 납부기일 및 납부장소 등을 지정하여 납기일 15일 전에 조합원에게 통지하여야 한다.

제56조 (징수금의 체납) 조합원이 비용부담 및 징수금 납부를 체납하였을 때는 국세 및 지방세법에 정하는 바에 따라 연체이자 및 독촉 수수료를 징수할 수 있다.

제57조 (관련자료의 공개와 보존) ① 조합은 사업시행에 관하여 다음 각 호의 서류 및 관련자료를 인터넷 등을 통하여 공개하여야 하며, 조합원의 공람요청이 있는 경우에는 이를 공람시켜 주어야 한다. 다만, 개인비밀의 보호, 자료의 특성상 인터넷 등에 공개하기 어려운 사항은 개략적인 내용만 공개할 수 있다.

1. 정관
2. 사업시행계획서(개발계획 및 실시계획인가서)
3. 환지계획 수립기준
4. 환지처분계획서
5. 당해 사업의 시행에 관한 행정기관의 문서
6. 회계감사결과

② 조합은 총회 또는 중요한 회의가 있은 때에는 속기록, 녹음 또는 영상자료를 만들어 이를 청산시까지 보관하여야 한다.

③ 조합원이 제1항 각 호의 사항을 열람하고자 하는 때에는 서면으로 열람을 요청하여야 하며, 조합은 특별한 사유가 없는 한 이에 응하여야 한다.

제58조 (약정의 효력) 조합이 사업시행에 관하여 시공자 및 설계자, 감리자와 체결한 약정은 관계법령 및 이 정관이 정하는 범위 안에서 조합원에게 효력을 갖는다.

제59조 (정관의 해석) 이 정관의 해석에 대하여 이견이 있을 경우 일차적으로 이사회에서 해석하고,

그래도 이견이 있을 경우는 대의원회에서 해석한다.

제60조 (소송 관할 법원) 조합과 조합원 간에 법률상 다툼이 있는 경우 소송관할 법원은 조합소재지 관할 법원으로 한다.

제61조 (민법의 준용 등) ① 조합에 관하여는 법에 규정된 것을 제외하고는 민법 중 사단법인에 관한 규정을 준용한다.

② 법, 민법, 이 정관에서 정하는 사항 외에 조합의 운영과 사업시행 등에 관하여 필요한 사항은 관계법령 및 관련행정기관의 지침 · 지시 또는 유권해석 등에 따른다. 다만, 이 정관이 법령의 개정으로 변경하여야 할 경우 정관의 개정절차에 관계없이 변경되는 것으로 본다. 그러나 관계법령의 내용이 임의규정인 경우에는 그러하지 아니하다.

제62조 (기타) ① 본 정관과 세칙에 정하지 아니한 사항은 도시개발법 및 동시행령, 동시행규칙과 별도로 정하는 규정에 따르며 본 정관이 도시개발법 · 동시행령 · 동시행규칙에 위배될 경우에는 관계법령에 따른다.

② 조합의 임원 및 직원, 법 제20조의 규정에 의한 감리원은 형법 제129조, 제130조 제131조, 제132조의 적용에 있어 이를 공무원으로 본다.

부 칙

제1조 (시행일) 이 정관은 인천지방법원에 ○○○도시개발사업조합으로 등기를 받은 날부터 시행한다. 변경의 경우에도 또한 같다.

제2조 (경과조치) 이 정관 시행 전("가칭 ○○○도시개발사업조합") 추진 위원회에서 시행한 행위는 본 정관의 규정에 의해 시행된 것으로 보며, 정관 시행일 이후 최초로 개최되는 총회에서 추인 받아야 한다.

제3조 (적용특례) 조합원이 100인 미만인 경우에는 시행령 제36조 규정에 의한 대의원회를 구성하지 않으며, 본 정관에서 규정하고 있는 대의원회의 의결 및 인준 사항은 총회에서 의결 및 인준한다.

환지등기절차 등에 관한 업무처리지침

개정 2011.10.12 [**등기예규 제**1430**호, 시행** 2011.10.13]

제정 2005. 7.22 **등기예규 제**1107**호**

개정 2007.12.11 **등기예규 제**1226**호**

개정 2009.12.31 **등기예규 제**1304**호**

개정 2011.10.12 **등기예규 제**1430**호**

1. 목　적

이 예규는 농어촌정비법에 의한 환지와 도시개발법에 의한 환지 및 기타 관련 사항에 관하여 규정함을 목적으로 한다.

2. 사업시행을 위한 대위등기의 촉탁

가. 대위등기를 할 수 있는 사항

「농어촌정비법」 제25조 제1항의 사업시행자나 「도시개발법」 제28조 제1항의 도시개발사업의 시행자(이하 모두 "시행자"라 한다)는 사업시행인가 후에 사업시행을 위하여 「농어촌정비법」 제37조의 환지계획인가의 고시 또는 「도시개발법」 제42조의 환지처분의 공고(이하 모두 "환지계획인가의 고시 등"이라 한다) 전이라도 종전 토지에 관한 아래의 등기를 각 해당등기의 신청권자를 대위하여 촉탁할 수 있다.

(1) 토지 표시의 변경 및 경정 등기

(2) 등기명의인 표시의 변경 및 경정 등기

(3) 상속을 원인으로 한 소유권이전등기

나. 일괄촉탁

위 가.의 대위등기를 촉탁하는 경우에는 등기원인 또는 등기의 목적이 동일하지 아니한 경우라도 하나의 촉탁서로 일괄하여 촉탁할 수 있다.

다. 제출서면

시행자가 위 가.의 대위등기를 촉탁할 때에는 등기촉탁서, 등기원인을 증명하는 서면, 사업시행인가가 있었음을 증명하는 서면을 제출하여야 한다.

3. 환지계획인가의 고시 등을 통지받은 경우의 처리

가. 기타 문서 접수장에 기재

등기관이 환지계획인가의 고시 등의 통지를 받은 때에는 기타 문서 접수장에 기재하고 통지서의 여백에 도달 연・월・일・시 및 문서 접수번호를 기재하여야 한다.

나. 환지계획인가의 고시 등의 기록

(1) 등기관은 위 가.의 절차를 마친 후 지체 없이 해당 사업지역 내의 토지의 등기기록에 아래 예시와 같은 내용을 표제부 상단에 기록하고 등기사항증명서 발급시 그 내용이 표시되도록 한다.

― 아　　래 ―

부전지 : 2005년 7월 1일 환지계획인가고시

주 : 도시개발법에 의한 환지처분의 공고를 통지받은 때에는 '환지계획인가고시' 대신 '환지처분공고'라고 기록한다.

(2) 제(1)항의 기록은 환지등기 완료 후 즉시 삭제하여야 한다.

다. 다른 등기의 정지

(1) 다른 등기가 정지되는 시점환지계획인가의 고시 등이 있은 후에는 종전 토지에 관한 등기를 할 수 없다.

(2) 정지되는 다른 등기소유권이전등기, 근저당권설정등기, 가압류등기, 경매개시결정등기(정지되는 시점 이전에 설정된 근저당권에 기한 경우도 마찬가지임) 등 권리에 관한 등기뿐만 아니라 표시에 관한 등기도 할 수 없다.

(3) 다른 등기가 마쳐진 경우환지계획인가의 고시 등이 있었음에도 불구하고, 종전 토지에 관한 등기가 마쳐진 경우, 등기관은 그 등기를 「부동산등기법」 제58조를 적용하여 직권으로 말소한다.

4. 환지처분의 공고 등에 따른 등기의 촉탁

시행자는 아래의 절차에 따라 「농어촌정비법」 제42조 제1항 또는 「도시개발법」 제43조 제1항에 따른 환지등기를 촉탁하여야 한다.

가. 촉탁서에 기재하여야 할 사항

(1) 일반적인 기재사항

(가) 종전 토지 및 환지의 표시(입체환지의 경우에는 건물의 표시도 하여야 함)와 환지를 교부받은 자의 성명, 주민등록번호 및 주소(법인의 경우에는 그 명칭, 부동산등기용등록번호 및 주사무소의 소재지)

(나) 농업기반등정비사업 또는 도시개발사업으로 인하여 등기를 촉탁한다는 취지

(다) 촉탁의 연월일

(2) 특별기재사항

아래의 사항에 해당하는 경우에는 촉탁서에 그 취지를 기재하여야 한다.

(가) 종전 토지 수개에 대하여 1개 또는 수개의 환지를 교부한 경우 그 수개의 종전 토지 중 미등기인 것이 있는 때

(나) 「농어촌정비법」 제34조 제1항에 의한 창설환지를 교부한 때 또는 「도시개발법」 제34조 제1

항에 의한 체비지 또는 보류지를 정한 때

(다) 종전 토지에 환지를 교부하지 아니한 때

나. 환지등기 촉탁서의 첨부서면 등

(1) 첨부서면

(가) 환지계획서 및 환지계획서 인가서 등본

(나) 환지계획인가의 고시 등이 있었음을 증명하는 서면

(다) 농업기반등정비확정도

주 : 도시개발법에 의한 환지등기 촉탁의 경우에는 '농업기반등정비확정도' 대신 '도시개발정비도'를 첨부하여야 함.

(2) 환지등기 촉탁서의 첨부서면이 아닌 토지대장만을 첨부하여 환지등기촉탁을 한 경우

환지등기 촉탁서에 위 (1)의 서면이 아닌 토지대장만을 첨부하여 환지등기 촉탁을 한 경우, 등기관은 그 토지대장에 '환지' 또는 '구획정리 완료'등의 사실이 기재되어 있다 하더라도 그 등기촉탁을 수리하여서는 안 된다.

(3) 첨부서면의 생략

시행자가 환지계획인가의 고시 등의 사실을 등기소에 통지하면서 위 (1)의 서면을 첨부한 때에는 등기촉탁서에 그 서면을 첨부할 필요가 없다.

다. 환지등기의 동시촉탁

(1) 동시촉탁의 원칙

환지에 대하여 권리의 설정 또는 이전 등의 등기를 하여야 하는 때 기타 특별한 사유가 있는 때를 제외하고는 환지등기 촉탁은 사업지역 내의 토지 전부에 관하여 동시에 하여야 한다. 단, 사업지역을 수 개의 구로 나눈 경우에는 각 구마다 등기촉탁을 할 수 있다.

(2) 촉탁이 누락된 경우

환지 토지에 관한 등기촉탁이 누락된 경우, 사업시행자는 누락된 환지에 대하여 다시 환지등기를 촉탁할 수 있다.

5. 환지등기를 할 수 없는 경우

가. 소유자가 동일 또는 중복되는 여러 필지의 종전 토지에 대하여 여러 필지의 환지를 교부한 경우 아래의 예시와 같이 환지를 교부한 경우를 말한다.

예시1) : 갑 단독 소유인 3필지의 토지에 관하여 2필지의 환지를 교부한 경우임.

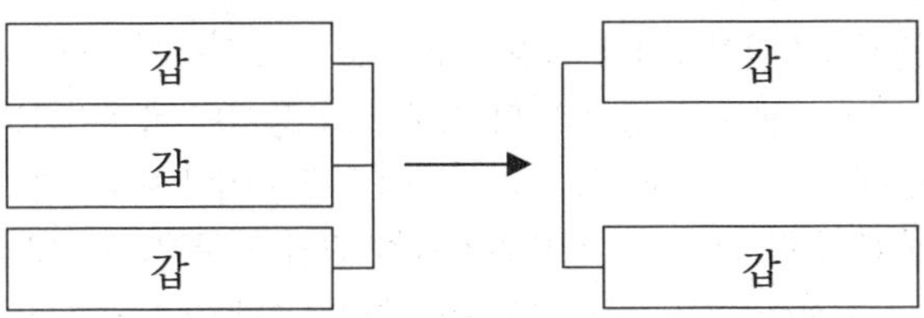

예시2) : 갑이 종전 토지 2필지 이상에 소유자로 등기되어 있는 경우임.

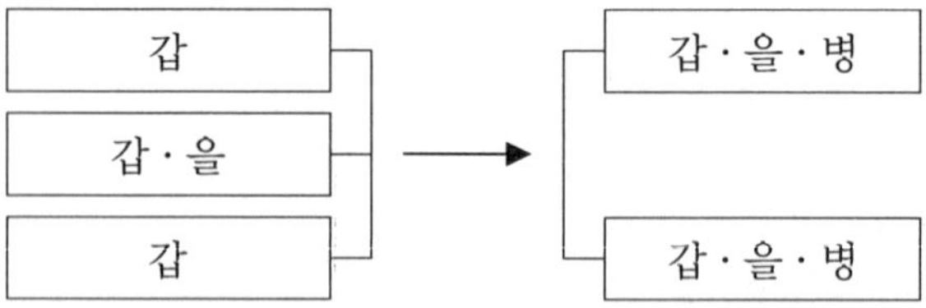

나. 공유토지에 관하여 각 단독소유로 환지를 교부한 경우

예시) : 갑과 을이 공유하고 있는 1필지의 토지에 관하여 갑과 을을 각 단독소유로 하는 2필지의 환지를 교부한 경우임.

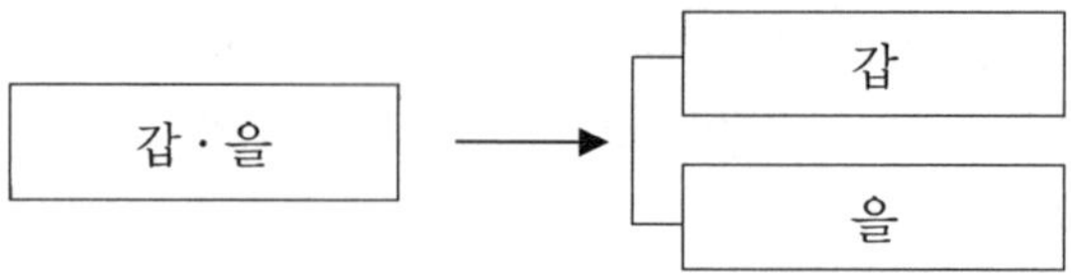

다. 종전 토지 중 일부를 다른 토지에 합쳐서 환지를 교부한 경우

예시) : 종전 토지 4개에 관하여 3개의 환지를 교부하면서 종전 토지를 분필하여 다른 토지에 합필하는 형태로 환지를 교부한 경우임.

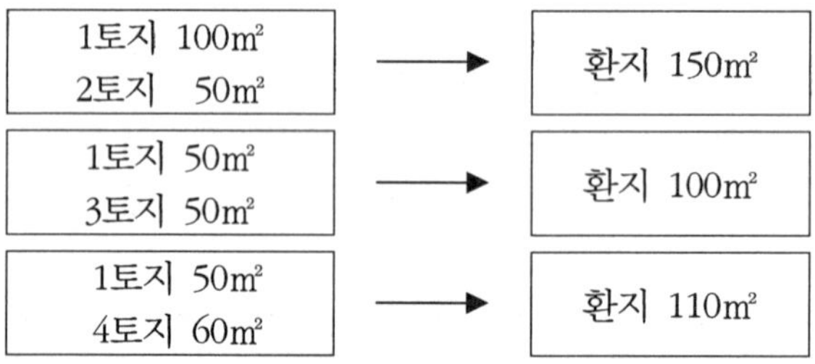

6. 합필환지와 합동환지의 경우의 처리

가. 합필환지

(1) 합필환지의 정의

이 예규에서 말하는 합필환지라 함은 소유자가 동일한 여러 필지의 토지에 관하여 1필지의 환지를 교부한 경우를 말한다.

(2) 종전 토지 중 일부의 토지에 소유권이외의 권리가 등기되어 있는 경우

(가) 종전 토지의 등기가 근저당권설정등기나 가압류등기 등과 같이 지분 위에 존속할 수 있는 등기인 경우, 시행자는 촉탁서에 환지 중 얼마의 지분이 그 등기의 목적이라는 것을 구체적으로 기재하여야 하고, 등기관은 이를 환지의 등기기록에 기록하여야 한다. 예컨대, 근저당권설정등기가 되어 있는 종전 토지 1토지와 소유권이외의 권리가 등기되어 있지 않은 2토지에 대하여 1필지를 환지로 지정한 경우, 시행자는 환지등기 촉탁서에 위 1토지의 근저당권이 환지의 몇 분의 몇 지분 위에 존속한다는 취지를 기재하여야 하고, 등기관은 환지등기를 실행

하면서 당해 근저당권설정등기를 위 몇 분의 몇 지분에 대한 근저당권설정등기로 변경하여야 한다.

(나) 종전 토지의 등기가 지상권설정등기나 전세권설정등기 등과 같이 토지의 특정 부분에 존속할 수 있는 경우, 시행자는 환지의 어느 부분에 그 권리가 존속한다는 것을 촉탁서에 기재하여야 하고, 등기관은 이를 환지의 등기기록에 기록하여야 한다.

나. 합동환지

(1) 합동환지의 정의
이 예규에서 말하는 합동환지라 함은 소유자가 각각 다른 여러 필지의 종전 토지에 관하여 1필지 또는 여러 필지의 환지를 교부한 경우를 말한다.

(2) 공유지분의 기재
합동환지의 경우 등기촉탁서에 종전 토지소유자들의 환지에 관한 공유관계의 지분 비율을 기재하여야 하고, 등기관은 환지등기를 완료한 후 그 지분비율을 공유자 지분으로 하는 변경등기를 하여야 한다.

(3) 종전 토지에 소유권 이외의 권리가 등기되어 있는 경우
종전 토지의 소유권 이외의 권리에 관한 등기는 위 (2)의 등기에 따른 환지의 공유자 지분에 존속하는 것으로 변경등기를 하여야 한다. 단, 그 등기가 표창하고 있는 권리가 지상권이나 전세권 등과 같이 토지의 지분에 존속할 수 없는 등기인 경우, 시행자는 촉탁서에 환지의 어느 부분에 그 권리가 존속한다는 것을 기재하여야 하고, 등기관은 이를 환지의 등기기록에 기록하여야 한다.

7. 창설환지에 관한 등기절차 등

가. 창설환지, 체비지, 보류지에 관한 소유권보존등기절차
「농어촌정비법」 제34조에 의한 창설환지의 소유권보존등기 또는 「도시개발법」 제34조 제1항의 체비지나 보류지에 관한 소유권보존등기도 환지등기 절차에 의하여야 하고, 이 경우 등기관은 등기기록의 표제부에 농어촌정비법에 의한 환지 또는 도시개발법에 의한 체비지나 보류지임을 표시하여야 한다. 다만, 보류지 중 그에 대응하는 종전 토지가 있고 나중에 환지계획의 변경 등을 통하여 환지를 교부받을 자가 정해지는 경우(당해 토지에 분쟁이 발생하여 시행자가 환지를 교부받을 자를 정하지 못하고 우선 보류지로 정하고 있는 경우 등)에는 통상의 환지등기절차에 의하여 처리하여야 한다.

나. 미등기 토지에 관하여 환지를 교부한 경우
미등기 상태의 종전 토지에 관하여 환지를 교부한 경우, 시행자는 환지등기절차에 의하여 그 환지에 관한 소유권보존등기를 촉탁할 수 있다.

8. 국공유지인 토지의 폐지 또는 보존등기의 경우

가. 국공유지 폐지의 경우
「농어촌정비법」 제112조 제1항에 의하여 국공유지인 토지의 전부 또는 일부를 시행자에게 양도

하고 그 용도를 폐지한 경우 해당관서는 지체 없이 그 토지에 대한 소유권등기의 말소를 촉탁하여야 하고, 이 경우 등기관은 종전 토지에 관하여 환지를 교부하지 아니한 경우의 등기절차(멸실로 간주하여 등기기록을 폐쇄함)에 준하여 처리한다.

나. 국공유지 보존등기의 경우
「농어촌정비법」 제112조 제2항에 의하여 국가 또는 지방자치단체에 무상으로 증여된 토지가 있는 경우 해당관서는 지체 없이 그 토지에 관한 소유권보존등기를 촉탁하여야 하고, 이 경우 등기관은 창설환지의 등기절차에 준하여 그 토지에 대한 소유권보존등기를 하여야 한다.

9. 등기완료 또는 등기필정보의 통지와 환지에 관한 등기신청시 제공하여야 할 등기필정보

가. 등기완료 또는 등기필정보의 통지
환지등기를 마친 등기관은 시행자에게 등기완료의 통지를 하여야 하고, 환지절차에 의해 소유권보존등기를 하는 경우에는 시행자에게 등기필정보통지서도 함께 내어주고 시행자는 그 등기필정보통지서를 환지 소유자에게 교부하여야 한다.

나. 환지에 관한 등기신청시 제공하여야 할 등기필정보
환지를 교부받은 자가 등기의무자로서 등기신청을 할 때에는 종전 토지에 관하여 소유자로서 통지받은 등기필정보를 신청정보로 제공하여야 한다. 다만, 창설환지나 체비지 등 환지등기절차에 의하여 소유권보존등기가 이루어진 경우에는 그 등기에 관한 등기필정보를 제공하여야 한다.

10. 종전 토지에 관하여 원인증서를 작성한 경우

종전 토지에 관하여 매매 등 계약을 체결하고 아직 그 계약에 따른 등기 전에 환지등기가 마쳐진 경우에는, 신청인이 환지에 관한 등기신청을 하면서 종전 토지에 관한 계약서를 등기원인증서로 신청서에 첨부하였다 하더라도 등기관은 그 등기신청을 수리하여야 한다.

11. 농업기반등정비확정도 등의 일련번호

삭제(2009.12.31. 제1304호)

12. 촉탁서 등의 양식

농업생산기반정비등기규칙상의 양식은 별지 부록에 의하되, 도시개발법상 환지등기의 양식에 준용한다.

(1) 제2조의 대위등기 촉탁서－부록 제1호 양식
(2) 제5조 제3항의 변경등기 촉탁서－부록 제2호 양식
(3) 제5조 제1항 및 제2항의 농업기반정비등기 촉탁서－부록 제3호 양식환지에 기등기의 지역권이 존속하는 경우의 첨부 명세서－부록 제4호 양식
(4) 제18조의 입체환지등기 촉탁서－부록 제5-1호 내지 제5-2호 양식
(5) 제22조에 의한 국공유지 말소등기 촉탁서－부록 제6호 양식
(6) 제23조에 의한 국공유지 보존등기 촉탁서－부록 제7호 양식
(7) 제16조 제3항의 촉탁서－부록 제8호 양식

(8) 제24조 제1항, 제32조, 제35조 제1항의 각 통지서－부록 제9호 내지 11호의 양식

13. 다른 환지등기절차에 준용

이 예규에서 정하고 있는 환지등기절차는 그 성질에 반하지 아니하는 한 「한국토지주택공사법」 제20조의 2에 의한 환지나 「산업입지 및 개발에 관한 법률」 제24조에 의한 환지 등 다른 환지등기절차에 준용한다.

부 칙 (2007.12.11. 제1226호)

이 예규는 2008. 1. 1.부터 시행한다.

부 칙 (2009.12.31. 제1304호)

1. (시행일) 이 예규는 2010년 1월 18일부터 시행한다.
2. (농업기반등정비확정도 등의 일련번호 또는 부호표시가 기록되어 있는 등기기록에 대한 조치) 가. 이 예규 시행 당시 등기기록 중 표제부나 을구에 기록되어 있는 농업기반등정비확정도(환지확정도, 도시개발정비도, 토지구획정리확정도, 택지개발지구확정도 등 유사명칭을 포함한다. 이하 같다)의 일련번호의 말소는 별지 제1호의, 을구에 기록되어 있는 부호표시의 경정은 별지 제2호의 등기기록례에 따른다. 나. 제1항에 따라 을구에 기록되어 있는 부호표시를 경정할 때에는 농업기반등정비확정도의 부호표시 부분을 전자적 이미지 정보로 변환한 후 도면번호를 부여하고 그 번호를 기록한다.

부 칙 (2011.10.12. 제1430호)

이 예규는 2011년 10월 13일부터 시행한다.

(별지 제1호) 농업기반등정비확정도의 일련번호의 말소방법(기록례)

【표제부】 (토지의 표시)					
표시번호	접 수	소재지번	지목	면적	등기원인 및 기타사항
1	1988년 2월 3일	경기도 고양군 신도읍 삼송리 1	답	300㎡	경기도 고양군 신도읍 삼송리 1
~~2~~	~~2002년 8월 9일~~	~~경기도 고양군 신도읍 삼송리 3~~	~~답~~	~~700㎡~~	~~종전토지~~ ~~경기도 고양군 신도읍 삼송리 1~~ ~~답 300㎡(본호)~~ ~~경기도 고양군 신도읍 삼송리 2~~ ~~답 600㎡~~ ~~농업기반등정비사업에 의한 환지~~ ~~농업기반정비확정도 제21호~~
~~3~~		경기도 고양군 신도읍 삼송리 3	답	~~700㎡~~	농업생산기반정비등기규칙 부칙 제3조에 의하여 2009년 12월 21일 등기

(※ 일반적인 부동산표시 말소방법에 의하여 처리)

(별지 제2호) 농업기반등정비확정도의 부호표시를 도면표시로 경정(기록례)

【을 구】(소유권 이외의 권리에 관한 사항)				
순위번호	등기목적	접 수	등기원인	권리자 및 기타사항
1	지역권설정	1994년 3월 5일 제3000호	1994년 3월 1일 설정계약	목 적 통행 ~~범 위 동측 60㎡~~ 요역지 경기도 고양군 신도읍 삼송리 22 도면편철장 제6책 제8면
1-1	1번지역권변경			범 위 환지내 동측 50㎡(부호 라) 농업기반등정비사업으로 인하여 2002년 8월 9일 부기
1-2	1번지역권경정			범 위 환지내 동측 50㎡ 도면 제000호 농업생산기반정비등기규칙 부칙 제3조에 의하여 2009년 12월 21일 등기

부록 제1호 양식 (규격 A4 용지)

<table>
<tr><th colspan="6">농업생산기반정비대위등기촉탁서</th></tr>
<tr><td rowspan="2">접
수</td><td>년 월 일</td><td rowspan="2">처
리
인</td><td>접 수</td><td>기 입</td><td>교 합</td><td>각종통지</td></tr>
<tr><td>제 호</td><td></td><td></td><td></td><td></td></tr>
</table>

<table>
<tr><th>부 동 산 표 시</th><th>등기원인및그일자</th><th>등기의목적</th><th>상속 또는 변경사항</th><th>소유자의 주소 · 성명</th></tr>
<tr><td>○○도 ○○군
○○면 ○○리
○○
답 150㎡</td><td>년 월 일
분 할</td><td>토지분필</td><td>분할지
○○리 ○○-○
답 80㎡
현재지
○○리 ○○
답 70㎡</td><td>김 갑 을
590101-2685115
전라남도 담양군
고서면 금현리 196</td></tr>
<tr><td>○○도 ○○군
○○면 ○○리
○○
답 200㎡</td><td>년 월 일
전 거</td><td>등기명의인
표시변경</td><td>주소 : 전라남도 담양군
고서면 금현리 109를
같은 리 196으로 변경함</td><td>위와 같음</td></tr>
<tr><td>○○도 ○○군
○○면 ○○리
○○
답 500㎡</td><td>년 월 일
상 속</td><td>소유권이전</td><td>망 김 기 동
590614-1723811
전라남도 담양군 고서면
금현리 110
상속인 김 갑 을</td><td>위와 같음</td></tr>
<tr><td>○○도 ○○군
○○면 ○○리
○○
답 300㎡</td><td>년 월 일
지 목 변 경</td><td>토지표시의
변 경</td><td>새로운 지목 전</td><td>위와 같음</td></tr>
<tr><td>○○도 ○○군
○○면 ○○리
○○
답 700㎡</td><td>년 월 일
개 명</td><td>등기명의인
표시경정</td><td>김갑수를 김갑을로
경정함</td><td>위와 같음</td></tr>
<tr><td>대위원인</td><td colspan="4">「농업생산기반정비등기규칙」 제2조</td></tr>
</table>

<table>
<tr><td rowspan="2">위 등기를 촉탁함.

년 월 일

농업생산기반정비사업시행자 한국농어촌공사

○○도 ○○시 ○○동 ○○
사 장 ○ ○ ○(인)

○○지방법원(○○지원) ○○등기소 귀중</td><th>첨부서류</th></tr>
<tr><td>사업시행계획승인서 통
토지대장등본 통
주민등록표등본 통
가족관계등록사항별
증명서 통</td></tr>
</table>

주 : 농업생산기반정비등기 촉탁의 전제로서 농업생산기반정비사업 시행자가 등기명의인이나 상속인을 대위하여 촉탁하는 경우이다.

부록 제2호 양식 (규격 A4 용지)

농업생산기반정비 변경등기촉탁서

<table>
<tr><td rowspan="2">접
수</td><td>년 월 일</td><td rowspan="2">처
리
인</td><td>접 수</td><td>기 입</td><td>교 합</td></tr>
<tr><td>제 호</td><td></td><td></td><td></td></tr>
</table>

<table>
<tr><td colspan="2">부동산의 표시</td><td rowspan="2">등기원인 및 그 일자</td><td rowspan="2">소유자의
성명 · 주민등록번호 및 주소</td></tr>
<tr><td>변 경 전</td><td>변 경 후</td></tr>
<tr><td>○○도 ○○군
○○면 ○○리
○○
답 ○○○㎡</td><td>분할지
○○리 ○○-○
답 ㎡

현재지
○○리 ○○
답 ㎡</td><td>년 월 일

농업생산기반정비
사업으로 인한 분할</td><td>김 영 환

500101-1101023

○○도 ○○군
○○면 ○○리 ○○</td></tr>
<tr><td>○○도 ○○군
○○면 ○○리
○○
전 ○○○㎡</td><td>○○도 ○○군
○○면 ○○리
○○
답 ○○○ ㎡</td><td>년 월 일

농업생산기반정비
사업으로 인한 지목
변경</td><td>위와 같음</td></tr>
<tr><td>등기의 목적</td><td colspan="3">토지표시변경</td></tr>
</table>

<table>
<tr><td rowspan="2">위 등기를 촉탁함.

년 월 일

농업생산기반정비사업시행자 한국농어촌공사

도 시 동
사 장 ○ ○ ○(인)

○○지방법원(○○지원) ○○등기소 귀중</td><td>첨부서류</td></tr>
<tr><td>사업시행계획승인서 통
토지대장등본 통</td></tr>
</table>

※ 시장 · 군수의 토지표시 변경통지가 있을 경우에는 토지대장등본의 첨부는 생략할 수 있다.

부록 제3호 양식 (규격 A4)

<table>
<tr><th colspan="7">농업생산기반정비환지등기촉탁서</th></tr>
<tr><td rowspan="2">접
수</td><td>년 월 일</td><td rowspan="2">처
리
인</td><td>접 수</td><td>기 입</td><td>교 합</td><td>각종통지</td></tr>
<tr><td>제 호</td><td></td><td></td><td></td><td></td></tr>
</table>

<table>
<tr><th rowspan="2">종 전 토 지</th><th rowspan="2">환 지</th><th colspan="3">소유권 이외의 권리 또는 처분의 제한, 가등기</th><th rowspan="2">환지를 교부받은 자 또는 금전청산을 받은 자의 성명 · 주민등록번호 및 주소</th><th rowspan="2">비 고</th></tr>
<tr><th>종 별</th><th>환지부분</th><th>부호</th></tr>
<tr><td>○○도 ○○군
○○면 ○○리
○○
답 ○○○㎡</td><td>○○도 ○○군
○○면 ○○리
○○
답 ○○○㎡</td><td></td><td></td><td></td><td>김 선 달
590101-1234001
○○도 ○○시
○○동 ○○</td><td></td></tr>
<tr><td>○○도 ○○군
○○면 ○○리
○○
답 ○○○㎡</td><td>○○도 ○○군
○○면 ○○리
○○
답 ○○○㎡</td><td>저당권</td><td></td><td></td><td>이 삼 덕
601010-1235111
○○도 ○○시
○○동 ○○</td><td></td></tr>
<tr><td>○○도 ○○군
○○면 ○○리
○○
답 ○○○㎡</td><td rowspan="2">○○도 ○○군
○○면 ○○리
○○
답 ○○○㎡</td><td></td><td></td><td></td><td rowspan="2">최 종 근
500111-1230011
○○도 ○○군
○○면 ○○리
○○</td><td>종전토지
○○번지
미등기</td></tr>
<tr><td>○○도 ○○군
○○면 ○○리
○○
답 ○○○㎡</td><td>근저당권</td><td>200/1,000</td><td></td><td></td></tr>
<tr><td rowspan="4">○○도 ○○군
○○면 ○○리
○○
답 ○○○㎡</td><td rowspan="2">○○도 ○○군
○○면 ○○리
○○
답 ○○○㎡</td><td>가압류</td><td></td><td></td><td rowspan="4">김 달 수
511120-1001001
○○도 ○○군
○○면 ○○리
○○</td><td rowspan="2"></td></tr>
<tr><td>지상권</td><td>남측
○○㎡</td><td>나</td></tr>
<tr><td rowspan="2">○○도 ○○군
○○면 ○○리
○○
답 ○○○㎡</td><td>가압류</td><td></td><td></td><td rowspan="2"></td></tr>
<tr><td>지상권</td><td>북측
○○㎡</td><td>다</td></tr>
<tr><td>○○도 ○○군
○○면 ○○리
○○
답 ○○○㎡</td><td>환지의
지정이 없음</td><td></td><td></td><td></td><td>이 덕 산
491121-1010011
○○도 ○○시
○○동 ○○</td><td>금전청산</td></tr>
<tr><td>종전 토지
없음</td><td>○○도 ○○군
○○면 ○○리
○○
답 ○○○㎡</td><td></td><td></td><td></td><td>이 을 동
490506-1022011
○○도 ○○시
○○동 ○○</td><td>창설환지</td></tr>
</table>

<table>
<tr><td rowspan="2">위 농업생산기반정비등기를 촉탁함.
년 월 일
농업생산기반정비사업시행자 한국농어촌공사
○○도 ○○시 ○○동 ○○
사 장 ○ ○ ○(인)
○○ 지방법원(○○ 지원) ○○등기소 귀중</td><td>첨부서류</td></tr>
<tr><td>환지계획서등본 통
환지계획인가서등본 통
환지계획인가고시증명서면 통
농업기반등정비확정도 통</td></tr>
</table>

부록 제4호 양식 (규격 A4 용지)

<table>
<tr><th colspan="6">지 역 권 명 세 서</th></tr>
<tr><th>지역권이
존속하는 환지</th><th>요역지 · 승역지의
구별</th><th>지역권의
부 분</th><th>부호</th><th>농업기반등정비
사업 시행전의 환지</th><th>농업기반등정비사업
시행전의 소유자
주소 · 성명</th></tr>
<tr><td></td><td></td><td></td><td></td><td></td><td></td></tr>
</table>

부록 제5-1호 양식 (규격 A4 용지)

<table>
<tr><th colspan="8">농업생산기반정비 입체환지등기촉탁서</th></tr>
<tr><td rowspan="2">접수</td><td>년 월 일</td><td rowspan="2">처리인</td><td colspan="2">접 수</td><td>기 입</td><td>교 합</td><td>각종통지</td></tr>
<tr><td>제 호</td><td colspan="2"></td><td></td><td></td><td></td></tr>
<tr><td rowspan="2">종전토지</td><td rowspan="2">환 지</td><td colspan="3">소유권 이외의 권리 또는 처분의 제한, 등기…</td><td rowspan="2">환지의 교부를 받은 자보다 선순위의 처분의 제한 또는 가등기의 목적이 되는 소유권명의인</td><td rowspan="2">환지의 교부를 받은 자의 성명, 주민등록번호 및 주소</td><td rowspan="2">비고</td></tr>
<tr><td>종 별</td><td>환지부분</td><td>부호</td></tr>
<tr><td rowspan="5">○○도
○○군
○○면
○○리
○○
답 ○○㎡</td><td rowspan="3">○○도
○○군
○○면
○○리
○○
대 ○○㎡</td><td>근저당권</td><td></td><td></td><td></td><td rowspan="3">김 선 달
590101-1011011
○○도 ○○군
○○면 ○○리
○○</td><td rowspan="3"></td></tr>
<tr><td>가처분</td><td></td><td></td><td></td></tr>
<tr><td>지상권</td><td></td><td></td><td></td></tr>
<tr><td rowspan="2">○○도
○○군
○○면
○○리
○○
지상
시멘블록조
슬래브지붕
단층주택
○○㎡</td><td>근저당권</td><td></td><td></td><td></td><td rowspan="2">김 선 달
590101-1011011
○○도 ○○군
○○면 ○○리
○○</td><td rowspan="2">건물은 미등기임</td></tr>
<tr><td>가처분</td><td></td><td></td><td></td></tr>
<tr><td colspan="8">위 농업생산기반정비등기를 촉탁함.
년 월 일
농업생산기반정비사업시행자 한국농어촌공사
○○도 ○○시 ○○동 ○○
사 장 ○ ○ ○(인)

○ ○ 지방법원(○ ○ 지원) ○ ○등기소 귀 중</td></tr>
</table>

주 : 환지를 교부받은 자보다 선순위의 가등기 또는 처분제한의 등기가 없는 경우임
(지상권은 토지에만 존속할 수 있는 권리이므로 규칙 제20조 제2항 단서에 의하여 토지부분만 기재함)

부록 제5-2호 양식 (규격 A4 용지)

<table>
<tr><th colspan="9">농업생산기반정비 입체환지등기촉탁서</th></tr>
<tr><td rowspan="2">접수</td><td>년 월 일</td><td rowspan="2">처리인</td><td colspan="2">접 수</td><td colspan="2">기 입</td><td>교 합</td><td>각종통지</td></tr>
<tr><td>제 호</td><td colspan="2"></td><td colspan="2"></td><td></td><td></td></tr>
</table>

<table>
<tr><th rowspan="2">종전토지</th><th rowspan="2">환 지</th><th colspan="3">소유권 이외의 권리 또는 처분의 제한, 가등기...</th><th rowspan="2">환지의 교부를 받은 자보다 선순위의 처분의 제한 또는 가등기의 목적이 되는 소유권명의인</th><th rowspan="2">환지의 교부를 받은 자의 성명, 주민등록번호 및 주소</th><th rowspan="2">비고</th></tr>
<tr><th>종 별</th><th>환지 부분</th><th>부호</th></tr>
<tr><td rowspan="2">○○도 ○○군
○○면 ○○리
○○
답 ○○m²</td><td>○○도 ○○군
○○면 ○○리
○○
대 ○○m²</td><td>가등기</td><td></td><td></td><td>이 덕 삼
450101-1123001
○○도 ○○군
○○면 ○○리
○○</td><td>김 삼 일
405010-1022011
○○도 ○○군
○○면 ○○리
○○</td><td></td></tr>
<tr><td>○○도 ○○군
○○면 ○○리
○○
지상 시멘블록조
슬래브지붕
단층주택
○○m²</td><td>가등기</td><td></td><td></td><td>이 덕 삼
450101-1123001
○○도 ○○군
○○면 ○○리
○○</td><td>김 삼 일
405010-1022011
○○도 ○○군
○○면 ○○리
○○</td><td></td></tr>
</table>

위 농업생산기반정비등기를 촉탁

년 월 일

농업생산기반정비사업시행자 한국농어촌공사

○○도 ○○시 ○○동 ○○

사 장 ○ ○ ○(인)

○ ○ 지방법원(○ ○ 지원) ○ ○등기소 귀중

주 : 환지를 교부받은 자보다 선순위의 가등기가 있는 경우임.

부록 제6호 양식 (규격 A4 용지)

<table>
<tr><td colspan="6">토지소유권말소등기촉탁서</td></tr>
<tr><td rowspan="2">접수</td><td>년 월 일</td><td rowspan="2">처리인</td><td>접 수</td><td>기 입</td><td>교 합</td></tr>
<tr><td>제 호</td><td></td><td></td><td></td></tr>
<tr><td colspan="6">부 동 산 표 시</td></tr>
<tr><td colspan="6"></td></tr>
<tr><td colspan="2">등기원인과 그 년월일</td><td colspan="4">년 월 일 「농어촌정비법」 제112조 제1항에 의하여 농업생산기반정비사업 시행자에게 무상양여</td></tr>
<tr><td colspan="2">등기의 목적</td><td colspan="4">토지소유권말소</td></tr>
<tr><td colspan="2">양 수 자</td><td colspan="4">한국농어촌공사 도 시 동</td></tr>
<tr><td colspan="2">등 록 세</td><td colspan="4">무세(「지방세법」 제263조 제1항)</td></tr>
<tr><td colspan="4" rowspan="2">국

관 리 청 농림수산식품부

농림수산식품부장관 (인)

년 월 일

○ ○지방법원(○ ○지원) ○ ○등기소 귀중</td><td colspan="2">첨 부 서 류</td></tr>
<tr><td colspan="2">양 여 증 서 1통</td></tr>
</table>

부록 제7호 양식 (규격 A4 용지)

<table>
<tr><td colspan="7">토지소유권보존등기촉탁서</td></tr>
<tr><td rowspan="2">접
수</td><td>년 월 일</td><td rowspan="2">처
리
인</td><td>접 수</td><td>기 입</td><td>교 합</td></tr>
<tr><td>제 호</td><td></td><td></td><td></td></tr>
<tr><td colspan="7">부 동 산 표 시</td></tr>
<tr><td colspan="7"></td></tr>
<tr><td colspan="2">등 기 의 목 적</td><td colspan="5">토지소유권보존</td></tr>
<tr><td colspan="2">신 청 조 항</td><td colspan="5">「농어촌정비법」 제112조 제2항</td></tr>
<tr><td colspan="2">등 록 세</td><td colspan="5">무세(「지방세법」 제263조 제1항)</td></tr>
<tr><td colspan="4" rowspan="2">국

관 리 청 농림수산식품부

농림수산식품부장관 (인)

년 월 일

○ ○지방법원(○ ○지원) ○ ○등기소 귀중</td><td colspan="3">첨부서류</td></tr>
<tr><td colspan="3">양 여 증 서 1통</td></tr>
</table>

부록 제8호 양식 (규격 A4 용지)

<table>
<tr><td colspan="3">촉 탁 서</td></tr>
<tr><td colspan="2">귀 등기소 관내 부동산</td><td>우리등기소 관내부동산</td></tr>
<tr><td colspan="2"></td><td></td></tr>
<tr><td colspan="2"></td><td></td></tr>
<tr><td colspan="2"></td><td></td></tr>
<tr><td colspan="2"></td><td></td></tr>
<tr><td colspan="2"></td><td></td></tr>
<tr><td>○○권의표시</td><td colspan="2"></td></tr>
<tr><td colspan="3">농업생산기반정비사업에 의하여 우리 등기소 관할 부동산에 대하여 환지를 교부하지 아니하였으므로 그 사유를 부기하여 주시기 바랍니다.
위「농업생산기반정비등기규칙」 제16조 제3항에 의하여 촉탁합니다.

년 월 일

○ ○ 지방법원(○ ○지원) ○ ○등기소

등 기 관 ○ ○ ○ (인)

○ ○ 지방법원(○ ○지원) ○ ○등기소 귀중</td></tr>
</table>

부록 제9호 양식 (규격 A4 용지)

통 지 서			
종전토지	환 지	환지상에 지정된 가등기의 소유권 이외의 권리 또는 처분의 제한	환지를 받은 자의 성명 · 주소

농업생산기반정비사업으로 인하여 종전토지에 대하여 귀 등기소 관내에서 환지를 교부하였으므로 「농업생산기반정비등기규칙」 제24조 제1항에 의하여 그 토지의 등기기록 등을 통지함.

년 월 일

○ ○ 지방법원(○ ○지원) ○ ○등기소

등 기 관 ○ ○ ○ (인)

○ ○ 지방법원(○ ○지원) ○ ○등기소 귀중

부록 제10호 양식(규격 A4 용지)

통 지 서			
종전의 토지	환 지	지역권의 표시	요 역 지

농업생산기반정비사업으로 인하여 미등기의 종전토지에 대하여 소유권 및 위 지역권의 등기를 하였으므로 「농업생산기반정비등기규칙」 제32조 제1항에 의하여 통지함.

년 월 일

○ ○ 지방법원(○ ○지원) ○ ○등기소

등 기 관 ○ ○ ○ (인)

○○ 군 ○○면 ○○리 ○○번지

○ ○ ○ 귀하

부록 제11호 양식(규격 A4 용지)

통 지 서		
토지의 표시	착오 또는 유루 사항	비 고

농업생산기반정비사업으로 인하여 경료된 등기에 위 기재와 같은 착오 또는 유루 사항이 발견되었으므로 「농업생산기반정비등기규칙」 제35조 제1항에 의하여 이를 통지함.

년 월 일

○ ○ 지방법원(○ ○지원) ○ ○등기소

등 기 관 ○ ○ ○ (인)

농업생산기반정비사업시행자 한국농어촌공사

○○도 ○○시 ○○동 ○○

사 장 ○ ○ ○ 귀하

판 례 색 인

사 항 색 인

ㄱ

ㄴ

ㄷ

저 자 약 력

■ 저 자

법학박사/행정사 **김 동 근**

숭실대학교 법과대학 법학과 졸업(법학사)
한성대학교 부동산대원 졸업(부동산학석사)
숭실대학교 대학원 법학과 졸업(법학박사)

건국대학교 부동산정책연구소(부동산컨설팅과정 수료)
명지대학교 투자정보대학원(경매컨설팅과정 수료)
영산대학교 법무대학원(민사특별교육과정 수료)

현, 숭실대학교 초빙교수
중앙법률사무교육원 교수
공인행정사협회 법제이사
공인행정사협회 기초실무교육 교수
대한부동산학회 이사
내외일보, 내외경제 논설위원
월남시민문화연구소 연구위원
법무법인 현명 건설부동산법률연구소 소장

【논 문】

- 주택재개발 · 재건축사업의 개선방안에 관한 법적연구, 숭실대학교 박사학위논문, 2012. 6.
- 주택재건축 매도청구권행사상 문제점 및 개선방안에 관한 연구(숭실대학교 법학논총 27집), 2012.
- 정비사업조합설립 · 운용상의 개선방안에 관한 연구, 대한부동산학회지, 대한부동산학회, 제30권 제2호 (통권 제35호). 2012.12.
- 정비사업조합설립추진위원회설립 · 운용상의 문제점 및 개선방안에 관한 입법정책적 연구, 부동산학보, 한국부동산학회, 제52집, 2013. 2.
- 정비사업전문관리업제도의 문제점 및 개선방안에 관한 연구, 부동산학보, 한국부동산학회, 제54집, 2013. 8.
- 관리처분계획인가 단계의 주요쟁점 및 개선방안에 관한 연구, 부동산경영, 한국부동산경영학회, 제8집, 2013.12.
- 주택정비사업으로 인하여 발생하는 주거이전비 보상에 관한 연구, 대한부동산학회지, 대한부동산학회, 제30권 제2호(통권 제35호), 2014. 1.
- "정비사업에 있어 상가세입자 이주보상 관련 분쟁유형 및 개선방안에 관한 법적연구", 부동산학보, 한국부동산학회, 제57집, 2014. 5.
- "주택정비사업의 원주민 재정착률 제고방안에 관한 연구", 시민문화연구 제14호, 월남시민문화연구소, 2014.12.31.

【저 서】

- 핵심재개발재건축분쟁실무(진원사)
- 건축분쟁소송실무(진원사)
- 부동산소송(진원사)
- 재개발 · 재건축 핵심 판례정리집 상, 하(진원사)
- 국토계획법(진원사)
  주택법 이론 및 실무(진원사)
  건축법 이론 및 실무(진원사)

주택상가임대차보호법 분쟁실무(법률출판사)
사건유형별 행정소송 이론 및 실무(법률출판사)

변호사 **윤 승 현**

서울경성고등학교 졸업
고려대학교 재료공학과 입학
경희대학교 법학부 졸업
사업연수원 수료(제40기)

전, 중원종합법률사무소 소속 변호사
법무법인 태한 소속변호사

현, 윤승현 법률사무소

[제2판] **도시개발법** 이론 및 실무

저　　자 김동근·윤승현 공저
발 행 인 양 진 수
발 행 처 진 원 사

2015년 7월 22일 초 판 발행
2018년 5월 11일 제2판 인쇄
2018년 5월 25일 제2판 발행

서울시 송파구 법원로 9길 26, C동 1107호 (문정동, H비즈니스파크)
전화 : 02) 916-1850 / **팩스** : 02) 916-3442
신고번호 제2018-000026호
http://www.jinwonsa.co.kr
http://www.lawbookstore.co.kr
e-mail : hhansin@hanmail.net

ISBN : 978-89-6346-527-2　　93360

정가 44,000원